炼油核心装置大作业系列丛书

硫黄回收专家培训班大作业选集

（第二期）

赵日峰 主编

中国石化出版社

内 容 提 要

本书精选自中国石化股份公司炼油事业部组织的第二期硫黄回收专家培训班5名优秀学员的大作业，涵盖了5套不同的硫黄回收装置，涉及装置概况、标定报告、工艺计算及分析等方面的内容。大作业是这些学员经过较为系统的专业理论培训后返回工作岗位完成的，历经专家指导、教师批改和学员答辩。

本书内容详实、实用性强，是一本很好的硫黄回收装置工艺计算范例和数据集，可供炼油行业的技术人员、设计人员和管理工作者参考使用。

图书在版编目(CIP)数据

硫黄回收专家培训班大作业选集. 第二期 / 赵日峰主编. — 北京：中国石化出版社，2021.5
ISBN 978-7-5114-6259-6

Ⅰ. ①硫… Ⅱ. ①赵… Ⅲ. ①硫黄回收-文集 Ⅳ. ①TE644-53

中国版本图书馆 CIP 数据核字(2021)第 084438 号

中国石化出版社出版发行

地址：北京市东城区安定门外大街 58 号
邮编：100011　电话：(010)57512500
发行部电话：(010)57512575
http://www.sinopec-press.com
E-mail：press@sinopec.com
北京科信印刷有限公司印刷

*

787×1092 毫米 16 开本 47.75 印张 1208 千字
2021 年 6 月第 1 版　2021 年 6 月第 1 次印刷
定价：298.00 元

《硫黄回收专家培训班大作业选集》
编 委 会

序

我在分管炼油化工业务时，常常思考为什么相同的炼油装置，不同的企业效益差距有时那么大？我们有些同志是管理专家，有些是技术专家，而真正能把企业效益充分发挥出来的应该是技术专家加管理专家。对技术认知的深度决定了企业的未来前途，而我们有的管理专家在技术认知深度方面欠缺一点，所以虽然他们也能够使企业出效益，但是不会太高。能否将管理专家再培养成技术专家？我发现这种培养路径难度很大，反而将技术专家再培养成管理专家相对容易一些。也就是说，在技术认知深度方面从点扩展到面相对容易，而从面开始到点再达到一定深度是很难的。在这样的情况之下，我就考虑如何从中国石化中青年技术人才中来培养装置专家，提高他们对技术认知的深度，形成科学的思维方式，再逐步培养成为技术专家加管理专家。

在这方面我本人有很深的体会，我在扬子石化工作了 20 年，期间在车间工作 8 年。当时我所在的连续重整装置是全国同类装置中规模最大的，各级领导和专家极其重视。在扬子石化工作期间，我本人有幸得到石化大家侯祥麟先生、石油化工科学研究院赵仁殿先生和工程建设公司罗家弼先生等专家给予的无私指导，提高了我的专业理论水平，改变了我学习思维方式，可以说在基层工作的 8 年奠定了我职业生涯的重要基础。

石化行业是技术密集、人才密集和资金密集型的行业，培养高素质的专家队伍是推动石化事业持续健康发展的重要保证。2015 年 5 月，我参加了中科院陈俊武院士《催化裂化工艺与工程》第三版的出版座谈会。在座谈会期间，我就如何培养高素质的专家队伍向德高望重的陈俊武院士请教。陈俊武先生在立德、立功、立言方面都是我们学习的榜样。陈先生年轻时到国外学习催化裂化技术，通过消化吸收再创新，奠基了我国催化裂化技术。先生在 85 岁高龄时，又领衔了国内首套大型 MTO 工程开发与设计。可以说，如果没有陈俊武先生的付出，就没有我国 DMTO 大型工程的诞生。陈先生首创的“三段回归式培训模式”，开创了催化裂化专业高层级专家培养的先河。从 1992 年起至 2000 年，陈先生共办了三期催化裂化高研班，效果非常好，大部分学员成为了我们的专家，成为了我国炼油行业的技术中坚，部分学员不仅成为技术专家也成为管理专家。

2016 年，我要求中国石化总部炼油事业部牵头，举办了新世纪第一期催化裂化专家培训班，恢复了中断 16 年之久的催化裂化高研班，这个班仍然采用陈俊武院士开创的三段式教学模式，由石油化工科学研究院许友好同志担任班主任并全程跟班。这个班招收了 39 名学员，其中 7 人来自兄弟企业。在为期一年的培训过程中，经过两个月的集中授课，学员回到企业后，根据所学的知识对所在企业催化裂化装置进行了详细工艺核算与标定，形成了大作业报告，2017 年 1 月学员顺利通过答辩。

催化裂化专家培训班指导小组将 10 名优秀学员的大作业编辑成书，交由石化出版社于 2018 年出版，并邀请我作序。我认为学员们通过这次学习，认认真真地完成了作业，把所学理论与工程计算知识转化为所在装置的技术分析，是理论与实践、设计与生产运行的有机结合。新时代是奋斗者的时代。专家班优秀学员们振兴石化的使命担当，肯为中国炼油工业发展付出努力的奋斗精神，使我甚感欣慰，故乐为之作序。希望选集出版后，能够为我国炼油行业技术工作者和有志于提高技术认知水平的管理工作者提供一些有益的参考。

戴厚良

前言

“时代楷模”陈俊武院士于1992年开始对催化裂化专业高层级专家培养模式进行探索实践，首创了集中授课-企业研修-结业答辩的“三段回归式培训模式”，并成功举办了三期催化裂化技术高级研修班。经过高研班培训的大多数学员已成为催化裂化领域的知名专家和技术中坚，部分学员既成为技术专家也成为管理专家，为中国炼油事业发展发挥着重要作用。

2016年，中国石化股份公司炼油事业部在继承陈俊武院士办学理念的基础上，举办了第一期催化裂化专家培训班；2018年又将培训范围拓展到硫黄回收专业，成功举办了第一期硫黄回收专家培训班；2019年，在第一期培训班取得显著成效的基础上，为加强企业硫黄回收领域专业技术人才培养，又连续举办了第二期硫黄回收专家培训班。

第二期硫黄回收专家培训班由中国石化16名学员、中国石油5名学员和中化集团1名学员组成，齐鲁石化研究院刘爱华担任班主任，洛阳工程有限公司郭宏昶和工程建设公司朱学军担任副班主任。培训班于2019年3月4日开学，学员系统学习了：硫黄回收技术进展、硫黄回收相关国内外环保标准及进展、硫黄回收原料、反应机理和产品、硫黄回收及上游相关溶剂再生、酸性水汽提工艺、硫黄回收催化剂进展及工业应用、硫黄回收反应及反应器的动力学和热力学、硫黄回收设备、硫黄回收装置的工程设计基本原则和基本计算、硫黄回收尾气处理反应机理及影响催化剂寿命特征、硫黄回收装置的绿色开停工、硫黄回收装置疑难问题研讨及典型事故案例分析等，2020年1月10日22名学员顺利毕业。

根据陈俊武院士“三段式”教学理念，为更好地理解与掌握工艺计算的方法和意义，专家班学员经过集中学习后，回到企业要依据所学的知识对所在装置进行工艺核算，相当于对装置进行一次详细手动标定计算，最后形成一份大作业。2018年石化出版社把第一期催化裂化专家培训班优秀学员的大作业汇编成册，编辑出版，并由戴厚良院士亲自作序，这样既可以把专家班培训成果传承保存下来，又可以作为装置技术人员学习培训的教学案例。

本书由第二期硫黄回收专家培训班5名优秀学员的大作业汇编而成，学员分别是王洋(镇海炼化)、徐奔(金陵石化)、王帆(洛阳工程)、裴爱霞(普光气田)、王瑞(四川石化)。该书主要涉及装置概况、标定报告、工艺计算及分析等方面的内容，其中工艺计算及分析包括原料和产品性质计算、物料平衡、热量平衡、塔器水力学和节能计算等，是一本很好的硫黄回收装置工艺计算范例和数据集，可供炼油行业的技术人员、设计人员和管理工作者参考使用。

总 目 录

中国石化九江石化公司
1#70kt/a硫黄回收装置工艺计算

完成人：王　帆
单　位：中石化洛阳工程有限公司

目　　录

第一部分　标定报告

一、概述

中国石油化工股份有限公司九江石化公司(以下简称九江石化)70+70kt/a 硫黄回收装置于 2015 年 9 月 28 日正式投产，该装置设计年产固体硫黄能力为 140kt，设计操作弹性为 30% ~120%，采用传统的二级 Claus 工艺+SCOT 还原+两级吸收两段再生技术。

本标定报告针对 1#硫黄回收装置进行计算，装置规模为 70kt/a。原料为炼油酸性气及煤制氢化工酸性气，主要来源有 1#溶剂再生(加氢型)、2#溶剂再生(非加氢型)、3#污水汽提、催化污水汽提、催化干气/液化气脱硫溶剂再生、汽油加氢、3#溶剂再生(3#硫黄配套)和煤制氢等装置酸性气。酸性气在酸性气反应炉内不完全燃烧，燃烧后的过程气经二级 Claus 反应提高硫转化率，液硫通过硫冷凝器收集至液硫池，反应后尾气通过加氢反应将 SO_2 全部转化成 H_2S，再经脱硫剂吸收后进入尾气焚烧炉焚烧，使排放烟气 SO_2 浓度达到 GB 31570—2015《石油炼制工业污染物排放标准》。配套尾气处理的胺液再生采用两级吸收两段再生工艺。

根据 2017 年 7 月 1 日执行的新排放标准，硫黄回收装置在 2017 年大检修期间，将装置一级反应器催化剂级配由 LS-02 氧化铝催化剂+LS981G 钛基催化剂改为 LS-971 铁基氧化铝催化剂+LS981G 钛基催化剂，并且将原复配高效脱硫剂全部更换为亨斯迈 MS-300 脱硫剂。并于 9 月 27 日投用 LS-DeGAS 液硫脱气流程，利用冷媒水降低急冷水进塔温度后，排烟稳定在 $50mg/m^3$ 以下。

二、工艺特点

1）该装置采取两头两尾的形式，并设置胺液集中再生的形式；胺液再生采用两段吸收两段再生的工艺流程。

2）进炉酸性气及空气均采用 1.0MPa 蒸汽预热，提高制硫反应炉炉膛温度，提高反应炉转化率。

3）反应炉及焚烧炉蒸汽发生器均产生 4.4MPa 饱和中压蒸汽，饱和中压蒸汽经焚烧炉过热段过热后，一部分作为尾气加热器的热源，其余减压后并入 4.0MPa 中压蒸汽系统管网。

4）Claus 转化器入口过程气采用自产 4.4MPa 饱和中压蒸汽再热的方式加热。

5）一级反应器原催化剂级配方案为 LS-02+LS-981G，采用氧化铝基+钛基催化剂结合的方式。2017 年大检修期间将上部 LS-02 氧化铝基催化剂更换为 LS-971 防漏氧型催化剂，旨在提高催化剂反应床层温度，促进有机硫水解。加氢催化剂采用中国石化齐鲁石化公司研究院开发的 LSH-03A 低温型 Claus 尾气加氢催化剂，采用该催化剂可让加氢反应器入口温度降至 220℃，且加氢活性、水解活性高。

6）尾气处理单元采用自产过热中压蒸汽加热的方式，并设置外补氢源，通过在线监测吸收塔顶氢气含量反馈调节外补氢量。

7）尾气加氢反应器出口设置蒸汽发生器，产 0.45MPa 低压蒸汽自用，降低尾气入吸收塔温度，减少急冷塔水循环量，降低能耗。

8）急冷水设置冷媒水-急冷水换热器，降低尾气出急冷塔温度，提高吸收塔中胺液对硫化氢的吸收效果。

9）尾气捕集器出口设置在线分析控制系统，连续在线监测尾气的组成，在线控制制硫反应炉微调风控制阀，调节进炉空气量，尽量保证过程气 $2H_2S-SO_2$ 含量为零，提高总硫回收率；烟气设置 CEMS 在线分析仪，实时对烟气中各项指标进行监控。

10）液硫脱气单元采用齐鲁研究院 LS-DeGAS 技术，通过液硫池微负压操作，吸收部分空气至加氢反应器，有效提高加氢反应器床层温度，从而提高有机硫的水解率。

11）通过先进控制系统（简称 APC）实现硫黄回收装置配风的全自动控制，有效降低操作强度，硫黄排烟二氧化硫稳定达标。

三、标定数据

装置于 2019 年 8 月 26~28 日间进行标定，标定期间，酸性气进料稳定，装置操作平稳，排烟二氧化硫含量稳定达标。

（一）主要操作参数

1#硫黄回收装置标定期间主要操作参数与设计参数对比见表 1-1。

表 1-1　1#硫黄回收装置主要操作参数一览表

名　称	位　号	单位	设计值	实际值
高浓度酸性气流量	FT60101	Nm^3/h	8120.45	4108.3
低浓度酸性气流量	FT60102	Nm^3/h	—	1715.1
3#污水汽提酸性气流量	FT10401	Nm^3/h	1865	1108
3#污水汽提酸性气温度	TI10417	℃	40	41
1#溶剂再生酸性气流量	FT30202	Nm^3/h	3326.45	1826
1#溶剂再生酸性气温度	TI30217	℃	40	35.7
2#溶剂再生酸性气流量	FT40202	Nm^3/h	2467.95	550
2#溶剂再生酸性气温度	TI40217	℃	40	33.5
酸性气反应炉主风流量	FICA60202A	Nm^3/h	9582.4	5909
酸性气反应炉次风流量	FICA60203A	Nm^3/h	4791.2	1864
风机出口空气温度	TI60202	℃	—	88.2
空气预热后温度	TI60208	℃	160	142.6
F-601 炉膛中部温度	TIA60204	℃	1223.8	1193
F-601 炉膛后部温度	TIA60206	℃	—	1146
酸性气进炉压力	PI60201	kPa	—	8.36
酸性气预热后温度	TI60201	℃	160	132.1
F-601 炉前压力	PI60206	kPa	—	8.18
V-611 汽包压力	PIC60301	MPa	4.3	4.13
V-611 产汽流量	FI60302	t/h	18.51	9.09
V-611 产出蒸汽温度	TI60301	℃	256.2	254.8

续表

名　称	位　号	单位	设计值	实际值
V-611 除氧水补水流量	FICA60301	t/h	18.88	9.32
E-601 过程气出口温度	TI60302	℃	320	346.2
V-603 出口 SO_2 含量	AT60601B	%	—	0.153
V-603 出口 H_2S 含量	AT60601C	%	—	0.321
E-602 出口温度	TI60401	℃	170	156.4
E-602 产汽流量	FI60401	t/h	3.067	1.92
R-601 入口温度	TIC60403	℃	240	218
E-605 蒸汽流量	FIC60402	t/h	1.258	0.58
R-601 床层温度(上)	TI60406A	℃	—	288.2
R-601 床层温度(中)	TI60406B	℃	—	296.3
R-601 床层温度(下)	TI60406C	℃	—	296.6
R-601 出口温度	TI60408	℃	320.8	290.1
E-603 冷后温度	TI60501	℃	160	156.3
E-603 产汽流量	FI60501	t/h	2.123	1.04
R-602 入口温度	TIC60503	℃	220	215.0
E-606 蒸汽流量	FIC60503	t/h	1.037	0.48
R-602 床层温度(上)	TI60506A	℃	—	226.4
R-602 床层温度(中)	TI60506B	℃	—	227.8
R-602 床层温度(下)	TI60506C	℃	—	228.3
R-602 出口温度	TI60508	℃	239.2	223.5
E-604 冷后温度	TI60601	℃	160	152.1
E-604 产汽流量	FIC60601	t/h	1.055	0.49
V-603 后点温度	TI60602	℃	160	150.7
V-603 后压力	PI60602A	kPa	—	2.3
R-603 入口温度	TIC60801	℃	220	237.4
氢气压力	PIC60901	MPa	0.45	0.4
氢气流量	FIC60901	Nm^3/h	—	294.9
吸收塔后氢气含量	AIC61001	%	—	3.6
E-618 蒸汽流量	FI60803	t/h	—	0.9
R-603 床层温度(上)	TI60903A	℃	—	310.2
R-603 床层温度(中 1)	TI60903B	℃	—	311.2
R-603 床层温度(中 2)	TI60903C	℃	—	310.3
R-603 床层温度(下)	TI60903D	℃	—	313.6
R-603 出口温度	TI60905	℃	276.4	305.3
E-616 出口温度	TI60906	℃	170	154.8
E-616 产汽流量	FI60902	t/h	1.284	1.09

续表

名　称	位　号	单位	设计值	实际值
T-601 塔底温度	TI61004	℃	65	36.7
急冷水过滤流量	FIC61101	t/h	23.204	15.1
急冷水外排流量		t/h		2.9
急冷水 pH 值	AI61002	—	—	7.31
T-601 急冷水循环量	FIC61003	t/h	127.47	155.3
T-601 塔顶过程气温度	TI61002	℃	40	28.4
T-601 急冷水返塔温度	TI61001	℃	40	25.8
T-601 顶过程气流量	FI61005	Nm^3/h	14769	8708
T-601 顶过程气压力	PI61002	kPa	—	0.136
F-602 瓦斯消耗量	FI61301	Nm^3/h	378.11	289
F-602 炉膛温度	TIC61301	℃	650	609
F-602 炉膛温度	TI61302	℃	650	602
焚烧炉氧含量	AI61401	%	—	3.9
F-602 主风流量	FICA61302A	Nm^3/h	4322.35	2796.4
F-602 次风流量	FICA61303A	Nm^3/h	2161.15	2695.3
V-612 补水流量	FIC61403	t/h	1.128	0.94
V-612 产汽流量	FI61404	t/h	1.106	0.88
炉膛过热段温度	TI61401B	℃	—	484.7
过热前蒸汽流量	FI61405A	t/h	—	8.39
减温器前温度	TI61409	℃	—	363.7
减温器后温度	TI61408	℃	—	335.6
减温器补水量	FIQ-61402	kg/h	—	418
过热后温度	TIC61406	℃	430	441
排烟温度	TI61403	℃	280	253.8
烟气流速	AT61402F	m/s	—	7.6
烟气管道压力		kPa	—	-0.4
烟气流量	AT61402	Nm^3/h	20562.9	15061
T-602 入塔贫液温度	TI61601	℃	40	29.4
T-602 入塔贫液流量	FI61201	t/h	55	49.4
T-602 入塔半贫液温度	TI61601A	℃	40	32.3
T-602 入口半贫液流量	FI61201A	t/h	55	37.5
T-602 塔底温度	TI61202	℃	44.3	32.1
T-602 塔顶压力	PI61201	kPa	10	0.09
T-603 富液流量	FI61601	t/h	220	147.5
富液进塔温度	TI61706	℃	98	81.5
T-603 顶部温度	TI61701	℃	111.6	108.6

续表

名　称	位　号	单位	设计值	实际值
T-603 顶部压力	PI61701A	MPa	0.065	0.076
T-603 底部温度	TI61703	℃	125	122.3
T-603 塔底蒸汽流量	FI61702	t/h	17.84	19.68
T-603 塔顶酸性气流量	FI61802	Nm^3/h	916.61	589
T-603 塔顶酸性气温度	TI61801	℃	40	24
T-603 酸性水返塔温度	TI61705	℃	40	28
T-603 酸性水返塔流量	FI61801	t/h	4.377	2.94

（二）分析数据

1. 酸性气原料分析数据一览表

酸性气原料分析数据见表 1-2。

表 1-2　酸性气分析数据一览表　　%(体)

取样位置	分析项目	时间		
		2019/8/26	2019/8/27	2019/8/28
混合高浓度酸性气	H_2S 含量	75.52	74.54	75.65
	空气含量	7.45	8.52	7.24
	CO_2 含量	16.99	16.89	17.08
	烃含量	0.04	0.05	0.03
煤制氢低浓度酸性气	H_2S 含量	0.23	0.25	0.24
	CO 含量	10.35	11.21	11.12
	CO_2 含量	71.16	73.36	70.82
	COS 含量	无	无	0.04
	空气含量	18.26	15.27	17.78
	烃含量	无	无	无
煤制氢高浓度酸性气	H_2S 含量	13.45	13.25	12.81
	N_2 含量	2.09	5.39	10.28
	CO_2 含量	84.46	81.36	76.91
	烃含量	无	无	无
T-603 再生酸性气	H_2S 含量	33.89	39.12	37.43
	空气含量	3.55	3.63	3.39
	CO_2 含量	62.56	57.25	59.18
	烃含量	无	无	无

2. 过程气分析数据一览表

过程气分析数据见表 1-3。

表 1-3　过程气分析数据一览表

取样位置	分析项目	单位	时间		
			2019/8/26	2019/8/27	2019/8/28
一级反应器入口过程气	H_2S	%(体)	5.75	5.27	5.98
	SO_2	%(体)	3.23	3.18	3.46
	COS	%(体)	0.61	0.57	0.62
	CS_2	μL/L	6.32	5.89	7.11
	H_2	%(体)	1.06	1.32	1.18
一级反应器出口过程气	H_2S	%(体)	1.3	1.37	1.57
	SO_2	%(体)	0.83	0.88	0.87
	COS	μL/L	222.89	263.75	238.11
	CS_2	μL/L	0.15	0.24	0.24
	H_2	%(体)	1.09	1.25	0.98
二级反应器出口过程气	H_2S	%(体)	0.4	0.33	0.35
	SO_2	%(体)	0.21	0.2	0.26
	COS	μL/L	235.31	191.8	243.12
	CS_2	μL/L	0.03	0.3	0.34
	H_2	%(体)	1.43	1.39	1.25

3. 尾气分析数据一览表

反应器尾气分析数据见表 1-4。

表 1-4　加氢反应器尾气分析数据一览表

取样位置	分析项目	单位	时间		
			2019/8/26	2019/8/27	2019/8/28
加氢反应器出口气体	H_2	%(体)	2.17	2.04	2.28
	H_2S	%(体)	0.93	0.94	0.97
	SO_2	%(体)	0	0	0
	COS	μL/L	18.85	19.19	23.58
净化尾气	H_2S	μL/L	5.1	4.4	8.9
	COS	μL/L	24.13	22.38	29.15
	H_2	%(体)	2.41	2.48	2.93

4. 烟气分析数据一览表

烟气在线分析数据见表 1-5。

表 1-5　烟气 CEMS 在线分析数据一览表

取样位置	分析项目	单位	时间(天平均值)		
			2019/8/26	2019/8/27	2019/8/28
烟道气	SO_2	mg/m^3	32.90	33.14	31.65
	NO_x	mg/m^3	6.81	5.79	8.13
	粉尘	mg/m^3	18.9	18.8	18.9
	CO	mg/m^3	361.4	375.3	382.4
	O_2	%(体)	3.48	3.83	3.79

注：以上 SO_2、NO_x、O_2 烟气数据取自九江石化环保地图检测 24h 平均值，其余取 DCS 平均数值。

5. 急冷水分析数据一览表

急冷水分析数据见表 1-6。

表 1-6　急冷水分析数据一览表

取样位置	分析项目	单位	时间		
			2019/8/26	2019/8/27	2019/8/28
急冷水	硫化物	mg/L	138.9	143.2	141.3
	pH	—	7.31	7.33	7.41

6. 贫富液分析数据一览表

贫富液分析数据见表 1-7。

表 1-7　贫富液分析数据一览表

取样位置	分析项目	单位	时间		
			2019/8/26	2019/8/27	2019/8/28
贫液	H_2S 含量	g/L	0.16	0.11	0.25
	胺液浓度	%(质)	34.61	35.17	37.04
富液	H_2S 含量	g/L	1.39	1.45	1.78

7. 固体硫黄分析数据一览表

固体硫黄分析数据见表 1-8。

表 1-8　固体硫黄分析数据一览表　　%(质)

名称	项目	时间		
		2019/8/26	2019/8/27	2019/8/28
固体硫黄	水分	0.081	0.085	0.099
	灰分	0.011	0.007	0.019
	酸度	0.0016	0.0025	0.0021
	有机物	0.002	0.002	0.002
	铁	不分析	不分析	不分析
	砷	≤0.0001	≤0.0001	≤0.0001
	硫	99.97	99.97	99.97
	外观	黄色片状	黄色片状	黄色片状

8. 焚烧炉瓦斯分析数据一览表

系统瓦斯分析数据见表 1-9。

表 1-9　系统瓦斯分析数据一览表　　　　%(摩)

组成成分	2019/8/26	2019/8/27	2019/8/28
氢气	40.79	42.65	54.07
空气	8.98	5.27	7.58
甲烷	32	35.40	23.34
乙烷	12.72	12.49	9.75
乙烯	0.74	0.89	0.49
丙烷	1.75	1.42	2.00
丙烯	0.4	0.48	0.28
异丁烷	0.66	0.42	0.67
正丁烷	1.11	0.64	1.07
正丁烯	0.04	0.06	0.04
异丁烯	0.00	0.05	0.03
反丁烯	0.06	0.01	0.01
顺丁烯	0.00	0.01	0.01
异戊烷	0.30	0.04	0.23
正戊烷	0.16	0.03	0.11
总戊烯	0.03	0.00	0.00
C_6	0.02	0.06	0.02
硫化氢	0.00	0.00	0.00
二氧化碳	0.24	0.07	0.28
一氧化碳	0.00	0.00	0.00
氧气	0.68	0.07	0.38
氮气	8.30	5.20	7.20
总计	100	100	100.00
C_3及C_3以上组分含量之和	4.53	3.22	4.47
C_3组分含量之和	2.15	1.9	2.28
C_4组分含量之和	2.38	1.26	2.19
H_2S 含量/(mg/m^3)	≤1	≤1	≤1
密度	0.5234	0.4750	0.4349

9. 物料及能耗统计数据

物料及能耗统计见表 1-10。

表 1-10　装置物料及能耗统计数据一览表

序号	名称	位号	单位	9：00	9：00					9：00			9：00		
				读数	读数	校正系数	分摊系数	差值	每小时均量	读数	差值	每小时均量	读数	差值	每小时均量
1	高浓度酸性气	FIQ60101	Nm^3	133848360	133946696	1.00	1.00	98336	4097.33	134043608	96912	4038.00	134139496	95888	3995.33
2	低浓度酸性气	FIQ60102	Nm^3	40966320.00	41007092.00	1.00	1.00	40772	1698.83	41047880	40788	1699.50	41088656	40776	1699.00
3	氢气	FIQ60901	t	6564437.00	6571588.00	1.00	1.00	7151	297.96	6578559	6971	290.46	6585742	7183	299.29
4	1.0MPa 蒸汽	FIQ00201	t	71547.72	71614.60	1.00	0.50	33.44	1.39	71682	33.7	1.40	71748.05	33.025	1.38
5	自产 3.5MPa 蒸汽	FIQ61401	t	325454.38	325644.66	1.00	1.00	190.28	7.93	325829.53	184.87	7.70	326018.09	188.56	7.86
6	自产 0.4MPa 蒸汽	FIQ60401	t	62548.91	62596.26	1.00	1.00	47.35	1.97	62642.4	46.14	1.92	62689.17	46.77	1.95
7	自产 0.4MPa 蒸汽	FIQ60501	t	41539.76	41565.41	1.00	1.00	25.65	1.07	41590.42	25.01	1.04	41615.66	25.24	1.05
8	自产 0.4MPa 蒸汽	FIQ60601	t	16645.53	16655.81	1.00	1.00	10.28	0.43	16666.19	10.38	0.43	16676.81	10.62	0.44
9	自产 0.4MPa 蒸汽	FIQ60902	t	32664.45	32691.96	1.00	1.00	27.51	1.15	32718.59	26.63	1.11	32745.67	27.08	1.13
10	循环水	FIQ00101	t	29816308.00	29843158.00	1.00	0.60	16110	671.25	29870684	16515.6	688.15	29898212	16516.8	688.20
11	新鲜水	FIQ00102	t	6299.49	6303.66	1.00	1.00	4.17	0.17	6304.52	0.86	0.04	6306.23	1.71	0.07
12	生活水	FIQ00103	t	45811.09	45811.09	1.00	1.00	0	0.00	45811.09	0	0.00	45811.09	0	0.00
13	低压除氧水	FIQ00202	t	204196.86	204398.25	1.00	0.49	98.6811	4.11	204603.94	100.7881	4.20	204800.78	96.4516	4.02
14	中压除氧水	FIQ00203	t	246488.13	247035.59	1.00	0.52	284.67	11.86	247591.41	289.0264	12.04	248127.86	278.954	11.62
15	硫黄 $1^{\#}$变	E675	kW·h	9520560.00	9529800.00	1.00	0.50	4620	192.50	9539040	4620	192.50	9548280	4620	192.50
16	硫黄 $2^{\#}$变	E676	kW·h	8048040.00	8057040.00	1.00	0.50	4500	187.50	8066040	4500	187.50	8074920	4440	185.00
17	反应炉鼓风机 C601A	E679	kW·h	5668560.00	5674500.00	1.00	1.00	5940	247.50	5680440	5940	247.50	5686320	5880	245.00
18	反应炉鼓风机 C601B	E680	kW·h	2377380.00	2377380.00	1.00	1.00	0	0.00	2377380	0	0.00	2377380	0	0.00
19	干气消耗	FIQ61301	Nm^3	11395957.00	11403181.00	1.00	1.00	7224	301.00	11410196	7015	292.29	11417131	6935	288.96
20	凝结水出	FIQ62001	t	2213029.50	2215386.25	0.77	0.25	453.67	18.90	2217755	455.98437	19.00	2220132.5	457.66875	19.07
21	T603 消耗 0.45MPa 蒸汽	FIQ61702	t	501154.91	501619.03	1.00	0.60	278.472	11.60	502089.25	282.132	11.76	502562.84	284.154	11.84
22	固体硫黄产量		t					99.35			94.25			80.75	

四、标定结果分析

（一）装置负荷核算

1#硫黄回收装置标定期间，高浓度酸性气平均处理量为4043Nm³/h，低浓度酸性气平均处理量为1700Nm³/h，装置运行负荷情况如下：

装置设计硫黄产量为 7×10^4 t/a，年开工小时数为8400h，计算装置每小时硫黄产量设计为：

$$7\times10^4 t\div8400h=8.33t/h$$

固体硫黄产量现场无计量仪表，仅以硫黄成型包装产量作为参考，计算得到每小时硫黄产量为 $(99.35+94.25+80.75)\div3\div24=3.81t$

在硫回收率与设计值基本一致的情况下，由固体硫黄产量推算的装置负荷为：

$$3.81\div8.33\times100\%=45.74\%$$

（二）装置总进出物料核算

依据标定数据表1-1、表1-5得到装置进出料的原始计量数据，再根据表1-2、表1-9得到的酸性气、燃料气分子量，给出标定期间装置进出物料平衡表如表1-11所示。

表1-11　1#硫黄回收装置进出物料数据

物料输入/(kg/h)		物料输出/(kg/h)	
助空气	16758.5		
液硫脱气吸入空气	268.9		
浓度酸性气	6459.6	硫黄	3810.00
低浓度酸性气	2063.7	外排急冷水	2920.00
炉头氮气	62.5	烟道气	19518.8
硫池喷射器蒸汽	500		
燃料气	193.9		
氢气	26.3		
脱硫醇尾气	132.1		
合计	26465.5	合计	26248.8

分析：

① 基础数据中气体计量数据单位为Nm³/h，使用公式：

$$质量流量=体积流量\div22.4\times气体分子量$$

折算成质量流量。

② 进料空气中水含量按照40℃，相对湿度80%(8月份装置环境条件)计算分子量为28.3。

③ 液硫脱气吸入空气无法计量，根据Aspen模拟流程预估为9.5kmol/h，213Nm³/h(模拟时，使加氢反应器温度与实际对应，结合进装置氢气和氢分析仪的分析数据，得到吸入空气的流量)。

④ 高浓度酸性气进料以表1-3的分析数据为基础，考虑上游主要来源于再生、抽氨型汽提的塔顶回流罐，按照设计的操作条件均为40℃，0.09MPa(表)添加饱和水组分，烃类按照甲烷考虑，并刨除分析数据中的空气组分(分析为采样分析过程中混入)计算出高浓度酸性气全组成：

H_2S：78.5%(体)，CO_2：17.66%(体)，CH_4：0.042%(体)，H_2O：3.8%(体)。

⑤ 煤制氢酸性气量没有单独的计量，使用低浓度酸性气流量减去胺液再生循环回来的

酸性气流量计算，并按照与高浓度酸性气同样的方法计算出煤制氢酸性气全组成：

H_2S：0.27%(体)，CO_2：83.75%(体)，CO：12.18%(体)，H_2O：3.8%(体)。

⑥ 蒸汽喷射器流量、脱硫醇尾气流量均为现场DCS显示数据。脱硫醇尾气由氧化风、保护氮气、汽提氮气组成，其主要组分为N_2，推算O_2含量小于8%(体)，分子量取28.4。

⑦ 烟气分析结果中没有主要组分CO_2和N_2的体积分数，利用Aspen模拟结果估算，取29.03。由于主要组分CO_2和N_2占的体积大于85%(体)，其来源主要是进料以及助燃空气，在进料组分和燃料气组分准确的前提下，CO_2和N_2的比例基本固定，因此，使用模拟程序的分子量估算实际情况是相对准确的。

⑧ 进出料误差为0.8%，进出料质量流量基本吻合。

(三) 能耗分析

装置标定期间单位能耗与设计能耗对比数据如表1-12所示，以每吨硫黄产品为基准。能耗计算标准按GB/T 50441—2016《石油化工设计能耗计算标准》执行。

表1-12　1#硫黄回收装置能耗表

项目	单位耗量		小时耗量		燃料低热值或能耗指标		单位能耗	设计值
	单位	数量	单位	数量	单位	数量	kgEO/t	kgEO/t
电	kW·h/t	118.76	kW·h	454.5	kgEO/kW·h	0.22	26.13	24.73
循环水	t/t	25.72	t/h	98	kgEO/t	0.06	1.54	2.48
工业水	t/t	0.024	t/h	0.09	kgEO/t	0.15	0.004	0.002
除氧水	t/t	3.94	t/h	15	kgEO/t	6.5	25.61	28.91
低压凝结水	t/t	-3.28	t/h	-12.5	kgEO/t	6	-19.68	-9.09
0.4MPa蒸汽	t/t	2.07	t/h	7.89	kgEO/t	66	136.62	-59.64
1.0MPa蒸汽	t/t	0.43	t/h	1.62	kgEO/t	76	32.68	24.09
4.0MPa蒸汽	t/t	-2.1	t/h	-8	kgEO/t	88	-184.8	-172.21
燃料气	kg/t	44.07	kg/h	168	kgEO/kg	1.045	46.05	33.72
合计							64.16	-127.01

注：1. 硫黄产量为3810kg/h；

2. 燃料气能耗指标根据组成计算，按照低热值10450kcal/kg考虑；

3. 设计值能耗按照旧标准执行，仅电耗系数与现行标准不同，旧标准电的能耗指标为0.26kgEO/kW·h；

4. 表中数据不含尾气处理胺液再生能耗，不含非净化风、净化风、氮气及冷媒水消耗。

分析：

① 由于装置低压凝结无计量装置，低压凝结水每小时外送量根据联合装置总外送量减去1#、2#溶剂再生，汽提以及尾气处理溶剂再生重沸器蒸汽量得来。其中汽提重沸器使用1.0MPa蒸汽加热，产生0.8MPa凝结水经闪蒸后回收，因此，汽提蒸汽量应乘96%的系数，4%为扩容产生的蒸汽。

② 装置无0.4MPa进/出装置测点，据车间的判断，硫黄装置为0.4MPa的消耗为正值，这是由于伴热用凝结水量较大造成的。0.4MPa蒸汽量需用伴热凝结水量减去各产气点的流量计量数据得到。而夹套伴热用凝结水量则需根据总低压凝结水量减硫黄装置各蒸汽加热器产生的低压凝结水量推得。

③ 从表1-12中可以看出，标定期间装置能耗为64.16gEO/t，装置设计能耗为

-127.01kgEO/t，标定期间装置能耗高于设计能耗。对各项单位能耗分细项进行对比：装置的电耗、循环水单耗较高，主要原因是装置负荷偏低，鼓风机、泵、循环水的运行负荷与装置的操作负荷不匹配，大量空气在鼓风机出口放空或通过最小回流线回流，物料被冷却至低于设计值的温度等现象均造成能量的浪费。装置0.4MPa蒸汽单耗与设计值对比差距最大，其原因有两个，一是装置的伴热量严重超过设计值，按照装置产生凝结水量8.42t/h计算，根据模拟流程可知其中有2.63t/h为蒸汽加热器产生(酸性气预热器、空气预热器、一、二级过程气加热器及尾气加热器)，其余的伴热凝结水量为5.79t/h，而设计值仅为1t/h左右，该项设计考虑略显不足；二是尾气处理溶剂再生的蒸汽单耗及胺液循环量过大，蒸汽单耗为130kg蒸汽/t富液，胺液循环量为90t/h(精贫液+半贫液)，较设计工况没有明显降低。其余项工质的单位能耗基本与设计值相当。

（四）存在问题的技术分析

1. 操作负荷

九江硫黄回收设置为70+70kt/a，按照总流程及加工原油、燃煤的硫含量计算，除老区硫黄装置外，分配到标定硫黄装置的硫元素总量在60~70kt/a，因此，两套装置长期处于40%负荷下运行，装置能耗较高，部分仪表调节功能抗干扰能力差。

2. 气体采样分析混入空气

分析化验结果显示酸性气、过程气、尾气的样品中均含百分数级别的空气，而装置实际运行过程中这些位置不应出现如此大量的空气，这些空气可能由采样时操作不当从大气中引入的，在进行基础数据整理时应将其刨除并对其余组分进行归一处理。

3. 仪表误差。

装置部分仪表存在计量误差。高浓度酸性气流量计流量偏大，在装置停工状态下，流量计仍有950Nm^3/h流量；液硫产品无计量仪表，仅通过液硫池液位上涨情况进行估算，与实际数据有一定偏差；循环水、除氧水为两套硫黄公用计量表，通过硫黄产量进行分摊，与实际情况可能有一定偏差；联合装置设置1.0MPa蒸汽扩容器，蒸汽扩容至0.4MPa供各加热器及伴热使用，但1.0MPa蒸汽无流量计，本次标定中1.0MPa蒸汽用量为新区核算多出1.0MPa的蒸汽分摊至1#硫黄回收得到，因此标定数据表1-10中1.0MPa蒸汽耗量有一定偏差。

4. 氢在线分析仪数值偏高

分析化验结果显示加氢反应器出口氢含量为2%(体)，吸收塔中吸收走了一部分酸性气，这部分酸性气根据模拟计算可知约占总过程气量(干基)的比例为5%，所以分析化验结果折算到吸收塔顶应为2%(体)÷0.95=2.1%(体)，而实际运行APC控制(在线分析仪数据)吸收塔顶氢含量在3.6%(体)。可推断在线分析仪存在一定偏差，计划联系仪表对在线氢分析仪进行维护，确保结果准确。

5. 反应炉炉温较模拟计算偏高

通过模拟计算以及采用能量平衡法建模计算可以看到，进料酸性气性质下炉温(炉中部)为1089℃和1054℃，而实际操作数据为1146℃。根据表1-3过程气分析结果可知，一级反应器入口的过程气中剩余硫化氢浓度为5.75%(体)，而根据模拟计算结果剩余硫化氢浓度(干基)为7.11%(体)。根据反应常数的图解，在热反应阶段炉温越高反应炉的硫化氢转化率就越高，由此可见标定结果趋势上吻合理论，并非仪表误差造成的结果。分析炉温偏高可能的原因有以下几点：

① 酸性气分析数据存在偏差。对于硫黄回收装置，酸性气浓度越高，反应炉炉温越高。

② 酸性气流量存在偏差。除仪表计量自身的偏差外，煤制氢酸性气进两套硫黄而没有单独的计量也会造成流量的误差。反应炉进料分为高浓度酸性气和低浓度酸性气，低浓度酸性气进料为煤制氢汽提酸性气和尾气处理胺液再生循环回来的酸性气合并进料。由于没有单独的计量，在模拟计算中，煤制氢酸性气的流量是通过总管流量减去胺液再生循环酸性气分配到1#硫黄的流量得来，存在一定的误差。煤制氢低浓度酸性气主要组成是CO_2，占比80%(体)以上，H_2S仅含0.1%(体)，所以该股进料流量对酸性气总体浓度影响较大，进而影响炉温。

③ 酸性气带烃。尽管分析数据显示酸性，其中烃含量仅为0.04%(体)，但烃类的存在对炉温的影响是比较大的。烃类的碳原子数、饱和度都会影响其摩尔热值，带烃量的偏差可能造成了实际炉温偏高的结果。

6. 装置能耗偏高

尽管能耗计算中0.4MPa蒸汽量为计算值，存在计量误差，但总的来说装置能耗仍然偏高。除再生塔外重沸器，0.4MPa蒸汽耗量主要消耗在设备和管道的伴热上。分析消耗过大的主要原因可能是疏水阀操作不当，造成大量伴热蒸汽直接通过疏水器进入凝结水回收系统或放空，增加了蒸汽消耗。另外，胺液再生的蒸汽单耗也比较大，达130kg蒸汽/t富液。胺液再生效果较好，贫液中H_2S仅0.16g/L，可尝试降低胺液循环量，同时等比降低蒸汽量，由于现状吸收塔液相负荷比气相负荷较大，稍微降低胺液量时应对H_2S吸收效果无太大影响。分析吸收塔塔顶H_2S含量的变化情况，在不影响排放的情况下将胺液循环量降至较低水平。

第二部分　工艺流程

一、制硫部分

老区3#硫黄连通线、3#污水汽提酸性气、煤制氢汽提酸性气和1#、2#溶剂再生酸性气混合后进入高浓度酸性气分液罐(V-601)分液，脱出的酸性水经凝液泵(P-605A/B)加压后送至污水汽提装置进行处理。硫黄自身溶剂再生酸性气和煤制氢装置酸脱酸性气混合，经低浓度酸性气分液罐(V-602)分液，脱出的酸性水经凝液泵(P-607A/B)加压后，送至3#污水汽提装置进行处理。高浓度酸性气经酸性气预热器(E-607)预热至160℃后进入酸性气反应炉(F-601)炉头部位，低浓度酸性气不经预热直接进入酸性气反应炉炉膛中后部。

来自制硫风机(C-601A/B)的空气经空气预热器(E-608)预热至160℃后进入酸性气反应炉。燃烧后高温过程气进入酸性气反应炉废热锅炉(E-601)冷却至320℃后进入一级冷凝冷却器(E-602)，过程气在一级冷凝冷却器中冷却至170℃并经除雾，液硫从一级冷凝冷却器底部经硫封罐(V-604A)进入液硫池(V-609)。除雾后的过程气经一级反应蒸汽加热器(E-605)及电加热器加热至240℃后进入一级反应器(R-601)。反应过程气经二级冷凝冷却器(E-603)冷却至160℃并经除雾后，液硫从二级冷凝冷却器底部经硫封罐(V-604B)进入液硫池。过程气经二级反应蒸汽加热器(E-606)加热至220℃后进入二级反应器(R-602)。反应过程气经三级冷凝冷却器(E-604)冷却至160℃并经除雾后，液硫从三级冷凝冷却器底部经硫封罐(V-604C)进入液硫池，尾气再经捕集器(V-603)进一步捕集硫雾，液硫从捕集器底部经硫封罐(V-604C)进入液硫池，捕集器顶部出来过程气进入尾气处理部分。

一、二、三级冷凝冷却器回收了过程气中的热量并在壳程发生0.45MPa蒸汽，发生的蒸汽供硫黄回收装置液硫夹套保温及自身溶剂再生用。

二、尾气处理部分

经捕集硫雾后的 Claus 尾气经尾气蒸汽加热器(E-618A/B)加热至 220~240℃后，再经尾气-氢气混合器(MI-601)与氢气混合，然后进入加氢反应器(R-603)。加氢尾气经尾气处理蒸汽发生器(E-616)回收热量并降温至 170℃后进入急冷塔(T-601)。

急冷水自急冷塔底部流出，经急冷水泵(P-603A/B)加压后，通过急冷水空冷器(E-611A/B)、急冷水冷却器(E-612A/B)及提标改造新增的冷媒水-急冷水换热器冷却至低于 26℃后，循环回急冷塔顶部。部分急冷水经急冷水过滤器(SR-601AB)过滤后返回急冷水泵入口。

急冷后的尾气从塔底进入尾气吸收塔(T-602)，半贫液从吸收塔中部进入，精贫液从吸收塔上部进入，吸收尾气中的硫化氢。从塔顶出来的净化尾气直接去尾气焚烧炉(F-602)。焚烧后的烟气经中压蒸汽过热器(E-613)和焚烧炉废热锅炉(E-614)吸收热量后，经烟囱(ST-601)排空。

三、胺液再生部分

富液经贫富液换热器(E-621A/B)及半贫液富液换热器(E-627A/B)换热至 98℃，进入再生塔(T-603)，塔底由重沸器(E-624)供热。塔顶酸性气经酸性气空冷器(E-626A/B)冷至 55℃，再经酸性气水冷器(E-623)冷却至 40℃后进入再生塔顶回流罐(V-621)分液，酸性气送至硫黄回收部分低浓度酸性气分液罐(V-602)，冷凝液经再生塔顶回流泵(P-622A/B)返塔作为回流。塔中部半贫液经半贫液泵(P-627A/B)升压后经半贫液-富液换热器换热进入吸收塔中段，塔底贫液由贫液加压泵(P-623A/B)升压，经贫富液换热器换热、贫液空冷器(E-625AB)、贫液冷却器(E-622AB)冷却至 40℃后进入贫液缓冲罐(V-622)，再经贫液泵(P-621A/B)加压后分别送至两套尾气处理部分的尾气吸收塔循环使用。

四、液硫脱气部分

装置 2018 年 9 月投用 LS-DeGAS 尾气处理与液硫脱气组合流程，利用鼓泡风机(C-603A/B)从吸收塔(T-602)出口抽出净化尾气，分两路，一路进入鼓泡空气调节阀后，一路返回 T-602 出口作流量调节及防喘振线用。硫池顶含硫蒸汽经蒸汽抽射器(EJ-601A/B)抽出至加氢反应器加热器前，动力蒸汽为 1.0MPa 蒸汽，含硫蒸汽与尾气混合后经尾气加热器加热并引入加氢反应器。同时，通过控制进液硫池净化气以及蒸汽喷射器动力蒸汽的流量，使硫池内形成微负压，从硫池排气筒处吸收少量空气增加尾气中氧气含量，同时配合专用的耐氧型催化剂，达到提高加氢反应器床层温度和增加有机硫水解率的目的。

五、凝结水部分

低压及中压蒸汽凝结水汇合后进入蒸汽扩容器(V-625)进行扩容，扩容后产生的 0.45MPa 蒸汽并入 0.4MPa 蒸汽管网，罐底凝结水与低低压蒸汽凝结水混合进入凝结水罐(V-626)，凝结水罐闪蒸出来的蒸汽经乏汽空冷器(E-631A/B)冷却为凝结水后返回至凝结水罐，罐底凝结水经凝结水泵(P-624A/B)增压送至凝结水站。

六、液硫成型

装置液硫采用固体成型，液硫由液硫泵(P-602A/B)送至成型机，固体硫黄经计量、装袋后销售出厂。

装置流程示意图如图 2-1 ~图 2-3 所示。

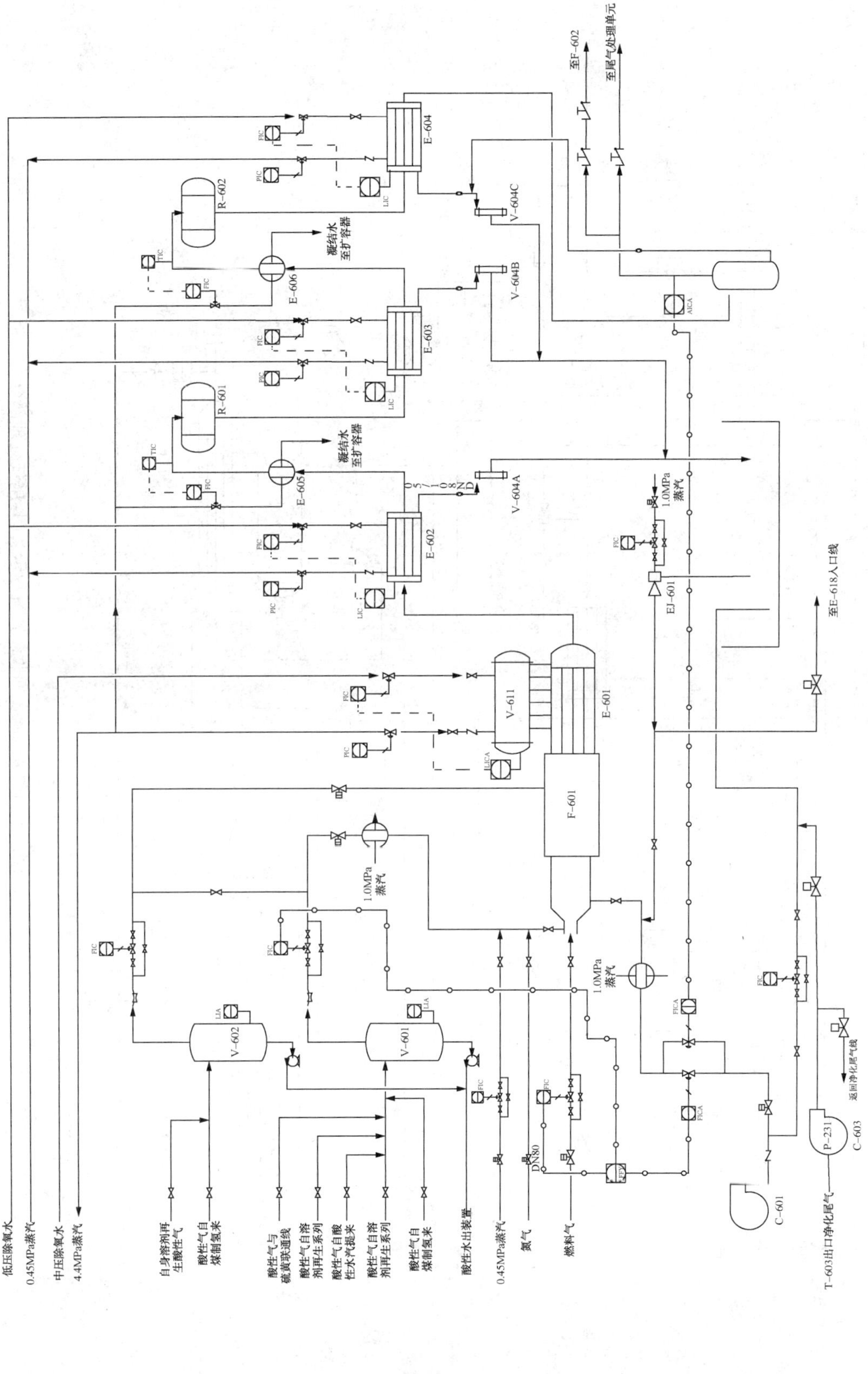

图2-1 $1^{\#}$70kt/a硫黄回收装置流程示意图-制硫部分

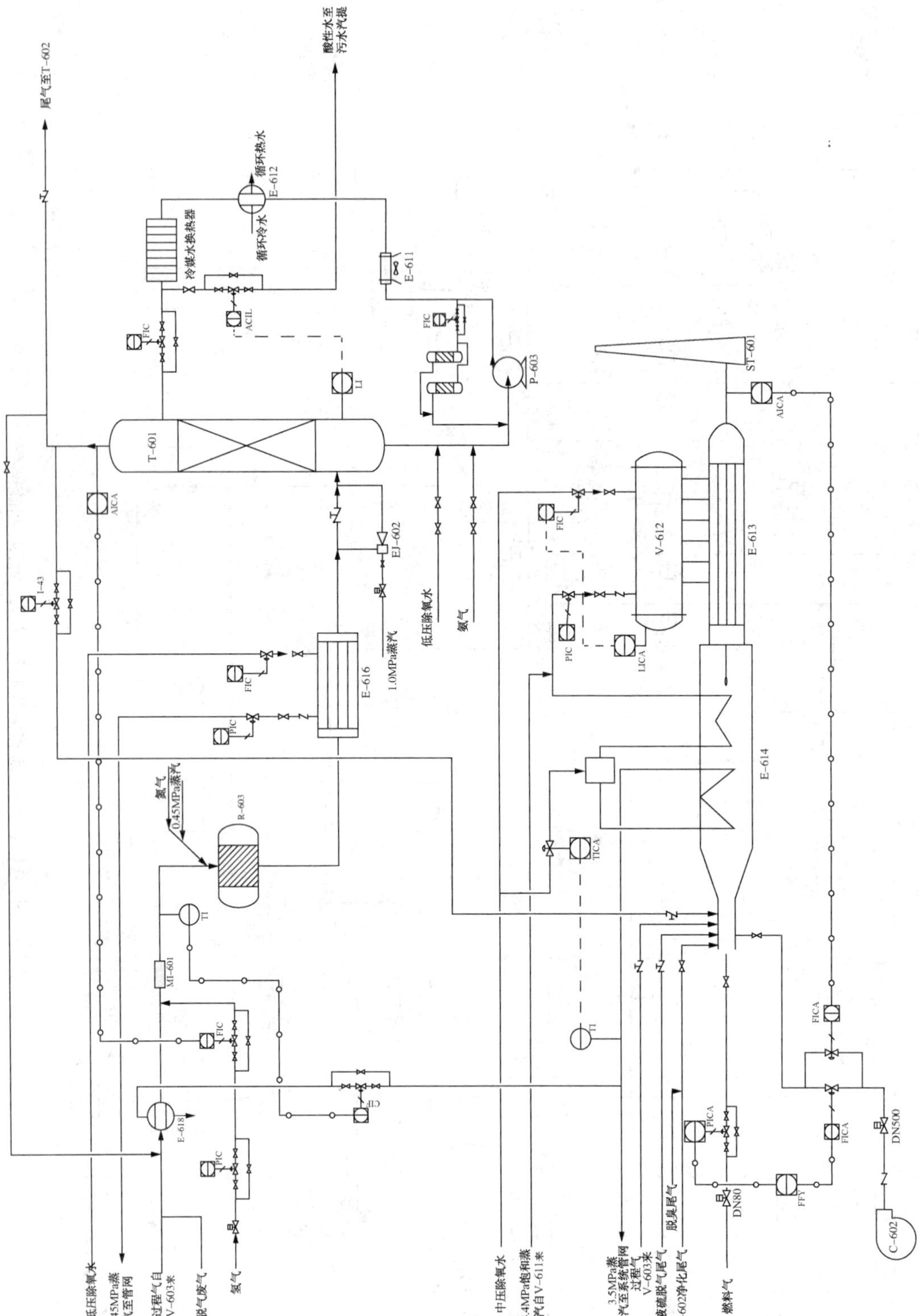

图2-2　1#70kt/a硫黄回收装置流程示意图-尾气处理部分

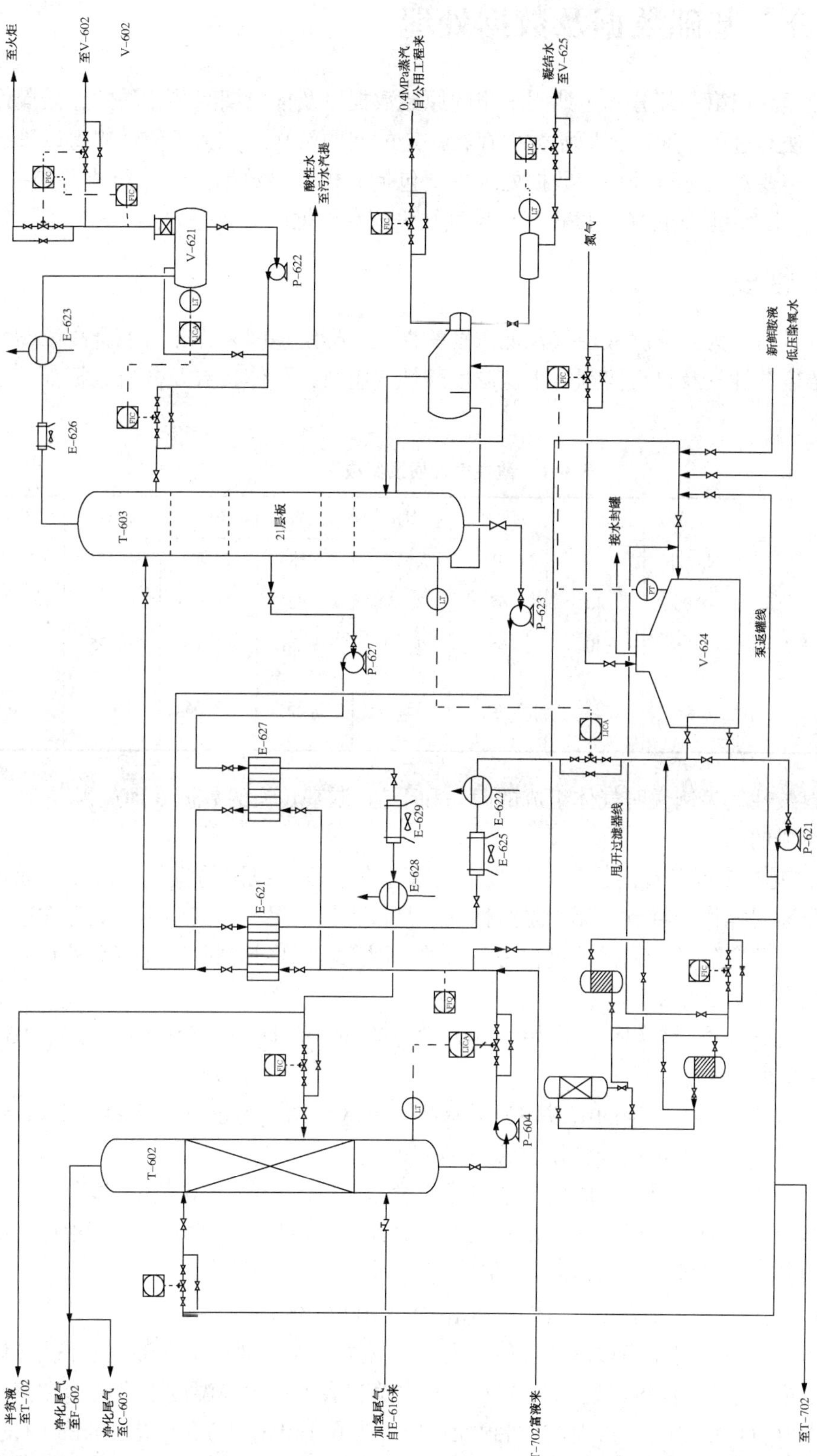

图2-3 1#70kt/a硫黄回收装置流程示意图-尾气处理胺液再生部分

第三部分　基础数据及数据处理

装置基础数据利用第一部分标定期间采集的原始数据以及标定期间装置的的原始操作数据。由于分析方法和过程的原因，原始数据存在一定的问题及缺漏，为了使计算得以进行并贴近生产数据，需要对其进行处理。数据处理主要包括分析化验数据的气体组成并归一(刨除引入的空气)、干基-湿基转换、过程气和尾气缺失流量数据的推算等内容。

一、原料性质

装置酸性气进料分为高浓度酸性气及低浓度酸性气，标定期间采样分析混合高浓度酸性气、煤制氢低浓度酸性气及自身溶剂再生低浓度酸性气组成，具体参数及分析数据如表 3-1 所示。

表 3-1　酸性气性质及组成

项目	流量	温度	压力	H_2S	空气	CO_2	CO	CH_4
单位	Nm^3/h	℃	kPa	%(体)	%(体)	%(体)	%(体)	%(体)
高浓度酸性气	4108	40	65	75.52	7.45	16.99	0	0.04
煤制氢低浓度酸性气	1126	40	65	0.23	18.26	71.16	10.35	0
尾气处理胺液再生酸性气	589	28	80	33.89	3.55	62.56	0	0

下面以原料酸性气为例说明气体组成的归一和干基-湿基转换的数据处理过程：

(1) 气体组成的归一

从表 1-2 和表 1-3 可以看出，气体组成中均普遍存在百分级别的空气，而在实际生产中由于硫黄回收装置操作的特点，无论是酸性气还是过程气、尾气，其中不可能存在这么大量的空气。推断这些空气是在采样的过程中引入的，因此需要将其刨除。使用公式(3-1)得到刨除空气后的各组成含量：

归一后组分 A 含量%(体)= 原始组分 A 含量%(体)÷[1-空气含量%(体)]　(3-1)

(2) 干基-湿基转换

由于气体在分析化验室标定的组成均为干基状态下的数据，为了进行物料的平衡计算，需要将其转化为湿基状下的组成。转换公式(3-2)如下：

湿基组分 A 含量%(体)= 原始干基组分 A 含量%(体)×[1-水含量%(体)]　(3-2)

由于分析数据中没有水含量，对于饱和状态下的气体，如酸性气原料等，可由原料的温度、上游气液分离设备的操作压力(绝压)估算：

$$水含量\%(体)=P_{饱和}\div P_{总}\times 100\%(体) \tag{3-3}$$

以原料酸性气为例：对于高浓度酸性气，上游装置主要为溶剂再生和酸性水汽提(侧线抽氨)，两类装置的塔顶分液罐温度均为 40℃，查水蒸气表可得到该温度下水的饱和蒸气压为 7.38kPa，压力为 0.09MPa(表)左右(塔顶操作压力为 0.1MPa(表)，考虑 10kPa 的设备、管路压力降)，计算可得高浓度酸性气中水的含量约为 3.8%(表)；同理，低浓度酸性气中水的含量也约为 3.8%(表)；尾气处理胺液再生的循环酸性气由于温度较低，只有 28℃，水的饱和蒸汽压为3.78kPa，根据表1-1再生塔塔顶操作压力为76kPa(表)，考虑5kPa的换热器和管路压降，分液罐压力为71kPa，计算可得水含量为2.19%(体)。

对分析数据进行归一和干基-湿基转换后的酸性气组成见表3-2。

表3-2 处理后酸性气性质及质及组成

项目	流量	温度	压力	H_2S	空气	CO_2	CO	CH_4	H_2O
单位	Nm^3/h	℃	kPa(表)	%(体)	%(体)	%(体)	%(体)	%(体)	%(体)
高浓度酸性气	4108	40	65	78.50	0	17.66	0	0.04	3.80
煤制氢低浓度酸性气	1126	40	65	0.27	0	71.16	12.18	0	3.80
尾气处理胺液再生酸性气	589	28	71	30.79	0	67.01	0	0	2.20

二、产品性质

硫黄产品指标及性质如表3-3所示。

表3-3 硫黄产品指标及质量

项目	指标	单位	分析数据
纯度	≥99.0%	%(质，干基)	99.97
酸度	≤0.02%	%(质，干基)	0.002
有机物	≤0.80%	%(质，干基)	0.002
水分	≤2.0%	%(质)	0.088
砷含量	≤0.05%	%(质，干基)	≤0.0001
灰分	≤0.2%	%(质，干基)	0.012
外观	黄色片状		

三、催化剂

装置催化剂装填方案为：一级反应器装填山东齐鲁科力化工研究院有限公司LS-971和LS-981G催化剂；二级反应器装填山东齐鲁科力化工研究院有限公司LS-02；加氢反应器装填山东齐鲁科力化工研究院有限公司LS-03A催化剂。

(一)催化剂物化性质

各种催化剂物化性质如表3-4~表3-7所示。

表3-4 LS-971脱漏氧保护催化剂物化性质

项目	单位	指标
颜色及形状	—	红褐色球形
外形尺寸	mm	φ3~6
主要化学组成	—	$Al_2O_3+Fe_2O_3$
比表面积	m^2/g	≥220
孔容	ml/g	≥0.30
堆密度	g/cm^3	0.75~0.85
抗压碎力	N/cm	≥140

表 3-5　LS-981G 二氧化钛基催化剂物化性质

项目	单位	指标
颜色及形状	—	白色三叶草条形
外形尺寸	mm	ϕ4±0.5×5~20
主要化学组成	—	Al_2O_3-TiO_2/助剂
比表面积	m^2/g	≥100
孔容	mL/g	≥0.20
堆密度	g/cm^3	0.90~1.00
抗压碎力	N/cm	≥150

表 3-6　LSH-02 氧化铝基催化剂物化性质

项目	单位	指标
颜色及形状	—	白色球形
外形尺寸	mm	ϕ3~6
主要化学组成	—	Al_2O_3
比表面积	m^2/g	≥320
孔容	ml/g	≥0.40
堆积密度	g/cm^3	0.63~0.75
抗压碎力	N/cm	≥120

表 3-7　LSH-03A 高耐氧低温加氢催化剂物化性质

项目	单位	指标
MoO_3	%(质)	12±0.5
CoO	%(质)	1.8±0.2
外观	—	蓝灰色三叶草形
规格	mm	ϕ3.0×5~10
比表面积	m^2/g	≥180
孔容	mL/g	≥0.3
堆积密度	g/cm^3	0.75±0.05
强度	N/cm	≥200
磨耗	%	≤0.5
适用温度	℃	220~350

（二）催化剂装填方案

各反应器催化剂装填情况如图 3-1~图 3-3 所示。

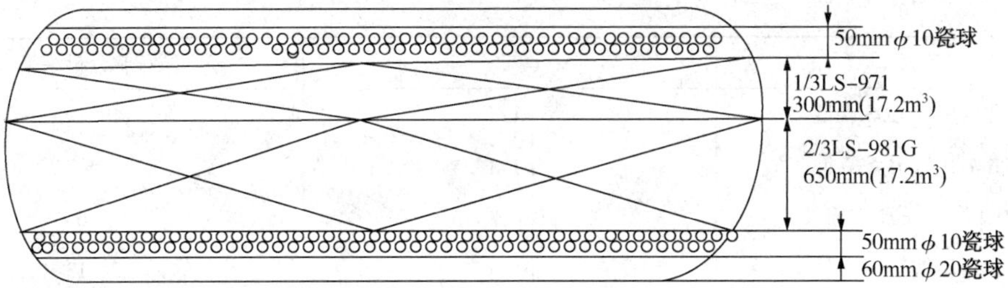

图 3-1　一级反应器催化剂装填方案

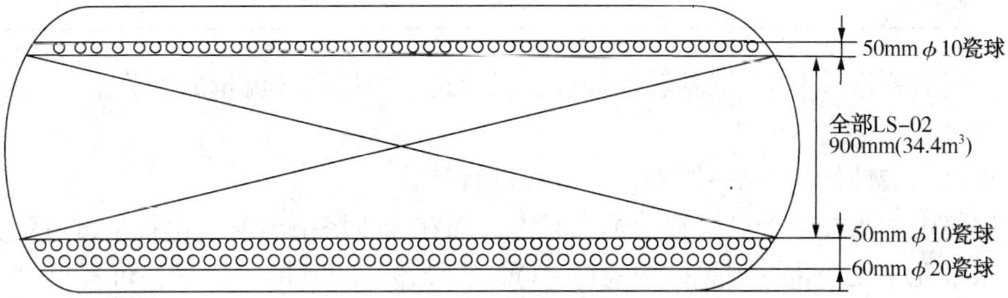

图 3-2　二级反应器催化剂装填方案

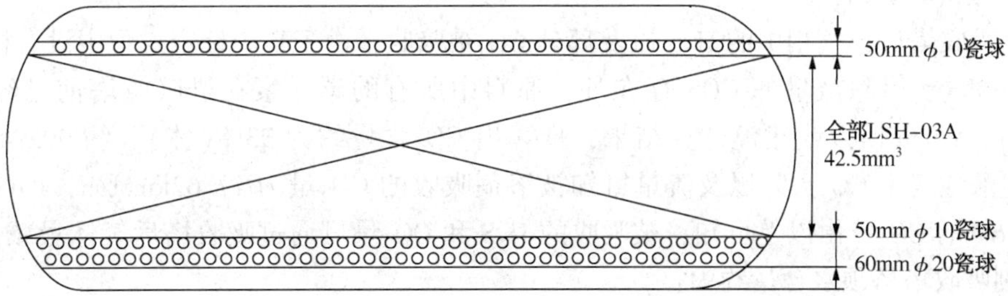

图 3-3　加氢反应器催化剂装填方案

四、净化尾气

根据标定报告表 1-1、表 1-4 和表 1-7，吸收塔相关操作参数及分析数据如表 3-8 所示。

表 3-8　吸收塔原始操作参数及分析数据

项目	单位	数据/分析结果
急冷后尾气温度	℃	28.4
急冷后尾气流量	Nm^3/h	无原始数据
吸收塔顶气流量	Nm^3/h	无原始数据
贫液温度	℃	29.4
贫液流量	t/h	49.4
半贫液温度	℃	32.3
半贫液流量	t/h	37.5
净化前尾气 H_2S 含量	%(体)	0.94
净化前尾气 H_2 含量	%(体)	2.17

续表

项目	单位	数据/分析结果
净化前尾气 COS 含量	μL/L	19.19
净化后尾气 H_2S 含量	μL/L	5
净化后尾气 H_2 含量	%(体)	3.6
净化后尾气 COS 含量	μL/L	24.13
贫液浓度	%(质)	34.61
贫液硫化氢含量	g/L	0.16

净化尾气需要进行干基-湿基转换处理，以及进、出塔尾气流量的推算。

1. 干基-湿基转换

可根据之前酸性气的干基-湿基转换方法进行计算。

由于尾气中的水在急冷塔塔顶为饱和状态，而在吸收塔中温度变化很小，可认为气体进出吸收塔水量几乎无变化。则先按照式(3-3)计算急冷塔塔顶的水含量，可查得28.4℃下水饱和蒸气压为3.78kPa，根据表1-1急冷塔塔顶压力为0.136kPa(表)，计算可得急冷塔塔顶水含量为3.73%(体)。

通过吸收塔后，气相中的H_2S以及部分CO_2被吸收，由于整个标定过程中没有检测气相中CO_2的含量，但除微量的COS存在外，原料中所有的碳元素在进吸收塔前已经转化为CO_2，可由Aspen模拟或建模计算结果，推算出CO_2含量约为23%(体)，约99.94kmol/h；通过再生酸性气中CO_2含量以及流量可知被溶剂吸收的CO_2量为17.62kmol/h，即吸收塔吸收了17.6%的CO_2。由以上可知，被吸收的H_2S和CO_2量可通过吸收塔后气体量减少约5%(体)，则吸收塔塔顶水含量约为：

$$3.73 \div (1-5\%) = 3.93\%(\text{体})$$

然后可根据式(3-2)将吸收塔入口、出口组成分别折算成湿基数据见表3-9。

表3-9 处理后吸收塔操作参数及分析数据

项目	单位	数据/分析结果
急冷后尾气温度	℃	28.4
急冷后尾气流量	Nm^3/h	10636
吸收塔顶尾气流量	Nm^3/h	10060
贫液温度	℃	29.4
贫液流量	t/h	49.4
半贫液温度	℃	32.3
半贫液流量	t/h	37.5
净化前尾气 H_2S 含量	%(体)	0.90
净化前尾气 H_2 含量	%(体)	2.09
净化前尾气 COS 含量	μL/L	18.47
净化后尾气 H_2S 含量	μL/L	4.8
净化后尾气 H_2 含量	%(体)	3.46

续表

项目	单位	数据/分析结果
净化后尾气 COS 含量	μL/L	23.18
贫液浓度	%(质)	34.61
贫液硫化氢含量	g/L	0.16

2. 推算流量

净化尾气流量无计量，可通过倒推法计算。即，使用烟气流量减去尾气、燃料气中可燃物质燃烧增加的气量以及使烟气过氧注入的空气量获得。由于尾气中的硫化氢和羰基硫含量很低，仅为 μL/L 级，其燃烧对烟气体积流量增加的影响基本可以忽略，仅考虑尾气中氢气燃烧即可，则净化尾气的流量可简单按如下公式计算：

烟气流量-燃料气流量-燃料气当量燃烧增加的体积流量-尾气中氢气燃烧增加的体积流量-使烟气过氧 3%(体)加入的空气量-脱臭尾气量

根据 H_2 以及燃料气中各组分的反应方程式，其当量燃烧增加的摩尔流量如表 3-10 所示。

表 3-10　1kmol 可燃物当量燃烧产物增加的物质的量(包括配风)

可燃物	H_2	C_1	C_2	C_3	C_4	C_5	C_6
当量燃烧增加的物质的量/(kmol/kmol)	2	10	18	26	34	42	50

根据表 1-8 的燃料气组成，可知 1kmol 燃料气当量燃烧增加的物质的量为 7.845kmol。

根据表 1-1 中的燃料气用量 289Nm³/h，可得当量燃烧烟气增加的体积流量为 289×7.845=2267Nm³/h。

吸收塔顶氢气含量为 3.6%(质)，根据 Aspen 模拟，尾气焚烧炉中有 70%的穿透率，则发生反应的氢气量为 4.42kmol，燃烧产物体积增加 4.42×22.4×2=198Nm³/h。

烟气总体积 15061Nm³/h，焚烧炉氧含量为 3.9%(体)，根据 Aspen 模拟水含量折合湿基约 3.5%(体)，则使烟气过氧 3%(体)加入的空气量为 15061×3.5%÷0.2=2635.7Nm³/h。

脱臭尾气量根据现场 DCS 显示数据为 104.2Nm³/h。

由以上三部分计算可得送至焚烧炉的净化尾气流量=15061-289-2267-198-2635.6-104.2=9567.2Nm³/h

由表 3-2 可知循环酸性气流量为 589m³/h，扣除循环酸性气中的饱和水 2.2%(体)，吸收塔中所吸收的酸性气量为

$$589\times(1-2.2\%)=576\text{Nm}^3/\text{h}$$

而通过 DCS 现实的液硫池顶气流量计可知液硫脱气尾气流量为 928.6kg/h，刨除吸入空气 268.8kg/h，可推算送至硫池进行液硫脱气的净化尾气量为 492.8Nm³/h，则急冷塔塔顶尾气流量为 9567.2+576+492.8=10636Nm³/h。

综上经过处理后的吸收塔相关操作参数及分析数据见表 3-9。

五、外排烟气

根据表 1-1 和表 1-5，焚烧炉相关运行参数及烟气排烟分析数据如表 3-11 所示。

表 3-11　焚烧炉原始操作参数及分析数据

项目	单位	数值	项目	单位	数值
瓦斯量	Nm^3/h	289	CO	mg/m^3	373.03
主空气量	kg/h	2796.4	NO_x	mg/m^3	6.91
次空气量	kg/h	2695.3	粉尘	mg/m^3	18.86
炉膛温度	℃	609	烟气流量	Nm^3/h	15061
氧含量	%	3.9	烟气含氧量	%(体)	3.9
SO_2	mg/m^3	32.6			

以上组成均为干基状态下数据，根据 Aspen 模拟以及建模计算，烟气中的水含量约 9.3%(体)，进行干基-湿基转化后烟气操作参数及分析数据见表 3-12。

表 3-12　处理后焚烧炉操作参数及分析数据

项目	单位	数值	项目	单位	数值
瓦斯量	Nm^3/h	289	CO	mg/m^3	338.33
主空气量	kg/h	2796.4	NO_x	mg/m^3	6.27
次空气量	kg/h	2695.3	粉尘	mg/m^3	17.11
炉膛温度	℃	609	烟气流量	Nm^3/h	15061
氧含量	%	3.54	烟气含氧量	%(体)	3.54
SO_2	mg/m^3	29.57			

六、贫胺液

根据表 1-1 可得，贫胺液流量：49.4t/h，半贫液流量：37.5t/h。

根据标定报告表 1-7 贫富液分析结果可以得到贫胺液数据如表 3-13 所示。

表 3-13　贫液分析数据一览表

项目	单位	数据	项目	单位	数据
H_2S 含量	g/L	0.16	热稳定盐	%(质)	0.11
胺液浓度	%(质)	34.61			

半贫液浓度未知，但可根据 Aspen 模拟流程获得。由现场及设计资料可知，半贫液是从再生塔第 20 块塔盘降液管抽出，根据 Aspen 模拟结果，该处半贫液的 H_2S 含量为 0.31g/L，温度为 120.4℃，温度与操作数据对应，可认为该模拟结果可信。

七、富胺液

根据标定报告表 1-7 贫富液分析结果可以得到富胺液数据，如表 3-14 所示。

表 3-14　富液分析数据一览表

项目	单位	数据
H_2S 含量	g/L	1.78

由于九江石化两套70kt/a硫黄回收共用一套尾气处理胺液再生，表1-1中的富液流量计量为两套之和，无法直接得到1#硫黄回收吸收塔的富胺液量。因此使用贫液+酸性气量的方法得到富胺液量，由表1-3可得到循环酸性气的组成，可计算其分子量为39.99，循环酸性气的质量流量为589÷22.4×39.99=1051.5kg/h。因此，1#硫黄回收为富液的流量为87.95t/h。

八、酸性气反应炉

酸性气反应炉主要是发生硫化氢的部分氧化反应以及附带的烃、氨等其他介质的燃烧，具体化学反应方程式可在专家班授课课件以及陈赓良、肖学兰等人所著《克劳斯法硫黄回收技术》中查得[1]，简单罗列如下：

1. 硫、硫化物及烃类的氧化反应

$$H_2S+3/2\ O_2 \longrightarrow SO_2+H_2O \quad (3-4)$$

$$2H_2S+SO_2 \longrightarrow 3/2\ S_2+2H_2O \quad (3-5)$$

$$3H_2S+3/2\ O_2 \longrightarrow 3/2H_2O+3/2S_2 \quad (3-6)$$

$$H_2S+1/2\ O_2 \longrightarrow H_2O+S_1 \quad (3-7)$$

$$S_1+O_2 \longrightarrow SO_2 \quad (3-8)$$

$$2S_1 \longrightarrow S_2 \quad (3-9)$$

$$S_2+2O_2 \longrightarrow 2\ SO_2 \quad (3-10)$$

$$CH_4+2\ O_2 \longrightarrow 2H_2O+CO_2 \quad (3-11)$$

$$C_2H_6+7/2\ O_2 \longrightarrow 3H_2O+2\ CO_2 \quad (3-12)$$

$$C_6H_6 \longrightarrow 6C+3\ H_2 \quad (3-13)$$

$$C_7H_8 \longrightarrow 7C+4\ H_2 \quad (3-14)$$

2. 酸性气反应炉内可能生成或消耗CO和H_2的反应

$$CH_4+3/2\ O_2 \longrightarrow 2H_2O+CO \quad (3-15)$$

$$CH_4+O_2 \longrightarrow H_2O+CO+H_2 \quad (3-16)$$

$$CH_4+2H_2O \longrightarrow CO_2+4H_2 \quad (3-17)$$

$$H_2+C\ O_2 \longrightarrow H_2O+CO \quad (3-18)$$

$$CO_2+H_2S \longrightarrow CO+H_2O+1/2\ S_2 \quad (3-19)$$

$$2CO_2+H_2S \longrightarrow 2CO+H_2+SO_2 \quad (3-20)$$

$$H_2S \longrightarrow H_2+1/2S_2 \quad (3-21)$$

$$2CO+O_2 \longrightarrow 2CO_2 \quad (3-22)$$

$$4CO+2SO_2 \longrightarrow 4CO_2+S_2 \quad (3-23)$$

$$H_2+1/2\ O_2 \longrightarrow H_2O \quad (3-24)$$

$$H_2+0.5\ S_2 \longrightarrow H_2S \quad (3-25)$$

3. 酸性气反应炉内可能生成或消耗COS的反应

$$2CH_4+3SO_2 \longrightarrow 4\ H_2O+2COS+1/2S_2 \quad (3-26)$$

$$2CO_2+3S_1 \longrightarrow 2COS+SO_2 \quad (3-27)$$

$$2CS_2+CO_2 \longrightarrow 2COS \quad (3-28)$$

$$2CO_2+2S_1 \longrightarrow COS++CO+SO_2 \quad (3-29)$$

$$CO+S_1 \longrightarrow COS \qquad (3-30)$$

$$CH_4+SO_2 \longrightarrow H_2O+COS+H_2 \qquad (3-31)$$

$$CS_2+H_2O \longrightarrow H_2S+COS \qquad (3-32)$$

$$COS+H_2O \longrightarrow H_2S+CO_2 \qquad (3-33)$$

$$2COS+SO_2 \longrightarrow 3/2\ S_2+2\ CO_2 \qquad (3-34)$$

$$COS+CO+SO_2 \longrightarrow S_2+2\ CO_2 \qquad (3-35)$$

$$COS+H_2 \longrightarrow CO+H_2S \qquad (3-36)$$

$$2COS+3/2O_2 \longrightarrow SO_2+CO_2 \qquad (3-37)$$

$$2COS+3/2O_2 \longrightarrow SO_2+CO_2 \qquad (3-38)$$

$$COS \longrightarrow CO+1/2S_2 \qquad (3-39)$$

4. 酸性气反应炉内可能生成或消耗 CS_2 的反应

$$C_1+2\ S_1 \longrightarrow C\ S_2 \qquad (3-40)$$

$$CH_4+2H_2S \longrightarrow CS_2+4H_2 \qquad (3-41)$$

$$CH_4+4S_1 \longrightarrow CS_2+2H_2S \qquad (3-42)$$

$$CH_4+2S_2 \longrightarrow CS_2+2H_2S \qquad (3-43)$$

$$2CO_2+3S_1 \longrightarrow CS_2+SO_2 \qquad (3-44)$$

$$C_2H_6+3.5S_2 \longrightarrow CS_2+3H_2S \qquad (3-45)$$

$$C_3H_8+5S_2 \longrightarrow 3CS_2+4H_2S \qquad (3-46)$$

$$CS_2+2H_2O \longrightarrow 2\ H_2S+CO_2 \qquad (3-47)$$

$$CS_2+SO_2 \longrightarrow 3/2S_2+CO_2 \qquad (3-48)$$

$$CS_2+CO_2 \longrightarrow S_2+2CO \qquad (3-49)$$

5. 酸性气反应炉内 NH_3 发生的反应

$$2NH_3+3/2O_2 \longrightarrow N_2+3H_2O \qquad (3-50)$$

$$2NH_3 \longrightarrow N_2+3H_2 \qquad (3-51)$$

$$2NH_3+SO_2 \longrightarrow N_2+2H_2O+H_2S \qquad (3-52)$$

$$2NH_3+S_2 \longrightarrow H_2S_2+N_2+2H_2 \qquad (3-53)$$

$$2NH_3+CO_2 \longrightarrow CO+H_2O+N_2+2H_2 \qquad (3-54)$$

九江石化硫黄回收装置原料特殊，含两股煤制氢酸性气。其中一股高浓度酸脱酸性气 H_2S 含量约 13.5%(体)，另一股低浓度汽提酸性气 H_2S 含量约 0.27%(体)。两股酸性气主要成分均为 CO_2，占比都在 80%(体)以上，汽提酸性气里还含有 12.2%(体)的 CO。由上述反应式可知，大量的 CO_2 和 CO 在反应炉内有可能生成 COS 及 CS_2，影响炉温及反应炉的硫回收率。九江石化经过生产试验以及长期的生产实践摸索，优化了进料方案。目前的进料方案为煤制氢酸脱酸性气与再生、汽提酸性气合并进炉头，作为高浓度酸性气进料；煤制氢汽提酸性气与尾气处理胺液再生循环回来的酸性气合并，进入炉中部。低浓度酸性气为该方案可降低低浓度酸性气中大量的 CO_2、CO 的停留时间，降低副反应的发生程度，从而降低有机硫的生成率。

反应炉中发生的化学反应非常复杂，另外，在废热锅炉中也会发生 S_2 向 S_6、S_8 转化的反应，以及 CO 与元素 S 生成 COS 等反应，要理清具体发生了哪些反应非常困难。但对于计算过程，无论考虑的反应式组合如何变化，只要产物一定则反应组合释放的热量一定。基于这点，在建模计算时可以尽量简化反应式，我们的课件教授的方法就忽略了大量生成有机硫的副反应以及硫元素形态转化的副反应。对于建模计算，可以从 Aspen 模拟结果反推出各种副反应发生的程度，从而使计算更贴近实际。通过计算可以得到反应炉出口以及废锅出口的各物质组成，其数据如表 3-15 所示。

表 3-15　Aspen 模拟反应炉、废热锅炉出口过程气组成

取样位置	分析项目	单位	值
反应炉出口过程气	H_2S	%(体)	4.47
	SO_2	%(体)	2.59
	COS	%(体)	0.37
	CS_2	μL/L	68.1
	CO	%(体)	1.08
	CO_2	%(体)	14.02
废热锅炉出口过程气	H_2S	%(体)	4.86
	SO_2	%(体)	2.76
	COS	%(体)	0.67
	CS_2	μL/L	72.5
	CO	%(体)	0.87
	CO_2	%(体)	14.92

从结果可以看出，CS_2的含量较低，本着尽量简化副反应的原则，可将 CS_2看成由酸性气中的 CH_4转化而来，剩余的 CH_4与氧气发生反应。另外根据模拟的结果，从炉中部进入的 CO 在反应炉内流量反而有所增加，表明其几乎不参与反应或其生成的反应比消耗反应速度快。为简化计算，在建模计算时可以不考虑 CO 生成 COS 或与氧气发生的反应，而 CO 增加的反应式考虑为式(3-21)。式(3-21)中 CO_2转化为 CO 的转化率也根据 Aspen 模拟结果给定，保持两种算法的一致性。

由于反应炉出口及废热锅炉出口无分析化验数据，第一个过程气的采样点在一级反应器入口，因此，确定可靠的基础数据时需对一反入口过程气进行数据处理。

九、一、二级 Claus 反应器进出口过程气

在制硫部分 Claus 反应器中可能发生的主要反应有[1]：

$$2H_2S+SO_2 \longrightarrow 2H_2O+3/2S_2 \tag{3-55}$$

$$COS+H_2O \longrightarrow H_2S+CO_2 \tag{3-56}$$

$$CS_2+H_2O \longrightarrow H_2S+COS \tag{3-57}$$

$$CS_2+2H_2O \longrightarrow 2\ H_2S+CO_2 \tag{3-58}$$

$$3S_2 \longleftrightarrow S_6 \tag{3-59}$$

$$4S_2 \longleftrightarrow S_8 \tag{3-60}$$

$$4S_6 \longleftrightarrow 3S_8 \tag{3-61}$$

根据表 1-1，可以得到一、二级 Claus 反应器以及各级硫冷凝器主要操作参数，将其与模拟数据对比如表 3-16 所示。

表 3-16　一、二级反应器操作数据与模拟数据对比　　℃

项目		实测数值	模拟数值
一级硫冷器 E602	出口温度	156.4	156.4
一级反应器 R601	入口温度	218	218
	出口温度	290.1	285.1
二级硫冷器 E603	出口温度	156.3	156.3
二级反应器 R602	入口温度	215	215
	出口温度	223.5	225.1
三级硫冷器 E604	出口温度	152.1	152.1

在模拟流程中各级硫冷器出口与反应器入口温度均为设定值，从上表可以看到反应器出口的模拟温度和实测温度较为接近，偏差小于5℃。可以判断模拟流程基本与装置的实际运行情况吻合。

根据表 1-3 得到的过程气分析数据，以及模拟流程中各点的水含量[一反入口：25.41%（体），一反出口：29.45%（体），尾气捕集器出口：30.52%（体）]，进行干基-湿基转化。另由于 Aspen 模拟数据与表 1-3 中进行干基-湿基转化后数据接近，可根据 Aspen 模拟得到的组成数据，对其中 CO 和 CO_2数据进行归一处理。经过干基-湿基转化并增加 CO 和 CO_2归一化处理的过程气分析数据见表 3-17。

表 3-17　处理后过程气分析数据

取样位置	流量/(kmol/h)	分析项目	单位	值
一级反应器入口过程气	565.2	H_2S	%(体)	4.29
		SO_2	%(体)	2.41
		COS	%(体)	0.455
		CS_2	μL/L	4.71
		H_2	%(体)	0.79
		CO	%(体)	0.90
		CO_2	%(体)	15.54
一级反应器出口过程气	558.8	H_2S	%(体)	0.92
		SO_2	%(体)	0.59
		COS	μL/L	167.25
		CS_2	μL/L	0.11
		H_2	%(体)	0.77
		CO	%(体)	0.914
		CO_2	%(体)	16.26
尾气捕集器出口	553.1	H_2S	%(体)	0.278
		SO_2	%(体)	0.146
		COS	μL/L	163.49
		CS_2	μL/L	0.02
		H_2	%(体)	0.99
		CO	%(体)	0.925
		CO_2	%(体)	16.48

Aspen 模拟得到的组成数据见表 3-18。

表 3-18 Aspen 模拟过程气组成数据

取样位置	流量/(kmol/h)	分析项目	单位	值
一级反应器入口过程气	566.2	H_2S	%(体)	4.98
		SO_2	%(体)	2.83
		COS	%(体)	0.69
		CS_2	μL/L	74.4
		H_2	%(体)	1.18
		CO	%(体)	0.89
		CO_2	%(体)	15.31
一级反应器出口过程气	559	H_2S	%(体)	1.32
		SO_2	%(体)	0.66
		COS	μL/L	293.72
		CS_2	μL/L	0
		H_2	%(体)	1.2
		CO	%(体)	0.91
		CO_2	%(体)	16.18
尾气捕集器出口	551.9	H_2S	%(体)	0.65
		SO_2	%(体)	0.33
		COS	%(体)	278.5
		CS_2	μL/L	0
		H_2	μL/L	1.21
		CO	%(体)	0.92
		CO_2	%(体)	16.39

从以上数据对比可以看出，过程气的各点实测数据中 H_2S 和 SO_2 含量较低，这个差异主要由两点可能性造成：

① 过程气在标定中混入了空气。根据酸性气的分析数据可以看出，几乎所有的气体样品在做组成分析时均混入了空气，这主要是采样方式及采样操作不当造成的。将空气刨除后，实测各组分浓度将会提高。

② 差异与反应炉炉温相关。实测炉温(1146℃)较 Aspen 模拟炉温(1089℃)高，根据 Claus 反应的平衡常数与温度的关系图，在高温热反应阶段，炉温更高意味着反应炉内的硫回收率高，则反应产物中的 H_2S 和 SO_2 含量更低。实测炉温较高可能的原因有三，第一，流量计的校准问题，气体流量计量的精度不高，且模拟使用的低浓度酸性气流量为推算出来的数值，这些都有可能影响酸性气的总浓度；第二，模拟时烃类组分按照甲烷计算，而实际组分有可能是热值更高的烃类，也会对炉温造成一些影响，同时由于原料未检测出 NH_3，而实际汽提酸性气和煤制氢汽提酸性气均可能含 NH_3，NH_3的氧化反应也将提高炉温；第三，从对比结果可以看到实测 COS 和 CS_2的量较 Aspen 模拟偏小的幅度更大，这意味着生成有机硫的反应转化率较低，有更多的烃以及 CO 发生了氧化放热反应，同样造成了炉温升高。

刨除测量误差，从分析数据的对比情况可以看出，实际运行中装置的制硫部分转化率高于 Aspen 模拟值。实测尾气捕集器出口的 H_2S+SO_2 的含量为 0.329%(体)，模拟计算值为 0.98%(体)，这也是由实际工况炉温更高所决定的。按照实测 H_2S+SO_2 的含量为 0.329%计算，所得的制硫部分硫回收率在 98%以上(硫回收率将在下一章节详细计算)。该数据相对于总进料中约 32%(体)的 CO_2 的酸性气品质通常可达的回收率来说偏高，由此也可推断分析化验的 H_2S 和 SO_2 含量偏低。而 Aspen 模拟计算的制硫部分硫回收率为 95.6%，更符合进料酸性气品质能达到的回收率效果。

十、加氢反应器进出口尾气

加氢反应器中发生的主要反应如下所示[1]：

$$S_8+8H_2 \longrightarrow 8\,H_2S \tag{3-62}$$

$$SO_2+3H_2 \longrightarrow H_2S+2\,H_2O \tag{3-63}$$

$$CS_2+4H_2 \longrightarrow 2\,H_2S+CH_4 \tag{3-64}$$

$$COS+4H_2 \longrightarrow 4\,H_2S+CO \tag{3-65}$$

$$COS+H_2O \longrightarrow H_2S+CO_2 \tag{3-66}$$

$$CS_2+H_2O \longrightarrow 2\,H_2S+COS \tag{3-67}$$

加氢反应器中发生的主要副反应如下所示[1]：

$$SO_2+2H_2S \longrightarrow 3S+2\,H_2O \tag{3-68}$$

$$SO_2+3CO \longrightarrow COS+2\,CO_2 \tag{3-69}$$

$$S_8+8CO \longrightarrow 8COS \tag{3-70}$$

$$CO+H_2O \longrightarrow CO_2+H_2 \tag{3-71}$$

$$CO+H_2S \longrightarrow COS+H_2 \tag{3-72}$$

$$CS_2+3H_2 \longrightarrow CH_3SH+H_2S \tag{3-73}$$

$$CH_3SH+H_2 \longrightarrow CH_4+H_2S \tag{3-74}$$

$$2COS+SO_2 \longrightarrow 3S+2CO_2 \tag{3-75}$$

$$CS_2+SO_2 \longrightarrow 3S+2COS \tag{3-76}$$

由于九江石化的硫黄回收采用了 LS-DEGAS 工艺，从硫池处抽出了部分氧气进入尾气中，因此，在加氢反应器中还可能发生以下氧化反应：

$$H_2+1/2O_2 \longrightarrow H_2O \tag{3-77}$$

$$S_8+4O_2 \longrightarrow 4SO_2 \tag{3-78}$$

根据表 1-1，可以得到加氢反应器进出口的主要操作参数，将其与模拟数据对比如表 3-19所示。

表 3-19　加氢反应器操作数据与模拟数据对比　　℃

项目		实测数值	模拟数值
加氢反应器 R603	入口温度	237.4	237.4
	出口温度	305.3	307.8
尾气处理废热锅炉 E616	出口温度	154.8	154.8

在模拟流程中反应器入口温度和尾气处理废热锅炉出口温度均为设定值，从表 3-19 可

以看到加氢反应器出口的模拟温度和实测温度较为接近，偏差小于5℃。可以判断模拟流程基本与装置的实际运行情况吻合。

根据表3-17已经得到尾气捕集器出口组成，再根据液硫脱气的净化尾气量[由前文计算得492.8Nm^3/h，合22kmol/h，氢含量3.46%(体)]、蒸汽喷射器动力蒸汽流量(由表1-11得500kg/h，合27.8kmol/h)、抽入空气流量(由表1-11得9.5kmol/h)以及外补氢气的流量(由表1-11得26.3kg/h，合13.2kmol/h)可以得到加氢反应器入口组成。根据表3-10已经得到的加氢反应器出口组成、急冷塔顶尾气流量(10636Nm^3/h，合474.8kmol/h)以及外排急冷水量(2900kg/h，合161.1kmol/h)汇总见表3-20。

表3-20 处理后尾气分析数据

取样位置	流量/(kmol/h)	分析项目	单位	值
加氢反应器入口尾气	625.6	H_2S	%(体)	0.246
		SO_2	%(体)	0.129
		COS	μL/L	144.54
		H_2	%(体)	3.11
加氢反应器出口尾气	635.9	H_2S	%(体)	0.9
		COS	μL/L	18.47
		CS_2	μL/L	0
		H_2	%(体)	2.09

Aspen模拟的相应位置尾气组成见表3-21。

表3-21 Aspen模拟尾气组成数据

位置	分析项目	单位	值
加氢反应器入口尾气	H_2S	%(体)	0.58
	SO_2	%(体)	0.29
	COS	μL/L	247
	H_2	%(体)	3.31
加氢反应器出口尾气	H_2S	%(体)	1.07
	COS	μL/L	13.38
	CS_2	μL/L	0
	H_2	%(体)	2.46

从以上对比可以看出，经过加氢反应器后Aspen模拟组成中硫化物残留量较标定组成大，符合两者制硫部分硫回收率的差异。

第四部分　计算

计算过程主要以装置标定期间采样分析化验结果为基础，对装置的物料平衡、设备单体等进行计算，对标定数据缺失的部分采用Aspen模拟数据进行补充。另外，使用专家班课程所教授的反应平衡常数法建模计算整个硫黄回收过程，得到计算结果后，将标定数据和Aspen 模拟数据以及使用 Excel 建模计算的数据进行对比分析。建模计算的计算方法以及物性数据均由专家班课程所教授，摘自美国 GPSA 协会出版的 Engineering Data Book. Volume II，13th edition，Section 22 中。

一、物料平衡计算

（一）硫平衡计算

1. 装置总体硫平衡及硫回收率计算

本节采用装置标定数据进行计算，其值已在第三部分“基础数据”中给出。装置总硫平衡计算涉及原料酸性气，硫黄产品，燃料气、烟气中的硫以及急冷水中的硫。需要注意的是低浓度酸性气进料中所含胺液再生循环酸性气为装置内循环料，在总硫平衡计算中不计入硫平衡计算。

由于硫黄产品量难以精确统计，采用摒弃物算法，计算从烟气、急冷水中带走的硫元素占比，则总硫回收率=1-(烟气中硫+急冷水中硫)÷原料中硫。

首先，计算原料中的硫，高浓度酸性气进料量为 4108. 3Nm^3/h，含硫化合物为硫化氢，其中硫化氢含量为 78. 5%(体)，硫的分子量按照 32. 065 计，则含硫量为 4108. 3÷22. 4×78. 5%×32. 065=4616. 5kg/h。低浓度酸性气进料量为 1126. 1Nm^3/h，含硫化合物为硫化氢，其中硫化氢含量为 0. 27%(体)，硫的分子量按照 32. 065 计，则含硫量为 1126. 1÷22. 4×0. 27%×32. 065=4. 35kg/h。

燃料气中硫含量未检测出，可忽略不计。

计算烟气中硫含量：由表 3-12 可知，烟道气流量为 15061Nm^3/h，烟气排烟二氧化硫含量为 29. 57mg/m^3，则其中二氧化硫中硫元素的质量流量为 15061×29. 57÷1000000÷64. 065×32. 065=0. 223kg/h。此外，由于 1$^\#$硫黄回收装置尾气焚烧炉炉温偏低，只有 609℃，按照 Aspen 模拟给出的数据尾气中的 COS 仍有 20. 4%的穿透率，由表 3-10 的分析可知送至尾气焚烧炉的尾气流量为 9567. 2Nm^3/h，其中 COS 含量为 23. 18μL/L，则残留在烟气里的 COS 中硫元素的质量流量为：9567. 2÷22. 4×23. 18÷1000000×32. 065=0. 317kg/h。在 609℃的炉温下，H_2S 也有 2%左右穿透率，但由于净化尾气中 H_2S 含量很低，烟气中残留的 H_2S 基本可以忽略。则烟气中排放的总硫元素为 0. 223+0. 317=0. 54kg/h。

根据表 1-9 可知急冷水中硫化物含量为 138. 9mg/L(以硫计)，根据表 1-1 可知急冷水外排量为 2. 9t/h，则其中硫含量为 2900×138. 9÷1000000=0. 40kg/h。

计算总硫回收率：

$$\psi_{总硫}=1-\frac{(0.54+0.4)}{(4616.5+4.35)}\times100\%==99.98\%$$

Aspen 模拟计算由于无法考虑急冷水中带走的硫，得到的总硫回收率为 99. 99%。

2. 反应炉硫平衡计算

由于反应炉出口无采样点，反应炉出料的元素硫无法确定。但根据元素平衡和基础数据表 3-17 中已有的硫化物分析数据，可推算出在反应炉及废热锅炉中生成的硫蒸气的量，形成硫平衡表见表 4-1。

表 4-1　标定数据反应炉(含废热锅炉)进出料硫平衡(以 S 的摩尔流量计)　　kmol/h

项目	入方流率	出方流率	项目	入方流率	出方流率
H_2S	150.73	24.25	CS_2		2×0.003
SO_2		13.62	S		110.28
COS		2.57	总计	150.73	150.73

废热锅炉出口的硫蒸气组成无法分析，但可以根据废热锅炉的出口温度查不同温度下的 S_x 蒸气摩尔分布图图 4-1 得到。

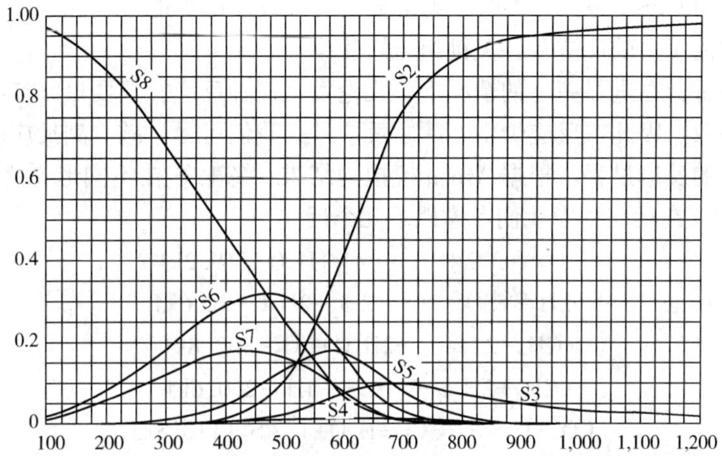

图 4-1　不同温度下硫的摩尔分率

已知废热锅炉出口过程气冷却至 346.2℃，由图 4-1 可得，在该温度下硫蒸气的主要组分为 S_6 与 S_8，其摩尔比为 22.5∶58，即生成 S_6 与 S_8 的 S 元素比为 135∶464。表 4-1 中已经得到废锅出口 S 的量为 110.28kmol/h，则出口气中 S_6 的摩尔流量为 110.28×135÷(135+464)÷6＝4.14kmol/h，S_8 的摩尔流量为 110.28×464÷(135+464)÷8＝10.68kmol/h

反应炉进出料硫平衡见表 4-2。

表 4-2　反应炉(含废热锅炉)进出料硫平衡(以 S 的摩尔流量计)　　kmol/h

项目	入方流率	出方流率	项目	入方流率	出方流率
H_2S	150.73	24.25	S_6	—	4.14×6
SO_2	—	13.62	S_8	—	10.68×8
COS	—	2.57	总计	150.73	150.73
CS_2	—	2×0.003			

然后采用 Aspen 模拟数据以及建模计算两种方法进行反应炉硫平衡计算。根据 Aspen 结果，反应炉、废热锅炉的进出料硫平衡见表 4-3、表 4-4。

表 4-3　Aspen 计算的反应炉进出料硫平衡(以 S 的摩尔流量计)　　kmol/h

项目	入方流率	出方流率	项目	入方流率	出方流率
H_2S	150.73	27.65	CS_2	—	2×0.042
SO_2	—	16.02	S_2	—	52.34×2
COS	—	2.30	总计	150.73	150.73

表 4-4 Aspen 计算的废热锅炉进出料硫平衡(以 S 的摩尔流量计) kmol/h

项目	入方流率	出方流率	项目	入方流率	出方流率
H_2S	27.65	28.20	S_2	52.34×2	—
SO_2	16.02	16.02	S_6	—	3.85×6
COS	2.30	3.91	S_8	—	9.91×8
CS_2	2×0.042	2×0.042	总计	150.73	150.73

下面介绍使用 GPSA 协会提供的平衡常数法[2]计算反应炉的过程。

(1) 指定炉内发生的反应及各关键组分转化率

上文已经提过，在进料一定的情况下，无论发生何种反应，只要最终产物一致，发生的反应放热量就一致。因此在反应炉中，除主反应外，我们可尽量减少副反应的方程式来表征酸性气在炉膛中的反应过程。根据 Aspen 模拟的结果，忽略 S 在不同形态之间的转化反应，仅考虑 S_2的生成，在反应炉中我们考虑以下几个反应：

$$H_2S+3/2\ O_2 \longrightarrow SO_2+H_2O-519.2kJ \tag{3-4}$$

$$2H_2S+SO_2 \longrightarrow 3/2\ S_2+2H_2O+82.6kJ \tag{3-5}$$

$$CH_4+2\ O_2 \longrightarrow 2H_2O+CO_2-802.8kJ \tag{3-13}$$

$$CH_4+2H_2S \longrightarrow CS_2+4H_2+260.6kJ \tag{3-43}$$

$$CO_2+H_2S \longrightarrow CO+H_2O+1/2\ S_2+113.8kJ \tag{3-21}$$

$$H_2S \longrightarrow H_2+1/2S_2+89.2kJ \tag{3-23}$$

$$2CO_2+3/2S_2 \longrightarrow 2COS+SO_2+131.25kJ \tag{3-29}$$

以上反应式中反应热“-”号代表放热反应，每 mol 关键组分发生反应的反应热由课件以及 HSC 软件获得。除了主反应(3-4)和(3-5)外，利用 Aspen 模拟结果给定其余每种副反应发生的转化率。

各反应式关键物质的转化率可按如下方式逐一给定：

① 根据模拟产物中 CS_2的量给定式(3-18)中 CH_4的转化率。而 CH_4全部反应完全，则剩余的 CH_4发生了式(3-12)中的反应；

② 根据模拟产物中的 COS 的量给定式(3-28)中 CO_2 的转化率；

③ 进炉的 CO 在反应炉中量有所增加，根据模拟产物中 CO 的增量给定式(3-20)中 CO_2 的转化率；

④ 根据模拟产物中氢气的量，减去第①步中式(3-18)生成的氢气量，确定由式(3-22)生成的氢气量，给定式(3-22)中 H_2S 的转化率。

⑤ 确定主反应(3-4)中 H_2S 的转化率

确定主反应(3-4)中 H_2S 的转化率需要综合考虑废热锅炉中发生的 CO 生成 COS 的反应及硫化氢分解的逆反应。根据 Aspen 模拟的结果，废热锅炉中发生了 CO 生成 COS 的反应，可表示为如下反应式：

$$CO+1/2S_2 \longrightarrow COS \tag{4-1}$$

其反应热可由式(3-31)以及 S_2转化为 S_1的吸热量获得。

废热锅炉中还发生了 H_2S 分解产物 H_2和 S_2又重新合成 H_2S 的反应，即式(3-22)的逆反应。

这两个反应的转化率同样由 Aspen 模拟数据对比废热锅炉前后的数据得到。通过 COS 的增量确定式(4-1)中 CO 的转化率，通过 H_2的增量确定式(3-22)的逆反应的转化率。

得到以上数据后，可以确定主反应(3-4)中 H_2S 的转化率。为了满足 Claus 反应的 H_2S：SO_2摩尔比值为 2：1，对于主反应(3-4)，原则上采用原料中 H_2S 流量的三分之一确定。但由于考虑了硫化氢分解的副反应，首先原料中 H_2S 应减去副反应(3-22)转化的 H_2S；再加上废热锅炉中副反应(3-22)的逆反应生成的 H_2S。另外，还需要考虑废热锅炉中 CO 生成 COS 的副反应，将来在一级 Claus 反应器中发生式(3-67)水解反应，还原成 H_2S 的影响。根据水解反应方程式，每摩尔 COS 水解将生成 1mol H_2S，因此这部分生成的 COS 相当于在反应炉部分就应先转化，即在乘以三分之一前要在 H_2S 流量上加上式(4-1)中生成 COS 的量。而对于式(3-28)生成 COS 的反应，以及式(3-42)生成 CS_2的反应，由于其产物自身遵循 H_2S：SO_2=2：1 的比例关系，或反应物所含 H_2S 和水解反应式(3-68)中生成的 H_2S 相互抵消的缘故，不应考虑其对主反应(3-4)发生的量的影响。综上，主反应(3-4)发生的量为：

(原料中 H_2S-反应炉式(3-22)H_2S 转化的量+废热锅炉式(3-22)H_2S 的生成量+废热锅炉式(4-1)COS 的生成量-一反后 COS 的穿透量)÷3

⑥ 确定主反应(3-5)发生的量

该步骤为整个反应炉计算的关键步骤，其需要用到能量平衡及试算法，在使用 Excel 计算时可先假设该反应发生的量为 $x$kmol/h，给定一个 x 后用能量平衡的校验标准来考察该 x 值是否给的准确，不断试算得到能量平衡的结果。

由以上 6 步得到的各反应的转化率如表 4-5 和表 4-6 所示。

表 4-5　建模计算时的反应炉各反应的量

反应式	反应的量/(koml/h)	关键组分转化率/%
$H_2S+1.5O_2 = H_2O+SO_2$	48.62853441	H_2S：32.2
$CH_4+2H_2S = CS_2+4H_2$	0.041940679	CH_4：55
$CH_4+2O_2 = CO_2+2H_2O$	0.034315101	CH_4：45
$H_2S+0.5SO_2 = H_2O+0.75S_2$	65.54	H_2S：43.2
$CO_2+H_2S = CO+H_2O+0.5S_2$	0.536897261	CH_4：0.6
$CO_2+0.75S_2 = COS+0.5SO_2$	2.326554799	CH_4：2.6
$H_2S = 0.5S_2+H_2$	7.095386739	H_2S：4.7

表 4-6　建模计算时的废热锅炉各反应的量

反应式	反应的量/(koml/h)	关键组分转化率/%
$3S_2 = S_6$	3.77×6	S_2：22.5
$4S_2 = S_8$	9.71×8	S_2：77.5
$CO+0.5S_2 = COS$	1.599	CH_4：45
$0.5S_2+H_2 = H_2S$	0.574	H_2S：4.7

注：S_2生成 S_6和生成 S_8的比例关系将在“(4)废热锅炉计算”中计算。

根据各反应式反应的量以及反应热可计算出总反应热 $Q_反$。

(2) 助燃空气量计算

在确定了反应式后，可知在反应炉内可燃物质与氧气发生的反应主要是式(3-5)和式(3-12)，这两个反应的转化率在第(1)步中已经求得，可根据其反应式的配平系数求得反应所需氧气的量。在反应炉内环境是欠氧条件，即助燃空气中的氧气正好全部反应完全，则助燃空气中的氧气量即为反应的需氧量。

下一步计算空气中的水含量，在装置运行条件温度40℃，当地空气湿度80%的条件下，查图4-2可得到在该条件下空气的绝对湿度为40. 8g/m^3。

绝对湿度与相对湿度对应表(大气压:1bar)																				
温度/℃	相对湿度(*RH*)/%																			
	5	10	15	20	25	30	35	40	45	50	55	60	65	70	75	80	85	90	95	100
	绝对湿度/(g/m^3)																			
5	0.34	0.68	1.02	1.36	1.70	2.04	2.38	2.72	3.06	3.40	3.73	4.07	4.41	4.75	5.09	5.43	5.77	6.11	6.45	6.79
10	0.47	0.94	1.41	1.88	2.35	2.82	3.29	3.76	4.23	4.70	5.16	5.63	6.10	6.57	7.04	7.51	7.98	8.45	8.92	9.39
15	0.64	1.28	1.92	2.56	3.21	3.85	4.49	5.13	5.77	6.41	7.05	7.69	8.33	8.97	9.62	10.26	10.90	11.54	12.18	12.82
20	0.86	1.73	2.59	3.45	4.32	5.18	6.04	6.91	7.77	8.64	9.50	10.36	11.23	12.09	12.95	13.82	14.68	15.54	16.41	17.27
25	1.15	2.30	3.45	4.60	5.75	6.90	8.05	9.20	10.35	11.51	12.66	13.81	14.96	16.11	17.26	18.41	19.56	20.71	21.86	23.01
30	1.52	3.03	4.55	6.06	7.58	9.09	10.61	12.12	13.54	15.16	16.67	18.19	19.70	21.22	22.73	24.25	25.76	27.28	28.79	30.31
35	1.98	3.95	5.93	7.90	9.88	11.85	13.83	15.80	17.78	19.76	21.73	23.71	25.68	27.66	29.63	31.61	33.68	35.56	37.53	39.51
40	2.55	5.10	7.65	10.20	12.75	15.30	17.85	20.40	22.95	25.50	28.05	30.60	33.15	35.70	38.25	40.80	43.35	45.90	48.45	51.00
45	3.26	6.52	9.78	13.04	16.30	19.56	22.82	26.08	29.34	32.61	35.87	39.13	42.39	45.65	48.91	52.17	55.43	58.69	61.95	65.21
50	4.13	8.27	12.40	16.53	20.66	24.80	28.93	33.06	37.19	41.33	45.46	49.59	53.72	57.86	61.99	66.12	70.25	74.39	78.52	82.65
55	5.19	10.39	15.58	20.78	25.97	31.17	36.36	41.56	46.75	51.95	57.14	62.33	67.53	72.72	77.92	83.11	88.31	93.50	98.70	103.89
60	6.48	12.96	19.43	25.91	32.39	38.86	45.34	51.82	58.29	64.77	71.25	77.72	84.20	90.68	97.16	103.63	110.11	116.59	123.06	129.54
65	8.02	16.03	24.05	32.06	40.08	48.09	56.11	64.12	72.14	80.15	88.17	96.18	104.20	112.21	120.33	128.24	136.26	144.27	152.29	160.30
70	9.85	19.69	29.54	39.39	49.24	59.08	68.93	78.78	88.62	98.47	108.32	118.16	128.01	137.86	147.71	157.55	167.40	177.25	187.09	196.94
75	12.02	24.03	36.05	48.06	60.08	72.09	84.11	96.12	108.14	120.16	132.17	144.19	156.20	168.22	180.23	192.25	204.26	216.28	228.29	240.31
80	14.57	29.13	43.70	58.27	72.83	87.40	101.97	116.53	131.10	145.67	160.23	174.80	189.36	203.93	218.50	233.06	247.63	262.20	276.76	291.33
85	17.55	35.10	52.65	70.20	87.75	105.29	122.84	140.39	157.94	175.49	193.04	210.59	228.14	245.69	263.24	280.78	298.33	315.88	333.43	350.98
90	21.02	42.04	63.05	84.07	105.09	126.11	147.13	168.14	189.16	210.18	231.20	252.22	273.23	294.25	315.27	336.29	357.31	378.32	399.34	420.36
95	25.03	50.06	75.09	100.12	125.15	150.18	175.21	200.24	225.27	250.30	275.33	300.36	325.39	350.42	375.45	400.48	425.51	450.54	475.57	500.60
100	29.65	59.30	88.94	118.59	148.24	177.89	207.54	237.18	266.83	296.48	326.13	355.78	385.42	415.07	444.72	474.37	504.02	533.66	563.21	592.96

图4-2　绝对湿度与相对湿度对应表

根据该原理以及干空气中O_2和N_2的比例(21∶79)，以及绝对湿度40. 8g/m^{3}可计算出空气的组成：N_2占74. 99%(体)，O_2占19. 93%(体)，H_2O占5. 08%(体)。

上面已经得到助燃空气中的氧气量，除以其体积分数即可得到助燃空气的量。

通过化学反应系数，三分之一的硫化氢与氧气发生燃烧反应，甲烷及一氧化碳完全燃烧，则需要的氧的摩尔流量为：

$$(133.24+8.68)\text{kmol/h}\div3\times0.5+0.07\text{kmol/h}\times2+5.01\text{kmol/h}\times0.5=73.61\text{kmol/h}$$

换算为干空气的量为：73. 61kmol/h÷0. 21＝350. 52kmol/h

依据绝对湿度40. 8g/m^3，计算得到进炉空气中的含水量为：

$$40.8\times350.52\times22.4\div(1800-40.8\times22.4)=18.74\text{kmol/h}$$

进炉空气总量为：18. 74kmol/h+350. 52kmol/h＝369. 26kmol/h

(3) 炉温计算

炉温计算主要是利用了式(3-5)Claus反应在炉内温度区域的反应平衡常数-温度拟合曲线，配合能量守恒定律求得。

首先确定进出料的焓值。从专家班课件中得到炉内各种物质在不同温度下对应的焓值(以0℃气体为基准)，对每种物质拟合出焓值-温度的曲线，则可推算炉内各温度下的焓值，可得到温度与焓值的关系式。反应炉中涉及物质的温度与焓值关系如下[其中 *x* 为温度

(℃)，y 为焓值(kJ/kmol)]。

15～400℃

O_2：$y=0.0027x^2+(30.715x)-16.262$

N_2：$y=0.00174x^2+28.933x+7.1727$

H_2O：$y=0.0028x^2+34.43x-7.3451$

H_2S：$y=0.0099x^2+32.437x+30.341$

CO_2：$y=0.0144x^2+37.835x-42.006$

CH_4：$y=0.0315x^2+32.359x+45.093$

H_2：$y=0.0002x^2+29.09x+2.9778$

CO：$y=0.0027x^2+30.715x-16.262$

COS：$y=0.0144x^2+41.99x-46.148$

CS_2：$y=0.0133x^2+45.892x-42.515$

900～1400℃：

H_2S：$y=0.0052x^2+40.061x-2912.9$

SO_2：$y=0.0033x^2+50.5x-2869.9$

H_2O：$y=0.0062x^2+32.232x+70$

N_2：$y=0.0018x^2+30.524x-980.86$

S_2：$y=0.0016x^2+35.109x-460.57$

CO_2：$y=0.0033x^2+50.354x-4247.3$

H_2：$y=0.0025x^2+25.85x+1160$

CO：$y=0.0024x^2+29.471x-285.8$

COS：$y=0.0023x^2+54.241x-3739.3$

CS_2：$y=0.0015x^2+57.321x-3327.1$

通过上述各式计算得到反应前高浓度酸性气(预热至132.1℃)、低浓度酸性气(40℃)以及助燃空气(预热至142.6℃)的焓值，可以得进料的焓值 $Q_{入}$。

而通过第(1)、(2)步得到的各反应的量以及助燃空气的量，我们可以得到反应产物的量。对于可逆反应式(3-5) $2H_2S+SO_2 \rightleftharpoons 2H_2O+1.5S_2$，反应平衡常数定义如下：

$$K_P^{F601}=\frac{[Mols(H_2O)][Mols(S_2)]^{\frac{3}{4}}}{[Mols(H_2S)][Mols(SO_2)]^{\frac{1}{2}}}\left[\frac{P_{F601}}{N_{F601}}\right]^{\frac{1}{4}} \quad (4-2)$$

在反应炉内 Claus 反应已达平衡状态，可根据出口过程气中 H_2S、SO_2、H_2O 以及 S_2 的摩尔流量，过程气总摩尔流量以及系统总压力，我们可以计算出 Claus 反应平衡常数 $K_p=20.074$。

根据专家班课件其在反应炉内温度区域存在反应平衡常数与温度的对应关系如下：

$$T=-592.5+1215\times\ln(K_p)-374.8\times\ln(K_p)^2+50.47\times\ln(K_p)^3 \quad (4-3)$$

通过式(4-3)和 K_p 值可以得到炉出口过程气的温度为1057℃。为了验证在第(1)步假设的参与 Claus 反应的 H_2S 量 x kmol/h 的正确性，利用刚才得到的炉温计算出该温度下对应的反应炉出口过程气各组分焓值之和 $Q_{出}$，再利用能量平衡定律验证下式是否成立。

$$Q_{入}+Q_{反}-Q_{出}=0 \quad (4-4)$$

我们可以验证上述假设的 x 是否正确，通过不断试算调整，使得式(4-4)成立，则假设的 x 值正确，计算完成。废热锅炉的计算见第(4)小节内容。计算结果见表 4-7。

表 4-7　建模计算反应炉物料平衡表　kmol/h

物料组成	高浓度酸性气	低浓度酸性气	助燃空气	反应炉出口过程气	废热锅炉出口过程气
H_2S	143.97	6.99	—	29.56	30.13
CO_2	32.39	57.09	—	86.65	86.65
H_2O	6.97	2.40	18.60	142.19	142.19
CH_4	0.076	—	—	0.00	0.00
SO_2	—	—	—	16.99	16.99
N_2	—	—	274.66	273.65	273.65
O_2	—	—	73.01	0.00	0.00
S_2	—	—	—	51.00	0.00
S_6	—	—	—	—	3.75
S_8	—	—	—	—	9.67
H_2	—	—	—	7.26	6.69
CO	—	6.12	—	6.66	5.06
COS	—	—	—	2.33	3.93
CS_2	—	—	—	0.04	0.04
合计	183.41	72.61	366.27	616.35	578.76

将建模计算过程气的结果与 Aspen 模拟结果对比，可发现误差很小，这是由于过程中的副反应程度均按照 Aspen 的结果还原，因此，建模计算结果与 Aspen 模拟结果贴合的很好。但在建模计算的实际运用过程中，没有模拟流程的数据对照，考虑的副反应程度无法通过模拟数据给出。但我们依然可以把这次计算的结果作为参考数据，对于组成接近的含 CO_2、CO 的酸性气系统来说，发生的副反应基本一致，各副反应关键组分的转化率也不会有太大的差距，可以参考本次计算的数据进行。

根据表 4-7 可以得到建模计算时反应炉进出料的硫平衡见表 4-8。

表 4-8　建模计算的反应炉进出料硫平衡(以 S 的摩尔流量计)　kmol/h

项目	入方流率	出方流率	项目	入方流率	出方流率
H_2S	150.97	29.36	CS_2		2×0.042
SO_2		17.16	S_2		2×51.016
COS		2.327	总计	150.97	150.97

可以看出建模计算的反应炉由于炉温较低(1057℃)，反应炉单元硫回收率低于标定数据计算和 Aspen 模拟计算。

(4) 废热锅炉计算

在第 3)小节已经提到，反应炉的废热锅炉内将会发生 CO 生成 COS 以及 H_2S 热分解的

逆反应，因此需要对废热锅炉做反应炉相似的计算过程，确定反应式及反应的量

废热锅炉内发生的反应可按如下4个方程式考虑。

$$CO+1/2S_2 \longrightarrow COS \quad (4-1)$$

$$H_2+1/2S_2 \longrightarrow H_2S-89.2kJ \quad (3-22)\text{的逆反应}$$

$$3S_2 \longrightarrow S_6-284.9kJ \quad (4-5)$$

$$4S_2 \longrightarrow S_8-413.8kJ \quad (4-6)$$

其中式(4-1)以及式(3-22)的逆反应的量已经在反应炉中求得过，下面主要介绍S_2生成S_6和S_8的比例关系。

已知废热锅炉出口过程气冷却至346.2℃，由图4-1可得在该温度下S_6与S_8的摩尔比为22.5∶58，即生成S_6与S_8的S元素比为135∶464。根据上一步计算出的S_2的量51.00kmol/h，以及废热锅炉中发生的硫化氢热分解逆反应的量，可得出废热锅炉中S流量为99.83kmol/h，则出口气中S_6的摩尔流量为99.83×135÷(135+464)÷6=3.75kmol/h，S_8的摩尔流量为99.83×464÷(135+464)÷8=9.67kmol/h。

至此，4个反应式反应的量已经全部求出，也可求得其反应热：

$$Q_{反}=5126540kJ/h$$

下面根据热量平衡求得废热锅炉的产气热负荷。废热锅炉前后过程气组成如表4-9所示。

表4-9 废热锅炉出入口过程气组成

组分	入口过程气		出口过程气	
	摩尔流量/(kmol/h)	热量/(kJ/h)	摩尔流量/(kmol/h)	热量/(kJ/h)
H_2S	29.56	1333295	30.13	375062
CO_2	86.65	4550232	86.65	1280948
H_2O	142.19	5822114	142.19	1741575
CH_4	0.00	—	0.00	—
SO_2	16.99	918325	16.99	267433
N_2	273.65	9085873	273.65	2798786
O_2	0.00	—	0.00	—
S_2	51.00	1955097	0.00	0
S_6	—	—	3.75	158105
S_8	—	—	9.67	564846
H_2	7.26	226562	6.69	67824
CO	6.66	222822	5.06	52030
COS	2.33	130299	3.93	63652
CS_2	0.04	2465	0.04	731
总计	616.35	24247083	578.76	7370993

$$\text{废锅热负荷 } Q_{废热锅炉}=Q_{入}-Q_{出}+Q_{反}=22001146.8kJ/h$$

装置采用104℃除氧水产4.13MPa(表)蒸汽，其焓差为2360.44kJ/kg，则废热锅炉的产

气量为 22001146.8÷2360.44=9321kg/h=9.321t/h。

对比表 1-1 中生产数据，废热锅炉产气量 9.09t/h 非常接近，误差小于 3%。差异主要来源于计量准确度、设备散热(炉子的理论散热损失在 1.1%~2.9%[13])以及除氧水温度等的影响。

由进出口组成可以看出，由于发生了生成 COS 的反应和热分解反应逆反应，废热锅炉段会略微降低硫回收率。

3. Claus 反应器硫平衡计算

首先，计算标定数据下的硫平衡，根据表 3-17 中已有的硫化物分析数据，推算在反应器中生成的 S 元素的量，得到一级、二级 Claus 反应器硫平衡，形成硫平衡表见表 4-10，表 4-11。

表 4-10　标定数据一级反应器进出料硫平衡(以摩尔流量计)　kmol/h

项目	入方流率	出方流率
H_2S	24.25	5.141
SO_2	13.62	3.297
COS	2.57	0.093
CS_2	2×0.003	—
S 元素	6×0.01+8×0.185	33.455
总计	41.986	41.986

表 4-11　标定数据二级反应器进出料硫平衡(以摩尔流量计)　kmol/h

项目	入方流率	出方流率
H_2S	5.141	1.538
SO_2	3.297	0.808
COS	0.093	0.09
CS_2	—	—
S 元素	6×0.007+8×0.148	7.321
总计	9.757	9.757

其中，由于标定数据中无气相中 S_x 的组成，我们可以根据上一级硫冷凝器的出口温度(饱和状态)下的 S_x 饱和分压以及该温度下的 S_x 蒸气摩尔分布图得到。一级硫冷凝器出口温度为 156.4℃，查图得 S_6∶S_8=5∶92(摩尔比)。由于硫冷凝器出口为饱和态，气相中的 S_x 蒸气的分压可通过不同温度下 S 蒸气的饱和蒸气压公式得到：

$$\ln P=89.273-\frac{13463}{T}-8.9643\ln T \tag{4-7}$$

可以得到一冷出口 S_x 分压 P_s=0.036kPa，根据一冷出口总压 107.2kPa，以及总摩尔流量进而得到一冷出口 S_x 总摩尔流量为 0.195kmol/h，再根据上面计算出的摩尔比得到 S_6 流量为 0.01kmol/h，S_8 流量为 0.185kmol/h。

同理可得二级反应器入口 S_6 流量为 0.007kmol/h，S_8 流量为 0.148kmol/h。

再列出 Aspen 模拟数据作为对比见表 4-12 与表 4-13。

表 4-12　Aspen 模拟一级反应器进出料硫平衡(以摩尔流量计)　kmol/h

项目	入方流率	出方流率	项目	入方流率	出方流率
H_2S	28.17	7.371	CS_2	2×0.042	—
SO_2	16.02	3.706	S 元素	1.457	38.400
COS	3.91	0.164	总计	49.641	49.641

表 4-13　Aspen 模拟二级反应器进出料硫平衡(以摩尔流量计)　kmol/h

项目	入方流率	出方流率	项目	入方流率	出方流率
H_2S	7.369	3.572	CS_2	—	—
SO_2	3.706	1.802	S 元素	1.147	6.858
COS	0.164	0.154	总计	12.386	12.386

通过对比可得到制硫部分实际工况比模拟计算具有更高回收率的结论。另外，模拟流程中一级 Claus 反应器发生的 Claus 反应较实际工况更多，单元硫回收率较高。

下面对 Claus 反应器的建模计算过程进行介绍。

Claus 反应器的硫平衡计算与反应炉步骤类似，均是先列出反应式确定或试差得到反应的量，再根据 Claus 反应的反应平衡常数计算反应器出口温度，使热量达到平衡解，算得参与 Claus 反应的量。Claus 反应器中发生的主要反应如下：

$$2H_2S+SO_2 \longrightarrow 3/2\ S_2+2H_2O+82.6kJ \quad (3-5)$$

此外，在一级 Claus 反应器中装有钛基催化剂，将发生有机硫的水解反应如下：

$$COS+H_2O \longrightarrow H_2S+CO_2 \quad (3-58)$$

$$CS_2+H_2O \longrightarrow H_2S+COS \quad (3-59)$$

$$CS_2+2H_2O \longrightarrow 2\ H_2S+CO_2 \quad (3-60)$$

在计算中水解反应可只考虑式(3-58)和式(3-60)，式(3-59)产物将继续水解发生式(3-57)反应。

式(3-59)CS_2 的水解反应非常彻底，可按照 100%的转化率进行，而式(3-57)COS 的水解率根据 Aspen 模拟数据取 96%。而式(3-5)Claus 反应的反应量设为 x，设定一个 x 的值可求得反应器出口的组成。使用反应器出口组成以及反应器压力可求得 Claus 反应平衡常数：

$$K_P^{R601}=\frac{[Mols(H_2O)]^2\ [Mols(S_8)]^{0.375}}{[Mols(H_2S)]^2\ [Mols(SO_2)]^{0.5}}\left[\frac{P_{总}^{R601}}{N_{总}^{R601}}\right]^{-\frac{5}{8}} \quad (4-8)$$

再根据图 4-3 拟合得到 Claus 反应在催化反应阶段平衡常数与温度的关系：

$$\ln K_P^{R601}=-\frac{14596.4}{T^{R601}}+5.918\ln T^{R601}-5.1239\times 10^{-3}T^{R601}+0.7829\times 10^{-6}T^{R601\,2}-54.7634 \quad (4-9)$$

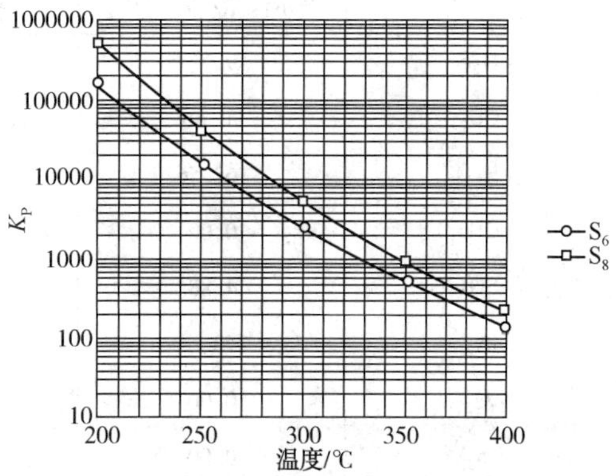

图 4-3　Claus 反应温度与平衡常数关系

根据式(4-9)或查图 4-3，可通过反应平衡常数求得反应器出口温度[2]，进而计算出口的组成焓值之和。根据能量守恒定律，验证能量守恒：

$$Q_{入}-Q_{出}+Q_{反}=0$$

试算得到正确的 x 值，即解出 Claus 反应器的进出口组成变化。试算可得一级反应器 $x=24.21$ 时能量守恒成立，二级反应器 $x=6.08$ 时能量守恒成立。在此列出计算结果，见表 4-14和表 4-15。

表 4-14 建模计算一级 Claus 反应器进出口过程气组成

组分	入口过程气		出口过程气	
	摩尔流量/(kmol/h)	热量/(kJ/h)	摩尔流量/(kmol/h)	热量/(kJ/h)
H_2S	30.13	228176	9.77	103830
CO_2	86.65	770384	90.46	1138026
H_2O	142.19	1085145	162.56	1715766
CH_4	0.00	0	0.00	—
SO_2	16.99	161816	4.88	65541
N_2	273.65	1750103	273.65	2414769
O_2	0.00	0	0.00	0
S_2	0.00	0	0.00	0
S_6	0.02	502	0.00	0
S_8	0.17	6062	4.72	236697
H_2	6.69	42678	6.69	58653
CO	5.06	32467	5.06	44857
COS	3.93	38434	0.16	2170
CS_2	0.04	444	0.00	0
总计	565.53	4116213	557.96	5780309

表 4-15 建模计算二级 Claus 反应器进出口过程气组成

组分	入口过程气		出口过程气	
	摩尔流量/(kmol/h)	热量/(kJ/h)	摩尔流量/(kmol/h)	热量/(kJ/h)
H_2S	9.77	72871	3.67	30637
CO_2	90.46	792296	90.46	889666
H_2O	162.56	1223201	168.66	1415152
CH_4	0.00	0	0.00	0
SO_2	4.88	45812	1.83	19288
N_2	273.65	1725746	273.65	1922912
O_2	0.00	0	0.00	—
S_2	0.00	0	0.00	0
S_6	0.02	392	0.00	0
S_8	0.13	4736	1.29	50991

续表

组分	入口过程气		出口过程气	
	摩尔流量/(kmol/h)	热量/(kJ/h)	摩尔流量/(kmol/h)	热量/(kJ/h)
H_2	6.69	42091	6.69	46844
CO	5.06	32014	5.06	35685
COS	0.16	1515	0.16	1699
CS_2	0.00	0	0.00	0
总计	553.38	3940674	551.47	4328645

经过与 Aspen 模拟数据对比，计算数据与 Aspen 模拟数据高度贴合，在此不再列出建模计算的 Claus 反应器硫回收率平衡表。

(二) 氢平衡计算

由于制硫部分的反应炉、Claus 反应器建模计算已经在硫平衡章节叙述过，物料平衡也已经得到，加氢反应器的进出料计算将在第(四)部分：加氢反应器计算中描述。因此，本章节总氢平衡、制硫部分氢平衡、尾气处理部分氢平衡计算主要以标定数据为主。

1. 总氢平衡计算

含有的 H 元素的装置进料有高浓度酸性气、煤制氢低浓度酸性气(尾气处理胺液再生循环酸性气不计)、助燃空气、外供氢气、喷射器动力蒸汽、喷射器从液硫池中抽出的空气以及尾炉燃料气等，出料有烟气、急冷水。

根据表 1-1、表 3-2、表 3-12 可以得到各项的摩尔流量如表 4-16 所示。其中，外排烟气中的 H_2和 H_2O 含量无分析数据，但在燃料气组分准确的情况下，可以用 Aspen 模拟数据代替。

表 4-16 标定数据总氢平衡(以 H_2摩尔流量计) kmol/h

项目	高浓度酸性气	煤制氢低浓度酸性气	助燃空气	燃料气	动力蒸汽	抽入空气	外供氢气	烟气	急冷水
H_2S	143.97	0.136							0.012
H_2O	6.97	1.91	30.065	0.001	27.778	0.482		62.732	161.111
CH_4	0.152			8.257					
H_2				5.263			13.165	9.749	
C_2H_6				5.21					
C_3H_8				1.11					
C_4H_{10}				1.206					
C_5H_{12}				0.31					
C_6H_{14}				0.018					
总计				245.851				233.592	

进出料误差为 5.3%，主要由于急冷水外排量的计量造成。在 Aspen 模拟中急冷水外排量为 3.3t/h，大于标定时操作数据 2.9t/h，另外气体流量计量准确性、烟气中的 H_2和 H_2O 含量非实测值也将影响结果的准确性。

2. 制硫部分的氢平衡

由于前面已经进行了反应炉、反应器的组分平衡计算过程，对于过程气氢平衡计算仅列出关键位置，即进料和反应炉废热锅炉出口、一反出入口的氢平衡数据(见表 4-17)。由于过程气没有标定水含量数据，按照进出料氢原子平衡得到水的流量。

表 4-17　标定数据反应炉(含废热锅炉)进出料氢平衡(以摩尔流量计)　kmol/h

项目	高浓度酸性气	煤制氢低浓度酸性气	循环酸性气	助燃空气	出口过程气
H_2S	143.97	0.136	8.096		24.247
H_2O	6.97	1.91	0.578	17.618	150.718
CH_4	0.152				
H_2					4.465
总计	179.43				179.43

从实际标定可以看出，在反应炉内发生了相当一部分的 H_2S 的热分解反应，在废热锅炉中又发生了 H_2S 的热分解的逆反应，综合来看，炉温度在 1150℃左右时 H_2S 的热分解转化率为：

$$4.465\div(143.97+0.136+8.096)\times100\%=2.9\%$$

而从 Aspen 模拟计算也可以得到在 1089℃炉温下，反应炉和废热锅炉中 H_2S 的热分解总转化率为 4.4%。

进出料氢元素误差为 1%见表 4-18。理论上来说，由于一级 Claus 反应器中装填了水解催化剂，在一级反应器中除 Claus 反应外，还会发生 CO、COS、CS_2 的水解反应，由于 CO 的水解反应将产生 H_2，因此，反应器出口的过程气中氢气流量应略有增加。由于二级 Claus 反应器中仅装填铝基制硫催化剂，因此，经过二级反应器的过程气中氢气流量也几乎不发生变化，分析数据中无二级反应器进出口采样点，因此二级 Claus 反应器氢平衡表不再列出。

表 4-18　标定数据一级 Claus 反应器进出料氢平衡(以摩尔流量计)　kmol/h

项目	入口过程气	出口过程气	项目	入口过程气	出口过程气
H_2S	24.247	5.141	H_2	4.465	4.303
H_2O	143.617	164.567	总计	172.329	174.011
CH_4	—	—			

3. 尾气处理部分的氢平衡

尾气处理部分设有加氢反应器以及外补的氢气，同时还存在蒸汽喷射器的动力蒸汽、抽入的空气，外排氢物料有净化尾气、外排急冷水等，情况比较复杂。对于标定数据的氢平衡，将以整个尾气处理部分为界面，从捕集器后尾气出料至吸收塔顶尾气进焚烧炉，LS-DEGAS 所用的净化尾气视为内部循环物料，不计入平衡内。

由表 3-10 和表 3-17 可得到如下尾气处理部分氢平衡表 4-19，其中 Claus 尾气中的水组成使用 Aspen 模拟数据，吸收塔顶水含量在第三部分第四节中已经计算，为 3.93%(体)。另需注意吸收塔顶的净化尾气流量需扣除送至液硫脱气的 492.8Nm³/h，送至尾气焚烧炉的净化尾气量为 9567.2Nm³/h。

表 4-19 标定数据下尾气处理部分氢平衡(以 H_2 摩尔流量计) kmol/h

项目	Claus 尾气	动力蒸汽	抽入空气	外供氢气	净化尾气	急冷水
H_2S	1.538	—	—	—	0.002	0.012
H_2O	168.806	27.778	0.482	—	16.785	161.111
H_2	5.476	—	—	13.165	14.778	—
总计	217.245				192.688	

进出口误差率为 12.7%。误差较大的主要原因是急冷水外排量的差异，根据模拟计算以及建模计算均可得到外排水量应在 3.3t/h。

(三) 制硫部分物流流量及关键组分平衡计算

由于九江硫黄回收装置原料酸性气中未检测出 NH_3，氮平衡相对简单，为了使计算方便，先进行氮平衡的计算，再进行更复杂的碳平衡及氧平衡。蒸汽平衡将在能量平衡中进行计算。

Aspen 模拟与建模计算基于物料平衡，因此本节只对标定数据进行组分平衡的计算。

1. 氮平衡

整个流程中氨含量可视为 0，则含 N 的进出料主要有：助燃空气、炉头吹扫氮气、抽射器抽入空气、烟气。除烟气中极少量 N_2 被氧化为 NO_x 外，其余物流中氮元素均以 N_2 的状态存在。根据表 1-1、表 1-11 可以得到助燃空气、炉头吹扫氮气的量，根据表 3-11 可得到外排烟气中 NO_x 的量，由此可得到制硫部分、尾气处理部分和尾气焚烧部分的氮平衡见表 4-20~表 4-22。

表 4-20 标定数据下制硫部分各点氮平衡(以 N_2 摩尔流量计) kmol/h

项目	反应炉助燃空气	吹扫氮气	过程气
N_2	260.218	2.232	262.45
NO_x(以 NO 计)			
总计	262.45		262.45

在制硫部分各位置过程气中氮气的摩尔流量不变。

表 4-21 标定数据下尾气处理部分氮平衡(以 N_2 摩尔流量计) kmol/h

项目	Claus 尾气	抽入空气	净化尾气
N_2	262.45	7.124	269.574
NO_x(以 NO 计)			
总计	269.574		269.574

在尾气处理部分加氢反应器后各位置氮气的摩尔流量不变。

表 4-22 标定数据下尾气焚烧氮平衡(以 N_2 摩尔流量计) kmol/h

项目	净化尾气	焚烧炉助燃空气	烟气
N_2	269.574	183.849	269.571
NO_x(以 NO 计)			0.003
总计	269.574		269.574

2. 碳平衡

忽略空气中的CO、CO_2组分，装置内含碳元素的进出料主要有：酸性气、燃料气以及烟气。根据硫平衡计算中所分析及进行的建模计算过程，在反应炉中主要发生了CO_2转化为COS，CH_4转化为CS_2，CH_4氧化等与碳元素相关的反应，在一级Claus反应器中发生了COS与CS_2水解生成CO_2的反应，在加氢反应器中主要发生了剩余COS和CS_2的加氢反应以及CO的氧化反应。本节对这三个节点做碳平衡的计算，而尾气焚烧炉中烃类均为完全燃烧，进行碳平衡计算意义不大，在此不做计算。

根据表3-2原料性质以及表3-17一级反应器进口过程气分析数据可以得到表4-23反应炉碳平衡。

表4-23　标定数据下反应炉（含废热锅炉）碳平衡（以C摩尔流量计）　kmol/h

项目	高浓度酸性气	低浓度酸性气	循环酸性气	过程气
CH_4	0.076			
CO_2	32.39	42.102	17.62	87.832
CO		6.124		5.087
COS				2.572
CS_2				0.003×2
总计	98.312			95.497

进出料误差为3%，平衡基本达到，误差主要源于分析误差及计量误差。

根据表3-17一级反应器进出口过程气分析数据可以得到表4-24一级Claus反应器碳平衡。

表4-24　标定数据下一级Claus反应器碳平衡（以C摩尔流量计）　kmol/h

项目	入口过程气	出口过程气	项目	入口过程气	出口过程气
CH_4			COS	2.572	0.093
CO_2	87.832	90.861	CS_2	0.003	
CO	5.087	5.107	总计	95.494	96.061

进出料误差为0.6%，平衡基本达到，误差主要源于分析误差及计量误差。

加氢反应器进出口并没有分析CO与CO_2，由于一级Claus反应器后至加氢反应器前理论上无与碳元素相关的反应，则加氢反应器入口可使用过程气中含碳组分数据。另外由于使用了LS-DEGAS技术，净化尾气循环回来的这部分CO及CO_2需要考虑在内。对于加氢反应器出口，由表3-20得到COS的含量，根据Aspen模拟流程的流量可得到COS的流量，再结合Aspen模拟流程得到CO的氧化反应转化率，进而得到反应器出口CO的流量，CO氧化与COS水解产物均为CO_2，根据物料平衡计算出加氢尾其中CO_2的含量。加氢反应器碳平衡见表4-25。

出口尾气中CO_2流量为碳元素平衡反算值。

表 4-25 标定数据下加氢反应器碳平衡(以 C 摩尔流量计) kmol/h

项目	入口尾气	循环尾气	出口尾气
CH_4			
CO_2	90.861	4.502	100.354
CO	5.107	0.011	0.209
COS	0.093		0.011
CS_2			
总计	100.574		100.574

3. 氧平衡

在前面的章节中已经计算了 S、H、N、C 元素，除烟气物流外所有与 O 相关的组分已经计算。在此节仅列出总体氧平衡，见表 4-26。

表 4-26 标定数据总氧平衡(以 O 摩尔流量计) kmol/h

项目	高浓度酸性气	煤制氢低浓度酸性气	助燃空气	燃料气	动力蒸汽	抽入空气	烟气	急冷水
CO_2	64.78	84.2					183.96	
H_2O	6.97	1.91	30.065	0.001	27.78	0.48	62.732	161.111
SO_2							0.014	
O_2			239.08			3.78	47.6	
CO		6.12					0.2	
NO_x(以 NO 计)							0.003	
总计	465.17						455.62	

进出料误差为 2.1%，平衡基本达到，误差主要源于分析误差及计量误差。

二、反应炉对比计算

(一) 反应炉硫回收率

由于在上一节“一、物料平衡计算”中已经对反应炉、废热锅炉的建模计算方法进行了详细描述，此处不再重复进行，仅根据结果分析其硫回收率、硫露点核算以及各组分变化率。

将 Aspen 模拟、建模计算以及标定数据的反应炉硫回收率以及对应炉温如表 4-27 所示。

表 4-27 炉温及硫回收率对比表

项目	Aspen	建模计算	标定数据
反应炉炉温/℃	1089	1054	1146
反应炉硫回收率/%	69.4	67.6	无测点
反应炉+废热锅炉硫回收率/%	68.0	66.1	73.2

对比可知硫回收率与炉温成正比，在热反应阶段，Claus 反应为吸热反应，高温有利于

反应向右进行，提高硫回收率。

建模计算的炉温较低。尽管考虑了生成有机硫、CO 和 H_2的副反应，但由于反应途径复杂，反应热取值不准确等因素导致了计算与 Aspen 模拟出现了偏差。H_2S 燃烧生成 SO_2的反应热、H_2S 热分解吸热和 H_2S 与 CO_2、CO 等组分进行副反应的反应热也存在巨大差异[14]，这可能是导致计算炉温低于软件模拟结果的重要原因。

（二）硫露点核算

根据拟合得到的不同温度下 S 蒸气的饱和蒸气压公式(4-7)以及已知的废热锅炉出口温度和压力，采用试算法计算硫露点温度。

具体做法是先假设一个露点温度 T，根据式(4-7)计算出其饱和分压 $P_{s饱和}$，再根据系统总压和气相中 S 蒸气的体积含量来计算其分压 P_s，如 $P_s>P_{s饱和}$，则该气相处于硫蒸气过饱和状态，将有硫冷凝成液相状态。如 $P_s=P_{s饱和}$，则之前假设的露点温度 T 正确。

根据建模计算结果，废热锅炉出口压力为 6.9kPa(表)，绝压为 108.2kPa(绝)，根据表 4-2可知硫蒸气的百分含量为 2.69%(体)，计算出硫蒸气分压 P_s=2.91kPa(绝)。

使用式(4-8)试算可知温度为 268℃时 $P_s=P_{s饱和}$成立，即废热锅炉出口的硫露点温度为 268℃。

其实际出口温度为 346.2℃，远高于露点温度，因此在废热锅炉出口无液硫产生。

（三）各组分的变化率

根据第一部分物料平衡计算的结果，反应炉按照标定数据得到的进出口组成见表 4-28。

表 4-28　标定数据计算反应炉+废热锅炉物料平衡表　　kmol/h

物料组成	高浓度酸性气	低浓度酸性气	助燃空气	吹扫氮气	废锅出口过程气
H_2S	143.97	9.05			24.25
CO_2	32.39	58.55			87.832
H_2O	6.97	2.49	17.62		150.718
CH_4	0.076				0.00
SO_2					13，62
N_2			260.22	2.23	262.45
O_2			69.17		
S_2					
S_6					4.14
S_8					10.68
H_2					4.465
CO		6.12			5.087
COS					2.572
CS_2					0.003
合计	183.41	72.61	347.01	2.23	552.2

根据硫平衡计算中反应炉建模计算的介绍，列出表 4-29。

表 4-29 建模计算反应炉、废热锅炉物料平衡表 kmol/h

物料组成	高浓度酸性气	低浓度酸性气	助燃空气	反应炉出口过程气	废锅出口过程气
H_2S	143.97	6.99		29.56	30.13
CO_2	32.39	57.09		86.65	86.65
H_2O	6.97	2.40	18.60	142.19	142.19
CH_4	0.076			0.00	0.00
SO_2				16.99	16.99
N_2			274.66	273.65	273.65
O_2			73.01	0.00	0.00
S_2				51.00	0.00
S_6					3.75
S_8					9.67
H_2				7.26	6.69
CO		6.12		6.66	5.06
COS				2.33	3.93
CS_2				0.04	0.04
合计	183.41	72.61	366.27	616.35	578.76

对比可知，标定数据的配风量较建模计算约小 5%，在废锅出口标定数据流量比建模计算约小 6%。考虑到计量和分析的精度问题，这个误差较小，建模计算的反应炉出口组成能够较好地反应实际工况。

三、一级、二级 Claus 反应器对比计算

（一）Claus 反应器转化率对比

根据表 4-10 和表 4-11 我们已经得到标定数据下反应器前后的各含硫组分流量，进而计算可得各级反应器的转化率。由于在一反中发生了水解反应，生成了部分 H_2S，因此，我们可以采用 SO_2的组分变化来给出转化率。对于二级反应器可使用 H_2S 组分变化率来计算转化率：

一级反应器发生 Claus 反应的转化率 = 1-3. 297÷13. 62 = 75. 8%

二级反应器发生 Claus 反应的转化率 = 1-1. 538÷5. 141 = 70%

分析可得，一、二级反应器转化率基本符合对催化剂性能的预估值。

根据表 4-12 ~表 4-15 我们也可以得到使用 Aspen 模拟计算和建模计算的转化率如下：

Aspen 模拟一级反应器发生 Claus 反应的转化率 = 1-3. 706÷16. 02 = 76. 9%

Aspen 模拟二级反应器发生 Claus 反应的转化率 = 1-3. 572÷7. 369 = 51. 5%

建模计算一级反应器发生 Claus 反应的转化率 = 1-4. 88÷16. 99 = 71. 3%

建模计算二级反应器发生 Claus 反应的转化率 = 1-3. 67÷9. 77 = 62. 4%

对比标定数据下转化率、Aspen 模拟和建模计算的转化率，一级反应器转化率接近，二级反应器转化率标定数据较高，Aspen 模拟数据较低，可能与分析误差有关。

（二）Claus 反应器装填催化剂空速计算

一级反应器装填量为 $33m^3$，根据表 3-17，过程气量为 565.2kmol/h，一反床层平均温度为 293.7℃，出口压力为 4.6kPa(表)，换算可得其过程实际体积流量为：

$565.2\times22.4\times(273.15+293.7)\div273.15\times101.3\div(101.3+4.6)=25132.2m^3/h$

则一级反应器催化剂标况下空速为：$565.2\times22.4\div33=383.7h^{-1}$

一级反应器催化剂实际空速为：$24972.6\div33=756.7h^{-1}$

二级反应器装填量为 $24.9m^3$，根据表 3-17，过程气量为 558.8kmol/h，一反床层平均温度为 227.5℃，出口压力为 2.8kPa(表)，换算可得过程其实际体积流量为：

$558.8\times22.4\times(273.15+227.5)\div273.15\times101.3\div(101.3+2.8)=22325.2m^3/h$

则二级反应器催化剂标况下空速为：$558.8\times22.4\div24.9=502.7h^{-1}$

二级反应器催化剂实际空速为：$22325.2\div24.9=896.6h^{-1}$

反应器由于在提标改造时优化了催化剂的装填方案，空速有所改变，目前在 45.74%硫产量负荷条件下的 Claus 反应器装填催化剂的空速均在设计的范围内。

（三）硫露点计算

参照反应炉硫露点温度的计算方法，可以计算出反应器出口的硫露点温度。但由于气相中的硫蒸气量未知，首先要计算反应器出口的硫蒸气量。

由表 4-10 可知一反出口元素硫为 33.455kmol/h，一反出口温度为 290.1℃，查图 4-2 可得到出口气相中 S_6 与 S_8 的摩尔比为 17：71，即生成 S_6 与 S_8 的 S 原子数比为 102：568，可计算得：

S_6 有 $33.455\times102\div(102+568)\div6=0.849kmol/h$，

S_8 有 $33.455\times568\div(102+568)\div8=3.545kmol/h$，

一级反应器出口硫蒸气量为 $0.849+3.545=4.394kmol/h$，

分压 $P_s=4.394/558.8\times(4.6+101.3)=0.833kPa$

按照硫露点温度的计算方法试算可得，一级反应器出口硫露点温度为：229.5℃。

按照相同的方法计算二级反应器出口硫露点温度。由表 4-11 可知二反出口元素硫为 7.321kmol/h，二反出口温度为 223.5℃，查图 4-2 可得到出口气相中 S_6 与 S_8 的摩尔比为 10：82，即生成 S_6 与 S_8 的 S 原子数比为 60：656，可计算得：

S_6 有 $7.321\times60\div(60+656)\div6=0.102kmol/h$，

S_8 有 $7.321\times656\div(60+656)\div8=0.838kmol/h$，

二级反应器出口硫蒸气量为 $0.102+0.838=0.94kmol/h$，

分压 $P_s=0.94\div553.1\times(2.8+101.3)=0.177kPa$

按照硫露点温度的计算方法试算可得，一级反应器出口硫露点温度为：190℃。

对比 Aspen 模拟的结果：一反出口硫露点温度 233.5℃，二反出口为 188.3℃，与标定数据较为接近，可证明反应器硫平衡计算相对可靠。

（四）有机硫水解率

在 Claus 反应器中仅一级反应器中装填有钛基催化剂，有机硫主要在一反水解。此处仅对一反的有机硫水解率进行分析。

根据表 4-10 可得到一反出入口的 COS 和 CS_2 流量，进而得到一反的有机硫水解率：

COS 的水解率 $=1-0.093\div2.57=96.4\%$

CS_2 的水解率 $=1-0\div0.003=100\%$

而在 Aspen 模拟中，该水解率为手动输入值，没有对比的意义。标定数据下的有机硫水解率在96%以上，表明一反中装填的水解催化剂性能良好。

四、加氢反应器对比计算

（一）SO_2、有机硫的加氢转化率

根据表 3-20 可以得到加氢反应器前后的 SO_2和 COS 含量，通过 Aspen 模拟得到尾气流量(入口为 624.3kmol/h，出口为 620.5kmol/h)，进而计算出加氢转化率。得到的 SO_2加氢转化率为：100%。

COS 加氢转化率为：1-(620.5×18.47)÷(624.3×163.49)=88.8%

Aspen 模拟所得的结果如下：

SO_2加氢转化率为：100%；

COS 加氢转化率为：94.6%。

对比可知标定的 COS 水解率略低于模拟值，但也接近 90%，比较符合加氢催化剂对 COS 的转化效果。

除 COS 的加氢反应外，由于过程气中存在 CO，在加氢反应器中还将存在 CO 的水解反应，如式(3-72)所示。由于标定数据未分析，此处仅列出 Aspen 模拟所得 CO 水解转化率：1-0.209÷5.0778=95.9%。

（二）加氢反应器装填催化剂空速计算

加氢反应器装填量为 16.9m^3，上文已经得到入口流量为 625.6kmol/h，加氢反应器床层平均温度为 311.3℃，出口压力为 0.7kPa(表)，换算可得过程其实际体积流量为：

625.6×22.4×(273.15+311.3)÷273.15×101.3÷(101.3+0.7)=29778.3m^3/h

则加氢反应器催化剂标况下空速为：625.6×22.4÷16.9=829.2h^{-1}

加氢反应器催化剂实际空速为：29778.3÷16.9=1762h^{-1}

目前在 45%操作负荷条件下的加氢反应器装填催化剂空速在设计的范围内。

五、吸收塔对比计算

（一）H_2S 吸收率

根据表 3-10 吸收塔操作参数基础数据可得到标定数据下 H_2S 的吸收率：

H_2S 的吸收率=1-(10060×4.8÷1000000)÷(10636×0.009)=99.95%

Aspen 模拟采用了两种方法，一种为简单吸收-再生模型，出口的 H_2S 含量为给定值，为了还原实际操作状况，除吸收再生之外的计算均按此模型进行。另一种为使用胺包物性的严格计算模型，该模型下由于胺液性质与实际情况的差距吸收、再生效果均有一定差别。

严格计算模型下 H_2S 的吸收率=99.87%。

对比可知，九江硫黄的胺液对 H_2S 的吸收效果良好。采用的两级吸收两级再生技术运行稳定，表现良好。

（二）CO_2吸收率

根据表 3-2 可以得到尾气处理胺液再生出来的循环酸性气中 CO_2的量 17.62kmol/h，该量即为吸收塔中吸收尾气中 CO_2的量；根据碳平衡表 4-22 可知吸收塔入口尾气中 CO_2流量为 100.354kmol/h，由此可得：

吸收塔中 CO_2 吸收率=17.62/100.354=17.6%；

Aspen 严格计算模型下 CO_2 的吸收率=9.0%；

对比说明，Aspen 的胺包物性对于 CO_2 的选择性较高，实际上胺液将吸收更多的 CO_2。装置在 45%负荷下并未明显降低循环水量，技术改造增加的冷媒水冷却器将贫液温度降低至 28℃，对降低 CO_2 吸收率有很大帮助。

六、富胺液对比计算

根据表 3-14 可得到富胺液中 H_2S 含量为 1.78g/L，由表 3-13 可知胺液浓度为 34.61%（质），将 H_2S 含量为 1.78g/L 换算成 H_2S 酸性气负荷为：

$$1.78 \div 34 \div (1028 \times 0.3461 \div 119.18) = 0.017\text{kmol/kmol MDEA}$$

由 Aspen 模拟数据可知富液 H_2S 酸性气负荷为 0.034kmol/kmol MDEA

对比可发现存在较大的差距。主要有两个原因，一个原因从前文的计算已经知道，按照标定数据计算所得的制硫部分回收率达 98%左右，而模拟计算和建模计算的回收率在 96%左右，因此，Aspen 模拟计算的急冷塔塔顶尾气中硫化氢含量为标定数据下的 2 倍左右，造成了模拟流程中富胺液的 H_2S 负荷高。

另一个原因是计量误差。通过贫富液中 H_2S 浓度的差，以及胺液的循环量，可以估算出再生塔塔顶的循环酸性气中 H_2S 约 4.03kmol/h。但根据表 3-2 标定数据下循环酸性气中的 H_2S 为 8.1kmol/h，有较大差距。由于九江硫黄的胺液再生是两套共用，富胺液、酸性气的流量均为总表乘分配系数得来。2#硫黄回收由于反应炉燃烧器采用国产的缘故，制硫部分的硫回收率较低，尾气中的 H_2S 较多，仅按分配法计算难以准确描述实际情况。

七、烟囱计算

1. 烟气流量

根据表 1-1 可得标定数据下烟气流量为 15061Nm³/h，从 Aspen 模拟可得烟气流量为 15449.3Nm³/h。对比两者误差为 2.6%，基本吻合。

2. 烟囱抽力计算

九江石化两套 70kt/a 硫黄回收共一根水泥烟囱，高 100m。由表 1-1 可知烟气出尾炉废热锅炉时温度为 253.8℃。按照《锅炉原理计算》[3] 中的公式对烟囱抽力进行计算。按照百米温降 5℃计算[12]，则在自然通风时烟囱内烟气平均温度为：

$$\theta_y = \theta'_y - \frac{H\Delta\theta}{2} = 253.8 - 5 \div 2 = 251.3℃$$

式中 θ_y——烟囱平均温度,℃；

θ'_y——烟囱入口温度,℃；

H——烟囱高度，100m；

$\Delta\theta$——烟囱百米温降,℃/100m。

则可以计算烟囱的自然抽力，计算式如下[3]：

$$S = Hg\left(\rho_k \frac{273}{273+t_k} - \rho_y \frac{273}{273+\theta_y}\right) \times \frac{b}{P_0} \tag{4-10}$$

有：H= 100m，g = 9.81m/s²，装置环境下标准状态下空气密度 $\rho_k^{\ominus}$ = 28.3 ÷ 22.4 = 1.263kg/m³，标准状态下烟气密度 $\rho_y^{\ominus}$ = 29.03 ÷ 22.4 = 1.296kg/m³，查九江当地大气压 b

=100.09kPa。

夏季工况时，$t_k=36℃$，计算可得 $S=433Pa$

该计算结果与表 1-1 烟道压力-0.4kPa(表)对应，说明计算公式基本符合实际。

3. 烟气露点计算

烟气中的露点多与 SO_3含量和水含量密切相关，采用日本中央电力研究所估算公式[4]计算露点温度：

$$T=20\lg\left(\frac{KV_{O_2}V_{SO_x}}{10^6}\right)+a \tag{4-11}$$

式中 T——烟气露点温度，℃；

$KV_{O_2}V_{SO_x}/10^6$——烟气中 SO_3体积含量；

a——由烟气中 H_2O 含量决定的常数，见表 4-31；

V_{O_2}——烟气中 O_2的体积分数，%；

V_{SO_x}——烟气中硫的氧化物的总含量(体积)，μL/L；

K——转化系数，取决于烟气中 SO_x 的浓度，当：$SO_x \geqslant 500μL/L$ 时，$K=1.0$；

当 $200μL/L \leqslant SO_x < 500μL/L$ 时，$K=0.4$；

当 $SO_x < 200μL/L$ 时，$K=0.2$

常数 a 与烟气中水汽体积分数关系如表 4-30 所示：

表 4-30 常数 a 与烟气中水汽体积分数对应表

H_2O/%(体)	5	10	15
a	184	194	201

拟合得到常数 a 与水含量关系式为 $a=-0.06\varphi^{H_2O\,2}+2.9\varphi^{H_2O}+171$

根据表 3-12，$V_{SO_x}=29.57÷64×22.4=10.35μL/L$，$V_{O_2}=3.54\%$。

根据 Aspen 模拟结果，烟气中水的含量为 9.33%。根据拟合的公式常数 $a=193$，则由式(4-11)可求得：

$$T=20×\lg(KV_{O_2}V_{SO_x}/10^6)+a$$
$$=20×\lg(0.2×3.54×10.35/10^6)+193$$
$$=90.3℃$$

由以上计算可知实际排烟温度远在露点温度之上。尽管计算的露点温度较低，但考虑 SO_3的生成量与炉温、过氧系数相关性较大，其对露点温度的贡献较大，且在装置操作波动时排烟中 SO_2的浓度有可能发生波动，因此，烟气的温度不宜过低。

4. 烟气 SO_2 排放浓度校正

表 3-12 中的 SO_2排放浓度为干基，实际氧含量下的排放浓度，转换成标准的 3%(体)氧含量下的排放浓度使用 GB31570 中以下公式[5]：

$$\rho_{基}=\rho_{实}×\frac{18}{21-V_{O_2}} \tag{4-12}$$

需注意此处 O_2 的体积分数应为干基状态下的体积分数，即表 3-11 中显示数据 3.9%(体)。

根据式(4-12)换算可得基准 SO_2排放浓度为 31.13mg/Nm³[干基，氧含量 3%(体)]

八、硫转化率及总硫收率

1. 制硫部分单程硫转化率

在第一节硫平衡计算中已经计算出各点的硫平衡，根据表 4-1 和表 4-9 可以得到制硫部分进料、出料的硫元素流量，据此计算的制硫部分单程转化率。

标定数据下制硫部分单程转化率＝1－(1.538+0.808+0.09)÷150.73＝98.4%

Aspen 模拟得到的制硫部分单程转化率＝96.3%

建模计算得到的制硫部分单程转化率＝96.2%

对比可知，标定数据单程转化率较高，其原因除计量分析误差造成的影响外，主要是由于实际炉温较高。这也体现了反应炉内实际发生的反应过程并非完全平衡过程，特别是生成有机硫的副反应以及 H_2S 分解的副反应(吸热反应)。高 CO、CO_2 含量的 POX 酸性气进炉侧，降低了停留时间，显著降低了不利副反应发生的程度，对提高硫回收率、降低排放起到积极作用。

此外进炉酸性气的总组成的误差也对炉温和硫回收率产生了较大影响。第六节已经分析过通过贫富液性质计算得到的循环酸性气的流量与实际标定值有较大差距；另外低浓度 POX 酸性气进两套硫黄装置也没有单独地计量。以上误差都可能造成进炉酸性气 H_2S 浓度的差异，从而造成炉温和硫回收率的差异。

2. 总硫回收率

总硫收率在硫平衡章节已经计算，参见第一节物料平衡计算第 1. 小节总硫平衡。装置的总硫回收率为 99.98%。

Aspen 模拟工况尾气中的硫化氢为指定值，无对比意义。且 Aspen 模拟计算由于无法考虑急冷水中带走的硫，得到的总硫回收率为 99.99%。

九、热量平衡计算

1. 炉膛温度对比计算

在第一节物料平衡计算第(一)小节硫平衡计算中已经给出标定炉膛温度和 Aspen 模拟、建模计算的对比，详见表格 4-27，此处不再复述。

2. 反应器温度对比计算

在第一节物料平衡计算第 1 小节硫平衡计算中已经给出标定反应器温度以及 Aspen 反应器温度、建模计算反应器温度，计算方法此处不再复述，仅列出对比表 4-31。

表 4-31　炉温及硫回收率对比表

项目	Aspen	建模计算	标定数据
一级反应器出口温度/℃	285.1	299	290.1
二级反应器出口温度/℃	225.1	239	223.5
加氢反应器出口温度/℃	307.8	312	305.3

对比可知 Aspen 模拟数据与实际生产数据接近，而建模计算由于反应热未考虑温度的影响，各物质焓值均为拟合曲线得到，因此有一定差距。Aspen 模拟流程基本还原了实际反应器中发生的反应过程。

十、装置能耗计算及分析

在进料一定的情况下，反应炉产生的热量是一定的，因此对反应炉进行能耗分析无太大意义，同理，对尾气焚烧炉做能耗分析也无太大意义。因此，本节主要对装置的总能耗、制硫部分能耗、尾气处理部分以及胺液再生部分能耗进行分析。

1. 装置总能耗能耗

装置的总能耗(不含胺液再生)分析见第一部分第四节第(三)小节，此处不再复述。

2. 制硫部分能耗

制硫部分主要消耗如下：

电耗：制硫部分的电耗主要为鼓风机、液硫脱气泵、液硫泵的消耗；

1.0MPa(表)蒸汽消耗：制硫部分的低压蒸汽消耗为酸性气及空气预热器、蒸汽喷射器动力蒸汽；

循环水：鼓风机机械部分冷却水、取样器冷却水；

除氧水：废热锅炉、各冷凝器给水；

凝结水：各蒸汽加热器产生凝结水；

0.4MPa蒸汽产汽：各硫冷凝器，用汽：伴热；

4MPa(表)蒸汽产汽：废热锅炉，用汽：一级、二级过程器加热器；

制硫部分消耗表见表4-32。

表4-32 制硫部分能耗表

项目	单位耗量		小时耗量		燃料低热值或能耗指标		单位能耗
	单位	数量	单位	数量	单位	数量	kgEO/t
电	kW·h/t	64.961	kW·h/h	247.5	kgEO/kW·h	0.22	14.29
循环水	t/t	3.412	t/h	13	kgEO/t	0.06	0.20
除氧水	t/t	3.307	t/h	12.6	kgEO/t	6.5	21.50
低压凝结水	t/t	-1.186	t/h	-4.52	kgEO/t	6	-7.12
0.4MPa蒸汽	t/t	1.050	t/h	4	kgEO/t	66	69.29
1.0MPa蒸汽	t/t	0.294	t/h	1.12	kgEO/t	76	22.34
4.0MPa蒸汽	t/t	-2.105	t/h	-8.02	kgEO/t	88	-185.24
合计							-64.73

3. 尾气处理部分能耗(含尾气焚烧)

尾气处理部分主要消耗如下：

电耗：焚烧炉鼓风机、尾气循环风机、急冷水泵、贫液泵；

循环水：急冷水冷却器；

燃料气消耗：尾气焚烧炉；

除氧水：尾气处理废热锅炉、焚烧炉废热锅炉给水；

凝结水：尾气加热器产生凝结水；

0.4MPa蒸汽产汽：尾气处理废热锅炉用；用汽：伴热；

4MPa(表)蒸汽产汽：焚烧炉废热锅炉；用汽：尾气加热器；

尾气处理部分消耗表见表4-33。

表4-33 尾气处理部分能耗表

项目	单位耗量		小时耗量		燃料低热值或能耗指标		单位能耗
	单位	数量	单位	数量	单位	数量	kgEO/t
电	kW·h/t	54.331	kW·h/h	207	kgEO/kW·h	0.22	11.95
循环水	t/t	22.310	t/h	85	kgEO/t	0.06	1.34
工业水	t/t	0.024	t/h	0.09	kgEO/t	0.15	0.00
除氧水	t/t	0.630	t/h	2.4	kgEO/t	6.5	4.09
低压凝结水	t/t	-2.094	t/h	-7.98	kgEO/t	6	-12.57
0.4MPa蒸汽	t/t	1.021	t/h	3.89	kgEO/t	66	67.39
1.0MPa蒸汽	t/t	0.131	t/h	0.5	kgEO/t	76	9.97
4.0MPa蒸汽	t/t	-0.005	t/h	-0.02	kgEO/t	88	-0.46
燃料气	kg/t	44.094	kg/h	168	kgEO/kg	1.045	46.08
合计							127.80

4. 胺液再生部分

胺液再生部分主要消耗如下：

电耗：贫液泵、富液泵、空冷器；

循环水：各水冷器；

凝结水：重沸器产生凝结水；

0.4MPa蒸汽用汽：重沸器；

胺液再生部分消耗表见表4-34。

表4-34 胺液再生部分能耗表(以硫黄单产为基准)

项目	单位耗量		小时耗量		燃料低热值或能耗指标		单位能耗
	单位	数量	单位	数量	单位	数量	kgEO/t
电	kW·h/t	46.982	kW·h/h	179	kgEO/kW·h	0.22	10.34
循环水	t/t	104.987	t/h	400	kgEO/t	0.06	6.30
低压凝结水	t/t	-3.045	t/h	-11.6	kgEO/t	6	-18.27
0.4MPa蒸汽	t/t	3.045	t/h	11.6	kgEO/t	66	200.94
合计							199.31

5. 能耗分析

从表1-12可以看到，装置的能耗偏高，在不考虑胺液再生的情况下，能耗127.01kgEO/t硫黄，加上再生的能耗将会变成耗能单位，而非产能单位。分析高能耗的原因主要有以下几点：

① 电耗：装置的电能单耗较高，主要由于装置长期低负荷运行，鼓风机出口空气大量放空；急冷水、胺液并没有匹配装置负荷降低循环量，泵的电耗较高；空冷以全负荷运行，电耗较高。因此，装置的电耗比较设计值高。

② 循环水消耗：装置循环水单耗较高，主要因为装置低负荷运行，急冷水、胺液循环量未降低，循环水未能匹配负荷降低耗量。但也由于循环水量大，吸收塔的吸收温度得以稳定在一个较低的范围内(28~29℃)，强化了胺液的吸收效果，对装置的排烟维持在较低范围起到一定作用。

③ 0.4MPa 蒸汽：装置 0.4MPa 蒸汽单耗非常高，主要有两个原因：一是胺液再生循环量大(未匹配负荷量)，且蒸汽单耗较高(130kg 蒸汽/t 富液)。但由于高单耗使得精贫液中酸性气负荷降到很低的程度，硫化氢 0.16g/L，使得吸收塔塔顶净化尾气中 H_2S 被脱的非常干净，SO_2排放降低。另一个原因是装置伴热蒸汽使用量较大，经车间证实，单套硫黄回收装置伴热蒸汽的用量在 10t/h 以上，这对装置的高能耗具有重大的影响。其原因可能主要是装置内的疏水阀操作不是很好，大量的蒸汽直接通进凝结水回收设施，不但造成蒸汽的浪费，也造成了凝结水回收罐顶冷却的负荷加重，大大增大了装置能耗。

装置其余消耗与设计值对比差别不大，处于合理的误差范围内。

十一、关键转动设备处理能力分析

装置的关键转动设备主要有反应炉鼓风机、焚烧炉鼓风机、急冷水泵、精贫液泵和半贫液泵等。对于风机和机泵各取一台重要设备做处理能力的分析。

1. 反应炉鼓风机处理能力分析

反应炉鼓风机的性能曲线及操作点如图 4-4 所示。

可以看到，设计点的导叶全开时，设计流量为 6.8kg/s，即约 19376Nm³/h，此时出口风压为 80kPa(表)左右。当风量继续增加时，出口风压迅速降低，在 8kg/s 时，出口风压为 40kPa(表)，此时，风机到达流量上限。因此，在导叶全开情况下，鼓风机理论流量上限可达 22796Nm³/h，此时出口风压仍有 40kPa(表)。由于炉压偏低，说明整个过程气系统设备、管径设计得偏大，判断 40kPa 仍足够空气克服管路压降进入反应炉供风。另外，鼓风机的电机功率为 560kW，此时轴功率为 520kW，电机仍处于安全工作范围内，则鼓风机在该系统中操作的上限可至 22796Nm³/h。

目前，导叶开度为 30%，即开角为 60°，开度已经比较小，操作上不建议继续关小导叶开度。在假设导叶开度不变的情况下，风机喘振点对应的流量为 1.9kg/s，即 5414Nm³/h。

则鼓风机对应的操作范围为 5414~22796Nm³/h。

由表 1-1 可知，进炉的助燃空气流量为 7773Nm³/h，实际的风机操作流量为 2.91k/s，即 8292Nm³/h，仍有 8292-7773=519Nm³/h 的空气放空。

另外，在开角 60°的情况下，实际操作点已经处于曲线的右端，如需风量进一步增加或出现波动，则需手动改变导叶的开度以适应新的工况。

2. 急冷水泵的处理能力分析

及冷水泵的性能曲线及操作点如图 4 5 所示。

根据以上性能曲线，可以看到急冷水泵的最小稳定流量在 42m³/h 左右，取 20%余量，在操作中可以稳定运行的最小流量为 50m³/h 左右。

设计点的扬程在 48m 左右，实际急冷水入口的位置在 14m 高度，加上 0.15MPa 的空冷器、水冷器和冷媒水换热器设备压降(每台设备 0.05MPa)，以及 0.1MPa 调节阀和流量计的压降，泵出口的扬程至少为 39m，该扬程对应的流量为 320m³/h。

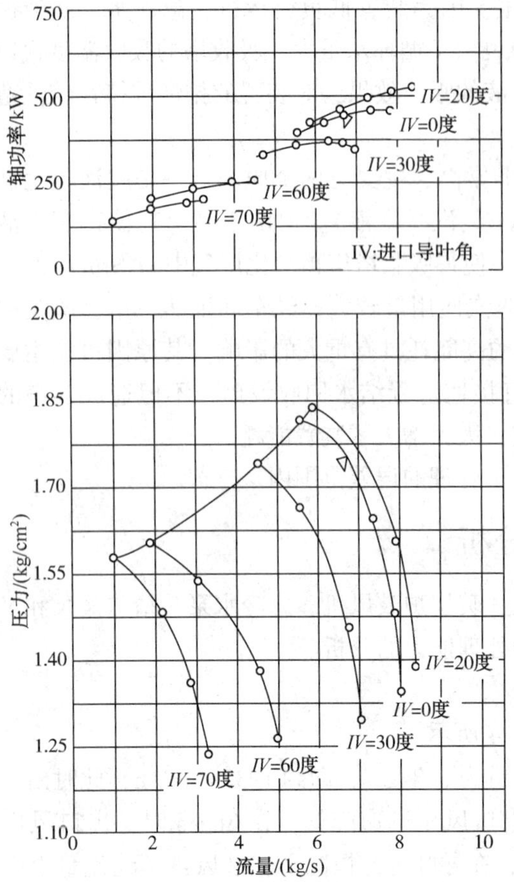

图 4-4　反应炉鼓风机性能曲线图

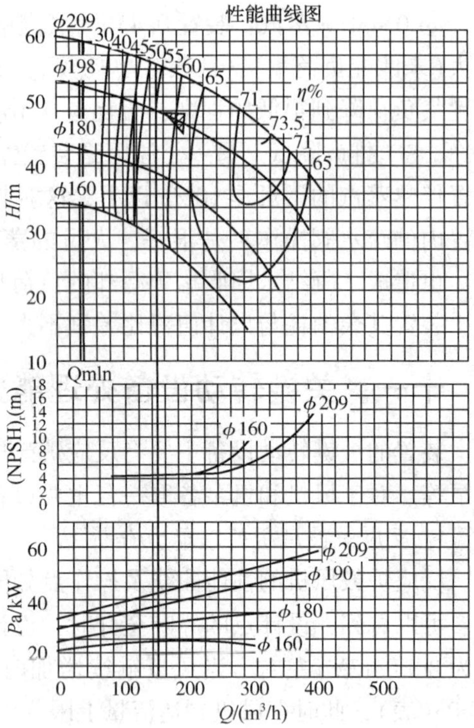

图 4-5　急冷水泵性能曲线图

综上，对于急冷水的循环系统，急冷水泵的操作范围为：50～320m³/h；根据表 1-1，实际操作点在 155m³/h 时，泵的口扬程约 52m。

十二、关键炉设备运转能力分析

（一）反应炉

反应炉的处理下限主要受燃烧器性能的限制，一般为装置设计能力的 10%～15%，此处主要就反应炉操作的上限做出分析计算。

1. 反应炉停留时间

反应炉停留时间按以下公式计算：

$$t=\frac{V_1\times P\times T_1}{V\times P_0\times T_2}$$

式中　V_1——炉膛体积，查得炉膛体积为 55m³；

P——炉膛绝压，109. 3kPa；

T_1——绝对温度，273. 15K；

T_2——炉膛温度，1466. 15K；

P_0——大气压，101. 3kPa；

V——反应炉内混合气体标况流量。

根据 Aspen 模拟流程，过程气流量为 618.1kmol/h，

$$V=618.1\times22.4=13845Nm^3/h$$

将上述数据代入公式后得到反应炉的停留时间为 2.9s。

2. 反应炉气速计算

反应炉炉膛除去衬里隔热内径为 2.6m，花墙内径为 2.3m，废热锅炉管束迎火面直径为 2.36m，废热锅炉共有 $\phi38\times5$ 炉管 1281 根，则

$$花墙内径面积\ S_{花墙}=\pi D^2\div4=3.14\times2.3^2\div4=4.15m^2$$

$$炉管通径面积\ S_{炉管}=1281\times\pi(0.038-2_{\times}0.005)^2\div4=0.788m^2$$

故可以计算得到反应炉花墙处实际气速为：

$$v=V_{实际}/S_{花墙}=618.1\times22.4\times1466.15\div273.15\times101.3\div109.3\div4.15\div3600=4.6m/s$$

废热锅炉炉管实际气速为：$4.6\times4.15\div0.788=24.3m/s$

3. 以设计停留时间计算的负荷率

根据设计停留时间为 1.2s 进行计算。

炉温为 1223℃，与标定数据基本一致，可忽略其对气体体积的影响，则酸性气反应炉的负荷率为：1.2s÷12.9s=41.4%，基本与以硫产量计的装置负荷一致。

4. 反应炉废热锅炉计算的负荷率

废热锅炉的设计参数如表 4-35 所示。

表 4-35　反应炉废热锅炉设计参数

	单位	管程	壳程
入口温度	℃	1223.8	256
出口温度	℃	320	256
总传热量	kW	12525.6	

注：对于相变传热，以相变温度作为介质的进出口温度进行计算。

查设备图可知废热锅炉共有 $\phi38\times5$ 炉管 1281 根，每根管束长为 4.42m，则可以计算单根展开面积 $S_{单管}$：

$$S_{单管}=\pi d\times l=3.14\times0.038\times4.42=0.53m^2$$

则总换热面积为 $S_{总}=N_{总}S_{单管}=1281\times0.53=676m^2$

通过设计参数可以计算出废热锅炉对数平均温差 Δt：

$$\Delta t=\frac{\Delta t_2-\Delta t_1}{\ln(\Delta t_2/\Delta t_1)}$$

式中，管程入口温差 $\Delta t_2=967.8K$，管程出口温差 $\Delta t_1=64K$，对数平均温差=332.8K。

则可计算得设计工况下总传热系数 K：

$$K=Q/S\Delta t$$

即 $K=12525.6\times1000/(676\times332.8)=55.7W/(m^2\cdot K)$

根据本章第一节第（一）小节的内容，建模计算得到反应炉废热锅炉的换热量为 22092823kJ/h，即 6136.9kW。

$$23247888kJ/h=23247888\div3600=6457kW$$

在目前的装置情况下，假设 K 值变化不大，废热锅炉出口温度上限设为 380℃，炉膛温度根据表 1-1 可得 1146℃，产气温度为 253℃，则废热锅炉对数平均温差为 392.7K，此时

可换热 $Q=K\times S\times 392.7=14786$kW。即现运行负荷可提升至229%，目前装置负荷为45.74%(以硫产量计)，则在装置负荷为45.74%×229%=104.7%时，废锅出口将达到380℃，所以对于废热锅炉来说操作负荷不宜超过104.7%(以硫产量计)。

废热锅炉出口温度过高是制约装置处理能力的一个关键节点，操作中应强化定期排污，并严格控制炉水磷酸根含量，并在计划停工检修期间对废热锅炉进行清灰处理。

(二) 主要换热设备热量平衡计算

由于反应炉废热锅炉的计算已经在第一节物料平衡计算第(一)小节硫平衡计算中给出，此处对尚未进行建模计算的硫冷凝冷却器、过程气加热器、尾气加热器以及尾气焚烧炉的建模计算方法进行描述。

1. 硫冷凝冷却器

以一级硫冷凝冷却器为例说明建模计算的方法。

硫冷凝冷却器中主要发生了硫形态的重组和硫的冷凝，在冷凝器气相出口为硫的饱和态，可根据这点计算残留在气相中硫的量，从而得到冷凝下来的的液硫的量。利用 S_6 和 S_8 的冷凝热以及进出口的物料焓值，可根据能量守恒计算热负荷及产气量。

在表4-9中我们已经得到了废热锅炉出口的气相组成，依据气相中的硫原子数为99.83kmol/h，以及一级冷凝器出口的温度为156.4℃，查图4-1可得到出口气相中 S_6 与 S_8 的摩尔比为5∶92，即生成 S_6 与 S_8 的S原子数量比为30∶736。先不考虑硫的冷凝，依据元素守恒可得到气相未冷凝状态下 S_6 的摩尔流量为0.65kmol/h，S_8 的摩尔流量为11.99kmol/h。

再根据式(4-8)计算156.4℃下硫的饱和蒸气压为0.03597kPa，该数值即冷凝后的气相组分中硫蒸气的总分压，再根据一冷出口压力5.9kPa(表)可得出硫蒸气的体积分率为0.0336%，残留的硫蒸气同样遵循图4-1的 S_6 与 S_8 的比例关系，而在冷凝器前后其余组分视为无变化，据表4-10可计算出一级冷凝器发生冷凝前后的物料组成及焓值如表4-36所示。

表4-36 一级冷凝器发生冷凝前后的物料组成及焓值

组分	冷凝前过程气		出口过程气	
	摩尔流量/(kmol/h)	热量/(kJ/h)	摩尔流量/(kmol/h)	热量/(kJ/h)
H_2S	30.13	161084.47	30.13	161084.47
CO_2	86.65	539647.07	86.65	539647.07
H_2O	142.19	774386.18	142.19	774386.18
CH_4	0.00		0.00	
SO_2	16.99	113669.73	16.99	113669.73
N_2	273.65	1251651.53	273.65	1251651.53
O_2	0.00		0.00	
S_2	0.00		0.00	
S_6	0.65	11994.81	0.01	176.31
S_8	11.99	304655.93	0.18	4478.07
H_2	6.69	30611.57	6.69	30611.57

续表

组分	冷凝前过程气		出口过程气	
	摩尔流量/(kmol/h)	热量/(kJ/h)	摩尔流量/(kmol/h)	热量/(kJ/h)
CO	5.06	23197.70	5.06	23197.70
COS	3.93	26978.38	3.93	26978.38
CS_2	0.04	312.89	0.04	312.89
总计	577.99	3238190	565.530	2926194

由未发生冷凝前气相 S_6 和 S_8 的量和出口的气相的组成，我们可以分别得到 S_6 和 S_8 冷凝的量为 S_6：0.642kmol/h，S_8：11.814kmol/h，根据图 4-6 可得到液硫冷凝放出的热量 $Q_{冷}$。

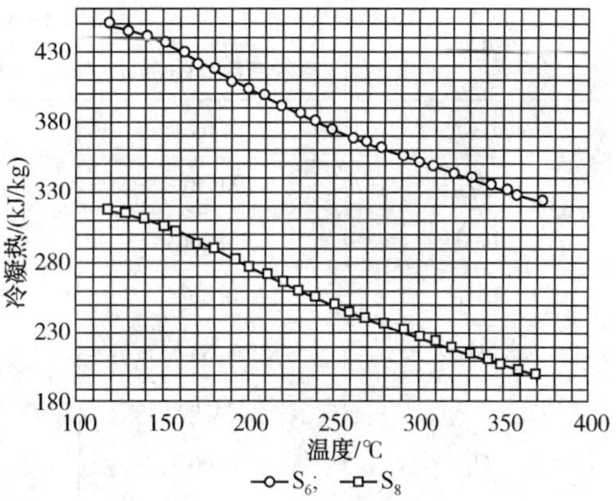

图 4-6　S_6 和 S_8 硫蒸气冷凝热

忽略 S_6 向 S_8 转化的反应热 $Q_{反}$，一级硫冷凝器热负荷；

$$Q_{一冷}=Q_{入}-Q_{出}+Q_{反}+Q_{冷凝}=5093111\text{kJ/h}$$

一冷采用 104℃ 除氧水产 0.38MPa（表）蒸汽，其焓差为 2308.95kJ/kg。

则废热锅炉的产气量为 5093111÷2308.95＝2206kg/h＝2.206t/h。

对比表 1-1 中生产数据一级硫冷凝冷却器产气量 1.92t/h 有 15%的误差。差异主要来源于计量准确度、设备散热以及除氧水温度等的影响。

按照同样的方法可计算出二级、三级冷凝冷却器的数据如表 4-37 及表 4-38 所示。

表 4-37　二级冷凝器发生冷凝前后的物料组成及焓值

组分	冷凝前过程气		出口过程气	
	摩尔流量/(kmol/h)	热量/(kJ/h)	摩尔流量/(kmol/h)	热量/(kJ/h)
H_2S	9.77	50713.64	9.77	50713.64
CO_2	90.46	546928.79	90.46	546928.79
H_2O	162.56	860639.56	162.56	860639.56
CH_4	0.00	—	0.00	—
SO_2	4.88	31715.07	4.88	31715.07
N_2	273.65	1216988.82	273.65	1216988.82
O_2	0.00	—	0.00	—
S_2	0.00	—	0.00	—
S_6	0.25	4412.59	0.01	135.80
S_8	4.54	112067.67	0.14	3448.96
H_2	6.69	58653.39	6.69	29769.62
CO	5.06	44857.08	5.06	22553.78

续表

组分	冷凝前过程气		出口过程气	
	摩尔流量/(kmol/h)	热量/(kJ/h)	摩尔流量/(kmol/h)	热量/(kJ/h)
COS	0.16	2169.80	0.16	1047.79
CS_2	0.00	0.00	0.00	0.00
总计	558.02	2929146	553.382	2763942

表 4-38　三级冷凝器发生冷凝前后的物料组成及焓值

组分	冷凝前过程气		出口过程气	
	摩尔流量/(kmol/h)	热量/(kJ/h)	摩尔流量/(kmol/h)	热量/(kJ/h)
H_2S	3.67	19036.09	3.67	19036.09
CO_2	90.46	546928.79	90.46	546928.79
H_2O	168.66	892934.39	168.66	892934.39
CH_4	0.00	—	0.00	—
SO_2	1.83	11904.70	1.83	11904.70
N_2	273.65	1216988.82	273.65	1216988.82
O_2	0.00	—	0.00	—
S_2	0.00	—	0.00	—
S_6	0.07	1229.69	0.01	140.27
S_8	1.24	30551.74	0.14	3485.13
H_2	6.69	46844.39	6.69	29769.62
CO	5.06	35685.45	5.06	22553.78
COS	0.16	1699.48	0.16	1047.79
CS_2	0.00	0.00	0.00	0.00
总计	551.49	2803804	550.334	2744789

二级硫冷凝器热负荷：

$$Q_{二冷}=Q_{入}-Q_{出}+Q_{反}+Q_{冷凝}=3208819\text{kJ/h}$$

一冷采用104℃除氧水产0.38MPa(表)蒸汽，其焓差为2308.95kJ/kg。

则废热锅炉的产气量为3208819÷2308.95=1390kg/h=1.39t/h

对比表1-1中生产数据二级硫冷凝冷却器产气量1.04t/h有30%的误差。主要由于建模计算时一反的转化率较高，产生的热量较实际工况大，因此，二冷产气量较大。另外也包含计量准确度、设备散热以及除氧水温度等的影响。

三级硫冷凝器热负荷：

$$Q_{二冷}=Q_{入}-Q_{出}+Q_{反}+Q_{冷凝}=1614659\text{kJ/h}$$

一冷采用104℃除氧水产0.38MPa(表)蒸汽，其焓差为2308.95kJ/kg；

则废热锅炉的产气量为1614659÷2308.95=699kg/h=0.699t/h。

对比表1-1中生产数据三级硫冷凝冷却器产气量0.49t/h有43%的误差。主要由于建模计算时二反的转化率较高，产生的热量较实际工况大，因此三冷产气量较大。另外也包含计量准确度、设备散热以及除氧水温度等的影响。

2. 过程气、尾气加热器计算

过程气加热器的手算方法与硫冷凝器类似，但应考虑在出口温度下硫元素的重新分布的反应热。可根据出口温度查图 4-1 得到该温度下 S_6 与 S_8 的摩尔比，由此得到在加热器中，S_8 向 S_6 转化的量，并得到反应热 $Q_{反}$。根据能量守恒的原理可以得到加热需要的蒸汽量。以一级过程气加热器为例。

已知一级加热器出口过程气加热至 218℃，由图 4-1 可得在该温度下 S_6 与 S_8 的摩尔比为 9.5∶83，即生成 S_6 与 S_8 的 S 元素比为 57∶664。由表 4-28 一冷出口组成已知 S 元素的量为 1.4707kmol/h，则出口气中 S_6 的摩尔流量为 0.019kmol/h，S_8 的摩尔流量为 0.169kmol/h。可得到转化为 S_6 的 S_8 量为 0.177−0.169＝0.0073kmol/h，每摩尔 S_8 转化为 S_6 吸热 125kJ，可得出 $Q_{反}$＝917kJ。

列出进出料的组成及焓值如表 4-39 所示。

表 4-39　一级过程气加热器前后的物料组成及焓值

组分	入口过程气		出口过程气	
	摩尔流量/(kmol/h)	热量/(kJ/h)	摩尔流量/(kmol/h)	热量/(kJ/h)
H_2S	30.13	161084.47	30.13	228176
CO_2	86.65	539647.07	86.65	770384
H_2O	142.19	774386.18	142.19	1085145
CH_4	0.00	—	0.00	—
SO_2	16.99	113669.73	16.99	161816
N_2	273.65	1251651.53	273.65	1750103
O_2	0.00	—	0.00	0
S_2	0.00	—	0.00	0
S_6	0.01	176.31	0.02	502
S_8	0.18	4478.07	0.17	6062
H_2	6.69	30611.57	6.69	42678
CO	5.06	23197.70	5.06	32467
COS	3.93	26978.38	3.93	38434
CS_2	0.04	312.89	0.04	444
总计	565.53	2926194	565.53	4115768

一级过程气加热器热负荷：

$$Q_{一级加热器}=Q_{出}-Q_{入}-Q_{反}=1190489\text{kJ/h}$$

使用自产 4.1MPa 蒸汽加热，凝结水压力约为 3.5MPa(表)，则其焓差为 1742.11kJ/kg，则用汽量为：

$$1190489\div1742.11=683\text{kg/h}=0.683\text{t/h}$$

对比表 1-1 中生产数据一级过程气加热器加热蒸汽量 0.58t/h 有 18%的误差，主要由于计量准确度、设备散热以及凝结水温度等影响。

同理可得到二级过程器加热器进出料的组成及焓值如表 4-40 所示。

表 4-40　二级过程气加热器前后的物料组成及焓值

组分	入口过程气		出口过程气	
	摩尔流量/(kmol/h)	热量/(kJ/h)	摩尔流量/(kmol/h)	热量/(kJ/h)
H_2S	9.77	50713.64	9.77	72871
CO_2	90.46	546928.79	90.46	792296
H_2O	162.56	860639.56	162.56	1223201
CH_4	0.00	—	0.00	0
SO_2	4.88	31715.07	4.88	45812
N_2	273.65	1216988.82	273.65	1725746
O_2	0.00	—	0.00	0
S_2	0.00	—	0.00	0
S_6	0.01	135.80	0.02	392
S_8	0.14	3448.96	0.13	4736
H_2	6.69	29769.62	6.69	42091
CO	5.06	22553.78	5.06	32014
COS	0.16	1047.79	0.16	1515
CS_2	0.00	0.00	0.00	0
总计	553.382	2763942	553.38	3940674

二级过程气加热器热负荷：

$$Q_{二级加热器}=1177458\text{kJ/h}$$

则用汽量为 1177458÷1742.11＝676kg/h＝0.676t/h

对比表 1-1 中生产数据二级过程气加热器加热蒸汽量 0.48t/h 有 32%的误差。主要由于计量准确度、设备散热以及凝结水温度等的影响。

同理可得到尾气加热器进出料的组成及焓值如表 4-41 所示。

表 4-41　尾气加热器前后的物料组成及焓值

组分	入口尾气		循环尾气		出口尾气	
	摩尔流量/(kmol/h)	热量/(kJ/h)	摩尔流量/(kmol/h)	热量/(kJ/h)	摩尔流量/(kmol/h)	热量/(kJ/h)
H_2S	3.67	19036	0.000	0	3.696	30634
CO_2	90.46	546929	4.522	22965	94.986	926264
H_2O	168.66	892934	0.885	3965	197.807	1646570
CH_4	0.00		0.000		0.000	
SO_2	1.83	11905	0.000		1.833	19127
N_2	273.65	1216989	15.785	59475	296.561	2067529
O_2	0.00		0.000		1.894	

续表

组分	入口尾气		循环尾气		出口尾气	
	摩尔流量/(kmol/h)	热量/(kJ/h)	摩尔流量/(kmol/h)	热量/(kJ/h)	摩尔流量/(kmol/h)	热量/(kJ/h)
S_2	0.00		0.000		0.000	
S_6	0.01	140	0.000		0.008	223
S_8	0.14	3485	0.000		0.141	5539
H_2	6.69	29770	0.824	3111	7.514	52208
CO	5.06	22554	0.014	51	5.076	35499
COS	0.16	1048	0.001	3	0.158	1692
CS_2	0.00	0.00	0.000	0	0.000	0
总计	550.334	2744789	22.031	89571	609.672	4785284

尾气加热器热负荷：

$$Q_{尾气}=Q_{出}-Q_{入}-Q_{循环}-Q_{动力蒸汽}-Q_{抽入空气}=1931584\text{kJ/h}$$

尾气采用过热蒸汽加热，出口为3.5MPa凝结水，焓差为2216.42kJ/kg，则用汽量为1931584÷2216.42=870kg/h=0.87t/h。

对比表1-1中生产数据尾气加热器的加热蒸汽量0.9t/h有2.6%的误差，基本吻合。

3. 尾气焚烧炉及废热锅炉计算

尾气焚烧炉计算也是能量平衡的过程，主要有以下几个步骤。

(1) 确定反应

焚烧炉中除燃料气燃烧外主要有如下几个反应：

$$H_2+0.5O_2 = H_2O-241.8\text{kJ/mol}$$

$$CO+0.5O_2 = CO_2-299.6\text{kJ/mol}$$

$$COS+1.5O_2 = CO_2+SO_2-553.6\text{kJ/mol}$$

$$H_2S+1.5O_2 = H_2O+SO_2-519.2\text{kJ/mol}$$

与反应炉计算类似，首先根据Aspen模拟的数据给出标定炉膛温度下各反应发生的量。本装置焚烧炉炉温为609℃，得到的各种反应物穿透率如下：

H_2 穿透率	70%
CO 穿透率	100%
COS 穿透率	20.5%
H_2S 穿透率	2.5%

即可得到以上4个反应的反应热 $Q_{反}$。

对于燃料气燃烧，采用平均热值的方法根据燃料气组成和每种组成的热值可得到燃料气平均热值为：657153.4kJ/kmol。

假设燃料气消耗为 $x$kmol/h，给定一个 x 值就可以得到燃料气放热量 $Q_{燃}$，进行试算使能量达到平衡。

(2) 计算需氧量以及过氧空气量

首先根据前面的反应式及反应的量以及燃料气燃烧所需要的配平比得到当量燃烧需要的

氧气量为 28.286kmol/h，带入水组分后可得到当量燃烧下的产物组成，再补充空气使产物中氧含量达到标定值即可得到尾气焚烧炉总空气量。

（3）使能量平衡成立

根据上面得到的产物，以及进料尾气、燃料气、空气的焓值，列能量平衡式：

$$Q_{入}+Q_{反}+Q_{燃}-Q_{出}=0$$

不断变化 x 值使上式成立，即可得到燃料气用量以及助燃空气量和产物的组成，见表 4-42。

表 4-42　尾气焚烧炉出口物料组成及焓值

组分	出口过程气		组分	出口过程气	
	摩尔流量/(kmol/h)	热量/(kJ/h)		摩尔流量/(kmol/h)	热量/(kJ/h)
H_2S	5×10^{-5}	0	S_6	0.000	—
CO_2	94.074	2630466	S_8	0.000	—
H_2O	63.399	1402499	H_2	10.263	182476
CH_4	0.000	—	CO	0.240	4457
SO_2	0.010	299	COS	0.002	65
N_2	477.677	8771735	CS_2		
O_2	23.630	463090	总计	669.296	13455087
S_2	0.000	—			

（4）废热锅炉及蒸汽过热器计算

过热蒸汽的温度以及尾气焚烧炉废热锅炉，计算过程见附件 Excel 文件。

烟气从 370℃至 253.8℃，计算得到废热锅炉产气量：1.09t/h。

查表 1-1 可得减温器补水：0.418t/h。

烟气从 609℃至 370℃计算可得过热蒸汽温度：454℃。

对比表 1-1 中操作数据，焚烧炉废热锅炉产气为 0.88t/h，过热蒸汽温度为 441℃，比较接近，差异主要在于计量误差、设备散热以及除氧水温度。

（三）焚烧炉

与反应炉计算过程相似，此处对焚烧炉的操作上限做出分析计算。

（1）焚烧炉停留时间

焚烧炉炉膛体积为 $\pi\times1.3^2\times10.63=56.4m^3$

根据表 1-1，废气量为 15061Nm³/h，609℃，101.3kPa 下的实际体积流量为：

$$15061\times(609+273.15)\div273.15=48640m^3/h$$

则焚烧炉内的停留时间为：

$$56.4m^3\div48640\times3600=4.17s$$

（2）以设计停留时间计算的负荷率

根据设计停留时间为 1.6s 进行计算，设计炉温为 650℃，压力为常压，得到焚烧炉的负荷率为：1.6s÷4.17s×(609+273.15)÷(650+273.15)=41.4%。

（3）焚烧炉废热锅炉计算

废热锅炉的设计参数如表 4-43 所示。

表 4-43 焚烧炉废热锅炉参数

	单位	管程	壳程
入口温度	℃	383	256
出口温度	℃	280	256
总传热量	kW	748.2	

注：对于相变传热，以相变温度作为介质的进、出口温度进行计算。

焚烧炉炉膛除去衬里隔热内径为 2.6m，花墙内径为 2.2m，废热锅炉管束迎火面直径为 1.9m，过热段进口 2.5m，出口 1.7m，废热锅炉共有 $\phi 51\times 5$ 炉管 547 根。

则可以计算单根展开面积 $S_{单管}$：

$$S_{单管}=\pi d\times L=3.14\times 0.041\times 4.9=0.63\text{m}^2$$

则总换热面积为 $S_{总}=N_{总}S_{单管}=547\times 0.63=345\text{m}^2$

依据设计值可以计算出废热锅炉对数平均温差 Δt：

$$\Delta t=\frac{\Delta t_2-\Delta t_1}{\ln(\Delta t_2/\Delta t_1)}$$

式中，管程入口温差 $\Delta t_2=103\text{K}$；管程出口温差 $\Delta t_1=24\text{K}$；对数平均温差为 54.2K；

则总传热系数 K：

$$K=Q/S\Delta t$$

即 $K=748.2\times 1000/(345\times 54.2)=40\text{W}/(\text{m}^2\cdot\text{K})$

建模计算得到焚烧炉废热锅炉的热负荷为 2572842kJ/h，即 714.7kW。

相比设计值可看到在装置负荷只有 45.74%（以硫产量计）的情况下，尾气焚烧炉废热锅炉的负荷与设计工况相差不大，这主要是由于实际工况中反应炉废热锅炉产气偏少，导致需要过热的蒸汽偏少，而烟气的热量更多用于发生蒸汽。

十三、塔器设备运转能力分析

（一）急冷塔水力学计算[4]

硫黄回收装置急冷塔为高效规整填料塔，塔径为 $DN2800$，内装一段高 3000mm 的填料，填料采用无锡开元 KY-2.5A 规整填料，因无填料特性参数相关数据，需使用设计数据计算填料特性参数。

依据设计数据，急冷塔的流体力学核算结果如图 4-7 所示。

空塔气速计算公式如下：

$$\pi\left(\frac{D}{2}\right)^2 u=\frac{V}{3600\rho_V}$$

则可计算得到 $u=\dfrac{4V}{3600\pi D^2\rho_V}$

由贝恩-霍根关联式得：

$$\lg\left[\frac{u_F^2}{g}\left(\frac{a_t}{\varepsilon^3}\right)\left(\frac{\rho_V}{\rho_L}\right)u_L^{0.2}\right]=A-K\left(\frac{w_L}{w_V}\right)^{0.25}\left(\frac{\rho_V}{\rho_L}\right)^{\frac{1}{8}}$$

式中 u_F——泛点气速，m/s；

g——重力加速度，m/s^2；

a_t——填料总比表面积，m^2/m^3；

ε——填料层孔隙率，m^3/m^3；

ρ_V、ρ_L——气相、液相密度，kg/m^3；

W_V、W_L——气相、液相的质量流量，kg/h；

μ_L——液体黏度，mPa·s；

A、K——填料关联常数，查填料表可知，金属孔板波纹填料 $A=0.291$，$K=1.75$。

汽液负荷数据

	100%负荷	30%负荷	120%负荷
气相负荷/(kg/h)	22973	6892	27567
气相密度/(kg/m^3)	1.334	1.334	1.334
气相黏度/(mPa·s)	0.0071	0.0071	0.0071
液相负荷/(kg/h)	123038	36911	147645
液相密度/(kg/m^3)	124.28	990	149.14
液相黏度/(mPa·s)	0.964	0.964	0.964
表面张力/(mN/m)	35	35	35
物性因数	1	1	1

计算结果

塔径/mm	2800	2800	2800
塔截面积/m^2	6.16	6.16	6.16
填料层高度/m	3	3	3
动能因子/[$m/s(kg/m^3)^{0.5}$]	0.9	0.27	1.08
填料类型	规整	规整	规整
填料型号	KY-2.5A	KY-2.5A	KY-2.5A
喷淋密度/($m^3/m^2·h$)	21.18	6.06	24.22
压力降/(mbar/m)	<0.5	<0.5	<0.5
泛点率/%	37	11	44

图 4-7　急冷塔设计流体力学数据

1. 规整填料特性参数计算

根据填料供货商提供的“填料流体力学核算结果”可查得：100%负荷下，气相负荷为22973kg/h，气体密度为1.334kg/m^3，液相负荷为123038kg/h，液相黏度为0.964mPa·s，泛点率为37%。设计塔底温度为60℃，因急冷塔压力较低，急冷水内溶解的硫化氢有限，忽略不计，查得60℃水的密度为983kg/m^3。

$$\text{空塔气速}\ u_{100\%}=\frac{4V}{3600\pi D^2\rho_V}=\frac{4\times22973}{3600\times3.14\times2.8^2\times1.334}=0.77\text{m/s}$$

则泛点气速 $u_F^{100\%}=2.10\text{m/s}$

根据贝恩-霍根关联式迭代计算，有：

$$\lg\left[\frac{2.10^2}{9.81}\left(\frac{a_t}{\varepsilon^3}\right)\left(\frac{1.334}{983}\right)0.964^{0.2}\right]=0.291-1.75\left(\frac{123038}{22973}\right)^{1/4}\left(\frac{1.334}{983}\right)^{1/8},$$

计算得到$\left(\dfrac{a_t}{\varepsilon^3}\right)=218.80$。

2. 空塔气速计算

使用装置实际数据计算空塔气速。

急冷塔出口气相流量为8708Nm³/h，转换为实际体积流量为10960m³/h，参照Aspen模拟数据，急冷塔出口气相密度为1.228kg/m³，转换为质量流量 $V=10960\times1.228$kg/h = 13458.88kg/h，则可以计算工况下空塔气速：

$$u=4\times13458.88/(3600\times3.14\times2.8^2\times1.228)=0.49\text{m/s}$$

3. 泛点气速计算

依据装置实际操作数据计算汽点气速。

急冷水循环量 $L=155300$kg/h，根据贝恩-霍根关联式可计算得到目前工况下的泛点气速：

$$\lg\left[\frac{u_F^2}{9.18}\times218.80\times\left(\frac{1.228}{983}\right)\times0.964^{0.2}\right]$$

$$=0.291-1.75\left(\frac{155300}{13458.88}\right)^{0.25}\left(\frac{1.228}{983}\right)^{\frac{1}{8}}$$

计算得到 $u_F=1.64$m/s，从而有泛点率 $u/u_F^{40\%}=0.49/1.64=29.87\%$。

急冷塔设计泛点率在11%~44%，实际运行工况在设计范围内。

4. 液体喷淋密度核算

实际操作时，采用的液体喷淋密度应大于最小喷淋密度。若液体喷淋密度小于最小喷淋密度，则塔径选择不合适。

液体喷淋密度的计算公式为：

$$U=\frac{L_h}{0.785D^2}$$

式中 U——液体喷淋密度，m³/(m²·h)；

L_h——液体喷淋量，m³/h；

D——填料塔直径，m。

对于规整填料，其最小喷淋密度可以从有关填料手册中查得，通常取为0.2m³/m·h。

则计算得到液体喷淋密度为：

$$U=155300\div983\div(0.785\times2.8^2)\text{m}^3/(\text{m}^2\cdot\text{h})=25.67\text{m}^3/\text{m}\cdot\text{h}$$

核算液体喷淋密度负荷设计要求。

（二）吸收塔水力学计算

吸收塔为高效规整填料塔，塔径 $DN2400$，内装两段填料，每段高度为4000mm，吸收塔和急冷塔采用一样的金属波纹规整填料KY-2.5A。

依据填料供货商提供的数据，急冷塔的流体力学核算结果，如图4-8所示。

1. 空塔气速计算

使用装置实际数据计算空塔气速。

急冷塔出口气相流量为8708Nm³/h，转换为实际体积流量为10960m³/h，参照Aspen模拟数据，急冷塔出口气相密度为1.228kg/m³，转换为质量流量 $V=10960\times1.228$kg/h = 13458.88kg/h，则可以计算工况下空塔气速：

$$u=4\times13458.88/(3600\times3.14\times2.4^2\times1.228)=0.67\text{m/s}$$

汽液负荷数据

	100%负荷	30%负荷	120%负荷
气相负荷/(kg/h)	18998	5700	22798
气相密度/(kg/m³)	1.353	1.353	1.353
气相黏度/(mPa·s)	0.0174	0.0174	0.0174
液相负荷/(kg/h)	55000	16500	66000
液相密度/(kg/m³)	54.03	1018	64.83
液相黏度/(mPa·s)	1.96	1.96	1.96
表面张力/(mN/m)	59.97	59.97	59.97
物性因数	1	1	1

计算结果

塔径/mm	2400	2400	2400
塔截面积/m²	4.52	4.52	4.52
填料层高度/m	4	4	4
动能因子/[m/s(kg/m³)^0.5]	1	0.3	1.2
填料类型	规整	规整	规整
填料型号	KY-2.5A	KY-2.5A	KY-2.5A
喷淋密度/(m³/m²·h)	11.94	3.58	14.33
压力降/(mbar/m)	<0.5	<0.5	<0.5
泛点率/%	35	10	42

图 4-8 吸收塔设计流体力学数据

2. 泛点气速计算

依据装置实际操作数据，胺液循环量 $L=86900\text{kg/h}$，根据贝恩-霍根关联式可计算得到目前工况下的泛点气速：

$$\lg\left[\frac{u_F^2}{9.18}\times 218.80\times\left(\frac{1.228}{1026}\right)\times 1.96^{0.2}\right]$$
$$=0.291-1.75\left(\frac{86900}{13458.88}\right)^{0.25}\left(\frac{1.228}{983}\right)^{\frac{1}{8}}$$

计算得到 $u_F=1.92\text{m/s}$，从而有泛点率 $u/u_F^{40\%}=0.67/1.92=18.73\%$。

吸收塔设计泛点率在10%~42%，实际运行工况在设计范围内。

3. 液体喷淋密度核算

实际操作时采用的液体喷淋密度应大于最小喷淋密度，若液体喷淋密度小于最小喷淋密度，则塔径选择不合适。

液体喷淋密度的计算公式为：

$$U=\frac{L_h}{0.785\,D^2}$$

式中 U——液体喷淋密度，$\text{m}^3/(\text{m}^2\cdot\text{h})$；

L_h——液体喷淋量，m^3/h；

D——填料塔直径，m。

对于规整填料，其最小喷淋密度可以从有关填料手册中查得，设计中，通常取为 $0.2\text{m}^3/\text{m}\cdot\text{h}$。

则计算得到液体喷淋密度为：

$$U=86900\div1026\div(0.785\times2.4^2)\,m^3/(m^2\cdot h)=25.67m^3/m\cdot h$$

核算液体喷淋密度负荷设计要求。

（三）再生塔水力学计算

再生塔为板式塔，根据化工设计手册中所述板式塔计算方法进行计算[5]。再生塔为高效塔盘结构，共设有30层塔盘，塔径 $DN2800$，双溢流结构，板间距为600mm，具体结构如表4-44所示。

表4-44　再生塔塔板设计数据表

项目		数据	项目	数据
塔径/mm		2800	流道长度/mm	765
塔板间距/mm		600	有效面积/m²	3.81
流道数		2	浮阀个数/塔板	212
侧降液管	堰高/mm	50	底隙高度/mm	40
	宽度/mm	425	上部面积/m²	0.59
中降液管	堰高/mm	50	底隙高度/mm	40
	宽度/mm	420	上部面积/m²	1.17

1. 雾沫夹带线计算

根据雾沫夹带量公式：

$$e=\frac{A(0.052\,h_1-1.72)}{H_t^n\phi'^2}\left(\frac{W}{\varepsilon\cdot m}\right)^{3.7}$$

式中　e——雾沫夹带量，kg液体/kg气体；

ε——除去降液管面积后的塔板面积与塔横截面积之比；

ϕ'——系数，取0.6~0.8；

W——空塔气速，m/s；

m——参数，$m=5.63\times10^{-5}\left(\frac{\sigma_1}{\gamma_v}\right)^{0.295}\left(\frac{\gamma_1-\gamma_v}{\mu_v}\right)^{0.425}$；

h_1——塔板上液层高度，mm；

γ_1、γ_v——液相、气相密度，kg/m³；

σ_1——液相表面张力，dyn/cm；

H_t——塔板间距，mm；

μ_v——气体黏度，kg·s/m²；

A、n——系数，当$H_t<350$mm时，$A=9.48\times10^7$，$n=4.36$；当$H_t\geq350$mm时，$A=0.159$，$n=0.95$。

当对水或物理性质与水相近的液体，雾沫夹带的值用下列公式估算：

$$e=\frac{A(0.052\,h_1-0.206)}{H_t^n\phi'^2}W^{3.69}$$

取 $e=10\%$ 为雾沫夹带的上限。

$H_t=600$mm，$A=0.159$，$n=0.95$；ϕ'取0.6，代入上式，即：

$$0.1=\frac{0.159(0.052h_1-0.206)}{600^{0.95}0.6^2}W^{3.69}$$

整理可得出：

$$\frac{98.66}{W^{3.69}}=0.052h_1-0.206$$

其中：$h_1=h_w+h_{ow}$

$$h_{ow}=2.84E\left(\frac{V_1}{l}\right)^{2/3}$$

式中 h_w——出口堰高度，mm；

h_{ow}——堰上液层高度，mm；

E——液流收缩系数，近似取 $E=1$，mm；

l——溢流堰长度，m；

V_1——液体体积流量，m^3/h

$l=5.4m$，近似取 $E=1$，$h_w=50mm$ 代入计算。

设液体体积流量为 $80m^3/h$，则计算出 $h_{ow}=39.71mm$，$h_1=89.71mm$，代入式中，求出气体流速 $W=2.514m/s$。通过试设几个液体的体积流量，可算出几个雾沫夹带点，数据如表4-45所示。

表 4-45 雾沫夹带气液相对应表

V_1/(m^3/h)	h_1/mm	h_{ow}/mm	W/(m/s)
80	67.13	17.13	2.51
100	69.88	19.88	2.49
120	72.45	22.45	2.46
140	74.88	24.88	2.44
160	77.19	27.19	2.42
180	79.42	29.42	2.40
200	81.56	31.56	2.38

2. 液泛线计算

（1）塔板压降 ΔP_t

$$\Delta P_t=h_p\rho_L g$$

$$h_p=h_c+h_1+h_\sigma$$

式中 h_c——与气体通过塔板的干板压降相当的液柱高度，m 液柱；

h_1——与气体通过板上液层的压降相当的液柱高度，m 液柱；

h_σ——与克服液层表面张力的压降相当的液柱高度，m 液柱；

ΔP_t——气体通过每层塔板的压降，Pa。

1）干板阻力

$$h_c=5.37\frac{W_h^2}{2g}\frac{\rho_V}{\rho_1}\rho_L$$

塔截面 $F=\frac{\pi D^2}{4}=3.14\times\frac{2.8^2}{4}=6.15\text{m}^2$

$V_v=W_h\cdot F_h=W_h\cdot F\cdot$ 塔板开孔率 $=6.15\times4.31\%\times W_h=0.265\,W_h$

则 $W_h=\frac{V_v}{0.265}$

查设计数据得到 $\rho_L=951.8\text{kg/m}^3$，$\rho_V=1.278\text{kg/m}^3$。

2）气体通过液层阻力

对于浮阀塔，多数情况下：

$$h_1=0.4h_w+2.35\times10^{-3}(3600V_L/l)^{2/3}$$

3）液体表面张力阻力

$$h_\sigma=\frac{4\sigma_L}{\rho_L g\,d_0}$$

一般 h_0 数值较小，在计算时忽略不计。

（2）降液管压力降 ΔP_{dk}

$$\Delta P_{dk}=0.153\,(W_b)^2$$

式中 W_b——降液管边缘出口处流速，m/s。

已知

$$h_b=\frac{V_l}{l\,W_b}$$

降液管底边缘距塔板高度 $h_b=0.05\text{m}$，则 $W_b=\frac{V_l}{0.05\times5.386}=\frac{V_l}{0.2693}$

降液管内液面高度 $=\Delta P_t=h_c+h_1+h_{ow}+h_w+\Delta P_{dk}$

要求：$\Delta P_t\leqslant0.4\sim0.6\,(H_T+h_w)$

因胺液属易发泡介质，取设降液管内液面控制在：

$$0.4(H_t+h_w)=0.4(0.6+0.05)=0.26\text{m}$$

$$0.26=h_c+h_1+h_{ow}+h_w+\Delta P_{dk}$$

$$=5.37\,\frac{W_h^2}{2g}\,\frac{\rho_v}{\rho_l}+0.4\,h_w+2.35\times10^{-3}\left(\frac{3600V_l}{l}\right)^{2/3}+h_{ow}+h_w+0.153\,(W_b)^2$$

$$=5.37\,\frac{\left(\frac{V_v}{0.265}\right)^2}{2\times9.8}\,\frac{1.2}{951.8}+0.4\times0.05+2.35\times10^{-3}\left(\frac{3600V_l}{5.38}\right)^{2/3}+h_{ow}+0.05+0.153\left(\frac{V_l}{0.2693}\right)^2$$

进一步简化得到以下关系式：

$$0.19=0.00524\,V_v^2+1.1\,V_l^{2/3}+2.11\,V_l^2$$

设液体体积流量为 $80\text{m}^3/\text{h}$，转换单位为 $0.022\text{m}^3/\text{s}$，代入式中，求出气体流速 $V_v=4.45\ \text{m}^3/\text{s}$，$W_v=\frac{V_v}{F}=\frac{4.45}{6.15}=0.724\text{m/s}$，通过试设几个液体的体积流量，可算出几个液泛点数据，如表4-46所示。

表 4-46　液泛气液相对应表

V_l/(m³/h)	W/(m/s)	V_l/(m³/h)	W/(m/s)
80	0.725	160	0.532
100	0.677	180	0.482
120	0.629	200	0.428
140	0.581		

3. 液相下限计算

一般以堰上液高≥6mm 计算[6]，依据弗朗西斯公式进行计算。

$$0.006=\frac{2.84}{1000}E\left(\frac{3600L_S}{l_w}\right)^{2/3}$$

计算得到 $L_s=0.0045m^3/s=16.54m^3/h$。

4. 液相上限计算

液相上限的计算，要求液体在降液管内的最小停留时间 $\theta=5s$，

$$\theta=A_f H_T/Ls$$

式中　A_f——降液管面积，m^2；

H_T——塔板间距，0.6m；

L_s——液体体积流量，m^3/s。

通过设计参数，已知塔径为 2.8m，流道长度为 0.765m，依据三角函数计算机扇形面积计算，即可得到降液管的面积为 $1.51m^2$。将以上数据代入公式后得到液相上限为 $0.18m^3/s=650m^3/h$。

5. 漏液线计算

已知漏液量的计算公式如下：

$$N_w\times10^4=2.09\left(W\rho_v^{\frac{1}{2}}\right)^{-5.95}\left(\frac{L}{3600}\rho_l\right)^{1.43}$$

式中　N_w——泄漏量,%；

L——堰上液流强度，$\frac{m^3}{m(堰长)}$。

$N_w=10\%$为泄漏的下限，将以上数据代入公式得到如下等式。

$$0.1\times10^4=2.09\left(W\rho_v^{\frac{1}{2}}\right)^{-5.95}\left(\frac{L}{3600}\rho_l\right)^{1.43}$$

$$1000=2.09\left(W\rho_v^{\frac{1}{2}}\right)^{-5.95}\left(\frac{V_l}{3600\cdot l}\rho_l\right)^{1.43}$$

代入数据：$1000=2.09\left(W\cdot1.44^{\frac{1}{2}}\right)^{-5.95}\left(\frac{V_l\cdot948.9}{3600\times5.38}\right)^{1.43}$

整理得：$1000\ W^{5.95}=0.009\ V_l^{\ 1.43}$

设液体体积流量为 $80m^3/h$，代入式中，求出气体流速 $W=0.406m/s$，通过试设几个液体的体积流量，可算出几个泄漏点，如表 4-47 所示。

表 4-47 漏液气液相对应表

$V_l/(m^3/h)$	$W/(m/s)$	$V_l/(m^3/h)$	$W/(m/s)$
80	0.407	160	0.481
100	0.429	180	0.494
120	0.448	200	0.507
140	0.465		

依据以上计算数据，画出塔板性能曲线图如图 4-9 所示。

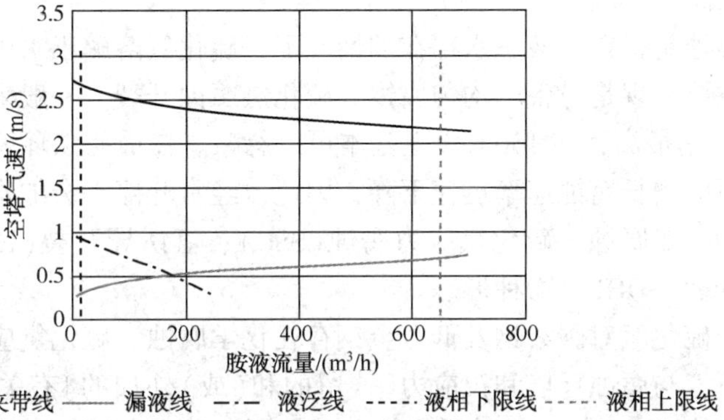

图 4-9 再生塔塔板性能图

由性能图可知，操作点距离雾沫夹带线接近，塔内气相流量大，这是重沸器功率较大，蒸汽单耗高造成的。

十四、装置腐蚀

硫黄回收装置主要存在以下几类主要腐蚀类[7]：高温硫腐蚀、湿硫化氢应力腐蚀、胺液系统多元腐蚀、露点腐蚀以及吸氧腐蚀等。

（一）高温硫腐蚀

1. 高温硫腐蚀机理[8]

金属在高温环境下容易与硫化氢发生反应生成单质硫和氢气，氢的生成又加速了钢材的腐蚀[8]。其腐蚀产物不像在无氢环境中的生成物那样致密、附着牢固，具有保护性。在富氢环境中，原子氢能不断侵入硫化物垢层中，造成垢层的疏松多孔，使金属原子和 H_2S 介质得以互相扩散渗透，因而 H_2S 的腐蚀不断进行。腐蚀反应化学方程式如下：

$$H_2S+Fe \longrightarrow FeS+H_2\uparrow \text{ 或 } H_2S \longrightarrow H_2\uparrow +S \quad S+Fe \longrightarrow FeS$$

当温度达到 350~400℃时，硫化氢按下式分解：

$$H_2S \longrightarrow S+H_2\uparrow$$

分解出来的硫以及过程气中的单质硫比硫化氢活性更强，腐蚀更加剧烈。温度达到 480℃时，H_2S 分解完全，腐蚀率下降。

2. 高温硫腐蚀分布

硫黄回收装置高温硫腐蚀主要发生在反应炉保温钉、废热锅炉管板、Claus 反应器转化器、加氢反应器壳体及内构件等部位。

3. 高温硫腐蚀防范措施[9]

① 反应炉采用浇注料+两层砖结构，降低保温钉的高温硫腐蚀。

② 反应炉衬里按照厂家要求做好烘炉工作，以免出现衬里的冷热膨胀松动，加速高温硫腐蚀。

③ 装置停工吹硫时，必须保证吹硫干净，避免再次开工时在升温阶段造成硫腐蚀。

④ 废热锅炉确保陶瓷套管施工质量，以免出现管板直接接触火焰造成高温硫腐蚀。

⑤ 反应器入口分布管或分布器必须选用抗硫化氢材质，且焊接必须全部拍片合格，以免出现分布管腐蚀穿孔或脱落，对生产也造成偏流等较大影响。

⑥ 反应器内件采用不锈钢或其他抗硫化氢材质。

（二）湿硫化氢腐蚀

1. 湿硫化氢腐蚀机理

湿硫化氢腐蚀是指在有液态水存在的情况下，硫化氢溶解于水中形成酸性环境，对金属造成的腐蚀。主要表现是设备的均匀腐蚀和硫化氢腐蚀开裂。一般来说，温度提高则腐蚀加剧，在80℃腐蚀率最高，在150℃以上基本可以忽略。在最初该环境下碳钢腐蚀速率开始加快，但随着时间的增长腐蚀速率迅速下降，因此，经常开停工会加剧设备的腐蚀。湿硫化氢腐蚀往往表征为一般腐蚀、硫化氢应力腐蚀（SSC）、氢诱导开裂（HIC）、氢鼓包（HB）、应力导向氢诱导开裂（SOHIC）物种形态。

一般腐蚀：硫化氢对碳素钢及低合金钢存在化学腐蚀。硫化氢应力腐蚀：在有水和硫化氢共存的情况下，与腐蚀环境和拉应力〔残留的和（或）外加的〕有关的一种金属开裂。硫化氢产生的氢原子渗透到钢的内部，降低金属的韧性，增加裂纹敏感性，最终导致脆性断裂，通常发生在焊缝及热影响区的高硬度区域。氢诱导开裂：当氢原子扩散进入钢铁材料中，并在陷阱处结合成氢分子（氢气）时，在碳钢和低合金钢材中所引起金属内部分层或裂纹。氢鼓包：发生在钢板表面或近表面的氢诱导开裂（HIC）常常表现为氢鼓包。应力导向氢诱导开裂：与主应力（残余的或施加的）方向垂直的一些阶梯小裂纹，使已有的HIC裂纹连接起来的像梯子样形成的一组裂纹（通常是细小的）。这种开裂可被归类为由外应力和氢致开裂及周围的局部应变引起的SSC。在碳钢和低合金钢容器的纵向焊接接头的母材、热影响区及高应力集中区，都曾观察到SOHIC。但SOHIC并不是一种常见的现象。

主要发生的是电化学腐蚀，具体腐蚀原理如下。

硫化氢在水中发生电离：

$$H_2S \longrightarrow H^+ + HS^- \qquad H_2S \longrightarrow H^+ + S^{2-}$$

金属在酸性环境中发生的电化学反应：

阳极：$Fe \longrightarrow Fe^{2+} + 2e$

$Fe^{2+} + S^{2-} \longrightarrow FeS$

$Fe^{2+} + HS^- \longrightarrow FeS + H^+$

阴极：$2H^+ + 2e \longrightarrow H_2$

生成的氢渗透到钢材中加剧腐蚀。湿硫化氢腐蚀的强弱主要受硫化氢浓度、pH值、水分、温度四个环境因素的影响，硫化氢浓度越高，pH值越低，水氛围以及温度越低腐蚀加剧。

2. 湿硫化氢腐蚀分布

湿硫化氢腐蚀主要分布在进料酸性气分液罐及附属设备管线、酸性气加热器、急冷塔及附属设备管线以及硫池等。

3. 湿硫化氢腐蚀防范措施[10]

① 做好伴热，尽量避免酸性气带液；

② 应维持酸性气管网压力稳定，尽量避免压力波动造成酸性气带液；

③ 做好急冷水 pH 值在线分析仪运维工作，确保在线分析仪的准确性，避免急冷水 pH 值过低的情况；

④ 上游装置平稳操作，避免酸性气严重带烃，以免酸性气加氢反应器出口硫化氢含量剧增，甚至二氧化硫穿透的情况；

⑤ 硫黄回收装置停工时注意硫冷器、硫池保持一定温度，避免发生湿硫化氢腐蚀。

（三）胺液多元腐蚀

1. 胺液多元腐蚀机理

因胺液呈现弱碱性，对酸性气气体硫化氢及二氧化碳有吸收作用，故在胺液系统内会形成 $RNH_2-CO_2-H_2S-H_2O$ 腐蚀环境，主要表征为湿硫化氢腐蚀及二氧化碳腐蚀，分别在溶液中形成酸性环境造成腐蚀。现对二氧化碳腐蚀机理说明如下：

$$Fe+2CO_2+H_2O \longrightarrow Fe(HCO_3)_2+H_2$$

$$Fe(HCO_3)_2 \longrightarrow FeCO_3+CO_2+H_2O$$

二氧化碳在有水、温度高于90℃的部位腐蚀最严重，当二氧化碳的浓度在20%~30%(体)时，腐蚀率达到0.76mm/a，而当硫化氢和二氧化碳同时存在时，腐蚀相比二氧化碳单独存在时要轻，并随着硫化氢浓度增加而降低，即硫化氢对二氧化碳的腐蚀具有抑制作用。在高温胺液环境中，由于胺、二氧化碳以及焊后残余应力的共同作用，容易产生焊缝腐蚀开裂。

二氧化碳腐蚀易造成碳钢的点蚀、坑蚀及长条形沟槽腐蚀等。

2. 胺液多元腐蚀分布

胺液多元腐蚀主要分布在硫黄回收装置尾气处理吸收-再生系统。

3. 胺液多元腐蚀防范措施

1）宜设置固定的热稳定盐脱除设施，出现热稳态盐达到3%以上时，尽快联系在线净化或联系溶剂净化厂家处理，避免热稳态盐对金属保护层的破坏；

2）胺液罐顶应设氮气密封，避免胺液氧化降解；

3）开工前做好胺液系统的水洗工作，避免固体物质积存，破坏金属氧化膜。

（四）硫氧化物露点腐蚀

1. 硫氧化物露点腐蚀机理[11]

硫氧化物露点腐蚀是二氧化硫与水形成亚硫酸，具有氧化性会与还原性金属发生氧化还原反应。当氧气存在的时候二氧化硫还会与氧气生成三氧化硫，容于水形成具有强氧化性的硫酸。从腐蚀学理论可解释为氢去极化腐蚀过程(亦称析氢腐蚀)。就常用的材料碳钢和不锈钢而言，在溶液中的腐蚀属于阳极极化及阴极极化混合控制过程，这是因为铁的溶解反应活化极化极大，同时氢在铁表面析出电位较大，故两者同时对腐蚀过程起促进作用，导致腐蚀速度加快。一般硫氧化物露点腐蚀都发生在温度低于150℃的部位，具体腐蚀反应机理如下：

$$SO_2+H_2O \longrightarrow H_2SO_3 \qquad 3H_2SO_3+2Fe \longrightarrow Fe_2(SO_3)_3+3H_2$$

$$SO_3+H_2O \longrightarrow H_2SO_4 \qquad 3H_2SO_4+2Fe \longrightarrow Fe_2(SO_4)_3+3H_2$$

氮氧化物露点腐蚀：$3HNO_3+Fe \longrightarrow Fe(NO_3)_3+3/2H_2$

硫氧化物露点腐蚀主要受硫氧化物浓度(三氧化硫影响更大)、水含量、氧浓度以及环境温度影响。

2. 硫氧化物露点腐蚀分布

硫氧化物露点腐蚀在硫黄回收装置主要分布在尾气焚烧炉、过热器、焚烧炉废热锅炉及烟道。

3. 硫氧化物露点腐蚀防范措施

① 稳定制硫部分操作，用好比值分析仪，避免大量 H_2S 被带入吸收塔；

② 投用 LS-DEGAS 技术，控制好加氢反应器温度，降低进焚烧炉的有机硫；

③ 硫黄回收装置停工吹硫、钝化等过程必须充分，避免停工开人孔后造成固体硫黄自燃产生二氧化硫形成露点腐蚀环境；

④ 尾气焚烧炉炉膛温度不宜控制过高，降低 SO_3 的生成量。

（五）吸氧腐蚀

1. 吸氧腐蚀机理

碳钢在水中会构成氧的浓差电池而发生吸氧腐蚀，腐蚀速度随水中氧含量的增加而加大。水处于流动状态和密闭系统内，水的温度升高会使钢材在水中的腐蚀加剧。

反应机理：

$Fe \longrightarrow Fe^{2+} + 2e$ （阳极）

$1/2O_2 + H_2O + 2e \longrightarrow 2OH^-$ （阴极）

$Fe^{2+} + 2OH^- \longrightarrow 2Fe(OH)_2$

$4Fe(OH)_2 + O_2 + 2H_2O \longrightarrow 4Fe(OH)_3$

虽然 $Fe(OH)_2$ 与 $Fe(OH)_3$ 溶解度很小，但由于水中离子的影响，这些腐蚀产物不能形成保护膜，疏松的覆盖在钢铁表面上，最后在水、氧的共同作用下，生成铁锈，造成阳极区孔蚀，直至穿孔破坏。

$$Fe^{2+}, Fe^{3+} + H_2O + O_2 \longrightarrow FeO \cdot Fe_3O_4 \cdot nH_2O \cdot Fe_2O_3$$

2. 吸氧腐蚀分布

吸氧腐蚀主要发生在废热锅炉及冷凝器等产汽设备。

3. 吸氧腐蚀防范措施

① 保证除氧水质量，控制其中的氧含量。

② 提高除氧水的温度。

（六）冲刷腐蚀

1. 冲刷腐蚀机理

冲刷腐蚀，又称冲蚀或者磨损腐蚀，是金属表面与流体之间由于高速相对运动引起的金属损伤。冲蚀的金属表面一般呈现沟槽、凹谷、泪滴状及马蹄状，表面光亮无腐蚀产物积存，与流向有明显依赖关系。在这些位置进入弯管的水流往往是湍流状态并带有空气泡，湍流的机械作用，气泡的冲击作用和气泡中氧的去极化作用造成弯管严重局部腐蚀，使管壁迅速减薄甚至穿孔。

2. 冲刷腐蚀分布

冲刷腐蚀主要发生在凝结水系统。

3. 冲刷腐蚀防范措施

① 投用好疏水阀。

② 将凝结水分级汇总，避免不同等级凝结水在管道内直接混合。

（七）垢下腐蚀

1. 垢下腐蚀机理

垢下腐蚀是一种特殊的局部腐蚀形态，是由于受设备几何形状和腐蚀产物、沉积物的影响，使得介质在金属表面的流动和电介质的扩散受到限制，造成被阻塞的空腔内介质化学成分与整体介质有很大差别，空腔内介质 pH 值发生较大变化，形成阻塞电池腐蚀(occude cell corrosion)，尖端的电极电位下降，造成电池腐蚀。按其腐蚀原理可分为酸性腐蚀和碱性腐蚀两种，通常循环冷却系统的垢下腐蚀为酸性腐蚀。

水对金属表面的腐蚀主要为电化学腐蚀，在腐蚀电池中阴极反应主要是氧的还原，垢下封闭区金属为阳极，阳极反应则是铁的溶解。

阳极反应：$Fe = Fe^{2+} + 2e^-$

二价铁水解 $Fe^{2+} + H_2O = Fe(OH)_2 + H^+$

使垢下介质的 pH 值进一步降低，腐蚀加速。

阴极反应：$O_2 + 2H_2O + 4e^- = 4OH^-$

所以说，金属的垢下腐蚀是由于其本身电化学腐蚀存在自催化作用，加速了金属的腐蚀。

2. 垢下腐蚀分布

垢下腐蚀存在于各水冷器以及再生酸性气空冷管束内部。

3. 垢下腐蚀防范措施

① 监控循环水的水质，避免杂质生成。

② 定期对再生塔顶酸性气空冷管束进行冲洗。

③ 冷热介质温差较大时避免使用循环水。

第五部分　过程气的压力分布

由于硫黄回收装置的特殊性，在设计时难以确定准确的进料酸性气性质，而进料的性质对整个过程气系统的设备、管道大小选型的影响非常大。同时由于国内的炼油厂在前些年处于扩能、改炼高硫原油的高峰期，硫黄回收装置经常要面临需要扩能改造的问题。所以装置在设计时的余量通常较大，造成了实际运行时系统的压降低于设计值，炉头压力较低，造成了设备投资大、阀门长期低阀位操作、风机效率低等不利影响。利用九江 1#硫黄回收的标定数据与 Aspen 模拟流程，对过程气的压力分布做出分析。

压力分布采用从烟囱往后倒推的计算方法，过程气的压降按流程分为设备压降和管路压降。

(一) 烟囱压降

烟气经过烟囱随温度降低将产生抽力，使压力上升。烟囱的抽力在第四部分第七节已经计算，烟囱抽力 $S = 398Pa = 0.4kPa$。

则可知烟道压力为 0-0.4=-0.4kPa(表)，该数据与表 1-1 中实测数据一致，以下的计算以该点为起始点往前推算。

(二) 尾气焚烧炉、蒸汽过热器及焚烧炉废热锅炉压降

由于尾气焚烧炉中尾气不经过燃烧器，压力降主要体现在蒸汽过热器和废热锅炉上。

使用 HTRI 软件对烟气经过废热锅炉进行模拟，烟气走管程(见图 5-1)。

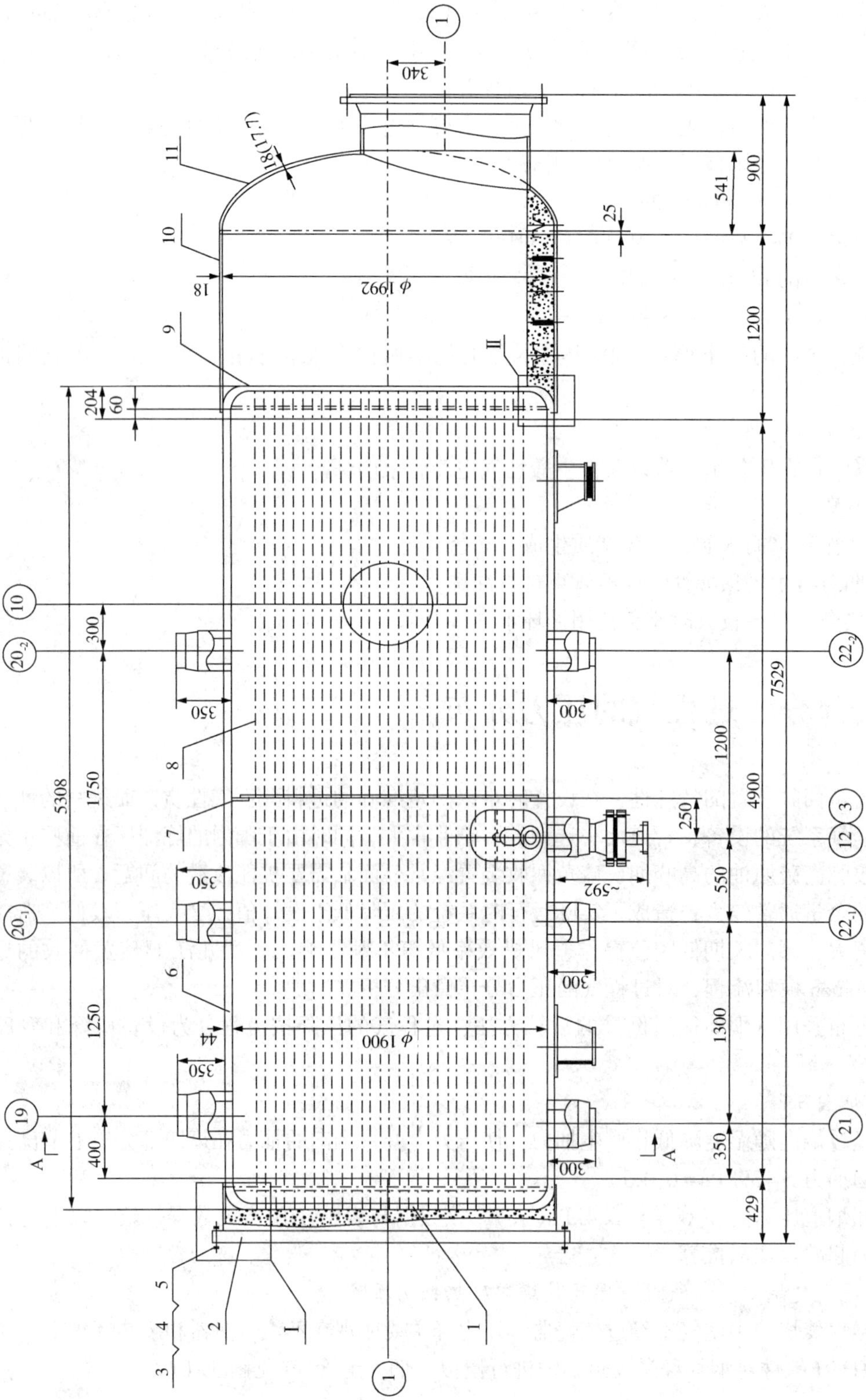

图5-1　焚烧炉废热锅炉结构图

在 HTRI 中可使用 AEN 模型换热器，换热管 $\phi51\times5$，共 547 根，成 60°排列，管心距为 66mm，输入 Aspen 模拟所得烟气组成及流量以及操作参数，可得实际工况下管程压力降为：0.28kPa，设计工况下压力降为：1.34kPa。

使用 HTRI 软件对烟气经过废热锅炉进行模拟，烟气走壳程(见图 5-2)。

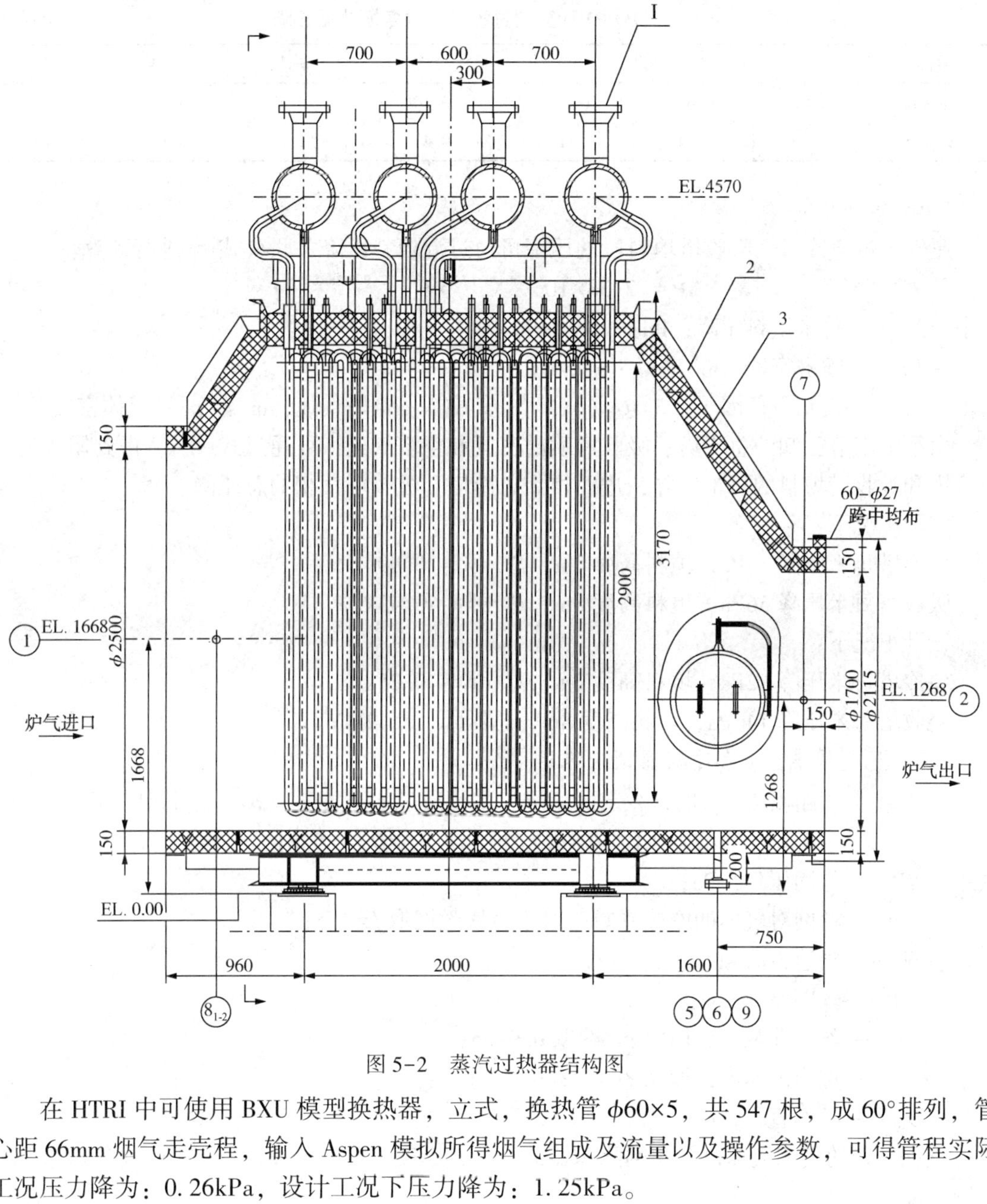

图 5-2　蒸汽过热器结构图

在 HTRI 中可使用 BXU 模型换热器，立式，换热管 $\phi60\times5$，共 547 根，成 60°排列，管心距 66mm 烟气走壳程，输入 Aspen 模拟所得烟气组成及流量以及操作参数，可得管程实际工况压力降为：0.26kPa，设计工况下压力降为：1.25kPa。

(三) 反应炉废热锅炉压降

与焚烧炉废热锅炉类似，在 HTRI 中可使用 AEN 模型换热器，按照设备图纸建立管束，输入 Aspen 模拟所得烟气组成及流量以及操作参数，可得管程压力降为：1.03kPa，设计工况下压力降为：4.28kPa。

（四）各换热器压降

根据设备图纸，建立 HRTI 模型，其中加热器采用 BXU 模型，冷凝器和尾气处理废热锅炉采用 AEL 模型，输入 Aspen 模拟的各换热器进出口流量、温度以及压力，可得到各换热器压降如表 5-1 所示。

表 5-1　HTRI 计算的过程气通过各换热器压降　kPa

项目	一冷	二冷	三冷	尾气处理废锅	一加	二加	尾加
标定工况	0.61	0.64	0.41	0.10	0.27	0.25	0.19
设计工况	2.60	2.74	1.71	0.43	1.25	1.15	0.85

（五）塔的压降

尾气经过急冷塔、吸收塔填料段的压降可通过湿填料压降关联公式[15]进行计算：

$$\Delta P = 72.38\times10^{(0.00446\times UL)}\times F^{(1.72+0.0038\times UL)} \tag{5-1}$$

式中　ΔP——每米填料压降，Pa；

UL——喷淋密度，$m^3/(m^2\cdot h)$；

F——气相负荷因子，$F=U\times(\rho_V)^{0.5}$，其中 U，空塔气速，m/s，ρ_V，气体密度。

由第十三节已知的急冷塔、吸收塔喷淋密度和空塔气速，可通过式(5-1)得到尾气通过急冷塔和吸收塔填料的每米压降，进而得到急冷塔和吸收塔气相的总压降。

实际工况下：

急冷塔每米压降 33Pa，填料高度 3m，总压降：0.099kPa；

吸收塔每米压降 56Pa，填料高度 8m，总压降：0.45kPa。

设计工况下：

急冷塔每米压降 82Pa，填料高度 3m，总压降：0.25kPa；

吸收塔每米压降 140Pa，填料高度 8m，总压降：1.12kPa。

（六）尾气捕集器、各冷凝器顶除沫器

气体通过丝网除沫器，也有一定的压降，主要通过如下关联公式[16]进行计算：

$$\Delta P = f\times V_g^{\,2}\times h\times\rho_V\times(1-\varepsilon)/(G_c\times D_W)\times9.81 \tag{5-2}$$

式中　ΔP——丝网压降，Pa；

f——丝网对气体的摩擦系数，对于金属丝网取 $f=1.5$；

V_g——气速，m/s；

H——丝网厚度，m；

ε——丝网孔隙率，DP 型丝网取 0.9765；

G_c——重力加速度，取 $9.8m/s^2$；

D_W——丝网直径，m。

根据已知的气相流速以及丝网除沫器的直径、厚度，可以通过式(5-2)得到各除沫器的压降，如表 5-2 所示。

表 5-2　过程气通过各丝网除沫器压降　kPa

项目	一冷	二冷	尾气捕集器	急冷塔	吸收塔
标定工况	0.069	0.069	0.056	0.006	0.01
设计工况	0.33	0.33	0.267	0.029	0.048

（七）反应器的床层压降

利用Ergun摩擦因数法[17]以及莫克道纳德摩擦因数法[17]分别对一反、二反、加氢反应器的床层压降计算，如表5-3 ~表5-5所示。

表5-3　过程气通过一级Claus反应器的压降计算

一级Claus反应器床层压降计算		入口		出口	
气体流量	$Q=$	16550	kg/h	16550	kg/h
气体摩尔质量	$M=$	29.23	kg/kmol	29.61	kg/kmol
气体标准体积流量	$V_0=$	12682.9	nm^3/h	12520.1	nm^3/h
空速	$\tau=$	360.9	h^{-1}	356.2	h^{-1}
气体实际流量	$V=$	21619.9	m^3/h	24496.7	m^3/h
气体密度	$\rho=$	0.7655	kg/m^3	0.6756	kg/m^3
气体黏度	$\mu=$	0.023	cp	0.025	cp
气体流速	$u=$	0.198	m/s	0.224	m/s
固定床高度	$L=$	1.1	m	1.1	m
催化剂颗粒直径	$d=$	0.005	m	0.005	m
空隙率	$e=$	0.3		0.3	
雷诺数	$Re=d\times\rho\times u/\mu=$	32.96		30.33	
压降计算方法一	(Ergun)				
埃尔根摩擦因数	$f*=150\times(1-e)/Re+1.75=$	4.94		5.21	
床层压降	$\Delta P=2\times f\times(1-e)/e^3\times L/d\times u^2\times\rho/1000=$	1.71	kPa	2.04	kPa
压降计算方法二					
适用范围	$1<Re<10000$				
莫克道纳德摩擦因数 (McDonald)	$f=(360\times(1-e)/Re+3.6)\times(1-e)/e^3=$	291.53		308.76	
床层压降	$\Delta P=f\times L/d\times u^2/(2\times g)=$	129.43	m空气柱	176.00	m空气柱
	=	0.10	m水柱	0.14	m水柱
	=	0.98	kPa	1.33	kPa

表5-4　过程气通过二级Claus反应器的压降计算

二级Claus反应器床层压降计算		入口		出口	
气体流量	$Q=$	15360.0	kg/h	15360.00	kg/h
气体摩尔质量	$M=$	27.73	kg/kmol	27.79	kg/kmol
气体标准体积流量	$V_0=$	12407.6	nm^3/h	12380.86	nm^3/h
空速	$\tau=$	372.0	h^{-1}	371.19	h^{-1}
气体实际流量	$V=$	21386.8	m^3/h	21996.28	m^3/h

续表

二级 Claus 反应器床层压降计算		入口		出口	
气体密度	$\rho=$	0.718	kg/m^3	0.6983	kg/m^3
气体黏度	$\mu=$	0.0230	cp	0.0230	cp
气体流速	$u=$	0.20	m/s	0.20	m/s
固定床高度	$L=$	1.06	m	1.06	m
催化剂颗粒直径	$d=$	0.005	m	0.005	m
空隙率	$e=$	0.30		0.30	
雷诺数	$Re=d\times\rho\times u/\mu=$	30.47		30.47	
压降计算方法一	(Ergun)				
埃尔根摩擦因数	$f^*=150\times(1-e)/Re+1.75=$	5.20		5.20	
床层压降	$\Delta P=2\times f^*\times(1-e)/e^3\times L/d\times u^2\times\rho/1000=$	1.56	kPa	1.61	kPa
压降计算方法二					
适用范围	$1<Re<10000$				
莫克道纳德摩擦因数（McDonald）	$f=(360\times(1-e)/Re+3.6)\times(1-e)/e^3=$	307.75		307.75	
床层压降	$\Delta P=f\times L/d\times u^2/(2\times g)=$	126.65	m 空气柱	133.97	m 空气柱
	=	0.10	m 水柱	0.10	m 水柱
	=	0.96	kPa	1.02	kPa

表 5-5　过程气通过加氢反应器的压降计算

加氢反应器床层压降计算		入口		出口	
气体流量	$Q=$	16630.0	kg/h	16630.00	kg/h
气体摩尔质量	$M=$	26.63	kg/kmol	26.79	kg/kmol
气体标准体积流量	$V_0=$	13988.4	nm^3/h	13904.89	nm^3/h
空速	$\tau=$	690.9	h^{-1}	686.80	h^{-1}
气体实际流量	$V=$	25498.3	m^3/h	29381.63	m^3/h
气体密度	$\rho=$	0.6522	kg/m^3	0.5660	kg/m^3
气体黏度	$\mu=$	0.0240	cp	0.0260	cp
气体流速	$u=$	0.32	m/s	0.36	m/s
固定床高度	$L=$	0.91	m	0.91	m
催化剂颗粒直径	$d=$	0.005	m	0.005	m
空隙率	$e=$	0.30		0.30	
雷诺数	$Re=d\times\rho\times u/\mu=$	42.94		39.64	
压降计算方法一	(Ergun)				
埃尔根摩擦因数	$f^*=150\times(1-e)/Re+1.75=$	4.20		4.40	

续表

加氢反应器床层压降计算		入口		出口	
床层压降	$\Delta P=2\times f^{*}\times(1-e)/e^{3}\times L/d\times u^{2}\times\rho/1000=$	2.58	kPa	3.12	kPa
压降计算方法二					
适用范围	$1<Re<10000$				
莫克道纳德摩擦因数(McDonald)	$f=(360\times(1-e)/Re+3.6)\times(1-e)/e^{3}=$	245.47		258.15	
床层压降	$\Delta P=f\times L/d\times u^{2}/(2\times g)=$	227.45	m空气柱	317.60	m空气柱
	=	0.18	mH_2O柱	0.24	mH_2O柱
	=	1.72	kPa	2.41	kPa

经验证，采用莫克道纳德摩擦因数法计算的反应器压降更符合实际情况，因此本次计算采用莫克道纳德摩擦因数法计算，对于每台反应器取出入口计算的平均值。可得到如下压降分布表5-6。

表5-6 过程气通过反应器的压降汇总 kPa

项目	一反	二反	加氢反应器
标定工况	1.16	0.99	2.07
设计工况	3.47	2.95	6.52

(八) 过程气压力分布表

由以上计算从烟囱往前倒推，可取得过程气压力分布表，见表5-7。

表5-7 过程气的压力分布表

设备	气相出压力/[kPa(表)] 实际工况	气相出压力/[kPa(表)] 设计工况
反应炉	8.62	33.57
反应炉废热锅炉	7.59	29.29
一级硫冷凝冷却器	6.91	26.36
一级过程气加热器	6.64	25.11
一级Claus反应器	5.48	21.64
二级硫冷凝冷却器	4.77	18.57
二级过程气加热器	4.52	17.42
二级Claus反应器	3.53	14.47
三级硫冷凝冷却器	3.12	12.76
尾气捕集器	3.06	12.49
尾气加热器	2.87	11.69
加氢反应器	0.8	5.17

续表

设备	气相出压力/[kPa(表)] 实际工况	气相出压力/[kPa(表)] 设计工况
尾气处理废热锅炉	0.7	4.74
急冷塔	0.6	4.24
吸收塔	0.14	2.03
中压蒸汽过热器	-0.12	0.88
焚烧炉废热锅炉	-0.4	-0.4

将上表中实际工况的压力分布与表1-1标定数据对比，几个有测点的位置压力基本接近，说明Aspen模拟流程以及压降计算中所用到公式及假设比较合理。采用该计算过程推算设计负荷时装置的压力分步情况见表第三列，可以看到在尾气焚烧炉炉膛处压力约2kPa(表)，在没有后碱洗的情况下，焚烧炉鼓风机风压不宜取太大，取10kPa(表)已经足够管路、调节阀与火嘴的压降。对于反应炉，压力约34kPa(表)，由于计算过程中没有添加过程器管线的压降，预计炉压力可达40kPa(表)左右，反应炉鼓风机取65kPa(表)即可，本装置所选风机均过大。

但对于反应炉鼓风机，由于有可能出现酸性气波动带烃的情况，造成空气量突然增大，因此反应炉风机扬程余量应考虑略大，或者针对带烃考虑一个带烃燃烧配风量的风机设计工况。

根据对九江1#硫黄回收的过程气系统压力分布计算结果，可以预测装置各点在处理负荷变化时的压力，有利于操作调整与先进控制的结合，使装置操作起来更加得心应手。

第六部分　理论计算模型的改进

在第四章中所采用的建模计算方法来源于美国GPSA协会，原著方法对于制硫炉的计算并未考虑副反应的影响，而在硫黄回收的制硫炉中副反应的情况却正是我们最关心的细节。因此在本次大作业的建模计算中，根据Aspen模拟的数据增加了反应炉、废热锅炉、一级Claus反应器、加氢反应器的副反应。下面尝试使用Aspen工具对不同范围进料的副反应程度进行归纳总结，以便能在手动计算时脱开模拟程序而预测副反应的发生情况。

在一级Claus反应器中主要发生的副反应是COS和CS_2的水解反应，可以根据催化剂的性能确定COS和CS_2的水解率，该数据可由催化剂供货商提供。

加氢反应器中发生了众多副反应，在第三部分第十章中已经详细列出。九江硫黄由于使用了LS-DEGAS工艺，加氢反应器中发生了表观副反应：

$$H_2+1/2O_2 = H_2O-241.8kJ/mol$$

加氢反应要求氢气过量，因此该反应可按照O_2完全反应来确定发生的量。

本文主要针对反应炉、反应炉废热锅炉中发生的副反应进行分析。

理论计算是基于反应平衡的计算，无论气体经过何种反应过程，由反应平衡和质量、能量守恒计算出的结果应是一致的。因此，为简化计算过程，参考Aspen模拟计算的结果，我们在反应炉和废热锅炉中考虑如下表观副反应。

反应炉中发生的表观副反应：

$CH_4+2H_2S=CS_2+4H_2$

$CH_4+2O_2=CO_2+2H_2O$

$CO_2+H_2S=CO+H_2O+0.5S_2$

$CO_2+0.75S_2=COS+0.5SO_2$

$H_2S=0.5S_2+H_2$

废热锅炉中发生的表观副反应：

$CO+0.5S_2=COS$

$0.5S_2+H_2=H_2S$

通过改变操作方案、操作参数、原料性质，考察上述副反应转化率的变化，可以得到副反应随原料及反应条件变化时的变化情况。考察按照以下步骤进行：

1）确认反应炉分区对模拟过程中副反应的影响

经过 Aspen 模拟尝试，在不同原料组成的进料情况下，无论单区还是双区燃烧，反应炉出口的产物组成相同。则可认为分区燃烧对副反应发生程度并无影响。

2）通过改变废热锅炉出口温度，考察废锅出口温度对 H_2S 的分解的逆反应发生率是否有影响

经尝试，在相原料组成的进料情况下，只要废热锅炉出口的温度高于硫露点温度，不同温度下的产物组成相同。则可认为废热锅炉出口的温度对副反应发生程度并无影响。

3）分别改变进料中 CO_2、CO、CH_4、NH_3 含量，观察燃烧炉和废热锅炉出口的产物组成，进行分析得到副反应发生的转化率并进行对比

① 首先改变进料中 CO_2 含量，得到反应炉、废锅以及总的副反应发生的转化率对比情况见表 6-1。

表 6-1　CO_2 含量变化对副反应转化率的影响

序号	CO_2 含量/%	9.97	13.86	19.87	25.87	31.88	37.65
	反应炉副反应转化率/%						
1	$CH_4+2H_2S=CS_2+4H_2$	8.40	12.10	20.50	32.60	48.60	63.80
2	$CH_4+2O_2=CO_2+2H_2O$	91.60	87.90	79.50	67.40	51.40	36.20
3	$CO_2+H_2S=CO+H_2O+1/2S_2$	-1.19	1.99	3.08	2.36	0.89	-0.49
4	$CO_2+3/4S_2=COS+1/2SO_2$	6.79	5.80	4.58	3.58	2.76	2.21
5	$H_2S=1/2S_2+H_2$	6.99	6.53	5.87	5.32	4.91	4.64
6	$CO:CO_2$	23.13	20.29	16.08	12.15	8.58	5.88
T	炉温度/℃	1246	1220	1179	1140	1101	1063
	废热锅炉副反应转化率/%						
7	$CO+1/2S_2=COS$	30.50	30.20	29.50	28.00	24.00	20.80
8	$1/2S_2+H_2=H_2S$	30.00	25.90	19.40	13.50	8.84	5.49
	总反应转化率/%						
9	$H_2S=1/2S_2+H_2$	4.89	4.84	4.73	4.60	4.48	4.39
10	COS 的生成率(基于进料 C 元素)	10.92	9.81	8.01	6.21	4.51	3.21

② 接下来变进料中 CO 含量，得到反应炉、废锅以及总的副反应发生的转化率对比情况

见表 6-2。

表 6-2　CO 含量变化对副反应转化率的影响

序号	CO 含量/%	0.1	0.62	1.24	1.86	2.62	3.1
	反应炉副反应转化率/%						
1	$CH_4+2H_2S=CS_2+4H_2$	62.90	60.00	56.30	52.76	48.60	45.90
2	$CH_4+2O_2=CO_2+2H_2O$	37.10	40.00	43.70	47.24	51.40	54.10
3	$CO_2+H_2S=CO+H_2O+1/2S_2$	5.32	4.43	3.36	2.27	0.89	-0.03
4	$CO_2+3/4S_2=COS+1/2SO_2$	2.12	2.24	2.39	2.55	2.76	2.90
5	$H_2S=1/2S_2+H_2$	4.62	4.67	4.74	4.81	4.91	4.97
6	$CO:CO_2$	6.03	6.52	7.13	7.78	8.58	9.10
T	炉温度/℃	1066	1073	1082	1091	1101	1108
	废热锅炉副反应转化率/%						
7	$CO+1/2S_2=COS$	21.22	22.17	23.24	24.20	24.00	25.85
8	$1/2S_2+H_2=H_2S$	5.70	6.26	6.99	7.78	8.84	9.56
	总反应转化率/%						
9	$H_2S=1/2S_2+H_2$	4.36	4.38	4.41	4.44	4.48	4.49
10	COS 的生成率(基于进料 C 元素)	3.29	3.52	3.82	4.13	4.51	4.76

③ 然后改变进料中 NH_3 的含量，得到反应炉、废锅以及总的副反应发生的转化率对比情况见表 6-3。

表 6-3　NH_3 含量变化对副反应转化率的影响

序号	NH_3 含量/%	0	3	6	9
	反应炉副反应转化率/%				
1	$CH_4+2H_2S=CS_2+4H_2$	48.60	37.40	28.20	20.80
2	$CH_4+2O_2=CO_2+2H_2O$	51.40	62.60	71.80	79.20
3	$CO_2+H_2S=CO+H_2O+1/2S_2$	0.89	2.87	4.82	6.73
4	$CO_2+3/4S_2=COS+1/2SO_2$	2.76	3.26	3.81	4.39
5	$H_2S=1/2S_2+H_2$	4.91	5.55	6.30	7.19
6	$CO:CO_2$	8.25	10.97	13.44	16.00
T	炉温度/℃	1101	1127	1152	1177
	废热锅炉副反应转化率/%				
7	$CO+1/2S_2=COS$	24.00	27.24	28.60	29.40
8	$1/2S_2+H_2=H_2S$	8.84	11.80	15.26	19.03
	总反应转化率/%				
9	$H_2S=1/2S_2+H_2$	4.48	4.90	5.34	5.82
10	COS 的生成率(基于进料 C 元素)	4.51	5.64	6.80	7.97

④ 最后改变进料中 CH_4 的含量，得到反应炉、废锅以及总的副反应发生的转化率对比情况见表 6-4。

表 6-4　CH_4 含量变化对副反应转化率的影响

序号	CH_4 含量/%	0	0.03	0.38	0.76	1.13
	反应炉副反应转化率/%					
1	$CH_4+2H_2S═CS_2+4H_2$	0.00	48.60	45.40	41.50	37.80
2	$CH_4+2O_2═CO_2+2H_2O$	0.00	51.40	54.60	58.50	62.20
3	$CO_2+H_2S═CO+H_2O+1/2S_2$	0.82	0.89	1.49	2.27	3.07
4	$CO_2+3/4S_2═COS+1/2SO_2$	2.74	2.76	2.91	3.12	3.34
5	$H_2S═1/2S_2+H_2$	4.90	4.91	5.03	5.19	5.35
6	$CO:CO_2$	8.51	8.25	9.25	10.11	10.99
T	炉温度/℃	1101	1101	1109	1117	1125
	废热锅炉副反应转化率/%					
7	$CO+1/2S_2═COS$	25.20	24.00	25.90	26.50	27.10
8	$1/2S_2+H_2═H_2S$	8.76	8.84	9.70	10.60	11.50
	总反应转化率/%					
9	$H_2S═1/2S_2+H_2$	4.47	4.48	4.54	4.64	4.73
10	COS 的生成率(基于进料 C 元素)	4.48	4.51	4.81	5.19	5.59

硫黄回收进料情况复杂，各组分含量的变化对副反应的发生程度都有一定影响。在这样的情况下，该如何迅速、简便地判断副反应发生的程度？经过进一步对比分析发现，大部分副反应的转化率或相关参数与最终炉温呈比例关系，它们包括：

$CH_4+2H_2S═CS_2+4H_2$

$CH_4+2O_2═CO_2+2H_2O$

$CO_2+H_2S═CO+H_2O+1/2S_2$

反应炉出口 $CO:CO_2$

总 COS 的生成率(基于进料 C 元素)

经过数据对比分析，反应炉和废热锅炉生成有机硫(COS，CS_2)以及反应炉出口 CO 和 CO_2 的比例关系已经可以使用拟合公式或图解分别得到，见图 6-1～图 6-4。

通过图 6-1～图 6-4 得出的拟合公式，在知道炉温的情况下，我们可以得出生成 COS，CS_2 的副反应发生的程度以及反应炉出口的 CO_2 和 CO 的量。但还有一个重要的副反应，H_2S 的热分解反应及其逆反应无法与炉温直接关联，这是因为该反应受酸性气中 NH_3 及 CH_4 含量影响较大。那么该如何确定其转化率？通过进一步分析可以发现，在 NH_3 和 CH_4 含量确定时，反应炉中 H_2S 热分解反应及废热锅炉中发生的该反应的逆反应转化率与炉温是呈比例关系的。那么，对一定 NH_3 含量和 CH_4 含量的原料，通过改变其中惰性气体的量，得到不同炉温下在反应炉中 H_2S 的热分解反应以及整个反应炉+废热锅炉过程中 H_2S 热分解反应的总转化率和炉温关系，见图 6-5 和图 6-6。

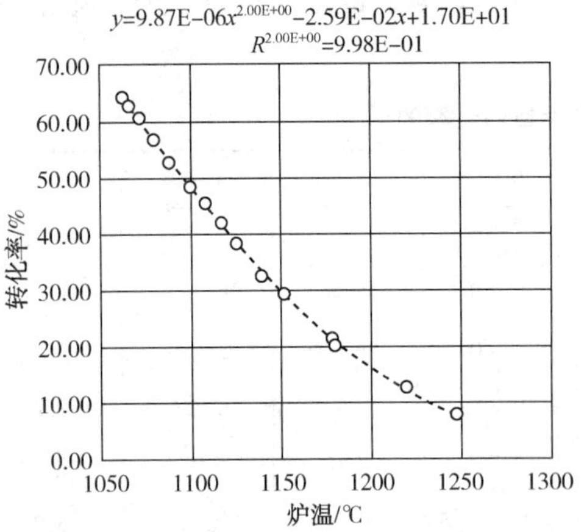

图 6-1 反应炉 CH_4+2H_2S ══ CS_2+4H_2 转化率随炉温(℃)变化规律

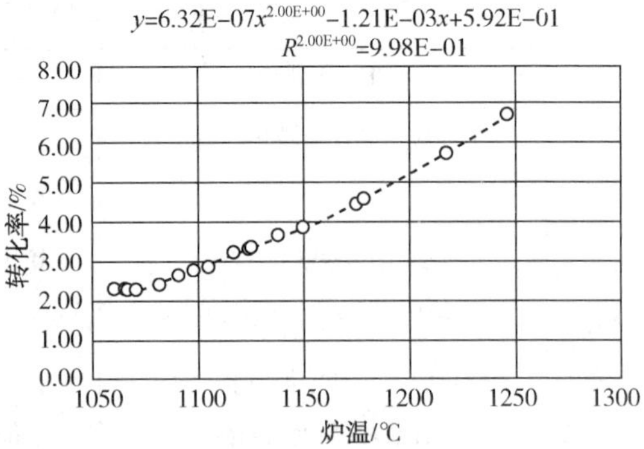

图 6-2 反应炉 $CO_2+3/4S_2$ ══ $COS+1/2SO_2$ 转化率随炉温(℃)变化规律

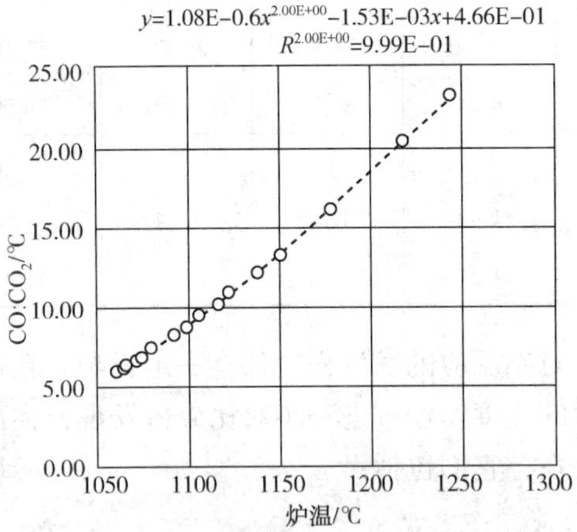

图 6-3 反应炉出口 $CO:CO_2$ 随炉温(℃)变化规律

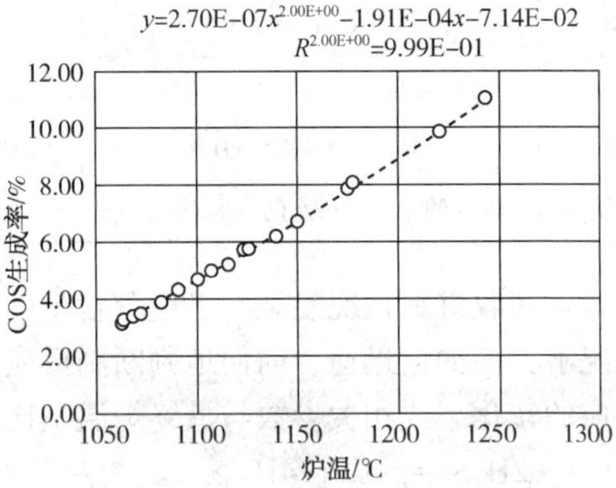

图 6-4 总 COS 的生成率(基于进料 C 元素)随炉温(℃)变化规律

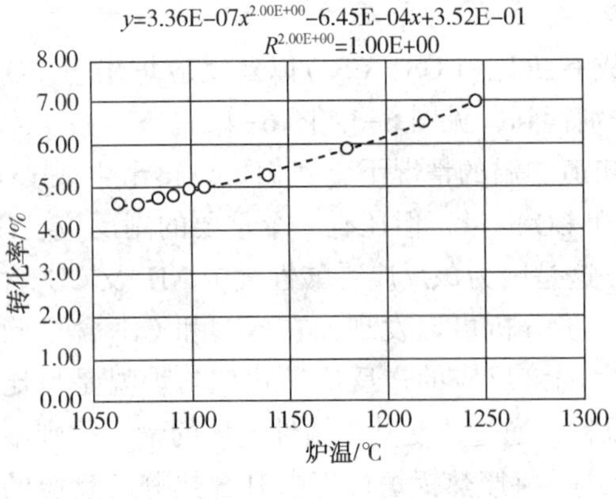

图 6-5 反应炉中 H_2S ══ $1/2S_2+H_2$ 转化率随炉温(℃)变化规律

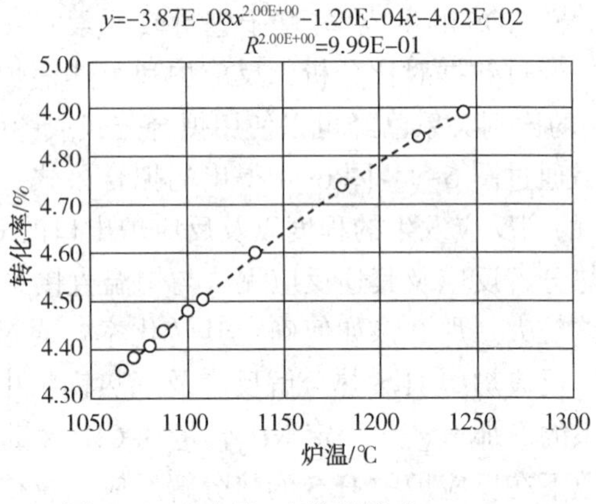

图 6-6 反应炉+废热锅炉中 H_2S ══ $1/2S_2+H_2$ 总转化率随炉温(℃)变化规律

这样，通过图 6-5 和图 6-6 的拟合公式，我们得到了特定条件下反应炉和废热锅炉中 H_2S 热分解反应及其逆反应的发生情况。

至此，前文假设的反应炉和废热锅炉中发生的所有表观副反应的转化率均可以通过上述拟合公式获得。因此，在已知炉温或者能初步得到炉温的情况下，可以在建模计算中增加上文所述的主要副反应，基本上能贴合实际生产数据。

表 6-5 为某炼油厂的 1 套硫黄回收装置的进料数据。

表 6-5　某炼油厂硫黄装置酸性气进料数据

总进炉酸性气：	%(摩)	kmol/h	总进炉酸性气：	%(摩)	kmol/h
H_2S	78.02	287.13	N_2	0.04	0.14
CO	0.00	0.00	合计	100	368.03
CO_2	16.52	60.81	进料温度	40.00	℃
H_2O	5.35	19.68	进料压力	65.00	kPa(表)
CH_4	0.07	0.26			

依据该数据分别进行建模计算和 Aspen 模拟计算，得到的反应炉出口过程气组成数据见表 6-6，废热锅炉出过程气组成数据见表 6-7。

表 6-6　计算实例-某硫黄装置反应炉出口建模计算和 Aspen 模拟结果对比

反应炉出口组成/(kmol/h)	含副反应的建模计算	Aspen 模拟	偏差/%
H_2S	51.89	45.19	14.82
CO_2	50.29	48.86	2.92
H_2O	261.40	266.27	-1.83
SO_2	29.93	27.56	8.53
N_2	505.10	502.92	0.43
S_2	101.29	105.71	-4.19
H_2	16.83	18.55	-9.26
CO	8.09	9.30	-12.95
COS	2.63	2.87	-8.48
CS_2	0.06	0.04	63.15
合计	1027.49	1027.28	0.02

表 6-7　计算实例-某硫黄装置废热锅炉出口建模计算和 Aspen 模拟结果对比

废热锅炉出口组成/(kmol/h)	含副反应的手动计算	Aspen 模拟	偏差/%
H_2S	55.19	49.66	11.15
CO_2	50.29	48.86	2.92
H_2O	261.40	266.27	-1.83
SO_2	29.93	27.58	8.53
N_2	505.10	502.92	0.43

续表

废热锅炉出口组成/(kmol/h)	含副反应的手动计算	Aspen 模拟	偏差/%
S_6	7.41	6.93	6.85
S_8	19.09	20.32	-6.05
H_2	13.52	14.08	-3.95
CO	5.99	6.50	-7.85
COS	4.73	5.67	-16.55
CS_2	0.06	0.04	63.15
合计	952.70	948.82	0.41

对比结果显示在反应炉和废热锅炉的出口，副反应产物(H_2，CO，COS，CS_2)的量除CS_2外，两种计算方法得到的结果误差较小，可采用建模计算数据代替 Aspen 模拟计算。CS_2的生成量误差较大，主要源于两种计算方法的炉温有一定差距，建模计算炉温 1176℃，Aspen 模拟为 1208℃。炉温差距导致副反应发生程度有一定差距，特别是对炉温较敏感的CS_2生成反应。

尽管由于焓值、反应热数据有一定差别导致建模计算和 Aspen 模拟不能完全吻合，但在增加了副反应的影响后，建模计算基本可以代替 Aspen 模拟计算，这能给我们的工作带来极大的便利。另外，我们也可以换个角度来对上述表征副反应程度的拟合公式进行应用。例如：在已知炉温时可以预测装置中副反应的产物，即预测过程气中的 H_2、CO 以及 COS 和CS_2的含量，从而对生产起到一定的指导意义。

参 考 文 献

[1] 陈赓良，肖学兰．克劳斯法硫黄回收技术[M]．北京：石油工业出版社，2007.

[2] GPSA. Engineering Data Book. Volume II，13th edition，Section 22.

[3] 冯俊凯．锅炉原理及计算[M]．北京：科学出版社，1991.

[4] 贾明生．烟气酸露点温度的影响因素及其计算方法[J]．工业锅炉，2003，6.

[5] 中国石化集团上海工程有限公司．化工工艺设计手册(上册)[M]．北京：化学工业出版社，2009.

[6] 熊楚安、赵璞．塔板结构参数对负荷性能曲线得影响[J]．化工设计，2003.

[7] 何智灵．硫黄回收装置静设备选材、结构、常见问题分析[Z]. 2018.

[8] 黄思思．硫黄相关回收装置得腐蚀原因与防护措施[J]．工业、生产，2017.

[9] 武俊瑞、王斌．硫黄回收装置废热锅炉泄漏原因分析及整改[J]．硫酸工业，2017.

[10] 冷传斌、李兵．硫黄回收装置急冷水管线裂纹原因分析[J]．设备管理与维修，2017.

[11] 王韬．硫黄回收装置尾气焚烧炉前端腐蚀状况分析[J]．腐蚀研究，2017.

[12] 张建中．对烟气抬升高度计算烟囱温降取值的探讨[J]．电力环境保护，1997，9.

[13] 梁光川．燃气加热炉热效率计算方法的改进及应用[J]．油气储运，2016，5.

[14] Harnold G. Paskall 著，解红梅等译．硫黄回收装置制硫反应炉[J]．气体脱硫与硫黄回收译文集，2013，8.

[15] 曾斌．规整填料压降的计算[J]．化工设计，2000，10.

[16] 储气-气液分离容器的工艺计算．百度文库[OL]，2019，04.

[17] 金志恒．固定床反应器床层压降的计算[J]．化工与医药工程，2017，04.

中国石油四川石化有限责任公司
0.1Mt/a硫黄回收装置工艺计算

完成人：王 瑞
单 位：中国石油四川石化有限责任公司

目　录

前　　言

中国石油四川石化有限责任公司生产一部100kt/a硫黄回收联合装置辖设2套50kt/a硫黄回收装置、2套120t/h酸性水汽提装置、2套350t/h溶剂再生装置。硫黄回收装置酸性气由酸性水汽提装置来的含氨酸性气和溶剂再生装置来的清洁酸性气组成。含氨酸性气由常压、催化、重整、硫黄的非加氢系列酸性水和渣油、蜡油、柴油、汽油的加氢酸性水共同组成。清洁酸性气装置由一套溶剂的蜡油、汽油和硫黄装置组成，二套溶剂的渣油、催化、柴油、常压和汽提装置组成。硫黄回收装置采用山东三维工程公司的SSR技术，设计转化率为99.9%，年产硫黄10kt，设计排放烟气的SO_2浓度为960mg/m^3，于2013年建成投产。

为了保证硫黄装置外排烟气SO_2排放浓度限值达到GB 31570—2015《石油炼制工业污染物排放标准》中的相关要求，采用北京美景环保有限公司开发的络合铁液相脱硫技术对尾气进行提标改造，该单元于2017年6月一次开车成功，排放烟气SO_2浓度小于20mg/m^3，符合国标相关要求。

本次大作业采用的数据为四川石化公司硫黄装置2019年7月份的标定数据，通过工艺计算与实际运行情况对比分析，对装置大检修投产后运行状态和装置催化剂的使用情况进行评价，并进行技术分析找出装置运行瓶颈问题，为装置长周期运行提供技术数据支持，以期提高装置长周期安稳的运行水平，以满足更加严格的环保要求。

第一部分 标定报告

一、标定报告

(一) 装置概述

中国石油四川石化有限责任公司生产一套 10kt/a 硫黄回收联合装置辖设 2 套 50kt/a 硫黄回收装置、2 套 120t/h 酸性水汽提装置、2 套 350t/h 溶剂再生装置和 1 套尾气提标装置。

两套 50kt/a 硫黄回收装置，采用工艺路线成熟的高温热反应和两级催化反应的 Claus 硫回收工艺，处理来自酸性水汽提装置和溶剂再生装置的酸性气，将酸性气引入制硫燃烧炉，在炉中按制硫所需的 O_2 量严格控制配风比，使 H_2S 燃烧后生成 SO_2 的量满足 H_2S/SO_2 接近于 2。H_2S 与 SO_2 在炉内发生高温反应生成气态硫黄，未完全反应的 H_2S 和 SO_2 再经过反应器，在催化剂的作用下进一步完成制硫过程，即一级高温转化，两级催化转化工艺，产生成品硫黄，并使排放尾气达到国家环保要求。

酸性水汽提装置分为 2 套，非加氢型酸性水汽提装置处理来自常减压装置、催化裂化装置、催化重整装置和硫黄回收装置的酸性水；加氢型酸性水汽提装置处理来自渣油加氢装置、加氢裂化装置、柴油加氢装置和汽油加氢装置的酸性水。采用单塔气提工艺，在低压状态下采用单塔处理酸性水，即用蒸汽作热源，在较低的操作压力下，对含硫、氨酸性水进行蒸汽汽提。酸性水中的挥发性组分随蒸汽逸入气相从塔顶排出，气相经冷凝、分液后进入硫黄回收装置制硫，处理后的塔底合格净化水使其成为装置回用水或去污水处理厂进行处理。

溶剂再生装置分为 2 套，第一套溶剂再生装置处理加氢裂化装置、汽油加氢装置和硫黄回收装置的富胺液；第二套溶剂再生装置处理常减压装置、渣油加氢装置、柴油加氢装置、催化裂化装置和酸性水汽提装置的富胺液。富胺液经闪蒸后进入溶剂再生塔，通过塔底 0.4MPa 蒸汽加热，塔顶含 H_2S 气相经冷凝、分液后进入硫黄回收装置制硫，塔底再生后的合格贫胺液送至上游装置循环使用，清洁酸性气送至硫黄回收装置生产硫黄。

尾气提标单元是为了使烟气排放符合 GB 31570—2015《石油炼制工业污染物排放标准》而设置，使用络合铁工艺技术，将烟气中的 H_2S 转化为 S 单质回收，并实现烟气排放符合新国家标准。

(二) 装置标定的目的

本次标定是 2019 年硫黄联合装置的首次标定，目的是摸清装置运行情况和装置催化剂的使用情况，找出装置运行瓶颈问题，为装置长周期运行提供技术数据支持。本次标定方案依据硫黄装置设计数据进行编制，标定项目及各参数计量表格的设定均依据设计资料。计划对硫黄回收装置、酸性水气提装置、溶剂再生装置和尾气提标装置进行标定。说明：因负荷原因，两套硫黄装置标定分别单独进行。标定期间需保证装置内部、上下游装置及公用工程系统的平稳，标定期间主要工作有各运行参数的记录、取样分析、各运转设备参数测量、环境测量等。标定结束后三个月内完成标定报告的编制。

(三) 装置标定概况

标定时间 48h(第一天 11：00 至第二天 11：00)，其中稳定操作 24h，采样、收集数据 12h。标定期间装置保证平稳操作，减少因操作波动产生的影响。

本次标定以标定时的计量为准，硫黄回收装置、酸性水汽提装置、溶剂再生装置和尾气提标装置按照实际负荷来进行标定。标定计量过程有远传数据的以DCS数据为准，需要实际测量的必须使用已鉴定的测量设备，测量单位用国际计量单位。采样时间为上午11：00。

标定工作对四川石化两套硫黄回收及尾气处理装置的主要设备进出口气体组成进行了取样并用常规色谱进行分析。为掌握加氢反应器加氢效果，对尾气吸收塔出口过程气组成进行了形态硫分析。取样时间约为10：00到14：00，因四川石化公司无酸性气监测能力，取样后由危化品车运送往西南油气田天然气研究院进行分析，分析时间为17：30到22：00。由于取样时间与分析测试的时间间隔较长，导致部分样品，尤其是硫化氢和二氧化硫共存的样品，分析结果可能与实际有一定误差。

因清洁酸性气和含氨酸性气中硫化氢含量较高，在装置现场采用化学分析的方法进行了分析，由于取样方法等原因，导致分析结果严重偏低，故在本报告中未给出该数据。采用了采样钢瓶取样的清洁酸性气和含氨酸性气运输回天然气研究院后的监测数据。

（四）装置标定的原始数据记录表

1. 化验分析数据表

主要化验分析数据来自一套硫黄回收装置、二套硫黄回收装置、非加氢型酸性水汽提装置、加氢型酸性水汽提装置、一套溶剂再生装置和二套溶剂再生装置，具体表格如下：

（1）一套硫黄回收装置

一套硫黄回收装置化验分析数据如表1-1所示。

表1-1　化验分析数据　　%

样品名称	清洁酸性气		含氨酸性气	
采样时间	10：00	备注	10：00	备注
H_2S	88.47		35.8	
CO_2	10.60			
烃	未检出			
氨			34	
COS				
H_2O	0.93		30.2	
氮气				
氧气				
SO_2				

一套硫黄回收装置硫磺分析数据如表1-2所示。

表1-2　硫黄分析数据　　%(质)

分项	结果	分项	结果
硫	99.9	有机物	0.08
水分	0.16	砷	0.00024
灰分	0.02	铁	0.001
酸度	0.002	外观	片状、呈淡黄色、不含有任何机械杂质

一套硫黄回收装置急冷水数据如表 1-3 所示。

表 1-3 急冷水数据表

项目	硫化氢/(g/L)	硫化物/(mg/L)	pH 值(25℃)	氨氮/(mg/L)
急冷水		413	8.12	300

一套硫黄回收装置水汽统计数据如表 1-4 所示。

表 1-4 水汽统计表

项目	硬度	Fe/(mg/L)	Cu/(mg/L)	油含量/(mg/L)	pH 值(25℃)	SiO_2/(μg/L)	PO^{3-}(mg/L)	Na^+/(mg/L)
高压除氧水	4.59	0.01L	未检出	0.16L	8.82	6.9	—	—
炉水	—	—	—	—	9.06	—	0.01L	—
高压蒸汽	—	0.01L	未检出	—	10.35	4.2	—	0.01L

(2) 二套硫黄回收装置

二套硫黄回收装置化验分析数据如表 1-5 所示。

表 1-5 化验分析数据 %

样品名称	清洁酸性气		含氨酸性气	
采样时间	10:00	备注	10:00	备注
H_2S	88.47		35.8	
CO_2	10.60		34	
烃	未检出			
氨				
COS				
H_2O	0.93		30.2	
氮气				
氧气				
SO_2				

二套硫黄回收装置硫黄分析数据如表 1-6 所示。

表 1-6 硫黄分析数据 %(质)

分项	结果	分项	结果
硫	99.9	有机物	0.08
水分	0.16	砷	0.00024
灰分	0.02	铁	0.001
酸度	0.002	外观	片状、呈淡黄色、不含有任何机械杂质

二套硫黄回收装置急冷水数据如表 1-7 所示。

表 1-7 急冷水数据表

项目	硫化氢/(g/L)	硫化物/(mg/L)	pH 值(25℃)	氨氮/(mg/L)
急冷水	生产监测部无法测量	433	8.15	250

二套硫黄回收装置水汽数据如表 1-8 所示。

表 1-8 水汽数据表

项目	硬度	Fe/(mg/L)	Cu/(mg/L)	油含量/(mg/L)	pH 值/(25℃)	SiO_2/(μg/L)	PO^{3-}/(mg/L)	Na^+/(mg/L)
高压除氧水	2.30	未检出	未检出	未检出	8.83	4.7	—	—
炉水	—	—	—	—	9.68	—	未检出	—
高压蒸汽	—	—	—	—	—	3.2	—	未检出

（3）非加氢型酸性水汽提装置

非加氢型酸性水汽提装置化验分析数据如表 1-9 所示。

表 1-9 化验分析数据(上午、下午各取样一次)

项目	油含量/(mg/L)	COD	硫化物/(mg/L)	pH 值(25℃)	氨氮/(mg/L)
原料水 SC-3001	7.01/19.78	1960/2024	672.35/243	8.47/8.42	511/721
净化水 SC-3002	0.95/1.06	28/506	8.75/8.47	8.67/8.59	0.46/7.92

（4）加氢型酸性水汽提装置

加氢型酸性水汽提装置化验分析数据如表 1-10 所示。

表 1-10 化验分析数据(上午、下午各取样一次)

项目	油含量/(mg/L)	COD	硫化物/(mg/L)	pH 值(25℃)	氨氮/(mg/L)
原料水 SC-4001	4.68/12.25	28700/28700	8762/8973	8.51/8.49	8060/7030
净化水 SC-4002	0.69/0.89	4.0/4.0	4.06/4.75	8.33/8.31	0.44/1.74

（5）一套溶剂再生装置

一套溶剂再生装置化验分析数据如表 1-11 所示。

表 1-11 化验分析数据(上午、下午各取样一次)

项目	分析内容组成/%(体)	
V-5001 含烃气 SC-5002	生产监测部无法测量	生产监测部无法测量

一套溶剂再生装置原料分析数据如表 1-12 所示。

表 1-12 原料分析表

项目	硫化氢/(g/L)	二氧化碳/(g/L)	胺浓度/(g/100mL)	硫化物/(mg/L)	pH 值(25℃)	氨氮/(mg/L)
一套富液 SC-5001	20.40					
P-5001 出口贫液 SC-5005	0.58		32.99			
P-5004 出口酸性水 SC-5004				73861	8.57	28175

(6) 二套溶剂再生装置

二套溶剂再生装置化验分析数据如表1-13所示。

表1-13　化验分析数据(上午、下午各取样一次)

项目	分析内容组成/%(体)	
V-6001 含烃气 SC-6002	生产监测部无法测量	生产监测部无法测量

二套溶剂再生装置原料分析数据如表1-14所示。

表1-14　原料分析表

项目	硫化氢/(g/L)	二氧化碳/(g/L)	胺浓度/(g/100mL)	硫化物/(mg/L)	pH值/(25℃)	氨氮/(mg/L)
二套富液 SC-6001	45.37					
P-6001 出口贫液 SC-6005	0.9		35.72			
P-6004 出口酸性水 SC-6004			58503		8.56	27350

(7) 尾气提标装置

尾气提标装置化验分析数据如表1-15所示。

表1-15　化验分析数据(上午、下午各取样一次)

项目	分析内容组成	
反应器出口	H_2S：5mg/L	H_2S：5mg/L

尾气提标装置原料分析数据如表1-16所示。

表1-16　原料分析表

项目	pH	硫代硫酸盐/(g/L)	密度/(g/mL)	单质硫/%(质)	铁离子/(mg/L)	氧化还原电位/mV
	8.8	45	1.1	0.8	90	123
	8.8	48	1.1	0.9	89	130

2. 主要操作条件数据表

操作条件分一套硫黄回收装置、二套硫黄回收装置、非加氢型酸性水汽提装置、加氢型酸性水汽提装置、一套溶剂再生装置、二套溶剂再生装置和尾气提标装置的压力、温度、流量和液位等参数，具体表格如下。

(1) 一套硫黄回收装置

一套硫黄回收装置压力数据如表1-17所示。

表1-17　压力数据　　kPa(现场压力)

地点	11：00	12：00	15：00	17：00
V-1001(PIC-10101)	47.3	47.5	47.7	46.5
V-1002(PIC-10102)	44.5	44.5	44.4	43.8

续表

地点	11：00	12：00	15：00	17：00
F-1001 炉膛(10303)	44.3	44.1	44.1	43.4
E-1001 出口过程气(现场实测)	31	32	32	32
E-1002 出口(现场实测)	44	45	45	45
R-1001 入口(现场实测)	17	17	16	17
E-1003 管程入口(现场实测)	仪表坏	仪表坏	仪表坏	仪表坏
E-1004 出口(现场实测)	35	35	34	35
E-1003 壳层出口(现场实测)	49	49	49	49
E-1005 入口(现场实测)	34	34	34	34
E-1005 出口 PI-10602/MPa	0.027	0.027	0.027	0.026
V-1003 出口(现场实测)	17	17	17	17
R-1003 出口(现场实测)	22	22	22	22
E-1007 出口(现场实测)	28	28	27	28
C-1001 底-PI-10901	20.17	19.42	20.01	18.71
C-1001 顶-PI-10902	18.60	17.99	18.21	17.21
C-1002 底-PI-11001	24.12	24.14	24.20	23.79
C-1002 顶-PI-11002	17.86	17.38	17.21	16.32
F-1002 入口(现场实测)	无	无	无	无
E-1001 顶-PIC-10401	4.463	4.170	4.179	4.151
E-1008 入口(现场实测)	无	无	无	无
E-1008 出口(现场实测)	无	无	无	无
4.0MPa 系统-PI-10702	3.943	3.960	3.965	3.961
瓦斯压力 PC-11701	0.0434	.0434	.0434	0.434
氢气进 R-1003(现场实测)	19	19	19	19

一套硫黄回收装置温度数据如表 1-18 所示。

表 1-18　温度数据 ℃

地　　点	11：00	12：00	15：00	17：00
F-1001 空气 TI-10301	96.4	98.5	100.0	100.1
清洁酸性气 TI-10303	76.8	77.5	78.2	70.1
含氨酸性气 TI-10302	97.8	98.5	98.9	98.6
F-1001 炉头 TI-10304	1355.7	1354.7	1354.7	1353.4
F-1001 炉膛 TXI-10305	1242	1241	1240	1238
F-1001 炉膛 TXI-10306	1347	1344	1343	1342
F-1001 炉膛 TXI-10307	1270	1270	1271	1258
E-1001 出口过程气 TI-10402	312.9	313.1	313.8	313.1
E-1002 出口 TI-10602	152.5	152.5	152.7	152.5
R-1001 入口 TIC-10501	246.9	247.0	247.2	246.7
E-1003 入口 TI-10505	338.8	339.3	339.3	338.8

续表

地　　点	11：00	12：00	15：00	17：00
E-1004 出口 TI-10506	153.9	153.9	153.8	153.7
E-1003 出口 TIC-10502	224.0	223.9	223.7	223.7
E-1005 入口 TI-10601	244.2	244.2	244.2	244.2
E-1005 出口 TI-10603	151.1	151.1	151.2	151.2
V-1003 出口(现场实测)	无	无	无	无
R-1003 出口 TI-10804	305.4	305.3	305.1	305.8
E-1007 出口 TI-10803	155.1	155.1	155.1	155.1
R-1001 床层 TI-10503A	327.6	327.6	327.4	326.8
R-1001 床层 TI-10503B	305.5	305.3	305.2	305.0
R-1001 床层 TI-10503C	252.6	252.8	252.8	252.2
R-1001 床层 TI-10504A	345.9	345.9	345.8	345.3
R-1001 床层 TI-10504B	327.0	327.0	326.8	326.3
R-1001 床层 TI-10504C	291.0	290.9	290.7	290.4
R-1002 床层 TI-10507A	247.9	247.5	247.5	247.5
R-1002 床层 TI-10507B	244.9	244.5	244.5	244.8
R-1002 床层 TI-10507C	238.8	238.7	238.	238.6
R-1002 床层 TI-10508A	247.0	246.6	246.6	246.6
R-1002 床层 TI-10508B	244.9	244.5	244.5	244.8
R-1002 床层 TI-10508C	240.2	239.9	239.8	239.8
R-1003 床层 TI-10801A	310.5	311.1	312.1	311.1
R-1003 床层 TI-10801B	309.4	309.9	310.8	310.1
R-1003 床层 TI-10801C	297.3	297.1	297.1	297.1
R-1003 床层 TI-10802A	313.1	314.9	314.7	314.0
R-1003 床层 TI-10802B	311.8	313.0	313.3	312.8
R-1003 床层 TI-10802C	304.7	304.6	304.5	304.3
F-1002 炉头 TIC-11201	573.5	571.2	570.3	575.4
F-1002 炉膛 TXI-11202	635	635	635	635
F-1002 炉膛 TXI-11203	635	635	635	635
E-1008 管程入口(现场)	无	无	无	无
E-1008 管程出口 TI-10705	420.9	418.8	417.2	418.2
E-1006 管程入口(现场)	无	无	无	无
E-1006 管程出口 TI-10706	67.5	67.1	67.3	70.4
E-1008 壳程入口 TI-10703	251.4	251.1	250.9	251.2
E-1008 壳程出口 TI-10704	448.9	447.8	444.6	447.1
烟囱温度 AI-10703F	220.8	219.3	219.5	222.2
E-1001 汽包温度 TI-10401	250.0	249.7	250.0	249.6

一套硫黄回收装置流量数据如表 1-19 所示。

表 1-19　流量数据　Nm^3/h

项目	11：00	12：00	15：00	17：00
清洁酸性气 FICQ-10304	3813	3825	3945	3896
含氨酸性气 FICQ-10301	4022	4038	4054	4104
F-1001 空气 FIQ-10309	9473	9500	9548	9416
入炉氮气 FXI-10306	0	0	0	0
F-1002 瓦斯 FIC-10307	329.6	327.1	328.3	323.7
F-1002 空气 FIC-11202	5001	4938	4902	4890
氢气 FIQ-10701	312.4	311.8	309.3	311.7
硫黄(实际)	无	无	无	无
急冷水 FI-10901	125.1	125.4	123.8	123.5
烟囱烟气 AI-10703H1	86626	86303	82634	88509
C-1002 出口尾气 FI-11002	8910	8933	8978	8897

一套硫黄回收装置液位数据如表 1-20 所示。

表 1-20　液位数据　%

罐号	开始	终止	差值	备注
液硫脱汽池(现场实测)	—	—	—	溢流始终满液面，可不计算
液硫池 LI-11301	32.7	41	8.3	

(2) 二套硫黄回收装置

二套硫黄回收装置压力数据如表 1-21 所示。

表 1-21　压力数据　kPa(现场压力)

地点	11：00	12：00	15：00	17：00
V-1001(PIC-10101)	47.3	47.5	47.7	46.5
V-1002(PIC-10102)	44.5	44.5	44.4	43.8
F-2001 炉膛(20203)	36.7	38.1	39.3	37.4
E-2001 出口过程气(现场实测)	表坏	表坏	表坏	表坏
E-2002 出口(现场实测)	30	31	31	31
R-2001 入口(现场实测)	37	37	37	37
E-2003 管程入口(现场实测)	48	48	47	48
E-2004 出口(现场实测)	31	31	31	31
E-2003 壳层出口(现场实测)	29	29	29	29
E-2005 入口(现场实测)	40	40	40	40
E-2005 出口 PI-20502	31	31	31	30
V-2001 出口(现场实测)	30	30	30	30
R-2003 出口(现场实测)	28	28	27	28

续表

地点	11：00	12：00	15：00	17：00
E-2007 出口(现场实测)	35	35	34	35
C-2001 底-PI-20801	19.21	19.30	19.91	18.40
C-2001 顶-PI-20802	17.87	18.01	18.49	17.06
C-2002 底-PI-20901	18.83	18.85	18.78	18.03
C-2002 顶-PI-20902	18.05	18.24	18.78	17.29
F-2002 入口(现场实测)	—	—	—	—
E-2001 顶-PIC-20301/(MPa)	1.339	1.403	1.409	1.404
E-2008 入口(现场实测)	—	—	—	—
E-2008 出口(现场实测)	—	—	—	—
4.0MPa 系统-PI-20602	3.934	3.945	3.965	3.947
(因改产 1.2MPa 下方为真实值)	0.285	0.283	0.283	0.282
瓦斯压力 PIC-11701/(MPa)	0.434	0.434	0.434	0.434
氢气进 R-2003(现场实测)	19	19	19	19

二套硫黄回收装置温度数据如表 1-22 所示。

表 1-22　温度数据 ℃

地点	11：00	12：00	15：00	17：00
F-2001 空气 TI-20201	96.4	96.8	101.0	102.0
清洁酸性气 TI-20203	75.9	75.9	77.4	68.9
含氨酸性气 TI-20202	97.9	98.5	99.6	99.3
F-2001 炉头 TI-20204	1352.0	1354.0	1354.0	1354.0
F-2001 炉膛 TXI-20205	1206	1206	1205	1201
F-2001 炉膛 TXI-20206	1384	1383	1380	1380
F-2001 炉膛 TXI-20207	1175	1174	1170	1169
E-2001 出口过程气 TI-20302	279.3	280.1	280.2	279.6
E-2002 出口 TI-20502	151.9	151.9	151.9	151.9
R-2001 入口 TIC-20401	245.0	245.0	244.8	245.0
E-2003 入口 TI-20405	330.8	330.7	330.8	330.7
E-2004 出口 TI-20406	152.8	152.8	152.8	152.8
E-2003 出口 TIC-20402	225.6	225.4	225.4	225.3
E-2005 入口 TI-20501	240.9	240.9	240.9	240.7
E-2005 出口 TI-20503	152.5	152.5	152.6	152.6
V-2001 出口(现场实测)	—	—	—	—
R-2003 出口 TI-20704	292.7	292.9	294.0	295.2
E-2007 出口 TI-20703	153.5	153.5	153.7	153.6
R-2001 床层 TI-20403A	333.4	333.3	333.0	332.8
R-2001 床层 TI-20403B	311.6	311.6	311.4	311.6
R-2001 床层 TI-20403C	269.4	269.1	269.1	269.0

续表

地点	11：00	12：00	15：00	17：00
R-2001 床层 TI-20404A	331.4	331.3	331.0	330.7
R-2001 床层 TI-20404B	311.2	311.2	311.2	311.2
R-2001 床层 TI-20404C	268.7	268.6	268.5	268.6
R-2002 床层 TI-20407A	246.2	246.1	246.1	246.0
R-2002 床层 TI-20407B	242.9	242.7	242.7	242.6
R-2002 床层 TI-20407C	234.7	234.7	234.5	234.3
R-2002 床层 TI-20408A	219.5	219.5	220.0	219.8
R-2002 床层 TI-20408B	218.7	218.9	220.0	218.9
R-2002 床层 TI-20408C	220.3	220.5	220.5	220.5
R-2003 床层 TI-20701A	297.1	297.1	298.3	301.5
R-2003 床层 TI-20701B	289.0	288.8	285.7	292.5
R-2003 床层 TI-20701C	262.6	260.1	254.0	264.2
R-2003 床层 TI-20702A	299.7	300.0	302.0	304.0
R-2003 床层 TI-20702B	297.2	298.0	298.3	301.4
R-2003 床层 TI-20702C	281.9	281.8	280.2	284.5
F-2002 炉头 TIC-21101	456.1	459.1	460.3	410.5
F-2002 炉膛 TXI-21102	491	499	503	479
F-2002 炉膛 TXI-21103	491	499	503	479
E-2008 管程入口(现场)	—	—	—	—
E-2008 管程出口 TI-20605	491.6	493.5	494.2	482.0
E-2006 管程入口(现场)	—	—	—	—
E-2006 管程出口 TI-20606	412.9	412.9	412.9	412.9
E-2008 壳程入口 TI-20603	192.7	193.8	194.2	193.1
E-2008 壳程出口 TI-20604	30	30	30	30
烟囱温度 AI-10703F	215.5	219.9	220.0	222.2
E-2001 汽包温度 TI-20301	197.9	193.8	194.2	193.1

二套硫黄回收装置流量数据如表 1-23 所示。

表 1-23 流量数据

Nm^3/h

项目	11：00	12：00	15：00	17：00
清洁酸性气 FICQ-20204	4802	4811	4891	4810
含氨酸性气 FICQ-20201	3497	3423	3438	3403
F-1001 空气 FIQ-20209	10021	1011	10243	10335
入炉氮气 FXI-20206	0	0	0	0
F-2002 瓦斯 FIC-20207	200.6	200.6	210.8	227.0
F-2002 空气 FIC-21102	3239	3244	3363	4362
氢气 FIQ-20601	334.1	330.1	329.4	334.8
硫黄(实际)	—	—	—	—
急冷水 FI-20801	87.1	87.1	87.3	87.4
烟囱烟气 AI-10703H1	60471	63213	67361	72453
C-2002 出口尾气 FI-20902	8870	8889	8975	8912

二套硫黄回收装置液位数据如表1-24所示。

表1-24　液位数据 %

罐号	开始	终止	差值	备注
液硫脱汽池(现场实测)	—	—	—	溢流，正常满液位，可不计算
液硫池 LI-21201	58.9	52.2	-6.7	

(3) 非加氢型酸性水汽提装置

非加氢型酸性水汽提装置压力数据如表1-25所示。

表1-25　压力数据

项目	11：00	12：00	15：00	17：00
V-3001顶PI-30101/MPa	0.055	0.055	0.055	0.055
T-3001A-PI-3001/Pa	0.63	0.63	0.60	0.52
T-3001B-PI-3002/Pa	0.52	0.52	0.48	0.41
V-3005顶(现场实测)/Pa	表坏	—	—	—
C-3001顶PI-30401/MPa	0.120	0.122	0.122	0.121
C-3001底PI-30402/MPa	0.146	0.147	0.147	0.145
C-3001顶(现场实测)/Pa	—	—	—	—
原料水进(现场实测)/MPa	0.25	0.25	0.25	0.25
V-3004(现场实测)/MPa	0.8	0.8	0.8	0.8

非加氢型酸性水汽提装置温度数据如表1-26所示。

表1-26　温度数据 ℃

地点	11：00		12：00		15：00		17：00	
T-3001A(现场实测)	—		—		—		—	
T-3001B(现场实测)	—		—		—		—	
C3003A/B-TI30601/2/3/4	28.1	41.6	28.1	41.6	27.8	44.0	27.8	46.3
	28.6	42.9	28.6	42.9	28.7	45.0	29.5	46.3
E3001管程出TI-30302	73.2		73.1		73.2		73.2	
EA3002出TI-30301	54.8		55.0		56.1		57.1	
C-3001进TI-30403	90.1		90.1		903		90.4	
C-3001底出TI-30407	126.2		126.3		126.4		126.3	

非加氢型酸性水汽提装置流量数据如表1-27所示。

表1-27　流量数据 t/h

项目	11：00	12：00	15：00	17：00
原料水进FQ-30101	122.5	123.0	128.8	122.3
P-3001出口FQ-30201	103.2	103.3	103.3	104.0
净化水出FQ-30301	105.5	105.0	104.7	105.0
V-3005回流FC-30602	9.83	9.80	8.71	9.25
V-3005酸性气-FQ-30501	0	0	0	0
E-3003蒸汽-FC-30401	15.49	15.40	14.66	14.75

非加氢型酸性水汽提装置液位数据如表 1-28 所示。

表 1-28　液位数据

%

罐号	开始	终止	差值	备注
T-3001A-LI-30201	78.4	78.8	0.4	
T-3001B-LI-30202	41.7	41.1	-0.6	

（4）加氢型酸性水汽提装置

加氢型酸性水汽提装置压力数据如表 1-29 所示。

表 1-29　压力数据

项目	11：00	12：00	15：00	17：00
V-4001 顶 PI-40101/Pa	0.055	0.055	0.055	0.055
T-4001A-PI-4001/Pa	0.90	0.90	0.62	0.66
T-4001B-PI-4002/Pa	1.72	1.70	1.24	1.28
V-4005 顶（现场实测）/MPa 超红线	0.18	0.18	0.18	0.18
C-4001 顶 PI-40401/Pa	0.125	0.125	0.126	0.125
C-4001 底 PI-40402/Pa	0.147	0.147	0.148	0.147
C-4001 顶（现场实测）/MPa	0.122	0.121	0.122	0.122
原料水进（现场实测）/MPa	0.25	0.25	0.25	0.25
V-4004（现场实测）/MPa	0.5	0.5	0.5	0.5

加氢型酸性水汽提装置温度数据如表 1-30 所示。

表 1-30　温度数据

℃

地点	11：00	12：00	15：00	17：00
原料水进（现场实测）	50	50	50	50
T-4001A（现场实测）	—	—	—	—
T-4001B（现场实测）	—	—	—	—
E4001 管程出 TI-40302	80.9	81	81	81.1
EA4002 出 TI-40301	59.3	60	60.8	61.1
C-4001 进 TI-40403	82.4	82.4	82	81.8
C-4001 底出 TI-40407	126.8	126.8	126.9	126.8

加氢型酸性水汽提装置流量数据如表 1-31 所示。

表 1-31　流量数据

t/h

项目	11：00	12：00	15：00	17：00
原料水进 FQ-40101	0	0	0	0
P-4001 出口 FQ-40201	100.5	103.2	102	104
净化水出 FQ-40301	99.3	99.1	98.9	99
V-4005 回流 FC-40602	6.58	6.38	5.86	5.99
V-4005 酸性气-FQ-40501	1403	1405	1425	1406
E-4003 蒸汽-FC-40401	14.25	14.01	13.56	13.85

加氢型酸性水汽提装置液位数据如表1-32所示。

表1-32　液位数据　%

罐号	开始	终止	差值	备注
T-4001A-LI-40201	—	—	—	表坏
T-4001B-LI-40202	36.4	34.1	-2.3	

（5）一套溶剂再生装置

一套溶剂再生装置压力数据如表1-33所示。

表1-33　压力数据

地点	11：00	12：00	15：00	17：00
V-5001顶压PI-50201/Pa	0.005	0.005	0.005	0.005
V-5001A顶压PI-50201A/Pa	0.017	0.017	0.017	0.018
V-5002顶压(现场实测)/Pa	表坏	—	—	—
V-5003顶压(现场实测)/MPa	0.22	0.22	0.22	0.22
C-5001顶压-PI-50301/MPa	0.102	0.102	0.111	0.106
C-5001底压(现场实测)/Pa	—	—	—	—
C-5001蒸汽(现场实测)/Pa	—	—	—	—

一套溶剂再生装置温度数据如表1-34所示。

表1-34　温度数据　℃

地点	11：00	12：00	15：00	17：00
V5001顶贫液TI-50201	51.3	53	53.2	53.6
V5001A顶贫液TI-50201A	51.8	51.8	53.5	53.4
P-5001贫液-TI-50501	54.1	54.1	56.3	56
E5001富液进-TI-50101	46	46.1	47.8	48.5
E5001富液出-TI-50102	56.9	57	58.7	59
E5001贫液进(现场实测)	81	80	81	81
E5001贫液出-TI-50103	72.5	72.5	73.8	73.9
E5002富液进-TI-50601	56.4	56.5	58.5	58.8
E5002富液出-TI-50302	96.1	96.2	97.2	97.1
E5002贫液进(现场实测)	122	122	122	122
E5002贫液出-TI-50602	83	83.1	84.2	84.4
E5004壳程进-TI-50401	53.6	53.7	59.1	61.3
E5004壳程出-TI50402	54.8	54.9	60.2	61.3
E5004管程进(现场实测)	31	32	32	32
E5004管程出(现场实测)	31	32	32	32
EA5001贫液进-TI-50103	72.6	72.8	73.8	74.2
EA5001贫液出-TI-50104	55.5	55.7	57.1	56.9
C-5001底部-TI-50308	121.3	121.3	122.2	121.8
C-5001顶部-TIC-50301	106.9	107.8	109.3	108.8
E-5002入口-TIC-50303	109.2	110.1	111.5	110.7

续表

地点	11：00	12：00	15：00	17：00
E-5002 出口-TI-50401	53.7	58	58.3	61.3
V-5001(现场实测)	—	—	—	—
V-5001A(现场实测)	—	—	—	—
V-5002(现场实测)	—	—	—	—
V-5003(现场实测)	—	—	—	—
T-5001A(现场实测)	—	—	—	—
T-5001B(现场实测)	—	—	—	—
系统蒸汽 TIC-50901	77.3	77.1	77.5	77
系统蒸汽 TIC-50902	153.9	154.1	155.1	155.2
系统蒸汽 TIC-50903	155	155.3	154.7	155.3

一套溶剂再生装置流量数据如表 1-35 所示。

表 1-35　流量数据

t/h

项目	11：00	12：00	15：00	17：00
加氢裂化富液 FIQ-50102	210.5	207.3	178.7	174.1
硫黄富液 FIQ-50101	98.9	99.1	99.7	98.9
V-5001 顶贫液 FI-FIC50201	3	3	3	3
V-5001A 顶贫液 FI-FIC50201A	3	3	3	3
进 T-5001 贫液(现场实测)	无	—	—	—
P-5004 回流 FIQ-50401	12.5	12.38	10.82	11.99
进装置 1.0MPa 蒸汽 FIQ-11602	68.6	68	67.2	65.1
E5003A 低压蒸汽 FIC-50302	21.34	21.3	21.19	21.08
E5003B 低压蒸汽 FIC-50301	21.19	21.08	21.06	20.89
V-5002 酸性气 FIQ-50402	1718	1733	2035	1919
M5001A 低压除氧水 FIC-50901	0	0	0	0
M5001B 低压除氧水 FIC-50903	2.41	2.41	2.41	2.23
M5001C 低压除氧水 FIC-50905	1.85	1.80	1.77	1.65
M5001A 中压蒸汽 FIC-50902	0	0	0	0
M5001B 中压蒸汽 FIC-50904	14.8	14.8	14.4	14.2
M5001C 中压蒸汽 FIC-50906	36.6	36.6	34.9	34.0

一套溶剂再生装置液位数据如表 1-36 所示。

表 1-36　液位数据

%

罐号	开始	终止	差值	备注
T-5001A(LI-50501)	16.8	16.8	0	
T-5001B(LI-50502)	15.4	15.5	0.1	
V-5001(LIC-50201)	49.9	49.9	0	
V-5002(LIC-50401)	51.1	55.8	4.7	
V-5003(LIC-50302)	40.5	44.0	3.5	
V-5005(LI-50601)	26.9	26.9	0	
V-5006(LI-50701)	53.4	51.4	-2	

(6) 二套溶剂再生装置

二套溶剂再生装置压力数据如表 1-37 所示。

表 1-37 压力数据

地点	11：00	12：00	15：00	17：00
V-6001 顶压-PI-60201/MPa	0.005	0.005	0.005	0.005
V-6001A 顶压-PI-60201A/MPa	0.010	0.010	0.010	0.010
V-6002 顶压(现场实测)/MPa	0.08	0.08	0.08	0.08
V 6003 顶压(现场实测)/MPa	0.22	0.23	0.23	0.23
C-6001 顶压-PI-60301/MPa	0.105	0.105	0.105	0.105
C-6001 底压(现场实测)/Pa	—	—	—	—
C-6001 蒸汽(现场实测)/Pa	—	—	—	—

二套溶剂再生装置温度数据如表 1-38 所示。

表 1-38 温度数据 ℃

地点	11：00	12：00	15：00	17：00
V6001 顶贫液 TI-60201	53.5	54.0	56.1	56.5
V6001A 顶贫液 TI-60201A	51.9	52.0	55.1	55.3
P-6001 贫液-TI-60501	55.0	55.5	57.4	58.3
E6001 富液进-TI-60101	51.6	51.8	54.1	54.7
E6001 富液出-TI-60102	64.5	64.8	66.9	67.1
E6001 贫液进(现场实测)	65	65	65	65
E6001 贫液出-TI-60103	76.9	77.0	78.5	78.5
E6002 富液进-TI60601	51.6	57.1	65.2	65.9
E6002 富液出-TI-60302	100.6	100.1	100.3	100.4
E6002 贫液进(现场实测)	表坏	—	—	—
E6002 贫液出-TI-60602	89.8	89.6	91.0	90.0
E6004 壳程进-TI-60401	55.0	53.8	53.1	51.7
E6004 壳程出-TI60402	53.7	53.5	53.3	51.8
E5004 管程进(现场实测)	31	32	32	32
E6004 管程进(现场实测)	31	31	31	31
E6004 管程出(现场实测)	31	31	31	31
EA6001 贫液进-TI-60103	76.9	77.0	78.6	78.5
EA6001 贫液出-TI-60104	55.3	56.3	57.8	57.3
C-6001 底部-TI-60308	126.2	126.1	126.0	126.0
C-6001 顶部-TIC-60301	114.1	114.0	114.0	113.5
EA-6002 入口-TIC-60303	113.8	113.8	113.6	113.2
EA-6002 出口-TI-60401	55.8	55.3	53.1	51.7
V-6001(现场实测)	—	—	—	—
V-6001A(现场实测)	—	—	—	—

续表

地点	11：00	12：00	15：00	17：00
V-6002（现场实测）	—	—	—	—
V-6003（现场实测）	—	—	—	—
T-6001A（现场实测）	—	—	—	—
T-6001B（现场实测）	—	—	—	—
系统蒸汽 TIC-50901	77	77	80	78
系统蒸汽 TIC-50902	153.9	155.1	155.7	155.4
系统蒸汽 TIC-50903	155.0	154.3	154.9	155.2

二套溶剂再生装置流量数据如表 1-39 所示。

表 1-39　流量数据　　t/h

项目	11：00	12：00	15：00	17：00
各脱硫富液 FIQ-60102	262.3	259.1	256.4	262.3
汽提来富液 FIQ-60101	13.33	13.34	13.34	13.32
V-6001 顶贫液 FI-FIC60201	10.05	10.02	10.02	9.98
V-6001A 顶贫液 FI-FIC60201A	9.9	10.0	9.9	10.0
进 T-6001 贫液（现场实测）	—	—	—	—
P-6004 回流 FIQ-60401	14.01	14.00	13.43	12.28
进装置 1.0MPa 蒸汽 FIQ-11602	68.9	68.3	67.3	65.3
E6003A 低压蒸汽 FIC-60302	14.45	14.03	13.81	12.92
E6003B 低压蒸汽 FIC-60301	14.48	14.11	13.81	12.92
V-6002 酸性气 FIQ-60402	1405	1408	1437	1334
M5001A 低压除氧水 FIC-50901	0	0	0	0
M5001B 低压除氧水 FIC-50903	2.41	2.41	2.41	2.33
M5001C 低压除氧水 FIC-50905	1.85	1.80	1.77	1.61
M5001A 中压蒸汽 FIC-50902	0	0	0	0
M5001B 中压蒸汽 FIC-50904	14.8	14.4	14.4	14.3
M5001C 中压蒸汽 FIC-50906	36.6	36.6	34.9	33.4

二套溶剂再生装置液位数据如表 1-40 所示。

表 1-40　液位数据　　%

罐号	开始	终止	差值	备注
T-6001A（LI-60501）	29.4	29.7	0.3	
T-6001B（LI-60502）	30.0	29.6	-0.4	
V-6001（LIC-60201）	49.6	49.8	0.2	
V-6001（LIC60201A）	51.9	52.2	0.3	
V-6002（LIC-60401）	50.2	50.0	0.2	
V-6003（LIC-60302）	49.0	49.0	0	

(7) 尾气提标装置

尾气提标装置压力数据如表1-41所示。

表1-41　压力数据　　kPa

地点	11：00	12：00	15：00	17：00
氧化反应器上层压力 PT80401	10.1	10.5	10.5	10.3
氧化反应器中层压力 PT80402	12.8	12.6	12.3	12.6
氧化反应器下层压力 PT80403	14.1	14.5	14.1	14.3
水封罐出口压力 PT80702	2.8	2.9	2.8	2.8

尾气提标装置温度数据如表1-42所示。

表1-42　温度数据　　℃

地点	11：00	12：00	15：00	17：00
氧化反应器内部温度 TI80401A	42	42	42	42
氧化反应器内部温度 TI80401B	42.5	42.5	42.5	42.5
氧化反应器内部温度 TI80401C	44	44	44	44
氧化反应器内部温度 TI80401D	45	45	45	45
水封罐出口温度 TI80701	47	47	47	47
循环溶液热流温度 TI80502	50	50	50	50
循环溶液冷流温度 TI80501	42	42	42	42

尾气提标装置流量数据如表1-43所示。

表1-43　流量数据

项目	11：00	12：00	15：00	17：00
循环溶液量 FI80502/(t/h)	220	220	220	210
水封罐出口至一套 LI80701A/(Nm^3/h)	11000	10800	10750	10810
水封罐出口至二套 LI80701B/(Nm^3/h)	10500	10800	10980	10890

尾气提标装置液位数据如表1-44所示。

表1-44　液位数据　　%

罐号	开始	终止	差值	备注
氧化罐液位 LI80401	50	50	50	50
水封罐液位 LI80701	52	51	52	50
KOH 罐液位 LI80901	60	60	60	60
紧急泄放罐 LI80601	15	15	14	15

3. 物料平衡数据表

物料平衡分一套硫黄回收装置、二套硫黄回收装置、非加氢型酸性水汽提装置、加氢型酸性水汽提装置、一套溶剂再生装置、二套溶剂再生装置和联合装置总物料，具体表格如下。

（1）一套硫黄回收装置

一套硫黄回收装置进出装置物料累计量统计数据如表 1-45 所示。

表 1-45　进出装置物料累计量统计　Nm^3

项目	开始	终止	差值
清洁酸性气 FICQ-10304	4743	4786	43
含氨酸性气 FICQ-10301	4073	3945	-128
F-1001 空气 FIQ-10309	9443	9400	-43
入炉氮气 FXI-10306	0	0	0
F-1002 瓦斯 FI-11201	320.9	327.0	6.1
F-1002 空气 FIC-11202	4987	4920	67
氢气 FIQ-10701	5272662	5279956	7294
硫黄(实际)	—	—	—
急冷水 FI-10901	124.5	118	-6.5
烟囱烟气 AI-10703H1	30379605	32240761	1861156

（2）二套硫黄回收装置

二套硫黄回收装置进出装置物料累计量统计数据如表 1-46 所示。

表 1-46　进出装置物料累计量统计　Nm^3

项目	开始	终止	差值
清洁酸性气 FICQ-20204	4743	4786	43
含氨酸性气 FICQ-20201	3535	3453	-82
F-2001 空气 FIQ-20209	10105	10135	30
入炉氮气 FXI-20206	0	0	0
F-2002 瓦斯 FI-21101	197.7	226	28.3
F-2002 空气 FIC-21102	3246	4207	961
氢气 FIQ-20601	7539248	7546999	7751
硫黄(实际)	—	—	—
急冷水 FI-20801	87.1	87.4	0.3
烟囱烟气 AI-10703H1	3038150	32244086	29205981

（3）非加氢型酸性水汽提装置

非加氢型酸性水汽提装置起始物料量统计数据如表 1-47 所示。

表 1-47　起始物料量统计　t

项目	开始	终止	差值
原料水进 FQ-30101	119	122	无累计功能
P-3001 流量 FIC-30201	103.5	104.3	
净化水出 FQ-30301	104.4	103.6	
V-3005 回流 FC-30602	9.90	9.96	
V-3005 酸性气-FQ-30501	0	0	
E-3003 蒸汽-FC-30401	14.74	15.77	

(4) 加氢型酸性水汽提装置

加氢型酸性水汽提装置起始物料量统计数据如表 1-48 所示。

表 1-48　起始物料量统计　t

项目	开始	终止	差值
原料水进 FIQ-40101	表坏	—	无累计功能
P-3001 流量 FIC-30201	103.8	104.4	
净化水出 FQ-30301	100.9	99.5	
V-3005 回流 FC-30602	6.66	6.68	
V-3005 酸性气-FQ-30501	1418	1421	
E-3003 蒸汽-FC-30401	14.03	14.38	

(5) 一套溶剂再生装置

一套溶剂再生装置进出装置物料累计量统计数据如表 1-49 所示。

表 1-49　进出装置物料累计量统计　t

项目	开始	终止	差值
加氢裂化富液 FIQ-50102	199.2	215	15.8
硫黄富液 FIQ-50101	101.4	102	0.6
去 V-5001 贫液 FIC-50201	3	3	0
去 V-5001A 贫液 FIC-50201A	3	3	0
加氢裂化贫液 FIQ-50501	177.8	215	37.2
一套硫黄贫液 FIC-11001	54	54	0
二套硫黄贫液 FIC-20901	54	54	0
P-5004 回流 FIQ-50402	10.26	15.56	5.3
进装置 1.0 蒸汽 FIQ-11602	1125710.3	1127375	1664.7
E5003A 低压蒸汽 FIC-50302	21.32	22.45	1.14
E5003B 低压蒸汽 FIC-50301	21.36	22.49	1.09
V-5002 酸性气 FIQ-50402	1710	1637	-73
M5001A 低压除氧水 FIC-50901	632017	632017	0
M5001B 低压除氧水 FIC-50903	589707	589765	58
M5001C 低压除氧水 FIC-50905	20451	20495	44
M5001A 中压蒸汽 FIC-50902	39966256	39966256	0
M5001B 中压蒸汽 FIC-50904	7570187	7570554	367
M5001C 中压蒸汽 FIC-50906	6399921.3	6400804	882.7

(6) 二套溶剂再生装置

二套溶剂再生装置进出装置物料累计量统计数据如表 1-50 所示。

表 1-50 进出装置物料累计量统计

t

项目	开始	终止	差值
各脱硫富液 FIQ-60102	265.0	258	-7
汽提来富液 FIQ-60101	13.36	13.36	0
去 V-6001 贫液 FIC-60201	10.05	10	-0.05
去 V-6001A 贫液 FIC-60201A	10	10	0
一套硫黄贫液 FIC-11001	54	54	0
二套硫黄贫液 FIC-20901	54	54	0
至汽提贫液 FIC30601	13.35	11.99	-1.36
P-6004 回流 FIQ-60402	14.30	11.38	-2.92
进装置 1.0 蒸汽 FIQ-11602	1125710.3	1127378	16677
E6003A 低压蒸汽 FIC-60302	14.59	12.92	-1.67
E6003B 低压蒸汽 FIC-60301	14.64	12.92	-1.72
V-6002 酸性气 FIQ-60402	1402	1460	58
M5001A 低压除氧水 FIC-50901	632017	632017	0
M5001B 低压除氧水 FIC-50903	5897075	589765.25	-5307309.75
M5001C 低压除氧水 FIC-50905	20451	20495	44
M5001A 中压蒸汽 FIC-50902	3699256	3966256	0
M5001B 中压蒸汽 FIC-50904	7570187.31	7570554.9	367.59
M5001C 中压蒸汽 FIC-50906	6399921.5	6400805.4	883.9

(7) 联合装置总物料

联合装置进出装置物料累计量统计数据如表 1-51 所示。

表 1-51 进出装置物料累计量统计

t

项目	开始	终止	差值
加裂富液 195-FIQ-50102	195.8	196.1	0.3
各脱硫富液 195-FIQ-60102	259.2	269.0	-0.2
氢气 195-FIQ-10701	5272702	5280020	7318
制硫空气 195-FIQ-10309	9530	9438	-92
F-2001 空气 195-FIC-11202	4980	4900	-80
烟囱烟气 AI-10703H1	30390683	32258153	1867470
急冷水外放 195-FIQ-10902	3463	3778	315

4. 主要设备核算表

主要设备分一套硫黄回收装置、二套硫黄回收装置、非加氢型酸性水汽提装置、加氢型酸性水汽提装置、一套溶剂再生装置和二套溶剂再生装置，具体表格如下。

(1) 一套硫黄回收装置

一套硫黄回收装置机泵负荷数据如表 1-52 所示。

表 1-52　一套硫黄回收装置机泵负荷

机泵名称	介质	额定电流/A	额定流量/(t/h)	机泵扬程/m	实际电流/A	功率/kW	出口压力/Pa
P-1001	酸性水	14.9	12	50	0	4.3	
P-1002	酸性水	14.9	12	50	0	4.3	
P-1003	液硫	43.1	20~120	17	23.5	15.6	
P-1004	液硫	30.1	4~39	35	0	8.2	
P-1005	急冷水	83.9	173	50	59.0	32.1	
P-1006	胺液	41.0	59	54	32.7	15.4	
K-1001	空气	52.1	16800Nm^3/h	60kPa	37.7	450	
K-1002	空气	133	8180Nm^3/h	11kPa	111.5	75	

一套硫黄回收装置风机 K-1001 数据测试如表 1-53 所示。

表 1-53　一套硫黄回收装置风机 K-1001 数据测试

	11:00	12:00	15:00	17:00
出口温度 TI-10301/℃	98.7	98.7	99	100.3
入口开度(现场实测)/%	68	68	68	68
出口压力 PI-10301/Pa	53.8	53.9	53.0	52.8
入炉风量 FIQ-10309/(Nm^3/h)	9467	9483	9488	9418

一套硫黄回收装置风机 K-1002 数据测试如表 1-54 所示。

表 1-54　一套硫黄回收装置风机 K-1002 数据测试

	11:00	12:00	15:00	17:00
出口温度(现场实测)/℃	—	—	—	—
入口开度(现场实测)/%	65	65	65	65
出口压力(现场实测)/kPa	10	10	10	10
入炉风量 FIC-11202/(Nm^3/h)	4981	4938	4911	4894

(2) 二套硫黄回收装置

二套硫黄回收装置机泵负荷如表 1-55 所示。

表 1-55　二套硫黄回收装置机泵负荷

机泵名称	介质	额定电流/A	额定流量/(t/h)	机泵扬程/m	实际电流/A	功率/kW	出口压力/Pa
P-2001	液硫	43.1	20~120	17	38	15.6	
P-2002	液硫	30.1	4~39	35	0	8.2	
P-2003	急冷水	83.9	173	50	54	32.1	
P-2004	胺液	41.0	59	54	33	15.4	

二套硫黄回收装置风机 K-2001 数据测试如表 1-56 所示。

表 1-56　二套硫黄回收装置风机 K-2001 数据测试

	11：00	12：00	15：00	17：00
出口温度 TI-20201/℃	98.2	98.3	100.8	101.9
入口开度(现场实测)/%	75	75	75	75
出口压力 PI-20201/kPa	55.7	55.5	55.2	55.0
入炉风量 FIQ-20209/(Nm^3/h)	10112	10118	10246	10119

二套硫黄回收装置风机 K-2002 数据测试如表 1-57 所示。

表 1-57　二套硫黄回收装置风机 K-2002 数据测试

	11：00	12：00	15：00	17：00
出口温度(现场实测)/℃	—	—	—	—
入口开度(现场实测)/%	90	90	90	90
出口压力(现场实测)/kPa	3.5	3.5	3.5	3.5
入炉风量 FIC-21102/(Nm^3/h)	3236	3249	3355	4296

(3) 非加氢型酸性水汽提装置

非加氢型酸性水汽提装置机泵负荷如表 1-58 所示。

表 1-58　非加氢型酸性水汽提装置机泵负荷

机泵名称	介质	额定电流/A	额定流量/(t/h)	电机功率/kW	机泵扬程/m	实际电流/A	功率/kW	出口压力/Pa
P3001	原料水	133	132		90	92.5	48.5	
P3004	污油	14.5	17		106	0	9.4	
P3005	富胺液	35.4	10		60	26.1	12.3	
P3002	净化水	133	132		83	81.0	44.1	
P3003	酸性水	38.4	9		68	19.5	13.6	
EA-3002	净化水	57.6	$30\sim36\times10^4$	30		34.0		
EA-3001	酸性气	57.6	$30\sim36\times10^4$	30		35.1		

(4) 加氢型酸性水汽提装置

加氢型酸性水汽提装置机泵负荷如表 1-59 所示。

表 1-59　加氢型酸性水汽提装置机泵负荷

机泵名称	介质	额定电流/A	额定流量/(t/h)	电机功率/kW	机泵扬程/m	实际电流/A	实际电压/A	功率因数	功率/kW	出口压力/Pa
P4001	原料水	133	132		90	92.1			48.5	
P4004	污油	—	—		—	—			—	
P4005	富胺液		—	—		—	—			—
P4002	净化水	133	132		83	79.0			44.1	
P4003	酸性水	38.4	9		68	21.2			13.6	
EA-4002	净化水	57.6	$30\sim36\times10^4$	30		35.1				
EA-4001	酸性气	57.6	$30\sim36\times10^4$	30		33.2				

(5) 一套溶剂再生装置

一套溶剂再生装置机泵负荷如表1-60所示。

表1-60　一套溶剂再生装置机泵负荷

机泵名称	介质	额定电流/A	额定流量/(t/h)	电机功率/kW	机泵扬程/m	实际电流/A	功率/kW	出口压力/Pa
P-5001	贫胺液	102	420		80	13.2	124.2	
P-5002	富胺液	102	385		30	76.5	40.6	
P-5003	贫胺液	102	385		30	72.7	38	
P-5004	酸性水	22	26		50	16.3	7.86	
P-5005	胺液	7.9	12.5		30	0	5.5	

(6) 二套溶剂再生装置

二套溶剂再生装置机泵负荷如表1-61所示。

表1-61　二套溶剂再生装置机泵负荷

机泵名称	介质	额定电流/A	额定流量/(t/h)	电机功率/kW	机泵扬程/m	实际电流/A	功率/kW	出口压力/Pa
P-6001	贫胺液	102	420		80	12.7	124.2	
P-6002	富胺液	102	385		30	75.7	40.6	
P-6003	贫胺液	102	385		30	72.0	38	
P-6004	酸性水	22	26		50	16.3	7.86	

5. 安全环保数据表

安全环保检测数据包括对当地大气压、气温、风向、风速、空气组成的测定。具体如表1-62~表1-65所示。

表1-62　大气分析表

项目	上午数据	下午数据	项目	上午数据	下午数据
大气压/Pa	92.77	92.6	风向	南	南
环境温度/℃	28.4	36	风速/(m/s)	1.9	1.7

表1-63　空气分析表　%

项目	N_2	O_2	CO_2	其他
空气组成	70	20.89	0.04	

表1-64　噪声的测定　dB

地点	上午11：00~12：00	下午15：00~16：00	地点	上午11：00~12：00	下午15：00~16：00
联合泵区	80.1	79.5	操作室	48.7	48.3
凝结水、除氧水泵区	81.2	82.4	包装机房	79.7	78.5
硫黄泵区	82.1	81.3	一套制硫风机区	80.2	79.3
一套制硫炉区	76.5	80.1	二套制硫风机区	81.3	82.4
二套制硫炉区	74.3	77.3	尾气风机区	82.9	81.2
一套焚烧炉区	76.2	79.2	溶剂再生空冷平台	81.6	80.3
二套焚烧炉区	76.8	78.9			

表 1-65 烟囱烟气的测定

ST100 烟气监测(在线仪)	仪表位号	单位	上午 11：00	下午 16：00	环境检测中心数据
烟气中二氧化硫含量	AI-10703D-1	mg/Nm^3	0	2	0
烟气中氮氧化物含量	AI-10703B-1	mg/Nm^3	45	50	47
烟气中氧气含量	AI-10703C	%	5.2	5.5	5.27
烟气中烟尘含量	AI-10703I-1	mg/Nm^3	6	7	—
烟气排放温度	AI-10703F	℃	200	202	220
烟气排放压力	AI-10703E	Pa	-120	-100	—
烟气排放流速	AI-10703H	m/s	0.60	0.62	—
烟气排放流量	AI-10703H1	m^3/h	38500	42000	—

6. 技术经济数据

全装置能源消耗累计量统计数据如表 1-66 所示。

表 1-66 全装置能源消耗累计量统计

项目	开始	终止	差值
生产水 FI20010/t	4566557	4566752	195
循环水进 FIQ11702/t	1082464	1085356	2892
1.0MPa 蒸汽 FIQ11602/t	1125762	1127365	1603
4.0MPa 蒸汽 FIQ10702/t	202082	202384	302
除盐水 FIQ11601/t	562774	563818	1044
6kV 电(实测)			
电(实测)			
天然气 FIQ-11704/Nm^3	26951155	26966728	15573
凝结水 FIQ-70102/t	4192739	4194871	2132
氮气 FIQ-11604/Nm^3	9093397	9114905	21508
工厂空气 FIQ-11701/Nm^3	528070	528125	55
仪表风 FIQ-11705/Nm^3	8770155	8771944	1789
高压除氧水 FIQ-70104/t	305964	306552	588
低压除氧水 FIQ-70105/t	8612168	8612492	324
氢气 FIQ-10701/Nm^3	5272732	5279988	7256

（五）装置标定风险评估及应对措施

硫黄回收装置在标定期间会因酸性气取样、燃料气取样、富胺液取样、净化水取样、测温和巡检发生中毒、烫伤、火灾和滑跌等风险，管控措施如表 1-67 所示。

表 1-67 风险评价和消减措施

序号	活动过程	危害因素	削减措施
1	酸性气取样	中毒	正压式呼吸器、报警器、取样规程
2	燃料气取样	中毒、火灾	防毒面具、报警器、取样规程
3	富胺液取样	中毒	防毒面具、报警器、取样规程
4	净化水取样	中毒	防毒面具、报警器、取样规程
5	过程气取样	中毒	防毒面具、报警器、取样规程
6	测温	烫伤	防烫手套
7	巡检	滑跌	注意力集中、劳保着装

二、操作参数与设计参数的对比

该部分对硫黄联合装置标定操作参数中的组成、温度、压力和流量等关键指标与设计值（或模拟值）分装置进行对比，并逐项说明。

1. 主要化验分析数据对比

(1) 一套硫黄回收装置

一套硫黄回收装置过程气采样分析与设计值和模拟值的对比如表1-68所示。

表1-68 过程气采样分析与设计值和模拟值的对比 %(体)

2×50kt/a一套硫黄回收装置过程气分析数据汇总								
项目	日期	分析数据						
清洁酸性气	介质	H_2S	CO_2	甲烷	乙烷	水分	NH_3	H_2
	设计值	92.2327	3.3300	0	0	4.1646	0.2727	0
	标定值	88.47	10.60			0.93		
	模拟值	88.47	10.60			0.93		
含氨酸性气	介质	H_2S	CO_2	甲烷	乙烷	水分	NH_3	H_2
	设计值	35.8201	0	0	0	26.0196	38.1603	0
	标定值	35.8				30.2	34	
	模拟值	35.8				30.2	34	
E-1001出口	介质	H_2S	SO_2	COS	CS_2	CO_2	CO	H_2
	设计值	4.6907	2.3568	0.022871	0	0.5328	0.0356	1.1923
	标定值	4.93	3.55	0.30	0.12	5.17		
	模拟值	4.85	2.32	0.456	0	2.308	0.512	1.032
R1001入口过程气	介质	H_2S	SO_2	COS	CS_2	CO_2	CO	H_2
	设计值	4.7843	2.4040	0.023364	0	0.5431	0.0363	1.2157
	标定值	4.88	3.65	0.21	0.17	5.88		
	模拟值	4.948	2.366	0.465	0	2.352	0.522	1.051
R1001出口过程气	介质	H_2S	SO_2	COS	CS_2	CO_2	CO	H_2
	设计值	1.8481	0.9244	0.000725	0	0.5710	0.0366	1.2260
	标定值	3.12	1.27	0.01	未检出	6.14		
	模拟值	1.864	0.619	0.062	0	2.783	0.527	1.062
R1002入口过程气	介质	H_2S	SO_2	COS	CS_2	CO_2	CO	H_2
	设计值	1.8625	0.9316	0.000731	0	0.5754	0.0369	1.2356
	标定值							
	模拟值	1.878	0.624	0.063	0	2.804	0.531	1.07
R1002出口过程气	介质	H_2S	SO_2	COS	CS_2	CO_2	CO	H_2
	设计值	0.6647	0.3325	0.000733	0	0.5774	0.0370	1.2399
	标定值	1.11	0.41	未检出	未检出	6.92		
	模拟值	0.924	0.134	0.039	0	2.836	0.532	1.073

续表

2×50kt/a 一套硫黄回收装置过程气分析数据汇总								
R1003 入口过程气	介质	H_2S	SO_2	COS	CS_2	CO_2	CO	H_2
	设计值	0.6555	0.3279	0.000723	0	0.5694	0.0365	2.8482
	标定值	1.1	0.28	0.09	未检出	6.3		2.67
	模拟值	0.913	0.133	0.039	0	2.802	0.526	2.433
R1003 出口过程气	介质	H_2S	SO_2	COS	CS_2	CO_2	CO	H_2
	设计值	1.2352	0	0	0	0.6078	0.0011	1.6594
	标定值	1.94	未检出	未检出	未检出	6.72		未检出
	模拟值	1.241	0	0	0	3.366	0.007	2.403
C1002 出口净化气	介质	SO_2	H_2S	COS	CS_2	CO_2	CO	H_2
	设计值		0.0295	0		0.2349		2.4977
	标定值		0.0112	0.0017	未检出	未检出	未检出	未检出
	模拟值		0.03	0	0		0.01	3.576

由表 1-69 可知，一套硫黄回收装置原料气的标定值与设计值和模拟值(模拟软件为硫黄回收装置专用 VMG 模拟软件，比 Aspen 软件有更高的准确性)相比，因标定过程酸性气和过程气均为外委分析，导致清洁酸性气、含氨酸性气、余热锅炉出口、一反出入口的 H_2S 组分分析与设计值相比有一定偏差。但除了 CO_2 含量外，其余组分的偏差均不超过 10%，直到吸收塔出口净化尾气的 H_2S 浓度误差很小，可以证明前序酸性气、余热锅炉出口、一反出入口和二反出入口组成应与设计值和模拟值相差不大，装置处于正常运行状态。

硫黄分析数据与设计值对比如表 1-69 所示。

表 1-69　硫黄分析数据与设计值对比 %

分项	结果	规格	分项	结果	规格
硫	99.9	≥99.5	有机物	0.08	≤0.30
水分	0.16	≤2.0	砷	0.00024	≤0.01
灰分	0.02	≤0.10	铁	0.001	≤0.005
酸度	0.002	≤0.005	外观	片状、呈淡黄色、不含有任何机械杂质	扁球形固体颗粒

由表 1-70 可知，硫黄回收装置的硫黄成品中的硫、水分、灰分、酸度、有机物、砷和铁的质量分数和外观均符合 GB/T 2449.1—2014 中一级品的指标。

(2) 二套硫黄回收装置

二套硫黄回收装置硫黄分析数据与设计值对比如表 1-70 所示。

表 1-70　硫黄分析数据与设计值对比 %(体)

2×50kt/a 二套硫黄回收装置过程气分析数据汇总								
项目	日期	分析数据						
清洁酸性气	介质	H_2S	CO_2	甲烷	乙烷	水分	NH_3	H_2
	设计值	92.2327	3.3300	0	0	4.1646	0.2727	0
	标定值	88.47	10.60			0.93		
	模拟值	88.47	10.60			0.93		

续表

2×50kt/a 二套硫黄回收装置过程气分析数据汇总

含氨酸性气	介质	H_2S	CO_2	甲烷	乙烷	水分	NH_3	H_2
	设计值	35.8201	0	0	0	26.0196	38.1603	0
	标定值	35.8				30.2	34	
	模拟值	35.8				30.2	34	
E-2001 出口	介质	H_2S	SO_2	COS	CS_2	CO_2	CO	H_2
	设计值	4.6907	2.3568	0.022871	0	0.5328	0.0356	1.1923
	标定值	4.79	4.14	0.24	0.19	5.15		
	模拟值	4.85	2.32	0.456	0	2.308	0.512	1.032
R2001 入口过程气	介质	H_2S	SO_2	COS	CS_2	CO_2	CO	H_2
	设计值	4.7843	2.4040	0.023364	0	0.5431	0.0363	1.2157
	标定值	4.88	3.65	0.21	0.17	5.88		
	模拟值	4.948	2.366	0.465	0	2.352	0.522	1.051
R2001 出口过程气	介质	H_2S	SO_2	COS	CS_2	CO_2	CO	H_2
	设计值	1.8481	0.9244	0.000725	0	0.5710	0.0366	1.2260
	标定值	2.63	1.36	未检出	未检出	6.05		
	模拟值	1.864	0.619	0.062	0	2.783	0.527	1.062
R2002 入口过程气	介质	H_2S	SO_2	COS	CS_2	CO_2	CO	H_2
	设计值	1.8625	0.9316	0.000731	0	0.5754	0.0369	1.2356
	标定值							
	模拟值	1.878	0.624	0.063	0	2.804	0.531	1.07
R2002 出口过程气	介质	H_2S	SO_2	COS	CS_2	CO_2	CO	H_2
	设计值	0.6647	0.3325	0.000733	0	0.5774	0.0370	1.2399
	标定值	0.85	0.46	未检出	未检出	6.91		
	模拟值	0.924	0.134	0.039	0	2.836	0.532	1.073
R2003 入口过程气	介质	H_2S	SO_2	COS	CS_2	CO_2	CO	H_2
	设计值	0.6555	0.3279	0.000723	0	0.5694	0.0365	2.8482
	标定值	0.81	0.31	0.08	未检出	6.15		7.46
	模拟值	0.913	0.133	0.039	0	2.802	0.526	2.433
R2003 出口过程气	介质	H_2S	SO_2	COS	CS_2	CO_2	CO	H_2
	设计值	1.2352	0	0	0	0.6078	0.0011	1.6594
	标定值	1.49	未检出	未检出	未检出	6.23		6.26
	模拟值	1.241	0	0	0	3.366	0.007	2.403
C2002 出口净化气	介质	SO_2	H_2S	COS	CS_2	CO_2	CO	H_2
	设计值		0.0295	0		0.2349		2.4977
	标定值	0.00012	0.0111	0.00143	未检出	未检出	未检出	未检出
	模拟值		0.03	0	0		0.01	3.576

由表 1-71 可知，二套硫黄回收装置的原料气的标定值与设计值和模拟值(模拟软件为硫黄回收装置专用 VMG 模拟软件，比 Aspen 软件有更高的准确性)相比，因标定过程酸性气和过程气均为外委分析，导致清洁酸性气、含氨酸性气、余热锅炉出口、一反出入口的 H_2S 组分分析与设计值相比有一定偏差。但除了 CO_2 含量外，其余组分的偏差均不超过 10%，直到吸收塔出口净化尾气的 H_2S 浓度误差很小，可以证明前序酸性气、余热锅炉出口、一反出入口和二反出入口组成应与设计值和模拟值相差不大，装置处于正常运行状态。

(3) 非加氢型酸性水汽提装置

非加氢型酸性水汽提装置酸性水采样结果与设计值对比如表 1-71 所示。

表 1-71　非加氢型酸性水采样结果与设计值对比

项目	油含量/(mg/L)	COD	硫化物/(mg/L)	pH 值(25℃)	氨氮/(mg/L)
原料水 SC-3001	7.01/19.78	1960/2024	672.35/243	8.47/8.42	511/721
平均值	13.395	1992	457.675	8.445	616
设计值	—	—	1004	—	530
偏差原因	—	—	—	—	—
净化水 SC-3002	0.95/1.06	28/506	8.75/8.47	8.67/8.59	0.46/7.92
平均值	1.005	267	8.61	8.63	4.19
设计值	—	—	≤50	6 月 9 日	≤100
偏差原因	—	—	—	—	—

由表 1-71 可知，非加氢装置原料水的硫化物在设计值范围之内，氨氮超过设计值范围，经排查为上游的催化裂化装置带来；净化水中硫化物、pH 值和氨氮均远小于设计值，水质合格。

(4) 加氢型酸性水汽提装置

加氢型酸性水汽提装置酸性水采样结果与设计值对比如表 1-72 所示。

表 1-72　加氢酸性水采样结果与设计值对比

项目	油含量/(mg/L)	COD	硫化物/(mg/L)	pH 值(25℃)	氨氮/(mg/L)
原料水 SC-4001	4.68/12.25	28700/28700	8762/8973	8.51/8.49	8060/7030
平均值	8.465	28700	8867.5	8.5	7545
设计值	—	—	32000	—	17100
偏差原因	—	—	—	—	
净化水 SC-4002	0.69/0.89	4.0/4.0	4.06/4.75	8.33/8.31	0.44/1.74
平均值	0.79	4	4.405	8.32	1.09
设计值	—	—	≤50	6 月 9 日	≤100
偏差原因	—	—	—	—	—

由表 1-72 可知，加氢装置原料水的硫化物和氨氮均在设计值范围之内；净化水中硫化物、pH 值和氨氮均远小于设计值，水质合格。

(5) 一套溶剂再生装置

一套溶剂再生装置采样结果与设计值对比如表 1-73 所示。

表 1-73　一套溶剂再生采样结果与设计值对比

项目	硫化氢/(g/L)	二氧化碳/(g/L)	胺浓度/(g/100mL)	硫化物/(mg/L)	pH 值	氨氮/(mg/L)
一套富液 SC-5001	20.40	—	—	—	—	—
设计值	14.98	—	—	—	—	—
P-5001 出口贫液 SC-5005	0.5	—	32.99	—	—	—
设计值	<1	—	32.99	—	—	—
偏差原因	—	—	—	—	—	—

由表 1-73 可知，一套溶剂的 H_2S 含量超标，经排查为加氢裂化带来；贫胺液中 H_2S+CO_2<1.0g/L，符合贫胺液送出标准。

(6) 二套溶剂再生装置

二套溶剂再生装置采样结果与设计值对比如表 1-74 所示。

表 1-74　二套溶剂再生采样结果与设计值对比

项目	硫化氢/(g/L)	二氧化碳/(g/L)	胺浓度/(g/100mL)	硫化物/(mg/L)	pH 值	氨氮/(mg/L)
二套富液 SC-6001	45.37	—	—	—	—	—
设计值	18.4	—	—	—	—	—
P-5001 出口贫液 SC-6005	0.7	—	35.72	—	—	—
设计值	<1	—	>25	—	—	—
偏差原因	—	—	—	—	—	—

由表 1-74 可知，一套溶剂的 H_2S 含量超标，经排查由上游渣油加氢带来；贫胺液中 H_2S<1.0g/L，符合贫胺液送出标准。

(7) 尾气提标装置

尾气提标装置循环溶液采样结果与设计值对比如表 1-75 所示。

表 1-75　尾气提标循环溶液采样结果与设计值对比

项目	pH	硫代硫酸盐/(g/L)	密度/(g/mL)	单质硫/%(质)	铁离子/(mg/L)	氧化还原电位/mV
上午	8.8	45	1.1	0.8	290	123
下午	8.8	48	1.1	0.9	289	130
平均值	8.8	46.5	1.1	0.85	289.5	126.5
设计值	8~9	≤250	1.1~1.2	0.3~0.5	300 以上	-150 以上
偏差原因	—	—	—	分析方法误差	分析方法误差	—

由表 1-75 可知，尾气提标单元的各项指标除了单质硫，均符合设计值标准，单质硫因分析方法产生误差，实际根据压滤机运行状态，并未超标。

2. 主要操作条件数据表

(1) 一套硫黄回收装置

一套硫黄回收装置实际压力数据与设计数据对比如表 1-76 所示。

表 1-76　实际压力数据与设计数据对比

kPa

地点	11：00	12：00	15：00	17：00	平均值	设计值	偏差原因
V-1001(PIC-10101)	57.3	57.5	57.7	56.5	57.25	60	
V-1002(PIC-10102)	54.5	54.5	54.4	53.8	54.3	60	
F-1001 炉膛(10303)	54.3	54.1	54.1	53.4	53.975	60	
E-1001 出口过程气(现场实测)	41	42	42	42	41.75	50	
E-1002 出口(现场实测)	44	45	45	45	44.75	47	
R-1001 入口(现场实测)	37	37	36	37	36.75	47	现场压力表故障
E-1003 管程入口(现场实测)	仪表坏	仪表坏	仪表坏	仪表坏	—	45	
E-1004 出口(现场实测)	35	35	34	35	34.75	40	
E-1003 壳层出口(现场实测)	39	39	39	39	39	34	
E-1005 入口(现场实测)	34	34	34	34	34	32	
E-1005 出口 PI-10602/MPa	27	27	27	26	26.75	30	
V-1003 出口(现场实测)	27	27	27	27	27	30	
R-1003 出口(现场实测)	22	22	22	22	22	22	
E-1007 出口(现场实测)	28	28	27	28	27.75	20	
C-1001 底-PI-10901	20.17	19.42	20.01	18.71	19.5775	—	
C-1001 顶-PI-10902	18.60	17.99	18.21	17.21	18.0025	—	
C-1002 底-PI-11001	24.12	24.14	24.20	23.79	24.0625	—	
C-1002 顶-PI-11002	17.86	17.38	17.21	16.32	17.1925	—	
F-1002 入口(现场实测)	无	无	无	无	—	10	现场无表
E-1001 顶-PIC-10401	4.463	4.170	4.179	4.151	4.24075	4.2	
氢气进 R-1003(现场实测)/MPa	1.9	1.9	1.9	1.9	1.9	2.0	

一套硫黄回收装置实际温度数据与设计数据对比如表 1-77 所示。

表 1-77　实际温度数据与设计数据对比

℃

地点	11：00	12：00	15：00	17：00	平均值	设计值	偏差原因
F-1001 空气 TI-10301	96.4	98.5	100.0	100.1	98.75	90	
清洁酸性气 TI-10303	76.8	77.5	78.2	70.1	75.65	40	酸性气管线有伴热
含氨酸性气 TI-10302	97.8	98.5	98.9	98.6	98.45	90	酸性气管线有伴热
F-1001 炉头 TI-10304	1355.7	1354.7	1354.7	1353.4	1354.625	1403	
F-1001 炉膛 TXI-10305	1242	1241	1240	1238	1240.25	1403	
F-1001 炉膛 TXI-10306	1347	1344	1343	1342	1344	1403	
F-1001 炉膛 TXI-10307	1270	1270	1271	1258	1267.25	1403	
E-1001 出口过程气 TI-10402	312.9	313.1	313.8	313.1	313.225	350	检修后换热效果较好
E-1002 出口 TI-10602	152.5	152.5	152.7	152.5	152.55	160	
R-1001 入口 TIC-10501	246.9	247.0	247.2	246.7	246.95	265	
E-1003 入口 TI-10505	338.8	339.3	339.3	338.8	339.05	309	催化剂活性较好
E-1004 出口 TI-10506	153.9	153.9	153.8	153.7	153.825	160	

续表

地点	11：00	12：00	15：00	17：00	平均值	设计值	偏差原因
E-1003 出口 TIC-10502	224.0	223.9	223.7	223.7	223.825	220	
E-1005 入口 TI-10601	244.2	244.2	244.2	244.2	244.2	239	
E-1005 出口 TI-10603	151.1	151.1	151.2	151.2	151.15	160	
V-1003 出口(现场实测)	无	无	无	无	—	160	
R-1003 出口 TI-10804	305.4	305.3	305.1	305.8	305.4	326	反应器入口器温度低
E-1007 出口 TI-10803	155.1	155.1	155.1	155.1	155.1	170	加氢反应器出口温度低
R-1001 床层 TI-10503A	327.6	327.6	327.4	326.8	327.35	309	
R-1001 床层 TI-10503B	305.5	305.3	305.2	305.0	305.25	309	
R-1001 床层 TI-10503C	252.6	252.8	252.8	252.2	252.6	309	
R-1001 床层 TI-10504A	345.9	345.9	345.8	345.3	345.725	309	
R-1001 床层 TI-10504B	327.0	327.0	326.8	326.3	326.775	309	
R-1001 床层 TI-10504C	291.0	290.9	290.7	290.4	290.75	309	
R-1002 床层 TI-10507A	247.9	247.5	247.5	247.5	247.6	239	
R-1002 床层 TI-10507B	244.9	244.5	244.5	244.8	244.675	239	
R-1002 床层 TI-10507C	238.8	238.7	238.	238.6	238.525	239	
R-1002 床层 TI-10508A	247.0	246.6	246.6	246.6	246.7	239	
R-1002 床层 TI-10508B	244.9	244.5	244.5	244.8	244.675	239	
R-1002 床层 TI-10508C	240.2	239.9	239.8	239.8	239.925	239	
R-1003 床层 TI-10801A	310.5	311.1	312.1	311.1	311.2	326	
R-1003 床层 TI-10801B	309.4	309.9	310.8	310.1	310.05	326	
R-1003 床层 TI-10801C	297.3	297.1	297.1	297.1	297.15	326	催化剂活性比较好，主要在顶层反应
R-1003 床层 TI-10802A	313.1	314.9	314.7	314.0	314.175	326	
R-1003 床层 TI-10802B	311.8	313.0	313.3	312.8	312.725	326	
R-1003 床层 TI-10802C	304.7	304.6	304.5	304.3	304.525	326	
F-1002 炉头 TIC-11201	573.5	571.2	570.3	575.4	572.6	717	
F-1002 炉膛 TXI-11202	635	635	635	635	635	717	
F-1002 炉膛 TXI-11203	635	635	635	635	635	717	
E-1008 管程入口(现场)	无	无	无	无	—	717	
E-1008 管程出口 TI-10705	420.9	418.8	417.2	418.2	418.775	440	
E-1006 管程入口(现场)	无	无	无	无	—	440	
E-1006 管程出口 TI-10706	67.5	67.1	67.3	70.4	68.075	300	
E-1008 壳程入口 TI-10703	251.4	251.1	250.9	251.2	251.15	253	
E-1008 壳程出口 TI-10704	448.9	447.8	444.6	447.1	447.1	420	
烟囱温度 AI-10703F	220.8	219.3	219.5	222.2	220.45	—	
E-1001 汽包温度 TI-10401	250.0	249.7	250.0	249.6	249.825	253	

一套硫黄回收装置实际流量数据与设计数据对比如表 1-78 所示。

表 1-78　实际流量数据与设计数据对比　　Nm^3/h

项目	11：00	12：00	15：00	17：00	平均值	设计值	偏差原因
清洁酸性气 FICQ-10304	3813	3825	3945	3896	3869.75	5437	
含氨酸性气 FICQ-10301	4022	4038	4054	4104	4054.5	3548	
F-1001 空气 FIQ-10309	9473	9500	9548	9416	9484.25	19400	尾气提标单元导致全程压降显著增高

（2）二套硫黄回收装置

二套硫黄回收装置实际压力数据与设计数据对比如表 1-79 所示。

表 1-79　实际压力数据与设计数据对比　　kPa

地点	11：00	12：00	15：00	17：00	平均值	设计值	偏差原因
V-1001(PIC-10101)	57.3	57.5	57.7	56.5	57.25	60	
V-1002(PIC-10102)	54.5	54.5	54.4	53.8	54.3	60	
F-2001 炉膛(20203)	46.7	48.1	49.3	47.4	47.875	60	
E-2001 出口过程气(现场实测)	表坏	表坏	表坏	表坏	—	50	
E-2002 出口(现场实测)	40	41	41	41	40.75	47	
R-2001 入口(现场实测)	37	37	37	37	37	47	
E-2003 管程入口(现场实测)	48	48	47	48	47.75	45	
E-2004 出口(现场实测)	31	31	31	31	31	40	
E-2003 壳层出口(现场实测)	29	29	29	29	29	34	
E-2005 入口(现场实测)	40	40	40	40	40	32	
E-2005 出口 PI-20502	31	31	31	30	30.75	30	
V-2001 出口(现场实测)	30	30	30	30	30	30	
R-2003 出口(现场实测)	28	28	27	28	27.75	22	
E-2007 出口(现场实测)	35	35	34	35	34.75	20	压力表故障
C-2001 底-PI-20801	19.21	19.30	19.91	18.40	19.205	18	
C-2001 顶-PI-20802	17.87	18.01	18.49	17.06	17.8575	15	
C-2002 底-PI-20901	18.83	18.85	18.78	18.03	18.6225	15	
C-2002 顶-PI-20902	18.05	18.24	18.78	17.29	18.09	9	后路压降高
F-2002 入口(现场实测)	无	—	—	—	—		
E-2001 顶-PIC-20301(MPa)	1.339	1.403	1.409	1.404	1.38875	4.2	改产 1.2MPa 蒸汽蒸汽改走保护蒸汽线
4.0MPa 系统-PI-20602	3.934	3.945	3.965	3.947	3.94775	4.0	
(因改产 1.2MPa 下方为真实值)	0.285	0.283	0.283	0.282	0.28325		
瓦斯压力 PIC-11701/(MPa)	0.434	0.434	0.434	0.434	0.434	0.4	
氢气进 R-2003(现场实测 MPa)	1.9	1.9	1.9	1.9	1.9	2.0	

二套硫黄回收装置实际温度数据与设计数据对比如表 1-80 所示。

表 1-80　实际温度数据与设计数据对比　　℃

地点	11：00	12：00	15：00	17：00	平均值	设计值	偏差原因
F-2001 空气 TI-20201	96.4	96.8	101.0	102.0	99.05	90	
清洁酸性气 TI-20203	75.9	75.9	77.4	68.9	74.525	40	酸性气有蒸汽伴热
含氨酸性气 TI-20202	97.9	98.5	99.6	99.3	98.825	90	酸性气有蒸汽伴热

续表

地点	11：00	12：00	15：00	17：00	平均值	设计值	偏差原因
F-2001 炉头 TI-20204	1352.0	1354.0	1354.0	1354.0	1353.5	1403	
F-2001 炉膛 TXI-20205	1206	1206	1205	1201	1204.5	1403	
F-2001 炉膛 TXI-20206	1384	1383	1380	1380	1381.75	1403	
F-2001 炉膛 TXI-20207	1175	1174	1170	1169	1172	1403	刚玉热电偶故障
E-2001 出口过程气 TI-20302	279.3	280.1	280.2	279.6	279.8	350	
E-2002 出口 TI-20502	151.9	151.9	151.9	151.9	151.9	160	
R-2001 入口 TIC-20401	245.0	245.0	244.8	245.0	244.95	265	
E-2003 入口 TI-20405	330.8	330.7	330.8	330.7	330.75	309	
E-2004 出口 TI-20406	152.8	152.8	152.8	152.8	152.8	160	
E-2003 出口 TIC-20402	225.6	225.4	225.4	225.3	225.425	220	
E-2005 入口 TI-20501	240.9	240.9	240.9	240.7	240.85	239	
E-2005 出口 TI-20503	152.5	152.5	152.6	152.6	152.55	160	
V-2001 出口(现场实测)	—	—	—	—	—	160	
R-2003 出口 TI-20704	292.7	292.9	294.0	295.2	293.7	326	
E-2007 出口 TI-20703	153.5	153.5	153.7	153.6	153.575	170	
R-2001 床层 TI-20403A	333.4	333.3	333.0	332.8	333.125	309	
R-2001 床层 TI-20403B	311.6	311.6	311.4	311.6	311.55	309	
R-2001 床层 TI-20403C	269.4	269.1	269.1	269.0	269.15	309	催化剂活性比较好，主要在顶层反应
R-2001 床层 TI-20404A	331.4	331.3	331.0	330.7	331.1	309	
R-2001 床层 TI-20404B	311.2	311.2	311.2	311.2	311.2	309	
R-2001 床层 TI-20404C	268.7	268.6	268.5	268.6	268.6	309	
R-2002 床层 TI-20407A	246.2	246.1	246.1	246.0	246.1	239	
R-2002 床层 TI-20407B	242.9	242.7	242.7	242.6	242.725	239	
R-2002 床层 TI-20407C	234.7	234.7	234.5	234.3	234.55	239	
R-2002 床层 TI-20408A	219.5	219.5	220.0	219.8	219.7	239	
R-2002 床层 TI-20408B	218.7	218.9	220.0	218.9	219.125	239	
R-2002 床层 TI-20408C	220.3	220.5	220.5	220.5	220.45	239	
R-2003 床层 TI-20701A	297.1	297.1	298.3	301.5	298.5	326	E2006 漏 R2003 入口温度提不起来
R-2003 床层 TI-20701B	289.0	288.8	285.7	292.5	289	326	E2006 漏 R2003 入口温度提不起来
R-2003 床层 TI-20701C	262.6	260.1	254.0	264.2	260.225	326	E2006 漏 R2003 入口温度提不起来
R-2003 床层 TI-20702A	299.7	300.0	302.0	304.0	301.425	326	E2006 漏 R2003 入口温度提不起来
R-2003 床层 TI-20702B	297.2	298.0	298.3	301.4	298.725	326	E2006 漏 R2003 入口温度提不起来
R-2003 床层 TI-20702C	281.9	281.8	280.2	284.5	282.1	326	E2006 漏 R2003 入口温度提不起来
F-2002 炉头 TIC-21101	456.1	459.1	460.3	410.5	446.5	717	E2006 漏停用
F-2002 炉膛 TXI-21102	491	499	503	479	493	717	E2006 漏停用
F-2002 炉膛 TXI-21103	491	499	503	479	493	717	E2006 漏停用
E-2008 管程入口(现场)	无	—	—	—	—	—717	
E-2008 管程出口 TI-20605	491.6	493.5	494.2	482.0	490.325	440	改产 1.2MPa 后 E2008 取热少
E-2006 管程入口(现场)	无	—	—	—	—	440	
E-2006 管程出口 TI-20606	412.9	412.9	412.9	412.9	412.9	300	改产 1.2MPa 后 E2008 取热少
E-2008 壳程入口 TI-20603	192.7	193.8	194.2	193.1	193.45	253	E2006 漏停用
E-2008 壳程出口 TI-20604	30	30	30	30	30	420	蒸汽改走保护蒸汽线
烟囱温度 AI-10703F	215.5	219.9	220.0	222.2	219.4		
E-2001 汽包温度 TI-20301	197.9	193.8	194.2	193.1	194.75	253	改产 1.2MPa 蒸汽

二套硫黄回收装置实际流量与设计数据的对比如表1-81所示。

表1-81　实际流量与设计数据的对比 　Nm³/h

项目	11：00	12：00	15：00	17：00	平均值	设计值	偏差原因
清洁酸性气 FICQ-20204	4802	4811	4891	4810	4828.5	—	—
含氨酸性气 FICQ-20201	3497	3423	3438	3403	3440.25	3548	—
F-2001 空气 FIQ-20209	10021	10110	10243	10335	10177.25	19400	尾气提标单元导致全程压降显著增高

（3）非加氢型酸性水汽提装置

非加氢型酸性水汽提装置实际压力与设计数据的对比如表1-82所示。

表1-82　实际压力与设计数据的对比

项目	11：00	12：00	15：00	17：00	平均值	设计值	偏差原因
V-3001 顶 PI-30101/MPa	0.055	0.055	0.055	0.055	0.055	0.12	
T-3001A-PI-30201/kPa	0.63	0.63	0.60	0.52	0.595	2.5	
T-3001B-PI-30202/kPa	0.52	0.52	0.48	0.41	0.4825	2.5	
C-3001 顶 PI-30401/MPa	0.120	0.122	0.122	0.121	0.12125	0.15	
C-3001 底 PI-30402/MPa	0.146	0.147	0.147	0.145	0.14625	0.17	
C-3001 顶(现场实测)/MPa	无	—	—	—	—	0.15	
原料水进(现场实测)/MPa	0.25	0.25	0.25	0.25	0.25	0.6	
V-3004(现场实测)/MPa	0.8	0.8	0.8	0.8	0.8	1.2	

非加氢型酸性水汽提装置实际温度与设计数据对比表1-83所示。

表1-83　实际温度与设计数据对比 　℃

地点	11：00	12：00	15：00	17：00	平均值	设计值	偏差原因
T-3001A(现场实测)	—	—	—	—	—	40	
T-3001B(现场实测)	—	—	—	—	—	40	
C3003A/B-TI30601/2/3/4	28.1	28.1	27.8	27.8	28.075	—	
	41.6	41.6	44.0	46.3	43.375	—	
	28.6	28.6	28.7	29.5	28.85		
	42.9	42.9	45.0	46.3	44.275		
E3001 管程出 TI-30302	73.2	73.1	73.2	73.2	73.175	71	
EA3002 出 TI-30301	54.8	55.0	56.1	57.1	55.75	40	
C-3001 进 TI-30403	90.1	90.1	90.3	90.4	90.225	100	
C-3001 底出 TI-30407	126.2	126.3	126.4	126.3	126.3	129.3	

非加氢型酸性水汽提装置实际流量与设计数据对比如表1-84所示。

表1-84 实际流量与设计数据对比 t/h

项目	11：00	12：00	15：00	17：00	平均值	设计值	偏差原因
原料水进 FQ-30101	122.5	123.0	128.8	122.3	124.15	120	
P-3001 出口 FQ-30201	103.2	103.3	103.3	104.0	103.45	120	
净化水出 FQ-30301	105.5	105.0	104.7	105.0	105.05	119.782	
V-3005 回流 FC-30602	9.83	9.80	8.71	9.25	9.3975	7.608	
V-3005 酸性气-FQ-30501	0	0	0	0	0	0.217	测量仪表误差
E-3003 蒸汽-FC-30401	15.49	15.40	14.66	14.75	15.075	13.911	

(4) 加氢型酸性水汽提装置

加氢型酸性水汽提装置实际压力与设计数据对比如表1-85所示。

表1-85 实际压力与设计数据对比 kPa

项目	11：00	12：00	15：00	17：00	平均值	设计值	偏差原因
V-4001 顶 PI-40101/kPa	0.055	0.055	0.055	0.055	0.055	0.12	
T-4001A-PI-40201/kPa	0.90	0.90	0.62	0.66	0.77	1	
T-4001B-PI-40202/kPa	1.72	1.70	1.24	1.28	1.485	1	
V-4005 顶(现场实测)/MPa	0.18	0.18	0.18	0.18	0.18	0.12	
C-4001 顶 PI-40401/MPa	0.125	0.125	0.126	0.125	0.12525	0.15	
C-4001 底 PI-40402/MPa	0.147	0.147	0.148	0.147	0.14725	0.17	
C-4001 顶(现场实测)/MPa	0.122	0.121	0.122	0.122	0.12175	0.15	
原料水进(现场实测)/MPa	0.25	0.25	0.25	0.25	0.25	0.6	
V-4004(现场实测)/MPa	0.5	0.5	0.5	0.5	0.5	1.2	

加氢型酸性水汽提装置实际温度与设计数据对比如表1-86所示。

表1-86 实际温度与设计数据对比 ℃

地点	11：00	12：00	15：00	17：00	平均值	设计值	偏差原因
原料水进(现场实测)	50	50	50	50	50	50	
T-4001A(现场实测)	—	—	—	—	—	40	
T-4001B(现场实测)	—	—	—	—	—	40	
E4001 壳程出 TI-40302	80.9	81	81	81.1	81	71	
EA4002 出 TI-40301	59.3	60	60.8	61.1	60.3	40	
C-4001 进 TI-40403	82.4	82.4	82	81.8	82.15	100	
C-4001 底出 TI-40407	126.8	126.8	126.9	126.8	126.825	129.3	

加氢型酸性水汽提装置实际流量与设计数据对比如表1-87所示。

表1-87　实际流量与设计数据对比　t/h

项目	11：00	12：00	15：00	17：00	平均值	设计值	偏差原因
原料水进 FQ-40101	0	0	0	0	0	120	表坏
P-4001 出口 FQ-40201	100.5	103.2	102	104	102.425	120	
净化水出 FQ-40301	99.3	99.1	98.9	99	99.075	112.773	
V-4005 回流 FC-40602	6.58	6.38	5.86	5.99	6.2025	10.189	
V-4005 酸性气-FQ-40501	2.722	2.726	2.765	2.728	2.735	7.226	根据负荷
E-4003 蒸汽-FC-40401	14.25	14.01	13.56	13.85	13.9175	18.651	

（5）一套溶剂再生装置

一套溶剂再生装置实际压力与设计数据对比如表1-88所示。

表1-88　实际压力与设计数据对比　kPa

地点	11：00	12：00	15：00	17：00	平均值	设计值	偏差原因
V-5001 顶压 PI-50201/MPa	0.005	0.005	0.005	0.005	0.005	0.2	
V-5001A 顶压 PI-50201A/MPa	0.017	0.017	0.017	0.018	0.01725	0.2	
V-5002 顶压(现场实测)/MPa	表坏	—	—	—	—	0.07	
V-5003 顶压(现场实测)/MPa	0.22	0.22	0.22	0.22	0.22	—	
C-5001 顶压-PI-50301/MPa	0.102	0.102	0.111	0.106	0.10525	0.093	上游带油
C-5001 底压(现场实测)/Pa	无	—	—	—	—	0.11	
C-5001 蒸汽(现场实测)/Pa	无	—	—	—	—	0.35	

一套溶剂再生装置实际温度与设计数据对比如表1-89所示。

表1-89　实际温度与设计数据对比　℃

地点	11：00	12：00	15：00	17：00	平均值	设计值	偏差原因
V5001 顶贫液 TI-50201	51.3	53	53.2	53.6	52.775	55	
V5001A 顶贫液 TI-50201A	51.8	51.8	53.5	53.4	52.625	55	
P-5001 贫液-TI-50501	54.1	54.1	56.3	56	55.125	55	
E5001 富液进-TI-50101	46	46.1	47.8	48.5	47.1	55	上游来料温度低
E5001 富液出-TI-50102	56.9	57	58.7	59	57.9	65	上游来料温度低
E5001 贫液进(现场实测)	81	80	81	81	80.75	97	上游来料温度低
E5001 贫液出-TI-50103	72.5	72.5	73.8	73.9	73.175	82	上游来料温度低
E5002 富液进-TI-50601	56.4	56.5	58.5	58.8	57.55	65	上游来料温度低
E5002 富液出-TI-50302	96.1	96.2	97.2	97.1	96.65	97	
E5002 贫液进(现场实测)	122	122	122	122	122	122.8	
E5002 贫液出-TI-50602	83	83.1	84.2	84.4	83.675	97	
E5004 壳程进-TI-50401	53.6	53.7	59.1	61.3	56.925	50	
E5004 壳程出-TI50402	54.8	54.9	60.2	61.3	57.8	40	

续表

地点	11：00	12：00	15：00	17：00	平均值	设计值	偏差原因
E5004 管程进(现场实测)	31	32	32	32	31.75	—	
E5004 管程出(现场实测)	31	32	32	32	31.75	—	
EA5001 贫液进-TI-50103	72.6	72.8	73.8	74.2	73.35	82	
EA5001 贫液出-TI-50104	55.5	55.7	57.1	56.9	56.3	55	
C-5001 底部-TI-50308	121.3	121.3	122.2	121.8	121.65	122.8	
C-5001 顶部-TIC-50301	106.9	107.8	109.3	108.8	108.2	115.3	
E-5002 入口-TIC-50303	109.2	110.1	111.5	110.7	110.375	115.3	
E-5002 出口-TI-50401	53.7	58	58.3	61.3	57.825	50	
系统蒸汽 TIC-50901	77.3	77.1	77.5	77	77.225	147	M5001A 暂时停用
系统蒸汽 TIC-50902	153.9	154.1	155.1	155.2	154.575	147	
系统蒸汽 TIC-50903	155	155.3	154.7	155.3	155.075	147	

一套溶剂再生装置实际流量与设计数据对比如表 1-90 所示。

表 1-90 实际流量与设计数据对比 t/h

项目	11：00	12：00	15：00	17：00	平均值	设计值	偏差原因
加氢裂化富液 FIQ-50102	210.5	207.3	178.7	174.1	192.65	252.0	加裂负荷低
硫黄富液 FIQ-50101	98.9	99.1	99.7	98.9	99.15	121.1	
V-5001 顶贫液 FI-FIC50201	3	3	3	3	3	5	
V-5001A 顶贫液 FI-FIC50201A	3	3	3	3	3	—	
进 T-5001 贫液(现场实测)	无	—	—	—	—	367.308	
P-5004 回流 FIQ-50401	12.5	12.38	10.82	11.99	11.9225	25.864	
进装置 1.0MPa 蒸汽 FIQ-11602	68.6	68	67.2	65.1	67.225	—	
E5003A 低压蒸汽 FIC-50302	21.34	21.3	21.19	21.08	21.2275	24.617	
E5003B 低压蒸汽 FIC-50301	21.19	21.08	21.06	20.89	21.055	24.617	
V-5002 酸性气 FIQ-50402	4.003	4.038	4.742	4.472	4.314	5.792	

(6) 二套溶剂再生装置

二套溶剂再生装置实际压力与设计数据对比如表 1-91 所示。

表 1-91 实际压力与设计数据对比 kPa

地点	11：00	12：00	15：00	17：00	平均值	设计值	偏差原因
V-6001 顶压-PI-60201/MPa	0.005	0.005	0.005	0.005	0.005	0.2	
V-6001A 顶压-PI-60201A/MPa	0.010	0.010	0.010	0.010	0.01	—	
V-6002 顶压(现场实测)/MPa	0.08	0.08	0.08	0.08	0.08	—	
V-6003 顶压(现场实测)/MPa	0.22	0.23	0.23	0.23	0.2275	—	
C-6001 顶压-PI-60301/MPa	0.105	0.105	0.105	0.105	0.105	0.093	
C-6001 底压(现场实测)/Pa	—	—	—	—	—	0.11	
C-6001 蒸汽(现场实测)/Pa	—	—	—	—	—	0.35	

二套溶剂再生装置实际温度与设计数据对比如表 1-92 所示。

表 1-92　实际温度与设计数据对比　℃

地点	11：00	12：00	15：00	17：00	平均值	设计值	偏差原因
V6001 顶贫液 TI-60201	53.5	54.0	56.1	56.5	55.025	55	
V6001A 顶贫液 TI-60201A	51.9	52.0	55.1	55.3	53.575	—	
P-6001 贫液-TI-60501	55.0	55.5	57.4	58.3	56.55	55	
E6001 富液进-TI-60101	51.6	51.8	54.1	54.7	53.05	55	
E6001 富液出-TI-60102	64.5	64.8	66.9	67.1	65.825	65	
E6001 贫液进(现场实测)	65	65	65	65	65	92	上游来料温度低
E6001 贫液出-TI-60103	76.9	77.0	78.5	78.5	77.725	82	上游来料温度低
E6002 富液进-TI60601	51.6	57.1	65.2	65.9	59.95	65	上游来料温度低
E6002 富液出-TI-60302	100.6	100.1	100.3	100.4	100.35	97	
E6002 贫液进(现场实测)	表坏	—	—	—	—	122.8	
E6002 贫液出-TI-60602	89.8	89.6	91.0	90.0	90.1	82	
E6004 壳程进-TI-60401	55.0	53.8	53.1	51.7	53.4	50	
E6004 壳程出-TI60402	53.7	53.5	53.3	51.8	53.075	40	
E6004 管程进(现场实测)	31	31	31	31	31	—	
E6004 管程出(现场实测)	31	31	31	31	31	—	
EA6001 贫液进-TI-60103	76.9	77.0	78.6	78.5	77.75	82	
EA6001 贫液出-TI-60104	55.3	56.3	57.8	57.3	56.675	55	
C-6001 底部-TI-60308	126.2	126.1	126.0	126.0	126.075	122.8	
C-6001 顶部-TIC-60301	114.1	114.0	114.0	113.5	113.9	114.3	
EA-6002 入口-TIC-60303	113.8	113.8	113.6	113.2	113.6	114.3	
EA-6002 出口-TI-60401	55.8	55.3	53.1	51.7	53.975	50	
系统蒸汽 TIC-50901	77	77	80	78	78	147	M5001A 暂停使用
系统蒸汽 TIC-50902	153.9	155.1	155.7	155.4	155.025	147	
系统蒸汽 TIC-50903	155.0	154.3	154.9	155.2	154.85	147	

二套溶剂再生装置实际流量与设计数据对比，如表 1-93 所示。

表 1-93　实际流量与设计数据对比　t/h

项目	11：00	12：00	15：00	17：00	平均值	设计值	偏差原因
各脱硫富液 FIQ-60102	262.3	259.1	256.4	262.3	260.025	275.536	
汽提来富液 FIQ-60101	13.33	13.34	13.34	13.32	13.3325	20.0	
V-6001 顶贫液 FI-FIC60201	10.05	10.02	10.02	9.98	10.0175	5.0	
V-6001A 顶贫液 FI-FIC60201A	9.9	10.0	9.9	10.0	9.95	—	
进 T-6001 贫液(现场实测)	无	—	—	—	—	270.264	
P-6004 回流 FIQ-60401	14.01	14.00	13.43	12.28	13.43	—	
进装置 1.0MPa 蒸汽 FIQ-11602	68.9	68.3	67.3	65.3	67.45	—	

续表

项目	11：00	12：00	15：00	17：00	平均值	设计值	偏差原因
E6003A 低压蒸汽 FIC-60302	14.45	14.03	13.81	12.92	13.8025	18.802	
E6003B 低压蒸汽 FIC-60301	14.48	14.11	13.81	12.92	13.83	18.802	
V-6002 酸性气 FIQ-60402	3.274	3.281	3.348	3.108	3.253	5.272	
M5001A 低压除氧水 FIC-50901	0	0	0	0	0	—	停用
M5001B 低压除氧水 FIC-50903	2.41	2.41	2.41	2.33	2.39	—	
M5001C 低压除氧水 FIC-50905	1.85	1.80	1.77	1.61	1.7575	—	
M5001A 中压蒸汽 FIC-50902	0	0	0	0	0	—	
M5001B 中压蒸汽 FIC-50904	14.8	14.4	14.4	14.3	14.475	—	
M5001C 中压蒸汽 FIC-50906	36.6	36.6	34.9	33.4	35.375	—	

（7）尾气提标装置

尾气提标装置压力数据，如表 1-94 所示。

表 1-94　压力数据　　kPa

地点	11：00	12：00	15：00	17：00	平均值	设计值	偏差原因
氧化反应器上层压力 PT80401	10.1	10.5	10.5	10.3	10.35		
氧化反应器中层压力 PT80402	12.8	12.6	12.3	12.6	12.575		
氧化反应器下层压力 PT80403	14.1	14.5	14.1	14.3	14.25		
水封罐出口压力 PT80702	2.8	2.9	2.8	2.8	2.825		

尾气提标装置温度数据如表 1-95 所示。

表 1-95　温度数据　　℃

地点	11：00	12：00	15：00	17：00	平均值	设计值	偏差原因
氧化反应器内部温度 TI80401A	42	42	42	42	42	50	
氧化反应器内部温度 TI80401B	42.5	42.5	42.5	42.5	42.5	50	
氧化反应器内部温度 TI80401C	44	44	44	44	44	50	
氧化反应器内部温度 TI80401D	45	45	45	45	45	50	
水封罐出口温度 TI80701	47	47	47	47	47	45	
循环溶液热流温度 TI80502	50	50	50	50	50	53.5	
循环溶液冷流温度 TI80501	42	42	42	42	42	50	

尾气提标装置流量数据如表 1-96 所示。

表 1-96　流量数据

项目	11：00	12：00	15：00	17：00	平均值	设计值	偏差原因
循环溶液量 FI80502/(t/h)	220	220	220	210	217.5	345.0	E8002 管束结垢
水封罐出口至一套 LI80701A/(Nm^3/h)	11000	10800	10750	10810	10850		
水封罐出口至二套 LI80701B/(Nm^3/h)	10500	10800	10980	10890	10792.5		

三、存在问题的技术分析

（一）装置标定结论与分析

装置总体运行情况如表 1-97 所示。从表中可以看出，装置 SO_2 加氢率和加氢段有机硫水解率等指标均较为理想，装置总硫收率均达到 99.96%。一套硫黄和二套硫黄在克劳斯段的收率差别较大，可能是由于酸气浓度取值不合理造成，也有可能是二反出口分析数据不准确造成。

表 1-97　装置性能计算 %

指标	装置 1	装置 2
克劳斯段收率（酸性气至二反出口）	93.1	96.3
SO_2 加氢率	99.96	100
加氢段有机硫水解率	99.3	99.1
总硫收率（酸性气至吸收塔出口）	99.98	99.98

在取样及分析过程中发现如下问题，可在后续工作中加以改进和优化：

1）酸性气取样钢瓶取样量较少且难以在钢瓶中取出，建议下次标定前对钢瓶取样器进行优化或改用其他取样方式。

2）部分取样口堵塞导致无法取样。

3）取样和分析间隔过长，建议在条件具备的情况下尽可能在现场完成分析工作，以降低数据误差。

4）R1003 入口 H_2 浓度偏低，导致 SO_2 加氢不完全。R2003 入口 H_2 浓度较高，加氢过程中有 CH_3SH 和 C_2H_5SH 产生，CH_3SH 和 C_2H_5SH 产生的原因有待进一步分析。

产品质量：硫黄联合装置主要有成品硫黄、净化水和贫胺液。由检测数据可知，1 套和 2 套硫黄成品中硫、水分、灰分、酸度、有机物、砷及铁的质量分数和外观均达到公司级质量控制指标；非加氢汽提净化水和加氢汽提净化水中的油含量、COD、硫化物、pH 和氨氮均达到公司级质量控制指标；1 套溶剂再生和 2 套溶剂再生贫胺液中的 H_2S、胺浓度和硫化物等均达到公司级质量控制指标，综上所述，产品质量合格率为 100%。

物料消耗：硫黄联合装置总物料为加氢系统酸性水、非加氢系统酸性水、加氢装置富胺液、非加氢装置富胺液、氢气、制硫炉空气、焚烧炉空气和外排烟气等指标，各种物料消耗均在设计范围之内。

能量消耗：硫黄联合装置能耗由天然气、除盐水、电耗、4.0MPa 蒸汽、1.2MPa 蒸汽和蒸汽凝液等因素构成，经过核算，在正常运行状况下，硫黄联合装置综合能耗 < 1000kgEO/t，优于公司质量指标 1100kgEO/t，并且在大负荷状况下，还有减少能耗的空间。

安全环保指标：硫黄联合装置安全环保指标由大气分析、空气分析、噪音测量和外排烟气质量组成，大气、空气、噪声和外排烟气指标均在国标允许范围之内，安全受控。

关键设备性能情况：硫黄联合装置关键设备由机泵和风机组成，机泵的电流、电压、扬程和功率等主要参数均符合机泵正常运行要求，风机的入口风量和开度、出口温度和压力均符合风机正常运行要求，设备运转一切正常。

固定床催化剂性能评价：因生产检测部无法测量清洁酸性气中 H_2S 浓度，故无法直观计算出 S 转化率，但是可以通过床层温度梯度变化表征催化剂性能，由结果可知，固定床第一反应器、第二反应器和加氢反应器出入口温度均在公司级控制指标之内，温度梯度理想、化学反应动力学正常，说明固定床催化剂性能达到预期。

（二）装置改进建议

为符合 GB 31570—2015《石油炼制工业排放物标准》中对硫黄回收外排烟气中 SO_2 的排放标准，硫黄装置于 2017 年 7 月对新建尾气提标单元进行运行，结果可知 SO_2 排放大幅度下降，符合国标标准。但是制硫系统整体压降增加 10~20kPa，严重制约了制硫炉酸性气进料量，导致硫黄装置大负荷生产受限制，现已到达满负荷生产。为满足公司大负荷生产和原油中 S 含量大幅度上升的状况，硫黄装置技术改造迫在眉睫，现已将《硫黄装置适应新改造项目》提上议程，加速该项目进程为今后工作的重心之一。

第二部分　工艺流程

一、描述流程

（一）第一套硫黄回收装置

溶剂再生装置来的清洁酸性气经清洁酸性气分液罐（195-V-1001），将酸性气中所带凝液分离；酸性水汽提装置来的含氨酸性气经含氨酸性气分液罐（195-V-1002），将酸性气中所带凝液分离；然后一起进入制硫燃烧炉（195-F-1001）的火嘴；在炉内，根据制硫反应需氧量，通过比值调节严格控制进炉空气量，经燃烧将酸性气中的氨和烃类等有机物全部分解，氨的分解温度在 1250~1300℃。为了防止酸性气组成变化时炉温低于此值，设计了部分分流流程，可以根据炉膛温度的变化，将一部分清洁酸性气分流到炉膛中部，使前部炉膛温度上升，保证 NH_3完全分解为 N_2，避免不完全分解出现 NO_x 铵盐堵塞；炉内约 65%（体）的 H_2S 进行高温克劳斯反应转化为硫，余下的 H_2S 中有 1/3 转化为 SO_2，燃烧时所需空气由制硫炉鼓风机（195-K-1001A/B）供给。制硫燃烧炉（195-F-1001）的配风量是关键，为此，在制硫尾气管道上安装了一台 H_2S 与 SO_2 在线比值分析仪（195-AT-1001），随机分析尾气中 H_2S 与 SO_2 比率，并通过反馈信号调节供风管道上的微调阀，使过程气中的 H_2S/SO_2 比率始终趋近 2：1，从而获得最高的 Claus 转化率。

自（195-F-1001）排出的高温过程气（约 1403℃），小部分通过高温掺合阀调节一级转化器（195-R-1001）的入口温度，其余部分进入制硫余热锅炉（195-E-1001），用于热发生 4.0MPa 饱和蒸汽输至蒸汽过热器（195-E-1008）过热至 420℃并网；过程气温度降至 350℃进入一级冷凝冷却器（195-E-1002）冷至 160℃，在 195-E-1002 管程出口，冷凝下来的液体硫黄与过程气分离，自底部流出进入硫封罐（195-V-1001A）。一级冷凝冷却器（195-E-1002）管程出口 160℃的过程气，通过高温掺合阀与 1091℃的高温过程气混合后，温度达到 263℃进入一级转化器（195-R-1001），在催化剂的作用下，过程气中的 H_2S 和 SO_2 转化为元素硫。反应后的气体温度为 308℃，进入过程气换热器（195-E-1003）管程与二级冷凝冷却器（195-E-1004）出口的低温过程气换热，温度降至 263℃进入二级冷凝冷却器（195-E-1004）；过程气冷却至 160℃，195-E-1004 冷凝下来的液体硫黄，在管程出口与过程气分离，自底部流出进入硫封罐（195-V-1001B）。分离后的过程气再返回过程气换热器（195-E-1003）壳程，加热至 220℃进入二级转化器（195-R-1002）。在催化剂作用下，过程气中剩余的 H_2S 和 SO_2 进一步转化为元素硫。反应后的过程气进入三级冷凝冷却器（195-E-

1005)，温度从243℃被冷却至160℃。195-E-1005冷凝下来的液体硫黄，在管程出口与过程气分离，自底部流出进入硫封罐(195-V-1001C)。顶部出来的制硫尾气经尾气分液罐(195-V-1003)分液后进入尾气处理部分。

一、三级冷凝冷却器(共用一个壳体)、二级冷凝冷却器的余热均通过0.4MPa饱和蒸汽加以回收，产生的饱和蒸汽一部分作为硫黄回收及尾气处理部分的设备、管道伴热(约2.0t/h)，剩余部分送至本装置溶剂再生装置作为溶剂再生热源。汇入硫封罐的液硫进入液硫池(195-TK-1001)，经注入喹啉和氮气，用液硫脱气泵(195-P-1003A/B)循环脱气处理，液硫中的有毒气体被脱出至气相，用液硫脱气抽空器的中压蒸汽作动力，送至尾气焚烧炉(195-F-1002)焚烧。脱气后的液硫用液硫提升泵(195-P-1004A/B)送至硫黄成型机(195-A-1001A~D)造粒成型；再送至称重码垛机(195-W-1001A/B)称重、包装为50kg/袋，码垛为1t/托盘的产品硫黄，用防爆叉车(195-HE-1001A/B)码放在产品库棚内，供火车运输出厂。

尾气分液罐(195-V-1003)出口的制硫尾气先进入尾气加热器(195-E-1006)，与蒸汽过热器(195-E-1008)出口的高温烟气换热，温度升到300℃，混氢后进入加氢反应器(195-R-1003)，在尾气加氢催化剂的作用下进行加氢、水解反应，使尾气中的SO_2、S_2、COS、CS_2还原水解为H_2S。

进入加氢反应器(195-R-1003)的H_2气量是根据尾气急冷塔(195-C-1001)后的在线氢分析仪给出的H_2浓度信号进行调节的。反应后的高温气体约326℃，进入蒸汽发生器(195-E-1007)发生0.4MPa饱和蒸汽，尾气温度降至170℃进入尾气急冷塔(195-C-1001)下部，与急冷水逆流接触、水洗冷却至40℃。尾气急冷塔使用的急冷水，用急冷水循环泵(195-P-1005A/B)自195-C-1001底部抽出，经急冷水冷却器(195-E-1009)冷却至40℃后，返195-C-1001循环使用。因为温度降低凝析下来的不平衡急冷水通过塔底液位调节阀送至酸性水汽提装置处理。防止设备腐蚀，需在急冷水中注入NH_3，以调节其pH值保持在6~8。急冷降温后的尾气自尾气急冷塔(195-C-1001)顶部出来进入尾气吸收塔(195-C-1002)。

装置溶剂再生装置来的MDEA贫胺液(30%溶液)进入尾气吸收塔195-C-1002上部，与尾气急冷塔来的尾气逆流接触，尾气中的H_2S被吸收。吸收了H_2S的MDEA富液，经富胺液泵(195-P-1006A/B)升压后返回溶剂再生装置。

自尾气吸收塔(195-C-1002)塔顶出来的净化尾气(总硫<300mg/L)，进入尾气焚烧炉(195-F-1002)，在715℃高温下，将净化尾气中残留的硫化物焚烧生成SO_2，剩余的H_2和烃类燃烧成H_2O和CO_2，焚烧后的高温烟气经过蒸汽过热器(195-E-1008)和尾气加热器(195-E-1006)回收热量后，烟气温度降至300℃左右由烟囱(195-ST-1001)排入大气。

（二）第二套硫黄回收装置

溶剂再生装置来的清洁酸性气经清洁酸性气分液罐(195-V-1001)，将酸性气中所带凝液分离；酸性水汽提装置来的含氨酸性气经含氨酸性气分液罐(195-V-1002)，将酸性气中所带凝液分离；然后一起进入制硫燃烧炉(195-F-2001)的火嘴；在炉内，根据制硫反应需氧量，通过比值调节严格控制进炉空气量，经燃烧将酸性气中的氨和烃类等有机物全部分解，氨的分解温度在1250~1300℃。为了防止酸性气组成变化时炉温低于此值，设计了部分分流流程，可以根据炉膛温度的变化，将一部分清洁酸性气分流到炉膛中部，使前部炉膛温度上升，保证NH_3完全分解为N_2，避免不完全分解出现NO_x铵盐堵塞；在炉内约65%(体)的H_2S进行高温克劳斯反应转化为硫，余下的H_2S中有1/3转化为SO_2，燃烧时所需空气由制硫炉鼓风机(195-K-2001A/B)供给。制硫燃烧炉(195-F-2001)的配风量是关键，为此，在制硫尾气管道上安装了一台 H_2S 与 SO_2 在线比值分析仪(195-AT-2001)，随机分析尾气中 H_2S 与 SO_2 比率，并通过反馈信号调节供风管道上的微调阀，使过程气中的 H_2S/SO_2 比率始终趋近 2∶1，从而获得最高的 Claus 转化率。

自(195-F-2001)排出的高温过程气(约 1403℃)，小部分通过高温掺合阀调节一级转化器(195-R-2001)的入口温度，其余部分进入制硫余热锅炉(195-E-2001)，用于热发生 4.0MPa 饱和蒸汽输至蒸汽过热器(195-E-2008)过热至 420℃并网；过程气温度降至 350℃进入二级冷凝冷却器(195-E-2002)冷至 160℃，在 195-E-2002 管程出口，冷凝下来的液体硫黄与过程气分离，自底部流出进入硫封罐(195-V-2001A)。二级冷凝冷却器(195-E-2002)管程出口 160℃的过程气，通过高温掺合阀与 1403℃的高温过程气混合后，温度达到 263℃进入一级转化器(195-R-2001)，在催化剂的作用下，过程气中的 H_2S 和 SO_2 转化为元素硫。反应后的气体温度为 308℃，进入过程气换热器(195-E-2003)管程与二级冷凝冷却器(195-E-2004)出口的低温过程气换热，温度降至 263℃进入二级冷凝冷却器(195-E-2004)；过程气冷却至 160℃，195-E-2004 冷凝下来的液体硫黄，在管程出口与过程气分离，自底部流出进入硫封罐(195-V-2001B)。分离后的过程气再返回过程气换热器(195-E-2003)壳程，加热至 220℃进入二级转化器(195-R-2002)。在催化剂作用下，过程气中剩余的 H_2S 和 SO_2 进一步转化为元素硫。反应后的过程气进入三级冷凝冷却器(195-E-2005)，温度从 243℃被冷却至 160℃。195-E-2005 冷凝下来的液体硫黄，在管程出口与过程气分离，自底部流出进入硫封罐(195-V-2001C)。顶部出来的制硫尾气经尾气分液罐(195-V-2003)分液后进入尾气处理部分。

一、三级冷凝冷却器(共用一个壳体)、二级冷凝冷却器的余热均通过发生 0.4MPa 饱和蒸汽加以回收，产生的饱和蒸汽一部分作为硫黄回收及尾气处理部分的设备、管道伴热(约 2.0t/h)，剩余部分送至本装置溶剂再生装置作为溶剂再生热源。汇入硫封罐的液硫进入液硫池(195-TK-2001)，经注入喹啉和氮气，用液硫脱气泵(195-P-2001A/B)循环脱气处理，液硫中的有毒气体被脱出至气相，用液硫脱气抽空器的中压蒸汽作动力，送至尾气焚烧炉(195-F-2001)焚烧。脱气后的液硫用液硫提升泵(195-P-2002A/B)送至硫黄成型机(195-A-1001A~D)造粒成型；再送至称重码垛机(195-W-1001A/B)称重、包装为 50kg/袋，码垛为 1t/托盘的产品硫黄，用防爆叉车码放在产品库棚内，供火车运输出厂。

尾气分液罐(195-V-2001)出口的制硫尾气先进入尾气加热器(195-E-2001)，与蒸汽过热器(195-E-2008)出口的高温烟气换热，温度升到 300℃，混氢后进入加氢反应器(195-R-2003)，在尾气加氢催化剂的作用下进行加氢、水解反应，使尾气中的 SO_2、S_2、COS、CS_2 还原水解为 H_2S。

进入加氢反应器(195-R-2003)的 H_2 气量是根据尾气急冷塔(195-C-2001)后的在线氢分析仪给出的 H_2 浓度信号进行调节的。反应后的高温气体约 326℃，进入蒸汽发生器(195-E-2007)发生 0.4MPa 饱和蒸汽，尾气温度降至 170℃进入尾气急冷塔(195-C-2001)下部，与急冷水逆流接触、水洗冷却至 40℃。尾气急冷塔使用的急冷水，用急冷水循环泵(195-P-2003A/B)自 195-C-2001 底部抽出，经急冷水冷却器(195-E-2009)冷却至 40℃后，返 195-C-2001 循环使用。因为温度降低凝析下来的不平衡急冷水通过塔底液位调节阀送至酸性水汽提装置处理。防止设备腐蚀，需在急冷水中注入 NH_3，以调节其 pH 值保持在 6~8。急冷降温后的尾气自尾气急冷塔(195-C-2001)顶部出来进入尾气吸收塔(195-C-2002)。

装置溶剂再生装置来的MDEA贫胺液(30%溶液)进入尾气吸收塔195-C-2002上部，与尾气急冷塔来的尾气逆流接触，尾气中的H_2S被吸收。吸收了H_2S的MDEA富液，经富胺液泵(195-P-2004A/B)升压后返回溶剂再生装置。

自尾气吸收塔(195-C-2002)塔顶出来的净化尾气(总硫<10mg/L)，进入尾气焚烧炉(195-F-2002)，在715℃高温下，将净化尾气中残留的硫化物焚烧生成SO_2，剩余的H_2和烃类燃烧成H_2O和CO_2，焚烧后的高温烟气经过蒸汽过热器(195-E-2008)和尾气加热器(195-E-2006)回收热量后，烟气温度降至300℃左右由烟囱(195-ST-1001)排入大气。

（三）非加氢型酸性水汽提装置

来自常减压装置、催化裂化装置、催化重整装置和硫黄回收装置的酸性水进入酸性水脱气罐(195-V-3001)脱除油气，脱除的油气排放至系统火炬，罐底酸性水自流进入酸性水储罐(195-T-3001A/B)。含油酸性水经储罐中的"罐中罐"除油设施除油，污油去污油罐(195-V-3002)，经污油泵(195-P-3004A/B)不定期送出装置。

酸性水储罐顶排放的废气经正压水封罐(195-V-3006)在微正压条件下首先进入脱臭吸收塔(195-C-3002)，与新鲜MDEA逆流接触，废气中大部分硫化氢被吸收，吸收了硫化氢的MDEA溶剂泵(195-P-3005)送至溶剂再生。经一级吸收的尾气自底部进入固定床脱臭塔(195-C-3003A/B)(切换使用)，脱臭剂分二层装填。硫化物在脱臭剂的作用下发生催化氧化反应，硫化氢氧化为单质硫，甲硫醇、甲硫醚分别氧化为无毒无味的甲基磺酸及二甲亚砜，完成脱臭反应。净化尾气经排气筒高位(15m以上)放空。

除油后的酸性水在流量控制下由污水进料泵(195-P-3001A/B)送经原料水-净化水换热器(195-E-3001A/B)与净化水换热至100℃后进入酸性水汽提塔(195-C-3001)。酸性水在汽提塔(195-C-3001)中自上而下流动，在汽提塔塔底重沸器(195-E-3003)提供热源产生的汽提作用下，含H_2S、NH_3等成分的酸性气自塔顶分出。

塔顶酸性气经汽提塔塔顶空冷器(195-EA-3001A/B)冷凝至90℃，冷凝后的气液两相流入汽提塔塔顶回流罐(195-V-3005)，酸性气在塔顶温度控制下送至硫黄回收装置，紧急情况下可放至酸性气火炬。酸性液经汽提塔回流泵(195-P-3003A/B)送回至汽提塔顶部。

汽提塔底净化水，温度为129℃，先经原料水-净化水换热器(195-E-3001A/B)与酸性水换热至71℃后，再由净化水泵(195-P-3002A/B)送至净化水空冷器(195-EA-3002A/B)冷却至50℃，最后经净化水水冷器(195-E-3002)冷却至40℃，在塔底液控下去其上游装置回用或去污水处理场。

（四）加氢型酸性水汽提装置

自渣油加氢装置、加氢裂化装置、柴油加氢装置和汽油加氢装置等来的酸性水进入酸性水脱气罐(195-V-4001)脱除油气，罐底酸性水自流进入酸性水储罐(195-T-4001A/B)。含油酸性水经储罐中的"罐中罐"除油设施除油，污油去污油罐(195-V-3002)。酸性水储罐顶排放的废气与非加氢型酸性水汽提装置共用一套脱臭系统。

除油后的酸性水在流量控制下由污水进料泵(195-P-4001A/B)送经原料水-净化水换热器(195-E-4001A/B)与净化水换热至100℃后进入酸性水汽提塔(195-C-4001)。酸性水在汽提塔(195-C-4001)中自上而下流动，在汽提塔塔底重沸器(195-E-4003)提供热源产生的汽提作用下，含H_2S、NH_3等成分的酸性气自塔顶分出。

塔顶酸性气经汽提塔塔顶空冷器(195-EA-4001A/B)冷凝至90℃，冷凝后的气液两相流入汽提塔塔顶回流罐(195-V-4005)，酸性气在塔顶温度控制下送至硫黄回收装置，紧急情况下可放至酸性气火炬。酸性液经汽提塔塔顶回流泵(195-P-4003A/B)送回至汽提塔(195-C-4001)顶部。

汽提塔塔底净化水，温度为129.1℃，先经原料水-净化水换热器(195-E-4001A/B)与酸性水换热至77℃后，再由净化水泵(195-P-4002A/B)送至净化水空冷器(195-EA-4002A/B)冷却至50℃，最后经净化水水冷器(195-E-4002)冷却至40℃，在塔底液控下去污水处理场或去其他装置回用。

(五) 一套溶剂再生装置

由加氢裂化装置、硫黄回收装置来的富胺液进入第一套溶剂再生装置富胺液过滤器(195-SR-5001)过滤后，经过闪蒸前贫富液换热器(195-E-5001)冷侧，与来自闪蒸后贫富液换热器(195-E-5002)的贫胺液换热至65℃左右进入富液闪蒸罐(195-V-5001)。闪蒸后的富胺液经富液泵(195-P-5002A/B)升压后进入贫富液换热器(195-E-5002)的冷侧与再生塔(195-C-5001)底贫胺液继续换热至97℃进入溶剂再生塔(195-C-5001)上部第3板。经过塔板自上而下的热交换和质交换过程，塔底获得的贫胺液进入再生塔底泵(195-P-5003A/B)升压并经过再生塔底液面控制调节阀(LV-50301)控制液位，进入闪蒸后贫富液换热器(195-E-5002)、闪蒸前贫富液换热器(195-E-5001)回收余热，再经过贫胺液空冷器(195-EA-5001A~H)冷却至55℃后进入溶剂储罐(195-T-5001A/B)缓冲。贫胺液经过贫液输送泵(195-P-5001A/B)升压，经贫液过滤器(195-SR-5002)过滤后，送返上游生产装置循环使用。同时，5~10t/h贫胺液进入胺液在线净化系统(195-SR-5003)去除热稳态盐后，返溶剂储罐(195-T-5001A/B)。再生塔(195-C-5001)底部的胺液经过集液箱进入塔底再沸器(195-E-5003A/B)，用低压蒸汽加热，为富胺液再生提供热源；塔底再沸器(195-E-5003A/B)产生的凝结水进入凝结水罐(195-V-5003)，通过调节阀后送往凝结水回收系统后，整个联合装置的凝结水统一出装置进入凝结水管网。

再生塔(195-C-5001)顶部的含H_2S蒸汽经过再生塔塔顶空冷器(195-EA-5002A~F)降温至50℃进入再生塔塔顶后冷器(195-E-5004)继续冷却至40℃，进入再生塔塔顶回流罐(195-V-5002)，凝液经再生塔塔顶回流泵(195-P-5004A/B)、液控阀(195-LV-50401)返回再生塔(195-C-5001)塔顶作回流；再生塔塔顶回流罐(195-V-5002)的气相-酸性气，经过塔顶温控阀(195-TV-50301)送至硫黄回收装置作原料。

(六) 二套溶剂再生装置

由渣油加氢装置、催化裂化装置、柴油加氢装置、常减压装置和酸性水汽提装置来的富胺液进入第二套溶剂再生装置富胺液过滤器(195-SR-6001)过滤后，经过闪蒸前贫富液换热器(195-E-6001)冷侧，与来自闪蒸后贫富液换热器(195-E-6002)的贫胺液换热至65℃左右进入富液闪蒸罐(195-V-6001)。闪蒸后的富胺液经富液泵(195-P-6002A/B)升压后进入贫富液换热器(195-E-6002)的冷侧与再生塔(195-C-6001)底贫胺液继续换热至97℃进入溶剂再生塔(195-C-6001)上部第3板。经过塔板自上而下的热交换和质交换过程，塔底获得的贫胺液进入再生塔底泵(195-P-6003A/B)升压并经过再生塔底液面控制调节阀(LV-60301)控制液位，进入闪蒸后贫富液换热器(195-E-6002)、闪蒸前贫富液换热器(195-E-6001)回收余热，再经过贫胺液空冷器(195-EA-6001A~H)冷却至55℃后进入溶剂储罐(195-T-6001A/B)缓冲。贫胺液经过贫液输送泵(195-P-6001A/B)升压，经贫液过滤器

(195-SR-6002)过滤后，送返上游生产装置循环使用。

同时，5~10t/h贫胺液进入胺液在线净化系统(195-SR-6003)去除热稳态盐后，返溶剂储罐(195-T-6001A/B)。再生塔(195-C-6001)底部的胺液经过集液箱进入塔底再沸器(195-E-6003A/B)，用低压蒸汽加热，为富胺液再生提供热源；塔底再沸器(195-E-6003A/B)产生的凝结水进入凝结水罐(195-V-6003)，通过调节阀后送往凝结水回收系统后，整个联合装置的凝结水统一出装置进入凝结水管网。

再生塔(195-C-6001)顶部的含H_2S蒸汽经过再生塔塔顶空冷器(195-EA-6002A~F)降温至50℃进入再生塔顶后冷器(195-E-6004)继续冷却至40℃，进入再生塔顶回流罐(195-V-6002)，凝液经再生塔塔顶回流泵(195-P-6004A/B)、液控阀(195-LV-60401)返回再生塔(195-C-6001)顶作回流；再生塔塔顶回流罐(195-V-6002)的气相-酸性气，经过塔顶温控阀(195-TV-60301)送至硫黄回收装置作原料。

（七）尾气提标单元

来自硫黄回收装置加氢单元吸收塔塔顶尾气进入脱硫反应器(195-R-8001)底部，与反应器内的催化剂溶液接触，H_2S被催化剂溶液吸收并被溶液中的三价铁离子Fe^{3+}氧化成单质硫。被还原的络合铁溶液在重力作用下流入下部氧化反应器(195-R-8002)内，进行氧化再生反应。利用工厂风作为氧化空气，从氧化反应器(195-R-8002)的底部鼓入，经过空气分布器将催化剂溶液中的二价铁离子Fe^{2+}氧化成三价铁离子Fe^{3+}。氧化再生后的反应溶液经循环泵(195-P-8002A/B/C)输送至脱硫反应器顶部吸收尾气中的硫化氢。脱硫反应器(195-R-8001)顶净化尾气，经水封罐(195-D-8001)后进入尾气焚烧炉(195-F-1002)和焚烧炉(195-F-2002)中焚烧。为了使CTS溶液的温度维持在50℃左右，采用70~95℃的热水通过溶液换热器(195-E-8002)对溶液进行加热。

氧化反应器(195-R-8002)内含硫粉的反应溶液经溶液循环泵(195-P-8002A/B/C)抽出，一部分循环溶液进入溶液过滤机(195-SR-8001)过滤出硫黄。硫黄在卸料前采用除盐水冲洗及空气吹干，使硫黄品质除水分外，其他指标可以达到国标一等品标准。

在正常运行过程中，脱硫反应溶液需要进行铁催化剂及螯合剂的补充。同时，还需向溶液内加注杀菌剂、表面活性剂以及KOH，以维持稳定运行。各种化学品储存在化学品储罐内，通过计量泵加注到氧化反应器内。

两套硫黄回收装置液硫池内废气通过蒸汽抽空器送入废气喷淋塔(195-C-8001)中，冷却同时洗涤硫雾。C8001塔底急冷水由喷淋泵(195-P-8001A/B)输送，通过急冷水换热器(195-E-8001)冷却到40℃循环至塔顶。增加的急冷水中含微量硫化氢，通过液位控制排至氧化反应器R8002中做补充水用。

当吹硫工况或上游克劳斯装置事故时，吹硫/事故工况废气进入废气喷淋塔(195-C-8001)中与加注了KOH溶液的急冷水直接逆流接触，将吹硫/事故工况废气中大部分H_2S和SO_2喷淋吸收，同时使废气过程气在进入脱硫反应器(195-R-8001)前得到冷却。在急冷过程中冷凝下来的急冷水中含K_2SO_3和K_2S，通过液位控制排至事故氧化器(195-R-8003)中。R-8003底部鼓入工厂风(即氧化空气)，将溶液中的K_2SO_3氧化成K_2SO_4。

二、工艺流程图

工艺流程图如图2-1至图2-7所示。

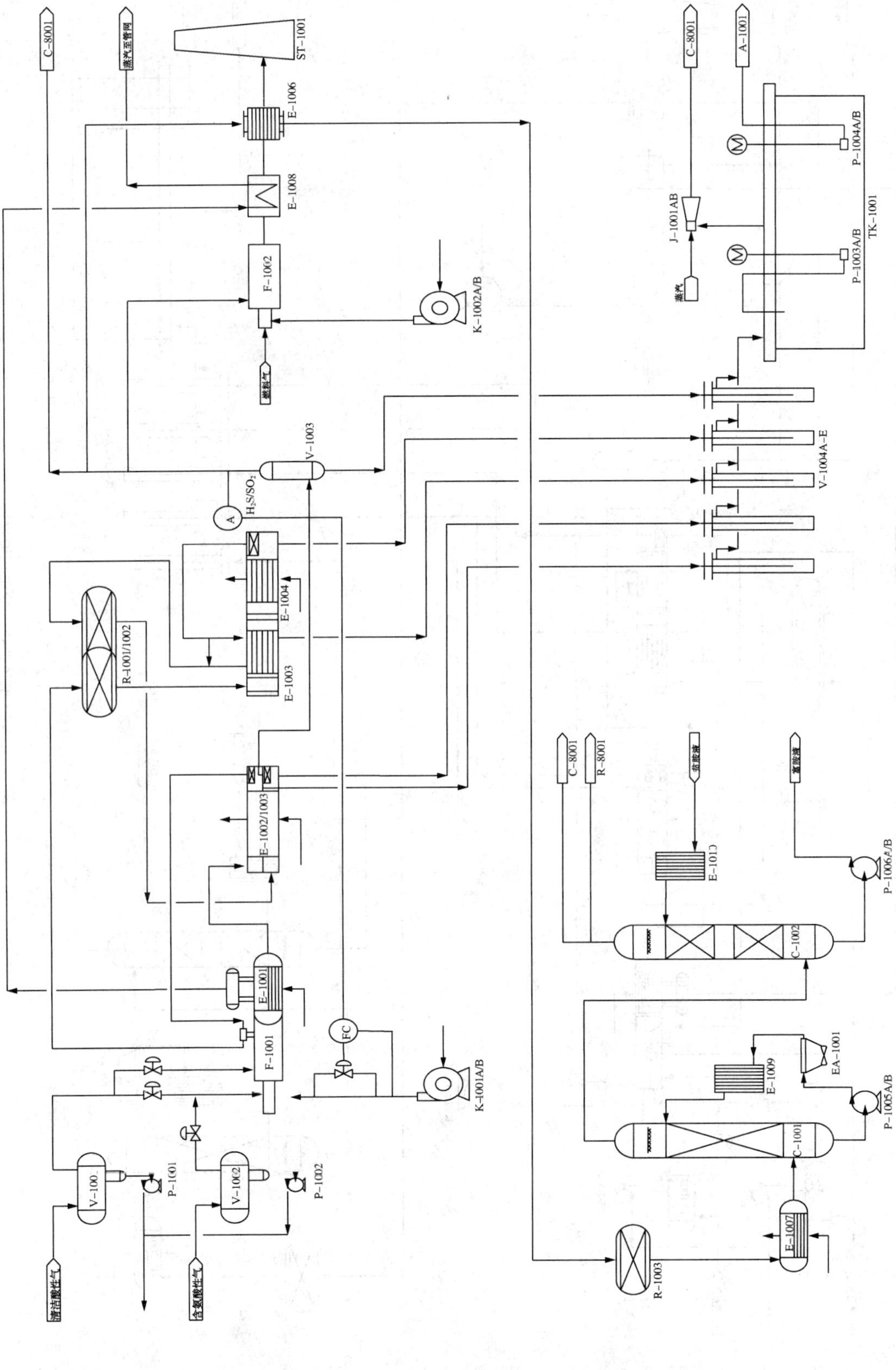

图2-1 硫黄回收一套工艺流程图

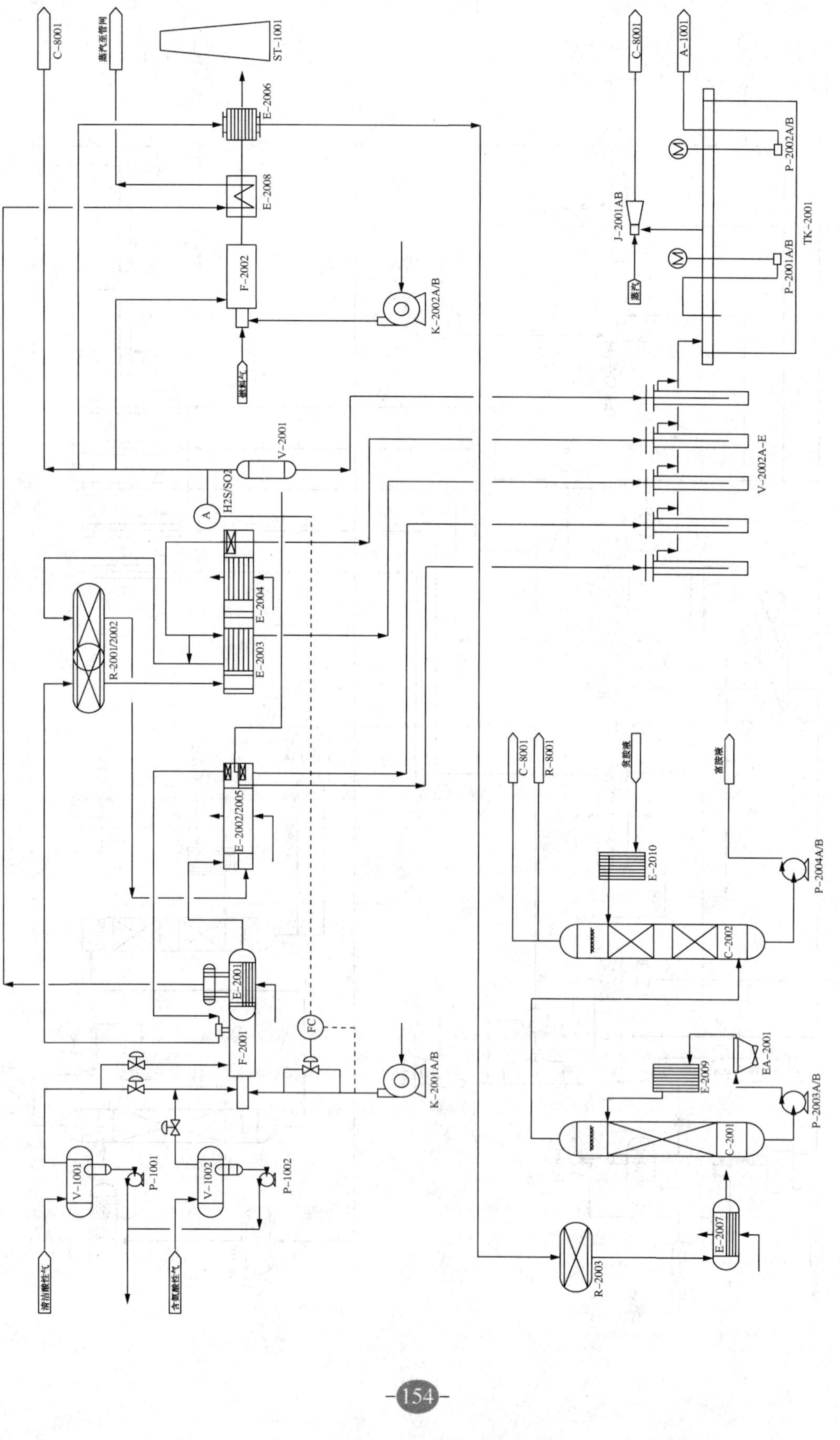

图2-2 硫黄回收二套工艺流程图

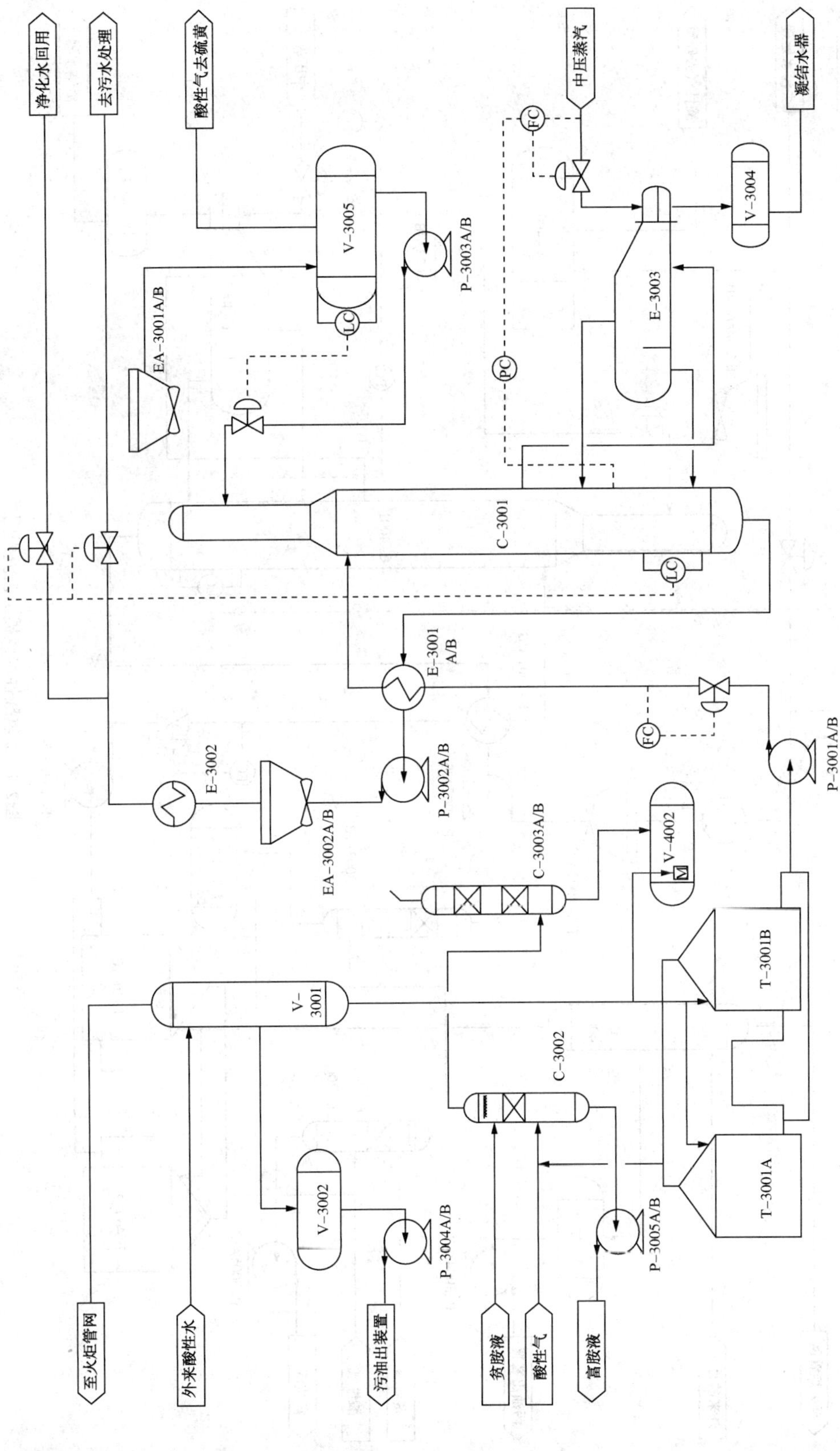

图2-3 非加氢酸性水汽提工艺流程图

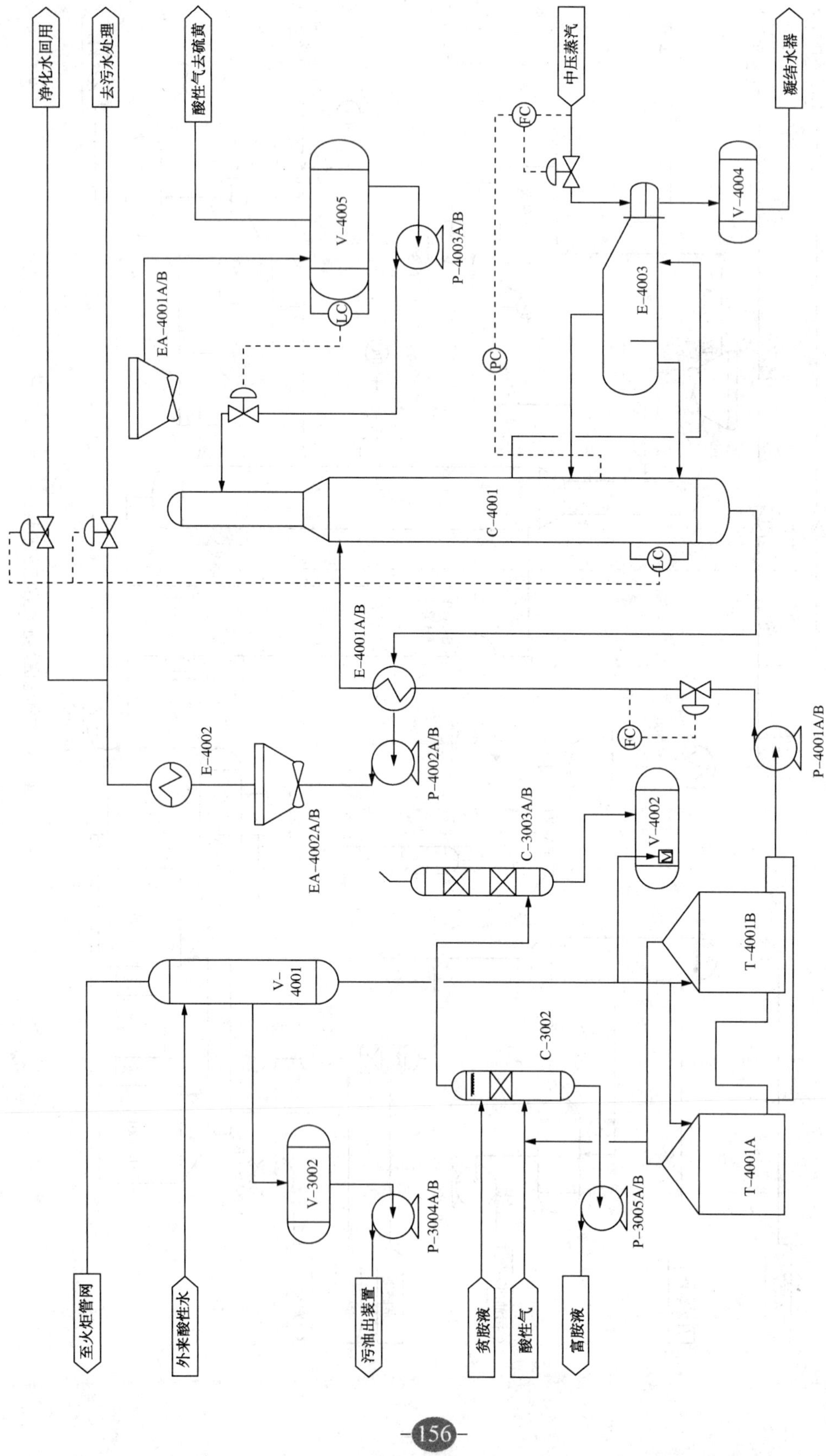

图2-4 加氢酸性水汽提工艺流程图

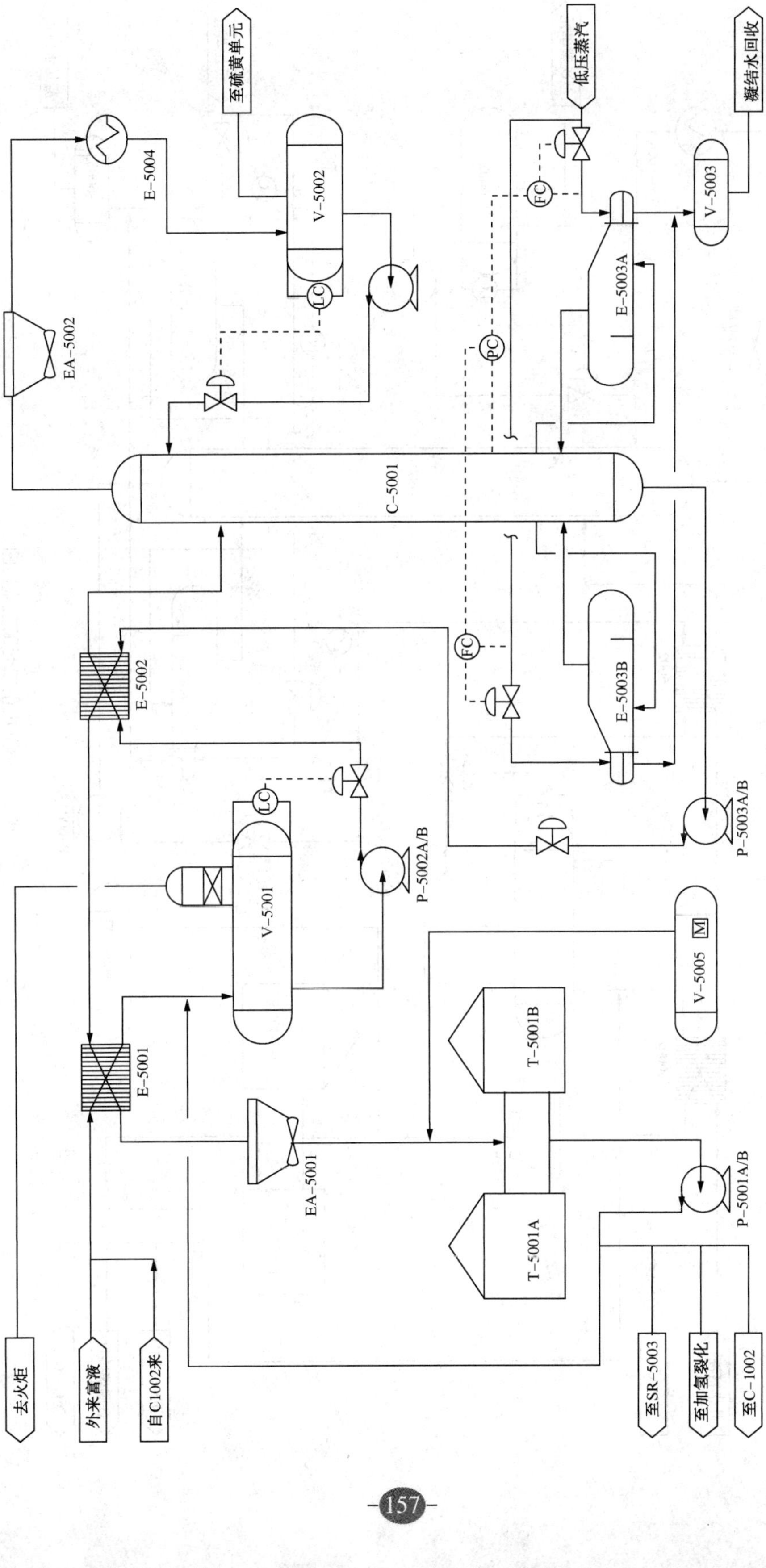

图2-5 溶剂再生一套工艺流程图

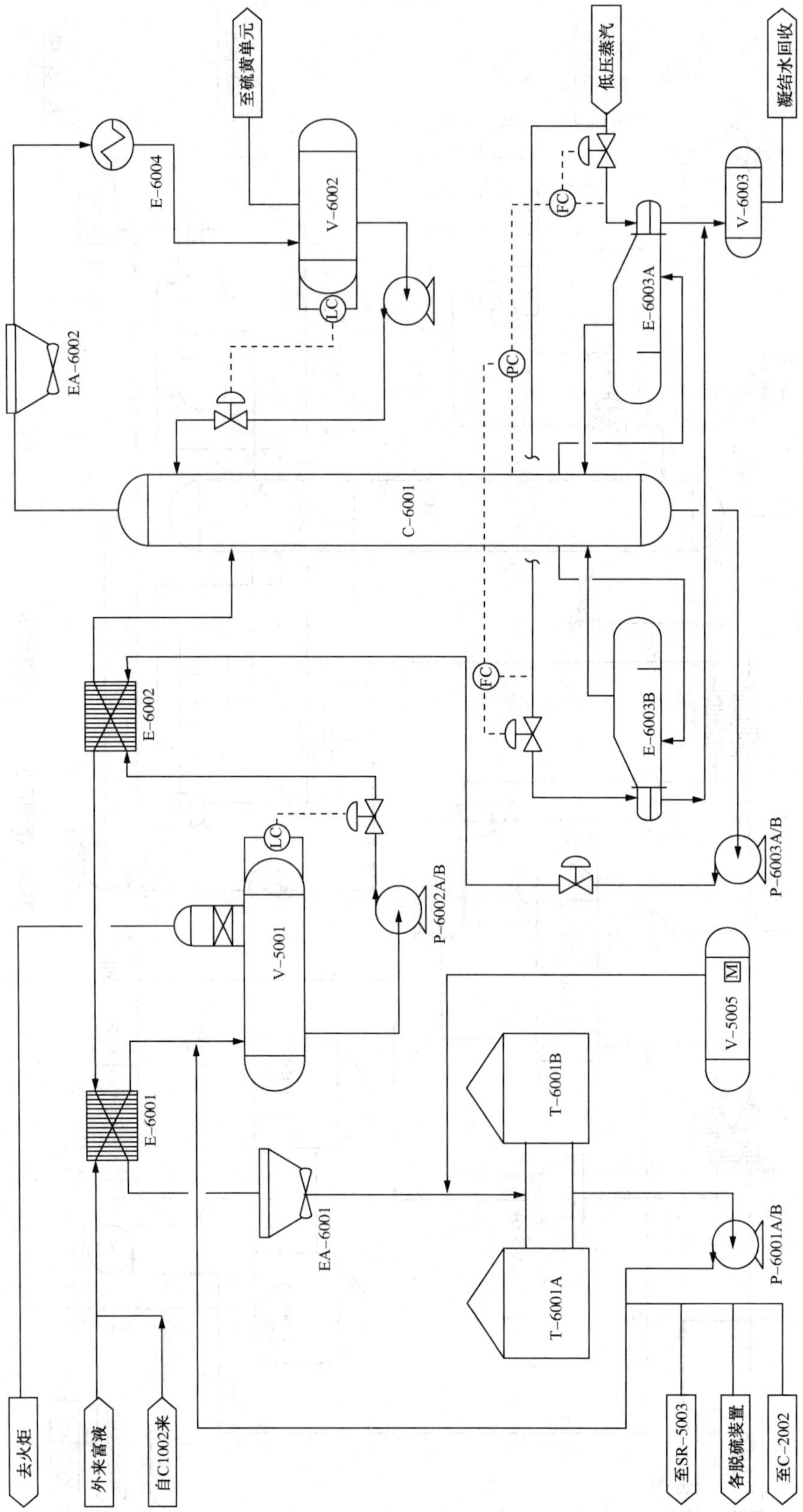

图2-6 溶剂再生二套工艺流程图

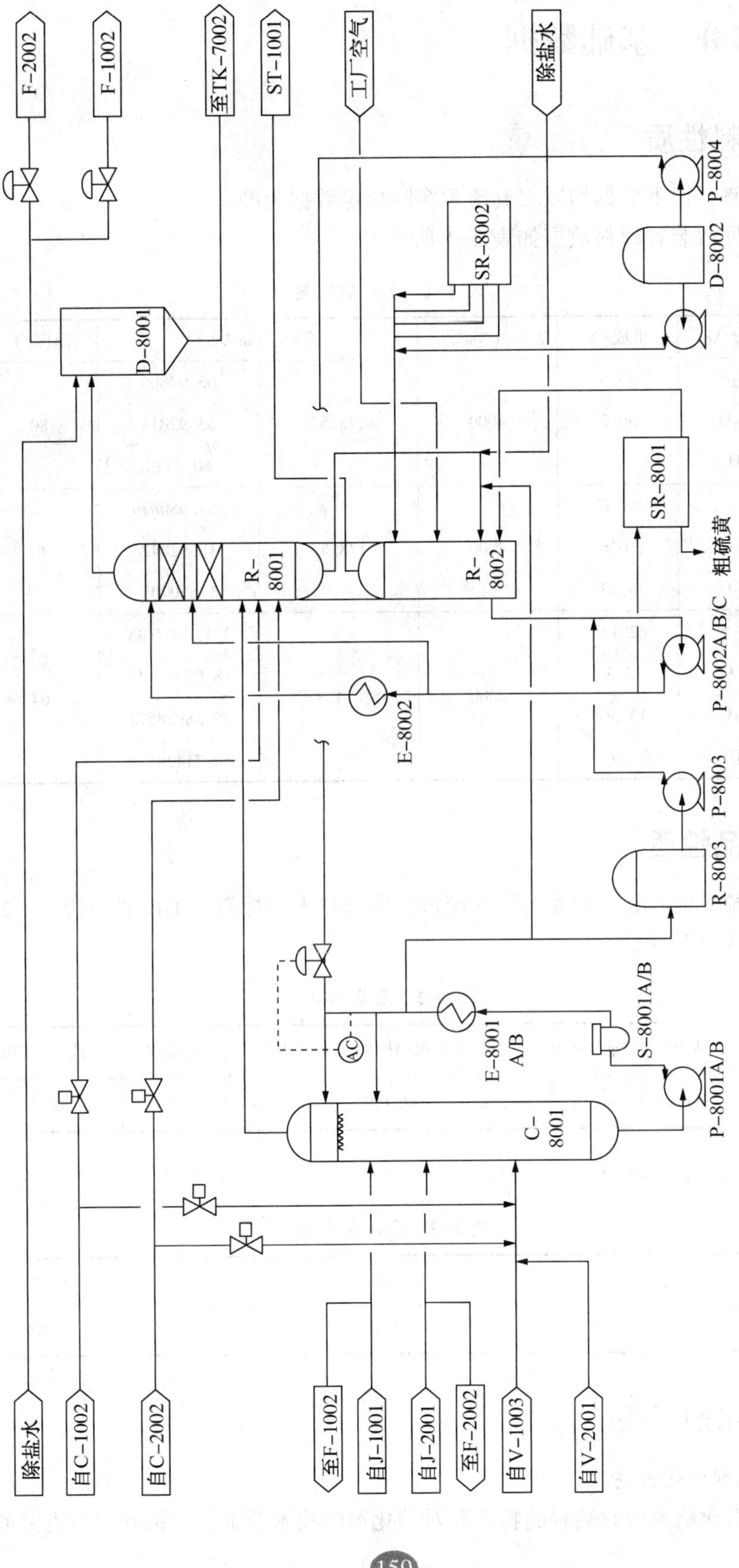

图2-7 尾气提标单元工艺流程图

第三部分 基础数据

一、原料性质

为方便计算，以下数据均以二套硫黄实际标定数据为准。

二套硫黄回收装置原料数据如表 3-1 所示。

表 3-1 原料数据表

介质	组分/%	组成/%	流量/(Nm^3/h)	流量/(kmol/h)		温度/℃	压力/kPa
含氨酸性气	H_2S	35.8	4000	178.57	63.92806	80	57
	H_2O	30.2			53.92814		
	NH_3	34			60.7138		
清洁酸性气	H_2S	88.47	4000	178.57	157.980879	40	56
	CO_2	10.6			18.92842		
	H_2O	0.93			1.660701		
混合酸性气	H_2S	62.135	8000	357.1428571	221.9107143	64	55
	CO_2	5.3			18.92857143		
	H_2O	15.565			55.58928571		
	NH_3	17			60.71428571		

二、产品性质

四川石化硫黄回收装置产品为固体硫黄，主要技术指标符合 GB/T 2449.1—2014。硫黄规格数据如表 3-2 所示。

表 3-2 硫黄规格

项目	纯度	砷含量	灰分	酸度(H_2SO_4)	水分	有机物	铁	液硫中的 H_2S
指标/[%(质)]	≥99.50	≤0.01	≤0.10	≤0.005	≤2.0	≤0.30	≤0.005	≤10mg/L

净化水指标如表 3-3 所示。

表 3-3 净化水指标 mg/L

净化水	硫化物	≤50
	氨氮	≤100

三、催化剂相关

(一) 催化剂物化性质

根据四川石化硫黄回收装置的特点和对催化剂的技术要求，一级和二级克劳斯反应器使用中石油西南油气田分公司的硫黄回收催化剂 CT6-2B、CT6-4B、CT6-8；加氢反应器使用中石油西南油气田分公司回收尾气加氢催化剂 CT6-5B。

表 3-4 为各种催化剂的性能参数。

表 3-4　催化剂性能表

催化剂	项目		技术指标
CT6-4B	外观		红褐色小球
	球直径/mm		ϕ4~6
	压碎强度/(N/粒)	≥	160
	堆积密度/(kg/L)		0.75~0.85
	比表面积/(m^2/g)	≥	240
	磨耗率/%(质)	≤	0.5
CT6-8	外观		浅灰色条形
	直径/mm		ϕ2~4
	堆积密度/(kg/L)		0.70~0.80
	平均压碎强度/(N/cm)	≥	150
	磨耗率/%(质)	≤	2.0
	比表面积/(m^2/g)	≥	110
CT6-2B	外观及外形尺寸/mm		ϕ4.0~6.0，白色小球
	堆积密度/(kg/L)		0.66~0.76
	压碎强度/(N/粒)	≥	160
	磨耗率/%(质)	<	0.5
	比表面积/(m^2/g)	≥	260
CT6-5B	外观		灰蓝色球型
	外形尺寸/mm		ϕ4~6
	压碎强度/(N/cm)	≥	130
	堆积密度/(kg/L)		0.80~0.90
	比表面积/(m^2/g)	≥	220
	Claus 尾气加氢/水解后除 H_2S 外总硫含量	≤	180×10^{-6}

（二）催化剂级配和装填方案

根据四川石化硫黄回收装置的特点和对催化剂的技术要求，一级和二级克劳斯反应器使用中石油西南油气田分公司的硫黄回收催化剂 CT6-2B、CT6-4B、CT6-8；加氢反应器使用中石油西南油气田分公司回收尾气加氢催化剂 CT6-5B。

CT6-2B 装填方案：

1）除去催化剂因运输装卸中可能产生的粉尘和碎粒；

2）清扫反应器，使其内部保持干燥清洁。查看按设计应安放好的反应器蓖子，装铺丝网，按设计在反应器内壁明确标明瓷球层、催化剂层高度线，依次装填；

3）最好用“布袋法”装填催化剂，平整料面防止气流短路，清除杂物；

4）再次吹扫去除可能有的粉尘。

CT6-4B 装填方案：

1）必要时除去可能因运输、搬运过程碰撞挤压破坏造成的粉尘碎粒(<4mm 碎粒)；

2）反应器床层应按设计装铺不锈钢丝网并明确在器内标明装填物料面线，装填好瓷球填料层，平整无漏洞；

3）最好用“布袋法”装填催化剂，整平料面防止短路，清除杂物；

4）吹扫去除可能有的粉尘；

5）CT6-4B 用作 Claus 制硫氧化铝催化剂的抗“漏氧”保护剂时，应装填在其上部进气部位，其用量为催化剂总量的 1/3～1/2。

CT6-8 装填方案：

1）按设计要求准备的填料要干净，且填料的最小直径要大于催化剂的最大直径；

2）不锈钢丝网的最大网格直径必须小于催化剂的最小粒径，并按设计铺设无漏洞；

3）反应器内壁应按要求明确标明装填物料面线高度；

4）催化剂装填前应除去粉尘及破碎的颗粒；

5）装填催化剂最好用“布袋法”装填，以保证分布均匀、少破碎，床层表面要平整，防止气体产生短路现象；

6）完成装填后，应仔细清除杂物，吹扫除去粉尘。

催化剂的使用量提示：如果装置是新建装置，催化剂的量最好考虑 10%的富余。

CT6-5B 装填方案：

加氢水介反应器按设计要求加装筛网；在内壁标明装填料面线；装填好下层瓷球填料，平整无漏洞；装填催化剂前，催化剂如有粉碎，先应过筛，除去粉尘碎粒；装填时最好用“布袋法”，料面应平整均匀，避免气流短路；催化剂床层面上，最好有瓷球填料，起到均衡气流、缓冲热冲击、阻挡部分积炭，保护催化剂的目的。装好后，清除杂物，吹扫出反应器系统中的粉尘。

Claus 制硫催化剂装填示意图(以其中一套装置为例)如图 3-1 所示。

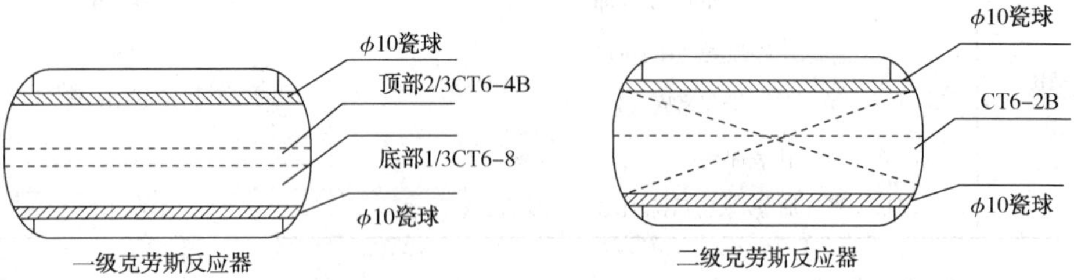

图 3-1　Claus 制硫催化剂装填示意图

硫黄回收催化剂装填方案(以其中一套装置为例)如表 3-5、表 3-6 所示。

表 3-5　催化剂装填方案

反应器	装填位置	催化剂型号	装填重量/t
一反($30m^3$)	上部($20m^3$)	CT6-4B	16
	下部($10m^3$)	CT6-8B	10
二反($30m^3$)	上部、下部($30m^3$)	CT6-2B	22.5

表 3-6　瓷球装填方案

反应器	装填位置	瓷球规格	装填量/m^3
一反	上部	ϕ10	1.83
	下部	ϕ16	1.83
二反	上部	ϕ10	1.83
	下部	ϕ16	1.83

硫黄回收催化剂及瓷球推荐用量(两套装置总量)：

硫黄回收催化剂 CT6-2B 合计 45t($60m^3$)，CT6-4B 合计 32t($40m^3$)，CT6-8B 合计 20t($20m^3$)。

瓷球用量参考：底部 ϕ16 瓷球，厚度 50mm，合计 7.32m^3；上部 ϕ10 瓷球，厚度 50mm，合计 7.32m^3。

尾气加氢催化剂装填示意图催化剂装填方案如图 3-2 所示。

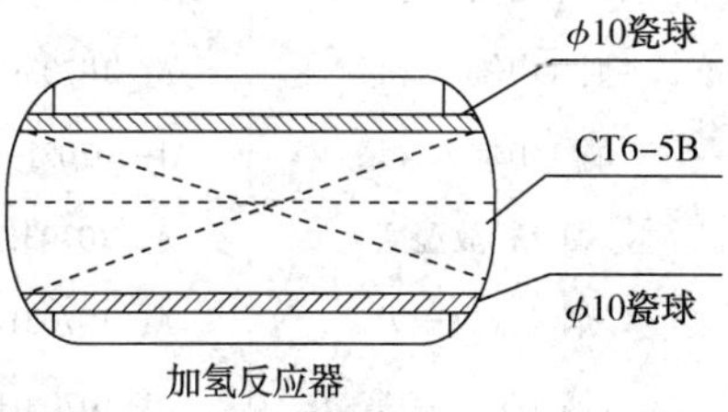

图 3-2　尾气加氢催化剂装填示意图

硫黄回收尾气加氢反应器催化剂装填方案如表 3-7、表 3-8 所示。

表 3-7　硫黄回收尾气加氢催化剂装填方案

项目	尾气加氢催化剂装填方案
催化剂编号	t
CT6-5B	2×21.5(2×25m^3)

表 3-8　瓷球装填方案

反应器	装填位置	瓷球规格	装填量/m^3
瓷球	上部	ϕ10	1.83×2
	下部	ϕ16	1.83×2

硫黄回收催化剂及瓷球推荐用量：

硫黄回收尾气加氢催化剂 CT6-5B 合计为 42.5t($50m^3$)。

瓷球用量参考：底部 ϕ16 瓷球，厚度为 50mm，合计为 3.66m^3；上部 ϕ10 瓷球，厚度为 50mm，合计为 3.66m^3。

四、吸收塔顶净化尾气

二套硫黄回收装置吸收塔净化尾气数据如表 3-9 所示。

表 3-9　二套硫黄吸收塔净化尾气数据表　　%(体)

	介质	SO_2	H_2S	COS	CS_2	CO_2	CO	H_2
C1002 出口净化气	设计值		0.0295	0		0.2349		2.4977
	标定值		0.0112	0.0017	未检出	未检出	未检出	未检出
	模拟值		0.03	0	0		0.01	3.576

五、外排烟气

烟囱外排烟气数据如表 3-10 所示。

表 3-10　烟囱外排烟气数据表

ST100 烟气监测（在线仪）	仪表位号	单位	上午 11：00	下午 16：00	环境检测中心数据
烟气中二氧化硫含量	AI-10703D-1	mg/Nm^3	0	2	0
烟气中氮氧化物含量	AI-10703B-1	mg/Nm^3	45	50	47
烟气中氧气含量	AI-10703C	%	5.2	5.5	5.27
烟气中烟尘含量	AI-10703I-1	mg/Nm^3	6	7	—
烟气排放温度	AI-10703F	℃	255	250	260
烟气排放压力	AI-10703E	Pa	-620	-600	—
烟气排放流速	AI-10703H	m/s	0.60	0.62	—
烟气排放流量	AI-10703H1	m^3/h	42890	44000	—

六、贫胺液

贫胺液数据取供给硫黄回收装置的一套溶剂再生装置的数据如表 3-11 所示。

表 3-11　一套溶剂再生装置贫胺液质量数据表

检测项目	检测结果	单位	检测方法
N-甲基二乙醇胺	32.3	%（质）	SY/T 6537—2016
颜色	浅黄色液体	—	
电导率	2.55	ms/cm	
H_2S 含量	0.14	g/L	
CO_2 含量	0.20	g/L	
热稳态盐	2.12	%	
束缚胺	2.32	%	
强阳离子	168	mg/L	
硫氰根离子	164	mg/L	
氯离子	未检出	mg/L	
起泡高度	45	Mm	SY/T 6538—2016
消泡时间	10	s	
循环量	300	t/h	

七、富胺液

富胺液数据取含有硫黄回收装置的一套溶剂再生装置的数据如表 3-12 所示。

表 3-12　一套溶剂再生装置富胺液质量数据表

检测项目	检测结果	单位	检测方法
颜色	深黄色液体	—	
浓度	—	%	
H_2S 含量	—	g/L	
CO_2 含量	—	g/L	
热稳态盐	2. 12	%	

八、制硫炉余热锅炉出口组成

二套硫黄制硫炉余热锅炉出口组成的数据如表 3-13 所示。

表 3-13　二套硫黄制硫炉余热锅炉出口组成数据表　%(体)

	介质	H_2S	SO_2	COS	CS_2	CO_2	CO	H_2
E-2001出口	设计值	4. 6907	2. 3568	0. 022871	0	0. 5328	0. 0356	1. 1923
	标定值	4. 79	4. 14	0. 24	0. 19	5. 15	—	—
	模拟值	4. 85	2. 32	0. 456	0	2. 308	0. 512	1. 032

主要化学反应：

$$3H_2S+3/2O_2 \xlongequal{} H_2O+SO_2+2H_2S$$
$$2H_2S+SO_2 \xlongequal{} 2H_2O+3/2S_2$$
$$3H_2S+3/2O_2 \xlongequal{} 3/2H_2O+3/2S_2$$
$$S_2+2O_2 \xlongequal{} 2SO_2$$
$$CH_4+2O_2 \xlongequal{} 2H_2O+CO_2$$
$$C_2H_6+7/2O_2 \xlongequal{} 3H_2O+2CO_2$$
$$2NH_3+3/2O_2 \xlongequal{} N_2+3H_2O$$
$$2NH_3 \xlongequal{} N_2+3H_2$$
$$NH_3+SO_2 \xlongequal{} N_2+2H_2O+H_2S$$
$$CH_4+O_2 \xlongequal{} H_2O+CO+H_2$$
$$2CO_2+H_2S \xlongequal{} 2CO+H_2+SO_2$$
$$H_2+1/2O_2 \xlongequal{} H_2O$$
$$2CH_4+3SO_2 \xlongequal{} 4H_2O+2COS+1/2S_2$$
$$2COS+SO_2 \xlongequal{} 3/2S_2+2CO_2$$
$$CH_4+2H_2S \xlongequal{} CS_2+4H_2$$
$$CH_4+2S_2 \xlongequal{} CS_2+2H_2S$$

九、一转二转进出口组成

二套硫黄制硫炉一转二转进出口组成的数据如表 3-14 所示。

表 3-14　一转二转进出口组成数据表　　%(体)

	介质	H_2S	SO_2	COS	CS_2	CO_2	CO	H_2
R2001入口过程气	设计值	4.7843	2.4040	0.023364	0	0.5431	0.0363	1.2157
	标定值	4.88	3.65	0.21	0.17	5.88	—	—
	模拟值	4.948	2.366	0.465	0	2.352	0.522	1.051
R2001出口过程气	介质	H_2S	SO_2	COS	CS_2	CO_2	CO	H_2
	设计值	1.8481	0.9244	0.000725	0	0.5710	0.0366	1.2260
	标定值	2.63	1.36	未检出	未检出	6.05	—	—
	模拟值	1.864	0.619	0.062	0	2.783	0.527	1.062
R2002入口过程气	介质	H_2S	SO_2	COS	CS_2	CO_2	CO	H_2
	设计值	1.8625	0.9316	0.000731	0	0.5754	0.0369	1.2356
	标定值							
	模拟值	1.878	0.624	0.063	0	2.804	0.531	1.07
R2002出口过程气	介质	H_2S	SO_2	COS	CS_2	CO_2	CO	H_2
	设计值	0.6647	0.3325	0.000733	0	0.5774	0.0370	1.2399
	标定值	0.85	0.46	未检出	未检出	6.91	—	—
	模拟值	0.924	0.134	0.039	0	2.836	0.532	1.073

主要化学反应：

$$2H_2S+SO_2 = 2H_2O+3/2S_2$$
$$COS+H_2O = H_2S+CO_2$$
$$CS_2+H_2O = H_2S+COS$$
$$CS_2+2H_2O = 2H_2S+CO_2$$
$$3S_2 = S_6$$
$$4S_2 = S_8$$
$$4S_6 = 3S_8$$

十、加氢反应器进出口组成

二套硫黄加氢反应器进出口组成的数据如表 3-15 所示。

表 3-15　加氢反应器进出口组成数据表　　%(体)

	介质	H_2S	SO_2	COS	CS_2	CO_2	CO	H_2
R2003入口过程气	设计值	0.6555	0.3279	0.000723	0	0.5694	0.0365	2.8482
	标定值	0.81	0.31	0.08	未检出	6.15	—	7.46
	模拟值	0.913	0.133	0.039	0	2.802	0.526	2.433
R2003出口过程气	介质	H_2S	SO_2	COS	CS_2	CO_2	CO	H_2
	设计值	1.2352	0	0	0	0.6078	0.0011	1.6594
	标定值	1.49	未检出	未检出	未检出	6.23	—	6.26
	模拟值	1.241	0	0	0	3.366	0.007	2.403

主要化学反应：

$$S_8+8H_2 = 8H_2S+335kJ/mol$$

$$SO_2+3H_2 = H_2S+2H_2O+214kJ/mol$$

$$CS_2+4H_2 = 2H_2S+CH_4+232kJ/mol$$

$$COS+4H_2 = H_2S+H_2O+CH_4+Q$$

$$COS+H_2 = H_2S+CO+Q$$

$$COS+H_2O = H_2S+CO_2-35kJ/mol$$

$$CS_2+H_2O = H_2S+COS-67kJ/mol$$

$$SO_2+2H_2S = 3S+2H_2O+233kJ/mol$$

$$SO_2+3CO = COS+2CO_2$$

$$S_8+8CO = 8COS$$

$$CO+H_2O = CO_2+H_2+41kJ/mol$$

$$CS_2+3H_2 = CH_3SH+H_2S$$

$$CH_3SH+H_2 = H_2S+CH_4$$

$$2COS+SO_2 = 2CO_2+3/16S_8$$

$$2CS_2+SO_2 = 2COS+3/8S_8$$

$$3H_2+MoO_3 = 3H_2O+Mo$$

$$H_2+CoO = H_2O+Co$$

$$2MoS_2+3SO_2 = 2MoO_3+7S$$

$$2Co_9S_8+9SO_2 = 18CoO+25S$$

$$MoS_2+7/2O_2 = MoO_3+2SO_2+Q$$

$$Co_9S_8+25/2O_2 = 9CoO+8SO_2+Q$$

第四部分　工艺计算

一、装置基础计算

特此说明：装置基础计算部分为硫黄装置计算全过程，包括制硫炉、余热锅炉、一级冷凝器、高温掺和段、一级反应器、二级冷凝器、气气换热器、二级反应器、三级硫冷器、捕集器、尾气加热器、加氢反应器、加氢冷凝器、急冷塔、吸收塔、尾气焚烧炉和烟囱等关键设备，分别进行核算。文中小数点均保留 1~2 位。

(一) 制硫炉计算及分析

1. 制硫炉物料计算

根据文献《化学分析结果计算中干基与湿基原换算》可知，湿物料得含水量表示方法为：

湿基含水量 w=湿物料中水分质量/湿物料总质量，kg/kg 湿物料；

干基含水量 X=湿物料中水分质量/湿物料绝干物料得质量，kg/kg 干物料；

换算关系：$X=w/(1-w)$

$w=X/(1+X)$

（1）酸性气进料组成

酸性气制硫炉主要是发生硫化氢的部分氧化反应以及附带的烃、氨等其他介质的燃烧，具体化学反应方程式见“第三部分第八节”；因新增络合铁单元，导致系统压降上升，设计制硫炉表压为 161kPa(表)，压降为 10kPa，根据实际显示炉头压力 55kPa(表)，绝压为 156kPa，以下压力均按绝压计，计算取压降为 10kPa。

清洁酸性气和含氨酸性气进入制硫炉温度分别为 40℃和 80℃，混合后温度按 64℃计，空气经预热后温度升至 98℃，根据设计文件中环境专篇内容，空气湿度按 80%，温度按 40℃计，清洁酸性气和含氨酸性气流量按平均值 4000Nm³/h，总量按比例 1：1 共计 8000Nm³/h，炉头保护 N_2 和工业风忽略不计，酸性气中各组分的组成及含水量按实际标定结果进行计算。因实际分析手段有限，该组成表忽略了烃类(以甲烷计)等其他物质。且本次计算不考虑有机硫影响，根据表 3-1 原料性质表和原料组成归一化可知，制硫炉入炉混合酸性气如表 4-1 所示。

表 4-1　进制硫炉酸性气组成表

项目	清洁酸性气			含氨酸性气			1：1	混合酸性气	
组分	组成/%	进气量/(Nm³/h)	摩尔量/(kmol/h)	组成/%	进气量/(Nm³/h)	摩尔量/(kmol/h)	组成/%	进气量/(Nm³/h)	摩尔量/(kmol/h)
H_2S	88.47	3538.80	157.98	35.80	1432.00	63.93	62.14	4970.80	221.91
CO_2	10.60	424.00	18.93	0.00	0.00	0.00	5.30	424.00	18.93
H_2O	0.93	37.20	1.66	30.20	1208.00	53.93	15.57	1245.20	55.59
CH_4	0.00	0.00	0.00		0.00	0.00	0.00	0.00	0.00
SO_2	0.00	0.00	0.00		0.00	0.00	0.00	0.00	0.00
NH_3	0.00	0.00	0.00	34.00	1360.00	60.71	17.00	1360.00	60.71
N_2	0.00	0.00	0.00		0.00	0.00	0.00	0.00	0.00
O_2	0.00	0.00	0.00		0.00	0.00	0.00	0.00	0.00
S_2	0.00	0.00	0.00		0.00	0.00	0.00	0.00	0.00
S_6	0.00	0.00	0.00		0.00	0.00	0.00	0.00	0.00
S_8	0.00	0.00	0.00		0.00	0.00	0.00	0.00	0.00
总量	100.00	4000.00	178.57	100.00	4000.00	178.57	100.00	8000.00	357.14

（2）制硫炉炉风量计算

为方便对制硫炉需氧量及过程气进行计算，本次核算采取简化的平衡常数法。忽略除主反应外生成 COS、CS_2 等的其他副反应；忽略 $S_1 \sim S_8$ 的多种形态，按照只选取主要的 S_2、S_6、S_8 进行计算；把一般概念上的焓($U+PV$)和反应热、燃烧焓等合并统一考虑；部分常数计算采取归纳公式。

1）计算进料酸性气需氧量 W

由表 4-1 可得出制硫炉入炉酸性气混合后组成(混合比例 1：1)，如表 4-2 所示。

表 4-2　制硫炉入炉酸性气混合组成

组分	进气量/(Nm^3/h)	摩尔量/(kmol/h)	组分	进气量/(Nm^3/h)	摩尔量/(kmol/h)
H_2S	4970.80	221.91	N_2	0.00	0.00
CO_2	424.00	18.93	O_2	0.00	0.00
H_2O	1245.20	55.59	S_2	0.00	0.00
CH_4	0.00	0.00	S_6	0.00	0.00
SO_2	0.00	0.00	S_8	0.00	0.00
NH_3	1360.00	60.71	总和	8000.00	357.14

根据 H_2S 燃烧反应方程式：

$$H_2S+3/2O_2 \xlongequal{} SO_2+H_2O$$

进料酸性气中有 1/3 的 H_2S 燃烧生成 SO_2，为保证酸性气中 H_2S 克劳斯反应的最优硫转化率，理论上制硫炉酸性气燃烧后，H_2S 与 SO_2 的最佳流量比为 2∶1。酸性气中的 H_2S 含量 $Q=221.91$kmol/h，则燃烧的 H_2S 量 $Q_1=221.91\times1/3=73.97$(kmol/h)，实际的氧气消耗量根据化学反应系数应当为 $W_1=73.90\times3/2=110.95$(kmol/h)；

根据 CH_4燃烧反应方程式：

$$CH_4+2O_2 \xlongequal{} CO_2+2H_2O$$

实际所消耗的氧为 0；

根据 NH_3 燃烧反应方程式：

$$NH_3+3/4O_2 \xlongequal{} 1/2N_2+3/2H_2O$$

理论上按照 NH_3 完全燃烧，则 NH_3 耗氧量为 $W_3=60.71\times3/4=45.53$(kmol/h)。

由上可知，进料酸性气的理论耗氧量 $W=110.95+54.53=156.48$(kmol/h)。

2）计算入炉空气组成

燃烧空气按照氧含量为 21%，氮气含量为 79%进行计算，空气中氮气流量 $W_{N_2}=W\times79\%/21\%=156.48\times79/21=588.69$(kmol/h)。

空气流量 $W_{AIR}=W+W_{N_2}=156.48+588.69=745.17$(kmol/h)。

由气体标准状态方程 $PV=nRT$ 可得，空气体积流量 $V_{AIR}=745.17\times22.4/1000\times(273.15+40)/273.15=19.14$($km^3/h$)。

根据标定结果测定装置现场环境温度为 40℃左右，湿度为 80%，空气压力为常压 1bar，如图 4-1 绝对湿度与相对湿度对应表所示。

根据上图所知，相对湿度 $RH=80\%$，温度=40℃时，空气湿度中 H_2O 的密度为 40.8g/m^3，可得 $mol_{H_2O}=19.14\times40.8=780.91$(kg/h)，进而可得空气中水的流量 $W_{H_2O}=m_{H_2O}/M_{H_2O}=780.91/18=43.38$(kmol/h)。

根据上述计算可知，实际入炉空气总量 $W_总$

$W_总=156.48+588.69+43.38=788.55$(kmol/h)，与设计值 738.91kmol/h 有 6.3%的偏差，在偏差允许范围之内。

(3) 制硫炉物料计算

1）计算进入反应炉原料气体组成

进入反应炉的原料气体由进料酸性气和燃烧空气组成，则可得进入反应炉原料气体组成如表 4-3 所示。

温度/℃	相对湿度(*RH*)/(°)																			
	5	10	15	20	25	30	35	40	45	50	55	60	65	70	75	80	85	90	95	100
	绝对湿度/(g/m^3)																			
5	0.34	0.68	1.02	1.36	1.70	2.04	2.38	2.72	3.06	3.40	3.73	4.07	4.41	4.75	5.09	5.43	5.77	6.11	5.45	6.79
10	0.47	0.94	1.41	1.88	2.35	2.82	3.29	3.76	4.23	4.70	5.16	5.63	6.10	6.57	7.04	7.51	7.98	8.43	8.92	9.39
15	0.64	1.28	1.92	2.56	3.21	3.85	4.49	5.13	5.77	6.41	7.05	7.69	8.33	8.97	9.62	10.26	10.90	11.54	12.18	12.82
20	0.86	1.73	2.58	3.45	4.32	6.18	4.04	6.91	7.77	8.64	9.50	10.36	11.23	12.09	12.95	13.82	14.68	15.54	16.41	17.27
25	1.15	2.30	3.45	4.60	5.75	6.90	8.05	9.20	10.35	11.51	12.66	13.81	14.96	16.11	17.26	18.41	19.56	20.71	21.86	22.01
30	1.62	3.03	4.55	6.00	7.58	9.09	10.61	12.12	13.64	15.16	16.67	18.19	19.70	21.22	22.73	24.25	25.76	27.28	28.79	30.31
35	1.98	3.95	5.93	7.90	9.88	11.85	13.83	15.80	17.78	19.76	21.73	23.71	25.68	27.65	29.63	31.61	33.58	35.56	37.53	39.61
40	2.55	5.10	7.65	10.20	12.75	15.30	17.85	20.40	22.95	25.50	28.05	30.60	33.15	35.70	38.25	40.80	43.35	45.90	48.45	51.00
45	3.26	6.52	9.78	13.04	16.30	19.56	22.82	26.08	29.34	32.61	35.87	39.13	42.39	45.65	48.91	52.17	55.43	58.69	61.93	65.71
50	4.13	8.27	12.40	16.53	20.66	24.80	28.93	33.06	37.18	41.33	45.46	49.59	53.72	57.66	61.99	66.12	70.25	74.39	78.52	82.65
55	5.19	10.39	15.58	30.78	28.97	31.17	36.36	41.56	46.75	51.95	57.14	62.33	67.53	70.72	77.92	83.11	85.31	93.50	98.70	101.89
60	6.48	12.95	19.43	20.91	32.39	38.86	45.34	31.82	58.29	64.77	71.25	77.72	84.20	90.68	97.16	103.63	110.31	115.59	123.05	128.54
65	8.02	16.03	24.05	32.06	40.08	48.09	58.11	64.12	72.14	80.15	88.17	96.18	104.20	112.51	120.23	128.24	136.26	144.27	152.29	160.30
70	9.85	19.69	29.54	39.39	40.24	59.08	68.93	70.78	88.62	98.47	108.32	108.32	118.51	137.85	147.71	157.55	167.40	177.25	182.09	196.94
75	12.05	24.03	38.05	48.06	60.08	72.09	84.11	95.12	108.14	120.16	132.17	144.19	155.20	160.22	180.23	192.25	204.26	215.28	228.29	240.31
80	24.57	29.13	40.79	58.27	70.83	87.40	101.97	110.53	131.10	145.67	160.23	174.80	189.36	203.93	218.50	233.06	247.63	262.20	276.74	291.33
85	17.55	35.10	52.65	70.20	87.75	105.29	122.84	140.39	157.94	175.49	193.04	210.59	220.14	245.69	263.24	280.78	293.33	315.88	333.43	350.93
90	21.02	42.04	63.03	84.07	105.09	126.11	147.13	158.14	189.16	210.18	231.20	252.22	273.23	290.25	315.27	356.29	357.31	378.32	399.34	420.36
95	25.03	50.05	75.09	100.12	125.15	150.18	178.21	200.24	225.27	250.30	275.33	300.36	325.39	350.42	375.45	400.48	425.51	450.54	475.57	500.60
100	29.65	59.30	83.94	118.59	148.24	177.89	207.54	237.18	266.33	296.48	326.13	355.78	385.42	415.07	444.72	474.37	504.02	533.66	591.31	592.98

图 4-1　绝对湿度与相对湿度对应表(大气压：1bar)

表 4-3　进入反应炉原料气体组成

	酸性气组成/%(摩)	摩尔量/(kmol/h)	空气组成/%(摩)	摩尔量/(kmol/h)	入炉总计/(kmol/h)
H_2S	62.135	221.91	—	—	221.91
CO_2	5.3	18.92	—	—	18.92
H_2O	15.565	55.58	5.50067	43.37577	98.95577
CH_4	0	0	0	0	0
SO_2	—	—	0	0	0
NH_3	17	60.71	0	0	60.71
N_2	—	—	74.65447	588.6911	588.6911
O_2	—	—	19.84486	156.4875	156.4875
S_2	—	—	0	0	0
S_6	—	—	0	0	0
S_8	—	—	0	0	0
合计	—	357.12	0	788.5543	1145.674

2）计算进入反应炉内燃烧产物组成

理论上假定入炉原料酸性气中 0kmol/hCH_4、60.71kmol/hNH_3 完全燃烧，1/3 的进料 H_2S 即 73.97kmol/h 参与燃烧反应生成 SO_2。

根据 H_2S 燃烧反应方程式：

$$H_2S+3/2O_2 = SO_2+H_2O$$

可得 H_2S 燃烧生成 SO_2 的流量为 $W_{SO_2}=W_{燃烧H_2S}\times1=73.97(kmol/h)$

生成 H_2O 的流量为 $W_{H_2O}=W_{燃烧H_2S}\times1=73.97(kmol/h)$。

根据 CH_4 燃烧反应方程式：

$$CH_4+2O_2 = CO_2+2H_2O$$

可得 CH_4 燃烧生成 CO_2 的流量为 $W_{CO_2}=0kmol/h$。

生成 H_2O 的流量为 $W_{H_2O}=0\times2=0(kmol/h)$

根据 NH_3 燃烧反应方程式：

$$NH_3+3/4O_2 = 1/2N_2+3/2H_2O$$

可得 NH_3 燃烧生成 N_2 的流量为 $W_{N_2}=60.71\times1/2=30.36(kmol/h)$

生成 H_2O 的流量为 $W_{H_2O}=60.71\times3/2=91.06(kmol/h)$

根据以上可以分别计算反应炉内燃烧后各组分流量，如表 4-4 所示。

表 4-4　反应炉内燃烧产物组成

组分	酸性气组成/%(摩)	摩尔量/(kmol/h)	空气组成/%(摩)	摩尔量/(kmol/h)	入炉总计/(kmol/h)	燃烧后未反应/(kmol/h)
H_2S	62.135	221.91	—	—	221.91	147.94
CO_2	5.3	18.92	—	—	18.92	18.92

续表

组分	酸性气组成/%(摩)	摩尔量/(kmol/h)	空气组成/%(摩)	摩尔量/(kmol/h)	入炉总计/(kmol/h)	燃烧后未反应/(kmol/h)
H_2O	15.565	55.58	5.50067	43.37577	98.95577	172.9258
CH_4	0	0	0	0	0	—
SO_2	—	—	0	0	0	73.97
NH_3	17	60.71	0	0	60.71	—
N_2	—	—	74.65447	588.6911	588.6911	588.6911
O_2	—	—	19.84486	156.4875	156.4875	—
S_2	—	—	0	0	0	—
S_6	—	—	0	0	0	—
S_8	—	—	0	0	0	—
合计		357.12	0	788.5543	1145.674	1002.447

3）计算进入反应炉内反应产物组成

图 4-2 为气相中硫组分的摩尔分数分布图，由该图可以看出，在反应炉高温下，生成的 S_6 和 S_8 含量很低，绝大部分几乎以 S_2 存在。为便于计算，假定反应生成的硫全部为 S_2，反应炉内不发生其他副反应。

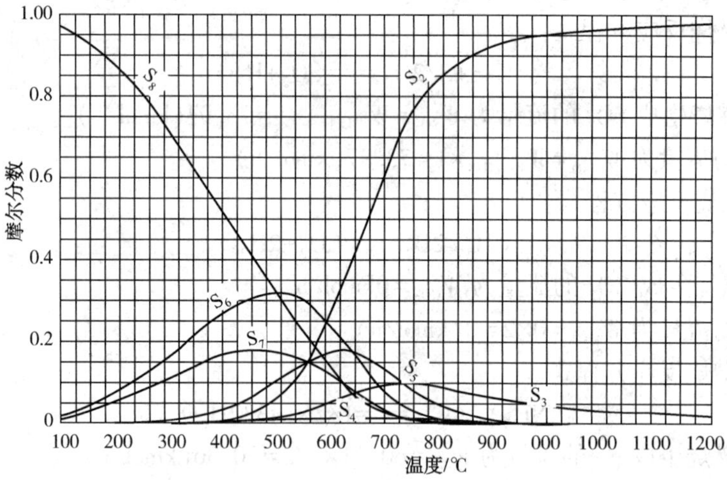

图 4-2　气相中硫组分的摩尔分数

设与 SO_2 反应生成 S_2 的 H_2S 的量为 $x$kmol/h，根据反应方程式

$$H_2S+1/2SO_2 \xlongequal{} 3/4S_2+H_2O$$

可以计算出生成的 S_2 的流量为 $W_{S_2}=0.75x\text{kmol/h}$；

生成的 H_2O 的流量为 $W_{H_2O}=x\text{kmol/h}$；

则可得反应炉内反应产物组成如表 4-5 所示。

表 4-5　反应炉内反应产物组成

组分	酸性气组成/%(摩)	摩尔流量/(kmol/h)	空气组成/%(摩尔)	摩尔流量/(kmol/h)	入炉总计/(kmol/h)	燃烧后未反应/(kmol/h)	反应后产物/(kmol/h)
H_2S	62.135	221.91	—	—	221.91	147.94	$147.94-x$
CO_2	5.3	18.92	—	—	18.92	18.92	18.92
H_2O	15.565	55.58	5.50067	43.37577	98.95577	172.9258	$172.92+x$
CH_4	0	0	0	0	0	—	—
SO_2	—	—	0	0	0	73.97	$73.97-0.5x$
NH_3	17	60.71	0	0	60.71	—	—
N_2	—	—	74.65447	588.6911	588.6911	588.6911	588.69
O_2	—	—	19.84486	156.4875	156.4875	—	—
S_2	—	—	0	0	0	—	$—0.75x$
S_6	—	—	0	0	0	—	—
S_8	—	—	0	0	0	—	—
合计		357.12	0	788.5543	1145.674	1002.447	$1002+0.25x$

4）计算反应炉温度及组成

反应炉温度根据 Claus 反应遵循的以下原则进行计算：

① 反应前后原子数平衡；

② 反应平衡；

③ 反应前后能量平衡；

④ 根据已知条件列方程组；

⑤ 对难以求解的方程组采用试算法求解。

求解步骤如图 4-3 所示。

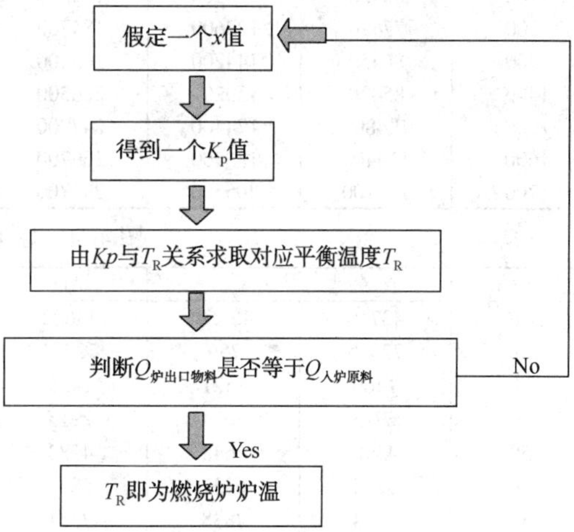

图 4-3　热平衡求解思路图

假设制硫炉压降为 10kPa，出口过程气压力 $\pi=156-10=146\text{kPa}=1.46\text{atm}$，

根据反应方程式：

$$H_2S+1/2SO_2 = 3/4S_2+H_2O$$

其中，K_p 的定义为：对某一可逆反应，在一定温度下，无论反应物的起始浓度如何，反应达到平衡状态后，反应物与生成物浓度系数次方的比是一个常数，即化学平衡常数，用 K_p 表示，平衡常数越大，反应越彻底。

经过上述化学反应后，上述 4 种组分达到平衡状态，反应前后摩尔数变化 $\Delta n=1/4$，可得平衡常数。

$K_p=(\text{mols } H_2O)^2\times(\text{mol } S_2)^{3/x}/[(\text{mols } H_2S)^2\times(\text{mols } SO_2)]\times(\pi/\text{total mols})^{3/x-1}=(172.92+x)^2\times(0.75x)^{1.5}/[(147.94-x)^2\times(73.97-0.5x)]\times[1.46/(1002+0.25x)]^{0.5}$

根据该反应 K_p 与 $T(T\geqslant700\text{K})$ 的拟合公式

$$T=-592.5+1215\ln(K_p)-374.8[\ln(K_p)]^2+50.47[\ln(K_p)]^3$$

可求得 T，再计算此温度下的 $Q_{反应产物}$，其中 $Q_{反应产物}=\sum W_{mol}\times H$。

为求得不同温度下各组分的气体焓值 H，根据目前查询可得的气体的焓值图图 4-4 和图 4-5，拟合出各组分焓值与温度关系式。

温度/℃	C_1*	C_2	C_3	nC_4	iC_4	nC_5	nC_6
15	519.2	756.3	1052	1414	1379	1720	2042
25	868.8	1275	1778	2388	2331	2905	3450
50	1758	2626	3680	4934	4833	6004	7132
100	3617	5565	7862	10510	10350	12800	15220
150	5614	8826	12540	16730	16550	20400	24260
200	7770	12400	17700	23570	23390	28760	34220
250	10090	16290	23310	30990	30820	37870	45050
300	12590	20460	29340	38940	38820	47650	56690
350	15240	24910	35770	47390	47320	58070	69060
400	18040	29620	42550	56310	56280	69080	82120
450	20990	34560	49670	65650	65680	80630	95800
500	24060	39740	57100	75380	75480	92680	110100
550	27250	45120	64830	85490	85640	105200	124800
600	30560	50710	72830	95940	96160	118100	140100
650	33980	56490	81090	106700	107000	131500	155900
700	37500	62450	89590	117800	118100	145200	172000
800	44820	74840	107200	140800	141200	173600	205500
900	52510	87820	125700	164800	165300	203300	240300
1000	60530	101300	144800	189600	190200	233900	276300
1100	68850	115200	164500	215100	215800	265500	313400
1200	77470	129600	184700	241300	242100	298000	351400
1300	86350	144200	205400	268100	268900	331200	390300
1400	85470	159200	226500	295400	296200	365100	430100
1500	104800	174400	247900	323100	323900	399700	470600
1600	114400	189900	269700	351100	352000	434900	511900
1700	124100	205500	291700	379500	380500	470800	553900

图 4-4　烃类物质焓值图表

温度/℃	N_2*	O_2*	Air	H_2*	CO*	CO_2*	H_2O*
15	437.6	452.4	436.2	439.5	437.9	548.7	512.5
25	729.5	756	727.2	732.3	730.1	921	855.7
50	1460	1521	1455	1464	1461	1873	1719
100	2923	3074	2915	2924	2927	3861	3461
150	4390	4648	4383	4381	4398	5941	5221
200	5863	6237	5861	5838	5878	8100	6994
250	7344	7838	7351	7293	7369	10330	8779
300	8836	9449	8857	8748	8873	12620	10580
350	10340	11070	10380	10200	10390	14970	12390
400	11860	12700	11920	11660	11930	17370	14220
450	13390	14330	13470	13120	13480	19830	16070
500	14940	15970	15050	14570	15050	22330	17950
550	16510	17630	16640	16040	16640	24880	19850
600	18090	19290	18240	17500	18250	27480	21780
650	19690	20960	19870	18980	19870	30110	23750
700	21300	22650	21500	20450	21510	32780	25740
800	24580	26050	24820	23430	24830	38220	29840
900	27910	29500	28190	26450	28210	43780	34090
1000	31290	33000	31600	29510	31630	49440	38470
1100	34710	36540	35050	32620	35100	55180	43000
1200	38170	40140	38540	35780	38600	60990	47650
1300	41660	43780	42050	38990	42130	66860	52420
1400	45180	47470	45590	42250	45690	72790	57300
1500	48730	51190	49160	45560	49270	78760	62280
1600	52310	54950	52740	48920	52870	84770	67360
1700	55900	58750	56350	52320	56490	90810	72520

图 4-5　常见物质焓值图表

经过拟合各组分焓值与温度关系式进行回归如表4-6所示，温度单位为℃，焓值单位为kJ/kmol，根据不同物质的所在温度区间，代入上述公式即可求得对应焓值。

表4-6　气体的焓值公式　　kJ/kmol

组分	温度区间/℃	拟合公式	组分	温度区间/℃	拟合公式
CH_4	0~400	$y=0.0315x^2+32.359x+45.093$	S_6	0~400	$y=0.0191x^2+115.56x-133.47$
H_2S	0~400	$y=0.0099x^2+32.437x+30.343$		900~1400	$y=0.0059x^2+122.3x-164.29$
	900~1400	$y=0.0052x^2+40.061x-2912.9$	S_8	0~400	$y=0.0307x^2+158.57x-142.22$
CO_2	0~400	$y=0.0144x^2+37.835x-42.006$		900~1400	$y=-0.0025x^2+202.24x-16609$
	900~1400	$y=0.0033x^2+50.354x-4247.3$	H_2	0~400	$y=-0.0002x^2+29.209x+2.9778$
H_2O	0~400	$y=0.0028x^2+34.43x-7.3451$		900~1400	$y=0.0025x^2+25.85x+1160$
	900~1400	$y=0.0062x^2+32.232x+70$	C_2	0~400	$y=0.0601x^2+50.177x-27.538$
O_2	0~400	$y=0.0027x^2+30.715x-16.262$		900~1400	$y=0.0186x^2+100.14x-17380$
	900~1400	$y=0.0024x^2+30.395x+191.86$	C_3	0~400	$y=0.0867x^2+72.844x-373.8$
N_2	0~400	$y=0.0017x^2+28.933x+7.1727$		900~1400	$y=0.025x^2+144.21x-24371$
	900~1400	$y=0.0018x^2+30.524x-980.86$	nC_4	0~400	$y=0.1141x^2+95.635x-107.6$
SO_2	0~400	$y=0.0131x^2+41.091x-57.801$		900~1400	$y=0.0334x^2+183.68x-27487$
	900~1400	$y=0.0033x^2+50.5x-2869.9$	iC_4	0~400	$y=0.1191x^2+93.955x-135.01$
S_2	0~400	$y=0.0048x^2+32.805x-21.34$		900~1400	$y=0.03x^2+192.97x-32717$
	900~1400	$y=0.0016x^2+35.109x-460.57$			

在制硫炉内主要化学反应为H_2S燃烧、CH_4燃烧、NH_3燃烧和克劳斯反应，根据资料查得各个反应热如表4-7所示，根据反应系数可知总的反应热Q为反应产物x的函数。

表4-7　制硫炉燃烧热列表

参与化学反应物质	反应热/(kJ/kmol)	反应系数	热量/(MJ/h)
H_2S燃烧	517900	73.97	38309.06
CH_4燃烧	802800	0	0
克劳斯反应	-47060	$147.9-x$	-2381.09
NH_3分解反应	316800	60.71	19232.93
Q反应产物			含有x的函数

根据以上资料，分别假定与SO_2反应生成S_2的H_2S的量x为94、96、98和100kmol/h，如表4-8所示，计算反应产物、平衡常数K_p、反应温度T_R、$Q_{反应产物}$如表4-8所示，根据试验结果可知，在实际制硫炉反应温度1200~1400℃之间时，试验的x值在94~98之间，随着反应温度的升高，K_p值增加，S_2生成量呈正比增加，说明温度越高，S转化率越高，符合图4-6反应平衡常数与温度的关系图所示。

表4-8　反应炉假定反应产物性质表　　kmol/h

假设H_2S与SO_2反应量x	94	96	98	100
H_2S	53.94	51.94	49.94	47.94
CO_2	18.92	18.92	18.92	18.92
H_2O	357.9907748	359.9907748	361.99	363.9907748
CH_4	0	0	0.00	0

续表

假设 H_2S 与 SO_2 反应量 x	94	96	98	100
SO_2	26.97	25.97	24.97	23.97
NH_3	0	0	0.00	0
N_2	619.0460714	619.0460714	619.05	619.0460714
O_2	0	0	0.00	0
S_2	70.5	72	73.50	75
S_6	0	0	0.00	0
S_8	0	0	0.00	0
平衡常数 K_p	34.48655356	40.30290207	47.27662886	55.68652719
反应炉温度 T_R/℃	1250.960948	1326.607935	1413.386208	1513.486214
$Q_{反应产物}$/(MJ/h)	58218.01545	58209	58201.17632	58192.75675

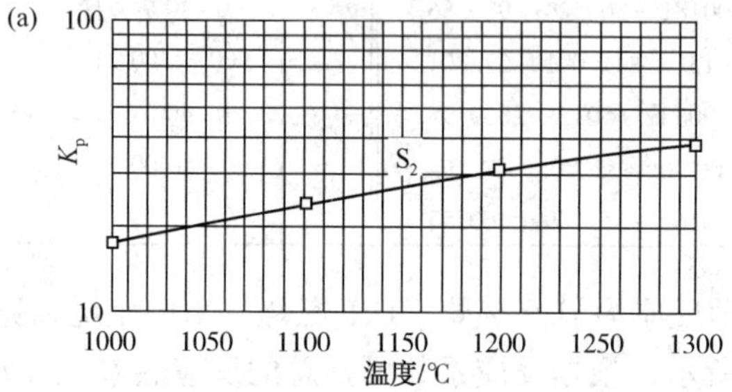

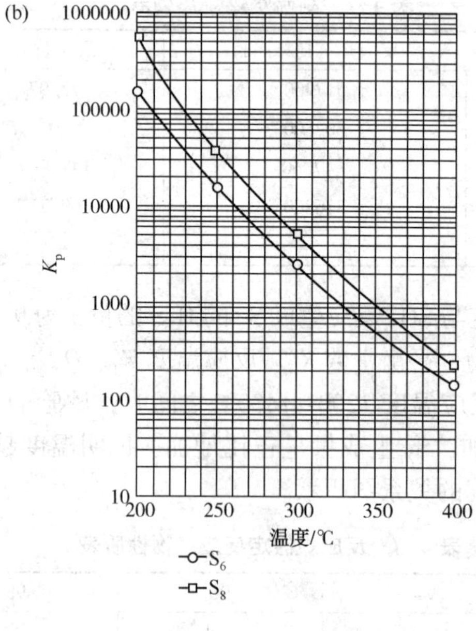

图 4-6　反应平衡常数与温度的关系图

根据入炉原料气性质及焓值与温度关系，如表 4-9 所示，可计算出 $Q_{入炉原料}$ = -3041.82MJ/h。

表 4-9　入炉原料气性质及焓值与温度关系表

组分	组成/%(摩)	摩尔流量/(kmol/h)	焓值/(kJ/kmol)	热量/(MJ/h)	空气组成/%(摩)	摩尔流量/(kmol/h)	焓值/(kJ/kmol)	热量/(MJ/h)
H_2S	62.135	221.91	2146.861	476.41				
CO_2	5.3	18.92	2438.416	46.13484				
H_2O	15.565	55.58	2207.644	122.7008	5.50067	43.375775	3393.686	147.2038
CH_4	0	0	2245.093	0				
SO_2								
NH_3	17	60.71	1544.9	93.79089				
N_2					74.65447	588.69107	2858.934	1683.029
O_2					19.84486	156.4875	3019.739	472.5514
S_2								
S_6								
S_8								
分别合计			739.0366				2302.784	
$Q_{入炉原料}$								3041.82

含有 x 的函数建立的出口过程气性质及焓值与温度关系如表 4-10 所示，可计算出 $Q_{入炉原料}=-3041.82$MJ/h。

表 4-10　出口过程气性质及焓值

组分	组成/%(摩)	反应后产物的量/(kmol/h)	组分	组成/%(摩)	反应后产物的量/(kmol/h)
H_2S	62.135	147.94-x	N_2	—	588.69
CO_2	5.3	18.92	O_2	—	—
H_2O	15.565	172.92+x	S_2	—	0.75x
CH_4	0	—	S_6	—	—
SO_2	—	73.97-0.5x	S_8	—	—
NH_3	17	—			

根据热量平衡原理，即 $Q_{入炉原料}+Q_{反应产物}=Q_{出炉过程气}$，求得 $x=97.34$，即与 SO_2 反应生成 S_2 的 H_2S 的量为 97.34kmol/h 时，$Q_{入炉原料}+Q_{反应产物}$ 与 $Q_{出炉过程气}$ 最接近，对应反应温度为 1383℃，平衡常数 $K_p=44.84$，代入表 4-5 可得反应炉各物料性质如表 4-11 所示。

表 4-11　反应炉各物料性质表　　kmol/h

组分	摩尔量	摩尔量	入炉总计	燃烧后未反应	反应后产物
H_2S	221.91	—	221.91	147.94	50.597
CO_2	18.92	—	18.92	18.92	18.92
H_2O	55.58	43.37577	98.95577	172.9258	361.3338
CH_4	0	0	0	—	—
SO_2	—	0	0	73.97	25.2985
NH_3	60.71	0	60.71	—	—
N_2	—	588.6911	588.6911	588.6911	619.0461
O_2	—	156.4875	156.4875	—	—
S_2	—	0	0	—	73.00725
S_6	—	0	0	—	—
S_8	—	0	0	—	—
合计	357.12	788.5543	1145.674	1002.447	1148.203

2. 制硫炉温度核算

标定期间，反应炉头平均炉温显示为1360℃，中部平均温度为1250℃，低于理论计算值1383℃，这主要是由于酸性气原料测量不准确，特别是含氨酸性气中的水含量可能偏差较大，影响了制硫炉炉温。本装置反应炉进料采取分流法，含氨酸性气和部分清洁酸性气进炉头，部分清洁酸性气进炉中部，分流法有利于提高反应炉炉温，对原料酸性气浓度低及处理含氨酸性气的装置较为适用。

3. 制硫炉停留时间核算

查制硫炉图纸，可得制硫炉主体筒体长为7100mm，直径为2800mm(减去浇注料厚度)，注意忽略了炉头及变径部分体积，可得制硫炉筒体体积为：

$$V=\pi(D^2/4)\times L=3.14\times(2.8\times2.8/4)\times7.1=43.69(m^3)$$

由反应炉物料计算可得反应产物标准体积，则：

$$V_1=1148.2\times22.4/3600=7.14(m^3/s)$$

根据标准状态方程 $PV=nRT$，可得 $V=nRT/P$，则：

$$V_{实}=[(p_1\times T_{实})/(p_{实}\times T_1)]\times V_1$$

$$=\{[101\times(1383+275.13)]/[(101+55)\times273.15]\}\times7.14=28.04(m^3/s)$$

可得酸性气在反应炉停留时间为 $t=82.57/28.04=1.55(s)$

根据设计文件和资料，制硫炉停留时间在1s左右，因此计算基本符合设计文件的数据要求。

根据制硫炉计算，元素平衡表如表4-12所示。

表4-12　制硫炉元素平衡表

kmol/h

组分	硫平衡		氮平衡		碳平衡		氢平衡	
	入方	出方	入方	出方	入方	出方	入方	出方
H_2S	221.91	50.597					221.91	50.597
CO_2					18.92	18.92		
H_2O							98.95577	361.3338
CH_4					0			
SO_2		25.29						
NH_3			60.71				60.71	
N_2			588.69	619.04				
O_2								
S_2		73						
S_6								
S_8								
总和	221.91	221.887	1238.09	1238.08	18.92	18.92	823.86154	823.8616

（二）余热锅炉计算及分析

1. 余热锅炉取热量计算

余热锅炉热量衡算与制硫炉相同，需计入因温度降低引起的过程气中S组分的变化及校核S露点。

由上述计算可知，1383℃过程气中的 S_2 为73kmol/h，余热锅炉出口过程气温度为350℃，假设压降为2kPa，出口压力为143kPa(绝)，查询不同温度下 S_2、S_6、S_8 的摩尔分数图 4-2，假设 S_2 全部转化成 S_6、S_8，其中 S_6 ：S_8 = 0. 25 ：0. 58，归一后 S_6 ：S_8 = 0. 3 ：0. 7，由 S 原子平衡和该温度下的摩尔比可得：

$$2W_{S_2}=6W_{S_6}+8W_{S_8}$$

解得：$W_{S_6}=5.91\text{kmol/h}$　$W_{S_8}=13.81\text{kmol/h}$

根据 S 蒸气的分压定律公式：

$$P_{分}=[(S_2+S_6+S_8)/(总摩尔)]\times(总压)$$
$$=[(0+5.91+13.81)/1094.93]\times143=2.57(\text{kPa})$$

根据 S 蒸气饱和蒸气压的计算公式（图 4-7），其中 $t_{出}=350℃$，

$$P_{饱}=10^{-3}\times e^{\{89.273-[13463+(T_{出}+273.15)]-8.9643\times\ln(T_{出}+273.15)\}}$$
$$=21.6(\text{kPa})$$

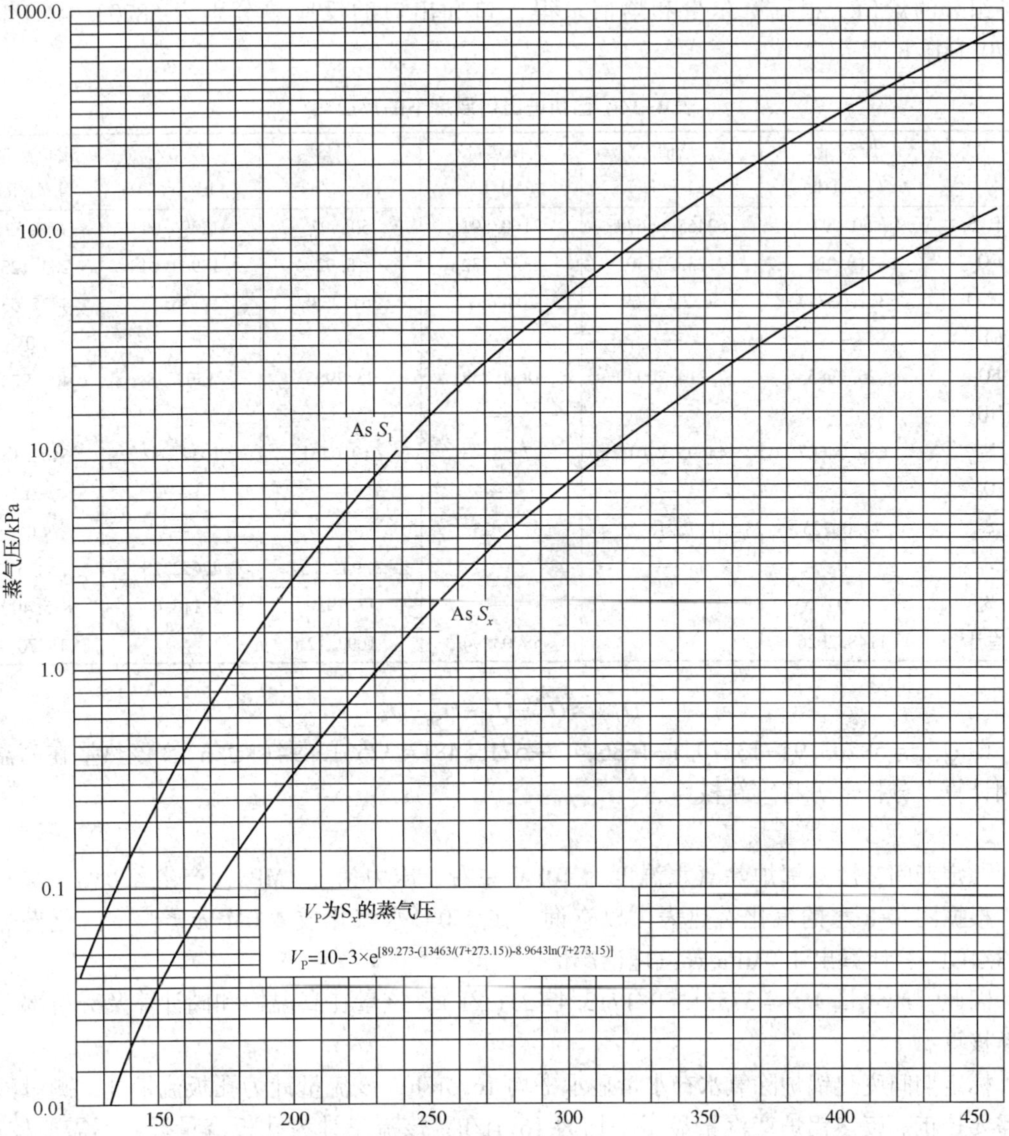

图 4-7　硫蒸气饱和蒸气压的计算公式图

因此，$P_{饱}>P_{分}$，该温度下S饱和蒸气压大于实际出口分压，即无液体S冷凝析出。

在350℃下的S_6和S_8的反应热如表4-13所示。

表4-13 350℃下的S_6和S_8的反应热

S形态	出口温度下的摩尔比	硫原子比	进料	总硫原子	分配硫原子	实际流量/(kmol/h)	反应热/(kJ/kmol)	热量/(MJ/h)
S_2	0	0	73.00		0	0		0
S_6	0.3	1.8	0	146.01	35.517041	5.919507	284900	1686.467
S_8	0.7	5.6	0		110.49746	13.81218	413800	5715.481

根据已知条件，余热锅炉的入口温度为1383℃和出口温度为350℃，根据表4-14求得各种组分的焓值，根据摩尔量和焓值求得入口和出口的反应热分别为58203.94MJ/h和13270.1MJ/h所示。

表4-14 已知进出口温度下的反应热

	摩尔量/(kmol/h)	焓值/(kJ/kmol)	入口热量/(MJ/h)	摩尔量/(kmol/h)	焓值/(kJ/kmol)	出口热量/(MJ/h)
H_2S	50.597	62465.96678	3160.591	50.597	12596.04	637.322
CO_2	18.92	71735.31501	1357.232	18.92	14964.24	283.1235
H_2O	361.33377	56531.3969	20426.7	361.3338	12386.15	4475.536
CH_4	—	—	—	—	—	0
SO_2	25.2985	73314.70949	1854.752	25.2985	15928.8	402.9747
NH_3	—	—	—	—	—	0
N_2	619.04607	44695.27016	27668.43	619.0461	10341.97	6402.158
O_2	—	—	—	—	—	0
S_2	73.00725	51176.18929	3736.233	—	—	0
S_6	0	—	—	5.945216	42652.28	253.577
S_8	0	—	—	13.7929	59118.03	815.4091
总计	1148.2026		58203.94	1093.72		13270.1

$$Q_{相变}=Q_{入}-Q_{出}-Q_{S6}-Q_{S8}$$

即$Q_{相变}=58203.94-13270.1-1686.467-5715.481=37531.894$(MJ/h)，该热量在高温掺和阀计算及分析部分将重新核算。

2. 余热锅炉产汽量核算

标定期间，废热锅炉除氧水温度为101℃左右，压力为5.4MPa，产生4.0MPa饱和蒸汽，根据图4-8水的汽化潜热表可以查询，在250℃水汽化成4.0MPa蒸汽，汽化潜热为1713.4GJ/t，计算出4.0MPa蒸汽理论产量。

因此，产气量$M_{4.0}=37531.89/1713.4=21$(t/h)，该量在高温挽和阀计算及分析部分将重新核算。

标定期间废热锅炉除氧水补水量显示平均16.5t/h，该流量计为孔板流量计，测量液体不需要校正。废热锅炉产汽量显示平均为16.1t/h，该流量计为孔板流量计，不需要校正。除氧水量与产汽量相差为0.4t/h，偏差为2.1%，在允许范围3%以内。因高温掺和阀开度在后续计算，因此，该部分产气量将在高温掺和阀计算及分析部分进行重新核算。

压力/MPa	温度/℃	汽化潜热kJ/kg	压力/MPa	温度/℃	汽化潜热kJ/kg	压力/MPa	温度/℃	汽化潜热kJ/kg	压力/MPa	温度/℃	汽化潜热kJ/kg
0.001	6.9491	2484.1	0.09	96.7121	2265.3	1.3	191.644	1972.1	9	303.385	1378.9
0.002	17.5403	2459.1	0.1	99.634	2257.6	1.4	195.078	1959.1	10	311.037	1317.2
0.003	24.1142	2443.6	0.12	104.81	2243.9	1.5	198.327	1946.6	11	318.118	1255.7
0.004	28.9533	2432.2	0.14	109.318	2231.8	1.6	201.41	1934.6	12	324.715	1193.8
0.005	32.8793	2422.8	0.16	113.326	2220.9	1.7	204.346	1923	13	330.894	1131
0.006	36.1663	2415	0.18	116.941	2210.9	1.8	207.151	1911.7	14	336.707	1066.7
0.007	38.9967	2408.3	0.2	120.24	2201.7	1.9	209.838	1900.7	15	342.196	1000.2
0.08	41.5075	2402.3	0.25	127.444	2181.4	2	212.417	1890	16	347.396	930.8
0.009	43.7901	2396.8	0.3	133.556	2163.7	2.2	217.289	1869.4	17	352.334	857.1
0.01	45.7988	2392	0.35	138.891	2147.9	2.4	221.829	1849.8	18	357.034	777.4
0.015	53.9705	2372.3	0.4	143.642	2133.6	2.6	226.085	1830.8	19	361.514	688.9
0.02	60.065	2357.5	0.5	151.867	2108.2	2.8	230.096	1812.6	20	365.789	585.9
0.025	64.9726	2345.5	0.6	158.863	2086	3	233.893	1794.9	21	369.868	452.4
0.03	69.1041	2335.3	0.7	164.983	2066	3.5	242.597	1752.9			
0.04	75.872	2318.5	0.8	170.444	2047.7	4	250.394	1713.4			
0.05	81.3388	2304.8	0.9	175.389	2030.7	5	263.98	1639.5			
0.06	85.9196	2293.1	1	179.916	2014.8	6	275.625	1570.5			
0.07	89.9556	2282.8	1.1	184.1	1999.9	7	285.869	1504.8			
0.08	93.5107	2273.6	1.2	187.995	1985.7	8	295.048	1441.2			

图 4-8　水的汽化潜热表

3. 废热锅炉硫露点温度核算

由上述计算可知，

$$P_{分}=[(S_2+S_6+S_8)/(总摩尔)]\times(总压)$$
$$=[(0+5.91+13.81)/1094.93]\times143=2.57(kPa)$$
$$P_{饱}=10^{-3}\times e^{\{89.273-[13463\div(T_{出}+273.15)]-8.9643\times\ln(T_{出}+273.15)\}}$$

当 $P_{饱}=P_{分}$，计算得余热锅炉硫露点温度 $T=264℃<350℃$，由此可知废热锅炉理论上无液硫析出。

（三）一级冷凝器计算及分析

1. 一级冷凝器取热量计算

由余热锅炉取热量计算可知，350℃过程气中的 $S_6=5.91kmol/h$，$S_8=13.81kmol/h$，一级硫冷器出口过程气温度为170℃，假设压降为2kPa，出口压力为141kPa(绝)，查询170℃下 S_2、S_6、S_8 的摩尔分数图 4-2，假设 S_2 全部转化成 S_6、S_8，其中 $S_6:S_8=0.06:0.92$，归一后 $S_6:S_8=0.06:0.94$，由 S 原子平衡和该温度下的摩尔比可得：

$$6W_{S_6}+8W_{S_8}=6W_{S_6}'+8W_{S_8}'$$

解得：$W_{S_6}=1.11kmol/h$　$W_{S_8}=17.41kmol/h$

根据 S 蒸气的分压定律公式：

$$P_{分}=[(S_2+S_6+S_8)/(总摩尔)]\times(总压)$$
$$=[(0+1.11+17.41)/1093.72]\times141=2.38(kPa)$$

根据 S 蒸气饱和蒸气压的计算公式图，其中 $t_{出}=170℃$，

$$P_{饱}=10^{-3}\times e^{\{89.273-[13463\div(T_{出}+273.15)]-8.9643\times\ln(T_{出}+273.15)\}}$$
$$=0.071(kPa)$$

因此，$P_{饱}<P_{分}$，该温度下S饱和蒸气压小于实际出口分压，即有液体S冷凝析出。

设气相中S_6和S_8的流量总和为$a$kmol/h，由道尔顿分压定律$P_{分}/P_{总}=n_{分}/n_{总}$，可得：

$$0.071/141=a/(50.59+18.92+361.33+25.29+619.04+a)$$

解得：$a=0.54$kmol/h

根据$S_6：S_8=0.06：0.94$，解得$W_{S_6气}=0.04$kmol/h　$W_{S_8气}=0.50$kmol/h。

冷凝下的液硫中$W_{S_6液}=1.11-0.04=1.07$(kmol/h)。

$$W_{S_8液}=17.41-0.5=16.91(\text{kmol/h})$$

查液硫的相变热图4-8可知，S_6冷凝热为420kJ/kg，S_8冷凝热为290kJ/kg。

液硫中$m_{S_6液}=1.11\times32\times6=213.12$(kg/h)

$$m_{S_8液}=17.41\times32\times8=4456(\text{kg/h})$$

则液硫的冷凝热为$Q_{冷凝热}=213.12\times420/1000+4456\times290/1000=1382.76$(MJ/h)

冷凝后液相热量忽略不计。170℃下的S_6和S_8的反应热如表4-15所示。

表4-15　170℃下的S_6和S_8的反应热

S形态	出口温度下的摩尔比	硫原子比	总进料	总硫原子	分配硫原子	冷凝前流量/(kmol/h)	冷凝焓值/(kPa)	冷凝热/(MJ/h)	试算冷凝后气相/(kmol/h)
S_2	0	0	0	—	0	0	0	0	—
S_6	0.06	0.36	5.919507	146.0145	6.6707132	1.111786	420	89.65439	0.0324
S_8	0.94	7.52	13.81218	—	139.34379	17.41797	290	1293.11	0.5076
								1382.76	0.54

根据已知条件，一级冷凝器的入口温度为350℃和出口温度为170℃，根据表4-6求得各种组分的焓值，根据摩尔流量和焓值求得入口和出口的反应热分别为13270.1MJ/h和6089.1MJ/h。一级硫冷器出入口各组分性质如表4-16所示，硫的冷凝热曲线如图4-9所示。

表4-16　一级硫冷器出入口各组分性质表

	摩尔流量/(kmol/h)	焓值/(kJ/kmol)	热量/(MJ/h)	摩尔流量冷凝前	冷凝后气相量	冷凝后液相量	焓值/(kJ/kmol)	热量/(MJ/h)
H_2S	50.597	12596.04	637.322	50.597	50.597		6081.849	307.7233
CO_2	18.92	14964.24	283.1235	18.92	18.92		7105.927	134.4441
H_2O	361.3338	12386.15	4475.536	361.3338	361.33377		6174.486	2231.05
CH_4								
SO_2	25.2985	15928.8	402.9747	25.2985	25.2985		7625.716	192.9192
NH_3								
N_2	619.0461	10341.97	6402.158	619.0461	619.04607		5181.573	3207.632
O_2								
S_2								
S_6	5.919507	42652.28	253.577	1.111786	0.0324	1.079386	20919.03	0.677777
S_8	13.81218	59118.03	815.4091	17.41797	0.5076	16.91037	28886.47	14.66277
总计	1094.933		13270.1	1093.725	1075.735	17.98976		6089.11

2. 一级硫冷器产汽量核算

标定期间，废热锅炉除氧水温度为101℃左右，压力为2.0MPa，产生0.4MPa饱和蒸汽，根据图4-8水的汽化潜热表可以查询，在143℃水汽化成0.4MPa蒸汽，汽化潜热为2133.6kJ/kg，计算出4.0MPa蒸汽理论产量。

因此，产气量 $M_{0.4}$ = (13270.1－6089.11＋1382.76)/2133.4＝4.0(t/h)，因高温掺和阀开度在后续计算，该部分产气量将在高温掺和阀计算及分析部分进行重新核算。

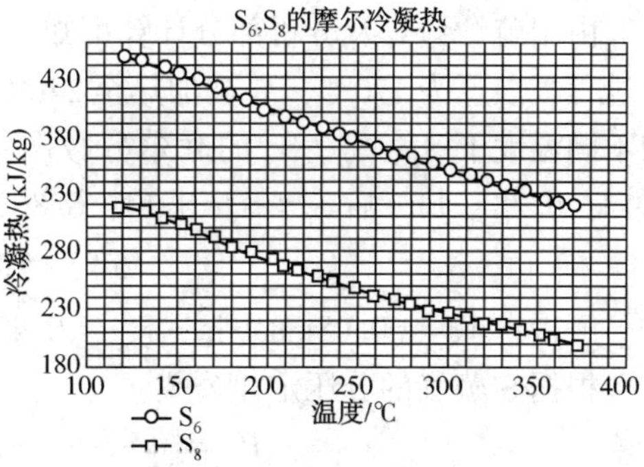

图4-9　硫的冷凝热曲线

标定期间一级冷凝器除氧水补水量显示平均为4.5t/h，该流量计为孔板流量计，测量液体不需要校正。废热锅炉产汽量显示平均为4.2t/h，该流量计为孔板流量计，不需要校正。因高温掺和阀开度在后续计算，因此该部分产气量将在高温掺和阀计算及分析部分重新核算。

3. 一级冷凝器硫露点温度核算

由上述计算可知，

$$P_{分}=[(S_2+S_6+S_8)/(总摩尔)]\times(总压)$$
$$=[(0+1.11+17.41)/1093.72]\times141=2.38(kPa)$$
$$P_{饱}=10^{-3}\times e^{\{89.273-[13463\div(T_{出}+273.15)]-8.9643\times\ln(T_{出}+273.15)\}}$$

当 $P_{饱}=P_{分}$，计算得一级冷凝器硫露点温度 T＝261℃＞170℃，由此可知理论上有大量液硫析出。

4. 一级硫冷器液硫产量计算

由计算可知，液硫中 S_6 为2.41kmol/h，S_8 为17.6736kmol/h，所以，一级硫冷器的液硫理论产量 m＝1.07×192/1000＋16.9×256/1000＝4.53(t/h)，与标定期间硫黄平均产量3.75t/h相比，因高温掺和阀开度在后续计算，因此，该部分产气量将在高温掺和阀计算及分析部分进行重新核算。

5. 一级硫冷器气相分析数据对比

根据表4-16，经过计算后E-1001出口气相中各组分的组成对照如表4-17所示。

表4-17　E1001出口气相组分对照表

		介质	H_2S	SO_2	COS	CS_2	CO_2	CO	H_2
E-1001出口	/%(体)	设计值	4.6907	2.3568	0.022871	0	0.5328	0.0356	1.1923
		标定值	4.93	3.55	0.30	0.12	5.17	—	—
		模拟值	4.85	2.32	0.456	0	2.308	0.512	1.032
		计算值	4.70	2.35	—	—	1.76	—	—

可以看出，计算值与设计值、标定值和VMG模拟值相比，出口 H_2S 和 SO_2 的组成相差不大，CO_2 有一定的偏差，是未将制硫炉中的 CO_2 反应计算所致。

(四) 高温搀和阀计算及分析

1. 高温掺和阀取热量计算

本装置设置高温掺和阀，将一冷出口的过程气与部分制硫炉出口过程气混合后加热后，进入一级反应器，需计入两股过程气因温度变化引起的过程气中S组分的变化及校核S露点。

由制硫炉计算及分析部分计算可知，1383℃过程气中的S_2为73kmol/h，一级冷凝器出口过程气温度为170℃，要被加热至246℃，假设压降为2kPa，出口压力为139kPa(绝)，查询不同温度下S_2、S_6、S_8的摩尔分数图4-2，假设S_2全部转化成S_6、S_8，其中S_6：S_8=0.13：0.78，归一后S_6：S_8=0.14：0.86，由S原子平衡和该温度下的摩尔比可得：

$$6W_{S_6}+8W_{S_8}=6W_{S_6}{}'+8W_{S_8}{}'$$

解得：$W_{S_6}{}'=0.08\text{kmol/h}$　$W_{S_8}{}'=0.47\text{kmol/h}$

根据S蒸气的分压定律公式：

$$P_{分}=[(S_2+S_6+S_8)/(总摩尔)]\times(总压力)$$
$$=[(0+0.08+0.47)/1075.73]\times139=0.07(\text{kPa})$$

根据S蒸气饱和蒸气压的计算公式图，其中$t_{出}=246℃$，

$$P_{饱}=10^{-3}\times e^{\{89.273-[13463\div(T_{出}+273.15)]-8.9643\times\ln(T_{出}+273.15)\}}$$
$$=1.47(\text{kPa})$$

因此，$P_{饱}>P_{分}$，该温度下S饱和蒸气压大于实际出口分压，即无液体S冷凝析出。在246℃下的S_6和S_8的反应热如表4-18所示。

表4-18　246℃下的S_6和S_8的反应热

S形态	出口温度下的摩尔比	硫原子比	总进料	总硫原子	分配硫原子	加热流量/(kmol/h)	反应热/(MJ/kmol)	热值/(MJ/h)
S_2	0	0	0		0	0	0	0
S_6	0.14	0.84	0.0324	4.2552	0.463001	0.077167	284.9	21.98483
S_8	0.86	6.88	0.5076		3.792199	0.474025	413.8	196.1515
							$Q_{汽化}$	218.1363

根据已知条件，高温掺和阀过程气的入口温度为170℃和出口温度为246℃，根据表4-6求得各种组分的焓值，根据摩尔量和焓值求得入口和出口的反应热分别为21.98MJ/h和196.15MJ/h。

由上述计算可知，1383℃过程气中的S_2为73kmol/h，出口温度为1383℃，要被冷凝至246℃，假设压降为2kPa，出口压力为139kPa(A)，查询不同温度下S_2、S_6、S_8的摩尔分数如图4-2；假设全部的S_2部分转化成S_6、S_8，其中S_6：S_8=0.13：0.78，归一后S_6：S_8=0.14：0.86，由S原子平衡和该温度下的摩尔比可得：

$$2W_{S_2}=6W_{S_6}+8W_{S_8}$$

解得：$W_{S_6}=5.91\text{kmol/h}$　$W_{S_8}=13.81\text{kmol/h}$

根据S蒸气的分压定律公式：

$$P_{分}=[(S_2+S_6+S_8)/(总摩尔)]\times(总分压)$$
$$=[(0+5.91+13.81)/1148]\times139=2.38(\text{kPa})$$

根据S蒸气饱和蒸气压的计算公式图，其中$t_{出}=246℃$

$$P_{饱}=10^{-3}\times e^{\{89.273-[13463\div(T_{出}+273.15)]-8.9643\times\ln(T_{出}+273.15)\}}$$
$$=1.47(\text{kPa})$$

因此，$P_{饱}<P_{分}$，该温度下S饱和蒸气压小于实际出口分压，即有液体S冷凝析出，246℃下的S_6和S_8的反应热如表4-19所示。

表 4-19　246℃下的 S_6 和 S_8 的反应热

S形态	出口温度下的摩尔分数	硫原子比	总进料	总硫原子	分配硫原子	加热流量/(kmol/h)	反应热/(MJ/kmol)	热值/(MJ/h)
S_2	0	0	6.570653		0	0	0	0
S_6	0.14	0.84	0	13.14131	1.429883	0.238314	284.9	67.89561
S_8	0.86	6.88	0		11.71142	1.463928	413.8	605.7733
						6.142857		673.6689

根据能量守恒定律，有部分高温过程气从1383℃冷凝至246℃，全部的一级冷凝器出口的低温过程气加部分制硫炉出口高温过程气混合后温度为246℃，因此 $Q_{部分高温过程气}+Q_{低温过程气}+Q_{S_2转化}+Q_{S_8}+Q_{S_6冷凝}=Q_{混合气出口}$。根据以上公式，假设 x 的高温过程气冷凝，分别表示出一级加热器入口热量、余热锅炉入口比例热量，掺和阀出口热量和 S_2 冷凝热量，高温掺和阀组分对照表如表4-20所示。

$$\Delta Q=6089.11+58203\times x+673.6689+218.1363-12231=-11.8(\text{MJ/h})。$$

表 4-20　高温掺和阀组分对照表

	一级加热器入口170℃			废热锅炉入口1383℃			搀和阀出口246℃		
	摩尔量/(kmol/h)	焓值/(kJ/kmol)	热量/(MJ/h)	摩尔量/(kmol/h)	焓值/(kJ/kmol)	热量/(MJ/h)	摩尔量/(kmol/h)	焓值/(kJ/kmol)	热量/(MJ/h)
H_2S	50.597	6081.849	307.7233	50.597	62465.97	3160.591	50.597	8608.953	435.5872
CO_2	18.92	7105.927	134.4441	18.92	71735.32	1357.232	18.92	10136.83	191.7889
H_2O	361.3338	6174.486	2231.05	361.3338	56531.4	20426.7	361.3338	8631.88	3118.99
CH_4						0			0
SO_2	25.2985	7625.716	192.9192	25.2985	73314.71	1854.752	25.2985	10843.34	274.3204
NH_3						0			0
N_2	619.0461	5181.573	3207.632	619.0461	44695.27	27668.43	619.0461	7227.568	4474.198
O_2						0			0
S_2				73.00725	51176.19	3736.233	73.00725	51176.19	3736.233
S_6	0.0324	20919.03	0.677777			0		28809.88	0
S_8	0.5076	28886.47	14.66277			0		39834.06	0
总计	1075.735		6089.11	1148.203		58203.94	1148.203		12231.12
						58203x			-11.8465

根据以上数据，解算出 $x=0.09$，即高温过程气有9%掺和进入一级反应器，S_2 相变放热673.66MJ/hS_6 和 S_8 反应热如表4-21所示。

表 4-21　246℃下的 S_6 和 S_8 的反应热

S形态	出口温度下的摩尔比	硫原子比	总进料	总硫原子	分配硫原子	加热流量/(kmol/h)	反应热/(MJ/kmol)	热值/(MJ/h)
S_2	0	0	6.57	—	0	0	0	0
S_6	0.14	0.84	0	13.14131	1.429883	0.238314	284.9	67.89561
S_8	0.86	6.88	0	—	11.71142	1.463928	413.8	605.7733
						6.142857		673.6689

余热锅炉产气修正核算：

根据元素守恒定律，在制硫炉出口有91%的过程气去余热锅炉，剩余9%经过与一级冷凝器来过程气混合后去一级反应器。将该比例带回制硫炉出口的组成，迭代回后重新计算余热锅炉所需热量如表 4-22 所示。

表 4-22 废热锅炉出入口反应热

	废热锅炉入口				废热锅炉出口		
	未进余热锅炉	摩尔量/(kmol/h)	焓值/(kJ/kmol)	热量/(MJ/h)	摩尔量/(kmol/h)	焓值/(kJ/kmol)	热量/(MJ/h)
H_2S	4.55366634	46.04263	62465.97	2876.097	46.04263	12596.043	637.322
CO_2	1.7035578	17.22486	71735.32	1235.631	17.22486	14964.244	283.1235
H_2O	32.52137445	328.8272	56531.4	18589.06	328.8272	12386.155	4475.536
CH_4	0	0	—	0	0	—	0
SO_2	2.27683317	23.02131	73314.71	1687.801	23.02131	15928.799	402.9747
NH_3	0	0	—	0	0	—	0
N_2	55.71510275	563.3416	44695.27	25178.7	563.3416	10341.973	6402.158
O_2	0	0	—	0	—	—	0
S_2	6.5706525	66.4366	51176.19	3399.972	—	—	0
S_6	0	0	—	0	5.386751	42652.28	253.577
S_8	0	0	—	0	12.56909	59118.03	815.4091
总计	103.341187	1044.894	—	52967.27	996.4135	—	13270.1

余热锅炉热量衡算与制硫炉相同，需计入因温度降低引起的过程气中 S 组分的变化及校核 S 露点。

由上述计算可知，1383℃过程气中的 S_2 为 66.43kmol/h，余热锅炉出口过程气温度为 350℃，假设压降为 2kPa，出口压力为 143kPa(绝)，查询不同温度下 S_2、S_6、S_8 的摩尔分数图 4-2，假设 S_2 全部转化成 S_6、S_8，其中 $S_6:S_8=0.25:0.58$，归一后 $S_6:S_8=0.3:0.7$，由 S 原子平衡和该温度下的摩尔比可得：

$$2W_{S_2}=6W_{S_6}+8W_{S_8}$$

解得：$W_{S_6}=5.38\text{kmol/h}$　$W_{S_8}=13.56\text{kmol/h}$

根据 S 蒸气的分压定律公式：

$$P_{分}=[(S_2+S_6+S_8)/(总摩尔)]\times(总压力)$$
$$=[(0+5.91+13.81)/1094.93]\times143=2.57(\text{kPa})$$

根据 S 蒸气饱和蒸气压的计算公式图，其中 $t_{出}=350℃$，

$$P_{饱}=10^{-3}\times e^{\{89.273-[13463\div(T_{出}+273.15)]-8.9643\times\ln(T_{出}+273.15)\}}$$
$$=21.6(\text{kPa})$$

因此，$P_{饱}>P_{分}$，该温度下 S 饱和蒸气压大于实际出口分压，即无液体 S 冷凝析出。

在 350℃下的 S_6 和 S_8 的反应热如表 4-23 所示。

表 4-23 350℃下的 S_6 和 S_8 的反应热

S 形态	出口温度下的摩尔比	硫原子比	进料	总硫原子	分配硫原子	实际流量/(kmol/h)	反应热/(kJ/kmol)	热量/(MJ/h)
S_2	0	0	66.4366	—	0	0	—	0
S_6	0.3	1.8	0	132.8732	32.320507	5.386751	284900	1534.685
S_8	0.7	5.6	0	—	100.55269	12.56909	413800	5201.088

根据已知条件，余热锅炉的入口温度为1383℃和出口温度为350℃，根据表4-6求得各种组分的焓值，根据摩尔量和焓值求得入口和出口的反应热分别为58203.94MJ/h和13270.1MJ/h。已知进出口温度下的反应热见表4-24。

表4-24 已知进出口温度下的反应热

	废热锅炉入口				废热锅炉出口		
	未进余热锅炉	摩尔量/(kmol/h)	焓值/(kJ/kmol)	热量/(MJ/h)	摩尔量/(kmol/h)	焓值/(kJ/kmol)	热量/(MJ/h)
H_2S	4.55366634	46.04263	62465.97	2876.097	46.04263	12596.043	579.9549
CO_2	1.7035578	17.22486	71735.32	1235.631	17.22486	14964.244	257.757
H_2O	32.52137445	328.8272	56531.4	18589.06	328.8272	12386.155	4072.905
CH_4	0	0	—	0	0	—	0
SO_2	2.27683317	23.02131	73314.71	1687.801	23.02131	15928.799	366.7019
NH_3	0	0	—	0	0	—	0
N_2	55.71510275	563.3416	44695.27	25178.7	563.3416	10341.973	5826.063
O_2	0	0	—	0	—	—	0
S_2	6.5706525	66.4366	51176.19	3399.972	—	—	0
S_6	0	0	—	0	5.386751	42652.28	229.7572
S_8	0	0	—	0	12.56909	59118.03	743.0596
总计	103.341187	1044.894	—	52967.27	996.4135	—	12076.2

可知新的出口后，入口和出口热量均发生变化，分别为52967MJ/h和12076MJ/h

$$Q_{相变}=Q_{入}-Q_{出}-Q_{S_6}-Q_{S_8}=52967-12076-1534-5201=34155(MJ/h)$$

2. 余热锅炉产汽量重新核算

标定期间，废热锅炉除氧水温度为101℃左右，压力为5.4MPa，产生4.0MPa饱和蒸汽，根据图4-8水的汽化潜热表可以查询，在250℃水汽化成4.0MPa蒸汽，汽化潜热为1713.4GJ/t，计算出4.0MPa蒸汽理论产量。

因此，产气量$M_{4.0}=34155/1713.4=19.8(t/h)$。

余热锅炉在110%负荷下，产汽为19.8t/h，与计算值相同。标定期间废热锅炉除氧水补水量显示平均为16.6t/h，该流量计为孔板流量计，测量液体不需要校正。废热锅炉产汽量显示平均为16.1t/h，该流量计为孔板流量计，不需要校正。除氧水量与产汽量相差为0.5t/h，偏差为2.8%，在允许范围3%以内。计算产气量比实际产气量多3.7t/h，可能因余热锅炉管束部分堵塞，导致锅炉换热面积减少，换热效果下降，产气量减少。

3. 一级硫冷器产汽量重新核算

根据S蒸汽的分压定律公式：

$$P_{分}=[(S_2+S_6+S_8)/(总摩尔)]\times(总压力)$$
$$=[(0+1.01+15.8)/996]\times141=2.39(kPa)$$

根据S蒸气饱和蒸气压的计算公式图，其中$t_{出}=170℃$，

$$P_{饱}=10^{-3}\times e^{\{89.273-[13463\div(T_{出}+273.15)]-8.9643\times\ln(T_{出}+273.15)\}}$$
$$=0.071(kPa)$$

因此，$P_{饱}<P_{分}$，该温度下S饱和蒸气压小于实际出口分压，即有液体S冷凝析出。

设气相中S_6和S_8的流量总和为$a$kmol/h，由道尔顿分压定律$P_{分}/P_{总}=n_{分}/n_{总}$，可得：

$$0.071/141=a/(46.06+17.22+328.82+23.02+563.34+a)$$

解得：$a=0.54$kmol/h

根据$S_6:S_8=0.06:0.94$，解得$W_{S_6气}=0.03$kmol/h　$W_{S_8气}=0.50$kmol/h

冷凝下的液硫中$W_{S_6液}=1.01-0.04=0.98$(kmol/h)

$$W_{S_8液}=15.8-0.5=15.3\text{(kmol/h)}$$

查液硫的相变热图4-8可知，S_6冷凝热为420kJ/kg，S_8冷凝热为290kJ/kg。

则液硫的冷凝热为$Q_{冷凝热}=81.58+1176.3=1258.3$(MJ/h)，170℃下的$S_6$和$S_8$的反应热如表4-25所示。

表4-25　170℃下的S_6和S_8的反应热

S形态	出口温度下的摩尔比	硫原子比	总进料	总硫原子	分配硫原子	冷凝前流量/(kmol/h)	冷凝焓值/(kJ/kg)	冷凝热/(MJ/h)	冷凝后气相/(kmol/h)
S_2	0	0	0	—	0	0	0	0	—
S_6	0.06	0.36	5.386751	132.8732	6.070349	1.011725	420	81.58549	0.0324
S_8	0.94	7.52	12.56909	—	126.80285	15.85036	290	1176.73	0.5076
								1258.316	0.54

根据已知条件，一级冷凝器的入口温度为350℃和出口温度为170℃，根据表4-6求得各种组分的焓值，根据摩尔流量和焓值求得入口和出口的反应热分别为13270.1MJ/h和6089.1MJ/h。一级硫冷器出入口各组分性质如表4-26所示。

表4-26　一级硫冷器出入口各组分性质表

	摩尔量/(kmol/h)	焓值/(kJ/kmol)	热量/(MJ/h)	摩尔量冷凝前	冷凝后气相量	冷凝后液相量	焓值/(kJ/kmol)	热量/(MJ/h)
H_2S	46.04263	12596.04	579.9549	46.04263	46.042626		6081.849	280.0243
CO_2	17.22486	14964.24	257.757	17.22486	17.224862		7105.927	122.3986
H_2O	328.8272	12386.15	4072.905	328.8272	328.82723		6174.486	2030.339
CH_4								
SO_2	23.02131	15928.8	366.7019	23.02131	23.021313		7625.716	175.554
NH_3								
N_2	563.3416	10341.97	5826.063	563.3416	563.34159		5181.573	2918.996
O_2								
S_2								
S_6	5.386751	42652.28	229.7572	1.011725	0.0324	0.979325	20919.03	0.677777
S_8	12.56909	59118.03	743.0596	15.85036	0.5076	15.34276	28886.47	14.66277
总计	996.4135		12076.2	995.3197	0.54	16.32208		5542.652
			972.8168		978.99763			

标定期间，废热锅炉除氧水温度为101℃左右，压力为2.0MPa，产生0.4MPa饱和蒸汽，根据图4-8水的汽化潜热表可以查询，在143℃水汽化成0.4MPa蒸汽，汽化潜热为

2133.6kJ/kg，计算出4.0MPa蒸汽理论产量$M_{0.4}$。

因此，产气量$M_{0.4}$=3.65t/h。

标定期间一级冷凝器除氧水补水量显示平均为4.5t/h，该流量计为孔板流量计，测量液体不需要校正。废热锅炉产汽量显示平均为4.2t/h，该流量计为孔板流量计，不需要校正。除氧水量与产汽量相差为0.3t/h，偏差为6.7%，在允许范围10%以内。废热锅炉实际产汽量较理论产汽量高0.2t/h，偏差为4.4%左右。

4. 一级冷凝器液硫产量重新计算

由计算可知，一级硫冷器的液硫理论产量m

m=0.98×192/1000+15.3×256/1000=4.1(t/h)，与标定期间硫黄平均产量3.75t/h相比，误差范围可接受。

5. 一级硫冷器气相分析数据重新核算对比

根据表4-26所示，经过计算后E1001出口气相中各组分的组成如表4-27所示。

表4-27　E1001出口气相组分数据对比　　%(体)

	介质	H_2S	SO_2	COS	CS_2	CO_2	CO	H_2
E-1001出口	设计值	4.6907	2.3568	0.022871	0	0.5328	0.0356	1.1923
	标定值	4.93	3.55	0.30	0.12	5.17	—	—
	模拟值	4.85	2.32	0.456	0	2.308	0.512	1.032
	计算值	4.70	2.35	—	—	1.75	—	—

可以看出，计算值与设计值、标定值和VMG模拟值相比，出口H_2S和SO_2的组成相差不大，CO_2有一定的偏差，是未将制硫炉中的CO_2反应计算所致。

高温掺和阀出入口组成如表4-28所示。

表4-28　高温搀和阀出入口组分对照表

组分	入炉原料气/(kmol/h)	制硫炉产物/(kmol/h)	等待掺和/(kmol/h)	余热锅炉入口	余热锅炉出口	一冷出口	高温搀和出口
H_2S	221.91	50.597	4.55366634	46.04263	46.04263	46.042626	50.59629
CO_2	18.92	18.92	1.7035578	17.22486	17.22486	17.224862	18.92842
H_2O	98.95577	361.3338	32.52137445	328.8272	328.8272	328.82723	361.3486
CH_4	0	—	0	0	0	—	0
SO_2	0	25.2985	2.27683317	23.02131	23.02131	23.021313	25.29815
NH_3	60.71	—	0	0	0	—	0
N_2	588.6911	619.0461	55.71510275	563.3416	563.3416	563.34159	619.0567
O_2	156.4875	—	0	0	—	—	0
S_2	0	73.00725	6.5706525	66.4366	—	—	0
S_6	0	—	0	0	5.386751	0.0324	0.315457
S_8	0	—	0	0	12.56909	0.5076	1.937807
总和	1145.674	1148.203	103.341187	1044.894	996.4135	978.99763	1077.481

R1001 入口过程气组分数据如表 4-29 所示。

表 4-29　R1001 入口过程气组分数据对比　　%(体)

	介质	H_2S	SO_2	COS	CS_2	CO_2	CO	H_2
R1001 入口过程气	设计值	4.7843	2.4040	0.023364	0	0.5431	0.0363	1.2157
	标定值	4.88	3.65	0.21	0.17	5.88	—	—
	模拟值	4.948	2.366	0.465	0	2.352	0.522	1.051
	计算值	4.69	2.34	—	—	1.75	—	—

（五）一级反应器计算及分析

1. 一级反应器物料计算

一级反应器入口压力 139kPa，压降 2kPa，出口压力 137kPa，假设该反应器内只有克劳斯反应，其他反应均忽略不计，H_2S 与 SO_2 反应全部生成 S_8 进行计算。

设 $y$kmol/h 的 H_2S 与 SO_2 反应生成 S_8，根据反应方程式：

$$2H_2S+SO_2 \xlongequal{} 3/8S_8+2H_2O$$

可以计算出生成的 S_8 的流量为 $W_{S_2}=3/16y$kmol/h。

生成的 H_2O 的流量为 $W_{H_2O}=y$kmol/h。

S_6 转化成 S_8 的流量为 0.315×6/8=0.236(kmol/h)。

则一级反应器反应产物如表 4-30 所示。

表 4-30　一级反应器反应产物组成　　kmol/h

组分	入口	反应产物	组分	入口	反应产物
H_2S	50.59629	50.59629−y	N_2	619.0567	619.0567
CO_2	18.92842	18.92842	O_2	0	0
H_2O	361.3486	361.3486+y	S_2	0	0
CH_4	0	0	S_6	0.315457	0.315457
SO_2	25.29815	25.29815−0.5y	S_8	1.937807	1.937807+0.1875y
NH_3	0	0	总和	1077.481	1077−0.375y

达到平衡时，反应前后摩尔数变化 $\Delta n=-5/8$，可得平衡常数：

$$K_p=(mols\ H_2O)^2\times(mol\ S_8)^{3/x}/[(mols\ H_2S)^2\times(mols\ SO_2)]\times(\pi/\text{总摩尔})^{3/x-1}$$

$$=(361.3486+y)^2\times(1.937807+0.1875y)^{0.375}/[(50.59629-y)^2\times(25.29815-0.5y)]\times[1.37/(1077-0.375y)]^{0.5}$$

根据该反应 K_p 与 $T(T\geqslant700K)$ 的拟合公式：

$$T=637-54.75\ln(K_p)+2.069[\ln(K_p)]^2-0.03324[\ln(K_p)]^3$$

可求得 T，再计算此温度下的 $Q_{\text{反应产物}}$，其中 $Q_{\text{反应产物}}=\sum W_{mol}\times H$。

原理同制硫炉计算。

假设温度后，入口组成和温度已知，因此，入口焓值和热量已知，出口组成在对应温度下的焓值确定，出口组成在关于 y 的函数关系下确定，因此出口热量是 y 的函数；反应器内只产生克劳斯反应，反应热为 126360kJ/kmol，因此反应热也是关于 y 的函数。通过试差法，

保证 $Q_{入口}+Q_{反应}=Q_{出口}$，对应的 y 即是 H_2S 反应的最佳量，对应一个出口温度。

根据试差法，求得 $y=31.02kmol/h$，即与 SO_2 反应生成 S_8 的 H_2S 的量为 31.02kmol/h，对应出口温度为 297℃，代入表 4-19 可得反应器反应物料性质如表 4-31 所示。

表 4-31　一级反应器反应物料性质

组分	摩尔流量/（kmol/h）	反应后 S_6 和 S_8 未转化摩尔量	反应后相变摩尔量	组分	摩尔流量/（kmol/h）	反应后 S_6 和 S_8 未转化摩尔量	反应后相变摩尔量
H_2S	50.59629	19.586293		N_2	619.0567	619.0567	
CO_2	18.92842	18.92842		O_2	0	—	
H_2O	361.3486	392.35861		S_2	0	—	
CH_4	0	—		S_6	0.315457	0.315457	
SO_2	25.29815	9.7931463		S_8	1.937807	5.81+1.937807	
NH_3	0	—		总计	1077.481	1067.8398	

查询不同温度下 S_2、S_6、S_8 的摩尔分数（图 4-2），可知 297℃ 下 S_6 ∶ S_8 =0.22：0.77，由 S 原子平衡可的：

$$6W_{S_6}+8W_{S_8}=6W_{S_6}'+8W_{S_8}'$$

解得：$W_{S_6}'=0.511kmol/h$　$W_{S_8}'=1.79kmol/h$

297℃下的 S_6 和 S_8 的反应热如表 4-32 所示。

表 4-32　297℃下的 S_6 和 S_8 的反应热

S 形态	出口温度下的摩尔比	硫原子比	总进料	总硫原子	分配硫原子	加热流量/（kmol/h）	反应热/（MJ/kmol）	热值/（MJ/h）
S_2	0	0	0		0	0	0	0
S_6	0.22	1.32	0.315457	17.3952	3.0697412	0.511624	284.9	145.7615
S_8	0.77	6.16	1.937807		14.325459	1.790682	413.8	740.9844
								886.7459

由液硫饱和蒸气压公式：

$$\ln P_s = 89.273 - 13463/T - 8.9643\ln T$$

解得 $T=297$℃下，硫的饱和蒸气压 $P_s=6.45kPa$。此时硫分压 $P=(8.11/1067)\times137=1.041kPa$，可知 $P<P_s$，即无液硫冷凝出。可得一级反应器出入口物料如表 4-33 所示。

表 4-33　一级反应器出入口物料

组分	摩尔流量/（kmol/h）	反应后 S_6 和 S_8 未转化摩尔量	反应后相变摩尔量	组分	摩尔流量/（kmol/h）	反应后 S_6 和 S_8 未转化摩尔量	反应后相变摩尔量
H_2S	50.59629	19.586293	19.586293	N_2	619.0567	619.0567	619.0567
CO_2	18.92842	18.92842	18.92842	O_2	0		
H_2O	361.3486	392.35861	392.35861	S_2	0		
CH_4	0			S_6	0.315457	0.315457	0.5116235
SO_2	25.29815	9.7931463	9.7931463	S_8	1.937807	5.81+1.937807	7.6050574
NH_3	0			总计	1077.481		1067.8398

标定期间，一级反应器床层最高温度显示为310℃，实际床层最高温升为70℃，出口温度显示为282℃，从标定期间各反应器的数据表明装置的一级反应器内催化剂活性较高，且未检测出COS，说明水解效果较好。一级反应器实际出口温度高于理论计算值297℃，这可能是由于一级反应器前系统硫转化率较理论计算值要偏低，同时也验证了反应炉炉温较理论值偏低的一个主要原因是反应炉总硫转化率不高，此外理论计算简化了系统反应可能存在的偏差。

2. 一级反应器空速计算

由一级反应器物料计算部分，可计算进一级反应器的物料体积流量：

$$V=22.4\times1077=24124(m^3/h)$$

一级反应器中装填催化剂方案如表4-34所示，装填质量为 $t'=16+10=26(t)$，密度为平均值0.80kg/L，可得装填体积 V' 为32.5m³。

表4-34　一反催化剂数据

反应器	装填位置	催化剂型号	装填重量/t
一反（30m³）	上部（20m³）	CT6-4B	16
	下部（10m³）	CT6-8B	10
二反（30m³）	上部、下部（30m³）	CT6-2B	22.5

一级反应器体积空速 $V_空=24124/32.5=742.3(h^{-1})$

由上述计算进一级反应器的物料质量：

$$t=\sum 各组分进料量\times M=32.28(t/h)$$

一级反应器中装填催化剂质量为 $t'=26t$

一级反应器质量空速 $V_空'=32.28/26=1.24(h^{-1})$

（六）二级冷凝器计算及分析

1. 二级冷凝器取热量计算

根据S蒸气饱和蒸气压的计算公式图，其中 $t_出=160℃$，

$$P_饱=10^{-3}\times e^{\{89.273-[13463\div(T_出+273.15)]-8.9643\times\ln(T_出+273.15)\}}$$

$$=0.043(kPa)$$

因此，$P_饱<P_分$，该温度下S饱和蒸气压小于实际出口分压，即有液体S冷凝析出。

设气相中 S_6 和 S_8 的流量总和为 $a$kmol/h，由道尔顿分压定律 $P_分/P_总=n_分/n_总$，可得：

$$0.043/136=a/(1059.7+a)$$

解得：$a=0.34$kmol/h

根据 $S_6:S_8=0.06:0.94$，解得 $W_{S_6气}=0.013$kmol/h　$W_{S_8气}=0.326$kmol/h

冷凝下的液硫中 $W_{S_6液}=0.498$kmol/h

$$W_{S_8液}=7.278kmol/h$$

查液硫的相变热图4-8可知，S_6 冷凝热为405kJ/kg，S_8 冷凝热为285kJ/kg。

液硫中 $m_{S_6液}=0.77\times32\times6$

$$m_{S_8液}=7.74\times32\times8$$

则液硫的冷凝热为 $Q_{冷凝热}$

$Q_{冷凝热}=0.77\times32\times6\times405/1000+7.74\times32\times8\times285/1000=590.29(MJ/h)$，冷凝后液相热量

忽略不计见表4-35。

表4-35　160℃下的 S_6 和 S_8 的反应热

S形态	出口温度下的摩尔分数	硫原子比	总进料	总硫原子	分配硫原子	冷凝前流量/(kmol/h)	冷凝焓值/(kPa)	冷凝热/(MJ/h)	冷凝后气相/(kmol/h)
S_2	0	0	0		0	0	0	0	
S_6	0.04	0.24	0.511624	63.9102	1.9366727	0.322779	405	25.09928	0.0136
S_8	0.96	7.68	7.605057		61.973527	7.746691	285	565.1986	0.3264
								590.2978	0.34

二级冷凝器气液相总焓 $Q_{二级硫冷器}=Q_{气焓}+Q_{液硫}$

即 $Q_{二级硫冷器}=-83694.03+301.26=-83392.77$(MJ/h)

二级硫冷器出入口各组分性质如表4-36所示。

表4-36　二级硫冷器出入口各组分性质

	摩尔流量/(kmol/h)	焓值/(kJ/kmol)	热量/(MJ/h)	摩尔量冷凝前	冷凝后气相量	冷凝后液相量	焓值/(kJ/kmol)	热量/(MJ/h)
H_2S	19.58629	10540.93	206.4577	19.58629	19.586293		5473.703	107.2095
CO_2	18.92842	12469.47	236.0273	18.92842	18.92842		6380.234	120.7677
H_2O	392.3586	10468.67	4107.473	392.3586	392.35861		5573.135	2186.667
CH_4	0							
SO_2	9.793146	13306.26	130.3102	9.793146	9.7931463		6852.119	67.1038
NH_3	0							
N_2	619.0567	8752.985	5418.594	619.0567	619.0567		4679.973	2897.168
O_2	0							
S_2	0							
S_6	0.511624			0.322779	0.0136	0.498024	18845.09	0.256293
S_8	7.605057	49677.36	377.7992	7.746691	0.3264	7.278657	26014.9	8.491263
总计	1067.84		10476.66	1067.793	1060.0632	7.776681		5387.665

二级硫冷器冷却负荷 $Q_{冷}=5679.29$(MJ/h)

2. 二级冷凝器产汽量核算

标定期间，废热锅炉除氧水温度为101℃左右，压力为2.0MPa，产生0.4MPa饱和蒸汽，根据图4-8水的汽化潜热表可以查询，在143℃水汽化成0.4MPa蒸汽，汽化潜热为2108.6kJ/kg，计算出0.4MPa蒸汽理论产量。

因此，产气量 $M_{0.4}=5679/2108=2.7$t/h。

因本装置二冷为气气换热器，即过程气通过自换热，多余热量释放加热蒸汽，因此，产汽核算待气气换热器共同核算。

3. 二级硫冷器液硫产量计算

由计算可知，二级硫冷器的液硫理论产量 m

即 $m=0.498\times192/1000+7.278\times256/1000=2.07t/h$。

4. 二级硫冷器气相分析数据对比

根据表 4-36，经过计算后二级冷凝器出口气相中各组分的组成如表 4-37 所示。

表 4-37　二级冷凝器出口气相数据对比　　%(体)

	介质	H_2S	SO_2	COS	CS_2	CO_2	CO
R1002 入口过程气	设计值	1.8625	0.9316	0.000731	0	0.5754	0.0369
	标定值	—	—	—	—	—	—
	模拟值	1.878	0.624	0.063	0	2.804	0.531
	计算值	1.84	0.92	—	—	1.78	—

可以看出，计算值与设计值、标定值和 VMG 模拟值相比，出口 H_2S 和 SO_2 的组成相差不大，CO_2 有一定的偏差，是计算中未将制硫炉中的 CO_2 反应计算所致。

（七）气气换热器计算及分析

1. 气气换热器取热量计算

根据 S 蒸气的分压定律公式

$$P_{分}=[(S_2+S_6+S_8)/(总摩尔)]\times(总分压)$$
$$=[(0+0.024+0.318)/1060]\times134=0.043(kPa)$$

根据 S 蒸气饱和蒸气压的计算公式图，其中 $t_{出}=160℃$，

$$P_{饱}=10^{-3}\times e^{\{89.273-[13463\div(T_{出}+273.15)]-8.9643\times\ln(T_{出}+273.15)\}}$$
$$=0.594(kPa)$$

因此，$P_{饱}>P_{分}$，该温度下 S 饱和蒸气压大于实际出口分压，即无液体 S 冷凝析出。

160℃下的 S_6 和 S_8 反应热见表 4-38。

表 4-38　160℃下的 S_6 和 S_8 的反应热

S 形态	出口温度下的摩尔比	硫原子比	总进料	总硫原子	分配硫原子	加热流量/(kmol/h)	反应热/(MJ/kmol)	热值/(MJ/h)
S_2	0	0	0		0	0	0	0
S_6	0.07	0.42	0.0136	2.6928	0.1453697	0.024228	284.9	6.902636
S_8	0.92	7.36	0.3264		2.5474303	0.318429	413.8	131.7658

二级硫冷器出入口各组分性质如表 4-39 所示。

表 4-39　二级硫冷器出入口各组分性质表

	摩尔流量/(kmol/h)	焓值/(kJ/kmol)	热量/(MJ/h)	加热后气相量	焓值/(kJ/kmol)	热量/(MJ/h)
H_2S	19.58629	5473.703	107.2095	19.58629	7829.856	153.3578
CO_2	18.92842	6380.234	120.7677	18.92842	9199.869	174.139
H_2O	392.3586	5573.135	2186.667	392.3586	7881.155	3092.239
CH_4						

续表

	摩尔流量/(kmol/h)	焓值/(kJ/kmol)	热量/(MJ/h)	加热后气相量	焓值/(kJ/kmol)	热量/(MJ/h)
SO_2	9.793146	6852.119	67.1038	9.793146	9850.862	96.47093
NH_3						
N_2	619.0567	4679.973	2897.168	619.0567	6603.16	4087.731
O_2						
S_2						
S_6	0.0136	18845.09	0.256293	0.024228	26834.47	0.650153
S_8	0.3264	26014.9	8.491263	0.318429	37090.22	11.81059
总计	1060.063		5387.665	1060.066		7616.398

二级硫冷器加热负荷 $Q_{冷}=7616-5387+6.9+131=2367$(MJ/h)

2. 二级硫冷器产汽量重新核算

标定期间，废热锅炉除氧水温度为101℃左右，压力为2.0MPa，产生0.4MPa饱和蒸汽，根据图4-8水的汽化潜热表可以查询，在143℃水汽化成0.4MPa蒸汽，汽化潜热为2108.6kJ/kg，计算出0.4MPa蒸汽理论产量。

因此，产气量 $M_{0.4}=(5679-2367)/2108=1.54$(t/h)

二级冷凝器设计在110%负荷下产汽为1.6t/h。标定期间换热器实际产气量为1.55t/h。定期间二级过程气加热器蒸汽耗量显示平均为1.36t/h，该流量计为涡街流量计，不需要校正。二级过程气加热器凝结水无独立流量计，所以，不对二级硫冷器进行单独的耗汽量与凝结水物料平衡核算。二级过程气加热器实际耗汽量较理论耗汽量高0.42t/h，主要原因可能有设备散热损失、蒸汽换热后凝结水带汽、过程气组分与理论计算有偏差等。

3. 二级加热器气相分析数据对比

根据表4-39，经过计算后二级加热器出口气相中各组分的组成如表4-40所示。

表4-40　二级加热器出口气相组分对照表

		介质	H_2S	SO_2	COS	CS_2	CO_2	CO
R1002入口过程气	/%(体)	设计值	1.8625	0.9316	0.000731	0	0.5754	0.0369
		标定值	—	—	—	—	—	—
		模拟值	1.878	0.624	0.063	0	2.804	0.531
		计算值	1.84	0.92	—	—	1.78	—

可以看出，计算值与设计值、标定值和VMG模拟值相比，出口 H_2S 和 SO_2 的组成相差不大，CO_2 有一定的偏差，是未将制硫炉中的 CO_2 反应计算所致。

(八) 二级反应器计算及分析

1. 二级反应器物料计算

二级反应器入口压力为134kPa，压降2kPa，出口压力132kPa，假设该反应器内只有克劳斯反应，其他反应均忽略不计，H_2S 与 SO_2 反应全部生成 S_8 进行计算。

设 $y$kmol/h 的 H_2S 与 SO_2 反应生成 S_8，根据反应方程式

$$2H_2S+SO_2 = 3/8S_8+2H_2O$$

可以计算出生成的 S_8 的流量为 $W_{S_2}=3/16y$kmol/h。

生成的 H_2O 的流量为 $W_{H_2O}=y$kmol/h。

则二级反应器反应产物如表 4-41 所示。

表 4-41　二级反应器反应产物组成　　kmol/h

组分	入口	反应产物	组分	入口	反应产物
H_2S	19.58629	19.58629−y	N_2	619.0567	619.0567
CO_2	18.92842	18.92842	O_2		0
H_2O	392.3586	392.3586+y	S_2		0
CH_4		0	S_6	0.026699	0.026699
SO_2	9.793146	9.793146−0.5y	S_8	0.316576	0.316576+0.1875y
NH_3		0	总和	1060	1060−0.375y

达到平衡时，反应前后摩尔数变化 $\Delta n=-5/8$，可得平衡常数。

$$K_p=(mols\ H_2O)^2\times(mol\ S_8)^{3/x}/[(mols\ H_2S)^2\times(mols\ SO_2)]\times(\pi/总摩尔)^{3/x-1}$$
$$=(392.3586+y)^2\times(0.316576+0.1875y)^{0.375}/[(19.58629-y)^2\times(9.793146-0.5y)]\times[1.32/(1060+0.375y)]^{0.5}$$

根据该反应 K_p 与 $T(T\leqslant 700\text{K})$ 的拟合公式

$$T=637-54.75\ln(K_p)+2.069[\ln(K_p)]^2-0.03324[\ln(K_p)]^3$$

可求得 T，再计算此温度下的 $Q_{反应产物}$，其中 $Q_{反应产物}=\sum W_{mol}\times H$。

原理同制硫炉计算。

假设温度后，入口组成和温度已知，因此入口焓值和热量已知，出口组成在对应温度下的焓值确定，出口组成在 y 的函数关系下确定，因此出口热量是 y 的函数；反应器内只产生克劳斯反应，反应热为 126360kJ/kmol，因此反应热也是关于 y 的函数。通过试差法，保证 $Q_{入口}+Q_{反应}=Q_{出口}$，对应的 y 即是 H_2S 反应的最佳量，对应一个出口温度。

根据试差法，求得 $y=11$kmol/h，即与 SO_2 反应生成 S_8 的 H_2S 的量为 11kmol/h，对应出口温度为 241℃，代入表 4-41 可得反应器反应物料性质如表 4-42 所示。

表 4-42　二级反应器反应物料性质

	摩尔流量/(kmol/h)	反应后 S_6 和 S_8 未转化摩尔量	反应后相变摩尔量		摩尔流量/(kmol/h)	反应后 S_6 和 S_8 未转化摩尔量	反应后相变摩尔量
H_2S	19.58629	8.5862927		N_2	619.0567	619.0567	
CO_2	18.92842	18.92842		O_2			
H_2O	392.3586	403.35861		S_2			
CH_4				S_6	0.026699	0.026699	
SO_2	9.793146	4.2931463		S_8	0.316576	2.06+0.316576	
NH_3				总计	1060		

查询不同温度下 S_2、S_6、S_8 的摩尔分数图 4-2，可知在 241℃下 S_6：S_8=0.1：0.83，归一后为 S_6：S_8=0.11：0.89，由 S 原子平衡可的：

$$6W_{S_6}+8W_{S_8}=6W_{S_6}'+8W_{S_8}'$$

解得：W_{S_6}'=0.27kmol/h　W_{S_8}'=2.19kmol/h

241℃下的 S_6 和 S_8 的反应热如表 4-43 所示。

表 4-43　241℃下的 S_6 和 S_8 反应热

S 形态	出口温度下的摩尔比	硫原子比	总进料	总硫原子	分配硫原子	加热流量/(kmol/h)	反应热/(MJ/kmol)	热值/(MJ/h)
S_2	0	0	0	—	0	0	0	0
S_6	0.11	0.66	0.026699	19.1928	1.628181	0.271363	284.9	77.31146
S_8	0.89	7.12	2.379076	—	17.564619	2.195577	413.8	908.5299

由液硫饱和蒸气压公式：

$$\ln p_s=89.273-13463/T-8.9643\ln T$$

解得 T=241℃下，硫的饱和蒸气压 P_s=1.24kPa。此时硫分压 P=2.46/1060×132=0.306kPa，可知 $P<P_s$，即无液硫冷凝出。可得二级反应器出入口物料如表 4-44 所示。

表 4-44　二级反应器出入口物料

	摩尔量/(kmol/h)	反应后 S_6 和 S_8 未转化摩尔量	反应后相变摩尔量		摩尔量/(kmol/h)	反应后 S_6 和 S_8 未转化摩尔量	反应后相变摩尔量
H_2S	19.58629	8.5862927	8.5862927	N_2	619.0567	619.0567	619.0567
CO_2	18.92842	18.92842	18.92842	O_2	—	—	—
H_2O	392.3586	403.35861	403.35861	S_2	—	—	—
CH_4	—	—	—	S_6	0.026699	0.026699	0.2713635
SO_2	9.793146	4.2931463	4.2931463	S_8	0.316576	2.06+0.316576	4.2580774
NH_3	—	—	—	总计	1060	—	1058

标定期间，二级反应器床层最高温度显示为 250℃，实际床层最高温升为 30℃，出口温度显示为 240℃，从标定期间各反应器的数据表明装置的二级反应器内催化剂活性较高，且未检测出 COS，说明水解效果较好。二级反应器实际出口温度高于理论计算值 241℃，这可能是由于二级反应器前系统硫转化率较理论计算值要偏低，同时也验证了反应炉炉温较理论值偏低的一个主要原因是反应炉总硫转化率不高，此外理论计算简化了系统反应可能存在的偏差。

2. 二级反应器空速计算

由上述结果可计算进二级反应器的物料体积流量：

$$V=22.4\times1058=23699(m^3/h)$$

二级反应器中装填催化剂方案如表 4-45 所示，装填质量为 t'=22.5t，密度为平均值 0.80kg/L，可得装填体积 V'为 28.125m³。

表 4-45　二反催化剂数据

反应器	装填位置	催化剂型号	装填重量/t
一反（$30m^3$）	上部（$20m^3$）	CT6-4B	16
	下部（$10m^3$）	CT6-8B	10
二反（$30m^3$）	上部、下部（$30m^3$）	CT6-2B	22.5

二级反应器体积空速 $V_{空}=23699/28.125=842.6(h^{-1})$

由上述数据可计算进一级反应器的物料质量：

$$t=\sum 各组分进料量\times M=30.32(t/h)$$

二级反应器中装填催化剂质量为 $t'=22.5t$

二级反应器质量空速 $V_{空}'=30.32/22.5=1.35(h^{-1})$

（九）三级硫冷器计算及分析

1. 三级硫冷器取热量计算

由上述计算可知，241℃过程气中的 $S_6=0.27kmol/h$，$S_8=4.26kmol/h$，三级硫冷器出口过程气温度为150℃，假设压降为1kPa，出口压力为131kPa(绝)，查询150℃下 S_2、S_6、S_8 的摩尔分数图4-2，其中 $S_6:S_8=0.04:0.93$，归一后 $S_6:S_8=0.03:0.97$，由S原子平衡和该温度下的摩尔比可得；

$$6W_{S_6}+8W_{S_8}=6W_{S_6}'+8W_{S_8}'$$

解得：$W_{S_6}'=0.134kmol/h$　$W_{S_8}'=4.36kmol/h$

根据S蒸气的分压定律公式：

$$P_{分}=[(S_2+S_6+S_8)/(总摩尔)]\times(总压力)$$
$$=[(0+0.134+4.36)/1058]\times131=0.556(kPa)$$

根据S蒸气饱和蒸气压的计算公式图，其中 $t_{出}=160℃$，

$$P_{饱}=10^{-3}\times e^{\{89.273-[13463\div(T_{出}+273.15)]-8.9643\times\ln(T_{出}+273.15)\}}$$
$$=0.025(kPa)$$

因此，$P_{饱}<P_{分}$，该温度下S饱和蒸气压小于实际出口分压，即有液体S冷凝析出。

设气相中 S_6 和 S_8 的流量总和为 $a$kmol/h，由道尔顿分压定律 $P_{分}/P_{总}=n_{分}/n_{总}$，可得：

$$0.025/131=a/(1054+a)$$

解得：$a=0.2kmol/h$

根据 $S_6:S_8=0.03:0.97$，解得 $W_{S_6气}=0.006kmol/h$　$W_{S_8气}=0.194kmol/h$

冷凝下的液硫中 $W_{S_6液}=0.128kmol/h$

$$W_{S_8液}=4.166kmol/h$$

查液硫的相变热图4-8可知，S_6 冷凝热为405kJ/kg，S_8 冷凝热为285kJ/kg。

液硫中 $m_{S_6液}=0.128\times32\times6$

$$m_{S_8液}=4.166\times32\times8$$

则液硫的冷凝热为 $Q_{冷凝热}=344.9MJ/h$，冷凝后液相热量忽略不计。

160℃下的 S_6 和 S_8 反应热，如表4-46所示。

表 4-46 160℃下的 S_6 和 S_8 的反应热

S 形态	出口温度下的摩尔比	硫原子比	总进料	总硫原子	分配硫原子	冷凝前流量/(kmol/h)	冷凝焓值/(kPa)	冷凝热/(MJ/h)	冷凝后气相/(kmol/h)
S_2	0	0	0	—	0	0	0	0	
S_6	0.03	0.18	0.271363	35.6928	0.8091567	0.134859	431	11.15989	0.006
S_8	0.97	7.76	4.258077	—	34.883643	4.360455	299	333.7667	0.194
								344.9	0.2

三级硫冷器气液相总焓 $Q_{三级硫冷器}$：

$$Q_{三级硫冷器}=Q_{气焓}+Q_{液硫}=-83694.03+301.26=-83392.77(MJ/h)。$$

三级硫冷器出入口各组分性质见表 4-47。

表 4-47 三级硫冷器出入口各组分性质表

	摩尔量/(kmol/h)	焓值/(kJ/kmol)	热量/(MJ/h)	摩尔量冷凝前	冷凝后气相量	冷凝后液相量	焓值/(kJ/kmol)	热量/(MJ/h)
H_2S	8.586293	8445.019	72.5114	8.586293	8.5862927		5118.643	43.95017
CO_2	18.92842	9939.5	188.139	18.92842	18.92842		3213.25	60.82175
H_2O	403.3586	8474.407	3418.225	403.3586	403.35861		5957.244	2402.906
CH_4	0							
SO_2	4.293146	10634.47	45.65536	4.293146	4.2931463		5220.155	22.41089
NH_3	0							
N_2	619.0567	7096.638	4393.221	619.0567	619.0567		4651.738	2879.69
O_2	0							
S_2	0							
S_6	0.271363			0.134859	0.006	0.128859	3638.24	0.021829
S_8	4.258077	39960.4	170.1545	4.360455	0.194	4.166455	6400.599	1.241716
总计	1058.753		8287.906	1058.718	1054.4232	4.295315		5411.042

三级硫冷器冷却负荷 $Q_{冷}=3221MJ/h$

2. 三级硫冷器产汽量核算

标定期间，废热锅炉除氧水温度为 101℃左右，压力为 2.0MPa，产生 0.4MPa 饱和蒸汽，根据图 4-8 水的汽化潜热表可以查询，在 143℃水汽化成 0.4MPa 蒸汽，汽化潜热为 2133.6kJ/kg，计算出 0.4MPa 蒸汽理论产量。

因此，产气量 $M_{0.4}=1.51t/h$。

一级冷却器和三级冷却器共用壳程，两者放热之和产 0.4MPa 蒸汽，由上述计算可知，$M_{总}=3.65+1.51=5.16(t/h)$。

设计值在 110%负荷下的产汽量为 4.72t/h。

3. 三级硫冷器硫露点温度核算

由上述计算可知，

$$P_{分}=[(S_2+S_6+S_8)/(总摩尔)]\times(总压力)$$
$$=[(0+0.134+4.36)/1058]\times131=0.556(kPa)$$

根据S蒸气饱和蒸气压的计算公式图，其中 $t_{出}=150℃$。

$$P_{饱}=10^{-3}\times e^{\{89.273-[13463\div(T_{出}+273.15)]-8.9643\times\ln(T_{出}+273.15)\}}$$
$$=0.025(kPa)$$

当 $P_{饱}<P_{分}$，计算得一级冷凝器硫露点温度 $T=255℃>150℃$，由此可知理论上有大量液硫析出。

4. 三级硫冷器液硫产量计算

由计算可知，三级硫冷器的液硫理论产量 m。

即 $m=0.128\times192/1000+4.166\times256/1000=1.1(t/h)$。

5. 三级硫冷器气相分析数据对比

根据表4-47，经过计算后三级冷凝器出口气相中各组分的组成如表4-48所示。

表4-48　三级硫冷器出口气相组分对照表　　%(体)

	介质	H_2S	SO_2	COS	CS_2	CO_2	CO	H_2
R2003入口过程气	设计值	0.6555	0.3279	0.000723	0	0.5694	0.0365	2.8482
	标定值	0.81	0.31	0.08	未检出	6.15		7.46
	模拟值	0.913	0.133	0.039	0	2.802	0.526	2.433
	计算值	0.81	0.407			1.79		

可以看出，计算值与设计值、标定值和VMG模拟值相比，出口 H_2S 和 SO_2 的组成相差不大，CO_2 有一定的偏差，是未将制硫炉中的 CO_2 反应计算所致。

（十）过程气捕集器计算及分析

由于实际运行中过程气捕集器存在明显散热损失，底部有液硫产生，因此，捕集器出入口温差小于2℃，压降为0，可以忽略。

（十一）尾气加热器计算及分析

1. 尾气加热器取热量计算

由上述计算可知，150℃过程气中的 $S_6=0.006kmol/h$，$S_8=0.194kmol/h$，尾气加热器出口过程气温度为240℃，假设压降为1kPa，出口压力为130kPa(绝)，查询240℃下 S_2、S_6、S_8 的摩尔分数图4-2，其中 $S_6:S_8=0.13:0.78$，归一后 $S_6:S_8=0.15:0.85$，由S原子平衡和该温度下的摩尔比可得：

$$6W_{S_6}+8W_{S_8}=6W_{S_6}{'}+8W_{S_8}{'}$$

解得：$W_{S_6}{'}=0.03kmol/h$　$W_{S_8}{'}=0.175kmol/h$

根据S蒸气的分压定律公式：

$$P_{分}=[(S_2+S_6+S_8)/(总摩尔)]\times(总压力)$$
$$=[(0+0.03+0.175)/1054]\times130=0.05(kPa)$$

根据S蒸气饱和蒸气压的计算公式图，其中 $t_{出}=240℃$，

$$P_{饱}=10^{-3}\times e^{\{89.273-[13463\div(T_{出}+273.15)]-8.9643\times\ln(T_{出}+273.15)\}}$$
$$=1.20(kPa)$$

因此，$P_{饱}>P_{分}$，该温度下S饱和蒸气压大于实际出口分压，即无液体S冷凝析出。

240℃下的 S_6 和 S_8 的反应热如表 4-49 所示。

表 4-49　240℃下的 S_6 和 S_8 的反应热

S 形态	出口温度下的摩尔比	硫原子比	总进料	总硫原子	分配硫原子	加热流量/(kmol/h)	反应热/(MJ/kmol)	热值/(MJ/h)
S_2	0	0	0		0	0	0	0
S_6	0. 15	0. 9	0. 006	1. 588	0. 1856104	0. 030935	284. 9	8. 8134
S_8	0. 85	6. 8	0. 194		1. 4023896	0. 175299	413. 8	72. 5386

尾气加热器组分对照如表 4-50 所示。

表 4-50　尾气加热器组分对照表

组分	摩尔量/(kmol/h)	焓值/(kJ/kmol)	热量/(MJ/h)	加热后气相量	焓值/(kJ/kmol)	热量/(MJ/h)
H_2S	8. 586293	5118. 643	43. 95017	8. 586293	8385. 463	72. 00004
CO_2	18. 92842	3213. 25	60. 82175	18. 92842	9867. 834	186. 7825
H_2O	403. 3586	5957. 244	2402. 906	403. 3586	8417. 135	3395. 124
CH_4						
SO_2	4. 293146	5220. 155	22. 41089	4. 293146	10558. 6	45. 32961
NH_3						
N_2	619. 0567	4651. 738	2879. 69	619. 0567	7049. 013	4363. 739
O_2						
S_2						
S_6	0. 006	3638. 24	0. 021829	0. 030935	28701. 09	0. 88787
S_8	0. 194	6400. 599	1. 241716	0. 175299	39682. 9	6. 956361
总计	1054. 423		5411. 042	1054. 429		8070. 819

尾气加热器的加热负荷 $Q_{冷}=8070-5411+8.81+72.53=2741$(MJ/h)，该段热负荷由焚烧炉后段换热器的尾气提供，具体见后续烟气计算过程。

2. 尾气加热器硫露点温度核算

由上述计算可知，

根据 S 蒸气的分压定律公式：

$$P_{分}=[(S_2+S_6+S_8)/(总摩尔)]\times(总压力)$$
$$=[(0+0.03+0.175)/1054]\times130=0.05(kPa)$$

根据 S 蒸气饱和蒸气压的计算公式图，其中 $t_{出}=240℃$，

$$P_{饱}=10^{-3}\times e^{\{89.273-[13463\div(T_{出}+273.15)]-8.9643\times\ln(T_{出}+273.15)\}}$$

当 $P_{饱}=P_{分}$，计算得二级加热器硫露点温度 $T=160<240℃$，由此可知理论上无液硫析出。

3. 尾气加热器气相分析数据对比

根据表 4-50，经过计算后尾气加热器出口气相中各组分的组成如表 4-51 所示。

表 4-51　尾气加热器出口气相组分对照表

		介质	H_2S	SO_2	COS	CS_2	CO_2	CO	H_2
R1003 入口过程气	/%(体)	设计值	0. 6555	0. 3279	0. 000723	0	0. 5694	0. 0365	2. 8482
		标定值	1. 1	0. 28	0. 09	未检出	6. 3	—	2. 67
		模拟值	0. 913	0. 133	0. 039	0	2. 802	0. 526	2. 433
		计算值	0. 8	0. 4	—	—	1. 79	—	—

（十二）加氢还原反应器计算及分析

加氢还原反应器压力假定为 130kPa，压降 3kPa，H_2S 与 SO_2 反应全部生成 S_8，S_6 全部折算为 S_8 进行计算。理论上假定克劳斯尾气中 SO_2、S_6、S_8 全部还原成 H_2S。

根据 SO_2 还原反应方程式：

$$SO_2+3H_2 \longrightarrow H_2S+2H_2O$$

生成 H_2O 的流量为 $W_{H_2O}=8.58$kmol/h。

根据 S_8 还原反应方程式：

$$S_8+8H_2 = 8H_2S$$

$$4S_6 = 3S_8$$

$$S_8=0.1925\text{kmol/h}$$

生成 H_2S 的流量为 $W_{H_2S}=5.88$kmol/h。

消耗氢气 14. 467kmol/h，还原反应器产物组成如表 4-52 所示。

表 4-52　还原反应器反应产物组成对照表

S 形态	进料	总硫原子	反应前流量/(kmol/h)	反应后流量/(kmol/h)	反应热/(MJ/kmol)	热值/(MJ/h)
S_2	0		0			
S_6	0. 030935		0			
S_8 生成	0. 175299		0. 1985			
S_8 反应			0. 1985		3350	664. 975
SO_2 反应			4. 2931463		214	918. 7333
消耗 H_2			14. 467439			
生成 H_2S				5. 881146		
生成 H_2O				8. 586293		
出口 H_2				42. 5759	0. 04	

根据该反应 K_p 与 $T(T\leqslant700K)$ 的拟合公式：

$$T=637-54.75\ln(K_p)+2.069[\ln(K_p)]^2-0.03324[\ln(K_p)]^3$$

可求得 T，再计算此温度下的 $Q_{反应产物}$，其中 $Q_{反应产物}=\sum W_{mol}\times H$。

原理同制硫炉计算。

假设温度后，入口组成和温度已知，因此，入口焓值和热量已知，出口组成在对应温度下的焓值确定，通过试差法，保证 $Q_{入口}+Q_{反应}=Q_{出口}$，对应一个出口温度。根据试差法，求

得 $t=256$℃，加氢反应器组分如表 4-53 所示。

表 4-53　加氢反应器组分对照表

组分	摩尔量/(kmol/h)	焓值/(kJ/kmol)	热量/(MJ/h)	加热后气相量	焓值/(kJ/kmol)	热量/(MJ/h)
H_2S	8.586293	8385.463	72.00004	14.46744	8983.021	129.9613
CO_2	18.92842	9867.834	186.7825	18.92842	7683.503	145.4366
H_2O	403.3586	8417.135	3395.124	411.9449	10587.47	4361.455
CH_4	0	0	—	—	—	—
SO_2	4.293146	10558.6	45.32961	—	—	—
NH_3	—	0	—	—	—	—
N_2	619.0567	7049.013	4363.739	619.0567	8023.725	4967.141
O_2	—	0	—	—	—	—
S_2	—	0	—	—	—	—
S_6	0.030935	28701.09	0.88787	—	—	—
S_8	0.175299	39682.9	6.956361	—	—	—
H_2	57.04334	7001.618	399.3956	42.5759	10274.37	437.4405
总计	1111.473	—	8470.214	1106.973	—	10041.43

标定期间，加氢反应器床层最高温度显示为 265℃，实际床层最高温升为 25℃，出口温度显示为 262℃，从标定期间各反应器的数据表明，装置的加氢反应器内催化剂活性较高，且未检测出 COS，说明水解效果较好。加氢反应器实际出口温度高于理论计算值 256℃，这可能是由于二级反应器前系统硫转化率较理论计算值要偏低，同时也验证了反应炉炉温较理论值偏低的一个主要原因是反应炉总硫转化率不高，此外理论计算简化了系统反应可能存在的偏差。

(十三) 加氢尾气冷却器计算及分析

1. 加氢尾气冷却器取热量计算

标定期间加氢尾气冷却器出口温度为 150℃，压降为 1kPa。根据焓值与温度关系求得出口物料的总焓 $Q_{焓}=4386$MJ/h

加氢尾气冷却器出入口各组分性质如表 4-54 所示。

表 4-54　加氢尾气冷却器组分对照表

组分	摩尔量/(kmol/h)	焓值/(kJ/kmol)	热量/(MJ/h)	冷凝后液相量	焓值/(kJ/kmol)	热量/(MJ/h)
H_2S	14.46744	8983.021	129.9613	14.46744	5118.643	74.05366
CO_2	18.92842	7683.503	145.4366	18.92842	3213.25	60.82175
H_2O	411.9449	10587.47	4361.455	411.9449	5957.244	2454.056
CH_4	0	0	0	0	0	0

续表

组分	摩尔量/(kmol/h)	焓值/(kJ/kmol)	热量/(MJ/h)	冷凝后液相量	焓值/(kJ/kmol)	热量/(MJ/h)
SO_2	0	0	0	0	5220.155	0
NH_3	0	0	0	0	0	0
N_2	619.0567	8023.725	4967.141	619.0567	4651.738	2879.69
O_2	0	0	0	0	0	0
S_2	0	0	0	0	0	0
S_6	0	0	0	0	3638.24	0
S_8	0	0	0	0	6400.599	0
H_2	42.5759	10274.37	437.4405	42.5759	4379	186.4399
总计	1106.973	45552.09	10041.43	1106.973	—	5655.061

2. 蒸汽产量核算

标定期间，废热锅炉除氧水温度为101℃左右，压力为2.0MPa，产生0.4MPa饱和蒸汽，根据图4-8水的汽化潜热表可以查询，在143℃水汽化成0.4MPa蒸汽，汽化潜热为2108.6kJ/kg，计算出0.4MPa蒸汽理论产量。

因此，产气量 $M_{0.4}=4386/2308=1.9(t/h)$。

（十四）急冷塔计算及分析

1. 急冷塔物料计算

急冷水各物料组分如表4-55，标定期间急冷塔塔顶出口温度平均显示为32℃，由于急冷塔压降在4kPa，则急冷塔顶塔压力为122kPa。查得在32℃下，水的饱和蒸气压为6.2kPa，H_2S 在水中的溶解度为0.288g/100g，换算为摩尔浓度=(0.288/34)/(100/18)=0.00152，为简化计算，假定 CO_2 不溶于酸性急冷水中，设塔顶气相中水含量为 $x$kmol，则可得方程式：

$$x/(695+x)=6.2/122$$

解得：$x=36(\text{kmol/h})$

急冷水各物料组分性质如表4-55所示。

表4-55　急冷水各物料组分性质表

组分	摩尔量/(kmol/h)	焓值/(kJ/kmol)	热量/(MJ/h)	液相水	加热后气相量	焓值/(kJ/kmol)	热量/(MJ/h)	未相变总热量
H_2S	14.46744	5118.643	74.05366	0.573205	13.89423	1078.465	14.98444	14.984439
CO_2	18.92842	3213.25	60.82175		18.92842	1183.46	22.40102	22.40102
H_2O	411.9449	5957.244	2454.056	375.9449	36	1097.282	39.50216	452.01976
CH_4	0	0	0					
SO_2	0	5220.155	0					
NH_3	0	0	0					
N_2	619.0567	4651.738	2879.69		619.0567	934.7695	578.6753	578.67532

续表

组分	摩尔量/（kmol/h）	焓值/（kJ/kmol）	热量/（MJ/h）	液相水	加热后气相量	焓值/（kJ/kmol）	热量/（MJ/h）	未相变总热量
O_2	0	0	0					
S_2	0	0	0					
S_6	0	3638. 24	0					
S_8	0	6400. 599	0					
H_2	42. 5759	4379	186. 4399		42. 5759	937. 461	39. 91324	39. 913244
总计	1106. 973		5655. 061		730. 4552		695. 4762	1107. 9938

由上计算酸性水的流量 $t_{酸性水}$

$t_{酸性水}$ = 0. 5732×34. 08/1000+375×18. 02/1000 = 6. 77（t/h）。标定期间外排水流量显示平均为 5. 1t/h，较理论计算值高 0. 29t/h。

2. 急冷塔塔底温度计算

考虑到拟定的焓值关系式用于低温情况下可能存在偏差，采用比热进行计算，整个放热过程分为三个阶段，进塔气体降温至 100℃；水冷凝放热；气相和液相组分各自降温放热。

查得水蒸气的平均比热容为 1. 865kJ/kg · K；H_2S 的平均比热容为 2. 432kJ/kg · K，CO_2 的平均比热容为 0. 8918kJ/kg · K，N_2 的平均比热容为 1. 030kJ/kg · K，H_2 的平均比热容为 14. 23kJ/kg · K。

进塔气体降至 100℃，放热量为 Q_1；

$$Q_1 = 14.46\times34.08\times2.432\times(150-100)+18.9\times44.01\times0.8918\times(150-100)+411.9\times18.02\times1.865\times(150-100)+619\times28.01\times1.030\times(150-100)+42.5\times2.02\times14.23\times(150-100) = 1743.155(\mathrm{MJ/h})$$

0. 1MPa 下水的汽化潜热为 2257. 6kJ/kg，冷凝部分水的放热量为 Q_2；

$$Q_2 = 4804.82\times2257.6 = 10847(\mathrm{MJ/h})$$

气相冷却至 32℃下的放热量 Q_3；

$$Q_3 = 14.46\times34.08\times2.432\times(100-32)+18.9\times44.01\times0.8918\times(100-32)+36\times18.02\times1.865\times(100-32)+619\times28.01\times1.030\times(100-32)+42.5\times2.02\times14.23\times(100-32) = 1511.64(\mathrm{MJ/h})$$

查得水的平均比热容为 4. 19kJ/kg · K，则冷凝水降温至 t℃情况下放热量为 Q_4；

$$Q_4 = 4804.82\times4.19\times(100-t)\ \mathrm{MJ/h}$$

综上，急冷塔总放热量为 Q；

$$Q = 1743+10847.36+1511.64+4804.82\times4.19\times(100-t)/1000\mathrm{MJ/h}$$

急冷循环水取热量为 $Q_{取} = 100\times1000\times4.19\times(t\ \ 32)/1000$

则由 $Q = Q_{取}$，得方程式：

$$1743+10847.36+1511.64+4804.82\times4.19\times(100-t)/1000\mathrm{MJ/h} = 130\times1000\times4.19\times(t-37.1)/1000$$

解得：$t = 66$℃

急冷塔总放热量为 $Q = 14.786\mathrm{GJ/h}$

查询 32℃水的汽化潜热为 2422kJ/kg，因此循环水量
=14786/(4.183×25)=141(t/h)。

（十五）吸收塔计算及分析

标定期间吸收塔塔顶出口温度平均显示为 40℃，由于吸收塔压降在 2kPa，则吸收塔塔顶压力为 120kPa，假设 H_2S 完全被胺液所吸收，出口净化尾气中含有的 H_2S 忽略不计，净化尾气入口 CO_2 为 2.59%，出口为 2.28%。

吸收塔出口组成如表 4-56 所示。

表 4-56　吸收塔出口组成　kmol/h

吸收塔出口组成	H_2S	CO_2	H_2O	CH_4	SO_2	NH_3	N_2	O_2	S_2	S_6	S_8	H_2	Σ
流量	13.89	18.92	36				619.05					42.57	730.45

（十六）尾气焚烧炉计算及分析

1. 尾气焚烧炉物料计算

该装置尾气进焚烧炉为 40℃，焚烧后尾气通过过热器产 4.0MPa 中压蒸汽和尾气加热器，将尾气加热到 240℃后进加氢反应器，最后净化尾气以 250℃进烟囱排放，焚烧炉组分对照数据如表 4-57 所示。

表 4-57　焚烧炉组分对照表　kmol/h

吸收塔出口组成	H_2S	CO_2	H_2O	CH_4	SO_2	NH_3	N_2	O_2	S_2	S_6	S_8	H_2	Σ
流量	0.039	16.20	25.9				619.05					42.57	703.78

（1）瓦斯组分性质

该装置瓦斯使用天然气，根据天然气专线采样结果，天然气组分为 CH_4：H_2=0.96：0.04，温度为 50℃，压力为 0.45MPa，流量显示平均为 400Nm^3/h，即为 17.85kmol/h，不需要校正。

（2）计算瓦斯烃类燃烧后组成及放热量

为了便于利用拟定的焓值公式进行计算，假定将瓦斯烃类组成单独完全燃烧后再进入尾气焚烧炉与净化尾气、剩余空气混合。

根据燃烧反应方程式；

$$C_mH_n+(m+n/4)O_2 = mCO_2+n/2H_2O$$

假设 $z$kmol/h 的燃料气参与焚烧反应，

根据 H_2S 燃烧反应方程式 $H_2S+3/2O_2 = SO_2+H_2O$；

根据 CH_4 燃烧反应方程式 $CH_4+2O_2 = CO_2+2H_2O$；

根据 H_2 燃烧反应方程式 $2H_2+O_2 = 2H_2O$；

通过入口组成含量和天然气的使用量可计算出：

实际消耗氧气量 $Q_{氧}$

即 $Q_{氧}=0.039×1.5+17.86×0.96×2+(17.85×0.04+42.57)×0.5$
$=55.99(kmol/h)$；

燃烧空气按照氧含量21%，氮气含量79%进行计算，空气中实际需要氮气量=$Q_{氧}$×79/21=55.99×79/21=210.63(kmol/h)；

空气流量 $W_{AIR}=W+W_{N_2}$=5.99+210.63=266.62(kmol/h)。

由气体标准状态方程 $PV=nRT$ 可得，空气体积流量：

$$V_{AIR}=(266.62\times22.4/1000)\times(273.15+40)/273.15=6.85(km^3/h)$$。

根据标定结果测定装置现场环境温度为40℃左右，湿度为80%，空气压力为常压1bar，如图4-1绝对湿度与相对湿度对应表所示。

根据图4-1所知，相对湿度 RH=80%，温度=40℃时，空气湿度中 H_2O 的密度为40.8g/m^3，可得 m_{H_2O}=6.85×40.8=279.37(kg/h)，进而可得空气中水的流量 $W_{H_2O}=m_{H_2O}/M_{H_2O}$=279.37/18=15.52(kmol/h)。

根据上述计算可知，实际入炉空气总量 $W_{总}$=282.148kmol/h。

(3) 焚烧炉物料计算

计算进入焚烧炉原料气体组成

由上述3个化学反应式可知，生成 CO_2=17.85×0.96=17.14(kmol/h)

总生成的 H_2O=天然气生成水+尾气生成的水=42.61+35.16=77.77(kmol/h)

总生成的 SO_2=焚烧生成的 SO_2=0.039kmol/h

总生成的 CO_2=焚烧生成的 CO_2=17.14kmol/h

根据出口净化尾气氧含量=2%，可得出口各组分组成和相对应温度下的焓值，焚烧炉组分如表4-58所示。

表4-58 焚烧炉组分对照表

组分	摩尔量/(kmol/h)	焓值/(kJ/kmol)	热量/(MJ/h)	反应后摩尔量	焓值/(kJ/kmol)	热量/(MJ/h)
H_2S	0.039	1078.465	0.04206	—	8385.463	—
CO_2	16.20842	1183.46	19.18201	33.34442	8385.463	279.6084
H_2O	41.59957	1097.282	28.61547	103.8579	9867.834	1024.852
CH_4	17.136	10103.59	173.1352	—	8417.1349	—
SO_2	0	—	—	0.039	0	0
NH_3	0	—	—	—	10558.599	—
N_2	829.6921	934.7695	578.6753	829.69214	0	0
O_2	55.9917	—	—	14.88715	7049.0127	104.9397
S_2	0	—	—	—	0	—
S_6	0	—	—	—	0	—
S_8	0	—	—	—	28701.09	—
H_2	43.2899	937.461	40.58259	—	39682.9	—
总计	1003.957	—	840.2326	981.82061	—	1409.401

2. 焚烧炉尾气 SO_2 含量

外排烟气中的水含量=103.85/981.82=10.57%

标准状态下的干烟气流量=(981.82-103.85)×22.4=19666(Nm^3/h)

烟气氧含量=14.88/981.82=1.5%

干烟气 SO_2 排放浓度=0.039×64×10^6/19666=127(mg/Nm^3)

3. 尾气焚烧炉热量衡算

根据 H_2 和 H_2S 燃烧的化学反应热分别为 517900kJ/kmol 和 241800kJ/kmol，反应量分别为 43. 29kmol/h 和 0. 039kmol/h，可得焚烧反应热 = 22429MJ/h。

根据天然气组分低热值中的 H_2 和 CH_4 分别为 2650kcal/Nm^3 和 8529kcal/Nm^3，反应量分别为 66. 931606kmol/h 和 1606kmol/h，可得热值反应热 = 13918MJ/h。

根据出口组成表可得，焚烧炉入口和出口的反应热分别为 840. 23MJ/h 和 1409. 4MJ/h，因此，焚烧炉总热量 = 840. 23+22429+13918−1409. 4 = 36047(MJ/h)

（十七）尾气焚烧炉过热器计算及分析

尾气焚烧炉过热器取热量计算

尾气加热器的加热负荷 $Q_{冷}$ = 8070−5411+8. 81+72. 53 = 2741(MJ/h)，因此过热蒸汽段的 $Q_{过热}$ = 36047−2741 = 33306(MJ/h)

4. 0MPa 蒸汽对应的饱和温度为 250℃，饱和蒸汽焓为 2799kJ/kg，汽化潜热为 1713kJ/kg，4. 0MPa 蒸汽对应的过热温度为 420℃，焓值为 3210kJ/kg，假设产过热蒸汽量为 xt/h，可得 $Q_{过热} = (3210-2799)\times x+1713\times x = 33306$(MJ/h)

解得 x = 15. 6t/h，装置实际产汽 15t/h。该流量计为涡街流量计，不需要校正，则实际产汽量较理论产汽量稍低，产生偏差的原因可能有设备散热损失、仪表测量误差偏小、实际反应放热量较理论计算要低、除氧水温度现场测量误差等。

二、硫平衡计算

（一）总硫平衡、制硫炉硫平衡、Claus 反应器硫平衡

根据上述装置基础计算过程，总结出该装置关键设备的出入口组成如表 4−59 所示。

表 4−59　装置关键设备的出入口组成

kmol/h

组分	H_2S	CO_2	H_2O	CH_4	SO_2	NH_3	N_2	O_2	S_2	S_6	S_8	H_2	Σ
制硫炉入口	221. 91	18. 92	98. 95			60. 71	588. 69	156. 48					1145. 67
制硫炉出口	50. 59	18. 92	361. 34		25. 29		619. 05		73. 00				1148. 23
余锅出口	46. 04	17. 22	328. 82		23. 02		563. 34			5. 38	12. 56		996. 41
一冷出口	46. 04	17. 22	328. 82		23. 02		563. 34			0. 032	0. 507		978. 99
掺和阀出口	50. 59	18. 92	361. 34		25. 29		619. 05			0. 315	1. 938		1077. 48
一反出口	19. 58	18. 92	392. 35		9. 79		619. 05			0. 511	7. 605		1067. 83
二冷出口	19. 58	18. 92	392. 35		9. 79		619. 05			0. 013	0. 326		1060. 06
自换热出口	19. 58	18. 92	392. 35		9. 79		619. 05			0. 027	0. 316		1060
二反出口	8. 58	18. 92	403. 35		4. 29		619. 05			0. 038	2. 370		1056. 63
三冷出口	8. 58	18. 92	403. 35		4. 29		619. 05			0. 006	0. 194		1054. 42
捕集器出口	8. 58	18. 92	403. 35		4. 29		619. 05			0. 006	0. 194		1054. 42
尾气加热出口	8. 58	18. 92	403. 35		4. 29		619. 05			0. 031	0. 175	57. 58	1111
加反出口	14. 46	18. 92	411. 94				619. 05					42. 57	1106
加冷出口	14. 46	18. 92	411. 94		4. 29		619. 05					42. 57	1106
急冷塔出口	13. 89	18. 92	36				619. 05					42. 57	730. 45
吸收塔出口	0. 039	16. 2	41. 59	17. 13			829. 69	55. 99				43. 28	1003. 95
尾炉出口		33. 34	103. 85		0. 039		829. 69	14. 88					981. 82

1. 总硫平衡

该硫黄装置硫输入物料为原料酸性气；输入物料为硫黄成品、急冷水和烟道烟气，液硫脱气尾气及再生酸性气为内部循环不进行计算，因急冷水及烟道气无累计流量计量，故以标定期间平均值进行计算，具体核算如下。

根据表 3-1 原料数据表可知：

$$V_{H_2S}=8000\times0.62135=4970.8(Nm^3/h)$$

$$n_{H_2S}=4970.8/22.4=221.9(kmol/h)$$

$$m_{H_2S}=221.9\times32=7101.1(kg/h)$$

标定期间装置运行稳定，因此，根据 48h 的固体硫黄总产量计算，二套硫黄装置产出固体硫黄量为 $Q_1=(82+85)/48=3.47t/h=3470(kg/h)$；

根据上述计算烟道气校准流量为 $19666Nm^3/h$，烟气按当天平均值 $127mg/m^3$ 计算，得出烟气携带的硫含量为 $m_{烟气}=19666\times127/1000000=2.50(kg/h)$；

急冷水硫输出：$t_{酸性水}=0.5732\times34.08/1000=0.0195(kg/h)$；

根据硫平衡可知，固体硫黄产量偏差较大，偏差量 ϕ：

$\phi=7101-3470-2.5-0.0195=3628(kg/h)$，实际硫黄产量应为 7010kg/h。

故可根据烟道气硫输出量急冷水硫输出量太小，计算总硫回收率：

$$\Phi_{总硫}=(7101-2.5-0.0195)/7101=99.96\%$$

2. 制硫炉硫平衡

根据制硫炉计算及分析部分的计算，可以得出制硫炉入口和出口的组成如表 4-60 所示。

表 4-60　制硫炉入口和出口组成表

kmol/h

制硫炉组成	H_2S	CO_2	H_2O	CH_4	SO_2	NH_3	N_2	O_2	S_2	S_6	S_8	H_2	Σ
入口	221.91	18.92	98.95			60.71	588.69	156.48					1145.67
出口	50.59	18.92	361.34		25.29		619.05		73.00				1148.23

制硫炉入口和出口硫平衡：

$$n_{入口硫元素}=221.91lmol/h$$

$$n_{出口硫元素}=50.59+25.29+73\times2=221.91(kmol/h)$$

$$n_{入口硫元素}=n_{出口硫元素}$$

因此，制硫炉出入口 S 元素平衡。

3. Claus 反应器硫平衡

根据余热锅炉、一级冷凝器、高温掺和阀以及一级反应器计算及分析部分的计算，可以得出一级反应器入口和二级反应器出口的组成如表 4-61 所示。

表 4-61　Claus 反应器入口和出口的组成表

kmol/h

反应器组成	H_2S	CO_2	H_2O	CH_4	SO_2	NH_3	N_2	O_2	S_2	S_6	S_8	H_2	Σ
一级入口	50.59	18.92	361.34		25.29		619.05			0.315	1.938		1077.48
一级出口	19.58	18.92	392.35		9.79		619.05			0.511	7.605		1067.83
二级入口	19.58	18.92	392.35		9.79		619.05			0.027	0.316		1060
二级出口	8.58	18.92	403.35		4.29		619.05			0.038	2.370		1058

一级反应器入口和出口硫平衡：

$n_{入口硫元素}=50.59+25.29+0.315\times6+1.938\times8=93.27(kmol/h)$

$n_{出口硫元素}=19.58+9.79+0.511\times6+7.605\times8=93.27(kmol/h)$

$n_{入口硫元素}=n_{出口硫元素}$

因此，一级反应器出入口 S 元素平衡。

二级反应器入口和出口硫平衡：

$n_{入口硫元素}=19.58+9.79+0.027\times6+0.316\times8=32.06(kmol/h)$

$n_{出口硫元素}=8.58+4.29+0.038\times6+2.37\times8=32.06(kmol/h)$

$n_{入口硫元素}=n_{出口硫元素}$

因此，二级反应器出入口 S 元素平衡。

（二）氢平衡计算

1. 制硫炉氢平衡

根据制硫炉计算及分析部分的计算内容可知，制硫炉中关于氢元素主要发生了以下化学反应 $H_2S+3/2O_2 = SO_2+H_2O$

$$CH_4+2O_2 = CO_2+2H_2O$$

$$NH_3+3/4O_2 = 1/2N_2+3/2H_2O$$

根据燃烧过程气中的 H_2S、CH_4 和 NH_3 需要的氧气可以推算出湿空气中的水量，因此，制硫炉氢平衡如表 4-62 所示。

表 4-62　制硫炉氢平衡表

kmol/h

制硫炉组成	H_2S	CO_2	H_2O	CH_4	SO_2	NH_3	N_2	O_2	S_2	S_6	S_8	H_2	Σ
入口酸性气	221.91	18.92	55.58			60.71							357.14
入口空气			43.37				588.69	156.48					788.56
出口	50.59	18.92	361.34		25.29		619.05		73.00				1148.23

制硫炉入口酸性气加空气和出口氢平衡：

$n_{入口氢元素}=221.91\times2+55.58\times2+60.71\times3+43.37\times2=823.85(kmol/h)$

$n_{出口氢元素}=50.59\times2+361.34\times2=823.85(kmol/h)$

$n_{入口氢元素}=n_{出口氢元素}$

因此，制硫炉出入口 H 元素平衡。

2. Claus 反应器氢平衡

Claus 反应器内主要发生以下 Claus 反应：

$$2H_2S+SO_2 = 3/8S_8+2H_2O$$

在反应器中，COS 与 H_2O 发生水解反应，生成 H_2S 和 CO_2；CS_2 与 H_2O 发生水解反应，生成 COS、H_2S 和 CO_2。氢原子量守恒，因此，COS 和 CS_2 水解反应不影响反应后水含量变化。

$$COS+H_2O = H_2S+CO_2$$

$$CS_2+2H_2O = 2H_2S+CO_2$$

根据余热锅炉、一级冷凝器、高温掺和阀以及一级反应器计算及分析部分的计算，可以得出一级反应器入口和二级反应器出口的组成如表 4-63 所示。

表 4-63 Claus 反应器入口和出口的组成表 kmol/h

反应器组成	H_2S	CO_2	H_2O	CH_4	SO_2	NH_3	N_2	O_2	S_2	S_6	S_8	H_2	Σ
一级入口	50.59	18.92	361.34	—	25.29	—	619.05	—	—	0.315	1.938	—	1077.48
一级出口	19.58	18.92	392.35	—	9.79	—	619.05	—	—	0.511	7.605	—	1067.83
二级入口	19.58	18.92	392.35	—	9.79	—	619.05	—	—	0.027	0.316	—	1060
二级出口	8.58	18.92	403.35	—	4.29	—	619.05	—	—	0.038	2.370	—	1058

反应器入口和出口氢平衡：

$n_{入口氢元素}=50.59\times2+361.34\times2=823.85(kmol/h)$

$n_{出口氢元素}=8.58\times2+403.35\times2=823.85(kmol/h)$

$n_{入口氢元素}=n_{出口氢元素}$

因此，反应器出入口 H 元素平衡。

3. 加氢反应器氢平衡

加氢反应器内主要发生以下化学反应，

$$SO_2+3H_2 \longrightarrow H_2S+2H_2O$$

$$S_8+8H_2 = 8H_2S$$

根据加氢还原反应器计算及分析部分的计算，加氢反应器入口有氢气补入，出口有 4% 剩余，可以得出加氢反应器入口和出口的组成如表 4-64 所示。

表 4-64 加氢反应器入口和出口组成表 kmol/h

加氢反应器组成	H_2S	CO_2	H_2O	CH_4	SO_2	NH_3	N_2	O_2	S_2	S_6	S_8	H_2	Σ
入口	8.58	18.92	403.35		4.29		619.05			0.003	0.175		1058
氢气补												57.04	57.04
出口	14.46	18.92	411.94		4.29		619.05					42.57	1106

加氢反应器入口和出口氢平衡：

$n_{入口氢元素}=8.58\times2+403.35\times2+57.04\times2=937.94(kmol/h)$

$n_{出口氢元素}=14.46\times2+411.94\times2+42.57\times2=937.94(kmol/h)$

$n_{入口氢元素}=n_{出口氢元素}$

因此，加氢反应器出入口氢元素平衡。

4. 总氢平衡

根据尾气焚烧炉过热器计算及分析部分，焚烧炉计算和制硫炉入口酸性气、空气、加氢反应器氢气、焚烧炉空气和烟气出口组成，可计算总氢平衡，加氢反应器入口和出口的组成如表 4-65 所示。

表 4-65 总反应入口和出口组成表 kmol/h

全过程组成	H_2S	CO_2	H_2O	CH_4	SO_2	NH_3	N_2	O_2	S_2	S_6	S_8	H_2	Σ
入口气	221.91	18.92	98.96			60.71	588.69	156.48					1145.70
加氢气												57.04	57.04
焚烧炉空气			15.52				210.63	55.99					282.14
出口		33.34	103.85		0.039		829.69	14.88					981.82

总反应入口和出口氢平衡：

$n_{入口氢元素}=221.9\times2+98.96\times2+60.71\times3+57.04\times2+15.52\times2=968.97$(kmol/h)

$n_{出口氢元素}=103.85\times2+375.9\times2+13.85\times2+1.32\times2=987.97$(kmol/h)，其中贫胺液吸收13.85kmol/h 的 H_2S 和 0.75kmol/h 的 H_2O，急冷水带走 0.57kmol/h 的 H_2S 和 375.9kmol/h 的 H_2O。

总氢平衡出现 20kmol/h 的偏差的原因是，急冷塔补充进入的部分水量未计入总量，氢平衡是根据实际的分析数据进行计算得出，再根据硫平衡展开对氢平衡的计算，分析数据的偏差导致计算结果出现了 2%的偏差，偏差范围很小，分析数据可行的较高。

（三）Claus 部分物流流量和关键组分平衡计算

蒸汽平衡计算详见氢平衡部分计算过程，Claus 反应器入口和出口的组成如表 4-66 所示。

表 4-66 Claus 反应器入口和出口的组成表 kmol/h

反应器组成	H_2S	CO_2	H_2O	CH_4	SO_2	NH_3	N_2	O_2	S_2	S_6	S_8	H_2	Σ
一级入口	50.59	18.92	361.34	—	25.29	—	619.05	—	—	0.315	1.938	—	1077.48
一级出口	19.58	18.92	392.35	—	9.79	—	619.05	—	—	0.511	7.605	—	1067.83
二级入口	19.58	18.92	392.35	—	9.79	—	619.05	—	—	0.027	0.316	—	1060
二级出口	8.58	18.92	403.35	—	4.29	—	619.05	—	—	0.038	2.370	—	1058

1. 氮平衡

根据硫平衡计算和制硫炉对比计算部分，可计算总反应入口和出口氮平衡：

$n_{入口氮元素}=619.05\times2=1238.1$(kmol/h)

$n_{出口氮元素}=619.05\times2=1238.1$(kmol/h)

$n_{入口氮元素}=n_{出口氮元素}$

因此，Claus 反应器出入口 N 元素平衡。

2. 氧平衡

$n_{入口氧元素}=18.92\times2+361.34+25.29\times2=449.76$(kmol/h)

$n_{出口氧元素}=18.92\times2+403.35+4.29\times2=449.76$(kmol/h)

$n_{入口氧元素}=n_{出口氧元素}$

因此，Claus 反应器出入口 O 元素平衡。

3. 碳平衡

$n_{入口碳元素}=18.92$kmol/h

$n_{出口碳元素}=18.92$kmol/h

$n_{入口碳元素}=n_{出口碳元素}$

因此，Claus 反应器出入口 C 元素平衡。

三、制硫炉对比计算

（一）硫回收率对比计算

1）根据制硫炉及分析部分的计算过程和计算湿基硫回收率，制硫炉入口和出口的组成如表 4-67 所示。

表 4-67 制硫炉入口和出口的组成表 kmol/h

组分	H_2S	CO_2	H_2O	CH_4	SO_2	NH_3	N_2	O_2	S_2	S_6	S_8	H_2	Σ
制硫炉入口	221.91	18.92	98.95	—	—	60.71	588.69	156.48	—	—	—	—	1145.67
制硫炉出口	50.59	18.92	361.34	—	25.29	—	619.05	—	73.00	—	—	—	1148.23
余锅出口	46.04	17.22	328.82	—	23.02	—	563.34	—	—	5.38	12.56	—	996.41
一冷出口	46.04	17.22	328.82	—	23.02	—	563.34	—	—	0.032	0.507	—	978.99

制硫炉回收率 $\eta_{制硫炉}$ =[1-一冷出口气体($H_2S+SO_2+COS+2CS_2$)摩尔总数/入反应炉($H_2S+SO_2+COS+2CS_2$)摩尔总数]×100%

={1-[(46.04+17.22+0+0)/978.99]/(221.91/1145.67)}×100%=66.64%

其中：入反应炉($H_2S+SO_2+COS+2CS_2$)摩尔总数=酸性气流量×酸性气中($H_2S+SO_2+COS+2CS_2$)体积浓度÷22.4

一冷出口气体中($H_2S+SO_2+COS+2CS_2$)摩尔总数=一冷出口过程气中($H_2S+SO_2+COS+2CS_2$)体积浓度×一冷气体流量÷22.4

2）根据标定结果计算干基的制硫炉回收率，数据对比如表 4-68 所示。

表 4-68 数据对比表 %(体)

	介质	H_2S	SO_2	COS	CS_2	CO_2	CO	H_2
E-2001 出口	设计值	4.6907	2.3568	0.022871	0	0.5328	0.0356	1.1923
	标定值	4.79	4.14	0.24	0.19	5.15		
	模拟值	4.85	2.32	0.456	0	2.308	0.512	1.032

假设酸性气流量为 1，酸性气浓度为 0.621，配风需要氧为 0.621/2=0.3105，体积收缩也为 0.3105，配风量为 0.3105/2=1.4785，因此，一反出口体积为 1+1.4785-0.3105=2.168，

标定值 $\eta_{Claus制硫炉}$=[1-一冷出口口气体($H_2S+SO_2+COS+2CS_2$)摩尔总数/制硫炉入口($H_2S+SO_2+COS+2CS_2$)摩尔总数]×100%

=[1-(4.79+4.14)×2.168/100/(0.621×1)]×100%=68.8%

模拟值 $\eta_{Claus制硫炉}$=64.15%

(二) 硫露点核算

余热锅炉需计入因温度降低引起的过程气中 S 组分的变化及校核 S 露点。

由上述计算可知，1383℃过程气中的 S_2 为 66.43kmol/h，余热锅炉出口过程气温度为 350℃，假设压降为 2kPa，出口压力为 143kPa(绝)，查询不同温度下 S_2、S_6、S_8 的摩尔分数图 4-2，假设 S_2 全部转化成 S_6、S_8，其中 S_6 : S_8=0.25 : 0.58，归一后 S_6 : S_8=0.3 : 0.7，由 S 原子平衡和该温度下的摩尔比可得：

$$2W_{S_2}=6W_{S_6}+8W_{S_8}$$

解得：W_{S_6}=5.38kmol/h　W_{S_8}=13.56kmol/h

由上述计算可知：

$$P_{分}=[(S_2+S_6+S_8)/(总摩尔数)]\times(总压力)$$

$$=[(0+5.38+13.45)/996.41]\times143=2.57(\text{kPa})$$

$$P_{饱}=10^{-3}\times e^{\{89.273-[13463\div(T_{出}+273.15)]-8.9643\times\ln(T_{出}+273.15)\}}$$

当 $P_{饱}=P_{分}$，计算得余热锅炉硫露点温度 $T=264℃<350℃$，由此可知废热锅炉理论上无液硫析出。

（三）各组分变化率

由反应炉物料计算可知，反应炉硫回收率及组分变化率如表 4-69 所示。

表 4-69　制硫炉硫回收率及组分变化率表

组分	入炉原料气/(kmol/h)	反应产物/(kmol/h)	组分变化/(kmol/h)	变化分率/%
H_2S	221.91	50.60	-171.31	-77.20
CO_2	18.92	18.92	0.00	0.00
H_2O	98.96	361.33	262.38	265.15
CH_4	0.00	—	0.00	—
SO_2	0.00	25.30	25.30	—
NH_3	60.71	—	-60.71	-100.00
N_2	588.69	619.05	30.36	5.16
O_2	156.49	—	-156.49	-100.00
S_2	0.00	73.01	73.01	—
S_6	0.00	—	0.00	—
S_8	0.00	—	0.00	—
总和	1145.67	1148.20	2.53	0.22
总 S 转化率	66.64%			

四、一转、二转计算

（一）单段转化率对比计算

1. 一级反应器

根据一、二级反应器计算及分析部分计算结果可知，如表 4-70 所示。

表 4-70　一反入口和出口的组成表

kmol/h

组分	H_2S	CO_2	H_2O	CH_4	SO_2	NH_3	N_2	O_2	S_2	S_6	S_8	H_2	Σ
搀和阀出口	50.59	18.92	361.34		25.29		619.05			0.315	1.938		1077.48
一反出口	19.58	18.92	392.35		9.79		619.05			0.027	0.316		1060

一级反应器克劳斯转化率可根据下式计算得到：

计算值 $\eta_{一反转化率}$=(1-二冷入口 SO_2 摩尔总数/一冷出口 SO_2 摩尔总数)×100%=

=(1-9.79/25.29)×100%=61.3%

根据表 1-69，标定数据可知，假设酸性气流量为 1，酸性气浓度为 0.621，配风需要氧为 0.621/2=0.3105，体积收缩也为 0.3105，配风量为 0.3105/2=1.4785，因此，一反出口和入口体积均为 1+1.4785-0.3105=2.168，

标定值 $\eta_{一反转化率}$=[1-一反出口气体($H_2S+SO_2+COS+2CS_2$)摩尔总数/一反入口入口(H_2S

$+SO_2+COS+2CS_2$)摩尔总数]×100%，因一反出入口体积流量相等，

体积流量=[1-(2.03+1.36)/(4.88+3.65)]×100%=60.3%

模拟值 $\eta_{一反转化率}=63.53\%$

2. 二级反应器

根据一、二级反应器计算及分析部分计算结果可知，二反入口和出口的组成如表4-71所示。

表4-71 二反入口和出口的组成表 kmol/h

组分	H_2S	CO_2	H_2O	CH_4	SO_2	NH_3	N_2	O_2	S_2	S_6	S_8	H_2	Σ
二冷出口	19.58	18.92	392.35	—	9.79	—	619.05	—	—	0.013	0.326	—	1060.06
二反出口	8.58	18.92	403.35	—	4.29	—	619.05	—	—	0.038	2.370	—	1056.63

计算值 $\eta_{二反转化率}$=(1-三冷入口 SO_2 摩尔总数/二冷出口 SO_2 摩尔总数)×100%=

=(1-4.29/9.79)×100%=56.1%

根据表1-69标定数据可知，假设酸性气流量为1，酸性气浓度为0.621，配风需要氧为0.621/2=0.3105，体积收缩也为0.3105，配风量为0.3105/2=1.4785，因此，一反出口和入口体积均为1+1.4785-0.3105=2.168。

标定值 $\eta_{二反转化率}$=[1-一反出口气体($H_2S+SO_2+COS+2CS_2$)摩尔总数/一反入口入口($H_2S+SO_2+COS+2CS_2$)摩尔总数]×100%，因一反出入口体积流量相等，

体积流量=[1-(0.85+0.46)/(2.03+1.36)]×100%=61.4%

模拟值 $\eta_{二反转化率}=61.35\%$

(二) 反应空速计算

1. 一级反应器

由一级反应器物料计算部分可计算进一级反应器的物料体积流量：

$V=22.4\times1077=24124(m^3/h)$

一级反应器中装填催化剂方案如表4-72所示，装填质量为 $t'=16+10=26(t)$，密度为平均值0.80kg/L，可得装填体积 V' 为 $32.5m^3$，催化剂性质如表4-72所示。

表4-72 催化剂性质表

反应器	装填位置	催化剂型号	装填重量/t
一反($30m^3$)	上部($20m^3$)	CT6-4B	16
	下部($10m^3$)	CT6-8B	10
二反($30m^3$)	上部、下部($30m^3$)	CT6-2B	22.5

一级反应器体积空速 $V_{空}=24124/32.5=742.3(h^{-1})$

由一级反应器物料计算部分中可计算进一级反应器的物料质量。

$t=\sum$各组分进料量$\times M=32.28(t/h)$

一级反应器中装填催化剂质量为 $t'=26t$

一级反应器质量空速 $V_{空}'=32.28/26=1.24(h^{-1})$

2. 二级反应器

由二级反应器计算及分析部分，可计算进二级反应器的物料体积流量：

$$V=22.4\times1058=23699(m^3/h)$$

二级反应器中装填催化剂方案如表 4-72 所示，装填质量为 $t'=22.5t$，密度为平均值 0.80kg/L，可得装填体积 V' 为 $28.125m^3$。

一级反应器体积空速 $V_{空}=23699/28.125=842.6(h^{-1})$

由 4.8.1 中可计算进一级反应器的物料质量：

$t=\sum$各组分进料量$\times M=30.32(t/h)$

一级反应器中装填催化剂质量为 $t'=22.5t$

一级反应器质量空速 $V_{空}'=30.32/22.5=1.35(h^{-1})$

（三）硫露点核算

1. 一级冷凝器和高温产掺和阀

一级冷凝器取热量重新计算。

由一级反应器及分析部分计算可知，一级冷凝器入口 350℃ 过程气中的 $S_6=5.38kmol/h$，$S_8=12.56kmol/h$，一级硫冷器出口过程气温度为 170℃。假设压降为 2kPa，出口压力为 141kPa(绝)，查询 170℃ 下 S_2、S_6、S_8 的摩尔分数图 4-2，假设 S_2 全部转化成 S_6、S_8，其中 $S_6:S_8=0.06:0.92$，归一后 $S_6:S_8=0.06:0.94$，由 S 原子平衡和该温度下的摩尔比可得：

$$6W_{S_6}+8W_{S_8}=6W_{S_6}'+8W_{S_8}'$$

解得：$W_{S_6}'=1.01kmol/h$　$W_{S_8}'=15.8kmol/h$

由上述计算可知，

$$P_{分}=[(S_2+S_6+S_8)/(总摩尔数)]\times(总压力)$$
$$=[(0+1.01+15.8)/996]\times141=2.39(kPa)$$
$$P_{饱}=10^{-3}\times e^{\{89.273-[13463\div(T_{出}+273.15)]-8.9643\times\ln(T_{出}+273.15)\}}$$

当 $P_{饱}=P_{分}$，计算得一级冷凝器硫露点温度 $T=261℃>170℃$，由此可知理论上有大量液硫析出。

由一级反应器及分析部分计算可知，高温掺和阀入口的 1383℃ 过程气中的 S_2 为 73kmol/h，出口温度为 1383℃，要被冷凝至 246℃，假设压降为 2kPa，出口压力为 139kPa（绝压），查询不同温度下 S_2、S_6、S_8 的摩尔分数图 4-2，假设全部的 S_2 部分转化成 S_6、S_8，其中 $S_6:S_8=0.13:0.78$，归一后 $S_6:S_8=0.14:0.86$，由 S 原子平衡和该温度下的摩尔比可得：

$$2W_{S_2}=6W_{S_6}+8W_{S_8}$$

解得：$W_{S_6}=5.91kmol/h$　$W_{S_8}=13.81kmol/h$

由上述计算可知，

$$P_{分}=[(S_2+S_6+S_8)/(总摩尔数)]\times(总压力)$$
$$=[(0+5.91+13.81)/1148]\times139=2.38(kPa)$$
$$P_{饱}=10^{-3}\times e^{\{89.273-[13463\div(T_{出}+273.15)]-8.9643\times\ln(T_{出}+273.15)\}}$$

当 $P_{饱}=P_{分}$，计算得一级冷凝器硫露点温度 $T=265℃>246℃$，由此可知理论上有大量液硫析出。

2. 二级冷凝器和气气换热器

由二级冷凝器及分析部分计算可知，二级冷凝器入口 246℃ 过程气中的 $S_6=0.51kmol/$

h，S_8=7.6kmol/h，二级硫冷器出口过程气温度为160℃，假设压降为1kPa，出口压力为136kPa(绝)，查询160℃下S_2、S_6、S_8的摩尔分数图4-2，假设S_2全部转化成S_6、S_8，其中S_6：S_8=0.04：0.93，归一后S_6：S_8=0.04：0.96，由S原子平衡和该温度下的摩尔比可得：

$$6W_{S_6}+8W_{S_8}=6W_{S_6}'+8W_{S_8}'$$

解得：$W_{S_6}'=0.32\text{kmol/h}$　$W_{S_8}'=7.74\text{kmol/h}$

由上述计算可知，

$$P_{分}=[(S_2+S_6+S_8)/(总摩尔数)]\times(总压力)$$
$$=[(0+0.32+7.74)/1067]\times136=1.02(\text{kPa})$$

根据S蒸气饱和蒸气压的计算公式图，其中$t_{出}$=160℃，

$$P_{饱}=10^{-3}\times e^{\{89.273-[13463\div(T_{出}+273.15)]-8.9643\times\ln(T_{出}+273.15)\}}$$

当$P_{饱}=P_{分}$，计算得一级冷凝器硫露点温度T=261℃>160℃，由此可知理论上有大量液硫析出。

由气气换热器计算及分析部分计算可知，气气换热器160℃过程气中的S_6=0.0136kmol/h，S_8=0.326kmol/h，二级加热器出口过程气温度为220℃，假设压降为2kPa，出口压力为134kPa(绝)，查询160℃下S_2、S_6、S_8的摩尔分数图4-2，假设S_2全部转化成S_6、S_8，其中S_6：S_8=0.07：0.83，归一后S_6：S_8=0.07：0.92，由S原子平衡和该温度下的摩尔比可得：

$$6W_{S_6}+8W_{S_8}=6W_{S_6}'+8W_{S_8}'$$

解得：$W_{S_6}'=0.024\text{kmol/h}$　$W_{S_8}'=0.318\text{kmol/h}$

由上述计算可知，

根据S蒸气的分压定律公式：

$$P_{分}=[(S_2+S_6+S_8)/(总摩尔数)]\times(总压力)$$
$$=[(0+0.024+0.318)/1060]\times134=0.043(\text{kPa})$$

根据S蒸气饱和蒸气压的计算公式图，其中$t_{出}$=160℃，

$$P_{饱}=10^{-3}\times e^{\{89.273-[13463\div(T_{出}+273.15)]-8.9643\times\ln(T_{出}+273.15)\}}$$

当$P_{饱}=P_{分}$，计算得二级加热器硫露点温度T=160<220℃，由此可知理论上无液硫析出。

（四）有机硫水解率

1. 一级反应器

一级反应器有机硫水解率可根据下式计算得到，因过程计算未考虑副反应，该计算使用标定数据计算，标定结果见表4-73所示。

表4-73　一反数据对比表　　%(体)

	介质	H_2S	SO_2	COS	CS_2	CO_2	CO	H_2
R2001入口过程气	设计值	4.7843	2.4040	0.023364	0	0.5431	0.0363	1.2157
	标定值	4.88	3.65	0.21	0.17	5.88	—	—
	模拟值	4.948	2.366	0.465	0	2.352	0.522	1.051

续表

	介质	H_2S	SO_2	COS	CS_2	CO_2	CO	H_2
R2001 出口过程气	设计值	1.8481	0.9244	0.000725	0	0.5710	0.0366	1.2260
	标定值	2.63	1.36	未检出	未检出	6.05	—	—
	模拟值	1.864	0.619	0.062	0	2.783	0.527	1.062

计算值 $\eta_{有机硫水解率}$ =（1-一反出口（COS+CS_2）摩尔总数/一反入口（COS+CS_2）摩尔总数）×100%＝（1-0/（0.21+0.17）＝100%

标定值 $\eta_{有机硫水解率}$＝100%

模拟值 $\eta_{有机硫水解率}$＝88.42%

2. 二级反应器

二级反应器有机硫水解率可根据下式计算得到，因过程计算未考虑副反应，该计算使用标定数据计算，标定结果见表4-74。

表4-74　二反数据对比表

%（体）

	介质	H_2S	SO_2	COS	CS_2	CO_2	CO	H_2
R1002 入口过程气	设计值	1.8625	0.9316	0.000731	0	0.5754	0.0369	1.2356
	标定值							
	模拟值	1.878	0.624	0.063	0	2.804	0.531	1.07
	介质	H_2S	SO_2	COS	CS_2	CO_2	CO	H_2
R1002 出口过程气	设计值	0.6647	0.3325	0.000733	0	0.5774	0.0370	1.2399
	标定值	1.11	0.41	未检出	未检出	6.92	—	—
	模拟值	0.924	0.134	0.039	0	2.836	0.532	1.073

计算值 $\eta_{有机硫水解率}$ =（1-二反出口（COS+CS_2）摩尔总数/二反入口（COS+CS_2）摩尔总数）×100%＝1-0/（0.21+0.17）＝100%

标定值 $\eta_{有机硫水解率}$＝100%

模拟值 $\eta_{有机硫水解率}$＝40.7%

五、加氢反应器对比计算

（一）SO_2 加氢转化率

加氢反应器出入口对比结果如表4-75所示。

表4-75　加氢反应器出入口对比表

kmol/h

组分	H_2S	CO_2	H_2O	CH_4	SO_2	NH_3	N_2	O_2	S_2	S_6	S_8	H_2	Σ
尾气加热出口	8.58	18.92	403.35	—	4.29	—	619.05	—	—	0.031	0.175	57.58	1111
加反出口	14.46	18.92	411.94	—	—	—	619.05	—	—	—	—	42.57	1106

计算值 $\eta_{SO_2转化率}$ =（1-加反出口 SO_2 摩尔总数/加反入口 SO_2 摩尔总数）×100%=（1-0/4.29）=100%，加氢反应器数据如表4-76所示。

表4-76 加氢反应器数据对比表 %（体）

	介质	H_2S	SO_2	COS	CS_2	CO_2	CO	H_2
R2003入口过程气	设计值	0.6555	0.3279	0.000723	0	0.5694	0.0365	2.8482
	标定值	0.81	0.31	0.08	未检出	6.15	—	7.46
	模拟值	0.913	0.133	0.039	0	2.802	0.526	2.433
	介质	H_2S	SO_2	COS	CS_2	CO_2	CO	H_2
R2003出口过程气	设计值	1.2352	0	0	0	0.6078	0.0011	1.6594
	标定值	1.49	未检出	未检出	未检出	6.23	—	6.26
	模拟值	1.241	0	0	0	3.366	0.007	2.403

标定值 $\eta_{SO_2转化率}$ =（1-加反出口 SO_2 摩尔总数/加反入口 SO_2 摩尔总数）×100%=（1-0/4.29）=100%

模拟值 $\eta_{有机硫水解率}$ =100%

（二）有机硫转化率

计算值 $\eta_{有机硫水解率}$ =［1-加反出口（COS+CS_2）摩尔总数/加反入口（COS+CS_2）摩尔总数］×100%=（1-0/0.000723）=100%

标定值 $\eta_{有机硫水解率}$ =100%

模拟值 $\eta_{有机硫水解率}$ =100%

（三）反应空速计算

由加氢还原反应器物料计算部分，可计算加氢还原反应器的进料体积流量

$$V=22.4\times1111=24886(m^3/h)$$

加氢还原反应器中装填催化剂方案如表4-77所示，装填质量为 t'=43t，密度平均值为0.85kg/L，可得装填体积 V' 为50.5m^3，加氢还原反应器催化剂数据如表4-77所示。

表4-77 加氢还原反应器催化剂数据表

尾气加氢催化剂装填方案	
催化剂编号	t
CT6-5B	2×21.5（2×25m^3）

加氢还原反应器体积空速 $V_空$ =24886/43=578.8（h^{-1}）

由加氢还原反应器物料计算部分，可计算进加氢还原反应器的物料质量：

$$t=\sum各组分进料量\times M=29.87(t/h)$$

加氢还原反应器中装填催化剂质量为 t'=43t

加氢还原反应器质量空速 $V_空{}'$ =29.87/43=0.7（h^{-1}）

（四）硫露点核算

由急冷塔物料计算部分可知，此时，水分压 P=414/1106×127=47.5（kPa），查得在150℃下，水的饱和蒸气压为538.99kPa，远大于系统中水的分压，即加氢尾气蒸发器出口不可能有液态水生成，不存在露点腐蚀问题。只有当出口温度低于72℃情况下，才会有液

态水生成。

六、吸收塔对比计算

（一）H_2S 吸收率计算

吸收塔出入口数据经计算如表 4-78 所示。

表 4-78　吸收塔出入口数据表　kmol/h

组分	H_2S	CO_2	H_2O	CH_4	SO_2	NH_3	N_2	O_2	S_2	S_6	S_8	H_2	Σ
急冷塔出口	13.89	18.92	36				619.05					42.57	730.45
吸收塔出口	0.039	16.2	41.59	17.13			829.69	55.99				43.28	1003.95

根据标定结果，$n_{净化尾气H_2S}=111mg/m^3=111\times\{34\times273/[22.4\times(273+40)]\}=84(mg/L)$

$712.8\times22.4\times84/34\times10^{-6}=0.039(kmol/h)$

$n_{吸收H_2S}=13.89-0.039=13.85(kmol/h)$

$\Phi_{H_2S吸收率}=13.85/13.89=99.71\%$

$n_{酸性气总}=n_{酸性气H_2S}+n_{酸性气CO_2}=13.85\times34+2.72\times44=590.58(kg/h)$

吸收塔出入口数据如表 4-79 所示。

表 4-79　吸收塔出入口数据对比表　%（体）

	介质	H_2S	SO_2	COS	CS_2	CO_2	CO	H_2
R2003 出口过程气	设计值	1.2352	0	0	0	0.6078	0.0011	1.6594
	标定值	1.49	未检出	未检出	未检出	6.23	—	6.26
	模拟值	1.241	0	0	0	3.366	0.007	2.403
	介质	SO_2	H_2S	COS	CS_2	CO_2	CO	H_2
C2002 出口净化气	设计值		0.0295	0		0.2349		2.4977
	标定值	0.00012	0.0111	0.00143	未检出	未检出	未检出	未检出
	模拟值		0.03	0	0		0.01	3.576

（二）CO_2 共吸收率计算

假设净化尾气中含有 CO_2 为 x kmol/h，

则净化尾气摩尔流量 $n_{净化尾气}$ = 干基气体流量×（干基气流量+含水量）

$=(619.05+42.57+x)\times[1+36/(730-36)]=(661.62+x)\times1.0516$

$$n_{出口CO_2}=x/(661.62+x)\times1.0516\times100\%=2.28\%$$

解方程得 $x=16.2$kmol/h

$n_{净化尾气}=(661.62+16.2)\times1.0516=712.8(kmol/h)$

$n_{吸收CO_2}=18.92-16.2=2.72(kmol/h)$

$\Phi_{CO_2吸收率}=2.72/18.92=14.3\%$

（三）富液分析对比计算硫化氢及 CO_2 吸收量

根据《基础数据》，二套溶剂富液分析数据硫化氢含量为 20g/L，CO_2 含量为 2g/L，贫液硫化氢含量为 0.6g/L，CO_2 含量为 0.3g/L，循环量为 40t/h。

$n_{吸收H_2S}=40\times(20-0.6)/34=22.8(kmol/h)$

$n_{吸收CO_2}=40\times(2-0.3)/44=1.54(kmol/h)$

$n_{酸性气总}=n_{酸性气H_2S}+n_{酸性气CO_2}=22.8\times34+1.54\times44=842.9(kg/h)$

根据过程气与富液分别进行计算吸收塔吸收的硫化氢及二氧化碳的量，计算结果偏差15%，酸性气总量偏差8.9%，这与分析数据、计量误差有关。

七、富胺液计算

二套溶剂来料包括上游蜡油加氢、汽油加氢和本装置两套硫黄回收吸收塔出口，分析数据硫化氢含量为20g/L，CO_2 含量为2g/L，贫液硫化氢含量为0.6g/L，CO_2 含量为0.3g/L，总循环量为300t/h。

（一）酸性气负荷计算

本装置贫胺液中MDEA浓度为30%，

$$Q_{酸性气}=(20/34+2/44)/(1000\times0.3/120)=0.253(mol/mol)$$

通过上述计算可知，进入本装置的酸性气(H_2S+CO_2)负荷共计0.253mol/mol。

（二）再生出的酸性气量

$$n_{再生H_2S}=224\times(20-0.6)/34=127.8(kmol/h)$$

$$n_{再生CO_2}=224\times(2-0.3)/44=8.65(kmol/h)$$

查40℃水蒸气饱和蒸气压及水含量，水含量35g/m³，清洁酸性气分液罐压力为60kPa，则酸性气中水量：

$$n_{再生H_2O}=\{(127.8+8.65)\times22.4\times35\times(273+40/273)\times[0.1/(0.1+0.06)]\}/18=1.014(kmol/h)$$

再生塔塔顶酸性水回流罐出口酸性气组成如表4-80所示。

表4-80 再生塔顶酸水回流罐出口酸性气组成

项目	摩尔流量/(kmol/h)	体积/%
H_2S	127.8	92.96
CO_2	8.65	6.29
H_2O	1.014	0.73

八、烟气流量、烟囱抽力、烟气露点计算和烟气 SO_2 排放浓度校正

（一）烟气流量计算

焚烧炉出口组成和流量如表4-81所示。

表4-81 焚烧炉出口组成与流量 kmol/h

焚烧炉出口组成	H_2S	CO_2	H_2O	CH_4	SO_2	NH_3	N_2	O_2	S_2	S_6	S_8	H_2	Σ
流量	—	33.34	103.85	—	0.039	—	829.69	14.88	—	—	—	—	981.82

外排烟气中的水含量=103.85/981.82=10.57%，

标准状态下的湿烟气流量=981.82×22.4=21992(Nm³/h)

标准状态下的干烟气流量=(981.82-103.85)×22.4=19666(Nm³/h)

烟气氧含量=14.88/981.82=1.5%

干烟气 SO_2 排放浓度$=0.039\times64\times10^6/19666=127(mg/m^3)$

（二）烟囱抽力计算

方法1：由相关文献可知，国内常用的烟囱抽力计算公式：

$P=0.0345\times H\times[1/(273+t_0)-1/(273+t_g)]\times B$

式中 P——烟囱的抽力，Pa；

H——产生抽力的管道高度，m；

t_0——外部空气温度，℃；

t_g——计算管道中烟气的平均温度，℃；

B——大气压力，Pa。

由计算知，烟气进烟囱的温度为250℃，查询化学工业炉设计手册，装置混泥土烟囱的温降取0.2℃/m，烟囱高度为140m，则烟气出烟囱温度为 $t_{出}=250-0.3\times140=208$℃，烟气平均温度为228℃，大气压力取101325Pa，外部空气温度取30℃，则烟囱抽力 $P=0.0345\times140\times[1/(273+30)-1/(273+228)]\times101325=638.2(Pa)$

方法2：由相关烟囱设计规范可知，烟气压力可按下列公式进行计算。

$$P_g=0.01(\rho_a-\rho_g)h$$

$$\rho_a=\rho_{a_0}\times273/(273+T_a)$$

$$\rho_g=\rho_{g_0}\times273/(273+T_g)$$

式中 P_g——烟气压力，kN/m^2；

ρ_a——烟气外部空气密度，kg/m^3；

ρ_g——烟气密度，kg/m^3；

h——烟道口中心标高到烟囱顶部的距离，m；

ρ_{a_0}——标准状况下的大气密度(kg/m^3)，按 $1.285kg/m^3$ 采用；

ρ_{g_0}——标准状况下的烟气密度(kg/m^3)，按燃烧计算结果采用；

T_a——烟囱外部环境温度，℃；

T_g——烟气温度，℃。

由计算知，烟气进烟囱的温度为250℃，查询化学工业炉设计手册，装置混泥土烟囱的温降取0.2℃/m，烟囱高度为140m，则烟气出烟囱温度为 $t_{出}=208$℃，烟气平均温度为228℃，外部空气温度取30℃，则：

由计算知，烟气标况下的密度为 $\rho_{g0}=1.23kg/m^3$，

$$\rho_g=1.23\times273/(273+208)=0.698kg/m^3$$

$$\rho_a=1.285\times273/(273+30)=1.15kg/m^3$$

$$P_g=0.01\times(1.15-0.698)\times140=0.632KN/m^2=632Pa$$

（三）烟气露点计算

根据流程模拟老师马建民分享的关于《如何计算烟气硫露点?》文章经验计算公式进行计算。

关于 SO_2：

$$1000/T_{dp}=3.9526-0.1863\times\ln(P_{H_2O})+0.000867\times\ln(P_{SO_2})-0.000913\times\ln(P_{H_2O})\times\ln(P_{SO_2});$$

关于 H_2SO_4：

$$1000/T_{dp}=2.276-0.0294\times\ln(P_{H_2O})-0.0858\times\ln(P_{H_2SO_4})+0.0062\times\ln(P_{H_2O})\times\ln(P_{H_2SO_4})$$

式中 T_{dp}——露点温度，K；

P——分压，mmHg。

计算时取表3-9中的外排烟气数据，其中SO_2=0.0039%，H_2O=10.58%。成都大气压为101kPa=757.5mmHg，计算得P_{SO_2}=757.5×0.000039=0.029(mmHg)，P_{H_2O}=757.5×0.1058=80.14(mmHg)，参考石油化学工业出版社出版的《管式加热炉》P528，SO_2转化率按2%计算，因此，烟气中的SO_3分压0.029×0.02=0.00058(mmHg)，带入经验公式。

对于SO_2：

T_{dp}=1000/(3.9526−0.1863×ln(80.14)+0.000867×ln(0.029)−0.000913×ln(80.149)×ln(0.029))

T_{dp}=317.76F=39.81℃

对于H_2SO_4：

T_{dp}=1000/[2.276−0.0294×ln(80.14)−0.0858×ln(0.00058)+0.0062×ln(80.14)×ln(0.00058)]

T_{dp}=387F=113.8℃

（四）烟气SO_2排放浓度校正

烟道气法——烟气流量校正方法：

由于尾气焚烧炉烟气在线流量计测量精度偏低，流量测量值偏小，采用现有在线测量流量进行转化率计算将导致收率偏差较大，因此需进行烟气流量校正。

1）根据SRU原料酸性气和末级硫冷器出口气体组分计算得出硫黄回收装置尾气气体流量Q_{SRU}。

2）根据富液循环量、贫液及富液分析数据计算尾气吸收塔脱除的H_2S、CO_2体积流量$Q_{尾H_2S}$、$Q_{尾CO_2}$。

3）保持急冷塔液位不变，读取急冷塔外排酸性水流量，计算反应过程生成水摩尔流量，从而得出自系统冷却脱除气态水在标况下的体积流量$Q_{尾H_2O}$。

4）读取在线炉燃料气流量$Q_{燃F-401}$、在线炉助燃空气$Q_{空F-401}$、尾气焚烧炉燃料气$Q_{燃F-402}$、尾气焚烧炉助燃空气$Q_{空F-402}$、液硫池脱气空气$Q_{池空}$、液硫池抽空蒸汽流量$Q_{池蒸}$，则校正后烟气流量为：

$Q_{烟气校}$=SRU尾气Q_{SRU}+尾气焚烧炉燃料气$Q_{燃F-402}$+尾气焚烧炉助燃空气$Q_{空F-402}$+液硫池抽空废气($Q_{池空}$+$Q_{池蒸}$)−急冷塔冷却脱水$Q_{尾H_2O}$−尾气吸收塔脱(H_2S+CO_2)$Q_{尾H_2S}$、$Q_{尾CO_2}$

=1145×22.4+400+6600+120−375×22.4−16.5×22.4

=23999(mg/Nm^3)

干烟气SO_2排放浓度=0.039×64×10^6/23999=104(mg/Nm^3)；

理论计算烟气量为19666Nm^3/h，干烟气SO_2排放浓度

=0.039×64×10^6/19666=127(mg/m^3)。

实际过程中，进焚烧炉之前，127mg/m^{3}的H_2S经过络合铁单元产生为单质S，进入焚烧炉的烟气中H_2S几乎为0，极少量COS，所以最后的烟气排放<5mg/m^3。

九、单程总转化率和总硫收率对比计算

（一）单程总转化率计算

计算值$\eta_{Claus总转化率}$=[1−二反出口气体(H_2S+SO_2+COS+2CS_2)摩尔总数/制硫炉入口(H_2S+SO_2+COS+2CS_2)摩尔总数]×100%

=[1−(8.58+4.29)/221.91]×100%=94.2%

假设酸性气流量为1当量单位，酸性气浓度为62.1%，配风需要氧为0.621/2=0.3105，体积收缩也为0.3105，配风量为0.3105/0.21=1.4785，因此，二反出口体积为1+1.4785-0.3105=2.168。根据克劳斯反应方程式可知，

标定值 $\eta_{Claus总转化率}$ =［1-二反出口气体（$H_2S+SO_2+COS+2CS_2$）摩尔总数/制硫炉入口（$H_2S+SO_2+COS+2CS_2$）摩尔总数］×100%

=［1-(0.85+0.46)×2.168/100/(0.621×1)］×100%=95.4%

模拟值 $\eta_{Claus总转化率}$ =95.8%

（二）总硫收率对比计算

总硫回收率=$(S_0-S_e)\times100\%/S_0$

$$S_0=M_{H_2S}\times Q_0\times32.06/22.4$$

$$S_e=(C_{SO_2}\times0.5+C_{H_2S}\times0.94+C_{COS}\times0.842)\times Q_e\times10^{-6}$$

式中 S_0——酸气中的总硫含量（以S计），kg/h；

S_e——焚烧炉烟道气中的总硫含量（以S计），kg/h；

Q_0——标准状态下的酸气流量，Nm^3/h；

Q_e——标准状态下的焚烧炉废气流量，Nm^3/h；

M_{H_2S}——酸性气中 H_2S 的浓度（摩尔百分比）；

C_{SO_2}——焚烧炉废气中 SO_2 浓度，mg/Nm^3；

C_{H_2S}——焚烧炉废气中 H_2S 浓度，mg/Nm^3；

C_{CoS}——焚烧炉废气中COS浓度，mg/Nm^3。

S的分子量为32.06；标准体积/摩尔数为22.4；SO_2 中S的含量为0.5；H_2S 中S的含量为0.94；COS中S的含量0.53。

根据烟气流量计算部分结果进行计算：

$$S_0=M_{H_2S}\times Q_0\times32.06/22.4=0.621\times8000\times32.06/22.4=7110(kg/h)$$

$$S_e=(C_{SO_2}\times0.5+C_{H_2S}\times0.94+C_{COS}\times0.842)\times Q_e\times10^{-6}$$
$$=(127\times0.5+0+0)\times19666\times10^{-6}=1.248(kg/h)$$

计算值 $\eta_{总硫收率}$ =(7110-1.248)/7110=99.98%。

焚烧炉出口组成和流量见表4-82。

表4-82 焚烧炉出口组成和流量 kmol/h

焚烧炉出口组成	H_2S	CO_2	H_2O	CH_4	SO_2	NH_3	N_2	O_2	S_2	S_6	S_8	H_2	Σ
流量	—	33.34	103.85	—	0.039	—	829.69	14.88	—	—	—	—	981.82

标准状态下的干烟气流量=(981.82-103.85)×22.4=19666(Nm^3/h)

干烟气 SO_2 排放浓度=$0.039\times64\times10^6/19666=127(mg/m^3)$

生成的硫单质和急冷塔带走的水占绝大部分，体积变化为0.621+0.3105=0.9315，吸收塔出口流速=(1+1.4785-0.9315)×1.05=1.60356

S 浓度=$V_{H_2S}+V_{SO_2}+V_{COS}$=111+14.3=125.3($mg/m^3$)=80.5(mg/L)

标定值 $\eta_{Claus总转化率}$ =［1-二反出口气体（$H_2S+SO_2+COS+2CS_2$）摩尔总数/制硫炉入口（$H_2S+SO_2+COS+2CS_2$）摩尔总数］×100%=［$1-1.60325\times80.5\times10^{-6}/(0.621\times1)$］×100%=99.98%

模拟值 $\eta_{Claus总转化率}$ =99.978%

十、热量平衡计算

（一）炉膛温度和反应温度对比计算

1. Claus 部分

在装置基础计算部分计算中对 Claus 单元进行了热平衡计算。在制硫炉计算及分析、一级反应器计算及分析和二级反应器计算及分析部分分别对制硫炉、一级反应器和二级反应器的反应温度、换热量和转化率进行了计算，并与实际标定数据进行了分析对比，对之前各计算结果整理如表 4-83 所示。

表 4-83　Claus 单元炉膛温度、反应器温度对比计算

项目		理论计算	标定数据与计算值	差值	偏差率/%
制硫炉	炉膛温度/℃	1283	1260	23.0	1.8
	S 转化率/%	66.64	68.8	-2.2	-3.2
一级反应器	反应温度/℃	297	310	-13.0	-4.4
	S 转化率/%	61.3	60.3	1.0	1.6
二级反应器	反应温度/℃	241	250	-9.0	-3.7
	S 转化率/%	56.1	61.4	-5.3	-9.4
单程总硫回收率/%		94.2	95.2	1	-1.0
总硫收率/%		99.98	99.98	0	—

2. 加氢反应器和焚烧炉部分

在装置基础计算部分对加氢反应器和焚烧炉单元进行了热平衡计算。在加氢还原反应器计算及分析和尾气焚烧炉过热器计算及分析部分，分别对加氢反应器和焚烧炉的反应温度、换热量和转化率进行了计算，并与实际标定数据进行了分析对比，对之前各计算结果整理如表 4-84 所示。

表 4-84　尾气处理焚烧单元炉膛温度、反应器温度对比计算

项目		理论计算	标定数据与计算值	差值	偏差率/%
加氢反应器	反应温度/℃	256	262	6	2.3
焚烧炉	出口温度/℃	250	250	0	—

（二）各主要换热设备热量平衡计算

在装置基础计算部分中，对各级锅炉、冷却器和加热器等换热设备均有详细的计算过程，并对其中的产气量和实际值进行了对比，汇总如表 4-85 所示。

表 4-85　主要换热设备热量与操作参数对比　t/h

项目		计算结果	设计值	实际操作参数	差值	偏差率/%
余热锅炉	产气量	19.8	19.8	16	3.8	20
一/三冷凝器	产气量	3.65+1.51	4.92	4.95	0.21	4
二/自级冷凝器	产气量	2.71-1.54	1.60	1.36	0.2	17
三级冷凝器	产气量	1.51	—	1.33	0.17	11.2
加氢冷凝器	产气量	1.9	—	1.5	0.4	22
急冷塔	急冷水循环量	141	—	160	29	20
焚烧炉	产汽量	15.6	—	15	0.6	3.8

十一、装置能耗计算与分析

硫黄装置各物料的能耗系数如表 4-86 所示。

表 4-86 硫黄装置各物料的能耗系数

指标名称	计量单位	能耗系数	指标名称	计量单位	能耗系数
装置加工量	t		仪表风	m^3(N)	0.038
天然气	t	930	工业风	m^3(N)	0.028
生产水	t	0.17	0.7MPa 氮气	m^3(N)	0.15
循环水	t	0.1	4.0MPa 蒸汽产出	t	-88
脱盐水	t	2.3	0.4MPa 蒸汽产出	t	-66
电	kW·h	0.2338	蒸汽凝液	t	7.65
4.0MPa 蒸汽	t	88	装置综合能耗	kgEO/t	
1.2MPa 蒸汽	t	76			

为简便计算，以下能耗因素计算均只包括天然气、除盐水、循环水、电、4.0MPa 和 1.0MPa 蒸汽消耗和产出。

（一）制硫炉单元能耗计算

制硫炉单元含酸性气分液罐（四台排液泵）、风机、制硫炉、余热锅炉和液硫池。

1）在该单元中，因正常工况下酸性气分液罐无液，排液泵处于备用状态，故制硫炉单元电量消耗为风机消耗；

2）制硫炉在正常生产工况下不消耗天然气，只消耗少量非净化风，不纳入能耗计算；

3）余热锅炉消耗中压除氧水，并产出 4.0MPa 饱和蒸汽，因该部分饱和蒸汽去蒸汽过热器产过热蒸汽，纳入尾气焚烧单元能耗计算；

4）制硫炉单元仅风机耗电，余热锅炉消耗除盐水；

5）液硫池需计入脱气泵和液硫泵的电耗。

根据以上分析，可以得到实际制硫炉单元能耗消耗表如表 4-87 所示。

表 4-87 制硫炉单元能耗消耗表

指标名称	计量单位	能耗系数	实际量	总量
装置加工量	t			
除盐水	t	2.3	15	34.5
电	kW·h	0.2338	450+15.6+8.2	110.77
天然气	t	930		
4.0MPa 蒸汽产出	t	-88		
0.4MPa 蒸汽产出	t	-66		
循环水	t	0.1		

（二）克劳斯反应单元能耗计算

克劳斯反应单元含一级冷凝器、高温产合阀、一级反应器、二级冷凝器、气气换热器、二级反应器、三级冷凝器和捕集器等。

1）三个冷凝器产出0.4MPa蒸汽并入蒸汽管网，液硫池盘管及相应的液硫线夹套伴热消耗1.0MPa蒸汽；

2）反应器出口压力表、捕集器出口压力表以及克劳斯跨线阀等采用1.0MPa夹套伴热，因使用量较小，可忽略不计；

3）两级反应加热器为高温掺和或气气换热，不消耗蒸汽；

4）一级反应器入口电加热器未投用，不纳入能耗计算范畴；

5）三个硫冷器均设置有三联采样器，循环水量估算按8t/h计算。

根据以上分析，可以得到实际克劳斯单元能耗表如表4-88所示。

表4-88 克劳斯单元能耗消耗表

指标名称	计量单位	能耗系数	实际量	总量
装置加工量	t			
除盐水	t	2.3	8	18.4
电	kW·h	0.2338	—	—
天然气	t	930	—	—
4.0MPa蒸汽产出	t	−88	—	—
0.4MPa蒸汽产出	t	−66	7.63	−503.58
循环水	t	0.1	—	—

（三）尾气吸收单元能耗计算

尾气净化单元含尾气加热器、加氢反应器、加氢冷凝器、急冷塔及吸收塔。

1）尾气加热器依靠焚烧炉加热，不消耗外界热量；

2）加氢反应器有氢气输入，由制氢单元统一计算能耗，不计入本单元能耗；

3）蒸汽发生器产出0.4MPa蒸汽；

4）急冷塔标定期间不需要补水，和吸收塔一样，主要消耗为机泵电量消耗通过电机功率计算；

5）急冷水、贫胺液循环水换热器根据总量计算。

从而可以得到尾气吸收单元能耗表如表4-89所示。

表4-89 尾气吸收单元能耗表

指标名称 装置加工量	计量单位/t	能耗系数	实际量	总量
除盐水	t	2.3	1.5	3.45
电	kW·h	0.2338	32.1+15.4	11.1
天然气	t	930	—	—
4.0MPa蒸汽产出	t	−88		
0.4MPa蒸汽产出	t	−66	1.5	−99
循环水	t	0.1		

（四）尾气焚烧单元能耗计算

尾气焚烧单元含焚烧炉风机、尾气焚烧炉、过热器。

1）尾气焚烧炉炉膛温度依靠天然气燃烧维持，需消耗天然气，炉头消耗少量非净化风忽略不计；

2）焚烧炉风机消耗380V低压电，纳入能耗计算；

3）过热器段产出4.0MPa过热蒸汽，纳入能耗计算。

而可以得到尾气吸收单元能耗表如表4-90所示。

表4-90 尾气吸收单元能耗消耗表

指标名称	计量单位	能耗系数	实际量	总量
装置加工量	t	—	—	—
除盐水	t	2.3	—	—
电	kW·h	0.2338	75	17.53
天然气	t	930	0.6	558
4.0MPa 蒸汽产出	t	-88	18.5	-1628
0.4MPa 蒸汽产出	t	-66	—	—
循环水	t	0.1	—	—

根据以上计算汇总后可得表4-91。

表4-91 硫黄装置能耗消耗表

指标名称	计量单位	能耗系数	实际量	总量
装置加工量	t	—	—	—
除盐水	t	2.3	—	56.35
电	kW·h	0.2338	75	139.4
天然气	t	930	0.6	558
4.0MPa 蒸汽产出	t	-88	18.5	-1628
0.4MPa 蒸汽产出	t	-66	—	-602.58
循环水	t	0.1		

根据实际生产系统统计的完整日能耗月报如表4-92所示，按标定期间日产硫黄90t计算。在计算时，各个单元选取本单元所消耗的能源种类并查询使用量，并计算单耗。单耗计算公式：

$$单耗=\frac{能源消耗量(t/h或kW\cdot h/h)\times 对应的折标系数}{硫黄产量(t/h)}kgEO/t$$

各个能源单耗总和，即为硫黄回收单元总能耗(kgEO/t)。

根据上述方法，计算各个单元总能耗如下，并与设计值进行对比如表4-92所示。

表4-92 硫黄装置实际能耗表

指标名称	计量单位	能耗系数	实物量/t	实物单耗/(t/t)	对比能耗/(kgEO)	单位能耗/(kgEO/t)
			日数据	日数据	日数据	日数据
装置加工量	t	0	162	0	0	0
燃料气	t	940	14	0.08642	13160	81.234568

续表

指标名称	计量单位	能耗系数	实物量/t	实物单耗/(t/t)	对比能耗/(kgEO)	单位能耗/(kgEO/t)
			日数据	日数据	日数据	日数据
其中：干气	t	950	0	0	0	0
天然气	t	930	0	0	0	0
生产水	t	0.17	0	0	0	0
循环水	t	0.1	15827	97.697531	1582.7	9.769753
脱盐水	t	2.3	873	5.388889	2007.9	12.394444
除氧水	t	0	0	0	0	0
电	kW·h	0.2338	107535	663.7963	25141.683	155.195574
4.0MPa 蒸汽	t	88	0	0	0	0
1.2MPa 蒸汽	t	76	88	0.54321	6688	41.283951
仪表风	Nm^3	0.038	1413	8.722222	53.694	0.331444
工业风	Nm^3	0.028	38736	239.11111	1084.608	6.695111
0.7MPa 氮气	Nm^3	0.15	6799	41.969136	1019.85	6.29537
4.0MPa 蒸汽产出	t	88	340	0	29920	-184.691358
0.4MPa 蒸汽产出	t	66	0	0	0	0
蒸汽凝液	t	7.65	152	0	1162.8	7.177778
装置综合能耗	kgEO/t	0	0	0	19655.635	121.331079

装置原始设计能耗如表 4-93 所示。

表 4-93 装置原始设计能耗表

项目	年消耗量		能耗指标		能耗	能耗
	单位	数量	单位	数量	$\times 10^4$ MJ	/(kgEO/t)
循环冷水	$\times 10^4$t	326.34	MJ/t	4.19	1367.365	32.34835
除盐水	$\times 10^4$ t	0.084	MJ/t	96.3	8.0892	0.19137
除氧水	$\times 10^4$t	22.6817	MJ/t	385.19	8736.764	206.6895
污水	$\times 10^4$t	4.4411	MJ/t	46.05	204.5117	4.838223
4.0MPa 蒸汽	$\times 10^4$t	-15.1242	MJ/t	3684	-55717.6	-1318.13
1.2MPa 蒸汽	$\times 10^4$t	0.84	MJ/t	3182	2672.88	63.2335
0.4MPa 蒸汽	$\times 10^4$t	-4.7107	MJ/t	2763	-13015.7	-307.919
电	$\times 10^4$kW·h	589.351	MJ/kW·h	10.89	6418.032	151.8342
凝结水	$\times 10^4$t	-2.1	MJ/t	320.29	-672.609	-15.9122
燃料气	$\times 10^4$t	0.3074	MJ/t	48625	14949.27	353.6615
净化风	$\times 10^4Nm^3$	126	MJ/Nm^3	1.59	200.34	4.739532
氮气	$\times 10^4Nm^3$	25.2	MJ/Nm^3	6.28	158.256	3.743932
合计					-34690.4	-820.685

（五）装置能耗分析

1. 产量分析

二套硫黄回收装置设计能力为固体硫黄50kt/a，设计年开工时数为8400h，折合5.95t/h，根据标定结果，实际硫黄产量为3.75t/h，原因是自2018年大检修开工以来，受原料气量限制，酸性气组分发生了变化，H_2S浓度降低，设计处理清洁酸性气中H_2S含量为92.%，实际情况远小于该设计值，导致实际产出硫黄变少，装置负荷始终维持在60%左右(按硫黄产量计算)。

2. 4.0MPa 蒸汽产量分析

本装置自产4.0MPa中压过热蒸汽，通过系统管网供其他装置换热设备或蒸汽透平等设备使用。因上游负荷长时间高汽，设计酸性气量7200Nm^3/h，实际长时间处于8000Nm^3/h以上，大负荷高温硫腐蚀导致余热锅炉管束堵塞(检修期间对管束积灰进行元素分析)，换热面积下降，中压饱和蒸汽产气量较之前有显著下降，能耗贡献远低于设计值。

3. 0.4MPa 蒸汽产量分析

本装置有多个冷凝冷却器包括一级冷凝器、二级冷凝器、三级冷凝器和为其冷凝器等冷换设备，通过产0.4MPa蒸汽对高温过程气的能量进行利用。通过计算和实际对比可知，冷却器发气量均与实际偏差不大，可以看出各级冷凝器运转正常，因本装置将自产的0.4MPa蒸汽直接回用，因此和原始设计中外输的能耗值有较大偏差。

4. 0.4MPa 蒸汽消耗分析

二套硫黄回收装置0.4MPa蒸汽消耗主要发生在胺液再生塔重沸器以及装置液硫管线伴热。

0.4MPa蒸汽用量高于设计用量，液硫管线伴热消耗的蒸汽量相对固定，导致0.4MPa蒸汽单耗高的主要因素是再生塔消耗量过大，分析主要原因有：

1）硫黄回收装置原料来源较多，性质不稳定，因上游操作等影响易出现带烃、带油等异常工况，为应对装置异常工况下，保证烟气SO_2在排放指标以内，提高吸收塔贫液循环量，相应增加再生塔的蒸汽消耗；

2）为了确保烟气SO_2排放达标，吸收塔出口净化尾气中的硫化氢含量需尽可能的低，故所需的贫液浓度高，消耗蒸汽大。

5. 循环水消耗分析

硫黄回收装置循环水消耗用户主要为：急冷水和吸收塔换热器、硫黄成型冷却器，还包括汽提单元和溶剂再生单元循环水换热器。通过计算可知循环水用量偏小，主要原因为硫黄装置位于循环水管网末端，循环水总管压力只能在0.27MPa，远低于设计下限0.3MPa，导致实际循环水能耗远低于设计值，且换热器流速低于0.9m/s的下限，热介质换热效果不佳，导致下游用户循环水用量增加，并加剧了腐蚀。根据此情况，已立项新建循环水厂，专供新建装置和硫黄装置使用，项目正在建设中。

6. 除氧水消耗分析

硫黄装置除氧水用户主要为余热锅炉、三台硫冷凝器。根据计算可知，除氧水用量小于设计的25t/h，主要原因为余热锅炉管束堵塞，换热效果不佳，产气量下降，导致除氧水用量降低。从单台设备来计算，上水量与产气量的差值均控制在3%以内，说明汽包定排和连排工作正常。

7. 电耗分析

装置电耗高压电，主要是制硫炉风机，该控制方式主要是采用出口放空量及后路流量控制阀开度配合进行风量控制，故燃烧炉风机出口防喘振阀保有比较大的开度，从而应对酸性气带烃等异常波动情况，使得风机部分做无用功；

装置电耗低压电部分主要是常用机泵、空冷和焚烧炉风机。因装置长期处于大负荷生产，电耗与设计值相差不大。

8. 天然气消耗分析

为减少燃料气管网硫含量波动影响硫黄装置 SO_2 排放，于大检修期间新增天然气专线，投用之后，SO_2 排放波动次数明显减少，对降低 SO_2 排放做出重要贡献。焚烧炉出口氧含量按 2%控制，保证燃烧完全的情况下，尽量控制低，保证了天然气用量不浪费。原始设计为燃料气，暂不对比。

9. 其他公用工程介质

其他共用工程介质包括氮气、工业风、仪表风、凝结水和污水等，与设计值均偏差不大。

十二、关键转动设备处理能力分析计算

（一）机泵

1. 机泵相关计算公式

（1）泵的额定功率 P_a 计算

$$P_a = \frac{HQ\rho}{102\eta}\text{kW}$$

式中 H——泵的额定扬程，m；

Q——泵的额定流量，m^3/s；

ρ——介质密度，kg/m^3；

η——泵额定工况下的效率。

（2）电机的配用功率 P

一般而言，电机的配用功率应大于泵的额定功率，可由下式计算：

$$P = K\frac{P_a}{\eta_t}\text{kW}$$

式中 K——电机功率裕量系数，按表 4-94 取值；

η_t——泵传动装置效率，按表 4-95 取值，具体见表 4-94。

表 4-94 电机功率欲度系数 K

泵的轴功率 P_a/kW	功率裕量系数 K	泵的轴功率 P_a/kW	功率裕量系数 K
≤22	125%	$22<P_a\leq55$	115%
>55	110%		

。

表 4-95 泵传动装置效率 η_t 对应表

直联传动	平皮带传动	三角皮带传动	齿轮传动	蜗杆传动
1.0	0.95	0.92	0.9~0.97	0.70~0.90

（3）泵的有效功率 P_u

有效功率是指单位时间内泵输送出的液体获得的有效能量，可由下式计算：

$$P_u = \frac{HQ\rho g}{1000}\text{kW}$$

式中 Q——泵的流量，m^3/s；

H——泵的扬程，m；

ρ——介质密度，kg/m^3。

泵的实际扬程计算公式：

$$H = \frac{P}{\rho g}$$

式中 P——泵出口压力，现场指示值；

ρ——为液体密度；

g——为重力加速度，取 $9.81m/s^2$。

（4）效率 η'：

$$\eta' = P_u/P_a$$

2. 硫黄回收装置泵计算

硫黄回收装置主要有急冷水泵、液流泵及富液泵等机泵，均为380V电压和普通叶轮式离心泵，根据详细设计文件中的离心泵数据表，现将3台泵设计数据列表如表4-96所示。

表4-96 硫黄回收装置泵设计参数一览表

设备名称	轴功率/kW	设计流量/t/h	扬程/m	效率/%	电机功率/kW	转速/(r/min)
急冷水泵	32.1	173	50	72	45	2970
液硫泵	8.2	13.5	35	28	15	
富液泵	15.7	65	54	64	22	3000

因各泵负荷计算方法一致，本文计算过程以急冷水泵为例，具体计算如下：

（1）泵的额定功率 P_a。

已知 $P_a = 32.1$kW，$H = 50$m，密度 $\rho = 980kg/m^3$（设计提供），则泵的额定流量单位换算：

$$Q = 173t/h = 173\times10^3/(980\times3600) = 0.049(m^3/s)$$

由前式可以得到：$P_a = \frac{HQ\rho}{102\eta}\text{kW} = 50\times0.049\times980/102/0.72 = 32.69(\text{kW})$

（2）电机设计功率 P 核算

已知 $P_a = 32.1$kW，K 取115%，所有机泵均采用联轴器连接，即直联传动 η_t 取1.0，从而根据上式计算如下：

$$P = K\frac{P_a}{\eta_t}\text{kW} = 1.15\times32.1 = 37\text{kW} < 45\text{kW}$$

说明电机实际功率高于电机设计功率，电机功率设计裕量较大。

（3）泵的有效功率 P_u

已知 $Q = 141t/h = 0.04m^3/s$，

泵的实际扬程计算公式：

$$H = \frac{P}{\rho g}$$

式中 P——泵出口压力，现场指示值为 0. 55MPa，即 5. 5×105Pa；

ρ——为液体密度，980kg/m^3；

g——为重力加速度，取 9. 81m/s^2。

计算得到 H=57. 2m。

由前式可以得到：$P_u=\frac{HQ\rho g}{1000}$kW =57. 2×0. 04×980×9. 81/1000=21. 99(kW)

$\eta'=P_u/P_a$ =21. 99/32. 69=67. 3%

通过同类计算可以得到其余各泵效率对比表如表 4-97 所示。

表 4-97 硫黄回收装置泵核算数据表

设备名称	泵额定效率/%	额定功率/kW	有效功率/kW	实际效率/%
急冷水泵	72	21. 99	32. 69	67. 3
液硫泵	28	0. 66	4. 6	14. 3
富液泵	64	14. 93	8. 35	56

由上表可以看出，急冷水泵和富液泵实际效率与额定效率偏差不大，但液硫泵有较大偏差。因液硫泵是周期性运转，因此，效率较低，仍有提高处理量的空间。

(二) 风机

1. 制硫风机

制硫鼓风机是制硫炉的核心设备之一，主要作用就是向制硫炉提供反应所需的空气，本装置制硫炉风机数量为 2 台，一台运行一台备用，两台风机所有参数都相同，风机相关参数如表 4-98 所示。

表 4-98 制硫炉鼓风机参数表

设备名称	型号	介质名称	操作条件					功率/kW	防爆等级	电压/V	转数/(r/min)
			风量/(m^3/min)	温度/℃		压力/kPa(表)		轴功率			
				进口	出口	进口	出口				
制硫炉风机	2006-AD0I	空气	280	常温	90	常压	60	425	dIIBT4	6000	2970

(1) 风机全压

风机全压计算公式为：$P=P_1\times\frac{B}{760}\times\frac{273.15+T_1}{273.15+T_2}$

式中 P_1——为设计标准压力，本装置设计风机出口压力为 60kPa；

760——mmHg，在海拔 0m，空气在 20℃情况下的大气压；

B——为当地大气压(mmHg)，换算公式 B = 760mmHg(海拔高度 /12. 75)，海拔高度在 300m 以下的可不修正，本装置所处位置为成都可不进行修正，B = 760mmHg；

T_1——为工况介质温度，反应炉风机介质为空气，风机出口标定值为温度为 98℃；

T_2——为风机出口设计温度，本装置风机出口设计温度为 90℃。

计算得到：

$$P=P_1\times\frac{B}{760}\times\frac{273.15+T_1}{273.15+T_2}=60000\times(760/760)\times[(273.15+98)/(273.15+90)]$$

$=61.321(\text{kPa})$

（2）电机所需功率

电机所需功率计算公式为：$N=\dfrac{Q(\mathrm{m^3/h})\times P(\text{全压})\times K}{1000\times 3600\times \eta}$

式中　P——表压，61321Pa；

Q——为风机鼓风量，已知风机入口风量标定值 $Q=17651\mathrm{Nm^3/h}$，根据相对的条件，将鼓风机入口流量换算为 $\mathrm{m^3/h}$，$Q=15065\mathrm{m^3/h}$；

K——电机电容系数，根据表 4-94，额定功率>55kW 时，取 $K=1.1$；

η——为机械效率，根据表 4-95，直连选择 $\eta=1$。

计算得到电机所需功率：

$$N=\frac{Q(\mathrm{m^3/h})\times P(\text{全压})\times K}{1000\times 3600\times \eta}=15065\times61321\times1.1/(1000\times3600\times1)=256.61(\mathrm{kWh})$$

根据风机轴功率，计算风机效率为：$\eta=256.61/425=60.3\%$

2. 焚烧炉风机

焚烧炉鼓风机是焚烧炉的核心设备之一，主要作用就是向焚烧炉提供反应所需的空气，本装置制硫炉风机数量为 2 台，一台运行一台备用，两台风机所有参数都相同，风机相关参数如表 4-99 所示。

表 4-99　焚烧炉鼓风机参数表

设备名称	型号	介质名称	操作条件					功率/kW	防爆等级	电压/V	转数/(r/min)
			风量/($\mathrm{m^3/min}$)	温度/℃		压力 kPa(表)		轴功率			
				进口	出口	进口	出口				
焚烧炉风机	1263-AD0I	空气	136	常温	55	常压	11	70	dIIBT4	380	2970

（1）风机全压

风机全压计算公式为：$P=P_1\times\dfrac{B}{760}\times\dfrac{273.15+T_1}{273.15+T_2}$

式中　P_1——为设计标准压力，本装置设计风机出口压力为 60kPa；

760——mmHg，在海拔 0m，空气在 20℃情况下的大气压；

B——为当地大气压(mmHg)，换算公式 $B=760\mathrm{mmHg}$(海拔高度 /12.75)，海拔高度在 300m 以下的可不修正，本装置所处位置为成都可不进行修正，$B=760\mathrm{mmHg}$；

T_1——为工况介质温度，制硫炉风机介质为空气，风机出口标定值为温度为 52℃；

T_2——为风机出口设计温度，本装置风机出口设计温度为 90℃。

计算得到：

$$P=P_1\times\frac{B}{760}\times\frac{273.15+T_1}{273.15+T_2}=11000\times(760/760)\times[(273.15+52)/(273.15+55)]$$
$$=10.899(\mathrm{kPa})$$

（2）电机所需功率

电机所需功率计算公式为：$N=\dfrac{Q(\mathrm{m^3/h})\times P(\text{全压})\times K}{1000\times 3600\times \eta}$

式中　P——表压，10899Pa；

Q——为风机鼓风量，已知风机入口风量标定值 $Q=6320Nm^3/h$，根据相对的条件，将鼓风机入口流量换算为 m^3/h，$Q=6787m^3/h$；

K——电机电容系数，根据表4-94，额定功率>55kW时，取 $K=1.1$；

η——为机械效率，根据表4-95，直连选择 $\eta=1$。

计算得到电机所需功率：

$$N=\frac{Q(m^3/h)\times P(\text{全压})\times K}{1000\times 3600\times \eta}=6787\times 10899\times 1.1/(1000\times 3600\times 1)=22.6(kW\cdot h)$$

根据风机轴功率，计算风机效率为：$\eta=22.6/70=32.3\%$

目前，因过热器泄漏，焚烧炉温度控制较低，导致烟气氧含量在2%左右，风机负荷率相应下降，烟囱排烟量减少并节约了电耗量。

（三）成型机

硫黄回收装置设计液硫池尺寸约为7100mm×7100mm和5100mm×5100mm分两个区域高2900mm，则可以计算得到液硫池的最大体积为 $V_{MAX}=(7.1\times 7.1)\times 2.9+(5.1\times 5.1)\times 2.9=222m^3$，如图4-10所示查液硫在150℃密度为 $1779kg/m^3$，则计算得到液硫池最大储硫能力为395t。

温度/℃	密度/(kg/m^3)	温度/℃	密度/(kg/m^3)	温度/℃	密度/(kg/m^3)
115.207	1808.0	195	1755.0	310	1684.4
120	1806.4	200	1752.5	320	1679.0
125	1801.7	205	1749.6	330	1672.8
130	1797.0	210	1746.7		
135	1792.3			340	1666.7
		215	1743.8	350	1660.8
140	1787.6	220	1740.9	360	1654.8
145	1783.6	225	1737.2	370	1648.8
150	1779.7	230	1733.4	380	1642.8
155	1775.8	235	1729.65		
160	1771.8				
				390	1635.4
		240	1725.9	400	1627.9
165	1769.8	250	1723.2	410	1622.9
170	1767.9	260	1720.6	420	1617.9
175	1766.0	270	1712.4	430	1613.0
180	1764.0	280	1704.2		
185	1761.1			440	1608.6
		290	1697.0	444.6	1601.8
190	1758.2	300	1689.8		

图4-10　液硫密度表

液硫池在装置正常生产完成后，液硫池保持15%的液位，即液硫池顶部空间剩余储硫能力为330t，如两套硫黄回收装置同时开，单套产硫能力约每天90t，则在不成型的情况下，液硫池可以维持/90=3.7(d)，如两套硫黄回收装置运行，即每天产硫能力约180t，则在不成型的情况下可维持1.8d，即两天液硫池将满池。

成型机单台最大处理能力为6t/h，正常生产时四台全开，每小时加工能力为24t，两套硫黄同时生产时，一天总产量约180t，则成型机需满负荷生产运行7.5h。根据计算可知，成型机可以承受故障最大为两台，可保证在现有原油硫黄含量下正常生产。

目前，硫黄装置计划新建一套50kt/a硫黄回收装置，且未来两年内原油硫含量不会显著提高，根据硫平衡，若三套硫黄同时开工，每天最大产生硫黄为3×90=270(t)，四台成型机全部运行，可以满足硫黄包装能力。

硫黄回收装置使用哈尔滨工业大学博实牌全自动包装码垛生产线，包装系统包括落地收料、沉重、封包和输送等程序，可间歇或连续操作。

CJD50电子秤是生产线的速度控制仪器，设计电子秤每小时的称重能力是800bags/h，单包重量50kg，则每小时可完成40t的生产量，而成型机每小时最大的成型量为24t，可以满足生产需求。

十三、关键炉设备运转能力分析计算

（一）Claus反应炉

1. 停留时间计算

查设计文件中关于制硫炉图纸，可得反应炉主体筒体长为7100mm，直径为2800mm（减去浇注料厚度），注意忽略了炉头及变径部分体积，可得制硫炉筒体体积为：

$$V=\pi(D^2/4)\times L=3.14\times(2.8\times2.8/4)\times7.1=43.69(m^3)$$

由制硫炉计算及分析部分，可得反应产物标准体积为 V_1，

即 $V_1=1148.2\times22.4/3600=7.14(m^3/s)$

根据标准状态方程 $PV=nRT$，可得 $V=nRT/P$，则：

$$\begin{aligned}V_{实}&=[(p_1\times T_{实})/(p_{实}\times T_1)]\times V_1\\&=\{[101\times(1383+273.15)]/[(101+55)\times273.15]\}\times7.14\\&=28.03(m^3/s)\end{aligned}$$

可得酸性气在反应炉停留时间为 $t=82.57/28.03=1.55(s)$

根据设计文件和资料，制硫炉停留时间在1.79s左右，因此，计算结果大体符合设计文件的数据。

2. 负荷率计算

根据设计停留时间为1.79s进行计算，则燃烧炉膛内体积流量：

$$V_{制硫炉}=43.69/1.79\times3600=87868(m^3)$$

炉膛按照温度1383℃进行计算，则该酸性气制硫炉气体最大摩尔流量为：

$$n_{max}=87868\times\{[101\times(1383+273.15)]/[(101+55)\times273.15]\}/22.4=998(kmol/h)$$

则 $\eta=1148.2/998=115\%$，制硫炉超负荷运行，根据制硫炉计算及分析部分的实际酸性气量为8000Nm³/h，设计为7100Nm³/h，负荷率为113%，验证计算正常。为了解决长期超负荷问题，新建硫黄迫在眉睫。

（二）余热锅炉

制硫炉余热锅炉管束由1153根 $\phi38\times5$ 管束组成，每根管束长4m，则可以计算单根展开面积 $S_{单管}$：

$$S_{单管}=3.14\times0.038\times4=0.48(m^2)$$

则总换热面积为 $S_{总}=N_{总}S_{单管}=1153\times0.48=553(m^2)$，废热锅炉E2001参数如表4-100所示。

表 4-100　废热锅炉 E2001 参数

管程	入口温度/℃	1383
	出口温度/℃	350
壳程	给水温度/℃	102
	产汽压力/MPa	4.2
	产汽温度/℃	250
总换热系数/K	$W/m^2 \cdot ℃$	80.5
换热面积	m^2	553

设计锅炉管程入口温度为 1383℃，出口为 320℃，壳程温度为 104℃，出口温度为 250℃，根据第四部分第一章第四节高温掺和阀计算及分析可知，余热锅炉总传热量为 34155GJ/h＝9444kW，可以计算出余热锅炉对数平均温差 Δt：

$$\Delta t = \frac{\Delta t_2 - \Delta t_1}{\ln(\Delta t_2/\Delta t_1)}$$

$$= (1083-146)/\ln(1083/146) = 462(K)$$

则有总传热系数 K：

$$K = Q/S\Delta t$$

即 $K=9444\times1000/(553\times462)=36.9W/(m^2 \cdot K)$

假设余热锅炉管束内外不发生结垢，总传热系数不变，根据设计文件，余热锅炉迎火面温度取最高温度 1450℃，出口温度取 255℃，壳程入口为 102℃，出口为 250℃。

对数平均温差 $\Delta t=501K$，则可以计算出此时的传热面积 $S=Q/K\Delta t=9444\times1000/(36.9\times501)=510m^2<553m^2$，即当余热锅炉管束内外不发生结垢，只要 $510m^2$ 的换热面积就可以满足工况，从另一方面印证现有酸性气负荷过大，长期的高温硫腐蚀导致余热锅炉管束堵塞，换热面积大幅度下降，过程气出口温度远远高于 350℃，应严格控制上游酸性气负荷，保证长周期运行，并注意控制炉水磷酸根含量<15mg/L，并强化定期排污工作。

（三）尾气焚烧炉

1. 停留时间计算

查设计文件中关于焚烧炉图纸，可得焚烧炉主体筒体长为 8400mm，直径为 2600mm，注意忽略了炉头及变径部分体积，可得焚烧炉筒体体积为：

$$V=\pi(D^2/4)\times L=3.14\times(2.6\times2.6/4)\times8.4=44.57(m^3)$$

由制硫炉物料计算可得反应产物标准体积为 $V_1=1004\times22.4/3600=6.25(m^3/s)$

根据标准状态方程 $PV=nRT$，可得 $V=nRT/P$，则

$$V_{实} = (p_1 \times T_{实})/(p_{实} \times T_1) \times V_1$$

$$=\{[101\times(700+273.15)]/[(101+19)\times273.15]\}\times6.25=18.74(m^3/s)$$

可得过程气在焚烧炉停留时间为 $t=44.57/18.74=2.38(s)$

根据设计文件和资料，焚烧炉停留时间在 2.09s 左右，因此，计算结果大体符合设计文件的数据。

2. 负荷率计算

根据设计停留时间为 2.09s 进行计算，则焚烧炉膛内体积流量：

$$V_{焚烧炉}=44.57/2.09\times3600=76771(m^3)$$

炉膛按照温度 700℃进行计算，则该焚烧炉气体最大摩尔流量为：

$$n_{max}=76771\times\{[101\times(700+273.15)]/[(101+19)\times273.15]\}/22.4=1143(kmol/h)$$

则 $\eta=1004/1143=87.8\%$

十四、塔器设备运转能力分析计算

（一）急冷塔

根据设计文件中的填料塔数据表可得，本装置急冷塔使用填料塔，塔径为2630mm，填料段高2500mm，填料采用苏尔寿公司的Mellapakplus-252Y型高效规整填料，该填料具有压降低、处理能力大、传质效率高等优点。空塔气速计算公式如下：

$$\pi\left(\frac{D}{2}\right)^2 u=\frac{V}{3600\rho_V}$$

则可计算得到 $u=\dfrac{4V}{3600\pi D^2\rho_V}$

由贝恩-霍根关联式有：

$$\lg\left[\frac{u_F^2}{g}\left(\frac{a_t}{\varepsilon^3}\right)\left(\frac{\rho_V}{\rho_L}\right)\mu_L^{0.2}\right]=A-K\left(\frac{L}{V}\right)^{1/4}\left(\frac{\rho_V}{\rho_L}\right)^{1/8}$$

式中　u_F——泛点气速，m/s；

g——重力加速度，m/s^2；

a_t——填料总比表面积，m^2/m^3；

ε——填料层孔隙率，m^3/m^3；

ρ_V、ρ_L——气相、液相密度，kg/m^3；

V、L——气相、液相的质量流量，kg/h；

μ_L——液体黏度，$10^{-3}Pa\cdot s$；

A、K——填料关联常数，查填料表有，金属孔板波纹填料 $A=0.26$，$K=1.75$。

（1）空塔气速计算

根据设计提供的“填料流体力学核算结果”可查得：100%负荷下，气相负荷为22260kg/h，气体密度为1.2kg/m³，液相负荷为154058kg/h，液相密度为978kg/m³，填料层压降为0.149kPa。

空塔气速 $u_{空塔}=4\times22260/(3600\times3.14\times2.63\times2.63\times1.2)=0.95(m/s)$

（2）泛点气速计算

根据贝恩-霍根关联式，将上述已知条件代入公式后迭代计算可得，泛点气速 $u_F^{100\%}=3.17m/s$

理论空塔气速 $u_{空}=u_F\times0.85=2.7(m/s)$

（3）泛点率计算

$$\Phi_{泛点}=u_{空塔}/u_F^{100\%}=0.95/3.17=30\%。$$

表明此负荷生产情况下不会发生液泛现象，且急冷塔能力有富余。

（二）吸收塔

根据设计文件中的填料塔数据表可得，本装置吸收塔使用填料塔，塔径为2400mm，填料段高6000mm，填料采用苏尔寿公司的Mellapakplus-252Y型高效规整填料。空塔气速计算公式如下：

$$\pi\left(\frac{D}{2}\right)^2 u=\frac{V}{3600\rho_V}$$

则可计算得到 $u=\frac{4V}{3600\pi D^2\rho_V}$

由贝恩-霍根关联式有：

$$\lg\left[\frac{u_F^2}{g}\left(\frac{a_t}{\varepsilon^3}\right)\left(\frac{\rho_V}{\rho_L}\right)\mu_L^{0.2}\right]=A-K\left(\frac{L}{V}\right)^{1/4}\left(\frac{\rho_V}{\rho_L}\right)^{1/8}$$

式中 u_F——泛点气速，m/s；

g——重力加速度，m/s^2；

a_t——填料总比表面积，m^2/m^3；

ε——填料层孔隙率，m^3/m^3；

ρ_V、ρ_L——气相、液相密度，kg/m^3；

V、L——气相、液相的质量流量，kg/h；

μ_L——液体黏度，$10^{-3}Pa\cdot s$；

A、K——填料关联常数，查填料表有，金属孔板波纹填料 $A=0.26$，$K=1.75$。

(1) 空塔气速计算

根据设计提供的“填料流体力学核算结果”可查得：100%负荷下，气相负荷为16973kg/h，气体密度为1.13kg/m³，液相负荷为60000kg/h，液相密度为1025kg/m³，填料层压降为0.06kPa。

空塔气速 $u_{空塔}=4\times16973/(3600\times3.14\times2.4\times2.4\times1.2)=0.92(m/s)$

(2) 泛点气速计算

根据贝恩-霍根关联式迭代计算，将上述已知条件代入公式后计算可得，泛点气速 $u_F^{100\%}=4.22m/s$

理论空塔气速 $u_{空}=u_F\times0.85=3.6(m/s)$

(3) 泛点率计算

$$\Phi_{泛点}=u_{空塔}/u_F^{100\%}=0.95/4.22=22\%。$$

表明此负荷生产情况下不会发生液泛现象，且急冷塔能力有富余。

(三) 再生塔

根据设计文件，查得硫黄装置溶剂再生塔设计数据如表4-101所示。

表4-101 溶剂再生塔和塔板结构基础数据汇总

mm

项目		数据	项目	数据
塔板数		25	阀孔动能因数	9.98
正常操作气速/(m/s)		1.38	操作范围百分数/%	60~110
降液管内最大清液高度/mm		226.02	液沫特性	易发泡
塔径/mm		3800	开空率/%	13.48
塔板间距/mm		800	类型	BDH 浮阀
液流程数	2	—	浮阀个数	890
侧位降液管	堰长/mm	2569	降液管底部宽度/mm	500
	宽度/mm	500	中间降液管宽度/mm	570
中间降液管	堰长/mm	7542	降液管内最小停留时间/s	6
	宽度/mm	470	—	—

以再生塔最底层塔板作为计算依据(以底部全抽出进行计算)：

1）进入塔板气体：气相密度 ρ_V 为 1.18kg/m^3；体积流量 V_s 为 25t/h = 25000/1.18/3600 = 5.88(m^3/s)

2）进入塔板液体：液相密度 ρ_L 为 1028.4kg/m^3；表面张力 σ_L 为 46dyn/cm；流量 L_s 为 300t/h = 300000/1028.4/3600 = 0.081(m^3/s)。

3）操作条件：操作压力 P = 0.1MPa = 1kg/cm^2，操作温度 T = 123℃

1. 基础性能计算

(1) 负荷下最大允许气体速度 u_{max}

$$u_{max} = \frac{0.055\sqrt{gH_T}}{1+2\dfrac{L_s}{V_s}\sqrt{\dfrac{\rho_L}{\rho_V}}}\sqrt{\frac{\rho_L-\rho_V}{\rho_V}}$$

其中，重力加速度 g = 9.81m/s^2，将以上数据代入公式，可以得到：

$$u_{max} = \frac{0.055\sqrt{9.81\times0.8}}{1+2\times\dfrac{0.081}{5.88}\times\sqrt{\dfrac{1028.4}{1.18}}}\times\sqrt{\frac{1028.4-1.18}{1.18}} = 2.5(\text{m/s})$$

(2) 当前负荷下适宜的气体速度 u_a

根据图 4-11 可知，由于胺液属于易发泡体系，故物性因数 K_s 取 0.73。

系　　统	K
无泡沫,正常系统	1.0
氟化物(如BF_3,氟利昂)	0.85~0.95
真空塔	0.85
中等起泡沫(如油吸收、胺、乙二醇再生塔)	0.85
重度起泡沫(如胺、乙二醇吸收塔)	0.73
严重起泡沫(如甲乙酮)	0.60
形成稳定泡沫系统(如碱再生塔)	0.30

图 4-11　各种物性的 K 系数

$$u_a = K_s K u_{max}$$

式中，K 为安全系数，对于塔径大于 0.9m，板间距大于 0.5m 的常压和加压塔，K 取值为 0.82；对于塔径小于 0.9m，板间距不大于 0.5m，K 取 0.55~0.65，本塔取 0.82 进行计算。

则通过计算可得到 u_a = 0.73×0.82×2.5 = 1.5(m/s)

(3) 计算气相空间截面积

$$S_a = V_s/u_a = 5.88/1.5 = 3.92(\text{m}^2)$$

(4) 计算降液管内液体流速

由于 H_t = 0.8m>0.75m，计算降液管内液体流速公式：

$$V_d = 0.17K_sK$$

计算得到 V_d = 0.17×0.73×0.82 = 0.10(m/s)

(5) 计算降液管面积

降液管面积可由：

$$S'_d = \frac{L_s}{V_d}$$

由公式计算得到 $S'_d=0.81m^2$

(6) 降液管中液相停留时间

富液进塔流量为300t/h，密度为1028.4kg/m³，换算为体积流量 L_s 为0.081m³/s。侧降液管截面积 $S'_d=0.81m^2$，塔板间距 $H_T=0.8m$。

根据 $\tau \geqslant \frac{S'_d H_T}{L_s}=0.81\times0.8/0.081=8s>6s$，故在降液管内不会发生液泛。

(7) 塔板压力降计算

因再生塔采用ADV高效浮阀，则有阀孔临界速度 W_h 计算如下：

$$W_h=\left(\frac{72.8}{\rho_V}\right)^{0.548}$$

可计算得到 $W_h=(72.8/1.18)^{0.548}=9.57(m/s)$

(8) 干板压力降计算

干板压力降由：

$$h_d=5.37\frac{W_h^2}{2g}\frac{\rho_V}{\rho_L}$$

计算得到 $h_d=5.37\times9.57\times9.57\times1.18/(2\times9.81\times1028.4)=0.029$(m液柱)。

(9) 气体通过塔盘上液层的压力降校核

已知再生塔塔径 D 为3.8m，堰长 $l_w=2.569m$

由 $h_1=\beta\left[h_W+2.84\times10^{-3}\left(\frac{3600L_S}{l_w}\right)^{2/3}\right]$

计算得到：

$h_1=0.56\times\{0.05+2.84/1000\times[(3600\times0.081/2.569)]\hat{}(2/3)\}=0.065$(m液柱)

则有气体通过塔板的压力降为 $h=h_d+h_1=0.029+0.065=0.94$(kPa)。

因每层塔盘的气液相负荷相差不大，所以可以估算在此负荷工况下，全塔压降 $\Delta P_{总}=0.94kPa\times25=23.5kPa$，实际塔底压力为0.123MPa，塔顶压力为0.102MPa，压降为21kPa。

2. 操作线性能计算

(1) 再生塔漏液线计算

板式塔漏液定义为当通过阀孔的气速过低时，液体从阀孔留下，形成“漏液”。对于浮阀塔板而言，取阀孔动能因数 $F_0=5\sim6$ 作为控制漏液量的气相负荷下限，此时漏液量接近10%。

则有气体最小负荷：$V_s=\frac{\pi}{4}d_0^2Nu_0$ 且 $u_0=\frac{F_0}{\sqrt{\rho_V}}$

式中 d_0——为阀孔直径，m；

F_0——为阀孔动能因数；

N——为阀孔数；

u_0——为孔速，m/s；

ρ_V——为气相密度，kg/m³。

故有：$V_s=\frac{\pi}{4}d_o^2N\frac{F_o}{\sqrt{\rho_V}}$

已知 $d_0=0.06\text{m}$，$\Phi=13.48\%$，ρ_V 为 1.18kg/m^3，$N=890$，取 $F_0=5$，则有：

$V_h=3.14/4\times0.06\times0.06\times890\times5/\sqrt{1.18}=11.57(\text{m}^3/\text{s})$

（2）再生塔雾沫夹带线计算

过量的雾沫夹带会降低塔板效率，一般情况下雾沫夹带量应小于 0.1（kg 液体/kg 气体），当 $\sigma\geqslant35\text{dyn/cm}$ 时，雾沫夹带量 e 可由下式计算得到：

$$e=\frac{A(0.052h_1-0.206)}{H_t^n\varphi^2}u^{3.69}$$

式中 e——除去降液管面积后的塔板面积与塔截面积之比，$\varepsilon=0.58$；

φ——系数，空塔气速=最大气速，取 0.8；

H_t——塔板间距，mm；

h_1——塔板上液层高度，mm。

因塔板间距为 800mm 大于 350mm，$A=0.159$，$n=0.95$.

$$h_1=h_W+h_{OW}=0.05+\frac{2.84}{1000}E\left(\frac{3600L_S}{l_W}\right)^{\frac{2}{3}}$$

$h_1=0.05+2.84/1000\times1\times(3600\times0.081/2.569)^{2/3}=0.116(\text{m 液柱})=116\text{mm}$

浮阀塔板的液沫夹带量一般采用验算泛点率的方法。

式中，V_s、L_S 分别为塔内气、液负荷，m^3/s；ρ_V、ρ_L 分别为塔内气、液相密度 kg/m^3；

取 $e=10\%$ 为雾沫夹带上限，即有：

$$\frac{0.159(0.052h_1-0.206)}{600^{0.95}\,0.6^2}u^{3.69}=0.1$$

整理得到：$h_1-3.96=\dfrac{1897.3}{u^{3.7}}$ 已知 $h_1=116\text{mm}$，得到 $u=2.15\text{m/s}$，

倒推公式可得 $V_h=25.12-120.4\times L_h$

（3）再生塔液相下限线

液相负荷过小，会造成干板，塔板效率低，为此需要保持一定的堰上液流高度，一般取 $h_{OW}=6\text{mm}$ 作为液相负荷下限，有：

$$h_{OW}=\frac{2.84}{1000}E\left(\frac{3600L_S}{l_W}\right)^{\frac{2}{3}}$$

式中 l_W——为堰长，m；

E——液流收缩系数。

则有 $L_S/L_W{}^{2.5}=(300000/1028/2.56)^{2.5}=27.8$，$l_w/D=2.56/3.8=0.67$，$E$ 与 $\dfrac{L_S}{l_W^{2.5}}$ 关系图见图 4-12。

查图 4-12，取 $E=1.02$

$$L_S=\left(\frac{1000h_{OW}}{2.84E}\right)^{3/2}\frac{l_W}{3600}=[(1000\times0.006/2.84/1.02)^{(1.5)}]\times2.56/3600=0.0212\text{m}^3/\text{s}$$

（4）再生塔液相上限线

塔板上最大允许液相负荷主要受降液管面积限制。如降液量超过降液管最大通量，则会造成淹塔。通常规定液体在降液管内的实际平均停留时间不小于 3~5s，上述计算结果为 8s，

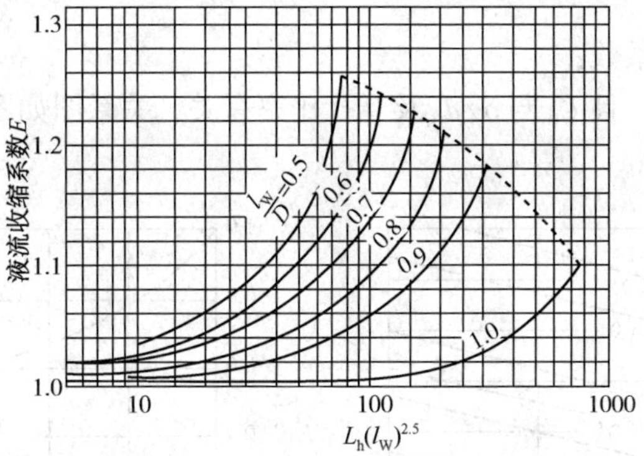

图 4-12 液流收缩系数关联图

此处属易气泡系统选取 5s，液体流量上限可由下式计算：

$$L_S = \frac{A_f H_T}{5}$$

式中 A_f——为降液管面积，m^2；

H_T——为板间距，m。

双溢流塔盘总降液管面积为 0.81m^2；可得到 $L_h = 0.81 \times 0.8/5 = 0.13(m/s)$

(5) 再生塔液泛线计算

根据相关资料可知，为避免发生溢流液泛，必须满足以下条件：

$$H_{fd} = \frac{H_d}{\phi} < H_T + h_W$$

式中，相对泡沫密度 ϕ 与物系的发泡性有关，因胺液属于易发泡物系，故取 $\phi = 0.4$；H_T为板间距；H_d 为降液管内清液高度；H_{fd} 为降液管内泡沫层高度。

降液管内的清液层高度 $H_d = h_W + h_{OW} + \Delta + \sum h_f + h_f$

式中 h_W——堰高；

Δ——液面落差；

$\sum h_f$——降液管阻力；

h_f——板压降。

1）降液管阻力 $\sum h_f$

降液管内沿程阻力损失忽略不计，阻力损失主要集中在降液管出口。计算公式如下：

$$\sum h_f = 0.153\left(\frac{L_S}{l_W h_o}\right)^2$$

式中 h_o——降液管底部间隙高度，m；

l_W——为堰长，m；

L_S——为液体体积流量，m^3/s。

2）板压降 h_f

板压降等于干板压降与液层阻力之和。

$$h_f = h_d + h_1 = \frac{5.37}{2g}\frac{\rho_V}{\rho_L}\left(\frac{u_0}{C_0}\right)^2 + \beta(h_W + h_{ow})$$

式中　u_0——为孔速；

β——液层充气系数；

C_0——孔流系数，且 C_0 与 δ/d_0 及开孔比率有关，关系图如图 4-13 所示（δ 为塔板厚度，d_0 为孔径）。

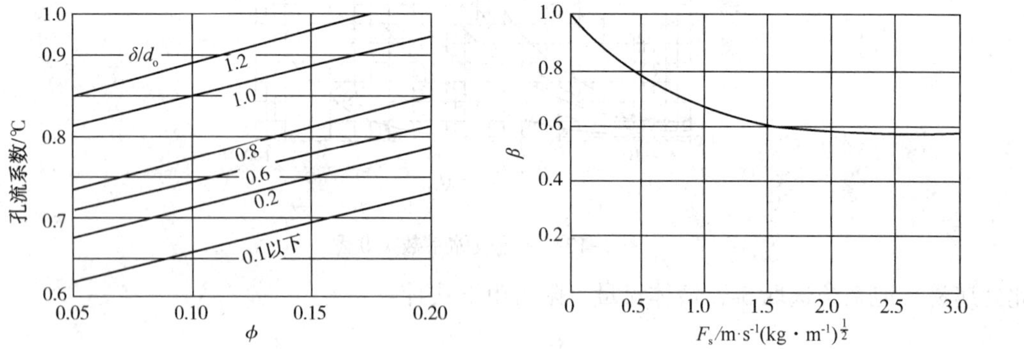

图 4-13　孔流系数关联图（左）、液层充气系数（右）

由左图有：

有效开孔率 $\varphi=\dfrac{\text{开孔截面积}}{\text{塔截面积}-\text{降液区截面积}}=0.16$，其中开孔面积为 0.65$m^2$，因塔板厚度相比于孔径太小，则 δ/d_0 取 0.1 以下，得到孔流系数 $C_0\approx0.7$。

由图 4-13 右图液层充气系数与动能因子 F_n 关系曲线，$F_n=u\rho_V^{0.5}$，由第四部分第十四章塔器设备运转能力分析计算可知，1~3 层塔盘气体速度最小都在 1.10m/s，且气体密度为 1.442kg/m^3，F_n 值>1.4，取最小值计算得到 β=0.56。

$$h_f=\frac{5.37}{2g}\frac{\rho_V}{\rho_L}\left(\frac{u_0}{0.7}\right)^2+0.56(h_W+h_{OW})$$

再者因液体沿塔板流动阻力损失小，液面落差 Δ 可忽略不计。

从而得到：$\varphi(H_r+h_W)=5.37\dfrac{8\rho_V V_S^2}{g\rho_L\pi^2D^4\Phi^2}+0.153\left(\dfrac{L_S}{l_W h_0}\right)^2+(1+\beta)\left[h_W+2.84\times10^{-3}E\left(\dfrac{3600L_S}{l_W}\right)^{2/3}\right]$

$$0.00605\times V_h^2=0.255-0.003171L_h^{0.677}-7.398L_h^2$$

将数据代入计算，得到：

根据以上 5 条线的对应方程，得到以下性能数据表格如表 4-102 所示。

表 4-102　操作线数据表汇总

液相下限线		液相上限线		漏液线		液泛线		雾沫夹带线		操作线	
L_h	V_h	L_h	V_h	L_h	V_h	L_h	V_h	L_h	V_h	L_h	V_h
0.02	0.00	0.13	0.00	0.00	11.57	0.00	6.49	0.00	25.12	0.00	0.07
0.02	1.00	0.13	1.00	0.01	11.57	0.01	6.48	0.02	3.32	0.01	0.36
0.02	2.00	0.13	2.00	0.02	11.57	0.02	6.45	0.04	2.81	0.01	0.73

续表

液相下限线		液相上限线		漏液线		液泛线		雾沫夹带线		操作线	
L_h	V_h	L_h	V_h	L_h	V_h	L_h	V_h	L_h	V_h	L_h	V_h
0.02	3.00	0.13	3.00	0.03	11.57	0.03	6.40	0.06	2.30	0.02	1.45
0.02	4.00	0.13	4.00	0.04	11.57	0.04	6.34	0.08	1.79	0.03	2.18
0.02	5.00	0.13	5.00	0.05	11.57	0.05	6.25	0.10	1.28	0.04	2.90
0.02	6.00	0.13	6.00	0.06	11.57	0.06	6.14	0.12	0.77	0.05	3.63
0.02	7.00	0.13	7.00	0.07	11.57	0.07	6.01	0.14	0.26	0.06	4.36
0.02	8.00	0.13	8.00	0.08	11.57	0.08	5.85	0.00	0.00	0.07	5.08
0.02	9.00	0.13	9.00	0.09	11.57	0.09	5.67	0.00	0.00	0.08	5.81
0.02	10.00	0.13	10.00	0.10	11.57	0.10	5.46	0.00	0.00	0.09	6.53

根据以上数据作再生塔性能图，如图 4-14 所示。

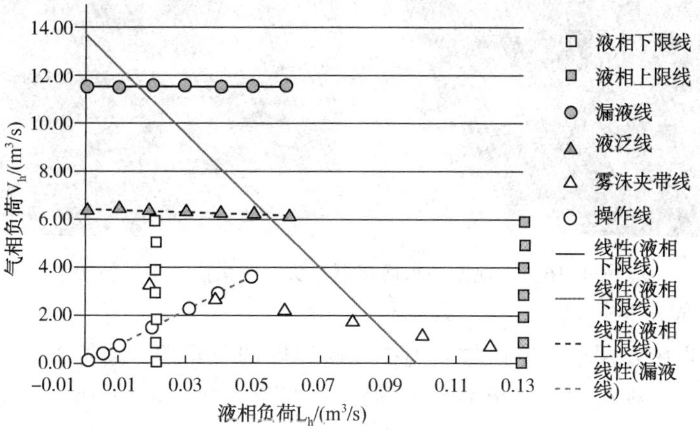

图 4-14 再生塔性能图

从上图可以发现该塔目前工况处于适宜操作区。

十五、腐蚀相关

（一）腐蚀问题

硫黄回收装置是炼化一体化重要的环保设施，其在确保尾气排放中 SO_2 达标的同时生产高品质液态硫黄。腐蚀性介质贯穿整个联合装置，因此，做好设备管线的腐蚀防护才是联合装置长周期运行的关键。自装置运行以来出现了酸性气塔塔顶空冷出口管线腐蚀穿孔；溶剂再生塔塔顶回流罐入口焊缝、回流泵出口管线腐蚀穿孔；硫黄回收装置高温掺和阀阀芯腐蚀、二级硫冷凝器管束腐蚀穿孔；液硫脱气泵伴热管与夹套连接处弯头穿孔、TK-2001 蒸汽管立管断裂、液硫池(TK-1001)低压蒸汽支管漏点等失效问题。

1. 塔顶回流系统

溶剂再生回流罐 V-5002 入口下法兰焊口腐蚀泄漏，向外喷射呈雾状酸性气，回流罐外保温以及地面有酸性水。泄漏点喷射出的酸性气中硫化氢含量 93%，便携式报警仪持续报警。塔顶循环水后冷器管束腐蚀穿孔，同时造成循环水质量不合格。发生泄漏部位如图 4-15、图 4-16 所示。

图 4-15　回流罐法兰腐蚀情况

图 4-16　塔顶循环水换热器封头及管束法兰腐蚀情况

2. 高温掺和阀腐蚀情况

正常生产过程中发现一套制硫炉高温掺和阀温度调节异常。岗位人员立即将高掺阀改为手动调节无反应，且现场阀门切至手动现场开关阀门，阀门活动灵活，但是高掺阀出口温度没有明显变化。就此判定高温掺和阀阀芯腐蚀严重。经过紧急停工打开现场阀门后情况如图 4-17 所示。

图 4-17　阀芯腐蚀情况

3. 液硫泵及管线腐蚀情况

硫黄回收联合装置开展实物料试车工作，对液硫池、成型机、包装线等相关系统进行试车。液硫池195-TK-2001西侧脱气区装填固体硫黄200t。操作人员发现液硫池蒸汽伴热管线损坏(该伴热管材质为316L)，遂将液硫池中硫黄全部送至成型系统。逐步排查发现液硫脱气泵(P-2001B)伴热管与夹套连接处弯头穿孔、液硫泵叶片腐蚀、TK-2001蒸汽管立管断裂、液硫池(TK-1001)低压蒸汽支管漏点等失效情况见图4-18。

图4-18 部件腐蚀穿孔图片

(二) 腐蚀机理

硫黄回收联合装置腐蚀类型主要有：H_2S-H_2O型腐蚀，NH_4HS垢下腐蚀、冲刷腐蚀，CO_2-H_2O型腐蚀，H_2SO_4、H_2SO_3凝液腐蚀，高温硫腐蚀。详细分析各种类型的腐蚀机理，为预防设备管线腐蚀提供理论依据。

1. H_2S-H_2O型腐蚀

在H_2S-H_2O型的腐蚀环境中硫化氢首先在水中发生电离，使水具有酸性，钢铁会在H_2S的水溶液中发生电化学反应生成FeS引起腐蚀。湿硫化氢对设备的其他重要的腐蚀形式是应力腐蚀破裂，主要由于H_2S-H_2O型的腐蚀环境使氢分子形成环境被破坏，导致氢原子易于渗入金属内部，引起金属氢脆和开裂，湿硫化氢应力腐蚀开裂的形式包括氢鼓泡、氢开裂、硫化物应力腐蚀开裂以及应力导向氢致开裂。一般发生在应力相对集中或钢材有缺陷的部位，与设备材质的性能、受力状态等有关。再者腐蚀初级阶段由于FeS膜的形成，阻止了腐蚀的发生和发展，但在设备凝液形成和流体介质冲刷的情况下，FeS膜脱落致使管线的腐蚀速率增加。典型腐蚀部位有酸性水气体塔、溶剂再生塔塔顶气相管线、酸性气管线及塔顶回流系统，急冷塔塔盘等。

2. NH_4HS垢下腐蚀

塔顶气相抽出，经过空冷器冷却之后是气水混合物，酸性水中的H_2S、NH_3、Cl^-等其他杂质在一定的条件下能反应生成NH_4HS、NH_4Cl等铵盐。铵盐的存在易发生垢下腐蚀和冲蚀，在温度低于120℃左右时，NH_4HS结晶析出，在流速较低的部位结垢沉积，结垢不仅会因堵塞引起设备功能下降，也会造成电化学垢下腐蚀。在流速较大的地方也会引起铵盐的冲刷腐蚀，在冲刷力作用下设备腐蚀部位不断腐蚀、脱落、壁厚减薄，最后泄漏、破坏。典型的腐蚀部位有酸性水汽提装置塔顶高温气相部分。

3. CO_2-H_2O型腐蚀

游离的或者化合的二氧化碳与水在高温部位(高于90℃)易发生严重的腐蚀。由于胺液选择性较差，造成大量二氧化碳溶解于胺液中，二氧化碳最终以碳酸的形式与金属铁发生反应，生成碳酸铁。在介质的不断冲刷下腐蚀速率加快。典型的腐蚀部位有溶剂再生装置塔顶高温气相部分。

4. H_2SO_4、H_2SO_3凝液腐蚀

酸性气在制硫系统中燃烧形成的SO_2、SO_3物质，炉壁衬里会出现裂纹，则裂纹深处炉

壁或者未封盖的液硫池人孔部位进入雨水等易形成 H_2SO_4、H_2SO_3 凝液腐蚀。炉壁人孔盖板以及液硫池伴热管线的腐蚀就呈现出十分典型的 H_2SO_4、H_2SO_3 凝液腐蚀形态。

5. 高温硫腐蚀

在高温环境下（大于 200℃），活性硫及硫化物直接与金属发生反应，引起设备的均匀腐蚀。其腐蚀速率与环境温度、介质流速、硫化物形态及设备材质有关。典型的腐蚀部位有制硫燃烧炉及尾气焚烧炉炉头、炉体，余热锅炉，反应器入口加热器及高温掺和阀等。

（三）防腐蚀措施与相关操作参数控制

硫黄回收联合装置自试运行以来，管线设备腐蚀问题从未间断，严重的将导致人员伤亡、非计划停工及环保事故的发生。

1. 酸性水汽提装置腐蚀现状

酸性水汽提装置重点监控部位是：酸性水汽提塔塔顶出口管线、空冷、回流罐及回流罐进出口、回流泵进出口管线、酸性水罐、正压水封罐、安全水封罐、含氨酸性气至硫黄装置管线。

从实际监测数据来看，酸性水汽提装置汽提塔塔顶系统的管线和设备的腐蚀较为突出，原因是由于约 113℃ 的气相物质从汽提塔塔顶抽出后在冷却过程中会出现 H_2S 露点腐蚀、NH_4HS 垢下腐蚀、冲刷腐蚀等多种腐蚀作用机理，且这些腐蚀作用都在此温度变化过程中极为明显。对于酸性水储罐、水封罐由于罐顶及液位波动部位凝液的形成，使得这些部位的局部腐蚀减薄和焊缝应力腐蚀开裂较为突出。在整个管线系统中，尽管原料酸性水等物料中酸性物质的含量较高。但由于 FeS 膜的形成，阻止了腐蚀的发生和发展，故在设备凝液形成和流体介质冲刷的情况下，管线的腐蚀速率大多情况下<0.125mm/a，非加氢型酸性水汽提装置腐蚀情况如表 4-103 所示。

表 4-103 非加氢型酸性水汽提装置腐蚀情况

设备名称	物料及腐蚀介质	温度	材质	腐蚀速率	腐蚀等级	腐蚀控制措施及对策
酸性水罐	酸性水（含少量 H_2S、HCl、NH_3）	常温	碳钢	>0.125mm/a，防腐涂层，起皮失效，H_2S 凝液易对罐顶及液位波动部位焊缝造成应力腐蚀	中度(3)	对罐内防腐涂层重新施工（推荐 2mm 厚环氧石英粉腻子+七层玻璃布+两道面漆）
正压水封罐	净化水+酸性气	常温	碳钢	局部减薄>20%	中度(3)	内壁涂层防腐（体积 $0.7m^3$）
原料水-净化水换热器	管程：原料水 壳程：净化水	管程：常温/82.0℃ 壳程：126℃/80.5℃	碳钢	—	较严重(2)	检修前对备件进行热固化涂料防腐或其他有效防腐。
汽提塔塔顶空冷器	H_2O、H_2S、NH_3	112.7℃/82.8℃	07Cr2AlMORE	对照常减压空冷器，管束应为中等程度腐蚀。	中度(3)	检修期间进行涡流检测。

续表

设备名称	物料及腐蚀介质	温度	材质	腐蚀速率	腐蚀等级	腐蚀控制措施及对策
汽提塔塔顶回流罐	酸性水、硫化氢、硫氢化氨	85℃/63℃	碳钢	进出口管线局部腐蚀速率>0.6mm/a	严重(1)	检修期间进行罐内涂料防腐且特别注重接管内壁涂料防腐的可持续性或喷涂不锈钢+封闭涂料
汽提塔塔顶挥发系统管线	酸性气(H_2S+NH_3)	112.9℃/63℃	碳钢	管线局部腐蚀速率>0.6mm/a	严重(1)	加强测厚在线监测材质升级为304
安全水封罐	除盐水+酸性气	常温	碳钢	局部减薄约20%	中度(3)	内壁涂层防腐

加氢型酸性水汽提装置腐蚀情况如表4-104所示。

表4-104　加氢型酸性水汽提装置腐蚀情况

设备名称	物料及腐蚀介质	温度	材质	腐蚀速率	腐蚀等级	腐蚀控制措施及对策
酸性水罐	酸性水(含少量H_2S、HCl、NH_3)	常温	碳钢	局部减薄约0.2mm/a，防腐涂层起皮失效，H_2S凝液易对罐顶及液位波动部位造成局部腐蚀并对焊缝造成应力腐蚀	中度(3)	对罐内防腐涂层重新施工(推荐2mm厚环氧石英粉腻子+七层玻璃布+两道面漆)
原料水-净化水换热器	管程：原料水 壳程：净化水	管程：常温/82.1℃ 壳程：125.3℃/75.8℃	Q245R+09Cr_2AlMoRe	—	较严重(2)	检修前进备件进行热固化涂料防腐。
汽提塔塔顶空冷器	H_2O、H_2S、NH_3	113℃/83.6℃	07Cr2AlMORE	对照常减压空冷器，管束应为中等程度腐蚀。	中度(3)	检修期间进行涡流检测。
汽提塔塔顶回流罐	酸性水、硫化氢、氮	83.6℃/75.4℃	碳钢	进出口管线腐蚀速率>0.3mm/a	中度(3)	检修期间进行罐内涂料防腐且特别注重接管内壁涂料防腐的可持续性或喷涂不锈钢+封闭涂料
汽提塔塔顶挥发系统管线	酸性气(H_2S+NH_3)	113℃/75.4℃	碳钢	管线局部腐蚀速率>0.3mm/a	中度(3)	加强测厚在线监测或材质升级为304
安全水封罐	除盐水+酸性气	常温	碳钢	V3003	中度(3)	内壁涂层防腐
正压水封罐	净化水+酸性气	常温	碳钢	V3006	中度(3)	内壁涂层防腐(体积0.7m^3)

2. 溶剂再生提装置腐蚀现状

溶剂再生装置重点监控部位是：再生塔塔顶空冷器、回流罐、回流泵及回流罐进出口管线、回流泵进出口管线、溶剂储罐进出口管线、贫胺液空冷出口管线。

溶剂再生装置的腐蚀主要是在再生塔塔顶酸性气冷却过程中形成的。其主要腐蚀物质是H_2S、CO_2。当温度为40~60℃时，就会形成明显的CO_2-H_2O型腐蚀，而当温度<120℃时，湿H_2S腐蚀将十分突出，故当再生塔酸性气以105℃从塔顶抽出时，在整个冷却过程中形成的腐蚀作用将十分明显。在实际运行中，一套再生塔塔顶回流罐进出口短接发生三次穿孔泄漏，后冷器壳体出口短接发生穿孔泄漏，回流泵进出口管线腐蚀减薄十分严重，对于贫富胺液来说，腐蚀的发生同腐蚀性介质含量有关，但同温度的关系更为密切，在实际运行中，温度高于90℃的贫、富胺液管线的腐蚀减薄均较为明显如表4-105所示。

表4-105　一套溶剂再生装置腐蚀情况

设备名称	物料及腐蚀介质	温度/℃	材质	腐蚀速率	腐蚀等级	腐蚀控制措施及对策
再生塔塔顶回流罐	再生塔塔顶气、酸性气	42.8	碳钢	进出口短接局部腐蚀较严重，发生过三次泄漏	严重 -1	对罐内防腐涂层重新施工(推荐2mm厚环氧石英粉腻子+七层玻璃布+两道面漆)；或材质升级为316
P-5004A/B进出口管线	含H_2S的凝液	42.8	碳钢	管线局部腐蚀速率>0.5mm/a	严重(1)	对易冲刷(如泵进出口弯头)进行测厚监测，材质升级为316
再生塔塔顶后冷器E5004壳体短接	再生塔塔顶气、酸性气	42.9	Q245R+09Cr2AlMoRe	进出口短接焊缝处发生泄漏	严重 -1	材质升级为316

二套溶剂再生装置腐蚀情况如表4-106所示。

表4-106　二套溶剂再生装置腐蚀情况

设备名称	物料及腐蚀介质	温度/℃	材质	腐蚀速率	腐蚀等级	腐蚀控制措施及对策
二套富胺液进装置管线	富胺液	46.8	碳钢	管线局部腐蚀速率>0.25mm/a	中度(3)	对易冲刷部位进行监测
P-6004A/B进出口管线	含H_2S的凝液	33.3	碳钢	管线局部腐蚀减薄约30%	较严重(2)	对易冲刷(如泵进出口弯头)进行测厚监测；材质升级为316
塔顶再生回流罐V-6002	再生塔塔顶气、酸性气	42.8	碳钢	进出口短接减薄约20%	中度(3)	对罐内防腐涂层重新施工(推荐2mm厚环氧石英粉腻子+七层玻璃布+两道面漆)；或材质升级为316
再生塔塔顶后冷器E6004壳体	再生塔塔顶气、酸性气	42.9	Q245R+09Cr2AlMoRe	对照E5004	严重(1)	材质升级为316

续表

设备名称	物料及腐蚀介质	温度/℃	材质	腐蚀速率	腐蚀等级	腐蚀控制措施及对策
塔顶再生回流罐 V-6002 进出口管线	再生塔塔顶气、酸性气	33.3	碳钢	进出口短接减薄约 20%	中度(3)	前后材质统一为 316
再生塔塔顶后冷器 E6004 壳体短接	再生塔塔顶气、酸性气	33.3	Q245R+09Cr2AlMoRe	对照 E5004	严重(1)	材质升级为 316

3. 硫黄回收装置腐蚀现状

硫黄回收装置重点腐蚀部位是：硫黄回收装置的尾气急冷塔、急冷水空冷器、炉前酸性气管线、过程气管线腐蚀较为严重。

硫黄回收设备的腐蚀监测不易进行，通过管线测厚监测到的腐蚀主要是酸性气和过程气腐蚀，这与酸性气、过程气中所含有大量的腐蚀性介质密切相关。当燃烧形成的 SO_2、SO_3 物质一旦出现，炉壁衬里会出现裂纹，则裂纹深处炉壁的 H_2SO_4、H_2SO_3 凝液腐蚀就十分严重。经检查，炉壁人孔盖板的腐蚀呈现出十分典型的 H_2SO_4、H_2SO_3 凝液腐蚀形态，二套硫黄回收装置腐蚀情况如表 4-107 所示。

表 4-107　二套硫黄回收装置腐蚀情况

设备名称	物料及腐蚀介质	温度/℃	材质	腐蚀速率/(mm/a)	腐蚀等级	腐蚀控制措施及对策
制硫余热锅炉至一级冷却器管线	过程气	350	碳钢	<0.125	轻微(5)	对易冲刷进行测厚监测
一级冷凝冷却器至一级转化器管线	过程气	160	碳钢	局部>0.125	明显(4)	对易冲刷部位进行监测
三级冷凝冷却器至尾气分液罐管线	尾气	160.7	碳钢	局部>0.5	中度(3)	定点测厚
二级冷凝冷却器至过程气换热器管线	过程气	160	碳钢	局部>0.125	明显(4)	对易冲刷部位进行监测

第五部分　装置技术改造

通过第二届专家班的培训学习，在刘爱华等硫黄领域专家的指导和授课中，本人从硫黄装置技术领域得到了 3 种解决工作问题的方法，分别是硫黄理论体系方法的应用、Excel 热平衡计算和流程模拟在实际生产中的应用。这 3 种思路对装置的实际生产有很大的帮助，可以提供可靠的数据支撑，通过以上 3 种思路分别实践了 3 种技术改造，以期实现装置的安全环保长周期运行。

一、理论体系应用-络合铁单元的停用可能

(一) 情况介绍

中国石油四川石化有限责任公司原有 100kt/a 硫黄回收装置，按照同等规模的两套硫黄

装置进行设计，每套装置的设计规模为50kt/a，尾气处理部分与制硫部分相配套，由山东三维石化工程股份有限公司设计。

根据《石油炼制工业污染物排放标准—GB 31570—2015》中对硫黄回收装置烟气中 SO_2 浓度排放要求，成都作为环境高度敏感地区，硫黄装置要求达到 SO_2 排放 100mg/m^3 以下。硫黄装置尾气提标单元是为了使烟气排放符合—GB 31570—2015《石油炼制工业污染物排放标准》而设置，使用北京美景络合铁工艺技术，将烟气中的 H_2S 转化为 S 单质回收，并实现烟气排放符合新国家标准。主要工艺原理如下：来自硫黄回收装置尾气加氢单元尾气吸收塔塔顶尾气进入脱硫反应器 195-R-8001 底部，与 R-8001 内的催化剂溶液接触，H_2S 被催化剂溶液吸收并被溶液中的三价铁离子 Fe^{3+} 氧化成单质硫，单质硫通过部分外甩通过压滤机形成硫黄产品外卖。被还原的络合铁溶液在重力作用下流入下部氧化反应器 195-R-8002 内，进行氧化再生反应。利用工厂风作为氧化空气，从氧化反应器 195-R-8002 的底部鼓入，经过空气分布器将催化剂溶液中的二价铁离子 Fe^{2+} 氧化成三价铁离子 Fe^{3+}。氧化再生后的反应溶液经溶液循环泵 195-P-8002A/B/C 输送至脱硫反应器顶部吸收尾气中的硫化氢。脱硫反应器 195-R-8001 顶净化尾气，经水封罐 195-D-8001 后进入尾气焚烧炉 195-F-1002 和 195-F-2002 中焚烧。主要流程图见图 5-1。

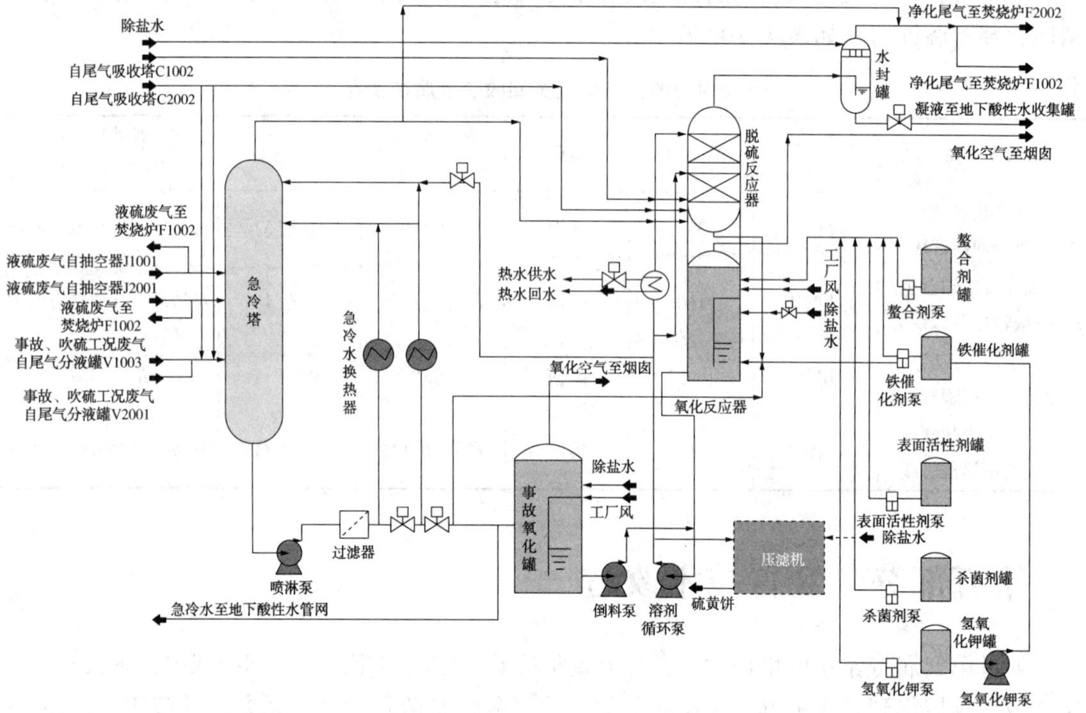

图 5-1　尾气提标单元工艺流程图

尾气提标单元于 2017 年 6 月 25 日一次开车成功，运行后烟气中的 SO_2 排放降至 20mg/m^3 以下，符合 GB 31570—2015《石油炼制工业污染物排放标准》的要求，但在两年多的运行时间内，出现两个问题[1-3]：一是尾气提标单元设备较多，包括缓冲罐、反应器、氧化罐和水封罐等，压降较高，导致前序制硫炉压降上升 10~15kPa，严重影响了制硫炉酸性气处理量，导致部分酸性气放火炬；二是多次出现因填料塔反应器床层硫粉堵塞，导致填料层压力高，进而导致前序单元制硫炉炉头压力高，在上游波动的情况下导致制硫炉出发连锁的生产事故。排除工艺原因和压滤机等设备原因之外，怀疑反应器内因填料层填料高度过高引发硫粉堆积，遂通过窗口期的停工检修，对反应器内部进行了两次填料改造，填料层高度分别由9m降至6m和6m降至2.5m，但均在开工后10d内硫粉再次开始堆积，并因为随着压降的上升，堵塞的硫粉自然吹通后，大量硫粉单质冲入烟囱内壁，在排烟温度>250℃时自燃，导致SO_2排放频繁超标，给装置安全环保长周期运行带来重大隐患。

（二）技改内容

通过硫黄专家班学习，特别是刘爱华老师传授的《硫黄装置影响SO_2排放的因素》《影响催化剂活性的因素》《影响硫回收率的主要因素》等课程和已发表论文[4-6]，决定调整思路，将研究重心转移至尾气提标单元之前，即制硫炉、两级反应器、加氢反应器和尾气吸收部分，通过控制上游来料指标、改变液硫尾气去向、提高各级硫转化率、提高尾气吸收效果等多重方式，使得进入络合铁单元的尾气中H_2S负荷最低，（我公司监测部门只提供吸收塔出口组分分析），最大程度减少络合铁单元负荷和硫粉的生成与堆积，并以期在一定范围之内停用络合铁单元的同时保证SO_2排放合格。

1. 上游带油带烃问题

因上游来料带油带烃较严重，硫黄装置于2015年由原先的一个闪蒸罐增加至两个闪蒸罐，但投用后效果不佳，闪蒸罐长期超压，且上游装置特别是汽油加氢和双脱装置进行定期撇油工作时，对硫黄装置造成巨大冲击，SO_2排放显著升高，图5-2及图5-3为某加氢装置撇油期间对SO_2排放造成影响的趋势图，可以看出该装置进行含油富胺液撇油过程中，随着撇油物质到达溶剂再生装置后，酸性气带油进入硫黄装置，配风失调，最终对SO_2排放造成了较大影响，可能造成小时均值/日均值超标的事件/事故发生，当停止外送后，尾气SO_2开始下降，时间较为吻合。

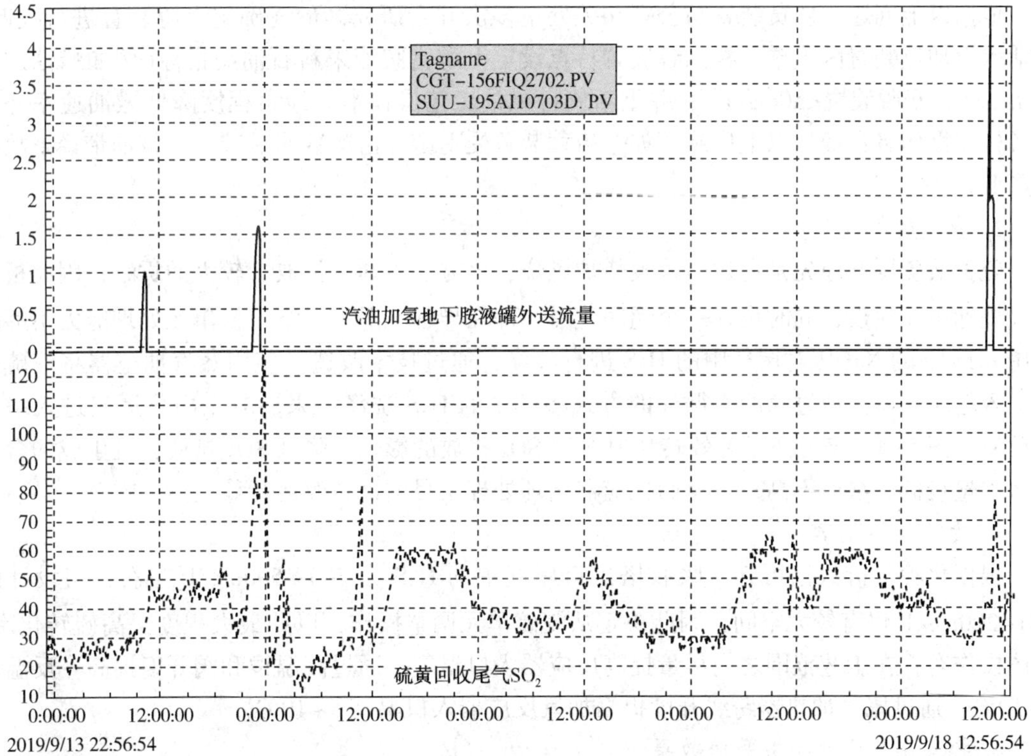

图5-2 撇油对硫黄SO_2排放影响图1

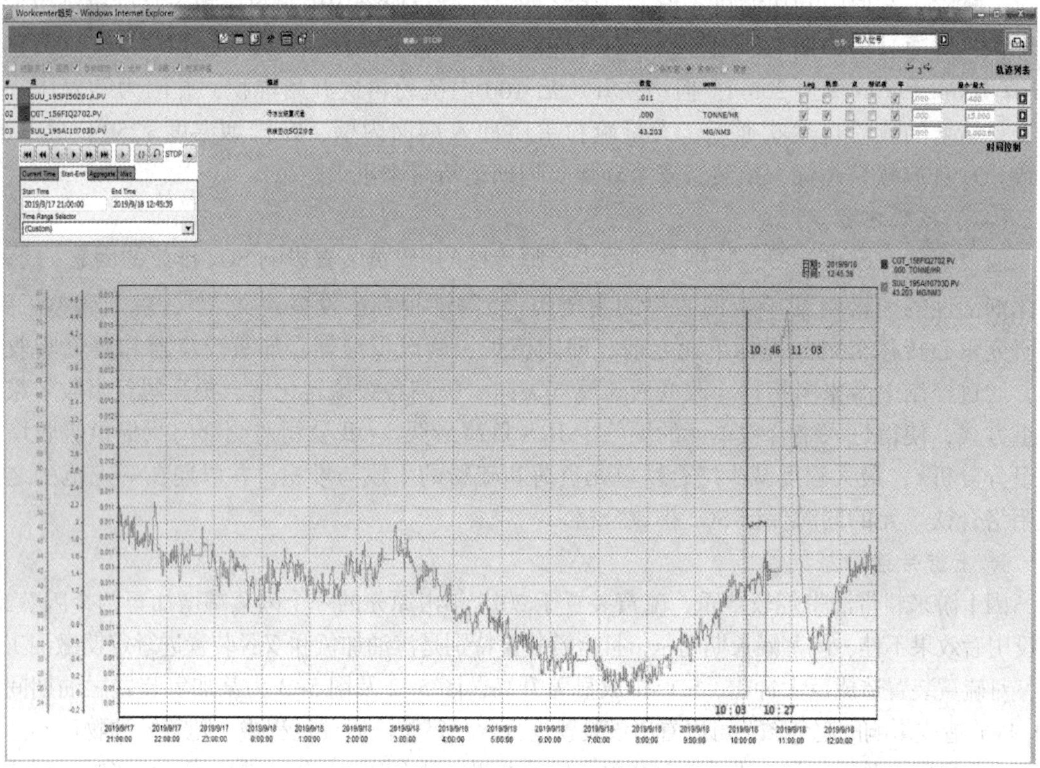

图 5-3　撇油对硫黄 SO_2 排放影响图 2

根据以上问题，硫黄装置与公司相关处室多次开会研究，最终确定上游装置进行技改，包括增设加氢装置闪蒸罐、根据各装置特点设定上游富胺液来料石油类指标（例如蜡油加氢<30mg/L，双脱装置<50mg/L），并重新修订撇油工艺操作卡，最大程度降低撇油速率并严肃考核误操作者；经过以上措施，如今硫黄装置受上游冲击次数明显减少，带油带烃事故明显降低。

2. 液硫尾气技改

硫黄液硫尾气原先是通过引入焚烧炉燃烧，该方法对 SO_2 排放有较大的贡献；因此根据尾气提标单元建设，同时设计一个超净化塔，即在异常工况下，络合铁单元处理能力不够时可用 pH>10 的 NaOH 对尾气中的 H_2S 进行洗涤，通过技术改造，使用蒸汽抽空器将液硫尾气引入超净化塔，通过急冷水循环的方式将其中的 H_2S 洗涤下来后剩余净化尾气进入络合铁单元见图 5-4。该方法可有效转移 H_2S 对 SO_2 排放的影响，降低 SO_2 排放，且生成的含盐废水水量较低、浓度不高，可返回反应器循环处理。目前该技改运行稳定。

3. 提高硫转化率

根据化验分析数据可知，吸收塔出口尾气中的 H_2S 为 300～500mg/L 左右，与设计的 150～200mg/L 仍有较大空间，因此决定从制硫单元调整操作，以期最大程度提高硫转化率。具体操作有：在工艺范围之内尽量提高反应器入口温度，通过高温掺和阀开度提高一反温度 5～10℃、通过尾气加热器跨线开度提高加氢反应器入口温度 5～10℃。

4. 提高尾气吸收部分吸收效果

为了提高尾气吸收部分的吸收效果，需保持较低的急冷塔出口温度和贫液温度，因硫黄

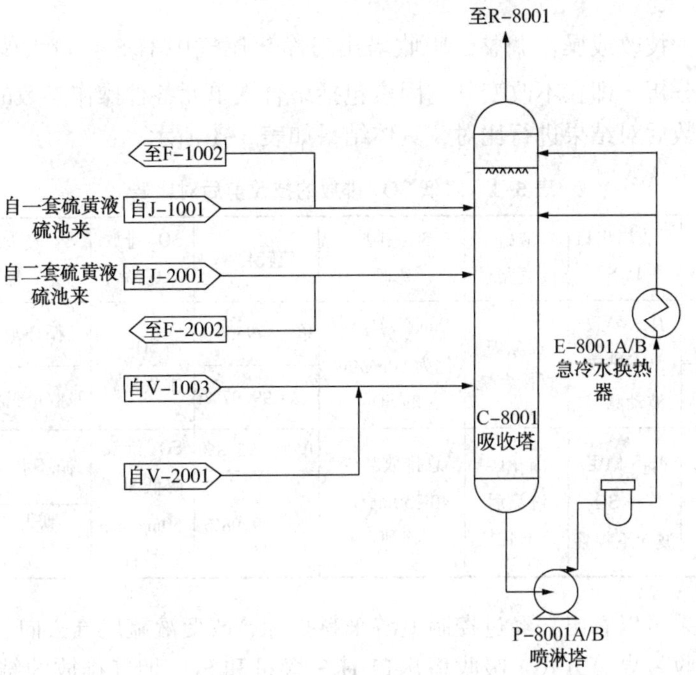

图 5-4　液硫废气改造示意图

装置位于循环水管网的末端，硫黄循环水总管压力只有 0.27～0.28MPa，设计值不小于 0.3MPa，导致急冷水后冷器和贫胺液冷却器两个循环水板式换热器循环水流速长期小于 0.9m/s，尾气吸收效果亦受到一定影响。与相关处室协调后，将新建的烷基化、PSA 装置的循环水引入硫黄装置，使得硫黄装置循环水总管压力上升至 0.33MPa 以上，急冷水后冷器和贫胺液后冷器循环水水量大幅上升，使得急冷塔出口尾气温度由 35℃降至 31.5℃，吸收塔出口净化尾气温度由 46℃降至 43.5℃；同时将吸收塔贫胺液进料口的位置由下进料口改至上进料口，循环量由 60t/h 降至 50t/h。如图 5-5 所示通过以上调整，吸收塔出口净化尾气 H_2S 含量下降 50～80mg/L。

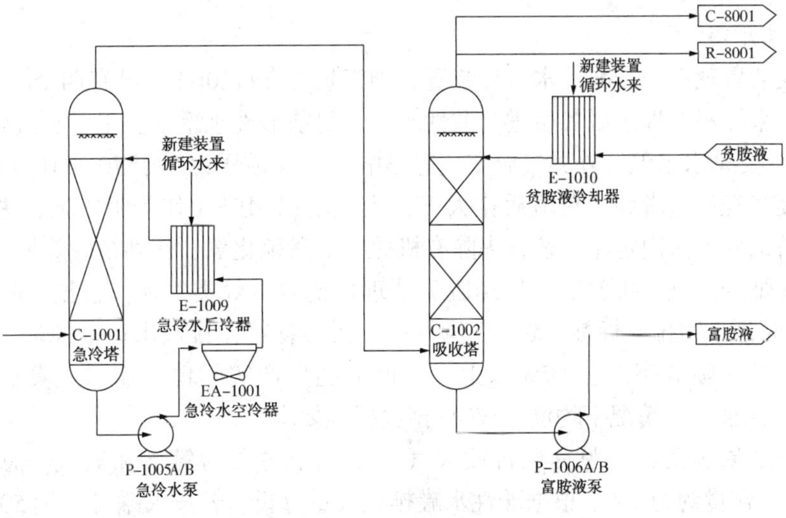

图 5-5　吸收系统改造示意图

（三）技改效果

根据以上四种技改或操作调整，吸收塔出口净化尾气中 H_2S 含量大幅度降低，采用单一变量方法进行分析，即在不改变其它因素包括络合铁单元各种操作参数的情况下，单独改变其中某一个参数后对结果进行比对，具体结果如表 5-1 所示。

表 5-1　降低 SO_2 排放的技改前后对比表

项目	带油带烃频率	吸收塔出口 H_2S	液硫废气路径	SO_2 排放影响	硫转化率	SO_2 排放影响	吸收单元操作	吸收塔出口 H_2S
改造前	4 次/周	H_2S 导致 SO_2 排放波动频繁	焚烧炉直接燃烧	20mg/L H_2S 转化为 50mg/m^3 的 SO_2	单程＝95.5%	SO_2 排放较高	循环水压力低	H_2S 含量较高
	石油类无指标				总＝99.97%		吸收塔贫液走下层	
改造后	1 次/周	H_2S 稳定使得 SO_2 波动不频繁	净化塔洗涤后进氧化塔	总排放减少 40~50mg/m^3 的 SO_2	单程＝95.8%	SO_2 排放降低 30~50mg/m^3 左右	循环水压力提高	H_2S 含量降低 500~80mg/L
	石油类 <50mg/L				总＝99.98%		吸收塔贫液走上层	

根据上表结果可以看出，经过控制上游来料指标、改变液硫尾气去向、提高各级硫转化率、提高尾气吸收效果等方式，吸收塔出口 H_2S 含量和 SO_2 烟气排放的结果均有不同程度的降低。该举措使得进入络合铁单元的 H_2S 含量降低，反应器填料层硫粉堆积情况有所好转，平均压力冲破频率由 3d/次延迟至 10d/次，对装置长周期运行带来积极效果；并使得烟气 SO_2 排放有大幅度降低；在净化尾气 H_2S 含量较低的情况下，通过络合铁部分走副线的方式，降低了背压从而提高了制硫炉处理量，减少了酸性气放火炬情况发生。

通过以上举措，装置的瓶颈问题得到了很大程度的解决，安全环保排放和长周期运行进入良性轨道，装置处理能力不再成为制约全场生产的问题；下一步的工作重心是研究进口选择性高效脱硫溶剂在集中溶剂再生单元使用的可能性，以期进一步降低吸收塔出口 H_2S 至 20mg/L 以下，停用络合铁单元达到尾气达标排放，可以从根本上解决络合铁堵塞问题。

二、理论计算的应用–酸性水废气治理项目的理论基础

（一）情况介绍

硫黄回收装置现有两套酸性水汽提装置，加工量为 2×120t/h，设有四个 5km^3 的酸性水罐。上游装置来原料酸性水脱气后进入酸性水罐，目前酸性水罐顶上正压水封罐的液封高度为 70mmH_2O，受来水水温、外界气温变化等影响，当大罐压力高于 70mmH_2O 破正压水封，酸性水罐顶废气经吸收塔和脱臭塔后排大气，吸收塔以 MDEA 作为吸收剂，去除大部分硫化氢；脱臭塔采用干法固定床工艺，去除有机硫、少量硫化氢，达到精脱效果。由于上游酸性水原料带油带烃严重，排放的废气经脱臭处理后仍含有烃类气体。根据 GB 31570—2015《石油炼制工业污染物排放标准》要求，执行大气污染物特比排放限值的地域，有机废气排放口非甲烷总烃去除效率应在 97% 以上。根据上述生产实际情况需对脱臭后烃类气进行 VOC 治理，以保证任何情况下均满足 VOC 排放标准要求[7]。

化验分析结果表明，经脱臭后排放大气的废气中主要为氮气和氢气。总硫含量约为 600μg/L，烃类含量约为 2%。根据酸性水罐排放气量分析，若按大罐排气量 500m^3/h 计算，总硫含量约为 0.3kg/h，烃类含量约为 2.5kg/h。

通过对其他炼化企业调研，解决酸性水罐顶废气 VOC 排放问题的基本方案均为：采用水环真空泵将脱臭后酸性水罐顶废气升压后送至后续系统进行处理。后续系统，每家不尽相同，主要集中为：①送至瓦斯火炬系统[8]；②送至硫黄回收尾气焚烧炉；③送至硫黄回收制硫燃烧炉。

方案一：酸性气罐顶废气经水环泵升压后直接排入瓦斯火炬系统燃烧，实现密闭排放。

方案二：酸性气罐顶废气经水环泵升压后排入尾气焚烧炉焚烧，尾气焚烧炉焚烧过程本就需要燃料气，罐顶废气经焚烧后经烟囱排放至大气。

方案三：酸性气罐顶废气经水环泵升压后排入制硫燃烧炉燃烧，通过制硫燃烧炉高温燃烧，不但将废气中的烃类分解，而且可回收气体中所含 H_2S。

酸性水罐在极端情况下存在设备温度骤降的可能，此时氮气补气不及时，空气会破负压水封进入大罐。若将废气排入火炬，空气会随罐内气体一起破正压水封进入到火炬气系统内。按照规范要求，能与火炬气系统内的介质发生化学反应的气体或是氧气含量大于 2%(体)的可燃性气体均不应排入火炬气系统。且火炬气系统内可燃气体硫黄回收装置酸性水废气治理项目方案设计种类复杂，爆炸区域范围广，空气进入安全隐患极大。因此，不建议废气排入火炬气系统。若将废气排入尾气焚烧炉，废气中的含硫物在尾气炉中燃烧，有可能导致二氧化硫排放不能满足 GB 31570—2015 中<100mg/m³ 的要求。

建议将大罐废气排入制硫炉，烃类及含硫组分通过制硫炉完全燃烧。工艺路线：采用“酸性水储罐(195-T-3001A/B、4001A/B)废气→正压水封罐→脱臭吸收塔→脱臭塔→酸性气水环泵→硫黄回收装置制硫燃烧炉”技术路线。具体工艺流程图见图 5-6。

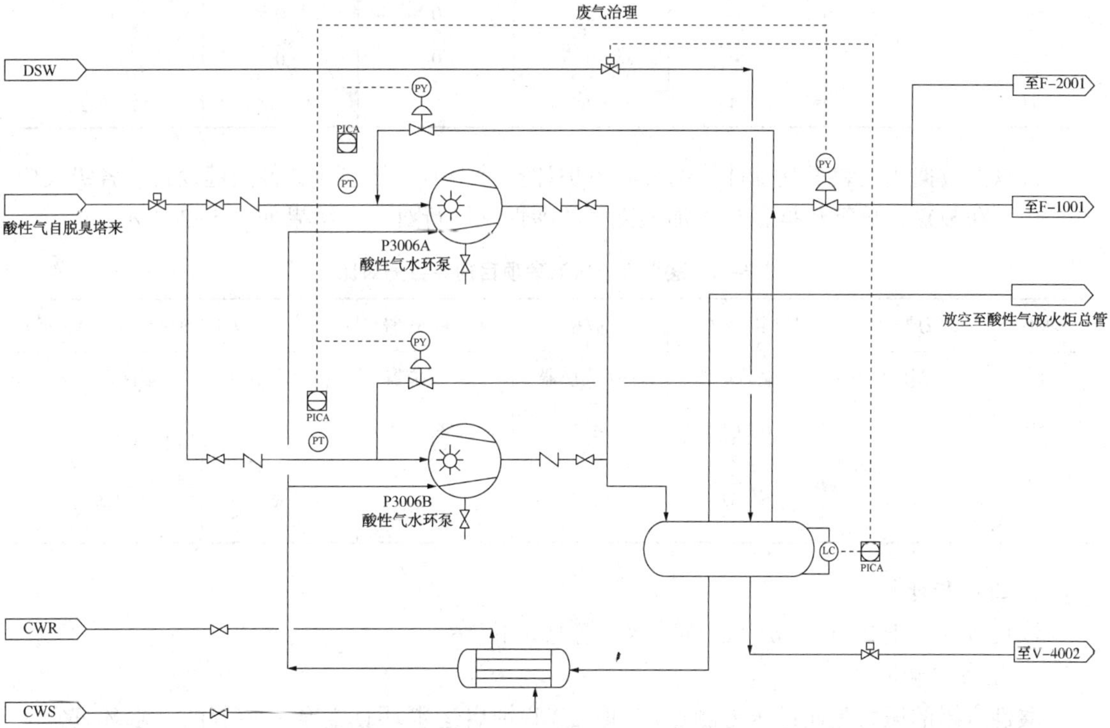

图 5-6　酸性水废气治理项目工艺流程图

（二）理论计算

根据以上分析结果，排空废气 600m^3/h，烃类含量(以甲烷计)上限 2%，需计算该股气进入制硫炉对硫黄回收系统特别是硫转化率和 SO_2 排放造成的影响，根据第四章工艺计算，将该股料并入后重新计算各级设备的参数变化和 SO_2 排放的变化，改造后进料组成如表 5-2 所示。

表 5-2 改造后进料组成表

	入口			加废气后入口		
	酸性气组成/%(摩)	摩尔流量/(kmol/h)	摩尔流量/(kmol/h)	酸性气组成/%(摩)	摩尔流量/(kmol/h)	摩尔流量/(kmol/h)
H_2S	62.135	221.91	—	61.81726	221.9089	—
CO_2	5.3	18.92	—	5.272897	18.92842	—
H_2O	15.565	55.58	43.37577	15.48541	55.58884	45.15732
CH_4	0	0	0	0.14	0.514	0
SO_2	—	—	0	0	0	0
NH_3	17	60.71	0	16.91307	60.7138	0
N_2	—	—	588.6911	0	0	618.267
O_2		—	156.4875	0	0	157.5178
S_2		—	0	0	0	0
S_6		—	0	0	0	0
S_8		—	0	0	0	0
合计		357.12	788.5543	0	357.654	820.9422

将以上数据代入装置基础计算部分制硫炉计算过程中，分别计算各关键设备、各级反应器转化率和 SO_2 排放等数据，与未加入废气的酸性气进行对比，结果如表 5-3 所示。

表 5-3 酸性水废气治理项目理论数据对比

项目	制硫炉温度/℃	硫回收率/%	硫回收率/%	硫回收率/%	H_2S 含量/mg/L	SO_2 排放/(mg/m^3)
设备	制硫炉	制硫炉	一级反应器	二级反应器	吸收塔出口	烟囱在线表
酸性气	1383	66.64	61.3	56.1	35	127
酸性气+罐顶废气	1386	66.62	61.2	55.9	36	129

（三）运行计算

该技改项目于 2019 年 6 月运行，运行情况如下。

1. 压力控制情况

酸性水罐的压力是通过压力测点(三取二)联锁启运水环真空泵来控制的，水环真空泵联锁将罐顶废气抽送至制硫炉系统，待压力(表)小于 0.6kPa 时，水环真空泵联锁停机。如果上游酸性水温度高或外界气温上升，罐内压力快速上升至 0.6kPa 时，为确保安全运行，联锁打开放火炬切断阀，废气向火炬线排放泄压。在酸性水废气治理项目投用之后，酸性水罐压力较为平稳，在昼夜温差较大或夏季温度较高时水封突破的频率明显降低。

2. 水环真空泵运行情况

水环真空泵是受酸性水罐压力联锁控制的，启运频次也是由酸性水罐的压力情况来决定的，启运和停止时设有 DCS 报警，以提醒操作人员关注酸性水罐和真空泵运行。该泵设变频控制，设置旁路控制阀，通过适当打开泵出入口旁路压控阀，在酸性水罐保持一定压力的情况下，能够实现水环真空泵不断的自循环运行。在酸性水废气治理项目投用之后，因酸性水罐压力较为平稳，水环泵可实现长期稳定运行。

3. 连锁

该项目设置两个连锁，一个是水环泵入口连锁，即入口压力低后关闭入口阀门；二是水环泵出口阀门，即出口温度过高，即水环泵出口压力不稳定或低于制硫炉炉头压力，可能会有制硫炉高温酸性气倒蹿的风险，因此设定温度连锁，保证水环泵区域环境安全。在酸性水废气治理项目投用之后，出现过水环泵出口压力过低触发连锁，导致出口阀门关闭。外操执行操作卡，进行恢复操作即可，但仍有安全风险，通过与设计院对接，计划取消酸性水罐顶正压式水封，保证系统压力稳定，该技改正在论证中。

通过专家班学习，利用计算工具计算出酸性水废气经水环泵送至制硫炉后，对制硫炉系统的影响，即反应温度、各级反应器转化率，总硫收率和 SO_2 排放均未有较大影响。项目正式投用后，装置运行稳定，硫黄回收装置未受到影响，能够稳定在安全运行范围内，周边环境也得到了极大的改善，符合安全生产和环保要求。

三、流程模拟的应用-溶剂再生系统的优化

(一) 情况介绍

四川石化硫黄联合装置有两套溶剂集中再生装置，一套装置供蜡油加氢、汽油加氢和硫黄回收使用，二套装置供催化裂化、常减压、柴油加氢、渣油加氢和轻烃回收装置使用。自 2019 年 7 月开始，催化裂化装置频繁出现贫胺液吸收后的净化干气中 H_2S 浓度超标（指标$<20mg/m^3$），导致相关联加热炉燃烧后的 SO_2 排放超标的安全环保事故。

经过相关工艺技术人员的研究，发现催化裂化的干气吸收塔和硫黄回收的溶剂再生塔的基本操作条件，包括温度、压力、流量和液位均在工艺卡片控制范围之内，胺液品质包括浓度、热稳态盐等指标均在设计范围之内，并在 9 月通过加大胺液循环量、提高胺液浓度、提高吸收塔压力（调节范围有限）等手段进行工艺调整，但是根据分析结果图 5-7 所示，H_2S 没有明显降低，稳定在 $20mg/m^3$ 以上，对下游干气用户的排放造成长期隐患。因此，拟根据相关流程模拟软件计算后[9-10]，通过操作优化来改善目前情况，以期实现脱后干气 H_2S 稳定达标。

(二) 模拟分析

为了保证脱后干气 H_2S 合格，催化装置加大了胺液循环量，设计为 28t/h，实际双泵运行负荷 55t/h；用模拟软件建立胺液循环量与脱后干气 H_2S 含量的趋势图，并引入 H_2S 吸收量和 CO_2 吸收量的共同趋势，如图 5-8 所示。图中横坐标表示贫胺液循环量，纵坐标左边红色表示处理后气体中 H_2S 的含量，右边深蓝色表示处理后气体中 CO_2 的含量，浅蓝色表示蒸汽用量。由该图可知，随着循环量的增加，尾气中 H_2S 的含量在降低，但同时 CO_2 的含量也在降低，这就说明催化干气脱硫塔的循环量大幅度超出设计值，理论上来看已经造成 CO_2 的过量吸收；但这里需要注意的是，为了保证对 H_2S 的吸收，蒸汽量是随着循环量的增

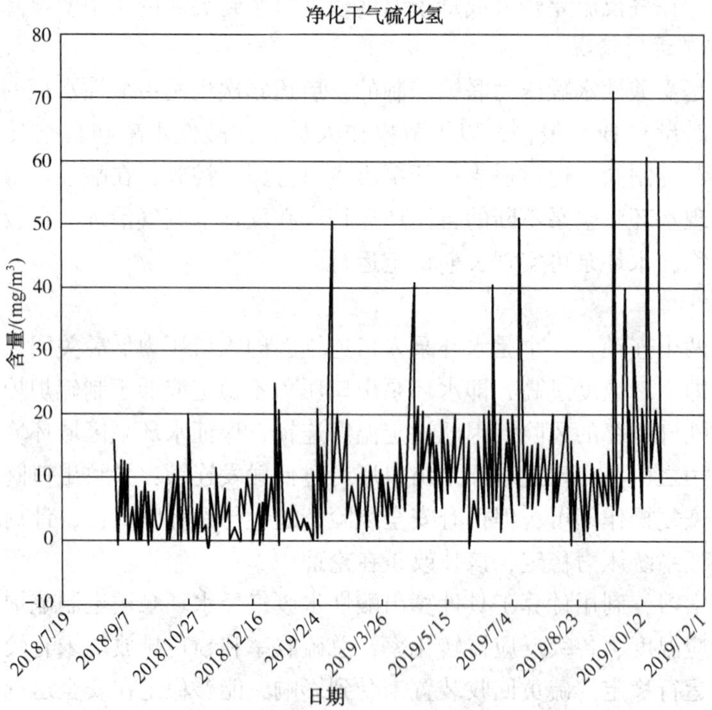

图 5-7　净化干气硫化氢含量趋势图

加而增加的，因此如果增加循环量，再生使用的蒸汽用量要大幅度的增加。在优化过程中通常会需要寻找一块优选区域，也就是图中椭圆圈内的操作条件进行操作。

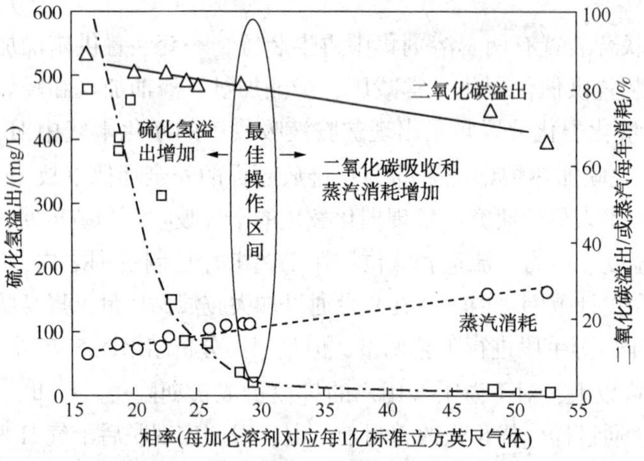

图 5-8　胺液循环量与 H_2S 含量趋势图

目前，催化使用的再生后胺液温度在 50℃左右，但催化干气设计贫胺液温度在 40℃左右，对于 H_2S 的选择性来说，温度越低越有利于 H_2S 的深度吸收，而温度越高，CO_2 的吸收会增加，从而导致 H_2S 的深度吸收受影响。模拟软件建立胺液循环量与脱后干气 H_2S 含量的趋势图，并引入 H_2S 吸收量和 CO_2 吸收量的共同趋势，如图 5-9 所示。横坐标为贫胺液的温度，纵坐标与上面的图一样表示处理尾气中的 H_2S 和 CO_2 含量，可以看出，随着贫胺液的温度增加，处理尾气中 H_2S 的含量在增加，CO_2 含量在降低，也就是 CO_2 更多地被胺液吸收了。

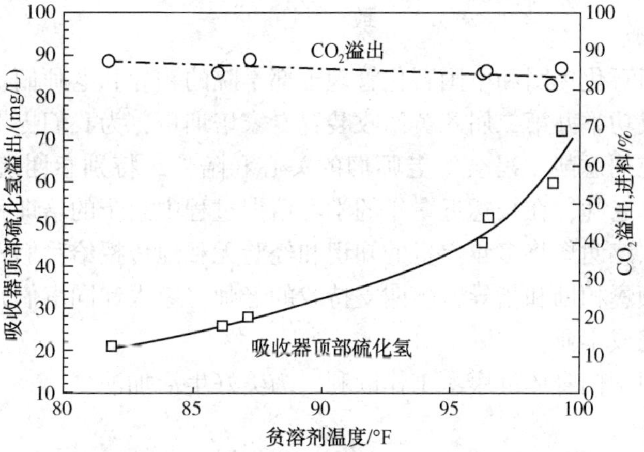

图 5-9 胺液温度与 H_2S 含量趋势图

（三）实用效果

根据以上建议，对二套溶剂再生和催化干气吸收塔进行以下操作：

1）增加冷却，降低催化干气脱硫塔贫胺液的温度；

2）增加再生塔蒸汽量，降低贫胺液中酸性气的负荷；

3）保证贫胺液贫度的前提下可以缓慢降低催化干气脱硫塔的贫液循环量；

4）循环量降低到合适的水平后，缓慢降低蒸汽量，优化能耗；

根据以上操作调整后，催化脱后干气中的 H_2S 有一定幅度的降低，符合<20mg/m³ 的控制指标，对下游装置排放冲击大大减少。

参 考 文 献

[1] 王会强，王瑞，朱连昀，等．大型硫黄回收装置尾气提标单元问题分析及对策[J]．石油与天然气化工，2019，48(5)：24-29.

[2] 杨涛，王会强，赵生标，等．CTS 技术处理硫黄尾气问题分析与对策[J]．炼油技术与工程，2019，49(3)：50-52.

[3] 刘建龙，鲁刚，徐凯勃，等．络合铁脱硫技术在硫黄回收尾气处理中的应用[J]．石油炼制与化工，2018，49(7)：82-84.

[4] 李鹏，刘爱华．影响硫黄回收装置 SO_2 排放浓度的因素分析[J]．石油炼制与化工，2013，44(4)：75-78.

[5] 刘爱华，刘剑利，陶卫东，等．降低硫黄回收装置 SO_2 排放浓度的研究[J]．硫酸工业，2014，32(2)：176-179.

[6] 刘爱华，张孔远，刘玉法，等．LS-951 催化剂在 Claus 尾气加氢装置的应用[J]．石油化工，2003，49(7)：82-84.

[7] 郭兵兵，刘忠生，王海波，等．炼厂恶臭废气综合治理技术的研究[J]．石油炼制与化工，2014，45(9)：45-49.

[8] 王鹏．酸性水罐有机废气回收进低压瓦斯系统工艺改造[J]．齐鲁石油化工，2019，47(1)：39-41.

[9] 康顺吉，沈喜洲，向丽．MDEA 及其复合溶液对 CO_2 吸收与解吸研究进展[J]．天然气化工，2019，44(2)：124-128.

[10] 曹利锋，张振宇，顾惠强，等．N-甲基二乙醇胺吸收法火炬气脱硫过程模拟[J]．石油化工，2006，35(11)：34-39.

致　谢

衷心地感谢中国石化集团和中国石化管理干部学院的领导和老师们，在你们辛勤地付出和大力的支持下，成功举办第二届硫黄回收装置专家培训班，为我们提供这么好的学习提升平台。感谢管理学院刘志凯、冯会等老师们的关心和陪伴，特别感谢硫黄班三位主任刘爱华、郭宏昶、朱学军老师，在长达近一年的学习培训过程中给予的培训和指导，感谢所有授课的老师和前辈们，感谢您将多年宝贵的知识和经验无私地传授给我们，也感谢专家班的兄弟们，感谢你们的倾囊相助和指导，感谢支持我的老师、家人和同事们，正因为有了你的支持鼓励才能够顺利完成学业！

最后祝愿老师同学们身体健康，工作顺利，为美好生活加油！

中国石化金陵公司150kt/a硫黄回收装置工艺计算

完成人：徐　奔
单　位：中国石油化工股份有限公司金陵公司

目　录

中国石油化工股份有限公司金陵分公司150kt/a硫黄回收联合装置(以下简称V硫黄回收装置)包括：溶剂再生部分、硫黄回收部分、焚烧+氨法脱硫部分、硫铵后处理部分。其中溶剂再生部分布置于炼油四部100kt/a硫黄回收联合装置产品精制装置的东侧空地上，硫黄回收部分和焚烧+氨法脱硫部分布置于100kt/a硫黄回收联合装置南侧三角空地上，而硫铵后处理部分布置于二水源区域北侧。工艺装置主要处理来自上游一、二次炼油加工装置的含H_2S的MDEA富溶剂，通过溶剂再生、硫回收以及焚烧+氨法脱硫，回收富溶剂中的硫组分，硫黄回收部分采用二级克劳斯制硫工艺，二级克劳斯反应器出口总硫转化率不低于96.5%，年产液硫150kt，另产部分副产品硫酸铵；其中，溶剂再生部分处理规模为600t/h。装置年开工时数按8400h设计。

焚烧系统采用的是江南环保自主研发的焚烧+氨法脱硫工艺，主要任务是将150kt/a硫黄回收装置产生的克劳斯尾气、硫坑废气等通入焚烧炉过氧焚烧，将尾气中的硫化氢、有机硫等全部转化成二氧化硫，保证$H_2S+COS+CS_2 \leq 10mg/L$，满足氨法脱硫的要求。焚烧烟气经余热回收后送氨法脱硫装置。克劳斯尾气、硫坑废气以及地下溶剂罐吹扫气中含有一定的硫化物，这些硫化物需要在焚烧炉中进行燃烧反应，将其中的硫化氢、硫化物转换为二氧化硫。烟气经蒸汽过热器、气气换热器、蒸汽发生器余热回收后，降温至300℃以下后进入脱硫系统。

烟气脱硫采用氨法脱硫工艺，以氨为脱硫剂，经洗涤降温、吸收SO_2、除雾后的净烟气经塔顶烟囱排放(排放口高度80m)。烟气中的二氧化硫被吸收，形成的亚硫酸铵溶液，经氧化、浓缩得到一定浓度的硫酸铵溶液，再送入蒸发结晶系统，经蒸发、结晶得到一定固含量的硫酸铵浆液。经处理后的烟气SO_2的排放浓度小于100mg/Nm^3，满足《石油炼制工业污染物排放标准》GB31570—2015规定的特别排放限值的要求。

生产规模：设计硫黄生产能力150kt/a；

操作弹性：40%~110%；

V硫黄回收装置的运转时数为每年8400h，装置于2018年9月17日实现中交，并于2018年11月14日实现首次开车一次性成功，2019年4月针对氨洗脱硫单元吸收瓶颈，对氨洗塔进行改造。而硫铵后处理系统由金陵石化公司委包给南京炼油厂有限责任公司进行管理生产。硫铵后处理装置于2018年11月17日同步V硫黄回收装置尾气处理系统进行投料试生产，前期主要生产袋装粉料，因振动给料机和干燥塔设计与实际工况相差较大无法连续稳定生产，2019年2月11日暂停袋装粉料生产，由离心机产生的湿硫酸铵产品直接用吨袋进行包装出厂。

结合2019年炼油核心装置专家班的学习，为切实了解V硫黄回收装置当前工况下物料平衡、产品质量、装置能耗、相关安全环保等项目指标，了解装置动静设备的运行性能，为装置的生产管理和优化操作提供参考和依据，在2019年7月对V硫黄回收装置进行标定。

第一部分　标定报告

一、标定时间及工况

V 硫黄回收装置及硫铵后处理装置于 2019 年 7 月进行 72h 的正常负荷、平稳工况标定。标定期间，V 硫黄回收装置原料酸性气来源为：自身溶剂再生系统酸性气及部分系统管网酸性气的混合酸性气，其中，溶剂再生系统主要来自 2.6Mt/a 蜡油加氢装置、1.8Mt/a 渣油加氢装置、2.0Mt/a 渣油加氢装置、催化产品精制装置的富溶剂和系统管网酸性气通过 1.5Mt/a 加氢酸性气管线进装置。

标定期间，V 硫黄回收装置具体生产工况见表 1-1。

表 1-1　标定期间 V 硫黄回收装置生产工况

项目	单位	标定数据	设计值	负荷率/%
原料酸性气	m^3	905112	—	
	m^3/h	12571	14448	87.01
硫黄产量	t	1259.5	—	
	t/h	17.49	17.85	97.98

二、标定数据

（一）主要操作参数

1. 溶剂再生单元

标定期间，溶剂再生单元主要操作参数见表 1-2。

表 1-2　溶剂再生单元主要操作参数

	项目	单位	标定数据			均值	设计值
溶剂闪蒸罐 V-8402	压力 PI8461	kPa	18.83	12.83	13.92	15.19	
	贫溶剂流量 FI8461	t/h	9.50	7.48	7.08	8.02	10.00
	液面 LI8454	%	40.92	40.75	40.92	40.86	
	富溶剂泵出口流量 FI8401	t/h	406.42	418.50	415.83	413.58	600.00
	富液 E8401A 换热前温度 TI8451	℃	55.67	55.00	55.08	55.25	40.00
	富液 E8401A 换热后温度 TI8452	℃	68.00	67.25	67.50	67.58	65.00
	富液 E8401B/C 换热前温度 TI8401	℃	67.75	67.08	67.25	67.36	65.00
	富液 E8401B/C 换热后温度 TI8403	℃	104.83	105.83	105.83	105.50	102.00
	贫液 E8401A 换热前温度 TI8455	℃	97.17	97.92	97.92	97.67	91.50
	贫液 E8401A 换热后温度 TI8402	℃	85.58	85.92	86.00	85.83	68.00
地下溶剂罐	V-8404 液面 LI8422	%	41.00	41.00	41.00	41.00	
再生塔 T-8401	塔底液面 LI8401	%	47.50	48.33	49.83	48.56	
	气相返塔温度 TI8404A	℃	122.08	122.33	122.00	122.14	
	气相返塔温度 TI8404B	℃	122.25	122.58	122.08	122.31	
	塔顶温度 TI8405	℃	104.25	103.08	103.00	103.44	109.60
	塔顶压力 PI8403	kPa	88.42	90.50	87.92	88.94	

续表

	项目	单位	标定数据			均值	设计值
再生塔 T-8401	回流罐液面 LI8403	%	50.00	50.00	50.00	50.00	
	回流量 FI8403	kg/h	28285.33	27065.58	27884.75	27745.22	25990
	酸气出温度 TI8407	℃	38.83	37.17	37.92	37.97	40
	酸性气压力 PICA8402	kPa	82.83	85.25	82.58	83.56	85
	酸气流量 FI8405	kg/h	3029.83	2956.33	4331.92	3439.36	20346
	重沸器蒸汽流量 FI8402	t/h	50.2	50.15	50.6	50.32	71.193
	贫溶剂出温度 TI8412	℃	48.42	48.33	48.33	48.36	40.00
	贫溶剂外送量 FI8412	t/h	406.5	408.83	408.58	407.97	579.65
	凝结水罐液位 LI8456	%	50.00	50.08	50.00	50.03	

2. 克劳斯单元

标定期间，克劳斯单元主要操作参数见表1-3。

表1-3 克劳斯单元主要操作参数

	项目	单位	标定数据			均值	设计值
酸气分液罐 V-8101	液位 LI8108A	%	8.36	8.73	8.94	8.68	
	酸性气浓度 AI8102	%	92.50	91.42	90.70	91.54	90.36
	酸性气流量 FI8108A	m^3/h	12215.83	12084.08	12314.33	12204.75	14448
	酸性气流量 FI8108B	m^3/h	12549.17	12592.25	12571.75	12571.06	14448
	酸气压力 PI8114	kPa	28.94	27.41	28.25	28.2	60
制硫燃烧炉 F-8101	空气主流量 FI8119	m^3/h	23227.00	22631.83	22708.83	22855.89	31427.87
	空气副流量 FI8120	m^3/h	2309.08	2372.08	2241.00	2307.39	
	系统压力 PI8123	kPa	29.00	27.58	28.50	28.36	
	配风比		2.43	2.40	2.39	2.40	2.17
	炉膛炉温 TI8114	℃	1163.17	1160.50	1155.17	1159.61	1270
	后区炉温 TI8116	℃	918.25	919.58	927.33	921.72	
	H_2S/SO_2比值 AI8101		1.60	1.81	1.84	1.75	
	主风机出口压力	kPa	55.92	56.42	56.17	56.17	70
中压汽包 V-8103	液面 LI8112A	%	53.08	55.25	55.58	54.64	
	蒸汽压力 PI8125	MPa	4.00	3.99	3.99	3.99	4.4
	蒸汽流量 FI8127	kg/h	41534.17	40893.33	39738.33	40721.94	38339
	过程气温度 TI8118	℃	329.83	328.42	327.33	328.53	350
一级硫冷凝器 E-8102	液面 LI8113	%	50.25	51.83	51.58	51.22	
	蒸汽流量 FI8129	kg/h	8162.75	7914.17	7867.83	7981.58	7331
	过程气温度 TI8119	℃	166.50	166.83	166.08	166.47	170
	蒸汽压力 PI8126	MPa	0.40	0.40	0.40	0.40	0.42
二级硫冷凝器 E-8103	液面 LI8116	%	56.00	56.00	56.00	56.00	
	蒸汽流量 FI8132	kg/h	5753.33	5677.92	5601.00	5677.42	4514
	过程气温度 TI8127	℃	167.67	167.75	167.42	167.61	170
	蒸汽压力 PI8126	MPa	0.40	0.40	0.40	0.40	0.42

续表

	项目	单位	标定数据			均值	设计值
一级克劳斯反应器 R-8101	入口温度 TI8125	℃	233.75	233.92	234.00	233.89	240
	入口压力 PI8131	kPa	16.50	15.92	16.67	16.36	29
	上床层温度 TI8123A	℃	309.00	309.00	309.33	309.11	
	中床层温度 TI8123B	℃	311.92	311.50	311.83	311.75	
	下床层温度 TI8123C	℃	311.33	311.00	311.17	311.17	
	出口温度 TI8126	℃	308.67	308.50	308.83	308.67	314
	出口压力 PI8132	kPa	13.02	13.50	13.55	13.36	24
二级催化反应器 R-8102	入口温度 TI8128	℃	205.92	206.00	206.58	206.17	210
	入口压力 PI8120	kPa	10.83	10.33	9.95	10.37	21
	上床层温度 TI8132A	℃	225.25	224.42	224.92	224.86	
	中床层温度 TI8132B	℃	225.00	224.67	225.25	224.97	
	下床层温度 TI8132C	℃	222.33	221.92	223.17	222.47	
	出口温度 TI8129	℃	222.58	221.83	222.50	222.31	236
	出口压力 PI81121	kPa	8.4	8.58	8.08	8.35	16
三级硫冷凝器 E-8104	液面 LI8118	%	50.00	50.00	50.00	50.00	
	蒸汽流量 FI8134	kg/h	2900.17	2846.25	2796.92	2847.78	2888
	蒸汽压力 PI8127	MPa	0.12	0.12	0.12	0.12	0.12
	过程气出口温度 TI8138	℃	123.92	123.92	124.00	123.94	132
液硫坑 Tk-8101	第一室温度 TI8142	℃	153.00	154.00	154.00	153.67	
	第二室温度 TI8143	℃	133.92	132.92	133.08	133.31	
	第一室液位 LI8122	mm	1999.25	1998.08	1999.08	1998.81	
	第二室液位 LI8124	mm	2078.33	2061.67	2018.00	2052.67	
	废气进抽射器流量 FI8142	kg/h	660.00	659.92	660.00	659.97	801
液硫冷却器 E-8109	液面 LI8126	%	47.00	47.00	48.25	47.42	
	温度 TI8145	℃	114.00	114.00	114.00	114.00	
	液硫温度 TI8147	℃	131.17	131.08	130.92	131.06	135
蒸汽抽空器 EJ-8101	蒸汽流量 FIC8141	kg/h	618.17	621.25	620.83	620.08	880
脱气空气加热器 E-8110	鼓泡器空气流量 FIC8148A	kg/h	477.17	476.42	475.25	476.28	500
	T8101 空气流量 FIC8148B	kg/h	53.92	54.25	54.08	54.08	600
	空气温度 TI8155	℃	122.75	122.25	123.25	122.75	130
液硫脱气塔 T-8101	液面 LI8127C	%	0.00	0.00	0.00	0.00	
	温度 TI8152	℃	144.00	144.00	144.00	144.00	

3. 尾气焚烧单元

标定期间，尾气焚烧单元主要操作参数见表 1-4。

表 1-4 尾气焚烧单元主要操作参数

	项目	单位	标定数据			均值	设计值
尾气焚烧炉 F-8601	燃料气压力控制 PI9201	MPa	0.35	0.35	0.35	0.35	
	主燃料气流量 FI9201A	m^3/h	1431.08	1388.00	1382.25	1400.44	1739.00
	点火燃料气流量 FI9201B	m^3/h	260.42	259.75	259.67	259.94	
	一级风流量 FI9204A	m^3/h	8529.42	8942.58	8381.42	8617.81	
	次级风流量 FI9203	m^3/h	5930.17	6386.67	6358.58	6225.14	31260.00
	二级风流量 FI9202	m^3/h	6303.50	6836.50	6835.58	6658.53	
	消白烟空气流量 FI9301	m^3/h	22623.08	22579.33	22352.42	22518.28	25000.00
	炉膛温度 TI9201	℃	670.75	668.58	669.67	669.67	800
	E-8602 入口段温度 TI9305	℃	605.08	605.50	605.25	605.28	615.00
	E-8603 入口段温度 TI9306	℃	457.75	458.67	459.50	458.64	549.00
	E-8601 入口段温度 TI9307	℃	428.42	428.67	430.08	429.05	
	E-8601 出口段温度 TI9301	℃	254.42	268.42	253.83	258.89	300.00
	氧含量	%	2.32	2.72	2.82	1.62	3.00
尾炉中压汽包 V-8601	液面 LI9303	%	52.17	51.67	51.58	51.81	
	蒸汽流量 FI9303B	t/h	6.91	6.99	6.83	6.91	11.64
	蒸汽压力 PI9301	MPa	3.84	3.83	3.82	3.83	4.20
焚烧炉风机 C-8601	入口流量 FI9101	m^3/h	38115.67	39291.50	39123.33	38843.50	
	出口压力 PI9102	kPa	9.23	9.19	9.21	9.21	15.00
	出口温度 TE9103	℃	49.92	49.83	50.42	50.06	
G-G 换热器 E-8603	热空气去吸收塔温度	℃	221.67	221.58	205.75	216.33	250.00
蒸汽过热器 E-8602	过热中压蒸汽温度 TI9302	℃	423.50	422.58	421.58	422.56	440.00
	过热中压蒸汽压力 TI9302	MPa	3.78	3.80	3.74	3.77	3.80

4. 氨洗脱硫单元

标定期间，氨洗脱硫单元主要操作参数见表 1-5。

表 1-5 氨洗脱硫单元主要操作参数

	项目	单位	标定数据			均值	设计值
吸收塔系统 T-8601	焚烧炉出口 SO_2 浓度 AI9411	mg/m^3	18285.17	17275.58	17615.00	17725.25	19264.00
	入口前氧浓度 AI9412	%	2.38	2.90	2.88	2.72	3.00
	入口前湿度 MI9411	%	失灵	失灵	失灵	失灵	27.68
	入口前流速 FI9411	m/s	8.76	8.83	8.70	8.76	
	入口前流量 FI9411B	m^3/h	42870.67	43236.83	42542.50	42883.33	74347.00
	入口前压力 PI9411	kPa	2.22	2.20	2.19	2.20	7.00
	入口前温度 TI9411	℃	257.08	256.92	256.67	256.89	300.0
	烟气入口温度 TI9403	℃	254.58	254.75	254.42	254.58	
	吸收塔上部差压 PDI9404	Pa	33.33	60.17	36.92	43.47	
	吸收塔上部差压 PDI9405	Pa	39.58	39.00	42.00	40.19	
	吸收塔底液位 LI9501	m	1.73	1.72	1.68	1.71	
	吸收段温度 TI9405	℃	59.33	60.00	61.75	60.36	
	浓缩段温度 TI9404	℃	59.67	60.25	63.33	61.08	

续表

	项目	单位	标定数据			均值	设计值
吸收塔系统 T-8601	浓缩段密度 DI9501	g/mL	1.19	1.19	1.20	1.19	≤1.22
	循环槽液位 LT9502	m	8.18	8.19	8.23	8.20	
	氧化风机电流 EC8603A	A	172.92	174.58	174.67	174.06	
	氧化风机电流 EC8603B	A	171.00	172.92	159.00	167.64	
	氧化风机电流 EC8603C	A	0.00	0.00	0.00	0.00	
	氧化风机出口压力 PI9601	MPa	0.09	0.09	0.09	0.09	
	氧化风机出口温度 TI9602	℃	103.33	102.67	104.17	103.39	
	P8601A 出口压力 PI9504	MPa	0.26	0.26	0.26	0.26	
	P8601B 出口压力 PI9505	MPa	0.27	0.26	0.26	0.26	
	P8601C 出口压力 PI9506	MPa	0.30	0.30	0.29	0.30	
	P8601D 出口压力 PI9507	MPa	0.33	0.33	0.33	0.33	
	P8601E 出口压力 PI9508	MPa	0.32	0.33	0.32	0.32	
	P8602 出口压力 PI9502	MPa	0.24	0.24	0.25	0.24	
	P8603 出口压力 PI9509	MPa	0.00	0.00	0.00	0.00	
	一级循环 A 泵出口 pH		6.63	6.62	6.60	6.62	5-7
	一级循环 E 泵出口 pH		4.26	4.28	4.29	4.27	4-6
	硫铵排出泵出口 pH		2.87	2.76	2.98	2.87	
	G2/G3 填料层后压力 P1A9707A	Pa	1041.08	1059.75	1062.25	1054.36	
	G2/G3 填料层前压力 P1A9707B	Pa	1201.92	1162.92	1111.58	1158.81	
	G2/G3 填料层压差 PDI9707	Pa	194.67	103.67	49.33	115.89	
	一级循环泵 F 泵出口压力 PIA9510	MPa	0.24	0.24	0.24	0.24	
	出口 NO 浓度 AI9423	mg/m^3	1.42	2.44	2.03	1.97	
	出口 SO_2 浓度 AI9421	mg/m^3	6.75	7.83	7.23	7.27	16.00
	出口氧浓度 AI9422	%	13.72	13.99	13.97	13.89	11.34
	出口湿度 MI9421	%	19.00	19.00	19.00	19.00	19.45
	出口流速 FI9421	m/s	11.03	11.56	11.57	11.39	
	出口流量 FI9421B	m^3/h	113685.50	123317.42	114002.33	117001.75	163793.00
	出口压力 PI9421	kPa	-0.05	-0.05	-0.05	-0.05	
	出口温度 TI9421	℃	57.67	58.17	59.25	58.36	55-60
液氨系统	V-8606A 温度 TE8703A	℃	32.50	53.42	31.50	39.14	
	V-8606B 温度 TE8704A	℃	32.17	31.33	31.58	31.69	
	V-8606A 压力 PIA8703A	MPa	1.40	1.29	1.25	1.31	1.10
	V-8606B 压力 PIA8703B	MPa	1.24	1.31	1.34	1.30	1.10
	V-8606A 液面 LIA8701A	%	67.92	41.58	52.58	54.03	
	V-8606A 液面 LIA8702A	%	49.42	28.92	55.92	44.75	
	液氨泵入口压力 PI9701	MPa	1.33	1.38	1.37	1.36	
	液氨进脱硫流量 1FIC9701	kg/h	198.92	189.25	219.08	202.42	743.00
	液氨进脱硫流量 2FIC9702	kg/h	244.67	231.00	194.67	223.44	

5. 硫铵后处理系统

标定期间，硫铵后处理系统主要操作参数见表 1-6。

表 1-6　硫铵后处理系统主要操作参数

	项目	单位	标定数据			均值	设计值
料液槽 V-8701	液位 LI7104	m	3.65	3.38	3.72	3.58	
蒸发补液泵 P-8703	出口压力 PIA7104	MPa	0.11	0.11	0.12	0.11	
	电流	A	15.5	15.6	15.3	15.47	
蒸发循环泵 P-8704	出口压力 PIA7106	MPa	0.09	0.09	0.09	0.09	
	电流	A	81.6	81.6	80.9	81.37	
加热器 E-8701	出口温度 TIAS7101	℃	60.6	59.2	60.9	60.23	
蒸发分离室 V-8704	液位 LIAS7101	m	2.34	2.47	2.43	2.41	
	压力 PI7102	kPa	-90.6	-92.9	-91.8	-91.77	
冷凝器 E-8702	出口压力 PI7702	kPa	0.22	0.22	0.22	0.22	
	入口温度 TI7701	℃	31.2	30.1	30.6	30.63	
水环真空泵 P-8707	液位 LIAS7106	m	2.15	2.36	2.56	2.36	
	机封水压力 PI7114	MPa	0.12	0.12	0.12	0.12	
	机封水压力 PI7115	MPa	0.12	0.12	0.12	0.12	
	工作液温度 TI7104	℃	35.8	36.6	36.2	36.20	
热水槽 V-8702	液位 LICA7102	m	1.68	1.53	1.63	1.61	
热水泵 P-8706	出口压力 PI7105	MPa	0.54	0.54	0.55	0.54	
	电流	A	18	17.2	17.7	17.63	

（二）原料质量

1. 原料酸性气

标定期间，原料酸性气分析成绩如表 1-7、表 1-8 所示。

表 1-7　混合酸性气组成化验分析成绩(干基)

混合酸性气	标定数据		均值	设计值	
H_2S/%(体)	90.1	91.7	89.0	90.27	90.36
CO_2/%(体)	9.9	8.2	10.8	9.63	5.02
烃/%(体)	0	0.1	0.2	0.10	0.12
NH_3/(μL/L)	10	10	10	10	0.3%
H_2O/%(体)	—	—	—	—	4.2

注：1. 酸性气来源为：本装置溶剂再生酸性气及系统管网酸性气。

2. 在计算过程中，酸性气中的烃以甲烷计，而 NH_3 则忽略不计。

表 1-8　混合酸性气在线仪 AI8102 硫化氢数据　　%(体)

混合酸性气	标定数据			均值
H_2S	92.50	91.42	90.70	91.54

2. 富胺液

标定期间，富胺液分析成绩如表 1-9 所示。

表 1-9 富胺液组成分析成绩

混合富胺液	标定数据			均值
H_2S 含量/(g/L)	34.39	33.7	35.76	34.62
CO_2 含量/(g/L)	5.68	6.03	5.15	5.62
MDEA 浓度/%(质)	33.36	34.11	36.10	34.52
颜色		黄绿色		黄绿色

注：富胺液来源为 2.6Mt/a 蜡油加氢装置、1.8Mt/a 渣油加氢装置、2.0Mt/a 渣油加氢装置及 3.5Mt/a 催化产品精制装置。

（三）产品质量

1. 液硫

液硫产品化验分析成绩见如表 1-10 所示。

表 1-10 液硫产品分析成绩 %(质)

项目	标定数据			均值
纯度	99.99	99.99	99.99	99.99
水分	0.05	0.05	0.05	0.05
灰分	0.001	0.001	0.001	0.001
酸度	0.002	0.002	0.002	0.002
有机物	0.0022	0.0024	0.0020	0.0022
砷	0.00002	0.00002	0.00002	0.00002
铁	0.00012	0.00012	0.00012	0.00012
硫化氢	0.0011	0.0018	0.0013	0.0014

2. 贫胺液

贫胺液化验分析成绩如表 1-11 所示。

表 1-11 贫胺液组成分析

贫胺液	标定数据			均值
H_2S 含量/(g/L)	0.40	0.38	0.60	0.49
CO_2 含量/(g/L)	0.06	0.08	0.07	0.07
MDEA 浓度/%(质)	37.59	39.58	41.08	39.42
热稳盐/%(质)		1.67		1.67
铁离子/(mg/L)		1.56		1.56
pH		9.48		9.48
颜色		淡黄色		淡黄色

（四）尾气排放

1. 氨洗脱硫塔排口

标定期间，氨洗脱硫塔 T-8601 塔顶排口尾气用便携式分析仪检测数据如表 1-12 所示。

表 1-12 氨洗脱硫塔 T-8601 塔顶排口尾气检测数据 mg/m³

排口尾气	标定数据			均值
SO_2(min)	未检出	未检出	未检出	未检出
SO_2(max)	未检出	未检出	未检出	未检出
NO_x(min)	56	71	105	77.3
NO_x(max)	61	79	111	83.7
CO(min)	1722	1234	1381	1445.7
CO(max)	1790	1536	1407	1577.7
氧含量/%(体)	13.6	12.6	14	13.4
H_2S	<2.8	<2.8	<2.8	<2.8

标定期间，氨洗脱硫塔 T-8601 顶排口 CEMS 在线仪数据如表 1-13 所示。

表 1-13 氨洗脱硫塔 T-8601 顶排口 CEMS 在线仪数据

排口尾气	标定数据			均值
NO 浓度 AI9423/(mg/m³)	1.42	2.44	2.03	1.97
SO_2浓度 AI9421/(mg/m³)	6.75	7.83	7.23	7.27
氧浓度 AI9422/(%)	13.72	13.99	13.97	13.89
湿度 MI9421/(%)	19	19	19	19
流速 FI9421/(m/s)	11.03	11.56	11.57	11.39
流量 FI9421B/(m³/h)	113685.5	123317.42	114002.33	117001.75
压力 PI9421/(kPa)	-0.05	-0.05	-0.05	-0.05
温度 TI9421/(℃)	57.67	58.17	59.25	58.36

2. 尾气焚烧炉出口

标定期间，尾气焚烧炉 F-8401 出至氨洗脱硫塔 F-8601 入口 CEMS 在线仪数据如表 1-14所示。

表 1-14 尾气焚烧炉出 CEMS 在线仪数据

入口尾气	标定数据			均值
SO_2浓度 AI9411/(mg/m³)	18285.17	17275.58	17615	17725.25
氧浓度 AI9412/(%)	2.38	2.9	2.88	2.72
湿度 MI9411/(%)	失灵	失灵	失灵	失灵
流速 FI9411/(m/s)	8.76	8.83	8.70	8.76
流量 FI9411B/(m³/h)	42870.67	43236.83	42542.5	42883.33
压力 PI9411/(kPa)	2.22	2.20	2.19	2.20
温度 TI9411/℃	257.08	256.92	256.67	256.89

（五）燃料气分析数据

标定期间，尾气焚烧炉燃料气瓦斯化验分析数据如表 1-15 所示。

表 1-15　瓦斯化验分析数据(干基)　　%(体)

瓦斯组成	标定数据			均值
N_2	11.14	10.93	14.56	12.21
甲烷	23.86	29.50	24.50	25.95
CO_2	0.74	0.58	1.4	0.91
乙烯	8.09	9.81	10.32	9.41
乙烷	9.04	10.97	10.59	10.20
丙烯	0.20	0.19	0.35	0.25
丙烷	0	0	0.3	0.10
异丁烷	0.12	0.11	0.21	0.15
正异丁烯	0.07	0.08	0.10	0.08
正丁烷	0.05	0.06	010	3.37
氢	46.68	37.74	37.80	40.74
H_2S(微量)/(mg/m^3)	20	20	2	14

(六) 过程气分析数据

1. 一级硫冷凝器 E-8102 出过程气

一级硫冷凝器 E-8102 出过程气组成分析成绩如表 1-16 所示。

表 1-16　一级硫冷凝器 E-8102 出过程气组成(干基)　　%(体)

过程气组成	标定数据			均值
H_2S	8.05	7.93	9.92	8.63
SO_2	4.34	4.11	5.07	4.51
COS	0.89	0.69	0.83	0.80
CS_2	未检出	未检出	未检出	未检出
CO_2	3.55	3.11	2.91	3.19
N_2	83.17	84.16	81.27	82.87

2. 二级硫冷凝器 E-8103 出过程气

二级硫冷凝器 E-8103 出过程气组成分析成绩如表 1-17 所示。

表 1-17　二级硫冷凝器 E-8103 出过程气组成(干基)　　%(体)

过程气组成	标定数据			均值
H_2S	3.02	2.49	2.83	2.78
SO_2	1.73	1.31	1.53	1.52
COS	0.02	0.02	0.02	0.02
CS_2	未检出	未检出	未检出	未检出
CO_2	2.69	2.82	3.15	2.89
N_2	92.54	93.36	92.47	92.79

3. 三级硫冷凝器 E-8104 出过程气

三级硫冷凝器 E-8104 出过程气组成分析成绩如表 1-18 所示。

表 1-18　三级硫冷凝器 E-8104 出过程气组成(干基)　　%(体)

过程气组成	标定数据			均值
H_2S	0.86	0.74	0.95	0.85
SO_2	0.55	0.46	0.62	0.54
COS	0.02	0.02	0.02	0.02
CS_2	未检出	未检出	未检出	未检出
CO_2	2.64	3.19	3.23	3.02
N_2	95.93	95.59	95.18	95.57

(七) 氨洗脱硫循环浆液分析数据

标定期间，氨洗脱硫循环浆液分析成绩如表 1-19 所示。

表 1-19　氨洗脱硫循环浆液分析成绩

	标定数据			均值
氧化段 A 浆液				
密度/(g/mL)	1.169	1.177	1.19	1.18
pH	6.44	5.5	6.29	6.08
亚硫酸铵/(g/L)	9.8	2.6	1.9	4.77
亚硫酸氢铵/(g/L)	0.6	0.8	0.2	0.53
硫酸铵/(g/L)	353	377.7	417.3	382.67
Cl^-/(μL/L)	3653.75	601.25	878.75	1711.25
氧化率/(%)	97.22	99.31	99.54	98.69
氧化段 E 浆液				
密度/(g/mL)	1.166	1.178	1.159	1.17
pH	3.93	3.88	4.37	4.06
亚硫酸铵/(g/L)	4.7	0	2	2.23
亚硫酸氢铵/(g/L)	0	0	0	0
硫酸铵/(g/L)	342.6	378.4	325.8	348.93
Cl^-/(μL/L)	323.75	231.25	1387.5	647.50
氧化率/(%)	98.63	100	99.36	99.33
浓缩段浆液				
密度/(g/mL)	1.198	1.235	1.249	1.23
pH	2.99	2.83	3	2.94
亚硫酸铵/(g/L)	0	0	0.9	0.30
亚硫酸氢铵/(g/L)	0	0	0	0
硫酸铵/(g/L)	431.1	519.8	476.7	475.87
Cl^-/(μL/L)	1526.25	832.5	3376.25	1911.67
氧化率/(%)	100	100	99.81	99.94

(八) 能源消耗数据

标定期间，装置能源消耗及溶剂再生单元能源消耗如表 1-20 所示。

表 1-20 能源消耗数据

	装置总能源消耗（不含硫铵后处理）	溶剂再生单元能源消耗	差值
新鲜水	444.35	0	444.35
循环水	161974.38	148628	13346.38
除盐水	876.77	395.77	481
电/(kW·h)	180944	60314.67	120629.33
1.0MPa 蒸汽	3066.38	3032.38	34
0.35MPa 蒸汽	689.62	689.62	0
3.5MPa 蒸汽	-2558.59	0	-2558.59
瓦斯	73.88	0	73.88

三、技术分析

（一）生产能力

按硫黄产量计算，装置设计年生产硫黄 1.5kt(即每小时产硫 17.85t)，标定 72h 期间平均每小时生产硫黄 17.49t，相当于装置设计负荷的 97.98%。

按酸性气处理量计算，装置设计酸性气处理量为 14448m^3/h，标定期间酸性气处理量平均为 12571m^3/h，相当于装置设计负荷的 87.01%。装置按酸性气处理量与按硫黄产量分别换算负荷，偏差达 10%以上。主要是因为：正常计算装置负荷时以硫黄产量作为依据，酸性气量易受温度、压力、H_2S 浓度不同等影响，计算装置负荷时仅做参考，但由于液硫产量在液硫计量表误差、液流池库存液位误差影响下，通常很难测定准确。

（二）原料质量

标定期间，装置处理溶剂再生酸性气及系统管网酸性气，溶剂再生系统处理的富溶剂来源为 1.8Mt/a 渣油加氢装置、2.0Mt/a 渣油加氢装置、2.6Mt/a 蜡油加氢装置及 3.5Mt/a 催化裂化装置产品精制。经化验分析混合酸性气组成(干基)：H_2S 平均含量为 90.27%、CO_2 平均含量为 9.63%、平均烃含量为 0.1%，H_2S 含量与在线表数据 91.54%基本上能对应起来。混合酸性气 H_2S 含量换算成湿基时应低于设计值的 90.36%。

（三）产品质量

根据液硫化验分析成绩：纯度均达到 99.99%，硫化氢和多硫化氢含量平均为 0.0014%(质)，达到 GB/T 2449.2—2015《工业硫黄 第 2 部分：液体产品》中优等品质液硫标[1]。但存在单日液硫中硫化氢含量 0.0018%(质)高于指标 0.0015%(质)，液硫脱气效果可适当调整优化，进一步降低液硫中硫化氢含量。

（四）装置能耗

如表 1-21 所示，为标定期间装置能耗，包括溶剂再生单元、硫回收单元、焚烧+氨洗脱硫单元，但不包括硫铵后处理系统。

表 1-21 装置能耗(不包括硫铵后处理系统)

项目	实际消耗/t	单耗/(t/t)		能耗/(kgEO/t)	
		设计值	实际值	设计值	实际值
新鲜水	444.35	0.28	0.35	0.048	0.06
循环水	161974.38	71.37	128.60	7.14	12.86

续表

项目	实际消耗/t	单耗/(t/t)		能耗/(kgEO/t)	
		设计值	实际值	设计值	实际值
除盐水	876.77	2.16	0.70	4.96	1.60
电	180944.00	169.02	143.66	38.87	33.04
1.0MPa 蒸汽	3066.38	3.32	2.43	252.60	185.03
0.35MPa 蒸汽	689.62	—	0.55	—	30.11
3.5MPa 蒸汽	-2558.59	-2.41	-2.03	-212.07	-178.77
瓦斯	73.88	0.075	0.06	70.78	55.72
合计	—	—	—	162.33	139.66

装置标定期间全装置能耗为139.66kgEO/t，比设计数据低22.67kgEO/t。装置能耗较设计值低主要原因是：目前再生单元实际处理富溶剂413.58t/h，低于设计处理量600t/h，设计0.35MPa蒸汽耗量为71.193t/h，实际耗量为50.32t/h，故低压蒸汽耗量较少，装置能耗较低。

（五）催化剂使用情况

V硫黄回收装置克劳斯反应器内催化剂级配方案为：

1）一级克劳斯反应器R8101内，上部装填2/3体积的氧化铝基制硫催化剂LS-02，下部装填1/3体积的二氧化钛基水解型制硫催化剂LS-981G催化剂；

2）二级克劳斯反应器R-8102内，全部装填氧化铝基制硫催化剂LS-02。

克劳斯反应器内催化剂床层温度如表1-22所示。

表1-22　克劳斯反应器内催化剂床层温度情况　　℃

项目		标定数据	设计值
R-8101	入口温度	233.89	240
	上床层温度	309.11	
	中床层温度	311.75	
	下床层温度	311.17	
	出口温度	308.67	314
	温升	77.86	
R-8102	入口温度	206.17	210
	上床层温度	224.86	
	中床层温度	224.97	
	下床层温度	222.47	
	出口温度	222.31	236
	温升	18.8	

通过表1-23对比可以看出：

1）两个克劳斯反应器床层温升正常，上中下床层温度基本相当，中床层温度最高，出口温度低于床层温度，说明反应器内催化剂性能良好；

2）一级克劳斯反应器入口温度足够，催化剂床层温度在300℃以上，有利于提高一级克劳斯反应器催化剂水解效果；

3）二级克劳斯反应器入口温度略低于正常值，催化剂床层温度适当降低有利于提高制硫单元硫回收率，且反应器运行正常，出入口压降无明显升高。

（六）环保排放情况

1. 尾气排放

标定期间装置净化烟气二氧化硫平均含量为 7.27mg/m³，达到指标要求≤100mg/m³，但氨逃逸在标定工况下达不到设计要求，烟气有拖尾现象。当酸性气处理量降至 8500m³/h 左右时，平均氨逃逸数据为 0.68mg/m³，达到设计指标。

图 1-1、图 1-2 分别为标定期间及酸性气负荷降低至 8500m³/h 左右时，氨洗脱硫塔塔顶排烟情况对比。

图 1-1　标定期间排烟情况

图 1-2　酸气负荷降低后排烟情况

2. 假定净水

标定期间，装置假定净水分析数据见表 1-23。

表 1-23　装置假定净水分析成绩

分析项目	标定数据		
油/(mg/L)	1.4	1.2	1.6
pH	7.5	7.5	7.0
COD/(mg/L)	24	29	15
氨氮/(mg/L)	0.8	1.0	1.6
硫化物/(mg/L)	1.2	1.0	0.5
挥发酚/(mg/L)	0.10	0.11	0.07

标定期间，装置假定净水各项指标均在指标范围内。

（七）主要设备运行情况

本次标定对装置中运行的各机泵、风机、空冷器的电流、电压、功率因数进行了测量，并计算对应功率，如表 1-24 所示。

表 1-24　在运机泵电流、电压、功率因素标定数据

设备名称	设备位号	电流/A	电压/V	功率因数	功率/kW	设计功率/kW
热反应炉风机	C-8101A	49.6	10280	0.897	792.16	900
	C-8101B	—	—	—	—	900

续表

设备名称	设备位号	电流/A	电压/V	功率因数	功率/kW	设计功率/kW
尾气焚烧炉风机	C-8601A	—	—	—	—	630
	C-8601B	17.25	10320	0.97	299.08	630
脱硫降温用鼓风机	C-8602A	106.8	401	0.96	71.21	132
	C-8602B	125.3	401	0.95	82.67	132
氧化风机	C-8603A	170.2	401	0.85	100.48	132
	C-8603B	166.8	396	0.84	96.10	132
	C-8603C	—	—	—	—	132
液硫脱气泵	P-8102A	—	—	—	—	11
	P-8102B	15.7	401	0.73	7.96	11
液硫输送泵	P-8103A	46.1	401	0.78	24.97	30
	P-8103B	—	—	—	—	30
高压锅炉给水泵	P-8104A	—	—	—	—	185
	P-8104B	10.1	10320	0.796	143.70	185
低压锅炉给水泵	P-8105A	—	—	—	—	22
	P-8105B	26.7	403	0.81	15.10	22
渣加除氧水泵	P-8106A	—	—	—	—	75
	P-8106B	73.2	404	0.751	38.47	75
渣加中压除氧水泵	P-8107A	—	—	—	—	75
	P-8107B	—	—	—	—	75
再生塔回流泵	P-8401A	—	—	—	—	15
	P-8401B	17.2	401	0.77	9.20	15
贫溶剂泵	P-8402A	11.5	12700	0.77	194.78	250
	P-8402B	—	—	—	—	250
富溶剂泵	P-8403A	191.2	401	0.86	114.20	160
	P-8403B	—	—	—	—	160
一级循环泵	P-8601A	47.5	401	0.79	26.06	30
	P-8601B	48.1	401	0.79	26.39	30
	P-8601C	55.2	401	0.82	31.44	30
	P-8601D	52.5	397	0.82	29.60	30
	P-8601E	61.5	398	0.84	35.61	37
	P-8601F	43.5	401	0.83	25.08	30
二级循环泵	P-8602A	—	—	—	—	30
	P-8602B	50.1	398	0.8	27.63	30
硫氨排出泵	P-8603A	15.5	401	0.74	7.97	15
	P-8603B	—	—	—	—	15
吸收区地坑泵	P-8604	—	—	—	—	5.5
检修泵	P-8605	—	—	—	—	11

续表

设备名称	设备位号	电流/A	电压/V	功率因数	功率/kW	设计功率/kW
循环水泵	P-8606A	—	—	—	—	75
	P-8606B	107.2	402	0.85	63.44	75
除雾器冲洗水泵	P-8607A	—	—	—	—	15
	P-8607B	—	—	—	—	15
液氨卸车泵	P-8608A	—	—	—	—	4
	P-8608B	—	—	—	—	4
液氨输送泵	P-8609A	—	—	—	—	2.2
	P-8609B	2.7	400	0.62	1.16	2.2
蒸汽空冷器风机	A8101A	—	—	—	—	11
	A8101B	11.3	398	0.47	3.66	11
乏汽空冷器风机	A8102A1	13.7	399	0.66	6.25	11
	A8102A2	12.2	399	0.68	5.73	11
	A8102B1	13.6	400	0.68	6.41	11
	A8102B2	14.1	399	0.69	6.72	11
	A8102C	—	—	—	—	11
	A8102D1	14.2	398	0.7	6.85	11
再生塔塔顶空冷器风机	A8401A	45.1	398	0.97	30.16	37
	A8401B	47.1	400	0.733	23.92	37
	A8401C	44.3	398	0.97	29.62	37
	A8401D	50.5	398	0.79	27.50	37
	A8401E	47.9	398	0.97	32.03	37
	A8401F	39	396	0.64	17.12	37
贫溶剂空冷器风机	A8402A	13.5	398	0.71	6.61	11
	A8402B	11.5	398	0.61	4.84	11
	A8402C	14	398	0.72	6.95	11
	A8402D	13.5	398	0.64	5.96	11
	A8402E	13.8	398	0.68	6.47	11
	A8402F	14.2	398	0.7	6.85	11
	A8402G	14.5	398	0.7	7.00	11
	A8402H	13.8	398	0.72	6.85	11
	A8402I	14.1	398	0.72	7.00	11
	A8402J	—	—	—	—	11
	A8402K	13.7	396	0.68	6.39	11
	A8402L	12.1	396	0.68	5.64	11

在本次标定期间，主要设备运行情况良好。由上表可以看出，除 P-8601C 外各设备的实际功率都在设计范围以内。

四、存在问题

1）贫溶剂温度偏高。标定期间，贫胺液出口温度高达 48.36℃。主要原因是：上游富胺液杂质过多，贫富液板换结垢堵塞，换热效果下降，贫富液板换出贫胺液温度 85.83℃比设计 68℃高 17.83℃，经过贫胺液冷却器，为了控制贫胺液温度，循环水用量大幅上升，但贫胺液温度仍有 48.36℃高于设计值的 40℃。

拟解决措施：停工消缺期间对板换进行化学清洗处理，同时建议在板换入口增设管道过滤器或板换更换防堵塞波纹形式板片。

2）氨法脱硫单元塔处理能力偏小，在较高酸性气负荷下生产时，烟气有明显拖尾现象，氨逃逸超标。

拟解决措施：克劳斯单元增设一个反应器，提高克劳斯单元硫回收率，降低氨洗脱硫塔入口烟气 SO_2浓度，减小氨洗脱硫塔负荷。

3）硫铵厂房实际蒸发结晶能力无法满足制硫单元设计负荷要求，蒸发分离 V-8704 内发生结晶积料，需定期停工注水升温化料，运行期间加热器 E-8701 发生几次内漏，影响了装置长周期运行。

拟解决措施：蒸发分离室增加一台同流量外置扰动泵，改善分离室内扰动情况，增加快速出料方式，降低蒸发分离室固含量，拆除分离室内直爬梯，避免内部有影响流动的部件。将加热器 E-8701 蒸汽由过饱和蒸汽改为饱和蒸汽，增设一组减温减压器，将温度降至 133℃，减轻因加热介质暴沸引起加剧磨蚀的风险。

4）硫铵厂房运行问题较多。硫铵厂房在设备腐蚀、蒸发分离室结晶积料和蒸发异味问题尤为突出，存在的具体问题和建议如下：

① 原料——硫铵浆液 pH 偏低，导致硫铵生产系统浓缩后的硫铵浆液 pH≤2，继而带来一系列设备腐蚀、蒸发异味等问题，严重影响装置长周期运行。

② 硫铵原料直接注氨提高 pH 值，造成硫铵降液带氨，导致泵区氨异味较重，给后续硫铵生产带来一定的安全风险。

③ 酸性气负荷较大时造成来料氧化率不足。亚硫酸氨的分解温度为 60～70℃，与蒸发分离室循环加热器 E8701 出口温度控制范围基本相同，从而导致亚硫酸氨分解出二氧化硫进入真空泵和引起真空泵工作液 pH 值降低，带来异味及泵体腐蚀问题，造成真空泵区域二氧化硫异味重。因此，后续生产时应加强硫铵原料中亚硫酸根离子浓度的跟踪分析，上游装置应确保吸收塔内硫铵吸收液的氧化率。

④ 蒸发分离室内部结晶体积料严重。因蒸发分离室内部旋流扰动效果差导致内部结晶堆积严重，加之生产负荷加大后蒸发分离室化料时间缩短，无法充分溶解分离室内富积大块结晶体，导致蒸发分离室后期生产越来越困难，直至必须停工化料。目前，锥体内循环泵抽出管线 ϕ400 可能影响锥体内扰动，导致固体结晶容易停留或附着在分离室壁周边，中间较稀浆液被旋流器给料泵抽出，最终导致有固含量而无抽出。后续生产过程中可尝试通过降低蒸发分离室液位来提高下部旋流扰动效果减少积料，同时后期改造重点应放在如何改善蒸发分离室圆柱筒体和锥体两部分的扰动效果，减少扰动盲区。

⑤ 多台动设备为单台设备，无备用。如：料液槽扰动泵 P8702、蒸发循环泵 P8704、地

坑泵 P8709。

⑥ 蒸发补液调节阀、各冲洗水气动阀多数存在腐蚀内漏现象严重。对生产操作调节影响较大，建议更换为衬塑阀门。

⑦ 建议水环真空泵优化改型。酸性气负荷提至 10000m^3/h 以后，水环真空泵不凝气排口二氧化硫等异味重、工作液 pH 值在 2~3，叶轮、泵体及管线腐蚀严重，水环真空泵 304 材质无法满足生产要求。

第二部分　工艺流程

一、工艺流程说明

Ⅴ硫黄回收装置包括溶剂再生部分、硫黄回收部分、焚烧+氨法脱硫部分、硫铵后处理部分。

（一）溶剂再生部分

溶剂再生部分处理上游渣加、蜡加、催化等装置送来的富胺液，采用常规汽提工艺。外来富胺液经由贫富液换热器(E-8401A)换热到约 65℃后，进入富胺液闪蒸罐(V-8402)进行闪蒸，脱除轻烃。随后富胺液经富液泵(P-8403A/B)加压后，再经贫富液换热器(E-8401B)换热至约 102℃进入再生塔(T-8401)再生。

再生塔(T-8401)塔顶的酸性气经再生塔塔顶空冷器(A-8401)冷却至 60℃，再经再生塔塔顶后冷器(E-8402)冷却至 40℃，进入再生塔回流罐(V-8401)；再生塔回流罐底酸性水经再生塔回流泵(P-8401A/B)送至再生塔顶塔作为回流；再生塔回流罐顶出口酸性气送至硫黄回收部分。

再生塔(T-8401)塔底采用 0.35MPa(表)蒸汽作为热源。塔底的贫溶剂经贫富液换热器 E-8401B 和 E-8401A 换热冷却至约 68℃，再经贫液泵(P-8402A/B)加压，送至贫胺液空冷器(A-8402)和贫胺液冷却器(E-8403A/B)冷却至 40℃(其中部分溶剂经过机械过滤器 FI-8401、FI-8403 和活性炭过滤器 FI-8402 过滤)后，出装置供上游装置使用。

在本部分设置了溶剂回收罐，统一处理停工溶剂回收。因装置平面位置紧张，装置内未设置溶剂配制罐，考虑与分公司原有Ⅳ硫黄回收装置溶剂配制罐共用。

（二）硫黄回收部分

富含硫化氢酸性气自溶剂再生部分来(系统管网酸性气可并入)，进入酸气分液罐(V-8101)，产生的酸气凝缩液由泵(P-8101A/B)间歇送往界区外。酸气分液罐(V-8101)罐顶的酸性气直接进入制硫燃烧炉燃烧器(B-8101)。制硫燃烧炉燃烧器(B-8101)所需的燃烧空气由制硫燃烧炉风机(C-8101A/B)提供，燃烧空气进制硫燃烧炉前可以通过燃烧空气预热器(E-8107)预热至 240℃。

燃烧空气的主风量与酸性气进料流量串级控制，燃烧空气的微调风量通过微调空气阀进行，微调空气阀接收来自 H_2S/SO_2 尾气比例分析仪的信号串级控制。酸性气进料和经预热的燃烧空气是制硫燃烧炉中火焰温度稳定的必要保证。

燃烧空气量必须满足以下两个条件：

1）保证将酸性气中所含烃和氨完全氧化。

2）保证在制硫燃烧炉充分燃烧后 Claus 尾气中 H_2S/SO_2 比率为 2。

酸性气在制硫燃烧炉燃烧器(B-8101)内与空气混合燃烧，在制硫燃烧炉(F-8101)中完成氧化反应，生成单质硫。在制硫燃烧炉中产生的1250℃以上的高温过程气通过克劳斯蒸汽发生器(E-8101)，发4.4MPa(表)的饱和中压蒸汽。部分饱和中压蒸汽在装置内自用；大部分在蒸汽过热器中经焚烧炉烟气过热后，通过蒸汽减温器稳定在440℃、3.82MPa(表)送往装置外中压蒸汽系统。

自克劳斯蒸汽发生器(E-8101)出口的过程气约350℃，进入一级硫冷凝器(E-8102)冷却至170°C。过程气中冷凝下来的液硫，经过硫封(X-8102)收集至硫坑(TK-8101)。一级硫冷凝器(E-8102)出口的过程气进入一级反应预热器(E-8105)，用饱和中压蒸汽加热至240℃后，进一级克劳斯反应器(R-8101)进行催化反应。一级克劳斯反应器使用水解催化剂和硫黄回收催化剂混合装填，使 COS 和 CS_2 实现最大水解。催化反应为放热反应，一级克劳斯反应器出口的过程气温度升高到约313℃，进入二级硫冷凝器(E-8103)冷却至170℃。二级硫冷凝器(E-8103)冷凝下的液硫，通过硫封(X-8103)排入硫坑(TK-8101)。

二级硫冷凝器(E-8103)出口的过程气经二级反应预热器(E-8106)换热升温至210℃，进入二级克劳斯反应器(R-8102)。经催化反应后的过程气经三级硫冷凝器(E-8104)从235℃冷却至132℃，之后 claus 尾气进入尾气处理部分，尾气处理部分采用焚烧+氨法脱硫工艺。三级硫冷凝器(E-8104)的液硫经硫封(X-8104)排入硫坑(TK-8101)。一级和二级硫冷凝器产生0.35MPa(表)低压蒸汽供装置内部使用。

本装置液硫脱气流程采用硫坑内空气鼓泡和脱气塔脱气相结合的流程。具体如下：非净化压缩空气经过脱气空气加热器(E-8110)，利用低压蒸汽将脱气空气的温度加热至130℃左右，随后分为两路。第一路经流量控制后去硫坑(TK-8101)池底鼓泡，以降低液硫中 H_2S 含量，脱后的废气经蒸汽抽空器(EJ-8101A/B)送至氨法脱硫部分焚烧炉处理；第二路空气经流量控制后作为脱气介质进入脱气塔(T-8101)，在脱气塔中完成液硫的脱气过程，脱后的废气自压至氨法脱硫部分焚烧炉处理。

储存在硫坑(TK-8101)的未脱气硫隔仓内的液硫，由液硫脱气泵(P-8102A/B)经液硫冷却器(E-8109)冷却至135℃后，进脱气塔(T-8101)脱气；脱气后的液硫经过硫封(X-8105)返回至硫坑(TK-8101)的脱气液硫隔仓内。

脱气后的液硫通过液硫输送泵(P-8103A/B)送出装置至液硫罐区。

(三) 焚烧+氨法脱硫部分

克劳斯尾气送至焚烧炉(F-8601)，焚烧来自克劳斯部分的尾气、由蒸汽抽空器从硫坑中送出的废气以及地下溶剂罐吹扫气，将尾气中的少量 H_2S 和有机硫完全氧化成 SO_2，燃烧产生的烟气经依次经过中压蒸汽过热器 E-8602、消白烟空气 G-G 换热器(E-8603)、尾炉中压蒸汽发生器(E-8601)余热回收，降温至300℃后进入到氨洗脱硫塔(T-8601)。

烟气进入氨洗脱硫塔(T-8601)浓缩段，蒸发浓缩硫酸铵溶液，烟气温度降至60℃左右，再进入吸收段，与吸收液反应，吸收后的吸收液流入循环槽(V-8602)，用氧化风机(C-8603A/B)送空气进循环槽(V-8602)内对吸收液进行强制氧化，氧化后的吸收液大部分补氨后继续循环参加吸收反应；部分经过一级循环泵(P-8601A ~E)补充进入脱硫塔浓缩段，经二级循环泵（P-8602A/B）在脱硫塔浓缩段进行循环蒸发浓缩，形成高比重的硫铵浆液，经硫铵泵（P-8603A/B）部分排出送入硫铵后处理系统。反应后的净烟气经除雾器除去烟气中携带的液沫和雾滴，由脱硫塔出口净烟道经烟囱排放。

检修槽（V-8603）用于收集、贮存 FGD 装置在运行扰动、检修、取样、冲洗过程中产生或泄漏的液体及泵机封冷却水。FGD 装置正常运行时的浆液管和浆泵在停运时需冲洗，冲洗水进入地沟通过地坑泵收集至检修槽中，收集液通过检修泵送至循环槽或氨洗脱硫塔。

（四）硫铵后处理部分

（1）蒸发结晶系统

脱硫塔浓缩段硫铵溶液（密度达到 1.20~1.22g/mL）输送至硫铵厂房蒸发结晶系统料液槽（V-8701），料液槽内浆液经过蒸发补液泵（P-8703）进入蒸发分离室（V-8704），蒸发分离室通过蒸发循环泵（P-8704）经加热器（E-8701）加热循环，并通过真空泵（P-8707A/B）产生不低于 80kPa 的真空度蒸发水分，产生 10%~20%固含量的硫铵浆液。蒸发分离室蒸发的水蒸汽经过冷凝器（E-8702）冷凝产生的热水进入热水槽（V-8702），热水槽内热水经过热水泵（P-8706A/B）输送至各个冲洗水点及循环水槽。

（2）旋流离心系统

从蒸发结晶系统产生的固含量 10%以上的浆液，经过旋流器给料泵（P-8705A/B）进入旋流器（X-8702）进行旋流分离，形成固含量 45%左右的硫铵浆液，然后进入离心机（X-8703A/B）进行固液分离，离心机产生的水含量≤5%的硫酸铵湿料，可进行吨袋包装。旋流器及离心机分离的出的低含量硫铵溶液进入母液总管返回料液槽。

（3）多功能干燥系统

从离心机来的硫铵湿料通过振动给料机（X-8704）送至多功能干燥塔（T-8701）中下部进行干燥。同时，料液槽少量硫铵溶液通过料液泵（P-8701A/B）送至干燥塔顶部直接干燥，利用溶液瞬间干燥，把氯离子带入硫铵粉料中，降低硫铵装置富集的氯离子含量，减缓设备腐蚀。

鼓风机（C-8701）通过蒸汽换热器（E-8703）换热形成 200℃的热风，对干燥塔顶部硫铵溶液进行干燥，鼓风机（C-8702）通过蒸汽换热器（E-8704）换热形成 150℃的热风，对干燥塔中下部硫铵湿料进行干燥。干燥后的热风通过引风机（C-8703）进入旋风分离器（V-8707）将少量的硫铵粉尘分离，分离后的热风进入尾气洗涤塔（T-8702），通过喷淋进一步吸收未分离的硫铵粉料，吸收后的硫铵溶液进入母液总管返回料液槽（V-8701）。干燥塔底部干燥后的硫铵粉料及旋风分离器底部料仓（V8708）中的硫铵粉料通过振动给料机（X8704）以及电动卸料阀，送至包装机料仓。

（4）自动包装码垛系统

干燥后的硫铵产品进入自动包装机料仓，通过螺旋输送机并利用电子称称重进入过渡料仓，最后进行装袋，装袋后的产品通过拍袋机及夹口整形机后，进行封口。然后通过电子复检称对产品进行重量复检，不合格的产品直接由拣选机踢出，合格的产品通过喷码机进行喷码，然后进入转位输送机进行编组码垛，然后送至产品托盘。

二、工艺流程图

装置各单元原则流程图如图 2-1~图 2-8 所示。

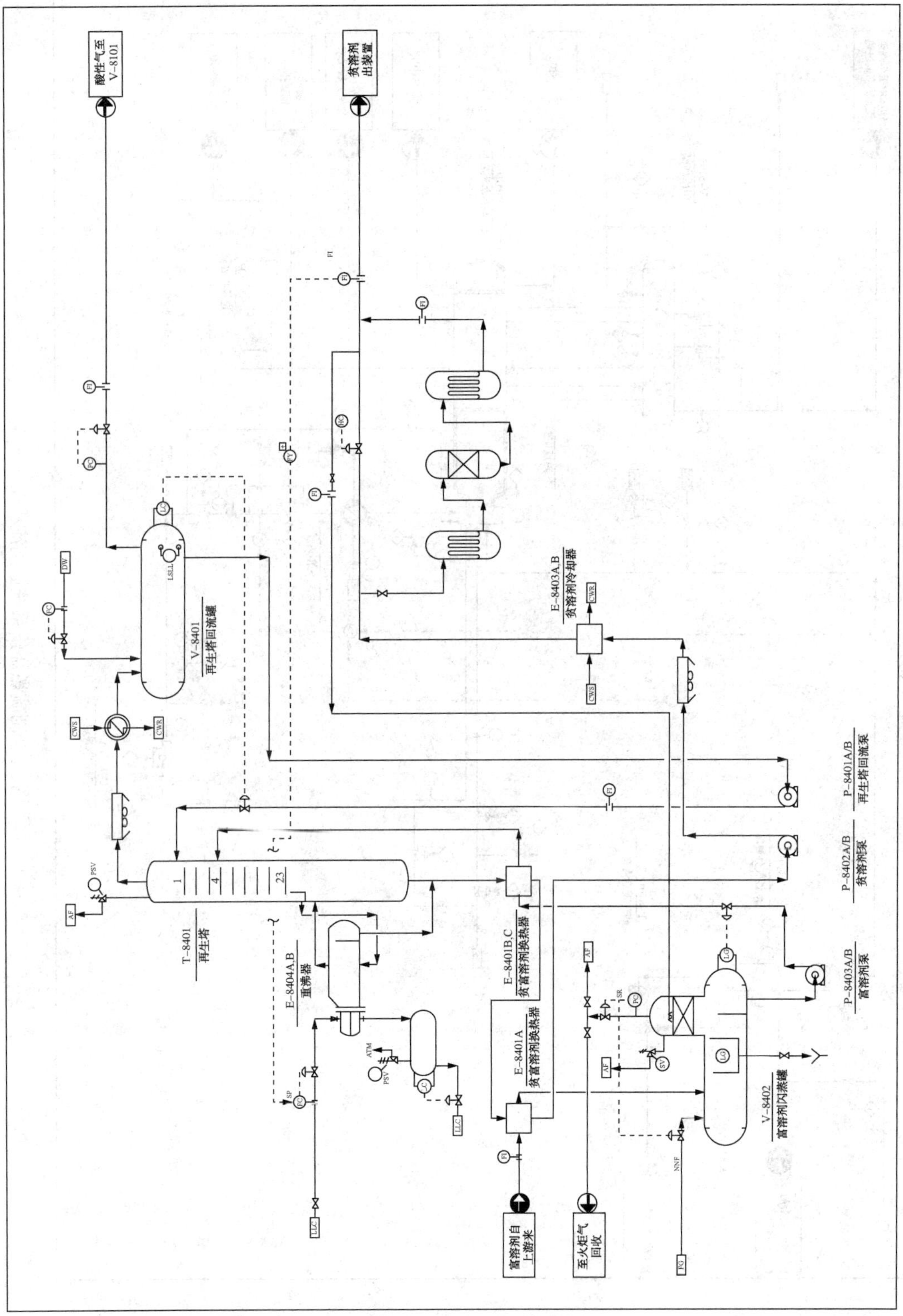

图2-1 溶剂再生单元原则流程图

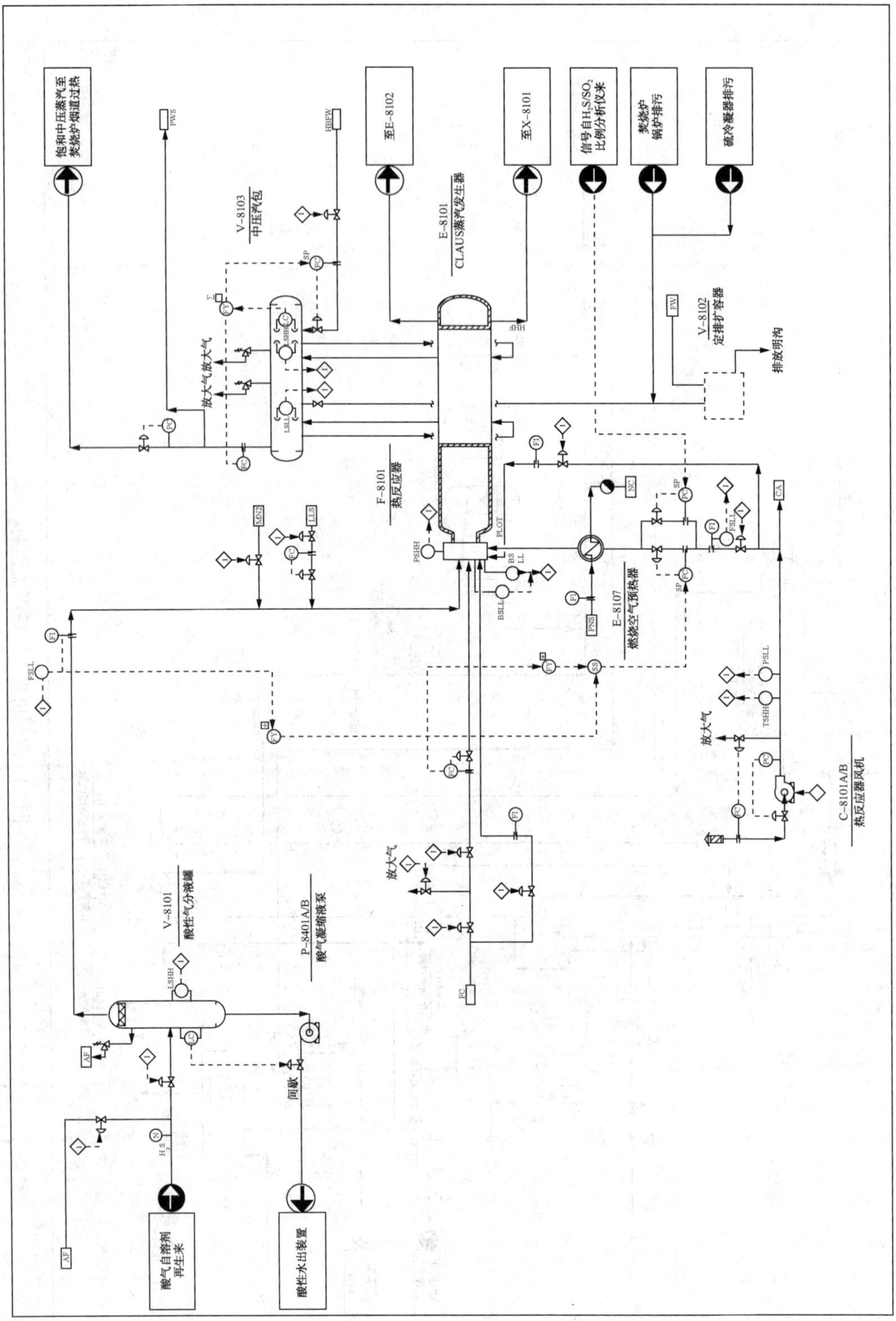

图2-2 制硫燃烧炉系统原则流程图

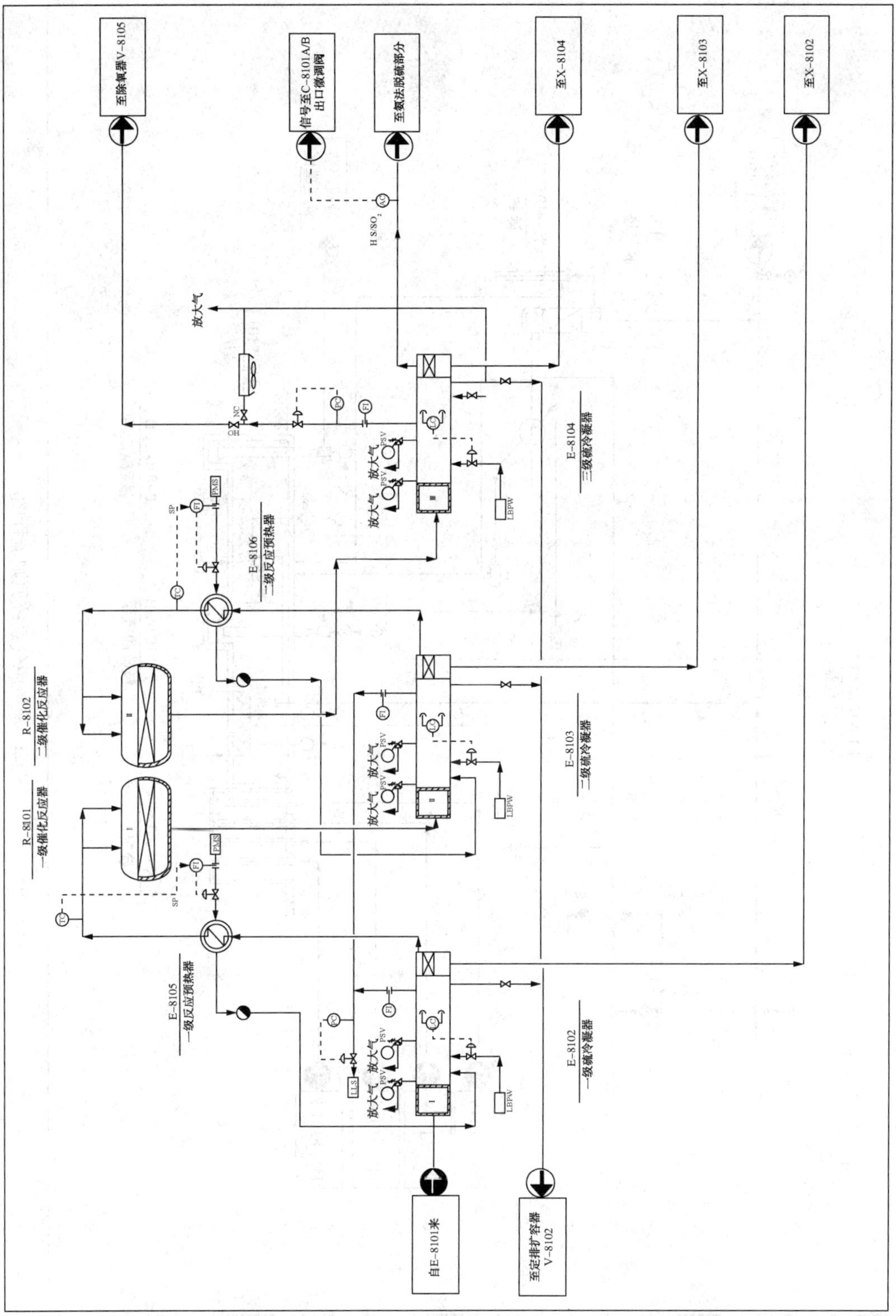

图2-3 克劳斯制硫单元原则流程图

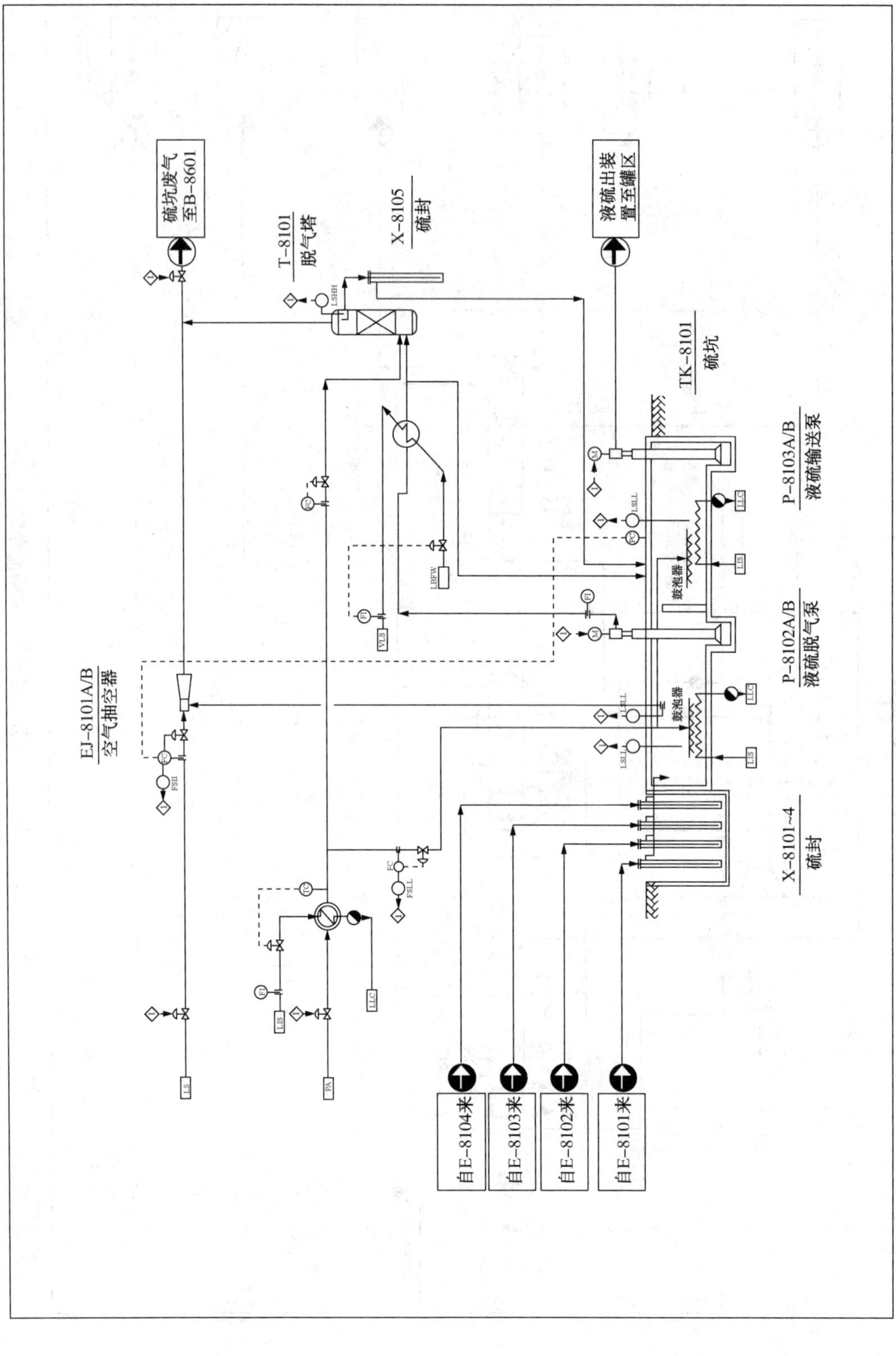

图2-4 液硫脱气系统原则流程图

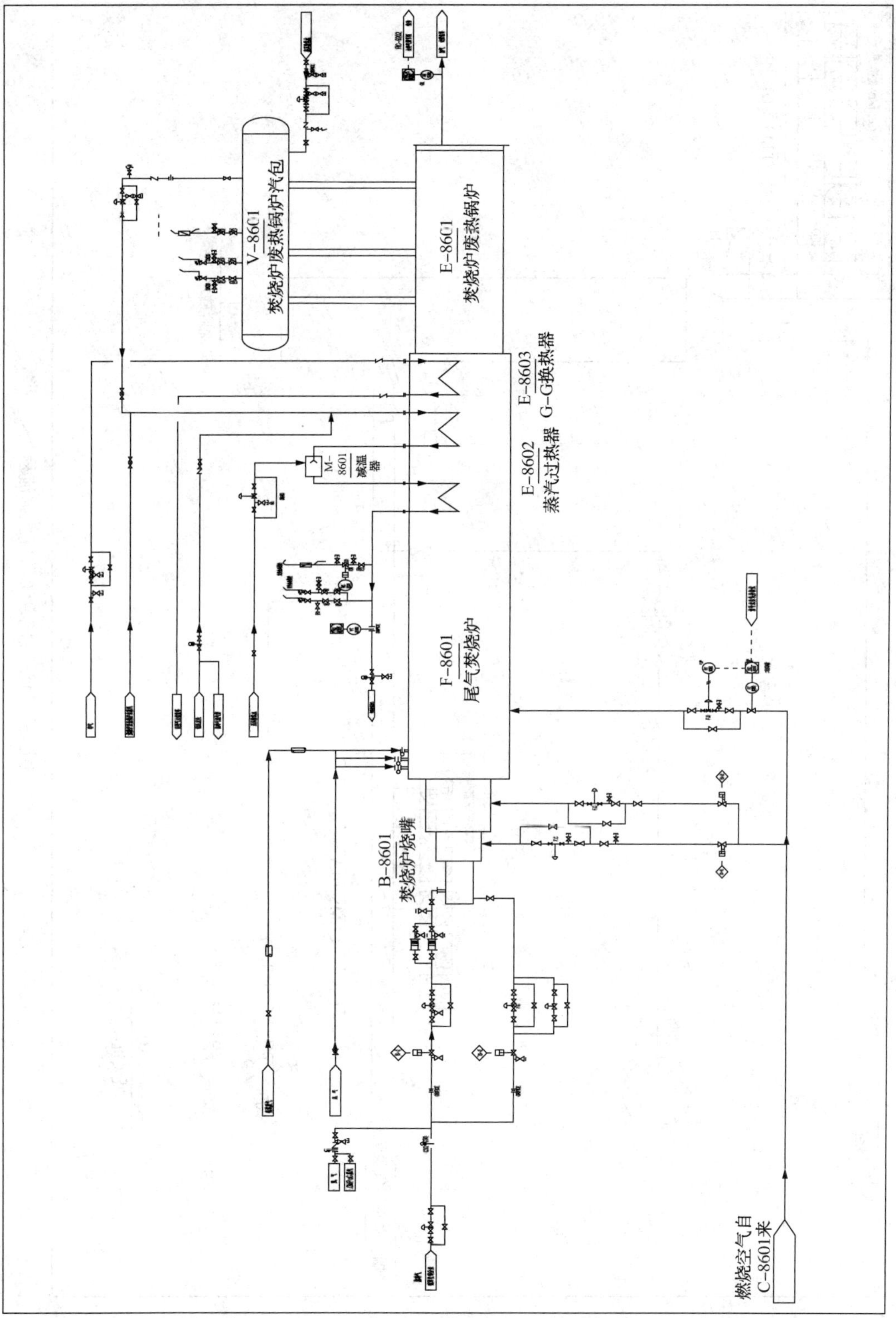

图2-5 尾气焚烧系统原则流程

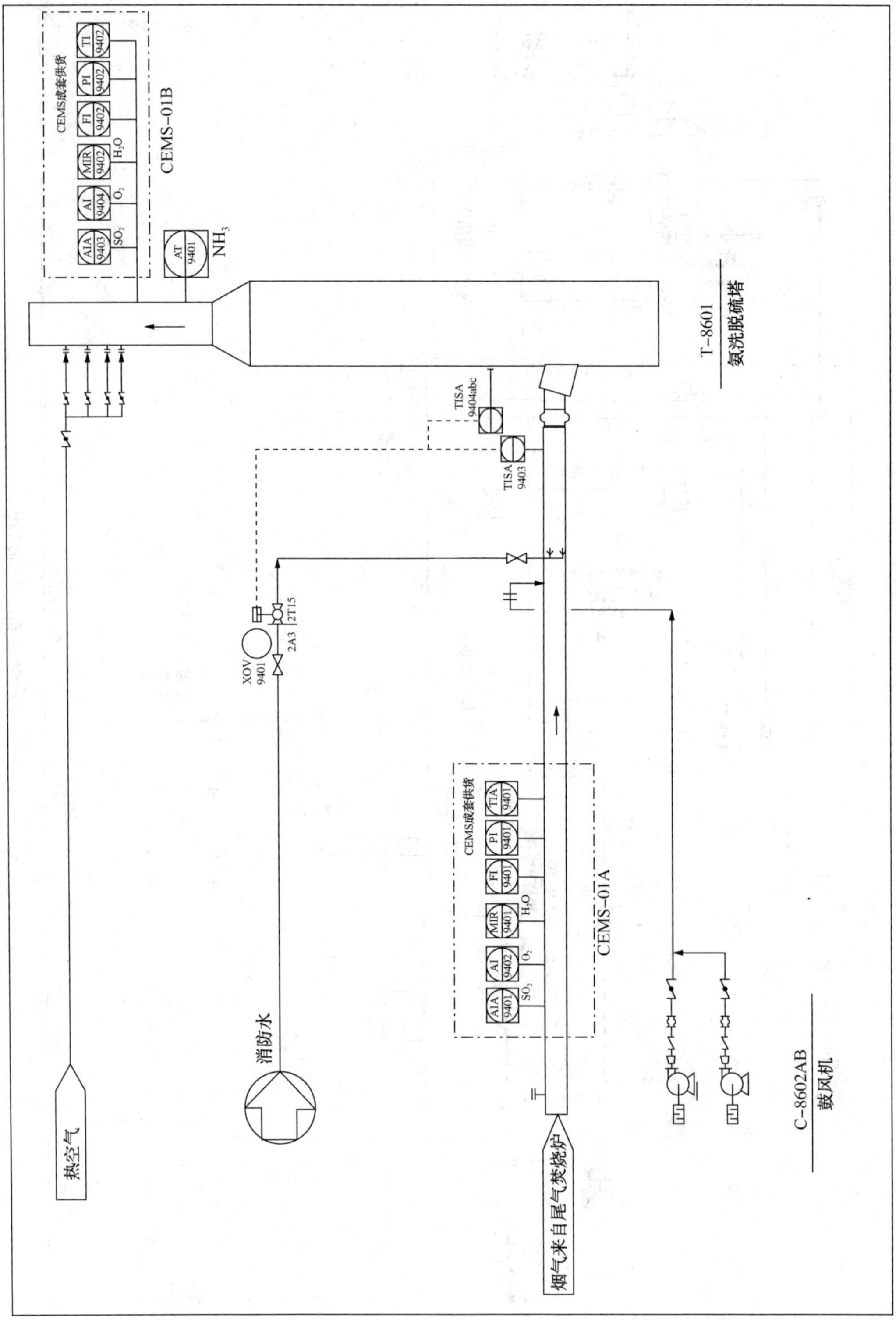

图2-6　氨洗脱硫系统烟气原则流程

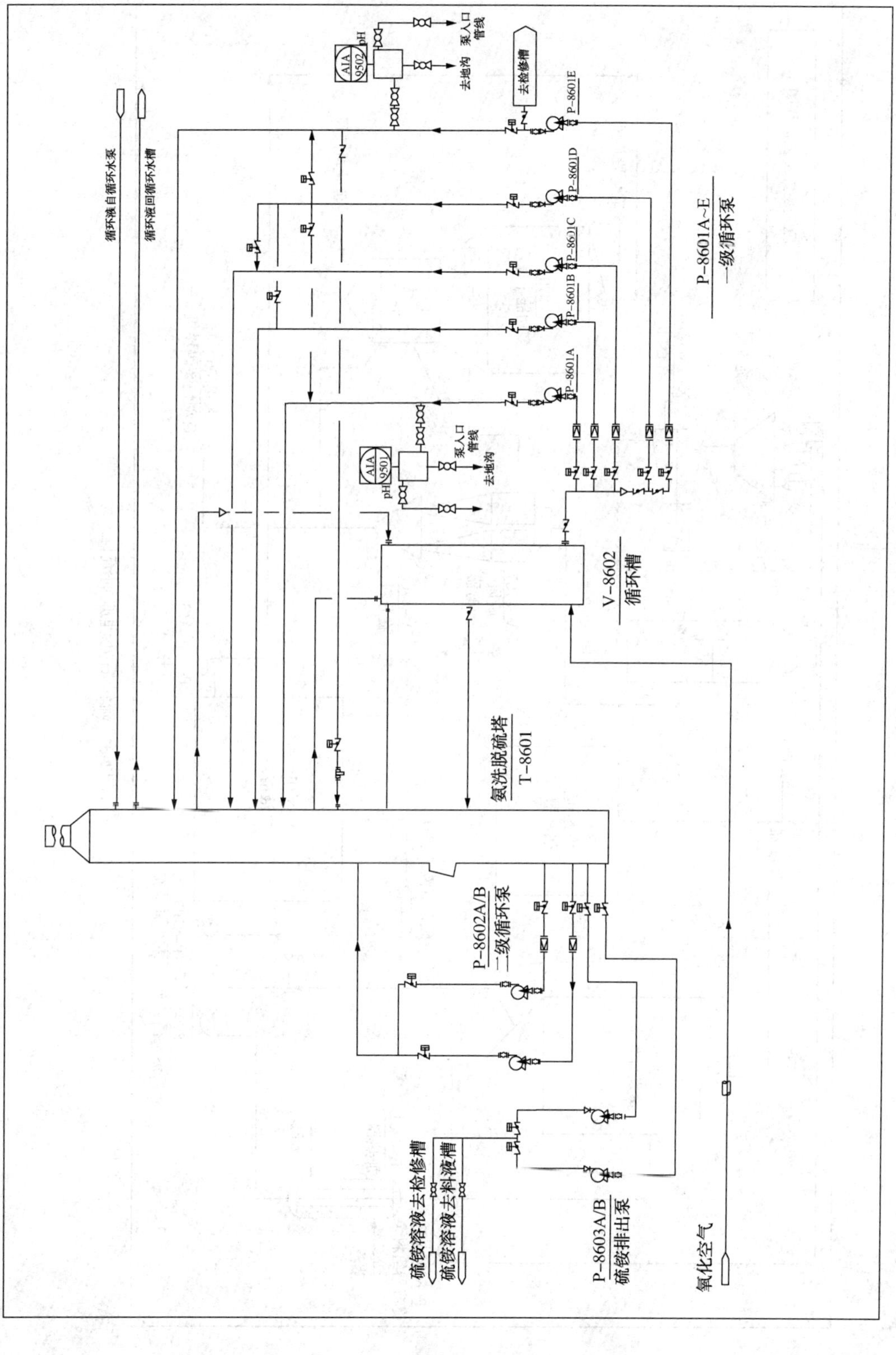

图2-7 氨洗脱硫单元硫铵浆液循环原则流程

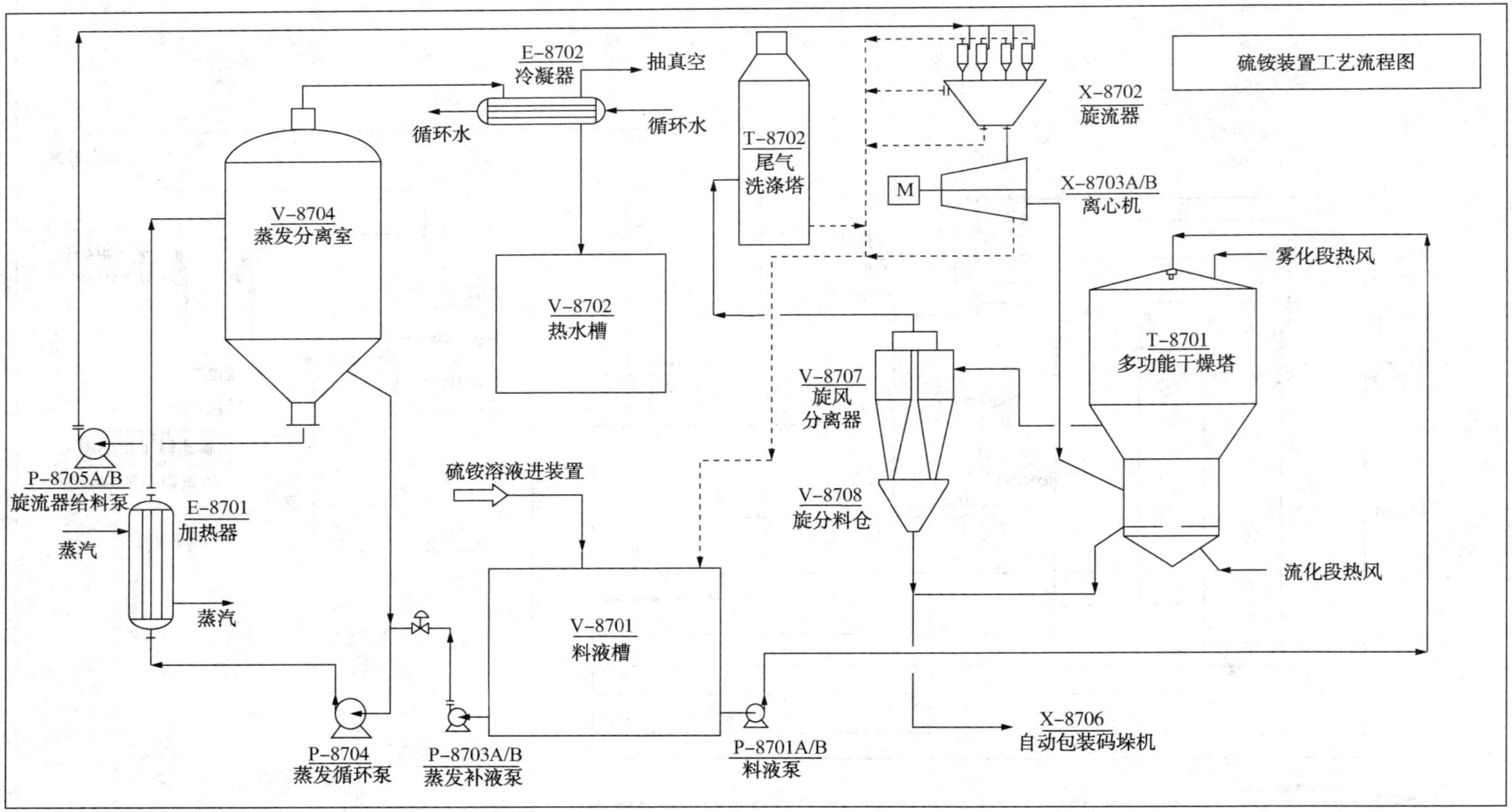

图2-8 硫铵后处理原则流程

第三部分　基础数据

一、原料性质

根据标定数据，混合后原料酸性气相关参数整理汇总如表 3-1 所示。

表 3-1　原料酸性气参数

参数	流量/(m^3/h)	温度/℃	压力/kPa(表)
化验分析数值	12571	38	28.2

根据标定数据，混合后原料酸性气组成化验分析成绩整理汇总如表 3-2 所示。

表 3-2　原料酸性气组成化验分析成绩　　%(体)

组成	H_2S	CO_2	CH_4
化验分析数值	90.27	9.63	0.10

二、产品性质

根据标定数据，液硫产品化验分析成绩整理汇总如表 3-3 所示。

表 3-3　液硫产品分析成绩　　%(质)

项目	数值	项目	数值
纯度	99.99	有机物	0.0022
水分	0.05	砷	0.00002
灰分	0.001	铁	0.00012
酸度	0.002	硫化氢	0.0014

三、催化剂

(一) 催化剂级配方案

V 硫黄回收装置克劳斯反应器内催化剂级配方案为：

1) 一级克劳斯反应器 R8101 内，上部装填 2/3 体积的氧化铝基制硫催化剂 LS-02，下部装填 1/3 体积的二氧化钛基水解型制硫催化剂 LS-981G 催化剂；

2) 二级克劳斯反应器 R-8102 内，全部装填氧化铝基制硫催化剂 LS-02。

(二) 催化剂物化性质

1. 氧化铝基催化剂 LS-02

山东齐鲁科力化工研究院有限公司氧化铝基催化剂 LS-02，是一种大比表面积、高强度的氧化铝基克劳斯催化剂，具有颗粒均匀、磨耗小、活性高和稳定性好等特点，物化性质如表 3-4 所示。

表 3-4　氧化铝基催化剂 LS-02 物化性质

项目	指标	项目	指标
颜色及形状	白色球形	孔容/(mL/g)	0.48
外形尺寸/mm	φ3~5	堆积密度/(g/cm³)	0.63~0.70
主要化学组成	Al_2O_3	抗压碎力/(N/颗)	≥12
比表面积/(m²/g)	365		

氧化铝基催化剂 LS-02 外观如图 3-1 所示。

图 3-1　氧化铝基催化剂 LS-02 外观

2. 二氧化钛基水解型制硫催化剂 LS-981G

山东齐鲁科力化工研究院有限公司二氧化钛基水解型制硫催化剂 LS-981G，是一种高克劳斯活性和高有机硫水解活性的硫黄回收催化剂，物化性质如表 3-5 所示。该催化剂具有以下三个特点：

1）由于二氧化钛具有变价性能，硫化氢和二氧化硫在二氧化钛表面容易脱附，不易发生硫酸盐化，催化剂可保持较高的催化活性。同时由于二氧化钛的表面酸性较弱，碱性中心较多，而有机硫的水解反应是在催化剂的碱性中心进行，因此，钛基催化剂的有机硫水解活性较高，稳定性较好。

2）对于“漏氧”中毒不敏感，有机硫水解反应耐“漏氧”能力为 2000mg/L，克劳斯反应耐“漏氧”能力为 10000mg/L，且活性可以恢复。

3）介质在钛基催化剂发生的扩散-吸附-反应-脱附-扩散等过程快，接触时间短，允许的反应空速大。

表 3-5　二氧化钛基水解型制硫催化剂 LS-981G 物化性质

项目	指标	项目	指标
颜色及形状	白色条形	孔容/(ml/g)	≥0.20
外形尺寸/mm	φ4±0.5×5~20	堆积密度/(g/cm³)	0.90~1.00
主要化学组成	Al_2O_3-TiO_2/助剂	抗压碎力/(N/颗)	≥200
比表面积/(m²/g)	≥100		

二氧化钛基水解型制硫催化剂 LS-981G 外观如图 3-2 所示。

（三）催化剂装填方案

1. 一级克劳斯反应器 R-8101

一级克劳斯反应器 R-8101 内催化剂装填从支撑格栅底部开始，按照由下往上的顺序装填，瓷球、各催化剂装填完后料面需耙平：

1）格栅底部首先装填 φ13mm 支撑瓷球，高度为 100mm；

2）催化剂床层下部装填 LS-981G 钛基催化剂，高度为 300mm，体积为 24m³；

图 3-2　LS-981G 钛基催化剂

3）催化剂床层上部装填 LS-02 氧化铝基催化剂，高度为 700mm，体积为 $48m^3$。

一级克劳斯反应器内催化剂装填示意图如图 3-3 所示。

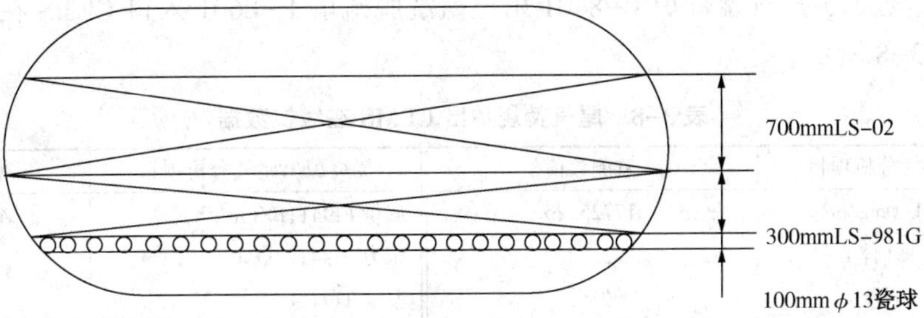

图 3-3　一级克劳斯反应器内催化剂装填示意图

具体催化剂装填数量明细如表 3-6 所示。

表 3-6　一级克劳斯反应器 R-8101 内催化剂装填明细

装填名称	装填高度/mm	装填体积/m^3	质量/t
催化剂层上部：LS02	700	48	33.6
催化剂层下部：LS-981G	300	24	24
底部：ϕ13 瓷球	100	—	10

2. 一级克劳斯反应器

二级克劳斯反应器 R-8102 内催化剂装填从支撑格栅底部开始，按照由下往上的顺序装填，瓷球、催化剂装填完后料面需耙平：

1）格栅底部首先装填 ϕ13mm 支撑瓷球，高度为 100mm；

2）催化剂床层装填 LS-02 氧化铝基催化剂，高度为 1000mm，体积为 $72m^3$。

二级克劳斯反应器内催化剂装填示意图如图 3-4 所示。

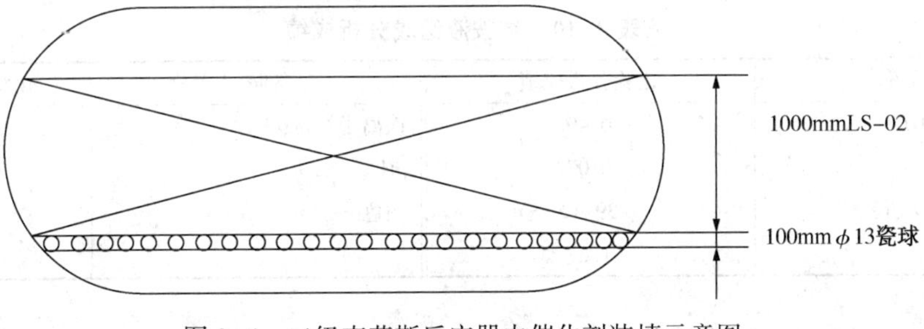

图 3-4　二级克劳斯反应器内催化剂装填示意图

具体催化剂装填数量明细如表 3-7 所示。

表 3-7　二级克劳斯反应器 R-8102 催化剂装填明细

装填名称	装填高度/mm	装填体积/m^3	质量/t
催化剂层上部：LS02	1000	72	50.4
底部：ϕ13 瓷球	100	—	10

四、尾气焚烧炉出烟气

根据标定数据，尾气焚烧炉 F-8401 出至氨洗脱硫塔 F-8601 入口 CEMS 在线仪数据整理汇总如表 3-8 所示。

表 3-8　尾气焚烧炉出 CEMS 在线仪数据

焚烧炉出尾气分析项目	监测数值	焚烧炉出尾气分析项目	监测数值
SO_2浓度 AI9411/(mg/m^3)	17725.25	流量 FI9411B/(m^3/h)	42883.33
氧浓度 AI9412/%(体)	2.72	压力 PI9411/kPa	2.20
湿度 MI9411/%(体)	失灵	温度 TI9411/℃	256.89
流速 FI9411/(m/s)	8.76		

五、外排烟气

根据标定数据，氨洗脱硫塔 T-8601 塔顶排口 CEMS 在线仪数据整理汇总如表 3-9 所示。

表 3-9　氨洗脱硫塔 T-8601 塔顶排口 CEMS 在线仪数据

排口尾气分析项目	监测数值	排口尾气分析项目	监测数值
NO 浓度 AI9423/(mg/m^3)	1.97	流速 FI9421/(m/s)	11.39
SO_2浓度 AI9421/(mg/m^3)	7.27	流量 FI9421B/(m^3/h)	117001.75
氧浓度 AI9422/%(体)	13.89	压力 PI9421/kPa	-0.05
湿度 MI9421/%(体)	19	温度 TI9421/℃	58.36

六、贫胺液

根据标定数据，贫胺液化验分析成绩整理汇总如表 3-10 所示。

表 3-10　贫胺液组成分析成绩

贫胺液	化验分析成绩	贫胺液	化验分析成绩
H_2S 含量/(g/L)	0.49	铁离子/(mg/L)	1.56
CO_2 含量/(g/L)	0.07	pH	9.48
MDEA 浓度/%(质)	39.42	颜色	淡黄色
热稳盐/%(质)	1.67		

七、富胺液

根据标定数据，富胺液分析成绩整理汇总如表 3-11 所示。

表 3-11　富胺液组成分析成绩

混合富胺液	均值	混合富胺液	均值
H_2S 含量/(g/L)	34.62	MDEA 浓度/%(质)	34.52
CO_2 含量/(g/L)	5.62	颜色	黄绿色

注：富胺液来源为 2.6Mt/a 蜡油加氢装置、1.8Mt/a 渣油加氢装置、2.0Mt/a 渣油加氢装置及 3.5Mt/a 催化裂化装置产品精制。

八、燃料气

根据标定数据，尾气焚烧炉瓦斯组成化验分析数据整理汇总如表3-12所示。

表3-12 尾气焚烧炉瓦斯组成(干基) %(体)

项目	含量	归一化
H_2	40.74	40.75
C_1	25.95	25.96
C_2	19.61	19.61
C_3	0.26	0.26
C_4	0.30	0.15
N_2	12.21	12.21
CO_2	0.91	0.91
H_2S(微量)	$14mg/m^3$	$14mg/m^3$
合计	99.98	100

注：瓦斯内各烃类组分按碳原子个数进行分类合并，在尾气焚烧炉工艺计算中，C_1按甲烷计、C_2按乙烷计、C_3按乙烷计、C_4按丁烷计。

九、过程气

1. 一级硫冷凝器E-8102出过程气

根据标定数据，一级硫冷凝器E-8102出口过程气组成化验分析成绩，整理汇总如表3-13所示。

表3-13 一级硫冷凝器E-8102出过程气组成(干基) %(体)

过程气组成	含量	过程气组成	含量
H_2S	8.63	CO_2	3.19
SO_2	4.51	N_2	82.87
COS	0.80	合计	100
CS_2	未检出		

注：在克劳斯单元工艺计算时，可近似作为制硫燃烧炉系统出过程气、一级克劳斯反应器入过程气组成进行相关核算。

2. 二级硫冷凝器E-8103出过程气

根据标定数据，二级硫冷凝器E-8103出口过程气组成化验分析成绩，整理汇总如表3-14所示。

表3-14 二级硫冷凝器E-8103出过程气组成(干基) %(体)

过程气组成	含量	过程气组成	含量
H_2S	2.78	CO_2	2.89
SO_2	1.52	N_2	92.79
COS	0.02	合计	100
CS_2	未检出		

注：在克劳斯单元工艺计算时，可近似作为一级克劳斯反应器出过程气、二级克劳斯反应器入过程气组成进行相关核算。

3. 三级硫冷凝器 E-8104 出过程气

根据标定数据，三级硫冷凝器 E-8104 出口过程气组成化验分析成绩，整理汇总如表 3-15 所示。

表 3-15　三级硫冷凝器 E-8104 出过程气组成(干基)　%(体)

过程气组成	含量	过程气组成	含量
H_2S	0.85	CO_2	3.02
SO_2	0.54	N_2	95.57
COS	0.02	合计	100
CS_2	未检出		

注：在克劳斯单元工艺计算时，可近似作为二级克劳斯反应器出过程气组成进行相关核算。

第四部分　计算

本章节所有工艺计算均依据上文《标定报告》《基础数据》中数据，其它数据如催化剂和介质物性数据等来自《装置操作规程》或查自《炼油技术常用数据手册》，计算方法、反应方程均根据《专家班课程 PPT》《化工原理》或《石油炼制设计手册》第四册。

一、克劳斯反应原理

克劳斯法硫回收工艺是目前国内外应用最广、技术最成熟的硫回收工艺，其原理基于克劳斯反应，即酸性气中的 H_2S 通过制硫燃烧炉内的高温热反应和克劳斯反应器内的低温催化反应，使其转化为单质硫。由于原料酸性气组成复杂，除 H_2S 外，一般还含有烃类、CO_2 和 H_2O，炼油厂酸性气中还含有 NH_3、HCN 等物质。因此无论是在制硫燃烧炉内发生的高温热反应，还是在克劳斯反应器内发生的低温催化反应，均非常复杂，存在多种主、副反应。

（一）制硫燃烧炉内反应

1. 制硫燃烧炉内发生的主反应

制硫燃烧炉内发生高温热反应，总反应可概括为 H_2S 氧化为单质硫，其总反应式为：

$$xH_2S+\frac{x}{2}O_2 \rightleftharpoons S_x+xH_2O \tag{4-1}$$

实际上，反应分两步进行：

$$H_2S+\frac{3}{2}O_2 \rightleftharpoons SO_2+H_2O \tag{4-2}$$

$$2H_2S+SO_2 \rightleftharpoons \frac{3}{x}S_x+H_2O \tag{4-3}$$

第一步是 1/3 体积的 H_2S 与 O_2 反应生成 SO_2 和 H_2O，第二步是剩余的 2/3 体积的 H_2S 与第一步生成的 SO_2 反应，转化为单质硫。

2. 制硫燃烧炉内发生的副反应

（1）硫、硫化物及烃类的氧化反应

$$3H_2S+\frac{3}{2}O_2 \rightleftharpoons SO_2+H_2O+2H_2S \tag{4-4}$$

$$2H_2S+SO_2 \rightleftharpoons \frac{3}{2}S_2+2H_2O \qquad (4-5)$$

$$3H_2S+\frac{3}{2}O_2 \rightleftharpoons \frac{3}{2}S_2+3H_2O \qquad (4-6)$$

$$H_2S+\frac{1}{2}O_2 \rightleftharpoons S_1+H_2O \qquad (4-7)$$

$$S_1+O_2 \rightleftharpoons SO_2 \qquad (4-8)$$

$$2S_1 \rightleftharpoons S_2 \qquad (4-9)$$

$$S_2+2O_2 \rightleftharpoons 2SO_2 \qquad (4-10)$$

$$CH_4+2O_2 = CO_2+2H_2O \qquad (4-11)$$

$$C_2H_6+\frac{7}{2}O_2 = 2CO_2+3H_2O \qquad (4-12)$$

$$CH_4+\frac{3}{2}O_2 = CO+2H_2O \qquad (4-13)$$

$$CH_4+O_2 = CO+2H_2O+H_2 \qquad (4-14)$$

$$CH_4+H_2O = CO_2+H_2 \qquad (4-15)$$

（2）生成或消耗 CO 和 H_2 的反应

$$H_2+CO_2 \rightleftharpoons H_2O+CO \qquad (4-16)$$

$$CO_2+H_2S \rightleftharpoons CO+H_2O+0.5S_2 \qquad (4-17)$$

$$2CO_2+H_2S \rightleftharpoons 2CO+H_2+SO_2 \qquad (4-18)$$

$$H_2S \rightleftharpoons H_2+0.5S_2 \qquad (4-19)$$

$$2CO+O_2 \rightleftharpoons 2CO_2 \qquad (4-20)$$

$$4CO+2SO_2 \rightleftharpoons 4CO_2+S_2 \qquad (4-21)$$

$$H_2+0.5O_2 \rightleftharpoons H_2O \qquad (4-22)$$

$$H_2+0.5S_2 \rightleftharpoons H_2S \qquad (4-23)$$

（3）生成或消耗 COS 的反应

$$2CH_4+3SO_2 \rightleftharpoons 4H_2O+2OS+1/2S_2 \qquad (4-24)$$

$$2CO_2+3S_1 \rightleftharpoons 2COS+SO_2 \qquad (4-25)$$

$$2CS_2+CO_2 \rightleftharpoons 2COS \qquad (4-26)$$

$$2CO_2+2S_1 \rightleftharpoons COS+ +CO+SO_2 \qquad (4-27)$$

$$CO+S_1 \rightleftharpoons COS \qquad (4-28)$$

$$CH_4+SO_2 \rightleftharpoons H_2O+COS+H_2 \qquad (4-29)$$

$$CS_2+H_2O \rightleftharpoons H_2S+COS \qquad (4-30)$$

$$COS+H_2O \rightleftharpoons H_2S+CO_2 \qquad (4-31)$$

$$2COS+SO_2 \rightleftharpoons 3/2S_2+2CO_2 \qquad (4-32)$$

$$COS+CO+SO_2 \rightleftharpoons S_2+2CO_2 \qquad (4-33)$$

$$COS+H_2 \rightleftharpoons CO+H_2S \qquad (4-34)$$

$$2COS+3/2O_2 \rightleftharpoons SO_2+CO_2 \qquad (4-35)$$

$$2COS+3/2O_2 \rightleftharpoons SO_2+CO_2 \qquad (4-36)$$

$$COS \rightleftharpoons CO+1/2S_2 \qquad (4-37)$$

4)生成或消耗 CS_2 的反应

$$C_1+2S_1 \rightleftharpoons CS_2 \tag{4-38}$$

$$CH_4+2H_2S \rightleftharpoons CS_2+4H_2 \tag{4-39}$$

$$CH_4+4S_1 \rightleftharpoons CS_2+2H_2S \tag{4-40}$$

$$CH_4+2S_2 \rightleftharpoons CS_2+2H_2S \tag{4-41}$$

$$2CO_2+3S_1 \rightleftharpoons CS_2+SO_2 \tag{4-42}$$

$$C_2H_6+7/2S_2 \rightleftharpoons CS_2+3H_2S \tag{4-43}$$

$$C_3H_8+5S_2 \rightleftharpoons 3CS_2+4H_2S \tag{4-44}$$

$$CS_2+2H_2O \rightleftharpoons 2H_2S+CO_2 \tag{4-45}$$

$$CS_2+SO_2 \rightleftharpoons 3/2S_2+CO_2 \tag{4-46}$$

$$CS_2+CO_2 \rightleftharpoons S_2+2CO \tag{4-47}$$

（5）NH_3 发生的反应

$$2NH_3+3/2O_2 \rightleftharpoons N_2+3H_2O \tag{4-48}$$

$$2NH_3 \rightleftharpoons N_2+3H_2 \tag{4-49}$$

$$2NH_3+SO_2 \rightleftharpoons N_2+2H_2O+H_2S \tag{4-50}$$

$$2NH_3+S_2 \rightleftharpoons H_2S_2+N_2+2H_2 \tag{4-51}$$

$$2NH_3+CO_2 \rightleftharpoons CO+H_2O+N_2+2H_2 \tag{4-52}$$

（二）克劳斯反应器内反应

1. 克劳斯反应器内的主反应

低温催化反应是在克劳斯反应器内的催化剂床层上按

$$2H_2S+SO_2 \rightleftharpoons \frac{3}{x}S_x+H_2O \tag{4-3}$$

发生的。从理论上讲，温度越低转化率越高，但当温度低于硫露点温度时，会使液硫沉积在催化剂表面，使催化剂失活，因此通常应在硫露点温度以上30℃左右操作。

2. 克劳斯反应器内的副反应

克劳斯反应器内发生的主要副反应是 COS 和 CS_2 的水解反应。

$$COS+H_2O \rightleftharpoons CO_2+H_2S \tag{4-53}$$

$$CS_2+2H_2O \rightleftharpoons CO_2+2H_2S \tag{4-54}$$

上述水解反应随温度升高而增加，因而通常通过采用提高一级克劳斯反应器操作温度或在一级克劳斯反应器催化剂床层的下部使用专门的有机硫水解催化剂，也可两种手段同时使用，以促进 COS 和 CS 的水解，提高装置转化率。

二、平衡常数法理论计算

（一）制硫燃烧炉计算

由于制硫燃烧炉过程气中硫蒸汽的组成比较复杂，在特定温度下的平衡浓度相互影响，同时原料酸性气中的 NH_3、CO_2及烃类也会与 H_2S 或 SO_2发生诸多副反应，因此当对组成复杂的原料酸性气的典型克劳斯硫回收装置进行全流程理论计算时，通常由于涉及的反应、种类方程式数量过多，而难以计算。

但对于烃类含量较低且 H_2S 含量较高的富酸性气而言，即使忽略了副反应仍可通过理论计算得到相对准确的结果，因此在理论计算过程中将制硫燃烧炉、克劳斯反应器等发生的反应简化为主要的反应式，以便于计算。

对于制硫燃烧炉的理论计算采用平衡常数法[2]，其大致过程如下。

1. 输入原始数据

由基础数据表3-1及表3-2可知，原料酸性气流量为12571m³/h、温度为38℃、表压为28.2kPa，组成(干基)：H_2S为90.27%、CO_2为9.63%、CH_4为0.10%。

温度换算：38+273.15=311.15K

压力换算：28.2+101.325=129.525kPa=129525Pa

由理想气体状态方程：

$$pV=nRT \tag{4-1}$$

式中，p为压力，Pa；V为体积，m³；T为温度，K；R为摩尔气体常数，其值为8.314J/(mol·K)；n为物质的量，mol。

可求得原料酸性气总摩尔流量$n_{酸性气}$。

$$n_{酸性气}=\frac{pV}{RT}=\frac{129525\times12571}{8.314\times311.15}=629424.4\text{mol/h}=629.4244\text{kmol/h}$$

查阅38℃时水的饱和蒸汽压约为6.62kPa，根据酸性气中水的分压可以计算出酸性气中水的摩尔流量n_{H_2O}。

$$n_{H_2O}=\frac{p_{H_2O}}{p}\times n_{酸性气}=\frac{6.62}{129.525}\times629.4244=32.1698\text{kmol/h}$$

由此可根据干基组成分别求得酸性气中其他组分摩尔流量为：

$$n_{H_2S=}(629.4244-32.1698)\times90.27\%=539.1418\text{kmol/h}$$

$$n_{CH_4=}(629.4244-32.1698)\times0.10\%=0.5973\text{kmol/h}$$

$$n_{CO_2=}(629.4244-32.1698)\times9.63\%=57.5156\text{kmol/h}$$

计算得原料酸性气组成，整理汇总如表4-1所示。

表4-1 原料酸性气组成及参数

原料酸性气	温度/℃	38	
	压力/kPa	129.525	
	组成	含量/(kmol/h)	%(摩)
	H_2O	32.1698	5.11
	H_2S	539.1418	85.66
	CH_4	0.5973	0.09
	CO_2	57.5156	9.14
	合计	629.4244	100

2. 计算进炉空气的理论需求量

(1) 理论需O_2量计算

根据部分燃烧法原理，有1/3的H_2S在制硫燃烧炉内燃烧生成SO_2，烃完全燃烧生成CO_2和H_2O，剩余的H_2S与生成的SO_2继续反应，以确保H_2S/SO_2比率为2，硫回收率最大化。因此，理论上需氧量计算如下。

发生燃烧的H_2S摩尔流量为：

$$539.1418 \times \frac{1}{3} = 179.7139\text{kmol/h}$$

剩余的 H_2S 摩尔流量为：

$$539.1418 - 179.7139 = 359.4279\text{kmol/h}$$

H_2S 的燃烧反应：

$$H_2S + \frac{3}{2}O_2 = H_2O + SO_2 \quad \Delta Q = 517900\text{kJ/kmol}(H_2S) \tag{4-2}$$

根据 H_2S 的燃烧反应化学配比，可以算出反应消耗的 O_2 摩尔流量、反应生成的 H_2O 摩尔流量、SO_2 摩尔流量，如表 4-2 所示。

表 4-2 H_2S 燃烧反应计算表

	H_2S	O_2	H_2O	SO_2
摩尔配比	1.0	1.5	1.0	1.0
反应量/kmol	168.4256	252.6385	168.4256	168.4256

发生反应的 CH_4 摩尔流量为 0.5597kmol。

CH_4 的燃烧反应：

$$CH_4 + 2O_2 = 2H_2O + CO_2 \quad \Delta Q = 802800\text{kJ/kmol}(CH_4) \tag{4-11}$$

根据 CH_4 的燃烧反应化学配比，可以算出反应消耗的 O_2 摩尔流量、反应生成的 H_2O 摩尔流量、CO_2 摩尔流量，如表 4-3 所示。

表 4-3 CH_4 燃烧反应计算表

	CH_4	O_2	H_2O	CO_2
摩尔配比	1.0	2.0	2.0	1.0
反应量/kmol	0.5597	1.1195	1.1195	0.5597

则制硫燃烧炉理论上总需氧量为：

$$252.6385 + 1.1195 = 270.7654\text{kmol/h}$$

空气中氧含量 O_2、氮气含量 N_2（干基）分别按 20.9%、79.1%计，可以得到，相应的氮气量为：

$$\frac{270.7654}{20.9\%} \times 79.1\% = 1024.7628\text{kmol/h}$$

(2)换算成湿基空气组成

标定期间，南京地区大气温度约为 30℃，相对湿度为 65%，查《绝对湿度与相对湿度对应表》，空气的绝对湿度为 19.7g/m^3。

绝对湿度转化为标况：

$$\frac{273.15 + 30}{273.15} \times 19.7 = 21.86\text{g/Nm}^3$$

空气中水含量为：

$$H_2O\%(\text{体}) = (21.86 \div 18 \times 22.4 \div 1000) \times 100 \approx 2.72\%$$

则空气中氧气和氮气的含量为：100%−2.72%＝97.28%，再由氧气和氮气的摩尔流量，可以求得空气中水的摩尔流量为：

$$\frac{270.7654+1024.7628}{97.28\%}\times 2.72\% = 36.2347\text{kmol/h}$$

则理论上燃烧空气需求量已计算出，结合进制硫燃烧炉标定参数，整理汇总如表 4-4 所示。

表 4-4　燃烧空气组成及参数

燃烧空气	温度/℃	76.75	
	压力/kPa	157.495	
	组成	含量/(kmol/h)	%(摩)
	H_2O	36.2347	2.7208
	O_2	270.7654	20.3314
	N_2	1024.7628	76.9478
	合计	1331.7630	100.00

(3) 计算燃烧产物的组成

由 H_2S、CH_4燃烧反应可计算出燃烧产物的组成，如表 4-5 所示。

表 4-5　燃烧产物组成计算

组分	制硫燃烧炉入口/kmol			制硫燃烧炉内/(kmol/h)
	原料酸性气	燃烧空气	合计	燃烧产物
H_2S	539.1418	—	539.1418	359.4279
CO_2	57.5156	—	57.5156	58.1129
CH_4	0.5973	—	0.5973	—
H_2O	32.1698	36.2347	68.4045	249.3129
N_2	—	1024.7628	1024.7628	1024.7628
O_2	—	270.7654	270.7654	—
SO_2	—	—	—	179.7139
S_2	—	—	—	—
S_6	—	—	—	—
S_8	—	—	—	—
合计	629.4244	1331.7630	1961.1874	1769.5099

(4) 计算过程气组成

通常气相中硫蒸汽主要以 S_2、S_6、S_8形态存在，一般而言，温度高于 1000℃时气相中主要是 S_2，温度低于 450℃时主要是 S_6、S_8，而温度低于 300℃以下时则以 S_8为主。因此，可以认为制硫燃烧炉内 H_2S 与 SO_2发生的主要反应为：

$$H_2S+\frac{1}{2}SO_2 \longrightarrow H_2O+\frac{3}{4}S_2 \quad \Delta Q=-47060\text{kJ/kmol}(H_2S) \tag{4-5}$$

设剩余的 H_2S 中，与 SO_2反应掉的 H_2S 为 x(kmol/h)。

$$2H_2S+SO_2 \longrightarrow 2H_2O+\frac{3}{2}S_2$$

参与反应量/(kmol/h)　x　　$0.5x$　　x　　$0.75x$

则反应后，过程气中 H_2S 的摩尔流量为$(359.4279-x)$kmol/h、SO_2的摩尔流量为$(179.7139-0.5x)$kmol/h、H_2O 的摩尔流量为$(249.3129+x)$kmol/h、S_2的摩尔流量为 $0.75x$。

制硫燃烧炉内过程气组成如表 4-6 所示。

表 4-6　制硫燃烧炉内过程气组成计算表

组分	制硫燃烧炉入口/kmol			制硫燃烧炉内/(kmol/h)	
	原料酸性气	燃烧空气	合计	燃烧后组成	反应后组成
H_2S	539.1418	—	539.1418	359.4279	$359.4279-x$
CO_2	57.5156	—	57.5156	58.1129	58.1129
CH_4	0.5973	—	0.5973	—	—
H_2O	32.1698	36.2347	68.4045	249.3129	$249.3129+x$
N_2	—	1024.7628	1024.7628	1024.7628	1024.7628
O_2	—	270.7654	270.7654	—	—
SO_2	—	—	—	179.7139	$179.7139-0.5x$
S_2	—	—	—	—	$0.75x$
S_6	—	—	—	—	—
S_8	—	—	—	—	—
合计	629.4244	1331.7630	1961.1874	1871.3305	$1871.3305+0.25x$

每一个参与反应的硫化氢量 x 对应一个确定的出口组成。

(5) 计算制硫燃烧炉温度(T)下的平衡常数(K_p)

制硫燃烧炉内 H_2S 与 SO_2进一步反应：

$$2\,H_2S+S\,O_2 \longrightarrow 2\,H_2O+\frac{3}{x}S_x$$

平衡常数 K_p的定义：

$$K_p=\frac{{p_{H_2O}}^2 {p_{S_x}}^{\frac{3}{x}}}{{p_{H_2S}}^2 p_{SO_2}} \tag{4-2}$$

式中，K_p为反应平衡常数，无量纲；p 为相应组分的分压，kPa。以摩尔表示的 K_p式为：

$$K_p=\frac{q_{H_2O}^2 q_{S_x}^{\frac{3}{x}}}{q_{H_2S}^2 q_{SO_2}}\times\left(\frac{\pi}{q_{点}}\right)^{\frac{3}{x}-1} \tag{4-3}$$

式中，K_p为反应平衡常数，无量纲；q_{H_2O}、q_{S_x}、q_{H_2S}、q_{SO_2}为相应组分的 H_2O、S_x、H_2S、SO_2 的摩尔流量，kmol/h；n 为总压力，atm；$q_{总}$ 为总摩尔流量，kmol/h；$(\frac{3}{X}-1)$为产物化学计量配比减去反应物化学计量配比，无量纲。

制硫燃烧炉炉头系统压力为 28.36kPa，查设计 Duiker 燃烧器最大压降为 5kPa，制硫燃烧炉内过程气压力为：

$$\pi=\frac{(28.36-5)+101.325}{101.325}=1.2305\text{atm}$$

由平衡常数定义可知，制硫燃烧炉内 H_2S 与 SO_2反应的平衡常数为：

$$K_p=\frac{[249.3753+x]^2[0.75x]^{\frac{3}{2}}}{[336.8513-x]^2[168.4256-0.5x]^1}\times\left[\frac{1.2305}{1769.5099+0.25x}\right]^{\frac{1}{2}}$$

每一个参与反应的硫化氢量 x 对应一个确定的平衡常数 K_p。

根据制硫燃烧炉内反应温度 T 与平衡常数 K_p 的关系，如图 4-1 所示。

拟合 T 与 K_p 关联式如下：

$$T=-592.5+1215\ln(K_p)-374.8\,[\ln(K_p)]^2+50.47\,[\ln(K_p)]^3$$

每一个平衡常数 K_p 对应一个确定的温度 T。

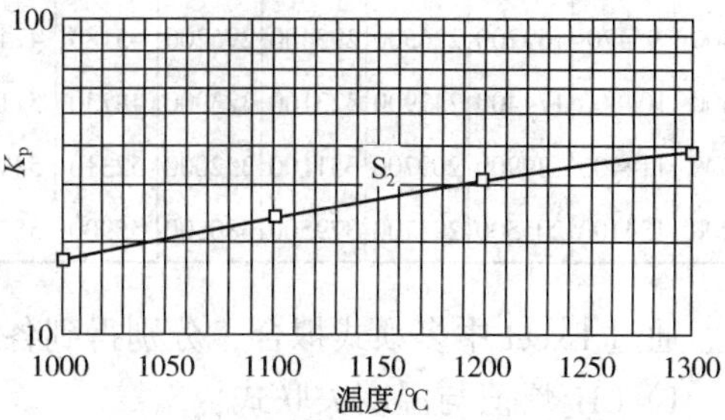

图 4-1　制硫燃烧炉内反应温度与平衡常数的关系

(6)计算进炉物流的热量 $Q_入$、反应热及反应后物流的热量 $Q_出$

表 4-7 为克劳斯硫黄回收相关介质的热焓，以下所述的焓值单位为 kJ/kmol，均以 0℃ 为基准点，假设此时的焓值为 0kJ/kmol。为了对应计算进出物流的热量，分别拟合 15~400℃、900~1400℃ 下各组成焓值 H 与温度 T 的关联式，根据对应温度下各组分焓值，再乘以各组分摩尔流量，即可计算出各物流热量。

表 4-7　克劳斯硫黄回收相关介质的热焓　　kJ/kmol

温度/℃	C_1	C_2	C_3	n-C_4	i-C_4	N_2	O_2	H_2	CO_2	H_2O	S_2	SO_2	H_2S	S_6	S_8
15	519.2	756.3	1052	1414	1379	437.6	452.4	439.5	548.7	512.5	482.4	590.1	504.6	1666	2306
25	868.8	1275	1778	2388	2331	729.5	756	732.3	921	855.7	806.5	990.2	841.5	2792	3864
50	1758	2626	2680	4934	4833	1460	1521	1464	1873	1719	1625	2013	1686	5653	7819
100	3617	5565	7862	10510	10350	2923	3074	2924	3861	3461	3293	4146	3392	11540	15950
150	5614	8826	12540	16730	16550	4390	4648	4381	5941	5221	4997	6377	5129	17580	24290
200	7770	12400	17700	23570	23390	5863	6237	5838	8100	6994	6730	8687	6911	23750	32810
250	10090	16290	23310	30990	30820	7344	7838	7293	10330	8779	8486	11060	8745	30000	41460
300	12590	20460	29340	38940	33820	8836	9449	8748	12620	10580	10260	13480	10640	36310	50240
350	15240	24910	35770	47390	47620	10340	11070	10200	14970	12390	12050	15950	12590	42680	59130
400	18040	29620	42550	56310	56280	11860	12700	11660	17370	14220	13850	18450	14600	49090	68140
450	20990	34560	49670	65650	65680	13390	14330	16670	16070	13120	15670	19830	21000	55530	77260
500	24060	39740	57100	75380	75480	14940	15970	18790	17950	14570	17490	22330	23570	62010	88480
550	27250	45120	64830	85490	85640	16510	17630	20970	19850	16040	19330	24880	26190	68510	95820
600	30560	50710	72830	95940	96160	18090	19290	23190	21780	17500	21170	27480	28830	75040	105300
650	33980	56490	81090	106700	107000	19690	20960	25460	23750	18930	23020	30110	31500	81580	114800
700	37500	62450	89590	117800	118100	21300	22650	27760	25740	20450	24480	32780	34210	88160	124400
800	44820	74840	107200	140800	141200	24580	26050	32480	29840	23430	28430	38220	39700	101400	143800
900	52510	87820	125700	164800	165300	27910	29500	37340	34090	26450	32410	43780	45290	114700	163400
1000	60530	101300	144800	189600	190200	31290	33000	42320	38470	29510	36220	49440	50960	128000	183100
1100	68850	115200	164500	215100	215800	34710	36540	47420	43000	32620	40060	55180	56720	141500	202800

续表

温度/℃	C_1	C_2	C_3	$n-C_4$	$i-C_4$	N_2	O_2	H_2	CO_2	H_2O	S_2	SO_2	H_2S	S_6	S_8
1200	77470	129600	184700	241300	242100	38170	40140	52620	47650	35780	43930	60990	62540	155100	222500
1300	86350	144200	205400	267100	268900	41660	43780	57920	52420	38990	47840	66860	68430	168800	242100
1400	95470	159200	226500	295400	296200	45183	47470	63320	57300	42250	51770	72790	74370	182600	261600
1500	104800	174400	247900	323100	323900	48730	51190	68810	62280	45560	55730	78760	80350	196500	281100
1600	114400	189900	269700	351100	352000	52310	54950	74380	67360	48920	59720	84770	86380	210400	300400
1700	124100	205500	291700	379500	380500	55900	58750	80030	72520	52320	63730	90810	92440	224300	319700

通过 Excel 中多项式拟合，分别得到各组分焓值 H 与温度 T 的关联式如下。

1）CH_4焓值与温度关联式：

$$15\sim400℃,\ H=0.0315T^2+32.359T+45.093$$

$$900\sim1400℃,\ H=0.0138T^2+54.176T-7454.9$$

2）C_2H_6焓值与温度关联式：

$$15\sim400℃,\ H=0.0601T^2+50.177T-27.538$$

$$900\sim1400℃,\ H=0.0186T^2+100.14T-17380$$

3）C_3H_8焓值与温度关联式：

$$15\sim400℃,\ H=0.0867T^2+72.844T-373.8$$

$$900\sim1400℃,\ H=0.025T^2+144.21T-24371$$

4）$n-C_4H_{10}$焓值与温度关联式：

$$15\sim400℃,\ H=0.1141T^2+95.635T-107.6$$

$$900\sim1400℃,\ H=0.0316T^2+188.65T-30616$$

5）$i-C_4H_{10}$焓值与温度关联式：

$$15\sim400℃,\ H=0.1182T^2+94.038T-132.12$$

$$900\sim1400℃,\ H=0.03T^2+192.97T-32717$$

6）N_2焓值与温度关联式：

$$15\sim400℃,\ H=0.0017T^2+28.933T+7.1727$$

$$900\sim1400℃,\ H=0.0018T^2+30.524T-980.86$$

7）O_2焓值与温度关联式：

$$15\sim400℃,\ H=0.0027T^2+30.715T-16.262$$

$$900\sim1400℃,\ H=0.0024T^2+30.395T+191.86$$

8）H_2焓值与温度关联式：

$$15\sim400℃,\ H=-0.0002T^2+29.209T+2.9778$$

$$900\sim1400℃,\ H=0.0025T^2+25.85T+1160$$

9）CO_2焓值与温度关联式：

$$15\sim400℃,\ H=0.0144T^2+37.835T-42.006$$

$$900\sim1400℃,\ H=0.0033T^2+50.354T-4247.3$$

10）H_2O 的焓值与温度关联式：

$$15\sim400℃,\ H=0.0028T^2+34.43T-7.3451$$

900~1400℃，$H=0.0062T^2+32.232T+70$

11）H_2S 的焓值与温度关联式：

15~400℃，$H=0.0099T^2+32.437T+30.343$

900~1400℃，$H=0.0052T^2+40.061T-2912.9$

12）SO_2的焓值与温度关联式：

15~400℃，$H=0.0131T^2+41.091T-57.801$

900~1400℃，$H=0.0033T^2+50.5T-2869.9$

13）S_2的焓值与温度关联式：

15~400℃，$H=0.0048T^2+32.805T-21.34$

900~1400℃，$H=0.0016T^2+35.109T-460.57$

14）S_6的焓值与温度关联式：

15~400℃，$H=0.0191T^2+115.56T-133.47$

900~1400℃，$H=0.0059T^2+122.3T-164.29$

15）S_8的焓值与温度关联式：

15~400℃，$H=0.0307T^2+158.57T-142.22$

900~1400℃，$H=-0.0025T^2+202.24T-16609$

根据拟合出的 $H-T$ 关联式，求得进炉物料各组成焓值；根据各物料组成的摩尔流量和焓值乘积求得各物料组成热量。

如表 4-8 所示为进炉物料各组成焓值与热量。

表 4-8　进炉物料各组成焓值和热量

原料酸性气	温度/℃	38		
	组成	含量/(kmol/h)	焓值/(kJ/kmol)	热量/(MJ/h)
	H_2S	539.1418	1277.2446	688.6159
	CO_2	57.5156	1416.5176	81.4719
	H_2O	32.1698	1305.0381	41.9828
	CH_4	0.5973	1320.2210	0.7885
	合计	629.4244	—	812.8591
燃烧空气	温度/℃	76.75		
	组成	含量/(kmol/h)	焓值/(kJ/kmol)	热量/(MJ/h)
	O_2	270.7654	2357.1225	638.2272
	N_2	1024.7628	2237.8917	2293.3083
	H_2O	36.2347	2651.7672	96.0861
	合计	1331.7630	—	3027.6216

由此可得 $Q_{入}=Q_{原料酸性气}+Q_{燃烧空气}=812.8591+3027.6216=3840.4807\text{MJ/h}$

对于反应热的计算，H_2S、CH_4的燃烧反应热，由上述求理论配风量的过程中，可以计算得出。

$$Q_{H_2S燃烧}=179.7139\times517900=93073844.0\text{kJ/h}=93073.8440\text{MJ/h}$$

$$Q_{CH_4燃烧}=0.5597\times802800=479476.0\text{kJ/h}=479.4760\text{MJ/h}$$

而对于 H_2S 与 SO_2 的反应热以及反应后物流热量的计算，均与设定参与炉内反应的 H_2S 量 x 有关。每一个参与反应的硫化氢量 x 对应一个确定的出口组成，一个出口组成对应一个确定的 K_p 值，一个 K_p 值对应一个确定的制硫燃烧炉温度 T，出口组成、制硫燃烧炉温度确定，则反应后物流的热量也就确定了。

分别试算 x=245、250、255、260、265、270kmol/h 时，H_2S 与 SO_2 反应热 $Q_{H_2S+SO_2}$、出口组成、K_p 值、制硫燃烧炉温度 T、对应各出口组成的焓值 H 及相应的热量 Q。

①试算 x=245kmol，相应的得出计算数据如表 4-9 所示。

表 4-9　x=245kmol/h 相应得出的计算数据

$Q_{H_2S+SO_2}$/(MJ/h)	-11529.7000		
K_p	20.50	制硫燃烧炉温度 T/℃	1048.75
出口组成	含量/(kmol/h)	焓值/(kJ/kmol)	热量/(MJ/h)
H_2S	114.4279	44819.16	5128.5601
SO_2	57.2139	53721.31	3073.6074
S_2	183.7500	38119.63	7004.4811
H_2O	494.3129	40692.34	20114.7521
CO_2	58.1129	52190.80	3032.9574
N_2	1024.7628	33010.81	33828.2518
合计	1932.5805		72182.6100

由此可以得出 x=245kmol/h 时：

$$Q_{反应热}=Q_{H_2S燃烧}+Q_{CH_4燃烧}+Q_{H_2S+SO_2}=82023.6200\text{MJ/h}$$

$$Q_{出}=72182.6100\text{MJ/h}$$

则 $\Delta Q_{245}=Q_{入}+Q_{反应热}-Q_{出}=13681.4908$MJ/h。

②试算 x=250kmol，相应的得出计算数据如表 4-10 所示。

表 4-10　x=250kmol/h 相应得出的计算数据

$Q_{H_2S+SO_2}$/(MJ/h)	-11765		
K_p	24.65	制硫燃烧炉温度 T/℃	1113.03
出口组成	含量/(kmol/h)	焓值/(kJ/kmol)	热量/(MJ/h)
H_2S	109.4279	48117.16	5265.3578
SO_2	54.7139	57426.42	3142.0252
S_2	187.5000	40599.04	7612.3194
H_2O	499.3129	43626.08	21783.0678
CO_2	58.1129	55886.52	3247.7265
N_2	1024.7628	35223.26	36095.4887
合计	1933.8305	—	77145.9853

由此可以得出 x=250kmol/h 时：

$$Q_{反应热}=Q_{H_2S燃烧}+Q_{CH_4燃烧}+Q_{H_2S+SO_2}=81788.32\text{MJ/h}$$

$Q_{出}$=77145.9853MJ/h

则 $\Delta Q_{250}=Q_{入}+Q_{反应热}-Q_{出}=8482.8155MJ/h$。

③试算 $x=255kmol$，相应的得出计算数据如表 4-11 所示。

表 4-11　$x=255kmol/h$ 相应得出的计算数据

$Q_{H_2S+SO_2}$/(MJ/h)	-12000.3		
K_p	29.79	制硫燃烧炉温度 T/℃	1187.07
出口组成	含量/(kmol/h)	焓值/(kJ/kmol)	热量/(MJ/h)
H_2S	104.4279	51968.79	5426.9898
SO_2	52.2139	61727.47	3223.0335
S_2	191.2500	43471.01	8313.8307
H_2O	504.3129	47068.43	23737.2170
CO_2	58.1129	60176.75	3497.0444
N_2	1024.7628	37789.82	38725.6017
合计	1935.0805	—	82923.7172

由此可以得出 $x=255kmol/h$ 时：

$$Q_{反应热}=Q_{H_2S燃烧}+Q_{CH_4燃烧}+Q_{H_2S+SO_2}=81553.02MJ/h$$

$Q_{出}=82923.7172MJ/h$

则 $\Delta Q_{255}=Q_{入}+Q_{反应热}-Q_{出}=2469.7836MJ/h$。

④ 试算 $x=260kmol$，相应的得出计算数据如表 4-12 所示。

表 4-12　$x=260kmol/h$ 相应得出的计算数据

$Q_{H_2S+SO_2}$/(MJ/h)	-12235.6		
K_p	36.23	制硫燃烧炉温度 T/℃	1274.02
出口组成	含量/(kmol/h)	焓值/(kJ/kmol)	热量/(MJ/h)
H_2S	99.4279	56564.40	5624.0769
SO_2	49.7139	66824.20	3322.0937
S_2	195.0000	46865.85	9138.8411
H_2O	509.3129	51197.42	26075.5067
CO_2	58.1129	65260.80	3792.4928
N_2	1024.7628	40828.82	41839.8585
合计	1936.3305	—	89792.8698

由此可以得出 $x=260kmol/h$ 时：

$$Q_{反应热}=Q_{H_2S燃烧}+Q_{CH_4燃烧}+Q_{H_2S+SO_2}=81317.72MJ/h$$

$$Q_{出}=89792.8698MJ/h$$

则 $\Delta Q_{260}=Q_{入}+Q_{反应热}-Q_{出}=-4634.6691MJ/h$。

⑤ 试算 $x=265kmol$，相应的得出计算数据如表 4-13 所示。

表 4-13　$x=265kmol/h$ 相应得出的计算数据

$Q_{H_2S+SO_2}$/(MJ/h)	-12470.9		
K_p	44.37	制硫燃烧炉温度 T/℃	1377.66
出口组成	含量/(kmol/h)	焓值/(kJ/kmol)	热量/(MJ/h)
H_2S	94.4279	62144.69	5868.1900

续表

SO_2	47.2139	72964.29	3444.9306
S_2	198.7500	50943.83	10125.0868
H_2O	514.3129	56241.29	28925.6227
CO_2	58.1129	71385.75	4148.4314
N_2	1024.7628	44486.62	45588.2355
合计	1937.5805	—	98100.4970

由此可以得出 x=26k5mol/h 时：

$$Q_{反应热}=Q_{H_2S燃烧}+Q_{CH_4燃烧}+Q_{H_2S+SO_2}=81082.42\text{MJ/h}$$

$$Q_{出}=98100.4970\text{MJ/h}$$

则 $\Delta Q_{265}=Q_{入}+Q_{反应热}-Q_{出}=13177.5963\text{MJ/h}$。

⑥ 试算 x=270kmol，相应的得出计算数据如表 4-14 所示。

表 4-14　x=270kmol/h 相应得出的计算数据

$Q_{H_2S+SO_2}$/(MJ/h)	-12706.2		
K_p	54.75	制硫燃烧炉温度 T/℃	1502.56
出口组成	含量/(kmol/h)	焓值/(kJ/kmol)	热量/(MJ/h)
H_2S	89.4279	69019.63	6172.2774
SO_2	44.7139	80459.75	3597.6715
S_2	202.5000	55905.11	11320.7847
H_2O	519.3129	62498.17	32456.1103
CO_2	58.1129	78862.98	4582.9545
N_2	1024.7628	48947.12	50159.1889
合计	1938.8305	—	108288.9874

由此可以得出 x=270kmol/h 时：

$$Q_{反应热}=Q_{H_2S燃烧}+Q_{CH_4燃烧}+Q_{H_2S+SO_2}=80847.12\text{MJ/h}$$

$$Q_{出}=108288.9874\text{MJ/h}$$

则 $\Delta Q_{270}=Q_{入}+Q_{反应热}-Q_{出}=-23601.3866\text{MJ/h}$。

(7) 判断热量 $Q_{入}$、$Q_{反应}$与 $Q_{出}$是否平衡

若平衡则计算完成，输出 x、T 及过程气组成等。

汇总试算 x 与 ΔQ_x数据如表 4-15 所示。

表 4-15　试算 x 与 ΔQ_x 数据汇总表

x/(kmol/h)	ΔQ_x/(MJ/h)	x/(kmol/h)	ΔQ_x/(MJ/h)
245	13681.4908	260	-4634.6691
250	8482.8155	265	-13177.5963
255	2469.7836	270	-23601.3866

根据表 4-15 中 x 与 ΔQ_x的关系，利用 Excel 散点图拟合相应关联式如图 4-2 所示。

$$\Delta Q_x=-25.899x^2+11856x-1000000$$

当热量$Q_{入}$、$Q_{反应}$与$Q_{出}$平衡时，即$\Delta Q_x=0$，由此可计算出对应的x约为256.84kmol/h。（注：实际理论计算时，假设x后，按步骤得出的关系式，可利用Excel表中"数据"→"模拟"→"单变量求解"工具，设定ΔQ_x为"目标单元格"、0为"目标值"、x为"可变单元格"，即可自动计算出平衡时的x。）

由此根据平衡常数计算，得到制硫燃烧炉内达到平衡时的组分、温度及相应参数，如表4-16所示。

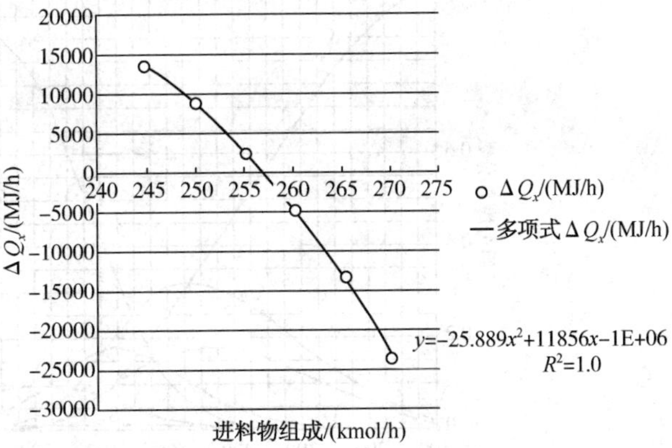

图4-2　x与ΔQ_x拟合的关联式图

表4-16　制硫燃烧炉平衡时参数

K_p	31.99	制硫燃烧炉温度 T/℃	1217.37
出口组成	含量/(kmol/h)	焓值/(kJ/kmol)	热量/(MJ/h)
H_2S	102.5886	53561.26	5494.7762
SO_2	51.2943	63497.82	3257.0771
S_2	192.6294	44651.24	8601.1418
H_2O	506.1522	48496.58	24546.6495
CO_2	58.1129	61942.68	3599.6677
N_2	1024.7628	38845.70	39807.6344
合计	1935.5403	—	85306.9465

（二）废热锅炉计算

1. 出入口过程气组成计算

在气相中硫蒸气主要以S_2、S_6、S_8形态存在，并有如下平衡关系：

$$3S_2 = S_6 \quad 284900kJ/(S_6)kmol \tag{4-56}$$

$$4S_2 = S_8 \quad 413800kJ/(S_8)kmol \tag{4-57}$$

由上式可见硫各组分间转化时反应热较大，因此确定适宜的S_2、S_6、S_8的比率对确定反应温度的影响较大。一般而言，温度高于1000℃时气相中主要是S_2，温度低于450℃时主要是S_6、S_8，在300℃以下则以S_8为主。不同温度下，气相中硫组分的分配比例见图4-3。

由基础数据中废热锅炉出口温度328.53℃，可查得对应废热锅炉出口温度下S_6、S_8摩尔含量分别为0.22和0.63，归一化后S_6/S_8=0.26/0.74。

废热锅炉入口物流即为制硫燃烧炉出口物流，废热锅炉出口的S_6、S_8主要由入口的S_2转化而来，根据S原子守恒可知，

$$2n_{S_2}=6n_{S_6}+8n_{S8}$$

结合上述查得的S_6、S_8摩尔含量，可求得S_6、S_8的摩尔流量。

$$n_{S_6}=192.6294\times2/(6+0.74\times8/0.26)=13.3266kmol/h$$

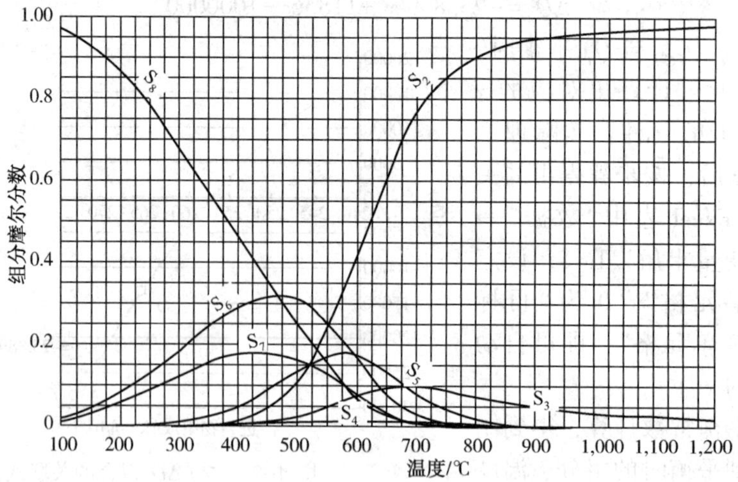

图 4-3　不同温度下气相中硫组分的分配

$$n_{S_8}=13.3266\times0.74/0.26=38.1624\text{kmol/h}$$

由此可得出废热锅炉内硫未冷凝前的物流组成，如表 4-17 所示。

表 4-17　废热锅炉内硫未冷凝器前的物流组成

废热锅炉入		废热锅炉出（硫未冷凝前）	
压力/kPa	124.685	压力/kPa	121.685
温度/℃	1217.37	温度/℃	328.53
组成/(kmol/h)	—	组成/(kmol/h)	—
H_2S	102.59	H_2S	102.5886
SO_2	51.29	SO_2	51.2943
H_2O	192.63	H_2O	506.1522
CO_2	506.15	CO_2	58.1129
N_2	58.11	N_2	1024.7628
S_2	1024.76	S_6	13.3266
—	—	S_8	38.1624
合计	1935.54	合计	1794.3998

根据物料组成，求得 S_6和 S_8的硫分压 $P_{S_6+S_8}$为：

$$P_{S6}+S_8=(13.3266+38.1624)\div1699.9343\times121.685\approx3.56\text{kPa}$$

查硫的饱和蒸气压图 4-4，硫的饱和蒸气压 P_S 与温度的关联式为：

$$P_S=10^{-3}e^{\{89.273-[13643/(T+273.15)]-8.9643\ln(T+273.15)\}} \qquad 式(4-4)$$

可以得出对应废热锅炉出口温度下硫的饱和蒸气压为 13.74kPa。由于 S_6和 S_8的硫分压 $P_{S_6+S_8}$为 3.56kPa，小于 13.74kPa，废热锅炉内无液硫析出。

由 S_2转化为 S_6、S_8，可计算出反应热如表 4-18 所示。

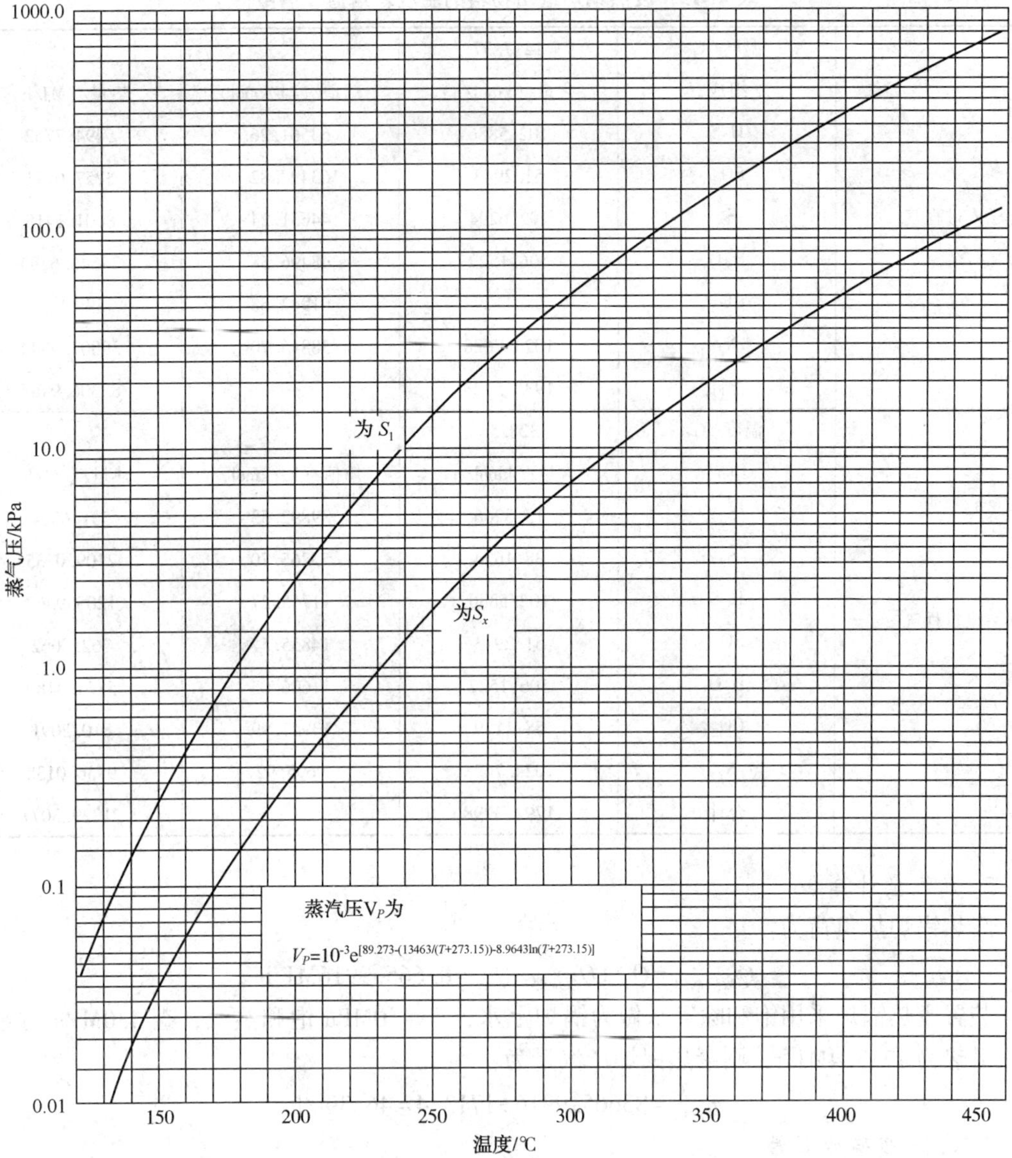

图 4-4　硫的饱和蒸气压与温度的关系

表 4-18　S_2转化为 S_6、S_8反应热

转化反应	产物/(kmol/h)	单位反应热/(kJ/kmol)	反应热/(MJ/h)
$3S_2 = S_6$	13.3266	284900	3796.7380
$4S_2 = S_8$	38.1624	413800	15791.6147
合计	—	—	19588.3528

由拟合的克劳斯硫回收相关组分焓值 H 与温度 T 的关联式，可以求得废热锅炉进出物流的热量，如表 4-19 所示。

表 4-19　废热锅炉进出物料的温度、焓值、热量

入过程气	温度/℃	1217.37		
	组成	含量/(kmol/h)	焓值/(kJ/kmol)	热量/(MJ/h)
	H_2S	102.5886	53561.26	5494.7762
	SO_2	51.2943	63497.82	3257.0771
	S_2	192.6294	44651.24	8601.1418
	H_2O	506.1522	48496.58	24546.6495
	CO_2	58.1129	61942.68	3599.6677
	N_2	1024.7628	38845.70	39807.6344
	合计	1935.5403	—	85306.9465
出过程气	温度/℃	328.53		
	组成	含量/(kmol/h)	焓值/(kJ/kmol)	热量/(MJ/h)
	S_6	13.3266	39892.53	531.6304
	S_8	38.1624	55265.70	2109.0735
	H_2S	102.5886	11755.27	1205.9567
	SO_2	51.2943	14855.57	762.0062
	H_2O	506.1522	11606.03	5874.4180
	CO_2	58.1129	13941.99	810.2091
	N_2	1024.7628	9695.92	9936.0138
	合计	1794.3998	—	21229.3077

2. 产汽量计算

废热锅炉热负荷为：

$$Q_{废热锅炉}=Q_{入}+Q_{反应热}-Q_{出}=83665.9916\text{MJ/h}$$

装置废热锅炉采用饱和除氧水做为锅炉上水，产 4.0MPa 饱和蒸汽，查 4.0MPa 时水的汽化潜热为 1713.4MJ/t，则废热锅炉产汽量为：

$$m_{产汽}=83665.9916\div1713.4=46.39\text{t/h}$$

（三）一级硫冷凝器

1. 进出过程气组成计算

一级硫冷凝器的理论计算方法与废热锅炉的理论计算方法大致一样，先通过硫平衡和一级硫冷凝器出口温度下 S_6/S_8 的摩尔比，算出一级硫冷凝器内未冷凝前 S_6、S_8 的摩尔流量，再计算 S_6 和 S_8 的硫分压，根据一级硫冷凝器出口温度下硫的饱和蒸气压判断是否冷凝，存在硫冷凝则假设 S_6 冷凝量 x(根据 S_6/S_8 相应得到 S_8 冷凝器量)。通过试算法确认冷凝后剩余的 S_6 和 S_8 硫分压与一级硫冷凝器出口温度下硫的饱和蒸气压平衡，求得 x 即可确认一级硫冷凝器出过程气的组成。

一级硫冷凝器出口温度为 166.47℃，根据图 4-3 不同温度下气相中硫组分的分配可知，该温度下 S_6 和 S_8 的摩尔比为 $S_6/S_8=0.06/0.94$。

一级硫冷凝器入口物流即为废热锅炉出口物流，根据硫平衡及 S_6/S_8 摩尔比

$$6n_{S_6}+8n_{S_8}=6\times12.4127+8\times35.5456=6n'_{S_6}+8''_{S_8}$$

$$\frac{n'_{S_6}}{n'_{S_8}}=\frac{0.06}{0.94}$$

可求出一级硫冷凝器内硫未冷凝前 S_6、S_8 的摩尔流量为：

$$n'_{S_6}=3.0256\text{kmol/h}$$

$$n'_{S_8}=45.8882\text{kmol/h}$$

一级硫冷凝器内硫未冷凝前组成如表4-20所示。

表4-20　一级硫冷凝器内硫未冷凝前组成

项目	入方	出方(硫未冷凝前)
压力/kPa	121.685	118.685
温度/℃	328.53	166.47
组成/(kmol/h)		
S_6	13.3266	3.0256
S_8	38.1624	45.8882
H_2S	102.5886	102.5886
SO_2	51.2943	51.2943
H_2O	506.1522	506.1522
CO_2	58.1129	58.1129
N_2	1024.7628	1024.7628
合计	1794.3998	1791.8246

根据物料组成，得出 S_6 和 S_8 的硫分压 $P_{S_6+S_8}$ 为3.24kPa；根据式(4-4)得出一级硫冷凝器出口温度下硫的饱和蒸汽压 P_S 为0.06kPa；由于 $P_{S_6+S_8}$ 大于 P_S，则有硫冷凝析出。

设一级硫冷凝器中的 S_6 冷凝量为 x(kmol/h)，则硫冷凝后过程气组成如表4-21所示。

表4-21　一级硫冷凝器内硫冷凝后过程气组成

项目	入方	出方	
		硫未冷凝前	硫冷凝后
压力/kPa	121.685	118.685	118.685
温度/℃	328.53	166.47	166.47
组成/(kmol/h)			
S_6	13.3266	3.0256	$3.0256-x$
S_8	38.1624	45.8882	$45.8882-0.94x/0.06$
H_2S	102.5886	102.5886	102.5886
SO_2	51.2943	51.2943	51.2943
H_2O	506.1522	506.1522	506.1522
CO_2	58.1129	58.1129	58.1129
N_2	1024.7628	1024.7628	1024.7628
合计	1794.3998	1791.8246	$1791.8246-x/0.06$

由冷凝后 S_6 和 S_8 的硫分压 $P_{S_6+S_8}$ 等于 P_S 可以得出：

$$\frac{\left[(2.8181-x)+\left(42.7415-\frac{0.94}{0.06}x\right)\right]}{\left(1791.8246-\frac{x}{0.06}\right)}\times 118.685\text{kPa}=0.06\text{kPa}$$

求得 $x=2.9715$，即一级硫冷凝器中的 S_6 冷凝量为 2.9715kmol/h，可计算出一级硫冷凝器进出物料组成如表 4-22 所示。

表 4-22　一级硫冷凝器进出物料组成

项目	入方	出方	
		过程气	液硫
压力/kPa	121.685	118.685	118.685
温度/℃	328.53	166.47	166.47
组成/(kmol/h)			
S_6	13.3266	0.0541	2.9715
S_8	38.1624	0.8207	45.0674
H_2S	102.5886	102.5886	—
SO_2	51.2943	51.2943	—
H_2O	506.1522	506.1522	—
CO_2	58.1129	58.1129	—
N_2	1024.7628	1024.7628	—
合计	1794.3998	1743.7857	378.3682(以 S 计)

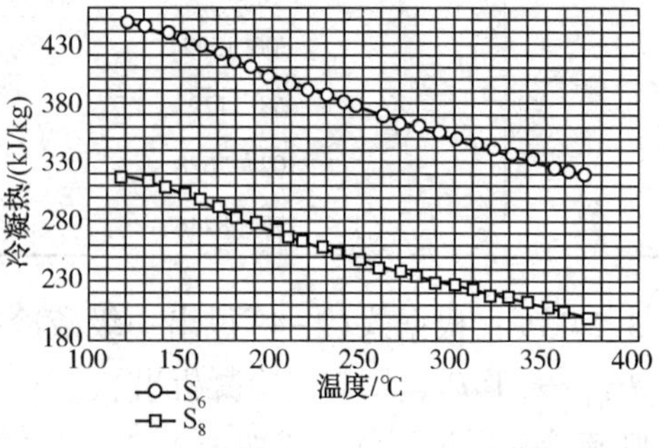

图 4-5　S_6、S_8 的冷凝热与温度关系图

计算硫冷凝热，查图 4-5 得：温度为 166.47℃时，S_6 的冷凝热为 418.2kJ/kg，S_8 的冷凝热为 287.2kJ/kg。

S_6 的冷凝热为：

$$2.9715\times(6\times32)\times418.2=238593.1\text{kJ/h}$$
$$=238.5931\text{MJ/h}$$

S_8 的冷凝热为：

$$45.0674\times(8\times32)\times287.2=3313501.0\text{kJ/h}$$
$$=3313.5010\text{MJ/h}$$

一级硫冷凝器内总的冷凝热 $Q_{冷凝}$ 为：

$$Q_{冷凝}=3552.0940\text{MJ/h}$$

由拟合的克劳斯硫回收相关组分焓值 H 与温度 T 的关联式，可以求得一级硫冷凝器进出物流的热量，如表 4-23 所示。

表 4-23　一级硫冷凝器进出物流的温度、焓值、热量

	温度/℃	328.53		
	组成	含量/(kmol/h)	焓值/(kJ/kmol)	热量/(MJ/h)
入过程气	S_6	13.3266	39892.53	531.63
	S_8	38.1624	55265.70	2109.07
	H_2S	102.5886	11755.27	1205.96
	SO_2	51.2943	14855.57	762.01
	H_2O	506.1522	11606.03	5874.42
	CO_2	58.1129	13941.99	810.21
	N_2	1024.7628	9695.92	9936.01
	合计	1794.3998		21229.31

续表

出过程气	温度/℃	166.47		
	组成	含量/(kmol/h)	焓值/(kJ/kmol)	热量/(MJ/h)
	S_6	0.0541	19633.1074	1.0624
	S_8	0.8207	27105.6943	22.2467
	H_2S	102.5886	5704.4818	585.2150
	SO_2	51.2943	7145.6484	366.5311
	H_2O	506.1522	5801.8113	2936.5994
	CO_2	58.1129	6655.4430	386.7670
	N_2	1024.7628	4870.7601	4991.3739
	合计	1743.7857		9289.7956

2. 产汽量计算

一级硫冷凝器热负荷为：

$$Q_{一冷}=Q_{入}+Q_{冷凝热}-Q_{出}=14211.6831\text{MJ/h}$$

一级硫冷凝器采用饱和除氧水做为锅炉上水，产0.4MPa饱和蒸汽，查0.4MPa时水的汽化潜热为2108.02MJ/t，则废热锅炉产汽量为：

$$m_{产汽}=14211.6831\div2108.02=6.74\text{t/h}$$

（四）一级加热器

1. 进出过程气组成计算

一级加热器的理论计算主要是温度升高后过程气中S_6、S_8的相互转化，根据硫平衡和一级加热器出口温度下S_6/S_8的摩尔比，可以算出一级加热器出口S_6、S_8的摩尔流量。

由基础数据可知，一级加热器出口过程气温度为233.89℃，该温度下的S_6、S_8摩尔比$S_6/S_8=0.13/0.87$，可以计算出S_6、S_8的摩尔流量分别0.1106kmol/h、0.7375kmol/h。

由拟合的克劳斯硫回收相关组分焓值H与温度T的关联式，可以求得一级硫冷凝器进出物流的热量，如表4-24所示。

表4-24　一级加热器进出物流的温度、焓值、热量

入过程气	温度/℃	166.47		
	组成	含量/(kmol/h)	焓值/(kJ/kmol)	热量/(MJ/h)
	S_6	0.0541	19633.1074	1.0624
	S_8	0.8207	27105.6943	22.2467
	H_2S	102.5886	5704.4818	585.2150
	SO_2	51.2943	7145.6484	366.5311
	H_2O	506.1522	5801.8113	2936.5994
	CO_2	58.1129	6655.4430	386.7670
	N_2	1024.7628	4870.7601	4991.3739
	合计	1743.7857		9289.7956

续表

	温度/℃	233.89		
出过程气	组成	含量/(kmol/h)	焓值/(kJ/kmol)	热量/(MJ/h)
	S_6	0.1161	27939.7150	3.2447
	S_8	0.7742	38625.1464	29.9046
	H_2S	102.5886	8158.6078	836.9804
	SO_2	51.2943	10269.6024	526.7722
	H_2O	506.1522	8198.6603	4149.7697
	CO_2	58.1129	9594.9674	557.5912
	N_2	1024.7628	6867.3098	7037.3639
	合计	1743.8012		13141.6267

2. 加热蒸汽量计算

一级加热器热负荷为：

$$Q_{加热}=Q_{出}-Q_{入}=3851.8312\text{MJ/h}$$

一级加热器采用4.0MPa饱和蒸汽加热，4.0MPa时水的汽化潜热为1713.4MJ/t，则加热蒸汽量为：

$$m_{耗汽}=3851.8312\div1713.4=2.48\text{t/h}$$

（五）一级克劳斯反应器

一级克劳斯反应器理论计算与制硫理论计算类似。为了便于计算，通过硫平衡将一级克劳斯反应器入口过程气中的S_6全部转化为S_8。

1）设一级克劳斯反应器内反应掉的H_2S量为x(kmol/h)，计算过程气组成

一级克劳斯反应器内简化为只发生如下反应，且反应器出口均按S_8估算。

$$2\,H_2S+SO_2\longrightarrow2\,H_2O+\frac{3}{8}S_8\quad\Delta Q=126360\text{kJ/kmol}(SO_2)\qquad(4-58)$$

假设一级克劳斯反应器内反应掉的H_2S量为x(knol/h)，则反应后过程气组成如表4-25所示。

表4-25　反应后过程气组成

组成/(kmol/h)	一级加热器出	一级加热器出（S_6换算成S_8）	反应后过程气
S_6	0.1161		
S_8	0.7742	0.8613	0.8613+(3/16)x
H_2S	102.5886	102.5886	102.5886−x
SO_2	51.2943	51.2943	51.2943−0.5x
H_2O	506.1522	506.1522	506.1522+x
CO_2	58.1129	58.1129	58.1129
N_2	1024.7628	1024.7628	1024.7628
合计	1743.8012	1743.7721	1743.7721−(5/16)x

2）计算一级克劳斯反应器温度(T)下的平衡常数(K_p)一级克劳斯反应器R-8101出口

压力为13.36kPa，换算为：

$$\pi=\frac{13.36+101.325}{101.325}=1.1319\text{atm}$$

由平衡常数以摩尔表示的K_P式：

$$K_p=\frac{q_{H_2O}^2 \cdot q_{S_x}^{\frac{3}{x}}}{q_{H_2S}^2 \cdot q_{SO_2}}\times\left(\frac{\pi}{q_{总}}\right)^{\left(\frac{3}{x}-1\right)} \quad (4-3)$$

式中，K_p为反应平衡常数，无量纲；q_{H_2O}、q_{S_x}、q_{H_2S}、q_{SO_2}为相应组分H_2S、S_x、H_2S、SO_2的摩尔流量，kmol/h；π为总压力，a tm；$q_{总}$为总摩尔流量，kmol/h；$\left(\frac{3}{x}-1\right)$为产物化学计量配比减去反应物化学计量配比，无量纲。

可知，一级克劳斯反应器R-8101内H_2S与SO_2反应的平衡常数K_p为：

$$K_p=\frac{[488.6026+x]^2\left[0.8204+\frac{3}{16}x\right]^{\frac{3}{8}}}{[97.6240-x]^2[48.8120-0.5x]^1}\times\left[\frac{1.1319}{1650.7166-\frac{5}{16}x}\right]^{\frac{3}{8}-1}$$

每一个参与反应的硫化氢量x对应一个确定的平衡常数K_p。

根据克劳斯反应器内反应温度T与平衡常数K_p的关系，如图4-6所示。

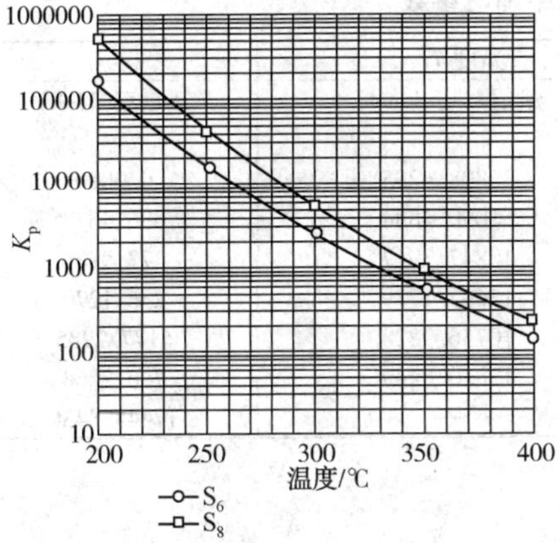

图4-6　克劳斯反应器内反应温度与平衡常数的关系

拟合T与K_p关联式如下：

$$T=637-54.75\ln(K_p)+2.069[\ln(K_p)]^2-0.0332[\ln(K_p)]^3 \quad (4-5)$$

每一个平衡常数K_p对应一个确定的温度T。

3)计算克劳斯反应器入口物流热量$Q_入$、反应热及反应后物流热量$Q_出$

对于H_2S与SO_2的反应热以及反应后物流的热量的计算，均与设定的一级克劳斯反应器参与反应的H_2S量x(kmol)有关。每一个参与反应的硫化氢量x对应一个确定的出口组成，一个出口组成对应一个确定的K_p值，一个K_p值对应一个确定的一级克劳斯反应器温度T，出口组成、制硫燃烧炉温度确定，则反应后物流的热量也就确定了。

与制硫燃烧炉理论计算类似，采用试算法分别试算x=64、66、68、70、72、74kmol/h时，H_2S与SO_2反应热$Q_{反应}$、出口组成、K_p值、一级克劳斯反应器温度T、对应各出口组成的焓值H、相应的热量Q及$\Delta Q=Q_入+Q_{反应}-Q_出$。

汇总试算x与ΔQ_x数据如表4-26所示。

表4-26　试算x与ΔQ_x数据汇总表

x/(kmol/h)	ΔQ_x/(MJ/h)	x/(kmol/h)	ΔQ_x/(MJ/h)
64	-856.1424	70	407.4489
66	-444.3600	72	849.7728
68	-23.5214	74	1304.8929

根据表 4-26 中 x 与 ΔQ_x的关系，利用 Excel 散点图拟合相应关联式，如图 4-7 所示。

$$\Delta Q_x = 1.351x^2 + 29.538x - 8279.7 \tag{4-6}$$

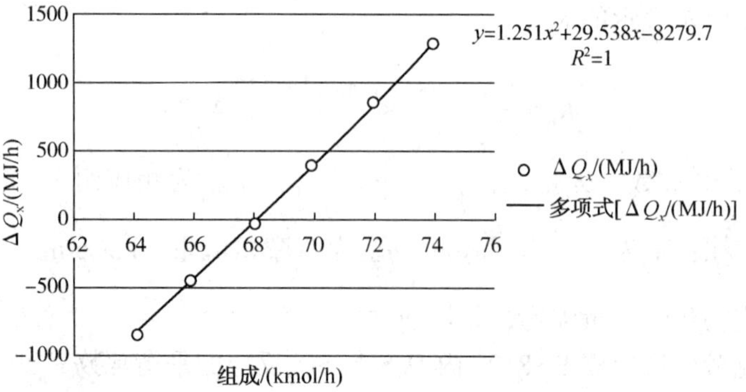

图 4-7　x 与 ΔQ_x拟合的关联式图

当热量 $Q_{入}$、$Q_{反应}$与 $Q_{出}$平衡时，即 $\Delta Q_x = 0$，由此可计算出对应的 x 约为 68.11kmol/h。

根据平衡常数计算，得到一级克劳斯反应器内达到平衡时的组分、温度及相应参数，如表 4-27 所示。

表 4-27　一级克劳斯反应器内平衡时参数

平衡常数 K_p	4178.85	温度 T/℃	305.07
出口组成	含量/(kmol/h)	焓值/(kJ/kmol)	热量/(MJ/h)
S_6	—	—	—
S_8	13.6320	36898.4285	0.0000
H_2S	34.4782	51090.4884	696.4672
SO_2	17.2391	10847.3947	373.9986
H_2O	574.2626	13697.1779	236.1270
CO_2	58.1129	10756.9228	6177.2985
N_2	1024.7628	12840.6449	746.2068
合计	1722.4877	—	17444.8436

(六) 二级硫冷凝器

计算方法与一级硫冷凝器 E-8102 一样，此处不做详细描述，仅列出相关计算结果。二级硫冷凝器 E-8103 进出物流的计算结果如表 4-28 所示。

表 4-28　二级硫冷凝器进出物流的温度、焓值、热量

	温度/℃	305.07		
	组成	含量/(kmol/h)	焓值/(kJ/kmol)	热量/(MJ/h)
	S_6	—	—	—
	S_8	13.6320	36898.4285	0.0000
	H_2S	34.4782	51090.4884	696.4672
入过程气	SO_2	17.2391	10847.3947	373.9986
	H_2O	574.2626	13697.1779	236.1270
	CO_2	58.1129	10756.9228	6177.2985
	N_2	1024.7628	12840.6449	746.2068
	合计	1722.4877	—	17444.8436

续表

出过程气	温度/℃	167.61		
	组成	含量/(kmol/h)	焓值/(kJ/kmol)	热量/(MJ/h)
	S_6	0.0595	19772.5266	1.1758
	S_8	0.9019	27298.7191	24.6213
	H_2S	34.4782	5745.3496	198.0893
	SO_2	17.2391	7197.6329	124.0807
	H_2O	574.2626	5842.2458	3354.9833
	CO_2	58.1129	6704.2014	389.6004
	N_2	1024.7628	4904.4895	5025.9386
	合计	1709.8170	—	9118.4894

硫冷凝量：S_6冷凝量为0.7970kmol/h，S_8冷凝量为12.0878kmol/h，折算S冷凝量为101.4841kmol/h。

硫冷凝热：$Q_{冷凝}=952.7254$MJ/h

二级硫冷凝器热负荷为：

$$Q_{二冷}=Q_{入}+Q_{冷凝}-Q_{出}=8933.3405\text{MJ/h}$$

二级硫冷凝器采用饱和除氧水做为锅炉上水，产0.4MPa饱和蒸气，查0.4MPa时水的汽化潜热为2108.02MJ/t，则废热锅炉产汽量为：

$$m_{产汽}=8933.3405\div2108.02=4.24\text{t/h}$$

（七）二级加热器

计算方法与一级加热器E-8105一样，此处不做详细描述，仅列出相关计算结果。二级加热器E-8106进出物流的计算结果如表4-29所示。

表4-29　二级加热器进出物流的温度、焓值、热量

入过程气	温度/℃	167.61		
	组成	含量/(kmol/h)	焓值/(kJ/kmol)	热量/(MJ/h)
	S_6	0.0595	19772.5266	1.1758
	S_8	0.9019	27298.7191	24.6213
	H_2S	34.4782	5745.3496	198.0893
	SO_2	17.2391	7197.6329	124.0807
	H_2O	574.2626	5842.2458	3354.9833
	CO_2	58.1129	6704.2014	389.6004
	N_2	1024.7628	4904.4895	5025.9386
	合计	1709.8170	—	9118.4894
出过程气	温度/℃	206.17		
	组成	含量/(kmol/h)	焓值/(kJ/kmol)	热量/(MJ/h)
	S_6	0.0832	24502.9897	2.0389
	S_8	0.8841	33854.5225	29.9312
	H_2S	34.4782	7138.5676	246.1250
	SO_2	17.2391	8970.6050	154.6452
	H_2O	574.2626	7209.9864	4140.4255
	CO_2	58.1129	8370.3774	486.4267
	N_2	1024.7628	6044.4508	6194.1286
	合计	1709.8229	—	11253.7211

二级加热器热负荷为：

$$Q_{加热}=Q_{出}-Q_{入}=2135.2317\text{MJ/h}$$

二级加热器采用4.0MPa饱和蒸汽加热，4.0MPa时水的汽化潜热为1713.4MJ/t，则加热蒸汽量为：

$$m_{耗汽}=2135.2317\div1713.4=1.25\text{t/h}$$

（八）二级克劳斯反应器

计算方法与一级克劳斯反应器R-8101一样，此处不做详细描述，仅列出相关计算结果。

汇总试算 x 与 ΔQ_x 数据如表4-30所示。

表4-30　试算 x 与 ΔQ_x 数据汇总表

x/(kmol/h)	ΔQ_x/(MJ/h)	x/(kmol/h)	ΔQ_x/(MJ/h)
18	-1814.3608	24	310.9919
20	-1155.5370	26	1157.9622
22	-452.2214	28	2129.8075

根据表4-30中 x 与 ΔQ_x 的关系，利用Excel散点图拟合相应关联式，如图4-8所示。

$$\Delta Q_x=12.077x^2-144.13x-2767 \quad (式4-7)$$

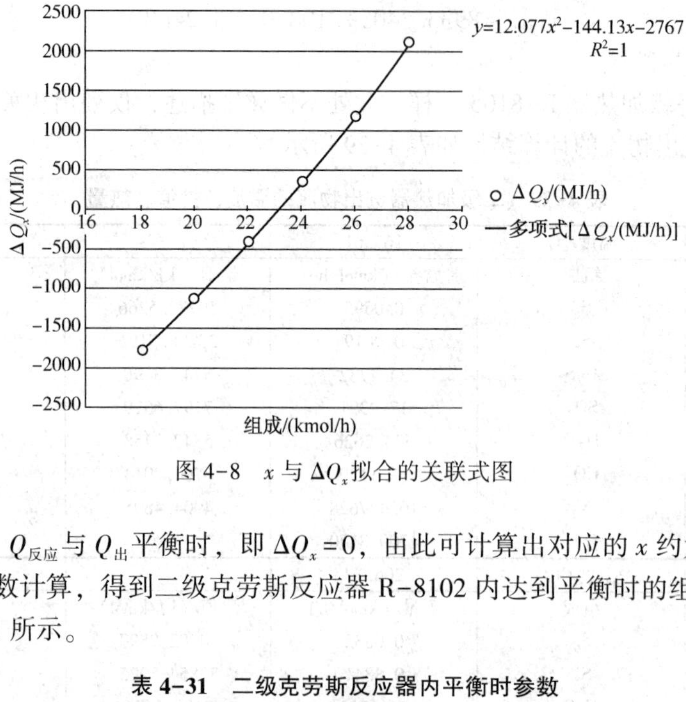

图4-8　x 与 ΔQ_x 拟合的关联式图

当热量 $Q_{入}$、$Q_{反应}$ 与 $Q_{出}$ 平衡时，即 $\Delta Q_x=0$，由此可计算出对应的 x 约为23.21kmol/h。

根据平衡常数计算，得到二级克劳斯反应器R-8102内达到平衡时的组分、温度及相应参数，如表4-31所示。

表4-31　二级克劳斯反应器内平衡时参数

平衡常数 K_p	93263.38	温度 T/℃	231.61
出口组成	含量/(kmol/h)	焓值/(kJ/kmol)	热量/(MJ/h)
S_6	—	—	—
S_8	5.2979	27655.4232	0.0000
H_2S	11.2710	38230.2690	202.5387

续表

平衡常数 K_p	93263.38	温度 T/℃	231.61
SO_2	5.6355	8073.9825	91.0022
H_2O	597.4698	10161.8054	57.2671
CO_2	58.1129	8117.0321	4849.6812
N_2	1024.7628	9493.2259	551.6787
合计	1702.5499	—	12719.9490

（九）三级硫冷凝器

计算方法与一级硫冷凝器 E-8102 一样，此处不做详细描述，仅列出相关计算结果。三级硫冷凝器 E-8104 进出物流的计算结果如表 4-32 所示。

表 4-32　三级硫冷凝器进出物流的温度、焓值、热量

项目	温度/℃	231.61		
	组成	含量/(kmol/h)	焓值/(kJ/kmol)	热量/(MJ/h)
入过程气	S_6	—	—	—
	S_8	5.2979	27655.4232	0.0000
	H_2S	11.2710	38230.2690	202.5387
	SO_2	5.6355	8073.9825	91.0022
	H_2O	597.4698	10161.8054	57.2671
	CO_2	58.1129	8117.0321	4849.6812
	N_2	1024.7628	9493.2259	551.6787
	合计	1702.5499	—	12719.9490
项目	温度/℃	123.95		
	组成	含量/(kmol/h)	焓值/(kJ/kmol)	热量/(MJ/h)
出过程气	S_6	0.0023	14483.2358	0.0332
	S_8	0.0870	19983.6402	1.7389
	H_2S	11.2710	4202.8925	47.3710
	SO_2	5.6355	5236.5438	29.5107
	H_2O	597.4698	4303.1544	2571.0046
	CO_2	58.1129	4868.7401	282.9365
	N_2	1024.7628	3619.4383	3709.0659
	合计	1697.3414	—	6641.6608

硫冷凝量：S_6 冷凝量为 0.1344kmol/h，S_8 冷凝量为 5.1083kmol/h，折算 S 冷凝量为 41.6730kmol/h。

硫冷凝热：$Q_{冷凝}=386.3728$MJ/h

三级硫冷凝器热负荷为：

$$Q_{三冷}=Q_{入}+Q_{冷凝}-Q_{出}=6360.6315\text{MJ/h}$$

三级硫冷凝器采用饱和除氧水做为锅炉上水，产 0.12MPa 饱和蒸汽，查 0.12MPa 时水的汽化潜热为 2225MJ/t，则废热锅炉产汽量为：

$$m_{产汽}=6360.6315\div2225=2.86t/h$$

（十）尾气焚烧炉

1. 瓦斯换算

尾气焚烧炉瓦斯相关参数，如表 4-33 所示。

表 4-33　瓦斯参数

项目	标定数据			均值
温度/℃	43	43	43	43
压力/kPa	350	350	350	350
流量/(Nm^3/h)				
主瓦斯	1431.08	1388	1382.25	1400.44
辅瓦斯	260.42	259.75	259.67	259.95
合计				1660.39

可以计算出瓦斯摩尔流量为：

$$1660.39\div22.4=72.1246kmol/h$$

查 43℃时水的饱和蒸气压为 8.65kPa，根据分压定律可以计算出瓦斯中 H_2O 的摩尔流量为：

$$\frac{8.65}{350+101.325}\times72.1246=1.4207kmol/h$$

则干瓦斯总摩尔流量为：72.1246−1.4207=72.7039kmol/h。

标定期间瓦斯组成分析成绩(干基)，如表 4-34 所示。

表 4-34　瓦斯干基组成

项目	干基/%(体)	干基/%(体)归一化
H_2	40.74	40.75
CH_4	25.95	25.96
C_2H_6	19.61	19.61
C_3H_8	0.26	0.26
i-C_4H_{10}	0.15	0.15
n-C_4H_{10}	0.15	0.15
N_2	12.21	12.21
CO_2	0.91	0.91
H_2S(微量)	14mg/m^3	14mg/m^3
合计	99.98	100

通过干瓦斯总摩尔流量和干基组成，可以计算干瓦斯各组分摩尔流量。结合瓦斯中水的摩尔流量，整理汇总出瓦斯组成如表 4-35 所示。

表 4-35 瓦斯组成

项目	温度/℃	43	
	压力/kPa	451.325	
	组成	kmol/h	%(摩)
瓦斯	H_2O	1.4207	1.92
	H_2	29.6255	39.97
	CH_4	18.8704	25.46
	C_2H_6	14.2601	19.24
	C_3H_8	0.1891	0.26
	i-C_4H_{10}	0.1091	0.15
	n-C_4H_{10}	0.1091	0.15
	N_2	8.8789	11.98
	CO_2	0.6617	0.89
	H_2S(微量)	—	14mg/m^3
	合计	74.1246	100

2. 液硫废气换算

液硫脱气单元相关操作参数如表 4-36 所示。

表 4-36 液硫脱气单元相关操作参数

项目	标定数据			均值
液硫温度/℃	143.46	143.46	143.54	143.49
废气温度/℃	156.45	155.33	156.28	156.02
抽射蒸汽流量/(kg/h)	618.17	621.25	620.83	620.08
液硫鼓泡空气/(kg/h)	477.17	476.42	475.25	476.28
脱气塔 T-8101 空气/(kg/h)	53.92	54.25	54.08	54.08
空气合计/(kg/h)				530.36

根据液硫中 H_2S 含量与温度关系，查得 143.49℃时液硫中 H_2S 含量约为 440mg/kg。由液硫产量 17.49t/h、液硫产品中硫化氢含量 0.0014%(质)，可以求得液硫废气中 H_2S 摩尔流量为：

$$17.49\times10^6\times\frac{(440-14)\times10^{-3}}{34}=219.1\text{mol/h}=0.2191\text{kmol/h}$$

抽射蒸汽换算成摩尔流量为：

$$\frac{620.08\times10^3}{18}=34449.1\text{mol/h}=34.4491\text{kmol/h}$$

脱气空气中 N_2 的摩尔流量为 14.4478kmol/h、O_2 的摩尔流量为 3.8406kmol/h。整理汇总进尾气焚烧炉液硫废气参数及组成如表 4-37 所示。

表 4-37 液硫废气参数及组成

项目	温度/℃	156.02
	压力/kPa	106.325
	物料组分	组成/(kmol/h)
液硫废气	H_2S	0.2191
	H_2O	34.4491
	N_2	14.4478
	O_2	3.8406
	合计	52.9566

3. 焚烧炉入方物料汇总

由拟合的克劳斯硫回收相关组分焓值 H 与温度 T 的关联式，整理汇总进焚烧炉物流组成、焓值、热量等，如表 4-38 所示。

表 4-38 进焚烧炉物流组成、焓值、热量

项目	温度/℃	123.95		
	组成	含量/(kmol/h)	焓值/(kJ/kmol)	热量/(MJ/h)
克劳斯尾气	S_6	0.0023	14483.2358	0.0332
	S_8	0.0870	19983.6402	1.7389
	H_2S	11.2710	4202.8925	47.3710
	SO_2	5.6355	5236.5438	29.5107
	H_2O	597.4698	4303.1544	2571.0046
	CO_2	58.1129	4868.7401	282.9365
	N_2	1024.7628	3619.4383	3709.0659
	合计	1697.3414	—	6641.4408
项目	温度/℃	156.02		
	组成	含量/(kmol/h)	焓值/(kJ/kmol)	热量/(MJ/h)
液硫废气	H_2S	0.2191	5331.4414	1.1683
	H_2O	34.4491	5431.8757	187.1231
	N_2	14.4478	4562.0919	65.9123
	O_2	3.8406	4840.9852	18.5921
	合计	52.9566	—	272.7958
项目	温度/℃	43		
	组成	含量/(kmol/h)	焓值/(kJ/kmol)	热量/(MJ/h)
瓦斯	H_2O	1.4207	1478.3221	2.1002
	H_2	29.6255	1258.5950	37.2865
	CH_4	18.8704	1494.3865	28.1997
	C_2H_6	14.2601	2241.1979	31.9597
	C_3H_8	0.1891	2918.8003	0.5519
	i-C_4H_{10}	0.1091	4130.0658	0.4505
	n-C_4H_{10}	0.1091	4215.6759	0.4598
	N_2	8.8789	1254.4350	11.1380
	CO_2	0.6617	1611.5246	1.0664
	H_2S(微量)	—	—	—
	合计	74.1246	—	113.2127

根据前文燃烧空气换算，可以得到标定期间空气物流组成摩尔分数：H_2O 为 2.7208%、O_2为 20.3314%、N_2为 76.9478%，尾炉燃烧空气进炉温度为 52℃。

4. 尾气焚烧炉计算

理论计算简化反应，尾气焚烧炉内的主要燃烧反应如下所示。

$$CH_4+2O_2 \longrightarrow 2H_2O+CO_2 \quad 802800\text{kJ/kmol}(CH_4) \tag{4-11}$$

$$C_2H_6+3.5O_2 \longrightarrow 3H_2O+2CO_2 \quad 1421896kJ/kmol(C_2H_6) \tag{4-12}$$

$$C_3H_8+5O_2 \longrightarrow 4H_2O+3CO_2 \quad 2044498kJ/kmol(C_3H_8) \tag{4-59}$$

$$C_4H_{10}+6.5O_2 \longrightarrow 5H_2O+4CO \quad 22658786kJ/kmol(C_4H_{10}) \tag{4-60}$$

$$H_2+0.5O_2 \longrightarrow H_2O \quad 241776kJ/kmol(H_2) \tag{4-27}$$

$$H_2S+1.5O_2 \longrightarrow H_2O+SO_2 \quad 517900kJ/kmol(H_2S) \tag{4-4}$$

$$S_6+6O_2 \longrightarrow 6SO_2 \quad 1879300kJ/kmol(S_6) \tag{4-61}$$

$$S_8+8O_2 \longrightarrow 8SO_2 \quad 1879300kJ/kmol(S_8) \tag{4-62}$$

根据上述反应计算出完全燃烧需氧量为122.7724kmol/h，反应放热为49725.0192MJ/h。

设尾炉烟气中过氧的O_2摩尔流量为x(kmol/h)，则理论总共需氧量为122.7724+x(kmol/h)，根据燃烧反应以及燃烧空气组成摩尔分数可以求得焚烧后烟气组成如表4-39所示。

表4-39 焚烧后烟气组成

烟气组成	含量/(kmol/h)	烟气组成	含量/(kmol/h)
SO_2	17.8356	N_2	$1495.9000+\frac{76.9478\%}{20.3314\%}x$
H_2O	$768.8209+\frac{2.7208\%}{20.3314\%}x$	O_2	x
CO_2	107.6051	合计	$2389.7616+\frac{x}{20.3314\%}$

焚烧炉烟气氧含量按3%控制，可以求得$x=83.9236$kmol/h，则理论总共需氧量为206.6961kmol/h，理论配风量组成如表4-40所示。

表4-40 焚烧炉理论配风量

理论配风量	温度/℃	52
	物料组分	组成/(kmol/h)
	O_2	206.6961
	N_2	763.1231
	H_2O	20.4636
	合计	990.2828

过氧量x确定了，焚烧后烟气组成也就确定了。

再假设尾气焚烧炉温度为y(℃)，由热量平衡$\Delta Q=Q_{入}+Q_{反应}+Q_{出}=0$，通过试算法求得$y$=640.10℃，表4-41列出焚烧后烟气温度、组成、热量等。

表4-41 焚烧后烟气温度、组成、热量

项目	温度/℃	640.10		
	组成	含量/(kmol/h)	焓值/(kJ/kmol)	热量/(MJ/h)
焚烧后烟气	SO_2	17.8356	31611.8942	563.8170
	H_2O	777.2870	23178.4766	18016.3280
	CO_2	107.6051	30076.1725	3236.3481
	N_2	1811.2127	19223.6748	34818.1638
	O_2	83.9236	20750.6215	1741.4676
	合计	2797.8640	—	58274.7215

5. 蒸汽过热器E-8602计算

焚烧炉后烟气余热利用，降低排烟温度。焚烧炉蒸汽过热器只是涉及热量变化，烟气组分不发生改变，蒸汽过热器出口温度为458.64℃，由拟合的克劳斯硫回收相关组分焓值H

与温度 T 的关联式，可计算在此温度下各物料组成的热量，整理汇总如表 4-42 所示。

表 4-42　蒸汽过热器 E-8602 后烟气温度、热量

项目	温度/℃	458.64		
	组成	kmol/h	焓值/(kJ/kmol)	热量/(MJ/h)
E-8602 后烟气	SO_2	17.8356	21543.7687	384.2460
	H_2O	777.2870	16372.6119	12726.2180
	CO_2	107.6051	20339.6878	2188.6531
	N_2	1811.2127	13634.5999	24695.1605
	O_2	83.9236	14638.8124	1228.5423
	合计	2797.8640	—	41222.8199

蒸汽过热器 E-8602 热负荷为：58274.7215－41222.8199＝17051.9016MJ/h

6. 气气换热器 E-8603 计算

焚烧炉后烟气余热利用，降低排烟温度。焚烧炉气气换热器只是涉及热量变化，烟气组分不发生改变，气气换热器出口温度为 429.06℃，由拟合的克劳斯硫回收相关组分焓值 H 与温度 T 的关联式，可计算在此温度下各物料组成的热量，整理汇总如表 4-43 所示。

表 4-43　气气换热器 E-8603 后烟气温度、热量

项目	温度/℃	429.06		
	组成	含量/(kmol/h)	焓值/(kJ/kmol)	热量/(MJ/h)
E-8603 后烟气	SO_2	17.8356	19984.1406	356.4291
	H_2O	777.2870	15280.5269	11877.3545
	CO_2	107.6051	18842.2436	2027.5206
	N_2	1811.2127	12734.0216	23064.0216
	O_2	83.9236	13659.2555	1146.3344
	合计	2797.8640	—	38471.6601

气气换热器 E-8603 热负荷为：41222.8199－38471.6601＝2751.1598MJ/h

7. 蒸汽发生器 E-8601 计算

焚烧炉后烟气余热利用，降低排烟温度。蒸汽发生器只是涉及热量变化，烟气组分不发生改变，蒸汽发生器出口温度为 258.89℃，由拟合的克劳斯硫回收相关组分焓值 H 与温度 T 的关联式，可计算在此温度下各物料组成的热量，整理汇总如表 4-44 所示。

表 4-44　蒸汽发生器 E-8601 后烟气温度、热量

项目	温度/℃	258.89		
	组成	含量/(kmol/h)	焓值/(kJ/kmol)	热量/(MJ/h)
E-8601 后烟气	SO_2	17.8356	11458.2628	204.3650
	H_2O	777.2870	9093.9049	7068.5738
	CO_2	107.6051	10718.2432	1153.3371
	N_2	1811.2127	7611.5779	13786.1866
	O_2	83.9236	8116.5092	681.1670
	合计	2797.8640	—	22893.6294

蒸汽发生器 E-8601 热负荷为：38471.6601－22893.6294＝15578.0307MJ/h

尾气焚烧炉汽包 V-8601 采用饱和除氧水做为锅炉上水，产 4.0MPa 饱和蒸汽，查 4.0MPa 时水的汽化潜热为 1713.4MJ/t，则废热锅炉产汽量为：

$$m_{产汽}=15578.0307\div1713.4=9.09\text{t/h}$$

（十一）理论计算物流组成汇总表

克劳斯单元理论计算的物流组成结果汇总如表 4-45 所示。

表 4-45　克劳斯单元理论计算物料组成

	原料酸性气	理论配风量	废热锅炉入	废热锅炉出	一冷过程气出	一冷液硫出	一转入	一转出	二冷过程气出	二冷液硫出	二转入	二转出	三冷出	三冷液硫出
温度/℃	38	76.75	1217.37	328.53	166.47	166.47	233.89	305.07	167.61	167.61	206.17	231.61	123.95	123.95
压力/kPa	129.525	157.495	124.685	121.685	118.685	118.685	117.685	114.685	112.685	112.685	111.685	108.685	106.685	106.685
组成/(kmol/h)														
H_2	0	0	0	0	0	0	0	0	0	0	0	0	0	0
O_2	0	270.7654	0	0	0	0	0	0	0	0	0	0	0	0
N_2	0	1024.7628	1024.7628	1024.7628	1024.7628	0	1024.7628	1024.7628	1024.7628	0	1024.7628	1024.7628	1024.7628	0
CH_4	0.5973	0	0	0	0	0	0	0	0	0	0	0	0	0
CO	0	0	0	0	0	0	0	0	0	0	0	0	0	0
CO_2	57.5156	0	58.1129	58.1129	58.1129	0	58.1129	58.1129	58.1129	0	58.1129	58.1129	58.1129	0
C_2H_6	0	0	0	0	0	0	0	0	0	0	0	0	0	
H_2S	539.1418	0	102.5886	102.5886	102.5886	0	102.5886	34.4782	34.4782	0	34.4782	11.271	11.271	0
COS	0	0	0	0	0	0	0	0	0	0	0	0	0	0
SO_2	0	0	51.2943	51.2943	51.2943	0	51.2943	17.2391	17.2391	0	17.2391	5.6355	5.6355	0
LS_2	0	0	0	0	0	0	0	0	0	0	0	0	0	0
H_2O	32.1698	36.2347	506.1522	506.1522	506.1522	0	506.1522	574.2626	574.2626	0	574.2626	597.4698	597.4698	0
C_3H_6	0	0	0	0	0	0	0	0	0	0	0	0	0	0
i-C_4H_8	0	0	0	0	0	0	0	0	0	0	0	0	0	0
n-C_4H_8	0	0	0	0	0	0	0	0	0	0	0	0	0	0
S_1 蒸气	0	0	0	0	0	0	0	0	0	0	0	0	0	0
S_2 蒸气	0	0	196.6294	0	0	0	0	0	0	0	0	0	0	0
S_3 蒸气	0	0	0	0	0	0	0	0	0	0	0	0	0	0
S_4 蒸气	0	0	0	0	0	0	0	0	0	0	0	0	0	0
S_5 蒸气	0	0	0	0	0	0	0	0	0	0	0	0	0	0
S_6 蒸气	0	0	0	13.3266	0.0541	0	0.1161	0	0.0595	0	0.0832	0	0.0023	0
S_7 蒸气	0	0	0	0	0	0	0	0	0	0	0	0	0	0
S_8 蒸气	0	0	0	38.1624	0.8207	0	0.7742	13.632	0.9019	0	0.3841	5.2979	0.087	0
液 S	0	0	0	0	0	378.3682	0	0	0	101.4841	0	0	0	41.673
合计	629.4245	1331.7629	1935.5402	1794.3998	1743.7856	378.3682	1743.8011	1722.4376	1709.8170	101.4841	1709.8229	1702.5499	1697.3413	41.6730

三、Aspen 软件模拟计算

采用 Aspen Hysys 中的 Sulfur Recovery Unit 模拟硫黄回收装置，该硫黄回收装置采用改进的克劳斯工艺从酸性气中回收硫，模拟软件版本为 Aspen Hysys V11。

使用 Aspen Hysys 软件模拟，主要对克劳斯硫回收单元及尾气焚烧单元建模，流程如下图 4-9 所示，克劳斯硫回收单元模拟运算结果汇总如表 4-46 所示。

四、物料平衡计算

（一）硫平衡计算

1. 总硫平衡

核算从克劳斯单元制硫燃烧炉至尾气焚烧单元焚烧炉出烟气总硫平衡。

入方含硫物流来源包括：原料酸性气、焚烧炉燃料气

出方含硫物流来源包括：产品液硫、焚烧炉烟气

1）原料酸性气中的硫

由表 4-1 中原料酸性气中 H_2S 组分摩尔流量 539. 1418kmol/h 可知，原料酸性气中的硫质量为：

$$539.1418\times32=17252.5376\text{kg/h}$$

2）焚烧炉瓦斯中的硫

瓦斯中硫含量极低，且相对来说瓦斯耗量也较小，对总硫平衡的影响可以忽略不计。以瓦斯分析成绩中硫化氢含量为 14mg/m^3、瓦斯流量为 $1660.39\text{Nm}^3/\text{h}$ 计算，则瓦斯中硫的质量为：

$$1660.39\times14\times\frac{32}{34}\times10^{-6}=0.0219\text{kg/h}$$

3）液硫中硫的质量

标定期间液硫产量为 1259. 5t，可换算为 17493. 0556kg/h。

由标定基础数据中液硫产品纯度为 99. 99%（质），液硫中 H_2S 含量为 0. 0014%（质），可计算出液硫中硫的质量为：

$$17493.0556\times\left[99.99\%+0.0014\%\times\frac{32}{34}\right]=17491.7368\text{kg/h}$$

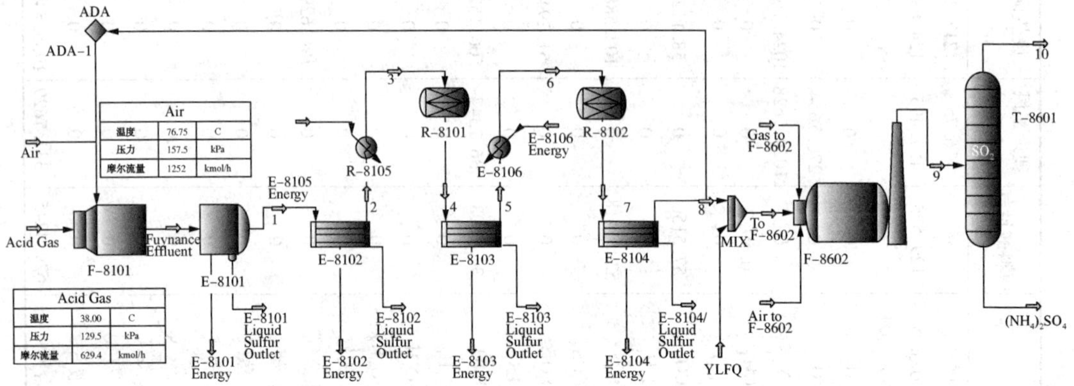

图 4-9　Aspen 软件模拟建模流程示意图

表 4-46 Aspen 软件模拟运算结果汇总

	酸性气	理论空气量	废热锅炉入	废热锅炉出	一冷过程气出	一冷液硫出	一转入	一转出	二冷过程气出	二冷液硫出	二转入	二转出	三冷出	三冷液硫出
温度/℃	33	76.75	1207	328.5	166.5	166.5	233.9	300.8	167.6	167.6	206.2	224.8	124	124
压力/kPa	129.525	157.495	124.5	121.5	118.5	118.5	117.5	114.5	112.5	112.5	111.5	108.5	106.5	108.5
组成/(kmol/h)														
H_2	0	0	34.2259	26.0305	26.0305	0	26.0305	26.0305	26.0305	0	26.0305	26.0305	26.0305	0
O_2	0	254.5843	0	0	0	0	0	0	0	0	0	0	0	0
N_2	0	963.6135	963.6131	963.6131	963.6131	0	963.6131	963.6131	963.6131	0	963.6131	963.6131	963.6131	0
CH_4	0.5973	0	0	0	0	0	0	0	0	0	0	0	0	0
CO	0	0	8.7168	6.0963	6.0963	0	6.0963	6.0963	6.0963	0	6.0963	6.0963	6.0963	0
CO_2	57.5156	0	46.615	46.615	46.615	0	46.615	51.9609	51.9609	0	51.9609	51.9753	51.9753	0
C_2H_6	0	0	0	0	0	0	0	0	0	0	0	0	0	
H_2S	539.1418	0	88.6401	96.8355	96.6649	0.1706	96.6649	28.4733	28.4614	0.0119	28.4614	8.72	8.7194	0.0007
COS	0	0	2.6928	5.3133	5.3133	0	5.3133	0.0503	0.0503	0	0.0503	0.0363	0.0363	0
CS_2	0	0	0.0892	0.0892	0.0892	0	0.0892	0.0008	0.0063	0	0.0063	0.0059	0.0059	0
H_2O	32.1698	34.0615	483.7005	483.7005	483.7005	0	483.7005	551.892	551.892	0	551.892	571.6334	571.6334	0
C_3H_6	0	0	0	0	0	0	0	0	0	0	0	0	0	0
$i-C_4H_8$	0	0	0	0	0	0	0	0	0	0	0	0	0	0
$n-C_4H_8$	0	0	0	0	0	0	0	0	0	0	0	0	0	0
S_1 蒸气	0	0	0.0163	0	0	0	0	0	0	0	0	0	0	0
S_2 蒸气	0	0	196.536	0.0616	0.0001	0	0.0048	0.171	0.0001	0	0.0013	0.0052	0	0
S_3 蒸气	0	0	1.1448	0.1156	0	0	0.0006	0.0284	0	0	0.0002	0.0008	0	0
S_4 蒸气	0	0	0.0156	0.0844	0	0	0.0004	0.0192	0	0	0.0001	0.0006	0	0
S_5 蒸气	0	0	0	1.2181	0.0047	0	0.0192	0.3807	0.0051	0	0.0123	0.0536	0.0003	0
S_6 蒸气	0	0	0	16.1705	0.1665	0	0.3186	5.2364	0.182	0	0.2755	10.2245	0.0144	0
S_7 蒸气	0	0	0	12.1621	0.0818	0	0.1478	3.4046	0.09	0	0.1321	0.7186	0.0053	0
S_8 蒸气	0	0	0	24.4506	0.6251	0	0.4429	7.4213	0.6807	0	0.5689	3.0211	0.062	0
液 S	0	0	0	0	0	379.1729	0	0	0	109.8342	0	0	0	36.2083
合计	629.4245	1252.2593	1877.0525	1733.6027	1680.0474	379.3435	1680.1035	1659.0150	1643.3049	109.8461	1643.3374	1637.4933	1632.5503	36.2090

4）焚烧炉烟气中硫的质量

焚烧炉出口 CEMS 表数据：烟气流量为 29310.23m^3/h、出口烟气 SO_2 浓度为 17725.25mg/m^3，则焚烧炉烟气中硫的质量为：

$$29310.23\times17725.25\times\frac{32}{64}\times10^{-6}=259.7656\text{kg/h}$$

整理得制硫燃烧炉至焚烧炉总硫平衡如表 4-47 所示。

表 4-47　制硫燃烧炉至焚烧炉出总硫平衡

入方		出方		入-出偏差	偏差率
来源	kg/h	来源	kg/h	kg/h	%
酸性气	17252.5376	液硫	17491.7368	—	—
瓦斯	0.0219	烟气	259.7656	—	—
合计	17252.5595	合计	17751.5024	-498.9429	-2.89

装置总硫平衡偏差率为-2.89%，主要原因为来自于液硫产量的数据无法精确获得，除液硫计量偏差外，还有硫池液位的估算库存液硫量的偏差。

2. 制硫燃烧炉、反应器硫平衡

因实际生产过程中每一级硫冷器产出液硫无计量，为方便计算利用 Aspen 软件模拟运算得出的各级硫冷器理论产出液硫比进行硫平衡计算，模拟运算的各级硫冷器比例(以 S 计)如表 4-48 所示。

表 4-48　Aspen 模拟运算出的各级硫冷凝器液硫量

项目	产液硫量/(kmol/h)	比率/%
一级硫冷凝器 E-8102	379.1729	72.19
二级硫冷凝器 E-8103	109.8342	20.92
三级硫冷凝器 E-8104	36.2083	6.89
合计	525.2154	100

根据标定期间硫黄产量为 17493.0556kg/h、纯度 99.99%，换算得产液硫摩尔流量为：

$$17493.0556\times99.99\%\div32\approx546.6034\text{kmol/h}$$

则根据表 4-48 内理论计算液硫比率，可得到各级硫冷凝器产出液硫摩尔流量分别为：一级为 394.5930kmol/h、二级为 114.3494kmol/h、三级为 37.6610kmol/h。

（1）制硫燃烧炉 F-8101 硫平衡

根据克劳斯反应机理，进入制硫燃烧炉的燃烧空气中的氮气为惰性气体，不发生化学反应，氮气在系统内摩尔数不发生变化，即氮平衡原则。根据制硫燃烧炉出口气体组成及计算得出的氮气摩尔流量，通过氮气平衡，可计算出制硫燃烧炉出口过程气各组成的摩尔流量，如表 4-49 所示。

表 4-49　制硫燃烧炉分析及计算数据

入方	kmol/h	出方	kmol/h	干基/%(体)
原料酸性气		一冷出		
H_2S	539.1418	H_2S	106.7178	8.63
CO_2	57.5156	SO_2	55.7702	4.51

续表

入方	kmol/h	出方	kmol/h	干基/%(体)
CH_4	0.5973	COS	9.8927	0.8
H_2O	32.1698	CS_2	0	0
燃烧空气	—	CO_2	39.4472	3.19
N_2	1024.7628	N_2	1024.7628	82.87
O_2	270.7654	—	—	—
H_2O	36.2347	—	—	—

由表4-48和表4-49可得到：

制硫燃烧炉入方：酸性气中 H_2S 含S量为539.1418kmol/h；

制硫燃烧炉出方：过程气中 H_2S 含S量为106.7178kmol/h；

过程气中 SO_2 含S量为55.7702kmo/h；

过程气中COS中含S量为9.8927kmol/h；

液硫中含S量为394.5930kmol/h。

制硫燃烧炉出方含S量合计为566.9737kmol/h，比制硫燃烧炉入方含硫量539.1418kmol/h多27.8319kom/h，偏差率为5.16%，主要原因是硫黄产量计量误差较大，且硫坑液位误差也会影响硫黄产量的计量。

（2）一级克劳斯反应器R-8101硫平衡

根据氮气摩尔流率及一级克劳斯反应器出口气体组成进行计算，通过氮气平衡，可计算出一级克劳斯反应器出口过程气各组成的摩尔流量，如表4-50所示。

表4-50　一级克劳斯反应器标定分析及计算数据

组成	入方		出方	
	流量/(kmol/h)	干基/%(体)	流量/(kmol/h)	干基/%(体)
H_2S	106.7178	8.63	30.7020	2.78
SO_2	55.7702	4.51	16.7867	1.52
COS	9.8927	0.8	0.2209	0.02
CS_2	0	0	0	0
CO_2	39.4472	3.19	31.9168	2.89
N_2	1024.7628	82.87	1024.7628	92.79

由表4-50可以得到：

R-8101入方：过程气中 H_2S 含S量为106.7178kmol/h；

过程气中 SO_2 含S量为55.7702kmo/h；

过程气中COS中含S量为9.8927kmol/h。

R-8101出方：过程气中 H_2S 含S量为30.7020kmol/h；

过程气中 SO_2 含S量为16.7867kmo/h；

过程气中COS中含S量为0.2209kmol/h；

液硫中含S量为114.3494kmol/h。

一级克劳斯反应器出方含S量合计为162.0590kmol/h，比一级克劳斯反应器入方含硫量172.3807kmol/h少10.3217kom/h，偏差率为-5.99%。主要原因包括：①软件模拟的各级硫冷凝器产液硫比率与实际有误差；②过程气化验分析误差。

（3）二级克劳斯反应器 R-8102 硫平衡

根据氮气摩尔流率及二级克劳斯反应器出口气体组成进行计算，通过氮气平衡，可计算出二级克劳斯反应器出口过程气各组成的摩尔流量，如表 4-51 所示。

表 4-51　二级克劳斯反应器标定分析及计算数据

组成	入方		出方	
	流量/(kmol/h)	干基/%(体)	流量/(kmol/h)	干基/%(体)
H_2S	30.7020	2.78	9.1142	0.85
SO_2	16.7867	1.52	5.7902	0.54
COS	0.2209	0.02	0.2145	0.02
CS_2	0	0	0	0
CO_2	31.9168	2.89	32.3824	3.02
N_2	1024.7628	92.79	1024.7628	95.57

由表 4-51 可以得到：

R-8102 入方：过程气中 H_2S 含 S 量为 30.7020kmol/h；

过程气中 SO_2 含 S 量为 16.7867kmo/h；

过程气中 COS 中含 S 量为 0.2209kmol/h。

R-8101 出方：过程气中 H_2S 含 S 量为 9.1142kmol/h；

过程气中 SO_2 含 S 量为 5.7902kmo/h；

过程气中 COS 中含 S 量为 0.2145kmol/h；

液硫中含 S 量为 37.6610kmol/h。

二级克劳斯反应器出方含 S 量合计为 52.779kmol/h，比二级克劳斯反应器入方含硫量 47.7096kmol/h 多 5.0703kom/h，偏差率为 10.63%，主要原因包括：①软件模拟的各级硫冷凝器产液硫比率与实际有误差；②过程气化验分析误差。

（二）水平衡计算

核算克劳斯单元及焚烧+氨洗脱硫单元水平衡。

标定期间，系统水来源包括由原料酸性气中的水、制硫炉燃烧空气中的水、克劳斯单元反应生产水、瓦斯中的水、瓦斯燃烧生成水量、焚烧炉燃烧空气中的水、硫坑废气抽射器的蒸汽、脱硫塔入口降温空气中的水、脱硫塔氧化空气中的水、氨洗脱硫单元工艺补水量及液氨中的水。

系统排出的水为液硫带出的水、净化烟气带出水（根据烟气量及湿度计算）、去检修槽溶液带出的水。

（1）入方

① 制硫炉酸性气中含水量为：

$$32.1698\times18\times72\times10^{-3}=41.69\text{t}$$

② 硫回收反应生成水量（根据氢平衡计算）为：

$$(529.9978+0.5973)\times18\times72\times10^{-3}=686.92\text{t}$$

其中：H_2S 克劳斯反应生成水摩尔流量：539.1418−9.1142＝530.0276kmol/h

CH_4燃烧反应生成水摩尔流量：0.5973kmol/h

③ 焚烧炉瓦斯中水含量为：

$$1.4207\times18\times72\times10^{-3}=1.84t$$

④ 焚烧炉燃烧反应生成水量为：

$$121.1080\times18\times72\times10^{-3}=156.96t$$

其中：H_2S燃烧反应生成水摩尔流量：9.1142kmol/h

CH_4燃烧反应生成水摩尔流量：18.8704×2=37.7409kmol/h

C_2H_6燃烧反应生成水摩尔流量：14.2601×3=42.7803kmol/h

C_3H_8燃烧反应生成水摩尔流量：0.1891×4=0.7563kmol/h

C_4H_{10} 燃烧反应生成水摩尔流量：0.2182×5=1.0908kmol/h

H_2燃烧反应生成水摩尔流量：29.6255kmol/h

焚烧炉燃烧反应器合计生成水量：121.1080kmol/h

⑤ 硫坑废气抽射器蒸汽量为：

$$620.08\times72\times10^{-3}=44.65t$$

⑥ 进系统空气含水量为：

$$145173.76\times2.7208\%\times\div22.4\times18\times72\times10^{-3}=228.53t$$

其中：制硫炉燃烧空气为：22855.89+2307.39=25163.28m^3/h

焚烧炉燃烧空气为：8617.81+6225.14+6658.53=21501.14m^3/h

脱硫塔入口降温空气为：8500m^3/h

脱硫塔氧化空气为：90000m^3/h

进系统空气量合计为：145173.76m^3/h

⑦ 氨洗单元系统补水：481-288=193t

其中：脱硫系统总水量为481t，机封水全部改出系统，用量为288t。

⑧ 液氨中的水：

$$30.984\times(1-99.6\%)=0.12t$$

（2）出方

① 产品液硫带出水量为：

$$1259.5\times0.05\%=0.63t$$

② 净化烟气理论带出水量为：

$$117001.75\times19\%\div22.4\times18\times72\times10^{-3}=1301.33t$$

③ 进检修槽溶液含水量：

$$(5.91\times28.26\times1.24-84.01)-(4.215\times28.26\times1.22-55.373)=33.1t$$

去炼油厂硫铵溶液含水经过蒸发结晶全部返回脱硫单元，可认为没有损耗。

（3）平衡计算

入方总水量：41.69+686.92+1.84+156.96+44.65+228.53+193+0.12=1353.71t

出方总水量：0.63+1301.33+33.1=1335.06

标定期间进出口含水量差值为18.65t，合0.26t/h，即每小时进水量比出水量多0.26t/h，考虑到净化烟气会夹带一定液滴，故基本满足水平衡要求。

（三）氨洗脱硫单元氨平衡计算

装置的氨平衡核算主要是氨洗脱硫及硫铵后处理系统。脱硫系统溶液各设备规格及硫铵含量分别如表4-52、表4-53所示。

表 4-52　脱硫系统溶液各槽罐设备规格参数表

设备名称	规格/m	容积/m^3	每米容积/m^3
脱硫塔浓缩段	ϕ5. 0×2. 0	39. 25	19. 625
循环槽	ϕ6. 6×10. 5	359. 04	34. 195
检修槽	ϕ6. 0×14. 0	538. 5	28. 260
料液槽	ϕ3. 0×5. 0	40	7. 065
蒸发分离室	ϕ4. 1×3. 5+ϕ4. 1×3. 6（椎体）	70	15. 83（椎体）+13. 196

表 4-53　硫酸铵含量计算表

计算项目	开始时			结束时		
	液位/m	浓度/（g/L）	硫酸铵含量/t	液位/m	浓度/（g/L）	硫酸铵含量/t
浓缩段	1. 858	534. 6	19. 493	1. 756	522. 4	18. 003
循环槽	8. 215	381. 1	107. 056	8. 217	369. 5	103. 822
检修槽	4. 222	464. 1	55. 373	5. 903	503. 6	84. 01
料液槽	4. 193	593. 4	17. 579	4. 436	589. 1	18. 463
蒸发结晶槽	2. 544	596. 2	29. 453	2. 587	590. 1	29. 486
总计			228. 954			253. 784

标定期间生产的硫酸铵总量为，

产品：根据标定期间出料计算得出累计生产硫酸铵 33. 46t（水分 3%）+33. 22t（水分 4. 2%）+31. 52（水分 4. 5%）= 94. 383t；

系统累计：253. 784-228. 954 = 24. 83t

总计：94. 383+24. 83 = 119. 213t

标定期间液氨用量 30. 984t，理论硫酸铵产量：30. 984×3. 88 = 120. 218t

氨回收率：119. 213÷120. 218×100% = 99. 16%

标定期间生产硫酸铵产品（去除含水量）94. 383t，系统存量变化 24. 83t，合计 119. 213t，根据注氨量计算得出理论硫酸铵生成量 120. 218t，根据物料平衡计算，氨收率为 99. 16%。

五、制硫燃烧炉对比计算

（一）按标定数据计算

根据克劳斯反应机理，进入制硫燃烧炉的燃烧空气中的氮气为惰性气体，不发生化学反应，氮气在系统内摩尔数不发生变化，即氮平衡原则。根据制硫燃烧炉出口气体组成及计算得出的氮气摩尔流量，通过氮气平衡，可计算出制硫燃烧炉出口过程气各组成的摩尔流量，如表 4-54 所示。

表 4-54　制硫燃烧炉分析及计算数据

入方	含量/（kmol/h）	出方	含量/（kmol/h）	干基/%（体）
原料酸性气		一冷出		
H_2S	539. 1418	H_2S	106. 7178	8. 63
CO_2	57. 5156	SO_2	55. 7702	4. 51

续表

入方	含量/(kmol/h)	出方	含量/(kmol/h)	干基/%(体)
CH_4	0.5973	COS	9.8927	0.8
H_2O	32.1698	CS_2	0	0
燃烧空气		CO_2	3.8494	3.19
N_2	1024.7628	N_2	1024.7628	82.87
O_2	270.7654			
H_2O	36.2347			

则制硫燃烧炉硫转化率为

$$\eta_{制硫燃烧炉}=\left[1-\frac{出口过程气(H_2S+SO_2+COS+2CS_2)摩尔总数}{入制硫燃烧炉(H_2S+SO_2+COS+2CS_2)摩尔总数}\right]\times100\%$$

$$=\left(1-\frac{106.7178+55.7702+9.8927}{539.1418}\right)\times100\%=68.03\%$$

经标定基础数据计算得出制硫燃烧炉的转化率为68.03%。

(二) 平衡常数法理论计算

由表4-45中理论计算出的克劳斯硫回收单元物流组成数据，整理出制硫燃烧炉F-8101进出过程气组成如表4-55所示。

表4-55 制硫燃烧炉进出物流组成理论计算数据

入方	含量/(kmol/h)	出方	含量/(kmol/h)
酸性气		废锅出过程气	
H_2S	539.1418	H_2S	102.5886
CO_2	57.5156	SO_2	51.2943
CH_4	0.5973	COS	
H_2O	32.1698	CS_2	
燃烧空气		CO_2	57.5156
N_2	1024.7628	N_2	1024.7628
O_2	270.7654		
H_2O	36.2347		

则制硫燃烧炉硫转化率为：

$$\eta_{制硫燃烧炉}=\left[1-\frac{出口过程气(H_2S+SO_2+COS+2CS_2)摩尔总数}{入制硫燃烧炉(H_2S+SO_2+COS+2CS_2)摩尔总数}\right]\times100\%$$

$$=\left(1-\frac{102.5886+51.2943}{539.1418}\right)\times100\%=71.46\%$$

经理论计算得出制硫燃烧炉的转化率为71.46%。

(三) Aspen软件模拟运算

由表4-46中Aspen软件模拟运算结果，整理出制硫燃烧炉F-8101进出过程气数据如表4-56所示。

表 4-56　制硫燃烧炉 Aspen 模拟运算数据

入方	含量/(kmol/h)	出方	含量/(kmol/h)
酸性气		废锅出过程气	
H_2S	539.1418	H_2S	96.8355
CO_2	57.5156	SO_2	51.0464
CH_4	0.5973	COS	5.3133
H_2O	32.1698	CS_2	0.0892
燃烧空气		CO_2	46.6150
N_2	963.6135	N_2	963.6131
O_2	254.5843		
H_2O	34.0615		

则制硫燃烧炉硫转化率为：

$$\eta_{制硫燃烧炉}=\left[1-\frac{出口过程气(H_2S+SO_2+COS+2CS_2)摩尔总数}{入制硫燃烧炉(H_2S+SO_2+COS+2CS_2)摩尔总数}\right]\times100\%$$

$$=\left(1-\frac{96.8355+51.046+5.3133+2\times0.0892}{539.1418}\right)\times100\%=71.55\%$$

经 Aspen 模拟计算得出制硫燃烧炉的转化率为 71.55%。

(四) 对比分析

由标定数据、表 4-45 中理论计算数据以及表 4-46 中 Aspen 模拟运算数据汇总对制硫燃烧炉的计算，结果如表 4-57 所示。

表 4-57　制硫燃烧炉计算结果对比

制硫燃烧炉计算	标定数据	理论计算	Aspen 模拟
硫转化率/%	68.03	71.46	71.55
炉膛温度/℃	1159.61	1217.37	1207
配风量/(kmol/h)	1266.5037	1331.7629	1252.2593
出口气组成/(kmol/h)			
H_2S	106.7178	102.5886	96.8355
SO_2	55.7702	51.2943	51.0464
COS	9.8927	—	5.3133
CS_2	0	—	0.0892
CO_2	3.8494	57.5156	46.6150
N_2	1024.7628	1024.7628	963.6131
H_2	—	—	26.0305
CO	—	—	6.0963
H_2O			483.7005
S_2蒸气			0.0616
S_3蒸气			0.1156
S_4蒸气			0.0844

续表

制硫燃烧炉计算	标定数据	理论计算	Aspen 模拟
S_5蒸气			1. 2181
S_6蒸气		13. 3266	16. 1705
S_7蒸气		0	12. 1621
S_8蒸气		38. 1624	24. 4506

在制硫燃烧炉计算时未考虑热损失，计算所得的炉温相对是偏高的。若考虑炉体与环境辐射、对流换热造成的热损失，按3%~5%考虑，计算得出的炉温在1165~1185℃之间，与装置DCS指示温度偏差率在3%以内。

六、一级克劳斯反应器对比计算

（一）按标定数据计算

根据克劳斯反应机理，氮气摩尔流率及一级克劳斯反应器出口气体组成进行计算，通过氮气平衡，可计算出一级克劳斯反应器出口过程气各组成的摩尔流量，如表4-58所示。

表4-58　一级克劳斯反应器标定分析及计算数据

组成	入方		出方	
	流量/(kmol/h)	干基/%(体)	流量/(kmol/h)	干基/%(体)
H_2S	106. 7178	8. 63	30. 7020	2. 78
SO_2	55. 7702	4. 51	16. 7867	1. 52
COS	9. 8927	0. 8	0. 2209	0. 02
CS_2	0	0	0	0
CO_2	39. 4472	3. 19	31. 9168	2. 89
N_2	1024. 7628	82. 87	1024. 7628	92. 79

1. 硫转化率

一级克劳斯反应器硫转化率为：

$$\eta_{一转}=\left[1-\frac{一转出口(H_2S+S\ O_2+COS+2C\ S_2)摩尔总数}{一转入口(H_2S+S\ O_2+COS+2C\ S_2)摩尔总数}\right]\times100\%$$

$$=\left(1-\frac{30.7020+16.7867+0.2209}{106.7178+55.7702+9.8927}\right)\times100\%=72.32\%$$

一级克劳斯反应器后总硫转化率为：

$$\eta'一转=\left[1-\frac{一转出口(H_2S+S\ O_2+COS+2C\ S_2)摩尔总数}{入制硫燃烧炉(H_2S+S\ O_2+COS+2C\ S_2)摩尔总数}\right]\times100\%$$

$$=\left(1-\frac{30.7020+16.7867+0.2209}{539.1418}\right)\times100\%=91.15\%$$

经标定数据计算得出一级克劳斯反应器的硫转化率为72. 32%，经过一级克劳斯反应器后的总硫转化率为91. 15%。

2. 有机硫水解率

一级克劳斯反应器R-8102有机硫水解率为：

$$\eta_{水解}=\left[1-\frac{一转出口(COS+2CS_2)摩尔总数}{一转入口(COS+2CS_2)摩尔总数}\right]\times100\%=\left(1-\frac{0.2209}{9.8927}\right)\times100\%=97.77\%$$

一级克劳斯反应器内催化剂级配为上部2/3体积的LS-02和下部1/3体积的LS-981G，LS-981G催化剂有机硫水解效果极好。

3. 反应器空速

未设置流量指示，反应器空速此处不进行计算。

4. 硫露点温度

未设置流量指示，硫露点温度此处不进行计算。

（二）平衡常数法理论计算

由表4-45中克劳斯硫回收单元物流组成数据，整理出一级克劳斯反应器R-8101进出口过程气组成数据如表4-59所示。

表4-59　一级克劳斯反应器进出口过程气组成

项目	入方	出方
温度/℃	233.89	305.11
压力/kPa	117.685	114.685
组成/(kmol/h)		
H_2S	102.5886	34.4782
SO_2	51.2943	17.2391
COS	—	—
CS_2	—	—
CO_2	58.1129	58.1129
N_2	1024.7628	1024.7628
H_2O	506.1522	574.2626
S_6	0.1161	0
S_8	0.7742	13.632
合计	1743.8011	1722.4876

1. 硫转化率

一级克劳斯反应器硫转化率为：

$$\eta_{一转}=\left[1-\frac{一转出口(H_2S+SO_2+COS+2CS_2)摩尔总数}{一转入口(H_2S+SO_2+COS+2CS_2)摩尔总数}\right]\times100\%$$

$$=\left(1-\frac{34.4782+17.2391}{102.5886+51.2943}\right)\times100\%=66.39\%$$

一级克劳斯反应器后总硫转化率为：

$$\eta'_{一转}=\left[1-\frac{一转出口(H_2S+SO_2+COS+2CS_2)摩尔总数}{入制硫燃烧炉(H_2S+SO_2+COS+2CS_2)摩尔总数}\right]\times100\%$$

$$=\left(1-\frac{34.4782+17.2391}{539.1418}\right)\times100\%=90.19\%$$

经理论计算得出一级克劳斯反应器的硫转化率为66.39%，经过一级克劳斯反应器后的总硫转化率为90.41%。

2. 有机硫水解率

理论计算简化了反应，有机硫水解率此处不进行计算。

3. 反应器空速

反应器空速有两种表达形式，分别为体积空速和质量空速，如下所示：

$$体积空速\ u_v = 原料体积流量(m^3/h) \div 催化剂体积(m^3)$$

$$质量空速\ u_m = 原料质量流量(kg/h) \div 催化剂体积(kg)$$

一级克劳斯反应器 R-8101 内催化剂装填体积为 72m³、装填总质量为 57.6t（即为 57600kg）。

入口过程气以标准状态体积流量计算反应器空速：

$$u_v = \frac{1743.8011 \times 22.4}{72} = 542.52\ h^{-1}$$

入口过程气以质量流量计算反应器空速：

$$u_m = \frac{\sum 各组分质量流量}{催化剂质量} = \frac{\sum 各组分摩尔流量 \times 相对分子质量}{催化剂质量} = \frac{47352.4}{57600} = 0.82\ h^{-1}$$

4. 硫露点温度

（1）反应器入口过程气

入口过程气压力为 117.685kPa，温度为 233.89℃。

$$硫分压\ P_{S_6+S_8} = \frac{(S_6 + S_8)摩尔流量}{\sum 入口各组分总摩尔流量} \times P = \frac{0.1161 + 0.7724}{1743.8011} \times 117.685 = 0.06\ kPa$$

根据式(4-8)，硫的饱和蒸气压 P_S 与温度的关系：

$$P_S = 10^{-3} e^{\{89.273-[13643/(T+273.15)]-8.9643 ln(T+273.15)\}} \quad (4-8)$$

计算出硫露点温度为 166.38℃，入口过程气温度 233.89℃比露点温度高 67.51℃。

（2）反应器出口过程气

出口过程气压力为 114.685kPa，温度为 305.11℃。

$$硫分压\ P_{S_6+S_8} = \frac{(S_6 + S_8)摩尔流量}{\sum 入口各组分总摩尔流量} \times P = \frac{13.6320}{1722.4876} \times 114.685 = 0.91\ kPa$$

根据式(4-8)，硫的饱和蒸气压 P_S 与温度的关系，计算出硫露点温度为 231.82℃，出口过程气温度 305.11℃比露点温度高 73.29℃。

（三）Aspen 软件模拟运算

由表 4-46 中 Aspen 软件模拟运算结果，整理出一级克劳斯反应器 R-8101 进出过程气数据如表 4-60 所示。

表 4-60 一级克劳斯反应器进出口过程气组成

项目	入方	出方
温度/℃	233.9	300
压力/kPa	117.5	114.5
组成/(kmol/h)		
H_2S	96.6649	28.4733
SO_2	51.0464	14.2362

续表

项目	入方	出方
COS	5. 3133	0. 0503
CS_2	0. 0892	0. 0008
CO_2	46. 615	51. 9609
N_2	963. 6131	963. 6131
H_2O	483. 7005	551. 892
H_2	26. 0305	26. 0305
CO	6. 0963	6. 0963
S_2蒸气	0. 0048	0. 171
S_3蒸气	0. 0006	0. 0284
S_4蒸气	0. 0004	0. 0192
S_5蒸气	0. 0192	0. 3807
S_6蒸气	0. 3186	5. 2364
S_7蒸气	0. 1478	3. 4046
S_8蒸气	0. 4429	7. 4213
合计	1680. 1035	1659. 015

1. 硫转化率

一级克劳斯反应器硫转化率为：

$$\eta_{一转}=\left[1-\frac{一转出口(H_2S+SO_2+COS+2CS_2)摩尔总数}{一转入口(H_2S+SO_2+COS+2CS_2)摩尔总数}\right]\times100\%$$

$$=\left(1-\frac{28.4733+14.2362+0.0503+2\times0.0008}{96.6649+51.0464+5.3133+2\times0.0892}\right)\times100\%=72.09\%$$

一级克劳斯反应器后总硫转化率为：

$$\eta'_{一转}=\left[1-\frac{一转出口(H_2S+SO_2+COS+2CS_2)摩尔总数}{入制硫燃烧炉(H_2S+SO_2+COS+2CS_2)摩尔总数}\right]\times100\%$$

$$=\left(1-\frac{28.4733+14.2362+0.0503+2\times0.0008}{539.1418}\right)\times100\%=92.07\%$$

经 Aspen 模拟计算得出一级克劳斯反应器的硫转化率为 72. 09%，经过一级克劳斯反应器后的总硫转化率为 92. 07%。

2. 有机硫水解率

一级克劳斯反应器 R-8101 有机硫水解率为：

$$\eta_{水解}=\left[1-\frac{一转出口(COS+2CS_2)摩尔总数}{一转入口(COS+2CS_2)摩尔总数}\right]\times100\%=\left(1-\frac{0.00503+2\times0.0008}{5.3133+2\times0.0892}\right)\times100\%=99.05\%$$

一级克劳斯反应器内催化剂级配为上部 2/3 体积的 LS-02 和下部 1/3 体积的 LS-981G，LS-981G 催化剂有机硫水解效果极好。

3. 反应器空速

反应器空速有两种表达形式，分别为体积空速和质量空速，如下所示：

体积空速 u_v = 原料体积流量(m^3/h) ÷ 催化剂体积(m^3)

质量空速 u_m = 原料质量流量(kg/h) ÷ 催化剂体积(kg)

一级克劳斯反应器 R-8101 内催化剂装填体积为 72m³、装填总质量为 57.6t(即为 57600kg)。

入口过程气以标准状态体积流量计算反应器空速：

$$u_v = \frac{1680.1035 \times 22.4}{72} = 522.701\ h^{-1}$$

入口过程气以质量流量计算反应器空速：

$$u_m = \frac{\sum 各组分质量流量}{催化剂质量} = \frac{\sum 各组分摩尔流量 \times 相对分子质量}{催化剂质量} = \frac{45105.028}{57600} = 0.78\ h^{-1}$$

4. 硫露点温度

(1) 反应器入口过程气

入口过程气压力为 117.5kPa，温度为 233.9℃。

$$硫分压\ P_{S_{2\sim8}} = \frac{\sum S_{2\sim8}\ 摩尔流量和}{\sum 入口各组分总摩尔流量} \times P = \frac{0.9343}{1680.1035} \times 117.5 = 0.065\text{kPa}$$

根据式(4-8)，硫的饱和蒸气压 P_s 与温度的关系：

$$P_S = 10^{-3} e^{\{89.273-[13643/(T+273.15)]-8.9643 ln(T+273.15)\}} \quad (4-8)$$

计算出硫露点温度为 168.04℃，入口过程气温度 233.9℃ 比露点温度高 65.86℃。

(2) 反应器出口过程气

出口过程气压力为 114.5kPa，温度为 300℃。

$$硫分压\ P_{S_{2\sim8}} = \frac{\sum S_{2\sim8}\ 摩尔流量和}{\sum 入口各组分总摩尔流量} \times P = \frac{16.6616}{1659.015} \times 114.5 = 1.15\text{kPa}$$

根据式(4-8)，硫的饱和蒸气压 P_s 与温度的关系，计算出硫露点温度为 238.23℃，出口过程气温度 300℃ 比露点温度高 61.77℃。

七、二级克劳斯反应器对比计算

(一) 按标定数据计算

根据克劳斯反应机理，氮气摩尔流率及二级克劳斯反应器出口气体组成进行计算，通过氮气平衡，可计算出二级克劳斯反应器出口过程气各组成的摩尔流量，如表 4-61 所示。

表 4-61 二级克劳斯反应器标定分析及计算数据

组成	入方		出方	
	流量/(kmol/h)	干基/8%(体)	流量/(kmol/h)	干基/8%(体)
H_2S	30.7020	2.78	9.1142	0.85
SO_2	16.7867	1.52	5.7902	0.54
COS	0.2209	0.02	0.2145	0.02
CS_2	0	0	0	0
CO_2	31.9168	2.89	32.3824	3.02
N_2	1024.7628	92.79	1024.7628	95.57

1. 硫转化率

二级克劳斯反应器硫转化率为：

$$\eta_{二转}=\left[1-\frac{二转出口(H_2S+SO_2+COS+2CS_2)摩尔总数}{二转入口(H_2S+SO_2+COS+2CS_2)摩尔总数}\right]\times100\%$$

$$=\left(1-\frac{9.1142+5.7902+0.2145}{30.0702+16.7867+0.2209}\right)\times100\%=68.31\%$$

二级克劳斯反应器后总硫转化率为：

$$\eta'_{一转}=\left[1-\frac{二转出口(H_2S+SO_2+COS+2CS_2)摩尔总数}{入制硫燃烧炉(H_2S+SO_2+COS+2CS_2)摩尔总数}\right]\times100\%$$

$$=\left(1-\frac{9.1142+5.7902+0.2145}{539.1418}\right)\times100\%=97.20\%$$

经标定数据计算得出二级克劳斯反应器的硫转化率为 68.31%，经过二级克劳斯反应器后的总硫转化率为 97.20%。

2. 有机硫水解率

二级克劳斯反应器 R-8102 后有机硫总水解率为：

$$\eta_{水解}=\left[1-\frac{二转出口(COS+2CS_2)摩尔总数}{一转入口(COS+2CS_2)摩尔总数}\right]\times100\%=\left(1-\frac{0.2145}{9.8927}\right)\times100\%=97.83\%$$

二级克劳斯反应器内催化剂全部为 LS-02，其后有机硫总水解率为 97.83%，比一级克劳斯反应器有机硫水解率 97.77%提高甚微，说明二级克劳斯反应器内受催化剂、反应温度等影响有机硫水解效果极小。

3. 反应器空速

未设置流量指示，反应器空速此处不进行计算。

4. 硫露点温度

未设置流量指示，硫露点温度此处不进行计算。

（二）平衡常数法理论计算结果

由表 4-45 中克劳斯硫回收单元物流组成数据，整理出二级克劳斯反应器 R-8102 进出口过程气组成数据如表 4-62 所示。

表 4-62 二级克劳斯反应器进出口过程气组成

项目	入方	出方
温度/℃	206.17	231.84
压力/kPa	111.685	108.685
组成/(kmol/h)		
H_2S	34.4782	11.2710
SO_2	17.2391	5.6355
COS	—	—
CS_2	—	—
CO_2	58.1129	58.1129
N_2	1024.7628	1024.7628
H_2O	574.2626	597.4698
S_6	0.0832	0
S_8	0.8841	5.2979
合计	1709.8229	1702.5499

1. 硫转化率

二级克劳斯反应器硫转化率为：

$$\eta_{二转}=\left[1-\frac{二转出口(H_2S+SO_2+COS+2CS_2)摩尔总数}{二转入口(H_2S+SO_2+COS+2CS_2)摩尔总数}\right]\times100\%$$

$$=\left(1-\frac{11.2710+5.6355}{34.4728+17.2391}\right)\times100\%=67.31\%$$

二级克劳斯反应器后总硫转化率为：

$$\eta'_{二转}=\left[1-\frac{二转出口(H_2S+SO_2+COS+2CS_2)摩尔总数}{入制硫燃烧炉(H_2S+SO_2+COS+2CS_2)摩尔总数}\right]\times100\%$$

$$=\left(1-\frac{11.2710+5.6355}{539.1418}\right)\times100\%=96.86\%$$

经理论计算得出二级克劳斯反应器的硫转化率为67.31%，经过二级克劳斯反应器后的总硫转化率为96.86%。

2. 有机硫水解率

理论计算简化了反应，有机硫水解率此处不进行计算。

3. 反应器空速

反应器空速有两种表达形式，分别为体积空速和质量空速，如下所示：

体积空速 u_v=原料体积流量(m^3/h)/催化剂体积(m^3)

质量空速 u_m=原料质量流量(kg/h)/催化剂体积(kg)

二级克劳斯反应器R-8102内催化剂装填体积为$72m^3$、装填总质量为50.4t(即为50400kg)。

入口过程气以标准状态体积流量计算反应器空速：

$$u_v=\frac{1709.8229\times22.4}{72}=531.944\ h^{-1}$$

入口过程气以质量流量计算反应器空速：

$$u_m=\frac{\sum 各组分质量流量}{催化剂质量}=\frac{\sum 各组分摩尔流量\times相对分子质量}{催化剂质量}=\frac{44104.918}{50400}=0.88\ h^{-1}$$

4. 硫露点温度

(1) 反应器入口过程气

入口过程气压力为111.685kPa，温度为206.17℃。

$$硫分压P_{S_6+S_8}=\frac{(S_6+S_8)摩尔流量}{\sum 入口各组分总摩尔流量}\times P=\frac{0.0832+0.8841}{1709.8229}\times111.685=0.06\ kPa$$

根据式(4-8)，计算出硫露点温度为167.55℃，入口过程气温度206.17℃比露点温度高38.62℃。

(2) 反应器出口过程气

出口过程气压力为108.685kPa，温度为231.84℃。

$$硫分压P_{S_6+S_8}=\frac{(S_6+S_8)摩尔流量}{\sum 入口各组分总摩尔流量}\times P=\frac{5.2979}{1702.5499}\times108.685=0.34\ kPa$$

根据式(4-8)中，硫的饱和蒸气压 P_s 与温度的关系，计算出硫露点温度为205.63℃，出口过程气温度231.84℃比露点温度高26.21℃。

（三）Aspen 软件模拟运算结果

由表4-46中Aspen软件模拟运算结果，整理出二级克劳斯反应器R-8102进出过程气数据如表4-63所示。

表4-63　二级克劳斯反应器进出口过程气组成

项目	入方	出方
温度/℃	206.2	224.8
压力/kPa	111.5	108.5
组成/(kmol/h)		
H_2S	28.4614	8.72
SO_2	14.2362	4.3581
COS	0.0503	0.0363
CS_2	0.0063	0.0059
CO_2	51.9609	51.9753
N_2	963.6131	963.6131
H_2O	551.8920	571.6334
H_2	26.0305	26.0305
CO	6.0963	6.0963
S_2蒸气	0.0013	0.0052
S_3蒸气	0.0002	0.0008
S_4蒸气	0.0001	0.0006
S_5蒸气	0.0123	0.0536
S_6蒸气	0.2755	1.2245
S_7蒸气	0.1321	0.7186
S_8蒸气	0.5689	3.0211
合计	1643.3374	1637.82、

1. 硫转化率

二级克劳斯反应器硫转化率为：

$$\eta_{二转}=\left[1-\frac{二转出口(H_2S+SO_2+COS+2CS_2)摩尔总数}{二转入口(H_2S+SO_2+COS+2CS_2)摩尔总数}\right]\times100\%$$

$$=\left(1-\frac{8.7200+4.3581+0.0363+2\times0.0059}{28.4614+14.2362+0.0503+2\times0.0063}\right)\times100\%=68.54\%$$

二级克劳斯反应器后总硫转化率为：

$$\eta'_{二转}=\left[1-\frac{二转出口(H_2S+SO_2+COS+2CS_2)摩尔总数}{入制硫燃烧炉(H_2S+SO_2+COS+2CS_2)摩尔总数}\right]\times100\%$$

$$=\left(1-\frac{8.7200+4.3581+0.0363+2\times0.0059}{539.1418}\right)\times100\%=97.50\%$$

经Aspen模拟计算得出二级克劳斯反应器的硫转化率为68.54%，经过二级克劳斯反应器后的总硫转化率为97.52%。

2. 有机硫水解率

二级克劳斯反应器 R-8102 后有机硫总水解率为：

$$\eta_{水解}=\left[1-\frac{二转出口(COS+2CS_2)摩尔总数}{一转入口(COS+2CS_2)摩尔总数}\right]\times100\%$$

$$=\left(1-\frac{0.0363+2\times0.0059}{5.3133+2\times0.0892}\right)\times100\%=99.13\%$$

二级克劳斯反应器内催化剂全部为 LS-02，其后有机硫总水解率为 99.13%，比一级克劳斯反应器有机硫水解率 99.05%提高甚微，说明二级克劳斯反应器内受催化剂、反应温度等影响有机硫水解效果极小。

3. 反应器空速

反应器空速有两种表达形式，分别为体积空速和质量空速，如下所示：

体积空速 u_v = 原料体积流量(m^3/h)/催化剂体积(m^3)

质量空速 u_m = 原料质量流量(kg/h)/催化剂体积(kg)

二级克劳斯反应器 R-8102 内催化剂装填体积为 $72m^3$、装填总质量为 50.4t(即为 50400kg)。

入口过程气以标准状态体积流量计算反应器空速：

$$u_v=\frac{1680.1035\times22.4}{72}=511.3\ h^{-1}$$

入口过程气以质量流量计算反应器空速：

$$u_m=\frac{\sum 各组分质量流量}{催化剂质量}=\frac{\sum 各组分摩尔流量\times相对分子质量}{催化剂质量}=\frac{41537.272}{50400}=0.82\ h^{-1}$$

4. 硫露点温度

(1) 反应器入口过程气

入口过程气压力为 111.5kPa，温度为 206.2℃。

$$硫分压\ P_{S_{2\sim8}}=\frac{\sum S_{2\sim8}摩尔流量和}{\sum 入口各组分总摩尔流量}\times P=\frac{0.9904}{1680.1035}\times111.5=0.067kPa$$

根据式(4-8)中，硫的饱和蒸气压 P_s 与温度的关系：

$$P_S=10^{-3}e^{\{89.273-[13643/(T+273.15)]-8.9643\ln(T+273.15)\}} \qquad (4-8)$$

计算出硫露点温度为 168.80℃，入口过程气温度为 206.2℃比露点温度高 37.4℃。

(2) 反应器出口过程气

出口过程气压力为 108.5kPa，温度为 224.8℃。

$$硫分压\ P_{S_{2\sim8}}=\frac{\sum S_{2\sim8}摩尔流量和}{\sum 入口各组分总摩尔流量}\times P=\frac{5.0244}{1637.4933}\times108.5=0.332\ kPa$$

根据式(4-8)中，硫的饱和蒸气压 P_s 与温度的关系，计算出硫露点温度为 205.1℃，出口过程气温度为 224.8℃比露点温度高 19.7℃。

八、富胺液对比计算

再生塔富胺液来源为炼油四部 2.6Mt/a 蜡油加氢装置、1.8Mt/a 渣油加氢装置、2.0Mt/

a 渣油加氢装置及产品精制装置，经富胺液闪蒸罐混合闪蒸后，送至再生塔进料。由基础数据可知：富胺液循环量为413.58t/h，再生塔进料富胺液中 H_2S 含量为34.62g/L、CO_2 含量为5.62g/L；贫胺液 MEDA 浓度为39.24%、H_2S 含量为0.49g/L、CO_2 含量为0.07g/L。

1. 酸性气负荷计算

$$\text{酸性气负荷}=\frac{34.62/34+5.62/44}{1000\times 0.3942\div 119}=0.3459\text{mol/mol}$$

2. 再生酸性气量计算

查相关文献《MDEA 水溶液的物理化学性质》，浓度40%左右的 MDEA 水溶液密度约为1.0266g/mL，富胺液进塔量为413.58t/h，换算为体积流量为：

$$\frac{413.58}{1.0266}=402.87\ \text{m}^3/\text{h}$$

可以计算出：

再生出的H_2S摩尔流量=402.87×(34.62−0.49)/34=404.3679kmol/h

再生出的 CO_2摩尔流量=402.87×(5.62−0.07)/44=50.8162kmol/h

再生出酸性气温度为37.97℃，查38℃水蒸气饱和蒸气压约为6.62kPa，再生酸性气压力为83.56kPa，利用分压定律可计算出再生酸性气中 H_2O 摩尔流量。

$$P_{H_2O}=\frac{n_{H_2O}}{n_{H_2O}+n_{H_2S}+n_{CO_2}}\times P \tag{4-9}$$

即

$$6.62=\frac{n_{H_2O}}{n_{H_2O}+404.3679+50.8162}\times(83.56+101.325)$$

可求得再生酸性气中 H_2O 摩尔流量为16.9036kmol/h，再生酸性气组成汇总如表4-64所示。

表4-64　再生塔酸性气组成

项目	流量/(kmol/h)	含量/%(体)
H_2S	404.3679	85.66
CO_2	50.8162	10.76
H_2O	16.9036	3.58
合计	472.0878	100

3. 再生蒸汽与富液流量及再生效果关系

根据标定结果，再生蒸汽用量为50.32t/h，富液量为413.58t/h，则再生塔蒸汽消耗为：

50.32÷413.58=0.122t 蒸汽/t 富液

4. 再生蒸汽与富液流量和贫、富液酸性气负荷差的关系

利用 Aspen Plus 软件建立再生塔模型。

1）通过改变富胺液流量，并保持塔底贫液中硫化氢含量、MDEA 浓度及塔顶压力不变，得到再生塔塔底蒸汽消耗与富胺液流量的关系：溶剂再生系统胺液循环量越大，再生塔消耗的蒸汽量越多，两者基本呈直线关系。如表4-65、图4-10所示。

表 4-65　胺液循环量与蒸汽消耗量的关系

胺液循环量/(t/h)	蒸汽消耗量/(t/h)	胺液循环量/(t/h)	蒸汽消耗量/(t/h)
400	51.25	525	63.85
425	53.70	550	66.50
450	56.20	575	69.10
475	58.70	600	71.80
500	61.25		

2）在胺液循环量、富液中硫化氢含量、MDEA浓度不变的情况下，通过改变液中 H_2S 含量，并保持胺液循环量、富液中硫化氢含量、MDEA浓度及塔顶压力不变，得到再生塔塔底蒸汽消耗与贫液中 H_2S 含量的关系：贫液中 H_2S 含量越低，再生蒸汽耗量越高，装置能耗会相应提高。另外，对于硫黄回收装置的来说，可以控制贫液 H_2S 含量为在1g/L以下，而对干气和液化气脱硫所需的贫液 H_2S 含量可以适当提升至1~1.5g/L，因此要根据脱硫剂使用的装置不同，合理确定再生深度，节约用气。如表4-66、图4-11所示。

表 4-66　胺液循环量与蒸汽消耗量的关系

贫液 H_2S 含量/(g/L)	再生蒸汽消耗量/(t/h)	贫液 H_2S 含量/(g/L)	再生蒸汽消耗量/(t/h)
0.8	47.58	0.4	55.85
0.7	49.98	0.3	59.45
0.6	51.50	0.2	63.75
0.5	52.85		

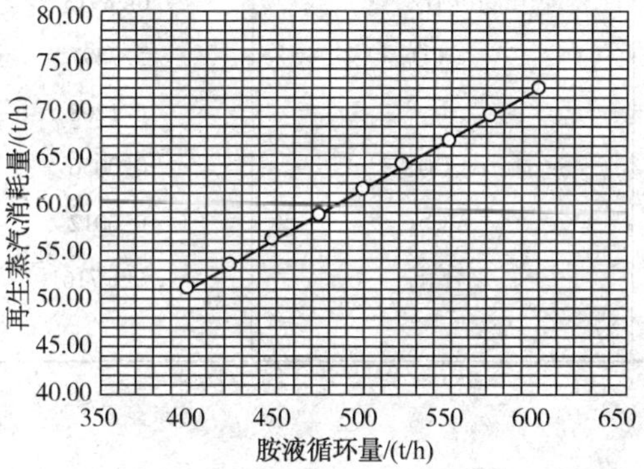

图4-10　胺液循环量与蒸汽消耗量的关系

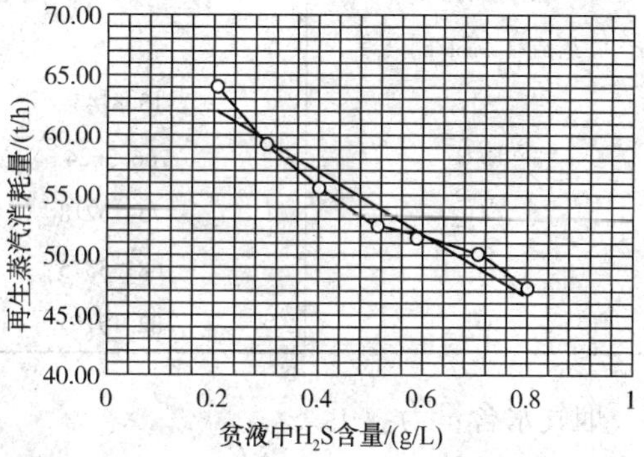

图4-11　胺液循环量与蒸汽消耗量的关系

九、烟气

（一）烟气流量

1. 尾气焚烧炉后烟气

（1）在线数据

尾气焚烧炉出至氨洗脱硫塔入口的CEMS在线监测表中，流量指示FI9411、FI9411B数值分别为8.76m/s、42883.33Nm^3/h，SO_2排放浓度为17725.25mg/Nm^3，O_2含量为2.72%。

（2）理论计算

由第四部分-二-(十)中尾气焚烧炉理论计算可知焚烧炉后烟气组成如表4-67所示。

表4-67 焚烧炉后烟气组成

项目	焚烧炉后烟气	项目	焚烧炉后烟气
压力/kPa	103.525	CO_2	107.6051
组成/(kmol/h)		N_2	1811.2127
SO_2	17.8356	O_2	83.9236
H_2O	777.2870	合计	2797.8640

烟气水含量为：

$$777.2870 \div 2797.8640 \times 100\% = 27.78\%$$

标准态干烟气流量 Q_e 为：

$$Q_e = (2797.8640 - 777.2870) \times 22.4 = 45260.92 \text{Nm}^3/\text{h}$$

烟气氧含量为：

$$83.9236 \div 2797.8640 \times 100\% = 3.00\%$$

干烟气 SO_2 排放浓度 C_{SO_2} 为：

$$C_{SO_2} = 17.8356 \times 64 \times 10^6 \div 45260.92 = 25219.96 \text{mg/N m}^3$$

(3) Aspen 模拟

将模拟数据整理汇总得到焚烧炉后烟气组成如表4-68所示。

表4-68 Aspen模拟焚烧炉后烟气组成

项目	焚烧炉后烟气	项目	焚烧炉后烟气
压力/kPa	103.5	H_2	14.8913
组成/(kmol/h)		CO	5.7497
SO_2	13.8143	H_2S	0.1268
H_2O	766.5624	COS	0.0056
CO_2	1754.5218	CS_2	0.0012
N_2	1681.5375	合计	2739.7161
O_2	82.1915		

烟气水含量为：

$$766.5624 \div 2739.7161 \times 100\% = 27.98\%$$

标准态干烟气流量 Q_e 为：

$$Q_e = (2739.7161 - 766.5624) \times 22.4 = 44198.6429 \text{Nm}^3/\text{h}$$

烟气氧含量为：

$$82.1915 \div 2739.7161 \times 100\% = 3.00\%$$

干烟气 SO_2 排放浓度 C_{SO_2} 为：

$$C_{SO_2} = 13.8143 \times 64 \times 10^6 \div 44198.6429 = 20003.22 \text{mg/N m}^3$$

干烟气 H_2S 排放浓度 C_{SO_2} 为：

$$C_{H_2S} = 0.1268 \times 34 \times 10^6 \div 44198.6429 = 97.54 \text{mg/Nm}^3$$

干烟气 COS 排放浓度 C_{COS} 为：

$$C_{COS}=0.0056\times58\times10^6\div44198.6429=7.35\text{mg/N m}^3$$

（4）对比分析

汇总上述三种方法计算得到的尾气焚烧炉后烟气量，如表4-69所示。

表4-69 尾气焚烧炉后烟气量

	标定数据	理论计算	Aspen 模拟
烟气量/(Nm^3/h)	42883.33	45260.92	44198.6429
O_2/%(体)	2.72	3.0	3.0
SO_2/(mg/m^3)	17725.25	25219.96	20003.22
H_2S/(mg/m^3)	—	—	97.54
COS/(mg/m^3)	—	—	7.35

三种方法计算的烟气量比较接近，在线表监测数据相对偏小。尾气二氧化硫浓度大小与克劳斯单程总转化率接近，但对于 Aspen 模拟的 H_2S、COS 的浓度却与江南环保的数据相差较远，在 Aspen 中尾气焚烧炉建模与江南环保自主开发的焚烧工艺还是存在区别的。

2. 氨洗脱硫塔顶尾气

氨洗脱硫塔 T-8601 塔顶排口的 CEMS 在线监测表中，流量指示 FI9421、FI9421B 数值分别为 11.39m/s、117001.75Nm³/h。

（二）烟囱抽力计算

氨洗脱硫塔 T-8601 塔顶排口 CEMS 在线监测表中，压力指示 PI9421 为-50Pa。

根据国内常用的烟囱抽力计算公式：

$$\Delta P=0.345\times H\left(\frac{1}{273+t_a}-\frac{1}{273+t_f}\right)\times B\quad(4-10)$$

式中，t_a为外部空气温度,℃；t_f为烟气的平均温度,℃；B 为大气压力，101325Pa；H 为烟囱高，m。

则可计算出氨洗脱硫塔 T-8601 顶烟囱抽力为：

$$\Delta P=0.0345\times80\times\left(\frac{1}{273+30}-\frac{1}{273+59}\right)\times101325=80.62\text{Pa}$$

（三）烟气露点计算

荷兰学者 A. G. Okkes 根据 MÜller 实验数据提出如下烟气露点计算公式，其计算精度比较高，使用范围广[3]。

$$t_{sld}=10.8809+27.6\lg P_{H_2O}+10.83\lg P_{SO_3}+1.06\ (\lg V_{H_2O}+2.9943)^{2.19}\quad(4-11)$$

式中，P_{H_2O}为烟气中水蒸气分压，Pa；P_{SO_3}为烟气中 SO_3气体分压，Pa。

下文计算烟气露点温度采用公式(4-11)。

（1）理论计算数据计算烟气露点

根据尾气焚烧炉烟气组成计算出烟气中水蒸气分压为：

$$\frac{777.2870}{2797.8640}\times103.525\times10^3=28760.74\text{Pa}$$

尾气焚烧炉烟气组成中 SO_2气体摩尔流量为 17.8356kmol/h，而烟气中的 SO_2有 0.25%～5%会进一步变成 SO_3[22]，取 SO_2转化为 SO_3转化率为 5%，按照 5%的 SO_2转化为 SO_3，可计

算出烟气中 SO_3 气体分压为：

$$\frac{17.8356\times5\%}{2797.8640}\times103.525\times10^3=33.00\text{Pa}$$

所以，根据上述烟气露点计算公式(4-11)，可以计算出尾气焚烧炉烟气露点温度 t_{sld} 等于 179.25℃，实际焚烧炉后烟气温度为 258.89℃，比露点温度高 79.63℃。

（2）Aspen 模拟数据计算烟气露点

根据尾气焚烧炉烟气组成计算出烟气中水蒸气分压为：

$$\frac{766.5624}{2739.7161}\times103.5\times10^3=28958.92\text{Pa}$$

尾气焚烧炉烟气组成中 SO_2 气体摩尔流量 13.2332kmol/h，而烟气中的 SO_2 有 0.25%～5%会进一步变成 SO_3，取 SO_2 转化为 SO_3 转化率为 5%，

按照 5%的 SO_2 转化为 SO_3，可计算出烟气中 SO_3 气体分压为：

$$\frac{13.8143\times5\%}{2739.7161}\times103.5\times10^3=33.65\text{Pa}$$

所以，根据上述烟气露点计算公式(4-11)，可以计算出尾气焚烧炉烟气露点温度 t_{sld} 等于 179.44℃，实际焚烧炉后烟气温度为 258.89℃，比露点温度高 79.45℃。

（四）SO_2 排放浓度校正

根据《石油炼制工业污染物排放标准》(GB31570—2015) 5.1.4 中的规定："焚烧类酸性气回收装置的实测大气污染物排放浓度，须换算成基准含氧量为 3%的大气污染物基准排放浓度。"[4]

大气污染物基准排放浓度公式为：

$$\rho_{基}=\frac{21-O_{基}}{21-O_{实}}\times\rho_{实} \tag{4-11}$$

（1）尾气焚烧炉后出至氨洗脱硫塔入口的烟气 SO_2 浓度校正

尾气焚烧炉出至氨洗脱硫塔入口的 CEMS 在线监测表中，SO_2 排放浓度为 17725.25mg/Nm^3，O_2 含量为 2.72%。

则可计算出校正后 SO_2 排放浓度为：

$$\frac{21-3}{21-2.72}\times17725.25=17453.75\text{mg/N m}^3$$

（2）氨洗脱硫塔塔顶排口的尾气 SO_2 浓度校正

氨洗脱硫塔 T-8601 顶排口的 CEMS 在线监测表中，SO_2 排放浓度为 7.27mg/Nm^3，O_2 含量为 13.89%。

则可计算出校正后 SO_2 排放浓度为：

$$\frac{21-3}{21-13.89}\times7.27=18.41\text{mg/Nm}^3$$

十、转化率对比计算

转化率在第三、四、五节的计算中已做分析，此处计算过程不再详细描述。

（一）单程总硫转化率

单程总硫转化率即为克劳斯硫回收单元总硫转化率，计算公式如下：

$$\eta=\left[1-\frac{\text{三冷出口气体}(H_2S+SO_2+COS+2CS_2)\text{摩尔总数}}{\text{入制硫燃烧炉}(H_2S+SO_2+COS+2CS_2)\text{摩尔总数}}\right]\times100\%$$

汇总三种计算方法的结果如表4-70所示。

表4-70　单程总硫转化率计算结果汇总

项目	单程总硫转化率/%
标定数据	97.57
理论计算	96.86
Aspen模拟	97.52

对于按标定数据计算得到的单程总硫转化率高达97.57%，数据相对偏高，考虑到三级硫冷凝器出口采样时伴随少量H_2S、SO_2损失及分析误差，实际单程总硫转化率应低于此值。

(二) 总硫收率对比计算

1. 硫黄产量法计算焚烧炉出口总硫收率

对于按硫黄产量计算的总硫收率计算公式如下式所示：

$$\text{总硫回收率}=\frac{S_1}{S_0}\times100\% \tag{4-12}$$

式中，S_0为酸性气中的总硫量(以S计)；S_1为硫黄产量。

(1) 按标定数据计算

根据第四一(一)节中计算数据，酸性气中总硫量为17252.5376kg/h，硫黄产量为17493.0556kg/h，代入式(4-12)计算得总硫收率：

$$\frac{17453.0556}{17252.5376}\times100\%=101.16\%$$

由于受实际硫黄产量计量误差影响，实际计算时该法得到的总硫收率出现了倒挂现象。

(2) 按理论计算数据计算

根据第四部分-二、-(一)中理论计算数据，酸性气中总硫量为539.1418kmol/h，一级硫冷凝器E-8102中回收的硫为378.3682kmol/h，二级硫冷凝器E-8103中回收的硫为101.4821kmol/h，三级硫冷凝器E-8104中回收的硫为41.6730kmol/h，三个硫冷凝器共回收硫521.52531kmol/h，代入式(4-12)计算得出总硫收率为：

$$\frac{521.5253}{539.1418}\times100\%=96.73\%$$

(3) 按Aspen模拟数据计算

根据第四部分-三、-(二)中Aspen数据，酸性气中总硫量为539.1418kmol/h，一级硫冷凝器E-8102中回收的硫为379.1729kmol/h，二级硫冷凝器E-8103中回收的硫为109.8342kmol/h，三级硫冷凝器E-8104中回收的硫为36.2083kmol/h，三个硫冷凝器共回收硫525.2154kmol/h，代入式(4-12)计算得出总硫收率为：

$$\frac{525.2154}{539.1418}\times100\%=97.42\%$$

2. 烟道气法计算焚烧炉出口总硫收率

对于按烟道气法计算的总硫收率计算公式如式(4-13)所示：

$$\text{总硫回收率}=\frac{(S_0-S_e)}{S_0}\times100\% \tag{4-13}$$

$$S_0=\frac{M_{H_2S}\times Q_0\times 32.06}{22.4}$$

$$S_e=(C_{SO_2}\times 0.5+C_{H_2S}\times 0.94+C_{COS}\times 0.842)\times Q_e\times 10^{-6}$$

式中，S_0为酸气中的总硫含量(以S计)，kg/h；S_e为焚烧炉烟气中的总硫含量(以S计)，kg/h；Q_0为标准状态下的酸气流量，Nm^3/h；Q_e为标准状态下的焚烧炉废气流量，Nm^3/h；M_{H_2S}为酸性气中H_2S的浓度(摩尔分数)，%；C_{SO_2}为焚烧炉烟气中SO_2浓度，mg/Nm^3；C_{H_2S}为焚烧炉烟气中H_2S浓度，mg/Nm^3；C_{COS}为焚烧炉烟气中COS浓度，mg/Nm^3；S的相对分子质量为32.06；标准体积/摩尔数为22.4；SO_2中S的含量为0.5；H_2S中S的含量为0.94；COS中S的含量为0.53。

(1) 按标定数据计算

根据标定数据整理汇总计算所需参数，尾气焚烧炉烟气数据取尾气焚烧炉出口至氨洗脱硫塔入口的CEMS表数据(无H_2S、COS浓度)。

$$Q_0=\frac{273.15}{273.15+38}\times\frac{28.19+101.325}{101.325}\times 12571=18665.06\ Nm^3/h$$

$$Q_e=42883.33\ Nm^3/h$$

$$M_{H_2S}=85.6563\%$$

$$C_{SO_2}=17725.25mg/Nm^3$$

由上述数据求得：

$$S_0=\frac{85.6563\%\times 18665.06\times 32.06}{22.4}=22882.54kg/h$$

$$S_e=(17725.25\times 0.5)\times 42883.33\times 10^{-6}=380.0589kg/h$$

代入式(4-13)，求得总硫回收率为：

$$\frac{22882.54-380.0589}{22882.54}\times 100\%=98.58\%$$

(2) 按理论计算数据计算

根据理论计算数据整理汇总计算所需参数，简化反应，计算数据中无H_2S、COS浓度。

$$Q_0=\frac{273.15}{273.15+38}\times\frac{28.19+101.325}{101.325}\times 12571=18665.06\ Nm^3/h$$

$$Q_e=45260.92\ Nm^3/h$$

$$M_{H_2S}=85.6563\%$$

$$C_{SO_2}=25219.96mg/Nm^3$$

由上述数据求得：

$$S_0=\frac{85.6563\%\times 18665.06\times 32.06}{22.4}=22882.54kg/h$$

$$S_e=(25219.96\times 0.5)\times 45260.92\times 10^{-6}=570.74kg/h$$

代入式(4-13)，求得总硫回收率为：

$$\frac{22882.54-570.74}{22882.54}\times 100\%=97.50\%$$

(3) 按Aspen模拟数据计算

根据Aspen模拟数据整理汇总计算所需参数。

$$Q_0=\frac{273.15}{273.15+38}\times\frac{28.19+101.325}{101.325}\times 12571=18665.06\text{Nm}^3/\text{h}$$

$$Q_e=44198.6429\text{N m}^3/\text{h}$$

$$M_{H_2S}=85.6563\%$$

$$C_{SO_2}=20003.22\text{mg/Nm}^3$$

$$C_{H_2S}=97.54\text{mg/Nm}^3$$

$$C_{COS}=7.35\text{mg/Nm}^3$$

由上述数据求得：

$$S_0=\frac{85.6563\%\times 18665.06\times 32.06}{22.4}=22882.54\text{kg/h}$$

$$S_e=(20003.22\times 0.5+97.54\times 0.94+7.35\times 0.53)\times 44198.6429\times 10^{-6}=446.28\text{kg/h}$$

代入式(4-13)，求得总硫回收率为：

$$\frac{22882.54-446.28}{22882.54}\times 100\%=98.05\%$$

3. 烟道气法计算碱洗脱硫塔塔顶出口总硫收率

碱洗脱硫塔塔顶尾气数据取排口 CEMS 表数据(无 H_2S、COS 浓度)。

$$Q_0=\frac{273.15}{273.15+38}\times\frac{28.19+101.325}{101.325}\times 12571=18665.06\text{Nm}^3/\text{h}$$

$$Q_e=117001.75\text{Nm}^3/\text{h}$$

$$M_{H_2S}=85.6563\%$$

$$C_{SO_2}=7.27\text{mg/Nm}^3$$

由上述数据求得：

$$S_0=\frac{85.6563\%\times 18665.06\times 32.06}{22.4}=22882.54\text{kg/h}$$

$$S_e=(7.27\times 0.5)\times 117001.75\times 10^{-6}=0.4253\text{kg/h}$$

代入公式，求得总硫回收率为：

$$\frac{22882.54-0.4253}{22882.54}\times 100\%=99.9981\%$$

十一、热量平衡计算

炉膛温度、反应器温度、各主要换热设备热量平衡计算在“第四部分-二、三”已分析，此处不再详细描述计算过程。

(一) 制硫燃烧炉、反应器、焚烧炉温度对比计算

对前文各计算结果整理如表 4-71 所示。

表 4-71　制硫燃烧炉、反应器温度对比计算结果汇总　　℃

项目	标定数据	理论计算		Aspen 模拟	
		计算值	与标定偏差	模拟值	与标定偏差
制硫炉	1159.61	1217.37	57.76	1207	47.4
一转	311.75	305.11	-6.64	300	-11.75
二转	224.97	231.84	6.87	224.8	-0.17
焚烧炉	669.67	640.10	-13.01	682.1	12.43

1）在制硫燃烧炉计算时未考虑热损失，计算所得的炉温是相对偏高的。若考虑炉体与环境辐射、对流换热造成的热损失，按3%~5%计算得出的炉温在1165~1185℃间，与装置DCS指示温度偏差率在3%以内。

2）在尾气焚烧炉计算时，基于平衡常数法理论计算时简化了反应，忽略了H_2的生成，在未考虑热损失的情况下仍导致尾气焚烧炉计算炉温相对偏低。若在理论计算过程中克劳斯尾气引入Aspen模拟时产生的H_2量，并考虑3%~5%的热损时，重新计算得出尾气焚烧炉的炉温在672.39~685.82℃间，与实际情况、Aspen模拟情况相对符合。

（二）主要换热设备热量平衡计算

对“第四部分–二、三”各计算结果整理如表4–72所示。

表4–72 主要换热设备热量平衡

项目	标定数据	理论计算		Aspen 模拟	
	产汽量/（t/h）	热负荷/（MJ/h）	产汽量/（t/h）	热负荷/（MJ/h）	产汽量/（t/h）
废热锅炉	40.72	81053.4643	47.31	81620	47.63
一级硫冷器	7.98	14209.5707	6.74	14900	7.07
二级硫冷器	5.68	9218.3691	4.37	8736	4.14
三级硫冷器	2.85	6947.6188	3.12	5742	2.58
一级加热器	2.63	3850.8325	2.25	3688	2.15
二级加热器	1.79	2134.6379	1.25	2033	1.19
尾炉汽包	6.91	15578.03	9.09		

1）在废热锅炉理论及模拟计算时未考虑热损失，计算所得的废热锅炉热负荷是相对偏高的，导致中压产汽量比实际高6t/h以上。

2）在尾气焚烧炉蒸汽发生器理论及模拟计算时未考虑热损失，导致尾炉汽包中压产汽相对偏高达2t/h。

十二、装置能耗计算及分析

（一）装置能耗

表4–73，为标定期间装置能耗，包括溶剂再生单元、硫回收单元、焚烧+氨洗脱硫单元，但不包括硫铵后处理系统。

表4–73 装置能耗（不包括硫铵后处理系统）

项目	单位	实际消耗	单耗/（t/t）		能耗/（kgEO/t）	
			设计值	实际值	设计值	实际值
新鲜水	t	444.35	0.28	0.35	0.048	0.06
循环水	t	161974.38	71.37	128.60	7.14	12.86
除盐水	t	876.77	2.16	0.70	4.96	1.60
电	kW·h	180944	169.02	143.66	38.87	33.04
1.0MPa蒸汽	t	3066.38	3.32	2.43	252.60	185.03

续表

项目	单位	实际消耗	单耗/(t/t)		能耗/(kgEO/t)	
			设计值	实际值	设计值	实际值
0.35MPa 蒸汽	t	689.62	—	0.55	—	30.11
3.5MPa 蒸汽	t	-2558.59	-2.41	-2.03	-212.07	-178.77
瓦斯	t	73.88	0.075	0.06	70.78	55.72
合计	—	—	—	—	162.33	139.66

标定期间装置能耗(不包括硫铵后处理)为139.66kgEO/t，比设计数据低22.67kgEO/t。装置能耗较设计值低主要原因是：1.0MPa蒸汽、电耗、除盐水、瓦斯单耗低于设计值。

1）1.0MPa蒸汽总消耗比设计指标低。装置1.0MPa蒸汽主要用于减温减压成0.35MPa蒸汽与装置自产0.35MPa蒸汽、渣加蒸汽减温后混合，供溶剂再生系统的重沸器加热热源。因目前再生单元实际处理富溶剂为413.58t/h，低于设计处理量600t/h，设计0.35MPa蒸汽耗量为71.193t/h，实际耗量为50.32t/h，故低压蒸汽耗量较少。

2）3.5MPa蒸汽产量低于设计值，主要由于为降低焚烧炉出口烟气中氮氧化物及三氧化硫生成量，在保证进尾炉过程气中硫化氢完全燃烧的前提下，将焚烧炉炉膛温度由800℃降至670℃，尾炉汽包产汽量较低，故中压蒸汽产量低于设计值。

3）燃料气单耗低于设计值，主要是因为为降低焚烧炉出口烟气中氮氧化物及三氧化硫生成量，在保证进尾炉过程气中硫化氢完全燃烧的前提下，将焚烧炉炉膛温度由800℃降至670℃，焚烧炉出口烟气氧含量降至2.5%，故瓦斯耗量较少。

4）电单耗低于设计值，主要由于标定期间酸性气负荷提高后，克劳斯单元、尾气焚烧单元发汽量增加，锅炉上水回用除氧水用量增加，除氧水无需送出装置，渣加除氧水泵及渣加中压除氧水泵未开，故电单耗低于设计值。

5）除盐水单耗低于设计值，主要是由于锅炉上水回用除氧水量增加，再生塔塔底重沸器蒸汽消耗过多，达到0.122t蒸汽/t富液，因此进除氧器凝结水量上升，除氧器补除盐水量下降，实际除盐水耗量为0.70t/t液硫，远低于设计值2.16t/t液硫，故除盐水单耗低于设计值。

6）循环水单耗高于设计值，主要是因为上游渣油加氢及蜡油加氢装置来富胺液中杂质较多，开工以来贫富液换热器E-8401A/B/C出现结垢堵塞现象，换热效果较差，导致贫胺液冷却器E-8403A/B入口温度升高，达到77℃远高于设计值55℃，即使在提高贫胺液冷却器循环水量的情况下贫胺液温度仍然高达48.36℃。因此循环水用量比设计值高975t/h，故循环水单耗高于设计值。

（二）溶剂再生单元能耗

标定期间，溶剂再生单元总共处理富溶剂29808t，其中：1.80Mt/a渣油加氢装置富胺液为7056t(98t/h)，2.0Mt/a渣油加氢装置富胺液为7776t(108t/h)，2.6Mt/a蜡油加氢装置富胺液为7488t(104t/h)，3.5Mt/a催化裂化装置产品精制富胺液为6912t(96t/h)，富胺液闪蒸罐顶吸收柱富胺液为576t(8t/h)。溶剂再生系统能耗按富胺液处理量进行计算。

如表4-74所示，为标定期间溶剂再生单元能耗。

表 4-74　溶剂再生单元能耗

项目	单位	实际消耗	单耗/(t/t)		能耗/(kgEO/t)	
			设计值	实际值	设计值	实际值
新鲜水	t	0.00	0.0083	0.00	0.0014	0.00
循环水	t	148628.00	1.96	4.99	0.20	0.50
除盐水	t	395.77	0.049	0.013	0.112	0.03
电	kW·h	60314.67	1.48	2.03	0.34	0.47
1.0MPa 蒸汽	t	3032.38	0.097	0.10	7.340	7.73
0.35MPa 蒸汽	t	689.62	0.015	0.02	0.811	1.27
总能耗					8.80	10.00

标定期间溶剂再生单元能耗为 10kgEO/t，比设计数据高 1.2kgEO/t。装置能耗较设计值高主要原因是：1.0MPa 蒸汽、0.35MPa、电、循环水单耗高于设计值。

1）蒸汽单耗高于设计值，主要是由于再生塔塔底重沸器蒸汽消耗过多，达到 0.122t 蒸汽/t 富液，因此蒸汽单耗高于设计值。

2）循环水单耗高于设计值，主要是因为上游渣油加氢及蜡油加氢装置来富胺液中杂质较多，开工以来贫富液换热器 E-8401A/B/C 出现结垢堵塞现象，换热效果较差，导致贫胺液冷却器 E-8403A/B 入口温度升高，达到 77℃远高于设计值 55℃，即使在提高贫胺液冷却器循环水量的情况下贫胺液温度仍然高达 48.36℃，因此循环水用量比设计值高 975t/h，故循环水单耗高于设计值。

（三）克劳斯+氨法脱硫单元能耗

根据标定数据，从装置各项能源总的消耗数据中剥离溶剂再生单元各能源消耗，计算出克劳斯单元和焚烧+氨洗脱硫单元能耗，如表 4-75 所示。

表 4-75　克劳斯单元和焚烧+氨洗脱硫单元能耗

项目	单位	实际消耗	单耗/(t/t)		能耗/(kgEO/t)	
			设计值	实际值	设计值	实际值
新鲜水	t	444.35	0	0.35	0	0.06
循环水	t	13346	5.38	10.60	0.54	1.06
除盐水	t	481	0.52	0.38	1.20	0.88
电	kW·h	120629.33	119.35	95.78	27.45	22.03
1.0MPa 蒸汽	t	34	0.077	0.027	5.88	2.05
0.35MPa 蒸汽	t	-983.45	-0.50	-0.78	-27.25	-42.95
3.5MPa 蒸汽	t	-2558.59	-2.41	-2.03	-212.07	-178.77
燃料气	t	73.88	0.075	0.059	70.78	55.72
总能耗					-133.13	-139.91

表 4-75 中计算所得能耗仍未包含硫铵后处理系统各项能源消耗。由于在标定期间硫酸铵后处理设施出湿料，主要投用的蒸发结晶系统和旋流离心系统，并未全流程运行，能源消耗代表性不够，此处仅以硫酸铵后处理设施湿料的能源消耗数据合并计算做参考。

标定期间，硫酸铵后处理设施出湿料时各项能源消耗数据如下：

1）除盐水：装置除盐水主要用于机封和水环真空泵冷却用，消耗量在5~6t/h，标定期间无异常。按5.5t/h计算，标定72h，除盐水消耗量为396t。

2）用电消耗本次未标定。根据相应系统运行机泵等设备功率进行换算得到总耗电量7884kW·h，如表4-76所示。

表4-76　硫酸铵后处理运行机泵耗电量核算

运行机泵	功率/kW	核算耗电量/(kW·h)
蒸发补液泵P-8703	11	792
蒸发循环泵P-8704	55	3960
旋流给料泵P-8705	18.5	1332
水环真空泵P-8707	18.5	1332
除盐水加压泵P-8710	4	288
热水泵P-8706	15	180
合计		7884

注：热水泵P-8706间断开，按12h计算。

3）低压蒸汽：低压蒸汽主要用于蒸发分离室加热，标定期间72h累计耗量274t，平均蒸汽消耗量为3.91t/h，平时生产时流量为2.5~3.8t/h，比平时量略高。

将计算所得的除盐水、电、蒸汽消耗折算进表4-77，可以得到克劳斯单元、焚烧+氨洗脱硫单元和硫酸铵后处理(出湿料)的能耗为-121.24kgEO/t，装置能耗上升18.67kgEO/t，如表4-77所示。

表4-77　克劳斯单元、焚烧+氨洗脱硫单元和硫酸铵后处理(出湿料)能耗

项目	单位	实际消耗	单耗/(t/t)		能耗/(kgEO/t)	
			设计值	实际值	设计值	实际值
新鲜水	t	444.35	0	0.35	0	0.06
循环水	t	13346	5.38	10.60	0.54	1.06
除盐水	t	877	0.52	0.69	1.20	1.60
电	kW·h	128513.33	119.35	102.04	27.45	23.47
1.0MPa蒸汽	t	308	0.245	0.027	5.88	18.57
0.35MPa蒸汽	t	-983.45	-0.50	-0.78	-27.25	-42.95
3.5MPa蒸汽	t	-2558.59	-2.41	-2.03	-212.07	-178.77
燃料气	t	73.88	0.075	0.059	70.78	55.72
总能耗					-133.13	-121.24

如硫铵厂房实际生产时出干料，投运多功能干燥系统，还将增加中压蒸汽的消耗，“克劳斯单元+氨法脱硫”整体的能耗将会升高。

十三、关键转动设备处理能力分析

（一）标定情况

在本次标定中，对装置中运行的各机泵、风机、空冷器的电流、电压、功率因数进行了测量，根据三项平衡负载功率计算公式

$$有功功率\ P=1.732\times U\times I\times\cos\varphi \tag{4-14}$$

式中，U 为线电压，V；I 为线电流，A；$\cos\varphi$ 为功率因素，无量纲。

对装置内动设备功率进行计算，结果如表 4-78 所示。

表 4-78　装置内动设备运行情况

设备名称	位号	电流/A	电压/V	功率因数	计算功率/kW	电机功率/kW
制硫燃烧炉风机	C-8101A	49.6	10280	0.897	792.16	900
	C-8101B	—	—	—	—	900
焚烧炉风机	C-8601A	—	—	—	—	630
	C-8601B	17.25	10320	0.97	299.08	630
脱硫降温鼓风机	C-8602A	106.8	401	0.96	71.21	132
	C-8602B	125.3	401	0.95	82.67	132
氧化风机	C-8603A	170.2	401	0.85	100.48	132
	C-8603B	166.8	396	0.84	96.10	132
	C-8603C	—	—	—	—	132
液硫脱气泵	P-8102A	—	—	—	—	11
	P-8102B	15.7	401	0.73	7.96	11
液硫输送泵	P-8103A	46.1	401	0.78	24.97	30
	P-8103B	—	—	—	—	30
高压锅炉水泵	P-8104A	—	—	—	—	185
	P-8104B	10.1	10320	0.796	143.70	185
低压锅炉水泵	P-8105A	—	—	—	—	22
	P-8105B	26.7	403	0.81	15.10	22
渣加除氧水泵	P-8106A	—	—	—	—	75
	P-8106B	73.2	404	0.751	38.47	75
再生塔回流泵	P-8401A	—	—	—	—	15
	P-8401B	17.2	401	0.77	9.20	15
贫溶剂泵	P-8402A	11.5	12700	0.77	194.78	250
	P-8402B	—	—	—	—	250
富溶剂泵	P-8403A	191.2	401	0.86	114.20	160
	P-8403B	—	—	—	—	160
一级循环泵	P-8601A	47.5	401	0.79	26.06	30
	P-8601B	48.1	401	0.79	26.39	30
	P-8601C	55.2	401	0.82	31.44	30
	P-8601D	52.5	397	0.82	29.60	30
	P-8601E	61.5	398	0.84	35.61	37
	P-8601F	43.5	401	0.83	25.08	30
二级循环泵	P-8602A	—	—	—	—	30
	P-8602B	50.1	398	0.8	27.63	30

续表

设备名称	位号	电流/A	电压/V	功率因数	计算功率/kW	电机功率/kW
硫氨排出泵	P-8603A	15.5	401	0.74	7.97	15
	P-8603B	—	—	—	—	15
吸收区地坑泵	P-8604	—	—	—	—	5.5
检修泵	P-8605	—	—	—	—	11
循环水泵	P-8606A	—	—	—	—	75
	P-8606B	107.2	402	0.85	63.44	75
除雾器喷淋泵	P-8607A	—	—	—	—	15
	P-8607B	—	—	—	—	15
液氨卸车泵	P-8608A	—	—	—	—	4
	P-8608B	—	—	—	—	4
液氨输送泵	P-8609A	—	—	—	—	2.2
	P-8609B	2.7	400	0.62	1.16	2.2
蒸汽空冷风机	A8101A	—	—	—	—	11
	A8101B	11.3	398	0.47	3.66	11
乏汽空冷风机	A8102A1	13.7	399	0.66	6.25	11
	A8102A2	12.2	399	0.68	5.73	11
	A8102B1	13.6	400	0.68	6.41	11
	A8102B2	14.1	399	0.69	6.72	11
	A8102C	—	—	—	—	11
	A8102D1	14.2	398	0.7	6.85	11
再生塔塔顶空冷器风机	A8401A	45.1	398	0.97	30.16	37
	A8401B	47.1	400	0.733	23.92	37
	A8401C	44.3	398	0.97	29.62	37
	A8401D	50.5	398	0.79	27.50	37
	A8401E	47.9	398	0.97	32.03	37
	A8401F	39	396	0.64	17.12	37
贫溶剂空冷器风机	A8402A	13.5	398	0.71	6.61	11
	A8402B	11.5	398	0.61	4.84	11
	A8402C	14	398	0.72	6.95	11
	A8402D	13.5	398	0.64	5.96	11
	A8402E	13.8	398	0.68	6.47	11
	A8402F	14.2	398	0.7	6.85	11
	A8402G	14.5	398	0.7	7.00	11
	A8402H	13.8	398	0.72	6.85	11
	A8402I	14.1	398	0.72	7.00	11
	A8402J	—	—	—	—	11
	A8402K	13.7	396	0.68	6.39	11
	A8402L	12.1	396	0.68	5.64	11

由上表可以看出，在本次标定期间，主要设备运行情况良好，测定计算的实际功率，除P-8601C略有偏高外，其余各设备都低于额定电机功率，未超负载运行。

（二）泵的相关计算

1. 相关计算公式

（1）泵的扬程H计算

泵的扬程计算公式：

$$H=\frac{P}{\rho\times g} \tag{4-15}$$

式中，P为泵出口压力，Pa；ρ为液体密度，kg/m^3；g为重力加速度，取9.81m/s^2。

（2）泵的有效功率P_u

有效功率是指单位时间内泵输送出的液体获得的有效能量，可由式(4-16)计算。

$$P_u=\frac{H\times Q\times\rho\times g}{3600\times1000} \tag{4-16}$$

式中，Q为泵的流量，m^3/h；H为泵的扬程，m；ρ为介质密度，kg/m^3；g为重力加速度，取9.81m/s^2。

（3）效率η'

效率计算公式如式(4-17)所示。

$$\eta'=\frac{P_u}{P_a}\times100\% \tag{4-17}$$

式中，P_u为泵的有效功率，kW；P_a为轴功率，kW。

（4）泵的轴功率P_a计算

泵的轴功率计算公式：

$$P_a=\frac{H\times Q\times\rho}{3600\times102\times\eta} \tag{4-18}$$

式中，H为泵的额定扬程，m；Q为泵的额定流量，m^3/h；ρ为介质密度，kg/m^3；η为泵额定工况下的效率。

（5）电机的配用功率P

一般而言，电机的配用功率应大于泵的额定功率，可由下式计算。

$$P=K\times\frac{P_a}{\eta_t} \tag{4-19}$$

式中，K为电机功率裕量系数，按表4-79取值；η_t为泵传动装置效率，按表4-80取值。

表4-79　电机功率欲度系数K

泵的轴功率P_a/kW	功率裕量系数K/%
≤22	125
$22<P_a\leq55$	115
>55	110

表4-80　泵传动装置效率η_t对应表

直联传动	平皮带传动	三角皮带传动	齿轮传动	蜗杆传动
1.0	0.95	0.92	0.9~0.97	0.70~0.90

2. 关键泵的计算

Ⅴ硫黄回收装置高压锅炉给水泵 P-8104、低压锅炉给水泵 P-8105、贫胺液泵 P-8402 及富胺液泵 P-8403 均为普通叶轮式离心泵，设计参数如表 4-81 所示。

表 4-81　关键泵的设计参数一览表

位号	轴功率/kW	额定流量/(m^3/h)	扬程/m	效率/%	电机功率/kW	转速/(r/min)
P-8104	147	55.3	544	53	185	2985
P-8105	15.2	20.1	105	36	22	2950
P-8402	196.6	635	86	93.4	250	1475
P-8403	126.8	651	55	90	160	1488

根据泵相关计算公式，以高压锅炉水泵为例，具体计算过程如下。

(1) 实际扬程计算

已知 P-8104 出口压力现场指示值为 5.2MPa(换算为 0.52×10^6Pa)，除氧水密度取设计参数 955kg/m^3，根据式(4-15)求得泵的扬程为：

$$H=\frac{5.2\times10^6}{955\times9.81}=555\text{m}$$

(2) 有效功率计算

根据上文求得扬程 H=555m，密度 ρ=955kg/m^3(设计参数)，泵的出口流量取锅炉上水量约为 45m^3/h，根据式(4-16)求得泵的有效功率 P_u 为：

$$P_u=\frac{H\times Q\times\rho\times g}{3600\times1000}=\frac{555\times45\times955\times9.81}{3600\times1000}=64.99\text{kW}$$

(3) 实际效率计算

已知 P-8104 轴功率为 147kW，根据式(4-17)求得

$$\eta'=\frac{64.99}{147}\times100\%=44.2\%$$

(4) 电机配用功率 P 核算

已知轴功率 147kW，K 取 110%，所有机泵均采用联轴器连接，即直联传动，η_t 取 1.0，根据式(4-19)求得：

$$P=110\%\times\frac{147}{1.0}=161.7\text{kW}$$

小于电机功率 185kW，电机功率设计有 15%左右的裕量。

同理可以求得其余机泵相关如表 4-82 所示。

表 4-82　关键泵的计算数据汇总

位号	实际扬程/m	有效功率/kW	实际效率/%	电机配用功率/kW
P-8104	555	64.99	44.2	161.7
P-8105	117.4	4.58	30.1	19
P-8402	91.3	101.5	51.6	216.3
P-8403	67.4	75.9	59.9	139.5

由上表可以看出，各机泵效率均低于设计效率，主要原因是装置运行负荷未达到满负荷，各机泵选用的电机功率均有一定的裕量。

（三）制硫燃烧炉风机

制硫燃烧炉风机是硫黄回收装置的核心设备之一，主要作用就是向制硫燃烧炉提供反应所需的配风量，本装置制硫燃烧炉风机一开一备，设备参数相同，相关参数如表4-83所示。

表4-83　制硫燃烧炉风机参数

位号	操作条件					功率/kW	
	流量/(kg/h)	温度/℃		压力/MPa		轴功率	电机功率
		入口	出口	入口	出口		
C-8101	43649.8	43	93	0.1015	0.1665	830	900

(1) 风机全压计算

风机全压计算公式

$$P_t = P_0 \times \frac{B}{760} \times \frac{273.15+T_1}{273.15+T_0} \tag{4-20}$$

式中，P_0为设计标准压力，Pa；B为当地大气压，mmHg；T_1为工况介质温度,℃；T_0为风机出口设计温度,℃。

在海拔0m、空气温度20℃的情况下，大气压为760mmHg，不同海拔高度的区域，可以根据以下公式进行换算。

$$B = 760(\text{mmHg}) - \frac{\text{海拔高度(m)}}{12.75}$$

海拔高度在300m以下的可不修正，本装置不修正，取$B=760$mmHg。

标定期间制硫燃烧炉风机出口温度为90.75℃，根据式(4-20)可以求得风机全压为：

$$P_t = (0.1665-0.1015)\times 10^6 \times \frac{760}{760} \times \frac{273.15+90.75}{273.15+93} = 64600.6\text{Pa}$$

(2) 风机功率

风机功率计算公式

$$N = \frac{Q \times P_t \times K}{1000 \times 3600 \times \eta} \tag{4-21}$$

式中，P_t为全压，Pa；Q为风机鼓风量，m^3/h；K为电机电容系数，无量纲，本次计算取$K=1$；η为机械效率，无量纲，制硫燃烧炉风机联轴器连接传动，取0.98。

标定期间制硫燃烧炉风机入口风量Q为40357.2m^3/h，根据式(4-21)可求得电机所需功率为：

$$N = \frac{40357.2 \times 64600.6 \times 1}{1000 \times 3600 \times 0.98} = 738.97\text{kW}$$

(3) 风机效率计算

$$\eta = \frac{N}{N_{轴}} \times 100\% = \frac{738.97}{830} \times 100 = 89.03\%$$

（四）焚烧炉风机

焚烧炉风机主要作用就是向焚烧炉供风保证燃烧反应完全，本装置焚烧炉风机一开一备，设备参数相同，相关参数如表4-84所示。

表4-84　制硫燃烧炉风机参数

位号	操作条件					功率/kW	
	流量/(m^3/min)	温度/℃		压力/MPa		轴功率	电机功率
		入口	出口	入口	出口		
C-8601	1028	20	45	101	121	532	630

（1）风机全压计算

标定期间焚烧炉风机出口温度为50.06℃，海拔高度在300m以下的可不修正，本装置不修正，取B=760mmHg。根据式(4-20)可以求得风机全压为：

$$S_t=(121-101)\times10^3\times\frac{760}{760}\times\frac{273.15+50.06}{273.15+45}=20318\text{Pa}$$

（2）风机功率

标定期间焚烧炉风机入口风量为Q为38843.5m^3/h，焚烧炉风机为联轴器连接传动，机械效率取0.95。根据式(4-21)可求得电机所需功率为：

$$N=\frac{38843.5\times20318\times1}{1000\times3600\times0.95}=230.8\text{kW}$$

（3）风机效率计算

$$\eta=\frac{N}{N_{轴}}\times100\%=\frac{230.8}{532}\times100=43.38\%$$

十四、关键炉设备运转能力

（一）制硫燃烧炉

制硫燃烧炉F-8101设计规格为：ϕ4200mm×9705mm×26mm，耐火衬里厚度为416mm。则制硫燃烧炉炉膛体积可计算为：

$$V=\pi\times\left(\frac{D}{2}\right)^2\times L=3.14\times\left(\frac{4.2-2\times0.416}{2}\right)^2\times9.705=86.42\text{m}^3$$

1. 停留时间计算

根据“第四部分-二、-(一)”内制硫燃烧炉计算数据，燃烧反应后物料摩尔流量为1871.3305kmol/h，炉膛温度为1217.37℃，炉膛压力124.685kPa，按炉膛体积为86.42m^3可计算出停留时间为：

$$t=\frac{V}{Q}=\frac{86.42}{1871.3305\times22.4\times\dfrac{101.325\times(273.15+1217.37)}{124.685\times273.15}}\times3600=1.67\text{s}$$

2. 炉膛容积热负荷计算

炉膛容积热负荷是指每立方米的炉膛容积内每小时燃烧所释放的热量，单位kW/m^3，常用符号q_v表示。

$$q_v=\frac{B\times Q}{V}\tag{4-22}$$

式中，B 为每小时燃料消耗量，kg/h；Q 为每千克燃料的定压低位发热量，kJ/kg；V 炉膛容积，m^3。

因为 1kJ/h=0.278W，所以 q_v 的单位用 kW/m^3 表示。

在制硫燃烧炉内，根据公式可以认为 $B\times Q$ 相当于酸性气在制硫燃烧炉内的燃烧反应热。按照燃烧炉部分燃烧法原理：酸性气中 1/3 的硫化氢燃烧生成二氧化硫，烃完全燃烧以及硫化氢与二氧化硫的高温转化反应平衡，由“第四部分-—-(三)”计算结果可知，酸性气在制硫燃烧炉内的燃烧反应热为 81466.4658MJ/h，换算为 22647.68kW。

所以由式(4-22)可求得制硫燃烧炉炉膛容积热负荷为：

$$q_v=\frac{22647.68}{86.42}=262.06\text{kW/m}^3$$

（二）废热锅炉

废热锅炉 E-8101 换热面积为 $1604m^3$。查《废热锅炉设计》可知

$$\Delta t_m=\frac{(T_1-t)-(T_2-t)}{\ln\frac{T_1-t}{T_2-t}} \tag{4-23}$$

$$F=\frac{Q}{K\times\Delta t_m} \tag{4-24}$$

式中，T_1 为炉膛温度，℃；t 为蒸汽温度，℃；T_2 为废锅出口温度，℃；Q 为废锅热负荷，W；F 为传热面积，m^2；K 为总传热系数。

由前面计算数据及设计参数可知：

$$Q=83665.9918\text{MJ/h}=23259134.6\text{W}$$

$$F=1604\text{m}^2,\ T_1=1217.37℃,\ T_2=328.53℃,\ t=250℃$$

求得

$$\Delta t_m=\frac{(1217.37-250)-(328.53-250)}{\ln\frac{(1217.37-250)}{(328.53-250)}}=353.95℃$$

因此，

$$K=\frac{23259134.6}{1604\times353.95}=40.97\text{W/m}^2℃$$

根据前文计算废热锅炉出口组成及分压定律可以求出 S_6、S_8 的分压，再根据液硫蒸汽压拟合公式，可以求出废热锅炉出口硫露点温度。

$$P_s=\frac{13.3266+38.1624}{1794.3998}\times121.685=3.49\text{kPa}$$

根据液硫蒸汽压 P_s 拟合公式：

$$P_s=10^{-3}e^{\{89.273-[13643/(T+273.15)]-8.9643\ln(T+273.15)\}}$$

可以求出废热锅炉 E-8101 出口硫露点温度为 274.29℃。

（三）尾气焚烧炉

尾气焚烧炉 F-8601 设计规格为：ϕ4882mm×13955mm×26mm，耐火衬里厚度为 416mm。则尾气焚烧炉炉膛体积可计算为：

$$V=\pi\times\left(\frac{D}{2}\right)^2\times L=3.14\times\left(\frac{4.882-2\times0.416}{2}\right)^2\times13.955=179.68\text{m}^3$$

1. 停留时间计算

根据"第四部分-二、-(十)"内焚烧炉计算数据，瓦斯、克劳斯尾气、硫坑废气燃烧反应后物料摩尔流量为2797.8640kmol/h，炉膛温度为640.10℃，炉膛压力为103.685kPa，按炉膛体积179.68m^3可计算出停留时间为：

$$t=\frac{V}{Q}=\frac{179.68}{2797.8640\times22.4\times\frac{101.325\times(273.15+640.10)}{103.685\times273.15}}\times3600=3.16s$$

2. 炉膛容积热负荷计算

在焚烧炉内，根据公式可以认为 $B\times Q$ 相当于在焚烧炉内的燃烧反应热。由"第四部分-一、-(三)"计算结果可知，瓦斯、克劳斯尾气、硫坑废气在焚烧炉内的燃烧反应热为49725.019MJ/h，换算为13823kW。

所以由式(4-22)可求得制硫燃烧炉炉膛容积热负荷为：

$$q_v=\frac{13823}{179.68}=76.93kW/m^3$$

(四) 蒸汽发生器

蒸汽发生器E-8601换热面积为1186.92m^3。

查《废热锅炉设计》可知：

$$\Delta t_m=\frac{(T_1-t)-(T_2-t)}{\ln\frac{T_1-t}{T_2-t}} \tag{4-23}$$

$$F=\frac{Q}{K\times\Delta t_m} \tag{4-24}$$

式中，T_1为炉膛温度,℃；t为蒸汽温度,℃；T_2为废锅出口温度,℃；Q为废锅热负荷，W；F为传热面积，m^2；K为总传热系数。

由前面计算数据及设计参数可知：

$$Q=15578.0307MJ/h=4330692.5W$$

$$F=1186.92m^2，T_1=429.06℃，T_2=258.89℃、t=250℃$$

求得

$$\Delta t_m=\frac{(429.06-250)-(258.89-250)}{\ln\frac{(429.06-250)}{(258.89-250)}}=56.67℃$$

因此

$$K=\frac{4330692.5}{1186.92\times56.67}=64.38W/m^2\cdot℃$$

(五) 硫封

查液硫温度为143℃时液硫的密度约为1785kg/m^3。

查硫封设计参数得到液硫柱高度为5320mm(换算为5.32m)，则可根据液体压强计算公式得出，硫封内液硫柱压强为$P=\rho gh=1785\times9.81\times5.32=93262Pa$，即约为93kPa。

(六) 液硫池

V硫黄回收装置设计液硫池规格为8300mm×18300mm×4200mm(宽×长×深)，理论上计算可得液硫池的最大体积为 $V_{MAX}=8.3\times18.3\times4.2\approx630m^3$。

查得液硫温度为143℃时液硫的密度为1785kg/m³，理论上计算可得液硫池最大储硫能力为：630×1785=1124550kg=1124.55t。

液硫池液位采用雷达液位计测量，测量设置量程为4m。正常生产时液硫连休外送，液流池液位保持在2.0m左右，液硫池顶部空间剩余储硫能力为：

$$8.3\times18.3\times(4-2)\times1785\approx542t$$

若液硫外送后路受阻时，以V硫黄回收装置满负荷生产时计算，产硫能力约为17.86t/h，液硫池可维持542/17.86=30.4h。

十五、腐蚀

克劳斯硫回收装置过程气中含有 H_2S、SO_2、SO_3、CO_2、CS_2、水蒸气、硫蒸气等高温气体，而氨法脱硫尾气处理过程中硫铵等，存在以下几类主要腐蚀类型，分别为：低温硫腐蚀、高温硫腐蚀、胺液多元腐蚀、露点腐蚀、吸氧腐蚀以及硫铵浆液腐蚀等。

（一）低温硫腐蚀

1. 腐蚀机理

湿硫化氢腐蚀是指在有水存在的情况下，硫化氢溶解于水中形成酸性环境，对金属造成的腐蚀。湿硫化氢腐蚀往往表征为一般腐蚀、硫化氢应力腐蚀（SSC）、氢诱导开裂（HIC）、氢鼓包（HB）、应力导向氢诱导开裂（SOHIC）物种形态。主要发生的是电化学腐蚀，具体腐蚀原理如下。

硫化氢在水中发生电离：

$$H_2S \longrightarrow H^+ + HS^- \quad H_2S \longrightarrow H^+ + S^{2-}$$

金属在酸性环境中发生的电化学反应，

阳极：

$$F_e \longrightarrow F_e{}^{2+} + 2e$$

$$F_e{}^{2+} + S^{2-} \longrightarrow F_eS$$

$$F_e{}^{2+} + HS^- \longrightarrow F_eS + H^+$$

阴极：

$$2H^+ + 2e \longrightarrow H_2$$

湿硫化氢腐蚀的强弱主要受硫化氢浓度、pH值、水分、温度四个环境因素影响，硫化氢浓度越高，pH值越低，水氛围以及温度越低腐蚀加剧。

2. 型式及分布

酸性气中 H_2S 与 NH_3、CO_2 及乙醇胺、水等共同形成腐蚀性环境，主要型式及分布有：

1）H_2S-H_2O 型腐蚀：主要存在于酸性气管道、设备中，也包括酸性水管道。

2）$CO_2-H_2S-H_2O$ 型腐蚀：主要存在于急冷、吸收、再生塔塔顶冷凝冷却系统（馏出管线、冷凝冷却器及回流罐）。

在该环境下，主要也是 CO_2、H_2S 在水的存在下，电离水解产生电化学腐蚀的过程，主要影响因素有：

① 温度——反应速度、CO_2 溶解度、腐蚀产物成膜机制如图4-12所示。

a. 温度低于60℃，少量的腐蚀产物 $FeCO_3$ 附着于金属表面，松软而无附着力，表面光

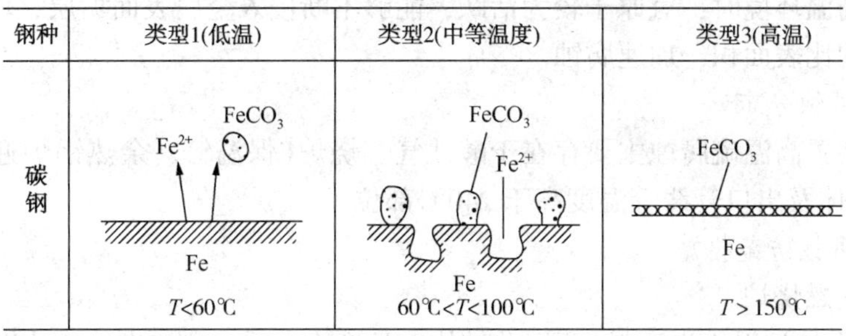

图 4-12　温度对腐蚀的影响

滑，为均匀腐蚀。

b. 温度在 60~110℃ $FeCO_3$腐蚀产物厚而不紧，$FeCO_3$晶粒粗大，有严重的局部腐蚀。

c. 温度高于 150℃时，由于形成了晶粒细小、致密而又有附着力的 $FeCO_3$膜，这层膜对基体起了保护作用，因此腐蚀速度很小。

② CO_2分压——随 P_{CO_2}分压增大，腐蚀逐步加剧。

③ 介质流速——流速增大，冲刷加剧，抑制保护膜的形成。

④ pH 值——一般来说 pH 值的增大，降低了原子氢还原反应速度，从而腐蚀速率降低。

3）RNH_2-CO_2-H_2S-H_2O 型腐蚀：主要存在于再生塔、富液管线、再生塔塔底重沸器部位。

4）SO_2-SO_3-H_2O 型腐蚀：主要存在废热锅炉、硫冷凝器和烟道等部位。

3. 湿硫化氢腐蚀防范措施

（1）酸性气分液罐及附属设备管线

① 因酸性气分液罐直接与高浓度硫化氢接触，在酸性气分液罐内，酸性水中硫化氢含量即为在分液罐当前压力下，硫化氢的饱和溶解度，所以压力越低饱和溶解度越小。在满足生产需求的情况下，尽可能降低酸性气分液罐操作压力有助于减缓湿硫化氢腐蚀。

② 因酸性气分液罐罐底一般连接有酸性水泵，故必须维持一定液位避免硫化氢从机封泄漏至环境，所以罐内肯定处于水氛围中。但硫黄进料酸性气分液罐正常工况下基本不带液，罐内液体基本处于静止状态，且浓度偏高，腐蚀速率较快，采取定期补水外排的方式实现对罐内液体进行置换；针对再生塔塔顶回流罐，可采取定期向贫液中补入低压除氧水，并加大提浓量或直接在分液罐内注入一定量水，稀释硫化氢浓度且提高 pH 值，减缓腐蚀。

③ 投用分液罐外盘管伴热，提高罐内温度减缓腐蚀速率。

（2）硫黄回收装置停工设备

硫黄回收装置停工后硫冷器及液硫池需保持一定温度，避免水冷凝发生湿硫化氢腐蚀，一般做法是保持液硫池部分伴热盘管维持温度，硫冷凝器采取倒引蒸汽暖锅的方式保护。

（二）高温硫腐蚀

1. 高温硫腐蚀机理

高温硫腐蚀是在高温下，硫化氢直接与金属发生反应或分解形成单质硫和氢气，硫会与金属发生反应形成均匀腐蚀。腐蚀反应化学方程式如下：

$$H_2S+F_e \longrightarrow F_eS+H_2 \text{ 或 } H_2S \longrightarrow H_2+S \text{ 或 } S+F_e \longrightarrow F_eS$$

高温硫腐蚀主要与温度、硫化物形态、介质流速。设备材质等相关。正常情况下，金属在硫化氢氛围中会在金属表面形成硫化铁保护膜，从而起到减缓腐蚀的目的，但当在有氢气存在的环境及高温环境时，氢原子较为活跃，能够不断侵入金属表面垢层，使得垢层疏松多孔，提供更大的比表面积，加速腐蚀。

2. 高温硫腐蚀分布

硫黄回收装置高温硫腐蚀主要存在于酸性气燃烧炉（保温钉、余热锅炉迎火面管板等部件）、反应器壳体及出口管线等温度高于240℃部位。

3. 高温硫腐蚀防范措施

（1）酸性气燃烧炉

① 酸性气燃烧炉采用浇注料+两层砖结构，且迎火层采用刚玉莫来石大砖；第二层采用轻质隔热耐火浇注料；第三层采用轻质隔热浇注料。刚玉莫来石大砖涉及公母边卡扣，不需保温钉固定，从而在当炉膛温度上升后刚玉莫来石大砖膨胀密封性增强，使得温度达到浇注料时的温度偏低，降低保温钉的高温硫腐蚀。

② 酸性气燃烧炉烘炉必须严格按照烘炉曲线进行，切忌出现温度猛升猛降情况发生，以免出现衬里的冷热膨胀松动。正常生产期间，尽可能避免出现装置异常停炉，及时停炉不可大风量降温。

③ 装置停工吹硫时，必须保证吹硫时间，从而确保砖缝及各边边角角硫黄吹扫干净，避免再次开工时在800℃以下造成硫腐蚀。

④ 余热锅炉迎火面必须确保陶瓷套管施工质量，以免出现管板直接接触火焰造成高温硫腐蚀。

⑤ 从腐蚀经验发现，温度在430℃时腐蚀速率最大，在酸性气燃烧炉炉膛升温及降温时应尽可能避免在该电温度下恒温时间太长，以免加速腐蚀。

⑥ 酸性气燃烧炉人孔封堵前需加耐火砖并加隔热陶纤，避免对人孔造成高温硫腐蚀。

（2）克劳斯反应器

① 反应器入口分布管或分布器必须选用抗硫化氢材质，且焊接必须全拍片合格，以免出现分布管腐蚀穿孔或脱落，对生产造成偏流等较大影响。

② 强化反应器衬里施工质量。

③ 反应器钢格栅必须采用不锈钢或其他抗硫化氢材质，钢格栅上平铺不锈钢丝网，且多铺两层。

④ 人孔同酸性气燃烧炉处理。

（三）胺液多元腐蚀

1. 胺液多元腐蚀机理

因胺液呈现弱碱性，对酸性气气体硫化氢及二氧化碳有吸收作用，故在胺液系统内会形成 $RNH_2-CO_2-H_2S-H_2O$ 腐蚀环境，主要表征为湿硫化氢腐蚀及二氧化碳腐蚀，分别在溶液中形成酸性环境造成腐蚀。现对二氧化碳腐蚀机理说明如下：

$$F_e+2CO_2+H_2O \longrightarrow F_e(HCO_3)_2+H_2$$

$$F_e(HCO_3)_2 \longrightarrow F_eCO_3+CO_2+H_2O$$

二氧化碳在有水、温度高于90℃的部位腐蚀最严重，当二氧化碳的浓度在20%～30%（体）时，腐蚀率达到0.76mm/a，而当硫化氢和二氧化碳同时存在时相比二氧化碳单独存在时腐蚀要轻，并随着硫化氢浓度增加而降低，即硫化氢对二氧化碳的腐蚀具有抑制作用。在高温胺液环境中，由于胺、二氧化碳以及焊后残余应力的共同作用，容易产生焊缝腐蚀开裂。二氧化碳腐蚀易造成碳钢的点蚀、坑蚀及长条形沟槽腐蚀等。

2. 胺液多元腐蚀分布

胺液多元腐蚀主要分布在硫黄回收装置胺液再生系统。

3. 胺液多元腐蚀防范措施

1）稳定胺液系统热稳态盐监控，出现热稳态盐达到3%以上，尽快联系进行胺液净化，避免热稳态盐对金属保护层的破坏；

2）投用好贫液罐水封及氮封，避免胺液的氧化降解；

3）开工前做好胺液系统的水洗工作，避免固体物质积存，破坏金属氧化膜；

4）从目前装置再生塔塔顶酸性气中二氧化碳含量分析，吸收塔的胺液量偏大，造成二氧化碳的共吸率较大，可在确保烟气达标的前提下，适当降低胺液循环量；

5）重沸器选型是避免选择虹吸式重沸器，应选用釜式重沸器，减小对返回管线的腐蚀；

6）开展对胺液高温管线(>88℃)管线定期测厚工作。

（四）二氧化硫露点腐蚀

1. 二氧化硫露点腐蚀机理

二氧化硫露点腐蚀是二氧化硫与水形成亚硫酸，具有氧化性会与还原性金属发生氧化还原反应，当有氧气存在的时候二氧化硫还会与氧生成三氧化硫，溶于水形成具有强氧化性的硫酸。一般二氧化硫露点腐蚀都发生在温度低于150℃的部位，具体腐蚀反应机理如下：

$$SO_2+H_2O \longrightarrow H_2SO_3 \quad 3H_2SO_3+2F_e \longrightarrow F_{e2}(SO_3)_3+3H_2$$

$$SO_3+H_2O \longrightarrow H_2SO_4 \quad 3H_2SO_4+2F_e \longrightarrow F_{e2}(SO_4)_3+3H_2$$

（氮氧化物露点腐蚀：$3HNO_3+F_e \longrightarrow F_e(NO_3)_3+\frac{3}{2}H_2$）

二氧化硫露点腐蚀主要受二氧化硫浓度、氧浓度以及环境温度影响。

2. 二氧化硫露点腐蚀分布

二氧化硫露点腐蚀在硫黄回收装置主要分布在尾气焚烧炉及后续设备(蒸汽过热器、余热锅炉、烟道及烟囱)。

3. 二氧化硫露点腐蚀防范措施

1）硫黄回收装置停工吹硫、钝化等过程必须充分，避免停工开人孔后造成固体硫黄自燃产生二氧化硫形成露点腐蚀环境；

2）尽可能避免出现焚烧炉停炉，克劳斯单元运行工况，否则高含二氧化硫尾气直接进入焚烧炉，易形成腐蚀环境，如出现此情况，应尽快恢复焚烧炉点火，避免温度降低过快，或直接将负荷转移至其他硫黄回收装置，按装置停工处置；

3）尾气焚烧炉炉膛温度不宜控制过高，温度越高氮氧化物生成量越大。

（五）氨法脱硫的腐蚀

1. 氨法脱硫中的腐蚀机理

在氨法脱硫工艺中，含SO_2的烟气经过脱硫系统的每个环节均会对设备造成腐蚀，在氨法脱硫工艺中腐蚀的形式从机理上主要分二种：化学腐蚀、电化学腐蚀和结晶腐蚀。

（1）化学腐蚀：

烟气中的腐蚀性介质在一定的温度、湿度下和金属材料发生化学反应生成可溶性盐，使设备逐渐被腐蚀。

主要反应方程式为：

$$Fe+SO_2+H_2O = FeSO_3+H_2$$

$$Fe+SO_2+O_2 = FeSO_4$$

$FeSO_4$水解生成游离的硫酸：

$$4FeSO_4+10H_2O+O_2 = 4Fe(OH)_3+4H_2SO_4$$

如此循环反复，使腐蚀不断进行下去。

（2）电化学腐蚀：

在潮湿的条件下，金属表面直接与烟气介质接触发生化学反应，导致电化学腐蚀，在焊缝处特别容易发生。

主要反应为：

$$Fe \longrightarrow Fe^{2+}+2e$$

$$Fe+8FeO \cdot OH+2e \longrightarrow 3Fe_3O_4+4H_2O$$

（3）结晶腐蚀：

在烟气脱硫过程中，由于生成了可溶性的硫酸盐或亚硫酸盐，液相则渗入表面防腐层的毛细孔内，当设备停用时，在自然干燥下生成结晶型盐，产生体积膨胀，使防腐材料自身产生内应力而破坏，特别在干湿交替作用下，腐蚀更加严重。

2. 腐蚀原因及形态

在氨法烟气脱硫系统中，主要是要考虑三个区域内的腐蚀：一是烟气输送系统；二是SO_2的吸收、氧化系统；三是吸收剂储存和供应系统。在上述的三个区域内，每个区域内的腐蚀各有特点，腐蚀性的严重程度有差异，但基本归结下来有以下几中腐蚀原因和形态，并且是这其中的若干种因素的综合作用结果。

（1）亚硫酸露点腐蚀

在装置开停车时，因环境大气湿度影响，装置内残留的气态SO_2被钢基体表面凝聚水吸收生成亚硫酸，形成亚硫酸露点腐蚀。

（2）防腐蚀衬层高温热应力失效

这是在FGD系统中普通存在的情况，其原因主要有四个方面：一是环保脱硫装置开停车较频繁，使生成的热应力处于间歇性交变状态中，加速衬层的热应力腐蚀失效；二是鳞片涂层属脆性材料，衬层内热应力的长期存在，特别是在热应力交变期内易导致涂层龟裂、开裂、剥落等物理腐蚀失效；三是衬里材料选择不合理，树脂耐温能力不足，在高温热应力作用下形成热应力开裂；四是在衬层施工中，存在涂层厚薄不均、界面粘接不良、固化剂分布不均等局部质量缺陷，使环境热应力易于在衬层薄弱处形成应力集中，导致衬层热应力破坏。鉴于上述因素的存在，实际使用中鳞片防腐蚀衬里时常发生龟裂、开裂、剥落等腐蚀失效现象。

（3）防腐蚀衬层高温碳化烧蚀失效

当尾气焚烧炉的蒸汽过热器、气气换热器、蒸汽发生器等设备运作不正常时，烟气温度升高，将导致大多数耐高温鳞片衬里材料由表及里缓慢高温碳化，此类衬里材料碳化并不严重影响衬里的完整性及耐蚀性，但衬里一旦因热应力作用形成开裂，则裂纹发展加快，介质沿裂纹渗透速度加快，导致衬里局部整块剥离。长期高温作用会导致大多数耐高温鳞片衬里由表及里烧蚀烟化，此种情形将导致衬里严重失强减薄，其腐蚀破坏是致命的。

（4）衬里震颤疲劳破坏

衬层在下述条件下易产生震颤疲劳破坏：一是烟道结构设计强度、刚性不足，特别是烟道布置受环境所限弯道、过流截面变化较大时，高速流动的烟气在烟道中过流时因弯道及过流截面变化的影响，产生较大的压力变化，形成不稳定流动，导致烟道结构震颤，使本来就高温失强的衬里形成疲劳腐蚀开裂，严重时形成大面积剥落。二是在烟道结构强度设计时，出于结构补强需要，采用细杆内支承补强，当高速流动的烟气在烟道中过流时，因烟气冲击压力作用引发支承细杆抖动变形，导致支承杆与烟道壁焊接区衬层开裂。由于烟气引发的结构震颤是通过衬层传导给金属基体的，而衬层与基体是通过界面底漆黏接连接的，故此类破坏往往发生的界面底漆黏接层，其对衬层的破坏是非常致命的。

（5）结晶腐蚀

在如采用混凝土为基础部位，易受硫酸铵晶体腐蚀，如装置在进行停机检修或事故停机时，硫酸铵就容易吸收水分，形成水合结晶物从而发生体积膨胀，最后导致基础受损。

（六）硫酸铵浆液的腐蚀与防护

1. 腐蚀机理

硫酸铵浆液中的氯离子及氟离子都具有很强的腐蚀性，生成的硫酸铵及亚硫酸铵会产生结晶腐蚀，高速流动颗粒会产生磨损腐蚀。

（1）氯离子点腐蚀

在氨法脱硫系统中，采用浆液循环喷淋，从而实现二氧化硫的吸收和硫酸铵的浓缩。烟气中燃烧生成的氯离子被浆液吸收，在浆液浓缩过程中，氯离子浓度不断升高，运行后期质量浓度可以达到0.5%~2.8%。而脱硫系统蒸发补水所使用的水本身含有大量氯离子，在浆液浓缩过程形成腐蚀性很强的酸性氯化物溶液，导致金属的强烈腐蚀。

氯离子与金属表面钝化膜中的阳离子易结合形成可溶性氯化物，在金属表面形成局部点蚀，并向金属内部深处发展，形成小孔状腐蚀形态。硫酸铵浆液导致的点腐蚀主要集中在不锈钢或合金钢焊缝处，已有研究表明，金属的腐蚀随着氯离子浓度的增加和硫酸铵浆液温度的升高而加剧。

（2）结晶腐蚀

盐溶液浸入到材料内部生成结晶盐，结晶盐的体积膨胀使建筑物或材料内部产生应力而引起的破坏现象称为结晶腐蚀。氨法脱硫由于防腐层局部失效，烟气脱硫过程中生成的可溶性硫酸盐或亚硫酸盐渗入到防腐层内表面，当设备运行参数发生变化或装置停工时，缝隙间积存的硫酸铵水溶液形成固体硫酸铵盐、体积膨胀，导致防腐材料产生应力失效。对于运行不稳定、频繁启停的氨法脱硫装置，结晶腐蚀将更加严重，需要引起高度重视。

（3）磨损腐蚀

磨损腐蚀是腐蚀介质与设备接触面间相对运行，引起设备的机械磨损，一般在腐蚀机械力和电化学腐蚀共同作用下形成。磨损腐蚀一般受温度影响较大，温度升高，磨损腐蚀速度大大提高。脱硫循环浆液中的固态颗粒物在流动过程中，对吸收塔、反应器、管道、旋转机械等设备的本体表面或防腐蚀内衬表面造成冲刷磨损。特别是在高速脱硫循环浆液压力突变的区域内，腐蚀介质与金属构件作相对高速运动，磨损加剧。氨法脱硫中磨损腐蚀主要存在于蒸发加热器、离心浆液泵叶轮的吸入侧、叶片的出口端、搅拌设备的旋转部件。

2. 防护措施

由于氨法烟气脱硫浆液恶劣，必须从耐腐蚀材料及其施工工艺上选择合适的防腐技术见表 4-85，同时严控运行过程中浆液的各项工艺参数。

表 4-85　氨法脱硫 FGD 工艺中防腐材料推荐表

防腐位置	腐蚀介质	推荐材料
浓缩塔	硫酸铵浆液	玻璃钢、玻璃鳞片、复合板、双相不锈钢
吸收塔	硫酸铵浆液	玻璃钢、玻璃鳞片、复合板、双相不锈钢
浆液输送管路	硫酸铵浆液	碳钢衬塑、碳钢衬橡胶、玻璃钢
浆液输送泵	硫酸铵浆液	复合板、双相不锈钢
蒸发加热器	硫酸铵饱和溶液并含有 ~20%（体）硫酸铵结晶颗粒，≤110℃	壳体 316L，管束双相不锈钢

（1）合理选材

目前国内氨法脱硫浆液使用的防腐材料主要分为非金属和金属两种，应用较为广泛的非金属防腐材料有玻璃钢、橡胶、比例鳞片树脂等；较为常用的金属防腐材料有不锈钢、钛合金以及镍基合金等。一般情况下，企业常常采用不锈钢 316L 作为硫酸铵浆液的输送管线，但是运行经验表明，一般不锈钢 316L 管道在运行 3~6 个月期间就会出现管线大面积点蚀情况。因此不锈钢 316L 耐高浓度氯离子点腐蚀性能较差，不适合使用在硫酸铵浆液中。由于不同的防腐蚀材料在物理性能、防腐特点以及耐热性能方面存在较大的差异，在选择防腐蚀材料时，应根据氨法脱硫装置不同部位浆液的化学成分、工艺参数，有针对性地进行选择。

① 橡胶衬里：橡胶衬里是设备或管道内部采用耐磨、防腐橡胶作为衬里层，将防腐介质与机体隔开，从而起到防护的目的。橡胶衬里具有较好的化学稳定性，可耐强酸、有机酸、碱和盐溶液。橡胶衬里在氨法脱硫装置中建议只用在输送浆液的管道、容器内，不适合浓缩塔塔器整体内衬。

② 玻璃钢（FRP）：玻璃钢是以合成树脂作为黏结剂，玻璃布、带、毡、纱布作为增强材料，并加入其它各种添加剂而制成的复合材料。烟气脱硫中一般采用乙烯基树脂、玻璃纤维及其制品作为增强材料。玻璃钢具有优良的耐化学腐蚀性能，对一定浓度的酸、碱、盐等都有很好的防护作用，且其质量轻，可以加工成所需要的任何形状，适合现场施工和组装，但其耐温性较差，一般长期使用最高温度为 90℃。凡与腐蚀环境接触的 FRP 的表面应有一层富含树脂的涂层，起到隔离腐蚀介质和水分的作用，防止组织水分渗入纤维层中。玻璃钢可广泛使用在输送浆液管道、吸收塔内喷淋管道及除雾器等构件中，也可以用玻璃钢对运行过程出现的低压管线或设备泄漏进行在线堵漏，即用木塞或塑料等软质材料塞住泄漏点，外层用玻璃钢包裹，减少设备或装置的非计划停工。

③ 双相不锈钢：双相不锈钢是一种铁素体-奥氏体（双相）不锈钢，它综合了铁素体钢和奥氏体钢良好性能，由于该钢中铬和钼的含量都很高，因此具有极好的抗点腐蚀性能和耐结晶腐蚀性能，同时具有很高的耐冲刷腐蚀能力。但因双相不锈钢价格昂贵，在工业应用中可采用双相不锈钢和普通碳钢复合板。

（2）施工工艺控制

① 橡胶衬里：橡胶衬里的使用寿命在很大程度上取决于施工工艺，即橡胶衬里与金属表面需完全结合，无脱胶、气泡产生。采用喷砂方法除去衬里的氧化铁等异物，增加黏结面的粘接强度。喷砂除污处理后，在规定的时间内必须进行涂料。每遍底涂料和黏结剂的干燥时间以胶干至不粘手为最佳。最后一遍胶浆的涂刷时间，应在贴胶前 1.5～4h 内进行。涂刷完毕，应防止灰尘、油、水或机械杂物的落入，保证贴合面清洁，以提高黏结强度。衬胶施工环境温度以 15～30℃，相对湿度以 75%为宜，施工场所应保持干燥、无尘、通风良好。

② 玻璃钢：施工所需的合成树脂、各种辅助剂必须按照工艺严格选择，并按各类型的树脂配比调制衬布胶料。玻璃钢施工必须严格遵守原材料配比与环境条件的对应关系及使用要求，施工过程不能超出工艺控制范围，并做好各层施工之间的质量控制，上一步工艺完成需达到下一步工艺施工条件。在玻璃钢施工过程中和施工完成后，需进行检测检验，检验内容为外观检测、尺寸检测、巴柯尔硬度检测、刚度检测、强度检测及水压试验。玻璃钢外表面应光滑平整，无对使用性能有影响的龟裂、气泡、分层、贫胶区，内表面要圆滑过渡，不允许出现明显的凹凸不平。

③ 金属材料工艺过程：金属材料的防腐工艺过程主要是控制焊接质量。由于焊缝是防腐最薄弱的部位，在金属结构的施工中焊接质量尤为关键。抵达施工现场的合金材料在施工前必须进行材质检验和性能分析，确保钢板质量合格。焊接前应做焊接工艺评定和焊接方案选择，根据焊接工艺正确选择焊条，加工焊接坡口。焊缝表面如有凹坑、污点等会加快腐蚀。表面粗糙度小，抗腐蚀性能就好，为增加金属焊接后焊缝耐腐蚀性能，焊后要进行表面处理。其中，焊接工艺评定中试板需进行 100%射线检测，Ⅱ级合格，试板进行拉升、弯曲和常温冲击等力学性能试验合格。对母材、热影响区、焊缝做金相检查并按照要求进行腐蚀试验合格。

（3）浆液参数控制

在实际运行过程中，pH 值控制越低，脱硫反应越彻底，二氧化硫脱除效率越高，但酸性环境对设备腐蚀较大，设备腐蚀越严重。pH 值控制高，设备腐蚀虽然小但反应速度低，脱除效率低，造成氨逃逸、烟气拖尾等现象。因此，需合理控制硫酸铵浆液 pH 值。一般情况下，脱硫系统浆液最佳 pH 值为 5.5～5.7。正常运行过程中，浆液呈酸性，浆液中含有大量的 H^+、SO_4^{2-}离子。浆液中氯离子浓度增大后，浆液呈现为稀硫酸和稀盐酸的混合物，加速了对金属的腐蚀。中水、新水和烟气中均含有氯离子，氯离子很难被硫酸铵带走，在塔内累积，随着运行时间延长，氯离子浓度越来越高，因此脱硫系统需严格监控氯离子。根据目前脱硫装置工艺，可以通过检测氯离子浓度，定期外排高氯离子浓度的浆液，确保浆液氯离子浓度不超标。条件允许的地区可以部分或全部销售硫酸铵浆液，既可实现降级塔内氯离子浓度的目的，又可大大降低脱硫后处理装置生产成本。

（七）其他腐蚀

1. 循环水腐蚀

循环水系统腐蚀：最主要部位在循环水冷却器(贫胺冷却器)上

腐蚀形态：管束腐蚀穿孔、内漏

反应机理：垢下腐蚀、电化学腐蚀

循环水系统结垢一方面导致设备发生严重的垢下腐蚀，另一方面导致换热效率下降，达不到工艺要求。

2. 凝结水系统的冲蚀

凝结水系统的冲蚀：主要凝结水管线上(中压蒸汽加热器回水、伴热线回水等)

腐蚀形态：弯头处冲蚀、外漏

反应机理：冲刷腐蚀

从设备方面主要保证相关疏水阀好用、凝结水罐液位指示准确无误，操作上精细操作，避免凝结水带汽；另外由于阀门的节流效应，操作上尽量避免凝结水后路阀门处于节流状态，导致汽蚀现象的发生。

第五部分　本企业硫黄技改方案

根据目前的生产运行情况，装置在酸性气处理量约为 8500m^3/h 的条件下才能可靠运行，酸性气负荷升高后，其他指标均正常达标，但烟气出现拖尾现象，出口指标中氨逃逸未能满足要求。可以认为酸性气负荷增加，虽然克劳斯单元能够保持在 8500m^3/h 酸气负荷下的总硫转化率，但是随着酸性气负荷的增加，经过尾气焚烧后 SO_2 的绝对量升高，受限于氨洗脱硫塔处理能力的限制，在控制排口 SO_2 浓度的前提下，势必增加注氨量，而注氨过量后，氨逃逸、烟气拖尾相继出现。因此，下文利用 Aspen 模拟对三级克劳斯和超级克劳斯两种改造方案进行模拟运算。模拟现有稳定工况 8500m^3/h 酸气负荷下尾气相关 SO_2 的绝对量、烟气量的数据，在氨洗脱硫塔处理能力不变的前提下，作为标准来判断三级克劳斯或超级克劳斯改造方案下的酸性气处理量是否能够满足满负荷的要求。

(一) 现有稳定排放的工况模拟计算

按标定期间原料酸性气组成换算出 8500m^3/h 酸性气进料的相关条件，如表 5-1 所示。

表 5-1　原料酸性气组成及参数

项目	原料酸性气	
温度/℃	38	
压力/kPa	129.525	
组成	含量/(kmol/h)	%(摩)
H_2O	21.75	5.11
H_2S	364.55	85.66
CH_4	0.40	0.09
CO_2	38.89	9.14
合计	425.59	100.00

代入 Aspen 建模中，得到现有稳定工况 8500m^3/h 酸性气负荷下，克劳斯转化率、尾气焚烧炉出烟气相关参数。

克劳斯单元总硫转化率模拟图见图 5-1。

级数	热量:F-8101	催化剂:R-8101	催化剂:R-8102
转化(单元)[%]	71.55	72.09	69.32
转化(累积)[%]	71.55	92.04	97.53
回收(单元)[%]	98.29	93.85	98.32
回收(累积)[%]	70.33	90.70	97.42
COS水解作用[%]	N/A	99.19	27.50
CO_2水解作用[%]	N/A	94.95	6.86
整体回收效率[%]	…	…	97.36

图 5-1　总硫转化率 Aspen 模拟图

根据模拟计算得到克劳斯单元总硫转化率为 97.36%。

尾气焚烧炉出烟气参数见图 5-2。

流股名称	9
汽相分率	1.0000
温度[C]	670.0
压力[kPa]	103.5
摩尔流量[kgmol/h]	1883
质量流量[kg/h]	4.886e+04
标准理想液相体积流量[m^3/h]	57.50
摩尔焓[k/kgmol]	-6.356e+04
摩尔熵[k/kgmol-C]	237.1
热流[k/h]	-1.197e+08
液相体积流量(标准条件) [m^3/h]	4.452e+04
物性包	Basis-1
公用工程类型	

	摩尔流量
Hydrogen	9.6114
Argon	0.0000
Oxygen	56.4872
Nitrogen	1200.5419
Methane	0.0000
CO	3.7113
CO_2	70.1633
Ethane	0.0000
H_2S	0.0781
COS	0.0031
SO_2	9.4091
CS_2	0.0006
H_2O	532.9010
Ammonia	0.0000
HCN	0.0000
Propane	0.0000
i-Butane	0.0000
n-Butane	0.0000
i-Pentane	0.0000
n-Pentane	0.0000
n-Hexane	0.0000
n-Heptane	0.0000
n-Octane	0.0000
n-Nonane	0.0000
n-Decane	0.0000
总计	1882.90683 kgmol/h

图 5-2　Aspen 模拟尾气焚烧炉出烟气参数

根据模拟运算数据，得到排放二氧化硫的绝对量为 9.4091kmol/h。

（二）三级克劳斯改造方案的模拟计算

Aspen 建模：原料酸性气组成一样；在原二级克劳斯流程后，再增加第三级常规克劳斯反应器(催化剂装填体积为 72m^3)及第四级硫冷凝器，第三级克劳斯反应器入口过程气温度取 200℃、第四级硫冷凝器出口过程气温度取 124℃；尾气焚烧炉炉膛温度控制在 670℃、炉内压力控制为 103.5kPa、炉出口氧含量控制 3%。

Aspen 建模流程如图 5-3 所示。

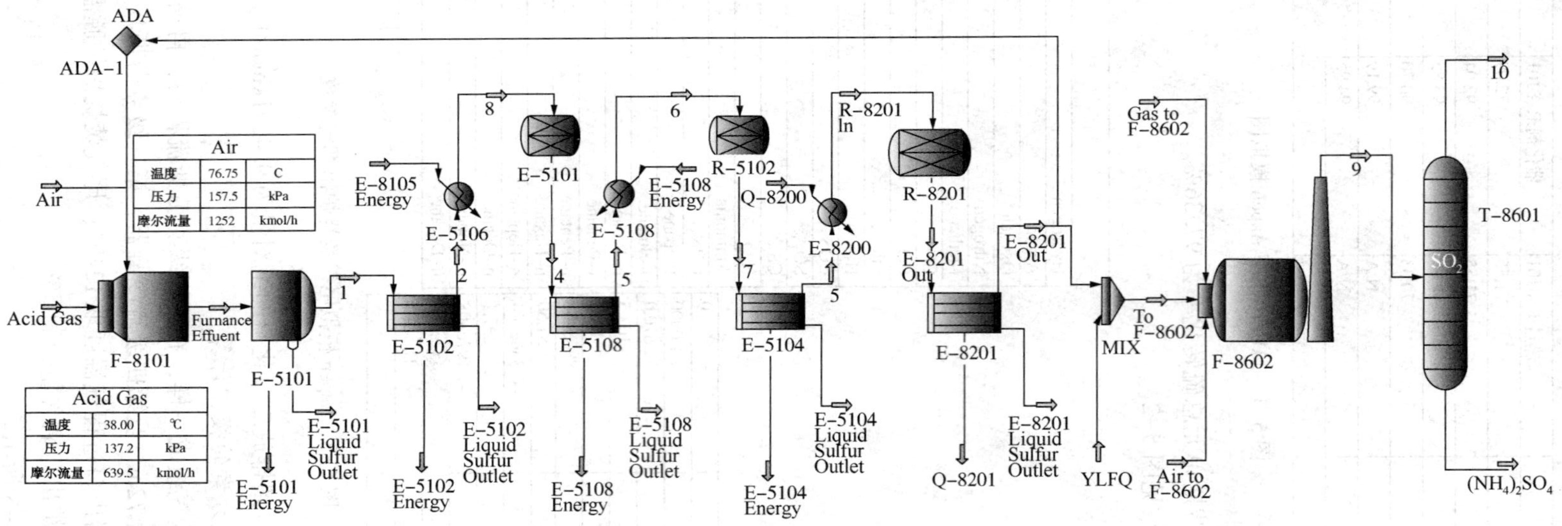

图5-3　三级克劳斯Aspen建模流程

控制尾气焚烧炉出烟气二氧化硫绝对量约为9.4091kmol/h，模拟运算出原料酸性气的处理量为639.5kmol/h。

三级克劳斯总硫转化率如图5-4所示。

级数	热量:F-8101	催化剂:R-8101	催化剂:R-8102	催化剂: R-8201
转化(单元)[%]	71.55	72.33	69.55	33.97
转化(累积)[%]	71.55	92.11	97.57	98.38
回收(单元)[%]	98.39	94.24	82.05	94.27
回收(累积)[%]	70.40	90.86	96.37	98.27
COS水解作用[%]	N/A	99.08	27.67	19.27
CS_2水解作用[%]	N/A	93.24	6.84	4.11
整体回收效率[%]	…	…	…	98.23

图5-4　Aspen模拟三级克劳斯总硫转化率模拟图

根据模拟计算得到克劳斯单元总硫转化率为98.23%。

尾气焚烧炉出口烟气组成及参数如图5-5所示。

流股名称	9
汽相分率	1.0000
温度[℃]	670.0
压力[kPa]	103.5
摩尔流量[kmol/h]	2798
质量流量[kg/h]	7.254e+04
标准理想液相体积流量[m³/h]	85.55
摩尔焓[kJ/kmol]	-6.290e+04
摩尔熵[kJ/kmol·℃]	237.0
热流[kJ/h]	-1.760e+08
液相体积流量(标准条件) [m³/h]	6.617e+04
物性包	Basis-1
公用工程类型	

	摩尔流量
Hydrogen	14.5206
Argon	0.0000
Oxygen	83.9541
Nitrogen	1792.3292
Methane	0.0000
CO	5.6069
CO_2	106.6293
Ethane	0.0000
H_2S	0.0766
COS	0.0042
SO_2	9.4059
CS_2	0.0011
H_2O	785.9366
Ammonia	0.0000
HCN	0.0000
Propane	0.0000
i-Butane	0.0000
n-Butane	0.0000
i-Pentane	0.0000
n-Pentane	0.0000
n-Hexane	0.0000
n-Heptane	0.0000
n-Octane	0.0000
n-Nonane	0.0000
n-Decane	0.0000
总计	2798.46783 kgmol/h

图5-5　Aspen模拟三级克劳斯烟气组成及参数

根据模拟运算数据，得到排放二氧化硫的绝对量为9.4059kmol/h。

原料酸性气处理量如图5-6所示。

根据模拟运算数据，得到原料酸性气处理量为639.5kmol/h。

流股名称	Acid Gas
汽相分率	0.9946
温度[C]	38.00
压力[kPa]	137.2
摩尔流量[kgmol/h]	639.5
质量流量[kg/h]	2.184e+04
标准理想液相体积流量[m³/h]	27.42
摩尔焓[kJ/kgmol]	-6.521e+04
摩尔熵[kJ/kmol·℃]	211.1
热流[kJ/h]	-4.1740e+07
液相体积流量(标准条件) [m³/h]	1.512e+04
物性包	Basis-1
公用工程类型	

图5-6　Aspen模拟运算参数图

（三）超级克劳斯改造方案的模拟计算

Aspen建模：原料酸性气组成一样；在原二级克劳斯流程后，再增加一级选择性氧化反应器(催化剂装填体积为72m³)及第四级硫冷凝器，选择性氧化反应器入口过程气温度取200℃、第四级硫冷凝器出口过程气温度取124℃；尾气焚烧炉炉膛温度控制在670℃、炉内压力控制为103.5kPa、炉出口氧含量控制为3%；制硫燃烧炉的配风量不要求精确控制H_2S/SO_2的比例，而是控制最后一级克劳斯反应器出口过程气中H_2S含量在0.5%~1.5%之间，使得操作变的灵活方便。此处按第二级克劳斯反应器出口硫化氢含量1%控制进行理论模拟；选择性氧化反应器配风量按选择性氧化反应器出口氧含量为0.5%控制进行理论模拟；选择性氧化反应器内可将克劳斯尾气中大部分H_2S直接氧化为元素硫，其效率通常可达85%~95%，此处模拟取90%。

Aspen建模流程如图5-7所示。

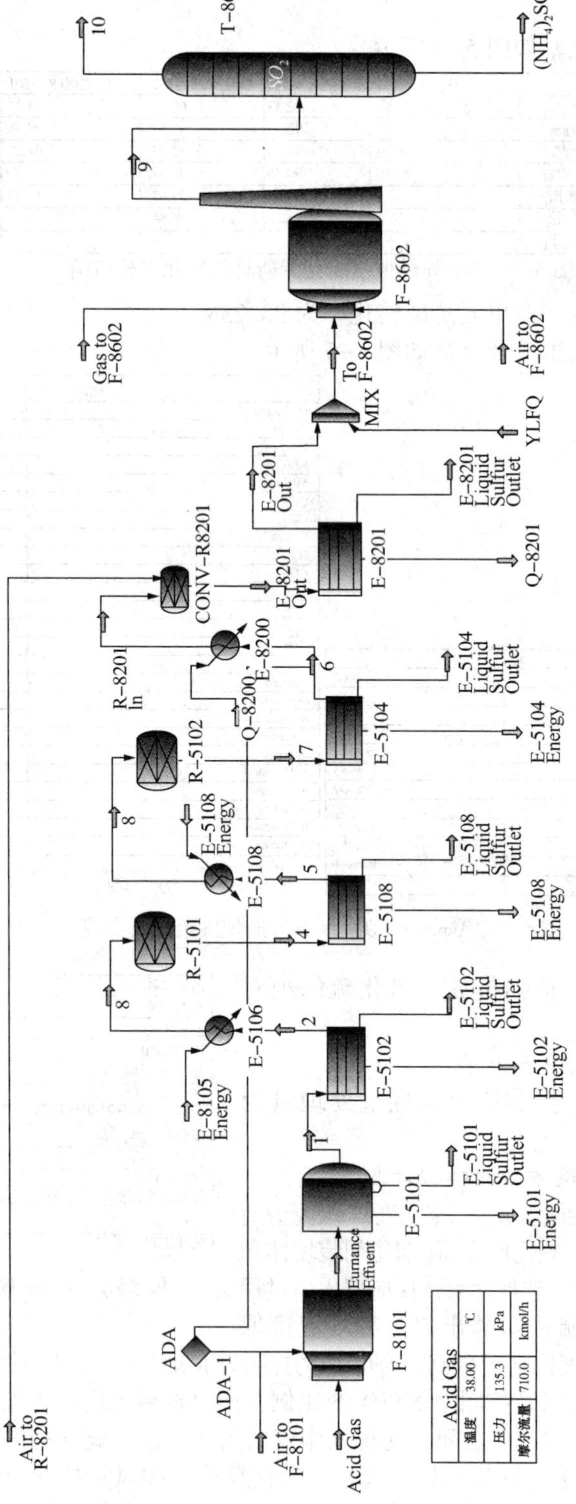

图5-7　超级克劳斯Aspen建模流程

控制尾气焚烧炉出烟气二氧化硫绝对量约为 9.4091kmol/h，模拟运算出原料酸性气的处理量为 1215kmol/h。

超级克劳斯总硫转化率如图 5-8 所示。

级数	热量:F-8101	催化剂:R-8101	催化剂:R-8102	催化剂:CONV R-8201
转化(单元)[%]	71.50	72.19	68.54	69.17
转化(累积)[%]	71.50	92.05	97.47	99.20
回收(单元)[%]	98.38	94.19	81.78	95.93
回收(累积)[%]	70.34	90.79	96.26	99.08
COS水解作用[%]	N/A	98.68	27.82	N/A
CS_2水解作用[%]	N/A	87.12	6.84	N/A
整体回收效率[%]	…	…	…	99.06

图 5-8　Aspen 模拟超级克劳斯总硫转化率图

根据模拟计算得到克劳斯单元总硫转化率为 99.06%。

尾气焚烧炉出口烟气组成及参数如图 5-9 所示。

流股名称	9
汽相分率	1.0000
温度[℃]	670.0
压力[kPa]	103.5
摩尔流量[kmol/h]	5313
质量流量[kg/h]	1.377e+05
标准理想液相体积流量[m^3/h]	162.7
摩尔焓[kJ/kmol]	-6.220e+04
摩尔熵[kJ/kmol·℃]	236.8
热流[kJ/h]	-3.305e+08
液相体积流量(标准条件) [m^3/h]	1.256e+05
物性包	Basis-1
公用工程类型	

	摩尔流量
Hydrogen	26.9446
Argon	0.0000
Oxygen	159.3886
Nitrogen	3421.4231
Methane	0.0000
CO	10.2308
CO_2	208.6905
Ethane	0.0000
H_2S	0.0077
COS	0.0136
SO_2	9.4076
CS_2	0.0042
H_2O	1476.8426
Ammonia	0.0000
HCN	0.0000
Propane	0.0000
i-Butane	0.0000
n-Butane	0.0000
i-Pentane	0.0000
n-Pentane	0.0000
n-Hexane	0.0000
n-Heptane	0.0000
n-Octane	0.0000
n-Nonane	0.0000
n-Decane	0.0000
总计	5312.95324 kgmol/h

图 5-9　Aspen 模拟超级克劳斯尾气烟气组成及参数

根据模拟运算数据，得到排放二氧化硫的绝对量为 9.4076kmol/h。

原料酸性气处理量如图 5-10 所示。

根据模拟运算数据，得到原料酸性气处理量为 1215kmol/h。

(四) 模拟运算结果比较

为方便比较，查得设计 100%负荷下，酸性气组成及参数如表 5-2 所示。

流股名称	Acid Gas
汽相分率	0.9953
温度[C]	38.00
压力[kPa]	135.3
摩尔流量[kmol/h]	1215
质量流量[kg/h]	4.149e+04
标准理想液相体积流量[m³/h]	52.09
摩尔焓[kJ/kgmol]	−6.521e+04
摩尔熵[kJ/kgmol-C]	211.1
热流[kJ/h]	−7.923e+07
液相体积流量(标准条件) [m³/h]	2.873e+04
物性包	Basis−1
公用工程类型	

图 5−10　Aspen 模拟超级克劳斯酸性气处理量参数图

表 5−2　原料酸性气设计组成及参数

温度 / ℃	40	组成	含量/(kmoL/h)
压力 / kPa	161. 325	C_2H_6	0. 2598
组成	含量/(kmol/h)	C_3H_8	0. 2590
H_2O	27. 0901	n−C_4H_{10}	0. 0648
H_2S	582. 8105	NH_3	1. 9427
CO_2	32. 3784	合计	645
CH_4	0. 1948		

汇总三级克劳斯、超级克劳斯的模拟运算结果，如表 5−3 所示。

表 5−3　模拟运算结果比较

项目	三级克劳斯	超级克劳斯	对比标准
总硫转化率 / %	98. 23	99. 06	97. 52(稳定工况)
焚烧炉出 SO_2 绝对量/(kmol/h)	9. 4059	9. 4076	9. 4091(稳定工况)
酸性气处理量/(kmol/h)	638. 5	1215	645(设计值)
酸性气中 H_2S/(kmol/h)	546. 9148	1040. 7227	582. 8105(设计值)

通过结果整理对比可以得出：

1)在现氨洗脱硫系统处理能力下，采用三级克劳斯改造方案，在稳定排放工况下酸性气处理量是达不到满负荷的，而且模拟运算还是在理想状态的值，外界因素的波动变化，将会使实际总硫转化率达不到理论最大值，导致焚烧炉出烟气 SO_2 绝对量超过稳定工况的值，而超级克劳斯改造方案则能够在稳定排放工况下酸性气处理量满负荷生产。

2) 对于超级克劳斯改造方案，酸性处理量不可能像模拟运算那样，几乎是设计值的两倍，实际上还存在装置系统压力的限制。使用装置酸性气量设计参数为 645kmol/h(其中 H_2S 摩尔流量为 582. 8105kmol/h)，得到的焚烧炉出排放烟气中 SO_2 绝对量为 5. 0666 ~ 5. 3347kmol/h，低于稳定工况下 9. 4091kmol/h(仅为其 60%左右)。

3) 常规克劳斯需要精确稳定控制 H_2S/SO_2 比例，易受外界条件变化影响；但超级克劳斯不要求精确控制 H_2S/SO_2 的比例，而是控制最后一级克劳斯反应器出口过程气中 H_2S 含量在 0. 5% ~ 1. 5%之间，使得操作变得灵活方便；且选择性氧化反应($H_2S+\frac{1}{2}O_2 \longrightarrow S+H_2O$)

是一个热力学完全反应，因此可以达到很高的转化率。选择性氧化反应器内使用一种特殊的选择性氧化催化剂，该催化剂对水和过量氧均不敏感，可以将克劳斯尾气中大部分 H_2S 直接氧化为元素硫。其效率可达 85%~95%，且不发生副反应。

参 考 文 献

[1] 国家质量监督检验检疫总局．中华人名共和国国家标准：工业硫黄．GB/T2449.2-2015[S]．北京：中国标准出版社，2007.
[2] 陈赓良，肖雪兰，杨仲熙，等．克劳斯法硫黄回收工艺技术[M]．北京：石油工业出版社．2007.
[3] 贾明生，凌长明．烟气酸露点温度的影响因素及其计算方法[J]．工艺锅炉，2003，06：31-35.
[4] 环境保护部．石油炼制工业污染物排放标准 GB/31570-2015 [M]．北京：中国环境科学出版社，2015.
[5] 中国石化集团上海工程有限公司．化工工艺设计手册[M].4 版．北京：化学工业出版社，2009.
[6] 肖锋，陈继明，徐宏，等．硫黄回收装置设备运行与维护[M]．北京：中国石化出版社，2009.

普光气田200kt/a硫黄回收装置工艺计算

完成人：裴爱霞

单　位：中国石化中原油田普光分公司

目　录

普光天然气净化厂位于四川省宣汉县普光镇赵家坝，以普光气田高含硫天然气为原料，产品为天然气和硫黄。工厂占地3402亩，共建设6套12个系列天然气净化装置和配套的公用工程、硫黄储运系统，年处理混合天然气能力为120Gm^3，年产硫黄能力2.4Mt。每套联合装置均包括两个系列，每个系列各包括脱硫、硫黄回收、尾气处理三个单元，两个系列共用一套脱水和酸水汽提单元。

天然气净化厂首套装置于2009年10月12日投产，最后一套装置于2010年6月15日投产，2010年8月31日工厂转入商业化运行，截至目前，已安全运行10年。本报告主要根据中国石化生产装置考核标定相关文件，开展生产装置性能考核标定，并利用Hysis软件、HSC软件、手工计算等方法，对各单元、设备运行参数进行理论核算，同时，运用硫黄培训班所学知识制定装置提升技术方案，旨在实现知识的深入吸收、转化和应用。

第一部分　标定报告

净化厂6套联合建设共硫黄回收装置12套，每套装置配置均相同，实际生产过程中受酸性气负荷调整影响，实际运行参数略有差异，但均在同套工艺卡片控制参数范围。为避免同一联合两个系列相互影响，本次大作业标定选用单系列运行的第六联合第一系列(简称161系列)，标定范围涵盖脱硫、脱水、硫黄回收、尾气处理、酸水汽提共计5个单元，标定负荷选取100%，侧重分析硫黄回收和尾气处理单元。

一、标定报告

(一) 装置简介

净化厂联合装置以普光气田高含硫天然气为原料，采用美国Black&Veatch工艺包，50% MDEA水溶液两段吸收，加低温催化水解脱羰基硫，解决原料气中高含硫化氢、有机硫脱除问题，采用级间冷却吸收技术控制净化气中CO_2的含量。处理能力为2×300万m^3/d，操作弹性为50%~110%，净化净化气中H_2S含量≤6mg/m^3，CO_2≤3%，总硫含量≤200mg/m^3。硫黄回收单元设计规模为200kt/a，操作弹性为30%~130%，结合SCOT尾气处理工艺，总硫回收率达到99.8%以上，排放烟气中SO_2<960mg/Nm^3。

1. 脱硫单元

原料气经过滤分离器脱除携带的液体及固体颗粒后，进入两级胺液吸收塔，用MDEA溶液吸收气体中的H_2S和CO_2。为脱除原料气中的COS，经第一级主吸收塔部分脱硫后的天然气进入水解部分，在水解催化剂作用下，COS和H_2O发生反应生成H_2S和CO_2。水解后气体经冷却后进入第二级主吸收塔，气体中酸性气被进一步吸收并达到产品规格要求。

两级主吸收塔之间采用级间冷却技术，加强对CO_2吸收的控制。在二级主吸收塔底部用泵抽出胺液，经中间胺液冷却器后返回一级主吸收塔顶部。采用级间冷却技术可显著降低吸收塔的温度分布，抑制CO_2受动力学影响的吸收过程，同时加快H_2S受化学平衡影响的吸收过程。

2. 脱水单元

来自两系列脱硫后的天然气混合后进入脱水塔，与高纯度三甘醇(TEG)逆流接触，天然气中携带的水分被脱除，使产品天然气的水露点降至-10℃(夏季)或-15℃(冬季)以下。TEG的纯度是控制水露点的决定因素，脱水后的天然气进入分液罐脱除携带的TEG进入净化气管网。

3. 硫黄回收单元

来自天然气脱硫单元的酸性气进入酸气分液罐进行分液后，进入 Claus 反应炉。在反应炉内，部分 H_2S 与 O_2 燃烧生成 SO_2，生成的 SO_2 与 H_2S 继续反应生成 S_x。高温过程气进入余热锅炉回收余热产生中压饱和蒸汽。过程气中的硫蒸气经一级硫冷器冷凝后送入液硫池，一级硫冷器出口的过程气经蒸汽加热后进入一级 Claus 转化器。转化器内装有大孔隙率的活性氧化铝催化剂，过程气中的 H_2S 和 SO_2 在催化剂作用下继续发生反应生成 S_x，过程气中的硫蒸气经二级硫冷器冷凝后送入液硫池。过程气被加热后进入二级 Claus 转化器，与催化剂接触发生反应，生成的液硫经末级硫冷器后送入液硫池。

硫黄回收单元设置有液硫脱气设施。液硫靠各级硫冷器重力自流至液硫池，在池内通过 BV 的专利 MAG^R 脱气工艺将液硫中的 H_2S 脱除至 10mg/L 以下。在 MAG^R 脱气工艺中液硫在液硫池的不同分区中循环流动，并通过一、二级喷射器进行机械搅动，液硫中的 H_2S 释放到气体中并由抽空器送入尾气焚烧炉。

4. 尾气处理单元

尾气处理部分采用加氢还原吸收工艺。来自硫黄回收单元的尾气进入加氢进料燃烧炉，与加氢进料燃烧器中燃烧产生的高温烟气混合，送入加氢反应器。在加氢催化剂作用下，Claus 尾气中所含的 SO_2 和元素硫与还原性气体 H_2 发生反应，生成 H_2S。羰基硫和二硫化碳在加氢反应器中发生水解反应，生成硫化氢。

离开加氢反应器的尾气经急冷塔冷却后进入尾气吸收塔，用 MDEA 溶剂对尾气中所含的 H_2S 进行吸收，尾气吸收塔塔顶的尾气进入焚烧炉，通过燃烧天然气产生的热量将尾气加热至 650℃，尾气中剩余的 H_2S 和 COS 在炉膛中进行燃烧，转化为 SO_2，其他可燃物如烃类、氢及 CO 也同时被烧掉。离开炉膛的高温烟气进入焚烧炉废热锅炉，回收热量，产生中压过热蒸汽，烟气经烟囱排放。

5. 酸水汽提单元

各单元的酸性水排入酸水汽提单元，以除去酸性水中含有的 H_2S、CO_2 等。汽提后酸性气返回尾气处理单元，汽提水作为循环水补充水。

(二) 标定过程

1. 标定目的

为了解联合装置、硫黄回收装置的实际处理能力和各工况下物料平衡、产品质量、装置能耗、相关安全环保指标等项目，了解装置各类催化剂性能和动静设备运行性能，为今后的生产管理和优化操作提供参考和依据。

2. 标定负荷

以克劳斯单元酸性气作为标定负荷调整目标，100% 负荷工况下，酸性气流量为 30000Nm³/h，原料天然气流量为 125000Nm³/h。

3. 标定时间

标定时间为 72h，自 2019 年 5 月 20 日 8：00~5 月 23 日 8：00。

4. 标定内容

(1) 物料平衡

根据物流的流量和组成，对原料天然气中各种组分进行物料平衡标定，包括甲烷、S 元素、C 元素，同时考察公用介质(如蒸汽)平衡。

(2) 产品质量

在原料气流量和组成保持稳定的前提下，对净化气、液硫产品、固体硫黄的质量进行考察。

(3) 装置能耗

标定硫黄回收单元、尾气处理单元、净化装置公用工程介质的实物消耗、综合能耗、单位能耗。

(4) 催化剂转化效果

标定硫黄回收单元一、二级反应器的 Claus 催化剂催化转化效果、加氢催化剂加氢、水解效果。

(5) 关键炉设备能力

考察 Claus 反应炉、加氢在线炉、Claus 反应炉余热锅炉、尾气焚烧炉余热锅炉等关键设备在设计操作弹性范围内能否达到稳定运行。

(6) 关键塔器设备能力

考察装置一级主吸收塔、二级主吸收塔、胺液再生塔、脱水塔、酸水汽提塔、急冷塔、尾气吸收塔在设计操作弹性范围内能否达到稳定运行。

(7) 三废排放水平

正常生产中，净化装置不产生废水、废渣，本次标定只考察烟气二氧化硫排放浓度及速率。

(8) 职业卫生

考察装置的空气质量和噪声污染等。

(三) 标定方法

1. 原料处理能力

1) 100%负荷工况下，脱硫装置处理能力为 $125000Nm^3/d$(20℃，1.013×10^5Pa)，负荷调整以硫黄回收单元酸性气量作为标准。

性能考核期间，记录原料气进料量，每 2h 记录一次，然后对进料量进行平均后作为最终的进料气量。此外，记录相关的温度和压力。

2) 100%负荷工况下，硫黄回收装置处理能力为 $30000Nm^3/d$(20℃，1.013×10^5Pa)，调整两列酸性气分配，满足 161 系列硫黄负荷达 100%，即 $30000Nm^3/h$(20℃，1.013×10^5Pa)。

性能考核期间，记录酸性气进料量，每 2h 记录一次，然后对进料量进行平均后作为最终的进料气量。此外，记录相关的压力。

2. 硫黄回收率

各种负荷性能考核期间，每 8h 取一次气样进行分析，以便确定干气组分，包括：脱硫单元进口原料气、脱水单元出口净化气、去焚烧炉的闪蒸气、燃料气、出尾气吸收塔的尾气、出焚烧炉的废气。上述所有样品的采集需尽量同时进行。

同时，记录与分析样品相关的温度和压力参数，包括：原料气进气温度和压力、净化气温度和压力、闪蒸气温度和压力、燃料气温度和压力。

记录与分析样品相关的流量参数，包括：原料气进气流量、净化气流量、闪蒸气至焚烧炉流量、加氢炉燃料气流量、尾气焚烧炉燃料气流量。

对于每一套采集数据，通过计算碳平衡来计算硫黄回收率。各回收率的计算值的平均值作为最终的硫黄回收率。

3. 尾气吸收塔塔顶总硫含量

各种负荷性能考核期间，每8h从尾气吸收塔塔顶取一次尾气样进行分析，以分析化验站分析数据为准。当分析化验站数据不合理时，采用吸收塔塔顶气在线数据进行校正。所有分析数据的平均值作为最终的考核值。

4. 液硫质量

各种负荷性能考核期间，每24h取一次液硫样品对上述各项指标进行分析。所有分析数据作为最终的考核值。

5. 净化水质量

各种负荷性能考核期间，每24h取一次汽提后的净化水进行分析。所有分析数据作为最终的考核值。

6. 尾气焚烧炉烟气

每8h取一次烟气样品进行分析，以分析化验站数据为准。当分析化验站数据不合理时，采用烟气在线数据进行校正。所有分析数据的平均值作为最终的考核值。

7. 贫胺液质量

每天取一次贫胺液样品进行分析，以分析化验站数据为准。所有分析数据的平均值作为最终的考核值。

8. 富(半富)胺液质量

每天取一次富胺液、半富胺液样品进行分析，以分析化验站数据为准。所有分析数据的平均值作为最终的考核值。

9. 净化气 H_2S 含量

各种负荷性能考核期间，每8h取一次净化气样进行分析，以分析化验站分析数据为准。当分析化验站数据不合理时，采用净化气在线数据进行校正。所有分析数据的平均值作为最终的 H_2S 含量。

10. 净化气 CO_2 含量

各种负荷性能考核期间，每8h取一次净化气样进行分析，以分析化验站分析数据为准。当分析化验站数据不合理时，采用净化气在线数据进行校正。所有分析数据的平均值作为最终的 CO_2 含量。

11. 产品天然气总硫含量

各种负荷性能考核期间，每8h取一次净化气样进行分析，以分析化验站分析数据为准。所有分析数据的平均值作为最终的总硫含量。

12. 净化气水露点

各种负荷性能考核期间，每8h取一次净化气样进行分析，以分析化验站分析数据为准。当分析化验站数据不合理时，采用净化气在线数据进行校正。所有分析数据的平均值作为最终的露点值。

13. 装置设备噪声指标

离运转设备1m距离，用国家环保专用噪声检测仪监测。

(四) 标定结论

1. 满足设计指标的项目

(1) 原料气处理能力

在原料气处理负荷100%($12.5\times10^4 Nm^3/h$)工况下，161系列脱硫单元运行平稳，产品气质量合格；配套的脱水、硫黄回收、尾气处理、酸水汽提单元运行平稳。

结论：联合装置处理能力能够达到设计要求。

(2) 净化气质量

在原料气处理负荷100%工况下，161系列外输产品天然气质量均合格，配套的脱水、硫黄回收、尾气处理、酸水汽提单元运行平稳。标定期间，净化气质量均优于原设计二类气指标，并优于《天然气》(GB 17820—2018)一类气指标。

结论：联合装置产品天然气的各项指标能够满足设计要求，并优于《天然气》(GB 17820—2018)一类气指标。

(3) 液硫质量

在酸性气处理负荷100%工况下，161系列硫黄回收单元液态硫黄外观呈淡黄色，H_2S含量在0.0007%~0.0014%(质)之间，满足产品指标[<0.0015%(质)]要求，水分、灰分、酸度等其他指标均符合《工业硫黄　第2部分》(GBT 2449.2—2015)优等品产品指标要求[16]。

结论：联合装置硫黄回收单元液硫质量满足《工业硫黄　第2部分》(GBT 2449.2—2015)优等品产品指标要求，优于设计指标要求。

(4) 固体硫黄质量

考161系列装置标定期间，自固体硫黄外销装车位置取样，固体硫黄外观呈黄色，颗粒均匀，硫(S)含量范围为99.96%~99.99%，水分含量范围为0.5%~1.2%，灰分、酸度、有机物、铁等其他指标均符合《工业硫黄　第1部分》(GBT 2449.1—2015)优等品产品指标要求[15]。

结论：联合装置固体硫黄质量满足《工业硫黄　第1部分》(GBT 2449.1—2015)优等品产品指标要求，优于设计指标要求。

(5) 尾气排放

在酸性气处理负荷100%工况下，装置尾气排放SO_2均合格，161系列烟囱排放烟气中SO_2浓度最高为313mg/Nm³，最低为208mg/Nm³，平均为248mg/Nm³，均低于国家环保部批复的《大气综合排放标准》二类限值，达到烟气排放标准要求。

结论：联合装置尾气排放的各项指标能够满足设计要求。

(6) 硫黄回收率

在酸性气处理负荷100%工况下，161系列硫黄回收率均达到99.9%以上，超过设计的99.8%的收率值，优于设计指标。

结论：联合装置硫黄回收率能够满足设计要求。

(7) 尾气吸收塔塔顶总硫含量

在酸性气处理负荷100%工况下，161系列尾气处理单元运行平稳，经取样分析，各尾气吸收塔塔顶气体总硫含量均低于设计值300mg/L，有机硫含量低于50mg/L。

结论：联合装置尾气吸收塔塔顶过程气总硫含量能够满足设计要求。

(8) 汽提后净化水质量

在酸性气处理负荷100%工况下，161系列汽提后净化水质量合格，pH值范围为7.05~7.75，在设计范围6.0~9.0之间，硫化物范围为0.005~0.007mg/L，均低于设计低限值0.1mg/L，氨氮含量范围为3~8mg/Nm³，铁离子范围为0.0375~0.0573mg/L，设计低限值1.0mg/L，COD范围为6.02~22.57mg/L，均低于设计低限值30mg/L。

结论：联合装置汽提后净化水质量能够达到设计要求。

(9) 催化剂转化效率

在酸性气处理负荷100%工况下，一级反应器克劳斯催化剂 SO_2 转化率为84.22%，COS水解率为97.6%，总硫转化率为81.5%，均满足设计指标74%、84%要求；二级反应器 SO_2 转化率为85.04%，满足设计指标71%的要求；加氢催化剂 SO_2 转化率为100%，COS水解率为100%，均满足设计指标100%、90%的要求。

结论：克劳斯催化剂、加氢催化剂转化效率能够满足设计要求。

(10) 硫黄装置单位能耗

在酸性气处理负荷100%工况下，单位液硫产品综合能耗为-147.139kgEO/t，较设计计算值-132.4kgEO/t低。

结论：硫黄回收单元单位液硫产品、单位酸性气处理综合能耗均优于设计计算值。

(11) 动设备运转能力

在原料气处理负荷100%、酸性气处理负荷100%的工况下，161系列脱硫、脱水、硫黄回收、尾气处理、酸水汽提及公用工程各单元动设备运转平稳，运行参数正常。

结论：联合装置动设备的选型和实际运行情况能够满足设计要求。

(12) 塔器设备运转能力

161系列脱硫、脱水、尾气处理、酸水汽提单元的主吸收塔、MDEA再生塔、脱水塔、TEG再生塔、尾气吸收塔、酸水汽提塔等设备的压差、汽液相负荷、温度梯度良好，操作平稳，能满足运行需要。

结论：联合装置塔器设备运行稳定，处理能力满足设计要求。

(13) 炉类设备运转能力

161系列克劳斯反应炉、在线加氢燃烧炉、尾气焚烧炉等设备运行稳定，操作平稳，炉头压力、炉膛温度、外壁温度、炉体震动值等参数均在工艺卡片控制范围，炉类设备运转能力满足运行需要。

结论：联合装置塔器炉类设备运行平稳，处理能力满足设计要求。

2. 不能满足设计要求的项目

(1) 部分换热器换热效率偏低

标定期间，161系列贫胺液温度较设计值偏高，最高为44℃，最低为40℃，平均为41.8℃，较设计值高1~5℃，严重影响尾气吸收塔脱硫效果。原因分析及措施参见本部分第三节。

(2) 联合装置能耗

原料气处理负荷100%的工况下，单系列装置单位原料气处理综合能耗为24.715kgEO/km^3，高于设计指标17.038kgEO/km^3，未达到设计指标。原因分析及措施参见本部分第三节。

二、运行参数与设计参数对比

(一) 运行参数比对

本报告中比对设计参数取SOR工况PFD数据。装置标定期间，严格按照工艺卡片进行参数调整。标定过程中，装置运行平稳，参数基本无波动，主要操作参数、设计参数及两者对比如下。

1. 脱硫单元

脱硫单元关键运行参数与设计参数比较如表 1-1 所示。

表 1-1　脱硫单元主要运行参数与设计值比对

序号	项　目	温度/℃		压力/MPa(表)		流量/(kg/h)(Nm³/h)	
		操作	设计	操作	设计	操作	设计
1	一级吸收塔(C-101)						
(1)	天然气进塔	41.8	40	7.9	8.3	125000	125000
(2)	天然气出塔	46.8	43	7.7	8.26	—	100000
(3)	半富胺液进塔	44.6	39	8.2	8.3	267000	558268
(4)	富胺液出塔	71	60	—	8.27	529800	596168
2	二级吸收塔(C-102)						
(1)	天然气进塔	37	50	—	8.07	—	101667
(2)	天然气出塔	—	43	7.6	8.05	—	97917
(3)	贫胺液进塔	41.8	39	7.8	8.76	187700	217820
(4)	半富胺液出塔	—	46	—	8.07	—	222912
3	富液闪蒸罐	—	—	0.6	0.6	529800	619208
4	贫富液换热器						
(1)	富胺液进	—	58	—	0.59	529800	619208
(2)	富胺液出	89.8	105	—	0.39	529800	601940
(3)	贫胺液进	120.2	128	—	1.8	465700	571100
(4)	贫胺液出	73.2	69	—	1.6	465700	571100
5	再生塔(C-104)						
(1)	富胺液进塔	89.8	105	—	0.4	529800	601940
(2)	贫胺液出塔	120.2	128	0.078	0.12	465700	571100
(3)	酸性气出塔	99.1	99	0.077	0.09	30772	604167
(4)	塔顶回流	36.7	50	—	0.42	21042	21404
(5)	再生蒸汽	153.7	139	0.44	0.35	46829	80253
6	贫液空冷器(A-101)						
(1)	贫胺液进	73.2	70	—	1.6	465700	571100
(2)	贫胺液出	48	55	—	1.5	465700	571100
7	贫液水冷器(E-106)						
(1)	贫胺液进	48.6	55	—	1.3	465700	571100
(2)	贫胺液出	40.2	39	—	1.25	465700	571100
8	贫胺液泵(P-102)						
(1)	贫胺液进	120.2	39	—	1.14	465700	571100
(2)	贫胺液出	—	39	—	8.38	465700	571100
9	富胺液透平(HT-101)						
(1)	富胺液进	71	59	—	8.27	529800	596168
(2)	富胺液出	—	59	0.62	0.6	529800	596168

2. 脱水单元

脱水单元关键运行参数与设计参数比较如表 1-2 所示。

表 1-2 脱水单元主要运行参数与设计值比对

序号	项 目	温度/℃		压力/MPa(表)		流量/(kg/h)(Nm³/h)	
		操作	设计	操作	设计	操作	设计
1	TEG 脱水塔						
(1)	天然气进塔	43	43	7.55	8.15	80700	97917
(2)	天然气出塔	43.6	45	7.5	8.143	76900	97708
(3)	TEG 贫液进塔	38.6	56		8.239	2191	3853
(4)	TEG 富液出塔	—	44		8.15	2526	4011
2	TEG 再生塔						
(1)	TEG 富液进塔	143.9	183		0.345	2526	3984
(2)	TEG 贫液出塔	190	197		0.102	2191	3852
(3)	再生蒸汽	244	243	3.45	3.5	320	466

3. 硫黄回收单元

硫黄回收单元关键运行参数与设计参数比较如表 1-3 所示。

表 1-3 硫黄回收单元主要操作条件

序号	项 目	温度/℃		压力/MPa(表)		流量/(kg/h)(Nm³/h)	
		操作	设计	操作	设计	操作	设计
1	克劳斯反应炉(F-302)						
(1)	酸性气进料	44.5	50	0.164	0.177	30772	30000
(2)	助燃空气	98.3	97	0.1722	0.176	40604	44583
(3)	炉膛	1055.4	1065	0.1394	0.154		68750
2	反应炉余热锅炉(E-301/302)						
(1)	过程气进料	1055.4	1065		0.154		68750
(2)	过程气出料	277.9	281		0.149		65833
3	余热锅炉汽包(D-302)						
(1)	中压蒸汽	246	243	3.72	3.5	54690	54800
4	一级硫冷器(E-303)						
(1)	过程气进料	277.9	281		0.149		65833
(2)	过程气出料	166.8	172		0.145		64583
(3)	低压蒸汽	149	139	0.46	0.35	7860	7675
5	一级加热器(E-304)						
(1)	过程气进料	166.8	172		0.145		64583
(2)	过程气出料	213.4	213		0.142		64583
(3)	加热蒸汽	245	243	3.72	3.5	2590	2410

续表

序号	项　　目	温度/℃		压力/MPa(表)		流量/(kg/h)(Nm³/h)	
		操作	设计	操作	设计	操作	设计
6	一级反应器(R-301)						
(1)	过程气进料	213.4	213		0.142		64583
(2)	过程气出料	287.3	310		0.139		63333
(3)	顶层温度	286	—				
(4)	中间层温度	288	—				
(5)	底层温度	289	—				
7	二级硫冷器(E-305)						
(1)	过程气进料	287.3	310		0.139		63333
(2)	过程气出料	164.6	175		0.135		62500
(3)	低压蒸汽	149	139		0.35	6570	7638
8	二级加热器(E-306)						
(1)	过程气进料	164.6	175		0.135		62500
(2)	过程气出料	212.9	212		0.132		62500
(3)	加热蒸汽	245				2260	2126
9	二级反应器(R-302)						
(1)	过程气进料	212.9	212		0.132		62500
(2)	过程气出料	220.2	233		0.128		62083
(3)	顶层温度	220					
(4)	中间层温度	221					
(5)	底层温度	222					
10	末级硫冷器(E-307)						
(1)	过程气进料	220.2	233		0.128		62083
(2)	过程气出料	135.7	132		0.125		62083
(3)	中压锅炉水入口	122.5					
(4)	中压锅炉水出口	161.6				53650	
11	液硫池(S-301)						
(1)	液硫	148.1	138	微负压	微负压		23592
(2)	鼓泡空气	130				400	

4. 尾气处理单元

尾气处理单元关键运行参数与设计参数比较如表1-4所示。

表1-4　尾气处理单元主要操作条件

序号	项　　目	温度/℃		压力/MPa(表)		流量/(kg/h)(Nm³/h)	
		操作	设计	操作	设计	操作	设计
1	在线燃烧炉(F-402)						
(1)	过程气进料	—	132		0.125		62083
(2)	燃料气	33	—	0.42		499	674
(3)	助燃空气	98.3	97	0.1722	0.176	3795	5000

续表

序号	项目	温度/℃		压力/MPa(表)		流量/(kg/h)(Nm³/h)	
		操作	设计	操作	设计	操作	设计
(4)	低压蒸汽	149	139	0.46	0.35	220	—
(5)	炉膛	261.2	282	0.1203	0.123	—	67500
2	加氢反应器(R-401)						
(1)	过程气进料	261.2	282	0.1203	0.123		67500
(2)	过程气出料	279.5	313		0.119		67500
(3)	顶层温度	283	—		—		67500
(4)	中间层温度	284	—		—		67500
(5)	底层温度	283	—		—		67500
3	加氢反应器出口冷却器(E-401)						
(1)	过程气进料	279.5	313		0.119		67500
(2)	过程气出料	161.6	183		0.116		67500
(3)	低压蒸汽	150	139	0.47	0.35	5230	6126
4	急冷塔(C-401)						
(1)	气相进料	161.6	183		0.116		67500
(2)	气相出料	33.3	39		0.111		50833
(3)	急冷水进料	34.3	39		0.352	374200	524083
(4)	急冷水出料	65.8	60		0.116	393800	538197
5	尾气吸收塔(C-402)						
(1)	气相进料	33.3	39	0.1123	0.111		50833
(2)	气相出料	40.4	41	0.1018	0.1		47917
(3)	贫胺液进料	41.8	39	—	0.541	242900	329854
(4)	半富胺液出料	—	45	—	0.111	267000	335356
6	尾气焚烧炉(F-403)						
(1)	过程气进料	40.4	41	0.1018	0.1		47917
(2)	液硫池废气	—	146	—	0.118		1667
(3)	闪蒸气	0	40	—	0.683		833
(4)	TEG 放空气	—	92	—	0.1		417
(5)	燃料气	33	22	0.51	0.5	1874	946
(6)	助燃空气	30	26	0.1052	0.101	31136	25417
(7)	炉膛	648.1	650	—	0.1	—	75833
7	尾气焚烧炉过热器(E-404)						
(1)	过程气进料	648.1	650	0	0.1		75833
(2)	过程气出料	260.6	315	0.09	0.097		75833
(3)	中压过热蒸汽	366.9	420	3.53	3.82	56250	44000
8	烟囱(SK-401)						
(1)	烟气进料	260.6	315	0.09	0.097	37708	75833
(2)	烟气出料	—	315	0.09	0.097	37708	75833

5. 酸水汽提单元

酸水汽提单元关键运行参数与设计参数比较如表1-5所示。

表1-5 酸水汽提单元主要操作条件

序号	项　目	温度/℃		压力/MPa(表)		流量/(kg/h)(Nm^3/h)	
		操作	设计	操作	设计	操作	设计
1	酸水汽提塔(C-501)						
(1)	酸性水进塔	95.6	91		0.483		14116
(2)	酸性气出塔	111.6	105		0.122		416.5
(3)	酸性水出塔	103.7	107		0.129	15867	13768

(二) 分析化验指标比对

本报告中分析化验数据由三部分组成，一是分析化验室离线取样化验，二是现场比长管分析数据，三是装置在线分析仪在线数据。

1. 脱硫单元

(1) 原料天然气

原料气采用离线化验数据，取样地点为西区装置汇管，结果如表1-6所示。原料气H_2S、CO_2含量稍高于设计值，未超出设计范围，有机硫基本与设计值持平。

表1-6 原料天然气分析化验数据

分析项目	单位	分析时间			平均值	设计值
		5月20日	5月21日	5月22日		
He	%(体)	0.01	0.02	0.02	0.017	0.01
H_2	%(体)	0	0	0	0.000	0.02
N_2	%(体)	1.67	1.63	2.53	1.943	0.522
CO_2	%(体)	9.11	8.94	8.98	9.010	8.63(8~10)
H_2S	%(体)	15.46	16.05	14.94	15.483	14.14(13~18)
CH_4	%(体)	73.73	73.34	73.49	73.520	76.52
C_2H_6	%(体)	0.02	0.02	0.02	0.020	0.12
C_3H_8	%(体)	0	0	0	0.000	0.008
COS	mg/Nm^3	472.59	442.69	591.94	502.41	295.36
CH_3SH	mg/Nm^3	20.12	18.75	31.31	23.39	22.76
C_2H_5SH	mg/Nm^3	1.88	0.36	0.11	0.78	1.61

(2) 富胺液

富胺液采用离线分析数据，取样地点为闪蒸罐底部富胺液出口管线，结果如表1-7所示。与设计值相比，富胺液H_2S含量偏低，CO_2含量偏高，分析原因为装置气液比降低，胺液酸性气负载增大。

(3) 贫胺液

贫胺液采用离线分析数据，取样地点为贫液后冷器(161-E-106)出口管线，结果如表1-8所示。与设计值相比，贫胺液H_2S含量偏低，CO_2含量偏高，分析主要为化验方法误差所致。

表 1-7　富液分析化验数据

分析项目	单位	分析时间			平均值	设计值
		5 月 20 日	5 月 21 日	5 月 22 日		
外观		黄色	黄色	黄色	—	黄色
浓度	%(质)	44.29	44.86	44.38	44.510	46.07
H_2S 含量	g/L	51.8	49.6	50.1	50.500	43.47
CO_2 含量	g/L	39.7	40.4	45.6	41.900	32.81

表 1-8　贫液分析化验数据

分析项目	单位	分析时间			平均值	设计值
		5 月 20 日	5 月 21 日	5 月 22 日		
外观		黄色	黄色	黄色	—	黄色
浓度	%(质)	48.52	49.87	49.73	49.373	49.9640
H_2S 含量	g/L	0.132	0.056	0.139	0.109	0.8339
CO_2 含量	g/L	1.5	1	1.85	1.450	0.2054

2. 脱水单元

(1) 产品天然气

产品天然气采用在线分析数据，取样地点为脱水塔出口净化气管线，结果如表 1-9 所示。与设计值相比，产品天然气 CO_2 含量偏低，H_2S、有机硫等杂质含量远低于设计指标，水露点远低于设计指标，产品气质量优于设计值。

表 1-9　产品天然气分析化验数据

分析项目	单位	分析时间			平均值	设计值
		5 月 20 日	5 月 21 日	5 月 22 日		
H_2	%(体)	0.38	0.71	0.34	0.474	0.0274
He	%(体)	0.01	0.01	0.01	0.010	0.0169
N_2	%(体)	0.89	0.76	0.81	0.820	0.7575
CO_2	%(体)	1.95	2.05	1.98	1.993	2.029
H_2S	mg/Nm³	0.01	0.05	0.02	0.027	6
COS	mg/Nm³	0.643	2.304	1.232	1.393	0.032
CH_4	%(体)	97.9	98.03	97.95	97.960	97.0181
C_2H_6	%(体)	0.03	0.03	0.03	0.030	0.1634
C_3H_8	%(体)	0	0	0	0.000	0.0109
硫醇	mg/Nm³	0.279	2.807	0.986	1.356	6.943
水露点	℃	−22.062	−21.63	−22.682	−22.125	夏季<−10 冬季<−15

(2) 贫 TEG

产品天然气采用在线分析数据，取样地点为脱水塔出口净化气管线，如表 1-10 所示。与设计值相比，再生后贫 TEG 中水含量明显较低，再生质量优于设计指标。

表 1-10 贫 TEG 分析化验数据

分析项目	单位	分析时间			平均值	设计值
		5 月 20 日	5 月 21 日	5 月 22 日		
浓度	%(质)	99.65	99.52	99.58	99.583	96.12
H_2O 含量	%(质)	0.35	0.48	0.42	0.417	3.69

3. 硫黄回收单元

(1) 酸性气

酸性气采用离线分析数据，取样地点为酸性气分液罐出口管线，结果如表 1-11 所示。酸性气经干燥管干燥后取样，采用色谱分析。色谱分析结果为丁基，而设计数据为含水组分，为便于比较，将化验数据折算为湿基。折算后，与设计值相比，再生酸性气中硫化氢含量偏低，二氧化碳含量偏高，分析原因主要为原料天然气中 CO_2 含量增加，且增长幅度较 H_2S 幅度大。

表 1-11 酸性气分析化验数据 %(体)

分析项目	分析时间			平均值（干基）	平均值（湿基）	设计值（湿基）
	5 月 20 日	5 月 21 日	5 月 22 日			
H_2S	58.97	59.2	56.45	58.207	57.243	58.39
CO_2	36.09	35.44	35.31	35.613	35.024	34.42
H_2O					7.527	6.95
烃	0.47	0.1	0.06	0.210	0.207	0.22

备注：原始分析数据为干燥后组分，按照不含水计算，需要归一化后折算为湿基，便于与设计值比较。

(2) 一级反应器入口过程气

过程气采用离线分析数据，取样地点为一级硫冷器入口管线，结果如表 1-12 所示。经干燥管干燥后取样，采用色谱分析。色谱分析结果为干基，折算为湿基后，与设计值相比，过程气组分基本与设计值相同，无明显差异。

表 1-12 一级反应器入口过程气分析化验数据 %(体)

分析项目	分析时间			平均值（干基）	平均值（湿基）	设计值（湿基）
	5 月 20 日	5 月 21 日	5 月 22 日			
H_2S	10.11	9.97	9.75	9.943	7.47	8.09
SO_2	5.1	4.96	5.04	5.033	3.78	4.34
COS	0.52	0.57	0.56	0.550	0.41	0.37
CS_2	0	0	0	0.000	0.00	0.30
CO_2	19.54	18.76	18.8	19.033	14.29	15.26
CO	1.24	1.4	1.36	1.333	1.00	0.11
H_2O					24.91	22.08

(3) 一级反应器出口过程气

过程气采用离线分析数据，取样地点为二级硫冷器出口管线，结果如表 1-13 所示。经干燥管干燥后取样，采用色谱分析。色谱分析结果为干基，折算为湿基后，与设计值相比，

SO_2 含量偏低，CO_2 含量稍高，其余含量基本与设计值相同。

表 1-13　一级反应器出口过程气分析化验数据　　%(体)

分析项目	分析时间			平均值（干基）	平均值（湿基）	设计值（湿基）
	5月20日	5月21日	5月22日			
H_2S	2.03	2.42	2.3	2.250	1.58	1.95
SO_2	0.67	0.97	0.95	0.863	0.61	1.02
COS	0.0059	0	0.02	0.009	0.01	0.06
CS_2	0	0	0	0.000	0.00	0.21
CO_2	18.83	21.24	21.34	20.470	14.41	15.97
CO	0.27	0.32	0.33	0.307	0.22	0.11
H_2O					29.61	28.80

（4）二级反应器入口过程气

二级反应器入口过程气取样口堵塞，考虑气体组分与二级硫冷器出口组分基本相同，故采用二级硫冷器出口组分作为入口气体组分，分析结果如表 1-14 所示。

表 1-14　二级反应器入口过程气分析化验数据　　%(体)

分析项目	分析时间			平均值（干基）	平均值（湿基）	设计值（湿基）
	5月20日	5月21日	5月22日			
H_2S	2.03	2.42	2.3	2.250	1.58	1.98
SO_2	0.67	0.97	0.95	0.863	0.61	1.04
COS	0.0059	0	0.02	0.009	0.01	0.06
CS_2	0	0	0	0.000	0.00	0.22
CO_2	18.83	21.24	21.34	20.470	14.36	16.20
CO	0.27	0.32	0.33	0.307	0.22	0.11
H_2O					29.87	29.22

（5）二级反应器出口过程气

过程气采用离线分析数据，取样地点为三级硫冷器入口管线，结果如表 1-15 所示。经干燥管干燥后取样，采用色谱分析。色谱分析结果为干基，折算为湿基后，与设计值相比，SO_2 含量偏低，CO 含量稍高，其余含量基本与设计值相同。

表 1-15　二级反应器出口过程气分析化验数据　　%(体)

分析项目	分析时间			平均值（干基）	平均值（湿基）	设计值（湿基）
	5月20日	5月21日	5月22日			
H_2S	0.96	0.91	0.93	0.933	0.64	0.67
SO_2	0.1	0.19	0.09	0.127	0.09	0.33
COS	0.0023	0.01	0.01	0.007	0.005	0.03
CS_2	0	0	0	0.000	0.00	0.19
CO_2	22.61	22.96	22.1	22.557	15.59	16.33

续表

分析项目	分析时间			平均值（干基）	平均值（湿基）	设计值（湿基）
	5月20日	5月21日	5月22日			
CO	0.3	0.33	0.32	0.317	0.22	0.11
H_2O					30.90	30.67

4. 尾气处理单元

(1) 加氢反应器入口过程气

过程气采用离线分析数据，取样地点为加氢反应器入口管线，结果如表1-16所示。经干燥管干燥后取样，采用色谱分析。色谱分析结果为干基，折算为湿基后，与设计值相比，SO_2含量低于色谱检测下限，检测值为零，CO含量稍高，CS_2含量偏低，其余组分含量接近设计值。

表1-16 加氢反应器入口过程气分析化验数据 %(体)

分析项目	分析时间			平均值（干基）	平均值（湿基）	设计值（湿基）
	5月20日	5月21日	5月22日			
H_2S	0.3878	0.2305	0.3872	0.335	0.513	0.610
SO_2	0	0	0	0.000	0.243	0.306
COS	0.0244	0.0227	0.0256	0.024	0.017	0.024
CS_2	0	0	0.0061	0.002	0.001	0.173
CO	0.56	0.6	0.5	0.553	0.640	0.641
H_2O					30.519	29.810

(2) 加氢反应器出口过程气

过程气采用离线分析数据，取样地点为加氢反应器冷却器出口管线，结果如表1-17所示。经干燥管干燥后取样，采用色谱分析。色谱分析结果为干基，折算为湿基后，与设计值相比，CO含量稍高，其余组分含量接近设计值。

表1-17 加氢反应器出口过程气分析化验数据 %(体)

分析项目	分析时间			平均值（干基）	平均值（湿基）	设计值（湿基）
	5月20日	5月21日	5月22日			
H_2S	1.4297	1.3524	1.13	1.304	0.881	1.399
SO_2	0	0	0	0.000	0.000	0.000
COS	0	0	0	0.000	0.000	0.002
CS_2	0	0	0	0.000	0.000	0.000
CO	0.09	0.11	0.025	0.075	0.055	0.025
H_2O					30.399	29.532

(3) 急冷塔塔顶氢含量

急冷塔塔顶氢含量采用在线分析数据，取样地点为急冷塔塔顶气体出口管线，结果如表1-18所示，运行氢含量接近设计值。

表 1-18　急冷塔顶气体氢含量分析数据　%(体)

分析项目	分析时间			平均值（干基）	平均值（湿基）	设计值（湿基）
	5 月 20 日	5 月 21 日	5 月 22 日			
H_2	2.20	2.10	2.00	2.100	2.006	2.080
H_2O					4.49	4.4

（4）急冷水 pH 值

急冷水 pH 值采用在线分析数据，取样地点为急冷塔急冷水循环管线，结果如表 1-19 所示，pH 值>6.5，符合设计要求。

表 1-19　急冷水 pH 值分析数据　%(体)

分析项目	分析时间			平均值	设计值
	5 月 20 日	5 月 21 日	5 月 22 日		
pH 值	7.80	7.90	8.00	7.900	>6.5

（5）尾气吸收塔塔顶净化气

尾气吸收塔塔顶净化气采用离线分析数据，取样地点为尾气吸收塔塔顶出口管线，结果如表 1-20 所示。经干燥管干燥后取样，采用色谱分析。色谱分析结果为干基，折算为湿基后，与设计值相比，总硫、硫化氢和有机磷含量均低于设计值。

表 1-20　尾气吸收塔顶净化气分析化验数据

分析项目	单位	分析时间			平均值（干基）	平均值（湿基）	设计值（湿基）
		5 月 20 日	5 月 21 日	5 月 22 日			
H_2S	mg/Nm^3	112.32	153.30	145.71	137.11	127.21	318.75
COS	mg/Nm^3	8.01	12.67	24.46	15.05	13.96	80.36
总硫	mg/Nm^3	109.09	151.92	140.23	133.74	124.08	342.86
H_2O	%(体)					7.22	6.715

（6）烟气

尾气焚烧炉烟气采用在线分析数据，取样地点为烟囱入口管线，结果如表 1-21 所示。与设计值相比，SO_2 含量稍低，其余组分含量接近设计值。

表 1-21　烟气分析化验数据

分析项目	单位	分析时间			平均值（干基）	平均值（湿基）	设计值（湿基）
		5 月 20 日	5 月 21 日	5 月 22 日			
SO_2	mg/Nm^3	245.61	247.53	251.1	248.080	220.8	657
O_2	%(体)	2.94	3.09	2.98	3.003	2.665	2.008
H_2O	%(体)					11.277	12.053

（7）半富胺液

半富胺液采用离线分析数据，取样地点为尾气吸收塔半富胺液出口管线，如表 1-22 所示。与设计值相比，CO_2 含量偏高，H_2S 含量偏低，其余组分含量接近设计值。

表 1-22　半富胺液分析化验数据　　g/L

分析项目	分析时间			平均值	设计值
	5月20日	5月21日	5月22日		
H_2S 含量	2.97	2.27	3.44	2.893	5.293
CO_2 含量	14.86	11.25	11.69	12.600	12.891

5. 酸水汽提单元

酸水汽提单元离线分析化验样品为汽提后净化水。采用离线分析数据，取样地点为净化水出界区管线，结果如表 1-23 所示。与设计值相比，pH、氨氮、硫化物等指标均优于设计要求。

表 1-23　汽提净化水分析化验数据　　mg/L

分析项目	分析时间			平均值	设计值
	5月20日	5月21日	5月22日		
pH 值	7.05	7.18	7.75	7.33	6.0~9
氨氮	2.8	1.53	2.56	2.30	≤10
COD	9.03	6.02	22.57	12.54	≤30
铁离子	0.0357	0.05	0.0573	0.05	≤1.0
硫化物	0.005	0.007	0.005	0.006	≤0.1

（三）关键参数差异技术分析

1. 原料气压力

1）差异分析：设计进料原料气压力为 8.3MPa，实际运行压力为 7.9MPa，较设计压力值低 0.4MPa，主要原因为下游产品天然气外输压力较高。

2）影响分析：7.9MPa 工况下，联合装置原料气处理量、净化气产量、产品质量等技术指标均为受到影响，运行参数均在设计、工艺卡片要求范围之内，装置平稳，环保、职业卫生等指标合格。

2. 贫胺液温度

1）差异分析：设计贫胺液温度为 39℃，实际运行温度为 41.8℃，较设计值高 2.8℃。分析贫胺液温度偏高的主要原因为贫胺液后冷器(E-106)换热效率降低，冷却效果变差。

2）影响分析：与前期数据比较，贫胺液温度升高对高压脱硫塔影响较小，湿净化气品质未发生变化，但对尾气吸收塔影响较大，塔顶净化气总硫含量增长了约 100mg/Nm^3。

3. 胺液循环量

1）差异分析：SOR 设计工况下，贫胺液循环量为 571.1t/h，富胺液流量为 619.2t/h，实际运行工况下，贫、富胺液流量分别为 465.7t/h、529.8t/h，较设计值分别低 18.5%、14.4%。胺液循坏量降低主要为装置优化调整所致。

2）影响分析：在确保产品质量、环保排放等指标合格的前提下，为提高胺液选择性吸收能力，提升净化气收率，以 5t/h 为幅度进行胺液循环量逐步调整，优化后，气液比由 219m^3/t 提升至 269m^3/t，净化气收率提高 1.3%。

4. 胺液再生蒸汽流量

1）差异分析：SOR 设计工况下，贫胺液循环量为 571.1t/h，再生低压蒸汽流量为

80.25t/h，实际运行工况下，贫胺液流量分别为465.7t/h，再生低压蒸汽流量为45.75t/h，较设计值降低42.9%。

2）影响分析：在同等胺液再生品质的前提下，再生蒸汽流量与胺液循环量呈正比例关系，胺液循环量降低后，再生蒸汽流量随之降低。分析贫胺液中H_2S、CO_2含量，蒸汽流量降低后，贫胺液品质未发生变化，且远优于设计指标。

5. 胺液H_2S/CO_2含量

1）差异分析：贫胺液中H_2S、CO_2含量分别为0.109g/L、1.45g/L，与设计值相比，硫化氢含量偏低，CO_2含量稍微偏高；富胺液中H_2S、CO_2含量分别为50.05g/L、41.9g/L，与设计值相比，硫化氢、CO_2含量均偏高。

2）影响分析：由于原料气天然气中H_2S、CO_2含量较SOR设计工况偏高，且胺液循环量降低，气液比增加，胺液酸性气负载增大，故富液中H_2S、CO_2含量增加。酸性气负载增大会导致胺液腐蚀增强，但目前工况下尚未发现胺液系统腐蚀加剧问题，说明目前负载尚在可控范畴内。

6. 三甘醇(TEG)循环量

1）差异分析：SOR设计工况下，贫TEG循环量为3.85t/h，富TEG流量为4.01t/h，实际运行工况下，贫、富胺液流量分别为2.19t/h、2.52t/h，较设计值分别低43.1%、37.1%。TEG循环量降低主要为装置优化调整所致。

2）影响分析：在确保产品气露点合格的前提下，逐步降低TEG循环量，优化后，露点温度在-21～-22℃范围，优于产品气设计指标要求。

7. 克劳斯反应器出口温度

1）差异分析：SOR设计工况下，一、二级反应器出口温度分别为287.3℃、220.2℃，设计值分别为310℃、233℃，实际温度较设计值低约10～20℃，分析原因主要为温度监测点位置差异所致。

2）影响分析：设计温度为工艺模拟计算温度，为反应器催化剂床层出口温度，而实际监测温度受现场监测位置、保温状况等影响，温度较设计值偏低。

8. 加氢反应器入口温度

1）差异分析：加氢反应器入口设计温度为282℃，实际入口温度为261.2℃，较设计值低20.8℃。分析原因主要为反应器装填催化剂为低温加氢催化剂LS-02G，可在较低温度下满足转化反应需求。

2）影响分析：加氢反应器入口温度越低，在线燃烧炉燃料气消耗量越低，装置能耗越小，故在保障加氢反应器催化转化率的前提下，入口温度越低，运行经济性越好。

9. 加氢反应器出口温度

1）差异分析：加氢反应器出口设计温度为313℃，实际出口温度为279.5℃，较设计值低33.5℃。分析原因主要为：一是反应器入口温度降低，二是温度监测点位置差异。

2）影响分析：加氢反应器出口温度与入口温度紧密关联，两者之间的温度差可以间接反应器内过程气反应程度。本次标定中，与设计值相比出口温度偏低，主要由于入口温度偏低所致，装置整体运行正常。

10. 尾气焚烧炉燃料气流量

1）差异分析：根据原设计，尾气焚烧炉燃料共两个来源。一是来自燃料气管网，消耗量为942Nm³/h，二是来自回用脱硫单元闪蒸气，流量为833Nm³/h，回用闪蒸气不纳入装置单位综合能耗计算。2012年，联合装置实施工艺技术改造，脱硫单元闪蒸气回用至各装置燃料气管网，尾气焚烧炉原回用闪蒸气减少为零，即焚烧炉热量由燃料气、闪蒸气供应(闪蒸气不计入能耗)改为全由燃料气供应，由此，燃烧气消耗量大幅度增加，导致原料气处理单位综合能耗增加。

2）影响分析：联合装置原料气处理单位综合能耗增加。具体分析见3.2节。

11. 尾气焚烧炉烟气流量

1）差异分析：尾气焚烧炉烟气实际监测流量为37708m³/h，设计流量为75833m³/h，实际流量较设计值降低了50.27%。分析导致流量降低的因素主要包括：一是通过脱硫单元优化操作，提高了溶剂选择性吸收能力，克劳斯炉酸性气品质提升，过程惰性气体量减少；二是脱硫单元闪蒸气自尾气焚烧炉切出，流量为800～1000Nm³/h，减少了焚烧炉废气量和助燃空气流量，从而降低了烟气流量。三是流量计量误差。由于焚烧炉烟气压力为负压，流量计量误差偏大。自装置投产以来，烟气流量一直偏低于设计流量。

2）影响分析：主要影响装置硫回收率计算。根据通用计算方法，烟气流量为硫回收率的主要参数，流量偏低，将导致外排硫元素计算量偏低，从而硫回收率计算值偏高。本文中通过元素守恒和Hysis模拟计算推导烟气流量，从而消除烟气流量偏低导致的硫回收率计算误差。

三、存在问题技术分析

（一）部分换热器换热效率偏低，贫胺液温度偏高

1. 原因判断

再生塔贫胺液冷却共包括三个流程：贫富胺液换热器、贫胺液空冷器、贫胺液后冷器。由于换热器仅在出口设置了温度监测，无法直接计算换热效率，故通过对比标定期间与历史数据进行原因分析。历史数据中，贫胺液后冷器出口温度为37.6℃，与空冷器出口温度差值为19.3℃，而标定期间，后冷器出口温度为40.2℃，与空冷器出口温度差值仅为7.8℃，后冷器换热效率降低最为明显。

为分析换热效率降低原因，标定结束后，161系列停工，进行E-106拆封头检查，在管板及管束内部发现大量填料碎片，如图1-1所示。因此，循环水场冷却塔破碎、填料碎片带入循环水系统导致水冷器出现水侧堵塞、热阻增加，是E-106换热效率下降的主要原因。

图1-1　贫胺液后冷器填料堵塞现状

2. 影响分析

标定期间，161系列贫胺液温度较设计值偏高，最高为44℃，最低为40℃，平均为41.8℃，较设计值高2.8℃，严重影响尾气吸收塔脱硫效果，继而影响烟气中SO_2浓度。对比同等负荷工况下，不同贫胺液温度

时烟气排放数据，如表 1-24 所示。低压工况下，温度对胺液脱硫效果的影响极为显著，温度偏差 1~2℃，烟气中 SO_2 偏差近 100mg/Nm^3。

表 1-24　贫胺液温度与烟气 SO_2 浓度关联关系

序号	类别	日期	贫胺液温度/℃	尾气吸收塔塔顶净化气 H_2S 浓度/(mg/Nm^3)	烟气 SO_2 浓度/(mg/Nm^3)
1	标定期间	2019.5.20 14：00	40.5	364.29	302.0
2		2019.5.21 14：00	40.0	118.39	284.0
3		2019.5.22 14：00	42.0	560.09	580.0
7	历史数据	2018.5.20 14：00	37.7	45.54	263.0
8		2018.5.21 14：00	38.0	68.30	281.0
9		2018.5.22 14：00	37.3	42.50	246.0
10		2017.5.20 14：00	38.1	91.38	265.3
11		2017.5.21 14：00	38.5	104.73	278.1
12		2017.5.22 14：00	37.5	73.16	269.0

3. 整改措施

根据现场填料堵塞问题，主要采取措施如下：

1）更换循环水冷却塔填料，并在冷水池出口增设两级过滤网，避免破碎片流入循环水系统。

2）161 系列停工，对 E-106 实施抽芯、机械冲洗，复装后开工，贫胺液温度有所改善，但随着时间增长，换热效率呈现下降趋势。分析原因为循环水系统内积存的破碎填料，持续带入 E-106 设备内部，造成热阻增加。针对此情况，计划持续采取在线清洗的方式，将填料陆续排出循环水系统。

3）针对西区装置整体循环水压力偏低、冷却效果偏差问题，下步计划提升循环水压力或者增加管道泵。

（二）联合装置能耗偏高，尾气焚烧炉燃料气流量偏大

原料气处理负荷 100%工况下，单系列装置单位原料气处理综合能耗为 24.715kgEO/km^3，较设计指标 17.038kgEO/km^3 高约 31%。分析主要原如下：

1. 原因判断

1）设计指标为单套联合装置运行时单位综合能耗，包括两套脱硫、两套硫黄回收、两套尾气处理、一套脱水和一套酸水汽提设备，对应处理气量为 600 万 m^3/d。本次标定为单列装置，包括一套脱硫、一套硫黄回收、一套尾气处理、一套脱水和一套酸水汽提设备，对应处理气量为 3.0Mm^3/d。对比设计工况，标定工况处理气量降低 50%，但对应运行装置、能源消耗未同等比例降低，导致标定能耗高于设计指标。

2）装置 100%负荷标定期间，克劳斯风机防喘振阀门一直处于打开状态，部分燃烧空气经风机防喘振线放空，风机透平消耗中压蒸汽比正常操作稍高，是造成装置外输中压蒸汽低于设计值原因之一。

3）尾气焚烧炉燃料气消耗较设计值大。根据原设计，尾炉燃料气消耗量为 942Nm^3/h，回用脱硫单元闪蒸气流量为 833Nm^3/h，且回用闪蒸气不纳入装置单位综合能耗计算。2012

年，联合装置实施工艺技术改造，脱硫单元闪蒸气回用至各装置燃料气管网，尾气焚烧炉原回用闪蒸气减少为零，即焚烧炉热量由改造前燃料气、闪蒸气供应(闪蒸气不计入能耗)改为全由燃料气供应，由此，燃烧气消耗量大幅度增加，导致原料气处理单位综合能耗增加。

4）装置投产后，2010~2016年期间，先后实施闪蒸气回收改造、增加消泡剂撬装加注设施、增加空气鼓泡改造等项目，增加了低压蒸汽、电力消耗。

2. 影响分析

1）单列运行模式影响量化分析

装置两列运行时，计算单位原料气处理综合能耗，脱水、酸水汽提两个公共单元能源消耗由两列原料气处理气量承担，而单列运行时，由单列原料气处理量气量承担，由此，单列模式较两列模式偏高。按照设计工况进行影响分析，单列、两列运行模式单位处理能耗分别为24.715kgEO/km^3、18.077kgEO/km^3，单列模式较两列模式偏高26.8%。

2）尾气焚烧炉燃料气量化影响分析

根据原设计，尾气焚烧炉燃料共两个来源。一是来自燃料气管网，消耗量为942Nm^3/h，二是来自回用脱硫单元闪蒸气，流量为833Nm^3/h，回用闪蒸气不纳入装置单位综合能耗计算。2012年，联合装置实施工艺技术改造，脱硫单元闪蒸气回用至各装置燃料气管网，尾气焚烧炉原回用闪蒸气减少为零，即焚烧炉热量由改造前燃料气、闪蒸气供应(闪蒸气不计入能耗)改为全由燃料气供应。实际运行期间，燃料气消耗量为1874Nm^3/h，由此，燃烧气消耗量相比改造之前增加量为：

$$Q_{\text{增加}} = 1874 - 942 = 932\text{Nm}^3/\text{h}$$

燃料气消耗量增加932Nm^3/h，导致单系列运行模式单位综合能耗增长幅度为21.6%。

3. 整改措施

1）与设计单位联合核算闪蒸气由焚烧炉改至燃料气界区后，尾气焚烧炉的燃料气消耗量、装置总燃烧气消耗量。

2）分析对比不同装置能耗差异，以能耗最低的装置为标杆，深入挖潜，优化运行参数，降低各装置能耗。

第二部分　工艺流程

一、工艺流程说明

(一) 天然气脱硫单元

1. 天然气脱硫

酸性天然气自厂外管道进入装置，先经天然气进料过滤分离器(SR-101A/B)脱除携带的液体及固体颗粒，脱下来的液体自压送往集气末站闪蒸水罐。过滤之后的酸性天然气进入两级胺液吸收塔，即第一级主吸收塔(C-101)和第二级主吸收塔(C-102)，用50%(质)的MDEA溶液吸收气体中的H_2S和CO_2。

从天然气进料过滤分离器出来的酸性天然气进入第一级主吸收塔(C-101)，第一级主吸收塔内设七层塔板，在塔中酸性天然气与胺液逆流接触。两级主吸收塔采用了Black &

Veatch 公司的专利级间冷却技术以加强对 CO_2 吸收的控制。在第二级主吸收塔(C-102)底部用中间胺液泵(P-106)抽出胺液，与来自尾气吸收塔(C-402)的半富液混合后进入中间胺液冷却器(E-105)，冷却至39℃后返回第一级主吸收塔顶部。采用级间冷却技术可显著降低吸收塔的温度，可抑制 CO_2 受动力学影响的吸收过程，同时加快 H_2S 受化学平衡影响的吸收过程。利用尾气处理单元的半富液进入第一级主吸收塔进行再吸收，可以提高半富液的酸气负荷，同时显著减少送入胺液再生塔的胺液循环量。

经第一级主吸收塔部分脱硫后的天然气进入水解部分脱除 COS，以满足产品规格要求。气体首先通过水解反应器进出料换热器(E-109)与水解反应器出口气体换热升温至124°C，通过换热可减少水解反应器预热器(E-107)的蒸汽耗量及水解反应器出口空冷器(A-103)的热负荷。换热升温后的气体与低压凝结水泵(P-107)升压后的凝结水混合后，进入水解反应器入口分离器(D-106)分离出携带的胺液及未汽化的水，分出的胺液排入胺液回收罐(D-105)。在入口分离器前凝结水作为水解反应物注入天然气中，可促进反应器中发生的 COS 水解反应。分离了胺液并饱和了水蒸气的天然气在水解反应器预热器由110℃被加热至140℃，预热器采用饱和中压蒸汽作为加热介质，气体被加热后可防止在水解反应器中产生凝液。加热后的天然气进入水解反应器(R-101)，COS 与 H_2O 反应生成 H_2S 和 CO_2，反应式如下：

$$COS+H_2O \longrightarrow H_2S+CO_2 \tag{2-1}$$

该水解反应受化学平衡限制，同时低温可促进反应进行。离开水解反应器的气体经水解反应器进出料换热器降温至72.5℃后进入水解反应器出口空冷器，进一步冷却至50℃后进入第二级主吸收塔。第二级主吸收塔内设十一层塔板，在塔中天然气与胺液逆流接触(胺液为来自高压贫液泵升压后的再生贫液)，气体中所含的 H_2S 及 CO_2 被进一步吸收并达到产品规格的要求，即 H_2S 含量低于6mg/Nm^3、CO_2 含量低于3%(摩)、硫化物含量(以S计)低于200mg/Nm^3。脱硫后的天然气经脱硫气体分液罐(D-101)分离出携带的胺液后进入天然气脱水单元。

根据《天然气》(GB 17820—2018)标准要求，脱硫后天然气中 CO_2 含量控制在3%(摩)以下，硫化物含量(以S计)控制在20mg/Nm^{3}以下。

2. 溶剂再生

从第一级主吸收塔底部出来的富胺液进入富胺液透平(HT-101)减压膨胀后进入富胺液闪蒸罐(D-102)，在罐内闪蒸出所携带的轻烃，并在闪蒸气吸收塔(C-103)中用补充胺液吸收闪蒸气中可能携带的 H_2S。闪蒸气经压力控制后作为燃料气送入燃料气管网进行回收。

闪蒸后的富胺液自闪蒸罐底流出，与来自胺液再生塔底的贫胺液在贫富胺液换热器(E-101)内进行换热，温度由59℃升至105℃后从上部进入胺液再生塔(C-104)，富胺液闪蒸罐内的液位通过调节贫富胺液换热器的富液出口流量来控制。

在胺液再生塔内，富胺液含有的 H_2S 和 CO_2 被重沸器内产生的汽提气解吸出来，从塔顶流出，塔顶气经胺液再生塔塔顶空冷器(A-102)冷却后进入胺液再生塔塔顶回流罐分液，分离出的酸性水经回流泵(P-103)升压后送至再生塔顶，过量的酸性水定期送往酸水罐(T-501)。分液后的酸性气为水饱和气，送往硫黄回收单元，其温度为50℃，压力为0.177MPa(绝)。

胺液从位于第一层塔板以下的集液箱进入胺液再生塔重沸器(E-104A/B)，在重沸器内胺液部分汽化产生汽提气，汽提气从重沸器顶部返回再生塔底部的气相空间，重沸器内未汽化的胺液从釜内溢流堰上部流出并返回再生塔底部。

胺液再生塔重沸器用低压蒸汽冷凝过程中释放的热量来汽化胺液，蒸汽采用流量控制。从重沸器流出的凝结水进入凝结水罐(D-104A/B)，经液位控制送入凝结水回收罐(D-702)，然后经凝结水回收泵(P-701)送出单元界区。

再生塔塔底的高温贫胺液经再生塔塔底贫胺液泵(P-102/B)升压后进入贫富胺液换热器与来自富液闪蒸罐的富液换热，温度由128℃降至70℃，然后进入贫胺液空冷器(A-101)，进一步冷却至55℃。冷却后的部分贫液(总流量的30%)进入胺液过滤器(SR-103)脱除携带的腐蚀产物及其它固体杂质，以尽量降低胺液在吸收塔或再生塔发泡的可能性，在压差达到一定值时切换过滤器。经胺液过滤器过滤的贫液再依次经过胺液活性炭过滤器(SR-104A/B)、胺液后过滤器(SR-105A/B)脱除携带的烃类物质、部分热稳定性盐(HSS)及固体颗粒。

过滤后的贫液与其余未经过滤的胺液混合后进入贫胺液后冷器(E-106)，贫胺液后冷器采用旁路温度控制来调节贫液的冷却量，将冷却后贫液的温度控制在39℃。冷却后的贫液一部分经高压贫胺液泵(P-101A/B)送入第二级主吸收塔(C-102)，其余部分送往尾气吸收塔(C-401)。

补充胺液通过系统胺液补充泵将新鲜胺液送至个单元。

取样及维修时排出的胺液都收集在胺液回收罐(D-105)中，这部分胺液用胺液回收泵(P-104)抽出，经回收胺液过滤器(SR-102)过滤后返回胺液循环系统使用。凝析油回收罐(D-107)用于收集单元内的酸性烃类液体排放。

(二) 天然气脱水单元

来自两系列脱硫单元脱硫气体分液罐(D-101)的天然气混合后进入脱水塔(C-201)，该塔为填料塔，天然气与高纯度三甘醇(TEG)在塔内逆流接触，天然气中的水分被脱除，使其水露点达到-15℃。TEG的纯度是抑制水露点的决定因素。脱水后的天然气进入净化天然气分液罐(D-204)脱除可能携带的TEG，同时可以避免下游产品气管线受脱水塔操作波动的影响。

离开脱水塔的富TEG进入TEG闪蒸罐(D-201)，在罐内闪蒸以脱除溶解的天然气，闪蒸出的天然气作为燃料气送往尾气焚烧炉，焚烧所产生的热量通过发生中压蒸汽进行回收。脱硫后天然气中可能携带的轻烃物质在闪蒸罐中累积，积累到一定量后排往凝析油回收罐(D-107)。TEG闪蒸罐设置液位控制以在流量波动时稳定TEG循环量。闪蒸后的TEG进入TEG过滤器(SR-201)脱除固体杂质(如铁锈)，然后进入TEG活性炭过滤器(SR-203)脱除可能累积的烃类物质，以免影响整个系统性能。过滤后的富TEG进入贫富TEG换热器(E-201A/B)与贫TEG换热，被升温后进入TEG再生塔(C-202)。

富TEG自上而下流经再生塔中的散堆填料，进入TEG重沸器(E-202)。TEG重沸器为釜式重沸器，采用中压蒸汽加热富TEG以脱除其中所含的水和烃类，加热温度尽量接近TEG降解温度(204℃)，以提高脱除效率。TEG再生塔顶部设置起冷却作用的散热片，产生回流以尽量减少TEG损失。回流液体向下流经一段散堆填料后与进料富TEG混合，离开

TEG 再生塔顶部的气体送入焚烧炉处理。

重沸器中的 TEG 从釜内溢流堰上部流出并进入重沸器底部的 TEG 汽提塔(C-203)，与汽提气在散堆填料中逆流接触以进一步脱除残余水分，离开 TEG 汽提塔的 TEG 纯度为 99.5%。提高汽提气流量可提高 TEG 纯度，满足天然气水露点的要求。再生后的贫 TEG 流入 TEG 缓冲罐(D-202)。

从 TEG 缓冲罐流出的贫 TEG 进入贫富 TEG 换热器，冷至 56℃后经 TEG 循环泵(P-201A/B)升压后送至脱水塔，均匀分布后从塔内规整填料顶部流下。TEG 循环泵为往复泵，泵出口的 TEG 压力高于脱水塔操作压力。

本单元中设置的 TEG 回收罐(D-205)用于收集设备和液位仪表连通管排放的 TEG，避免大量酸性水被排放到含油污水系统中，同时可通过罐内设置的液下泵将存储的单元 TEG 排放送回 TEG 闪蒸罐进行重复利用。

(三) 硫黄回收单元

1. 进料系统

来自天然气脱硫单元的酸性气首先进入酸气分液罐(D-301)分液，以避免可能携带的凝液进入反应炉燃烧器(F-301)，对单元操作及下游设备造成影响。分离出的酸性凝液经酸气分液罐底泵(P-302)送往酸性水汽提单元。

2. 燃烧空气供给系统

Claus 风机(K-301A/B)同时为反应炉燃烧器(F-301)及加氢进料燃烧器(F-401)提供燃烧所需的空气，而尾气焚烧炉所需的燃烧空气由位于焚烧炉附近的焚烧炉风机(K-401A/B)提供。

进入反应炉燃烧器的空气量应刚好可以将原料气中的烃类完全氧化，同时满足装置尾气中 H_2S/SO_2 比率为 2∶1 所要求的部分 H_2S 燃烧。

3. 燃烧反应部分

燃烧反应部分的设备包括反应炉燃烧器(F-301)、反应炉(F-302)、余热锅炉(E-301/302)及第一级硫冷凝器(E-303)。燃烧反应部分中最重要的参数为反应温度、反应物的混合程度及停留时间。适当提高这三个参数可以使燃烧反应得到更为理想的产物。燃烧反应温度约为 1070℃。

在燃烧器及反应炉中发生的主要化学反应为：

$$H_2S+3/2O_2 \longrightarrow SO_2+H_2O \tag{2-2}$$

$$2H_2S+SO_2 \longrightarrow 3/xS_x+2H_2O \tag{2-3}$$

在反应炉中燃烧反应能够得到充足的反应时间，同时还能有效地破坏酸性气中携带的杂质。燃烧产生的高温过程气进入与反应炉直接相连的余热锅炉，在锅炉中通过产生 3.5MPa(表)等级的饱和蒸汽来回收余热并将过程气冷却到约 281℃。冷却后的过程气进入第一级硫冷凝器，被进一步冷却至 172℃并凝出液硫，同时发生 0.4MPa(表)等级的饱和蒸汽，冷凝出的液硫重力自流至一级硫封罐(S-302)，然后自流至液硫池(S-301)。

4. 催化反应部分

自第一级硫冷凝器出来的过程气进入第一级反应进料加热器(E-304)，经 3.5MPa(表)等级中压蒸汽加热到 213℃后进入一级转化器(R-301)，在反应器内过程气与催化剂接触，继续发生克劳斯反应直至达到平衡，反应中生成的硫在过程气进入第二级硫冷凝器(E-305)后冷凝出来，自流经二级硫封罐(S-303)后进入液硫池。

过程气在第二级催化反应部分经过的流程与第一级催化反应部分相同，在第二级反应进料加热器(E-306)中被加热至211°C后进入二级转化器(R-302)。在二级转化器内过程气与催化剂接触，进一步发生克劳斯反应直至达到平衡。反应后的过程气进入末级硫冷凝器(E-307)，冷凝下来的液硫经三级硫封罐(S-304)后进入液硫池，出末级硫冷凝器的尾气进入尾气处理单元。预计燃烧反应+催化反应部分总的硫回收率为93%~95%。

5. 液硫池及液硫脱气部分

来自各级硫冷凝器的液硫重力自流至液硫池(S-301)，在液硫池中通过Black & Veatch的专利MAG®脱气工艺以及空气鼓泡工艺，将液硫中的H_2S脱除至0.0015%(质)以下。MAG®液硫脱气工艺不需采用任何化学添加剂，其工艺原理为：液硫在液硫池的不同分区中循环流动，并通过一、二级喷射器(EJ-302/303)进行机械搅动，溶解在液硫中的H_2S释放到气相中并由抽空器(EJ-301A/B)送入尾气焚烧炉，以维持气相中的H_2S浓度在爆炸极限以下。

来自各级硫冷凝器的液硫一般含有0.025%~0.03%(质)的H_2S，取决于不同的操作条件，如操作温度较高的第一级硫冷凝器冷凝的液硫中H_2S含量高于操作温度较低的末级硫冷凝器中冷凝的液硫。H_2S在液硫中除物理溶解以外，还以多硫化氢(H_2S_x)形态存在。H_2S_x是由H_2S与硫黄发生平衡反应生成的一种弱键多硫化物：

$$H_2S+(x-1)S \longrightarrow H_2S_x \tag{2-4}$$

由于温度升高可促使该反应向右进行，因此在第一级硫冷凝器冷凝的液硫中H_2S含量要高于下游的其它硫冷凝器。

脱气后的液硫自液硫池脱气区溢流至存储区，一部分脱气液硫经液硫池泵(P-301A/B)升压后进入硫黄冷却器，冷却至138℃后再循环回脱气区。脱气后的产品液硫用液硫产品泵(P-303A/B)送至液硫成型单元生产粒状固体硫黄，产品送至单元外的存储及装车设施。

(四) 尾气处理单元

1. 尾气处理单元工艺流程

来自硫黄回收单元的Claus尾气进入加氢进料燃烧炉(F-401B)，与加氢进料燃烧器(F-401A)中燃烧产生的还原性烟气混合，温度升至281℃，然后进入加氢反应器(R-401)，还原性烟气中含有反应所需的还原性气体(H_2+CO)。

从加氢反应器出来的高温尾气经加氢反应器出口冷却器(E-401)冷却后进入急冷塔(C-401)下部，尾气在急冷塔中与急冷水直接逆流接触来降低温度，急冷塔塔底急冷水经急冷水泵(P-401)升压及急冷水过滤器(SR-401)过滤后通过急冷水空冷器(A-401)及急冷水后冷器(E-403)冷却至39℃循环使用。

尾气中所含的反应产生的水蒸气在急冷过程中被冷凝下来，在经过急冷水过滤器(SR-401)过滤后被送至酸性水汽提塔(C-501)。

急冷水中通常含有少量H_2S及碳酸盐，在上游加氢反应器操作波动时，SO_2可能穿透到急冷塔中与水中的H_2S发生反应生成H_2SO_3，造成急冷水pH值降低。因此，急冷塔塔底设置液氨注入设施以便控制急冷水的pH值。

尾气离开急冷塔塔顶(39℃)后进入尾气吸收塔(C-402)，尾气中的 H_2S 气体在塔中几乎全部被贫液(进塔温度为39℃)吸收，吸收塔塔顶经净化的尾气 H_2S 含量低于250μL/L，CO_2 含量约为20%，然后自压进入尾气焚烧炉。

离开尾气吸收塔的半富液自吸收塔底经半富液泵(P-402/B)送至脱硫单元主吸收塔，进一步吸收天然气中所含的酸性气体。

来自尾气吸收塔塔顶的尾气进入尾气焚烧炉，在焚烧炉内尾气与外补燃料气及燃烧空气混合燃烧，炉膛温度约为650℃，燃烧所需的空气由焚烧炉风机(K-401A/B)供给。尾气中剩余的 H_2S 和COS在尾气焚烧炉内进行燃烧并转化为 SO_2，其它可燃物如烃类、氢及CO也同时被完全氧化。离开炉膛的高温烟气进入尾气焚烧炉废热锅炉，通过发生3.6MPa(表)等级的饱和蒸汽及过热中压蒸汽来回收热量。从废热锅炉流出的烟气最后经烟囱排入大气。除尾气吸收塔顶的尾气外，单元中的其它工艺废气也送入尾气焚烧炉进行焚烧，包括来自胺液回收罐(D-105)、酸水回收罐(D-503)和酸水罐(T-501)的放空气体，闪蒸气吸收塔(C-103)顶气，液硫池抽空器(EJ-301A/B)出口气，来自末级硫冷凝器(E-307)的尾气处理单元旁路尾气(正常无流量)，来自急冷塔(C-401)的开工气体以及，TEG再生塔(C-202)塔顶气体。

本单元中设置的开工喷射器用于开工前的系统升温和催化剂预硫化、停工前催化剂钝化以及烘干加氢进料燃烧炉衬里。

2. 尾气处理单元主要化学反应

(1) 加氢反应部分

在加氢反应部分中，Claus尾气所含的 SO_2 和元素硫与还原性气体(H_2+CO)在Co-Mo或Ni-Mo催化剂的作用下反应，全部转化为 H_2S，反应温度为280~300℃。反应为放热反应，反应后加氢反应器的温升约为30℃。

二氧化硫(SO_2)和元素硫(S_8)发生的反应分别为：

$$SO_2+3H_2 \rightleftharpoons H_2S+2H_2O+214000kJ/kmol \quad (2-5)$$

$$S_8+8H_2 \rightleftharpoons 8H_2S+335000kJ/kmol \quad (2-6)$$

羰基硫(COS)和二硫化碳(CS_2)在加氢反应器中主要发生水解反应，只有很少一部分被 H_2 还原。水解反应式为：

$$COS+H_2O \rightleftharpoons CO_2+H_2S+354000kJ/kmol \quad (2-7)$$

$$CS_2+2H_2O \rightleftharpoons 2H_2S+CO_2+67000kJ/kmol \quad (2-8)$$

一氧化碳会直接与 SO_2 和 S_8 反应生成中间产物羰基硫，然后羰基硫发生水解反应生成 CO_2 和 H_2S。

反应后，加氢反应器出口气体的 SO_2 含量低于0.0005%(体)。

(2) 吸收部分

离开加氢反应器的尾气冷却后进入尾气吸收塔，用MDEA溶剂对尾气中所含的 H_2S 进行选择性吸收。选择性吸收是通过缩短吸收接触时间获得的，因为 H_2S 的吸收速度比 CO_2 快得多。因此，在尾气离开吸收塔时，其所含的大部分 CO_2 没有被溶剂吸收。吸收塔塔顶出口气体的 H_2S 含量低于0.025%(体)，进入尾气焚烧炉焚烧后转化为 SO_2 排入大气。

采用叔胺(如MDEA)溶液作为溶剂的尾气吸收塔中发生的总反应为：

$$H_2S+(R)_3-N \rightleftharpoons (R)_3-N-H^++HS^- \quad (2-9)$$

$$CO_2+2(R)_3-N \rightleftharpoons (R)_3-N-COO^-+(R)_3-N-H^+ \quad (2-10)$$

（五）酸性水汽提单元

酸性水汽提单元处理一、二两个系列连续排放的酸性水。自尾气处理单元急冷塔（C-401）连续排放的酸性水进入酸水罐（T-501）；该罐也用于接收胺液再生塔塔顶回流罐（D-103）及酸气分液罐（D-301）间断排放的酸性水。

来自两个系列的酸性水收集在酸水罐中，酸水罐设置氮封来维持罐内压力，罐内累积的酸性气体经压力控制送入焚烧炉。

酸水罐内的酸性水由酸水进料泵（P-503）抽出，经酸水汽提塔进料/产品换热器（E-501）与来自酸水汽提塔底部的净化水换热升温后进入酸水汽提塔（C-501）。在塔内酸性水与酸水汽提塔重沸器（E-502）内产生的汽提蒸汽在规整填料中逆流接触，汽提出所含的酸性气。酸水汽提塔塔顶气直接送往尾气处理单元急冷塔中冷却并回收循环的 H_2S，因此不需要设置酸水汽提塔塔顶冷却器。酸水汽提塔内离开规整填料的酸性水进入酸水汽提塔重沸器，重沸器采用低压蒸汽作为加热介质，将酸性水汽化产生汽提蒸汽并分出水中残留的 H_2S，汽提蒸汽离开重沸器穿过集液箱返回归整填料中。重沸器内产生的低压蒸汽凝结水进入凝结水罐（D-502），经液位控制送入凝结水回收罐（D-702）。汽提后的净化水由重沸器返回酸水汽提塔底部，在液位控制下经净化水泵（P-501A/B）升压后进入酸水汽提塔进料/产品换热器与进入酸水汽提塔之前的酸性水换热降温，然后在净化水冷却器（E-103）中被循环冷水进一步冷却至43℃后送出装置，压力为0.46MPa。

本单元中设置的酸水回收罐用于收集设备和液位仪表连通管排放的酸性水，避免大量酸性水被排放到含油污水系统中，同时装置在排放时也不需要对富 H_2S 酸性水进行处理。罐内的酸性水用液下泵送入酸水罐进行处理。

（六）蒸汽、凝结水、锅炉给水及排污系统

联合装置公用工程系统共设三个等级的蒸汽总管：3.5MPa（表）等级过热蒸汽（过热中压蒸汽）、3.5MPa（表）等级饱和蒸汽（饱和中压蒸汽）及0.4MPa（表）等级饱和蒸汽（低压蒸汽）。其中过热中压蒸汽及低压蒸汽总管与装置界区外蒸汽管网系统连接。

硫黄回收单元产生的过剩的饱和中压蒸汽与尾气焚烧炉废热锅炉段（E-404A）发生的中压蒸汽混合后进入尾气焚烧炉废热锅炉过热段（E-404B）过热，过热后的中压蒸汽用于驱动半富液泵（P-402）或 Claus 风机（K-301A）的透平，剩余部分送出单元。透平驱动器的排汽经减温器减温后送至低压蒸汽总管。第一、第二级反应进料加热器中产生的中压蒸汽凝结水分别送入第一、第二级硫冷凝器。

硫黄回收单元的余热锅炉（E-301/302）发生的饱和中压蒸汽，作为第一、第二级反应进料加热器（E-304/306）、TEG 重沸器（E-202）及水解反应器预热器（E-107）的加热介质。过剩的饱和中压蒸汽送至尾气焚烧炉废热锅炉过热段（E-404B）。

第一、第二级硫冷凝器（E-303/305）及尾气处理单元的加氢反应器出口冷却器（E-401）发生低压蒸汽，同时还需自系统引入部分低压蒸汽以满足联合装置的消耗需求。低压蒸汽主要作为酸水汽提塔重沸器（E-502）、胺液再生塔重沸器（E-104A/B）、锅炉给水加热器（E-308）的加热介质，液硫夹套、加热盘管的伴热介质，以及抽空器（EJ-301A/B）和开工喷射器(EJ-401)的驱动介质。

联合装置内回收的低压蒸汽凝结水送至凝结水回收罐(D-702)中，闪蒸出来的蒸气进入乏汽空冷器(A-701)冷凝并返回凝结水回收罐，回收罐内凝结水经凝结水回收泵(P-701A/B)升压后，一部分用于水解反应器补水和胺液配制，其余送出装置界区。

低压锅炉给水自界区外引入，直接送至各发生低压蒸汽的设备及低压蒸汽减温器。自界区外引入的高压锅炉给水经锅炉给水加热器(E-308)加热后分为两路，分别进入末级硫冷凝器(E-307)及硫黄冷却器(E-309)进一步预热，最终进入硫黄回收单元的余热锅炉。高压锅炉给水在锅炉给水加热器(E-308)中被升温至液硫凝点以上，以避免末级硫冷凝器和硫黄冷却器中发生液硫堵塞现象。

二、工艺流程简图

(一) 净化装置原则流程图

天然气净化装置采用主要工艺包括：50%(质) MDEA 脱硫、TEG 脱水、二级克劳斯转化回收硫黄、斯科特法加氢还原处理尾气，液硫采用 Devco Ⅱ型湿法成型工艺。原则流程图如图 2-1 所示，工艺流程简图如图 2-2 所示。

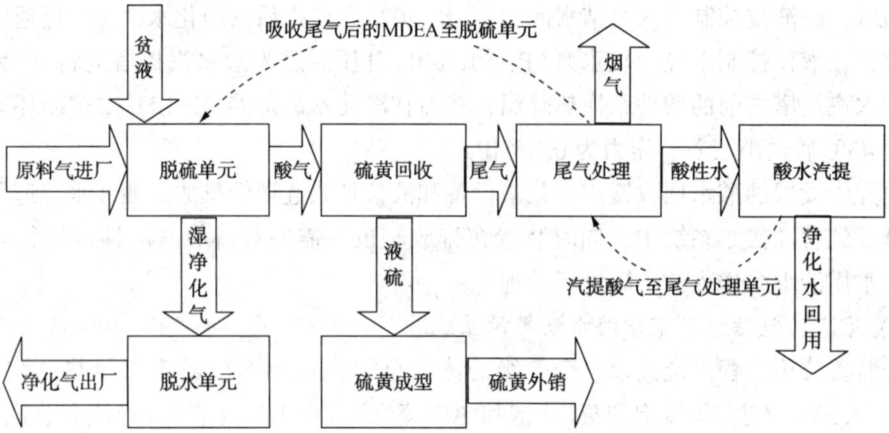

图 2-1　天然气净化装置原则流程图

(二) 脱硫单元流程图

天然气脱硫单元流程如图 2-3 所示。

(三) 脱水单元流程图

脱水单元流程图如图 2-4 所示。

(四) 硫黄回收单元流程图

硫黄回收单元流程如图 2-5 所示。

(五) 尾气处理单元流程图

尾气处理单元流程如图 2-6 所示。

(六) 酸水汽提单元流程图

酸水汽提单元流程如图 2-7 所示。

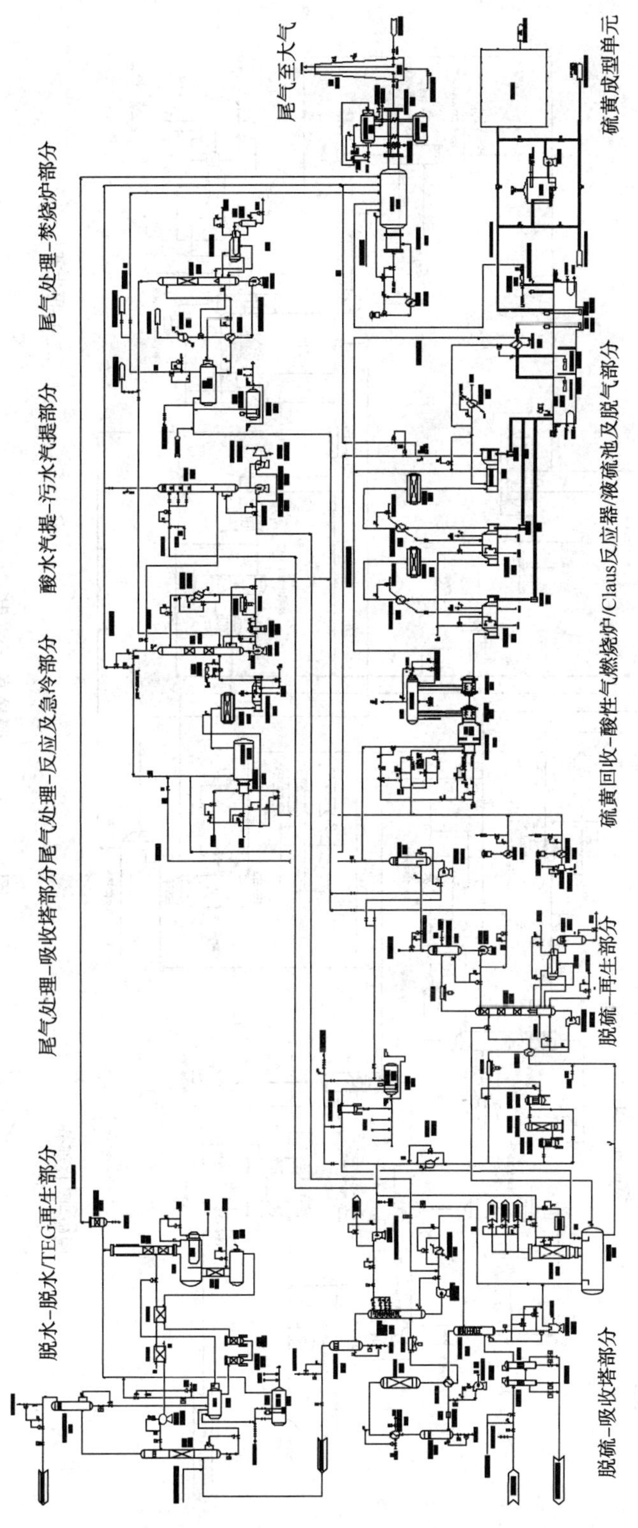

图2-2 天然气净化装置工艺流程简图

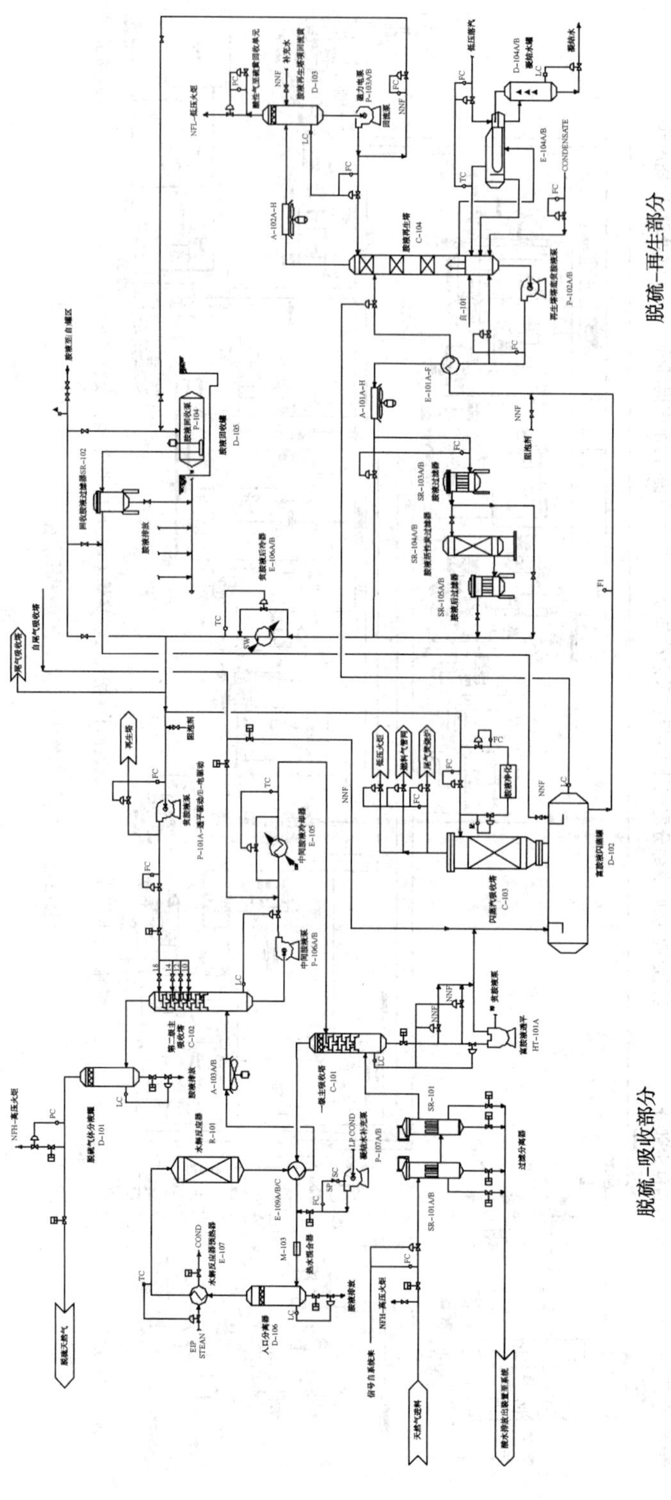

图2-3 天然气脱硫单元流程图

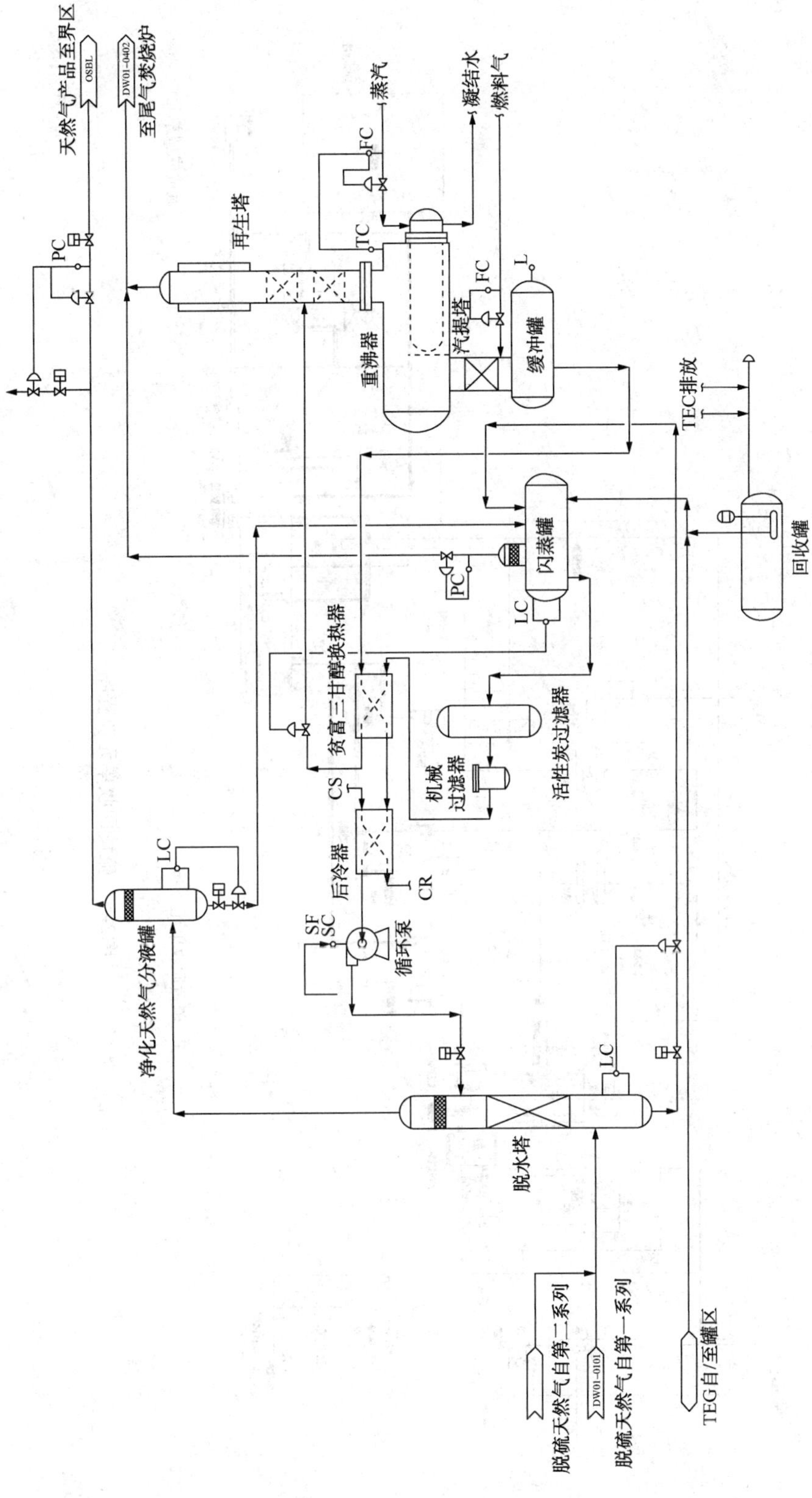

图2-4 天然气脱水单元流程图

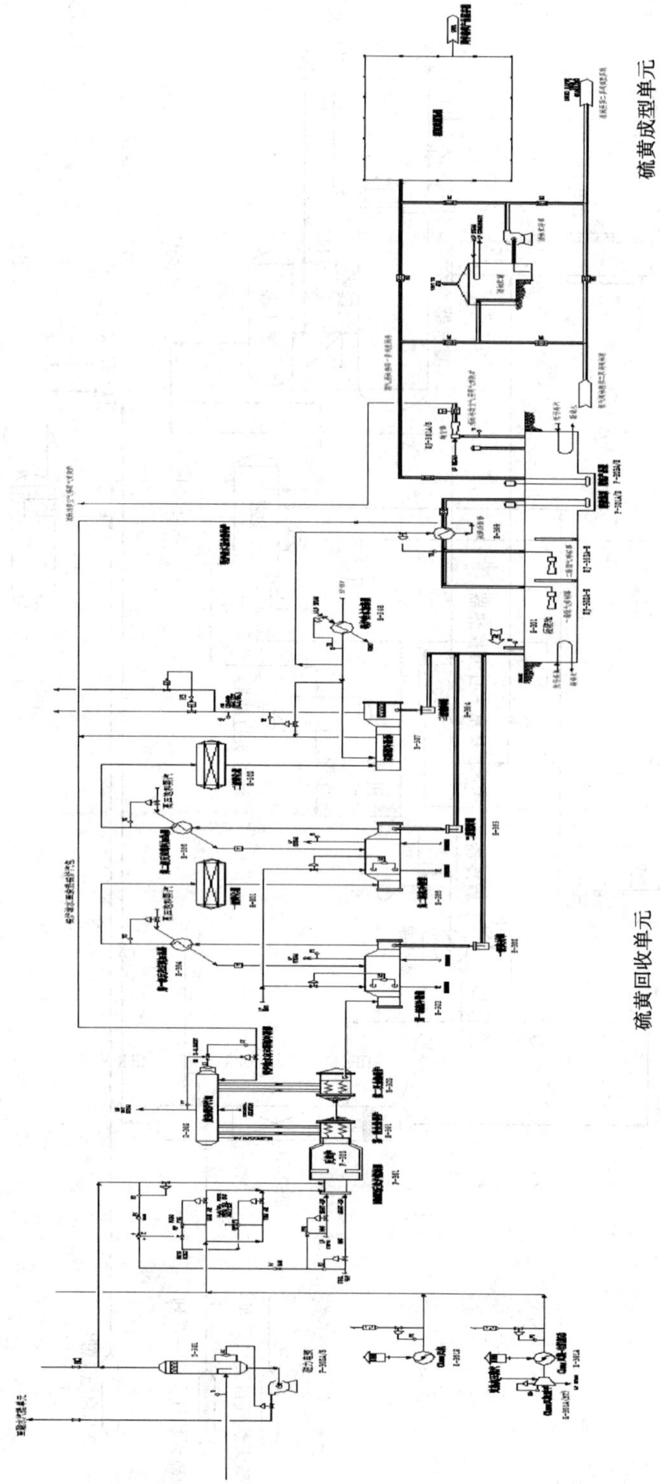

图2-5　硫黄回收单元流程图

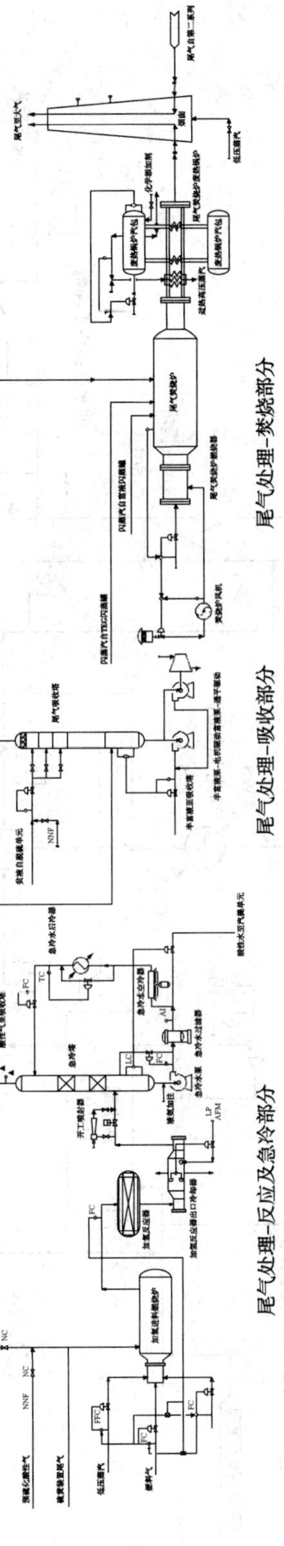

图2-6 尾气处理单元流程图

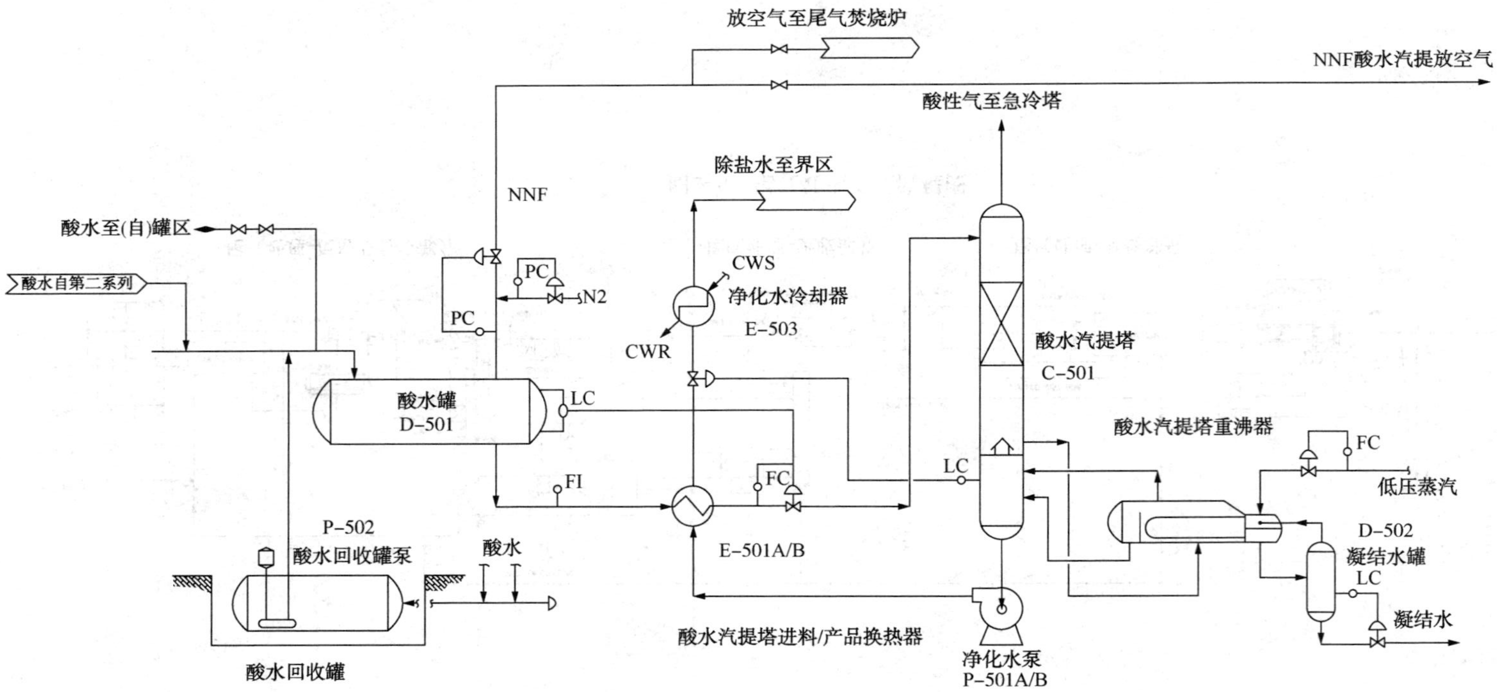

图2-7 酸水汽提单元流程图

第三部分 基础数据

一、原料性质

（一）硫黄回收单元酸性气

1. 基本性质

普光天然气净化厂硫黄回收装置主要处理溶剂再生酸性气（清洁酸性气），主要组分为H_2S、CO_2、水及少量烃类，H_2S、CO_2设计浓度分别为58.39%、34.42%，气质单一且较为稳定。实际生产过程中，酸性气组分受气田原料天然气组分影响略有变化，但变化幅度不大，H_2S浓度略微降低，CO_2浓度略有上升，流量有所增加，实际气体组分如表3-1所示。分析原因主要为：一是原料天然气中H_2S、CO_2浓度有所增加，导致在原料天然气流量较设计流量低1000Nm^2/h的工况下，再生酸性气流量增加了772Nm^2/h。二是脱硫单元MDEA溶剂选择性吸收能力偏低，CO_2穿透率偏低，导致原料天然气中CO_2浓度增长幅度低于H_2S、再生酸性气中CO_2浓度增长幅度高于H_2S。

表3-1 硫黄回收单元酸性气性质

酸性气组分					
分析项目	单位	实际组分（干基）	实际组分（湿基）	设计值（湿基）	偏差（增加为+，降低为-）
H_2S	%（体）	58.207	57.243	58.39	-0.790
CO_2	%（体）	35.613	35.024	34.42	0.822
H_2O	%（体）	—	7.527	6.95	—
烃	%（体）	0.210	0.207	0.22	-0.012
	物化性质				
项目名称	单位	实际参数	设计参数	偏差	
温度	℃	50	50	0	
压力	MPa（绝）	0.164	0.177	-0.013	
流量	Nm^3/h	30772	30000	772	
密度	kg/m^3	2.398			
比热容	kJ/kg·K	0.98			

2. 影响分析与控制措施

普光净化厂胺液吸收酸性气一部分来自高压段原料气天然气、一部分来自低压段加氢后过程气，根据酸性气组成分析各因素影响如下。

（1）H_2S、CO_2浓度

H_2S、CO_2浓度主要受两段吸收过程中脱硫溶剂的选择性影响。当CO_2浓度升高、H_2S浓度降低时，H_2S燃烧反应放热减少，克劳斯炉炉膛温度降低，不利于高温反应向生成S_x的方向进行，降低制硫炉回收率。装置运行过程中，控制措施如下：

1）提高气液比。通过模拟和现场测试，高压段气液比达到260m^3/t时，胺液对H_2S、

CO_2 的选择性最高。由于装置气相负荷受处理量要求无法大幅调整，故基本通过调整胺液循环量实现，在100%负荷工况下，最佳的循环量为480t/h。

2）提高胺液浓度。原设计胺液浓度为50%，浓度越低，选择性越差。通过现场测试，提高胺液浓度至53%时，选择性明显提升，CO_2 通过率可以提高10%左右。

3）降低二级吸收塔胺液进料位置。净化厂一级吸收塔只设置了单个进料口，无法调整。但二级吸收塔设置了4个进料口，根据胺液吸收 CO_2 的机理，进料口越低，胺液与原料气接触时间越短，CO_2 通过率越高。在保证产品天然气中 H_2S 脱除至4mg/L以下的前提下，只开启最底部进料口，CO_2 通过率可以提高3%左右。

4）降低胺液入塔温度。通过模拟和现场调整，贫液入塔温度越低，胺液选择性越高。净化厂高压段原料气、吸收塔尾气来气温度分别约为36~38℃，由于净化厂气相中不含 C_2 以上的烃类，故可将胺液温度降至与气相温度相同甚至略低于气相温度，一般控制在36~37℃左右。

（2）烃浓度

再生酸性气中烃主要为胺液夹带、溶解带入，组分为 CH_4。由于净化厂原料气负荷较为平稳、胺液系统运行良好，酸性气中甲烷含量较为稳定，一般在0.1%~1%之间。烃的带入易导致克劳斯炉配风波动，影响 H_2S 的燃烧，继而降低高温克劳斯反应转化率，同时在克劳斯炉火焰区与 SO_2 反应生成 CS_2，并继而生成COS，影响后续水解转化，降低总硫回收率。局部 CH_4 燃烧不完全，生成炭黑，堵塞催化剂，产生黑硫黄。调整措施如下：

1）提升胺液闪蒸效果。净化厂闪蒸罐为卧式罐，调整闪蒸罐液位在罐中心，保障闪蒸面积为最大，同时降低闪蒸罐压力，由设计0.65MPa优化至0.6MPa，确保胺液中 CH_4 最大程度闪蒸脱出。

2）控制胺液 CH_4 的机械夹带。优化胺液系统运行，减少胺液发泡，出现发泡倾向时及时注入消泡剂。胺液品质控制措施包括：加强胺液过滤和热稳定盐脱除，胺液过滤比例由设计30%提高至50%，并定期更换上游原料气及胺液过滤器滤芯、活性炭，保障过滤效果。

3）控制炉膛温度。CH_4 完全分解的温度为950℃，运行过程中控制克劳斯炉温度在950~1150℃范围。

（3）胺含量

脱硫溶剂为MDEA，分子式为 $C_5H_{13}NO_2$，影响与烃类类似，进入克劳斯炉后，发生副反应，生成COS、CS_2，影响硫回收率。调整措施如下：

1）降低胺液再生塔酸性气温度，增加胺液冷凝回流，减少胺液夹带。普光净化厂再生塔塔顶设置空冷器，正常运行期间，加强空冷器检维修，保障换热效率，夏季高温天气，空冷器顶部增加临时消防水喷淋，提高冷却效果，控制温度不超过45℃。

2）强化胺液管理，减少胺液发泡，降低再生酸性气中胺液携带量。

（4）水含量

酸水气携带水进入克劳斯炉中，游离水发生气化、饱和水升温均吸收热量，导致炉温下降，同时游离水易损坏衬里。克劳斯炉中 H_2O 分压增加时，抑制 H_2S+SO_2 向生成 S_x 的方向进行，降低了制硫炉转化率。

1）酸水气为饱和状态时，温度越高，饱和水含量越高，通过控制酸性气出口温度降低饱和水含量。手段主要是调整空冷器出口温度，加强空冷器检维修，保障换热效率，夏季高温天气，空冷器顶部增加临时消防水喷淋，提高冷却效果，控制温度不超过45℃。

2）强化胺液管理，减少胺液发泡，减少明水携带量。

（二）原料天然气

1. 基本性质

脱硫单元原料天然气来源于普光气田碳酸盐酸性气藏，按照组分含量由高到低统计，分别为 CH_4、H_2S、CO_2、N_2 等。实际生产过程中，原料天然气受气井排产量、井位影响，混合气体组分有所不同，但均未超出设计界限值，脱硫单元原料天然气组分如表 3-2 所示。其中，H_2S、CO_2 等杂质气体浓度分别增加了 0.39%、1.353%，甲烷浓度降低了 3.0%，导致净化气收率偏低于设计值。

表 3-2 脱硫单元原料天然气性质

酸性气组分				
分析项目	单位	实际组分（湿基）	设计值（湿基）	偏差（增加为+，降低为-）
He	%(体)	0.017	0.01	0.007
H_2	%(体)	0.000	0.02	-0.020
N_2	%(体)	1.943	0.522	1.421
CO_2	%(体)	9.010	8.62(8~10)	0.39
H_2S	%(体)	15.483	14.13(13~18)	1.353
CH_4	%(体)	73.520	76.52	-3.000
C_2H_6	%(体)	0.020	0.12	-0.100
C_3H_8	%(体)	0.000	0.008	-0.008
COS	mg/Nm^3	188.167	110.62	77.547
CH_3SH	mg/Nm^3	10.917	10.62	0.297
C_2H_5SH	mg/Nm^3	0.283	0.58	-0.297
物化性质				
项目名称	单位	实际参数	设计参数	偏差
温度	℃	41.8	40	1.8
压力	MPa(绝)	7.88	8.3	-0.42
流量	Nm^3/h	124000	125000	1000
密度	kg/m^3	82.667		
比热容	kJ/(kg·K)	2.36		

2. 影响分析与控制措施

原料气天然气主要杂质组分为 H_2S、CO_2、H_2O、有机硫，根据净化厂内控要求，H_2S 脱除至 $6mg/Nm^3$，CO_2 脱除至 2%(体)以下，总硫含量低于 $20mg/Nm^3$。进料天然气中杂质气体组分含量高(尤其有机硫)，超出脱硫装置净化能力时，导致产品气中 H_2S 含量、总硫含量偏高，导致长输管道、设备、设施腐蚀，同时影响下游用户化工产品质量。由于原料天然气自地层采出，地层气质无法进行调节，实际运行过程中，主要通过调整采气配产方案进行气质调整。措施如下：

1）合理匹配普光主体和大湾区块采出气配产。鉴于普光主体酸性气 H_2S、CO_2 含量低于大湾区块，配产过程中，通过合理调整两区块生产井的开井数量、单井采出气量，实现净化厂原料进气的气质稳定。

2）通过集气总站东区、西区汇管之间的联通线，调整净化厂东西区联合装置原料气气质，避免两区域装置气质偏差过大。

二、产品性质

（一）液体硫黄

1. 基本性质

联合装置液体硫黄产品性质如表3-3所示，满足《工业硫黄　第2部分　液体产品》(GB/T 2449.2—2015)优等品质量指标。

表3-3　液体硫黄性质

液硫质量指标					
项　目	GB/T 2449.2—2015			实测	测定方法
	优等	一等品	合格品		
外观	常温下黄色或淡黄色，无肉眼可见杂质			黄色	GB/T 2449.2—2015
水分/%(质)	≤0.10	≤0.20	≤0.50	0.07	GB/T 2449.2—2015
酸度/%(质)	≤0.003	≤0.005	≤0.01	0.0020	GB/T 2449.2—2015
有机物/%(质)	≤0.03	≤0.10	≤0.30	0.0056	GB/T 2449.2—2015
硫/%(质)	≥99.95	≥99.50	≥99.20	99.979	GB/T 2449.2—2015
灰分/%(质)	≤0.02	≤0.05	≤0.20	0.0130	GB/T 2449.2—2015
H_2S&H_2S_x(以H_2S计)/%(质)	0.0015	0.0015	0.0015	0.0011	GB/T 2449.2—2015
物化性质					
温度	℃	138			
压力	MPa	1.0			
流量	kg/h	24800			
密度	kg/m^3	1803.4			
比热容	kJ/(kg·K)	0.97			
黏度	mPa·s	12.08			

2. 影响分析与控制措施

(1) 酸性气带液

再生塔出现发泡、酸气分液罐满液位等情况下，进入克劳斯反应炉中的酸性气会携带游离水、胺液，影响局部燃烧反应，促进有机物生产，引发分解、燃烧不完全，从而导致黑硫黄生成。

运行操作过程中，通过控制胺液品质，加强原料过滤分离效率，稳定装置温度、液位、流量等措施，避免酸性气带液进入克劳斯反应炉。

(2) 衬里、催化剂粉化

克劳斯反应炉、两级克劳斯反应器内衬里及催化剂发生粉化时，粉末进入液硫中，导致硫黄颜色泛白，产品灰分超标。

通过加强装置运行、停工期间参数控制和保护，设施装置检修更换或修复等措施，消除设备震动和衬里损坏，同时加强巡检和参数监控，避免高温蒸汽、游离水进入反应器引发催化剂强度降低和粉化。

(3) 克劳斯炉酸性气伴烧

普光净化厂克劳斯反应炉未实施改造之前，为改善炉膛温度分布不均、局部温度偏低问题，选择152系列引入天然气进行伴烧。受伴烧控制难度大、烃类引发副反应等影响，该系列液硫颜色发暗，液硫外排处理，同时导致反应器催化剂积炭、床层压降增加。

2012~2015年，结合装置大检修，陆续完成联合装置克劳斯反应炉升级改造，取消天然气伴烧运行模式。

(4) 设备、管线腐蚀

硫黄回收、液硫输送及成型设备、管道等腐蚀后，腐蚀产物进入液硫中，导致硫黄产品中铁含量超标，并影响产品外观。

结合装置运行经验，针对腐蚀严重的管线、材料实施了材质升级，主要包括液硫池内管线、液硫成型系统和料仓内设备设施，材质由碳钢、304SS升级为316L。

(5) 液硫脱气深度

液硫中硫化氢、多硫化氢若无法脱除至0.0015%(质)以下，则将导致硫黄酸度增加，同时在成型过程中，引发冷却水pH值降低，硫黄颗粒强度降低，细粉硫增加，也会导致后续转运、存储过程中生产硫黄粉末。

为加强液硫脱气效果，在原设计MAG^R脱气工艺基础上，新增空气鼓泡脱气工艺，实施机械搅拌+空气鼓泡联合脱气工艺技术路线，实现了液硫中硫化氢(含多硫化氢)含量低于0.0015%(质)。

(二) 固体硫黄

1. 基本性质

净化厂固体硫黄产品性质如表3-4所示，满足《工业硫黄　第1部分　固体产品》(GB/T 2449.1—2015)优等品质量指标，优于设计指标一等品质量要求。

表3-4　固体硫黄性质

质量指标					
项　目	GB/T 2449.1—2015			实测	测定方法
	优等	一等品	合格品		
外观	常温下黄色或淡黄色，无肉眼可见杂质			黄色，球状	GB/T 2449.1—2015
水分/%(质)	≤2.0	≤2.0	≤2.0	0.50	GB/T 2449.1—2015
酸度(以H_2SO_4计)/%(质)	≤0.003	≤0.005	≤0.02	0.002	GB/T 2449.1—2015
有机物(以C计)/%(质)	≤0.03	≤0.30	≤0.80	0.005	GB/T 2449.1—2015
硫(以S干基计)/%(质)	≥99.95	≥99.50	≥99.00	99.99	GB/T 2449.1—2015
灰分/%(质)	≤0.03	≤0.10	≤0.20	0.002	GB/T 2449.1—2015
砷(以As干基计计)/%(质)	≤0.0001	≤0.01	≤0.05	<0.00002	GB/T 2449.1—2015
铁(以Fe干基计计)/%(质)	≤0.003	≤0.005	—	<0.00002	GB/T 2449.1—2015

物化性质		
项目	单位	实测
形状	—	球形
粒径	mm	5~6
温度	℃	常温

2. 影响分析与控制措施

（1）液硫质量

固体硫黄原料为联合装置液体硫黄，液硫的质量直接影响固硫产品的质量，影响因素及分析调整措施见 2. 2. 1 节。

（2）成型罐水温、pH 值等参数

湿法成型工艺中，成型罐水温、pH 值直接影响硫黄颗粒表面机械强度、直径、表面粗糙度，水温越高、pH 值越低，颗粒硫黄质量越差。

严格按照工艺卡片进行水温、pH 值控制，成型罐水温控制范围 55~62℃，pH 控制范围 6. 5~7. 5。

（3）振动筛脱水效果

湿法成型工艺中，通过振动筛进行脱水，当振打电机故障或模块老化后，振动幅度、频率均降低，导致脱水效果变差，水含量超标。

加强设备检修和维护，及时更换振打电机和振打弹簧，确保振动脱水效果。

（三）产品天然气

1. 基本性质

净化厂产品天然气性质如表 3-5 所示，满足《天然气》（GB 17820—2018）一类气质量指标，优于设计指标二类气质量要求。

表 3-5　产品天然气性质

质量指标				
项　目	GB 17820—2018		实测	测定方法
	一类	二类		
高位发热量/（MJ/m^3）	≥34. 0	≤31. 4	36. 5	GB 17820—2018
总硫（以硫计）/（mg/m^3）	≤20	≤100	12. 1	GB 17820—2018
硫化氢/（mg/m^3）	≤6	≤20	3. 4	GB 17820—2018
二氧化碳/%	≤3. 0	≤4. 0	2. 0	GB 17820—2018
水露点/℃	≤-15	≤-15	-24	GB 17820—2018
物化性质				
温度	℃	43. 6		
压力	MPa	7. 5		
流量	Nm^3/h	76900		
比热容	kJ/kg · K	2. 68		

2. 影响分析与控制措施

MDEA 溶剂体系净化工艺中，影响原料气脱硫脱碳效果的重要工艺运行参数包括原料气流量、胺液循环量、吸收温度、吸收压力、吸收塔板数、胺液浓度等，其余影响因素还包括吸收塔结构、气液接触状态、溶剂品质等。根据国内外工业运行及试验数据，影响 MDEA 溶液选择性吸收的关键工艺条件包括：气液比、溶液浓度、吸收塔板数、吸收温度、吸收压力及原料气碳硫比。结合普光天然气净化厂实际运行经验，消泡剂的加注会较大的改变吸收塔内气-液接触形态，影响气液传质速率和平衡溶解度，从而影响溶液的选择性吸收能力。

（1）气液比

气液比定义为单位体积吸收溶液处理的气体体积数，通用单位为 m^3/m^3，是影响净化结果和过程经济性的首要因素，也是在操作过程中重要的调节参数。随着气液比增加，溶液选择性吸收能力提高。

气液比不是一个单因素，而是气量与液量相互影响因素。在不同处理量下即使气液比相同，其选择性也有其差别，总的说来在较高处理量运行可以取得更好的选择性，因为，较高的气速意味着气流在塔内停留时间较短，较少地吸收 CO_2。根据文献报道，在某中试装置上，将处理量提高一倍而维持同样的气液比时，选择性因子 S_1 从3.33升高至3.91，酸气中 H_2S 浓度由24.4%升至28.5%。

（2）溶液浓度

溶液MDEA浓度也是装置中不难调节的工艺参数。相同气液比条件下，溶液选择性随MDEA浓度上升而改善，如果随溶液浓度升高而相应提高气液比运行时，则选择性的改善更为显著。根据相关文献研究结论，溶液浓度的影响主要是通过影响黏度进而导致液膜阻力变化而影响 CO_2 的吸收的。

限制溶液浓度提高的因素包括：腐蚀性、机械损失等，高的溶液浓度也导致塔底富液温度较高而影响其 H_2S 负荷，一般控制胺液浓度在50%~54%（质）。

（3）吸收塔板数

由于MDEA与 H_2S 是瞬间反应而MDEA与 CO_2 是中速反应的基本特征，所以吸收塔内 H_2S 浓度的变化呈指数曲线，而 CO_2 浓度的变化则几乎为一直线。在达到所需的 H_2S 净化度后，增加吸收塔板实际上几乎呈正比地多吸收 CO_2，其结果无论在何种气液比条件下运行，选择性总是随塔板数增加而变差

增加吸收塔塔板数不仅对选择性不利，而且在高气液比的条件下还因多吸收了 CO_2 造成对 H_2S 的不利影响，从而导致 H_2S 净化度变差。在选择性胺法中，即使从 H_2S 净化度的角度而言，吸收塔塔板数也绝非越多越好，这是选择性胺法有别于常规胺法的一个重要工艺特点。

（4）吸收温度

在天然气净化中，通常原料气温度均较贫液温度低，塔内溶液温度曲线与原料气中酸气浓度有关。温度对 H_2S 的影响主要在平衡溶解度方面，但基本不影响其反应速率。温度影响的另一个途径是溶液物化性质如黏度等变化从而影响传质速率。从选择性的角度而言，宜于使用较低的吸收温度，较低的温度还可以获得较高的负荷而采用较高的气液比。

（5）吸收压力

从选择性的角度来说，降低吸收压力有助于改善选择性。随总压、相应的 CO_2 分压降低而对 CO_2 的传质与反应产生不利影响，从而改善了选择性。压力降低的同时也使得溶液负荷降低，即需要在较低的气液比下运行，装置的处理能力也下降。因此，试图通过降低吸收压力来改善选择性在工业装置上是不可取的。

（6）消泡剂加注

不同形式吸收塔内，MDEA溶液对 H_2S 的吸收是在气膜中完成，而 CO_2 的吸收主要在液膜中完成。溶液在运行过程中，产生泡沫层，消泡剂的加入，可以改变溶液表面张力，改变吸收塔内气体与液体接触界面和流动形态，从而起到改变 CO_2 选择性吸收的目的。

根据净化厂运行经验，消泡剂加注后，可迅速打破吸收塔塔板气液流动形态，减少 CO_2

与 MDEA 溶剂的接触时间和接触面积，大大降低 CO_2 的吸收，随着运行时间的增长，泡沫层重新生成，气液流动状态恢复至消泡剂加注前，CO_2 选择性吸收能力降低，高选择性吸收阶段一般可持续 2~6h。

(7) 贫胺液质量

贫胺液质量是影响产品气质量的关键因素。随着装置运行时间增长，贫胺液发生降解、污染，有效胺比例降低，净化能力下降。通常通过胺液净化、过滤、补充新鲜胺液等方式，维持系统中有效胺占比，确保产品气质量。

(8) 胺液循环量

胺液浓度不变的前提下，胺液循环量越高，产品气品质越好，但循环量受机泵选型、能源消耗等因素限制，一般不宜过高，通常控制循环量在 460~540t/h。

(四) 汽提净化水

1. 基本性质

联合装置酸水汽提单元汽提后净化水质量满足循环水补水水质要求，作为补水回用至循环水场。汽提净化水水质如表 3-6 所示。

表 3-6 汽提净化水性质

净化水质量				
分析项目	单位	实测值	设计值(g/L)	是否合格
pH 值	—	7.33	6.0~9	合格
氨氮	mg/L	2.30	≤10	合格
COD	mg/L	12.54	≤30	合格
铁离子	mg/L	0.05	≤1.0	合格
硫化物	mg/L	0.006	≤0.1	合格
物化性质				
项目名称	单位	实际参数	设计参数	偏差
温度	℃	103.7	107	-3.3
流量	kg/h	15867	13768	+2099
密度	kg/m^3	989.4		
比热容	kJ/(kg·K)	4.18		
黏度	10^{-3}Pa·s	0.62		

2. 影响分析与控制措施

(1) 原料酸性水来源

在天然气净化装置中，来自硫黄回收单元的 Claus 尾气进入加氢进料燃烧炉，与加氢进料燃烧器中燃烧产生的还原性烟气混合，温度上升后进入加氢反应器进行加氢反应，还原性烟气中含有反应所需的还原性气体 H_2 和 CO。从加氢反应器出来的高温尾气经加氢反应器出口冷却器冷却后进入急冷塔下部，尾气在急冷塔中通过与急冷水直接逆流接触来降低温度，急冷塔塔底急冷水经升压、过滤后通过空冷器及急冷水后冷器冷却后循环使用。

尾气中所含反应产生的水蒸汽在急冷过程中被冷凝下来形成酸性水，经过滤后送至酸水汽提单元。

(2) 汽提净化水水质影响因素

联合装置酸性水汽提装置采用单塔低压汽提技术，主要将酸性水中的H_2S、CO_2及含有氨氮等物质汽提解析出来，汽提后合格净化水经换热冷却后出装置作为循环水场补水。汽提净化水水质的控制指标主要包括：pH 值、硫化物、氨氮、COD、铁离子，其中，COD、氨氮与原料酸性水水质紧密相关且无法通过汽提工艺控制，其余指标可进行优化调整。

1）汽提优化原理分析

在相同的温度下，H_2S在水中的溶解度随压力的增大而增大，故低压操作对H_2S的汽提更有利。由于水解反应是一个吸热反应，因而加热可促进水解作用，使游离的硫化氢和二氧化碳分子增加，但这些游离分子能否从液相转入气相，还与它们在液相中的浓度、溶解度、挥发度以及与溶液中其他分子或离子能否发生反应有关。硫化氢、二氧化碳在水中的溶解度很小，相对挥发度大与其它分子或离子的反应平衡常数很小，因而最容易从液相转入气相。

单塔低压汽提技术就是利用其低压高温的原理。在汽提塔塔底通过重沸器起到了加热和降低硫化氢、二氧化碳分压的双重作用，当温度升高时，或当压力降低时，溶解度降低，促使它们从液相转入气相，从而达到净化酸性水的目的。

2）水质提升技术措施

一是实施材质升级改造。针对汽提净化水铁离子指标，考虑急冷水、汽提后净化水腐蚀多发生在高温段，将急冷水自急冷塔 C-401 至过滤器 SR-401 管线(包括相关的回流及排凝线)及管线上的仪表阀门材质升级为 316L。酸性水自 E-501 至酸水汽提塔 C-501 管线、汽提净化水自酸水汽提塔 C-501 至 E-501 的管线(包括相关的回流及排凝线)及管线上的仪表阀门材质升级为 316L。

二是实施高效酸水汽提工艺改造。为提升单塔工艺汽提效率，降低净化水中总硫、氨氮，提高 pH 值，实施工艺路程改造，包括：酸水汽提塔进料/产品换热器(E-501)增设副线调节阀，通过控制酸性水仅塔温度提高汽提效果，改善净化水品质；酸水汽提塔重沸器(E-502)蒸汽侧增加跨线，低压蒸汽直接进入汽提塔进行汽提，酸水汽提塔重沸器隔离出来，减少重沸器及周围管线腐蚀对净化水的影响。

三是优化装置运行参数，稳定原料酸性水水质。严格按照工艺卡片控制装置运行，稳定克劳斯单元酸性气配风、过程气H_2S/SO_2比值、加氢单元配风比、急冷水 pH 值、急冷塔塔顶氢含量等关键参数，提升汽提单元酸性水水质，从源头降低净化水中杂质含量。

三、催化剂

（一）克劳斯催化剂

1. 基本性质

161 系列克劳斯单元一、二级转化器催化剂型号为 Maxcel 727，生产单位为美国 Procel 公司，其物化性能如表 3-7 所示。

表 3-7　克劳斯催化剂性质

项　目	单　位	Maxcel727	分析方法
颜色及形状	—	白色球形	目测
外形尺寸	mm	$\phi3\sim\phi5$	游标卡尺测量
Al_2O_3	%(质)	91.90	—
Na_2O	%(质)	0.26	—

续表

项　　目	单　　位	Maxcel727	分析方法
比表面积	m^2/g	365	GB/T 6609. 35—2009
孔容	mL/g	0. 44	GB/T6609. 35—2009
大孔体积	mL/g	0. 17	GB/T 6609. 35—2009
堆积密度	kg/l	0. 66	HG/T 4680—2014
压碎强度	N/颗	135	HG/T 2782—2011
磨耗	%(质)	≤0. 5	HG/T 2976—2011
Claus 反应活性	%	81. 0	
有机硫水解活性	%	93. 8	

2. 装填方案

单台克劳斯催化剂装填高度为 1125mm，装填量为 103. 83m^3，装填密度为 0. 641kg/L，重量约 66. 55t，单系列装填量约为 133. 1t。反应器床层底部装入一层 ϕ10 惰性瓷球，高度为 150mm，顶部装入一层 ϕ10 惰性瓷球，高度为 75mm，反应器装填如图 3-1 所示。

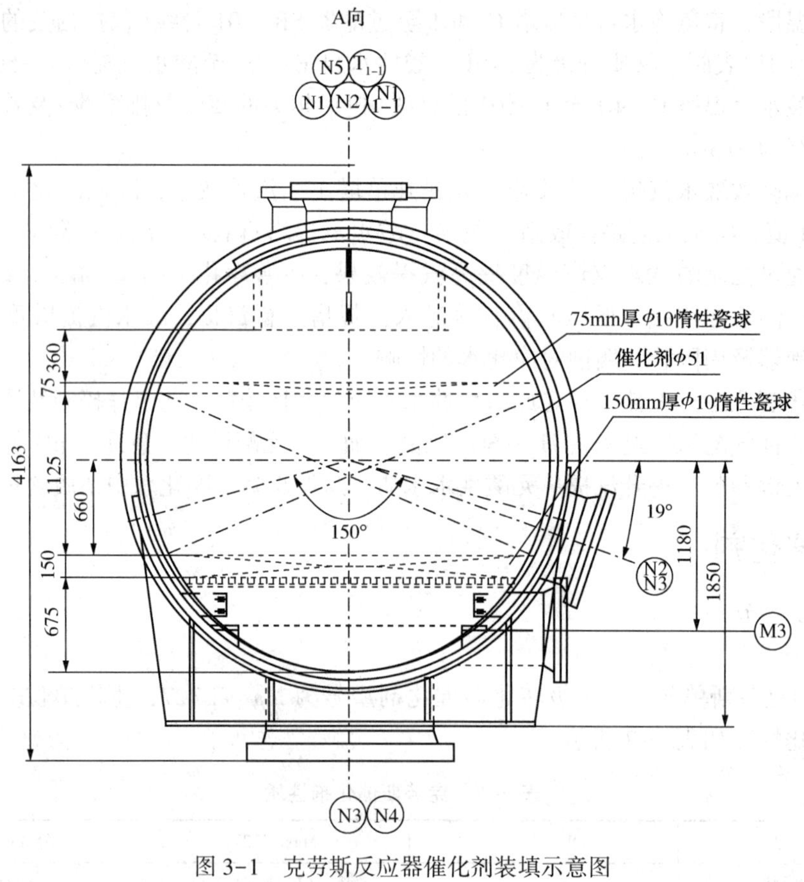

图 3-1　克劳斯反应器催化剂装填示意图

3. 设计数据

(1) 一级反应器(R-301)

一级反应器设备内径为 3100mm，长度为 27100mm，床层压降为 1. 2kPa，设计最高温度为480℃，催化剂空速为621.2h^{-1}。根据设计，正常工况下，H_2S+SO_2转化率为74%，COS转化率为84%。反应器设计运行参数如表3-8所示。

表3-8 R-301反应器运行参数

项目名称	设备工况	正常工况(SOR)	正常工况(EOR)	最小工况
温度/℃	214	213	213	212
压力/kPa(绝)	0.142	0.142	0.142	0.142
相态	气态	气态	气态	气态
组成/(mol/h)	—			
H_2	60.31	46.67	47.36	14.06
N_2	1，774.93	1375.08	1393.15	423.14
O_2	0.00	0.00	0.00	0.00
CO	3.70	3.07	3.12	2.76
CO_2	512.84	439.35	439.61	184.15
H_2S	290.68	232.99	235.52	80.05
SO_2	154.85	124.88	125.79	43.30
COS	12.77	10.54	10.61	4.22
CS_2	10.54	8.70	8.75	3.18
H_2O	933.27	635.68	645.70	189.65
CH_4	0.00	0.00	0.00	0.00
C_2H_6	0.00	0.00	0.00	0.00
C_3H_8	0.00	0.00	0.00	0.00
甲硫醇	0.00	0.00	0.00	0.00
乙硫醇	0.00	0.00	0.00	0.00
He	0.00	0.00	0.00	0.00
MDEA	0.00	0.00	0.00	0.00
TEG	0.00	0.00	0.00	0.00
硫蒸气(S_2)	0.01	0.00	0.00	0.00
硫蒸气(S_4)	0.01	0.01	0.01	0.00
硫蒸气(S_6)	1.21	0.87	0.88	0.24
硫蒸气(S_8)	2.36	1.66	1.69	0.43
硫蒸气(S_1)	0.00	0.00	0.00	0.00
总量	3757.50	2879.49	2913.19	945.18

(2) 二级反应器

二级反应器设备内径为3100mm，长度为27100mm，床层压降为1.2kPa，设计最高温度为480℃，催化剂空速为600.5h^{-1}。根据设计，正常工况下，H_2S+SO_2转化率为71%。反应器设计运行参数如表3-9所示。

表 3-9　R-302 反应器运行参数

项目名称	设备工况	正常工况(SOR)	正常工况(EOR)	最小工况
温度/℃	212	212	211	210
压力/kPa(绝)	0.132	0.132	0.132	0.132
相态	气态	气态	气态	气态
组成/(mol/h)				
H_2	60.31	46.67	47.36	14.06
N_2	1774.93	1375.08	1394.15	423.14
O_2	0.00	0.00	0.00	0.00
CO	3.70	3.07	3.12	2.76
CO_2	525.37	450.93	450.25	188.78
H_2S	91.03	55.18	71.69	18.31
SO_2	47.35	28.84	37.34	9.61
COS	3.06	1.62	2.42	0.60
CS_2	7.72	6.04	6.31	2.17
H_2O	1132.91	813.49	809.53	251.39
CH_4	0.00	0.00	0.00	0.00
C_2H_6	0.00	0.00	0.00	0.00
C_3H_8	0.00	0.00	0.00	0.00
甲硫醇	0.00	0.00	0.00	0.00
乙硫醇	0.00	0.00	0.00	0.00
He	0.00	0.00	0.00	0.00
MDEA	0.00	0.00	0.00	0.00
TEG	0.00	0.00	0.00	0.00
硫蒸气(S_2)	0.00	0.00	0.00	0.00
硫蒸气(S_4)	0.01	0.01	0.01	0.00
硫蒸气(S_6)	1.23	0.93	0.93	0.26
硫蒸气(S_8)	2.44	1.86	1.83	0.49
硫蒸气(S_1)	0.00	0.00	0.00	0.00
总计	3650.08	2783.72	2824.93	911.57

（二）加氢催化剂

1. 基本性质

161 系列加氢单元催化剂型号为 LSH-02G，研发单位为中国石化齐鲁石化公司研究院，生产单位为山东齐鲁科力化工研究院有限公司，其物化性能如表 3-10 所示。

表 3-10　加氢催化剂性质

项　　目	LSH—02G	分析方法
外观	蓝灰色三叶草条	目测
尺寸/mm	$\Phi3\times2\sim8$	游标卡尺测量

续表

项　目	LSH—02G	分析方法
CoO/%(质)	3.0~4.0	HG/T 2781
MoO_3/%(质)	13.0~15.0	HG/T 2781
比表面积/(m^2/g)	≥260	GB/T 6609.35—2009
孔体积/(mL/g)	≥0.50	GB/T 6609.35—2009
大孔(≥100nm)体积/(mL/g)	≥0.10	GB/T 21650.1—2008
压碎强度/(N/cm)	≥150	HG/T 2782—2011
堆积密度/(g/mL)	0.5~0.6	HG/T 4680—2014
磨损率/%(质)	≤0.5	HG/T 2976—2011

2. 装填方案

加氢催化剂装填高度为1125mm，装填量为87.86m^3，装填密度为0.45kg/L，重量约39.53t。反应器床层底部装入一层ϕ13惰性瓷球和一层ϕ6惰性瓷球，高度均为75mm，顶部装入一层ϕ13惰性瓷球，高度为75mm，反应器催化剂装填示意图如图3-2所示。

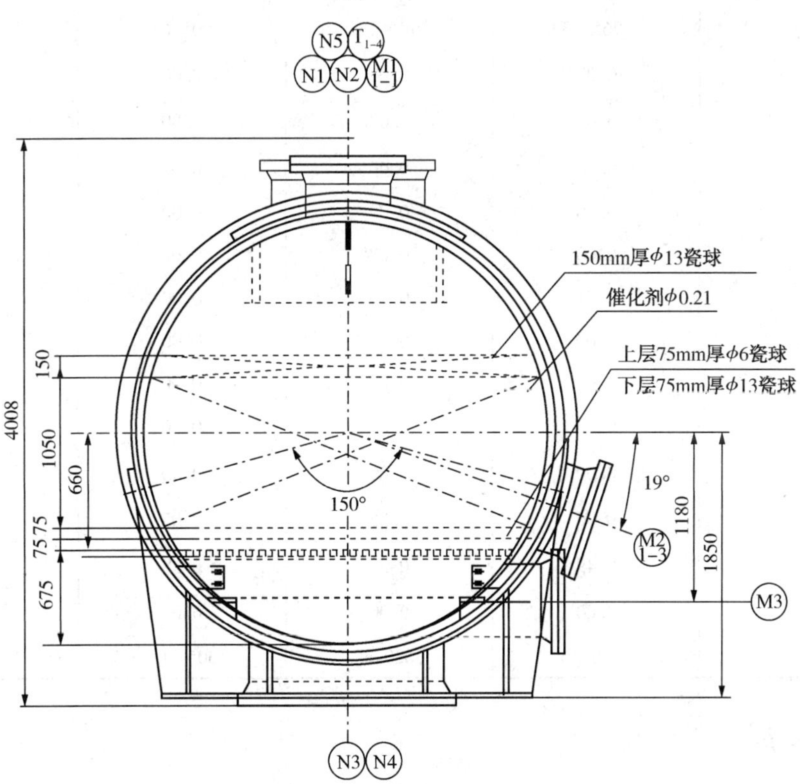

图3-2　加氢催化剂装填示意图

3. 设计数据

加氢反应器设备内径为3100mm，长度为24400mm，床层压降为1.9kPa，设计最高温度为480℃，催化剂空速为770.1h^{-1}。根据设计，正常工况下，SO_2转化率为100%，COS转化率为90%。反应器设计运行参数如表3-11所示。

表 3-11　加氢反应器运行参数

项目名称	设备工况	正常工况(SOR)	正常工况(EOR)	最小工况
温度/℃	280	282	281	276
压力/kPa(绝)	0.123	0.123	0.123	0.123
相态	气态	气态	气态	气态
组成/(mol/hr)				
H_2	78.03	59.63	60.32	18.17
N_2	1，985.77	1540.93	1559.98	475.76
O_2	0.00	0.00	0.00	0.00
CO	23.18	19.36	19.41	7.93
CO_2	546.49	466.19	465.94	193.70
H_2S	34.02	18.44	25.81	5.77
SO_2	17.03	9.24	12.92	2.89
COS	1.43	0.72	1.12	0.27
CS_2	6.72	5.24	5.48	1.89
H_2O	1265.13	900.46	905.64	279.65
CH_4	0.00	0.00	0.00	0.00
C_2H_6	0.00	0.00	0.00	0.00
C_3H_8	0.00	0.00	0.00	0.00
甲硫醇	0.00	0.00	0.00	0.00
乙硫醇	0.00	0.00	0.00	0.00
He	0.01	0.00	0.00	0.00
MDEA	0.00	0.00	0.00	0.00
TEG	0.00	0.00	0.00	0.00
硫蒸气(S_2)	0.00	0.00	0.00	0.00
硫蒸气(S_4)	0.00	0.00	0.00	0.00
硫蒸气(S_6)	0.06	0.05	0.05	0.02
硫蒸气(S_8)	0.49	0.37	0.38	0.12
硫蒸气(S_1)	0.00	0.00	0.00	0.00
总量	3958.36	3020.65	3057.06	986.17

四、溶剂

(一) 甲基二乙醇胺(MDEA)

脱硫溶剂为甲基二乙醇胺(MDEA)，溶液配比浓度为50%(质)，配置水为除盐水，生产单位为陶氏化学、巴斯夫、特胺，溶剂纯度为99.0%，性质如表3-12所示。

(二) 三甘醇(TEG)

脱水溶剂为三甘醇(TEG)，生产单位为中海壳牌石油化工有限公司，溶剂纯度为

99.0%，性质如表3-13所示。

表3-12 MDEA溶剂

项目	化学品规格	项目	化学品规格
分析纯度/%(质)	≥99.0(色谱分析)	折射率/(N_{20}/D)	1.4694
杂质含量/%(质)	水≤0.5	闪蒸点/℃	137
色度(max)	50	燃点/℃	265
外观	无色至浅黄色	pH值	11.5
沸点/℃	247	蒸气压/kPa	0.0026(40℃) 0.31(100℃) 101.3(247℃)
冰点/℃	-55		
热膨胀率/1000K	0.75		
密度(20℃)/(kg/m³)	1038~1041	比热容(30℃)/[kJ/(kg·K)]	1.71
黏度(20℃)/mPa·s	101	蒸发潜热(101.325kPa)/(kJ/kg)	419

表3-13 TEG溶剂

项目	化学品规格	项目	化学品规格
分析纯度/%(质)	≥99.0(色谱分析)	终馏点/℃	300
杂质含量/%(质)	水≤0.1	酸度(以乙酸计)/%(质)	0.005
色度(max)	25	密度(20℃)/(kg/m³)	1124~1126
初馏点/℃	278		

五、尾气吸收塔塔顶净化气

(一) 基本性质

尾气吸收塔塔顶净化气总硫、H_2S、COS含量分别为133.74mg/Nm³、90.333μL/L、5.617mg/L，均低于设计值，如表3-14所示。

表3-14 尾气吸收塔顶净化气

净化气组分					
分析项目	单位	实际组分(干基)	实际组分(湿基/%)	设计值(湿基)	偏差(增加为+，降低为-)
H_2S	mg/Nm³	137.11	127.21	318.75	-191.54
COS	mg/Nm³	15.05	13.96	80.36	-66.40
总硫	mg/Nm³	133.74	124.08	342.86	-218.77
H_2O	%(体)	—	7.22	6.715	+0.505
物化性质					
项目名称	单位	实际参数		设计参数	偏差
温度	℃	40.4		41	-0.6
压力	MPa	0.1018		0.1	+0.0018
密度	kg/m³	1.139			
比热容	kJ/(kg·K)	1.04			

（二）影响分析与控制措施

尾气吸收塔为板式塔，采用贫胺液脱除加氢反应后尾气中的酸性气体杂质，设置气体进料口 1 个，液体进料口 3 个，可根据进料气体组分变化和尾气吸收塔塔顶气体组分调整吸收塔塔板数。尾气吸收塔塔顶气体中总硫含量是影响烟气 SO_2 的主要因素，总硫贡献来源包括 H_2S 和有机硫。由于净化厂脱硫溶剂为 50%(质)MDEA，无有机硫脱除能力，因此吸收塔塔顶净化气气质优化可调因素为 H_2S。调整方式与主吸收塔类似。

1. 贫胺液温度

温度对 H_2S 的影响主要在平衡溶解度方面，但基本不影响其反应速率。温度影响的另一个途径是溶液物化性质(如黏度)等变化从而影响传质速率。在尾气吸收塔低压工况下，温度越低，越有利于 H_2S 的脱除，通常控制贫液温度在 35~38℃。

2. 贫胺液与进料气温度差值

为避免吸收塔进料气体中烃类溶解影响胺液吸收性能，尾气吸收塔进料贫胺液温度应略高于气体温度，通常调整急冷塔出口过程气温度在低于贫胺液温度 5℃之内。

3. 溶液浓度

溶液浓度是影响酸性气体净化度的关键因素，通常，相同循环量的前提下，溶液浓度越高，尾气净化效果越好。限制溶液浓度提高的因素包括：腐蚀性、机械损失等，高的溶液浓度也导致塔底富液温度较高而影响其 H_2S 负载，一般控制胺液浓度在 50%~54%(质)。

4. 贫胺液入塔位置(吸收塔板数)

由于 MDEA 与 H_2S 是瞬间反应而 MDEA 与 CO_2 是中速反应的基本特征，所以吸收塔内 H_2S 浓度的变化呈指数曲线，而 CO_2 浓度的变化则几乎为一直线。在达到所需的 H_2S 净化度后，增加吸收塔板实际上几乎呈正比地多吸收 CO_2，从而导致 H_2S 净化度变差。因此，在满足 H_2S 净化度前提下，一般吸收塔位置尽量控制在最低。

5. 贫胺液质量

贫胺液质量是影响产品气质量的关键因素。随着装置运行时间增长，贫胺液发生降解、污染，有效胺比例降低，净化能力下降。通常通过胺液净化、过滤、补充新鲜胺液等方式，维持系统中有效胺占比，确保产品气质量。

6. 胺液循环量

胺液浓度不变的前提下，胺液循环量越高，产品气品质越好，但循环量受机泵选型、能源消耗等因素限制，一般不宜过高，通常控制循环量在 460~540t/h。

六、烟气

（一）基本性质

烟气中 SO_2 浓度为 248.08mg/Nm^3，折算为摩尔含量为 0.007%，远低于设计值，烟气性质如表 3-15 所示，降幅为 70%。烟气流量较设计值降低 50.27%，主要原因为：一是通过脱硫单元优化操作，提高了溶剂选择性吸收能力，克劳斯炉酸性气品质提升，过程惰性气体量减少；二是脱硫单元闪蒸气自尾气焚烧炉切出，流量为 800 ~1000Nm^3/h，减少了焚烧炉废气量和助燃空气流量，从而降低了烟气流量。

表 3-15 尾气焚烧炉烟气性质

烟气组分				
分析项目	单位	实际组分（湿基/%）	设计值（湿基）	偏差（增加为+，降低为-）
SO_2	mg/Nm^3	220.8	657	-436.2
O_2	%(体)	3.003	2.008	+0.016
物化性质				
项目名称	单位	实际参数	设计参数	偏差
温度	℃	260.6	315	-54.4
压力	MPa	0.09	0.097	-0.007
流量	Nm^3/h	37708	75833	-38125
密度	kg/m^3		0.578	
比热容	kJ/(kg·K)		1.15	

（二）影响分析及控制措施

烟气主要控制指标包括：SO_2 浓度、氧含量、排烟温度，各指标影响因素及调整措施如下。

1. SO_2 浓度

烟气 SO_2 含量主要与尾气吸收塔出口总硫（H_2S、COS）、液硫脱气是否投运密切相关。根据生产经验，其他影响因素包括胺液品质、循环量、温度、闪蒸汽并燃料气量、地罐进尾炉气体组分、阀门内漏情况等。结合实际生产数据，尾气吸收塔总硫、液硫脱气废气对烟气 SO_2 浓度值贡献比例分别约为55%、45%。由烟气 SO_2 浓度与上游硫黄回收、尾气处理、加氢单元等均关联紧密，影响和优化调整点多面广，主要分析和原则调整措施如下：

（1）克劳斯单元运行参数影响

1）克劳斯炉配风比/末级硫冷器出口 $H_2S:SO_2$ 比值

克劳斯炉配风理想状态下，应使得末级硫冷器出口过程气中 $H_2S:SO_2$ 比值为2∶1，空气量过大、过小，分别导致 SO_2、H_2S 过高，均偏离化学当量反应配比，降低硫回收率。空气量过小、H_2S 过高时，克劳斯炉内硫转化率大幅降低。根据炼油企业硫黄装置运行经验数据，氧欠缺1%，两级常规克劳斯反应器转化率约降低0.4%~0.5%，氧超出1%，转化率约降低0.03%~0.4%。

调整措施如下：

① 由于工程装置实际运行中，比值无法稳定在2∶1，按照炼油企业运行经验，氧气控制稍微过量（针对2∶1而言）优于氧欠缺。基于原因可能主要为炼油厂企业 H_2S 浓度高、烃及氨含量高，过氧有助于提升炉膛温度，对转化率的影响较欠氧稍低。

② 对于普光净化厂而言，加氢单元采用在线制氢，克劳斯过氧操作，至加氢单元过程气中的 SO_2 增加，加氢单元负荷增重，不利于整体回收率的提升，且装置波动时，有可能导致加氢单元 SO_2 穿透，造成安全事故。结合普光净化厂实际工艺和控制设置，以末级硫冷器出口 H_2S-2SO_2 差值作为控制指标，设定范围1.5%~0.5%，

2）反应炉温度

克劳斯炉反应温度对 CS_2 生成影响较大，温度越低，CS_2 生成量越大，1050℃时有机硫生成量最高。

调整措施：控制反应炉炉膛温度维持在 1100℃，不低于 950℃。

3）反应器温度

反应器床层温度是影响催化反应段转化率的关键参数。对于反应平衡而言，温度越低，平衡转化率越高，但温度过低，会引起硫蒸气因催化剂细孔产生的毛细管作用而凝聚在催化剂的表面上，使其失活。

此外，低温不利于水解反应进行，温度低时反应速率远低于高温时反应速率。综合分析，对于常规的克劳斯反应器，催化反应段温度宜比硫蒸气露点温度高 20~30℃。

调整措施：

① 催化剂投运初期及中期，设定反应器入口温度范围为 210~230℃，反应器入口过程气采用 3.5MPa 饱和蒸汽加热。运行期间，控制蒸汽系统温度、压力、流量，定期检查加热器疏水器，确保疏水正常。

② 催化剂运行末期，水解能力大幅降低，需要增加蒸汽流量，提升入口温度至 230~240℃范围。

4）末级硫冷器出口温度

根据理论分析，末级硫冷器出口温度每降低 10℃，硫回收率可提高 0.7%，最佳控制温度为 127℃。考虑实际生产工况，出口温度应考虑过程气中 SO_2 的露点析出问题。

调整措施：

① 根据设计，普光净化厂末级硫冷器出口 SO_2 浓度为 0.33%，对应 SO_2 露点温度约为 115℃，取 20℃安全温差，故控制出口温度在 135~137℃。

② 为避免冷却过度造成 SO_2 露点腐蚀，普光末级硫冷器冷却介质选择中压锅炉水，通过控制锅炉水流量，控制过程气出口温度。

（2）加氢单元运行参数影响

1）在线加氢炉配风比

普光净化厂硫黄回收装置通过在线炉进行制氢，满足硫黄过程气 SO_2 加氢转化 H_2S 的需要。在线炉内 CH_4 亚当量燃烧生成 H_2、CO，当氧气量过大时，导致 CH_4 完全燃烧，H_2 含量降低或消失，导致过程气 SO_2 无法加氢还原，并穿透入急冷塔，该部分 S 无法高效回收，导致排烟 SO_2 浓度增加，总硫黄回收率降低。

调整措施：

① 正常控制在线加氢炉配风比为 7.5，定期分析燃料气组分变化，调整配风系数。

② 实时监控急冷塔顶剩余氢含量、急冷水 pH 值，确保加氢炉内氢产量。

2）加氢反应器温度

加氢反应器内主要发生 S_x、SO_2 的加氢还原反应及 COS 的水解反应。温度越高，越有利于反应进行。相关数据表明，床层温度由 250 提升至 280℃时，COS 水解率由 80%提高至 95%，由 280 提升至 300℃时，水解率由 95%提高至 98%。

调整措施：

① 加氢反应器温度提升可通过提升入口温度实现，也可通过耐氧催化剂与 O_2 反应实现，前者不需要改造，后者需要更换催化剂。

② 加氢反应入口温度提升需综合考虑反应和节能需求，通过调整在线炉燃料气量实现，

目前，控制反应器入口温度在250℃左右。

③ 提标改造措施。更换加氢催化剂为耐氧型催化剂，通过与氧气反应，提升床层温度，从而提高水解性能。

3）尾气吸收塔进料温度/胺液流量/进料口位置

尾气吸收塔进料温度/胺液流量/进料口位置均影响吸收塔内胺液对 H_2S、CO_2 的选择性，从而影响酸性气品质和尾气吸收塔净化效果，详细分析见第三部分第五章第二节。

调整措施：

① 控制贫胺液温度在36~38℃范围。

② 控制尾气吸收塔胺液流量在240~280t/h。

③ 尾气吸收塔共设置3个进料口，通过测试，在保证净化深度的基础上，选取尾气吸收塔进料口位置为中上两个进料口。

（3）催化剂性能影响

1）克劳斯催化剂

克劳斯催化剂性能包括克劳斯反应转化能力、有机硫水解能力，两个均为硫回收率提升的关键。随着催化剂运行时间增长，寿命后期，有机硫水解能力降低较快，成为制约回收率的主要因素。

调整措施：

① 提高反应器入口温度。参见反应器温度调整。

② 提标改造措施。更换催化剂，提高催化剂入口温度，借鉴炼油企业经验，选择高水解活性催化剂，结合普光实际，由专业单位设计最佳催化剂级配方案。

2）加氢催化剂

加氢催化剂性能包括加氢还原能力、有机硫水解能力。与克劳斯催化剂相同，随着催化剂运行时间增长，寿命后期，有机硫水解能力降低较快，成为制约回收率的主要因素。

调整措施：

① 提高反应器入口温度。参见反应器温度调整。

② 提标改造措施。更换加氢催化剂为耐氧型催化剂，通过与氧反应，提升床层温度，从而提高水解性能。

（4）溶剂性能影响

1）胺液品质

普光采用50%浓度MDEA溶液进行脱硫，采购溶剂时，纯度为>99.0%，实际到货纯度约为99.5%，水含量约为0.2%，其余为杂质。采购原料中杂质、后期运行期间引入的杂质及变质产生的杂质，均影响溶剂稳定、高效运行，从而影响胺液吸收和酸性气品质，从而影响硫黄回收率和 SO_2 排放浓度。

调整措施：

① 严格把控采购关卡。采购前签订技术协议，明确杂质控制指标。

② 严格把控胺液质量控制，加强过滤和净化。

2）尾气吸收塔胺液再生贫度

胺液再生贫度直接影响吸收效果，贫度越低，吸收越好，回收率越高，烟气 SO_2 浓度越低。

调整措施：

① 由于净化厂胺液再生为集中方式，控制指标为0.5g/L，实际控制值为0.2g/L左右，难以进一步加大再生深度。

② 提标改造。尾气吸收塔设置独立再生系统，同时考虑更换溶剂为高效溶剂，实现尾气深度净化，降低烟气SO_2排放，提升回收率。

（5）液硫池废气处理工艺

净化厂液硫池废气设计排入尾气焚烧炉，单套联合液硫池废气含硫总量约为4.0Mt/a，影响烟气SO_2浓度约45%。

调整措施：

实施液硫池废气回收改造，对比废气回收入克劳斯反应炉、加氢反应器两种方案的运行效果、经济性，优选确定推广应用方案。

（6）设备(阀门)性能

1）调节阀

硫黄与尾气处理装置系统调节阀控制精度有待提高，粗糙控制无法实现燃料气、配风的精准调节，不利于回收率的提升。

调整措施：

在调节阀选型不更改的前提下，整定调节阀PID，提高调节阀控制精度。

2）末级硫冷器出口至尾气焚烧炉两位阀密封性

阀门密封性能差将导致运行期间，酸性气泄漏入尾气焚烧炉，损失部分硫，并导致烟气SO_2升高。

调整措施：

在阀门上游增加氮气吹扫，阻止泄漏气体流失至尾气焚烧炉。

3）尾气吸收塔内件

尾气吸收塔塔盘故障，传质传热效果不好，影响吸收塔净化效果，导致塔顶气体总硫含量增加。

调整措施：

停工维修塔盘。

（7）在线分析仪

在线分析仪表精度、投运率影响装置运行精细化水平，特别是分析仪无法投运时，需要通过离线分析进行手动调整，导致数据和调整滞后。

调整措施：

加大分析表维护力度，结合实际经验，提前报备采购计划，避免在线分析仪表长时间缺失。

2. 氧含量

尾气焚烧炉烟气中氧含量是反应焚烧效果和能量利用的关键指标，氧含量过高，则过量的空气会带走大量的物理热，造成不必要的浪费，同时降低了炉膛温度，增加燃料的消耗同时，会造成物理不完全燃烧热损失，并增加电耗和机械磨损。氧含量过低，则导致燃料燃烧不充分，引发炉膛温度偏低、污染物质无法完全转化、CO含量偏高等。

调整措施：

控制焚烧炉配风比，根据焚烧炉炉膛温度和烟气组分，调整助燃空气流量，控制烟气氧含量范围为2.5%~4.0%。

3. 排烟温度

排烟温度偏高，影响焚烧炉运行的经济性，一般排烟温度每升高 10℃，排烟损失增加 0.5%~0.8%。排烟温度偏低，则导致焚烧炉余热锅炉和烟囱 SO_2 露点腐蚀，引发设备故障。

调整措施：

调整焚烧炉余热锅炉蒸汽流量、压力、温度，控制烟气排烟温度范围为 240~280℃。

七、贫胺液

(一) 基本性质

与设计值相比，贫胺液 H_2S 含量偏低，CO_2 含量偏高，贫胺液性质如表 3-16 所示。分析主要为化验方法误差所致。胺液温度为 41.8℃，较设计值偏高 2.8℃，主要原因为贫胺液后冷器换热效率降低。

表 3-16　贫胺液性质

贫胺液杂质组成				
分析项目	单　位	平　均　值	设计值(g/L)	偏　差
外观	—	淡黄色	淡黄色	—
浓度	%(质)	49.373	49.964	-0.591
H_2S 含量	g/L	0.109	0.8339	-0.823
CO_2 含量	g/L	1.450	0.2054	+1.7576
热稳定盐含量	%(质)	0.98	—	—
游离胺	mol/L	4.15	—	—
束缚胺	mol/L	0.059	—	—
H_2S 负载	mol/mol	0.0007	—	—
CO_2 负载	mol/mol	0.0077	—	—
贫胺液杂质组成				
(一)金属离子组成				
铁离子	mg/L	4.45	—	—
铬离子	mg/L	22.06	—	—
锰离子	mg/L	1.08	—	—
钼离子	mg/L	0.04	—	—
钠离子	mg/L	899	—	—
钾离子	mg/L	168	—	—
镁离子	mg/L	1.12	—	—
钙离子	mg/L	3.76	—	—
硅离子	mg/L	8.66	—	—
(二)阴离子组成				
草酸	mg/L	191	—	—
乙酸盐	mg/L	1831	—	—
氯离子	mg/L	1066	—	—

续表

贫胺液杂质组成				
甲酸盐	mg/L	1891	—	—
乙醇酸盐	mg/L	399	—	—
硫酸盐	mg/L	205	—	—
硫代硫酸钠	mg/L	低于检测限	—	—
硫氰酸	mg/L	低于检测限	—	—
物化性质				
项目名称	单　位	实际参数	设计参数	偏　差
温度	℃	41.8	39	+2.8
压力	MPa	7.8	8.76	-0.96
流量	kg/h	187700	217820	-30120
密度	kg/m^3	1037.3		
比热容	kJ/kg·K	3.55		
黏度	10^{-3}Pa·s	0.0124		
pH 值	—	9.82		
泡沫高度	cm(40℃)	6.1		
消泡时间	s(40℃)	19		

（二）影响分析及控制措施

影响贫胺液品质的因素包括：溶液再生系统运行参数、胺液系统腐蚀状况、原料气杂质夹带、气体/液体过滤情况等。

1. 再生胺液贫度

影响贫胺液中 H_2S、CO_2 含量的主要因素包括再生塔塔底温度、再生塔低压蒸汽流量、再生塔塔顶压力、再生塔塔顶温度等。

通常贫胺液中 H_2S、CO_2 控制指标分别为 1.0g/L、2.0g/L，胺液塔顶温度控制范围为 118~124℃，低压蒸汽流量控制范围为 48~60t/h，塔顶压力为 60~90kPa，塔顶温度为 92~105℃。

2. 贫胺液杂质含量

（1）贫胺液变质与控制

MDEA 溶剂在净化过程中通常是稳定的，变质速率很低，但在使用不当的情况下，变质反应会以相当高的速度进行。MDEA 变质不仅造成胺的损失，使吸收液的有效胺浓度下降，增加溶剂消耗费用，而且不少变质产物使得溶液腐蚀性增强、溶液发泡，并增加了溶液黏度。

醇胺的变质分为四个类别，包括：氧化变质、热变质、CO_2 反应变质、有机硫反应变质，其中，以氧化变质最为明显，不同因素之间存在协同作用，如：CO_2 存在下醇胺的氧化变质大大加速，温度升高对各种变质反应的促进作用也是不可忽视的。

控制措施：

1）源头控制。根据处理原料气组分选择适当的醇胺溶剂，并采取相应的工艺措施。当天然气中存在 COS 或 CS_2 时，应使用仲胺或叔胺而不用伯胺，对于其他气体，如含有有机酸时应采用废碱碱洗预先除去，HCN 则可先用水洗，若气流含氧，应考虑加入抗氧剂等措施。

2）避免胺液与空气接触。使用惰性气体保护溶液，如：溶剂储罐采用氮封。

3）溶液再生时应防止胺液温度过高。使用蒸汽作为热源时，应选用低压饱和蒸汽。

4）增加活性炭过滤器。除去胺液系统中的表面活性剂、有机酸及烃类，减少胺液变质诱因。

5）配套建设胺液复活装置。目的是使降解的醇胺尽可能复原，使热稳定的盐类释放出游离醇胺，除去不能复活的降解产物。MDEA 胺液复活技术包括离子交换法、电渗析法，离子交换法树脂再生废水处置困难，电渗析法成本稍高。

（2）贫胺液系统腐蚀与控制

MDEA 溶剂脱硫装置主要存在电化学腐蚀、化学腐蚀和应力腐蚀三种不同的腐蚀形式。腐蚀类型以及严重程度取决于多种因素，诸如醇胺种类、溶液中的杂质、溶剂的酸气负荷、装置高温部位的操作温度以及溶液流速等。胺法装置容易发生腐蚀的敏感区域主要包括：再生塔及内部构件、贫富液换热器及富液侧、换热器后的富液管线以及游离酸气和较高温度的重沸器及附属管线等。腐蚀因素主要包括：

1）胺液中最主要的腐蚀剂是酸性组分（H_2S 和 CO_2）本身。游离或化合的 CO_2 都会引起腐蚀，在高温以及有水存在时腐蚀更严重。

2）溶剂降解产物腐蚀。热稳定盐和胺降解产物通过降低溶液的 pH 值、提高溶液的导电率和螯合作用（脱除 FeS 保护膜），会显著增加胺溶液的腐蚀性。如噁唑烷酮-2 经多步反应而最终生成的 *N*-(2-羟乙基)-乙二胺就是一种腐蚀促进剂，它在装置的受热部位会如螯合剂一样和铁作用而加快设备腐蚀。

3）设备的磨蚀。溶液中悬浮的固体颗粒（主要是腐蚀产物硫化铁）对设备的磨蚀，以及溶液在换热器管和管路中的高速流动，都会因加速硫化铁膜的脱落而加快设备腐蚀。

4）应力腐蚀。脱硫装置的应力腐蚀是由醇胺、CO_2、H_2S 和设备的残余应力共同作用下发生的，是一种发生于碱性介质中的腐蚀，在温度大于 90℃ 的部位更容易发生。

5）溶液流速。溶液流速过高，易发生冲刷腐蚀。

控制措施：

1）设备和管线选用适当的材料，设备制造完成后应消除应力。

2）工艺参数控制合理。如：胺液浓度、酸气负载。管线液体流速，碳钢管道不超过 1m/s，吸收塔至换热器的富液流速为 0.6~0.8m/s，换热器至再生塔的富液流速应更低，同时，尽量减少涡流和局部压降。

3）加强溶液过滤，防止磨蚀。

4）加入合适的缓蚀剂。缓蚀剂可防止均匀腐蚀，无法解决局部腐蚀。

5）定期采用无损探伤技术对装置进行检查，及时修复或更换，必要时进行材质升级。

（3）贫胺液系统发泡与控制

胺液净化天然气是一个气液界面间传质并发生反应的过程，当采用板式塔时，气泡从塔板上的胺液中穿过，在正常情况下气泡穿过胺液后迅速破裂，当塔内产生致密的气泡且相对稳定时，胺液就发泡了。稳定泡沫形成的条件包括：发泡剂、泡沫稳定剂和一定的流体力学条件。

引发系统发泡的杂质包括：醇胺的降解产物（发泡剂）、溶液中悬浮的固体，如腐蚀产物硫化铁(泡沫稳定剂)、原料气带入装置的烃类凝液或气田水(发泡剂)、进入溶液的外来物(如原料气夹带的缓蚀剂，阀门用润滑脂等)。溶液系统发泡后，将导致净化气不合格，装置处理能力降低，胺液大量损失，装置运行不平稳，甚至停车。

控制措施：

1）保持溶液清洁。其要点是防止各种杂质进入溶液，要尽量设法除去溶液的杂质或降解产物。常用的技术措施包括：一是加大原料气分离。根据原料气的特点，选用有效的分离器(如过滤分离器)除去原料气中带的微粒、液滴等。二是加强溶液过滤。包括机械过滤和活性炭过滤。目的是除去溶液中固体悬浮物、烃类和降解产物等。常用的有筒式过滤器、预涂层过滤器和活性炭过滤器。活性炭有良好的吸附性能，能除去烃类和降解产物，全部达到上述三个目的。筒式过滤器和预涂层过滤器只能除去固体悬浮物，前者适用于溶液中杂质含量不高的中小型装置，可除去粒径5μm以上的粒子；后者适用于大型装置，以硅藻土预涂时能除去1μm左右的粒子。

2）溶剂复活。MDEA溶液常用离子交换法和电渗析法，砜胺溶液的复活过程比较复杂，要经过减压蒸馏、加碱处理、白土处理等多个步骤。

3）加入消泡剂。在采用上述两项措施的同时，应定期在实验室中测定溶液的发泡倾向，必要时注阻泡剂加以控制。用于醇胺溶液的阻泡剂主要有两类：一类是高分子醇类，用以控制非离子型的发泡物质，常用的有多烷烃二元醇、硬脂醇等；另一类是硅酮类高分子化合物，用以控制离子型发泡物质，常用的有甲基硅油等。投加阻泡剂前必须先经室内试验，确定阻泡剂的类型及其用量。阻泡剂只能作为一种应急措施，根本的途径是弄清发泡的原因后加以清除。同时，阻泡剂还应和过滤、复活等措施配合使用，以免阻泡剂在系统中积累而产生副作用。

4）加强工艺控制。控制原料气入塔及胺液入塔温度，加强闪蒸效果，避免吸收塔内产生烃类冷凝；补充水应采用除氧水；保持装置平稳运行，避免工艺参数急剧变化。

八、富胺液

（一）基本性质

与设计值相比，富胺液 H_2S、CO_2 含量均偏高，主要原因为循环流量参数优化，提高气液比和溶剂选择性吸收能力，富胺液性质如表3-17所示。

表3-17　富胺液性质

富胺液组成				
分析项目	单　位	平均值	设计值	偏　差
外观	—	浅黄色	浅黄色	
浓度	%(质)	44.51	46.07	-1.56
H_2S 含量	g/L	50.05	43.47	-6.58
CO_2 含量	g/L	41.9	32.81	+9.09
热稳定盐含量	%(质)	1.2		
H_2S 负载	mol/mol	0.1861		
CO_2 负载	mol/mol	0.2729		
酸性气负载	mol/mol	0.4591		

续表

物化性质				
项目名称	单位	实际参数	设计参数	偏差
温度	℃	89.9	105	-15.1
流量	kg/h	522200	601940	79740
密度	kg/m^3		1064.7	
比热容	kJ/(kg·K)		3.55	
黏度	mPa·s		5.88	

（二）影响因素及分析

净化厂富胺液源自脱硫单元一级主吸收塔，溶液中酸性组分源自原料气天然气和尾气吸收塔尾气。富液酸性气负载与原料气组分、胺液循环量、胺液浓度、胺液温度、吸收塔压力、吸收塔投运塔板数量等因素密切相关，即富胺液酸性气负载受胺液系统运行参数、胺液选择性制约。

一般工况下，装置气液比越大、胺液浓度越高、溶剂品质越好，溶液酸性气负载越高，受腐蚀控制影响，一般 MDEA 溶液系统酸性气负载控制在 0.5mol/mol 胺液左右，不宜超过 0.7mol/mol 胺液。

九、半富胺液

（一）基本性质

与设计值相比，半富胺液 H_2S 含量偏低，CO_2 含量基本持平，半富胺液性质如表 3-18 所示。分析原因主要为入塔贫胺液温度偏高，胺液对 H_2S 吸收效果下降。

表 3-18　半富胺液性质

半富胺液组成				
分析项目	单位	平均值	设计值(g/L)	偏差
外观		浅黄色	浅黄色	
浓度	%(质)	44.5	46.0	-1.5
H_2S 含量	g/L	2.893	5.293	-2.4
CO_2 含量	g/L	12.600	12.891	+4.196
热稳盐含量	%(质)	1.18		
H_2S 负载	mol/mol	0.0203		
CO_2 负载	mol/mol	0.0679		
酸性气负载	mol/mol	0.0882		
物化性质				
项目名称	单位	实际参数	设计参数	偏差
温度	℃		45	
流量	kg/h	267000	335356	68356
密度	kg/m^3		1046.4	
比热容	kJ/(kg·K)		3.56	
黏度	$10^{-3}Pa·s$		4.42	

（二）影响因素及分析

净化厂胺液脱硫采用串级吸收、联合再生工艺，半富胺液源自尾气吸收塔，送至一级主吸收塔进行再吸收脱硫。半富胺液酸性气负载与尾气吸收塔尾气、入塔贫胺液流量、贫胺液浓度、贫胺液温度、尾气吸收塔压力、吸收塔投运塔板数量等因素密切相关，即半富胺液酸性气负载受胺液系统运行参数、胺液选择性制约。

一般工况下，尾气吸收塔气液比越大、贫胺液浓度越高、溶剂品质越好，溶液酸性气负载越高，受腐蚀控制影响，一般 MDEA 溶液系统酸性气负载控制在 0.5mol/mol 胺液左右，不宜超过 0.7mol/mol 胺液。

十、制硫炉废锅(E-301/302)出口气体

（一）基本性质

普光净化厂硫黄回收装置采用部分燃烧工艺，克劳斯反应炉内发生高温热反应，余热锅炉用于回收克劳斯反应生产的大量余热，高温过程气中的有机硫(特别是 CS_2)在降温过程中发生水解反应，由于有机硫总量较低，本报告仅进行定性分析。

由于克劳斯反应炉、两段余热锅炉的过程气无法进行取样分析，本报告中采用设计数据进行分析，克劳斯反应段气体基本性质如表 3-19 所示。

表 3-19　克劳斯反应段气体基本性质

基本物理性质						
项　目	单　位	酸性气至 SRU	燃烧空气至 SRU	过程气自 F-302	过程气自 E-301	过程气自 E-302
温度	℃	50	119	1067	517	289
压力	MPa(绝)	0.177	0.176	0.154	0.152	0.149
相态		蒸汽	蒸汽	蒸汽	蒸汽	蒸汽
质量流量	kg/h	60005	67589	127595	127595	127594
体积流量	m^3/h	25175	44366	289616	168517	119988
密度	kg/m^3	2.384	1.523	0.441	0.757	1.063
压缩系数		1.000	1.000	1.000	1.000	1.000
标准体积流量	$10^6Nm^3/d(20℃)$	0.96	1.39	2.32	2.26	2.21
	$10^6Nm^3/d(0℃)$	0.89	1.29	2.16	2.10	2.06
分子量		36.13	28.14	31.77	32.65	33.35
比热容	kJ/(kg·K)	0.98	1.07	1.32	1.19	1.12
黏度	$10^{-3}Pa·s$		0.0215	0.0515	0.0320	0.0250
热导率	W/(m·K)		0.0312			0.0407
硫蒸气露点温度	℃			267	266	266
组　分		摩尔组成/(kmol/h)				
组成/(kgmol/h)	相对分子质量					
H_2	2.02	0.00	0.00	60.31	60.31	60.31
N_2	28.01	0.00	1774.93	1774.93	1774.93	1774.93

续表

组　分		摩尔组成/(kmol/h)				
组成/(kgmol/h)	相对分子质量					
O_2	32.00	0.00	470.40	0.00	0.00	0.00
CO	28.01	0.00	0.00	3.70	3.70	3.70
CO_2	44.01	536.15	0.00	512.84	512.84	512.84
H_2S	34.08	1，005.17	0.00	290.68	290.68	290.68
SO_2	64.06	0.00	0.00	154.85	154.85	154.85
COS	60.08	0.11	0.00	12.77	12.77	12.77
CS_2	76.14	0.00	0.00	10.54	10.54	10.54
H_2O	18.02	115.76	156.16	933.27	933.27	933.27
CH_4	16.04	3.51	0.00	0.00	0.00	0.00
C_2H_6	30.07	0.00	0.00	0.00	0.00	0.00
C_3H_8	44.10	0.00	0.00	0.00	0.00	0.00
甲硫醇	48.11	0.07	0.00	0.00	0.00	0.00
乙硫醇	62.13	0.00	0.00	0.00	0.00	0.00
He	4.00	0.00	0.00	0.00	0.00	0.00
MDEA	119.20	0.00	0.00	0.00	0.00	0.00
TEG	150.20	0.00	0.00	0.00	0.00	0.00
硫蒸气(S_2)	64.13	0.00	0.00	262.75	91.64	0.35
硫蒸气(S_4)	128.26	0.00	0.00	0.12	24.51	0.57
硫蒸气(S_6)	192.38	0.00	0.00	0.00	28.59	24.08
硫蒸气(S_8)	256.51	0.00	0.00	0.00	9.15	47.31
液硫(S_1)	32.06	0.00	0.00	0.00	0.00	0.00
总计		1660.77	2401.49	4016.78	3907.78	3826.22

(二) 反应过程及影响因素分析

1. 主反应

部分燃烧法反应炉内主反应为 1/3H_2S 燃烧生成 SO_2，剩余 H_2S 与 SO_2 反应生成 S_x，S_x 在余热回收段发生硫形态转化，酸性气中烃类发生燃烧反应，主要反应式如下：

$$H_2S+3/2O_2 \longrightarrow SO_2+H_2O+517900kJ/kmol \qquad (3-1)$$

$$H_2S+1/2SO_2 \longrightarrow 3/2/xS_x+H_2O-47060kJ/kmol \qquad (3-2)$$

$$3S_2 \longrightarrow S_6+284900kJ/kmol \qquad (3-3)$$

$$3S_2 \longrightarrow S_8+413800kJ/kmol \qquad (3-4)$$

$$3S_6 \longrightarrow S_8+124500kJ/kmol \qquad (3-5)$$

$$CH_4+2O_2 \longrightarrow CO_2+2H_2O+802800kJ/kmol \qquad (3-6)$$

2. 副反应

由于酸性原料气中除 H_2S 外，一般还含有烃类、CO_2 和 H_2O，因此，反应炉内还有多种副反应发生，以物流中存在的组分为分析对象，副反应主要分为：硫化物及烃类的氧化反应、生成或消耗 CO 的反应、生成或消耗 H_2 的反应、生成或消耗 COS 的反应、生成或消耗 CS_2 的反应。反应式分别列举如下：

（1）硫化物的氧化反应

根据理论研究，在反应炉内，H_2S 与氧发生部分氧化反应式(3-11)在温度为 1000℃时，平衡常数即可达到 10^{17}数量级，即使在 1300℃的高温下，仍可达到 10^{13}数量级，因此，可认为此反应为单向反应，且也是决定反应炉温度和硫产率的最主要反应。反应式(3-7)即克劳斯反应在高温下的平衡常数远低于反式(3-11)。

克劳斯反应炉中，H_2S 与 SO_2 的比例是影响硫产率的关键因素。根据文献报道，当 H_2S/SO_2 比值为 2.37 时，硫产率最高，与克劳斯催化反应段要求的比值 2 稍微偏高。分析原因可能为：燃烧炉内由 H_2S 部分氧化所生成的 SO_2 除了通过克劳斯反应生成单质硫外，还有部分与有机硫化合物发生副反应。工业生产经验表明，燃烧炉内配入的空气量原则上应按 H_2S 和烃类等可燃组分的理论需求量来计算，可以稍微偏低，但绝不能偏高太多。

$$H_2S+1/2O_2 \longrightarrow 1/2S_2+H_2O-477900kJ/kmol \quad (3-7)$$

$$H_2S+1/2O_2 \longrightarrow S+H_2O+57500kJ/kmol \quad (3-8)$$

$$S+O_2 \longrightarrow SO_2+577500kJ/kmol \quad (3-9)$$

$$S_2+2O_2 \longrightarrow 2SO_2+720600kJ/kmol \quad (3-10)$$

$$H_2S+3/2O_2 \longrightarrow SO_2+H_2O+517900kJ/kmol \quad (3-11)$$

（2）生成或消耗 CO 的反应

燃烧炉内 CO 的生成和消耗的反应非常复杂，且几乎全部为可逆反应。在不同的温度工况下，各可逆反应的平衡常数相差甚远，反应速率也有巨大差别，热力学和动力学因素交互影响。CO 不仅生成机理复杂，其消耗的途径也涉及多种反应，且同一反应在正向反应和逆向反应之间来回移动，很难通过模型进行准确量化计算。

对于 CO 与 SO_2 的反应，数据表明，当停留时间为 0.5s 时，800～1255℃温度范围内，反应产物为 CO_2 和 S_2，无 COS 生成。当温度为 1050℃、停留时间增长时，CO 的转化率增加，S_2 的产率增加。当温度为 1050℃、停留时间为 0.5s 时，减少 SO_2 浓度，则检测到 COS 生成。

1）生成 CO 的反应：

$$CH_4+3/2O_2 \longrightarrow CO+2H_2O+522100kJ/kmol \quad (3-12)$$

$$CH_4+O_2 \longrightarrow CO+H_2+H_2O+272900kJ/kmol \quad (3-13)$$

$$CH_4+2H_2O \longrightarrow CO_2+4H_2-196000kJ/kmol \quad (3-14)$$

$$H_2+CO_2 \longrightarrow CO+H_2O-31700kJ/kmol \quad (3-15)$$

$$2CO_2+2S \longrightarrow 2COS+CO+SO_2+321900kJ/kmol \quad (3-16)$$

$$COS+H_2 \longrightarrow CO+H_2S+3800kJ/kmol \quad (3-17)$$

$$COS \longrightarrow CO+0.5S_2-86300kJ/kmol \quad (3-18)$$

$$CS_2+CO_2 \longrightarrow 2CO+S_2-175600kJ/kmol \quad (3-19)$$

$$H_2S+CO_2 \longrightarrow CO+H_2O+1/2S_2-114700kJ/kmol(1649℃) \quad (3-20)$$

$$H_2S+2CO \longrightarrow 2CO+H_2+SO_2-284800kJ/kmol(1649℃) \quad (3-21)$$

2）消耗 CO 的反应

$$CO+O_2 \longrightarrow 2CO_2+599200kJ/kmol \quad (3-22)$$

$$4CO+5SO_2^- \longrightarrow 4CO_2+S_2+397800kJ/kmol \quad (3-23)$$

（3）生成或消耗 H_2 的反应

天然气净化厂的克劳斯装置的原料气酸性气中一般不含 H_2，因此，分析 H_2 来源于原料酸性气中的 H_2S、CH_4 这两种含氢化合物的高温裂解。此外，由于在火焰富氧区高温条件下，CH_4 基本只发生完全氧化而生成 CO_2、H_2O，以及与 S_2 反应生成 CS_2 和 H_2S，因此，H_2 的主要来源为 H_2S 的高温裂解。文献及现场实测数据表明，原料酸性气中 H_2S 含量越高炉温越高，H_2 的生成率也越高。但由于反应炉内也存在大量消耗 H_2 的反应，如 H_2 与 S_2 重新结合生成 H_2S，因此，工业装置上，反应炉废热锅炉出口气体中 H_2 的浓度一般在0.1%～5%之间，最高可达8%。

1）生成 H_2 的反应：

$$H_2S \longrightarrow 1/2S_2 + H_2 - 89200kJ/kmol(1649℃) \quad (3-24)$$

$$CH_4 + O_2 \longrightarrow CO + H_2 + H_2O + 272900kJ/kmol \quad (3-25)$$

$$CH_4 + 2H_2O \longrightarrow CO_2 + 4H_2 - 196000kJ/kmol \quad (3-26)$$

$$CH_4 + SO_2 \longrightarrow COS + H_2 + H_2O + 1300kJ/kmol \quad (3-27)$$

$$CH_4 + 2H_2S \longrightarrow CS_2 + 4H_2 - 260600kJ/kmol \quad (3-28)$$

$$H_2S + 2CO_2 \longrightarrow 2CO + H_2 + SO_2 - 284800kJ/kmol(1649℃) \quad (3-29)$$

2）消耗 H_2 的反应

$$H_2 + 1/2S_2 \longrightarrow H_2S + 89700kJ/kmol \quad (3-30)$$

$$H_2 + O_2 \longrightarrow 1/2H_2O + 248100kJ/kmol \quad (3-31)$$

$$COS + H_2 \longrightarrow CO + H_2S + 3800kJ/kmol \quad (3-32)$$

（4）生成或消耗COS的反应

COS在燃烧炉内的生成和消耗的反应非常复杂，且几乎全部为可逆反应。在不同的温度工况下，各可逆反应的平衡常数相差甚远，反应速率也有巨大差别，热力学和动力学因素交互影响。COS不仅为火焰区的一级反应产物，也是其他一级反应产物（如 SO_2、CS_2 等）在缺氧区进一步发生分子反应的二级产物。由于火焰区与缺氧区的热力学及动力学条件的差别较大，精确计算COS的生成率相当困难。COS不仅生成机理复杂，其消耗的途径也涉及多种反应，且同一反应在正向反应和逆向反应之间来回移动，很难通过模型进行准确量化计算。

根据 H_2S、CO_2 混合物的室内试验研究，在温度低于900℃时，COS的生成率明显高于热力学平衡值，分析原因为COS转化为CO和 S_2 的反应因受动力学条件限制而速度较低，降低了COS分解速率。当温度超过1000℃时，COS的产率远高于热力学平衡值，分析原因为CO和 S_2 重新结合生成COS。

1）生成COS的反应：

$$2CH_4 + 3SO_2 \longrightarrow 2COS + 1/2S_2 + 4H_2O + 135900kJ/kmol \quad (3-33)$$

$$CO_2 + 3/2S \longrightarrow COS + 1/2SO_2 + 625500kJ/kmol \quad (3-34)$$

$$CO_2 + CS_2 \longrightarrow 2COS - 2900kJ/kmol \quad (3-35)$$

$$2CO_2 + 2S \longrightarrow 2COS + CO + SO_2 + 321900kJ/kmol \quad (3-36)$$

$$CH_4 + SO_2 \longrightarrow COS + H_2 + H_2O + 1300kJ/kmol \quad (3-37)$$

$$CO + S \longrightarrow COS + 303600kJ/kmol \quad (3-38)$$

$$CS_2 + H_2O \longrightarrow COS + H_2S + 30900kJ/kmol \quad (3-39)$$

$$H_2S + CO_2 \longrightarrow 2COS + H_2O - 30911kJ/kmol \quad (3-40)$$

2）消耗 COS 的反应：

$$COS+H_2O \longrightarrow H_2S+CO_2+33800kJ/kmol \tag{3-41}$$

$$2COS+SO_2 \longrightarrow 3/2S_2+CO_2+26300kJ/kmol \tag{3-42}$$

$$2COS++CO+SO_2 \longrightarrow S_2+2CO_2+112600kJ/kmol \tag{3-43}$$

$$COS+H_2 \longrightarrow CO+H_2S+3800kJ/kmol \tag{3-44}$$

$$COS+3/2O_2 \longrightarrow CO_2+SO_2+553400kJ/kmol \tag{3-45}$$

$$COS \longrightarrow CO+1/2S_2-86300kJ/kmol \tag{3-46}$$

（5）生成或消耗 CS_2 的反应

根据文献理论研究和现场生产数据，当酸性气中不含 CH_4 时，几乎无 CS_2 生成，CS_2 生成率随原料酸性气中烃类的含量增加而上升，但与酸性气中的 CO_2 几乎不存在函数关系，表明 H_2S 与 CO_2 反应不会生成 CS_2。

由于 H_2S 的自燃点低于 CH_4，故 H_2S 的氧化速度较 CH_4 迅速，实际上在低于 800℃的温度下，CH_4 未被氧化，残留在过程气中的大量 CH_4 为生成 CS_2 提供了有利条件。当温度升高时，CH_4 氧化速度迅速提升，CS_2 的生成量迅速减少，在温度为 1300℃时，CS_2 的生成量几乎为零。

反应炉内，温度、停留时间是影响 CS_2 的生成量主要因素。根据文献研究，在 1050℃，随着停留时间的增加，CS_2 的生成率迅速上升，但在温度为 1200℃时，随着停留时间增加其生成率迅速下降。在同样停留时间为 0.5s 条件下，温度越高则 CS_2 的生成率越高，1125℃的生成率是 1050℃的 2.5 倍。在 1200℃和停留时间为 2s 的条件下，几乎不生成 CS_2。此外，根据大量现场工业生产数据，其他烃类的存在也影响 CH_4 的氧化，无其他烷烃时，900℃条件下 CH_4 即可完全氧化；在原料酸性气中含有少量正己烷时，炉温达到 925℃时 CH_4 才可完全氧化；若存在苯，则需要 1050℃才能氧化。因此，由于炼油厂的硫黄回收装置原料酸性气中含有较高级的烷烃和甲苯的同系物，因此在炉温较低时，会生成大量的 CS_2 和炭黑，且炉内停留时间越长生成率越高。

对于 CS_2 和 H_2O 的水解反应，研究表明，CS_2 的水解反应不仅与热力学因素有关，也与动力学控制因素有关。在反应温度超过 1055℃和停留时间 2s 的条件下，CS_2 可全部水解，转化率达到 100%，当停留时间缩短至 1s 时，转化率降至 95%，停留时间缩短至 0.5s 时，转化率降低为 92.5%。

1）生成 CS_2 的反应：

$$C+2S \longrightarrow CS_2+444900kJ/kmol \tag{3-47}$$

$$CH_4+2H_2S \longrightarrow CS_2+4H_2-260600kJ/kmol \tag{3-48}$$

$$CH_4+4S \longrightarrow CS_2+2H_2S+967900kJ/kmol \tag{3-49}$$

$$CH_4+2S_2 \longrightarrow CS_2+2H_2S+99200kJ/kmol \tag{3-50}$$

$$CO_2+3S \longrightarrow CS_2+SO_2+628000kJ/kmol \tag{3-51}$$

2）消耗 CS_2 的反应：

$$CS_2+2H_2O \longrightarrow CO_2+2H_2S+64600kJ/kmol \tag{3-52}$$

$$CS_2+SO_2 \longrightarrow CO_2+1.5S_2+23400kJ/kmol \tag{3-53}$$

$$CS_2+CO_2 \longrightarrow 2CO+S_2-175600kJ/kmol \tag{3-54}$$

3. H_2S 发生克劳斯反应的影响因素及分析

根据文献研究结果，H_2S 与 O_2 之间的反应速率极快，一般在 1s 之内即可完成全部反应，燃烧炉内 H_2S 转化为单质硫的理论转化率可以达到60%~75%。影响 H_2S 反应的因素包括：炉膛温度、酸性气浓度、助燃空气 O_2 浓度等。

(1) 炉膛温度

根据燃烧炉内 H_2S 的反应式可知，H_2S 与 O_2 为放热反应，温度越高，越有利于反应进行。理论计算表明，H_2S、纯 O_2 在绝热条件下，1/3 体积 H_2S 燃烧，产物只有 H_2S、SO_2、H_2O 时，炉膛温度可以达到2593℃，产物只有 S_2、H_2O 时，炉膛温度可以达到2471℃。如果用空气代替 O_2，则由于消耗大量能量来加热空气中的惰性气体 N_2，炉膛温度降至1349℃。

(2) 酸性中 H_2S 浓度

原料酸性气中 H_2S 浓度(或分压)是决定炉膛温度的关键因素。计算结果表明，燃烧炉温度随原料气酸性气中 H_2S 浓度增加而升高，由此，根据 H_2S 浓度和对应炉膛温度，将克劳斯工艺分为直流法、分流法等不同类型。

(3) 氧气浓度

反应炉氧化剂(纯氧、富氧、空气)中的 O_2 浓度是影响燃烧炉温度的关键因素，随着氧气浓度增加，炉膛温度将急剧上升。

(4) 酸性气中其他气体含量

通常原料酸性气中含有 CO_2、烃类、氨等杂质组分，克劳斯反应并非为 H_2S 与 O_2 的简单反应。燃烧炉温度与酸性气中杂质气体的种类和含量密切相关，其中所含的可燃组分有助于提高炉膛温度，但惰性组分则由于稀释作用以及在吸热反应中作为反应剂而降低炉膛温度。因此，在常规克劳斯反应工艺中，燃烧炉温度一般在950~1200℃范围内。

4. H_2S 热裂解反应的影响因素及分析

在燃烧炉前端自由火焰区的高温条件下，少量 H_2S 被热裂解生成 H_2 和 S_2，但燃烧炉后端温度相对较低的部位(燃烧室)H_2 与 S_2 会重新结合而生成 H_2S。因此，最终出口气体中 H_2 量取决于火焰温度、燃烧(室)温度和过程气在废热锅炉的冷却温度。在废热锅炉较低的温度条件下，H_2 与 S_2 再结合生成 H_2S 的反应速率较快，故出口气体中 H_2 含量取决于废锅炉管的设计温度。

5. CH_4 反应影响因素及分析

(1) CH_4 完全氧化反应

根据理论研究，酸性气体组分中，CH_4 燃烧速率介于 H_2S 和 NH_3 之间，在配风充分的情况下，CH_4 可以当量燃烧生成 CO_2 和 H_2O，工程计算时，基本按照当量燃烧进行配风。

(2) CH_4 不完全氧化反应

在自由火焰及其周围的高温反应区内，少量 CH_4 与 O_2、H_2O 反应，生成 CO 和 H_2，如式(3-12)、式(3-24)。根据理论模拟计算，原料酸性气中 CH_4 摩尔流量为3.51kmol/h，而产物中 H_2 摩尔流量为60.31kmol/h，CO 摩尔流量为3.7kmol/h，产物较理论完全转化计算值偏高，因此，CH_4 不完全氧化反应仅为 CO、H_2 生成的来源之一，H_2S 热裂解也是 H_2 的主要来源之一。

(3) CH_4 生成有机硫反应

任何在自由火焰区内未被氧化掉的 CH_4，将在燃烧炉内转化为 CS_2、COS、CO、CO_2 和 C(炭黑)。研究表明，在燃烧炉的反应条件下，由 CO、CO_2 不可能生成 CS_2，CS_2 是通过烃

类与 S_2 或 H_2S 的反应生成。因此，当原料酸性气中烃类含量较高而不能在自由火焰区内完全被燃烧(或氧化)时，过程气中 CS_2 的生成率将增加。因此，通过向燃烧炉内注入燃料气伴烧以提高炉膛温度的方法，将导致烃类转化为 CO 和 H_2。

6. CO_2 反应影响因素及分析

根据 10. 2. 1、10. 2. 2 节反应式可知，原料酸性气体中 CO_2 与 H_2S、S_x 等反应生成 COS、CS_2，均不利于 S 元素回收，且根据反应动力学，CO_2 含量越高，有机硫生成量越多。因此，在实际生产过程中，应提升溶液系统选择性吸收能力，优化原料酸性气品质，降低 CO_2 浓度，减少有机硫的生成。

对于 CO_2 与 S 的反应，研究表明，该反应完全受平衡常数控制。当温度高于 1100℃时，CO_2 转化率受温度影响较大，CO 生成率明显增加。COS 生成率略有增加，表明高温条件有利于 COS 分解为 CO 和 S。停留时间对 CO_2 的分解也有影响，CO 和 COS 的生成率随停留时间的增长而增加，在温度为 1250℃和 0. 5s 的停留时间条件下，COS 几乎 100%被分解为 CO 和 S。

对于 CO_2 与 CS_2 的反应，两者反应速率相对较慢。按照平衡常数预测，在反应温度为 1255℃、停留时间为 2s 的条件下，CS_2 转化率理论值才可达到 100%，反应的主要产物为 CO 和 S。

7. 单质硫转化反应影响因素及分析

反应炉内，气相状态的单质硫存在多个形态(或分子结构)，且在不同温度下气相中平衡的硫组分间的形态分布是不同的。一般而言，当反应温度高于 627℃时，气相中硫主要以 S_2 形态存在，当反应温度低于 427℃时，气相中硫主要以 S_6、S_8 形态存在。因此，反应炉炉膛内，单质硫的主要存在形式为 S_2，余热锅炉段主要以 S_6、S_8 形态存在。

克劳斯反应炉出口气体温度为 1065℃，S_2 摩尔流量为 262. 75kmol/h，占比 99. 95%，S_6、S_8 形态单质硫不存在。一级废锅出口气体温度为 492℃，S_2 摩尔流量降低至 91. 64kmol/h，S_4、S_6、S_8 摩尔流量分别为 24. 51kmol/h、28. 59kmol/h、9. 15kmol/h，该温度下 S_2 占比为 59. 55%，部分 S_2 向 S_4、S_6、S_8 形态转化。二级废锅出口气体温度为 281℃，S_2、S_4 基本不存在，S_6、S_8 摩尔流量分别为 24. 08kmol/h、47. 31kmol/h，该温度下 S_8 占比达到 65. 43%。

十一、一转(R-301)进口过程气

(一) 基本性质

一级克劳斯反应器主要用于高温热反应后尾气的催化转化反应，主要发生 H_2S+SO_2 克劳斯反应、有机硫水解反应。根据分析化验结果，一级反应器入口气体中 H_2S、SO_2 均较设计值偏低，COS 含量较设计值偏高，R-301 进口过程气性质如表 3-20 所示。经加热后入口气体温度为 213. 4℃，较设计值 213℃稍高 0. 4℃，满足设计要求。

表 3-20　R-301 进口过程气基本性质

气体组分					
分析项目	单位	实际组分（干基）	实际组分（湿基）	设计值（湿基）	偏差（增加为+，降低为-）
H_2S	%(体)	9. 943	7. 47	8. 09	-0. 24
SO_2	%(体)	5. 033	3. 78	4. 34	-0. 36

续表

气体组分					
COS	%(体)	0.550	0.41	0.37	+0.07
CS_2	%(体)	0.000	0.00	0.30	-0.3
CO_2	%(体)	19.033	14.29	15.26	-0.22
CO	%(体)	1.333	1.00	0.11	+0.95
H_2O	%(体)	—	24.91	22.08	—
物化性质					
项目名称	单位	实际参数		设计参数	偏差
温度	℃	213.4		213	0.4
压力	MPa	—		0.042	—
密度	kg/m^3	1.066			
比热容	kJ/(kg·K)	1.14			
硫蒸气露点温度	℃	180			

（二）影响因素及分析

一转入口气体的组分受克劳斯反应炉温度、一级硫冷器温度影响，入口气体的温度受进料加热器加热方式、介质流量等影响。

1. 组分影响分析

组分的影响因素分析参见克劳斯单元酸性气组分分析，COS 含量偏高的原因分析为：

一是原料酸性气中 CO_2 含量较高，在高温燃烧区，CO_2 与 S 反应生成 COS，反应式见式(3-34)~式(3-37)。

二是反应炉生成的 CO，继续与 S 反应生成 COS，反应式见式(3-38)。

三是余热锅炉低温段、一级硫冷器低温段，反应炉中生成的 CS_2 与 H_2O 反应生成 COS，反应式见式(3-39)。对比克劳斯反应炉废锅出口气体与一转入口气体中 CS_2 含量可知，反应炉废锅出口气体中 CS_2 含量占比为 0.27%(体)，经一级硫冷器冷却后，气体组分中 CS_2 未检测出。

2. 温度影响分析

过程气加热方式包括高温掺和、在线炉燃烧和换热器加热。高温掺和法再热方式具有温度调节灵活、容易操作、设备简单等优点，但高温气流中含有大量的硫蒸气，未经冷凝分离进入克劳斯反应器，影响催化反应段转化率，且掺和管和掺和阀对材质要求苛刻，制作困难，仅适用于调节中、小型装置。在线燃烧炉包括直接加热燃烧炉和间接加热管式炉，方式操作简单，温度灵活可靠，有利于提高转化率，但直接加热炉存在导致催化剂中毒或污染的风险，管式炉受设备复杂、投资高等因素限制，仅应用于转化率要求很高的小型装置。换热器再热方式特点是操作简便，不影响过程气中 H_2S、SO_2 的比例和总转化率，但换热器效率较低，设备庞大，操作弹性受加热介质(蒸汽、过程气)的限制，无法实现较高自由度的调节。

普光天然气净化厂硫黄回收装置处理能力为 200kt/a，为国内最大规模硫黄回收装置，设计采用加热器间接加热方式，加热介质为 3.5MPa 中压饱和蒸汽。受蒸汽温度限制，加热后过程气温度理论值可达 240℃，实际受加热器换热效率等影响，加热器出口最高温度可以达到 230℃。结合实际运行经验，一般控制出口温度为 213℃。

十二、一转（R-301）出口过程气

（一）基本性质

根据分析化验结果，一级反应器出口气体中 H_2S、SO_2 均较设计值偏低，CO_2、CO 含量较设计值偏高，R-301 出口过程气性质如表 3-21 所示。出口气体的温度为 287.3℃，较设计值 310℃偏低 22.7℃，分析原因主要为温度监测点位置差异所致。

表 3-21　R-301 出口过程气基本性质

气体组分					
分析项目	单位	实际组分（干基）	实际组分（湿基/%）	设计值（湿基）	偏差（增加为+，降低为-）
H_2S	%（体）	2.250	1.58	1.95	-0.13
SO_2	%（体）	0.863	0.61	1.02	-0.32
COS	%（体）	0.009	0.01	0.06	-0.05
CS_2	%（体）	0.000	0.00	0.21	-0.21
CO_2	%（体）	20.470	14.41	15.97	0.62
CO	%（体）	0.307	0.22	0.11	0.14
H_2O	%（体）	—	29.61	28.80	—
物化性质					
项目名称	单位	实际参数		设计参数	偏差
温度	℃	287.3		310	0.4
压力	MPa	—		0.039	—
密度	kg/m^3	0.884			
比热容	kJ/kg·K	1.19			
硫蒸气露点温度	℃	255			

（二）影响因素及分析

1. 主反应与副反应

一级克劳斯反应器主要作用是使过程气中的 H_2S 和 SO_2，在催化剂床层中继续进行克劳斯反应而生成单质硫，同时也使过程气中的 COS、CS_2 等有机硫化合物在床层中尽可能水解为 H_2S 和 CO_2。反应器中发生的主要反应如下：

$$2H_2S+SO_2 \longrightarrow 3/8S_8+2H_2O+126360kJ/kmol \tag{3-55}$$

$$2H_2S+SO_2 \longrightarrow 1/2S_6+2H_2O+38348kJ/kmol \tag{3-56}$$

$$COS+H_2O \longrightarrow H_2S+CO_2-32951kJ/kmol \tag{3-57}$$

$$CS_2+2H_2O \longrightarrow 2H_2S+CO_2+72462kJ/kmol \tag{3-58}$$

$$3S_2 \longrightarrow S_6+284900kJ/kmol \tag{3-59}$$

$$4S_2 \longrightarrow S_8+413800kJ/kmol \tag{3-60}$$

2. 入口温度影响

反应器入口温度是影响克劳斯催化转化效率的关键参数。从热力学角度分析，操作温度

越低，克劳斯反应的平衡转化率越高，但温度过低，催化剂细孔产生的毛细管作用会引起硫蒸汽凝聚在催化剂表面，使催化剂失活。因此，过程气进入反应器后，反应器床层温度至少应比硫蒸气露点温度高 20~30℃。

对于有机硫水解反应，温度越高越有利于反应进行，因此，在克劳斯工业装置中，通常提高一级反应器床层温度促使有机硫水解，通过二级反应器弥补因一级反应器温度升高而造成的平衡转化率损失。

3. H_2S/SO_2 比值影响

根据理论研究，反应器中 H_2S/SO_2 比值为 2 时，硫生成率最高，因此，通常通过控制克劳斯炉配风，调整过程气中 H_2S、SO_2 比值为 2。工业生产经验表明，燃烧炉内配入的空气量原则上应按 H_2S 和烃类等可燃组分的理论需求量来计算，可以稍微偏低，但绝不能偏高太多。

4. 有机硫含量影响

R-301 出口气体中有机硫含量主要受反应器床层温度影响，温度越高，越有利于有机硫水解。研究表明，床层温度每升高 20℃，水解速率可增加 2 倍。此外，与气体在反应器中停留时间(催化剂空速、负荷)有关，空速越高，负荷越高，有机硫水解转化率越低，对 CS_2 影响尤为明显。

5. 反应器催化剂空速影响

空速是控制过程气与催化剂接触时间的重要操作参数，空速过高会导致一部分物料来不及充分接触和反应，反应平衡转化率下降，空速过低则使得设备效率降低，设备体积过大，投资偏高。一般情况下，铝矾土催化剂空速约为 $500h^{-1}$，人工合成的活性氧化铝催化剂空速可提高至 $800\sim1000h^{-1}$。

根据文献研究，在同一反应器内，改变酸性气流量，将空速由 $240h^{-1}$ 提高至 $1920h^{-1}$ 时，反应器转化率则由 27.3%降低至 24%。普光硫黄装置一级反应器采用活性氧化铝催化剂，R-301 催化剂空速为 $620h^{-1}$，SO_2 转化率可达到 95%以上。

十三、二转(R-302)进口过程气

(一) 基本性质

根据分析化验结果，二级反应器进口气体中 H_2S、SO_2 均较设计值偏低，CO_2、CO 含量较设计值偏高，R-302 进口过程气性质如表 3-22 所示。出口气体的温度为 212.9℃，较设计值 212℃偏高 0.9℃，满足设计需求。

表 3-22　R-302 进口过程气基本性质

气体组分					
分析项目	单位	实际组分（干基）	实际组分（湿基）	设计值（湿基）	偏差（增加为+，降低为-）
H_2S	%(体)	2.250	1.58	1.98	-0.14
SO_2	%(体)	0.863	0.61	1.04	-0.33
COS	%(体)	0.009	0.01	0.06	-0.05
CS_2	%(体)	0.000	0.00	0.22	-0.22

续表

气体组分					
分析项目	单位	实际组分（干基）	实际组分（湿基）	设计值（湿基）	偏差（增加为+，降低为-）
CO_2	%(体)	20.470	14.36	16.20	0.59
CO	%(体)	0.307	0.22	0.11	0.14
H_2O	%(体)	—	29.87	29.22	—
物化性质					
项目名称	单位	实际参数		设计参数	偏差
温度	℃	212.9		212	0.9
压力	MPa	—		0.032	—
密度	kg/m^3	0.918			
比热容	kJ/(kg·K)	1.22			
硫蒸气露点温度	℃	182			

（二）影响因素及分析

1. 组分影响分析

进入二级反应器的过程气组分，除硫单质之外，其余组分基本与一级转化器出口组分相同，组分影响分析参见一转出口过程气分析。其中，CO_2、CO 偏高的主要原因为：原料酸性气中 CO_2 含量较高，克劳斯炉及一级反应器中，发生的副反应及副反应产物较多，反应式见式(3-6、3-12~21、3-57~58)。

2. 温度影响分析

设计采用加热器间接加热方式，加热介质为 3.5MPa 中压饱和蒸汽。受蒸汽温度限制，加热后过程气温度理论值可达 240℃，实际受加热器换热效率等影响，加热器出口最高温度可以达到 230℃。结合实际运行经验，一般控制出口温度在 213℃。

十四、二转(R-302)出口过程气

（一）基本性质

根据分析化验结果，二级反应器出口气体中 SO_2、COS 较设计值偏低，H_2S、CO_2、CO 含量较设计值偏高，R-302 出口过程气性质如表 3-23 所示。出口气体的温度为 223℃，较设计值 233℃ 偏低 10℃，分析原因主要为温度监测点位置差异所致。

表 3-23　R-302 出口过程气基本性质

气体组分					
分析项目	单位	实际组分（干基）	实际组分（湿基）	设计值（湿基）	偏差（增加为+，降低为-）
H_2S	%(体)	0.933	0.64	0.67	+0.02
SO_2	%(体)	0.127	0.09	0.33	-0.24
COS	%(体)	0.007	0.005	0.03	-0.02
CS_2	%(体)	0.000	0.00	0.19	-0.19
CO_2	%(体)	22.557	15.59	16.33	+0.30

续表

气体组分					
分析项目	单位	实际组分（干基）	实际组分（湿基）	设计值（湿基）	偏差（增加为+，降低为-）
CO	%(体)	0.317	0.22	0.11	+0.12
H_2O	%(体)	—	30.90	30.67	—
物化性质					
项目名称	单位	实际参数		设计参数	偏差
温度	℃	223		233	-21
压力	MPa	—		0.028	—
密度	kg/m^3	0.859			
比热容	kJ/(kg·K)	1.23			
硫蒸气露点温度	℃	213			

（二）影响因素及分析

1. 主反应与副反应

二级克劳斯反应器主要作用是使过程气继续进行克劳斯反应生成单质硫。反应器中发生的主要反应如下：

$$2H_2S+SO_2 \longrightarrow 3/8S_8+2H_2O+126360kJ/kmol \quad (3-61)$$

$$2H_2S+SO_2 \longrightarrow 1/2S_6+2H_2O+38348kJ/kmol \quad (3-62)$$

$$3S_2 \longrightarrow S_6+284900kJ/kmol \quad (3-63)$$

$$4S_2 \longrightarrow S_8+413800kJ/kmol \quad (3-64)$$

2. 入口温度影响

过程气自二级硫冷器经蒸汽预热器预热后进入二级反应器，二级反应器中基本不发生有机硫的水解反应，主要发生克劳斯反应和不同硫单质形态变换反应，为获得较高的硫转化率，二级反应器入口温度较一级反应器偏低。普光净化厂二级反应器入口温度通常控制在210~220℃范围内，出口温度一般在220~230℃，炼化企业受烧氨、反应炉炉膛温度高等因素影响，二级反应器出口温度一般在240~260℃。

3. H_2S/SO_2 比值影响

根据理论研究，反应器中 H_2S/SO_2 比值为2时，硫生成率最高，因此，通常通过控制克劳斯炉配风，调整过程气中 H_2S、SO_2 比值为2。工业生产经验表明，燃烧炉内配入的空气量原则上应按 H_2S 和烃类等可燃组分的理论需求量来计算，可以稍微偏低，但绝不能偏高太多。

十五、加氢反应器（R-401）进口过程气

（一）基本性质

根据分析化验结果，加氢反应器进口气体中 SO_2、CS_2 较设计值偏低，H_2S、CO 含量较设计值偏高，R-401 进口过程气性质如表 3-24 所示。进口气体的温度为 261.2℃，较设计值 282℃ 偏低 20.8℃，分析原因主要为采用了低温催化剂，入口温度进行了优化调整。

表 3-24　R-401 进口过程气基本性质

气体组分					
分析项目	单位	实际组分（干基）	实际组分（湿基）	设计值（湿基）	偏差（增加为+，降低为-）
H_2S	%(体)	0.335	0.513	0.610	+0.033
SO_2	%(体)	0.000	0.243	0.306	-0.306
COS	%(体)	0.024	0.017	0.024	+0.023
CS_2	%(体)	0.002	0.001	0.173	-0.17
CO	%(体)	0.553	0.640	0.641	+0.421
H_2O	%(体)		30.519	29.810	

物化性质				
项目名称	单位	实际参数	设计参数	偏差
温度	℃	261.2	282	-20.8
压力	MPa	—	0.023	—
密度	kg/m^3	0.728		
比热容	kJ/(kg·K)	1.27		

（二）影响因素及分析

1. 在线燃烧炉反应

在线燃烧炉的主要作用是发生甲烷的次氧化反应，提供加氢反应所需的足够的 CO 和 H_2 等还原气体，同时加热进入加氢反应器的尾气，使之达到适宜的反应温度。

进入在线燃烧炉的物料包括：硫黄回收单元过程尾气、天然气、助燃空气和低压蒸汽。低压蒸汽的主要作用是调节火焰温度，抑制甲烷的结焦反应，避免下游催化剂积炭。在线燃烧炉内发生的主要反应如下：

$$CH_4+2O_2 \longrightarrow CO_2+2H_2O+802800kJ/kmol \tag{3-65}$$

$$CH_4+3/2O_2 \longrightarrow CO+2H_2O+607000kJ/kmol \tag{3-66}$$

$$CH_4+O_2 \longrightarrow CO+H_2O+H_2+270200kJ/kmol \tag{3-67}$$

2. 入口气体组分影响分析

加氢反应器入口气体基本与在线燃烧炉出口气体组分相同，组分受在线燃烧炉配风、燃烧炉内反应、硫黄回收单元过程尾气组成等因素影响。具体分析如下。

（1）在线燃烧炉配风

在线燃烧炉配风采用交叉限位控制，配风量为天然气完全燃烧量的 65%~85%。配风量过大，导致还原气体 CO、H_2 继续与 O_2 反应，降低了进入反应器中的 H_2 和 CO 含量，影响反应器加氢转化率。反之，配风量过低，易导致甲烷不完全燃烧生成炭黑，带入反应器后造成催化剂表面积炭和床层压降增加，严重影响催化转化效率和装置处理负荷。

（2）燃烧炉内反应

在线燃烧炉内主要反应如式(3-65)~式(3-67)所示，受燃烧炉内停留时间、配风流量、降温蒸汽流量等因素影响，反应生成产物特别是副反应产物随之发生变化。当上游负荷发生波动时，在线炉调整过程中可能导致还原气体不足，甚至发生游离氧气进入反应器，造成 SO_2 穿透。

(3) 硫黄回收单元过程尾气组成

进入加氢炉的过程尾气经加热后进入加氢反应器，尾气中硫单质含量、SO_2 含量越高，加氢反应器负荷越大，存在加氢转化率不足、SO_2 穿透风险。

3. 入口温度影响分析

设计采用在线燃烧炉进行加热，燃烧炉出口温度即为反应器入口温度，主要受燃料气量影响，原则上入口温度具备较宽的调节范围。但为了节约燃料气消耗，降低能耗，入口温度一般控制在 250~260℃范围内。

十六、加氢反应器(R-401)出口过程气

(一) 基本性质

根据分析化验结果，加氢反应器出口气体中 H_2S、COS 较设计值偏低，CO 含量较设计值偏高，R-401 出口过程气性质如表 3-25 所示。出口气体的温度为 283.6℃，较设计值 313℃低 29.4℃，分析原因主要为催化剂采用了低温催化剂，降低了反应器入口温度，出口温度随之降低。

表 3-25 R-401 出口过程气基本性质

气体组分					
分析项目	单位	实际组分（干基）	实际组分（湿基）	设计值（湿基）	偏差（增加为+，降低为-）
H_2S	%(体)	1.304	0.881	1.399	-0.051
SO_2	%(体)	0.000	0.000	0.000	0
COS	%(体)	0.000	0.000	0.002	-0.002
CS_2	%(体)	0.000	0.000	0.000	0
CO	%(体)	0.075	0.055	0.025	+0.052
H_2O	%(体)	—	30.399	29.532	—
物化性质					
项目名称	单位	实际参数		设计参数	偏差
温度	℃	283.6		313	-20.8
压力	MPa			0.019	—
密度	kg/m^3	0.669			
比热容	kJ/(kg·K)	1.28			

(二) 影响因素及分析

加氢反应器一般装填钴钼催化剂，主要用于克劳斯尾气的加氢、水解反应，即将尾气中 S_x、SO_2、COS 等含硫化合物转化生成 H_2S，以便后续吸收处理。正常生产期间，反应器内主反应为加氢、水解反应，副反应包括低温克劳斯反应、水气转化反应等，反应进行的深度、平衡转化率受床层温度影响较大。

1. 主反应与副反应

$$S_8+8H_2 = 8H_2S+335000kJ/kmol \tag{3-68}$$

$$SO_2+3H_2 = H_2S+2H_2O+214000kJ/kmol \tag{3-69}$$

$$CS_2+4H_2 = 2H_2S+CH_4+232000kJ/kmol \tag{3-70}$$

$$COS+H_2 = H_2S+CO+14766kJ/kmol \tag{3-71}$$

$$COS+4H_2 = H_2S+H_2O+CH_4+94067kJ/kmol \tag{3-72}$$

$$COS+H_2O = H_2S+CO_2-35000kJ/kmol \tag{3-73}$$

$$CS_2+H_2O = H_2S+COS-67000kJ/kmol \tag{3-74}$$

$$SO_2+2H_2S = 3S+2H_2O+233000kJ/kmol \tag{3-75}$$

$$SO_2+3CO = COS+2CO_2+192151kJ/kmol \tag{3-76}$$

$$S_8+8CO = 8COS+228518kJ/kmol \tag{3-77}$$

$$CO+H_2O = CO_2+H_2+41000kJ/kmol \tag{3-78}$$

$$CO+H_2S = COS+H_2-15251kJ/kmol \tag{3-79}$$

$$CS_2+2H_2 = CH_3SH+H_2S+60238kJ/kmol \tag{3-80}$$

$$CH_3SH+H_2 = H_2S+CH_4+73480kJ/kmol \tag{3-81}$$

$$COS+1/2SO_2 = CO_2+3/16S_8+53230kJ/kmol \tag{3-82}$$

$$CS_2+1/2SO_2 = COS+3/16S_8+59973kJ/kmol \tag{3-83}$$

$$3CO+SO_2 = 2CO_2+COS+192154kJ/kmol \tag{3-84}$$

$$CO+H_2O = CO_2+H_2+17618kJ/kmol \tag{3-85}$$

$$CO+1/8S_8 = COS+28565kJ/kmol \tag{3-86}$$

$$CO+1/2S_2 = COS+46124kJ/kmol \tag{3-87}$$

式(3-68)~式(3-74)为加氢反应器内发生的主要反应，有机硫加氢反应速率大于水解反应，式(3-75)~式(3-87)为反应器内副反应，受催化剂性能、反应器床层温度、物料浓度等多重因素影响。

加氢反应器中，CO 的存在导致副反应影响较大，在保障反应器还原性氛围的前提下，CO 含量越低越有利。CO 含量增加，导致副产物 COS 含量增加，从而降低了 COS 的转化率。

正常运行期间，若氢气含量低或无氢气，SO_2、氧气（在线制氢流程存在）进入反应器，发生低温克劳斯反应、硫化态催化剂氧化反应，载体 Al_2O_3 发生硫酸盐化。

2. 入口温度影响

加氢反应器中发生的反应主要包括硫化物加氢反应和有机硫水解反应。从热力学角度分析，除有机硫水解反应之外，其余反应多为放热反应，温度越低越有利反应向提升转化率的方向进行。对于水解反应，温度越高越有利于反应向正方向进行。结合文献动力学机理研究和工业实践，反应器入口温度越高，加氢反应器转化率越高。普光加氢反应器催化剂为常规钴钼催化剂 C-234，正常控制反应器入口温度为 250~260℃。

3. 催化剂影响

加氢催化剂的类别和性能也影响出口过程气组分。目前常用的催化剂包括：常规钴钼催化剂、低温钴钼催化剂及耐氧型钴钼催化剂。低温催化剂可将反应器入口温度由 280~300℃降低至 200~220℃，大大降低了在线燃烧炉燃料气或间接加热蒸汽消耗，节约了生产成本，但是反应温度的降低，也影响 COS 和 CS_2 的反应速率，在进料气有机硫含量较高的工况下可能导致净化尾气总硫含量超标，从而导致烟气排放超标。

此外，随着催化剂运行时间增长，催化剂发生失活，活性中心损失或者堵塞，导致催化剂性能下降，转化率也随之下降。常见的催化剂问题包括积炭、硫沉积、硫酸盐化、磨耗、机械杂质污染等。一般情况下，催化剂失活后通常进行停工更换。

第四部分 分析计算

一、计算思路总说明

本次计算选择161系列，Hysis模拟流程按照该系列进行搭建。计算以单个设备、流程为分析对象，以现场生产运行数据、分析化验数据为参数，采用手动计算、Hysis软件模拟计算两种方式进行同步计算，过程中以手动计算为主、Hysis计算对手动计算修正、微调。通过计算，两种方法计算结果基本一致，理论计算结果与现场实际生产数据偏差较小，理论计算结果可以指导现场生产运行和操作调整。具体计算方法和过程简述如下：

1）计算方法包括手动计算和Hysis模拟计算。计算过程涉及手动计算、软件计算、实际生产及原始设计四种数据。全程计算以手动计算为主，采用实际生产数据进行校核验证，最终作为全流程生产数据的结果为：经实际生产数据验证、Hysis软件校核的手动计算数据。

2）计算范围包括脱硫、脱水、硫黄回收、尾气处理、酸水汽提五个单元，其中，脱硫（再生塔除外）、脱水单元作为边界以外装置，计算数据用做其余单元的边界条件，同时参与全厂物料平衡计算、能耗计算。硫黄回收、尾气处理、酸水汽提为本次计算重点对象，参与全计算过程的比较和分析。

3）计算内容包括过程参数、物料平衡、元素平衡、热量平衡、关键机泵计算、关键换热器计算、关键塔器计算等，不同计算方法结果比对分析等。

4）干基和湿基的换算。对于气液两相分离的气体（如再生酸性气、急冷塔塔顶酸性气、尾气吸收塔塔顶净化气等），气体中水按照饱和状态计算。对于非自液相分离的气体、高温气体（如一级反应器出入口气体、二级反应器出入口气体、末级硫冷器出口气体、加氢反应器出入口气体等），气体中的水为非饱和状态，无法通过饱和蒸气压计算，需要通过上下游物流介质的H_2O平衡确定。

5）单位换算。本报告中计量单位均采用《中华人民共和国法定计量单位》及国家标准《量和单位》（GB3100 ~3102—1993），摩尔流量、体积流量、质量流量等不同物料单位之间换算根据计算的需要开展。

二、公式引用总说明

本文计算过程中涉及的公式[1，2，4，10，12]、曲线、图表等资料说明如下：

（一）公式类

1. 克劳斯反应平衡常数

$$K_p=\frac{(P_{H_2O})^2(P_{S_x})^{3/x}}{(P_{H_2S})^2(P_{SO_2})^1}=\frac{(Mols_{H_2O})^2(Mols_{S_x})^{\frac{3}{x}}}{(Mols_{H_2S})^2(Mols_{SO_2})^1}\left(\frac{\pi}{Total\ Mols}\right)^{\left(\frac{3}{x}-1\right)} \tag{4-1}$$

式中 K_p——平衡常数，无量纲；

P_{H_2O}——反应炉内水的分压，kPa；

P_{S_x}——反应炉内硫的分压，kPa；

P_{H_2S}——反应炉内硫化氢的分压，kPa；

P_{SO_2}——反应炉内二氧化硫的分压，kPa；

$Mols_{H_2O}$——反应炉内水的摩尔流量，kmol/h；

$Mols_{S_x}$——反应炉内硫的摩尔流量，kmol/h；

$Mols_{H_2S}$——反应炉内硫化氢的摩尔流量，kmol/h；

$Mols_{SO_2}$——反应炉内二氧化硫的摩尔流量，kmol/h；

π——反应炉内总压力，atm(绝)；

Total Mols——反应炉内物料总摩尔流量，atm(绝)。

2. 克劳斯反应炉平衡常数与温度关联式

$$T=-592.5+1215\ln(K_p)-374.8[\ln(K_p)]^2+50.47[\ln(K_p)]^3 \tag{4-2}$$

式中 T——炉膛温度，K；

K_p——克劳斯反应平衡常数，无量纲。

3. 克劳斯反应器平衡常数与温度关联式

$$T=637-54.75\ln(K_p)+2.069[\ln(K_p)]^2-0.03324[\ln(K_p)]^3 \tag{4-3}$$

式中 T——反应器温度，K；

K_p——克劳斯反应平衡常数，无量纲。

4. 克劳斯反应炉硫回收率计算公式

$$\eta=\left[1-\frac{\text{一冷出口气体}(H_2S+SO_2+COS+2CS_2)\text{摩尔总数}}{\text{入反应炉气体}(H_2S+SO_2+COS+2CS_2)\text{摩尔总数}}\right]\times100\% \tag{4-4}$$

5. 一级克劳斯反应器硫回收率计算公式

$$\eta=\left[1-\frac{\text{二冷出口气体}(H_2S+SO_2+COS+2CS_2)\text{摩尔总数}}{\text{一转入口气体}(H_2S+SO_2+COS+2CS_2)\text{摩尔总数}}\right]\times100\% \tag{4-5}$$

6. 一级克劳斯反应器有机硫水解率计算公式

$$\eta=\left[1-\frac{\text{二冷出口气体}(COS+2CS_2)\text{摩尔总数}}{\text{一转入口气体}(COS+2CS_2)\text{摩尔总数}}\right]\times100\% \tag{4-6}$$

7. 二级克劳斯反应器硫回收率计算公式

$$\eta=\left[1-\frac{\text{三冷出口气体}(H_2S+SO_2+COS+2CS_2)\text{摩尔总数}}{\text{二转入口气体}(H_2S+SO_2+COS+2CS_2)\text{摩尔总数}}\right]\times100\% \tag{4-7}$$

8. 二级克劳斯反应器有机硫水解率计算公式

$$\eta=\left[1-\frac{\text{三冷出口气体}(COS+2CS_2)\text{摩尔总数}}{\text{二转入口气体}(COS+2CS_2)\text{摩尔总数}}\right]\times100\% \tag{4-8}$$

9. 单程硫回收率计算公式

$$\eta=\left[1-\frac{\text{三冷出口气体}(H_2S+SO_2+COS+2CS_2)\text{摩尔总数}}{\text{入反应炉气体}(H_2S+SO_2+COS+2CS_2)\text{摩尔总数}}\right]\times100\% \tag{4-9}$$

10. 总硫回收率计算公式

总硫回收率原则计算公式如下：

$$\eta=\left[1-\frac{\text{烟气硫元素摩尔总数}}{\text{入反应炉气体}(H_2S+SO_2+COS+2CS_2)\text{摩尔总数}}\right]\times100\% \tag{4-10}$$

根据普光天然气净化厂硫黄回收装置特点，本文利用气体流量、组分含量之间的转化换算，采用小误差数据代替大误差数据，对总硫回收率计算公式进行了优化，如式(4-11)所示，具体推导过程参见文献[11]。

$$\eta = 1 - \frac{\frac{m_{13}}{n_{11}} \times c_{11} - s_5 - s_9 - s_{12}}{s_2} \times 100\% \tag{4-11}$$

式中 η——总硫回收率,%;

m_{13}——烟气中硫元素摩尔含量,%;

n_{11}——烟气中碳元素摩尔含量,%;

c_{11}——烟气中碳元素摩尔流量, mol/h;

s_5——排放至焚烧炉的闪蒸气中硫元素摩尔流量, mol/h;

s_9——加氢在线燃烧炉燃料气中硫元素摩尔流量, mol/h;

s_{12}——尾气焚烧炉燃料气中硫元素摩尔流量, mol/h;

s_2——入克劳斯反应炉酸性气硫元素摩尔流量, mol/h。

11. 总有机硫水解率计算公式[1]

$$\eta = \left(1 - \frac{\text{三冷出口气体}(COS+2CS_2)\text{摩尔总数}}{\text{一冷入口气体}(COS+2CS_2)\text{摩尔总数}}\right) \times 100\% \tag{4-12}$$

12. 液硫饱和蒸气压计算[2]

$$\ln P = 89.273 - 13463/T - 8.9643 \ln T \tag{4-13}$$

式中 P——饱和蒸气压, Pa;

T——温度, K。

13. 烟气露点温度计算[12]

$$t_{dew} = 186 + 20\log V_{H_2O} + 26\log V_{H_2O} \tag{4-14}$$

式中 t_{dew}——烟气的酸露点温度,℃;

V_{H_2O}——烟气水蒸气气体的百分比,%;

V_{SO_2}——烟气 SO_2 气体的百分比,%。

14. 烟气抽力计算[10]

$$\Delta h = H\left[1.2 - \rho_0\left(\frac{273}{273+\theta}\right)\right]\frac{b}{760}g \tag{4-15}$$

式中 Δh——烟囱抽力, Pa;

H——烟囱高度, m;

ρ_0——烟气在 760mmHg, 0℃工况下密度, kg/m^3;

θ——烟气的平均温度,℃;

1.2——空气在 760mmHg, 20℃工况下密度, kg/m^3;

b——当地的大气压, mmHg。

g——重力加速度, $9.81m/s^2$。

15. 贝恩(Bain)-霍根(Hougen)关联式[4]

$$\lg\left[\frac{u_F^2}{g}\left(\frac{a_t}{\varepsilon^3}\right)\left(\frac{\rho_v}{\rho_L}\right)\mu_L^{0.2}\right] = A - K\left(\frac{\omega_L}{\omega_V}\right)^{1/4}\left(\frac{\rho_V}{\rho_L}\right)^{1/8} \tag{4-16}$$

式中 u_F——泛点气速, m/s;

g——重力加速度, $9.81m/s^2$;

a_t——填料总比表面积, m^2/m^3;

ε——填料层空隙率, m^3/m^3;

ρ_V——气相密度，kg/m³；

ρ_L——液相密度，kg/m³；

ω_V——气相质量流量，kg/h；

ω_L——液相质量流量，kg/h；

μ_L——液体黏度，mPa·s；

A、K——关联常数，无量纲。

16. 载点气速[4]

$$U_{VS}=\left(\frac{g}{\varepsilon_s}\right)^{1/2}\left[\frac{\varepsilon}{\frac{1}{a^6}}-a^{1/2}\left(\frac{12\mu_L U_L}{g\ \ \rho_{液}}\right)^{1/3}\right]\times\left(\frac{12\mu_L U_L}{g\ \ \rho_{液}}\right)^{1/6}\sqrt{\frac{\rho_{液}}{\rho_{气}}} \tag{4-17}$$

$$U_{Ls}=\left(\frac{Q_L}{Q_V}\right)U_{VS}\left(\frac{\rho_{气}}{\rho_{液}}\right) \tag{4-18}$$

式中 ε_s——载点阻力系数，无量纲；

g——重力加速度，9.81m/s²；

a——填料总比表面积，m²/m³；

ε——填料层空隙率，m³/m³；

$\rho_{气}$——气相密度，kg/m³；

$\rho_{液}$——液相密度，kg/m³；

Q_V——气相质量流量，kg/h；

Q_L——液相质量流量，kg/h；

μ_L——液体黏度，cP；

U_{VS}——载点气相流速，m/s；

U_{VL}——载点液相流速，m/s。

17. 泛点率[4]

$$F=\frac{1.36LZ+V\sqrt{\frac{\rho V}{\rho_L-\rho_V}}}{KC_F A_b} \tag{4-19}$$

式中 F——泛点率；

V、L——塔内气、液负荷，m³/s；

ρ_V、ρ_L——塔内气、液密度，kg/m³；

Z——板上液体流经长度，m。对单溢流塔板，$Z=D-2W_d$，D为塔径，W_d为弓形降液管宽度；

A_b——板上液流面积，m²。对单溢流塔板，$A_b=A_T-2A_f$，A_T为塔截面，A_f为弓形降液管截面积。

（二）曲线类

1. 克劳斯炉炉膛温度与 K_p 值关联曲线

克劳斯炉炉膛温度与 K_p 值关联关系曲线[2]如图 4-1 所示。

2. 克劳斯反应器温度与 K_p 值关联曲线

克劳斯反应器温度与 K_p 值关联关系曲线如图 4-2 所示。

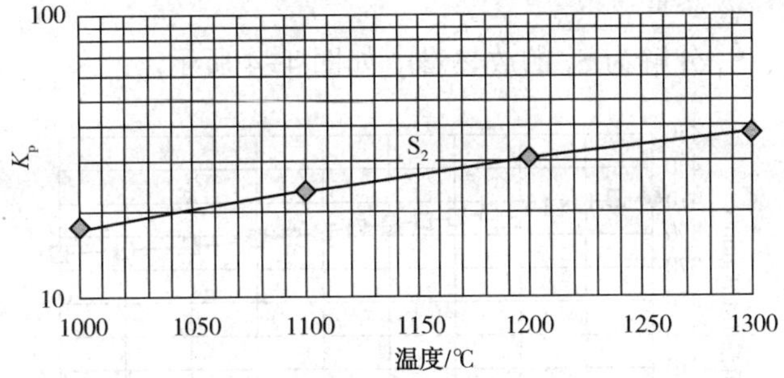

图 4-1　克劳斯炉炉膛温度与 K_p 值关联关系

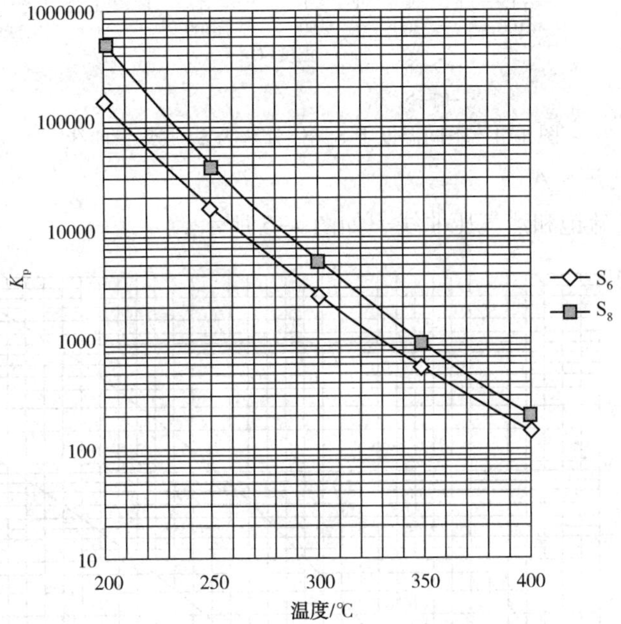

图 4-2　反应器温度与 K_p 值关联曲线

3. 不同形态 S_x 分布与温度关联曲线

不同形态 S_x 分布与液硫温度关联关系曲线如图 4-3 所示。

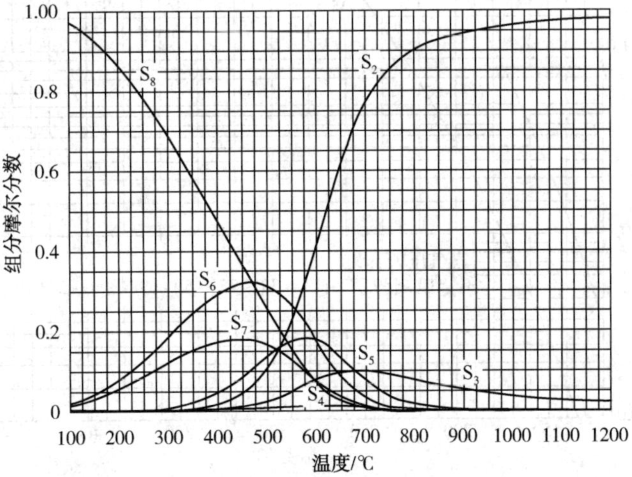

图 4-3　不同温度下不同形态 S_x 的分布曲线

4. S_6/S_8 分解为 S_2 放热量曲线

不同温度下，S_6、S_8 分解为 S_2 的放热量[2]如图 4-4 所示。

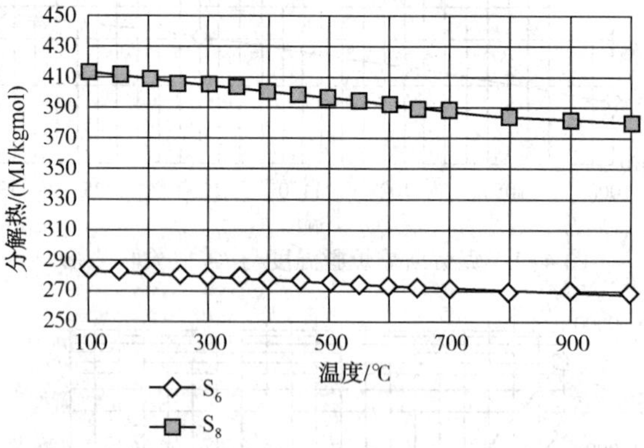

图 4-4　不同温度下 S_6/S_8 分解为 S_2 放热量曲线

5. 液硫饱和蒸气压曲线

不同温度下，液硫饱和蒸气压曲线[2]如图 4-5 所示。

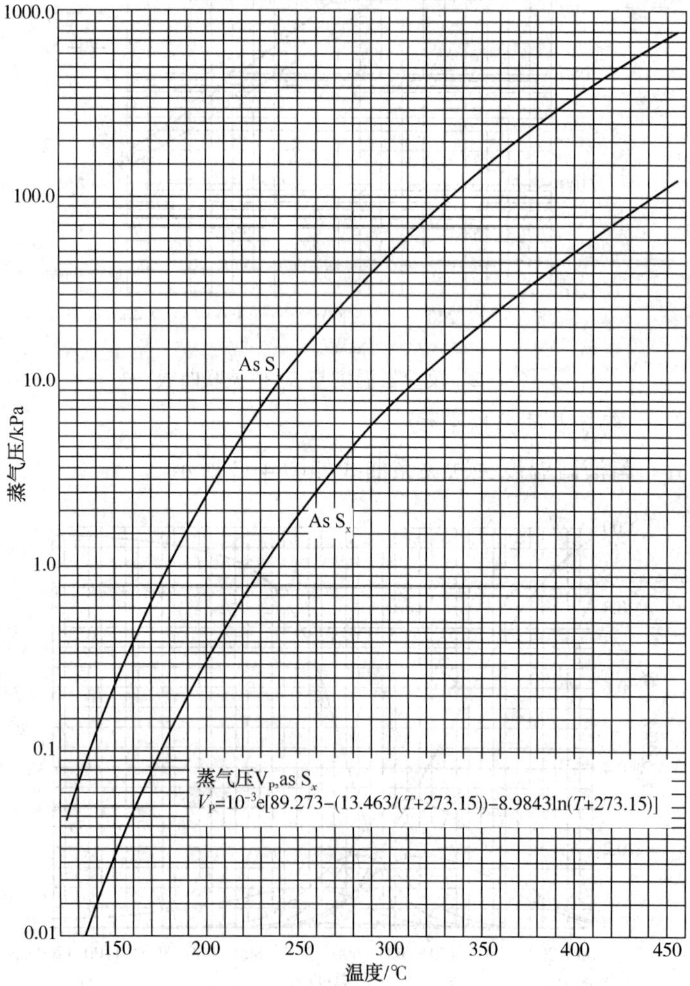

图 4-5　不同温度下不同形态 S_x 饱和蒸气压曲线

6. 液流收缩系数计算曲线

液体收缩系数依据经验曲线进行计算[5]，如图 4-6 所示。

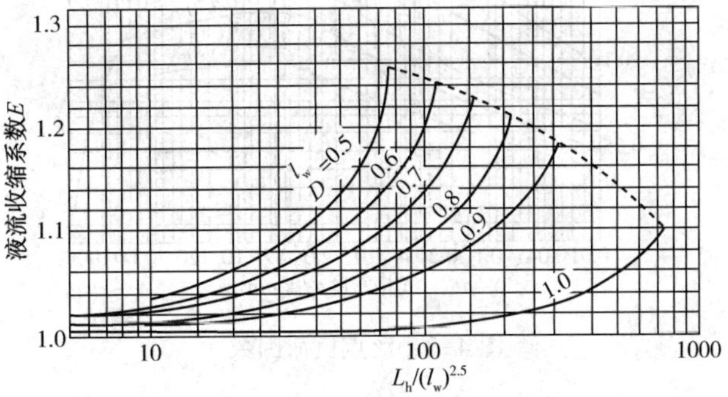

图 4-6　液流收缩系数计算曲线

7. 埃克特通用关联图[5]

填料塔泛点气速依据经验曲线埃克特通用关联图[5]进行计算，如图 4-7 所示。

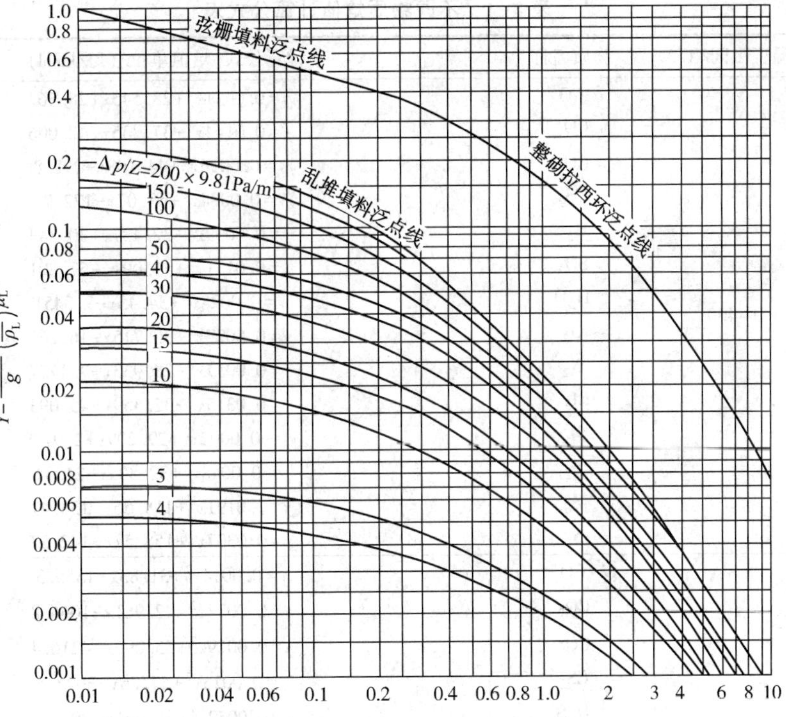

图 4-7　埃克特通用关联图

$$X=\frac{W_L}{W_V}\left(\frac{\rho_V}{\rho_L}\right)^{0.5}$$

式中　u—空塔气速，m/s；g—重力加速度，9.81m/s^2；ϕ—填料因子，1/m；ψ—液体密度校正系数；$\psi=\rho_{水}/\rho_L$；ρ_V、ρ_L—气、液相密度，kg/m^3；μ_L—液体黏度；mPa · s；W_V、W_L—气、液相的质量流量，kg/s

8. 泛点负荷因数[7]

塔的泛点负荷因数依据经验曲线[7]进行计算，如图 4-8 所示。

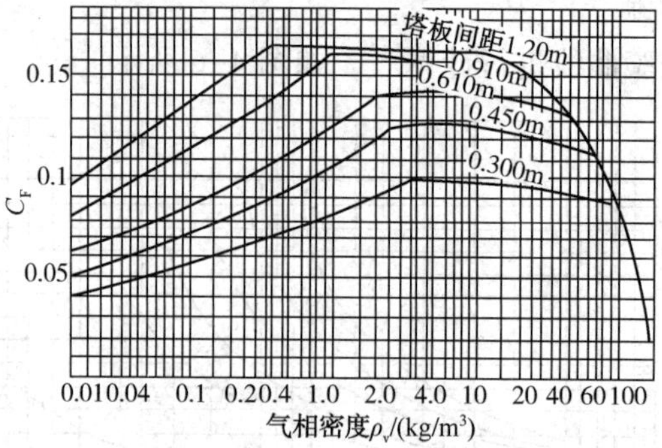

图 4-8 泛点负荷因数

（三）图表类

（1）不同物质焓值计算表

根据文献中不同温度下物质的焓值拟合求得焓值计算曲线，如表 4-1 所示。结合实际计算需要分为 0 ~400℃、400 ~900℃及 900℃以上三个温度区间。

表 4-1 不同物质焓值计算公式表

序号	温度区间/℃	物质名称	计算公式[焓值单位/(kJ/kmol)]
1	0~400	CO	$y=0.0031x^2+28.545x+28.567$
2		CO_2	$y=0.0144x^2+37.835x-42.006$
3		COS	$y=0.0096x^2+44.108x-172.8$
4		CS_2	$y=0.0084x^2+48.07x-172.79$
5		H_2S	$y=0.0099x^2+32.437x+30.343$
6		SO_2	$y=0.0131x^2+41.091x-57.801$
7		H_2O	$y=0.0028x^2+34.43x-7.3451$
8		O_2	$y=0.0027x^2+30.715x-16.262$
9		N_2	$y=0.0017x^2+28.933x+7.1727$
10		CH_4	$y=0.0315x^2+32.359x+45.093$
11		H_2	$y=-0.0002x^2+29.209x+2.9778$
12		S_2	$y=0.0048x^2+32.805x-21.34$
13		S_6	$y=0.0191x^2+115.56x-133.47$
14		S_8	$y=0.0307x^2+158.57x-142.22$
15	900 以上	CO	$y=0.0014x^2+31.83x-1555.3$
16		CO_2	$y=0.0077x^2+42.961x-1066.8$
17		COS	$y=0.0019x^2+55.095x-4216.4$
18		CS_2	$y=0.0013x^2+57.86x-3627.5$
19		H_2S	$y=0.0052x^2+40.061x-2912.9$
20		SO_2	$y=0.0033x^2+50.5x-2869.9$
21		H_2O	$y=0.0062x^2+32.232x+70$
22		O_2	$y=0.0024x^2+30.395x+191.86$
23		N_2	$y=0.0018x^2+30.524x-980.86$
24		CH_4	$y=0.0138x^2+54.176x-7454.9$
25		H_2	$y=0.0025x^2+25.85x+1160$
26		S_2	$y=0.0016x^2+35.109x-460.57$
27		S_6	$y=0.0059x^2+122.3x-164.29$
28		S_8	$y=-0.0025x^2+202.24x-16609$

续表

序号	温度区间/℃	物质名称	计算公式[焓值单位/(kJ/kmol)]
29	400~600	SO_2	$y=0.0061x^2+45.832x-861.82$
30		H_2O	$y=0.0064x^2+31.36x+672.3$
31		O_2	$y=0.0021x^2+30.855x+18.967$
32		N_2	$y=0.0032x^2+28x+147.34$
33		H_2	$y=0.0012x^2+28.003x+281.62$

备注：表格中 x 值为温度，y 值为焓值。

（2）水饱和蒸气压查询表

不同温度下，水的饱和蒸气压值如表4-2所示。

表4-2　水的饱和蒸气压表

温度 t/℃	饱和蒸气压 p/($\times10^3$Pa)	温度 t/℃	饱和蒸气压 p/($\times10^3$Pa)
24	2.985	144	403.98
25	3.169	145	415.29
26	3.3629	146	426.85
27	3.567	147	438.67
28	3.7818	148	450.75
29	4.0078	149	463.1
30	4.2455	150	475.72
31	4.4953	151	488.61
32	4.7578	152	501.78
33	5.0335	153	515.23
34	5.3229	154	528.96
35	5.6267	155	542.99
36	5.9453	156	557.32
37	6.2795	157	571.94
38	6.6298	158	586.87
39	6.9969	159	602.11
40	7.3814	160	617.66
41	7.784	161	633.53
42	8.2054	162	649.73
43	8.6463	236	3115.7
44	9.1075	237	3171.8
45	9.5898	238	3288.6
46	10.094	239	3286.3
47	10.62	240	3344.7
48	11.171	241	3403.9
49	11.745	242	3463.9
50	12.344	243	3524.7
51	12.97	244	3586.3
52	13.623	245	3648.8
53	14.303	246	3712.1
141	371.53	247	3776.2
142	382.11	248	3841.2
143	392.92	249	3907

(3) 液硫密度

不同温度下，液硫的密度值如表 4-3 所示。

表 4-3　液硫密度查询表

温度/℃	密度/(kg/m^3)	温度/℃	密度/(kg/m^3)	温度/℃	密度/(kg/m^3)
115.207	1808.0	195	1755.0	310	1684.4
120	1806.4	200	1752.5	320	1679.0
125	1801.7	205	1749.6	330	1672.8
130	1797.0	210	1746.7		
135	1792.3			340	1666.7
		215	1743.8	350	1660.8
140	1787.6	220	1740.9	360	1654.8
145	1783.6	225	1737.4	370	1648.8
150	1779.7	230	1733.4	380	1642.8
155	1775.8	235	1729.65		
160	1771.8				
				390	1635.4
		240	1725.9	400	1627.9
165	1769.8	250	1723.2	410	1622.9
170	1767.9	260	1720.6	420	1617.9
175	1766.0	270	1712.4	430	1613.0
180	1764.0	280	1704.2		
185	1761.1			440	1608.6
		290	1697.0	444.6	1601.8
190	1758.2	300	1689.8		

(4) 物性因数 K_s 对应表

塔计算过程中，根据不同物质体系的发泡性，物性因数 K_s 取值如表 4-4 所示。

表 4-4　物性因数 K_s 对应表

系　统	K_s	系　统	K_s
无泡沫，正常系统	1.0	重度起泡沫(如胺、乙二醇吸收塔)	0.73
氟化物(如 BF_3，氟利昂)	0.85~0.95	严重起泡沫(如甲乙酮)	0.60
真空塔	0.85	形成稳定泡沫系统(如碱再生塔)	0.30
中等起泡沫(如油吸收、胺、乙二醇再生塔)	0.85		

(5) 泛点填料因子

针对不同类型、不同直径的散装填料，塔的填料因子取值如表 4-5 所示。

表 4-5　不同类型填料泛点填料因子

填料类型	填料因子/(1/m)				
	*DN*16	*DN*25	*DN*38	*DN*50	*DN*76
金属鲍尔环	410	—	117	160	—

续表

填料类型	填料因子/(1/m)				
	*DN*16	*DN*25	*DN*38	*DN*50	*DN*76
金属环矩鞍	—	170	150	135	120
金属阶梯环		—	160	140	—
塑料鲍尔环	550	280	184	140	92
塑料阶梯环	—	260	170	127	—
瓷矩鞍	1100	550	200	226	—
瓷拉西环	1300	832	600	410	—

(6) 空气绝对湿度与相对湿度

不同温度、不同相对湿度下，空气的绝对湿度取值如表 4-6 所示。

表 4-6 空气绝对湿度与相对湿度对应表

绝对湿度与相对湿度对应表(大气压：1bar)																				
温度/℃	相对湿度(RH)																			
	5	10	15	20	25	30	35	40	45	50	55	60	65	70	75	80	85	90	95	100
	绝对湿度/(g/m³)																			
5	0.34	0.68	1.02	1.36	1.70	2.04	2.38	2.72	3.06	3.40	3.73	4.07	4.41	4.75	5.09	5.43	5.77	6.11	6.45	6.79
10	0.47	0.94	1.41	1.88	2.35	2.82	3.29	3.76	4.23	4.70	5.16	5.63	6.10	6.57	7.04	7.51	7.98	8.45	8.92	9.39
15	0.64	1.28	1.92	2.56	3.21	3.85	4.49	5.13	5.77	6.41	7.05	7.69	8.33	8.97	9.62	10.26	10.90	11.54	12.18	12.82
20	0.86	1.73	2.59	3.45	4.32	5.18	6.04	6.91	7.77	8.64	9.50	10.36	11.23	12.09	12.95	13.82	14.68	15.54	16.41	17.27
25	1.15	2.30	3.45	4.60	5.75	6.90	8.05	9.20	10.35	11.51	12.66	13.81	14.96	16.11	17.26	18.41	19.56	20.71	21.86	23.01
30	1.52	3.03	4.55	6.06	7.58	9.09	10.61	12.12	13.64	15.16	16.67	18.19	19.70	21.22	22.73	24.25	25.76	27.28	28.79	30.31
35	1.98	3.95	5.93	7.90	9.88	11.85	13.83	15.80	17.78	19.76	21.73	23.71	25.68	27.66	29.63	31.61	33.58	35.56	37.53	39.51
40	2.55	5.10	7.65	10.20	12.75	15.30	17.85	20.40	22.95	25.50	28.05	30.60	33.15	35.70	38.25	40.80	43.35	45.90	48.45	51.00
45	3.26	6.52	9.78	13.04	16.30	19.56	22.82	26.08	29.34	32.61	35.87	39.13	42.39	45.65	48.91	52.17	55.43	58.69	61.95	65.21
50	4.13	8.27	12.40	16.53	20.66	24.80	28.93	33.06	37.19	41.33	45.46	49.59	53.72	57.86	61.99	66.12	70.25	74.39	78.52	82.65
55	5.19	10.39	15.58	20.78	25.97	31.17	36.36	41.56	46.75	51.95	57.14	62.33	67.53	72.72	77.92	83.11	88.31	93.50	98.70	103.89
60	6.48	12.95	19.43	25.91	32.39	38.86	45.34	51.82	58.29	64.77	71.25	77.72	84.20	90.68	97.16	103.63	110.11	116.59	123.06	129.54
65	8.02	16.03	24.05	32.06	40.08	48.09	56.11	64.12	72.14	80.15	88.17	96.18	104.20	112.21	120.23	128.24	136.26	144.27	152.29	160.30
70	9.85	19.69	29.54	39.39	49.24	59.08	68.93	78.78	88.62	98.47	108.32	118.16	128.01	137.86	147.71	157.55	167.40	177.25	187.09	196.94
75	12.02	24.06	36.05	48.06	60.08	72.09	84.11	96.12	108.14	120.16	132.17	144.19	156.20	168.22	180.23	192.25	204.26	216.28	228.29	240.31
80	14.57	29.13	43.70	58.27	72.83	87.40	101.97	116.53	131.10	145.67	160.23	174.80	189.35	203.93	218.50	233.06	247.63	262.20	276.76	291.33
85	17.55	35.10	52.65	70.20	87.75	105.29	122.84	140.39	157.94	175.49	193.04	210.59	228.14	245.69	263.24	280.78	298.33	315.88	333.43	350.98
90	21.02	42.04	63.05	84.07	105.09	126.11	147.13	168.14	189.15	210.18	231.20	252.22	273.23	294.25	315.27	336.29	357.31	378.32	399.34	450.36
95	25.03	50.05	75.09	100.12	125.15	150.18	175.21	200.24	225.27	250.30	275.33	300.36	325.39	350.42	375.45	400.48	425.51	450.54	475.57	500.60
100	29.65	59.30	88.94	118.59	148.24	177.89	207.54	237.18	226.83	296.48	326.13	355.78	385.42	415.72	444.72	474.37	504.02	533.66	563.31	592.96

(7) 水的汽化潜热表

不同压力下，水的汽化潜热取值如表 4-7 所示。

表 4-7　水的汽化潜热查询表

压力/MPa	温度/℃	汽化潜热/(kJ/kg)	压力/MPa	温度/℃	汽化潜热/(kJ/kg)	压力/MPa	温度/℃	汽化潜热/(kJ/kg)	压力/MPa	温度/℃	汽化潜热/(kJ/kg)
0.001	6.9491	2484.1	0.09	96.7121	2265.3	1.3	191.644	1972.1	9	303.385	1378.9
0.002	17.5403	2459.1	0.1	99.634	2257.6	1.4	195.078	1959.1	10	311.037	1317.2
0.003	24.1142	2443.6	0.12	104.81	2243.9	1.5	198.327	1946.6	11	318.118	1255.7
0.004	28.9533	2432.2	0.14	109.318	2231.8	1.6	201.41	1934.6	12	324.715	1193.8
0.005	32.8793	2422.8	0.16	113.326	2220.9	1.7	204.346	1923	13	330.894	1131
0.006	36.1663	2415	0.18	116.941	2210.9	1.8	207.151	1911.7	14	336.707	1066.7
0.007	38.9967	2408.3	0.2	120.24	2201.7	1.9	209.838	1900.7	15	342.196	1000.2
0.008	41.5075	2402.3	0.25	127.444	2181.4	2	212.417	1890	16	347.396	930.8
0.009	43.7901	2396.8	0.3	133.556	2163.7	2.2	217.289	1869.4	17	352.334	857.1
0.01	45.7988	2392	0.35	138.891	2147.9	2.4	221.829	1849.8	18	357.034	777.4
0.015	53.9705	2372.3	0.4	143.642	2133.6	2.6	226.085	1830.8	19	361.514	688.9
0.02	60.065	2357.5	0.5	151.867	2108.2	2.8	230.096	1812.6	20	365.789	585.9
0.025	64.9726	2345.5	0.6	158.863	2086	3	233.893	1794.9	21	369.868	452.4
0.03	69.1041	2335.3	0.7	164.983	2066	3.5	242.597	1752.9			
0.04	75.872	2318.5	0.8	170.444	2047.7	4	250.394	1713.4			
0.05	81.3388	2304.8	0.9	175.389	2030.7	5	263.98	1639.5			
0.06	85.9496	2293.1	1	179.916	2014.8	6	275.625	1570.5			
0.07	89.9556	2282.8	1.1	184.1	1999.9	7	285.869	1504.8			
0.08	93.5107	2273.6	1.2	187.995	1985.7	8	295.048	1441.2			

三、工艺流程计算

（一）Hysis 模拟流程搭建

软件版本为 Hysis 10.0，母流程为脱硫单元，子流程包括硫黄与尾气处理单元、急冷水与酸水汽提单元、脱水单元。Hysis 模拟计算中，先按照设计流程和参数建立模拟流程，并调整收敛，比较模型计算数据与设计值，分析差异，然后按照采用实际生产数据代替设计数据进行二次计算，并将计算结果与现场生产数据进行对比分析。

（二）克劳斯反应炉计算

1. 计算内容与思路

采用现场酸性气流量、燃烧空气流量、组分分析化验数据、在线仪表数据作为基础数据，以手动计算方法进行克劳斯反应炉主反应计算。考虑副反应复杂、部分副反应的正逆过程反复进行，同时动力学、热力学因素影响机理研究数据有限，反应物、生成物量化手动计算工作量巨大、准确度偏低，由此，本文充分利用手动计算，反应炉出口组分采用软件计算结果进行修正。具体思路如下：

1）平衡常数法计算炉膛温度。通过主反应 H_2S 燃烧、H_2S+SO_2 反应计算得出 K_p 值、炉膛温度、炉膛出口气体组分（含 H_2S、SO_2、CO_2、H_2O、S_2、N_2），利用 Hysis 10 软件计算得出炉膛温度工况下产物组成，然后查得副反应发生量、生成量（H_2、CO、COS、CS_2），对反应炉出口气体组分进行微量调整。

2）微量调整出口气体组分的过程中，主反应也将发生变化，出口气体携带热量、反应过程放热量、炉膛温度同时发生变化，通过手动逐步调整，直至反应炉出口产物手动计算与Hysis计算结果相吻合，并与后续克劳斯过程气组分实际生产数据相吻合。

3）考虑副反应时，以进口、出口为界面条件，设备内部中间过程转化不考虑。按照文献中各反应的吉布斯自由能变化，结合后续实际产物组分，选取自发反应可能性最大的副反应进行计算，参与计算的主、副反应如下：

$$H_2S+3/2O_2 = SO_2+H_2O+517900kJ/kmol \tag{4-20}$$

$$CH_4+2O_2 = CO_2+2H_2O+802800kJ/kmol \tag{4-21}$$

$$H_2S+1/2SO_2 = 3/4S_2+H_2O-47060kJ/kmol \tag{4-22}$$

$$H_2S = H_2+1/2S_2-89200kJ/kmol \tag{4-23}$$

$$CO_2+1/2H_2S = CO+1/2H_2+1/2SO_2-281500kJ/kmol \tag{4-24}$$

$$CO_2+3/2S = COS+1/2SO_2+625500kJ/kmol \tag{4-25}$$

$$CO_2+3S = CS_2+SO_2+62800kJ/kmol \tag{4-26}$$

4）进炉酸性气中水含量为饱和水含量，酸性气温度为50℃，饱和蒸汽压为12.344kPa，酸性气压力为164kPa，酸性气中饱和水摩尔含量占比为7.52%，故折算湿基时，水含量取值为7.52%。

2. 计算结果

(1) 炉膛温度

由于实际生产反应中，克劳斯反应炉内存在多种副反应，手动计算结果需要进行副反应修正，则考虑副反应对平衡的影响，可计算得出克劳斯反应炉炉膛温度为1069℃，Hysis模拟计算温度为1066℃，现场实际DCS监测温度为1055℃。手动过程如下。

先不考虑反应炉内副反应，计算 K_p 值和炉膛温度，使得炉膛热量守恒。结合反应炉出口气体分析化验数据，产物中含 H_2、COS、CS_2，故反应中存在生成三者的副反应。为简便计算，选取自发反应可能性最大的副反应进行计算。即生成 H_2 反应取式(4-23)、式(4-24)，生成COS的反应取式(4-25)，生成 CS_2 的反应取式(4-26)。

根据DCS监测数据，克劳斯配风流量为40604Nm³/h，查绝对湿度与相对湿度对应表，四川达州地区相对湿度取50%，则绝对湿度为15.16g/m³，计算空气中 H_2O 的摩尔含量为：

$$V_{H_2O}=15.16/18\times22.4/1000\times100=1.89\%$$

克劳斯炉配风 O_2 总摩尔流量为：

$$F_{O_2}=40604/22.4\times(1-1.89\%)\times21\%=373.48kmol/h$$

甲烷按照完全燃烧反应进行，则甲烷消耗的 O_2 摩尔流量为：

$$F_{CH_4,O_2}=2\times F_{CH_4}=2\times2.84=5.67kmol/h$$

则与 H_2S 反应消耗的氧气量为：

$$F_{H_2S,O_2}=373.48-5.67=367.81kmol/h$$

生成的 SO_2 的摩尔流量为：

$$F''_{SO_2,出}=367.81/1.5=245.2kmol/h$$

由此，若不考虑副反应，则出口过程气中 H_2S 的摩尔流量为：

$$F''_{H_2S,出}=786.43-367.81/1.5=541.23kmol/h$$

输入实际酸性气、助燃空气，由 Hysis 计算求得出口气体中 H_2、CO、COS、CS_2 量，分别为 $F_{H_2,出}$、$F_{CO,出}$、$F_{COS,出}$、$F_{CS_2,出}$。

假设发生克劳斯反应的 H_2S 量为 x，当考虑副反应发生时，根据克劳斯炉内硫元素守恒，出口产物中 H_2S、SO_2、S_2、H_2O、CO_2 与副反应产物存在以下关联关系：

$$F_{H_2S,出}=F''_{H_2S,出}-x=541.23x$$

$$F_{SO_2,出}=F''_{SO_2,出}-F_{H_2S,出}\times0.5+F_{CO,出}\times0.5+F_{COS,出}\times0.5+F_{CS_2,出}\times2$$
$$=245.2-(541.23-x)\times0.5+F_{CO,出}\times0.5+F_{COS,出}\times0.5+F_{CS_2,出}\times2$$

$$F_{S_2,出}=(541.23-x)\times0.75+F_{H_2,出}\times0.5-F_{COS,出}\times1.5/2-F_{CS_2,出}\times3/2$$

$$F_{H_2O,出}=F_{H_2O,H_2S燃烧}+F_{H_2O,甲烷燃烧}+F_{H_2O,酸性气带入}+F_{H_2O,克劳斯反应}$$
$$=245.2+5.67+103.31+x$$

$$F_{CO_2,出}=F_{CO_2,酸性气带入}+F_{CO_2,甲烷燃烧}-F_{CO_2,甲烷燃烧}-F_{CO,出}+F_{COS,出}+F_{CS_2,出}$$
$$=481.17+2.84-F_{CO,出}+F_{COS,出}+F_{CS_2,出}$$

试带入 x 值，求得 K_p 值，手动微量调整 Hysis 求得的 $F_{H_2,出}$、$F_{CO,出}$、$F_{COS,出}$、$F_{CS_2,出}$，使得炉膛温度接近实际生产温度，并使得加入副反应后的反应炉内热量平衡。

反应炉压力为 164kPa，则折算大气压为：

$$\pi=164kPa/101kPa=1.618atm$$

$$K_p=\frac{(Mols_{H_2O})^2(Mols_{S_8})^{\frac{3}{2}}}{(Mols_{H_2ABS})^2(Mols_{SO_2})^1}\left(\frac{\pi}{总\ Mols}\right)^{\left(\frac{3}{2}-1\right)}$$

$$=(F_{H_2O,出}{}^2)\times[F_{S_2,出}{}^{(3/2)}]/[(F_{H_2S,出}{}^2)\times F_{SO_2,出}]\times\{[164/101.325/(F_{H_2S,出}+F_{SO_2,出}+F_{S_2,出}+F_{H_2O,出}+F_{CO_2,出}+F_{CO,出}+F_{COS,出}+F_{CS_2,出})]^{(3/2-1)}\}=22.01$$

$$T=-592.5+1215\times\ln(21.77)-374.8\times[\ln(21.77)]^2+50.47\times[\ln(21.77)]^3=1069℃$$

式中　n_{H_2O} 为 H_2O 的摩尔数，mol。

热量平衡时，克劳斯反应炉入口、出口气体焓值及反应放热量分别如表 4-8、表 4-9、表 4-10 所示。

表 4-8　克劳斯反应炉入口物料总热量

物料名称	摩尔流量/(kmol/h)	单位焓值/(kJ/kmol)	热量/(MJ/h)
酸性气			
H_2S	786.43	1676.943	1318.80359
CO_2	481.17	1885.744	907.3700696
H_2O	103.31	1721.1549	177.8056281
CH_4	2.84	1741.793	4.942024863
Q 酸性气	2408.921312		
助燃空气			
O_2	373.4810	3019.7388	1127.815084
N2	1405.0000	2858.9335	4016.801494
H_2O	34.1976	3393.6861	116.0558896
Q 空气	5260.674269		

表 4-9 克劳斯反应炉出口带出热量

物料名称	摩尔流量/(kmol/h)	单位焓值/(kJ/kmol)	热量/(MJ/h)
H_2S	163.9289	45858.2645	7517.4958
SO_2	87.1542	54889.7579	4783.8753
S2	263.4250	38902.0776	10247.7798
H_2O	726.4825	41614.3244	30232.0774
CO_2	463.2108	53356.2736	24715.2041
N_2	1405.0000	33708.6825	47360.6980
H_2	39.2000	31652.7458	1240.7876
CO	13.5000	34073.2838	459.9893
COS	6.1000	56855.5601	346.8189
CS_2	1.2000	59714.6927	71.6576
Q出口	126976.3839		

表 4-10 克劳斯反应炉反应放热量

反应类别	反应式	摩尔流量/(kmol/h)	单位焓值/(kJ/kmol)	热量/(MJ/h)
主反应	$H_2S+3/2O_2 = SO_2+H_2O$	245.2042433	517900	126991.2776
	$CH_4+2O_2 = CO_2+2H_2O$	2.8373204	802800	2277.800841
	$H_2S+1/2SO_2 = 3/4S_2+H_2O$	338.55	-47060	-15932.163
副反应	$H_2S = H_2+1/2S_2$	32.45	-89200	-2894.54
	$CO_2+1/2H_2S = CO+1/2H_2+1/2SO_2$	13.50	-281500	-3800.25
	$CO_2+3/2S = COS+1/2SO_2$	6.10	625500	3815.55
	$CO_2+3S_1 = CS_2+2SO_2$	1.200	967900	1161.48
$Q_{反应}$/(MJ/h)	13125.96			

(2) 反应炉硫回收率。

根据制硫炉回收率计算公式：η = [1-一冷出口气体 $Mols_{(H_2S+SO_2+COS+2CS_2)}$/入反应炉 $Mols_{(H_2S+SO_2+COS+2CS_2)}$]×100%，不同算法下回收率计算结果如下：

① 手动计算结果。根据手动计算数据表，反应炉入口气体中 H_2S、SO_2、COS、CS_2 摩尔流量分别为 786.43kmol/h、0kmol/h、0kmol/h、0kmol/h，一级硫冷器出口气体中 H_2S、SO_2、COS、CS_2 摩尔流量分别为 166.328kmol/h、87.154kmol/h、6.1kmol/h、0kmol/h，由此，硫回收率为：

$$\eta_{反应炉} = 1-(166.328kmol/h+87.154kmol/h+6.1kmol/h)/786.43kmol/h = 66.99\%$$

② Hysis 计算结果。根据 Hysis 计算数据，反应炉入口气体中 H_2S、SO_2、COS、CS_2 摩尔流量分别为 786.43kmol/h、0kmol/h、0kmol/h、0kmol/h，一级硫冷器出口气体中 H_2S、SO_2、COS、CS_2 摩尔流量分别为 138.7kmol/h、106.57kmol/h、10.24kmol/h、1.78kmol/h，由此，硫回收率为：

$$\eta_{反应炉} = 1-(138.7+106.57+10.24+2\times1.78)/786.43 = 67.1\%$$

③ 实际分析组分计算结果。根据取样分析结果，一级硫冷器出口气体中 H_2S、SO_2、COS、CS_2 湿基浓度分别为：7.41%、3.75%、0.41%、0，气体摩尔流量为 2907.04kmol/h，

由此，计算得出实际出口气体中含硫气体总摩尔流量为：

$$F_{出}=2907.04\times(7.41\%+3.75\%+0.41\%)=336.34kmol/h$$

反应炉入口酸性气 H_2S 湿基浓度为 57.24%，气体总摩尔流量为 1373.75kmol/h，由此，计算入口酸性气中含硫气体的总摩尔流量为：

$$F_{入}=1373.75\times57.24\%=786.43kmol/h$$

由此，克劳斯单体设备硫回收率为：

$$\eta_{反应炉}=1-336.34/786.43=57.23\%$$

3. 计算结果与生产数据比较

通过手动计算、Hysis 和实际生产数据三种方法进行计算，克劳斯反应炉炉膛温度分别为 1068℃、1066℃和 1055℃，反应炉硫回收率分别为 66.99%、67.1%、57.23%。手动计算、Hysis 两种理论计算结果基本相同，与实际生产数据偏差较大，偏差统计分析如表 4-11 所示。分析原因如下：

1）反应炉理论计算温度较实际温度偏高，手动计算采用平衡常数法，只考虑反应炉内主要反应和部分副反应。实际反应过程中，更多副反应的发生，导致主反应和主产物量减少，平衡常数减小，炉温降低。

2）按照实际组分计算转化率，结果较理论计算值偏低，分析原因可能为：一是实际炉膛温度偏低，热反应过程中，温度越低，越不利于反应向正方向进行，不利于转化率的提高。二是组分化验存在偏差。

3）Hysis 计算未考虑反应炉炉体热损失，炉膛温度计算偏高，手动计算中考虑了热损，但由于反应炉内参与计算的副反应数量有限，无法全部计入，反应放热量、吸热量存在偏差，导致手动计算结果中，温度较 Hysis 计算结果偏低、转化率较 Hysis 计算偏高。

4）实际生产过程中，反应炉炉膛共设置六组温度监测，按照轴向排列，分别位于燃烧器出口、节流环前端、炉膛出口，其中，节流环前端处于反应核心区，最接近于平衡温度，但由于该处反应仍未达到平衡，故温度较理论计算温度应偏低。

表 4-11　克劳斯反应炉不同计算结果比较　　kmol/h

序号	项　目	酸性气	助燃空气	反应炉出口组分	
				手动计算	Hysis 计算
基础数据比较					
1	H_2S	786.43	0.00	163.93	138.9
2	SO_2	0.00	0.00	87.15	106.57
3	S_2	0.00	0.00	263.43	260.2
4	H_2O	103.31	36.23	726.48	753.77
5	CO_2	481.17	0.00	463.21	444.9
6	N_2	0.00	1405.00	1405.00	1405.00
7	H_2	0.00	0.00	39.20	39.20
8	CO	0.00	0.00	13.50	27.10
9	COS	0.00	0.00	6.10	10.23
10	CS_2	0.00	0.00	1.20	1.78

续表

序号	项　目	酸性气	助燃空气	反应炉出口组分	
				手动计算	Hysis 计算
基础数据比较					
11	CH_4	2.84	0.00	0.00	0.00
12	O_2	0.00	395.67	0.00	0.00
合计		1373.75	1373.75	3169.20	3187.65
性能指标比较					
序号	项　目	手动计算	Hysis 计算	实际组分计算	偏　差
13	转化率/%	66.99	67.1	57.23	9.815
14	炉膛温度/℃	1069	1066	1055	12.5

(三) 反应炉余热锅炉计算

1. 计算内容与思路

反应炉余热锅炉重点计算余热回收转化的蒸汽发生量，并核算余热锅炉出口是否有液硫冷凝析出，即计算余锅出口饱和蒸气压。具体计算方法如下：

1) 余热锅炉出口过程气温度采用 DCS 监测温度 278℃，余热锅炉段反应考虑 S_2 转化为 S_6、S_8 两个反应过程。

2) 余热锅炉入口中压锅炉给水温度采用 DCS 实际温度 119℃，蒸汽压力采用现场 DCS 实际压力 3.64MPa(对应饱和蒸汽温度为 245℃)，锅炉水转化变中压饱和蒸汽分为锅炉水升温、锅炉水气化两个过程。

2. 计算结果

(1) 蒸汽发生量计算

克劳斯反应炉余热锅炉入口气体、出口气体焓值及余热锅炉回收热量如表 4-12 所示。不考虑热损失，余锅回收热量为 123639.201MJ/h，即：

$$Q_{回收}=Q_{出}-Q_{入}-Q_{反应}=30212.57372-126976.3839-26875.39122=123639.201\text{MJ/h}$$

理论蒸汽发生量为 54.42t/h，计算过程如下：

由界区进口 119℃锅炉水升温至 3.64MPa 饱和水温度 245℃吸热量为：

$$E_{水升温}=(245-119)\times4.2=529.2\text{MJ/t}$$

查水的汽化潜热数据表，245℃饱和水汽化为 245℃饱和蒸汽吸收的汽化潜热为：

$$E_{气化}=1741.84\text{MJ/t}$$

进口 119℃锅炉水转化为 3.64MPa 饱和蒸汽的吸热量为：

$$E_{蒸汽热}=529.2+1741.84=2271.04\text{MJ/t}$$

由此，不考虑热损失，则回收热量发生的饱和蒸汽量为：

$$Q_{蒸汽}=123639.201/2271.04=54.44\text{t/h}$$

同理，Hysis 模拟计算中，余热锅炉 E-301/302 回收热量为 34427kW·h，折合为 123938.6MJ/h，由此，理论计算发生的饱和蒸汽量为：

$$Q_{蒸汽}=123938.6/2271.04=54.57\text{t}$$

表 4-12　克劳斯反应炉余热锅炉回收热量计算表

余热锅炉入口气体			
物料名称	摩尔流量/(kmol/h)	单位焓值/(kJ/kmol)	热量/(MJ/h)
H_2S	163.9289208	45858.26448	7517.495808
SO_2	87.15424334	54889.75791	4783.875318
S_2	263.425	38902.07756	10247.77978
H_2O	726.4824753	41614.32437	30232.07737
CO_2	463.2108358	53356.27365	24715.20411
N_2	1404.999974	33708.68246	47360.69799
H_2	39.2	31652.74577	1240.787634
CO	13.5	34073.28375	459.9893307
COS	6.1	56855.56013	346.8189168
CS_2	1.2	59714.69273	71.65763128
$Q_{入}$/(MJ/h)	126976.3839		
余热锅炉出口气体			
物料名称	摩尔流量/(kmol/h)	单位焓值/(kJ/kmol)	热量/(MJ/h)
S_6	11.72514837	33468.3344	392.4211865
S_8	57.06238872	46312.8588	2642.722352
H_2S	166.3289208	9812.9406	1632.17582
SO_2	87.15424334	12377.9174	1078.788025
H_2O	724.0824753	9780.5901	7081.95389
CO_2	464.4108358	11589.0136	5382.063492
N_2	1404.999974	8181.9295	11495.61074
H_2	39.2	8107.623	317.8188216
CO	13.5	8203.6574	110.7493749
COS	6.1	12831.1504	78.27001744
$Q_{出}$/(MJ/h)	30212.57372		
克劳斯反应炉反应放热量			
反应式	摩尔流量/(kmol/h)	单位焓值/(kJ/kmol)	热量/(MJ/h)
$3S_2 \xlongequal{} S_6$	11.72514837	284900	3340.49477
$4S_2 \xlongequal{} S_8$	57.06238872	413800	23612.41645
$CS_2+2H_2O \longrightarrow 2H_2S+CO_2$	1.2	-64600	-77.52
$Q_{反应}$/(MJ/h)	26875.39122		

（2）硫露点计算

余锅出口气体中 S_6、S_8 的摩尔流量分别为 11.74kmol/h、57.13kmol/h，出口气体总摩尔流量为 2975kmol/h，出口压力为 149kPa，由此，余热锅炉出口 S_x 分压为：

$$S_{分压}=149\times[(11.74+57.13)/2975]=3.45\text{kPa}$$

查硫的饱和蒸气压图，在出口温度278℃工况下，S_x 的饱和蒸气压为3.87kPa，实际分压低于饱和蒸气压，故余热锅炉出口无液硫冷凝析出。

$$P_{实际,278℃}=3.45kPa<P_{s,278℃}=3.87kPa$$

当饱和分压等同于出口硫蒸气分压时，即 $P_{s饱和}=P_{实际}=3.45kPa$ 时，余热锅炉出口气体硫蒸气将存在冷凝析出。查硫的饱和蒸汽压图，求得液硫露点为260℃，即当温度低于260℃时，将有液硫冷凝析出。

3. 计算结果与生产数据比较

在不考虑热量损失的前提下，Hysis、手动计算计算结果分别为54.57t/h、54.44t/h，根据现场DCS显示数据，实际发生蒸汽流量为54.67t/h，手动计算结果与实际运行数据基本吻合。计算与实际蒸汽发生量比较结果如表4-13所示。两种理论计算方法所得的结果基本相同，两者之间差异分析为现场流量计计量误差。

表4-13 克劳斯反应炉出口余热锅炉不同算法结果与实际生产数据偏差分析 kmol/h

序号	项　目	入口组分	余热锅炉出口		偏　差
			手动计算	Hysis计算	
1	H_2S	163.93	166.33	138.9	27.43
2	SO_2	87.15	87.15	106.57	-19.42
3	S_2	263.43	0.00	0	0.00
4	H_2O	726.48	724.08	753.77	-29.69
5	CO_2	463.21	464.41	444.9	19.51
6	N_2	1405.00	1405.00	1486.81	-81.81
7	H_2	39.20	39.20	39.20	0.00
8	CO	13.50	13.50	27.13	-13.63
9	COS	6.10	6.10	10.23	-4.13
10	CS_2	1.20	0.00	1.77	-1.77
11	CH_4	0.00	0.00	0.00	0.00
12	O_2	0.00	0.00	0.00	0.00
13	S_6	0.00	11.73	16.84	-5.11
14	S_8	0.00	57.06	41.38	15.68
	合计	3170.51	3169.20	2974.56	3067.50
性能指标比较					
序号	项　目	手动计算	Hysis计算	生产数据	偏　差
15	热负荷/(MJ/h)	123639.201	123938.6	—	-299.40
16	蒸汽发生量/(t/h)	54.44	54.57	54.67	-0.17

(四) 一级硫冷器(E-303)计算

1. 计算内容与思路

一级硫冷器(E-303)重点计算余热回收热量、蒸汽发生量、硫露点、液硫中硫化氢浓度等，并核算E-303出口是否有液硫冷凝析出，即计算余锅出口饱和蒸气压。计算思路与克劳斯反应炉余热锅炉类似，具体计算方法如下：

1）E-303 出口过程气温度采用 DCS 监测温度为 166.8℃，反应考虑 S_2 转化为 S_6、S_8 两个反应过程。

2）E-303 入口锅炉水包括两股，一股为低压锅炉给水，温度采用 DCS 实际温度 102℃；一股为一级蒸汽加热器(E-304)蒸汽凝结水，温度采用 3.64MPa 饱和水温度 245℃。

3）低压锅炉水转化为低压饱和蒸汽分为锅炉水升温、锅炉水气化两个过程；中压锅炉水转化为低压饱和蒸汽分为锅炉水降温、锅炉水气化两个过程。对两股水放热量分别进行计算。

2. 计算结果

（1）蒸汽发生量计算

E-303 回收热量主要来自过程气降温、液硫(S_6、S_8)冷凝放热，不考虑热损失，E-303 回收热量为 17201.51MJ/h，理论蒸汽发生量为 8.07t/h。计算过程如下：

1）自 E-304 回收中压锅炉水生成的蒸汽量与锅炉水流量相等，即为 2.51t/h。吸收的热量计算如下：

回收凝结水由饱和温度 245℃降温至低压 0.46MPa 饱和水温度放出的热量为：

$$E_{凝结水放热}=(245-149)\times4.2=403.2\text{MJ/t}$$

由 0.46MPa 低压饱和水蒸发为低压饱和蒸汽吸收的热量为汽化潜热，为 2120.9MJ/t。由此，单位流量 245℃饱和凝结水转化为 0.46MPa 低压饱和蒸汽，吸收的热量为：

$$E_{凝结水转化吸热,单位}=2120.9-403.2=1717.7\text{MJ/t}$$

则回收凝结水转化为低压饱和蒸汽吸收的总热量为：

$$E_{凝结水转化吸热}=1717.7\times2.51=4311.427\text{MJ/h}$$

2）低压锅炉水产生蒸汽量：

E-303 回收的总热量为 17201.51MJ/h，回收凝结水汽化为低压蒸汽消耗热量为 4311.427MJ/h，则剩余加热低压锅炉水的热量为：

$$E_{锅炉水吸热}=17201.51-4311.427=12890.08\text{MJ/h}$$

单位流量的 102℃锅炉水升温至 0.46MPa 饱和水温度 149℃吸热量为：

$$E_{水升温}=(149-102)\times4.2=197.4\text{MJ/t}$$

0.46MPa 低压锅炉水汽化潜热为 2120.0MJ/t，则低压锅炉水由入口温度转化为饱和低压蒸汽所吸收的总热量为：

$$E_{水升温+气化}=197.4+2120.9=2318.3\text{MJ/t}$$

则由锅炉水生成的低压蒸汽流量为：

$$Q_{锅炉水气化}=12890.08/2318.3=5.56\text{t/h}$$

综上，在不考虑热损失的情况下，E-303 产生的低压蒸汽总量为：

$$Q_{蒸汽发生量}=2.51+5.56=8.07\text{t/h}$$

同理，不计热损失前提下，Hysis 计算回收热量为 5061kW(折合 18219.6MJ/h)发生蒸汽量为 8.5t/h。

（2）硫露点计算

根据出口气体组分占比，E-303 出口 S_x 分压为：

$$S_{分压}=145\times[(3.76+67.11)/3023.7]=3.47\text{kPa}$$

查硫的饱和蒸气压图，在出口温度为 167.4℃工况下，S_x 的饱和蒸气压为 0.0627kPa，实际分压高于饱和蒸气压，故 E-303 出口液硫冷凝析出。

$$P_{实际,167℃}=3.47kPa>P_{s,167℃}=0.0627kPa$$

当饱和分压等同于出口硫蒸气分压时，即 $P_{s饱和}=P_{实际}=3.47kPa$ 时，对应的饱和温度为265℃，即一级反应器出口硫露点温度为265℃。

(3) 析出液硫量计算

1) 手动计算。采用试带法计算析出液硫量。假设析出的液硫量(以 S_6 计算，S_8 根据S元素守恒计算得出)为 Xt/h，E-303入口气体中由 X 液硫析出后，在出口气体中硫蒸气应处于饱和状态，即E-303出口气体中硫蒸气分压为0.0627kPa。代入 X 值，使得出口气体中(S_6+S_8)摩尔占比为0.0432%，即分压为0.0627kPa。

P_s=(出口气体 S_6 摩尔量+出口气体 S_8 摩尔量)/出口气体摩尔量×气体压力

由此，计算得出 X 值为：3.4097kmol/h

析出的 S_8 量为：62.056kmol/h

析出的总液硫量为：3.4097kmol/h+62.056kmol/h=65.466kmol/h

2) Hysis模拟计算。模拟计算中，液硫存在的形式为 S_1，摩尔流量为515.6kmol/h，折算为 S_8 摩尔流量为64.5kmol/h。

(4) 液硫中硫化氢浓度计算

液硫中硫化氢多以 H_2S_X 形式存在，为便于计算，本文设定 x 值为1，即计算 H_2S 的浓度。采用Hysis方法模拟结果，液相中 H_2S 摩尔流量为0.2036kmol/h，总摩尔流量为515.9kmol/h，由此计算得出液硫中硫化氢浓度为：

$$\rho_{H_2S}=0.2036/515.9=0.0394\%$$

折算成质量浓度为：0.0591%(质)。

3. 计算结果与生产数据比较

在不考虑热量损失的前提下，Hysis、手动计算结果分别为8.5t/h、8.07t/h，高于实际蒸发量7.86t/h，一级硫冷器不同算法计算结果与实际生产数据之间偏差分析如表4-14所示，说明现场设备存在热损失。一级硫冷器存在热量损失，损失率为：

手动计算：$\Delta q-(8.07\quad 7.86)/8.07=2.6\%$

Hysis计算：$\Delta q=(8.5-7.86)/8.5=7.5\%$

表4-14　一级硫冷器不同算法计算结果与实际生产数据偏差分析　　kmol/h

序号	项　目	入口组分	E-303出口		偏　差
			手动计算	Hysis计算	
1	H_2S	166.33	166.33	136.91	29.42
2	SO_2	87.15	87.15	108.57	-21.42
3	S_2	0.00	0.00	0	0.00
4	H_2O	724.08	724.08	758.74	-34.66
5	CO_2	464.41	464.41	441.49	22.92
6	N_2	1405.00	1405.00	1486.81	-81.81
7	H_2	39.20	39.20	39.20	0.00
8	CO	13.50	13.50	27.13	-13.63
9	COS	6.10	6.10	10.21	-4.11

续表

序号	项　目	入口组分	E-303 出口		偏　差
			手动计算	Hysis 计算	
10	CS_2	0.00	0.00	1.75	-1.75
11	CH_4	0.00	0.00	0.00	0.00
12	O_2	0.00	0.00	0.00	0.00
13	S_6	11.73	0.07	0.29	-0.22
14	S_8	57.06	1.19	1.08	0.11
合计		2975.63	2974.56	2907.04	-105.14

性能指标比较

序号	项　目	手动计算	Hysis 计算	生产数据	偏　差
15	热负荷/(MJ/h)	17201.51	18219.6		-1005.06
16	蒸汽发生量/(t/h)	8.07	8.25	7.86	0.30
17	液硫中硫化氢浓度/%(质)		0.0591		
18	液硫生成量/(kg/h)	16541	16499		63.65

（五）一级加热器(E-304)计算

1. 计算内容与思路

一级加热器(E-304)重点计算加热过程气所消耗的中压饱和蒸汽流量，以满足一级反应器反应的温度需求，具体计算方法如下：

1）E-304 入口、出口过程气温度采用 DCS 监测温度，分别为 167.4℃、213℃。

2）E-304 加热介质为中压饱和蒸汽，介质参数取 DCS 数据，温度为 245℃，压力为 3.64MPa。

3）加热过程中，考虑过程气中部分 S_8 转化为 S_6 的反应。

2. 计算结果

(1)过程气升温热量需求计算

1）S_8 转化为 S_6 需求热量　查硫蒸汽饱和曲线，确定 E-304 出口气体中 S_6、S_8 的饱和摩尔含量，根据硫元素守恒，计算得出 S_8 转化为 S_6 的摩尔量，并根据 S_8 与 S_2、S_6 与 S_2 转换之间的差值计算得出 S_8 转化为 S_6 的需求热量为 1.432MJ/h。

2）过程气加热需求热量　根据 E-304 进出口过程气焓值，计算得出入口气体、出口气体总热量，则过程气加热需求量即加热器热负荷为：

$$E_{加热}=E_{加热出}+E_{S_8转化S_6}-E_{加热入}=4536.7\text{MJ/h}$$

(2) 加热蒸汽流量计算

加热蒸汽为中压饱和蒸汽，冷凝后凝结水通过疏水阀后，进入 E-303 作为补水，加热过程放热量为中压蒸汽汽化潜热。单位蒸汽放热量为：

$$E_{放热}=E_{潜热}=1741.84\text{MJ/h}$$

不考虑热损失时，3.64MPa 饱和中压蒸汽需求量为：

$$Q_{加热}=E_{加热}/E_{气化潜热}=4536.7/1741.84=2.60\text{t/h}$$

Hysis 计算加热负荷为 1278kW(折合 4600.8MJ/h)。不考虑热损失时，折算加热蒸汽流量为 2.56t/h。

3. 计算结果与生产数据比较

在不考虑热量损失的前提下，Hysis、手动计算加热蒸汽量分别为 2.60t/h、2.56t/h，高于实际加热蒸汽量 2.51t/h，不同算法计算结果与实际生产数据偏差分析如表 4-15 所示。分析主要原因为蒸汽流量计计量误差偏低。

表 4-15 一级加热器不同算法计算结果与实际生产数据偏差分析 kmol/h

序号	项　目	单　位	E-304 出口		偏　差
			手动计算	Hysis 计算	
1	H_2S	166.33	166.33	136.91	29.42
2	SO_2	87.15	87.15	108.57	-21.42
3	S_2	0.00	0.00	0	0.00
4	H_2O	724.08	724.08	758.74	-34.66
5	CO_2	464.41	464.41	441.49	22.92
6	N_2	1405.00	1405.00	1486.81	-81.81
7	H_2	39.20	39.20	39.20	0.00
8	CO	13.50	13.50	27.13	-13.63
9	COS	6.10	6.10	10.21	-4.11
10	CS_2	0.00	0.00	1.75	-1.75
11	CH_4	0.00	0.00	0.00	0.00
12	O_2	0.00	0.00	0.00	0.00
13	S_6	0.07	0.12	0.46	-0.34
14	S_8	1.19	1.15	0.87	0.28
合计		2908.01	2907.04	2907.05	-105.09

性能指标比较

序号	项　目	手动计算	Hysis 计算	生产数据	偏　差
15	热负荷/(MJ/h)	4536.7	4476		62.72
16	蒸汽消耗量/(t/h)	2.60	2.56	2.51	0.09

(六) 一级反应器(R-301)计算

1. 计算内容与思路

一级反应器(R-301)重点计算反应器温升、转化率，包括 H_2S/SO_2 转化率、COS 水解率、CS_2 水解率(考虑实际分析过程中无 CS_2 组分，故本文中忽略 CS_2 的影响)，具体计算方法如下：

1) 采用平衡常数法计算反应器温度。反应器内考虑两个反应，一是主反应 H_2S+SO_2，二是副反应 $COS+H_2O$。通过主反应 H_2S+SO_2 反应计算得出 K_p 值、反应器温度、出口气体组分，利用 Hysis 10 软件计算得出反应器温度工况下产物组成，然后查得副反应发生量、生成量，对反应器出口气体组分进行微量调整。

2) 微量调整出口气体组分的过程中，主反应也将发生变化，出口气体携带热量、反应过程放热量、反应器温度同时发生变化，通过手动逐步调整，直至反应器出口产物手动计算与 Hysis 计算结果相吻合，并基本与后续克劳斯过程气组分实际生产数据相吻合。

3）考虑副反应时，以进口、出口为界面条件，设备内部中间过程转化不考虑。

2. 计算结果

（1）反应器床层温度计算

先不考虑反应器内副反应，计算 K_p 值和反应器温度，使得反应器内热量守恒。然后考虑 COS 水解反应，对主反应、K_p 值和反应器温度进行微调。根据反应器出口 COS 分析化验浓度，计算出口过程气中 COS 的流量，作为组分调整的初始值。然后假设反应器内参与反应的 H_2S 量为 X，试代 X 值，使得热量守恒，出口温度与现场实际生产温度吻合。计算过程与参见克劳斯反应炉计算。

反应器出口压力为 139kPa，折合大气压为：

$$\pi = 139\text{kPa}/101\text{kPa} = 1.37\text{atm}$$

假设发生克劳斯反应的 H_2S 量为 x，当考虑副反应发生时，根据克劳斯器内硫元素守恒，出口产物中 H_2S、SO_2、S_8、H_2O 与副反应产物存在以下关联关系：

$$F_{H_2S,出} = F_{H_2S,入} - x + F_{COS,反应} = 166.32 - x + (6.1 - F_{COS,出口})$$

$$F_{SO_2,出} = F_{SO_2,入} - 0.5\times x = 87.15 - 0.5\times x$$

$$F_{S_8,出} = F_{S_8,入} + F_{H_2S,反应}\times(3/16) = 1.15 + 3/16\times x$$

$$F_{H_2O,出} = F_{H_2O,入} + F_{H_2S,反应} - F_{H_2O,COS} = 724.08 + x + (6.1 - F_{COS,出口})$$

试带 x 值，当 $x = 130.3$kmol/h 时，求得：

$$K_p = (724.08 + x + (6.1 - F_{COS,出口})^2 \times (1.15 + 3/16\times x)^{(3/8)} / [166.32 - x + (6.1 - F_{COS,出口})]^2 / (87.15 - 0.5\times x) \times (1.37/2866.33)^{(-5/8)} = 7559.8$$

$$T = 637 - 54.75\times\ln(K_p) + 2.069\times\ln(K_p)^2 - 0.03324\times\ln(K_p)^3 = 289.39℃$$

即一级反应器温度为 289.39℃，Hysis 模拟计算温度为 283.6℃，现场实际 DCS 监测温度为 289℃。

（2）床层温升计算

一级反应器入口过程气温度为 213℃，手动计算、Hysis 计算和实际出口温度分别 289.39℃、283.6℃和 289℃，则不同算法下温升为：

手动计算温升：$\Delta t = 289.39℃ - 213℃ = 76.39℃$

Hysis 计算温升为：$\Delta t = 283.6℃ - 213℃ = 70.6℃$

实际现场温升为：$\Delta t = 289℃ - 213℃ = 76℃$

（3）硫露点计算

根据出口气体组分占比，反应器出口过程气 S_x 分压：

$$S_{分压} = 139\text{kPa}\times[(25.58 + 0.122)/2866.33] = 1.225\text{kPa}$$

查硫的饱和蒸气压图，在 R-301 出口温度 289℃工况下，S_x 的饱和蒸气压为 32kPa，实际分压低于饱和蒸气压，故反应器出口无液硫冷凝析出。

$$P_{实际,289℃} = 1.225\text{kPa} < P_{s,289℃} = 32\text{kPa}$$

当饱和分压等同于出口硫蒸气分压时，即 $P_{s饱和} = P_{实际} = 1.225$kPa 时，对应的饱和温度为 230℃，即一级反应器出口硫露点温度为 230℃，当温度低于 230℃时，反应器出口气体硫蒸气将存在冷凝析出。

(4) SO_2 转化率计算

1) 手动计算结果　采用代入法进行计算，假设反应器内参与反应的 H_2S 量为 X，使得反应器热量平衡，计算方法参见克劳斯反应炉。即：

$$\Delta Q=Q_{出}-Q_{反}-Q_{入}=0$$

计算得出 X 值为 130.3kmol/h。

由于副反应 COS 水解生成 H_2S，影响反应器内 H_2S 总转化率计算，故计算 H_2S 转化率时采用 SO_2 转化率代替，即与 130.3kmol/h H_2S 反应的 SO_2 量为：

$$X_{SO_2}=0.5\times130.3=65.15\text{kmol/h}$$

$$\Phi_{SO_2转化}=65.15/87.15\times100\%=74.8\%$$

2) Hysis 计算结果　R-301 入口、出口过程气中 SO_2 摩尔流量分别为 93.73kmol/h、20.84kmol/h，由此参与反应的摩尔流量为：

$$X_{SO_2}=93.73-20.84=72.89\text{kmol/h}$$

由此，计算 SO_2 转化率为：

$$\Phi_{SO_2转化}=72.89/93.73\times100\%=77.76\%$$

3) 实际分析组分计算结果　根据本文第三部分第十一、十二章中 R-301 进、出口气体分析组分，结合手动计算中的进、出口气体的摩尔流量，计算 R-301 中 SO_2 转化率如下：

入口过程气摩尔流量为 2907.04kmol/h，气体中 SO_2 湿基浓度为 3.75%，出口过程气摩尔流量为 2866.33kmol/h，SO_2 浓度为 0.6%，则 SO_2 转化率为：

$$\Phi_{SO_2转化}=(2907.04\times3.75\%-2866.33\times0.6\%)/(2907.04\times3.75\%)\times100\%=84.22\%$$

(5) COS 水解率计算

1) 手动计算结果　根据副反应微调后计算数据表，出口气体中 COS 摩尔流量为 0.4644kmol/h，入口 COS 摩尔流量为 6.1kmol/h，则 COS 水解率如下：

$$\Phi_{COS转化}=(6.1-0.4644)/6.1\times100\%=83.6\%$$

2) Hysis 计算结果　R-301 入口、出口过程气中 COS 摩尔流量分别为 6.1kmol/h、1.84kmol/h，则 COS 水解率如下：

$$\Phi_{COS转化}=(6.1-1.84)/6.1\times100\%=69.8\%$$

3) 实际分析组分计算结果　根据本文第三部分第十一、十二章中 R-301 进、出口气体分析组分，结合手动计算中的进、出口气体的摩尔流量，计算 R-301 中 COS 转化率如下：

入口过程气摩尔流量为 2907.04kmol/h，气体中 COS 湿基浓度为 0.41%，出口过程气摩尔流量为 2866.33kmol/h，COS 浓度为 0.01%，则 COS 转化率为：

$$\Phi_{COS转化}=(2907.04\times0.41\%-2866.33\times0.01\%)/(2907.04\times0.41\%)\times100\%=97.6\%$$

(6) 一级反应器硫转化率计算

根据反应器单程转化率公式：

$$\eta=[1-二冷出口气体(H_2S+SO_2+COS+2CS_2)摩尔总数/一转入口(H_2S+SO_2+COS+2CS_2)摩尔总数]\times100\%$$

不同算法下回收率计算结果如下：

1) 手动计算结果　根据手动计算数据表，一级反应器入口气体中 H_2S、SO_2、COS、CS_2 摩尔流量分别为 166.33kmol/h、87.15kmol/h、6.1kmol/h、0kmol/h，一级反应器出口气体中

H_2S、SO_2、COS、CS_2 摩尔流量分别为 41.66kmol/h、22.0kmol/h、0.4644kmol/h、0kmol/h，由此，硫回收率为：

$$\eta_{反应炉}=1-(41.66+22.0+0.4644)/(166.33+87.15+6.1)=75.3\%$$

2）Hysis 计算结果　根据 Hysis 计算数据，一级反应器入口气体中 H_2S、SO_2、COS、CS_2 摩尔流量分别为 166.33kmol/h、87.15kmol/h、6.1kmol/h、0kmol/h，出口气体中 H_2S、SO_2、COS、CS_2 摩尔流量分别为 35.51kmol/h、20.84kmol/h、1.84kmol/h、0kmol/h，由此，硫回收率为：

$$\eta_{反应炉}=1-(35.51+20.84+1.84)/(165.88+88.13+6.1)=77.6\%$$

3）实际分析组分计算结果

根据取样分析结果，一级反应器入口气体中 H_2S、SO_2、COS、CS_2 湿基浓度分别为：7.41%、3.75%、0.41%、0，气体摩尔流量为 2907.04kmol/h，由此，计算得出实际入口气体中含硫气体总摩尔流量为：

$$F_{入}=2907.04\times(7.41\%+3.75\%+0.41\%)=336.34\text{kmol/h}$$

一级反应器出口气体 H_2S、SO_2、COS、CS_2 湿基浓度分别为：1.56%、0.6%、0.01%、0，气体摩尔流量为 2866.33kmol/h，由此，计算得出实际入口气体中含硫气体总摩尔流量为：

$$F_{出}=2866.33\times(1.56\%+0.6\%+0.01\%)=62.2\text{kmol/h}$$

由此，计算得出硫回收率为：

$$\eta_{反应器}=1-62.2/336.34=81.5\%$$

3. 计算结果与生产数据比较

通过对反应器手动计算增加副反应修正，与 Hysis 计算结果及实际生产运行数据进行比较，不同算法的计算结果中，反应器温升、酸性气体转化率之间存在较大的差异，一级反应器不同算法计算结果与实际生产数据偏差分析如表 4-16 所示。具体对比结果及原因分析说明如下：

1）反应器温度分析。手动计算、Hysis、实际 DCS 监测温度分别为 289.41℃、283.6℃、289℃，手动计算温度最高，Hysis 模拟计算温度最低，分析原因可能为：手动计算中仅考虑了两个反应，实际反应过程较为复杂，如本文第三部分第十二节所示。未考虑的反应（如 H_2S+SO_2 生成 S_6 的反应）放热量较低，导致手动计算放热量偏高，反应器床层温度较大。

2）SO_2、COS、反应器总硫转化率分析。手动计算、Hysis、实际组分计算 SO_2 转化分别为 74.07%、77.76%、84.22%，手动计算值最低，Hysis 模拟计算稍高，实际组分计算值最高；COS 转化率分别为 83.6%、69.8%、97.6%，Hysis 模拟计算值最低，手动计算稍高，实际组分计算值最高；单台反应器总硫转化率分别为 75.3%、77.6%、81.5%，手动计算值最低，Hysis 模拟计算稍高，实际组分计算值最高。结果分析如下：

① Hysis 模拟计算的基础为氧化铝基催化剂，克劳斯反应转换率偏低，特别是水解能力差，实际反应转化率较 Hysis 计算偏高。

② Hysis 计算为平衡转化率，高温有利于有机硫水解反应、低温有利于克劳斯反应，Hysis 模拟温度较手动计算偏低，故克劳斯转化率偏高、水解转化率偏低。

3）实际生产过程中，反应器设置多组温度监测，温度监测位置的差异也存在温度偏差。

表 4-16 一级反应器不同算法计算结果与实际生产数据偏差分析 kmol/h

序号	项 目	入口组分	R-301 出口		
			手动计算	Hysis 计算	偏差
1	H_2S	166.33	41.66	35.51	6.15
2	SO_2	87.15	22.00	20.84	1.16
3	S_2	0.00	0.00	0	0.00
4	H_2O	724.08	848.75	894	-45.25
5	CO_2	464.41	470.05	468.7	1.35
6	N_2	1405.00	1405.00	1405	0.00
7	H_2	39.20	39.20	39.20	0.00
8	CO	13.50	13.50	13.50	0.00
9	COS	6.10	0.46	1.84	-1.38
10	CS_2	0.00	0.00	0.00	0.00
11	CH_4	0.00	0.00	0.00	0.00
12	O_2	0.00	0.00	0.00	0.00
13	S_6	0.12	0.12	8.82	-8.70
14	S_8	1.15	25.58	16.27	9.31
合计		2907.05	2866.33	2903.68	-2.67
性能指标比较					
序号	项 目	手动计算	Hysis 计算	生产数据	偏 差
15	反应器温度/℃	289.39	283.6	289	-2.51
16	床层温升/℃	76.39	70.6	76	-2.51
17	SO_2 转化率/%	74.8	77.76	84.22	-7.94
18	COS 水解率/%	83.6	69.8	97.6	-20.90
19	硫转化率/%	75.3	77.6	81.5	-5.05

（七）二级硫冷器（E-305）计算

1. 计算内容与思路

二级硫冷器（E-305）计算内容和思路与 E-303 相同，参见 E-303 部分计算。

2. 计算结果

（1）蒸汽发生量计算

E-305 回收热量主要来自过程气降温、液硫（S_6、S_8）冷凝放热，不考虑热损失，E-305 回收热量为 15121.54MJ/h，理论蒸汽发生量为 6.92t/h。

Hysis 计算回收热量为 4105kW（折合 14778MJ/h），不考虑热损失时，发生蒸汽量为 6.96t/h。

（2）硫露点计算

根据出口气体组分占比，E-305 出口 S_x 分压为 1.225kPa，查硫的饱和蒸汽压图，在出口温度 165℃工况下，S_x 的饱和蒸气压为 0.0546kPa，实际分压高于饱和蒸气压，故 E-305 出口液硫冷凝析出。计算过程参见 E-303 计算。

$$P_{实际,165℃}=1.225kPa>P_{s,165℃}=0.0546kPa$$

（3）析出液硫量计算

1）采用试代法计算析出液硫量。假设析出的液硫量(以 S_6 计算，S_8 根据 S 元素守恒计算得出)为 *X*t/h，E-305 入口气体中由 *X* 液硫析出后，在出口气体中硫蒸气应处于饱和状态，计算得出 *X* 值为 1.3201kmol/h，析出的 S_8 量为 23.55kmol/h，析出的总液硫量为 24.87kmol/h。计算过程参见 E-303 计算。

2）Hysis 模拟计算。模拟计算中，液硫存在的形式为 S_1，摩尔流量为 219.46kmol/h，折算为 S_8 摩尔流量为 27.43kmol/h。

（4）液硫中硫化氢浓度计算

液硫中硫化氢多以 H_2S_X形式存在，为便于计算，本文设定 *x* 值为 1，即计算 H_2S 的浓度。采用 Hysis 方法模拟结果，液相中 H_2S 摩尔流量为 0.0211kmol/h，总摩尔流量为 219.48kmol/h，由此计算得出液硫中硫化氢浓度为：

$$\rho_{H_2S}=0.0211/219.48=0.0096\%$$

折算成质量浓度为：0.0144%(质)。

3. 计算结果与生产数据比较

在不考虑热量损失的前提下，Hysis、手动计算蒸汽发生量计算结果分别为 6.92t/h、6.96t/h，低于实际蒸发量 7.26t/h，二级硫冷器不同算法计算结果与实际生产数据偏差分析如表 4-17 所示。

两种理论计算方法所得结果相近，均较生产数据偏小，分析原因主要为 E-305 蒸汽流量计计量偏大。根据 DCS 数据，E-305 低压锅炉给水流量为 4.3t/h，自 E-306 回收凝结水流量为 2.27t/h，根据水平衡计算，蒸汽发生量应小于等于两者之和，即在平稳工况下，蒸发量应小于等于 6.57t/h，由此判断蒸汽流量计计量偏大。

表 4-17　二级硫冷器不同算法计算结果与实际生产数据偏差分析　　kmol/h

序号	项　目	入口组分	E-305 出口		
			手动计算	Hysis 计算	偏差范围
1	H_2S	41.66	41.66	35.49	6.17
2	SO_2	22.00	22.00	20.84	1.16
3	S_2	0.00	0.00	0	0.00
4	H_2O	848.75	848.75	894	-45.25
5	CO_2	470.05	470.05	468.7	1.35
6	N_2	1405.00	1405.00	1405	0.00
7	H_2	39.20	39.20	39.20	0.00
8	CO	13.50	13.50	13.50	0.00
9	COS	0.46	0.46	1.84	-1.38
10	CS_2	0.00	0.00	0.00	0.00
11	CH_4	0.00	0.00	0.00	0.00
12	O_2	0.00	0.00	0.00	0.00
13	S_6	0.12	0.06	0.23	-0.17

续表

序号	项目	入口组分	E-305出口		
			手动计算	Hysis计算	偏差范围
14	S_8	25.58	1.08	0.87	0.21
合计		2867.22	2866.33	2841.77	-37.9
性能指标比较					
序号	项目	手动计算	Hysis计算	生产数据	偏差
15	热负荷/(MJ/h)	15121.54	14778	—	343.54
16	蒸汽发生量/(t/h)	6.92	6.96	7.26 (存在计量偏差)	—
17	液硫硫化氢浓度/%(质)	0.0144	—	—	—
18	液硫生成量/(kg/h)	6282	7023	—	-740.46

(八)二级加热器(E-306)计算

1. 计算内容与思路

E-306计算内容和思路与E-304相同，参见E-304计算过程。

2. 计算结果

(1)过程气升温热量需求计算

1) S_8转化为S_6需求热量，由于二级加热器出口S_8转化量仅为0.002kmol/h，吸热量忽略不计。

2)过程气加热需求热量。根据E-306进出口过程气焓值，计算得出入口气体、出口气体总热量，则过程气加热需求量即加热器热负荷为：

$$E_{加热}=E_{加热出}+E_{S_8转化S_6}-E_{加热入}=4650.74\text{MJ/h}$$

(2)加热蒸汽流量计算

加热蒸汽为3.64MPa中压饱和蒸汽，冷凝后凝结水进入E-305作为补水，加热过程放热量为中压蒸汽汽化潜热。单位蒸汽放热量为：

$$E_{放热}=E_{潜热}=1741.84\text{MJ/h}$$

不考虑热损失时，3.64MPa饱和中压蒸汽需求量为：

$$Q_{加热}=E_{加热}/E_{气化潜热}=4650.74/1741.84=2.67\text{t/h}$$

Hysis计算加热负荷为4561.2MJ/h，不考虑热损失时，折算加热蒸汽流量为2.61t/h。

3. 计算结果与生产数据比较

在不考虑热量损失的前提下，Hysis、手动计算加热蒸汽量分别为2.67t/h、2.61t/h，高于实际加热蒸汽量2.27t/h，二级加热器不同算法计算结果与实际生产数据偏差分析如表4-18所示。主要为蒸汽计量存在偏差。

表4-18 二级加热器不同算法计算结果与实际生产数据偏差分析 kmol/h

序号	项目	入口组分	E-306出口		
			手动计算	Hysis计算	偏差范围
1	H_2S	41.66	41.66	35.49	6.17
2	SO_2	22.00	22.00	20.84	1.16

续表

序号	项　目	入口组分	E-306 出口		
			手动计算	Hysis 计算	偏差范围
3	S_2	0.00	0.00	0	0.00
4	H_2O	848.75	848.75	894.01	-45.26
5	CO_2	470.05	470.05	468.66	1.39
6	N_2	1405.00	1405.00	1405	0.00
7	H_2	39.20	39.20	39.20	0.00
8	CO	13.50	13.50	13.50	0.00
9	COS	0.46	0.46	1.84	-1.38
10	CS_2	0.00	0.00	0.00	0.00
11	CH_4	0.00	0.00	0.00	0.00
12	O_2	0.00	0.00	0.00	0.00
13	S_6	0.06	0.06	0.38	-0.32
14	S_8	1.08	1.08	0.69	0.39
合计		2842.61	2841.77	2841.77	0

性能指标比较

序号	项　目	手动计算	Hysis 计算	生产数据	偏　差
15	热负荷/(MJ/h)	4650.74	4561.2		89.54
16	蒸汽消耗量/(t/h)	2.67	2.61	2.27	0.4

（九）二级反应器（R-302）计算

1. 计算内容与思路

R-302 计算内容、思路与 R-301 相同，参见本文 R-301 部分。

2. 计算结果

（1）反应器床层温度计算

通过手动方法，考虑副反应对平衡的影响，可计算得出二级反应器温度为 229.93℃，Hysis 模拟计算温度为 228.8℃，现场实际 DCS 监测温度为 222.5℃。

（2）床层温升计算

一级反应器入口过程气温度为 212.9℃，手动计算、Hysis 计算和实际出口温度分别 229.93℃、228.8℃和 222.5℃，则不同算法下温升为：

手动计算温升：$\Delta t = 229.93 - 212.9 = 17.03$℃

Hysis 计算温升为：$\Delta t = 228.8 - 212.9 = 15.9$℃

实际现场温升为：$\Delta t = 222.5 - 212.9 = 9.6$℃

（3）硫露点计算

根据出口气体组分占比，反应器出口过程气 S_x 分压：

$$S_{分压} = 128\text{kPa} \times [(6.68+0)/2874.35] = 0.275\text{kPa}$$

查硫的饱和蒸气压图，在 R-302 出口温度 222.5℃工况下，S_x 的饱和蒸气压为 0.79kPa，实际分压低于饱和蒸气压，故反应器出口无液硫冷凝析出。

$$P_{实际,222.5℃}=0.275kPa<P_{s,222.5℃}=0.79kPa$$

当饱和分压等同于出口硫蒸汽分压时，即 $P_{s饱和}=P_{实际}=0.275kPa$ 时，对应的饱和温度为193℃，即当温度低于193℃时，反应器出口气体硫蒸气将存在冷凝析出。

（4）SO_2 转化率计算

1）手动计算结果

采用代入法进行计算，假设反应器内参与反应的 H_2S 量为 X，使得反应器热量平衡，即：

$$\Delta Q=Q_{出}-Q_{反}-Q_{入}=0$$

计算得出 X 值为27kmol/h。

由于副反应COS水解生成 H_2S，影响反应器内 H_2S 总转化率计算，故计算 H_2S 转化率时采用 SO_2 转化率代替，即与27kmol/h H_2S 反应的 SO_2 量为：

$$X_{SO_2}=0.5\times27=13.5kmol/h$$

$$\Phi_{SO_2转化}=13.5/22.0\times100\%=61.3\%$$

2）Hysis计算结果

R-302入口、出口过程气中 SO_2 摩尔流量分别为22.0kmol/h、8.89kmol/h，由此参与反应的摩尔流量为：

$$X_{SO_2}=22.0-8.89=13.11kmol/h$$

由此，计算 SO_2 转化率为：

$$\Phi_{SO_2转化}=13.11/22.0\times100\%=60\%$$

3）实际分析组分计算结果

根据本文第三部分第十三、十四章中R-302进、出口气体分析组分，结合手动计算中的进、出口气体的摩尔流量，计算R-302中 SO_2 转化率如下：

入口过程气摩尔流量为2841.7kmol/h，气体中 SO_2 湿基浓度为0.6%，出口过程气摩尔流量为2833.3kmol/h，SO_2 浓度为0.09%，则 SO_2 转化率为：

$$\Phi_{SO_2转化}=(2841.7\times0.6\%-2833.3\times0.09\%)/(2841.7\times0.6\%)\times100\%=85.04\%$$

（5）COS水解率计算

① 手动计算结果

根据副反应微调后计算数据表，出口气体中COS摩尔流量为0.3241kmol/h，入口COS摩尔流量为0.4644kmol/h，则COS水解率如下：

$$\Phi_{COS转化}=(0.4644-0.3241)/0.4644\times100\%=30.21\%$$

② Hysis计算结果

R-301入口、出口过程气中COS摩尔流量分别为0.4644kmol/h、0.3239kmol/h，则COS水解率如下：

$$\Phi_{COS转化}=(0.4644-0.3239)/0.4644\times100\%=30.25\%$$

③ 实际分析组分计算结果

根据本文第三部分第十三、十四节中R-302进、出口气体分析组分，结合手动计算中的进、出口气体的摩尔流量，计算R-302中COS转化率如下：

入口过程气摩尔流量为2841.7kmol/h，气体中COS湿基浓度为0.01%，出口过程气摩尔流量为2834.2kmol/h，COS浓度为0.005%，则COS转化率为：

$$\Phi_{COS转化}=(2841.7\times0.01\%-2833.3\times0.005\%)/(2841.7\times0.01\%)\times100\%=50.14\%$$

（6）二级反应器硫转化率计算

根据反应器单程转化率公式 η =［1-三冷出口气体（$H_2S+SO_2+COS+2CS_2$）摩尔总数/二转入口（$H_2S+SO_2+COS+2CS_2$）摩尔总数］×100%，不同算法下回收率计算结果如下：

① 手动计算结果

根据手动计算数据表，二级反应器入口气体中 H_2S、SO_2、COS、CS_2 摩尔流量分别为 41.66kmol/h、22.0kmol/h、0.4644kmol/h、0kmol/h，二级反应器出口气体中 H_2S、SO_2、COS、CS_2 摩尔流量分别为 14.8kmol/h、8.5kmol/h、0.3241kmol/h、0kmol/h，由此，硫回收率为：

$$\eta_{二转}=1-(14.8+8.5+0.3241)/(41.66+22.0+0.4644)=63.2\%$$

② Hysis 计算结果

根据 Hysis 计算数据，二级反应器入口气体中 H_2S、SO_2、COS、CS_2 摩尔流量分别为 40.95kmol/h、22.84kmol/h、0.4644kmol/h、0kmol/h，出口气体中 H_2S、SO_2、COS、CS_2 摩尔流量分别为 13.2kmol/h、8.9kmol/h、0.3239kmol/h、0kmol/h，由此，硫回收率为：

$$\eta_{反应炉}=1-(13.2+8.9+0.3239)/(40.95+22.84+0.4644)=65.1\%$$

③ 实际分析组分计算结果

根据取样分析结果，二级反应器入口气体中 H_2S、SO_2、COS、CS_2 湿基浓度分别为：1.56%、0.6%、0.01%、0，气体摩尔流量为 2841.7kmol/h，由此，计算得出实际入口气体中含硫气体总摩尔流量为：

$$F_{入}=2841.7\times(1.56\%+0.6\%+0.01\%)=61.66\text{kmol/h}$$

二级反应器出口气体 H_2S、SO_2、COS、CS_2 湿基浓度分别为：0.64%、0.09%、0.005%、0，气体摩尔流量为 2833.33kmol/h，由此，计算得出实际入口气体中含硫气体总摩尔流量为：

$$F_{出}=2833.33\times(0.64\%+0.09\%+0.005\%)=20.82\text{kmol/h}$$

由此，计算得出硫回收率为：

$$\eta_{反应炉}=1-20.82/61.66=66.23\%$$

3. 计算结果与生产数据比较

通过对反应器手动计算增加副反应修正，与 Hysis 计算结果及实际生产运行数据进行比较，不同算法的计算结果中，反应器温升、酸性气体转化率之间存在较大的差异。二级反应器不同算法计算结果与实际生产数据偏差分析如表 4-19 所示，具体对比结果及原因分析说明如下：

1）反应器温度分析。手动计算、Hysis、实际 DCS 监测温度分别为 229.93℃、228.8℃、222.5℃，手动计算温度最高，Hysis 模拟计算温度偏低，现场实际监测温度最低，分析原因可能为：手动计算中仅考虑了两个反应，实际反应过程较为复杂，如本文第三部分第十四章所示。未考虑的反应（如 H_2S+SO_2 生成 S_6 的反应）放热量较低，导致手动计算放热量偏高，反应器床层温度较大。

2）SO_2、COS、反应器总硫转化率分析。手动计算、Hysis、实际组分计算 SO_2 转化分别为 59.1%、61%、85.4%，手动计算值最低，Hysis 模拟计算稍高，实际组分计算值最高；COS 转化率分别为 30.21%、30.25%、50.14%，Hysis 模拟与手动计算结果相当，实际组分计算值最高；单台反应器总硫转化率分别为 63.03%、65.1%、66.2%，三者基本相当。结果分析如下：

① Hysis 模拟计算的基础为常规氧化铝基催化剂，克劳斯反应转换率偏低，普光生产装置中实际装填催化剂为铝基 LS-02，活性优于常规氧化铝催化剂，故实际反应转化率较高。

② 两种理论计算得出的水解转化率基本相同。现场数据计算得出的水解转化率远低于理论计算值，分析原因主要为现场化验偏差。现场采用 FID 气相色谱进行分析，分析精度为 0.1%，且浓度越低偏差越大。

③ 二级反应器中铝基催化剂在低温下基本无水解活性，水解转化率偏低。

3）实际生产过程中，反应器设置多组温度监测，温度监测位置的差异也存在温度偏差。

表 4-19　二级反应器不同算法计算结果与实际生产数据偏差分析　　kmol/h

序号	项　目	入口组分	R-302 出口		
			手动计算	Hysis 计算	偏差范围
1	H_2S	41.66	14.80	13.2	1.60
2	SO_2	22.00	8.50	8.89	-0.39
3	S_2	0.00	0.00	0	0.00
4	H_2O	848.75	875.61	916.4	-40.79
5	CO_2	470.05	470.19	470.2	-0.01
6	N_2	1405.00	1405.00	1405	0.00
7	H_2	39.20	39.20	39.20	0.00
8	CO	13.50	13.50	13.50	0.00
9	COS	0.46	0.32	0.32	0.00
10	CS_2	0.00	0.00	0.00	0.00
11	CH_4	0.00	0.00	0.00	0.00
12	O_2	0.00	0.00	0.00	0.00
13	S_6	0.06	0.00	1.92	-1.92
14	S_8	1.08	6.19	4.54	1.65
合计		2841.77	2833.32	2873.17	-2.85

性能指标比较

序号	项　目	手动计算	Hysis 计算	生产数据	偏　差
15	反应器温度/℃	229.93	228.8	222.5	6.87
16	床层温升/℃	17.03	15.9	9.6	6.87
17	SO_2 转化率/%	61.3	60	85.04	-24.39
18	COS 水解率/%	30.21	30.25	50.14	-19.91
19	硫转化率/%	63.2	65.1	66.23	-2.08

（十）末级硫冷器(E-307)计算

1. 计算内容与思路

末级硫冷器(E-307)重点计算余热回收热量、加热锅炉水流量、硫露点、液硫中硫化氢浓度等，并核算 E-307 出口是否有液硫冷凝析出及析出液硫量，具体计算方法如下：

1）E-307 过程气出口温度采用 DCS 监测温度为 136℃。

2）E-307 锅炉水进口、出口温度采用 DCS 监测温度，分别为 122.5、161.6℃。

2. 计算结果

（1）加热锅炉水量计算

E-307 回收热量主要来自过程气降温、液硫(S_6、S_8)冷凝放热，不考虑热损失，E-307 回收热量为 9526.12MJ/h，将锅炉水由 122.5℃升温加热至 161.6℃，可加热锅炉水量为 58.01t/h。计算过程如下：

$$F_{锅炉水}=E_{回收}/(161.6-122.5)/4.2=58.01t/h$$

Hysis 计算回收热量为 2683kW(折合 9658.8MJ/h)，不考虑热损失时，发生蒸汽量为 58.82t/h。

（2）硫露点计算

根据出口气体组分占比，E-305 出口 S_x 分压为 0.275kPa，查硫的饱和蒸气压图，在出口温度 136℃工况下，S_x 的饱和蒸气压为 0.0114kPa，实际分压高于饱和蒸气压，故 E-306 出口液硫冷凝析出。计算过程参见 E-303 计算。

$$P_{实际,136℃}=0.275kPa>P_{s,136℃}=0.0114kPa$$

（3）析出液硫量计算

1）采用试带法计算析出液硫量。假设析出的液硫(以 S_6 计算，S_8 根据 S 元素守恒计算得出)量为 Xt/h，E-307 入口气体中由 X 液硫析出后，在出口气体中硫蒸气应处于饱和状态，计算得出 X 值为 0.1397kmol/h，析出的 S_8 量为 5.8363kmol/h，析出的总液硫量为 5.976kmol/h。

2）Hysis 模拟计算。模拟计算中，液硫存在的形式为 S_1，摩尔流量为 54.28kmol/h，折算为 S_8 摩尔流量为 6.78kmol/h。

（4）液硫中硫化氢浓度计算

液硫中硫化氢多以 H_2S_X形式存在，为便于计算，本文设定 x 值为 1，即计算 H_2S 的浓度。采用 Hysis 方法模拟结果，液相中 H_2S 摩尔流量为 0.0011kmol/h，总摩尔流量为 54.2812kmol/h，由此计算得出液硫中硫化氢浓度为：

$$\rho_{H_2S}=0.0011/54.2812=0.0020\%$$

折算为质量浓度为：0.0030%(质)

3. 计算结果与生产数据比较

在不考虑热量损失的前提下，Hysis、手动计算加热锅炉水流量分别为 58.82t/h、58.01t/h，均高于实际蒸发量 53.65t/h。末级硫冷器不同算法计算结果与实际生产数据偏差分析如表 4-20 所示。末级硫冷器存在热量损失，损失率为：

手动计算：$\Delta q=(58.01-53.65)/58.01=7.5\%$

Hysis 计算：$\Delta q=(58.82-53.65)/58.82=8.7\%$

表 4-20 末级硫冷器不同算法计算结果与实际生产数据偏差分析 kmol/h

序号	项目	入口组分	E-307 出口		
			手动计算	Hysis 计算	偏差
1	H_2S	14.80	14.80	13.19	1.61
2	SO_2	8.50	8.50	8.89	-0.39
3	S_2	0.00	0.00	0	0.00

续表

序号	项　目	入口组分	E-307出口		
			手动计算	Hysis计算	偏　差
4	H_2O	875.61	875.61	916.4	-40.79
5	CO_2	470.19	470.19	470.19	0.00
6	N_2	1405.00	1405.00	1405	0.00
7	H_2	39.20	39.20	39.20	0.00
8	CO	13.50	13.50	13.50	0.00
9	COS	0.32	0.32	0.32	0.00
10	CS_2	0.00	0.00	0.00	0.00
11	CH_4	0.00	0.00	0.00	0.00
12	O_2	0.00	0.00	0.00	0.00
13	S_6	0.00	0.19	0.04	0.15
14	S_8	6.19	6.05	0.19	5.86
合计		2834.16	2833.32	2833.37	-33.56

性能指标比较

序号	项　目	手动计算	Hysis计算	生产数据	偏　差
15	热负荷/(MJ/h)	9526.12	9658.8	—	-132.68
16	锅炉水加热量/(t/h)	58.01	58.82	53.65	4.77
17	液硫中硫化氢浓度/%(质)	0.0030	—	—	—
18	液硫生成量/(kg/h)	1521	1737	—	-216.04

(十一) 加氢在线燃烧炉(F-401)计算

1. 计算内容与思路

根据现场实际燃料气、配风、低压蒸汽流量，计算加氢在线燃烧炉(F-401)出口温度、出口气体组分，特别是出口气体中 H_2、CO 等还原性气体生成量。计算思路如下：

1) 只考虑甲烷当量燃烧反应。在线炉内反应较为复杂，一部分为燃料气(CH_4)不完全燃烧反应，一部分为硫黄回收装置过程尾气与燃烧产物发生副反应，相比甲烷燃烧反应，过程气中酸性气体含量低、影响较小，本文忽略不计。

2) 在线炉内甲烷燃烧产物为 CO_2、CO、H_2 和 H_2O，考虑的反应包括：

$$CH_4+2O_2 = CO_2+2H_2O \tag{4-27}$$

$$CH_4+3/2O_2 = CO+2H_2O \tag{4-28}$$

$$CH_4+O_2 = CO+H_2O+H_2 \tag{4-29}$$

3) 参与反应的甲烷、氧气摩尔流量为现场实际进料量，取DCS数据。通过Hysis模拟计算出，加氢炉出口的 H_2 的量，由此可得出反应(4-29)的 CH_4 量，继而可知反应(4-27)、式(4-28)的甲烷总量，通过试代的方法得出反应式(4-27)、式(4-28)的反应物和产物流量。出口气体组分确定后，结合Hysis计算结果，试带加氢炉出口温度，当加氢炉内热量达到平衡时，认为加氢反应炉计算完成。

4) 在线炉燃料气、配风、蒸汽流量分别为499Nm³/h、3795Nm³/h、220kg/h，折算为摩尔流量分别为 22.28kmol/h、169.42kmol/h、12.22kmol/h。

2. 计算结果

（1）在线炉燃烧反应

① 手动计算

本次计算中，考虑在线炉内发生的三个主要反应，已知反应的甲烷、氧气总量，采用列式法计算，并通过出口过程气中分析化验数据进行验证。

假设发生反应 1 的 CH_4 量为 x，则理论耗氧气量为 $2x$；假设发生反应 2 的 CH_4 量为 y，则理论耗氧气量为 $1.5y$；假设发生反应 3 的 CH_4 量为 z，则理论耗氧气量为 z。利用 Hysis 模拟计算得出出口气体中的 H_2 摩尔量，则 z 值可得。再根据 CH_4 总量、O_2 总量关联式，即：

$$F_{CH_4}=x+y+z=21.83\text{kmol/h}$$

$$F_{O_2}=2x+1.5y+z=34.91\text{kmol/h}$$

利用 Hysis 模拟，结合后续急冷塔顶气体中 H_2 含量，在使得炉膛温度与实际生产温度吻合时，确定 $z=6.89$kmol/h

则分别求得 x、y 值，即为：$x=11.2$kmol/h，$y=3.7311$kmol/h

由此，手动计算求得出口过程气中组分如表 4-21 所示。

表 4-21　在线炉出口气体组成手动计算结果

组　　分	摩尔流量/(kmol/h)	组分含量/%(质)	组　　分	摩尔流量/(kmol/h)	组分含量/%(质)
S_6	0.0533	0.0018	N_2	1536.32	50.54
S_8	0.2103	0.0069	H_2	46.09	1.52
H_2S	14.8	0.487	CO	24.12	0.79
SO_2	8.5	0.28	COS	0.32	0.01
H_2O	927.79	30.52	合计	3040.06	100
CO_2	481.84	15.85			

② Hysis 模拟计算

Hysis 模拟计算结果如图 4-9 所示，手动计算与 Hysis 模拟计算结果基本相同。

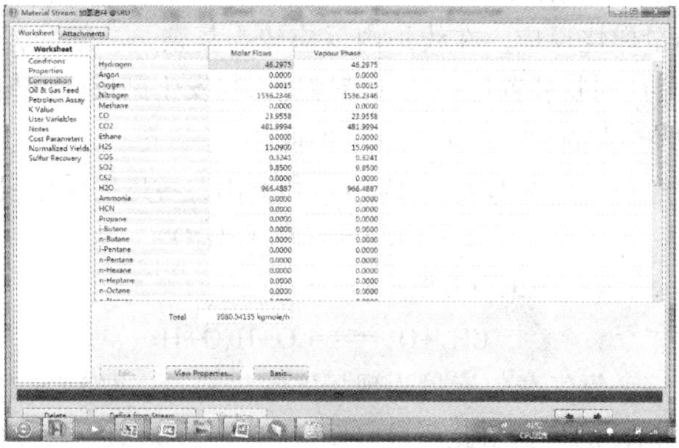

图 4-9　在线炉出口气体组分模拟计算结果

（2）在线炉出口温度

采用试代法计算，假设出口温度为 x，代入计算数据表，使得在线炉内热量平衡，即：$Q_{出}-Q_{入}-Q_{反应}=0$。当 $x=265.8$℃，在线燃烧炉内热量平衡。加氢在线燃烧炉入口、出口气体焓值如表 4-22、表 4-23 所示，反应热量如表 4-24 所示。

表 4-22　在线燃烧炉入口气体焓值

物料名称	摩尔流量/(kmol/h)	单位焓值/(kJ/kmol)	热量/(MJ/h)
过程气			
S_6	0.0533	15899.74	0.85
S_8	0.2103	21941.05	4.61
H_2S	14.8	4614.35	68.31
SO_2	8.5	5759.48	48.98
H_2O	875.61	4716.37	4129.68
CO_2	470.18	5357.37	2518.96
N_2	1405	3964.68	5570.38
H_2	39.2	3962.95	155.35
CO	13.5	3959.21	53.45
COS	0.3241	5989.43	1.94
合计	12552.52		
燃料气			
CH_4	21.83	1529.87	33.39
CO_2	0.44	1650.61	0.74
合计	22.27		34.13
助燃空气			
O_2	34.91	3019.74	105.41
N_2	131.32	2858.93	375.43
H_2O	3.196	3393.68	10.85
合计	169.42	9272.36	491.68
调整火焰低压蒸汽			
H_2O	12.22	5184.89	63.37
合计	12.22		63.37
$Q_入$/(MJ/h)	13146.55		

表 4-23　加氢在线燃烧炉出口气体焓值

物料名称	摩尔流量/(kmol/h)	单位焓值/(kJ/kmol)	热量/(MJ/h)
S_6	0.0533	31931.78	1.7
S_8	0.2103	44174.63	9.29
H_2S	14.8	9351.53	138.45
SO_2	8.5	11789.69	100.26
H_2O	927.79	9341.97	8667.45
CO_2	481.84	11031.89	5315.63

续表

物料名称	摩尔流量/(kmol/h)	单位焓值/(kJ/kmol)	热量/(MJ/h)
N_2	1536.32	7817.67	12010.41
H_2	46.09	7752.6	357.31
CO	24.12	7834.84	188.98
COS	0.32	12229.34	3.96
$Q_{出}$/(MJ/h)	26793.47		

表 4-24　加氢在线燃烧炉反应热量

项目	反应式	CH_4 摩尔流量/(kmol/h)	单位放热量/(kJ/kmol)	放热量/(MJ/h)
反应放热 1	$CH_4+2O_2 = CO_2+2H_2O$	11.2101	802800	8999.50842
反应放热 2	$CH_4+3/2O_2 = CO+2H_2O$	3.7311	607000	2264.7777
反应放热 3	$CH_4+O_2 = CO+H_2O+H_2$	6.89	270200	1861.678
$Q_{反应}$/(MJ/h)	13125.96			

Hysis 模拟计算出口温度为 265.5℃。

3. 计算结果与生产数据比较

Hysis、手动计算、现场实际温度三者相比，两种理论计算结果基本相同，在线燃烧炉不同算法计算结果与实际生产数据偏差分析如表 4-25 所示，比实际温度 261.2℃略微偏高，分析原因可能为低压降温蒸汽流量实际值偏大。由于蒸汽流量计为孔板流量计，低流量下偏差较大，实际进炉蒸汽量偏大，导致升温吸收的热量增加，在线炉实际出口温度降低。

表 4-25　在线燃烧炉不同算法计算结果与实际生产数据偏差分析　　kmol/h

序号	项目	入口气体	F-401 出口气体流量/(kmol/h)		
			手动计算	Hysis 计算	偏差
1	S_6	14.80	0.06	0.08	-0.03
2	S_8	8.50	0.20	0.14	0.06
3	H_2S	0.00	15.09	15.09	0.00
4	SO_2	875.61	9.85	9.85	0.00
5	H_2O	470.19	965.43	966.49	-1.06
6	CO_2	1405.00	482.73	482	0.73
7	N_2	39.20	1536.32	1536.23	0.08
8	H_2	13.50	46.09	46.30	-0.21
9	CO	0.32	22.59	23.96	-1.37
10	COS	0.00	0.32	0.32	0.00
	合计	2827.97	2827.13	3078.68	3080.54
性能指标比较					
序号	项目	手动计算	Hysis 计算	生产数据	偏差
11	出口温度/℃	265.8	265.5	261.2	4.6

（十二）加氢反应器（R-401）计算

1. 计算内容与思路

R-401 重点计算加氢转化率、有机硫水解率、床层温升等。加氢反应器内主要反应参见本文第三部分第十六章。由于加氢反应器内反应复杂，计算过程中考虑主反应和主要副反应，计算思路如下。

1）根据出口产物分布，反应器内反应主要考虑四个，不考虑生成物又参与反应的反应。反应式如下：

$$SO_2+3H_2 = H_2S+2H_2O \qquad (4-30)$$

$$S_8+8H_2 = 8H_2S \qquad (4-31)$$

$$COS+H_2O = H_2S+CO_2 \qquad (4-32)$$

$$CO+H_2O = H_2+CO_2 \qquad (4-33)$$

2）加氢反应计算时，硫、二氧化硫全部转化为 H_2S。

3）通过 Hysis 模拟计算，先求得出口气体中 COS、CO 摩尔量。出口气体中 CO 与 H_2 含量存在关联，即：出口 H_2 摩尔量＝入口 H_2 摩尔量—与硫反应的 H_2 量—与 SO_2 反应的 H_2 量+CO 生成的 H_2 量。由此，逐步微调 CO 反应量，使得加氢反应器出口温度接近实际温度，并使得热量平衡。

4）微量调整出口气体组分的过程中，出口气体携带热量、反应过程放热量、反应器温度同时发生变化，通过手动逐步调整，直至反应器出口产物基本与后续过程气组分实际生产数据相吻合。

5）考虑副反应时，以进口、出口为界面条件，设备内部中间过程转化不考虑。

2. 计算结果

（1）反应器床层温度计算

加氢反应器入口温度为 265.8℃，通过上述方法计算求得出口温度为 284.2℃，现场实际温度为 283.3℃。计算值偏高的主要原因为计算入口温度 265.8℃高于实际温度 261.2℃。加氢反应器入口、出口气体热量及反应放热量如表 4-26、表 4-27、表 4-28 所示。

表 4-26　加氢反应器入口气体焓值

物料名称	摩尔流量/（kmol/h）	单位焓值/（kJ/kmol）	热量/（MJ/h）
S_6	0.0533	31931.7861	1.7013
S_8	0.2103	44174.6299	9.2897
H_2S	14.8048	9351.5290	138.4477
SO_2	8.5042	11789.6971	100.2625
H_2O	927.7975	9341.9679	8667.4547
CO_2	481.8424	11031.8918	5315.6335
N_2	1536.3165	7817.6685	12010.4128
H_2	46.0900	7752.6001	357.3173
CO	24.1211	7834.8419	188.9850
COS	0.3241	12229.3429	3.9635
$Q_入$/（MJ/h）		26793.47	

表 4-27　加氢反应器出口气体焓值

物料名称	摩尔流量/(kmol/h)	单位焓值/(kJ/kmol)	热量/(MJ/h)
S_6	0.0000	34251.3821	0.0000
S_8	0.0000	47403.0019	0.0000
H_2S	25.6088	10048.5578	257.3315
SO_2	0.0000	12678.3435	0.0000
H_2O	921.4872	10003.8159	9218.3885
CO_2	505.1612	11873.7838	5998.1751
N_2	1536.3165	8367.2397	12854.7281
H_2	41.5963	8288.0217	344.7514
CO	1.1000	8391.4419	9.2306
COS	0.0264	13138.0821	0.3468
$Q_{入}$/(MJ/h)	28682.95		

表 4-28　加氢反应器内反应放热量

项目	反应式	单位放热量/(kJ/kmol)	放热量/(MJ/h)
反应 1	$S_8+8H_2 = 8H_2S$	335000	83.83507467
反应 2	$SO_2+3H_2 = H_2S+2H_2O$	214000	1819.908074
反应 3	$COS+H_2O = H_2S+CO_2$	-32951	-9.8095127
反应 4	$CO+H_2O = H_2+CO_2$	41000	943.8651
$Q_{反应}$/(MJ/h)	1893.93		

Hysis 计算加氢反应器出口温度为 283.5℃，较手动计算值低。

（2）$S+SO_2$ 加氢转化率

1）理论计算

手动计算和 Hysis 计算中，加氢反应器内硫化物加氢转化率均为 100%。

2）实际组分计算

根据加氢反应器出口气体组分分析(参见第三部分第十六章)，出口气体中 SO_2 为零，通过目视观察，出口气体中硫蒸气为零，故 $S+SO_2$ 加氢转化率为 100%。

（3）水解转化率

1）手动计算结果

根据微调后计算数据表，出口气体中 COS 摩尔流量为 0.0264kmol/h，入口 COS 摩尔流量为 0.3241kmol/h，则 COS 水解率如下：

$$\Phi_{COS转化}=(0.3241-0.0264)/0.3241\times100\%=91.85\%$$

2）Hysis 计算结果

R-401 入口、出口过程气中 COS 摩尔流量分别为 0.3241kmol/h、0.0264kmol/h，与手动计算结果相同，即为 91.85%。

3）实际组分计算

根据加氢反应器出口气体组分分析(参见第三部分第十六章)，出口气体中 COS 为零，故水解转化率为100%。

3. 计算结果与生产数据比较

通过对加氢反应器手动计算增加反应修正，与Hysis计算结果及实际生产运行数据进行比较，不同算法的结果中，反应器温升、加氢转化率、水解转化率相差不大。加氢反应器不同算法计算结果与实际生产数据偏差分析如表4-29所示，说明如下。

1）温度分析。手动计算值偏高，主要原因为手动计算中，反应器入口温度265.8较实际温度261.2高出4.6℃。

2）组分分析。手动计算与实际组分分析结果基本相同，Hysis计算出口气体组分中，CO含量较高、H_2含量偏低，分析原因为：净化厂现场装置中采用的为LSH-02G加氢催化剂，大孔径容积率较常规钴钼催化剂高，CO反应转化效率高，从而使得产物中生成的H_2含量增加、出口气体中CO含量降低。

3）转化率与水解率分析。由于出口气体中COS浓度较低，检测值为零，故采用分析化验组分进行水解率分析时，结果偏高。

表4-29 加氢反应器不同算法计算结果与实际生产数据偏差分析 kmol/h

序号	项目	入口气体	R-401出口气体流量		
			手动计算	Hysis计算	偏差
1	S_6	0.06	0.00	0.00	0.00
2	S_8	0.20	0.00	0.00	0.00
3	H_2S	15.09	27.16	27.16	0.00
4	SO_2	9.85	0.00	0.00	0.00
5	H_2O	965.43	962.74	971.80	-9.06
6	CO_2	482.73	504.82	496.38	8.44
7	N_2	1536.32	1536.32	1536.23	0.08
8	H_2	46.09	36.12	28.90	7.22
9	CO	22.59	1.10	9.87	-8.77
10	COS	0.32	0.03	0.03	0.00
	合计	3078.68	3078.68	3068.27	-2.09

性能指标比较

序号	项目	手动计算	Hysis计算	生产数据	偏差
11	出口温度/℃	284.2	283.5	283.3	0.90
12	出口气体H_2S含量/%	0.89	0.88	0.87	0.02
13	出口气体CO含量/%	1.1	9.87	0.06	1.04

（十三）加氢反应器出口冷却器(E-401)计算

1. 计算内容与思路

E-401重点计算余热回收热量、蒸汽发生量等，具体计算方法如下：

1）E-401出口过程气温度采用DCS监测温度161.6℃。

2）E-401入口锅炉水为低压锅炉给水，温度采用DCS实际温度102℃，发生低压饱和蒸汽，压力为0.46MPa，对应饱和温度为149℃。

3）低压锅炉水转化为低压饱和蒸汽分为锅炉水升温、锅炉水汽化两个过程，吸热量分别进行计算。

2. 计算结果

蒸汽发生量计算。E-401回收热量主要来自过程气降温，不考虑热损失，E-401回收热量为12591.67MJ/h，理论蒸汽发生量为5.43t/h，Hysis计算回收热量为3505kW（折合为12618MJ/h），理论发生蒸汽为5.44t/h。

3. 计算结果与生产数据比较

在不考虑热量损失的前提下，Hysis、手动计算计算结果分别为5.44t/h、5.43t/h，高于实际蒸发量5.23t/h。加氢反应器出口冷却器不同算法计算结果与实际生产数据偏差分析如表4-30所示，考虑E-401存在热量损失，损失率为：

手动计算：$\Delta q=(5.43-5.23)/5.43=3.7\%$

Hysis计算：$\Delta q=(5.44-5.23)/5.44=3.8\%$

表4-30 E-401不同算法计算结果与实际生产数据偏差分析 kmol/h

序号	项目	入口气体	E-401出口		
			手动计算	Hysis计算	偏差
1	S_6	0.00	0.00	0	0.00
2	S_8	0.00	0.00	0	0.00
3	H_2S	25.61	25.61	27.16	-1.55
4	SO_2	0.00	0.00	0	0.00
5	H_2O	921.49	921.49	971.8	-50.31
6	CO_2	505.16	505.16	496.38	8.78
7	N_2	1536.32	1536.32	1536.23	0.09
8	H_2	41.60	41.60	28.90	12.70
9	CO	1.10	1.10	9.86	-8.76
10	COS	0.03	0.03	0.03	0.00
	合计	3031.00	3031.30	3070.36	-3.91
性能指标比较					
序号	项目	手动计算	Hysis计算	生产数据	偏差
15	热负荷/(MJ/h)	12781.05	12618	—	163.05
16	蒸汽发生量/(t/h)	5.43	5.44	5.23	0.21

（十四）急冷塔（C-401）计算

1. 计算内容与思路

急冷塔理论计算内容包括：过程气冷凝析出水流量、循环急冷水流量、急冷塔塔顶H_2含量，塔的动力学核对计算参见关键塔器设备计算。具体计算思路如下。

1）急冷塔塔顶部气体出口温度、出口压力、急冷水入塔温度、急冷水出塔温度均按照DCS显示数据计算，分别为33.3℃、112kPa、34.3℃、65.8℃。其中，急冷水出塔温度为塔底泵出口温度，实际急冷水出塔温度应较DCS监测值偏低，本文按照Hysis模拟中进出口温差0.3℃进行修正，则急冷水出塔温度为65.5℃。

2）过程气与急冷水接触，过程气中 H_2S、CO_2 溶解入水，其余气体不考虑溶解，急冷水为饱和溶解状态。外排水量为冷凝水量、溶解 H_2S 量和溶解 CO_2 量之和。

3）由于急冷水为循环流动，考虑酸性气溶解时，只考虑新冷凝下的凝液所溶解的气体。

4）过程气中饱和水蒸气在急冷塔内冷凝放热分为三个过程，包括：入塔气相温度降低至100℃冷凝前温度（气相）、100℃气相蒸气凝结为100℃水放热（汽化潜热）、100℃水冷却至出口急冷水温度放热。

2. 计算结果

（1）冷凝水量计算

1）手动计算

塔顶气体温度为33.3℃，查水的饱和蒸气压表可得，该温度下水的饱和分压为 $P_{s_{H_2O}}=5.0335\text{kPa}$。

假设入塔过程气在出塔工况下不发生冷却，则此时水的分压为：

$$P_{入塔H_2O}=F_{入塔H_2O}/F_{入塔H_2O}\times P_{塔顶}=962.74/3068.27\times112=34.48\text{kPa}$$

实际在塔顶工况下，水蒸气将发生冷凝，分压将由35.14kPa降低至5.0335kPa。采用试代法进行计算，假设冷凝的水量为 X，则出口气体中 H_2O 量为987.46kmol/h−X，试代 X 值，使得分压为5.0335kPa，可得 $X=822.21\text{kmol/h}$，折算为质量流量为：

$$M_{冷凝水}=14799.78\text{kg/h}$$

2）Hysis 计算

Hysis 模拟计算得出急冷塔塔顶出口气体温度（出口管线）为33.2℃，冷凝水量为18087kg/h。

（2）急冷水溶解 H_2S 量计算

1）手动计算

查 H_2S 溶解度表可得，入塔急冷水温度为34.3℃、1个大气压（101kPa）分压下溶解度为：$q_{H_2S}=0.2661\text{g}/100\text{g}$，气体的溶解度与气体分压成正比，由此，换算为塔顶压力112kPa下溶解度为：

假设出口气体 H_2S 尚未发生溶解，则 H_2S 分压为：

$$p_{H_2S}=25.61/3031.29\times112=0.9461\text{kPa}$$

由此，实际生产工况下，H_2S 的溶解度为：

$$q_{H_2S}=0.9461/101\times0.2661=0.00249\text{g}/100\text{g}$$

则14799.78kg/h冷凝水中溶解的 H_2S 量为：

$$M_{H_2S溶解}=0.00249/100\times14799.78=0.3689\text{kg/h}$$

2）Hysis 计算

Hysis 计算中，新冷凝水中溶解的 H_2S 量为2.1882kg/h。

（3）急冷水溶解 CO_2 量计算

1）手动计算

查 CO_2 溶解度可得，入塔急冷水温度为34.3℃、1个大气压下溶解度为：$q_{H_2S}=0.633\text{g}/100\text{g}$，气体的溶解度与气体分压成正比，由此，换算为塔顶压力112kPa下溶解度为：

假设出口气体 CO_2 尚未发生溶解，则 CO_2 分压为：

$$P_{CO_2}=505.16/3031.29\times112=18.66\text{kPa}$$

由此，实际生产工况下，CO_2 的溶解度为：

$$q_{H_2S}=18.66/101\times0.633=0.02297g/100g$$

则 14799.78kg/h 冷凝水中溶解的 CO_2 量为：

$$M_{CO_2溶解}=0.02297/100\times14799.78=3.4006kg/h$$

② Hysis 计算

Hysis 计算中，新冷凝水中溶解的 CO_2 量为 9.3146kg/h。

(4) 外排急冷水量计算

1) 手动计算

外排急冷水量为冷凝水质量、溶解 H_2S、CO_2 质量之和，由此，外排水量为：

$$M_{外排}=14799.78+0.3689+3.4006=14803.55kg/h$$

2) Hysis 计算

Hysis 计算中，外排水量为 18123.0kg/h。

(5) 急冷塔热负荷计算

急冷塔中热量主要为过程气降温放热，本文分水和其他组分两部分计算。其中，水放热包括：入塔气相温度降低至 100℃冷凝前温度(气相)放热量、100℃气相蒸气凝结为 100℃水(汽化潜热)放热量、100℃水冷却至出口急冷水温度放热量。其他废气放热量为进出口焓值之差。进料过程气放热量计算过程如表 4-31 所示，计算总放热量为 46400359.61kJ/h。

表 4-31　急冷塔热负荷　kJ

序　号	计算项目	计算值
1	过程气 H_2O 转化 100℃气相放热 Q_1	1792535.54
2	100℃气相转化为 100℃水放热 Q_2	33420493.56
3	100℃水转化 65.8℃水放热 Q_3	2176121.79
4	废气中凝结部分的水放热量 $Q_总$	37389150.89
5	其余(除凝结部分水之外)废气放热量	9011208.722
6	急冷塔总热负荷	46400359.61

(6) 急冷水循环量计算

1) 手动计算

急冷水入塔温度、出塔温度分别为 34.3℃、65℃，热负荷为 46400359.61kJ/h，则循环水量为：

$$M_{急冷水}=46400359.61/(65-34.3)/4.2=359860.0869kg/h$$

2) Hysis 计算

急冷水入塔温度、出塔温度分别为 32.4℃、71.1℃，循环急冷水量为 337900kg/h。

(7) 急冷水顶 H_2 含量计算

1) 手动计算

根据手动计算数据表，急冷塔塔顶 H_2 摩尔流量为 41.596kmol/h，出口气体摩尔总量为 2208.99 kmol/h，由此，H_2 含量为：

$$q_{H_2,湿基}=41.596/2208.99\times100\%=1.88\%$$

2) Hysis 计算

根据 Hysis 模拟计算结果，塔顶气体中 H_2 摩尔流量为 36.12kmol/h，气体总流量为

2202.25 kmol/h，由此，H_2 含量为：

$$q_{H_2,湿基} = 36.12/2202.25 \times 100\% = 1.64\%$$

3. 计算结果与生产数据比较

急冷塔不同算法计算结果与实际生产数据偏差分析如表4-32所示，说明如下。

1）手动计算中，外排水量偏低、循环急冷水量偏高，Hysis计算中，外排水量偏高、循环急冷水量偏低，手动计算结果与实际生产数据较为接近。分析水量差异的原因，一是Hysis计算中急冷水出口温度偏高约5℃，二是 N_2、COS等其他气体部分会溶解进入急冷水。

2）在线氢含量比较，两种理论计算方法结果相同，现场安装有进口分析仪和离线分析仪两块在线表，显示数据分别为2.15%和1.5%。在线分析仪 H_2 含量为干基浓度，水含量为4.49%，折算为湿基浓度分别为2.05%、1.43%。分析差异的主要原因为仪表的检测误差。

表4-32 急冷塔不同算法计算结果与实际生产数据偏差分析 kmol/h

序号	项目	入口气体	C-401出口		
			手动计算	Hysis计算	偏差范围
1	H_2S	25.63	25.59	27.13	-1.54
2	H_2O	932.59	99.28	97.9	1.38
3	CO_2	505.16	505.08	504.6	0.48
4	N_2	1536.39	1536.32	1536.46	-0.14
5	H_2	41.60	41.60	36.12	5.48
6	CO	1.10	1.10	0.00	1.10
7	COS	0.03	0.03	0.03	0.00
合计		3095.27	2208.99	2208.99	0.96
性能指标比较					
序号	项目	手动计算	Hysis计算	生产数据	偏差
8	冷凝水流量/(kg/h)	14803.55	18123	16231	232.28
9	循环急冷水流量/(kg/h)	359860.1	337900	374200	-14339.91
10	在线氢含量(湿基)/%(体)	1.88	1.64	1.45	-0.43

（十五）吸收塔(C-402)计算

1. 计算内容与思路

吸收塔主要计算 H_2S、CO_2 脱除率、出口胺液中 H_2S 浓度、塔顶气体 H_2S 浓度、COS浓度、总硫浓度等，尾气吸收塔流体性能计算见塔器设备运转能力计算。计算思路如下。

1）吸收塔气体出口温度、入口贫胺液、温度流量取DCS数据，分别为40.4℃、267t/h（含回流量）、40.2℃，出口气体中 H_2S、COS含量以离线分析结果为准，为90.3mg/L、5.6mg/L。

2）贫胺液浓度取离线分析化验值，为49.373%(质)，MDEA分子量为119.16。

3）根据出口气体中 H_2S 浓度，分别求得过程气中 H_2S、CO_2 摩尔流量，根据出口气体温度求得饱和水分压和摩尔含量。

2. 计算结果

(1) H_2S、CO_2 脱除率

根据手动计算数据表，塔顶气体 H_2S、CO_2 摩尔流量为 0. 1955kmol/h、429. 32kmol/h，进塔气体 H_2S 摩尔流量为 25. 59kmol/h，由此，H_2S 脱除率为：

$$\varepsilon_{H_2S}=(25.59-0.1955)/25.59=99.24\%$$

Hysis 计算中，塔顶气体 H_2S、CO_2 摩尔流量为 0. 0119kmol/h、442. 0135kmol/h，进塔气体 H_2S 摩尔流量为 25. 716kmol/h，由此，H_2S 脱除率为：

$$\varepsilon_{H_2S}=(27.125-0.0119)/27.125=99.96\%$$

CO_2 脱除率为：$\varepsilon_{CO_2}=(505.0839-429.32)/505.0839=15\%$。

（2）塔顶气体总硫含量

根据手动计算数据表，塔顶气体 H_2S、COS 摩尔流量为 0. 1955kmol/h、0. 0264 kmol/h，总硫含量为：

$$M_{总硫}=(32\times0.1955+32\times0.0264)\times10^6/(2165.248\times22.4)=146.4mg/Nm^3$$

Hysis 计算结果中，H_2S、COS 摩尔流量为 0. 0119kmol/h、0. 0262 kmol/h，总硫含量为：

$$M_{总硫}=(32\times0.0119+32\times0.0262)\times10^6/(2111.4\times22.4)=25.78mg/Nm^3$$

（3）半富胺液酸气负载计算

贫胺液自脱硫单元供给，流量、温度取 DCS 监测数据，分别为 267t/h、40. 2℃，由此，计算半富胺液中 H_2S、CO_2 含量分别为：

$$\rho_{H_2S}=(25.59-0.1955)\times34/267=3.23g/L$$

$$\rho_{CO_2}=(505.08-429.31)\times44/267=12.48g/L$$

由此，半富液酸性气负载为：

$$\rho_{酸性气}=[(25.59-0.1955)+(505.08-429.31)]/(267\times49.373\%/119.16)=0.09mol/mol$$

根据 Hysis 计算结果，可以得到 ρ_{H_2S}、ρ_{CO_2}、$\rho_{酸性气}$ 分别如下：

$$\rho_{H_2S}=(25.716-0.0119)\times34/267=3.45g/L$$

$$\rho_{CO_2}=(505.488-442.0135)\times44/267=10.01g/L$$

$$\rho_{酸性气}=[(25.716-0.0119)+(505.488-442.0135)]/(267\times49.373\%/119.16)=0.08mol/mol$$

3. 计算结果与生产数据比较

不同算法下吸收塔计算结果及现场实际生产数据对比如表 4-33 所示，尾气吸收塔塔顶气体总硫含量 Hysis 计算结果最低，而贫胺液 CO_2 浓度理论计算值均较实际分析化验值偏低，具体原因分析如下。

1）塔顶总硫含量和水含量。Hysis 计算，贫胺液由脱硫单元贫液冷却器后供给，温度取自水冷器出口温度为 36℃，而手动计算和实际现场装置中，贫胺液温度取自尾气吸收塔入口管线，该点距离脱硫单元水冷器出口约 500m 距离，管线为裸管。现场标定时间为 5 月份，正值夏季，天气温度较高，管线置于阳光下暴晒，导致胺液温度升高，从而影响塔内 H_2S 吸收，导致塔顶总硫含量偏高。

2）塔顶气体水含量。原因与第 1）条相同，由于塔顶气体温度较 Hysis 模拟温度偏高，导致饱和水含量偏高。

3）贫胺液中 CO_2 浓度。两种理论计算结果基本相当，均较实际分析结果偏低，分析原因主要为：分析化验方法存在偏差。分析采用滴定法，先用氮气汽提，然后用氢氧化钡沉淀吸收，最后通过邻苯二甲酸氢钾标准溶液进行滴定，根据邻苯二甲酸氢钾溶液的耗量计算样品中二氧化碳的含量。由于汽提过程中存在 H_2S、COS、CO_2 等多种酸性气同时汽提进入吸收液，消耗氢氧化钡的量大于二氧化碳消耗量，由此导致分析结果偏高。因此，消除 H_2S 气体消耗的影响，修正如下。

根据手动理论计算结果，半富胺液中 H_2S、CO_2 气体的溶解量按 3.43g/L、12.47g/L 计算，$Ba(OH)_2$ 与 H_2S、CO_2 的反应如式(4-34)、式(4-35)所示：

$$Ba(OH)_2+H_2S = BaS+2H_2O \tag{4-34}$$

$$Ba(OH)_2+CO_2 = BaCO_3+2H_2O \tag{4-35}$$

则 1L 溶液中 H_2S 消耗的 $Ba(OH)_2$ 量为：

$$M_{H_2S消耗}=3.23/34=0.1mol$$

1L 溶液 CO_2 消耗的 $Ba(OH)_2$ 量为：

$$M_{CO_2消耗}=12.48/44=0.283mol$$

即 H_2S、CO_2 消耗的 $Ba(OH)_2$ 量比例为 0.1∶0.283，则 CO_2 消耗的 $Ba(OH)_2$ 量占比为：

$$V_{CO_2}=0.283/(0.1+0.283)=73.9\%$$

则实际分析中，半富胺液中 CO_2 的浓度应为：

$$\rho_{CO_2}=17.08\times73.9\%=12.6g/L$$

由此，修正后半富胺液中 CO_2 浓度为 12.6g/L。

表 4-33 不同算法尾气吸收塔计算结果比较 kmol/h

序号	项　目	入口气体	C-402 出口		
			手动计算	Hysis 计算	偏　差
1	H_2S	25.59	0.20	0.0119	0.18
2	H_2O	99.28	156.69	97.04	59.65
3	CO_2	505.08	429.32	442.01	-12.69
4	N_2	1536.32	1536.32	1536.25	0.07
5	H_2	41.60	41.60	36.12	5.48
6	CO	1.10	1.10	1.10	0.00
7	COS	0.03	0.03	0.03	0.00
合计		2205.21	2208.99	2165.25	52.69

性能指标比较

序号	项　目	手动计算	Hysis 计算	生产数据	偏　差
8	出口气体总硫/(mg/Nm^3)	146.4	25.78	133.75	-47.7
9	半富胺液 H_2S 含量/(g/L)	3.23	3.45	2.89	0.45
10	半富胺液 CO_2 含量/(g/L)	12.48	10.01	12.60	-1.36
11	半富胺液酸气负荷/(mol/mol)	0.09	0.08	0.09	0.0

(十六) 尾气焚烧炉(F-402/403)计算

1. 计算内容与思路

尾气焚烧炉计算重点为炉膛温度、烟气 SO_2 浓度、过氧量等。根据普光天然气净化厂实际生产工况，焚烧炉进气包括：尾气吸收塔塔顶气体、液硫池废气(含抽射蒸汽)、脱水单元 TEG 再生塔塔顶废气、燃料气、助燃空气，计算思路如下。

1）焚烧炉进气中硫化物均按照完全转化为 SO_2 计算，由于焚烧炉燃料气为一类气，甲烷按照完全燃烧生产 CO_2 进行计算，过程气中 H_2 穿透率采用试算法确定。

2）焚烧炉内反应考虑六个，分别如下：

$$S_8+8O_2 = 8SO_2 \quad (4-36)$$

$$H_2S+3/2O_2 = SO_2+H_2O \quad (4-37)$$

$$CH_4+2O_2 = CO_2+2H_2O \quad (4-38)$$

$$2CO+O_2 = 2CO_2 \quad (4-39)$$

$$2COS+3O_2 = 2CO_2+2SO_2 \quad (4-40)$$

$$2H_2+O_2 = 2H_2O \quad (4-41)$$

2. 计算结果

（1）炉膛温度

结合反应炉热平衡，采用试代法计算炉膛温度。根据手动计算数据表，入口气体总焓值为：

$$Q_{入口}=Q_{过程气}+Q_{燃料气}+Q_{助燃空气}+Q_{液硫池废气}+Q_{TEG再生塔塔顶废气}=4434.51\text{MJ/h}$$

焚烧炉内反应放热为：

$$Q_{入口}=Q_{反应1}+Q_{反应2}+Q_{反应3}+Q_{反应4}+Q_{反应5}+Q_{反应6}=76846.19\text{MJ/h}$$

假设出口温度为 X，则试代 X，使得：$Q_{出口}=Q_{入口}+Q_{反应}$，求得 $X=655.2$℃

尾气焚烧炉入口气体、出口气体及炉内放热量分别如表 4-34、表 4-35、表 4-36 所示。

表 4-34　尾气焚烧炉入口气体热量

物料名称	摩尔流量/(kmol/h)	单位焓值/(kJ/kmol)	放热量/(MJ/h)
过程尾气			
H_2S	0.1955	1356.9562	0.2653
H_2O	156.6918	1388.1969	217.5190
CO_2	429.3213	1510.0311	648.2886
N_2	1536.3165	1178.8406	1811.0722
H_2	41.5963	1182.6950	49.1958
CO	1.1000	1186.8447	1.3055
COS	0.0264	1624.8319	0.0429
合计			2727.69
燃料气			
CH_4	81.9875	1741.793	142.8052536
CO_2	1.673214286	1885.744	3.1552538
合计			145.9605074
助燃空气			
O_2	287.2209115	1000.2733	287.2994089
N_2	1080.497715	963.813	1041.397744
H_2O	26.29923111	1131.8941	29.76794453
合计			1358.47

续表

物料名称	摩尔流量/(kmol/h)	单位焓值/(kJ/kmol)	放热量/(MJ/h)
液硫池废气			
N_2	10.69	3738.4495	39.9663
O_2	2.84	3959.4948	11.2521
H_2S	0.06	4344.4806	0.2607
H_2O	27.65	4446	122.9181
S_8	0.0040	20657.7288	0.0826
合计			174.48
脱水单元再生塔顶气			
CH_4	0.39	3507.243935	1.3840
CO_2	0.12	3791.925676	0.4649
H_2O	7.71	3383.192712	26.0695
合计			27.92
$Q_{入}$			4434.51

表 4-35　尾气焚烧炉出口气体热量

物料名称	摩尔流量/(kmol/h)	单位焓值/(kJ/kmol)	放热量/(MJ/h)
H_2O	414.5632	23966.8091	9935.7560
CO_2	514.6257	30386.7574	15637.8050
N_2	2627.5048	19866.6585	52199.7404
O_2	108.6950	21136.6658	2297.4501
SO_2	0.3139	31785.9573	9.9783
H_2	10.3991	19144.3300	199.0835
$Q_{出}$			80279.81

表 4-36　尾气焚烧炉内反应热量

项　目	反　应　式	单位放热量/(kJ/kmol)	放热量/(MJ/h)
反应1	$S_8+8O_2 = 8SO_2$	2501799	10.0072
反应2	$H_2S+3/2O_2 = SO_2+H_2O$	517900	132.2263
反应3	$CH_4+2O_2 = CO_2+2H_2O$	802800	66136.3499
反应4	$2CO+O_2 = 2CO_2$	565541	622.0951
反应5	$2COS+3O_2 = 2CO_2+2SO_2$	1107302	29.2327
反应6	$2H_2+O_2 = 2H_2O$	285800	8916.1751
$Q_{反}$			76846.19

Hysis 计算中，炉膛温度为 647.9℃。

(2) 烟气流量

由于焚烧炉出口烟气为负压，流量计计量偏差过大，现场流量计量偏小，本文通过现场生产数据物料守恒、Hysis 理论计算、手动理论计算和三种方法进行流量计算。

根据现场实际分析数据进行计算，烟气中 CO_2 干基浓度为 20.22%，水含量取手动计算值，为 30.92%，因此，烟气中 CO_2 湿基浓度为：

$$\rho_{湿基,CO_2}=20.22\%\times(100-30.92)/100=13.96\%$$

根据碳元素守恒，焚烧炉烟气中碳元素摩尔流量应为上游带入的所有碳元素与进入胺液中的碳元素之差，即：

$F_{烟气CO_2摩尔流量}$=(焚烧炉燃料气带入碳元素+TEG 再生塔废气带入碳元素+入口过程尾气带入碳元素)摩尔总数=[焚烧炉燃料气带入碳元素+TEG 再生塔废气带入碳元素+(酸性气带入碳元素+在线燃烧炉燃料气带入碳元素-进入半富胺液碳元素)]摩尔总数

式中涉及的物料压力均为正压，流量测量偏差较小，因此，可根据现场实测压力流量和碳元素分析化验浓度值计算烟气中 CO_2 摩尔流量。

尾气焚烧炉燃料气流量为 1874Nm³/h、在线燃烧炉燃料气流量为 499Nm³/h，燃料气采用净化厂自产产品气，CH_4 浓度为 98%，CO_2 浓度为 2%，则：

$$F_{焚烧炉燃料气带入碳元素}=1874/22.4\times(98\%+2\%)=83.66\text{kmol/h}$$

$$F_{在线炉燃料气带入碳元素}=499/22.4\times(98\%+2\%)=22.276\text{kmol/h}$$

酸性气流量为 30772Nm³/h，CO_2、CH_4 湿基浓度分别为 35.03%、0.21%，则带入碳元素摩尔流量为：

$$F_{酸性气}=30772/22.4\times(35.03\%+0.21\%)=484.01\text{kmol/h}$$

TEG 再生塔顶废气流量为 184.19Nm³/h，CH_4 湿基浓度为 4.8%，CO_2 湿基浓度为 1.4%，则再生塔塔顶废气中碳元素摩尔流量为：

$$F_{TEG再生塔废气}=184.19/22.4\times(4.8\%+1.4\%)=0.52\text{kmol/h}$$

半富胺液中 CO_2 浓度为 12.60g/L，半富胺液流量为 267t/h，则碳元素摩尔流量为：

$$F_{半富胺液}=267\times12.60/44=76.76\ \text{kmol/h}$$

综上，$F_{烟气CO_2摩尔流量}=83.66+22.276+484.01+0.52-76.76=513.706\text{kmol/h}$

则烟气流量为：

$$F_{烟气}=F_{烟气CO_2摩尔流量}/F_{烟气CO_2浓度}=513.706/13.96\%\times22.4=82428.5\ \text{Nm}^3/\text{h}$$

现场 DCS 监测数据为 37708Nm³/h(干烟气)，折算为含水烟气量为 54585 Nm³/h，与反推数据相比，流量计计量误差为：

$$\Delta F=(82428.5-54585)/82428.5\text{Nm}^3/\text{h}=33.8\%$$

Hysis 计算中，烟气摩尔流量为 3669.82kmol/h，折算为体积流量为：

$$Q_{Hysis}=3669.82\times22.4=82203.968\ \text{kmol/h}$$

根据手动计算数据表，烟气摩尔流量为 3676.1kmol/h，折算为体积流量为：

$$Q_{Hysis}=3676.1\times22.4=82344.64\ \text{kmol/h}$$

(3) 烟气 SO_2 浓度

根据手动计算数据表，烟气中 SO_2 摩尔流量为 0.3139kmol/h，烟气摩尔流量为 3676.1kmol/h，由此，计算 SO_2 浓度如下：

摩尔浓度：$M_{SO_2}=0.3139/(3676.1)=0.008538\%$

质量浓度：$m_{SO_2}=0.3139\times64/(3676.1\times22.4)=244\text{mg/Nm}^3$

Hysis 计算中，SO_2 摩尔流量为 0.3126kmol/h，烟气摩尔流量为 3669.83kmol/h，计算

SO_2 浓度如下：

$$M_{SO_2}=0.3126\times64/(3669.83\times22.4)=243.4\text{mg/Nm}^3$$

（4）烟气过氧量

根据手动计算数据表，烟气中 O_2 摩尔流量为 109.63kmol/h，由此，计算 O_2 浓度如下：

$$M_{O_2}=109.63\times/3676.1=2.96\%$$

Hysis 计算中，烟气中 O_2 摩尔流量为 106.96kmol/h，由此，计算 O_2 浓度如下：

$$M_{O_2}=106.96/3674.72=2.91\%$$

（5）烟气露点

烟气露点即为烟气 SO_2 与水蒸气凝结为 H_2SO_3 析出的温度，即为亚硫酸或硫酸蒸气的露点温度，该点温度远高于水的露点温度。烟气露点温度随烟气中水、SO_2 浓度增加而降低。

烟气中 H_2O、SO_2 的摩尔浓度含量分别为 30.92%、0.008538%，则根据烟气露点温度经验公式，计算烟气露点温度为：

$$t_{dew}=186+20\times\log V_{H_2O}+26\times\log V_{SO_2}=186+20\times\log30.92+26\times\log0.008538=162.02℃$$

3. 计算结果与生产数据比较

焚烧炉不同算法计算结果与实际生产数据偏差分析如表 4-37 所示，说明如下：

1）炉膛温度。Hysis 计算值最低，手动计算值最高，分析原因可能为手动计算按照完全反应进行，而 Hysis 和实际过程中可能存在不彻底反应或副反应。

2）烟气 SO_2 浓度。理论计算与实际在线分析结果基本相同。

3）烟气 O_2 浓度。理论计算与实际在线分析结果基本相同。

表 4-37　焚烧炉不同算法计算结果与实际生产数据偏差分析　　kmol/h

序号	项　目	入口气体	出口烟气		
			手动计算	Hysis 计算	偏差范围
1	H_2S	0.26	0.00	0.00	0.00
2	H_2O	218.35	414.56	416.27	-1.71
3	CO_2	431.12	514.63	514.96	-0.33
4	N_2	2627.50	2627.50	2627.71	-0.21
5	H_2	41.60	10.40	3.61	6.79
6	CO	1.10	0.00	0.00	0.00
7	COS	0.03	0.00	0.00	0.00
8	CH_4	82.38	0.00	0.00	0.00
9	O_2	290.06	108.70	106.96	1.74
10	S_8	0.00	0.00	0.00	0.00
11	SO_2	0.00	0.3139	0.3126	0.00
	合计	3692.40	3676.10	3669.82	0.52
性能指标比较					
序号	项　目	手动计算	Hysis 计算	生产数据	偏　差
12	炉膛温度/℃	655.2	647.9	650	1.55

续表

性能指标比较					
序号	项　　目	手 动 计 算	Hysis 计算	生 产 数 据	偏　　差
13	烟气 SO_2 浓度/(mg/Nm^3)	244	243.4	248	-4.30
14	烟气 O_2 浓度/%(体)	2.96	2.91	3.00	-0.06
15	烟气流量/(Nm^3/h)	82344.64	82203.968	82428.5(计算) 54585(DCS)	-83.86

（十七）尾气焚烧炉余热锅炉（E-404）计算

1. 计算内容与思路

尾气焚烧炉余热锅炉，计算重点为余热锅炉回收热量、过热蒸汽流量等，计算方法与前面所述硫冷器相同。

2. 计算结果

（1）回收余热热量

由手动计算数据结果，回收余热量为进出口过程气焓值之差，即：49655.79MJ/h。

Hysis 计算中，根据普光天然气净化厂实际工艺流程，搭建模拟计算流程如图 4-10 所示，回收余热量为 E-404 与 D401/402 热负荷之和，为 13996kW，折合为 50277.6MJ/h，尾气焚烧炉回收热量如图 4-11 所示。

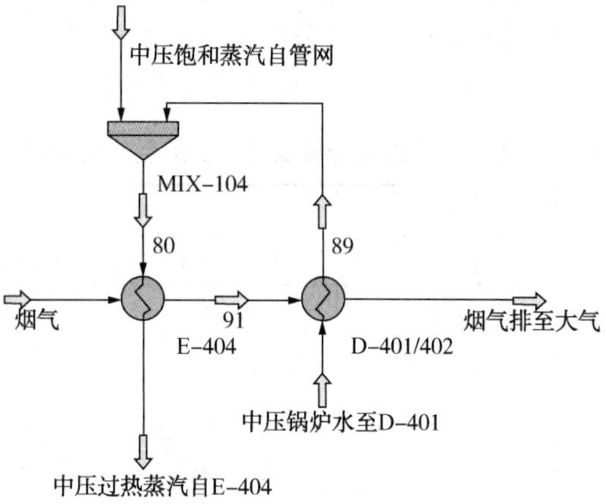

图 4-10　Hysis 10.0 焚烧炉余热锅炉模拟流程

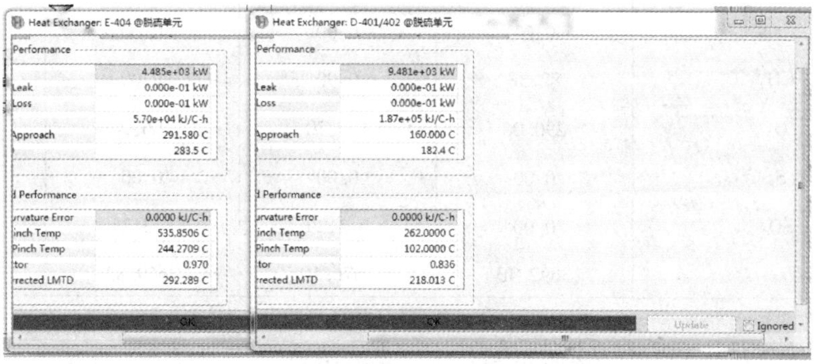

图 4-11　余热锅炉回收热量计算结果

（2）过热蒸汽流量

过热蒸汽由三个来源，一是中压锅炉水直接进入汽包发生蒸汽，二是中压锅炉水进三个过热段减温减压器发生蒸汽，三是饱和蒸汽进入过热段进行过热。根据DCS监测数据，中压锅炉水流量为11.8t/h，温度为102℃，过热后蒸汽压力为3.53MPa，温度为366.9℃。

锅炉水发生366.9℃过热蒸汽包括三个吸热过程，即：升温(102℃升温至3.53MPa压力下饱和温度243℃)、汽化(243℃饱和锅炉水汽化为饱和蒸汽)、过热(243℃饱和蒸汽过热为366.9℃过热蒸汽)，单位锅炉水发生外输过热蒸汽需要的热量为：

$$Q_{锅炉水,单位}=Q_{升温}+Q_{变饱和蒸汽}+Q_{过热}=592.2+1752+248.34=2592.54\text{MJ/t}$$

则锅炉水、减温减压水生成过热蒸汽消耗的热量为：

$$Q_{锅炉水}=Q_{锅炉水,单位}\times(M_{锅炉水}+M_{减温水})=38369.63\text{MJ/h}$$

由此，剩余用于加热饱和蒸汽的热量为：

$$Q_{饱和蒸汽}=49655.79-38369.63=11286.16\ \text{MJ/h}$$

则剩余热量可以加热的饱和蒸汽量为：

$$M_{饱和蒸汽}=Q_{饱和蒸汽}/Q_{过热}=11286.16/248.34=45.45\text{MJ/h}$$

综上，E-404生成的过热蒸汽总量为：

$$M_{过热蒸汽}=11.8+3+45.45=57.25\text{t/h}$$

Hysis计算中，过热蒸汽流量为58.35t/h。

3. 计算结果与生产数据比较

尾气焚烧炉余热锅炉不同算法计算结果与实际生产数据偏差分析如表4-38所示。现场实际产生蒸汽量为56.25t，余热锅炉存在热量损失，损失率为：

手动计算：$\Delta q=(57.25-56.25)/57.25=1.7\%$

Hysis计算：$\Delta q=(58.35-56.25)/58.35=3.5\%$

表4-38 E-404不同算法计算结果与实际生产数据偏差分析 kmol/h

序号	项 目	入口气体	E-404出口		
			手动计算	Hysis计算	偏差
1	H_2O	414.56	414.56	415.42	-0.86
2	CO_2	514.63	514.63	514.30	0.32
3	N_2	2627.50	2627.50	2627.50	0.00
4	O_2	108.70	108.70	108.04	0.65
5	SO_2	0.31	0.31	0.31	0.00
6	H_2	10.40	10.40	3.61	6.79
	合计	0.00	0.00	0.00	3669.19
性能指标比较					
序号	项 目	手动计算	Hysis计算	生产数据	偏 差
15	热负荷/(MJ/h)	49655.79	50277.6	—	-621.81
16	蒸汽发生量/(t/h)	57.25	58.35	56.25	1.55

（十八）再生塔(C-104)计算

1. 计算内容与思路

胺液再生塔主要计算和校核再生塔塔顶酸性气流量、再生塔塔底贫胺液H_2S、CO_2含量、浓度，评价贫胺液再生质量，再生塔流体性能计算见塔器设备运转能力计算。计算思路如下：

1）再生塔进塔富胺液流量、温度、塔底温度、塔顶压力均取 DCS 监测数据，富胺液中酸性气含量取离线分析化验数据，再生塔富胺液流量为 529.8t/h，温度为 90℃，MDEA 浓度为 44.5%(质)，塔底温度为 120℃，塔顶压力为 177kPa。

2）再生塔塔底贫胺液流量为 465.7t/h，浓度为 49.37%(质)。

3）富液中 CO_2 含量为 41.9g/L(校正值)，H_2S 含量为 50.5g/L，贫液中 CO_2、H_2S 含量分别为 1.45g/L(校正值)、0.109g/L。

4）富液中甲烷含量，按照酸性气流量反推，为 2.84kmol/h。

2. 计算结果

（1）硫化氢再生量

根据物料守恒，H_2S 再生气体流量即为富液与贫液中 H_2S 气体之差，由此，计算结果如下：

$$Q_{H_2S}=(529.8\times50.5)-(465.7\times0.109)=785.42\text{kmol/h}$$

（2）二氧化碳再生量

根据物料守恒，CO_2 再生气体流量即为富液与贫液中 CO_2 气体之差，由此，计算结果如下：

$$Q_{CO_2}=(529.8\times41.9)-(465.7\times1.45)=489.28\text{kmol/h}$$

（3）再生酸性气总量

再生酸性气中水为饱和状态，根据再生塔塔顶出口气体温度、压力计算得出饱和水含量为 7.52%，由此，计算得出含水量为：

$$Q_{H_2O}=(785.42+489.28)/(100\%-7.52\%)\times7.52\%=103.98\text{kmol/h}$$

由此，总酸性气流量为：

$$Q_{酸性气}=785.42+489.28+103.98=1381.51\text{kmol/h}$$

（4）富胺液酸性气负载

根据手动计算数据表，富液中酸性气负载为：

$$\rho_{酸性气}=[(786.91-1.49)+(504.62-15.35)]/1978.31=0.64\text{mol/mol}$$

（5）Hysis 计算胺液品质

1）富胺液酸性气负载

根据 Hysis 计算数据，富胺液中 H_2S、CO_2 浓度分别如下：

$$\rho_{H_2S}=29914\times1000/529800=56.46\text{g/L}$$

$$\rho_{CO_2}=19161.9\times1000/529800=36.18\text{g/L}$$

富液中酸性气负载为：

$$\rho_{酸性气}=[(786.91-0.23)+(504.62-6.98)]/1992.02=0.64\text{mol/mol}$$

2）贫胺液品质

根据 Hysis 计算数据，贫胺液中 H_2S、CO_2 浓度分别如下：

$$\rho_{H_2S}=7.82\times1000/471120=0.016\text{g/L}$$

$$\rho_{CO_2}=307.12\times1000/471120=0.65\text{g/L}$$

3. 计算结果与生产数据比较

再生塔不同算法计算结果与实际生产数据偏差分析如表 4-39 所示，手动计算数据与现场实际生产数据吻合度较好，Hysis计算再生效果优于实际生产值，分析原因可能为：随着运行时间增长，MDEA发生降解，胺液品质下降，有效胺含量降低，导致实际净化效果降低。

表4-39 再生塔不同算法计算结果与实际生产数据偏差分析 kmol/h

序号	项目	入口富液	出口贫液		
			手动计算	Hysis计算	偏差
1	MDEA	1978.31	1978.31	1992.02	-13.71
2	H_2O	13683.56	13579.57	12814.88	764.69
3	H_2S	786.91	1.49	0.23	1.26
4	CO_2	504.62	15.35	6.98	8.37
5	CH_4	2.84	0.00	0.00	0.00
合计		16956.23	15574.72	14814.11	760.60

性能指标比较

序号	项目	Hysis计算	生产数据	偏差
6	贫胺液流量/(t/h)	471.12	472.6	-1.48
7	富胺液流量/(t/h)	540.51	529.8	10.71
8	再生H_2S量	786.67	786.43	0.24
9	再生CO_2量	497.64	489.28	8.36
10	再生酸性气量	2152.99	1373.15	779.84
11	贫液H_2S浓度/(g/L)	0.016	0.109	-0.093
12	贫液CO_2浓度/(g/L)	0.65	1.45	-0.8
13	富液H_2S浓度/(g/L)	56.46	50.5	5.96
14	富液CO_2浓度/(g/L)	36.18	41.9	-5.72

（十九）酸水汽提塔（C-501）计算

1. 计算内容与思路

酸水汽提塔主要核算塔底净化水品质，酸水汽提塔流体性能计算见塔器设备运转能力计算。相关说明如下：

1）普光净化厂酸水汽提塔重沸器已停用，低压蒸汽改入塔内直接汽提。

2）二氧化碳按照完全汽提计算。

3）塔底汽提净化水流量为18.8t/h，汽提低压蒸汽流量为3.53t/h。

2. 计算结果

（1）汽提酸性气流量

根据分析化验数据，汽提后净化水中硫化物浓度为0.005mg/L，则净化水中H_2S摩尔流量为：

$$F_{H_2S,水}=0.005\times18.8=0.000003kmol/h$$

硫化物摩尔含量为0.264×10^{-8}，则汽提净化水中水的占比为99.99999%，由此，计算得出水的摩尔流量为：

$$F_{H_2O}=0.000003/0.264\times10^{-8}\times(1-0.264\times10^{-8})=1022.22kmol/h$$

则进入酸性气中H_2S、CO_2、H_2O摩尔流量为进料酸性水与净化水之差，即：

$$F_{H_2S,气}=0.0205-0.000003=0.02049\ kmol/h$$

$$F_{CO_2,气}=0.0773\ kmol/h$$

$$F_{H_2O,气}=1108.91+211.11-1022.22=11.1kmol/h$$

由此，酸性气的总摩尔流量为：

$$F_{酸性气}=0.02049+0.0773+11.1=11.2kmol/h$$

（2）汽提塔塔顶压力

汽提塔塔顶水为饱和状态，查水的饱和蒸气压表可知，112℃下水的饱和蒸气压力为153.13kPa，由此，计算塔顶压力为：

$$P_{汽提塔塔顶}=153.13/(15.6/15.75)=154.5kPa$$

Hysis计算中，净化水中H_2S含量为零，汽提效果优于手动计算和现场生产数据。

（二十）烟囱抽力计算

已知普光天然气净化厂烟囱高度为120m，烟囱为钢筒+混凝土结构，烟囱入口温度为260℃，当地大气压为96.94kPa。

1. 经验公式

根据理论计算结果，尾气焚烧炉烟气的摩尔流量、组分、各组分质量如表4-40所示，则根据《锅炉原理及计算》中烟囱抽力公式[10]，计算烟气在760mmHg，0℃工况下密度为：

$$\begin{aligned}\rho_0 &= \sum 烟气质量/\sum 烟气标况体积\\ &=m(H_2O+CO_2+N_2+O_2+SO_2+H_2)/V_0(H_2O+CO_2+N_2+O_2+SO_2+H_2)\\ &= 107194.93/82344.68=1.3017kg/Nm^3\end{aligned}$$

烟囱烟气出口温度和烟囱温降的计算比较复杂，现有的公式都是一些比较简单的经验公式，无法很好地反映实际情况。实际工况下烟气温度、烟气的热容量、烟囱的高度、当地的气候条件、烟囱的导热性等，对烟囱温降都有影响。根据经验公式，烟囱出口温度取值为：

$$t_{出口}=t_{入口}-H/10=260-(120/10)=248℃$$

四川达州地区大气压为96.94kPa，折算为671.86mmHg。

由此，烟囱平均温度为：$\theta=(t_{出口}+t_{入口})/2=(260+248)℃/2=254℃$

$$\begin{aligned}\Delta h &=H\left[1.2-\rho_0\left(\frac{273}{273+\theta}\right)\right]\frac{b}{760}g\\ &=120\times\{1.2-1.3017\times[273/(273+254)]\}\times(671.86/760)\times9.81=547.1Pa\end{aligned}$$

表4-40　尾气焚烧炉烟气物性参数

物料名称	分子量	摩尔流量/(kmol/h)	质量流量/(kg/h)	标况体积流量/(Nm³/h)
H_2O	18	414.56	7462.14	9286.21
CO_2	44	514.63	22643.53	11527.61
N_2	28	2627.50	73570.13	58856.11
O_2	32	108.70	3478.24	2434.77
SO_2	64	0.31	20.09	7.03
H_2	2	10.40	20.80	232.94
合计		3676.10	107194.93	82344.68

2. 查表法

在不同的排烟温度和大气温度工况下，烟囱每米高度对应的抽风力如表4-41所示。烟囱平均烟气温度为254℃，环境温度为30℃，采用插值法计算抽风力，如下：

$$h_{单位高度}=4.67-(4.67-4.4)/(260-240)\times(260-254)=4.589\text{Pa}$$

则120m烟囱的抽风力为：

$$\Delta h=h_{单位高度}\times H=4.589\times120=550.68\text{Pa}$$

综上，两种方法计算结果基本相同。

表4-41　烟囱每米高度的抽风力对应表

烟囱内烟气平均温度/℃	空气温度/℃						
	-30	-20	-10	0	10	20	30
140	5.65	5.15	4.7	4.15	3.68	3.2	2.77
160	5.97	5.5	5.02	4.51	4.03	3.57	3.12
180	6.31	5.85	5.37	4.86	4.38	3.92	3.47
200	6.65	6.2	5.72	5.21	4.73	4.27	3.82
220	6.98	6.5	6.02	5.51	5.03	4.57	4.12
240	7.28	6.78	6.3	5.79	5.31	4.85	4.4
260	7.55	7.05	6.57	6.06	5.58	5.12	4.67
280	7.8	7.28	6.8	6.29	5.81	5.35	4.9
300	8	7.51	7.03	6.52	6.05	5.58	5.13

四、平衡计算

工艺物料平衡计算以手动计算数据为基础，进口边界为脱硫单元原料气进气，出口边界为脱水单元出口产品气和尾气处理单元排放烟气；公用工程介质平衡生产数据为基础，边界为装置界区，考虑现场流量计量非交接计量精度，存在较大的计量偏差，故结合上下游数据对局部流量进行修正。

工艺物料平衡计算包括甲烷气体平衡、硫元素平衡、碳元素平衡、氢元素平衡、氮元素平衡；公用介质平衡主要针对能源工质，计算包括中压蒸汽平衡、低压蒸汽平衡、中压锅炉水平衡、低压锅炉水平衡。

(一) 硫元素平衡与收率计算

根据硫元素在天然气净化各个工艺过程的转变，统计各阶段流量及形态变化如表4-42所示。由理论、生产数据计算结果可知，各工艺环节硫元素均守恒，实际生产数据与理论计算值吻合。

1. 单台设备硫回收率

本文第四部分第三章已计算，此处不再赘述。

2. 单程硫回收率

1）根据硫元素守恒，理论单程硫回收率计算如下：

$$\eta=1-[第三冷凝器出口气体(H_2S+SO_2+COS+2CS_2)摩尔总数/入反应炉(H_2S+SO_2+COS+2CS_2)摩尔总数]\times100\%$$
$$=1-(13.19+8.89+0.3241)/786.4391=97.15\%$$

2）根据生产装置实际流量和分析化验数据，计算实际克劳斯单元单程硫回收率。由于过程气流量未计量，本文取手动计算数据，克劳斯装置进口酸性气、末级硫冷器出口尾气组分和流量如表 4-43 所示，由此，计算单程硫回收率如下：

η =1-[第三冷凝器出口气体($H_2S+SO_2+COS+2CS_2$)摩尔总数/入反应炉($H_2S+SO_2+COS+2CS_2$)摩尔总数]×100%

=1-(0.6447%+0.0898%+0.0051%)×2827.39/786.4391

=1-(14.80482+8.504243+0.3241)/786.4391=96.99%

表 4-42　单套装置硫元素流转分布

kmol/h

工艺过程	分析项目	含硫气体	物料流量	硫元素流量	总硫元素
脱硫单元进料	含硫天然气	H_2S	786.4391	786.4391	786.4391
脱水单元外输产品气	产品天然气	H_2S	0.0059	0.0059	0.0059
克劳斯反应炉（F-301）	克劳斯反应炉入口气体	H_2S	786.4332	786.4332	786.4332
	克劳斯反应炉出口气体	H_2S	163.9289	163.9289	786.4332
		SO_2	87.1542	87.1542	
		S_2	263.4250	526.8500	
		COS	6.1000	6.1000	
		CS_2	1.2000	2.4000	
一级硫冷器（E-303）	一级硫冷器入口气体	S_6	11.7251	70.3509	786.4332
		S_8	57.0624	456.4991	
		H_2S	166.3289	166.3289	
		SO_2	87.1542	87.1542	
		COS	6.1000	6.1000	
	一级硫冷器出口气体	S_6	0.0656	0.3934	269.5226
		S_8	1.1933	9.5461	
		H_2S	166.3289	166.3289	
		SO_2	87.1542	87.1542	
		COS	6.1000	6.1000	
	一级硫冷器出口液硫	S_6	3.4097	20.4582	516.9105
		S_8	62.0565	496.4523	
一级反应器（R-301）	一级反应器入口气体	S_6	0.1219	0.7312	269.5226
		S_8	1.1510	9.2082	
		H_2S	166.3289	166.3289	
		SO_2	87.1542	87.1542	
		COS	6.1000	6.1000	
	一级反应器出口气体	S_6	0.1219	0.7312	269.5226
		S_8	25.5823	204.6582	
		H_2S	41.6645	41.6645	
		SO_2	22.0042	22.0042	
		COS	0.4644	0.4644	

续表

工艺过程	分析项目	含硫气体	物料流量	硫元素流量	总硫元素
二级硫冷器(E-305)	二级硫冷器入口气体	S_6	0.1219	0.7312	269.5226
		S_8	25.5823	204.6582	
		H_2S	41.6645	41.6645	
		SO_2	22.0042	22.0042	
		COS	0.4644	0.4644	
	二级硫冷器出口气体	S_6	0.0607	0.3643	73.1642
		S_8	1.0833	8.6668	
		H_2S	41.6645	41.6645	
		SO_2	22.0042	22.0042	
		COS	0.4644	0.4644	
	二级硫冷器出口液硫	S_6	1.3201	7.9206	196.3584
		S_8	23.5547	188.4378	
二级反应器(R-301)	二级反应器入口气体	S_6	0.0589	0.3537	73.1642
		S_8	1.0847	8.6774	
		H_2S	41.6645	41.6645	
		SO_2	22.0042	22.0042	
		COS	0.4644	0.4644	
	二级反应器出口气体	S_6	0.0000	0.0000	73.1642
		S_8	6.1914	49.5311	
		H_2S	14.8048	14.8048	
		SO_2	8.5042	8.5042	
		COS	0.3241	0.3241	
三级硫冷器(E-307)	三级硫冷器入口气体	S_6	0.0000	0.0000	73.1642
		S_8	6.1914	49.5311	
		H_2S	14.8048	14.8048	
		SO_2	8.5042	8.5042	
		COS	0.3241	0.3241	
	三级硫冷器出口气体	S_6	0.0533	0.3197	25.6352
		S_8	0.2103	1.6824	
		H_2S	14.8048	14.8048	
		SO_2	8.5042	8.5042	
		COS	0.3241	0.3241	
	三级硫冷器出口液硫	S_6	0.1397	0.8382	47.5290
		S_8	5.8364	46.6908	

续表

工艺过程	分析项目	含硫气体	物料流量	硫元素流量	总硫元素
加氢反应器（R-401）	加氢反应器入口气体	S_6	0.0533	0.3197	25.6352
		S_8	0.2103	1.6824	
		H_2S	14.8048	14.8048	
		SO_2	8.5042	8.5042	
		COS	0.3241	0.3241	
	加氢反应器出口气体	S_6	0.0000	0.0000	25.6352
		S_8	0.0000	0.0000	
		H_2S	25.6088	25.6088	
		SO_2	0.0000	0.0000	
		COS	0.0264	0.0264	
急冷塔（C-401）	急冷塔入口尾气	H_2S	25.6088	25.6088	25.6352
		COS	0.0264	0.0264	
	急冷塔出口气体	H_2S	25.5883	25.5883	25.6352
		COS	0.0264	0.0264	
	急冷水	H_2S	0.0205	0.0205	
尾气吸收塔（C-402）	尾气吸收塔入口气体	H_2S	25.5883	25.5883	25.6147
		COS	0.0264	0.0264	
	尾气吸收塔出口气体	H_2S	0.1955	0.1955	0.2219
		COS	0.0264	0.0264	
	半富胺液	H_2S	25.3928	25.3928	25.3928
尾气焚烧炉（F-403）	入口过程尾气	H_2S	0.1955	0.1955	0.2219
		COS	0.0264	0.0264	
	入口液硫池废气	H_2S	0.0600	0.0600	0.0920
		S_8	0.0040	0.0320	
	出口烟气	SO_2	0.3139	0.3139	0.3139
酸水汽提塔（C-501）	入口酸性水	H_2S	0.0205	0.0205	0.0205
	出口净化水	H_2S	0.000003	0.0000	0.0205
	出口汽提气	H_2S	0.0205	0.0205	

表 4-43　克劳斯装置进口酸性气与末级硫冷器出口尾气组成

项目	物料名称	组分		流量	
		干基	湿基		
		%(摩)	%(摩)	Nm^3/h	kmol/h
克劳斯炉入口酸性气	H_2S	58.21	57.2472	30772	786.43
	CO_2	35.61	35.0263		481.17
	H_2O	—	7.5200		103.31
	CH_4	0.21	0.2065		2.84

续表

项目	物料名称	组分		流量	
		干基	湿基		
		%(摩)	%(摩)	Nm^3/h	kmol/h
末级硫冷器出口气体	H_2S	0.6447	0.6447		14.80482
	SO_2	0.0898	0.0898		8.504243
	COS	0.0051	0.0051		0.3241
	CS_2	0.0000	0.0000		0.00
	CO_2	15.5822	15.5822		470.1867
	CO	0.2188	0.2188		13.5
	H_2O	—	30.9198		875.6066

3. 总硫回收率

1）根据硫元素守恒，总硫回收率理论计算如下：

η=1-出口烟气($H_2S+SO_2+COS+2CS_2$)/入反应炉($H_2S+SO_2+COS+2CS_2$)摩尔总数×100%=1-0.3139/786.4391=99.96%

2）由于普光天然气净化厂161系列液硫池废气进入尾气焚烧炉，故计算硫回收率不可采用尾气吸收塔塔顶净化尾气算法。

根据生产装置实际流量和分析化验数据，装置总硫回收率采用常规烟气法、修正后烟气法两种方式进行计算，计算结果如下：

1）常规烟气法

烟气中SO_2浓度、烟气流量均取现场实际生产数据，克劳斯装置进口酸性气、烟气组分和流量如表4-43所示。干烟气流量为37708Nm^3/h，水含量取理论计算值30.92%，则干烟气折算为实际烟气流量应为：

$$Q_{烟气,湿}=37708\times100/(100-30.92)=54585Nm^3/h$$

烟气中SO_2浓度干基浓度为248mg/Nm^3，则摩尔流量为：

$$M_{SO_2}=248\times37708/1000000/64=0.1461kmol/h$$

由此，计算总硫回收率如下：

η=1-[烟气($H_2S+SO_2+COS+2CS_2$)摩尔总数/入反应炉($H_2S+SO_2+COS+2CS_2$)摩尔总数]×100%=1-0.1461kmol/h/786.4391 kmol/h=99.98%

根据理论计算，烟气的流量应为3674.72kmol/h，折算体积流量为83213.74Nm^3/h，远大于烟气现场监测流量54585Nm^3/h，由此分析，现场烟气流量偏低，导致常规烟气方法计算结果偏大。

2）修正后烟气法

硫黄装置进料酸性气与尾气焚烧炉烟气生产参数如表4-44所示。参照第四部分第二节修正后烟气总硫回收率计算公式，由于普光净化厂产品天然气中总硫含量低于10mg/Nm^3，燃料气中硫元素带入量影响甚微，故本文将公式进行简化，修正后的总硫回收率计算如下：

η=1-[烟气($H_2S+SO_2+COS+2CS_2$)摩尔总数/入反应炉($H_2S+SO_2+COS+2CS_2$)摩尔总数]×100%=$1-\dfrac{\dfrac{m_{13}}{n_{11}}\times c_{11}-s_5-s_9-s_{12}}{s_2}\times100\%=1-\dfrac{\dfrac{m_{13}}{n_{11}}\times c_{11}}{s_2}\times100\%$

通过碳元素平衡，求得 n_{11}、c_{11}，计算过程如下：

c_{11}=(焚烧炉燃料气带入碳元素+TEG 再生塔废气带入碳元素+入口过程尾气带入碳元素)摩尔总数=[焚烧炉燃料气带入碳元素+TEG 再生塔废气带入碳元素+(酸性气带入碳元素+在线燃烧炉燃料气带入碳元素-进入半富胺液碳元素)]摩尔总数

=83.6607+0.5172+484.01+22.2768−75.7626=514.7kmol/h

m_{13}/n_{11}为烟气中硫元素与碳元素的浓度比值，与烟气流量无关，根据分析化验数据可得：

烟气中 SO_2 浓度干基浓度为 248mg/Nm^3，折算为干基摩尔浓度为：

$$\rho=248/64/1000000=0.0086\%$$

根据分析化验结果，烟气中 CO_2 的干基浓度 20.22%，则：

$$m_{13}/n_{11}=0.0086/20.22=0.000425$$

由此，计算总硫回收率如下：

$$\eta=1-\frac{\frac{m_{13}}{n_{11}}\times c_{11}}{s_2}\times 100\%=1-0.000425\times 514.7/786.43=99.97\%$$

综上，采用现场实际运行数据进行计算，由于低压工况下烟气流量检测值偏低，导致采用常规烟气计算公式计算结果偏大，通过修正后，计算结果为 99.97%，与理论计算结果 99.96%基本相当。

表 4-44　硫磺装置进料酸性气与尾气焚烧炉烟气组成

项　目	物料名称	组　分		流量	
		实测	湿基 %(摩)	Nm^3/h	kmol/h
克劳斯炉入口酸性气	H_2S	58.21	57.25	30772	786.43
	CO_2	35.61	35.03		481.17
	H_2O	—	7.52		103.31
	CH_4	0.21	0.21		2.84
烟气	H_2S	0	0.00	37708(干烟气) 54585(烟气)	0.00
	SO_2	248①	248①		21.151688
	COS	0	0.00		0.00
	CS_2	0	0.00		0.00
	O_2	3%	3.00		7310.49
	CO	0	0.00		0.00
	H_2O	—	30.92		75346.79

注①：单位为 mg/Nm^3。

（二）碳元素平衡计算

采用理论计算数据进行碳元素平衡核算，并与装置内组分分析化验数据、流量数据进行核对，结果表明，装置中内环节碳元素均平衡，且含碳元素物料流量与现场实际运行数据吻合。碳元素在工艺过程流转分布如表 4-45 所示。

表 4-45　单套装置碳元素流转分布　　kmol/h

工艺过程	分析项目	含碳气体	物料流量	碳元素流量	总碳量
脱硫单元	含硫天然气	CH_4	3869.8013	3869.8013	4430.2159
		CO_2	560.4146	560.4146	
脱水单元	总净化气	CH_4	3866.9640	3866.9640	3946.2051
		CO_2	79.2411	79.2411	
	外输产品气	CH_4	3763.1453	3763.1453	3946.2051
		CO_2	77.1223	77.1223	
	自用净化气	CH_4	103.8188	103.8188	
		CO_2	2.1188	2.1188	
克劳斯反应炉（F-301）	克劳斯反应炉入口气体	CH_4	2.8373	2.8373	484.0108
		CO_2	481.1735	481.1735	
	克劳斯反应炉出口气体	CO_2	463.2108	463.2108	484.0108
		CO	13.5000	13.5000	
		COS	6.1000	6.1000	
		CS_2	1.2000	1.2000	
反应炉余热锅炉（E-301/302）	余热锅入口气体	CO_2	463.2108	463.2108	484.0108
		CO	13.5000	13.5000	
		COS	6.1000	6.1000	
		CS_2	1.2000	1.2000	
	余热锅出口气体	CO_2	464.4108	464.4108	484.0108
		CO	13.5000	13.5000	
		COS	6.1000	6.1000	
一级反应器（R-301）	一级反应器出口气体	CO_2	470.0464	470.0464	484.0108
		CO	13.5000	13.5000	
		COS	0.4644	0.4644	
二级反应器（R-302）	二级反应器出口气体	CO_2	470.1867	470.1867	484.0108
		CO	13.5000	13.5000	
		COS	0.3241	0.3241	
在线加氢燃烧炉（F-401）	燃料气	CH_4	21.8313	21.8313	22.2768
		CO_2	0.4455	0.4455	
	入口过程气	CO_2	470.1867	470.1867	484.0108
		CO	13.5000	13.5000	
		COS	0.3241	0.3241	
	出口过程气	CO_2	481.8424	481.8424	506.2876
		CO	24.1211	24.1211	
		COS	0.3241	0.3241	

续表

工艺过程	分析项目	含碳气体	物料流量	碳元素流量	总碳量
加氢反应器（R-401）	出口过程气	CO_2	505.1612	505.1612	506.2876
		CO	1.1000	1.1000	
		COS	0.0264	0.0264	
急冷塔（C-401）	急冷塔入口气体	CO_2	505.1612	505.1612	506.2876
		CO	1.1000	1.1000	
		COS	0.0264	0.0264	
	急冷塔出口气体	CO_2	505.0839	505.0839	506.2103
		CO	1.1000	1.1000	
		COS	0.0264	0.0264	
	急冷水	CO_2（循环）	0.0773	0.0773	0.0773
尾气吸收塔（C-402）	吸收塔出口气体	CO_2	429.3213	429.3213	506.2103
		CO	1.1000	1.1000	
		COS	0.0264	0.0264	
	半富胺液	CO_2	75.7626	75.7626	
尾气焚烧炉（F-403）	燃料气	CH_4	81.9875	81.9875	514.6257
		CO_2	1.6732	1.6732	
	入口过程尾气	CO_2	429.3213	429.3213	
		CO	1.1000	1.1000	
		COS	0.0264	0.0264	
	TEG 再生塔废气	CH_4	0.3946	0.3946	
		CO_2	0.1226	0.1226	
	烟气	CO_2	514.6257	514.6257	514.6257
酸水汽提塔（C-501）	入口酸性水	CO_2	0.0773	0.0773	0.0773
	出口汽提气	CO_2	0.0773	0.0773	0.0773

（三）氢元素平衡计算

采用理论计算数据进行氢平衡核算，并与装置内组分分析化验数据、流量数据进行核对，结果表明，装置中内环节氢元素均平衡，且含氢元素物料流量与现场实际运行数据吻合。氢元素在工艺过程流转分布如表 4-46 所示。

表 4-46 单套装置氢元素流转分布 kmol/h

工艺过程	分析项目	含氢气体	物料流量	氢元素流量	平衡核算
克劳斯反应炉	酸性气	H_2S	786.4332	1572.8663	1859.2228
		H_2O	103.3060	206.6120	
		CH_4	2.8373	11.3493	
	空气	H_2O	34.1976	68.3952	
	克劳斯反应炉出口气体	H_2S	163.9289	327.8578	1859.2228
		H_2O	726.4825	1452.9650	
		H_2	39.2000	78.4000	

续表

工艺过程	分析项目	含氢气体	物料流量	氢元素流量	平衡核算
反应炉余热锅炉	余热锅出口气体	H_2S	166.3289	332.6578	1859.2228
		H_2O	724.0825	1448.1650	
		H_2	39.2000	78.4000	
一级反应器	一级反应器出口气体	H_2S	41.6645	83.3290	1859.2228
		H_2O	848.7469	1697.4938	
		H_2	39.2000	78.4000	
二级反应器	二级反应器出口气体	H_2S	14.8048	29.6096	1859.2228
		H_2O	875.6066	1751.2132	
		H_2	39.2000	78.4000	
在线加氢燃烧炉	燃料气	CH_4	21.8313	87.3250	1977.3847
	助燃空气	H_2O	3.1962	6.3925	
	抑焦蒸汽	H_2O	12.2222	24.4444	
	入口过程气	H_2S	14.8048	29.6096	
		H_2O	875.6066	1751.2132	
		H_2	39.2000	78.4000	
	出口过程气	H_2S	14.8048	29.6096	1977.3847
		H_2O	927.7975	1855.5951	
		H_2	46.0900	92.1800	
加氢反应器	出口过程气	H_2S	25.6088	51.2176	1977.3847
		H_2O	921.4872	1842.9744	
		H_2	41.5963	83.1927	
急冷塔	急冷塔入口过程气	H_2S	25.6088	51.2176	1999.5825
		H_2O	921.4872	1842.9744	
		H_2	41.5963	83.1927	
	急冷塔入口汽提酸性气	H_2O	11.0989	22.1978	
	急冷塔出口气体	H_2S	25.5883	51.1766	1977.3847
		H_2O	99.2772	198.5544	
		H_2	41.5963	83.1927	
	冷凝水	H_2S(循环)	0.0205	0.0410	
		H_2O	822.2100	1644.4200	
尾气吸收塔	吸收塔入口气体	H_2S	25.5883	51.1766	447.7528
		H_2O	99.2772	198.5544	
		H_2	41.5963	83.1927	
	半富胺液	H_2O(补水)	57.4146	114.8291	
		H_2S	25.3928	50.7856	447.7528
	吸收塔出口气体	H_2S	0.1955	0.3910	
		H_2O	156.6918	313.3835	
		H_2	41.5963	83.1927	

续表

工艺过程	分析项目	含氢气体	物料流量	氢元素流量	平衡核算
尾气焚烧炉	燃料气	CH_4	81.9875	327.9500	849.9245
	入口过程尾气	H_2S	0.1955	0.3910	
		H_2O	156.6918	313.3835	
		H_2	41.5963	83.1927	
	TEG 再生塔废气	CH_4	0.3946	1.5784	
		H_2O	7.7056	15.4112	
	助燃空气	H_2O	26.2992	52.5985	
	液硫池废气	H_2S	0.0600	0.1200	
		H_2O	27.6496	55.2992	
	烟气	H_2O	414.5632	829.1263	849.9245
		H_2	10.3991	20.7982	
酸水汽提塔	入口酸性水	H_2O	822.2100	1644.4200	2066.6832
		H_2S(循环)	0.0205	0.0410	
	入塔汽提蒸汽	H_2O	211.1111	422.2222	
	出口净化水	H_2O	1022.2222	2044.4444	2066.6832
		H_2S	0.0000	0.0000	
	出口汽提气	H_2S(循环)	0.0205	0.0410	
		CO_2	11.0989	22.1978	

（四）氢气平衡核算

采用理论计算数据进行氢气平衡核算，并与装置内组分分析化验数据、流量数据进行核对，装置氢气在工艺过程流转分布如表 4-47 所示，理论计算数据与实际数据吻合。

表 4-47　单套装置氢气流转分布

工艺过程	分析项目	摩尔流量/(kmol/h)	摩尔浓度/湿基/(kmol/h)	实际浓度/湿基/%(体)
克劳斯反应炉	出口气体	39.2	1.2	
反应炉余热锅炉	余热锅出口气体	39.2	1.3	
一级反应器	一级反应器出口气体	39.2	1.4	
二级反应器	二级反应器出口气体	39.2	1.4	
在线加氢燃烧炉	出口过程气	46.1	1.5	
加氢反应器	出口过程气	41.6	1.4	
急冷塔	急冷塔出口过程气	41.6	1.88	1.5~2.0

（五）氧平衡核算

采用理论计算数据进行氧平衡核算，并与装置内组分分析化验数据、流量数据进行核对，结果表明，装置中内环节氧元素均平衡，且含氧元素物料流量与现场实际运行数据吻合。氧元素在工艺过程流转分布如表 4-48 所示。

表 4-48 单套装置氧元素流转分布 kmol/h

工艺过程	分析项目	含氧气体	物料流量	氧元素流量	总氧量
脱硫单元	含硫天然气	CO_2	560.4146	1120.8292	1120.8292
脱水单元	总净化气	CO_2	79.2411	158.4821	158.4821
	外输产品气	CO_2	77.1223	154.2446	158.4821
	自用净化气	CO_2	2.1188	4.2375	
克劳斯反应炉	助燃空气	O_2	373.4810	746.9620	1846.8126
		H_2O	34.1976	34.1976	
	入口酸性气	H_2O	103.3060	103.3060	
		CO_2	481.1735	962.3470	
	克劳斯反应炉出口气体	CO_2	463.2108	926.4217	1846.8126
		CO	13.5000	13.5000	
		COS	6.1000	6.1000	
		SO_2	87.1542	174.3085	
		H_2O	726.4825	726.4825	
一级反应器(R-301)	一级反应器出口气体	CO_2	470.0464	940.0929	1846.8126
		CO	13.5000	13.5000	
		COS	0.4644	0.4644	
		SO_2	22.0042	44.0085	
		H_2O	848.7469	848.7469	
二级反应器(R-302)	二级反应器出口气体	CO_2	470.1867	940.3735	1846.8126
		CO	13.5000	13.5000	
		COS	0.3241	0.3241	
		SO_2	8.5042	17.0085	
		H_2O	875.6066	875.6066	
在线加氢燃烧炉(F-401)	燃料气	CO_2	0.4455	0.8911	1932.9360
	降温蒸汽	H_2O	12.2222	12.2222	
	助燃空气	H_2O	3.1962	3.1962	
		O_2	34.9069	69.8138	
	入口过程气	CO_2	470.1867	940.3735	
		CO	13.5000	13.5000	
		COS	0.3241	0.3241	
		SO_2	8.5042	17.0085	
		H_2O	875.6066	875.6066	
	出口过程气	CO_2	481.8424	963.6848	1932.9361
		CO	24.1211	24.1211	
		COS	0.3241	0.3241	
		SO_2	8.5042	17.0085	
		H_2O	927.7975	927.7975	

续表

工艺过程	分析项目	含氧气体	物料流量	氧元素流量	总氧量
加氢反应器（R-401）	出口过程气	CO_2	505.1612	1010.3224	1932.9361
		CO	1.1000	1.1000	
		COS	0.0264	0.0264	
		SO_2	0.0000	0.0000	
		H_2O	921.4872	921.4872	
急冷塔（C-401）	急冷塔入口气体	CO_2	505.1612	1010.3224	1932.9361
		CO	1.1000	1.1000	
		COS	0.0264	0.0264	
		H_2O	921.4872	921.4872	
	急冷塔出口气体	CO_2	505.0839	1010.1679	1110.5715
		CO	1.1000	1.1000	
		COS	0.0264	0.0264	
		H_2O	99.2772	99.2772	
	冷凝急冷水	H_2O(循环)	822.2100	822.2100	822.3646
		CO_2(循环)	0.0773	0.1546	
尾气吸收塔（C-402）	吸收塔出口气体	CO_2	429.3213	858.6427	1016.4609
		CO	1.1000	1.1000	
		H_2O	156.6918	156.6918	
		COS	0.0264	0.0264	
	半富胺液	H_2O(补水)	-57.4146	-57.4146	94.1106
		CO_2	75.7626	151.5252	
尾气焚烧炉（F-403）	燃料气	CO_2	1.6732	3.3464	1661.8323
	助燃空气	O_2	287.2209	574.4418	
		H_2O	26.2992	26.2992	
	液硫池废气	O_2	2.8418	5.6836	
		H_2O	27.6496	27.6496	
	入口过程尾气	CO_2	429.3213	858.6427	
		CO	1.1000	1.1000	
		COS	0.0264	0.0264	
		H_2O	156.6918	156.6918	
	TEG 再生塔废气	H_2O	7.7056	7.7056	
		CO_2	0.1226	0.2452	
	烟气	H_2O	414.5632	414.5632	1661.8323
		O_2	108.6950	217.3900	
		SO_2	0.3139	0.6278	
		CO_2	514.6257	1029.2513	

续表

工艺过程	分析项目	含氧气体	物料流量	氧元素流量	总氧量
酸水汽提塔（C-501）	入口酸性水	CO_2	0.0773	0.1546	1033.4757
		H_2O	822.2100	822.2100	
	汽提蒸汽	H_2O	211.1111	211.1111	
	出塔净化水	H_2O	1022.2222	1022.2222	1033.4757
	出口汽提气	H_2O	11.0989	11.0989	
		CO_2	0.0773	0.1546	

（六）氮平衡核算

普光天然气净化厂酸性气中不含氨，故氮气仅为空气带入，单套装置氮气分布如表4-49所示。

表4-49　单套装置氧元素流转分布　　kmol/h

工艺过程	分析项目	含氮气体	物料流量	氮元素流量	总氮量
克劳斯反应炉	助燃空气	N_2	1405.0000	2809.9999	2809.9999
	克劳斯反应炉出口气体	N_2	1405.0000	2809.9999	2809.9999
在线加氢燃烧炉（F-401）	助燃空气	N_2	131.3165	262.6330	3072.6329
	入口过程气	N_2	1405.0000	2809.9999	
	出口过程气	N_2	1536.3165	3072.6329	3072.6329
尾气焚烧炉（F-403）	助燃空气	N_2	1080.4977	2160.9954	5255.0096
	入口过程气	N_2	1536.3165	3072.6329	
	液硫池废气	N_2	10.6906	21.3812	
	烟气	N_2	2627.5048	5255.0096	5255.0096

（七）富液/半富液与酸性气守恒核算

富液/半富液与酸性气核算主要计算再生塔、尾气吸收塔富液中吸收的H_2S、CO_2与再生酸性气中H_2S、CO_2是否相同。富液携带酸性气与气相中酸性气平衡计算结果如表4-50所示。

表4-50　富液/半富液与酸性气守恒核算

设备位号	参数	单位	富液/半富液	贫液	酸性气	液相差值	气液差值
再生塔	流量	t/h	529.80	465.70			
	H_2S浓度	g/L	50.50	0.11			
	CO_2浓度	g/L	41.91	1.45			
	密度	kg/m^3	1072.00	962.20			
	H_2S摩尔流量	kmol/h	734.06	1.49	786.43	732.56	53.87
	CO_2摩尔流量	kmol/h	470.73	15.35	489.24	455.38	33.86
尾气吸收塔	流量	t/h	267.00	241.90			
	H_2S浓度	g/L	2.89	0.11			
	CO_2浓度	g/L	12.60	1.45			
	密度	kg/m^3	1046.00	1037.00			
	H_2S摩尔流量	kmol/h	21.70	0.75	25.39	20.95	4.44
	CO_2摩尔流量	kmol/h	73.10	7.69	75.76	65.41	10.35

1. 再生塔核算

根据上文实际生产数据，富液流量为529.80t/h，密度为1072kg/m³，H_2S浓度为50.50g/L，出口贫液流量为465.70t/h，密度为962.2kg/m³，H_2S浓度为0.11g/L，由此计算富液再生过程中释放的H_2S摩尔流量为：

$Q_{H_2S,液}=529.80\times1000/1072\times50.50-465.70\times1000/962.2\times0.11=734.06kmol/h$。

再生塔塔顶酸性气流量为30772Nm³/h，H_2S湿基浓度为57.25%，则酸性气中H_2S摩尔流量为：

$Q_{H_2S,气}=30772\times57.25\%=786.43mol/h$

则再生塔再生酸性气H_2S与富液H_2S差值为：

$\Delta Q_{H_2S}=786.43-734.06=57.87kmol/h$

则根据实际生产和分析化验数据，再生塔液相与气相H_2S摩尔流量误差为：

$\sigma_{H_2S}=57.87/786.43=6.8\%$

同理计算，再生塔液相和气相中CO_2的摩尔流量差值为：

$\Delta Q_{CO_2}=489.24-455.38=33.85kmol/h$

误差为：

$\sigma_{CO_2}=33.85/489.24=6.9\%$

对于工程生产而言，H_2S、CO_2误差均可以接受。

2. 尾气吸收塔核算

根据上文实际生产数据，半富液流量为267t/h，密度为1046kg/m³，H_2S浓度为2.89g/L，入口贫液流量为241.9t/h，密度为1037kg/m³，H_2S浓度为0.11g/L，由此计算贫液吸收过程中吸收的H_2S摩尔流量为：

$Q_{H_2S,液}=267\times1000/1046\times2.89-241.9\times1000/1037\times0.11=20.95kmol/h$

尾气吸收塔入口、出口均流量计量，入口气体无法取样分析，故本处气体流量采用手动理论计算结果，则尾气吸收塔入口过程气H_2S摩尔流量为25.588kmol/h，塔顶净化尾气流量为2165.24kmol/h，塔顶净化气H_2S湿基浓度为0.0084%，则尾气吸收过程中自气相脱出的H_2S的气体摩尔流量为：

$Q_{H_2S,气}=25.588-2165.24\times0.0084\%=25.406kmol/h$

尾气吸收塔自气相脱出的H_2S与半富液吸收的H_2S差值为：

$\Delta Q_{H_2S}=25.406-20.95=4.44kmol/h$

则H_2S摩尔流量误差为：

$\sigma_{H_2S}=4.44/25.406=17.4\%$

同理计算，尾气吸收塔液相和气相中CO_2的摩尔流量差值为：

$\Delta Q_{CO_2}=75.76-65.41=10.35kmol/h$

误差为：

$\sigma_{CO_2}=10.35/75.76=13.6\%$

分析尾气吸收塔H_2S、CO_2平衡差率的主要原因为胺液流量的计量误差及分析化验误差。

（八）中压饱和蒸汽平衡核算

本文以联合装置界区为边界，进行中压蒸汽的平衡核算，核算的目的在于对比现场实际数据，验证现场计量的偏差和热量损失。

中压饱和蒸汽供方为克劳斯反应炉余热锅炉(E-301/302)，中压饱和蒸汽消耗用户包括E-304、E-306、脱水单元重沸器、中压蒸汽伴热等。录取现场运行数据、考核期间平均值进行平衡计算。中压蒸汽伴热无流量计量，根据现场实际伴热点数量进行估算。原设计只考虑过程尾气调节阀伴热，实际运行过程中将比值分析仪低压蒸汽伴热改为中压伴热，伴热蒸汽量增加。

中压饱和蒸汽平衡计算结果如表4-51所示，平衡差值考虑为系统损失和计量误差。除E-107外，现场实际生产数据和设计值基本相当，但实际消耗量较供给量偏低，说明蒸汽管网运行期间存在较大的热量损失，损失率约为4%。根据《热力管道设计手册》经验值[6]，设计热损失一般考虑为管道流量的3%，说明现场管线保温质量下降，需要进行整改或更换。

E-107蒸汽量偏低主要是降低了水解反应器入口过程气温度。设计E-107出口温度为140℃，实际运行过程中，过程气加注水量取消，仅依靠过程气自带饱和蒸汽即可满足水解反应需求，故加热器需求热负荷减少，同时加热器出口温度由140℃降低至130℃，由此加热蒸汽量大幅度降低。

表4-51　中压饱和蒸汽平衡计算表　　t/h

序号	仪表位号	测量位置	测量值	设计值
1	FI30707	D302产汽	54.69	54.8
2	FI41203	中压饱和蒸汽进E404	-44.91	-46.16
3	FI30803	一级反应器入口加热器E304用汽	-2.51	-2.41
4	FI30902	二级反应器入口加热器E306用汽	-2.27	-2.13
5	FC20416	脱水重沸器E202用汽	-0.32	-0.29
6	FI10601	水解反应预热器E107进汽	-0.9	-3.31
7		中压蒸汽伴热	-1.5	-0.5
8		中压蒸汽损失		
平衡差值			2.3	0.0

(九)中压过热蒸汽平衡核算

中压过热蒸汽供方为尾气焚烧炉余热锅炉(E-404)，消耗用户包括克劳斯风机蒸汽透平(K-301-HT)、半富胺液蒸汽透平(K-301-HT)。

中压饱和蒸汽平衡计算结果如表4-52所示，平衡差值考虑为系统损失和计量误差。理论计算值与现场实际生产数据和设计值基本相当，热损失率约为2.6%，在设计范围以内，说明现场过热蒸汽系统保温效果良好。

表4-52　中压过热蒸汽平衡计算表　　t/h

序号	仪表位号	测量位置	测量值	设计值
1	FI41204	中压过热蒸汽出E404	56.25	54.06
2	FIQ30201	K301(ST)用汽	-19.81	-19.5
3	FI40801	P402(ST)用汽	-19.79	-19.4
4	FIQ70102B	中压过热蒸汽出装置	-15.18	-15.16
5		热损失		
平衡差值			1.47	0

（十）低压蒸汽平衡核算

低压蒸汽供方包括界区引入、汽驱变换、硫冷器(E-303/305/307)发汽、加氢反应器出口冷却器(E-401)发汽，消耗用户包括胺液再生塔塔底重沸器(E-104)、汽提塔重沸器(E-502)、锅炉水加热器(E-308)、蒸汽伴热等。

根据上文分析，E-305 发生蒸汽量偏大，蒸发量应小于等于 6.57t/h，此处对实际蒸发量进行修正，由 7.6t/h 修正为 6.57t/h。

低压蒸汽平衡计算结果如表 4-53 所示，平衡差值考虑为系统损失和计量误差。除再生塔重沸器(E-104)、汽提塔重沸器(E-502)、伴热蒸汽消耗量与设计值出入较大之外，其余实际生产数据和设计值基本相当，热损失率约为 1.7%，在设计范围以内，说明现场过热蒸汽系统保温效果良好。

实际与设计值偏差较大的原因分析如下：

1）再生塔重沸器。为了提高胺液酸性气负载，降低再生能耗，对胺液循环量进行了优化，胺液循环量降低后，重沸器蒸汽随之降低。

2）汽提塔重沸器。由于汽提后净化水回用至循环水场，为进一步提升汽提净化水品质，2012 年对酸水汽提工艺流程进行了改造，重沸低压蒸汽直接切入汽提塔，降低塔内气相 H_2S 分压，同时入塔酸性水改为部分加热后进入汽提塔，以提升塔底温度、降低塔顶温度，改造完成后，塔底温度提高了 5 ~7℃，水质大幅改善，蒸汽消耗量增加。

3）伴热蒸汽。2012 年实施了闪蒸气回收利用改造，为避免闪蒸气带液进入燃料气管网，对装置内闪蒸气管线增加伴热，低压蒸汽伴热量消耗约增加 5t。

表 4-53 低压过热蒸汽平衡计算表 t/h

序号	仪表位号	测量位置	生产值	设计值
1	FIQ30201	K301(ST)	19.81	19.5
2	FI40801	P402(ST)	19.79	19.4
3	FIQ70101	低压蒸汽输进装置	14	25.419
4	FI30804	E303 产汽	7.86	7.675
5	FI30904	E305 产汽	6.57*	7.638
6	FI40319	E401 产汽	5.23	6.126
7	FC11503	E104B 用汽	-23.25	-33.7
8	FC11403	E104A 用汽	-22.5	-33.7
9	FC50304	E502 用汽	-3.53	-1.67
10	FI31001	E308 用汽	-1.99	-1.299
11	FC40102	F401 降温蒸汽	-0.22	-0.18
12	FI31203	EJ301 用汽	-0.49	-0.387
13		低压蒸汽伴热	-20	-14.822
14		低压蒸汽损失		
平衡差值			1.28	0.00

＊该值为修正后实际流量。

（十一）热量平衡核算

热量平衡主要核算装置内换热网络输入、输出两侧热量是否守恒，用于判断换热器换热效果，本文主要对装置内换热设备理论输入热量、输出热量、输出载能介质和实际输出载能介质进行平衡核算，理论数据取自本文手动计算结果，现场数据取装置内实际运行数据，核算结果如表 4-54 所示。

通过热量衡算发现，设备 E-305、E-307、E-401 热损失率均超过了 3%，说明设备热损失量偏大，保温效果不良，下步装置检修时进行保温层修复或更换。

E-304、E-306 理论消耗量较实际消耗量偏高，分析原因为流量计计量偏差，需要进行流量计校正或拆检。

表 4-54　热量平衡计算表

序号	设备名称	输入热量	理论输出热量		实际输出热量		热损失率
		MJ/h	载能工质流量/(t/h)	热量/(MJ/h)	载能工质流量/(t/h)	热量/(MJ/h)	%
1	反应炉余热锅炉(E-301/302)	123639.20	54.44	123639.20	54.67	124157.76	-0.4194102
2	一级硫冷器(E-303)	17201.51	8.07	17201.51	7.86	16705.06	2.8860752
3	二级硫冷器(E-305)	15121.54	6.92	15121.54	6.57	13867.87	8.29063226
4	末级硫冷器(E-307)	9526.12	58.01	9526.12	53.65	8810.40	7.51321886
5	加氢反应器出口冷却器(E-401)	12591.67	5.43	12591.67	5.23	12124.71	3.70852322
6	尾气焚烧炉余热锅炉(E-404)	49655.79	57.25	49655.79	56.25	48663.43	1.99846761
序号	设备名称	实际输入热量		理论输入热量		输出热量	热损失率
		载能工质流量/(t/h)	热量/(MJ/h)	载能工质流量/(t/h)	%	(MJ/h)	%
3	一级加热器(E-304)	2.51	4372.10	2.60	4536.70	4536.70	-3.46
5	二级加热器(E-306)	2.27	3953.98	2.67	4650.75	4650.75	-14.98

五、装置能耗计算与分析

1. 计算说明

装置能耗的折算系数执行《石油化工设计能耗计算标准》(GB/T 50441—2016)[13]，本文计算涉及的载能工质如表 4-55 所示。

燃料气按照热值进行折算。净化厂自产燃料气低位发热值为 36.8MJ/Nm^3，1kg 标准油发热量为 41.868MJ，由此，燃料气的折算系数为：

$$q_{燃料气} = 36.8/41.868 = 0.88$$

装置综合能耗为：$E = \sum G_i C_i$

式中，G_i为能源工质消耗量；C_i为能源折算系数。

单位综合能耗为 $e=E/G$

式中，E 为综合能耗；G 为原料气量或产品量，本文 G 取原料气处理量和液硫产品量进行计算。

表 4-55 载能工质折算系数

序号	类别	单位	能源折算值/(kgEO)
1	电	kW·h	0.22
2	3.5MPa 蒸汽	t	88
3	0.3MPa 蒸汽	t	66
4	循环水	t	0.06
5	软化水	t	0.2
6	需除油除铁的 120℃凝结水	t	5.5
7	低压氮气	Nm^3	0.15
8	工厂风	Nm^3	0.028
9	仪表风	Nm^3	0.038
10	燃料气*	Nm^3	0.88

*燃料气折算系数为计算值。

2. 硫黄回收装置能耗

硫黄回收单元综合能耗统计如表 4-56 所示。单元综合能耗为-4046.33kgEO，则单位液硫产品的单位综合能耗为：

单位液硫产品综合能耗为：$e_{原料气,硫黄}=-4046.33/27.5=-147.14$kgEO/t

表 4-56 硫黄回收单元综合能耗

能源类别	计量单位	实物消耗量	折标系数/(kgEO)	综合能耗/(kgEO)
中压蒸汽	t/h	-30.764	88	-2707.232
低压蒸汽	t/h	-28.164	66	-1858.824
锅炉给水	t/h	71.75	6.5	466.375
凝结水	t/h	-1.559	5.5	-8.5745
燃料气	Nm^3/h	0	0.88	0
低压氮气	Nm^3/h	169	0.15	25.35
工厂风	Nm^3/h	100	0.028	2.8
仪表风	Nm^3/h	274	0.038	10.412
循环水	t/h	67.4	0.06	4.044
电	kW·h	87.8	0.22	19.316
合计				-4046.3335

六、关键转动设备运转能力分析

(一) 泵计算

1. 泵功率计算

泵的额定功率、有效功率计算公式[8]分别为：

$$额定功率\ P_a = HQ\rho/(102\eta)$$

$$轴功率\ P_w = HQ\rho g/(1000)$$

式中，H 为泵的额定扬程，单位为 m；Q 为泵的额定流量，m^3/s；ρ 为介质密度，kg/m^3；η 为泵额定工况下的效率；g 为重力常数，m^2/s。通常泵制造厂家提供泵的性能曲线、额定功率、轴功率、额定工况效率等。

本文以再生塔塔底贫胺液泵 P-102 为例进行计算，其余机泵计算类同。P-102 型号为 12×16×23A-BBTD，额定流量为 $800m^3/h$(折算为 0.22 m^3/s)，扬程为 176m，入口贫胺液密度为 $962.2kg/m^3$，入口压力为 0.177MPa，出口压力为 1.84MPa，配套电机功率为 630kW，转速为 1475r/min，泵的额定效率为 76%。由此，根据公式计算额定功率如下：

$$P_a = HQ\rho/(102\eta) = (176\times0.22\times962.2)/(102\times0.75) = 480kW$$

轴功率为：

$$P_w = HQ\rho/1000 = (176\times0.22\times962.2\times9.81)/1000 = 365.5kW$$

在实际生产和运行管理过程中，由于泵出口流量、出口压力的调整，会导致泵的输出功率、效率发生变化。为满足现场快速简便考察机泵功率的需求，可通过记录电力监测管网采集机泵的累积耗电量，通过电量粗略计算机泵功率，关键机泵运转功率计算结果如表 4-57 所示。

通过设备运转过程中电流、轴承振动、位移、温度、出口压力、流量等参数，对各机泵运转工况进行了分析，设备运转正常，均在设计运行负荷以内，能够满足生产需求。

表 4-57　关键机泵运转功率

电机名称	电机位号	总用累积电量/(kW·h)	实际输入功率/kW	设计计算负荷/kW	额定功率/kW
再生塔塔底贫胺液泵	P-102B	34494	479.08	525	630
贫胺液泵	P-101A	19626	272.58(透平驱动)	955	1100
半富胺液泵	P-402B	68184	947	1100	1300
急冷水泵	P-401B	10775	158.46	172	200

2. 泵效率计算

根据公式机泵效率 $\eta = P_u/P_w$，以此方法计算再生塔顶贫胺液泵(P-102)实际工况下泵的效率。P-102 流量为 $472.6m^3/h$，入口压力为 0.178MPa，出口压力为 1.84MPa，由此，计算得出：

$Q = 472.6/3600 = 0.131m^3/s$，

扬程为：$H = (1.94MPa - 0.178MPa)/10 = 176.2m$

则泵实际输出功率为：$P_u = (176.2\times0.131\times962.2\times9.81)/1000 = 217.9kW$

计算 P-102 的实际效率为：

$\eta = 217.9/365.5 = 59.6\%$

与厂家提供的泵的性能曲线进行对照，在流量为 $472.6m^3/h$ 工况下，计算值较性能曲线值略微偏低，分析原因主要为性能曲线测试工质为清水，密度较实际工况下贫胺液密度偏高。

通过上述方式对装置内机泵进行实际效率标定，标定结果如表 4-58 所示。

表 4-58 关键机泵实际效率

电机名称	电机位号	实际流量/(m^3/h)	实际扬程/m	实际效率/kW	额定效率/%
再生塔塔底贫胺液泵	P-102B	472.6	166.2	59.6	76.0
贫胺液泵	P-101A	187.7	675	59.1	70.5
半富胺液泵	P-402B	242.3	805	71.2	75.8
急冷水泵	P-401B	393.8	81.5	72.1	74.3

3. 泵效率低的原因分析

通过计算额定100%负荷工况下装置内泵的实际运行效率，发现胺液泵P-102、P-101的效率远低于额定效率，泵未在高效区运行。分析原因主要为。

为了调整胺液对CO_2的选择性吸收性能，自2012年以来持续对胺液循环量进行了优化，总胺液循环量由670t/h降低至480t/h，泵效率随流量降低而下降，胺液再生塔蒸汽消耗由65t/h降低至48t/h，胺液酸性气负载由0.55mol/mol提升至0.7mol/mol，天然气产品气收率由75.0%提升至76.3%，虽然单台机泵效率偏低，但装置综合运行水平均大幅提升。

（二）克劳斯风机计算

克劳斯风机为阿特拉斯多级离心风机，本文主要计算在实际运行工况下，风机的理论轴功率、效率，并与实际消耗电机功率进行比较，验证风机是否能在高性能区域运行。

1. 功率计算

风机轴功率计算公式为：

$$N=H_tQ/(1000\times\eta)$$

式中 N——风机轴功率，kW；

Q——风量，m^3/h；

H_t——全压，Pa；

η——风机全压效率，%。

（1）风量Q计算

标定期间大气温度约为32℃，运行工况下，风机出口压力为172kPa，出口温度为98.1℃，风量为克劳斯炉燃烧空气与在线炉空气流量之和，即为：

$$Q_{标}=40604Nm^3/h+3795Nm^3/h=44399Nm^3/h$$

折算为实时工况下风量为：

$$Q=Q_{标}P_{标}T_{实}/(T_{标}P_{实})=44399\times(273+98.1)\times101/(273\times172)=35400m^3/h$$

（2）风量全压计算

风机自大气吸入空气，为大气压，故风机入口静压和动压均取零。

根据现场机组监测数据，风机出口压力为172kPa，入口压力为94kPa，则：

$$H_t=172kPa-94kPa=78kPa$$

（3）风机全压效率

风机出口质量流量为56758.4kg/h，查风机性能曲线图，风机额定效率为75%，在实时流量56758.4kg/h、实时排放压力172kPa，对应的理论输入功率为1430kW。

（4）风机轴功率计算

根据公式$N=H_tQ/(1000\times\eta)$，计算风机的输入功率为：

$$N=78000\times35400/3600/(1000\times75\%)=1022.7kW$$

（5）与实际输入功率对比

根据电机电量监测，克劳斯风机实际输入功率为1055.78kW，考虑电机机械效率，联轴器连接机械效率取0.97，则输入至风机的轴功率为：

$$N_{轴}=1055.78\times 0.97=1024.1\text{kW}$$

实际输入电机功率与理论计算结果基本相当。

2. 效率计算

风机效率=输出功率/输入功率=$(Q_p/1000\times 3600)/1055.78=72.7\%$

风机实际效率为72.7%，较额定效率略低，工作在高性能区域，说明风机运转良好。

（三）尾气焚烧炉风机计算

1. 功率计算

尾气焚烧炉风机为离心风机，厂家为上海鼓风机厂，计算方法与克劳斯风机类同，具体步骤不再赘述。

根据风机设计文件，尾炉风机设计流量为12.38m^3/s，介质密度为1.075kg/m^3，全压为12650Pa，额定全压效率为81.2%，额定轴功率为181.2kW，转速为1480r/min。

根据尾炉风机运行参数，实际运行工况下，风机出口压力为106.2kPa，出口温度为30.1℃，风机流量为31136Nm^3/h。

（1）风机轴功率计算

风机实时工况风量为：$Q=31136\times(273+30.1)\times 101/(273\times 106.2)=32876.3\text{m}^3/\text{h}$

根据公式$N=H_tQ/(1000\times\eta)$，计算实时工况下风机轴功率为：

$$N=32876.3\times 12650/(3600\times 1000\times 0.812)=142.27\text{kW}$$

（2）与实际输入功率对比

根据电机电量监测，尾气焚烧炉风机实际输入功率为148.1kW，考虑电机机械效率，联轴器连接机械效率取0.97，则输入至风机的轴功率为：

$$N_{轴}=148.1\times 0.97=143.7\text{kW}$$

实际输入电机功率与理论计算结果基本相当。

2. 效率计算

$$风机效率=输出功率/输入功率=(Q_p/1000\times 3600)/148.1=78\%$$

风机实际效率为78%，工作在高性能区域，较额定效率略低，说明风机运转良好。

（四）富胺液液力透平计算

1. 回收功率计算

为回收主吸收塔富胺液高压势能，每套装置一级主吸收塔底部设置1台液力透平，用以驱动贫胺液泵，即贫胺液泵P-101A采用双驱动模式，正常运行工况下，液力透平为主驱动机，电机为第二驱动机。液力透平与贫胺液泵组之间设有超速离合器，离合器自动啮合，实现透平机并入主驱动机。调节阀（LV-10305A）用于调节液力透平（HT-101）的流量，实现脱硫主吸收塔（C-101）液位控制。

根据热力学第一定律$\Delta U=Q+W$和伯努利方程式$C=P+\rho gh+1/2\rho v^2$，取液力透平入口为状态1，液力透平出口为状态2，考虑胺液为液体，液力透平进出口温度基本相同，则密度视为相同。由于液力透平入口和出口在同一平台，故$h_1=H_2$，由此液力透平做功可简单表示为：

$$W=1/2Q_1\rho_2 v_2{}^2-1/2\ Q_2\rho_1 v_1{}^2=Q(P_1-P_2)$$

即液力透平回收机械能为：$W=Q(P_1-P_2)/3600/1000$，Q 为富胺液流量，单位为 m^3/h，P_1、P_2 分别为入口和处理压力，单位为 Pa。

根据设计，液力透平入口流量 Q 为 562.2m^3/h，入口压力为 8.2MPa，出口压力为 1.01MPa，则设计回收功率为：

$$W=Q(P_1-P_2)/3600/1000=562.2\times(8200000-1010000)/3600/1000=1122\text{kW}$$

2. 输出功率计算

液力透平输出回收功时，存在损失，故：$N=W\times\eta=1122\times0.76=852\text{kW}$

额定工况下，电机单独驱动时，消耗功率为 1100kW，由此，同轴电机做功所占比例应为：

$$\theta=(1100-852)/1100=22\%$$

液力透平做功占比为 78%。

3. 实际输出功率核算

P-101A 输入功率为液力透平输出功率与同轴电机输入功率之和，正常生产过程中，电机消耗功率容易测量计算，故本文通过泵的电机功率反算透平的实际输出功率，计算值与理论额定功率进行比较。

泵 P-101A 输出流量为 198m^2/h，入口压力为 2.0MPa，出口压力为 9.9MPa，贫胺液密度为 1037.3kg/m^3，则泵输出功率为：

$$P_w=HQ\rho g/1000=(990-200)\times(198/3600)\times1037.3\times9.81/1000=442.1\text{kW}$$

查泵的性能曲线，198m^2/h 工况下泵 P-101A 效率为 64%，则输入功率为：

$$P_u=410.3/0.64=690.8\text{kW}$$

100%负荷工况下，同轴电机消耗功率为 272.58 kW，则液力透平输入功率为：

$$W_{实}=690.8-272.58=418.22\text{kW}$$

则液力透平消耗功率占比为：

$$\eta=418.22/631.23=60.5\%$$

通过上述核算，液力透平输入功率占比较设计额定工况低，幅度高达 18%，导致富液压力势能未充分回收利用，造成能量消耗增加。

4. 液力透平节能回收功率提升

分析液力透平能量回收率偏低的原因主要为透平入口调节阀存在结构问题，导致调节阀无法正常投运，通过手阀控制，液力透平入口富液流量偏低。根据调节阀的技术规格书，正常流量 Q 为 506743kg/h(506.743t/h)时，LV-10305A 压差 d_p 为 74kPa，阀位开度为 68%。

联合装置正常生产时，综合对比 12 个系列运行参数，正常流量在 450t/h 时，LV-10305A 的阀位实际开度为 10%~20%，阀门前后压差为 1.5~1.8MPa。相比 LV-10305A 的设计技术参数差异很大。此外，阀体材质为 WCC(低温铸钢碳钢)，调节阀的节流效应造成富胺液中 H_2S、CO_2 等酸性气体析出量增加，增大了阀体密封面腐蚀，腐蚀产物污染阀门密封面。实际运行技术参数与设计技术参数的差异，造成 LV-10305A 汽蚀严重，阀座环破裂，无法稳定调节，现场只能通过手阀进行控制或者停运液力透平。

针对上述问题，通过与仪表、设计人员进行讨论分析，确定对调节阀进行改造升级。一是针对调节阀前后压降和富胺液腐蚀性、浓度、温度，及闪蒸、空化或严重冲刷的工况，选用耐腐蚀、表面堆焊硬质合金等耐磨材料，确定阀体材质由 WCC 升级为 316L，同时采用阀芯与阀杆一体化整体锻造形式和双导向阀杆，可适应高差压工况，并避免阀芯与阀笼之间的摩擦，克服阀芯卡死，金属划痕导致泄漏等问题的出现。

阀门升级改造，对装置投运前后进行对比测试，结果如表4-59所示。100%原料气负荷工况下，富胺液流量平均流量为448.58t/h。改造前，主电机实测输出功率平均为678.33kW，改造后，主电机实测输出功率平均为215.9kW，电机输出功率约占比31.8%，液力透平输出占比提升至68.2%。

节能效益分析。液力透平进液调节阀改造后，单台设备电量消耗减少：

$$\Delta P=678.33-215.9=462.43\text{kW}\cdot\text{h}$$

以日电耗计算，单列装置每日降低约：

$$\Delta P=462.43\times 24=11098.32\text{kW}\cdot\text{h}$$

按照净化厂9列装置开工计，液力透平驱动贫液泵投运时间按照200d计算，则每年可节约用电：

$$\Delta P=11098.32\times 9\times 200=19.976\text{MkW}\cdot\text{h}$$

按照工业用电每度0.65元，每年可节约成本：

节约成本=1997.6×0.65=1298.5万元。

投资回收期。单台调节阀改造成本为25万元，全厂改造成本为300万元，则投资回收期为：

投资回收期=300/1298.5=0.23a。

表4-59　调节阀改造后透平能量回收占比

时间	液力透平			贫胺液泵			透平投用前电机功率	透平投用后电机功率	节电量
	入口压力	出口压力	富液流量	入口压力	出口压力	贫液流量			
	MPa	MPa	t/h	MPa	MPa	t/h	kW	kW	kW
工况1	8.02	0.72	457.20	2.05	9.90	193.10	669.49	210.89	458.6
工况2	7.98	0.75	453.00	2.03	9.90	196.40	682.66	219.14	463.52
工况3	8.00	0.71	445.40	2.02	9.90	192.50	669.96	212.38	457.58
工况4	7.98	0.79	438.70	2.00	9.90	198.10	691.20	221.18	470.02
平均值	8.00	0.74	448.58	2.03	9.90	195.03	678.33	215.90	462.43

七、关键炉类设备运转能力分析

（一）克劳斯反应炉

1. 停留时间

反应炉设备尺寸如图4-12所示。壳体长度为$L=11110$mm，内径为$\Phi=4000$mm，衬里厚度为350mm，长径比为2.78，实际流道长径比为3.37。反应炉炉膛体积粗略计算如下：

$$V_{炉膛}=\pi\times(\Phi/2)^2\times L=3.14\times(4/2)^2\times 11.11=139.54\text{m}^3$$

花墙由外方内圆型耐火砖干砌而成，结构如图4-13所示。花墙位置流通面积为炉体横截面积的60%，花墙厚度为30mm，所占体积计算结果如下：

$$V_{花墙}=3.14\times(4/2)^2\times 0.6\times 0.03=0.226\text{m}^3$$

由此，反应炉有效体积为：$V_{反应炉}=139.54-0.226=139.314\text{m}^3$

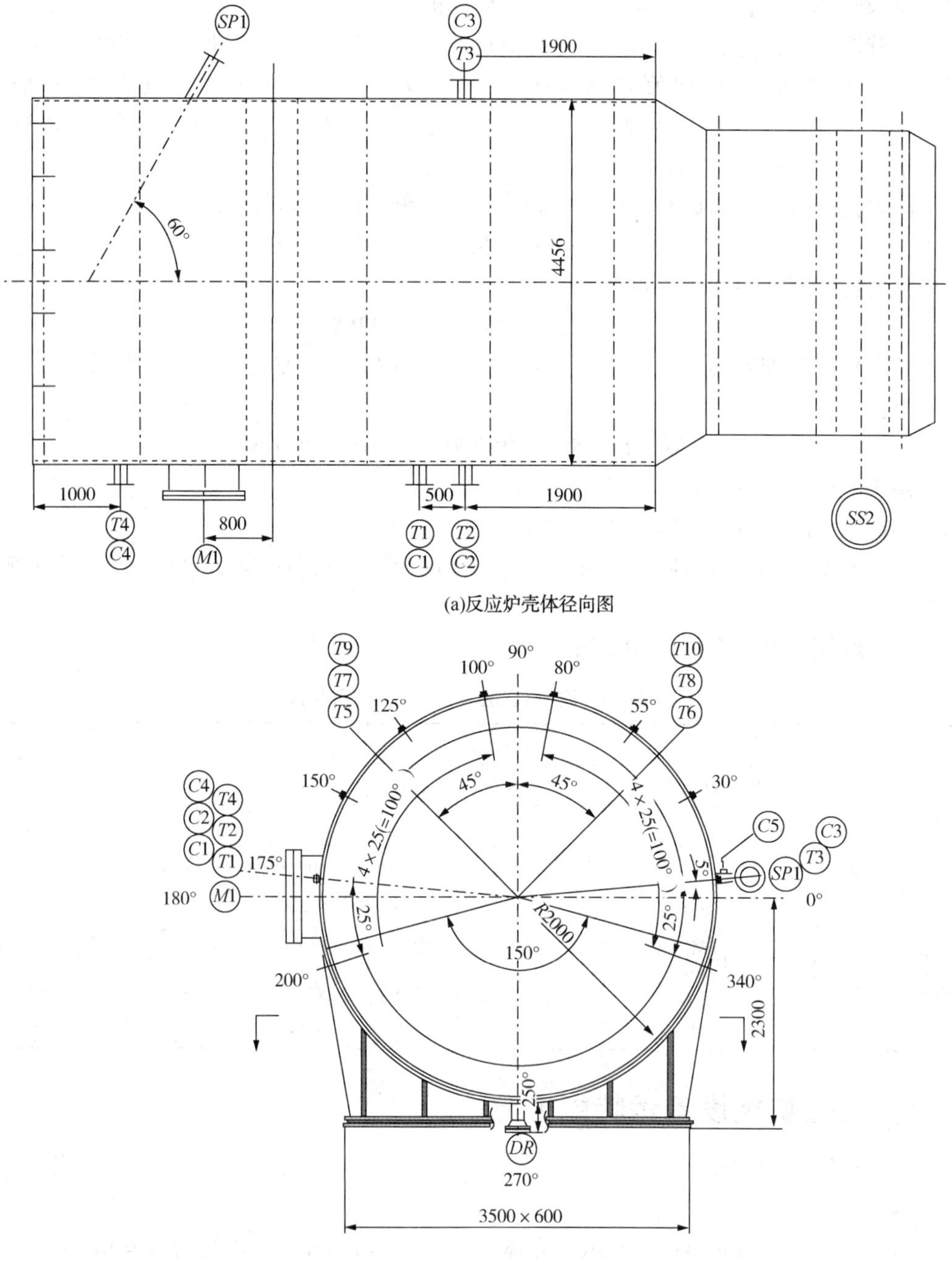

(b)反应炉壳体轴向图

图 4-12　克劳斯反应炉壳体尺寸图

（1）设计停留时间

1）正常100%负荷工况（SOR）。根据设计数据计算表，反应炉出口过程气摩尔流量为3072.91kmol/h，出口温度为1065℃，出口压力为154kPa，标况温度为0℃、压力为101kPa，则折算为该温度工况下的体积流量为：

由 $P_0V_0/T_0=P_1V_1/T_1$，可知100%负荷工况下体积流量为：

$$V_1=P_0V_0T_1/T_0P_1=101\times(3072.91\times22.4)\times(1065+273)/273/154=221254.4\text{m}^3/\text{h}=61.5\text{m}^3/\text{s}$$

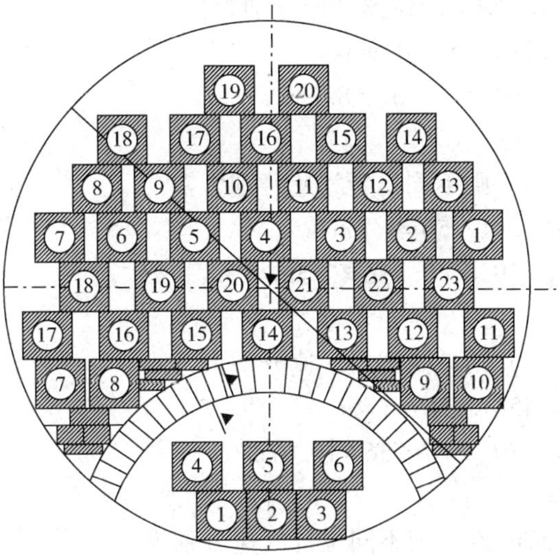

图 4-13　花墙尺寸图

由此，反应炉内停留时间为：$t_{正常}=V_{反应炉}/V_1=139.314m^3/61.5m^3/s=2.26s$

2）最小负荷工况。根据设计数据计算表，反应炉出口过程气摩尔流量为 994.7kmol/h，出口温度为 1009℃，出口压力为 154kPa，标况温度为 0℃、压力为 101kPa，则折算为该温度工况下的体积流量为：

由 $P_0V_0/T_0=P_1V_1/T_1$，可知最小工况下体积流量为：

$V_1=P_0V_0T_1/T_0P_1=101\times(994.7kmol/h\times22.4)\times(1009℃+273)/273/154=68622.4m^3/h=19.06m^3/s$

因此，反应炉内停留时间为：$t_{最长}=V_{反应炉}/V_1=139.314m^3/19.06m^3/s=7.3s$

3）最大负荷工况。根据设计数据计算表，反应炉出口过程气摩尔流量为 4016.78kmol/h，出口温度为 1067℃，出口压力为 154kPa，标况温度为 0℃、压力为 101kPa、由 $P_0V_0/T_0=P_1V_1/T_1$，可知最大负荷工况下体积流量为：

$V_1=P_0V_0T_1/T_0P_1=101\times(4016.78\times22.4)\times(1067+273)/273/154=289646m^3/h=80.45m^3/s$

由此，反应炉内停留时间为：$t_{最小}=V_{反应炉}/V_1=139.314m^3/80.45m^3/s=1.73s$

综上，在最大负荷、正常负荷和最小负荷工况下，反应炉停留时间分别为 1.73s、2.26s 和 7.3s，最短停留时间为 1.73s。

（2）实际停留时间

根据上文计算结果，反应炉出口温度为 1069℃，过程气摩尔流量为 3169.2kmol/h，则出口工况下气体体积流量为：

$V_1=P_0V_0T_1/T_0P_1=101\times(3169.2\times22.4)\times(1069+273)/273/154=228869.6m^3/h=63.57m^3/s$

实际停留时间为：$t_{实际}=139.314m^3/63.57m^3/s=2.19s$

2. 反应炉气速

反应炉内气体流速因通过不同位置流通的面积不同而存在差异，本文分两个位置分别计算实际工况下气体流通速度，即：炉膛、花墙。

炉膛位置流通面积为：$a_1=3.14\times(4/2)^2=12.56m^2$

花墙位置流通面积为：$a_2=3.14\times(4/2)^2\times60\%-7.536m^2$

（1）正常 100%负荷工况（SOR）

气体流量为 61.5m^3/s，则不同位置气速分别为：

炉膛气速为：$u_1=61.5/12.56=4.9m/s$

花墙位置气速为：$u_1=61.5/7.536=8.2m/s$

（2）最小负荷工况

气体流量为 19.06m^3/s，则不同位置气速分别为：

炉膛气速为：$u_1=19.06/12.56=1.5m/s$

花墙位置气速为：$u_1=19.06/7.536=2.5m/s$

（3）最大负荷工况

气体流量为 80.45m^3/s，则不同位置气速分别为：

炉膛气速为：$u_1=80.45/12.56=6.4m/s$

花墙位置气速为：$u_1=80.45/7.536=10.67m/s$

（4）实际生产工况

实际气体流量为 63.57m^3/s，则不同位置气速分别为：

炉膛气速为：$u_1=63.57/12.56=5.06m/s$

花墙位置气速为：$u_1=63.57/7.536=8.43m/s$

（二）反应炉余热锅炉

受运输尺寸限制，净化厂反应炉余热锅炉为两段串联设计，位号分别为 E-301、E-302，设备主要参数如表 4-60 所示。本节主要计算余热锅炉传热系数、理论换热量，并与上文回收热量计算结果进行比较，进而判断余热锅炉是否存在换热效率下降、结垢等问题。

表 4-60　反应炉余热锅炉运行参数表

项　目	参　数	E-301	E-302
管程	入口温度/℃	1069	495.3
	出口温度/℃	495.3	278
壳程	给水温度/℃	119	119
	产汽压力/MPa	3.64	3.64
	产汽温度/℃	245	245
换热管	外径/mm	88.9	48.26
	壁厚/mm	7.62	3.683
	长度/m	6	6
	根数	426	1227

1. 换热面积计算

余热锅炉换热面积为换热管总表面积，计算结果如下。

E-301/302 单根换热面积分别为：

$$a_1=\pi D_1=3.14\times[(88.9-7.62\times2)/1000]\times6=1.388m^2$$

$$a_2=\pi D_2=3.14\times[(48.26-3.683\times2)/1000]\times6=0.77m^2$$

总换热面积为：$A=A_1+A_2=426\times1.388+1227\times0.77=591.18+945.33=1536.52m^2$

2. 总传热系数计算

由于设计未给出总换热量和总传热系数，本文通过设计蒸发量进行总热量计算，继而根据公式计算总传热系数。

E-301/302 的设计蒸发量分别为 20800kg/h、47800kg/h，总蒸发量为 68600kg/h，设计入口锅炉水温度为 $t_{冷入}=167℃$，额定蒸发温度为 $t_{冷出}=253℃$，蒸发压力为 4.2MPa，管程进口温度为 $t_{热入}=1067℃$，出口温度为 $t_{热出}=289℃$，则根据水的汽化潜热表查得额定温度下气化潜热为 1698.62kJ/kg，则发生 68600kg/h 饱和蒸汽需求热量为：

$$Q=[4.2\times(253-167)+1698.62]\times68600=141303.65\text{MJ/h}=39251\text{kW}$$

根据平均对数温差公式 $\Delta t=\dfrac{(t_{热入}-t_{冷出})-(t_{热出}-t_{冷入})}{\ln[(t_{热入}-t_{冷出})/(t_{热出}-t_{冷入})]}$，计算余热锅对数温差为：

$$\Delta t=[(1067-253)-(289-167)]/\ln[(1067-253)/(289-167)]=364.6\text{K}$$

则设计所取的总传热系数：

$$K=Q/(A\Delta t)=39251\times1000/(364.6\times1536.52)=70.06\ \text{W}/(\text{m}^2\cdot\text{K})$$

3. 实际换热效果核算

根据表 4-60 中的实际运行数据，按照设计传热系数进行换热量计算如下。

$$Q_{实}=K\times(A\Delta t)=70.06\times1536.52\times[(1069-278)-(278-119)]/\ln[(1069-278)/(278-119)]=42404.745\text{kW}$$

根据上文计算结果，余热锅回收的热量为 34427KW，即从换热器角度而言，理论上换热量应为 42404.745kW，而实际换热量仅为 34427KW，为理论换热量为 81%，说明存在锅炉换热效率下降问题。分析原因为：一是换热管锅炉水侧结垢，热阻增大，二是换热管内侧由于反应炉衬里破损，导致内表面积垢，下步计划停工期间进行重点检查和清理。

（三）在线加氢炉

在线加氢炉的作用包括：甲烷当量燃烧制氢、加热硫黄过程气，可按照反应炉进行计算。本文主要计算加氢炉停留时间及气体流速。

壳体长度为 $L=8697\text{mm}$，内径为 $\Phi=2000\text{mm}$，加氢炉炉膛体积粗略计算如下。

$$V=\pi\times(\Phi/2)^2\times L=3.14\times(2/2)^2\times8.697=27.3\text{m}^3$$

1. 停留时间

（1）设计停留时间

1）正常 100%负荷工况（SOR）

根据设计数据计算表，在线炉出口过程气摩尔流量为 3020.65kmol/h，出口温度为 282℃，出口压力为 123kPa，标况温度为 0℃、压力为 101kPa。

由 $P_0V_0/T_0=P_1V_1/T_1$，可知 100%负荷工况下体积流量为：

$$V_1=P_0V_0T_1/T_0P_1=101\times(3020.65\times22.4)\times(282+273)/273/123=112952.3\text{m}^3/\text{h}=31.4\text{m}^3/\text{s}$$

由此，反应炉内停留时间为：$t_{正常}=V/V_1=27.3\text{m}^3/31.4\text{m}^3/\text{s}=0.87\text{s}$

2）最小负荷工况

根据设计数据计算表，在线炉出口过程气摩尔流量为 986.17kmol/h，出口温度为 276℃，出口压力为 123kPa，标况温度为 0℃、压力为 101kPa。

由 $P_0V_0/T_0=P_1V_1/T_1$，可知最小工况下体积流量为：

$$V_1=P_0V_0T_1/T_0P_1=101\times(986.17\times22.4)\times(276+273)/273/123=36477.56\text{m}^3/\text{h}=10.13\text{m}^3/\text{s}$$

由此，在线炉内停留时间为：$t_{最长}=V/V_1=27.3\text{m}^3/10.13\text{m}^3/\text{s}=2.69\text{s}$

3）最大负荷工况

根据设计数据计算表，在线炉出口过程气摩尔流量为 3958.36kmol/h，出口温度为 280℃，出口压力为 123kPa，标况温度为 0℃、压力为 101kPa。

由 $P_0V_0/T_0=P_1V_1/T_1$，可知最大负荷工况下体积流量为：

$V_1 = P_0V_0T_1/T_0P_1 = 101\times(3958.36\times22.4)\times(280+273)/273/123 = 147483m^3/h = 40.96m^3/s$

由此，在线炉内停留时间为：$t_{最小} = V/V_1 = 27.3m^3/40.96m^3/s = 0.67s$

综上，在最大负荷、正常负荷和最小负荷工况下，反应炉停留时间分别为 0.67s、0.87s 和 2.69s，最短停留时间为 0.67s。

（2）实际停留时间

根据上文计算结果，加氢炉出口过程气摩尔流量为 3040kmol/h，温度为 265.8℃，则出口过程气在运行工况下体积流量为：

$V_1 = P_0V_0T_1/T_0P_1 = 101\times(3040\times22.4)\times(265.8+273)/273/123 = 228869.6m^3/h = 30.65m^3/s$

实际停留时间为：$t_{实际} = 27.3m^3/30.65m^3/s = 0.89s$

2. 在线炉气速

在线炉流通面积为：$A = 3.14\times(2/2)^2 = 3.14m^2$

最大、正常、最小和实际生产负荷工况下，在线炉气速分别如下：

$u_{最大} = 40.96m^3/s/3.14m^2 = 13.04m/s$

$u_{正常} = 31.4m^3/s/3.14m^2 = 10m/s$

$u_{最小} = 10.13m^3/s/3.14m^2 = 3.2m/s$

$u_{实际} = 30.65m^3/s/3.14m^2 = 9.76m/s$

八、关键反应器运转能力分析

反应器工艺计算见前文，本节主要计算反应器催化剂空速。空速单位为 h^{-1}，体现了物料在催化剂床层的停留时间，空速越大，停留时间越短，催化反应深度降低，但处理量会增大，空速越小，停留时间越长，反应深度增高，但处理量减小。通常，工业装置上空速要根据装置的投资、催化剂的活性、原料性质、产品要求等各方面因素综合确定。

空速的计算公式为：$V_{空速} = Q_{过程气流量}/V_{催化剂装填量}$，其中，$Q_{过程气流量}$为运行工况体积流量。

（一）一级克劳斯反应器

一级克劳斯反应器催化剂装填量为 $103.83m^3$，设计不同工况及实际工况下反应器催化剂空速如表 4-61 所示，一转催化剂空速宜控制在 786 ~1028h^{-1}之间，实际运行空速为 794.1 h^{-1}。

表 4-61　一级克劳斯反应器不同工况下催化剂空速计算结果

工况		摩尔流量	入口温度	入口压力	折算实时工况流量	空速
		kmol/h	℃	kPa	m^3/h	h^{-1}
设计	正常 100%负荷	2879.49	213	142	81671.45	786.59
设计	最大负荷	3757.5	214	142	106793.88	1028.55
设计	最小负荷	945.18	212	142	26753.13	257.66
实际生产工况		2907	213	142	82451.72	794.10

（二）二级克劳斯反应器

二级克劳斯反应器催化剂装填量为 $103.83m^3$，设计不同工况及实际工况下反应器催化剂空速如表 4-62 所示，二转催化剂空速宜控制在 816 ~1070h^{-1}之间，实际运行空速为 833.38 h^{-1}。

表 4-62 二级克劳斯反应器不同工况下催化剂空速计算结果

工况		摩尔流量	入口温度	入口压力	折算实时工况流量	空速
		kmol/h	℃	kPa	m^3/h	h^{-1}
设计	正常 100%负荷	2783.72	212	132	84761.79	816.35
	最大负荷	3650.08	212	132	111141.67	1070.42
	最小负荷	911.57	210	132	27642.03	266.22
实际生产工况		2841.8	212	132	86530.27	833.38

（三）加氢反应器

加氢反应器催化剂装填量为 103.83m^3，设计不同工况及实际工况下反应器催化剂空速如表 4-63 所示，加氢催化剂空速宜控制在 1285 ~1678h^{-1}之间，实际运行空速为 1256.09 h^{-1}，较 100%设计负荷工况稍微偏低，原因主要为入口温度较设计工况低约 17℃，导致摩尔流量即使比设计工况高，但实时体积流量偏低，空速偏低。

表 4-63 加氢反应器不同工况下催化剂空速计算结果

工况		摩尔流量	入口温度	入口压力	折算实时工况流量	空速
		kmol/h	℃	kPa	m^3/h	h^{-1}
设计	正常 100%负荷	3020.65	282	123	112952.29	1285.59
	最大负荷	3958.36	280	123	147483.03	1678.61
	最小负荷	986.17	276	123	36477.56	415.18
实际生产工况		3040.06	265.8	123	110359.92	1256.09

九、塔器设备运转能力分析

本节主要对普光净化厂硫黄回收装置尾气吸收塔(C-402)、再生塔(C-104)、急冷塔(C-401)、酸水汽提塔(C-501)进行水力学计算分析，并与设计数据进行对比，查找设备运转过程中存在的问题，提出调整和整改建议。主要计算内容包括：

1）塔结构参数核算：空塔气速、泛点气速、塔板压降、塔压降等。

2）流体力学验算：雾沫夹带、液泛、漏液等。

3）绘制塔板负荷性能图：液相下限线、液相上限线、漏液线、液泛线、雾沫夹带线、操作线。

4）利用 Hysis 计算胺液进口位置、温度、再生蒸汽流量等对吸收和再生效果的量化影响等。

（一）尾气吸收塔水力学计算

尾气吸收塔(C-402)为浮阀板式塔，塔径为 3900mm，设置 13 块塔板，双溢流塔盘，弓形降液管，板间距为 900mm，出口堰高为 45mm，降液管顶部宽度为 480mm，中间降液管宽度为 430mm，降液管底隙高度为 45mm，液相流程数为 2，浮阀类型为 RV4，开孔率为 14.84，阀孔直径为 0.039m。

1. 空塔气速计算

根据本文第二部分生产运行数据、第四部分理论计算数据，确定吸收塔的基本参数，其中，物料流量、气相、液相密度均采用设计数据，入口气相流量为 $V=86984$kg/h，密度为

$\rho_v=1.299kg/m^3$，气相体积流量为 $66962m^3/h(18.6m^3/s)$，液相流量为 $L=353415kg/h$，密度为 $\rho_L=1037.3\ kg/m^3$，液相体积流量为 $340.7m^3/h$。

由公式 $D=\sqrt{\frac{4V_s}{\pi\mu}}$，可推导得空塔气速 $u=\frac{4V_s}{\pi D^2}$，D 为塔径，单位为 m，V_s 为气体体积流量，单位为 m^3/s。

因此，$u=4\times18.6/(3.14\times3.9^2)=1.55m/s$

2. 雾沫夹带计算

雾沫夹带严重时将导致冲塔，除设计原因外，在现场生产运行中造成雾沫夹带的主要原因为气相负荷过高，本文对运行气相负荷是否导致雾沫夹带进行验算，并计算得出最大运行气相负荷。板式塔雾沫夹带量通过泛点率进行验证计算。

（1）泛点率计算

塔内气相负荷 $V=66962/3600=18.6m^3/s$

塔内液相负荷 $L=(353415/1037.3)/3600=0.09464m^3/s$

对于双溢流塔板，板上液体流经长度为：

$$Z=D/2-W_{d侧}-W_{d中间}/2=3900/2-480-430/2=1.255m$$

对于双溢流弓形塔板，L_w/D 取值 0.7，则查弓形塔尺寸经验关联图（如图 4-14 所示），$A_f/A_T=0.09$，则求得：

$$A_{f侧}=0.09\times A_T=0.09\times(3.14\times1.95^2)=1.07m^2$$

塔板截面积 $A_T=3.14\times1.95^2=11.94m^2$

根据面积法计算求得中间溢流管面积，方法如下：

$A_{f中间}=2\times(0.5\times A_T-$中间降液管弦长对应孤形面积$)=2\times[0.5\times A_T-($扇形$-$三角形面积$)]$

$=2\times\{0.5\times3.14\times1.95^2-[(3.14\times1.95^2)\times2\times \mathrm{anticos}(0.215/1.95)/360-2\times(1.95^2-0.215^2)^{0.5}\times0.215/2]\}=1.66m^3$

板上液体流经有效面积为：

$A_b=A_T-A_{f侧}-A_{f中间}/2=(3.14\times1.95^2)-1.07-1.66\times0.5=10.03m^2$

查不同体系物性系数，如表 4-64 所示，取 K 值为 0.73。

C-402 塔板间距为 900mm，气相密度为 $1.299kg/m^3$，可查图泛点负荷因数曲线，确定 $C_F=0.16$。

由此，求得泛点率为：

$$F=\frac{1.36LZ+V\sqrt{\frac{\rho V}{\rho_L-\rho_V}}}{KC_FA_b}$$

$=\{(1.36\times0.09464\times1.255)+18.6\times[1.299/(1037.3-1.299)]^{0.5}\}/(0.73\times0.16\times10.03)=70\%$

表 4-64　物性系数表

系　　统	物性系数	系　　统	物性系数
无泡沫，正常系统	1.0	多泡沫系统（如胺及乙二胺吸收塔）	0.73
氟化物（如 BF_3，氟里昂）	0.9	严重发泡系统（如甲乙酮装置）	0.60
中等发泡系统（如油吸收塔）	0.85	形成稳定泡沫的系统（如碱再生塔）	0.30

实际计算泛点率远小于该类设备雾沫夹带泛点率80%，不会发生雾沫夹带。

(2) 泛点气速与负荷计算

由泛点率计算发生液泛时的泛点气速为：$u_F = u/F = 1.55\text{m/s}/70\% = 2.21\text{m/s}$

对应气相负荷为：$V_s = 3.14 \times 3.9^2 \times 2.21/4 \times 3600 = 94993.45\text{m}^3/\text{h}$

现场实际气相负荷为49481.35m^3/h，远小于泛点气速，不存在雾沫夹带问题。当气相负荷超过94993.45m^3/h时，则塔内气相流速超出泛点气速，将发生雾沫夹带故障。

3. 漏液计算

对于浮阀塔板，漏液与阀重、空速和开度有关，随阀重的增加、孔速的增大、开度的减小及板上液层高度的降低而减小。漏液计算即计算最小气相流速，计算公式为 $u_{0,\min} = F_0/\sqrt{\rho_v}$

F_0为阀孔动能因数，取经验值5.5，$\rho_v = 1.299\text{kg/m}^3$，则代入公式可得：

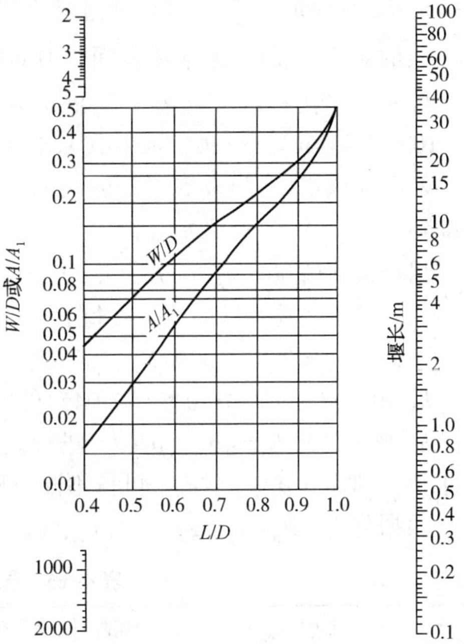

图4-14　溢流堰长度与溢流面积关联图

$u_{0,\min} = 5.5/(1.299)^{(1/2)} = 4.82\text{m/s}$

则最小允许气相负荷为：

$V_{\min} = 4.82 \times (3.14 \times 1.95^2 \times 14.84\%) \times 3600 = 30745\text{m}^3/\text{h}$

即当气相负荷小于30745m^3/h时，尾气吸收塔将会发生漏液。

现场生产过程气量为：$V_{实} = 68022.02\text{kg/h}/1.41\text{kg/m}^3 = 49481.35\text{m}^3/\text{h}$，远大于漏液气相负荷，不存在漏液故障。

4. 液泛计算

液泛又称淹塔，对于板式塔而言，造成液泛的原因是液相负荷过大，气相负荷过小或降液管面积过小。对于在运行的板式塔，主要核算运行液相负荷是否超过液泛负荷，并确定最大允许液相负荷。液沫夹带是由于气速过高引起的，液泛是由于液体流量过高引起的。

根据降液管内停留时间公式计算最大允许液相负荷，由经验公式，停留时间取5s，由于吸收塔为双溢流塔，停留时间为单溢流塔的2倍，即取值为10s，则 $\theta = \dfrac{3600H_T A_f}{L_h} = 10\text{s}$，式中，$H_T = 0.9\text{m}^2$，$A_f = 1.07\text{m}^2$，由此，计算$L_h$如下：

$$\theta = \frac{3600H_T A_f}{L_h} = 10\text{s},\quad L_h = 3600 \times 0.9 \times 1.07/(2 \times 5) = 346.8\text{m}^3/\text{h}$$

现场实际生产液相体积负荷为233.18 m^3/h，远小于液泛负荷，不存在液泛故障，当液相负荷超过346.8m^3/h，则会发生液泛。

5. 压降计算

(1) 塔板压降计算

板式塔塔板压降 $\Delta P_p = h_p \rho_L g$，其中，$\rho_L = 1037.3\ \text{kg/m}^3$，$g = 9.81\text{m/s}^2$。

$h_p = h_c + h_1 + h_\sigma = \sum$（气体通过塔板的干板压降相当的液柱高度+气体通过板上液层的压降相当的液柱高度+克服液体表面张力的压降相当的液柱高度）

$h_c = 5.34 \times \rho_v \times u_0^2/(2\rho_L g) = 5.34 \times \rho_{v/} \times [(73.1/\rho_v)^{(1/1.825)}]^2/(2\rho_L g)$，把 $\rho_v = 1.299\text{kg/m}^3$，$\rho_L = 1037.3\ \text{kg/m}^3$，$g = 9.81\text{m/s}^2$代入上式，得：$h_c = 0.0282$

对于浮阀塔，$h_1 = 0.5 \times (h_w + h_{ow})$，堰高 $h_W = 0.045\text{m}$，根据弗兰西斯公式 $h_{ow} = 2.84/1000 \times E \times (l_h/l_w)^{(2/3)}$ 求得 h_{ow}。

塔内液体流量 $l_h = 340.7\text{m}^3/\text{h}$，$L_w = 0.7 \times 3.9 = 2.73\text{m}$，代入 l_h，计算 $l_h/l_w^{2.5} = 18.93$

则由液流浓缩系数曲线，查得 $E = 1.03$

由此，$h_{ow} = 2.84/1000 \times E \times (l_h/l_w)^{(2/3)} = 2.84/1000 \times 1.03 \times (340.7/2.73)^{(2/3)} = 0.073\text{m}$

$h_1 = 0.5 \times (h_w + h_{ow}) = 0.5 \times (0.045 + 0.073) = 0.059\text{m}$

h_σ 根据公式 $h_\sigma = 4\sigma_L/(\rho_L g d_0)$进行计算。不同塔板上液体的表面张力 σ_L 由 Hysis 模拟计算求得，则代入 ρ_L、g、d_0，可得不同塔板的 h_σ值计算结果，如表 4-65 所示。

根据公式 $\Delta P_p = h_p \rho_L g$，代入 h_c、h_1，则不同塔板的塔板压降如表 4-65 所示。

表 4-65　尾气吸收塔不同塔板压降

塔板层数	液体表面张力 σ/(dyne/cm)	表面张力压降 h_σ/m	干板压降 h_c/m	液层压降 h_l/m	压降液柱高度 h_p ($h_p = h_c + h_1 + h_\sigma$)/m	P_p 塔板压降 ($\Delta P_p = h_p \rho_L g$)/Pa
C402-1	47.84	0.000481395	0.02796	0.059	0.087441395	891.2542931
C402-2	47.85	0.000481496	0.02796	0.059	0.087441496	891.2553187
C402-3	47.86	0.000481597	0.02796	0.059	0.087441597	891.2563443
C402-4	47.88	0.000481798	0.02796	0.059	0.087441798	891.2583956
C402-5	47.9	0.000481999	0.02796	0.059	0.087441999	891.2604469
C402-6	47.91	0.0004821	0.02796	0.059	0.0874421	891.2614726
C402-7	47.93	0.000482301	0.02796	0.059	0.087442301	891.2635238
C402-8	47.94	0.000482402	0.02796	0.059	0.087442402	891.2645495
C402-9	47.96	0.000482603	0.02796	0.059	0.087442603	891.2666008
C402-10	47.99	0.000482905	0.02796	0.059	0.087442905	891.2696777
C402-11	48.05	0.000483509	0.02796	0.059	0.087443509	891.2758315
C402-12	48.17	0.000484716	0.02796	0.059	0.087444716	891.2881392
C402-13	48.41	0.000487131	0.02796	0.059	0.087447131	891.3127546
合计	623.69	0.006275952	0.36348	0.767	1.136755952	11586.48735

（2）塔压降计算与对比

整塔压降基本等同于塔内塔板压降之和，每层塔板 h_c、h_1 相同，h_σ随不同塔板上液体张力不同而存在差异，计算得出每层塔板压降，则总塔压降为：

$$\Delta P = \sum_1^{13} P_p = 11586.48735\text{Pa}$$

现场 C-402 监测压降为 9.9kPa，与计算结果基本吻合。

6. 塔性能曲线

（1）液相上限线计算

液相上限线即为发生液泛的液相负荷，$L_{h,max} = 346.8\text{m}^3/\text{h}$，即 $0.09633\text{m}^3/\text{s}$。

(2) 液相下限线计算

液相下限线即为液相最低负荷。液相最低负荷由堰上液流高度 h_{ow} 限制，根据经验数据，一般取 $h_{OW}=6mm$。根据弗兰西斯公式可推导得出：

$$L_s=(h_{ow}\times1000/2.84/E)^{(3/2)}\times I_w$$

由浓缩系数曲线可知，E 与 $(L_s/l_w)^{2.5}$ 存在关联管线。采用试代法进行计算，即先假设 $E=1.1$，则通过曲线可查得 $(L_s/l_w)^{2.5}=91.8$，求得：

$$L_s=91.8^{(1/2.5)}\times2.73=16.64m^3/s$$

将 L_s 代入弗兰西斯公式，得到 $h_{ow}=104mm$，大于6mm，假设 $E=1.1$ 数据过大，由此多次进行试代后，确定得出 $E=1.02$ 时，$h_{ow}=6mm$，因此计算得出：

$$L_s=(h_{ow}\times1000/2.84/E)^{(3/2)}\times I_w=16.68\ m^3/h$$

液相负荷下限为 $16.68m^3/h$。

(3) 漏液线

由上文漏液计算部分可知，漏液线气相负荷为 $30745m^3/h$，即为 $8.54m^3/s$。

(4)雾沫夹带线

泛点率取80%，则由泛点率公式可推导得出气相负荷与液相负荷的关联关系为：

$$V=(F\times K\times C_F\times A_b-1.36L_Z)/[\rho_v/(\rho_L-\rho_v)^{0.5}]$$

液相负荷分别取 $16.68m^3/h$、$100m^3/h$、$150m^3/h$、$200m^3/h$、$300m^3/h$、$400m^3/h$，则可计算得出对应的雾沫夹带气相负荷为：$90849m^3/h$、$86987m^3/h$、$84670m^3/h$、$82353m^3/h$、$77717m^3/h$、$73082m^3/h$，绘制曲线时折算为每秒流量计算，即单位取 m^3/s。

(5) 液泛线

板式浮阀塔运行正常、不液泛时，降液管内液层高度 $H_d=h_p+h_L+h_d\leqslant\Phi(H_T+h_w)$，则液泛线上气、液相负荷应存在以下关联关系：$H_d=h_p+h_L+h_d=\Phi(H_T+h_w)$

MDEA溶剂系统为较易发泡体系，安全系数 Φ 取值为0.35，板间距 $H_T=0.9m$，堰高 $h_w=0.045m$。

根据塔板压降计算结果，$h_l=0.5\times(h_w+h_{ow})=0.059m$

由于 $h_p=h_c+h_l+h_\sigma$，$h_c=5.34\times\rho_v\times u_0^2/(2\rho_L g)$，$h_\sigma=4\sigma_L/(\rho_L g d_0)$，不同液相负荷工况下，不同层数塔板的 h_c、h_σ 均不相同，对应的液泛线也不相同，本文选择液相负荷最大即最后一层塔板(第13层塔板)进行计算，其余塔板计算方法与之相同。

$h_{\sigma,13}=4\sigma_{L,13}/(\rho_L g d_0)=0.000487131m$

$h_c=5.34\times\rho_v\times u_0{}^2/(2\rho_L g)=5.34\times\rho_v\times[V_s/(3.14\times1.95^2\times14.84\%)]^2/(2\rho_L g)$

$=5.34\times1.407\times[V_s/(3.14\times1.95^2\times14.84\%)]^2/(2\times1037.3\times9.81)$

$=7.513\times(V_s/1.77)^2/20351=0.000369\times(V_s/1.77)^2$

对于不设置进口堰的塔板，降液管底隙高度 h_0 为45mm，由公式可得：

$h_d=0.153\times[L_s/(l_w\times h_0)]^2=0.153\times[L_s/(2.73\times0.045)]^2=0.153\times(L_s/0.1228)^2$

由此，建立关联关系式如下：

$H_d=h_c+2h_L+h_d+h_\sigma=0.35\times(0.9+0.045)=0.33075m$

即：$0.000369\times(V_s/1.77)^2+0.153\times(L_s/0.1228)^2=0.2292$

则：$V_s=\{[0.2292-0.153\times(L_s/0.1228)^2]/0.000369\}^{0.5}\times1.77$

液相负荷分别取 $16.68m^3/h$、$100m^3/h$、$150m^3/h$、$200m^3/h$、$300m^3/h$、$400m^3/h$，则可

计算得出对应的液泛气相负荷分别为：158731m^3/h、156071m^3/h、152582m^3/h、147560m^3/h、132162m^3/h、106943m^3/h，绘制曲线时折算为每秒流量计算，即单位取m^3/s。

（6）塔性能曲线

根据(1)~(5)计算结果，结合实际运行生产数据，绘制塔的性能曲线如图 4-15 所示，现场生产运行控制位于塔的安全运行区域。

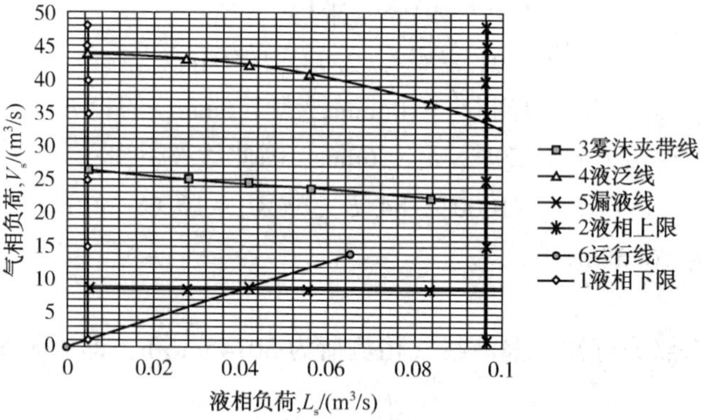

图 4-15　尾气吸收塔性能曲线

（二）再生塔水力学计算

溶剂再生塔(C-104)为填料塔，塔径为 3500mm，共四段波纹板规整填料，自下向上 1~3 层型式为 MELLAPAK 125X，填料层高度为 7392mm，总高度为 22176mm，第 4 层为 MELLAPAK 125X，填料高度为 1792mm，采用 VSI 型分布器。

结合苏尔寿厂家技术资料和规整填料相关数据[9]，可知苏尔寿 MELLAPAK 125X 填料比表面积 $a=125m^2/m^3$，填料层孔隙率 $\varepsilon=0.985m^3/m^3$。

胺液再生塔 1 ~3 段填料均为汽提段，视为一个塔段进行计算，第 4 层精馏段单独计算，故本文分精馏和汽提两段进行空塔气速、泛点气速、载点气速和最小液相负荷计算。

发生拦液现象时的空塔气速称为载点气速，若气速继续增大，液体不能顺利向下流动，使填料层的持液量不断增大，填料层内几乎充满液体。气速增加很小便会引起压降的剧增，此现象称为液泛，开始发生液泛现象时的气速称为泛点气速。从载点到泛点的区域称为载液区，泛点以上的区域称为液泛区。

1. 精馏段计算

（1）泛点气速计算

填料塔空塔气速计算可采用泛点气速法、气相动能因子法、气相负荷因子法，由于后两者无法查到本文中填料的相关参数，故采用泛点气速法进行计算。

精馏段液体质量 L、气体质量 V、气体密度 ρ_v、液体密度 ρ_L、液体黏度 u_L均按照设计数据计算，分别为 $L=21404kg/h$，$V=69839kg/h$，$\rho_v=1.722kg/m^3$，$\rho_L=985.9kg/m^3$，$\mu_L=0.56cP=0.56mPa\cdot s$，推导计算得出 $L/V=0.3064$，$\rho_v/\rho_L=0.001746$。

根据贝恩-霍根关联式进行泛点气速计算，A、K 为填料关联常数(如表 4-66 所示)，查手册确定金属孔板波纹填料 $A=0.291$，$K=1.75$。重力加速度 g 为 $9.81m/s^2$。由此，将已知数据带入贝恩-霍根关联式，可得：

泛点气速 $U_F^2=\{10^{[0.291-1.75\times0.3064^{(1/4)}\times0.001746^{(1/8)}]}\}/[(125/0.985^3)\times0.001746\times0.56^{0.2}/9.81]=23.14$

由此，泛点气速 $u_F=23.14^{0.5}=4.8m/s$

对于规整填料，$u/u_F=0.6\sim0.95$，对于低压、易发泡 MDEA 溶剂再生塔，泛点率取底限值，本文取 0.6，则求得空塔气速为：

$$u=0.6\times4.8m/s=2.88m/s$$

表 4-66 贝恩-霍根关联式 *A*、*K* 取值

散装填料类型	*A*	*K*	规整填料类型	*A*	*K*
塑料鲍尔环	0.0942	1.75	金属丝网波纹填料	0.30	1.75
金属鲍尔环	0.1	1.75	塑料丝网波纹填料	0.420	1.75
塑料阶梯环	0.204	1.75	金属网孔波纹填料	0.155	1.47
金属阶梯环	0.106	1.75	金属孔板波纹填料	0.291	1.75
瓷矩鞍	0.176	1.75	塑料孔板波纹填料	0.291	1.563
金属环矩鞍	0.06225	1.75			

另对于操作压力低于 0.2MPa 的再生塔也可采用动能因子法计算空塔气速，公式为：$F=\mu\sqrt{\rho_v}$，查不同填料的气相动能因子，$F=3$，则 $\mu=3/(1.714)^{0.5}=2.29m/s$，基本与泛点气速法计算结果相当。

现场实际酸性气流量为 51740kg/h，对应的空塔气速为：

$u_{实}=51740/1.714/3600/(3.14\times1.75^2)=0.87m/s$

实际酸性气空塔气速远小于泛点气速，现场生产存在液泛风险。

(2) 载点气速计算

载点气速通过载点气速公式与液相线性速度公式联立进行求解。

已知数包括：$g=9.81m/s^2$，$\varepsilon=0.985$，$a=125m^2/m^3$，$L=28400kg/h$，$V=88419kg/h$，$\rho_v=1.714kg/m^3$，$\rho_L=954.3kg/m^3$，$\mu_L=0.56cP=0.56mPa\cdot s$，$\mu_v=0.0147cP=0.0147mPa\cdot s$，推导计算得出 $L/V=0.3212$，$\rho_v/\rho_L=0.001796$，$\mu_L/\mu_V=38.09$

由于 $\left(\frac{L}{V}\right)\left(\frac{\rho_v}{\rho_L}\right)^{0.5}=0.3212\times0.001796^{0.5}=0.0136<0.4$，故 N_a 取值-0.326。

MELLAPAK 125X 阻力因子系数 C_s 无法查到精确值，按照文献中相近孔隙率、比表面积相近的材料数据求取，取值为 1.691。因此，计算载点阻力系数为：

$\xi_s=9.81/50.1837=0.5382$

由此，将已知数带入上述三个方程式可得：

载点气相速度 $U_{vs}=7.069\times[0.44-11.8\times(0.0007\times U_L)^{(1/3)}]\times(0.0007\times U_L)^{(1/6)}\times23.6$

液相线性速度 $U_{LS}=0.000577U_{vs}$

载点工况下，$U_{LS}=U_L$，由此两式联立，解得：

$U_{vs}=7.069\times[0.44-11.8\times(0.0000004\times U_{VS})^{(1/3)}]\times(0.0000004\times U_{VS})^{(1/6)}\times23.6$

$U_{vs}=3.36m/s$

载点气速与泛点气速的比值为：

$U_{VS}/u_F=3.36/4.8=70\%$

计算比值与经验数据相符。

综上，再生塔精馏段载点空塔气速为 2.88m/s，载点气速为 3.36m/s，泛点空塔气速为 4.8m/s，实际生产气量对应气速为 0.87m/s，在载点气速以下。

2. 汽提段计算

（1）泛点气速计算

汽提段液体质量 L、气体质量 V、气体密度 ρ_v、液体密度 ρ_L、液体黏度 u_L 均按照设计数据计算，分别为 $L=778209$kg/h，$V=78344$kg/h，$\rho_v=1.2014$kg/m^3，$\rho_L=957.9$kg/m^3，$\mu_L=0.0167$cP$=0.0167$mPa·s，推导计算得出 $L/V=9.933$，$\rho_v/\rho_L=0.001254$，$A=0.291$，$K=1.75$。重力加速度 g 为 9.81m/s^2。由此，将已知数据代入贝恩-霍根关联式，可得：

泛点气速 $U_F^2=5.43$

由此，泛点气速 $U_F=5.43^{0.5}=3.44$m/s

对于规整填料，$u/U_F=0.6\sim0.95$，对于低压、易发泡 MDEA 溶剂再生塔，泛点率取底限值，本文取 0.6，则求得空塔气速为：

$u=0.6\times3.44$m/s$=2.07$m/s

（2）载点气速计算

汽提段载点气速计算过程与蒸馏段相同。汽提段液体质量 L、气体质量 V、气体密度 ρ_v、液体密度 ρ_L、液体黏度 u_L 均按照设计数据计算，分别为 $L=778209$kg/h，$V=78344$kg/h，$\rho_v=1.2014$kg/m^3，$\rho_L=957.9$kg/m^3，$\mu_L=0.0167$cP$=0.0167$mPa·s，$\mu_v=0.0147$cP$=0.0147$mPa·s，推导计算得出 $L/V=9.933$，$\rho_v/\rho_L=0.001254$，$\mu_L/\mu_V=38.09$，$A=0.291$，$K=1.75$，$Cs=1.691$，重力加速度 g 为 9.81m/s^2。

由于$\left(\dfrac{L}{V}\right)\left(\dfrac{\rho_v}{\rho_L}\right)^{0.5}=57.14\times0.035=2.02>0.4$，故 N_s 取值-0.723。

计算载点阻力系数为：$\xi_s=0.815$

由此，将已知数代入上述三个方程式可得：

载点气相速度 $U_{vs}=3.19$m/s

3. 压降计算

根据填料供应商提供的技术资料，每块塔板压降为 50Pa，每米填料相当于 2.5 块理论塔板，填料性能曲线如图 4-16，则 22176mm 高度填料的压降为：

$\Delta P=50\times2.5\times[(22176+1792)/1000]=2996$Pa

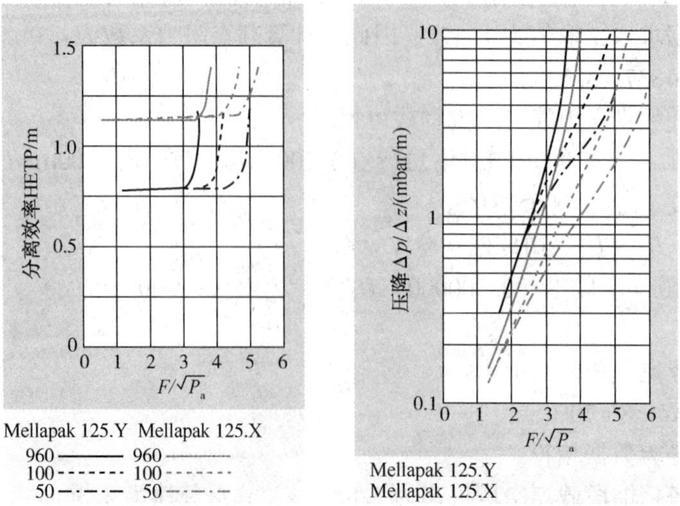

图 4-16 Mellapak 125 型填料压降曲线

根据现场再生塔进出口压力监测，塔顶压力为176.6kPa，塔底压力为178.7kPa，由此，实际塔压降为：

$\Delta P=178.7-176.6=2.1\text{kPa}=2100\text{Pa}$。

实际液相负荷为529800kg/h，是设计负荷的68%，压降为设计理论值的70%，理论计算和现场实际监测值基本相当。

4. 喷淋密度计算

为了保证填料层的充分润湿，必须保证填料喷淋密度大于最小喷淋密度，根据苏尔寿规整填料技术资料，MELLAPAK 125X 最小喷淋密度为0.2m³/m²·h。

根据实际生产运行数据，精馏段回流量为21042kg/h，密度为985.9kg/m³则折算体积流量为：

$L_{精馏,体积}=L/\rho_L=21042\text{kg/h}/985.9\text{kg/m}^3=21.34\text{m}^3/\text{h}$

精馏段实际喷淋密度为：

$$U=\frac{L_h}{0.785D^2}=21.34/[0.785\times(3.5/2)^2]=8.87\text{m}^3/(\text{m}^2\cdot\text{h})$$

再生塔汽提段液相流量为529800kg/h，密度为$\rho_L=957.9\text{kg/m}^3$，则折算为体积流量为：

$L_{精馏,体积}=L/\rho_L=529800\text{kg/h}/957.9\text{kg/m}^3=553.1\text{m}^3/\text{h}$

汽提段实际喷淋密度为：

$$U=\frac{L_h}{0.785D^2}=553.1/[0.785\times(3.5/2)^2]=230.1\text{m}^3/(\text{m}^2\cdot\text{h})$$

由此，精馏段、汽提段填料实际喷淋密度均大于填料最小喷淋密度，运转正常。

5. 最低液相负荷计算

填料液相流量太低，可能使部分填料的表面没有被充分地润湿，填料塔内气、液相的传热和传质过程主要是通过被液体浸湿的填料表面来进行的，若部分填料没有被润湿，则意味着传热、传质的表面积相应减小，必然会使分离的效果降低。

根据喷淋密度计算公式，则C-104塔最小液相负荷为：

$Q_{min}=U_{min}\times0.785\times D^2=0.2\times0.785\times(3.5)^2=1.92\text{m}^3/\text{h}$

（三）急冷塔水力学计算

急冷塔（C-401）为填料塔，塔径为3600mm，共两段波纹板规整填料，填料型式为MELLAPAK 125Y，上层填料高度为3798mm，下层填料高度为4480mm，总高度为8278mm，采用VSI型分布器。

急冷塔分两段进行泛点气速和载点气速计算。

1. 顶层填料计算

液体质量L、气体质量V、气体密度ρ_v、液体密度ρ_L、液体黏度u_L均按照设计数据计算，分别为$L=528103\text{kg/h}$，$V=91048\text{kg/h}$，$\rho_v=1.2366\text{kg/m}^3$，$\rho_L=988.3\text{kg/m}^3$，$\mu_L=0.69\text{cP}=0.69\text{mPa}\cdot\text{s}$，$\mu_v=0.017\text{cP}=0.017\text{mPa}\cdot\text{s}$，推导计算得出$L/V=5.8$，$\rho_v/\rho_L=0.00125$。$A=0.291$，$K=1.75$。重力加速度$g$为$9.81\text{m/s}^2$。由此，将已知数据代入贝恩-霍根关联式，可得：

泛点气速$U_F^2=8.37$，

由此，泛点气速$U_F=8.37^{0.5}=2.89\text{m/s}$

对于规整填料，$u/U_F=0.6\sim0.95$，对于低压、不易发泡急冷塔，泛点率取较低值，本文取0.6，则求得空塔气速为：

$u=0.6\times2.89\text{m/s}=1.74\text{m/s}$

载点气速计算

$\mu_L/\mu_V=40.59$，$C_s=2.506$，重力加速度 g 为 9.81m/s^2。

由于$\left(\frac{L}{V}\right)\left(\frac{\rho_v}{\rho_L}\right)^{0.5}=0.205<0.4$，故 N_s 取值-0.326。

计算载点阻力系数为：$\xi_s=1.46$

由此，将已知数代入上述三个方程式可得：

载点气相速度 $U_{vs}=2.02\text{m/s}$

2. 底层填料计算

底层液体质量 L、气体质量 V、气体密度 ρ_v、液体密度 ρ_L、液体黏度 u_L 均按照设计数据计算，分别为 $L=544366\text{kg/h}$，$V=107311\text{kg/h}$，$\rho_v=0.8217\text{kg/m}^3$，$\rho_L=974\text{kg/m}^3$，$u_L=0.42\text{cP}=0.42\text{mPa}\cdot\text{s}$，$\mu_v=0.017\text{cP}=0.017\text{mPa}\cdot\text{s}$，推导计算得出 $L/V=5.07$，$\rho_v/\rho_L=0.00084$。$A=0.291$，$K=1.75$。重力加速度 g 为 9.81m/s^2。由此，将已知数据代入贝恩-霍根关联式，可得：

泛点气速 $U_F^2=17.02$，

由此，泛点气速 $U_F=17.02^{0.5}=4.12\text{m/s}$

对于规整填料，$u/U_F=0.6\sim0.95$，对于低压、不易发泡急冷塔，泛点率取较低值，本文取0.6，则求得空塔气速为：

$u=0.6\times4.12\text{m/s}=2.47\text{m/s}$

载点气速计算

$C_s=2.506$。

由于$\left(\frac{L}{V}\right)\left(\frac{\rho_v}{\rho_L}\right)^{0.5}=0.147<0.4$，故 N_s 取值-0.326。

计算载点阻力系数为：$\xi_s=1.03$

由此，将已知数代入上述三个方程式可得：

载点气相速度 $U_{vs}=3.29\text{m/s}$

3. 压降计算

根据填料供应商提供的技术资料，每块塔板压降为50Pa，每米填料相当于2.5块理论塔板，则8278mm高度填料的压降为：

$\Delta P=50\times2.5\times(8278/1000)=1034.7\text{Pa}$

根据现场急冷塔DCS监测数据，塔压差为0.6kPa，实际液相负荷为374200kg/h，是设计负荷的68%，压降为设计理论值的70%，理论计算和现场实际监测值基本相当。

4. 喷淋密度计算

根据苏尔寿规整填料技术资料，MELLAPAK 125Y最小喷淋密度为$0.2\text{m}^3/\text{m}^2\cdot\text{h}$。根据实际生产运行数据，急冷塔液相进料量为374900kg/h，密度为$\rho_L=988.3\text{kg/m}^3$，则折算体积流量为：

$L_{精馏,体积}=L/\rho_L=374900\text{kg/h}/988.3\text{kg/m}^3=379.3\text{m}^3/\text{h}$

急冷塔实际喷淋密度为：

$$U=\frac{L_h}{0.785D^2}=379.3/[0.785\times(3.6/2)^2]=149.1m^3/(m^2\cdot h)$$

由此，实际喷淋密度均大于填料最小喷淋密度，运转正常。

5. 最低液相负荷计算

根据喷淋密度计算公式，则 C-401 塔最小液相负荷为：

$Q_{min}=U_{min}\times0.785\times D^2=0.2\times0.785\times3.6^2=2.03m^3/h$

（四）酸水汽提塔水力学计算

酸水汽提塔（C-501）为填料塔，单塔蒸汽汽提工艺，塔径为 1200mm，波纹板规整填料，型式为 MELLAPAK 500Y，填料高度为 9200mm。

查《化工工艺设计手册》（第四版），填料因子数据表，苏尔寿 MELLAPAK 500Y 填料比表面积 $a=500m^2/m^3$，填料层孔隙率 $\varepsilon=0.93m^3/m^3$，$A=0.291$，$K=1.75$，g 为 $9.81m/s^2$。

酸水汽提塔计算方法与急冷塔相同。

1. 泛点气速计算

液体质量 L、气体质量 V、气体密度 ρ_v、液体密度 ρ_L、液体黏度 u_L 均按照设计数据计算，分别为 $L=46367kg/h$，$V=2409kg/h$，$\rho_v=0.7396kg/m^3$，$\rho_L=953.6kg/m^3$，$u_L=0.31cP=0.31mPa\cdot s$，$u_v=0.0123cP=0.0123mPa\cdot s$，推导计算得出 $L/V=19.24$，$\rho_v/\rho_L=0.000776$。$A=0.291$，$K=1.75$。重力加速度 g 为 $9.81m/s^2$。由此，将已知数据代入贝恩-霍根关联式，可得：

泛点气速 $U_F^2=7.6$，

由此，泛点气速 $U_F=7.6^{0.5}=2.75m/s$

对于规整填料，$u/U_F=0.6\sim0.95$，对于低压、不易发泡的急冷塔，泛点率取较低值，本文取 0.6，则求得空塔气速为：

$u=0.6\times2.75m/s=1.65m/s$

2. 载点气速计算

液体质量 L、气体质量 V、气体密度 ρ_v、液体密度 ρ_L、液体黏度 u_L 均按照设计数据计算，分别为 $L=46367kg/h$，$V=2409kg/h$，$\rho_v=0.7396kg/m^3$，$\rho_L=953.6kg/m^3$，$u_L=0.31cP=0.31mPa\cdot s$，$u_v=0.0123cP=0.0123mPa\cdot s$，推导计算得出 $L/V=19.24$，$\rho_v/\rho_L=0.000776$。$A=0.291$，$K=1.75$。重力加速度 g 为 $9.81m/s^2$，$C_s=2.345$。

由于 $\left(\frac{L}{V}\right)\left(\frac{\rho_v}{\rho_L}\right)^{0.5}=0.536>0.4$，故 N_s 取值-0.723。

计算载点阻力系数为：$\xi_s=2.413$

由此，将已知数带入上述三个方程式可得：

载点气相速度 $U_{vs}=1.92m/s$。

3. 压降计算

根据填料供应商提供的技术资料，填料性能曲线，每块塔板压降为 30Pa，每米填料相当于 2.5 块理论塔板，则 9200mm 高度填料的压降为：

$\Delta P=30\times2.5\times(9200/1000)=690Pa$

4. 喷淋密度计算

根据苏尔寿规整填料技术资料，MELLAPAK 500Y 最小喷淋密度为 $0.2m^3/m^2\cdot h$。根据实际生产运行数据，汽提塔液相进料量为14803kg/h，密度为$\rho_L=953.6kg/m^3$，则折算体积流量为：

$$L_{精馏,体积}=L/\rho_L=14803kg/h/953.6kg/m^3=15.52m^3/h$$

汽提塔实际喷淋密度为：

$$U=\frac{L_h}{0.785D^2}=15.52/[0.785\times(1.2/2)^2]=54.9m^3/(m^2\cdot h)$$

因此，实际喷淋密度均大于填料最小喷淋密度，运转正常。

5. 最低液相负荷计算

根据喷淋密度计算公式，则C-501塔最小液相负荷为：

$$Q_{min}=U_{min}\times0.785\times D^2=0.2\times0.785\times1.2^2=0.22m^3/h$$

十、腐蚀分析

普光天然气净化厂是国内首个特大型超高含硫天然气净化工厂，工程建设、设备制造、材料选型标准规范较少，部分借鉴炼化行业标准。自2009年投产至今，运行10余年来，高酸性气体腐蚀、设备制造缺陷、材料选择缺陷等问题多次引发装置泄漏、停工，成为制约工厂安全、高效、长周期运行的主要难题。

本文主要对脱硫、硫黄回收装置、尾气处理装置腐蚀问题进行了分析总结，对腐蚀机理、原因开展分析探讨，并制定下步防腐控制措施和建议。

（一）腐蚀规律分布

高含硫净化和硫黄回收工艺流程复杂，生产过程涉及物料种类繁多，腐蚀环境多样化，腐蚀因素多且耦合发生，腐蚀形式多样，腐蚀机理复杂。

结合净化厂异常事件分析报告、设备检维修台账、净化厂大事记台账等资料，统计年净化厂腐蚀、泄漏、失效事件，2009~2018年期间共计发生腐蚀、失效、泄漏等事件192起。其中，净化装置176起，占比为92%，硫黄储运发生8起，公用工程装置发生6起，其他区域2起。净化装置中硫黄回收单元占比45%，脱硫单元占比为43%。其中，净化装置硫黄回收单元主要为换热设备泄漏，占总泄漏事件数量比例的82%，管线泄漏占比为18%。设备类泄漏事件中，末级硫冷器(E-307)占比43%，其次为二级硫冷器(E-305)，占比为18%，一级、二级反应器进料加热器占比均为12%。

按照失效、泄漏事件发生的时间进行统计，装置投产后第四年即2012年是事件发生次数最多的年度。随后净化厂陆续开展换热器泄漏原因分析，针对设备制造缺陷，结合净化装置大检修进行中间胺液冷却器(E-105)、加氢反应器出口冷却器(E-401)改型更新，针对工艺设计缺陷，经专家讨论后旁路硫黄冷却器(E-309)。2013~2018年期间，联合装置腐蚀、泄漏、失效时间频次总体呈降低趋势，变化趋势如图4-17所示。

按照腐蚀原因进行规律统计，主要包括材料、环境、制造三大诱因。材料原因包括选材过低、热处理不当、微观缺陷、相变等多种问题；环境原因包括氯离子、热稳定盐、硫黄沉积、微生物、冲刷腐蚀以及碱脆等形式的应力腐蚀；制造原因包括焊接夹杂和残余力、电应偶腐蚀、杂散电流、温差或浓差原电池等。根据现有分析报告和结论，2009~2018年期间192起事件中，材料原因诱发34起，占比18%，环境原因诱发85起，占比44%，制造原因诱发73起，占比38%。

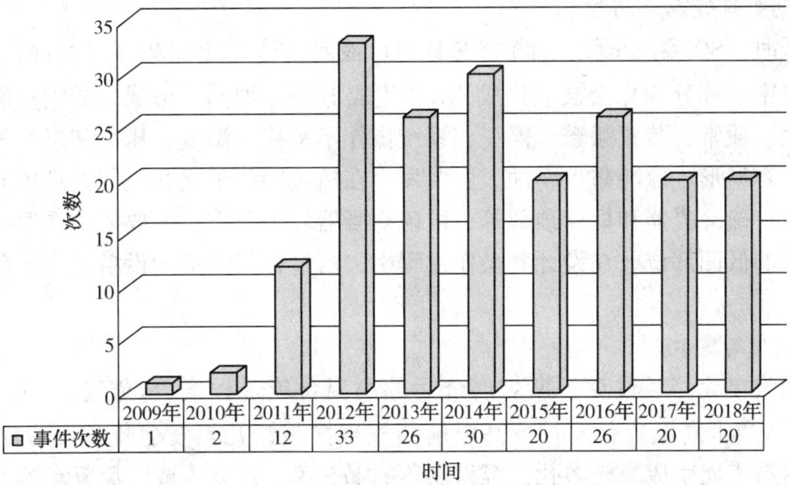

图 4-17　腐蚀故障发生时间趋势

（二）腐蚀类型和部位分析

净化系统主要腐蚀区域分布在联合装置、硫黄储运系统，其中，联合装置以内腐蚀为主，主要因素包括 H_2S、CO_2、液硫、胺液降解产物等，硫黄储运系统以外腐蚀为主，主要为大气腐蚀。

1. $H_2S-CO_2-H_2O$ 腐蚀

低温 H_2S 水溶液或水膜环境产生电化学腐蚀甚至严重的环境开裂，例如：弯头、异径短节的冲击面、放空管线的低点承液段、相关容器的承液段和焊缝区域，环境开裂通常表现为硫化物应力开裂（SSC）、氢致开裂（HIC）和应力导向氢致开裂（SOHIC）等。对于 H_2S 和 CO_2 共存系统，腐蚀过程受 H_2S 控制，CO_2 起促进作用，等同于 Cl^- 等其它腐蚀因素的协同作用。

在天然气净化装置，湿 H_2S 腐蚀可能发生在脱硫单元的原料气线、原料气过滤分离器、原料气放空线、原料气放空分液罐、吸收塔、再生塔塔顶及回流罐、酸气线、酸气分液罐、酸气放空线、酸气放空分液罐、闪蒸气线、闪蒸罐、闪蒸气放空线；硫黄回收单元的液硫脱气线；尾气处理单元的尾气急冷塔、吸收塔和再生塔塔顶及回流罐等。其中，以尾气急冷塔的湿 H_2S 腐蚀最为严重。有资料表明，湿 H_2S 腐蚀会导致急冷塔的塔盘、浮阀、支持圈、溢流堰、受液盘等部件遭受不同程度的损害，甚至可能腐蚀掉塔盘上的固定螺栓，导致浮阀掉入下一层塔盘，严重影响设备的正常运转。

2. $RNH_2-H_2S-CO_2-H_2O$ 腐蚀

纯胺液对金属几乎没有腐蚀，腐蚀主要由于溶液中酸性气体、降解产物和热稳定盐、氧及杂质等，造成严重电化学腐蚀、应力腐蚀和冲刷腐蚀等。

$RNH_2-H_2S-CO_2-H_2O$ 环境腐蚀主要发生在再生塔塔底部塔壁及内构件、再生塔重沸器及返回线、富胺液管线、贫富液换热器、某些高温贫液管线等设备和管线处。其中以再生塔塔底重沸器及返回线的腐蚀最为严重。有资料表明，在重沸器汽、液相返回口处，由于胺液流通面积减少，胺液流速提高，胺液中所夹带的气泡形成一定的冲击力，易形成局部腐蚀，破坏部位呈深洼状，且在管线弯头处易发生点蚀。从腐蚀的形态看，重沸器出口处壳体、内封头和再生塔壁贫液冲击区都出现了大面积减薄并呈冲刷状痕迹，腐蚀呈点状和坑状形态。

3. 硫酸与亚硫酸露点腐蚀

温度较低时，SO_2 溶于凝结水滴生成 H_2SO_3 液滴，形成亚硫酸露点腐蚀；当系统中 O_2 过剩，过程气中一部分 SO_2 会被氧化成 SO_3，生成 H_2SO_4 液滴，形成硫酸露点腐蚀，对金属造成强烈腐蚀。通常，装置频繁开停工，系统操作不平稳，温度、压力和过程气成分都有较大范围波动，容易形成硫酸露点腐蚀。主要发生在硫黄回收单元和尾气处理单元：过程气管线、尾气管线、硫冷凝器和烟筒顶部等，以硫冷凝器较为严重，主要集中在温度比容器或管道平均温度低的低凹部位。在设计和操作过程中，与过程气接触的设备表面温度保持不低于硫酸的露点。

4. 高温硫化与氧化腐蚀

在硫黄回收单元，经过克劳斯炉燃烧后的高温含硫过程气（S 蒸气、SO_2、H_2S、CO_2、O_2、水蒸气等）产生高温硫化腐蚀。高温硫蒸气直接与铁元素发生化学反应而形成化学腐蚀，通常在材料表面生成疏松多孔，容易剥落的 FeS 膜，反复生成、反复剥落，使得钢铁发生严重腐蚀。

氧化腐蚀主要发生在高温过程气管线、克劳斯炉和加氢燃烧炉内构件、反应器、硫冷凝器管束前段、废热锅炉和火炬等设备。正常操作时，设备有耐热衬里保护腐蚀并不严重；当操作不稳时，可能引起温度波动大而烧坏衬里，这样硫化物会穿过破损的衬里，与器壁金属反应而产生腐蚀。若克劳斯炉系统操作不平稳，配风比不合理，制硫反应后空气过剩，高温过程气中就会存在过多的氧气，容易形成高温氧化腐蚀。

5. 液硫腐蚀

在硫黄回收单元，从硫冷凝器工艺气中脱除的液硫中，含有与该工艺气相平衡的硫蒸气、以多硫化氢 H_2S_x 和 H_2S 形式存在的溶解的 H_2S、SO_2、水蒸汽等，受上述腐蚀介质影响，夹套管线主管内壁常发生化学腐蚀和电化学腐蚀，管壁减薄或出现裂纹而发生泄漏；主管外壁和外管内壁由于水蒸气中溶解氧而产生吸氧腐蚀，使管壁减薄或产生裂纹。脱气后的液硫中 H_2S 等腐蚀介质减少了，但存在一定含量仍然对设备管道造成一定程度的腐蚀，特别当液硫池脱气效果不稳定时，腐蚀程度加剧。此外，在冷金属表面液硫会固化沉积，痕量液态水形成。在一定温度范围内元素硫的沉积会加剧局部腐蚀，当温度超过这一临界值时，由元素硫局部酸化引起的局部腐蚀会明显减弱。

元素硫引起的腐蚀主要发生在硫黄回收单元的硫冷凝器、液硫输送、储存和脱气管线、硫黄冷凝器等部位。多数设备为碳钢材料，在硫黄的酸性介质的环境中，腐蚀相当严重，而且，其腐蚀产物硫化亚铁容易自燃。因此，硫黄回收装置中的相关设施要做好保温，杜绝低温点。

（三）装置腐蚀案例分析

1. 贫胺液后冷器泄漏

（1）问题描述

贫胺液后冷器（E-106A/B）位于联合装置脱硫单元，用于冷却贫胺液，提高胺液在吸收塔内净化效果。每个系列设置 2 台，串联使用，管程为循环冷却水，入口温度为 33℃，出口温度为 40℃，压力为 0.4MPa；壳程为贫胺液，入口温度为 55℃，出口温度为 39℃，压力为 1.43MPa。

2017 年 9 月 20 日 10：35，天然气净化厂发现第二循环水场（Ⅱ循）循环回水 COD 发生大幅度波动，经取样检查，发现六联合一系列贫胺液后冷却器（161-E-106）出口数据达到

120mg/L(正常不超过 100mg/L)，25 日分 2 次在控制减小该换热器循环水流量的情况下对进出口进行取样排查，发现循环水出口 COD 大大高于入口指标(高达 210mg/L)，确认 161-E-106B 内漏。设备进行试验检漏，发现多根管束及管板接头焊缝泄漏，腐蚀泄漏形貌如图 4-18 所示。

图 4-18　贫胺液后冷器腐蚀泄漏形貌

(2) 腐蚀原因分析

对 E-106 壳程贫胺液取样分析，脱硫贫胺液中 H_2S 含量小于 0.2g/L，CO_2 平均 1.23g/L，热胺盐含量为 1%，氯离子最高 1300mg/L。根据 API581—2016 估算腐蚀速率为 0.051mm/a，腐蚀轻微。

管程侧介质为循环水，与水中氧含量、盐含量、细菌数和流速等因素有关。换热管内壁有较多铁锈色腐蚀产物附着，腐蚀产物厚约 4mm，清洗后可以看到有几个较深的腐蚀坑，局部垢下腐蚀为泄漏的主要原因。

从碳钢管束的腐蚀失效分析，胺液侧有腐蚀坑，形貌是密集的浅腐蚀坑，外壁腐蚀速率比内壁低，腐蚀形貌如图 4-19 所示。

换热管内表面腐蚀形貌　　清洗后内表面形貌

图 4-19　换热管束腐蚀形貌

通过分析，腐蚀原因归纳如下：

1) 管束涂层在经过 4 年运行后，局部薄弱部位老化损伤，造成局部剥落，露出金属，快速腐蚀导致换热管穿孔。换热管为 U 形管换热器，涂料涂装前无法进行管内喷砂除锈，只能进行化学除锈，除锈效果变差，容易留下涂装薄弱部位。

2) 装置开停工次数较多，开停工期间，工艺参数波动较大。在装置短期停工期间，壳程侧贫液静止存放，循环水侧小流量通过，造成循环水侧流速相对较低，给循环水侧垢下腐蚀提供了条件。

(3) 整改措施

1) 实施管束材质升级，由碳钢升级为 304L 不锈钢，提高换热管制造、焊接质量，以提高可靠性。目前，141、151 系列四台已经更换完成，2018 年订购 10 台，到货后结合现场实际进行更换。

2）加强循环水水质管理。对高风险部位，合理协调节水与防腐的关系，减少回用水比例，适当降低浓缩倍数；确保管程流速不低于0.9m/s；增加COD或电导率在线检测仪；增加水质抽查对比分析，加强对承包商监督。

3）开展科研攻关，研究奥氏体不锈钢胺液环境中氯离子腐蚀控制临界值；开发快速有效检测胺液泄漏的在线监测技术。

2. 末级硫冷器泄漏

（1）问题描述

末级硫冷凝器(E-307)位于硫黄回收单元末端，每个系列1台，全厂共12台，用于冷却自二级克劳斯反应器出来的过程气，分离二级克劳斯催化反应段生成的液硫。E-307为管壳式换热器，管程介质为过程气、液硫，进口过程气温度为237.1℃，出口过程气及液硫温度为132.2℃，压力为0.028MPa，壳程介质为中压锅炉水，进口锅炉水温度为115.6℃，出口锅炉水为172.2℃，压力为5.397MPa。

122-E-307自2010年11月份至今，共发生七次泄漏，造成液硫凝固，导致装置硫黄回收单元停工。采取现场临时修复措施，其中：第一次堵管34根；第二次堵管10根；第三次堵管3根；第四次堵管1根(开工准备期间)；第五次堵管156根；第六次堵管12根(开工准备期间)；第七次未修复，进行国产化改造更换。投产以来末级硫冷凝器(E-307)先后发生18台/次泄漏。腐蚀形貌如图4-20所示。

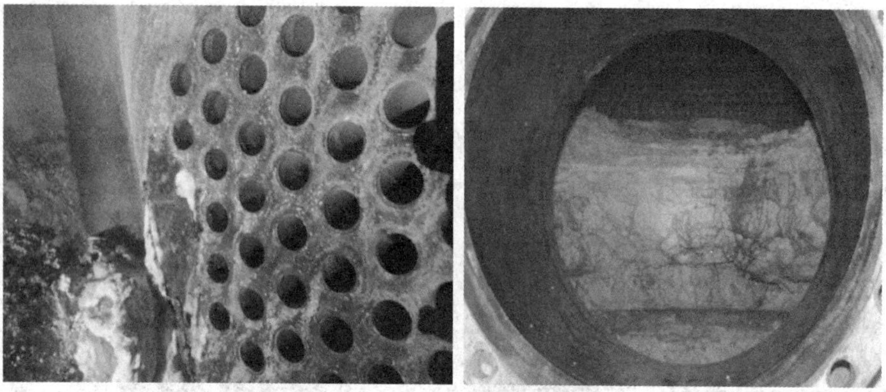

图4-20　末级硫冷器腐蚀后形貌图

（2）腐蚀原因分析

采用金相显微镜和扫描电镜对管束、管板腐蚀产物进行微观形貌分析。结果表明，管板、管束腐蚀产物微观形貌呈现颗粒状或层状疏松组织。

对管板约1/5面积焊缝进行磁粉探伤，没发现任何裂纹缺陷，初步判断，管板焊缝腐蚀或缺陷应该不是硫冷凝器失效的主要原因。

对腐蚀产物进行X射线衍射分析，管束内腐蚀产物主要是FeS_2、Fe_3O_4、FeS；管束内沉积物是硫黄。管板腐蚀产物主要是Fe_3S_4、$Fe_6O_8S_{33}$、FeS，夹杂元素硫，产物形貌如图4-21所示。腐蚀产物主要是多硫化铁，部分铁的氧化物，少量的硫酸和亚硫酸铁，推测存在湿硫化氢或高温硫蒸汽腐蚀、开盖后的吸氧腐蚀、少量SO_2形成的硫酸和亚硫酸腐蚀。

对管板缺陷部位进行进行组织和断口形貌分析，换热管内壁存在腐蚀坑，焊接接头存在层间裂纹、未焊透缺陷，缺陷宏观形貌如图4-22所示。硫酸冷凝是导致换热器腐蚀泄漏的主要原因，换热管焊脚高度低于标准以及存在未焊透缺陷，加速了腐蚀泄漏。

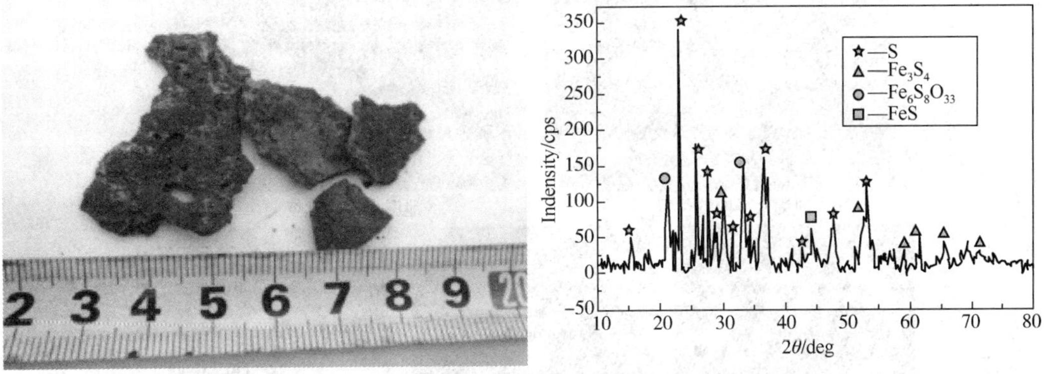

图 4-21　腐蚀产物 X 射线衍射图

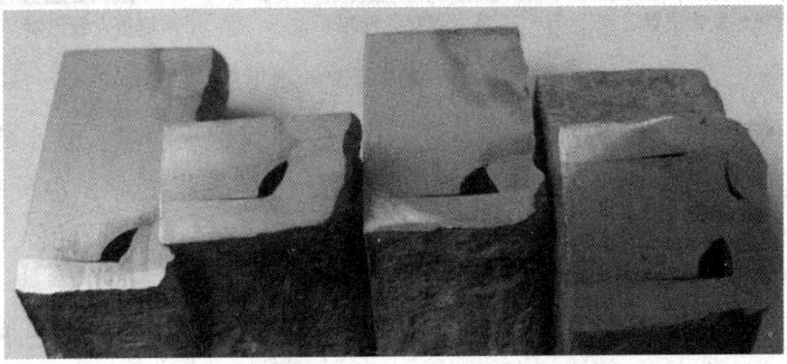

图 4-22　焊接接头层间裂纹与未焊透缺陷

(3) 整改措施

实施设备国产化改造。净化厂投产时，末级硫冷凝器(E-307)由马来西亚 KNM 公司制造，为固定刚性管板式换热器。由于设备制造缺陷发生泄漏，2012 年二联合二系列更换了 1 台国产化设备，2013 年四联合一系列更换了 1 台，2016 年二联合一系列和三联合一系列更换了 2 台，截至目前，先后更换了 4 台国产设备，其余末级硫冷凝器(E-307)结合实际情况进行国产化更换。

3. 焚烧炉余热锅炉泄漏

(1) 问题描述

E-404 为自然循环水管式余热锅炉，蒸发量为 14t/h，过热量为 80t/h 给水温度为 104℃，过热蒸汽压力为 3. 82MPa，过热蒸汽温度为 420℃，排烟温度为 315℃。尾气焚烧炉产生的尾气依次进入三级过热段、二级过热段、一级过热段、蒸发段，最终由烟囱排入大气。由意大利 FBM/MACCHI 公司制造。由锅炉主体、汽包、液包、3 级过热器、3 级减温器及进出口烟箱组成。水冷壁材质为 SA 210 A-1，过热段管束材质为 SA 213 T91。

2016 年 10 月 3 日，四联合二系列开工准备期间，E-404 方形人孔及软连接处漏水严重，判断为锅炉管束泄漏，随后停止开工准备进行隔离修复，设备腐蚀外观如图 4-23 所示。截至目前，141、142、122、162 共四台设备发生泄漏，141、142、122 系列三台过热器通过委托专业维修队伍进行维修后投用，主要对发生泄漏的水冷壁管进行更换。

(2) 腐蚀原因分析

从现场情况来看 E-404 泄漏主要发生在蒸发段水冷壁管和蒸发管附近，穿孔原因为管

泄漏水冷壁管位置

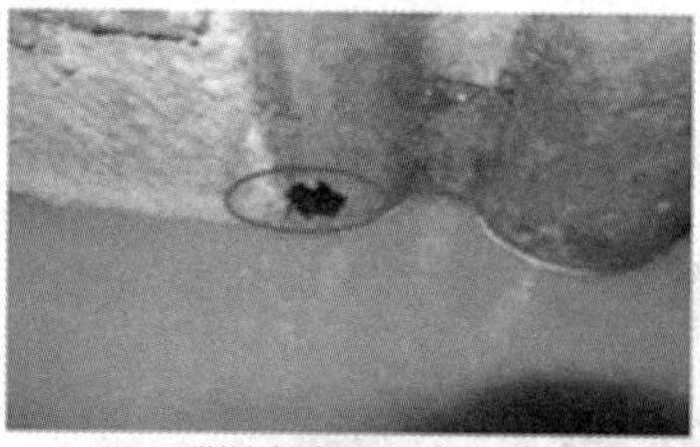

泄漏水冷壁形貌

泄漏蒸发管位置

蒸发管穿孔形貌

南侧蒸发管形貌

图 4-23　E-404 腐蚀外观形貌

子外壁受到酸性水腐蚀。焚烧炉运行过程中，没有发现锅炉水泄漏，从水冷壁管和蒸发管腐蚀穿孔的宏观形貌可以看出，壁厚严重减薄和穿孔部位无鼓胀变形，也反映出管子穿孔时，内部压力不高。因此，可以判定，水冷壁和蒸发管最终是在焚烧炉长期停工期间炉内烟气未进行氮气置换，从而导致外壁腐蚀造成穿孔。

对腐蚀产物进行能谱分析，结果表明其中含有较多的硫元素，灰绿色腐蚀产物和结晶主要含有硫酸亚铁（$FeSO_4 \cdot 7H_2O$），是硫酸与碳钢金属反应的产物；白色结晶主要为硫酸铝［$Al_2(SO_4)_3$］，是硫酸与浇注料中的氧化铝反应的产物；红棕色泥状物含有硫酸铁［$Fe_2(SO_4)_3$］，一部分为金属表面的铁锈与硫酸反应生成，另一部分由 $FeSO_4$ 与空气中的氧发生氧化反应生成。腐蚀产物能谱分析如图 4-24 所示。

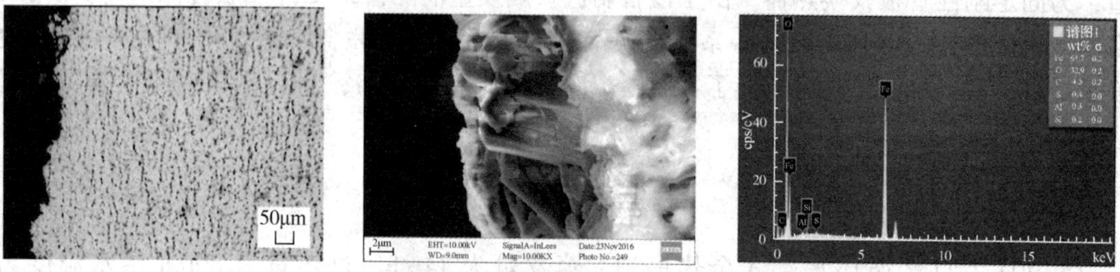

图 4-24　E-404 腐蚀产物能谱分析

根据上述分析，泄漏的主要原因为换热管存在焊接缺陷，在管束外壁腐蚀存在的条件下，造成穿孔泄漏。外壁腐蚀的原因为：在相对较低的局部位置，烟气中的水积聚，导致局部温度降低，形成酸露点腐蚀；随着设备运行，泄漏量逐步增加，进一步加剧设备外壁腐蚀。

（3）解决措施

1）实施 E-404 国产化改造，2016 年已完成 162 系列工业应用，下步计划结合 E-404 实际使用情况进行国产化设备更换。

2）加强 E-404 停工保护，在入口过程气管线增加隔离挡板，E-404 与烟囱之间增加挡墙，实现停工工况下设备隔离和氮气保护。

（四）腐蚀管理与防控建议

1）加强腐蚀防护管理，强化腐蚀分析，及时采集腐蚀、失效、泄漏信息，一事一案，建立净化系统腐蚀案例数据库，为指导装置检修和设备修复提供支撑。

2）加强腐蚀研究。针对多重腐蚀因素耦合、开停工对腐蚀的影响等问题，开展深度研究分析，包括不锈钢管束氯离子引起点蚀、应力腐蚀机理研究，塔器埋藏缺陷发展趋势研究等。

3）加强腐蚀在线监检测。针对缺陷塔器埋藏缺陷和局部腐蚀，聘请专业机构开展定期检测；增加定点离线监测及胺液泄漏在线监测技术方面的研究。

4）优化装置生产安排。借鉴炼化装置保持运行稳定有利于减缓设备腐蚀的经验，保持净化厂联合装置生产稳定，避免频繁开停工。

5）脱硫单元胺液换热器管束设计寿命仅为3年，硫黄换热器(E-303/304/305/306/307)现场修复难度大，修复空间狭小，进度缓慢，修复效果无法保证。结合炼化企业换热器运行寿命两个检修周期(6~8年)经验，采购部分换热器、管束以备生产应急之需。

6）开展高酸性天然气净化换热设备设计选材及长周期安全运行技术研究，编制高酸性天然气净化换热设备设计选材推荐导则。

第五部分　本企业硫黄装置技术改造

一、工艺技术改造

（一）液硫池废气入克劳斯炉回收改造

1. 问题描述

净化厂液硫池废气含有H_2S、单质硫等杂质，原设计液硫池废气排放入尾气焚烧炉，约占烟气SO_2排放浓度的40%~50%，造成烟气排放浓度居高不下。对净化厂不同装置液硫池废气进行取样分析，废气中H_2S浓度约800~2000mg/L。

通过本次学习培训和交流调研，结合净化厂装置实际，确定采用液硫池废气回收排入克劳斯反应炉，选择单个系列实施先导改造。

2. 计算分析

本文主要采用Hysis 10.0软件，计算液硫池废气进入反应炉后对炉膛温度、反应炉转化率的影响，为了便于对比分析，本文选取前文实际运行工况进行模拟计算，反应炉酸性气和液硫池废气数据如表5-1所示，克劳斯单元尾气$H_2S:SO_2$比值按照2:1进行控制，反应炉配风根据出口比值自动调整。

表5-1　模拟计算基础数据

参　数	酸 性 气	液硫池废气
温度/℃	50	128
压力/kPa	164	99
组成/(kmol/h)		
N_2	0.00	10.69
O_2	0.00	2.84

续表

参　　数	酸　性　气	液硫池废气
CO_2	481.17	0.00
H_2S	786.43	0.06
H_2O	103.31	27.65
CH_4	2.84	0.00
硫蒸气（S_8）	0.00	0.0040
合计	1373.75	41.25

（1）炉膛温度影响

由于炉膛酸性气压力高于液硫池废气，为避免酸性气反串入液硫池造成外溢，废气并入空气管线。由于 Hysis 流程中，克劳斯反应炉 F-301 模型无法接受并入废气的空气，故搭建流程时把废气并入酸性气管线进行计算，模拟流程如图 5-1 所示。若液硫池废气若直接改入克劳斯反应炉，炉膛温度降至 1045℃，温度偏低。考虑液硫池中硫单质凝结堵塞等问题，需进行液硫池废气加热。

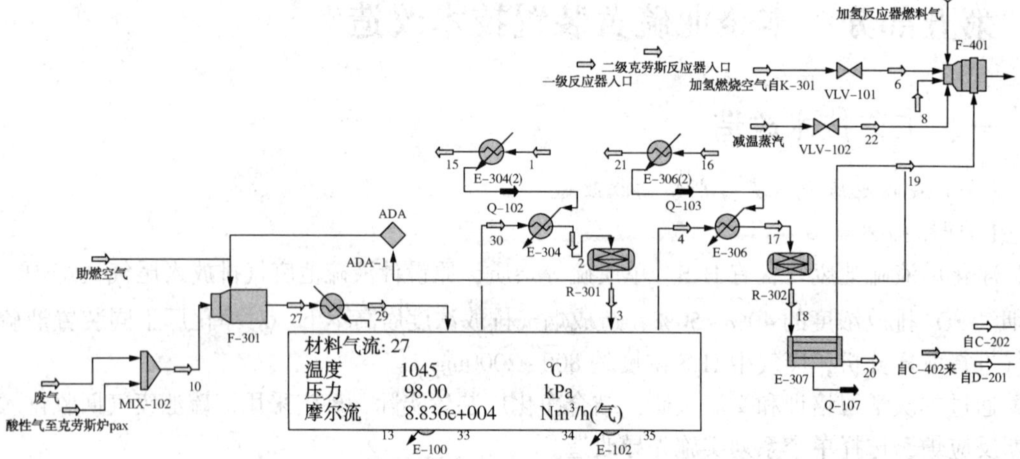

图 5-1　废气直接改入反应炉模拟流程

结合现场实际改造需要，加热器设置在空气管线，加热后温度高于液硫凝固温度，暂定在 135℃，模拟流程如图 5-2 所示，增设空气加热器后反应炉炉膛温度达到 1050℃。

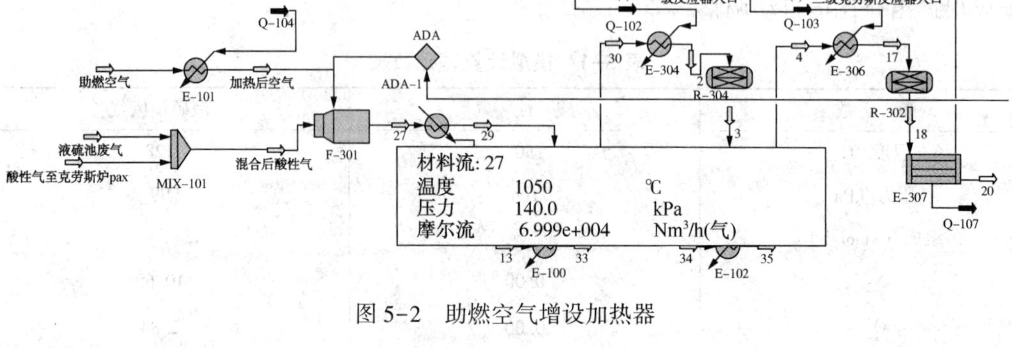

图 5-2　助燃空气增设加热器

综上，液硫池废气未并入之前，克劳斯炉膛温度为1066℃，若未经加热直接改入，则炉膛温度降低至1045℃，炉温下降幅度为22℃，若经空气加热至135℃，则炉膛温度可维持在1050℃，与目前现场实际运行温度相当，此时，炉温下降幅度为16℃。

（2）克劳斯炉转化率影响

根据模拟计算结果，反应炉入口气体中 H_2S、SO_2、COS、CS_2、S_2 摩尔流量分别为786.43kmol/h、0kmol/h、0kmol/h、0kmol/h、0.004kmol/h，一级硫冷器出口气体中 H_2S、SO_2、COS、CS_2 摩尔流量分别为166.91kmol/h、79.83kmol/h、9.48kmol/h、1.93kmol/h，由此，硫回收率为：

$$\eta_{反应炉}=1-(166.91+79.83+9.48+2\times1.93)/(786.43+0.004\times8)=66.9\%$$

根据本文工艺计算部分 Hysis 计算结果，废气并入之前转化率为67.1%，因此，由于液硫池废气并入导致反应炉转化率降低的幅度为0.2%。

（3）单程转化率影响

根据模拟计算结果，末级硫冷器出口气体中 H_2S、SO_2、COS、CS_2 摩尔流量分别为20.74kmol/h、2.51kmol/h、2.16kmol/h、1.21kmol/h，因此，单程硫回收率为：

$$\eta_{反应炉}=1-(20.74+2.51+2.16+2\times1.21)/(786.43+0.004\times8)=96.46\%$$

根据本文工艺计算部分 Hysis 计算结果，废气并入之前单程转化率为97.15%，因此，由于液硫池废气并入导致反应炉转化率降低的幅度为0.69%。

（4）烟气排放浓度计算

根据 Hysis 模拟计算结果，液硫池废气自焚烧炉并入反应炉后，烟气中 SO_2 的摩尔流量为0.1409kmol/h，烟气总摩尔流量为3395.80kmol/h，由此计算烟气中 SO_2 浓度为：

$$\Phi s_{O_2}=0.1409\times64\times10^6/(3395.80\times22.4)=118.5mg/Nm^3$$

根据上文计算结果，废气进入焚烧炉的工况下，烟气中 SO_2 浓度为 $244mg/Nm^3$。

液硫池废气改入克劳斯虽然降低了高温热反应转化率，但后续加氢单元具备一定的催化转化裕量，具备弥补硫黄单元转化缺失的能力，整体对转化率影响不明显。由于大幅度降低了进入焚烧炉的含硫元素，通过模拟计算可以推测，液硫池废气自焚烧炉改入克劳斯炉后烟气的 SO_2 浓度将下降 $125.5mg/Nm^3$，降幅为51.4%，减排效果非常显著。

3. 解决方案

（1）流程设计

依据企业装置变更相关管理规定，委托山东三维设计院进行工艺流程设计。由于现场液硫池废气通过低压蒸汽抽射器抽射进入尾气焚烧炉，抽射器出口压力较低，考虑克劳斯反应炉炉头压力高，需采购两台中压蒸汽抽空器，替代现有的低压蒸汽抽空器，将蒸汽抽空器出口压力提高至180kPa，与制硫鼓风机出口压力匹配，改造后的蒸汽抽空气采用中压蒸汽作为动力。

为提高空气和废气进入克劳斯炉温度，增加一台空气加热器，采用装置自产的低压蒸汽进行加热，将进制硫炉的空气加热至135℃，液硫池废气与空气在制硫燃烧器空气管口处混合，混合后进入制硫燃烧器。

克劳斯炉异常停工时，快速切断液硫池废气进料，并杜绝上游气体反串，本流程新设置三处切断阀。一是中压蒸汽至抽空器切断阀（XV-10703），该切断阀与尾气焚烧炉进行联锁。二是液硫池废气至制硫燃烧炉切断阀（XV-10301），三是液硫池废气至尾气焚烧炉切断阀（XV-10702），两个切断阀与制硫燃烧炉联锁，当装置正常运行时，XV-10703 与 XV-

10301 为开启状态，XV－10702 为关闭状态，当制硫燃烧炉联锁停车时，XV－10301 关闭，XV－1070 开启，当尾气焚烧炉联锁停车时，XV－10702 与 XV－10703 关闭。

改造后工艺流程如图 5-3 所示。

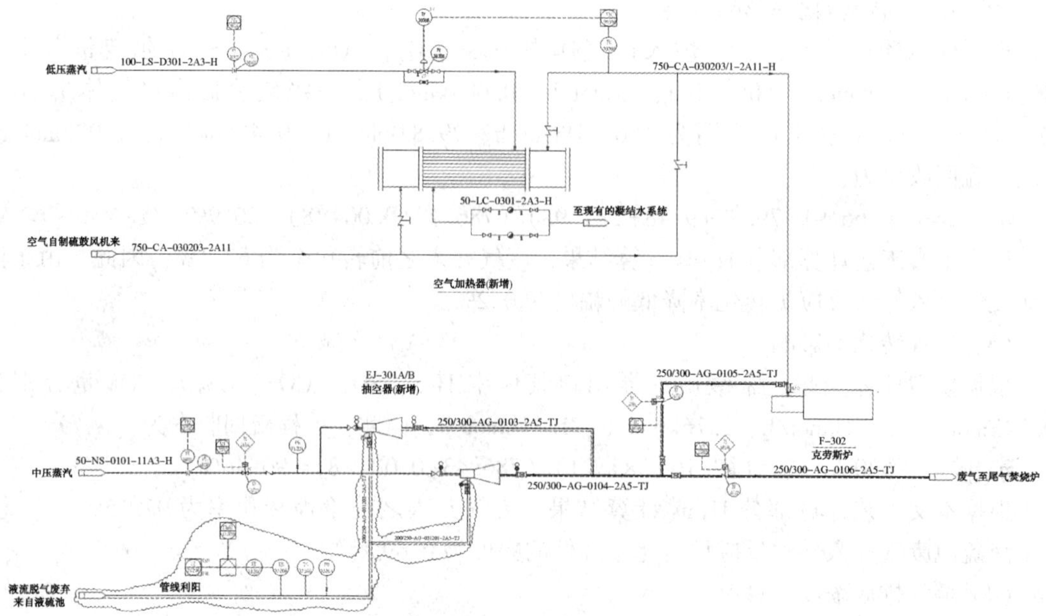

图 5-3　液硫池废气该入克劳斯反应炉工艺流程图

（2）加热蒸汽消耗计算

采用净化厂自产 0.4MPa 低压饱和蒸汽进行加热，按照反应炉最大负荷工况进行加热蒸汽量计算，计算方法与上文加热器计算方法相同，空气加热至 135℃需求热负荷为 1095kW，总传热系数取 70.49W/m^2·K，换热面积为 484.3m^2，计算蒸汽最大消耗量为 1864kg/h。

4. 改造效果

（1）烟气 SO_2 减排分析

2019 年 4 月，第一联合装置大检修期间，选取 112 系列实施改造，8 月份装置恢复生产后进行改造后效果测试。废气改入克劳斯之前，炉膛温度为 1067℃，烟气中 SO_2 浓度约为 320mg/Nm^3，废气切入反应炉后，炉膛温度为 1055℃，烟气中 SO_2 浓度约为 160mg/Nm^3，液硫池废气切入克劳斯前后烟气 SO_2 浓度变化趋势如图 5-4 所示。废气切入反应炉之前，烟气二氧化硫平均值为 314.7mg/Nm^3，切入反应炉之后烟气二氧化硫浓度为 158.4mg/Nm^3，降低幅度为 50%，与 Hysis 模拟计算结果相当，总硫回收率提升 0.025%。

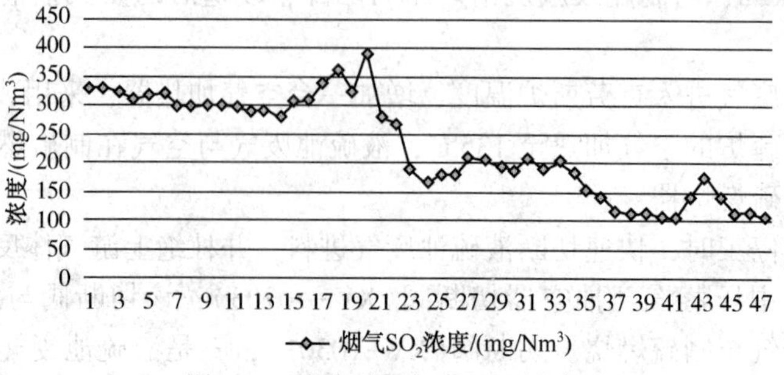

图 5-4　改造后烟气中 SO_2 浓度

(2) 能耗分析

采用中压蒸汽抽射器将液硫池废气抽射入克劳斯炉。测试期间，为保证液硫池废气全部抽射至克劳斯炉，液硫池烟囱不外冒废气，中压蒸汽消耗量约为0.58~0.64t/h。采用低压蒸汽将克劳斯燃烧空气加热至135℃以上，避免废气液硫凝固堵塞克劳斯炉头入口管线。测试期间，低压蒸汽消耗量约0.7~0.9t/h，低于设计值1.864t/h。

改造前后能耗对比如下。改造前采用低压蒸汽进行抽空喷射，蒸汽消耗量为0.78t/h，改造后中、低压蒸汽消耗量分别为0.64t/h、0.9t/h。中、低压蒸汽能源系数分别取88kgEO/t、72 kgEO/t，则改造后增加总能耗为：

$$\Delta E=(88\times0.64+0.9\times72)-0.78\times72=64.96\text{kgEO/h}$$

(二) 液硫池废气入加氢反应器回收改造

液硫池废气含有H_2S、硫蒸气和氧气，由于加氢反应器温度较克劳斯燃烧器高，不存在硫冷器冷凝堵塞问题，故若加氢催化剂能够耐氧，则可直接进入加氢反应器，且可避免增加加热器，减少蒸汽消耗。对于耐氧型加氢催化剂，可通过催化剂中的添加剂与过程气中的氧反应放热，氧化态催化剂再与H_2S、Sx快速反应，在助剂作用下，硫化物与氧化态催化剂反应的速度比氧化反应速度快，从而杜绝硫化后催化剂的反硫化，保障催化剂的加氢活性。耐氧化型加氢催化剂的反应原理如图5-5所示。

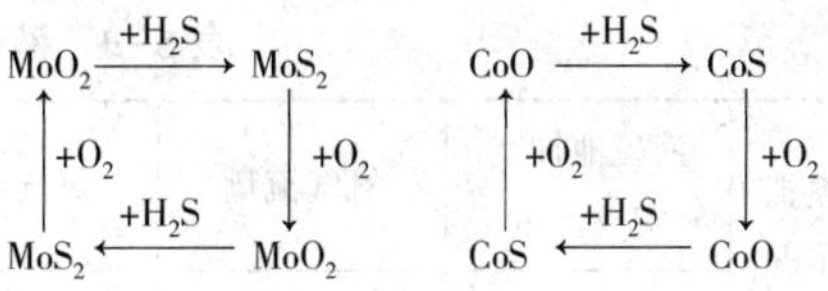

图5-5 耐氧型加氢催化剂反应机理

1. 计算分析

液硫池废气进入加氢反应器模拟计算方法与进入反应炉类同，为与实际运行数据进行比较，本文仍选用上文计算的过程尾气作为加氢反应器进料，进料条件如表5-2所示。由于Hysis软件中催化剂和反应均按照常规催化剂设置，故模拟计算结果可能与实际情况存在出入。

表5-2 模拟计算基础数据

参数	在线炉出口过程气	液硫池废气	参数	在线炉出口过程气	液硫池废气
温度/℃	284.2	128	H_2O	921.49	27.65
压力/kPa	119	99	CH_4	0.00	0.00
组成/(kmol/h)			硫蒸气(S_8)	0.00	0.0040
N_2	1536.3	10.69	CO	1.1	0.00
O_2	0.00	2.84	COS	0.0264	0.00
CO_2	505.16	0.00	合计	3031.29	41.25
H_2S	25.61	0.06			

(1) 加氢反应器温度影响

建立Hysis模拟计算流程，液硫废气进入前，加氢反应器出口温度为283.5℃，液硫池废气进入后，出口温度升高至294.7℃，升高幅度为11.2℃，废气并入加氢反应器后，反应器出口温度模拟计算结果如图5-6所示。

改变液硫池抽空空气流量进一步计算，加氢反应器床层温度持续升高，结果如表5-3所示，空气流量增加50Nm³/h，加氢反应器温度约增加2℃。

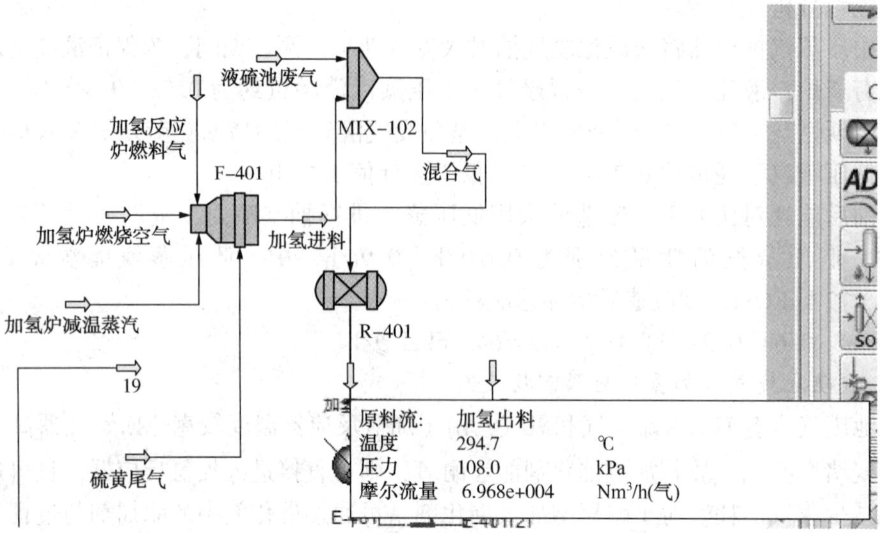

图 5-6　废气并入后加氢反应器床层温度模拟结果

表 5-3　液硫池鼓泡空气流量调整计算结果

模拟工况	液硫池抽空空气流量	氧气流量	氮气流量	反应器出口温度	烟气 SO_2 摩尔流量	烟气摩尔流量	烟气 SO_2 摩尔流量
	Nm^3/h	kmol/h	kmol/h	℃	kmol/h	kmol/h	mg/Nm^3
工况 1	303	2. 84	10. 68	294. 7	0. 0676	3436. 37	56. 21
工况 2	350	3. 28	12. 34	296. 7	0. 06799	3438. 13	56. 50
工况 3	450	4. 22	15. 87	300. 7	0. 0685	3441. 86	56. 86

（2）烟气 SO_2 排放浓度影响

烟气自焚烧炉切入加氢反应器后，尾气焚烧炉烟气中 SO_2 浓度由 244mg/Nm³ 降低至 56. 21mg/Nm³，降幅高达 76%。随着鼓泡空气增加，反应器床层温度升高，但烟气中二氧化硫浓度并未呈现降低趋势，分析原因可能为：Hysis 软件中加氢催化剂为普通钴钼催化剂，未迁入氧化态钴钼催化剂与硫化物反应“反硫化”过程。

2. 解决方案

1）结合普光分公司重大专项研究项目，选取 151 系列，更换普通钴钼加氢催化剂为耐氧型加氢催化剂，型号为 LSH-03G。

2）增加液硫池废气入加氢反应器流程，增加相关联锁控制和切断阀。

3. 实施进度及下步计划

2019 年 10 月，第五联合装置大检修期间，已组织完成 151 系列加氢催化剂更换和工艺流程改造，下步计划待 151 系列复产后进行改造效果性能测试，并通过实际生产数据，完成与废气改入克劳斯炉工艺的对比分析。

（三）尾气贫液深度冷却技术优化

1. 问题描述

2019 年 5～6 月，对 161 系列装置进行标定期间，发现在酸性气负荷运行稳定的工况下，烟气 SO_2 在夜间、中午、阴天和晴天呈现出很大差异，分析原因主要为尾气吸收塔入塔贫胺液温度差异所致。当温度相差1℃时，烟气中 SO_2 排放浓度相差80~100mg/Nm³，烟气 SO_2 与胺液温度关联趋势如图5-7所示。胺液温度冷却受空冷器、水冷器影响，因而受天气温度影响较大，当天中午气温为32℃，夜间气温为18℃，温差为14℃，导致早晚胺液温度相差4℃左右。

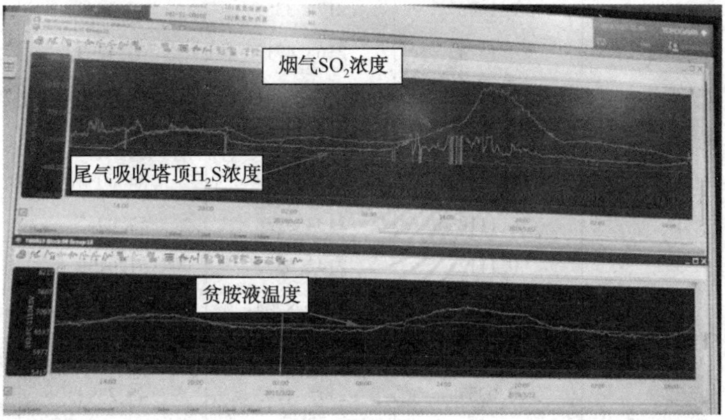

图5-7　烟气 SO_2 浓度与胺液温度变化趋势

2. 计算分析

采用Hysis 10.0进行模拟计算，设定尾气过程气流量、组分不变，固定胺液浓度、循环量等参数，仅改变入口贫胺液温度，计算尾气吸收塔出口净化尾气中 H_2S 浓度，并折算为烟气 SO_2 浓度。计算入塔物料条件设定如表5-4所示，胺液温度以1℃为步幅进行调整，不同温度工况下，塔顶净化气出口 H_2S 摩尔流量及折算烟气 SO_2 浓度如表5-5所示，变化趋势曲线如图5-8所示。

当贫胺液温度下降时，尾气吸收塔净化效率呈上升趋势，尾气中 H_2S 与烟气 SO_2 下降，当温度低于35℃时，烟气中 SO_2 可下降至200mg/Nm³以下，达到同行业先进水平。

表5-4　Hysis计算入塔物料条件　　kmol/h

组　分	摩尔流量		组　分	摩尔流量	
	过程尾气	贫胺液		过程尾气	贫胺液
H_2S	25.59	—	CO	1.10	—
H_2O	99.28	0.78	COS	0.03	—
CO_2	505.08	7457.24	MDEA	0.00	904.79
N_2	1536.32	7.97	合计	2208.99	8370.77
H_2	41.60	—			

表5-5　不同胺液温度工况净化气 H_2S 与烟气 SO_2 浓度

模拟工况	贫胺液温度	净化气 H_2S 摩尔流量	净化气摩尔流量	吸收塔顶净化气 H_2S 含流量	烟气 SO_2 浓度
	℃	kmol/h	kmol/h	$\times10^{-6}$	mg/Nm³
工况1	43	0.1933	2195.0331	88.0625	338.4900
工况2	42	0.1933	2195.0319	88.0625	338.4902

续表

模拟工况	贫胺液温度	净化气 H_2S 摩尔流量	净化气摩尔流量	吸收塔顶净化气 H_2S 含流量	烟气 SO_2 浓度
	℃	kmol/h	kmol/h	$\times10^{-6}$	mg/Nm^3
工况 3	41	0.1480	2174.3355	68.0668	261.6316
工况 4	40	0.1374	2164.4718	63.4797	244.0000
工况 5	39	0.1300	2164.8338	60.0508	230.8202
工况 6	38	0.1300	2164.8338	60.0508	230.8202
工况 7	37	0.1174	2142.0074	54.8084	210.6697
工况 8	36	0.1112	2134.5936	52.0942	200.2371
工况 9	35	0.1112	2142.0077	51.9139	199.5441
工况 10	34	0.0957	2115.8294	45.2305	173.8547
工况 11	33	0.0957	2115.4142	45.2394	173.8888
工况 12	32	0.0957	2115.4142	45.2394	173.8888
工况 13	31	0.0951	2099.2990	45.3008	174.1251
工况 14	30	0.0831	2099.2990	39.5846	152.1534
工况 15	29	0.0831	2099.2990	39.5846	152.1534
工况 16	28	0.0831	2099.2990	39.5846	152.1534

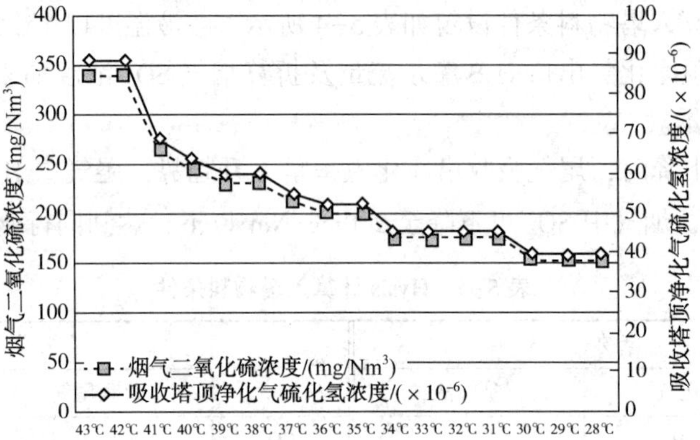

图 5-8　净化尾气 H_2S 与烟气 SO_2 浓度随胺液温度变化趋势

3. 解决方案

受净化厂投产初期循环水系统污染事故影响，循环给水、回水主管、支管及部分设备内仍残存黏泥污垢，水冷器设备换热效率偏低。此外，普光处于四川盆地内部，常年无风或微风，夏季时间长、温度高，循环水给水温度高达 32℃，水冷器、空冷器即使满负荷投运，在夏季高温天气仍无法满足贫胺液降温需求，导致胺液温度高达 40℃以上。

中国石化九江石化、上海高桥石化、茂名石化等企业均采用冷媒水降温方式进行贫胺液冷却，胺液温度可控制在 28℃左右，从而大幅度降低烟气 SO_2 排放浓度。由此，考虑冷媒水降温方式不受天气温度变化影响，在现有工艺流程基础上增加冷媒水降温流程。

(1) 技术思路

选择单套装置进行先导改造，结合净化厂低品位余热过剩的现状，新建一座溴化锂

(HRC)余热利用制冷站，利用回收装置区内105℃高温凝结水余热作为热源，产生冷媒水，通过新增一台冷媒水换热器，将入尾气吸收塔的贫胺液温度进一步降低至28℃。

改造新增设备包括1座溴化锂制冷站、1台冷媒水换热器及相关工艺管线、阀门、仪表等，新增自控信号引入DCS系统。

(2) 热量核算

装置区内凝结水温度为105℃，低压饱和蒸汽压力为0.4MPa，驱动热源采用105℃高温蒸汽凝液和0.4MPa(表)饱和蒸汽，将280t/h贫胺液由40℃降温至28℃，则需要消耗凝结水80t/h，消耗低压蒸汽0.99t/h，制取10℃冷媒水285t/h，机组消耗32℃循环冷却水726t/h，消耗电力57kW。

(3) 经济效益核算

与国内某节能企业进行技术交流，初步确定机组规模、设施构成和投资费用，其中，运行成本包括循环水、电、低压蒸汽(凝结水余热为回收热量，不计入成本)，投资费用约为230万元。与常规空冷、循环水冷却方式相比，采用冷媒水冷却经济效益较好。

1) 常规冷却折算为电进行对比计算。则满足贫胺液由40℃降低至28℃的需求，则年度消耗电量为：$638\times8000\div10000=510.4\times10^4$kW·h

电价按照0.6元/kW·h计算，则年度运行成本为：$510.4\times0.6=306.3$万元

2)采用余热制冷，系统消耗电量为：$57\times8000\div10000=45.6\times10^4$kW·h

消耗的蒸汽量为：$0.99\times8000\div10000=7.92$kt

低压蒸汽按照160元/t计算，则年度运行成本为：

$45.6\times0.6+160\times0.792=27.4+126.7=154.1$万元

由此，两种方式相比，在相同降温效果、相同减排SO_2的前提下，采用冷媒水方式与常规方式相比，可节约成本：

$306.3-154.1=152.2$万元

二、设备技术改造

通过本次专家班学习，调研了炼化企业液硫池防腐蚀工艺和运行情况，借鉴海南炼化液硫池防腐经验，在普光天然气净化厂112系列实施了防腐层改造。

1. 液硫池防腐层问题描述

联合装置液硫池位于硫黄回收单元，用于存储液硫产品和液硫脱气。液硫池为地下全混凝土结构的液硫存储池，液硫池由三个分区组成：第一、第二区为脱气区，第三区为产品区，由内部隔墙隔开。液硫池规格为3.8×7.0×23.8m，设计压力为-10kPa，设计温度为210℃，操作压力为-100Pa，操作温度为138℃。液硫池设计采用“一底三布四涂”工艺进行防腐。

2009年装置开工期间，12列液硫池防腐层均发生脱落、损坏，经修复后投产。运行期间，液硫池无异常，但每次停工检修，各液硫池均存在不同程度的耐酸砖塌陷、防腐层脱落、池体渗水等问题，按原设计方案修复后投运。防腐层脱落和腐蚀现状如图5-9所示。

分析防腐层损坏和混凝土腐蚀的原因为：一是由于净化厂联合装置所处区域存在暗河，且部分装置位于填方区，地下水较为丰富。装置建设初期，液硫池施工质量存在缺陷，地下水渗入防腐层外侧，在液硫池升温和运行工况下，发生气化，引发防腐层剥离、鼓包、脱落。二是液硫池经长时间运行，内部防腐材料逐渐老化、脱落，导致高温液硫直接与混凝土接触，高温、含氧、潮湿、酸性环境引发腐蚀。

2. 解决方案

由于装置已经建成，无法进行液硫池整体外部防渗施工，因此采用内部防渗方式，在内部增加不锈钢钢板，即内置一个液硫池箱体，钢板安装如图 5-10 所示。考虑外部渗水导致钢板外壁受力，在底部钢板铺设前预埋导气管，导气管入口设置在底板空间最低点，导气管引出至地面排放。即使液硫池内部渗入地下水，在液硫加热情况下进行汽化后，通过导气管释放至地面，不会对内衬钢板造成影响。

图 5-9 液硫池防腐层脱落

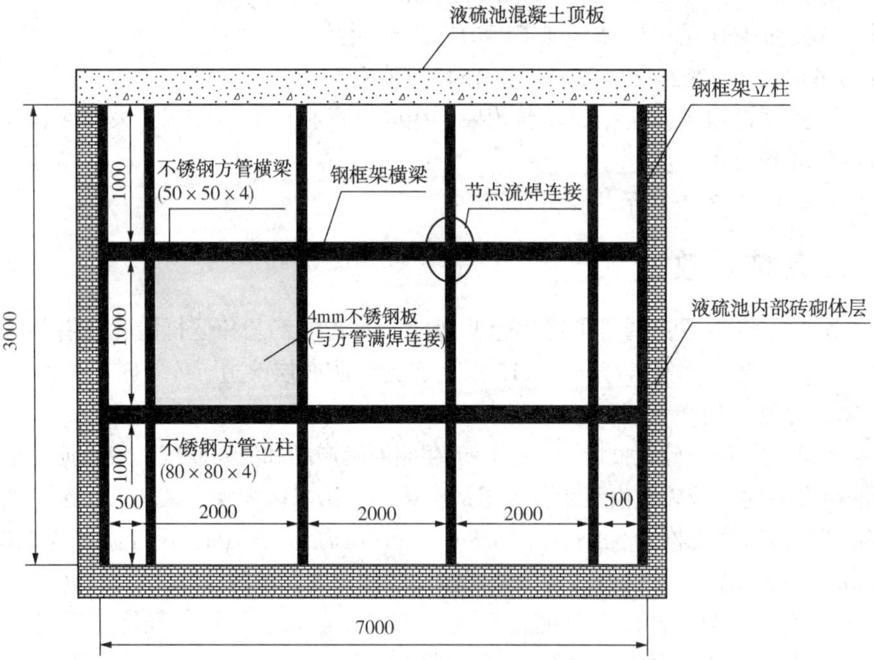

液硫池1区侧墙不锈钢板安装示意图

图 5-10 液硫池钢板安装示意图

3. 实施效果

2019 年 4 月第一联合检修期间，选取 112 系列实施先导改造。与施工单位结合，制定施工方案，改造过程如下：

1）施工时先将液硫池内的不锈钢伴热盘管线、循环脱气管线、液硫鼓泡管线等分段拆除，移至液硫池外指定地点存放。然后对底部残存的固体硫黄进行人工清除，清除至原液硫池底部砖层。然后对液硫池壁及池顶原防腐层进行喷砂清除。待液硫池清理干净后进行不锈钢衬板的安装。衬板安装施工由下而上逐层施工，所有板与板之间连接位置均满焊。

2）地面基层清理平整干净，用50mm厚C_{15}混凝土找平层，在找平层上沿液硫池围墙四周用*DN*50的管线进行压槽（米字形槽底），便于底部与不锈钢底板之间的水汽放散，液硫池每区的西南角低点安装*DN*50不锈钢管线作为水汽放散管接引至液硫池顶外部。待混凝土找平层凝固后，在液硫池底部四周紧贴墙角处安装*L*（100×100×3）mm不锈钢角钢，角钢采用*M*12不锈钢膨胀螺栓（$L=120$mm）固定，在底部满铺$\delta=8$mm不锈钢板，不锈钢板与角钢间的搭接焊缝满焊。在不锈钢板上采用50×50×4mm不锈钢方钢进行井字型钢架加固，与四周角钢、底板进行满焊连接。

3）池壁采用（80×80×4）mm厚不锈钢方钢作为钢框架立柱，采用*M*12不锈钢膨胀螺栓（$L=120$mm）与原池壁进行固定，立柱间横梁采用50×50×4mm的不锈钢方钢进行井字型钢架加固，外铺$\delta=4$mm的不锈钢板与不锈钢方钢进行满焊连接。施工时从底部向上逐层施工，每层钢板焊接完成后在钢板与原池壁间进行混凝土填缝。

4）液硫池内壁顶部四周采用（100×100×3）mm不锈钢角钢作为主框架，横向采用（50×50×3）mm不锈钢角钢作为加固支撑，主框架及加固支撑每间隔50～80cm采用*M*12（$L=120$mm）不锈钢膨胀螺栓进行固定。顶部衬板采用$\delta=2$mm不锈钢板进行满铺，不锈钢板于框架所有角焊缝进行满焊。考虑到顶部横梁的存在，横梁部分的不锈钢板需提前预制，安装时预制好的不锈钢板与*L*100角钢进行搭接满焊，施工完成后液硫池内壁外貌如图5-11所示。

图5-11 液硫池内置不锈钢钢板外观

2019年8月，112系列复产投运液硫池，2020年3月装置停工进行检查，Ⅰ、Ⅱ、Ⅲ区底板、壁板、顶板、焊缝等区域内衬钢板无鼓泡、开裂、变形、漏水等现象，无腐蚀现象，整体防腐工艺良好，为后续装置液硫池修复提供了宝贵经验，在同类企业中具有较广的推广应用前景。

参 考 文 献

[1] 赵日峰. 硫黄回收技术进展与应用[M]. 北京：中国石化出版社，2019.

[2] 陈赓良，肖学兰，杨仲熙，等. 克劳斯法硫黄回收工艺技术[M]. 北京：石油工业出版社，2007.

[3] 王开岳．天然气净化工艺[M]．北京：石油工业出版社，2005.
[4] 吴德荣．化工工艺设计手册[M].4 版．北京：化工工艺出版社，2009.
[5] 付家新，王为国，肖稳发．化工原理课程设计(典型化工单元操作设备设计)[M]．北京：化工工艺出版社，2010.
[6] 赵廷元．热力管道设计手册[M]．山西太原：山西科学教育出版社，1986.
[7] 马江权，冷一欣．化工原理课程设计 [M].4 版．北京：中国石化出版社．2010.
[8] 蔡增基，龙天渝．流体力学 泵与风机[M].5 版．北京：中国建筑工业出版社，2009.
[9] 刘乃鸿．工业塔新型规整填料应用手册[M]．天津：天津大学出版社，1993.
[10] 冯俊凯，沈幼庭，杨瑞昌．锅炉原理及计算[M].3 版．北京：科学出版社，2003.
[11] 曹英斌，张立胜等．高含硫天然气净化厂总硫回收率计算方法研究[J]．北京：石油化工设计，2016，33(2)：62-66.
[12] 史方军．炼油加热炉烟气露点温度计算[J]．工业炉，2011，33(4)：36-39.
[13] 中国石油化工集团公司．GB/T 50441—2016，石油化工设计能耗计算标准[S].2016.
[14] 国家市场监督管理总局．GB 17820—2018，天然气[S].2018.
[15] 国家质量监督检验检疫总局．GB/T 2449. 1—2014，工业硫黄 第 1 部分：固体产品[S].2014.
[16] 国家质量监督检验检疫总局．GB/T 2449. 2—2015，工业硫黄 第 2 部分：液体产品[S].2015.
[17] 国家环境保护局．GB 6297—1996，大气污染物综合排放标准[S].

致 谢

从杨柳抽芽的春天到大学纷飞的冬季，管院的海棠花结出了累累硕果，经过累计四个多月学习、调研，我从一知半解的懵懂成长为胸有成竹的自信，过程艰辛，受益颇深。在/此向这个期间教授、指导、帮助我的所有老师、同学、朋友们表示深深的谢意！

很幸运遇到了知识渊博、严谨治学、精益求精、诲人不倦、谆谆教导的老师们，在此，向放弃了周末、放弃了休息时间，陪着我们一起“滚钉板”刘爱华老师、朱学军老师、王刻文老师、徐惠老师、刘志凯老师表示最诚挚的感谢！你们的学识令人敬佩，你们的品格更是值得尊敬，感谢你们无私的付出，感谢你们默默耕耘，您辛苦了！

很幸运遇到了一批团结友爱、甘苦与共、心融神会、志同道合的同学和朋友，课堂侃侃发言、课间激烈讨论、课后交流探讨。虽然我们来自不同的城市，来自不同的企业，有着不同的文化和背景，但是共同的事业把我们聚集在了硫黄二期班，我们形成了一个友好、向上的集体，在这里共学共商、同进同退，谢谢你们，有了你们，“滚钉板”的日子痛并快乐着！

很幸运遇到了陈俊武老先生创新形成的“三阶段”学习平台，很幸运硫黄二期班获得了集团公司炼油事业部、人力资源等部门的鼎力支持，没有这个平台，没有这么多的优秀教师资源，也就没有我学习和进步的机会和舞台，感谢你们！

培训会有终止，学习却永不止步，相信不久的将来我们会用学以致用来回报老师，回报企业！

再次感谢培训班所有的老师和同学们！

中国石化镇海炼化公司 150kt/a硫黄回收装置工艺计算

完成人：王　洋
单　位：中国石化镇海炼化炼油二部

目　　录

第一部分　概　述

一、装置简介

镇海炼化Ⅷ套硫黄回收装置是公司为炼油老区结构调整提质升级项目而配套建设的硫黄回收装置，它负责处理渣油加氢裂化装置、煤焦制氢装置（POX）以及配套污水汽提装置的酸性气，可兼顾处理公司其他装置酸性气以及催化汽油吸附脱硫装置（S Zorb）尾气等。其设计规模为150kt/a，是国内炼油厂中规模最大的硫黄回收装置。装置采用二级克劳斯+加氢还原-吸收工艺，由二级克劳斯、尾气加氢还原-吸收、尾气焚烧和钠法脱硫四部分组成。酸性气通过装置的处理，其中的硫被回收，废气得到净化。

Ⅷ套硫黄回收装置包括150kt/a克劳斯硫回收单元、150kt/a尾气净化单元、与尾气净化相配套的溶剂再生单元及烟气脱硫单元。液硫储罐、硫黄成型、液硫装车依托公司现有设施。联合装置占地面积为10620m^2，主要设备共有255台（含配套污水汽提装置）。

Ⅷ套硫黄回收装置由镇海石化工程有限责任公司（ZPEC）设计，于2015年8月通过可行性研究报告审查，2017年1月通过基础设计审查并进行工程设计，2017年5月开始施工建设，2018年12月实现工程中间交接，2019年3月实现开车一次成功。

装置采用DCS集散控制，为了保证有高的硫回收率，采用硫化氢二氧化硫比值分析仪、氧含量分析仪、氢含量分析仪、pH值分析仪和烟气连续监测系统（CEMS）实现闭环控制。

二、装置工艺原则流程图和平面布置图

装置工艺原则流程图和平面布置图见附图1。

三、装置主要工艺技术特点

（一）装置采用镇海石化工程有限责任公司硫回收工艺。制硫和加氢还原采用二级常规克劳斯制硫和加氢还原尾气净化工艺，克劳斯部分采用在线加热炉再热流程，克劳斯尾气还原设在线加热炉再热、制氢。

（二）尾气净化部分采用性能良好的、浓度为40%（质）左右的N-甲基二乙醇胺（MDEA）水溶液作为吸收剂，采用一级吸收，一级再生技术，净化后尾气的$H_2S \leq 20mg/m^3$。

（三）在二级克劳斯反应器后设H_2S/SO_2比值分析仪，并实现闭环控制。根据二级克劳斯尾气中H_2S/SO_2比例值，调节空气、酸性气控制回路中的空气量，使空气中的H_2S/SO_2达到2∶1，以保证有较高的硫黄回收率和正常操作。同时在急冷塔后设置H_2分析仪实现闭环控制，根据尾气中H_2含量，调节加氢还原再热炉燃料气、空气比例值，使尾气中H_2过量，保证尾气还原完全。当调节控制失效时，还可通过与系统连接的流量控制阀，由系统外供H_2，确保尾气中H_2含量。在急冷塔循环水中设置pH分析仪，检测急冷水pH值，当pH值偏离设定值时，向急冷水注氨水，以保证急冷水pH值符合工艺要求。在焚烧炉后设置O_2分析仪，根据尾气中O_2的含量调节焚烧炉配风以防生成NO_x有害物，并能降低能耗。烟气脱硫工段碱液循环泵出口设置两套pH计，取其中之一，与脱硫塔补充碱液流量构成串级控制。在烟囱上设置了烟气连续监测系统（CEMS）及挥发性有机物检测系统（VOCs），可实时监控装置排放烟气中SO_2、O_2、NO_x、烟尘、挥发性有机物浓度等参数。

（四）反应炉采用进口高强度专用烧氨烧嘴，保证酸性气中氨和烃类杂质全部氧化。克劳斯部分采用在线加热炉再热工艺，操作控制简单，同时使装置具有较大的操作灵活性，易于催化剂再生升温。尾气净化部分还原所需氢气由尾气净化炉通过燃料气次化学当量燃烧反应产生。

（五）采用地下液硫储槽，储槽主体为水泥结构，内置蒸汽加热盘管，采用保温性能和抗腐蚀性能良好的保温层。槽内还设有专用的脱气设施，可将溶解在硫中的微量 H_2S 脱至 10mg/kg 以下。脱后废气通过专用废气增压机增压后入反应炉回收硫或至焚烧炉焚烧。

（六）酸性气进料设预热器，避免产生铵盐结晶堵塞管道与设备。焚烧炉后设蒸汽过热器和蒸汽发生器，以充分回收能量。

（七）焚烧炉后尾气经钠法脱硫后经 100m 烟囱排空，烟气中二氧化硫排放浓度小于 50mg/Nm^3，优于 GB 31570—2015《石油炼制工业污染物排放标准》的要求。

（八）反应炉、在线炉和焚烧炉配备可伸缩点火器、火焰检测仪，并采用光学温度计测量反应炉温度。

（九）装置原料酸性气有三类，以胺液再生为主的清洁酸性气，以污水汽提为主的含氨酸性气和 POX 装置的低硫酸性气，为确保反应炉达到烧氨温度，装置反应炉采用两区设置，同时安排两段酸性气进料，当反应炉一区温度下降无法满足烧氨温度要求，可把部分 POX 装置酸性气调整至二区进料，以提高一区燃烧温度。

（十）烟气脱硫部分采用钠法脱硫工艺，充分利用烟气余热，将脱硫后尾气与脱硫前烟气换热后经 100m 烟囱高空排放，避免烟囱顶部排放烟气冒白烟的现象，并有利于烟囱的防腐。

（十一）钠法脱硫塔采用矩鞍型散装填料和雾化喷嘴技术，SO_2脱除率高，塔顶部设置两级除雾器，压降低、除雾效果好。

四、工艺流程介绍

（一）克劳斯硫回收单元

酸性气自系统管网来，与尾气净化单元再生塔（T8103）塔顶返回的酸性气混合，进入酸性气预热器（E8106）预热，升温后与自Ⅳ套污水汽提装置来的含氨酸性气一并进入酸性气分液罐（V8101），分离酸性气携带的液体，分离出的液体进入酸性水排液罐（V8102），再由氮气压至系统酸性水管网。装置外来的 POX 酸性气经 POX 酸性气分液罐（V8116）分液后可根据实际生产情况分两路处理：一路可进入酸性气预热器（E8106）前的酸性气管道，另一路可直接进入主燃烧室中部。自酸性气分液罐（V8101）顶部出来的酸性气与空气鼓风机（C8101）来的适量空气直接在高强度烧氨烧嘴（F8101）内混合进行燃烧反应，接着在主燃烧室（M8101）内进一步达到平衡，生成的过程气经反应炉废热锅炉（E8101）取热发生 3.5MPa 蒸汽冷却后，进入第一硫冷凝器（E8102）被除氧水冷却，其中的硫蒸气被冷凝、捕集分离。第一硫冷凝器（E8102）出来的过程气进入第一在线燃烧室（M8102），由燃料气加热至合适温度后进入第一级克劳斯反应器（R8101），在催化剂作用下发生 Claus 反应，过程气出反应器（R8101）后进入第二硫冷凝器（E8103）被除氧水冷却，其中的硫蒸气被冷凝、捕集分离。第二硫冷凝器（E8103）出来的过程气进入第二在线燃烧室（M8103），由燃料气加热至合适温度后进入第二级克劳斯反应器（R8102），在催化剂作用下发生克劳斯反应，过程气出反应器（R8102）后进入第三硫冷凝器（E8104）被除氧水冷却，其中的硫蒸气被冷凝、捕集分离。第三硫冷凝器(E8104)出来的过程气经捕集器(V8113)进一步分离出液硫后进入尾气净化单元。当尾气净化单元故障时，过程气直接去尾气焚烧炉(M8105)焚烧，焚烧后的高温气体经焚烧炉废热锅炉(E8110)取热、蒸汽发生器(E8111)发生3.8MPa蒸汽冷却后去钠法脱硫单元，脱硫后的烟气由烟囱(A8102)高空排放。

各个硫冷凝器(E8102、E8103、E8104)和捕集器(V8113)出来的液硫经硫封罐(V8105A/B/C/D)后汇集到液硫池(PO8101)，经过脱气后由液硫泵(P8107)送至液硫罐区或液硫成型、包装岗位。

(二) 尾气净化单元

克劳斯硫回收部分出来的尾气进入还原燃烧室(M8104)，与其产生的还原气(当其产生的还原气不足时，可由系统供给)混合，加热后进入还原反应器(R8103)，在催化剂作用下发生水解还原反应，尾气中的各种硫化物水解、加氢还原为H_2S，加氢尾气出还原反应器(R8103)后进入蒸汽发生器(E8112)被除氧水冷却，产生0.4MPa蒸汽。尾气出蒸汽发生器(E8112)后进入急冷塔(T8101)冷却，其中的水蒸汽组分被冷凝成工艺水，冷却后的尾气进入吸收塔(T8102)，其中H_2S和部分CO_2等气体被MDEA溶剂吸收，吸收塔(T8102)塔顶的尾气进入焚烧室(M8105)焚烧。

出急冷塔(T8101)塔底的急冷水由泵(P8101)送至急冷水空冷器(AC8101)冷却后循环使用，冷凝的工艺水由泵(P8101)送入系统酸性水管网。

吸收了H_2S和部分CO_2等气体的富溶剂(富液)从吸收塔(T8102)塔底抽出，经富液泵(P8102)，升压后经贫液-富液换热器(E8107)换热后进入再生塔(T8103)再生，再生后的溶剂(贫液)由泵(P8103)送至贫液-富液换热器(E8107)、贫液空冷器(AC8102)、贫液后冷器(E8114)冷却后进入吸收塔(T8102)上部，溶剂循环使用。再生塔(T8103)塔顶出来的酸性气经再生塔塔顶空冷器(AC8103)冷却后进入回流罐(V8106)，经分离后气相返回至克劳斯单元。回流罐(V8106)底的凝液经回流泵(P8104)升压后返回再生塔(T8103)上部回流。损耗的MDEA溶剂由溶剂储罐(V8114)经泵(P8110)升压后补充。

(三) 液硫脱气单元

主风机来的脱气空气分四路进入液硫池(PO8101)鼓泡区，使液硫中的多硫化物分解，同时液硫中的H_2S与O_2反应生成硫黄，其中部分H_2S随空气进入气相，液硫池废气通过液硫池废气增压机(C8103)增压后送至反应炉(F8101)处理或至焚烧炉(F8105)焚烧。

(四) 尾气焚烧单元

自尾气净化单元来的净化尾气在焚烧炉(F8105)中与燃料气和过量空气混合，经过700℃高温的充分燃烧后，尾气中的硫化物转化成二氧化硫。焚烧后的高温尾气经随后的焚烧炉废热锅炉(E8110)取热产生过热蒸汽，再经焚烧炉蒸汽发生器(E8111)发生3.8MPa高压蒸汽，冷却至260℃后的烟气去钠法脱硫单元。

(五) 钠法脱硫单元

自焚烧炉焚烧后的260℃烟气，进入空气—烟气换热器(E8301A)与凝结水换热至200℃后进入脱硫塔(T8301)。尾气在脱硫塔(T8301)急冷段经洗涤液急冷至60℃后进入脱硫塔(T8301)填料段，在填料段与洗涤液逆向接触，脱除尾气中的SO_2。净化后的尾气排入烟囱(A8102)高空排放。由空气风机(C8301)鼓入的空气经空气—烟气换热器(E8301B)与蒸汽换热至150℃送至烟囱底部。

脱硫塔(T8301)急冷段及填料段的洗涤液与尾气接触后自流至脱硫塔(T8301)塔釜。自装置外来的碱液先进入碱液罐(V8302)，再经碱液泵(P8303)分两路注入脱硫塔(T8301)，维持塔釜吸收液的pH值在7左右。

脱硫塔塔底吸收液经循环泵(P8301)升压后分成三路，第一路至脱硫塔(T8301)入口急冷尾气，第二路至脱硫塔(T8301)填料段与尾气逆向接触，第三路至氧化罐(V8303AB)。本装置设置二台串联的氧化罐，吸收液在氧化罐与由氧化风机(C8302)鼓入的空气反应将Na_2SO_3氧化为Na_2SO_4，通过调节氢氧化钠的加入量来调节控制氧化罐中的pH值为7左右，为增加氧化效果，氧化罐内设有搅拌器，氧化处理后的吸收液自流至外排废水缓冲罐(V8301)，由外排废水泵(P8302AB)送出装置。

（六）水及蒸汽单元

1. 给水系统

除盐水自系统来，经过污水冷却器(E8113)、除盐水—凝结水换热器(E8115)换热后进入除氧器(V8111)，出除氧器的除氧水由高压给水泵(P8109)和低压除氧水泵(P8108)分别送至反应炉废热锅炉、焚烧炉废热锅炉(E8101和E8111)和硫冷凝器(E8102、E8103、E8104)及蒸汽发生器(E8112)。

2. 蒸汽系统

反应炉废热锅炉(E8101)、焚烧炉废热锅炉(E8111)产生的3.8MPa饱和蒸汽，经蒸汽过热器(E8110)加热、减温器(M8107)调温后，过热蒸汽以3.8MPa、415℃送至装置外蒸汽系统管网。

由硫冷凝器(E8102、E8103、E8104)及蒸汽发生器(E8112)发生的0.4MPa蒸汽进入装置低压蒸汽系统。装置产生的中、高压凝结水进入蒸汽冷凝液闪蒸罐(V8112)发生二次汽化，产生的低压蒸汽进入装置低压蒸汽系统，凝结水进入常压蒸汽闪蒸罐(V8118)，闪蒸出的0.02MPa蒸汽去除氧器，凝结水由凝结水泵(P8111)升压后与除盐水换热送至装置外。除氧器所需的加热蒸汽由装置低压蒸汽或系统提供。1.0MPa蒸汽自系统进入装置，除部分蒸汽用于空气预热器(E8105)、酸性气预热器(E8106)加热、除氧器和管线伴热外，其余经减温减压器(M8106)减温减压后补入装置低压蒸汽系统。

3. 加药系统

为了保证蒸汽发生器的水质符合要求，防止汽包及受热面结垢和腐蚀，需向反应炉废热锅炉、焚烧炉废热锅炉汽包(E8101和E8111)、硫冷凝器(E8102、E8103、E8104)、蒸汽发生器(E8112)内加入磷酸三钠药剂。外购来磷酸三钠药剂在药剂罐内用除氧水调至合适的浓度，经高压加药设施(PA8101)升压后送至反应炉废热锅炉、焚烧炉废热锅炉汽包(E8101和E8111)，经低压加药设施(PA8102)升压后送至各硫冷凝器(E8102、E8103、E8104)、蒸汽发生器(E8112)。

4. 炉水取样

反应炉废热锅炉、焚烧炉废热锅炉(E8101、E8111)、硫冷凝器(E8102、E8103、E8104)、蒸汽发生器(E8112)、除氧器(V8111)分别设置一台取样冷却器，以满足对给水、炉水的取样需求。过热蒸汽出装置前也设有取样冷却器，检验蒸汽品质。

五、工艺流程简图

装置工艺流程简图见图1-1。

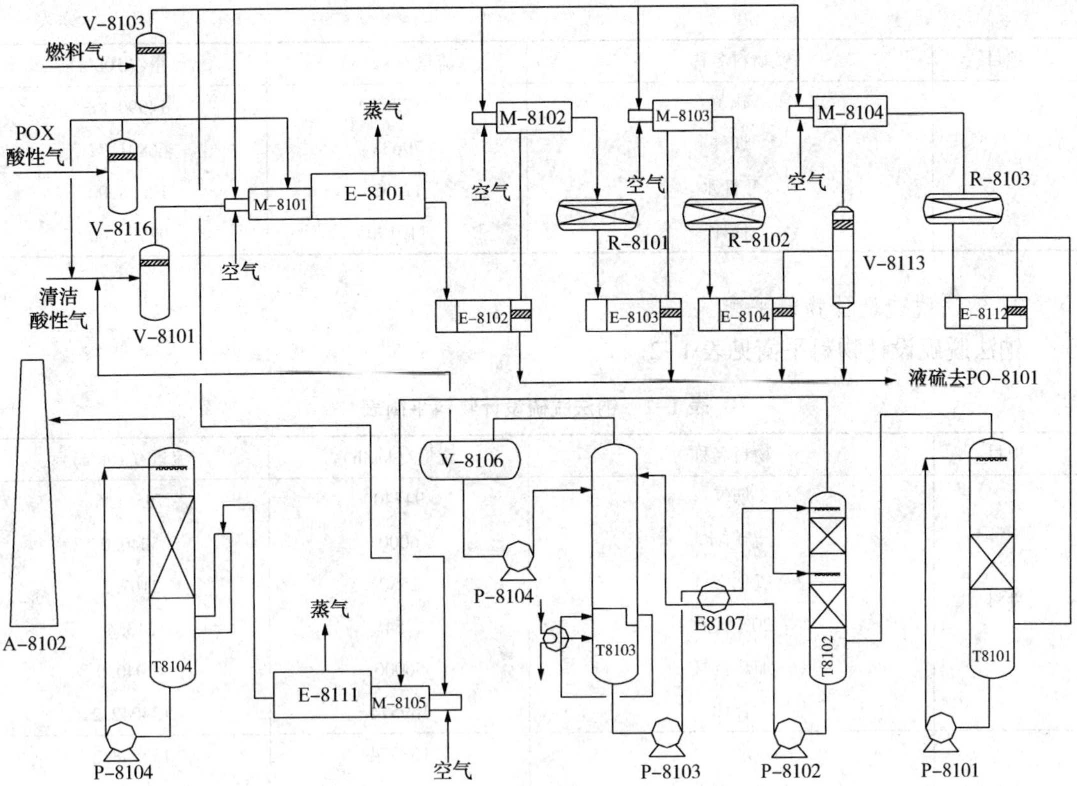

图 1-1　Ⅷ套硫黄回收装置流程简图

六、主要工艺指标和技术经济指标

（一）设计物料平衡

装置设计规模为 15×10^4t/a，开工时数为 8400h，计 350d。

1. 硫黄回收装置设计物料平衡

硫黄回收装置设计物料平衡见表 1-1。

表 1-1　硫黄回收装置设计物料平衡表

项目	物料名称	流量/(kg/h)	流量/(10t/a)
进料	渣油加氢酸性气	12779	10734.36
	POX 酸性气	5178	4349.52
	含氨酸性气	4742	3983.28
	主空气	51194	43002.96
	焚烧空气	30930	25981.2
	液硫池吸入空气	470	394.8
	燃料气	2029	1704.36
	S Zorb 尾气	2787	2341.08
	补充氢气	81	68.04
	合计	110190	92559.60

续表

项目	物料名称	流量/(kg/h)	流量/(10t/a)
出料	硫黄	17857	14999.88
	烟气	79633	66891.72
	酸性水	12700	10668.00
	合计	110190	92559.60

2. 钠法脱硫设计物料平衡

钠法脱硫设计物料平衡见表1-2。

表1-2　钠法脱硫设计物料平衡表

项目	物料名称	流量/(kg/h)	流量/(10t/a)
进料	烟气	94740	79581.6
	新鲜水	6000	5040.0
	氧化空气	2580	2167.2
	20%碱液	254	213.4
	加热空气	56000	47040.0
	合计	159574	134042.2
出料	烟气	158974	133538.2
	含盐废水	600	504.0
	合计	159574	134042.2

（二）主要技术经济指标

装置主要技术经济指标见表1-3。

表1-3　装置主要技术经济指标

序号	指标名称	单位	数量	备注
1	主要产品(固体硫黄)	10^4t/a	15	
2	主要原料(酸性气)	10^4t/a	21.4	含S Zorb尾气
3	催化剂及主要辅助材料			
	氧化铝催化剂	m^3	82.7	六年用量
	氧化钛催化剂	m^3	41.3	六年用量
	尾气加氢催化剂	m^3	45	六年用量
	铝瓷球惰性氧化 ϕ6/10±0.5mm	m^3	27.6	六年用量
	MDEA高效复配剂	m^3	80	一次加入量
4	动力和公用物料消耗			
	燃料气	kg/h	2029	最大4.471t/h
	新鲜水	t/h	6	最大150t/h
	生活水	t/h	0	最大10 t/h
	循环冷却水	t/h	1135.5	最大1600 t/h
	除盐水	t/h	74.1	最大98 t/h

续表

序号	指标名称	单位	数量	备注
4	电	kW·h/h	3180	
	3.5MPa 蒸汽	t/h	-54.7	送出装置
	1.0MPa 蒸汽	t/h	24.1	输入
	0.4MPa 蒸汽	t/h	0	可以输入代替 1.0MPa 蒸汽
	氮气	Nm^3/h	510	最大 $1200Nm^3/h$
	仪表风	Nm^3/h	360	最大 $500Nm^3/h$
	非净化风	Nm^3/h	180	最大 $1500Nm^3/h$
	凝结水	t/h	-41.2	输出最大 54 t/h
	氢气	t/h	0.081	最大 0.2t/h
5	三废排放量			
	废气(烟道气)	$10^4t/a$	133.5	
	废渣(废剂)	t/a	31	间断平均年排量
6	装置占地面积	m^2	10620	
7	装置定员		20	操作人员
8	装置建设投资	万元	27023.52	
	工程费	万元	28679.94	

（三）主要操作条件

1. 反应炉设计操作条件

反应炉设计操作条件见表1-4。

表1-4 反应炉主要设计操作条件

序号	设备名称	操作条件			
		介 质	温度/℃	压力/MPa	流量/(kg/h)
1	反应炉	进炉空气	160	0.037	44696
2		进炉酸性气	135	0.044	25306
3		进炉燃料气	40	0.20	—
4		进炉液硫池废气	180	0.004	1532

2. 第一在线炉设计操作条件

第一在线炉设计操作条件见表1-5。

表1-5 第一在线炉主要设计操作条件

序号	设备名称	操作条件			
		介 质	温度/℃	压力/MPa	流量/(kg/h)
1	第一在线炉	进炉空气	80	0.05	1876
2		进炉过程气	170	0.032	57134
3		进炉燃料气	40	0.20	154

3. 第二在线炉设计操作条件

第二在线炉设计操作条件见表1-6。

表1-6　第二在线炉主要设计操作条件

序号	设备名称	操作条件			
		介　质	温度/℃	压力/MPa	流量/(kg/h)
1	第二在线炉	进炉空气	80	0.05	1325
2		进炉过程气	160	0.026	55570
3		进炉燃料气	40	0.20	109

4. 尾气净化炉设计操作条件

尾气净化炉设计操作条件见表1-7。

表1-7　尾气净化炉主要设计操作条件

序号	设备名称	操作条件			
		介　质	温度/℃	压力/MPa	流量/(kg/h)
1	尾气净化炉	进炉空气	80	0.05	3798
2		进炉过程气	155	0.02	55615
3		进炉燃料气	40	0.50	312
4		进炉氢气	40	0.40	80

5. 焚烧炉设计操作条件

焚烧炉设计操作条件见表1-8。

表1-8　焚烧炉主要设计操作条件

序号	设备名称	操作条件			
		介　质	温度/℃	压力/MPa	流量/(kg/h)
1	焚烧炉	进炉空气	44	0.010	30930
2		进炉净化后尾气	40.3	0.005	47250
3		进炉 Claus 尾气	155	0.02	—
4		进炉开车放空尾气	155	0.003	—

6. 废热锅炉设计操作条件

废热锅炉设计操作条件见表1-9。

表1-9　废热锅炉主要设计操作条件

序号	设备名称	操作条件			
		介　质	温度/℃	压力/MPa	流量/(kg/h)
1	反应炉废热锅炉	锅炉水	104	5.2	50663
2		3.5MPa 饱和蒸汽	251	3.90	48130
3		连续排污炉水	251	3.90	2533
4		过程气入口	1097	0.040	70004
5		过程气出口	318	0.035	70004

续表

序号	设备名称	操作条件			
		介　质	温度/℃	压力/MPa	流量/(kg/h)
6	焚烧炉废热锅炉	锅炉水	104	5.2	6879
7		3.5MPa 饱和蒸汽	251	3.90	6535
8		连续排污炉水	251	3.90	344
9		过程气入口	430	0.002	79633
10		过程气出口	260	0	79633

(四) 馏出口质量控制设计指标

装置馏出口质量控制设计指标见表1-10。

表1-10　装置馏出口质量控制设计指标

序号	项　目	质量指标(液体)
1	硫(以干基计)/%(质)	≥99.95
2	水分/%(质)	≥0.1
3	灰分/%(质)	≥0.02
4	酸度(以 H_2SO_4 计，以干基计)/%(质)	≤0.003
5	有机物(以C计，以干基计)/%(质)	≤0.03
6	砷(As)/%(质)	≥0.0001*
7	铁(Fe)/%(质)	≥0.003*
8	硫化氢和多硫化物(以 H_2S 计)/%(质)	≥0.0015

* 由于产品的铁和砷含量主要取决于原料酸性气中的含量，本装置无法控制，表中数据为期待值。

(五) 公用工程设计指标

公用工程设计指标见表1-11。

表1-11　公用工程设计指标　　MPa

序号	项目名称	设计指标	序号	项目名称	设计指标
1	1.0MPa 蒸汽压力	≥1.0	5	除盐水压力	≥0.5
2	循环水压力	≥0.4	6	新鲜水压力	≥0.5
3	非净化风压力	≥0.6	7	循环水温度/℃	≤32
4	净化风压力	≥0.6			

(六) 装置能耗表

1. 水消耗统计表

装置水消耗设计用量见表1-12。

表1-12　装置水消耗设计用量统计表

序号	使用地点	给水/(t/h)			排水/(t/h)	
		新鲜水	循环冷水	除盐水	循环热水	含油污水
1	除氧器	—	—	74.1	—	—
2	开停工	150	—	—	—	150

续表

序号	使用地点	给水/(t/h)			排水/(t/h)	
		新鲜水	循环冷水	除盐水	循环热水	含油污水
3	风机及机泵冷却	—	90	—	90	—
4	急冷水后冷器	—	544.9	—	544.9	—
5	贫液后冷器	—	279.6	—	279.6	—
6	脱硫塔	6	—	—	—	—
7	蒸汽发生器排污	—	—	—	2.5	—
合计		6(最大150)	914.5	74.1	917	150

2. 电耗统计表

装置电耗设计用量见表1-13。

表1-13　装置电耗设计用量统计表

序号	使用地点	电压/kV	设备台数/台		单个设备容量/kW		轴功率/kW	年工作时数/h	年用电量/(10^3kW·h)
			操作	备用	操作	备用			
1	高压给水泵	6	1	1	185	185	163	8400	1452.037
2	主空气风机	6	1	1	1120	1120	930	8400	8129.032
3	焚烧炉风机	6	1	1	315	315	262	8400	2324.773
4	急冷水泵	0.38	1	1	110	110	90.3	8400	8071.797
5	富液泵	0.38	1	1	75	75	64.7	8400	586.154
6	贫液泵	0.38	1	1	75	75	59.2	8400	535.648
7	回流泵	0.38	1	1	15	15	8.9	8400	84.284
8	溶剂收集罐泵	0.38	1		7.5		5	4200	24.101
9	液硫泵	0.38	1	1	30	30	18.3	8400	172.077
10	低压给水泵	0.38	1	1	22	22	13.9	8400	131.470
11	溶剂泵	0.38	1		11		5.4	2100	12.990
12	凝结水泵	0.8	1	1	22	22	15.8	8400	149.209
13	循环泵	0.38	1	1	132	132	113.1	8400	1005.788
14	外排废水泵	0.38	1	1	7.5	7.5	6	8400	58.078
15	碱液泵	0.38	1	1	0.75	0.75	0.4	8400	4.268
16	主风机油箱电加热器	0.38	1	1	4	4	3.2	2000	6.400
17	主风机电动油泵电机	0.38	1	1	4	4	3.2	8400	31.329
18	主风机电机空间加热器	0.22	1	1	0.5	0.5	0.4	2000	0.800
19	主风机隔声罩照明	0.38	1	1	1	1	0.8	4200	3.360
20	主风机隔声罩通风	0.38	1	1	4	4	3.2	8400	26.880
21	主风机电动执行器	0.22	1	1	0.1	0.1	0.08	8400	0.672
22	液硫池废气增压机	0.38	1		110		92	8400	822.430
23	隔声罩照明	0.38	1		1		0.8	4200	3.360

续表

序号	使用地点	电压/kV	设备台数/台		单个设备容量/kW		轴功率/kW	年工作时数/h	年用电量/(10^3kW·h)
			操作	备用	操作	备用			
24	隔声罩通风	0.38	1		1.5		1.2	8400	10.080
25	空气风机	0.38	1		90		68.7	8400	632.837
26	氧化风机	0.38	1		160		134	8400	1191.931
27	隔声罩照明	0.38	1		1		0.8	4200	3.360
28	隔声罩通风	0.38	1		1.1		0.9	8400	9.240
29	高压加药设施加药泵	0.38	2	1	0.37	0.37	0.32	8400	7.169
30	高压加药设施搅拌器	0.38	2		0.55		0.44	1000	1.169
31	低压加药设加药泵	0.38	3		0.37		0.32	8400	10.753
32	低压加药设施搅拌器	0.38	2		0.55		0.44	1000	1.169
33	急冷水空冷器	0.38	6		30		25	8400	1376.548
34	贫液空冷器	0.38	6		30		25	8400	1376.548
35	再生塔塔顶空冷器	0.38	4		30		25	8400	917.699
36	F8101~8105 电子点火器	0.22	5		2.2			100	0.900
37	氧化罐A搅拌器	0.38	1		4		3.2	8400	31.205
38	氧化罐B搅拌器	0.38	1		4		3.2	8400	31.205
39	烟气采样电源	0.22	1		1			300	0.300
40	油雾润滑系统	0.38	1		3		2.4	8400	23.875
41	仪表隔离液设施	0.38	1	1	2.5	2.5	2	8400	20.226
42	烟囱顶部检修电源	0.22	1		1			300	0.3
43	仪表UPS	0.38	1		25			8400	168.000
44	仪表GPS1	0.22		1	25	25			
45	电信UPS	0.22	1		5			8400	33.6
46	氢分析小屋	0.22	1		5			6000	24
47	比值分析仪	0.22	1		5			6000	24
48	VOCs分析仪	0.22	1		10			6000	48
49	CEMS分析仪	0.22	1		10			6000	48
50	酸性气分析仪	0.22	1		5			6000	24
51	装置照明	0.38			30			4200	100.8
52	仪表GPS2	0.22	1		10			4000	32
53	机柜间、变配电室照明	0.22/0.38			16			4000	64
54	变配电室暖通	0.22/0.38			80			6000	480
55	机柜间暖通	0.22/0.38			50			6000	300
	合计								23365.00

3. 蒸汽耗量统计表

装置蒸汽设计用量见表1-14。

表 1-14　装置蒸汽设计用量统计表

序号	使用地点	蒸汽量/(t/h)			备注
		0.4MPa	1.0MPa	3.5MPa	
1	反应炉废热锅炉			-48.2	产出
2	第一硫冷凝器	-6.8			产出
3	第二硫冷凝器	-5.2			产出
4	第三硫冷凝器	-2.8			产出
5	焚烧炉废热锅炉			-6.5	产出
6	蒸汽发生器	-6			产出
7	空气预热器		1.7		消耗
8	酸性气预热器		0.9		消耗
9	除氧器		2.2		消耗
10	汽提装置重沸器	19.8			消耗
11	硫黄再生塔塔底重沸器	20.7			消耗
12	硫黄装置1.0MPa蒸汽伴热		1		消耗
13	硫黄装置0.4MPa蒸汽伴热	1			消耗
14	0.4MPa减温器	-19.8	18.3	0	产出
15	低低压蒸汽闪蒸罐	-0.2			
16	排污罐	-0.6			
	合计	0.00	24.1	-54.7	

注：装置产出凝结水0.02MPa闪蒸后出装置，闪蒸气送至除氧器，负值表示产出，回收凝结水量为41.2t/h。

4. 压缩空气耗量统计表

装置压缩空气设主地用量见表1-15。

表 1-15　装置压缩空气设计用量统计

序号	使用地点及用途	用量/(Nm^3/min)				备注
		净化风		非净化风		
		正常	最大	正常	最大	
1	仪表用风	6	8.5			
2	吹扫用风			3	10	间断用
	合计	6	8.5	3	10	

5　氮气耗量统计表

装置氮气设计用量见表1-16。

表 1-16　装置氮气设计用量统计

序号	用途	压力/MPa	正常用量/(Nm^3/h)	最大用量/(Nm^3/h)	备注
1	烧嘴吹扫	0.8	200	300	
2	溶剂罐保护	0.8	100	200	
3	原料水罐氮封	0.8	210	400	
4	装置吹扫	0.8		500	间断
5	酸性水压送	0.8		100	间断
	合计		510	1500	

6. 燃料气耗量统计表

装置燃料气设计用量见表1-17。

表 1-17 装置燃料气设计用量统计 kg/h

序号	使用地点或用途	用量	最大量	序号	使用地点或用途	用量	最大量
1	反应炉	0	1600	4	尾气净化炉	312	374.4
2	第一在线炉	154	184.8	5	尾气焚烧炉	1454	2181
3	第二在线炉	109	130.8		合计	2029	4471

7. 装置能耗计算表

装置设计能耗见表1-18。

表 1-18 装置设计能耗表

序号	项目	消耗量		能源折算值		设计能耗/(kg/h)	单位能耗/(MJ/t)
		单位	数量	单位	数量		
1	电力	kW·h/h	2782	kg/kW·h	0.22	612.0	34.3
2	循环水	t/h	914.5	kg/t	0.06	54.9	3.1
3	1.0MPa 蒸汽	t/h	24.1	kg/t	76	1831.6	102.6
4	3.5MPa 级蒸汽	t/h	-54.7	kg/t	88	-4813.6	-269.6
5	0.4MPa 级蒸汽	t/h	-19.8	kg/t	66	-1306.8	-73.2
6	燃料气	t/h	2.029	kg/t	1000	2029.0	113.6
7	仪表风	kg/Nm^3	240	kg/Nm^3	0.038	9.1	0.5
8	非净化风	kg/Nm^3	180	kg/Nm^3	0.028	5.0	0.3
9	氮气	kg/Nm^3	300	kg/Nm^3	0.15	45.0	2.5
10	除盐水	t/h	74.1	kg/t	1.0	74.1	4.1
11	生产水	t/h	6	kg/t	0.15	0.9	0.1
12	凝结水	t/h	19.8	kg/t	6.0	118.8	6.7
13	凝结水	t/h	-41.2	kg/t	6.0	-247.2	-13.9
	合计					-1587.2	-88.9

注：表中硫黄按150kt/a计算，硫黄回收装置能耗（包括钠法脱硫）为-88.9kgEO/t硫黄。

七、分析化验一览表

装置设计化验分析和汽水分析见表1-19、表1-20。

表 1-19 装置设计化验分析一览表

序号	采样位号	采样地点	样品名称	分析项目	分析频率
1	SC3-1	V8116 出口	POX 酸性气	硫化氢、二氧化碳、烃	1/月
2	SC3-2	V8101 出口	清洁酸性气	硫化氢、二氧化碳、烃	1/月
3	SC3-3	E8102 入口	E8102 过程气	硫化氢、二氧化硫、羰基硫	1/周
4	SC3-4	E8103 入口	E8103 过程气	硫化氢、二氧化硫、羰基硫	1/周
5	SC3-5	E8104 入口	E8104 过程气	硫化氢、二氧化硫、羰基硫	1/周
6	SC3-6	P8107 出口	出装置液硫	全分析	1/月
7	SC4-1	R8103 入口	R8103 入口过程气	硫化氢、氢	1/周

续表

序号	采样位号	采样地点	样品名称	分析项目	分析频率
8	SC4-2	FV4011 控制阀后	急冷水	pH	1/d
				氨	按需
9	SC4-3	J8102 出口	R8103 出口过程气	硫化氢、氢	1/周
10	SC4-4	T8102 入口	净化前尾气	硫化氢	按需
11	SC4-5	T8102 出口	净化后尾气	硫化氢	3/周
				总硫	1/周
12	SC4-6	E8114 出口	贫溶剂	泡沫高度	1/周
				消泡时间	1/周
				硫化氢	1/周
				二氧化碳	1/周
				N-甲基二乙醇胺	1/周
13	SC4-7	P8102 出口	富溶剂	硫化氢	1/周
				二氧化碳	1/周
				N-甲基二乙醇胺	按需
14	SC4-8	V8106 出口	再生酸性气	硫化氢、二氧化碳、烃	按需
15	SC4-9	FV4026 控制阀后	V8106 酸性水	pH	1/周
				总铁	1/周
				氯离子	1/周
16	SC4-11	E8111 出口	烟道气	硫化氢	按需
				二氧化硫	按需
17	SC7-1	PV7012 控制阀前	高压瓦斯	硫化氢	1/月
18	SC5-1	P8302 出口	含盐废水	COD	2/周
				悬浮物	2/周
19	SC5-2	烟囱上部	脱后尾气	硫化氢、二氧化碳	2/周

表 1-20　设计锅炉蒸汽动力系统汽水分析

序号	名称	项目	单位	指标
1	过热蒸汽	Na^+	μg/kg	≤15
		Fe	μg/kg	≤20
		Cu	μg/kg	≤5
		SiO_2	μg/kg	≤20
2	锅炉给水	pH	—	8.8~9.3
		硬度	μmol/L	≤2
		Fe	μg/L	≤50
		Cu	μg/L	≤10
		油	mg/L	≤1
		溶解 O_2	μg/L	≤15

续表

序号	名称	项目	单位	指标
3	反应炉、焚烧炉废热锅炉炉水	pH	—	9~11
		PO_4^{3-}	mg/L	5~15
4	硫冷凝器、蒸汽发生器炉水	pH	—	8~12

八、主要原料及辅助材料性质

(一) 原料质量主要控制指标

装置设计原料质量控制指标见表1-21。

表1-21　装置设计原料质量控制指标　　%(体)

控制项目	酸性气				
	H_2S	NH_3	CO_2	H_2O	烃含量
控制指标	≥45	≤15	≤42	≤5.8	≤3

(二) 主要辅助材料性质

1. 常规Claus反应Al_2O_3基催化剂LS-300

常规Claus反应Al_2O_3基催化剂质量指标见表1-22。

表1-22　常规Claus反应Al_2O_3基催化剂LS-300质量指标

序号	技术指标		分析方法	入厂检验方式
	项目	指标值		
1	Al_2O_3	≥90%(质)	HG/T 3555	抽检
2	Na_2O	≤0.3%(质)	HG/T 3555	抽检
3	SiO_2	不要求	HG/T 3555	抽检
4	Fe_2O_3	不要求	HG/T 3555	抽检
5	堆积密度	0.60~0.80g/mL	GB/T 6286—1986	必检
6	比表面积	≥300m²/g	Q/SH016.03.151	抽检
7	孔容	≥0.4ml/g	Q/SH016.03.151	抽检
8	磨耗率	<0.5%(质)	GB/T3636	抽检
9	平均压碎强度	≥140N/颗	HG/T2782	必检
10	规格(球状)	3~6 mm	游标卡尺	抽检

2. 钛基硫黄回收催化剂LS-901

常规钛基硫黄回收催化剂质量指标见表1-23。

表1-23　钛基硫黄回收催化剂LS-901质量指标

序号	技术指标		分析方法	入厂检验方式
	项目	指标值		
1	TiO_2	≥85%(质)	HG/T3555	抽检

续表

序号	技术指标		分析方法	入厂检验方式
	项目	指标值		
2	堆积密度	0.90~1.10g/mL	GB/T 6286—1986	必检
3	比表面积	≥100m^2/g	Q/SH016.03.151	抽检
4	磨耗率	<2.0%(质)	GB/T3636	抽检
5	平均压碎强度	≥120N/cm	HG/T2782	必检
6	规格(条状)	3~4 mm	游标卡尺	抽检

3. 硫黄尾气加氢催化剂LS-951Q

硫黄尾气加氢催化剂质量指标见表1-24。

表1-24　硫黄尾气加氢催化剂LS-951Q质量指标

序号	技术指标		分析方法	入厂检验方式
	项目	指标值		
1	MoO_3	≥10%(质)	比色法	抽检
2	CoO	≥2.0%(质)	比色法	抽检
3	堆积密度	0.70~0.85g/mL	GB/T6286—1986	必检
4	比表面积	≥220m^2/g	Q/SH016.03.151	抽检
5	孔容	≥0.30ml/g	Q/SH016.03.151	抽检
6	平均压碎强度	≥120N/颗	HG/T2782	必检
7	规格(球状)	3~6mm	游标卡尺	抽检

4. 高效复合脱硫剂

本装置使用的脱硫剂为某进口高效脱硫剂，淡黄色液体，能溶于水，水溶液呈碱性。直接接触液体或蒸汽会引起严重的眼睛刺激，皮肤接触会有局部不适或疼痛，发红和肿胀。强烈加热或明火接触会燃烧，闪点大于191℃。适宜存储于阴凉、干燥、通风良好的地方，远离阳光、热源和火源。物理及化学性质见表1-25。

表1-25　高效复合脱硫剂理化性质

指标名称	指标值(一级)	指标名称	指标值(一级)
物理状态	液体，黏稠	密度(20℃)	1.030~1.050g/cm^3
外观，颜色和气味	淡黄色，胺味	沸点	263℃
相对密度(25℃)	1.04~1.06		

5. 废热锅炉加药剂

本装置废热锅炉使用加药剂为磷酸三钠。磷酸三钠也叫正磷酸钠，商业上又称磷酸钠。分子式为$Na_3PO_4 \cdot 12H_2O$，分子量为380.20。无色针状六方晶系结晶。可溶于水，不溶于有机溶剂，相对密度为：1.62(20℃)g/m^3；熔点为：73.3~76.7℃(分解)；在干燥空气中风化，100℃时即失去十二个结晶水而成无水物(Na_3PO_4)。水溶液呈碱性，对皮肤有一定的侵蚀作用。

6. 碱液

碱液是质量分数为20%的氢氧化钠。氢氧化钠化学式为NaOH，俗称烧碱、火碱、苛性钠，为一种具有很强腐蚀性的强碱，一般为片状或颗粒形态，易溶于水(溶于水时放热)并形成碱性溶液，另有潮解性，易吸取空气中的水蒸气。该品有强烈刺激和腐蚀性。粉尘或烟雾会刺激眼和呼吸道，腐蚀鼻中隔，皮肤和眼与NaOH直接接触会引起灼伤，误服可造成消化道灼伤，黏膜糜烂、出血和休克。

九、产品质量及指标

工业硫黄质量符合GB/T 2449.1—2015、GB/T 2449.2—2015指标，其质量指标如表1-26、表1-27所示。

表1-26 固体工业硫黄控制指标

项目			技术指标		
			优等品	一等品	合格品
硫(S)(以干基计)/%(质)		≥	99.95	99.50	99.00
水分/%(质)		≤	2.0	2.0	2.0
灰分(以干基计)/%(质)		≤	0.03	0.10	0.20
酸度(以H_2SO_4、干基计)/%(质)		≤	0.003	0.005	0.02
有机物(以C、干基计)/%(质)		≤	0.03	0.30	0.80
砷(As)(以干基计)/%(质)		≤	0.0001	0.01	0.05
铁(Fe)(以干基计)/%(质)		≤	0.003	0.005	—
筛余物①/%(质)	颗粒>150μm	≤	0	0	3.0
	颗粒75~150μm	≤	0.5	1.0	4.0

①筛余物指标仅用于粉状硫黄。

表1-27 液体工业硫黄控制指标

项目	质量指标
状态	液硫
液硫外观	常温下呈黄色或淡黄色，无肉眼可见杂质
硫(S)/%(质)	≥99.95
水分/%(质)	≤0.10
灰分/%(质)	≤0.02
酸度(以H_2SO_4计)/%(质)	≤0.003
有机物/%(质)	≤0.03
砷(As)/%(质)	≤0.0001
铁(Fe)/%(质)	≤0.003
硫化氢和多硫化氢(以H_2S计)	≤0.0015

第二部分　工艺原理简介

一、硫黄回收工艺发展历史

（一）原始克劳斯法工艺

1870 年，英国化学家弗立德希·克劳斯(C. F. Claus)提出原始的克劳斯法制硫工艺，至今已有 100 多年的历史。原始克劳斯法专门用于回收吕布兰(Leblanc)法生产碳酸钠时所消耗的硫，反应过程如下：

$$2NaCl+H_2SO_4=\!=\!=Na_2SO_4+2HCl \quad (2-1)$$

$$Na_2SO_4+2C=\!=\!=Na_2S+2CO_2 \quad (2-2)$$

$$Na_2S+CaCO_3=\!=\!=Na_2SO_4+CaS \quad (2-3)$$

为了回收元素硫，第一阶段是把二氧化碳导入水和硫化钙组成的淤浆中，反应生成硫化氢。反应式如下：

$$CaS(固)+CO_2(气)+H_2O(液)=\!=\!=CaCO_3(固)+H_2S(气) \quad (2-4)$$

第二阶段是把硫化氢和空气混合后导入一个装有催化剂的容器，催化剂床层预先以某种方式预热至所需温度。反应开始后，以控制反应物流量的方式保持恒定的床层温度。显然，为了控制反应温度，此工艺只能在空速很低的条件下进行(对 H_2S 仅为 2~3h^{-1})，导致催化剂反应器体积较大，且释放的大量反应热也无法回收利用(图 2-1)，故难以在大型装置上使用。反应式如下，其工艺示意图如图 2-1 所示。

$$H_2S+1/2O_2\longrightarrow 1/x\ Sx+H_2O \quad (2-5)$$

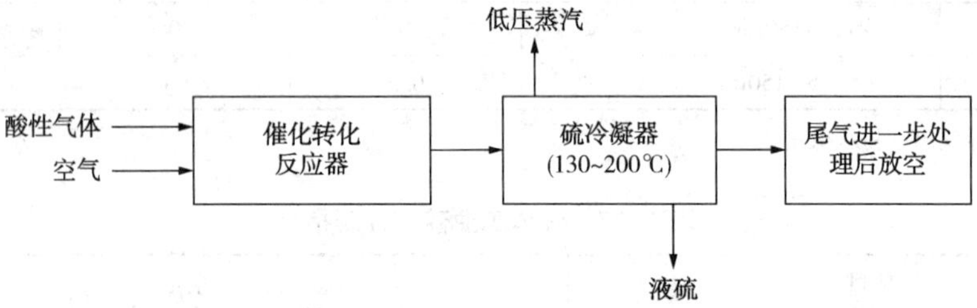

图 2-1　原始克劳斯工艺示意图

（二）改良克劳斯法工艺

1938 年德国法本公司(I·G·Farbenindustrie AG)对克劳斯法工艺做了重大改革，使硫化氢的氧化分为两个阶段完成。第一阶段称为热反应阶段，有三分之一体积的硫化氢在反应炉内被氧化为二氧化硫并放出大量的反应热，第二阶段称为催化反应阶段，在催化剂床层上剩余的三分之二体积的硫化氢与生成的二氧化硫继续反应生成硫。由于在燃烧炉后设置了废热锅炉，炉内反应所释放的热量约有 80%可以回收，且催化转化反应器的温度也可以通过控制过程气的温度加以调节，基本排除了反应器温度控制难的问题，大大提高了装置的处理能力，从而奠定了现代改良克劳斯法硫黄回收工艺的基础，其工艺示意图如图 2-2 所示。

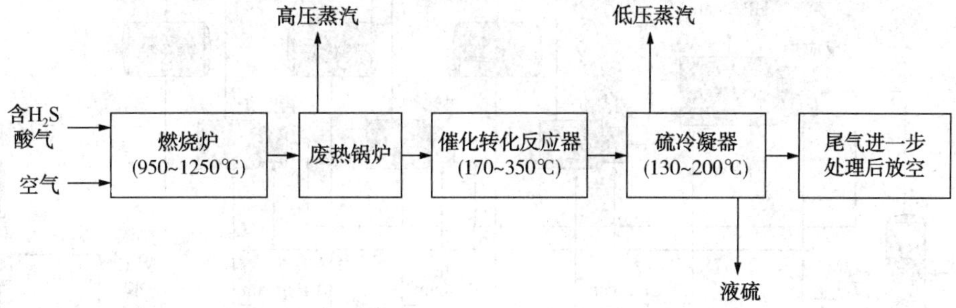

图 2-2　改良克劳斯法工艺示意图

（三）现代改良克劳斯法工艺

改良克劳斯工艺成为世界上为数众多的硫黄回收装置的基础，后来该工艺虽然又经历了多次变革，并且增加了尾气处理设施，但操作原理未变。现在使用的硫黄回收方法基本都是改良克劳斯法。第一套较现代化的改良型克劳斯工业装置投产于 1944 年，其后无论在基础理论、工艺流程、催化剂研制、设备结构及材质、自控方案及仪表选择等方面都有了很大发展与改进。根据原料气中 H_2S 的含量不同，现代改良克劳斯工艺大致可以分为三种基本型式：部分燃烧法、分流法和直接氧化法。无论哪种形式都是由高温反应炉、冷凝器、再热炉和催化转化反应器等一系列容器所组成。这些工艺之间的区别是在一级催化转化反应器前产生 SO_2的方法不同。在这三种方法的基础上，各自再辅以预热、补充燃料气等不同的技术措施，又派生出各自不同变形。各种工艺方法的适用范围见表 2-1。

表 2-1　各种工艺方法及适用范围

原料气中 H_2S/%(体)	工艺方法
50~100	部分燃烧法
40~50	带有原料气和/或空气预热的部分燃烧法
25~40	分流法
15~25	带有原料气和/或空气预热的分流法
<15	直接氧化法和其他处理贫酸性气的特殊方法

1. 部分燃烧法

部分燃烧法又称直流法，该工艺是将全部酸性气进入反应炉，而空气的供给量仅使酸性气中 1/3 体积的硫化氢燃烧生成二氧化硫以及烃类的完全燃烧，从而保证过程气中 H_2S/SO_2 为 2：1(摩尔比)，燃烧炉内不存在催化剂，但通过热反应，硫化氢仍能够有效地转化为硫蒸气，其转化率随温度的升高而增加。过程气中其余的硫化氢将继续在后续的反应器内进行催化转化反应，反应器的温度大致控制在比过程气的硫露点高 20~30℃的范围内。二级及其以后反应器的转化率约为 20%~30%，故采用人工合成活性氧化铝催化剂的部分燃烧法装置(两极转化)的总转化率一般可达到 95%左右。部分燃烧法工艺流程图如图 2-3 所示。

该工艺存在的问题主要有：

1）硫回收率不高；

2）难以精确控制过程气中 H_2S 与 SO_2的比例；

3）尾气中硫化物含量高，难以满足现代环境保护的需要。

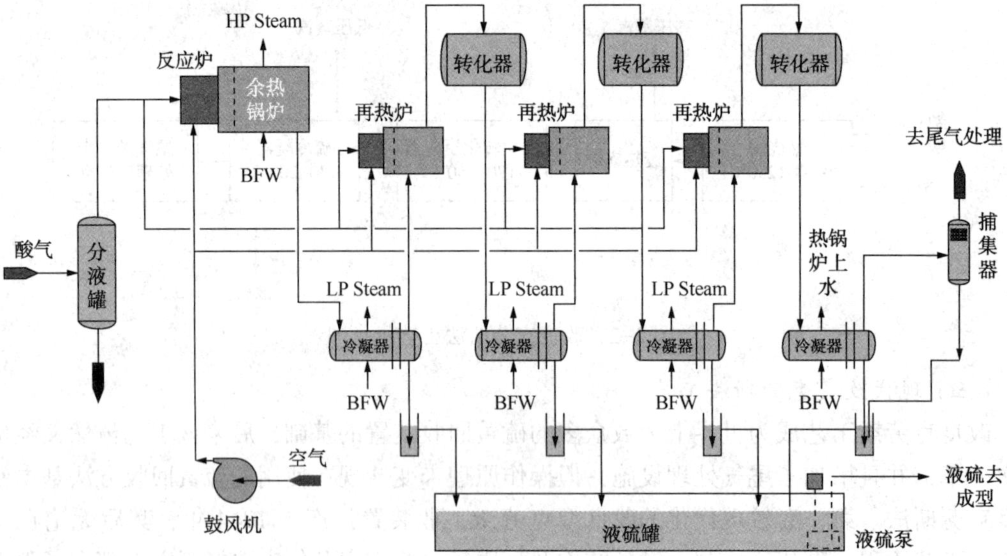

图 2-3　部分燃烧法工艺流程

2. 分流法

原料气中硫化氢含量在25%~40%范围内推荐使用分流法。此流程是将1/3体积的硫化氢送入燃烧炉，配以适量的空气进行完全燃烧而全部生成二氧化硫。后者与其余的2/3硫化氢混合后在后续的反应器内进行低温催化转化反应而生成单质硫。需要说明的是，目前工业上在部分燃烧法和分流法之间进行工艺流程选择时，关键性的影响因素并非单纯原料气中的硫化氢含量，而是燃烧炉的操作温度。工业实践已证明，燃烧炉平稳运行的最低操作温度通常不能低于930℃，否则火焰稳定性差，且炉内反应速率过低会导致废热锅炉出口气流中经常出现大量的游离氧。在燃烧炉前分流酸性气虽能解决火焰的稳定性问题，但也会导致大量未经热反应段的酸性气中所含的NH_3、烃类等杂质直接进入催化转化反应器，引起后续的操作问题。

分流法装置一般都采用两级催化转化，硫化氢的总转化率约为89%~92%，比较适合于规模较小的硫黄回收装置(10~20t/d)。分流法工艺流程图如图2-4所示。

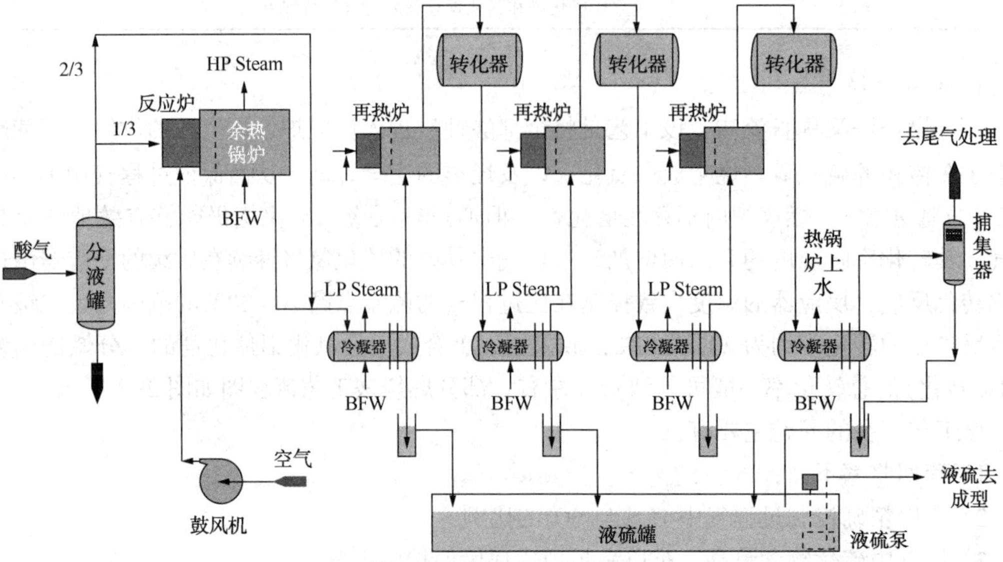

图 2-4　直流法工艺流程

该工艺存在的问题主要有：

1）酸气中的部分烃类没有完全燃烧，易造成硫回收催化剂积炭；

2）难以精确控制过程气中 H_2S 与 SO_2 的比例；

3）尾气中硫化物含量高，难以满足现代环境保护的需要。

3. 硫循环法

该工艺是将一部分硫循环到燃烧炉，配以适量的空气使该部分硫全部燃烧成二氧化硫，酸性气经预热后与燃烧炉出口经废热锅炉换热后的二氧化硫混合，直接进入催化转化反应器进行反应。该工艺适用于硫化氢浓度小于10%的酸性气处理工艺。硫循环法工艺流程图如图2-5所示。

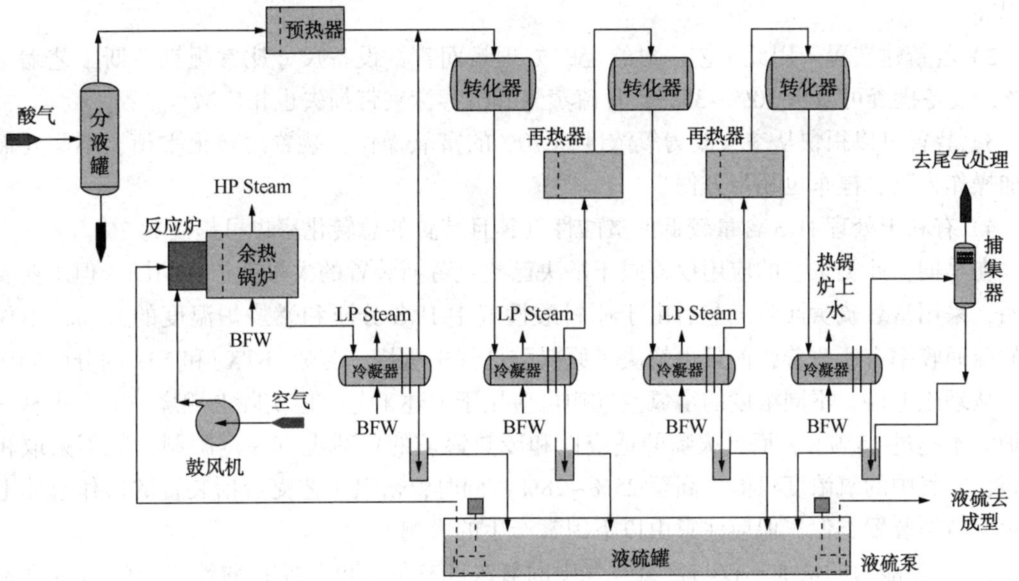

图2-5 硫循环法工艺流程

该工艺存在的问题主要有：

1）酸气中的部分烃类没有完全燃烧，易造成硫回收催化剂积炭；

2）难以精确控制过程气中 H_2S 与 SO_2 的比例；

3）尾气中硫化物含量高，难以满足现代环境保护的需要。

（四）常用工艺流程

1. 低温克劳斯工艺

低温克劳斯（亦称亚露点法）工艺是指在低于硫露点的条件下尾气中的 H_2S 和 SO_2 继续进行 Claus 反应生成元素硫。这类工艺一般是在常规 Claus 装置之后再配置2~3个低温转化器，反应温度一般控制在130℃左右，由于反应温度低，反应平衡向生成硫的方向移动，因而可提高硫的转化率。生成的液硫会沉积在催化剂上，故转化器需周期再生，切换使用。该工艺的特点为：总硫回收率低（98.5%~99.5%）；排放气净化度低（SO_2>4000mg/m^3）；投资低；操作费用低。属于低温 Claus 工艺的主要有：Delta 公司的 MCRC 工艺；Lurgi 公司和 SNPA 公司的 Sulfreen 工艺；IFP 公司的 Clauspol 工艺等。

低温克劳斯类工艺以在低于硫露点下进行克劳斯反应为主要特征，一类使用固体催化剂，反应生成的硫积存于催化剂上故需定期切换再生；另一类则使用液相催化体系，生成的液硫依靠重力得以分离。由于此类工艺的化学基础是 H_2S 与 SO_2 按 2∶1 的化学计量关系反应，加上经过常规克劳斯时已有 95%左右的转化率，风气比如有不当将造成此段处理的尾气 H_2S 与 SO_2 比值严重偏离，这种偏离将使尾气处理段无法达到所要求的总硫收率。

2. 富氧克劳斯工艺

富氧克劳斯工艺是指从提高装置处理能力的角度出发，以氧气或富氧空气代替空气来增加装置处理能力的一系列新型克劳斯工艺，如德国 Lurgi 公司开发的 OxyClaus 工艺、英国 BOC 公司的 SURE 工艺和美国 Air Products & Chemical Inc. 公司的 COPE 工艺等。将富氧工艺应用于克劳斯装置的技术改造(或新建装置)，至少有以下优点：

1）在原有装置总压降(0.050~0.075MPa)基本不变的前提下，装置的处理能力可大幅度提高。

2）若新建装置采用此工艺，对给定的处理量而言，设备尺寸比常规克劳斯工艺缩小约 50%，设备投资可减少 30%~35%，且硫蒸气和硫雾沫夹带损失也相应减少。

3）装置可以很快从空气改为氧浓度达 70%的富氧操作，装置运转很平衡，不需要额外增加操作人员，停车也相当方便。

4）有利于处理 H_2S 含量较低的贫酸性气，且装置的总转化率也可提高约 2%。

在早期，此类工艺的应用仅着眼于解决已建克劳斯装置的大幅度扩容问题。但工业实践表明，采用富氧硫黄回收工艺后由于原料酸性气中 H_2S 分压和燃烧炉温度的升高，不仅装置的硫回收率有所改善，而且也解决了原料酸性气中重烃、芳烃(BTX)和 NH_3 的分解问题。

从理论上讲，不同浓度的富氧空气均可应用于上述工艺，但实际上燃烧炉的耐火材料要求炉温不超过 1550℃，而且火嘴的适应性和废热锅炉的负荷也有一定限制，如不采取相应措施，空气中的氧浓度只能提高至 25%~28%。同时，富氧工艺克劳斯装置的操作总体上与常规克劳斯装置类似，但应注意由以下因素产生的影响。

1）处理能力的增加不仅与富氧空气中的氧浓度有关，也与原料酸性气中的 H_2S 含量有关，H_2S 含量越高，则处理能力的增加倍数越大。

2）原料酸性气中 H_2S 含量越高，燃烧炉温度提高的幅度越大。

3）当燃烧炉温度上升后，过程气的(操作)密度降低，因而在操作状态下的流量增加，整个装置的阻力降(ΔP)也相应增加，从而导致对处理能力的限制。

4）在操作过程中，除 N_2 以外的所有原料及产物组分的分压均升高，后者与炉温升高两个因素都将影响反应的平衡。

5）在燃烧炉的高温条件下，有可能导致 H_2S 直接分解而生成单质硫，且 CO_2 及 H_2O 也有可能通过裂解反应而生成 O_2，这两个因素均将使富氧工艺的实际需氧量与常规的克劳斯工艺有所不同。

6）以富氧工艺改造装置后，由于燃烧炉温度大幅度提高，极有利于增加热反应段的硫回收率。

7）随着整个装置各级硫冷凝器液硫排出温度的升高，其中溶解的 H_2S 量也大幅度升高，故脱气装置的操作条件也应作相应的调整。

8）由于液硫温度与其黏度密切相关，故在泵送前应采取必要的冷却措施。同时，因硫黄的自燃温度为 232℃，而闪点温度仅为 207℃，故采用富氧工艺后应特别注意液硫加工的安全问题。

3. 选择氧化法克劳斯工艺

采用常规克劳斯硫黄回收工艺，当酸气中 H_2S 含量很低时，其燃烧不足以维持炉温，装置无法正常运行，这时可采用直接氧化工艺。直接氧化工艺可分为两类：一类是将 H_2S 选择性催化氧化为元素硫，此类工艺在处理克劳斯尾气中获得了良好的应用；另一类是将 H_2S 催化氧化为元素硫及 SO_2，在氧化段后再增加常规克劳斯催化段，此类工艺的典型代表是 Selectox 工艺。

(1) 超级克劳斯工艺

原荷兰 Comprimo 公司(现已更名为 Jacobs 公司)在突破传统观念的基础上把克劳斯反应与催化氧化反应结合一起，并于 1988 年在德国的一个天然气净化厂 100t/d 的克劳斯装置上实现了工业化。1990 年后，超级克劳斯法又在催化氧化催化剂方面不断加以改进，降低了反应器的操作温度，有利于提高总硫回收率，也降低了过程气再热的能耗，使该方法得到迅速发展。可以说超级克劳斯工艺是目前最成功、应用最广泛的选择性氧化类工艺，既可处理低浓度酸性气，又可处理常规克劳斯尾气。该工艺有两种类型，分别为超级克劳斯和超优克劳斯。其工艺流程图如图 2-6、图 2-7 所示。

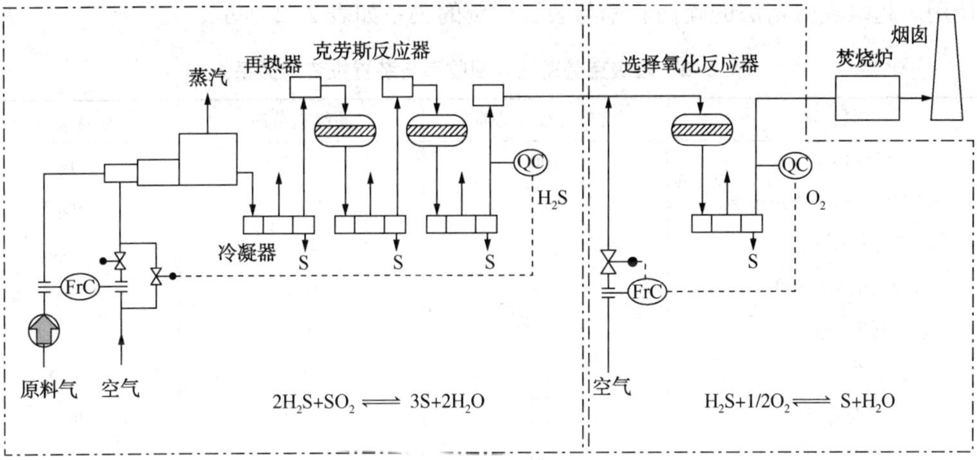

图 2-6 超级克劳斯工艺流程

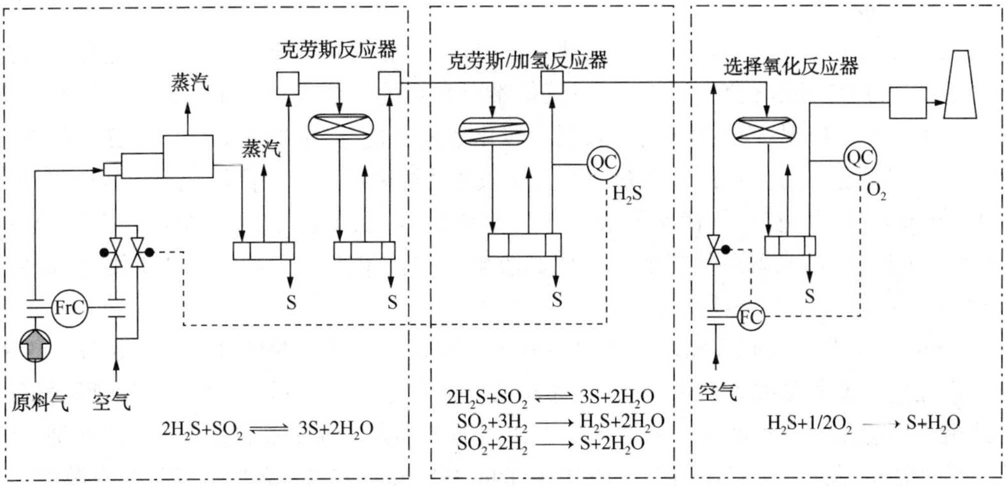

图 2-7 超优克劳斯工艺流程

从工艺流程图可以看出，该工艺前半部分是常规的克劳斯工艺，超级克劳斯法工艺在三级转化器中放置了特殊的催化氧化催化剂，超优克劳斯法工艺的区别是在催化氧化反应器前增加了一个加氢反应器，把过程气中含硫化合物全部还原为 H_2S 后再进行催化氧化。该工艺方法不要求过程气中的 H_2S/SO_2 为 2，只要求 H_2S 过剩。通常出二级转化器的过程气中 H_2S 的浓度为 0.8%~3.0%，而 SO_2 浓度极低，这部分 H_2S 在催化氧化反应器中直接氧化成硫。该工艺主要技术特点如下：

1）超级克劳斯法对过程气中水蒸气含量要求不严。对超级克劳斯法催化剂而言，水分对 H_2S 转化为单质硫的转化率几乎无影响。因此，此法的工艺流程中不需要设置水蒸气冷凝设备。这样既简化了流程，节省了投资，又降低了能耗，也减少了污水的来源。

2）如果超级克劳斯装置在缺氧的条件下运行，H_2S 会与催化剂上的活性金属反应而生成硫化物，导致催化剂失活。但此时只要配入稍过量的氧即可使之恢复活性，因为在操作温度下所形成的硫化物很容易与氧反应而生成氧化物。

3）超级克劳斯法的设备皆可用普通碳钢制作，公用消费与常规克劳斯法相当。此法既可用于新建装置，也可用于已建装置的改造，还能和富氧硫黄回收工艺（COPE 法）等新工艺结合使用。超级克劳斯法的硫回收率与装置投资的关系如表 2-2 所示。

表 2-2　超级克劳斯法硫回收率与装置投资的关系　　%

项目	常规二级克劳斯	超级克劳斯	超优克劳斯
空气用量	100	96.2	100
二级转化或加氢后硫转化率	96.7	96.7	96.7
过程气中 H_2S 浓度	2.2	4.0	3.3
过程气中 SO_2 浓度	1.1	0.3	~0
催化氧化制硫效率	—	2.6	2.9
硫蒸气损失率	0.2	0.2	0.2
总硫回收率	96.5	99.1	99.4
装置投资比	100	105	120

（2）Selectox 法

原料酸性气中 H_2S 含量的摩尔分数低于 0.15 时，常规的分流法工艺已不适用，而且当摩尔分数低于 0.05 的贫酸性气（或尾气）就很难以常规的工艺来处理了。此时，受克劳斯反应热力学平衡及反应温度下硫露点的限制，转化率也只能达到 97%左右。但 H_2S 的选择性催化氧化反应并非平衡反应，只要有合适的催化剂就可以进一步提高转化率。按此思路，美国 UOP 公司于 20 世纪 70 年代率先成功开发的 Selectox 法工艺，利用选择性催化氧化反应（而不是克劳斯反应）来解决从贫酸性气中回收硫黄的技术难题，其核心技术则是选择性氧化催化剂——Selectox32、Selectox33 等。

Selectox 法主要有还原式和循环式两种不同的型式，按不同的处理对象可设计为 3 种工艺流程。还原式流程又称为 BSR/Selectox 法（图 2-8 中第一行所示），主要应用于尾气处理。循环式流程则应用于硫黄回收，其原理流程如图 2-9 所示。Selectox 法的最大特点是取消了常规克劳斯法的燃烧炉，且原料酸性气中夹带的少量醇胺和/或烃类也不会影响操作。H_2S 含量很低的原料酸性气与冷凝器出口气体混合后直接进入第一级 Selectox 转化器，后者的床层温度应控制在370℃左右，回收率可达到潜硫量的82%以上。

理论上循环式 Selectox 法可以处理 H_2S 含量为100%的酸气，但受一级转化器最佳反应温度的限制，原料酸气中 H_2S 含量不能太高，对于硫黄产量超过50t/d的装置，原料酸性气中 H_2S 含量的上限为65%。

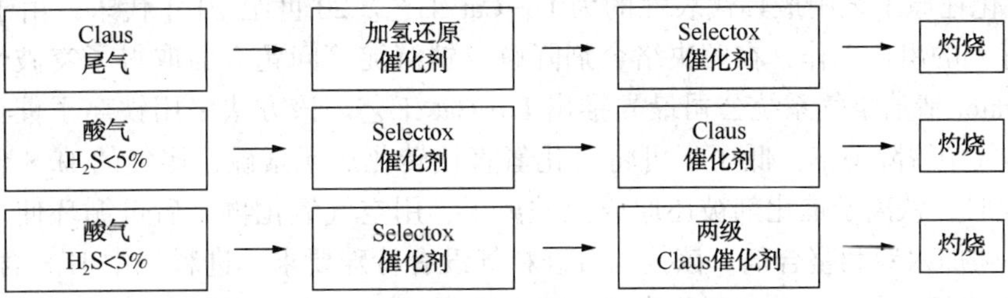

图2-8　Selectox 法的3种工艺流程示意图

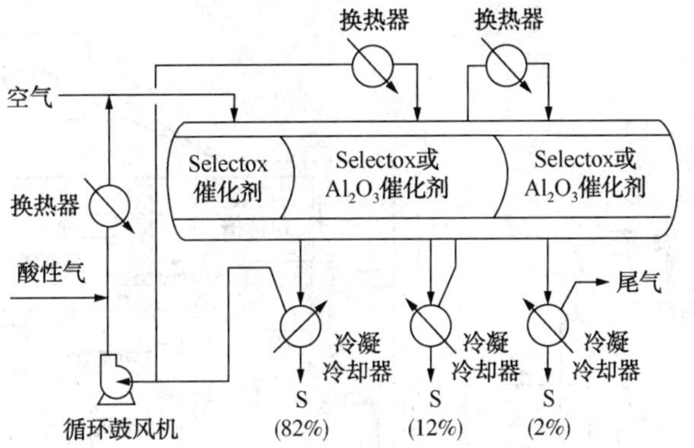

图2-9　循环式 Selectox 法原理流程

4. 液相氧化还原法工艺

液相氧化还原法（国外称为 Redox 法）是利用某种金属（M）离子在液相中直接氧化 H_2S 为单质硫的一系列脱硫（并同时回收硫黄）的气体净化方法的总称，其基本原理可以用下列3个反应式表示。

吸收过程　$$H_2S+2Fe^{3+} \longrightarrow S+2H^{+}+2Fe^{2+} \quad (2-6)$$

再生过程　$$1/2O_2+2Fe^{2+}+2H^{+} \longrightarrow 2Fe^{3+}+H_2O \quad (2-7)$$

气体净化过程的总反应　$$H_2S+1/2O_2 \longrightarrow H_2O+S \quad (2-8)$$

与醇胺法脱硫相比，液相氧化还原法的技术优点：

1）净化度高，净化气中硫化氢含量一般都在1~5mg/m^{3}的范围；

2）脱硫的同时直接生成单质硫，不需要后续的克劳斯装置；

3）大多数方法可以选择性脱除硫化氢而基本上不脱除二氧化碳；

4）操作温度为常温，操作压力则高压或常压均可。

氧化还原法虽具有上述众多优点，但在工业应用上也存在相当大的局限性，归纳起来主要有以下几个方面。

1）脱硫溶液硫负荷低是致命弱点。一般氧化还原法的硫负荷约为0.3g/L，故溶液的循环量大，常压装置的电耗约占生产成本的70%，高压下运转的装置则更可观。

2）脱硫过程中的副反应较多，故与克劳斯法工艺相比，硫黄的回收率较低；且回收的硫黄纯度也较差，产出的硫黄需要进一步处理才能达到克劳斯法硫黄的纯度。

3）目前氧化还原法溶液使用的氧载体、络合剂、稳定剂等化学品大多数价格较贵，且消耗量也较大，故操作成本甚高。

4）存在设备硫堵、溶液发泡等操作问题污染和/或存在对环境的二次污染。

液相氧化还原工艺中最具代表性的为 Lo-Cat 工艺。20 世纪 70 年代末，由于 ARI 公司 Thompson 等人的出色工作，在解决络合剂降解及铁沉淀等问题方面取得了突破性进展，美国 Wheelabrator 清洁空气系统公司最先推出 Lo-Cat 工艺。该方法采用铁离子催化剂，在常温下从天然气中脱除 H_2S，低压下可将硫化氢直接转化成元素硫，尾气的 H_2S 含量不超过 10μL/L。同时，铁离子催化剂被还原成亚铁离子，用空气氧化再生后可循环使用。催化反应溶液中必须加入专利螯合剂。该技术对进料气没有特殊要求，进料气中 H_2S 含量在 0%~100%范围内均可以适应；H_2S 脱除率高，能够达到 99.9%以上；操作弹性大，在 0%~100%负荷范围内都可以稳定运行，对工艺水质量要求高。其工艺流程如图 2-10 所示。

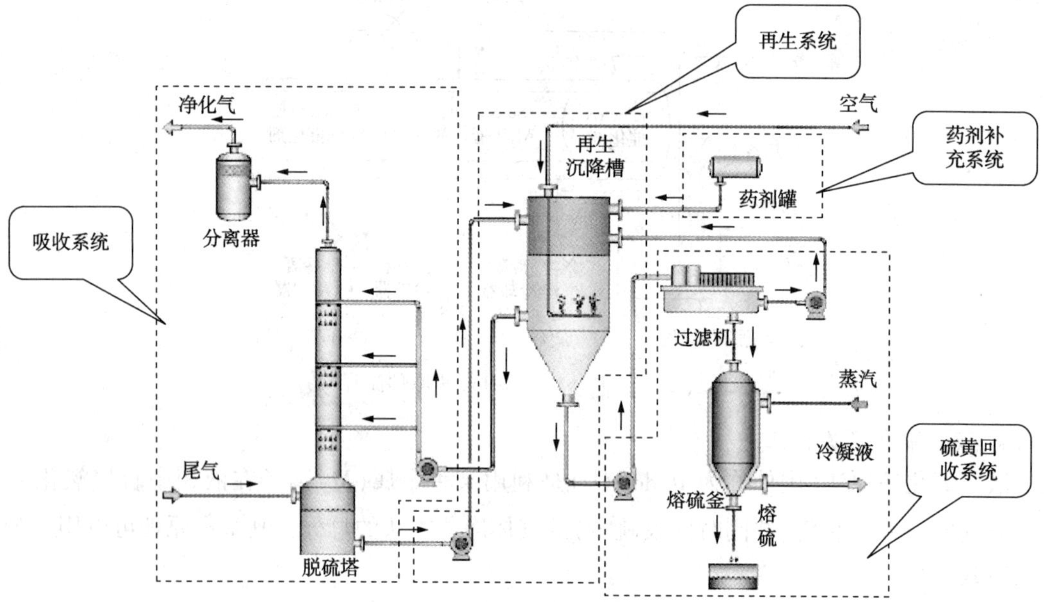

图 2-10　Lo-Cat 工艺原理流程

酸性气脱除凝液后，进入酸性气脱硫塔与来自氧化反应器再生后的螯合铁溶液接触，所含的 H_2S 被 Lo-Cat 催化剂溶液吸收，转化为单质硫和水，净化后的产品气从塔顶出，经产品气分液罐脱除携带的液体后进入管网或火炬。催化剂溶液和水溶性的单质硫进入气体闪蒸罐减压后部分溶解在溶液中的气体闪蒸出来，排入火炬。溶液进入氧化反应器。在氧化反应器，催化剂溶液能够在反应器各个分布之间循环流动，铁离子得到再生后的催化剂溶液返回吸收塔继续进行反应。进入氧化反应器氧化室的空气由反应器鼓风机供给。操作人员需根据装置的操作条件和环境条件来调整水管线上手动阀门的开、关，保证系统温度。氧化反应器中反应产生的硫黄经硫浆泵将部分抽出，并将部分硫浆送至带式真空过滤机。

二、克劳斯法工艺的热力学基础

（一）基本克劳斯反应

虽然克劳斯法装置实际上包括在燃烧炉内进行的高温热反应，以及在各级转化器内进行的低温催化反应，但为了便于讨论问题，文献中通常将克劳斯反应简化为反应式(2-9)所示的形式，其实质上是反应式(2-10)、式(2-11)的综合。因此，可以将这3个反应视为基本克劳斯反应。

$$H_2S+1/2O_2 == 1/x\ S_x+H_2O \tag{2-9}$$

$$H_2S+3/2O_2 == SO_2+H_2O+519.2kJ/mol \tag{2-10}$$

$$2H_2S+SO_2 == 3/x\ S_x+2H_2O+93kJ/mol \tag{2-11}$$

式(2-10)、式(2-11)所示反应皆为吸热反应，温度越高越有利于反应的进行。假定系统的初始温度为37.8℃，理论计算表明，在绝热条件下用纯氧完全燃烧H_2S时，最高温度可达到4760℃(反应条件A)。但若只有1/3体积的H_2S燃烧，且最终产物中仅含有H_2O、SO_2和H_2S时，则上述温度降到2593℃(反应条件B)；如果进一步使反应完全，而最终产物中只含有H_2O和S_2时(反应条件C)，最终温度也相应地降到2471℃。如果以空气替代纯氧作为氧化剂，将消耗大量的能量来加热空气中所含的N_2，上述3个反应的最终温度将分别降到1860℃(反应条件D)、1443℃(反应条件E)和1349℃(反应条件F)。从上述6个反应的热力学条件比较分析，可以归纳出对克劳斯工艺的基本认识。

1）反应条件A、B和C实质上是在理想状态下对式(2-9)~式(2-11)进行模拟计算，并从理论上阐明了高温有利于克劳斯反应的进行。但受到设备条件的限制，如燃烧炉温度超过1500℃后耐火材料的选择非常困难，故常规克劳斯工艺均选择空气作为氧化剂。

2）反应条件F实质上是在理想状态下对常规克劳斯装置燃烧炉内发生的反应进行模拟计算，结果表明在此条件下最高可能达到的反应温度为1349℃。

3）原料酸性气中的H_2S浓度(或分压)是决定燃烧炉温度的关键因素，这也是近年来选择性脱硫工艺受到普遍重视的重要原因之一。计算结果表明，燃烧炉温度将随原料酸性气中H_2S浓度的增加而升高，从而为工艺流程的选择(直流、分流、直接氧化等)做出了准则。

4）氧化剂(纯氧、富氧空气、空气等)中的O_2浓度是影响燃烧炉温度的另一个重要因素，随着氧气浓度的提高，炉温将急剧上升，从而为贫酸性气制硫、氧基制硫回收等新工艺的开发奠定了理论基础。

（二）燃烧炉内的主要反应

克劳斯装置燃烧炉内可能出现的主要反应如表2-3所示。表中前面的3个反应即为基本克劳斯反应，随后的4个反应是在燃烧炉内很可能出现的附加反应，最后4个是烃类的燃烧反应。H_2S和O_2的反应速率极快，通常在燃烧炉中即可完成。实际上在工业装置的燃烧炉内还生成了大量的游离基(中间体)，但它们对模拟计算的影响不大。

表2-3 常规克劳斯法燃烧炉内主要化学反应

能量变化/kJ \ 温度/℃ \ 反应/mol	ΔF①		ΔH②	
	927	1204	927	1204
(1) $3H_2S+3/2O_2 \longrightarrow SO_2+H_2O+2H_2S$	-423.3	-401.2	519.6	-519.2
(2) $2H_2S+SO_2 \longrightarrow 3/2S_2+2H_2O$	-26.3	-42.1	42.1	41.3
(3) $3H_2S+3/2O_2 \longrightarrow 3/2S_2+3/2H_2O$	-449.5	-443.3	-475.4	-477.9
(4) $H_2S+1/2O_2 \longrightarrow H_2O+S_1$	-5.4	-20.0	58.0	57.5
(5) $S_1+O_2 \longrightarrow SO_2$	-417.8	-381.1	-577.1	-577.5

续表

反应 /mol	ΔF① 927	ΔF① 1204	ΔH② 927	ΔH② 1204
(6) $2S_1 \longrightarrow S_2$	-289.0	-255.6	-432.8	-434.5
(7) $S_2+2O_2 \longrightarrow 2SO_2$	-547.1	506.7	721.4	720.6
(8) $CH_4+2O_2 \longrightarrow CO_2+2H_2O$	767.9	796.5	797.3	801.5
(9) $C_2H_6+7/2O_2 \longrightarrow 2CO_2+3H_2O$	-1484.1	-1497.0	-1424.9	-1429.5
(10) C_6H_6(气态苯)$\longrightarrow 6C+3H_2$	-299.4	-354.9	-603.0	-593.8
(11) C_7H_8(气态甲苯)$\longrightarrow 7C+4H_2$	-914.9	1022.1	-334.0	-607.2

注：①吉布斯自由能的变化，负值表示有自发反应的可能性。

②列出的是反应热，负值则表示放热反应。

（三）燃烧炉可能发生的副反应

原料酸性气的二氧化碳、水、氨、烃类等介质，在1000℃以上高温的反应炉内，之间的相互反应十分复杂，反应后的气体组成也相当复杂，据推导有上百种反应，目前一般认为可按生成或消耗CO和H_2的副反应、生成或消耗COS的副反应、生成或消耗CS_2的副反应、烧氨反应等。具体如表2-4~表2-6所示。

表2-4　常规克劳斯法燃烧炉内可能生成或消耗CO和H_2的副反应

反应 /mol	ΔF① 927	ΔF① 1204	ΔH② 927	ΔH② 1204
生成(1) $CH_4+3/2O_2 \longrightarrow CO+2H_2O$	-619.7	-643.0	-518.3	-522.1
(2) $CH_4+O_2 \longrightarrow CO+H_2O+H_2$	-439.1	-477.9	-270.2	-272.9
(3) $CH_4+2H_2O \longrightarrow CO_2+4H_2$	-74.2	-136.4	193.5	196.0
(4) $H_2+CO_2 \longrightarrow CO+H_2O$	-3.3	-11.3	32.9	31.7
(5) $CO_2+H_2S \longrightarrow CO+H_2O+1/2S_2$	-27.5(1649℃)	-48.1(1927℃)	114.7(1649℃)	113.8(1927℃)
(6) $2CO_2+H_2S \longrightarrow 2CO+H_2+SO_2$	7.5(1649℃)	-32.6(1927℃)	284.8(1649℃)	281.5(1927℃)
(7) $H_2S \longrightarrow 1/2S_2+H_2$	-4.2(1649℃)	-18.0(1927℃)	89.2(1649℃)	88.8(1927℃)
消耗(8) $2CO+O_2 \longrightarrow 2CO_2$	-355.3	-307.7	-561.7	-599.2
(9) $4CO+2SO_2 \longrightarrow 4CO_2+S_2$	-163.9	-109.3	-402.4	-397.8
(10) $H_2+1/2O_2 \longrightarrow H_2O$	-181.0	-165.1	-248.1	-249.4
(11) $H_2+1/2S_2 \longrightarrow H_2S$	-31.3	-17.5	-89.7	-89.2

注：①吉布斯自由能的变化，负值表示有自发反应的可能性。

②列出的是反应热，负值则表示放热反应。

表2-5　常规克劳斯法燃烧炉内可能生成或消耗COS的副反应

反应 /mol	ΔF① 927	ΔF① 1204	ΔH② 927	ΔH② 1204
生成(1) $2CH_4+3SO_2 \longrightarrow 2COS+1/2S_2+4H_2O$	-411.2	-475.4	-130.9	-135.9

续表

能量变化/kJ 温度/℃ 反应/mol	ΔF①		ΔH②	
	927	1204	927	1204
(2) $2CO_2+3S_1 \longrightarrow 2COS+SO_2$	-343.2	-278.1	-624.2	-625.5
(3) $CS_2+CO_2 \longrightarrow 2COS$	-12.5	-15.8	2.5	2.9
(4) $2S_1+2CO_2 \longrightarrow COS+CO+SO_2$	-202.7	-175.6	-319.8	-321.9
(5) $CO+S_1 \longrightarrow COS$	-140.5	-102.6	-304.4	-303.6
(6) $CH_4+SO_2 \longrightarrow COS+H_2O+H_2$	-161.4	-199.3	2.5	-1.3
(7) $CS_2+H_2O \longrightarrow COS+H_2S$	-44.6	-47.5	-31.7	-30.9
消耗(8) $COS+H_2O \longrightarrow H_2S+CO_2$	-32.1	-31.7	-34.6	-33.8
(9) $2COS+SO_2 \longrightarrow 3/2S_2+2CO_2$	-90.1	-105.1	-25.0	-26.3
(10) $COS+CO+SO_2 \longrightarrow S_2+2CO_2$	-85.9	-80.1	-113.0	-112.6
(11) $COS+H_2 \longrightarrow CO+H_2S$	-35.0	-43.0	-2.1	-3.8
(12) $COS+3/2O_2 \longrightarrow CO_2+SO_2$	-455.4	-432.4	-553.4	-553.4
(13) $COS \longrightarrow CO+1/2S_2$	-4.2	-25.4	88.0	86.3

注：①吉布斯自由能的变化，负值表示有自发反应的可能性。

②列出的是反应热，负值则表示放热反应。

表 2-6　常规克劳斯法燃烧炉内可能生成或消耗 CS_2 的副反应

能量变化/kJ 温度/℃ 反应/mol	ΔF①		ΔH②	
	927	1204	927	1204
生成(1) $C_1+2S_1 \longrightarrow CS_2$	-307.7	-275.6	-443.7	-444.9
(2) $CH_4+2H_2S \longrightarrow CS_2+CH_4$	2.5	-57.1	259.8	260.6
(3) $CH_4+4S_1 \longrightarrow CS_2+2H_2S$	-699.7	-638.0	-965.8	-967.9
(4) $CH_4+2S_2 \longrightarrow CS_2+H_2S$	-121.7	-127.2	-99.7	-99.2
(5) $CO_2+3S_1 \longrightarrow CS_2+SO_2$	-330.7	-261.9	-627.2	-628.0
(6) $C_2H_6+7/2S_2 \longrightarrow 2CS_2+3H_2S$	-282.7	-305.7	-183.9	-183.9
(7) $C_3H_8+5S_2 \longrightarrow 3CS_2+4H_2S$	-430.1	-474.1	-261.5	-262.3
消耗(8) $CS_2+2H_2O \longrightarrow CO_2+2H_2S$	-76.7	-79.2	-66.3	-64.6
(9) $CS_2+SO_2 \longrightarrow CO_2+3/2S_2$	-102.6	-102.9	-22.5	-23.4
(10) $CS_2+CO_2 \longrightarrow 2CO+S_2$	-20.4	-66.3	178.9	175.6

注：①吉布斯自由能的变化，负值表示有自发反应的可能性。

②列出的是反应热，负值则表示放热反应。

（四）燃烧炉内化学反应的机理

1. 燃烧炉内氧化反应的次序及历程

Borsboom 等 2003 年发表的一份研究报告认为，如果假定通过燃烧器进入燃烧炉的原料酸性气中仅含有 H_2S、CH_4 和 NH_3 三种可供氧化的物质，H_2S 将首先燃烧（氧化）生成 S_2 和 H_2O，并消耗掉大部分的氧，故这是炉内发生的主要反应；也可能发生 H_2S 部分氧化生成 H_2、

S_2和 H_2O 的反应，但这些皆为次要反应。在使用高强度的燃烧器时，大致的反应历程依次如下：

$$2H_2S+O_2 = S_2+2H_2O \quad (2-12)$$

$$3S_2+4H_2O = 4H_2S+2SO_2 \quad (2-13)$$

$$S_2+2O_2 = 2SO_2 \quad (2-14)$$

S_2是继 H_2S 后第二个被氧化的物质，它通过克劳斯反应的逆反应生成 H_2S 和 SO_2；只有在 O_2存在过剩的条件下才会生成 SO_2。生成的 SO_2是作为烃类和 NH_3的氧化剂。因此，克劳斯装置(主)燃烧器及燃烧炉内物质被氧化的次序大致为：

① H_2S　② S_2　③ CH_4　④ NH_3

2. CH_4的氧化反应与 CO、H_2及有机硫化合物的生成

在自由火焰及其周围的高温反应区内，可能有少量的 CH_4被氧化生成 CO 和 H_2，并消耗一定量的 O_2。与此同时，有部分 CH_4也会与 H_2O 反应生成 CO 和 H_2。上述两个反应是燃烧炉内生成 CO 和 H_2的主要反应。在工艺装置燃烧炉的典型反应条件下，基本不发生 CO_2裂解生成 CO 和 O_2的反应，也不发生 H_2O 裂解生成 H_2和 O_2的反应。

任何在自由火焰区内未被氧化掉的 CH_4，都将在燃烧炉内转化为 CS_2、COS、CO、CO_2和 C，这是炉内生成有机硫化合物的主要反应。因此，当原料酸性气中烃类含量较高而不能在自由火焰区内完全被燃烧掉时，过程气中 CS_2的生成率将增加。

3. H_2S 热裂解生成 H_2和 S_2的反应

在燃烧炉前端自由火焰区的高温条件下，会有少量 H_2S 被热裂解而生成 H_2和 S_2。但当有大量 H_2S 被热裂解后，在燃烧炉后端温度相对较低的部位(燃烧室)H_2与 S_2会重新结合而生成 H_2S。因此，最终得到的 H_2量取决于火焰温度、燃烧(室)温度和过程气在废热锅炉中的冷却速度。

4. NH_3的分解机理

NH_3在高温克劳斯反应炉中的反应非常复杂，同时会发生氧化反应、分解反应，还会和 SO_2、CO_2和 S_2发生反应。主要反应式如下：

$$2NH_3+3/2O_2 = N_2+3H_2O \quad (2-15)$$

$$2NH_3 = N_2+3H_2 \quad (2-16)$$

$$2NH_3+SO_2 = 2H_2O+H_2S+N_2 \quad (2-17)$$

$$2NH_3+CO_2 = CO+H_2O+2H_2+N_2 \quad (2-18)$$

$$2NH_3+S_2 = H_2S_2+2H_2+N_2 \quad (2-19)$$

通过对 NH_3分解反应机理的研究表明，在克劳斯装置燃烧炉内 NH_3的分解反应机理相当复杂，其中涉及很多反应途径。根据近年来取得的研究成果并结合现场观察，大致可归纳出以下的认识。

1) H_2S 与 O_2的反应速度远大于 NH_3，故式(2-15)所示的部分氧化反应很可能并不是炉内分解 NH_3的主要途径。

2) 在燃烧炉内存在大量的 H_2S 和 H_2O，由于它们对 NH_3热裂解反应式(2-16)强烈的抑制作用，由此可推测即使在 1300℃左右的高温下，热裂解反应也未必是 NH_3分解的主要途径。

3) 式(2-17)所示的 NH_3与 SO_2的部分氧化反应在相对较低的温度下(如 700℃)NH_3的转

化率即可达到50%左右。由此可以推测，式(2-17)所示的部分氧化反应很可能是NH_3分解的主要反应。

三、硫黄回收装置催化剂

(一) 催化剂种类及特点

自20世纪30年代改良Claus法硫黄回收工艺实行工业化以来，相应使用的硫黄回收催化剂经历了一系列的发展。到目前为止，大致可分为三个阶段，一是天然铝矾土催化剂阶段，二是活性氧化铝催化剂阶段，三是多种催化剂同时发展阶段。

(二) 制硫单元催化剂

制硫单元催化反应主要包括低温克劳斯反应和有机硫水解反应，低温克劳斯反应主要包括以下5个步骤：

1) 反应物料(H_2S和SO_2)向催化剂颗粒表面扩散；

2) 反应物料吸附在催化剂表面；

3) 在催化剂表面上进行反应；

4) 反应产物(S_x和H_2O)从催化剂表面上脱附；

5) 反应产物扩散离开催化剂颗粒。

气—固反应催化剂的活性不仅与催化剂颗粒的外表面积(或其尺寸)有关，更与其孔结构有关。制硫催化剂一般包括：活性氧化铝催化剂、脱漏氧催化剂、助剂型氧化铝催化剂、含钛氧化铝催化剂、钛基有机硫水解催化剂、多功能复合催化剂等种类。

1. 制硫单元的反应

(1) 低温克劳斯反应

$$H_2S+O_2 === SO_2+H_2O \tag{2-20}$$

$$2H_2S+SO_2 === S_x+2H_2O \tag{2-21}$$

(2) 有机硫水解反应

$$CS_2+H_2O === COS+H_2S \tag{2-22}$$

$$COS+H_2O === H_2S+CO_2 \tag{2-23}$$

(3) 硫酸盐化反应

在克劳斯反应条件下，原料气中存在的微量O_2能破坏Al_2O_3表面活性中心，导致催化剂中毒，具体反应如下。

$$Al_2O_3+3SO_2 === Al_2(SO_3)_3 \tag{2-24}$$

$$2SO_2+O_2 === 2SO_3 \tag{2-25}$$

$$Al_2O_3+3SO_3 === Al_2(SO_4)_3 \tag{2-26}$$

$$Al_2(SO_4)_3+9H_2S === Al_2O_3+9H_2O+3/2S_8 \tag{2-27}$$

反应式(2-24)是可逆反应，中毒的催化剂具备自我复原能力；反应式(2-26)在正常生产工况下是不可逆吸附反应，会导致催化剂失活；反应式(2-27)是失活催化剂的还原再生反应，需要特殊的操作安排。

(4) 脱漏氧反应

漏氧保护催化剂上的金属离子(M表示)优先和过程气中的氧反应。

$$MS + 3O_2 === MSO_4 + SO_2 \tag{2-28}$$

$$2MSO_4 + 8H_2S === 2MS + S_8 + 8H_2O \tag{2-29}$$

2. 活性氧化铝催化剂

活性氧化铝催化剂具有颗粒均匀、磨耗小、活性高和成本低等特点。催化剂外形为球形，流动性好，易于装卸；孔结构呈双峰分布，大孔较多，有利于气体的扩散；比表面积较大，具有较多的活性中心；压碎强度高，为催化剂长周期运行提供保证；杂质含量低，钠含量小于0.2%(质)，水热稳定性好。

缺点：易发生硫酸盐化中毒，结构稳定性差，活性下降速度快，CS_2、COS等有机硫水解活性低。

制硫催化剂发展趋势：随着技术的进步，氧化铝基硫回收催化剂将向大比表面积、大孔体积方向发展，比表面积将进一步提高，由目前的大于300m^2/g提高到大于350m^2/g，孔体积由目前的大于0.40mL/g提高到大于0.45mL/g。助剂也由过去单一的氧化钠、氧化钙逐步转到了其他活性组分上。此外，氧化铝基硫回收催化剂要具有适量的大孔(孔径大于0.1μm)，大孔的孔容占总孔容的30%以上，转化率更高，使用寿命更长，抗硫酸盐化性能更好。常规氧化铝催化剂和新型氧化铝催化剂的物化性质见表2-7、表2-8。

表2-7 常规氧化铝催化剂物化性质

项　目	LS-300	CT6-2B	S-201
外观	白色小球	白色小球	白色小球
外形尺寸/mm	φ4~6	φ4~6	φ4~6
比表面积/(m^2/g)	315	280	305
孔容/(mL/g)	0.41	0.42	0.41
大孔孔容/(mL/g)	0.05	0.04	0.05
平均孔径/mm	4.40	4.30	4.20
强度/(N/颗)	150	140	150

表2-8 新型氧化铝催化剂物化性质

项　目	CR-3S	CT6-2B	S-201
外观	白色小球	白色小球	白色小球
外形尺寸/mm	φ4~6	φ4~6	φ4~6
比表面积/(m^2/g)	315	280	305
孔容/(mL/g)	0.41	0.42	0.41
大孔孔容/(mL/g)	0.05	0.04	0.05
平均孔径/mm	4.40	4.30	4.20
强度/(N/颗)	150	140	150

3. 脱漏氧保护催化剂

脱漏氧保护催化剂具有代表性的主要为法国AM催化剂、中国石化齐鲁石化公司研究院LS-971催化剂、中国石油西南油气田公司天然气研究院CT6-4B催化剂等。其物化性质见表2-9。

表2-9 脱漏氧保护催化剂物化性质

项　目	LS-971	CT6-4B	AM
外观	褐色小球	褐色小球	褐色小球
外形尺寸/mm	φ4~6	φ4~6	φ4~6

续表

项　目	LS-971	CT6-4B	AM
比表面积/(m^2/g)	240	240	240
孔容/(mL/g)	0.35	0.34	0.33
平均孔径/mm	4.60	4.50	4.50
强度/(N/颗)	150	140	150
Al_2O_3/%(质)	80	80	80
$FeSO_4$/%(质)	5	5	5

优点：含有铁助剂，具有脱漏氧保护功能，保护下游氧化铝基催化剂，同时具有硫回收功能，其活性与氧化铝基催化剂基本相似。

缺点：有机硫水解性能不理想。催化剂一般装填在反应器的上部，在装置超温和高温遇到冷凝水时，强度下降幅度较大，有时发生粉化现象，引起床层压降上升。

使用范围：可部分装填，也可全床层装填。部分装填一般装填在催化剂床层的顶部，脱除过程气携带的氧气，保护下部的氧化铝催化剂，延长催化剂使用周期。

脱漏氧保护催化剂发展趋势：随着仪表控制精度的增加，氧的残余量逐渐降低，国外脱漏氧催化剂用量逐渐减少。国内脱漏氧催化剂用量比较大，这是由于国内一级反应器入口气体再热方式采用中压蒸汽加热形式增多，一级反应器床层温度很难达到320℃，而一级反应器中下部装填的氧化钛硫回收催化剂需要在床层温度达到320℃才能发挥出最佳活性。由于脱漏氧保护催化剂反应热比较大，因此脱漏氧保护催化剂被赋予了新的使命，装填在一级反应器上部来提高反应器的床层温度。

4. 钛基制硫催化剂

二氧化钛硫回收催化剂主要以偏钛酸为原料，添加少量成型助剂采用挤出成型工艺制备，催化剂中氧化钛含量一般在85%(质)以上。其物化性质见表2-10。

表2-10　二氧化钛催化剂物化性质

项　目	LS-901	LS-981G	CRS-31
外观	白色条形	白色条形	白色条形
外形尺寸/mm	ϕ3×(2~15)	ϕ3×(2~15)	ϕ3×(2~10)
比表面积/(m^2/g)	110	130	120
强度/(N/颗)	140	200	130
TiO_2/%(质)	85	85	85

优点：该催化剂对有机硫化物的水解反应和H_2S与SO_2的克劳斯反应具有更高的催化活性，几乎达到热力学平衡；对于氧中毒不敏感，水解反应耐氧中毒能力为0.2%(体)，克劳斯反应时则高达1%(体)，并且一旦排除了高浓度氧的影响，活性几乎得到完全恢复；在相同的转化率条件下，接触时间(约3s)更短，相当于1000~1200h^{-1}空速，因此可以缩小反应器体积。

缺点：制备成本较高，孔体积、比表面积低，反应启动温度高，磨耗较大，抗结炭性能差。

使用：特别适用于过程气中有机硫含量较高的反应过程或者没有尾气加氢单元的硫回收

装置，可提高制硫单元硫回收率，减少硫的排放。随着环保法规日益严格，钛基制硫催化剂用量逐年增多，配套低温尾气加氢催化剂应用，装填在第一制硫反应器下部，保证在吸收塔尾气中 COS 含量低于 20μL/L。尤其对于处理煤化工酸性气的硫黄回收装置，钛基催化剂的使用比例更大。

5. 助剂型氧化铝硫黄回收催化剂

助剂型氧化铝硫黄回收催化剂主要以 $TiO_2-Al_2O_3$ 助剂型催化剂为主，其物化性质见表 2-11。$TiO_2-Al_2O_3$ 催化剂最早是法国 Rhone-Progil 公司在 20 世纪 70 年代初开发的。目前，最具代表性的催化剂为 BASF 公司开发的 DD-931 催化剂和中国石化齐鲁石化公司研究院开发的 LS-981 催化剂。

优点：与氧化铝催化剂相比，耐硫酸盐化能力好，对有机硫水解能力强和寿命长的特点；与氧化钛催化剂相比，具有更大的比表面积，适量的大孔孔隙率，更高的压碎强度，价格便宜；具有良好的克劳斯活性、有机硫水解活性和脱漏氧活性，同时具有良好的抗结炭性能。

缺点：催化剂制备工艺复杂，制造成本较高。

适用范围：特别适用于含烃类原料气，以提高催化剂的抗结炭性能，从而延长催化剂的使用寿命和装置的运行周期，消除由于装置运行周期较短而带来的瓶颈。

表 2-11　助剂型催化剂物化性质

项　目	LS-981	DD-931
外观	土黄色条形	白色球形
外形尺寸/mm	φ4×(3~10)	φ3~5
比表面积/(m^2/g)	≥200	≥280
强度/(N/颗)	≥200	≥100
磨耗/%(质)	≤0.5	≤0.5
堆积密度/(kg/L)	0.90~1.00	0.77
孔容/(mL/g)	≥0.30	≥0.30
主要成分	助剂+TiO_2+Al_2O_3	TiO_2+Al_2O_3

(三) 尾气加氢单元催化剂

硫黄装置尾气加氢催化剂大多以活性氧化铝为载体的钴-钼(Co-Mo)浸渍型催化剂，国外产品主要有法国 Axens 公司的 TG 系列催化剂、美国 Criterion 公司的 C-534、美国 UOP 公司的 N-39、德国 BASF 公司的 M8-10 等，国内产品主要有中国石化齐鲁石化研究院的 LS 系列催化剂和天然气研究院的 CT6 系列催化剂。尾气加氢单元催化反应主要包括克劳斯尾气中的硫及二氧化硫还原反应、有机硫(COS、CS_2)水解反应，也是典型的气—固催化反应，反应主要包括以下 5 个步骤：反应物料向催化剂颗粒表面扩散；反应物料吸附在催化剂表面；在催化剂表面上进行反应；反应产物从催化剂表面上脱附；反应产物扩散离开催化剂颗粒。加氢催化剂一般根据使用温度不同分常规加氢催化剂、低温加氢催化剂和低温耐氧催化剂等。

1. 尾气加氢催化反应

(1) 尾气加氢主应

$$S_8+8H_2 = 8H_2S \qquad (2-30)$$

$$SO_2+3H_2 \xlongequal{} H_2S+2H_2O \quad (2-31)$$

$$CS_2+4H_2 \xlongequal{} 2H_2S+CH_4 \quad (2-32)$$

$$COS+4H_2 \xlongequal{} 4H_2S+CO \quad (2-33)$$

$$COS+H_2O \xlongequal{} H_2S+CO_2 \quad (2-34)$$

$$CS_2+H_2O \xlongequal{} H_2S+COS \quad (2-35)$$

反应式(2-30)~式(2-33)为加氢反应，属放热反应；反应式(2-34)、式(2-35)为水解反应，属吸热反应。

(2) 尾气加氢副反应

$$SO_2+2H_2S \xlongequal{} 3S+2H_2O \quad (2-36)$$

$$SO_2+3CO \xlongequal{} COS+2CO_2 \quad (2-37)$$

$$S_8+8CO \xlongequal{} 8COS \quad (2-38)$$

$$CO+H_2O \xlongequal{} CO_2+H_2 \quad (2-39)$$

$$CO+H_2S \xlongequal{} COS+H_2 \quad (2-40)$$

$$CS_2+3H_2 \xlongequal{} CH_3SH+H_2S \quad (2-41)$$

$$CH_3SH+H_2 \xlongequal{} H_2S+CH_4 \quad (2-42)$$

$$2COS+SO_2 \xlongequal{} 2CO_2+3S \quad (2-43)$$

$$2CS_2+SO_2 \xlongequal{} 2COS+3S \quad (2-44)$$

(3) 钴钼催化剂在有氢气无硫化氢工况下可能发生的反应(200℃以上工况)

$$3H_2+MoO_3 \xlongequal{} 3H_2O+Mo \quad (2-45)$$

$$H_2+CoO \xlongequal{} H_2O+Co \quad (2-46)$$

(4) 钴钼催化剂在无氢情况下可能发生的反应

$$2MoS_2+3SO_2 \xlongequal{} 2MoO_3+7S \quad (2-47)$$

$$2Co_9S_8+9SO_2 \xlongequal{} 18CoO+25S \quad (2-48)$$

$$2H_2S+SO_2 \xlongequal{} 2H_2O+3S \quad (2-49)$$

上述三个反应，产生单质硫，会导致元素硫沉积，床层积硫。

(5) 有氧气时可能发生的反应

$$MoS_2+7/2O_2 \xlongequal{} MoO_3+2SO_2 \quad (2-50)$$

$$Co_9S_8+25/2O_2 \xlongequal{} 9CoO+8SO_2 \quad (2-51)$$

2. 常规加氢催化剂

目前，国内应用的常规加氢催化剂有C-534、LS-951Q、LS-951T、CT6-5B，其中C-534为进口产品，随着国产催化剂性能提升，目前，进口催化剂量逐年减少。中国石化齐鲁石化研究院研发的LS-951T牌号催化剂，具有孔容和比表面积大、堆积密度小、低温活性和稳定性好、床层压降低等特点；LS-951Q牌号催化剂还具有强度高、有机硫水解活性良好等特点。天然气研究院的CT6-5B催化剂具有性能稳定、强度高、磨耗率低、堆积密度小等特点。表2-12为几种常规加氢催化剂物化性质。

表2-12 常用常规加氢催化剂物化性质

项目	LS-951Q	LS-951T	CT6-5B
外观	蓝灰色小球	蓝灰色三叶草形	蓝灰色小球
外形尺寸/mm	$\phi 3\sim5$	$\phi 3\times(2\sim8)$	$\phi 4\sim6$

续表

项目	LS-951Q	LS-951T	CT6-5B
比表面积/(m^2/g)	312	335	204.7
侧压强度	168 N/cm	182 N/颗	≥100 N/粒
磨耗/%(质)	≤0.5	≤0.5	0.11
堆积密度/(kg/L)	0.78	0.6~0.7	0.88
孔容/(mL/g)	0.40	0.55	≥0.19(<30mm 孔)

3. 低温型尾气加氢催化剂

为实现节能操作，降低加氢反应器入口温度，并为加氢反应器入口过程气采用蒸汽加热创造条件，近年来低温型尾气加氢催化剂逐步得到研发和推广应用，常见的型号有 C-234(进口)、TG-107(进口)、LS-02、LS-03、LS-03A 等。低温型尾气加氢催化剂是通过在钴钼氧化铝催化剂的基础上添加助剂，提高催化剂的有机硫水解活性和耐水热稳定性，降低催化剂的使用温度。表 2-13 为 LS-02 牌号低温加氢催化剂物化性质。

表 2-13 LS-02 牌号低温加氢催化剂物化性质

项目	LS-02	项目	LS-02
外观	蓝灰色三叶草形	堆积密度/(kg/L)	0.75~085
外形尺寸/mm	ϕ3	孔容/(mL/g)	≥030
比表面积/(m^2/g)	≥200	活性组分/%(质)	≥15
磨耗/%(质)	≤0.5		

4. 加氢催化剂脱氧原理

为适应处理 S Zorb 装置再生烟气和硫黄装置液硫池废气工况，中国石化齐鲁石化研究院根据物料含氧、含蒸汽特性，研发了 LS-03、LS-03A 两个牌号的低温型加氢催化剂，该型号催化剂水热稳定性好，具备一定脱氧功能(抗氧能力体积浓度 1%)，具体脱氧原理如图 2-11 所示。

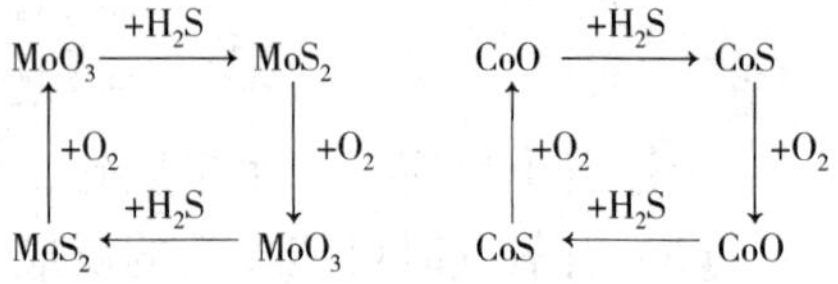

图 2-11 加氢催化剂脱氧反应原理图

具体反应过程为：进加氢反应器过程气含氧，过程气中的氧和催化剂的活性中心 MoS_2 和 Co_9S_8 发生如上述反应式(2-50)、反应式(2-51)反应，生产 MoO_3 和 CoO，随后 MoO_3 和 CoO 又和过程气中的 H_2S 和 H_2 发生硫化反应，重新生产 MoS_2 和 Co_9S_8，使催化剂具备自足恢复能力，反应式如下：

$$MoO_3+H_2S+2H_2 = MoS+3H_2O \tag{2-52}$$

$$9CoO+8H_2S+H_2 = Co_9S_8+9H_2O \tag{2-53}$$

（四）催化剂活性影响因素

1. 催化剂密度

催化剂密度包括颗粒密度(假密度)、骨架体积(真密度)和堆积密度。对于使用者来说，往往关心的是其堆积密度。堆积密度是以催化剂颗粒堆积时的体积为基准的密度。骨架密度>颗粒密度>堆积密度。堆积密度与催化剂的孔容和孔径分布有关，一般催化剂的孔容越小，堆积密度越大。由于近年来希望催化剂具有较大的孔容，因此，催化剂的堆积密度也有向轻质化发展的趋势，随之也会减少催化剂的装填量，降低催化剂费用。

2. 颗粒形状和尺寸

催化剂颗粒大小是催化剂十分重要的宏观性质之一。在实际应用中，催化剂颗粒的大小直接影响反应物及产物的扩散，在一定程度上控制着反应的速度和途径。另外，催化剂颗粒大小也是考察工业催化剂机械强度的指标之一，即经过某种机械磨损后催化剂颗粒大小变化越大，其机械强度越低。催化剂的几何形状主要有球形、圆柱形、圆环柱体、粉末、微球等。

3. 比表面积

单位质量催化剂的表面积叫比表面积(m^2/g)。其中具有活性的表面叫做活性比表面积。尽管催化剂的活性、选择性以及稳定性等主要取决于催化剂的化学结构，但其在很大程度上也受到催化剂的某些物理性质(如催化剂的比表面积)的影响。一般认为，催化剂比表面积越大，其所含有的活性中心越多，催化剂的活性也越高。通常要求氧化铝基硫回收催化剂比表面积要高于$300m^2/g$。目前，最新一代氧化铝基硫回收催化剂比表面积高于$350m^2/g$。

4. 孔体积

孔体积是描述催化剂孔结构的一个物理量，孔体积是多孔型催化剂颗粒内孔的体积总和，单位是mL/g。孔体积的大小主要与催化剂中载体密度有关。在使用过程中孔体积会逐渐减小，而孔径会变大。氧化铝基硫回收催化剂孔体积要求大于0.40mL/g。Custom-Tailored孔结构理论指出合理的孔结构即最小量的微孔(正常的硫黄回收装置的操作条件下单质硫在<3nm的孔内发生凝聚)、最大量的中间孔(3~10nm，这些孔提供了95%的比表面积及相应的高转化率)和适宜的大孔(>75nm的孔增加了扩散速度及上述反应物和产物的进出速度)。大孔(>75nm)对催化剂的孔容贡献比较大，但是大孔过多催化剂的强度会有所下降。

20世纪80年代，R·A·Burns、R·blipper和R·K·Kerr等对几种典型克劳斯催化剂的孔半径进行考察后，发现其小于10nm的孔对比表面积的贡献达到95%以上，而该孔大约只占总孔量的一半，在此基础上提出来所谓B·L·K方程。

$$\lg\left(\frac{M}{100}\right)=\frac{4}{S_v}\sqrt{6\,V_0K\left(\frac{V}{R}\right)} \tag{2-54}$$

式中：M——克劳斯转化率，%；

S_v——气体空速，L/(kg·h)；

V_0——分子平均自由程，cm/s；

K——催化剂反应速率常数；

R——催化剂颗粒直径，cm；

V——代表孔半径4nm以下的孔体积，mL/g。

可以看出硫的转化率与催化剂半径小于4nm以下的孔体积呈正比，与催化剂的力度呈反比。

5. 强度

催化剂的强度是保证催化剂长周期运转的必要条件。催化剂强度高，在运转的过程中不会破碎，运转周期也长，通常要求催化剂的强度不低于120N/颗。压碎强度和催化剂的孔结构密切相关，孔径越小，压碎强度越大。在催化剂制备过程中优化制备工艺或添加助剂，可以增加催化剂的强度。

6. 磨耗

催化剂的磨耗率高低直接关系到反应器床层的压降、催化剂粉化和硫黄产品的质量。催化剂的磨耗率应控制小于 0.5%，并应尽可能使催化剂表面光滑，这样可降低磨耗。磨耗与催化剂的强度存在着一定的关系，因为过多的催化剂粉末会导致系统压降增加，发生沟流及引发硫黄块的形成并在冷凝器中产生硫雾及硫阻塞。

（五）本装置催化剂级配方案

本装置采用二级常规 Claus+尾气净化工艺，一级克劳斯、二级克劳斯过程气再热方式均采用在线炉。Claus 单元催化剂包括常规 Claus 反应 Al_2O_3基催化剂和钛基催化剂，Claus 尾气加氢单元采用常规尾气加氢催化剂，装填方案如表 2-14 所示。

表 2-14　Ⅷ硫黄装置反应器催化剂装填方案

项目	催化剂	装填体积/m^3	装填位置
第一级常规克劳斯反应器	1/3 Al_2O_3基（LS-300）	21	反应器上部
	2/3 TiO_2基（LS-901）	41.3	反应器下部
第二级常规克劳斯反应器	Al_2O_3基（LS-300）	62	—
尾气加氢反应器	LS-951Q	45	—

四、硫黄装置醇胺溶剂

（一）醇胺法脱硫工艺溶剂发展概况

通过可再生溶剂吸收脱除 H_2S 和 CO_2 等酸性组分是常用的石油天然气、油田伴生气和炼厂气净化方法。其中占主导地位的是以醇胺为溶剂的化学吸收工艺，由于其工艺操作简单、处理量大，对原料气中酸性气体（尤其是 H_2S）浓度适应范围广、脱除率高。特别对于需要通过克劳斯+还原吸收法大量回收硫黄的净化装置，使用醇胺法是最有效的工艺。

醇胺溶剂法脱硫工艺自 1930 年由 R. R Bottoms 发明并申请专利，至今已有近 90 余年的发展历史。回顾其发展历程，大致经历了以下 6 个阶段。

1）20 世纪 30 年代，脱硫脱碳装置都主要以乙醇胺（MEA）为溶剂；

2）20 世纪 50 年代初，二乙醇胺（DEA）为溶剂新工艺开发成功；

3）20 世纪 50 年代后期，二异丙醇胺（DIPA）开始应用，早期硫黄回收装置 SCOT 法尾气处理工艺主要采用 DIPA 溶剂；

4）20 世纪 60 年代，壳牌公司开发成功 Sulfinol 溶剂，国内通常称之为砜胺法工艺，是由物理溶剂环丁砜与 DIPA 混合而成；

5）20 世纪 80 年代初，甲基二乙醇胺（MDEA 溶剂）逐步被广泛应用，我国也于 1980 年后在天然气净化和炼厂气治理装置开始广泛应用 MDEA 溶剂，且于 1986 年完成 MDEA 选择性脱硫工艺的工业化；

6）20 世纪期后期开始，新型配方型溶剂工艺（以 MDEA 为主要组分，再复配物理溶剂或化学添加剂）得到广泛应用。

（二）脱硫溶剂的分类

吸收法脱硫溶剂可分为化学吸收脱硫溶剂、物理吸收脱硫溶剂、配方型脱硫溶剂三类。

1. 化学吸收脱硫溶剂

通过气体中硫化物和溶剂中的碱洗物质发生酸碱中和反应，转化成盐溶解在溶剂中从而达到脱除效果的溶剂称为化学吸收溶剂。从醇胺法脱硫工艺溶剂发展概况中列举的溶剂可以看出，醇胺化学吸收溶剂广泛应用于国内外气体脱硫工艺。

2. 物理吸收脱硫溶剂

利用 H_2S 和 CO_2 等酸性气体在不同压力、温度条件下，在溶剂中具有不同溶解度来达到脱除效果。其吸收脱硫过程只涉及物理过程，无化学反应发生。其典型工艺有：德国 Lurgi 公司 Purisol 工艺、美国 Selexol 工艺、德国 Friedrich Unde 公司 Estasolvan 工艺、Linde 和 Lurgi 公司 Rectisol 工艺、美国 Fluor 公司 Fluor 工艺、Sepasolv MPE 工艺等。

3. 配方型脱硫溶剂

由物理溶剂和化学溶剂按一定比例配方复配而成，兼具物理溶剂法和化学溶剂法的特点。配方型溶剂可调范围大，是国内外重点开发的对象。

（三）醇胺溶剂工艺原理

1. 酸性组分脱除机理

醇胺溶剂脱硫工艺是一种典型的吸收—再生反应过程。其中，醇胺按连接在氮原子上的氢原子数，可分为伯醇胺（如一乙醇胺 MEA）、仲醇胺（如二乙醇胺 DEA 和二异丙醇胺 DIPA）和叔醇胺（如甲基二乙醇胺 MDEA）3 类。因目前炼油厂几乎全采用 MDEA 溶剂或复配型 MDEA 溶剂，这里仅以 MDEA（甲基二乙醇胺）为例，展开相关内容的介绍。

MDEA 与 H_2S 主要反应：

$$R_3N+H_2S \rightleftharpoons R_3NH^++HS^- \tag{2-55}$$

$$R_3N+HS^- \rightleftharpoons R_3NH^++S^{2-} \tag{2-56}$$

由于叔醇胺胺基 N 原子上无活泼 H 原子，不能与 CO_2 反应生成两性离子，因而只能通过碱催化的方式催化 CO_2 的水解反应，因此具有较低的反应速率，反应式为式（2-57）。

$$R_3N+CO_2+H_2O \rightleftharpoons R_3NH^++HCO^{-3} \tag{2-57}$$

叔醇胺中的 MDEA 与 MEA、DEA、DGA 和 DIPA 等醇胺相比具有更高的脱硫选择性。当以 MDEA 水溶液处理同时含有 H_2S 和 CO_2 的原料气时，MDEA 吸收 H_2S 的过程是受气膜扩散控制的瞬时反应，而吸收 CO_2 的过程则是受反应和液膜扩散共同控制的慢反应，反应在液相主体中仍继续进行，这种反应速率上的巨大差别是 MDEA 溶剂产生选择性吸收的动力学基础。

2. 醇胺脱硫溶剂的再生工艺原理

醇胺溶剂吸收 H_2S 和 CO_2 是基于酸碱中和反应的化学吸收，为可逆放热反应，在较低的温度下（25~40℃），反应向右即吸收方向进行；在较高温度下（105℃以上），反应向左即解吸方向进行，此时生成的胺的硫化物和碳酸盐分解，析出 H_2S 和 CO_2，故醇胺脱硫溶剂的再生工艺原理是吸收过程的逆过程。通过降压、升温、汽提的方法将吸收了 H_2S 和 CO_2 的酸性气从溶剂富液中解吸，溶剂富液解吸出所吸收的酸性气后成为贫液，醇胺溶剂获得再生，形成可以循环使用的溶剂。

（四）胺法脱硫的主要影响因素

1. 温度

（1）吸收温度

从热力学分析，醇胺与 H_2S 和 CO_2 反应属于放热反应，反应温度升高，化学平衡常数减小，故希望在较低的温度下反应。但反应温度升高却有利于反应速率常数提高，故升温有利于加快反应速率。在实际操作中，由于醇胺溶液吸收 H_2S 速率极快，故温度对 H_2S 脱除率影响很小。醇胺与 CO_2 反应受动力学控制，随着反应温度升高，溶液黏度减小，扩散系数增大，吸收速率常数也呈正比增长。

当吸收温度在20~35℃之间，随吸收塔温度升高，H_2S 的脱除率基本不变，而 CO_2 脱除率明显增大，脱硫选择性下降，因而溶液循环量增大。超过35℃，CO_2 脱除率略有下降，这是因为温度升高，酸性气平衡溶解度降低，抵消了因吸收速率升高而带来的结果。吸收塔温度升高能耗增大，因此吸收塔温度不宜过高。相反，吸收塔温度过低也可能带来 CO_2 吸收速率减慢，烃冷凝引起溶液发泡等问题。

（2）再生温度

理论上，再生温度越高，对再生操作越有利，但所需的能量也越多。适宜的再生温度，要综合考虑贫液质量和所需能耗的影响。对于胺法脱硫体系，再生温度还受到胺液本身性质如沸点、降解等因素的限制。因此，适宜的再生温度通常为100~140℃。适当提高温度有利于提高溶剂的再生效果，提高脱硫效率，但是如果塔底温度过高会造成醇胺的降解，而且冲塔倾向比较大。

2. 压力

（1）吸收压力

吸收塔的操作压力通常由原料气的压力来决定。理论上，保证原料气相对较高的压力有利于吸收过程的进行，这是因为总压升高，酸性气分压也升高；总压不变，当酸性气组分浓度增加，则酸性气分压也会升高，酸性气分压升高有利于提高反应传质速率，增大溶液酸性气负荷，降低溶液循环量。实践中，原料气的压力通常取决于上游装置的操作条件。仅仅为了强化吸收而采用额外的手段来提升压力在经济上是非常不合理的。

（2）再生压力

为了获得足够的净化度，再生塔通常在略高于常压的条件下操作，再生塔塔底压力取决于以下几个因素：

1）要使该压力下塔底溶液温度达到再生温度；

2）提供汽提 H_2S 和 CO_2 所需的蒸汽；

3）克服再生塔阻力损失，使酸性气有足够的压力进入硫黄回收装置，并使贫液顺利通过贫液泵前设备到达贫液泵而不致发生泵抽空。

通常只要满足再生温度的要求，其他要求都可以达到。过高的塔底压力不但没有必要还会加剧重沸器和再生塔的腐蚀，通常为0.034~0.17MPa。再生塔塔顶压力由净化气要求的富液解吸温度下的平衡蒸气压力决定。

3. 胺液浓度

溶剂浓度的确定时综合比较装置投资、操作费用、操作稳定性和可靠性的过程。采用过低的溶剂浓度会使溶剂的循环量增加，从而导致装置投资和运行成本的增加；而过高的浓度会使吸收率下降，且使溶剂系统的发泡机率增加。其中温度的影响尤其需要引起重视，因为对于不同酸性气组分浓度的气体，其吸收过程释放的单位热量也是不同的，即溶剂浓度的变化所产生的影响是不同的。需要指出的是：当提高溶剂浓度并同时适当增加溶剂循环量以降低富液酸性气负荷的时候，可以降低塔内的温度并抵消因温度造成的吸收率下降的问题。总之，在保证产品质量的前提下，采取同样的硬件设施，不能期望因为增加溶剂浓度而按比例的减少吸收塔的溶剂循环量。

4. 脱硫剂循环量

系统的溶液循环量与原料气处理量、酸性气组分含量以及胺液浓度有很大的关系。当原料气流量提高或原料气中硫化氢含量升高时，必须通过提高胺液循环量来达到脱除硫化氢的目的，但由于受胺液再生能力、气体带胺、胺液发泡等因素的影响，胺液循环量的提高也受到严格限制，必须同时通过其他调节手段来达到脱除硫化氢的目的。因此，必须根据原料气处理量和性质的变化及时调整胺液循环量。溶剂浓度越高，脱除效果越好，但是越容易发泡，损失增加。一般正常胺液浓度选择范围在20%~40%。实际操作过程中，应在保证净化气质量的前提下，尽可能降低循环量，以达到节能的目的。

5. 贫液质量

原料气带来的微细悬浮物杂质积聚在溶液中，会导致溶液发泡和消泡时间过长，使操作困难，降低了塔的处理能力，同时使塔的阻力迅速增大，严重时引起泛塔。对于贫液中的杂质，可以采取以下措施进行脱除：

1）采取有效的防腐措施，降低溶液中腐蚀产物的含量；

2）抑制溶液降解，及时将失活溶液进行复活处理；

3）减少溶液中降解产物含量；

4）设置过滤器，使溶液中悬浮物的含量不大于0.01%（质），过滤介质可采用羊毛毡、玻璃布、涂覆硅藻土的金属丝网或金属片、活性炭等，其中采用活性炭可除去冷凝在溶液中的烃类、压缩机油及其他有害物。

5）对于发泡严重的装置，通常向溶液中注入消泡剂，常用的消泡剂有有机硅、酰胺类、磷酸酯类化合物。

6. CO_2的共吸收性能

从上述溶剂吸收原理来看，H_2S与CO_2是竞争吸附关系。CO_2可与H_2S共吸收，从而减少MDEA的吸收容量，影响净化气H_2S含量。工业上一般采用以下方法减少CO_2共吸收：

1）增大MDEA浓度，CO_2共吸收率下降。增大MDEA浓度对CO_2的吸收促进不显著反而使黏度上升，传质系数下降，从而减少CO_2吸收。

2）降低溶液循环量，CO_2共吸收率下降。因为溶液循环量下降，液相负荷升高而使吸收的CO_2总量减少。

3）降低吸收温度，CO_2共吸收率下降。因为MDEA吸收CO_2属液相控制反应，CO_2吸收量随温度下降而减少。

4）减少塔板数，CO_2共吸收率下降。因为减少塔板数能减少气液接触时间，MDEA-H_2S与MDEA-CO_2在反应机理及速率差别，沿塔高变化不同，随着接触时间增加，CO_2吸收量增加快于H_2S，选择性下降。

第三部分　标定报告

一、标定安排

1）标定时间：2019 年 9 月 18 日 8：00 至 9 月 21 日 8：00，共 72h。

2）标定目的及内容：标定装置的实际生产能力及运行情况，计算主要运行参数。根据计算结果，对制约装置生产的问题和瓶颈进行技术分析，提出有效的解决措施。针对装置能耗、产品质量和长周期运行等方面问题，以装置基础核算为依据，提出优化方案。标定内容包括装置物料平衡、硫转化率、产品质量、装置能耗、关键设备负荷、污染物排放水平等。

二、标定结果

（一）原料及产品性质

1. 装置原料数据

原料主要为Ⅰ、Ⅱ加氢裂化和Ⅳ、Ⅴ加氢的高浓度酸性气，以及 POX 装置的酸性气为标定原料。因与其成为联合装置的Ⅳ套污水汽提装置未开工，因此未对含氨酸性气进装置进行标定。因装置高负荷标定需要，对各套硫黄回收装置的酸性气进行了平衡，适当提高了本套硫黄回收装置运行负荷。

（1）标定期间装置原料酸性气流量及分析数据

标定期间酸性气流量为 9975～12238kg/h，平均流量为 12840kg/h，酸性气浓度、CO_2和烃含量具体见表 3-1。

表 3-1　标定期间装置原料酸性气流量及分析数据

项目 / 数据	设计点（设计范围）	最高值	最低值	平均值	分析数据（湿基）
酸性气流量/(kg/h)	22699	13838	11260	12840	—
H_2S/%(体)	70(45～95)	88.82	75.99	82.403	77.97
H_2O/%(体)	5.8	—	—	—	—
CO_2/%(体)	16.2(0～42)	19.25	15.80	17.523	16.58
总烃(含 CH_4、C_2H_6、C_2H_4、C_3以上)/%(体)	3.0(0～3.0)	0.02	0.01	0.074	0.07

（2）原料酸性气 CO_2含量测算

根据酸性气原料特点，本装置原料酸性气中 CO_2主要来自清洁酸性气、POX 酸性气和本装置加氢单元回流酸性气，由装置 CO_2含量直接通过分析所得，直接作为核算数据，并可通过原料酸性气中 CO_2分析数据，计算得到清洁酸性气和回流酸性气相关 CO_2分析测算数据。

（3）原料酸性气 H_2O 含量测算

酸性气 H_2O 含量不分析，因此装置原料 H_2O 含量通过上游装置酸性气温度进行饱和蒸气压反推酸性气 H_2O 含量。水的饱和蒸气压通过查询数据，并进行线性回归。具体见表 3-2。

表 3-2 各种酸性气工况 H_2O 含量测算

项 目	清洁混合酸性气	回流酸性气
温度/ ℃	40	40
压力(绝压)/kPa	163.3	146.3
水的饱和蒸气压/kPa	7.4	7.4
气相中水的浓度%/(体)	7.34	5.06
各股物料水的流量/(kmol/h)	18.74	1.107
进炉酸性气水含量%/(体)	5.38	

(4) 酸性气烃含量分析

装置酸性气中烃大部分来自于清洁酸性气，目前进反应炉酸性气烃分析浓度为 0.01%，可看成全部来自系统清洁酸性气，通过物流平衡，可以计算出清洁酸性气烃体积含量在 0.07%，同时为方便后续的计算，把酸性气中的烃全部简化为 CH_4组分。

(5) 反应炉进料酸性气特性数据

通过上述测算和分析数据，并结合装置原料酸性气组分流量，可以得出以下装置酸性气特性数据见表 3-3。

表 3-3 标定期间酸性气特性数据

	原料设计值	清洁酸性气	POX 酸性气	回流酸性气	进炉酸性气
H_2S/%(体)	70	81.03	75.33	53.28	77.97
CO_2/%(体)	16.2	11.53	24.70	41.66	16.58
H_2O/%(体)	5.8	7.34	0	5.06	5.38
CH_4/%(体)	3	0.1	0	0	0.07
N_2/%(体)	0	0	0	0	0
NH_3/%(体)	5	0	0	0	0
合计	100	100	100	100	100
平均分子量	33.30	33.96	36.57	37.36	34.78
温度/℃	40	40	30	40	140
压力/kPa	161.3	163.3	251.3	146.3	119.3
流量/(kmol/h)	—	255.3	91.1	21.9	368.3
流量/(m^3/h)	—				10600
流量/(kg/h)	—				12840

注：以上数据测算均为湿基工况，通过去除组分中的 H_2O 含量，可以计算干基状态下的各组分含量，这里不再计算。

2. 装置原料理化性质

(1) 硫化氢的理化性质

硫化氢是一种无色、具有臭鸡蛋气味的可燃性剧毒气体，分子式为：H_2S，分子量为 34.08，密度为 1.53kg/cm^3，纯硫化氢在空气中 246℃或在氧气中 220℃即可燃烧，与空气混合会爆炸，其爆炸极限为：4.3%～45.5%。H_2S 溶于水，1 体积水可以溶解 4.65 体积的 H_2S，水溶液呈弱酸性(氢硫酸)，氢硫酸是不稳定的，易被水溶液中的氧氧化，而使其 H_2S

溶液呈混浊(单质硫易析出)。

（2）二氧化碳的理化性质

二氧化碳俗名为碳酸气，分子式为CO_2，分子量44，无色无味气体，有水分时呈酸味，密度为1.977kg/cm^3，相对密度为1.53，溶于水，部分生成碳酸，化学性质很稳定，它是在燃烧过程中生成的。对于硫黄装置来说，CO_2主要有两个来源，一是酸性气含有一定量的CO_2，另一个是烃类燃烧产生的CO_2。高温环境下，CO_2还可与S相关的介质反应，生产COS等物质。

（3）氨的理化性质

氨分子式为NH_3，分子量为17.03，氨为无色具有强烈刺激性气味的气体，俗称阿莫尼亚，密度为0.76，相对密度为0.5971。氨易溶于水，在常温下加压即可使其液化(临界温度132.4℃，临界压力112.2大气压)，沸点-33.5℃，其水溶液称为氨水，呈碱性。还可溶于乙醇、乙醚，具有还原作用，在催化剂作用下氧化为一氧化氮。高温下可分解成氮和氢，也可以SO_2等组分反应，生产H_2S、H_2O、N_2等。

（4）烃

仅由碳和氢两种元素组成的有机化合物称为碳氢化合物，又叫烃，在室温下，含有1~4个碳原子的烃一般为气体。一般炼油厂酸性气中都含有一定量的烃，主要来自上游溶剂再生装置在醇胺溶液中的溶解烃和污水汽提装置含硫污水夹带的烃类。

本装置制硫单元采用直接注入式烧氨的克劳斯硫回收工艺，要求反应炉达到1300℃左右的高温，酸性气中一定的烃含量，进入反应炉充分燃烧后可提高反应炉温度，使其符合工艺指标，如果酸性气烃含量偏小，在装置负荷较小或酸性气浓度较低时，酸性气燃烧产生的温度达不到反应炉温度指标，此时就需要向反应炉补充一定的瓦斯，以提高反应炉温度。但是如果酸性气中烃含量过高或者烃含量波动较大时，可能由于配风不足或配风不能及时跟上烃含量的变化，烃在空气不足的情况下进行燃烧产生了炭黑，炭黑会污染硫黄，使硫黄产品外观发青甚至出现黑硫黄，碳黑还会污染催化剂，使反应器床层压力降增加，因此不希望出现生成炭黑的副反应。

3. 产品质量及性质

（1）硫黄理化性质

工业硫黄性状：外观为淡黄色脆性结晶固体或粉末或液体，有特殊臭味。硫黄不溶于水，微溶于乙醇、醚，易溶于二硫化碳。固体硫黄一般在116℃左右时开始熔融，继续加热至159℃时液体硫的黏度急剧增加，主要是由于硫黄受热激发S_8环打开形成两端带不饱和硫原子的链状自由基单体，此自由基单体再进行可逆的聚合反应生成长度不等的长链聚合硫。硫黄蒸气中含有S_8、S_4、S_2等分子，1000℃以上时硫黄蒸气由S_2组成。硫黄变化形式如图3-1所示：

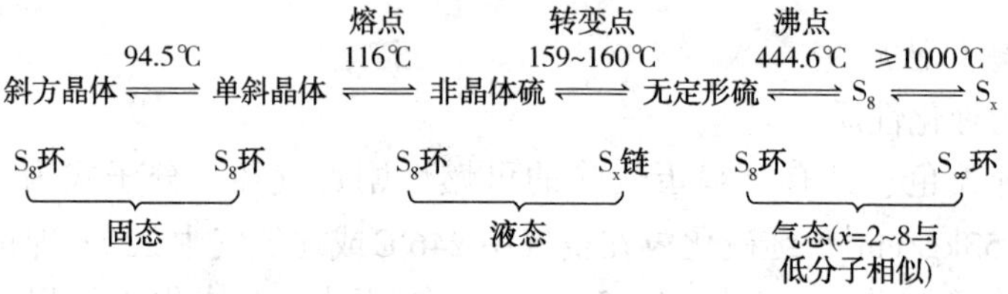

图3-1　硫黄随温度变化的变换形式图

液体硫黄黏度和比热容与温度的关系：液体硫黄的黏度和比热容的温度曲线上有一个突变点。150℃以下的液体硫黄的黏度和比热较小，在160℃左右突然极速增大，而后逐渐变少。这是因为液体硫黄在160℃附近发生聚合反应，体系形态变生了改变。

当温度高于120℃时，硫黄开始熔化。继续加热，当温度低于157℃时，硫黄呈浅黄色液体，黏度随温度升高略有降低，基本结构单元仍为S_8环。当温度超160℃则颜色变暗，黏度迅速增大，因此，160℃通常为液硫的转变温度。液硫黏度约在200℃附近达到最大，之后随温度升高黏度快速减小。液体硫黄黏度、比热容和温度的关系如图3-2所示。

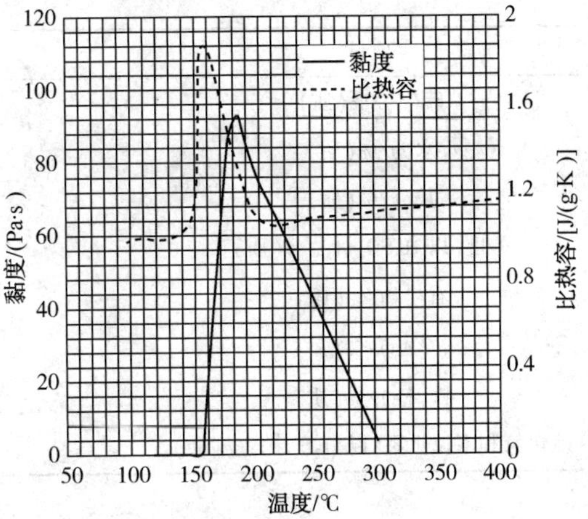

图3-2　液体硫黄黏度和比热容与温度的关系图

（2）硫黄用途

工业硫黄：工业制酸、磷肥、化纤、染料、农药等工业原料。

食品添加剂硫黄：食糖、淀粉、医药等加工，用于杀菌、消毒、漂白等。

不溶性硫黄：橡胶、化纤硫化剂、高等级子午线轮胎硫化剂等。

（3）硫黄产品标准

GB/T 2449. 1—2014《工业硫黄第1部分：固体产品》于2015年5月1日起正式实施；GB/T 2449. 2—2015《工业硫黄第2部分：液体产品》于2016年5月1日正式实施。

（4）液硫产品中硫化氢

液体硫黄多来自石化炼油厂或高硫天然气净化厂的克劳斯硫回收装置，原料酸性气主要有效成分为硫化氢，因此装置生产的液体硫黄中通常会含有微量游离的H_2S和反应生产的多硫化氢（H_2S_x）。若未经脱气将液体硫黄装入槽车，在运输过程中因搅动而释放到槽车液面上部空间的H_2S和H_2S_x总量可达到300ppm，极易造成环境污染、人员中毒等事故。经过脱气后，液体硫黄中的$H_2S+H_2S_x$残存量约为10~50μg/g，释放形成的尾气仍有一定的毒性。液体硫黄的各项技术指标较固体硫黄要求要高一些，并增加一项硫化氢和多硫化氢检测指标。工业液体硫黄产品增设硫化氢和多硫化氢技术指标的检测，对液体硫黄进行硫化氢含量的监控，能够有效降低液硫在储存和使用过程中的安全隐患，防止环境污染，减少损失。

（5）本装置产品质量

本装置产品结构相对单一，其产品只有工业硫黄，且装置未配置固体硫黄成型设施，装置产品全部以液硫形式外送公司液硫罐区，再由专用槽车装车外销。装置标定72h共回收液体优等品硫黄634t，期间对液硫进行了一次全分析，硫黄质量达到国家优质标准（GB/T 2449. 2—2015），与国家工业硫黄优质品质量指标对比见表3-4。

表3-4　液硫质量分析数据

项目	质量指标	9月19日分析值
状态	液硫	液硫
液硫外观	常温下呈黄色或淡黄色，无肉眼可见杂质	合格

续表

项目	质量指标	9月19日分析值
硫(S)/%(质)	≥99.95	99.98
水分/%(质)	≤0.10	0.02
灰分/%(质)	≤0.02	0.01
酸度(以 H_2SO_4 计)/%(质)	≤0.003	0.002
有机物/%(质)	≤0.03	0.01
砷(As)/%(质)	≤0.0001	0.00002
铁(Fe)/%(质)	≤0.003	0.0003
硫化氢和多硫化氢(以 H_2S 计)/%(质)	≤0.0015	0.0004

（二）装置物料平衡

标定期间硫黄装置平均负荷为49.31%(以装置硫黄产量计算)，满足设计的30%~105%要求。装置标定总物料平衡表如表3-5，具体分项物料平衡见第五部分物料平衡。

表3-5 硫黄装置标定物料平衡数据

输入/(kg/h)		输出/(kg/h)	
酸性气	12840	硫黄	8805
空气	37288	含硫污水	5100
瓦斯	562	烟道气	35950
氢气	17	回流酸性气	818
—	—	损失	34
合计	50707	合计	50707

装置加工损失为34kg/h，分析主要原因为装置各流量计测量偏差引起。

（三）装置三废排放情况

硫黄回收装置是主要环保装置，装置三废分布情况见表3-6。

表3-6 硫黄装置三废分布情况

项目	三废名称	排放情况
废气	装置烟道气	经100m烟囱高空连续排放
	液硫池废气	正常工况无排放，异常工况通过15m高排气筒排放
废液	急冷水(含硫污水)	连续外送污水汽提装置
	再生酸性水	间歇外送污水汽提装置
	废醇胺溶剂	间歇回收处理
	含盐废水	间歇回收处理
	含油污水	间歇送公司含油污水系统
废渣	废催化剂	更换周期，废催化剂回收处理
	检维修废渣	检修期间产生，填埋处理

1. 烟道气排放情况

本装置烟气排放点设置烟气CEMS在线分析表和烟气非甲烷总烃(VOCs)在线分析表，

在线分析仪表取样点均安装在碱洗塔顶40m高度处。标定期间装置运行工况正常，液硫池废气全部有效回收至装置反应炉，装置废气排放只有烟道气。装置烟道气监测数据见表3-7。

表3-7 硫黄装置烟道气在线检测数据 mg/m³

监测日期	SO_2	NO_x	H_2S	VOCs
9.18 9：00	3.18	64.7	未检出	0.98
9.19 9：00	3.17	74.6	未检出	1.06
9.20 9：00	2.96	73.2	未检出	0.80
均值	3.10	70.8	—	0.95

硫黄回收尾气SO_2排放浓度均符合国家标准，非甲烷总烃排放浓度较低，NO_x排放浓度偏高，主要是由于焚烧炉烧嘴燃烧效果不佳所致。

2. 急冷水(含硫污水)排放情况

标定期间，急冷水(含硫污水)分析结果见表3-8。

表3-8 装置外排急冷水分析数据

日期	H_2S/(mg/L)	氨氮/(mg/L)	COD/(mg/L)	pH
9.19	2940	1750	1800	8.13
9.20	—	1540	2100	7.97

(四) 装置能耗核算

装置标定装置平均负荷49.31%(以硫黄产量计)，平均能耗为-107.5kgEO/t，低于-98.8kgEO/t的设计值。装置标定能耗数据与设计值对比见表3-9。

表3-9 硫黄装置标定期间能耗数据

项目 内容	设计/(kgEO/t)	实际/(kgEO/t)	实物消耗/t或°	实际单耗/t或°/t
循环水	3.1	7.37	46749	73.74
除盐水	4.1	7.68	2116	3.34
电	34.3	40.43	111456	175.80
1.0MPa蒸汽	29.6	51.79	432	0.68
3.5MPa蒸汽	-269.6	-299.81	-2160	-3.41
燃料气	113.6	90.59	60.46	0.10
凝结水	-13.9	-5.56	-965	-1.52
合计	-98.8	-107.5	—	—

能耗分析如下：

1）标定期间装置能耗低于设计值的主要原因是装置酸性气负荷较低，母项较小，导致3.5MPa蒸汽单耗下降。标定期间3.5MPa蒸汽能耗为-299.81kgEO/t，低于设计能耗269.6kgEO/t。

2）装置0.35MPa蒸汽全部由1.0MPa蒸汽减温减压而来，因此1.0MPa蒸汽高于设计值，标定期间，装置实际 1.0MPa 蒸汽能量单耗为 51.79kgEO/t，设计蒸汽能量单耗为 29.6kgEO/t。

3）因装置 3.5MPa 蒸汽发汽量高于设计值，相应除盐水消耗高于设计值。

4）因标定期间环境温度较高，因此装置电耗、循环水消耗高于设计值。

（五）标定操作数据对比

Ⅷ硫黄装置标定主要操作数据对比见表 3-10。

表 3-10 硫黄装置标定主要操作数据比对

序号	数据名称	单位	数据设计值	实际操作值	
				18 日 9：00	19 日 9：00
1	酸性气流量	kg/h	—	13565	12240
3	酸性气分子量	kg/kmol	25.00~45.00	34.85	34.84
4	酸性气入炉温度	℃	120~300	140.1	139.9
5	反应炉总风量	kg/h	0~60000	19510	18220
6	反应炉温度	℃	1250~1400	1249	1241
7	R8101 入口温度	℃	220~250	240.5	239.6
8	R8101 床层温度	℃	260.0~330.0	311.5	310.8
9	R8102 入口温度	℃	200~230	215.2	215.2
10	R8102 床层温度	℃	210.0~280.0	239.6	238.4
11	R8103 入口温度	℃	—	261.0	260.2
12	R8103 床层温度	℃	260.0~330.0	295.7	294.9
13	加氢炉氢气流量	kg/h	—	10	10
14	T8101 急冷水流量	t/h	250~480	300	300
15	T8101 尾气温度	℃	15~50	35.3	35.2
16	过程气氢含量	%	2.30~5.50	4.27	4.41
17	贫液流量	t/h	—	115	115
18	贫液入塔温度	℃	15~45	35.9	34.6
19	重沸器蒸汽流量	t/h	5.50~28.00	13.01	13.00
20	酸性气回流量	kg/h	300~1000	840	825
21	过热蒸汽出口流量	t/h	7.00~40.00	30.39	29.87
22	过热蒸汽出口温度	℃	410~450	430.1	428.7

（六）净化后尾气分析结果

在标定期间对净化后尾气进行硫化氢及总硫含量分析，分析结果见表 3-11：

表 3-11 净化后尾气分析数据表

监测日期	$H_2S/(mg/m^3)$	$T\text{-}S/(mg/m^3)$
9.18	<10	10.97
9.19	<10	9.67
9.20	<10	8.37

净化后尾气硫化氢含量满足工艺指标要求，检测结果满足高效进口溶剂协议中≤$20mg/m^3$的指标要求。

（七）溶剂分析结果

装置标定期间对装置贫、富溶剂进行分析，分析结果见表3-12。

表3-12 贫、富溶剂分析数据

日期	项目	H_2S/(g/L)	CO_2/(g/L)	MDEA/(g/100mL)
9.18	贫溶剂	0.18	3.73	35.64
	富溶剂	4.23	7.15	34.63
9.19	贫溶剂	0.16	3.23	33.44
	富溶剂	3.69	6.79	32.54

标定期间，装置溶剂外观正常，贫液 H_2S 浓度低于0.3 g/L，小于0.5 g/L协议指标要求，满足过程气净化要求。从分析数据可以看出溶剂吸收效果较好，溶剂循环量偏大，CO_2 共吸率较高。

（八）装置催化剂性能

1. 标定期间反应器进出口过程气分析数据

装置标定期间对装置过程气、尾气进行分析，分析结果见表3-13。

表3-13 反应器进出口分析数据

样品名称	组份名称	9月18日	9月19日
E8102入口/%(体)	硫化氢	1.52	1.42
	羰基硫	0.34	0.28
	二氧化硫	<0.10	<0.10
E8103入口/%(体)	硫化氢	1.06	0.82
	羰基硫	<0.10	<0.10
	二氧化硫	<0.10	<0.10
E8104入口/%(体)	硫化氢	0.57	0.55
	羰基硫	<0.10	<0.10
	二氧化硫	<0.10	<0.10
R8103入口/%(体)	硫化氢	0.58	0.57
R8103出口/%(体)	硫化氢	1.28	1.20

2. 制硫单元总S转化率

根据化验分析值计算制硫单元硫转化率：由表3-13可知二级克劳斯反应器出口的 H_2S 浓度为0.56%(体)、SO_2浓度0.01%(体)、COS浓度0.01%(体)，进装置酸性气中的硫化氢体积浓度为：77.97%(体)，根据制硫单元总硫转化率计算方法：[1-第三硫冷凝器出口总硫($H_2S+SO_2+CO_S+2CS_2$)摩尔数/原料气入口总硫($H_2S+SO_2+COS+2CS_2$)摩尔数]×100%=99.3%，满足技术协议中第二级Claus反应器后总硫转化率≥96%的考核指标要求。

3. 一级制硫反应器COS水解率

根据化验分析值计算一级制硫反应器COS水解率，第一硫冷凝器入口COS浓度为

0.31%(体)，第二硫冷凝器入口 COS 浓度 0.01%(体)，根据第一制硫反应器 COS 水解率计算方法：(1-第二硫冷凝器入口 COS 摩尔数/第一硫冷凝器入口 COS 摩尔数)×100%＝95.8%。制硫反应器 COS 总水解率高于 95%，满足协议要求。

4. 一、二级制硫反应器 CS_2 总水解率

由于 CS_2 含量较低，化验设备无法分析，可认为尾气中 CS_2 总水解率为 100%，满足技术协议中一、二级克劳斯反应器后 CS_2 总水解率>95%的要求。

5. 加氢反应器出口 S、SO_2 转化率

标定期间加氢反应器入口温度维持在 260℃，出口尾气 H_2 含量均高于 1.5%(体)，出口 S、SO_2 含量未检出，可认为 S、SO_2 转化率为 100%，满足技术协议中尾气加氢还原反应器在入口温度为 260～300℃、出口尾气中 H_2 含量不小于 1.5%(体)的条件下，反应器出口 S、SO_2 转化率为 100%的要求。

6. 加氢反应器出口 COS+CS_2 含量

标定期间加氢反应器入口温度维持在 260℃，出口尾气 H_2 含量均高于 1.5%(体)，根据 T8102 出口净化后尾气分析数据，未检测出 COS 浓度，可认为反应器出口尾气中 COS+CS_2 含量(尾气加氢还原反应器出口)满足不高于 20mg/m^3 的要求。

(九)装置总硫回收率

标定期间装置烟气中二氧化硫平均排放浓度为 3.1mg/m^3，装置急冷水、酸性水带走的 H_2S 至污水汽提装置回收，最终还是以酸性气形式返回硫黄装置回收，再生酸性气直接回流到装置反应炉，根据装置生产实际，可认为烟气排放带走的硫元素和加工损失为硫损失，根据装置总硫平衡计算得到装置总硫回收率在 99.98%。

三、存在问题分析及建议

(一) 装置标定发现问题

1) 根据标定方案要求，装置标定过程中，装置烟气 SO_2 排放浓度全部低于 50mg/m^3，碱洗塔碱液注入采取间歇式注入，即当碱洗循环液 pH<8 时注碱，有效地降低了装置的碱液耗量，为装置日常操作积累经验。

2) 装置负荷提高，加氢炉出现间歇性振动，经过操作调整，仍无法彻底消除。目前硫黄装置加氢炉振动现象呈上升趋势，建议邀请相关专家进行专题探讨，从而彻底解决。

(二) 装置标定建议

1) 标定期间，装置酸性气浓度较高，因此 POX 酸性气是直接与高浓度酸性气混合后进入反应炉，装置流程上已经设置了 POX 酸性气进反应炉后部的流程，但实际操作中并未进行测算，因此 POX 酸性气进入反应炉后部燃烧反应对整套硫黄装置的影响，如硫回收率、反应炉温度以及能耗的影响未在此次标定中体现。

2) 标定期间，装置反应炉炉头压力为 18kPa，尾气加氢单元入口压力为 13.5kPa，装置制硫单元压差为 4.5kPa，吸收塔出口控制阀后压力为 2kPa，尾气加氢单元压差为 11.5kPa，装置系统总压差较低。硫黄装置为炼油生产链末端装置，装置工艺过程气系统压力低，维持装置系统低压降，能够降低装置运行能耗，并有利于装置长周期运行，建议装置在源头设计上考虑低压差工况。

第四部分 理论计算及分析

一、反应过程工艺计算

(一) 条件设置

克劳斯硫黄回收工艺过程较为复杂，涉及众多副反应，生成的硫又有 $S_1 \sim S_8$ 等众多形态，实际生产过程中还可能存在二氧化碳、烃类、氨等介质的反应。还原吸收法尾气处理过程中，再生酸性气回到反应炉还需要反复进行迭代计算，因此，计算量相当庞大。为使计算数据能在可接受的范围内反应生产实际，同时又能够减少手算工作量，特设置如下计算条件：

1）反应炉测算忽略了 CS_2 等微量副反应，同时由于与本套硫黄装置联合汽提装置未开工，因此，原料酸性气中未考虑含氨酸性气。

2）为使计算数据与实际相符，反应炉中考虑的副反应主要为 CO_2 与 H_2S 反应生成 CO 的反应、H_2S 裂解生成 H_2 的反应以及 CO_2 与 S 生成 COS 的反应。

3）忽略了 $S_1 \sim S_8$ 的多种形态，只选取其中主要的 S_2、S_6、S_8 等进行测算。

4）原料酸性气中已考虑再生塔再生酸性气的流量及物性，因此，未进行迭代计算。

5）部分常数计算采用线性回归公式。

6）不考虑液硫池废气进反应炉的影响，不考虑 S Zorb 烟气进加氢反应器的影响。

7）酸性气中的烃类全部以 CH_4 考虑。

8）设备压降参考设计数据及 Aspen 模拟结果予以给定。

(二) 基础数据

1. 反应方程及反应热

计算涉及到的反应方程式及反应热如下(本文公式中反应热以反应式中加粗的化学物质计算，负值代表放热，正值代表吸热，热量单位为 kJ/kmol)：

$$H_2S+3/2O_2 = H_2O+SO_2-517900 \tag{4-1}$$

$$CH_4+2O_2 = CO_2+2H_2O-802800 \tag{4-2}$$

$$H_2S+1/2SO_2 = H_2O+3/4S_2+47060(>510℃) \tag{4-3}$$

$$2H_2S+SO_2 = 2H_2O+3/8S_8-126360(<677℃) \tag{4-4}$$

$$3S_2 = S_6-284900 \tag{4-5}$$

$$4S_2 = S_8-413800 \tag{4-6}$$

$$CO_2+H_2S = CO+H_2O+1/2S_2+114700 \tag{4-7}$$

$$H_2S = H_2+1/2S_2+89200 \tag{4-8}$$

$$CO_2+3/4S_2 = COS+1/2SO_2+13125 \tag{4-9}$$

2. 反应平衡常数

反应平衡常数用于确定反应进行的程度和产物的组成。本文所述反应平衡常数以 K_p 表示。以反应式(4-4)为例，其定义如下：

$$Kp=\frac{(p_{H_2O})^2(p_{S_8})^{\frac{3}{8}}}{(p_{H_2S})^2(p_{SO_2})}=\frac{(Mols_{H_2O})^2(Mols_{S_8})^{\frac{3}{8}}}{(Mols_{H_2S})^2(Mols_{SO_2})}\left[\frac{\pi}{总\,Mols}\right]^{\frac{3}{8}-1} \tag{4-10}$$

式中　Kp——反应平衡常数，无量纲；

p——相应组分的分压，kPa；

$[Mols]$——相应组分的摩尔流量，kmol/h；

π——总压力，atm(绝)；

图 4-1、图 4-2 给出了不同温度下的克劳斯反应平衡常数。

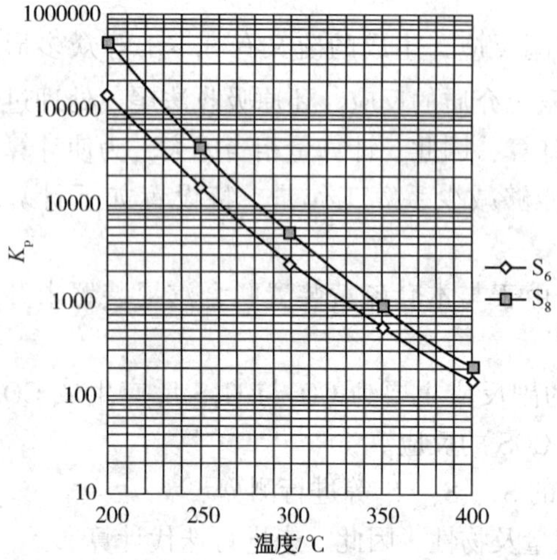

图 4-1　200~400℃克劳斯反应平衡常数

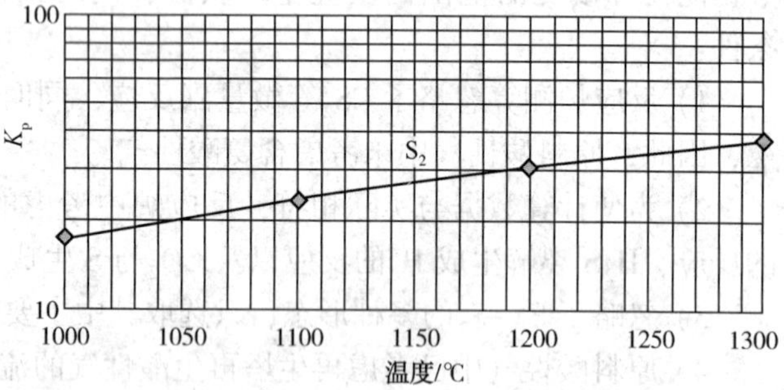

图 4-2　1000~1300℃克劳斯反应平衡常数

对图 4-1、图 4-2 中的曲线进行拟合，可以得到下列公式：

$$T=637-54.75\ln(K_p)+2.069[\ln(K_p)]^2-0.03324[\ln(K_p)]^3 \quad (4-11)$$

$$T=-592.5+1215\ln(K_p)374.8[\ln(K_p)]^2+50.47[\ln(K_p)]^3 \quad (4-12)$$

其中式(4-11)为生成 S_8 的反应平衡常数，式(4-12)为生成 S_2 的反应平衡常数。

3. 硫黄回收装置主要物质的热焓

硫黄回收装置主要物质的热焓见表 4-1、表 4-2。

表 4-1　硫黄回收装置主要物质的焓值　　kJ/kmol

温度/℃	N_2	O_2	H_2S	CO	COS	CO_2	SO_2	H_2	H_2O
15	437.6	452.4	504.6	437.9	609.3	548.7	590.1	439.5	512.5
25	729.5	756	841.5	730.1	1022	921	990.2	732.3	855.7
50	1460	1521	1686	1461	2076	1873	2013	1464	1719
100	2923	3074	3392	2927	4269	3861	4146	2924	3461
150	4390	4648	5129	4398	6557	5941	6377	4381	5221
200	5863	6237	6911	5878	8927	8100	8687	5838	6994
250	7344	7838	8745	7369	11370	10330	11060	7293	8779
300	8836	9449	10640	8873	13870	12620	13480	8748	10580
350	10340	11070	12590	10390	16420	14970	15950	10200	12390
400	11860	12700	14600	11930	19030	17370	18450	11660	14220
450	13390	14330	16670	13480	21680	19830	21000	13120	16070
500	14940	15970	18790	15050	24360	22330	23570	14570	17950

续表

温度/℃	N_2	O_2	H_2S	CO	COS	CO_2	SO_2	H_2	H_2O
550	16510	17630	20970	16640	27090	24880	26190	16040	19850
600	18090	19290	23190	18250	29840	27480	28830	17500	21780
650	19690	20960	25460	19870	32630	30110	31500	18980	23750
700	21300	22650	27760	21510	35440	32780	34210	20450	25740
800	24580	26050	32480	24830	41140	38220	39700	23430	29840
900	27910	29500	37340	28210	46920	43780	45290	26450	34090
1000	31290	33000	42320	31630	52760	49440	50960	29510	38470
1100	34710	36540	47420	35100	58670	55180	56720	32620	43000
1200	38170	40140	52620	38600	64620	60990	62540	35780	47650
1300	41660	43780	57920	42130	70610	66860	68430	38990	52420
1400	45180	47470	63320	45690	76640	72790	74370	42250	57300
1500	48730	51190	68810	49270	82700	78760	80350	45560	62280
1600	52310	54950	74380	52870	88790	84770	86380	48920	67360
1700	55900	58750	80030	56490	94910	90810	92440	52320	72520

表 4-2　硫黄回收装置主要物质的焓值　　kJ/kmol

温度/℃	S_2	S_6	S_8	C_2	C_3	nC_4	iC_4	nC_5	nC_6
15	482. 4	1666	2306	756. 3	1052	1414	1379	1720	2042
25	806. 5	2792	3864	1275	1778	2388	2331	2905	3450
50	1625	5653	7819	2626	2680	4934	4833	6004	7132
100	3293	11540	15950	5565	7862	10510	10350	12800	15220
150	4997	17580	24290	8826	12540	16730	16550	20400	24260
200	6730	23750	32810	12400	17700	23570	23390	28760	34220
250	8486	30000	41460	16290	23310	30990	30820	37870	45050
300	10260	36310	50240	20460	29340	38940	38820	47650	56690
350	12050	42680	59130	24910	35770	47390	47620	58070	69060
400	13850	49090	68140	29620	42550	56310	56280	69080	82120
450	15670	55530	77260	34560	49670	65650	65680	80630	95800
500	17490	62010	88480	39740	57100	75380	75480	92680	110100
550	19330	68510	95820	45120	64830	85490	85640	105200	124800
600	21170	75040	105300	50710	72830	95940	96160	118100	140100
650	23020	81580	114800	56490	81090	106700	107000	131500	155900
700	24480	88160	124400	62450	89590	117800	118100	145200	172000
800	28630	101400	143800	74840	107200	140800	141200	173600	205500
900	32410	114700	163400	87820	125700	164800	165300	203300	240300
1000	36220	128000	183100	101300	144800	189600	190200	233900	276300
1100	40060	141500	202800	115200	164500	215100	215800	265500	313400

续表

温度/℃	S_2	S_6	S_8	C_2	C_3	nC_4	iC_4	nC_5	nC_6
1200	43930	155100	222500	129600	184700	241300	242100	298000	351400
1300	47840	168800	242100	144200	205400	267100	268900	331200	390300
1400	51770	182600	261600	159200	226500	295400	296200	365100	430100
1500	55730	196500	281100	174400	247900	323100	323900	399700	470600
1600	59720	210400	300400	189900	269700	351100	352000	434900	511900
1700	63730	224300	319700	205500	291700	379500	380500	470800	553900

根据表4-1、表4-2，对各组分的温度和焓值进行二阶数据拟合，可以得到以下公式：

0～400℃范围内：

$$CH_4=0.0312T^2+32.523T+29.19 \quad (4-13)$$

$$N_2=0.0017T^2+28.959T+4.6431 \quad (4-14)$$

$$O_2=0.0028T^2+30.656T-10.527 \quad (4-15)$$

$$H_2S=0.0097T^2+32.547T+19.642 \quad (4-16)$$

$$CO_2=0.0147T^2+37.682T-27.192 \quad (4-17)$$

$$SO_2=0.0136T^2+40.881T-37.416 \quad (4-18)$$

$$H_2=-0.0002T^2+29.22T+1.9276 \quad (4-19)$$

$$H_2O=0.0029T^2+34.403T-4.7547 \quad (4-20)$$

$$S_2=0.0049T^2+32.728T-13.814 \quad (4-21)$$

$$S_6=0.0201T^2+115.07T-86.398 \quad (4-22)$$

$$S_8=0.0317T^2+158.05T-92.062 \quad (4-23)$$

$$CO=0.0021T^2+28.934T+5.3767 \quad (4-24)$$

$$COS=0.0147T^2+41.822T-29.873 \quad (4-25)$$

400～900℃范围内：

$$CH_4=0.0203T^2+42.719T-2365.1 \quad (4-26)$$

$$N_2=0.0031T^2+28.105T+117.01 \quad (4-27)$$

$$O_2=0.0022T^2+30.771T+43.07 \quad (4-28)$$

$$H_2S=0.0079T^2+35.259T-815.4 \quad (4-29)$$

$$CO_2=0.0072T^2+43.529T-1230.8 \quad (4-30)$$

$$SO_2=0.0058T^2+46.2T-968.19 \quad (4-31)$$

$$H_2=0.0014T^2+27.729T+360.9 \quad (4-32)$$

$$H_2O=0.0067T^2+30.957T+788.67 \quad (4-33)$$

$$S_2=0.0045T^2+30.962T+875.23 \quad (4-34)$$

$$S_6=0.0048T^2+124.98T-1689.6 \quad (4-35)$$

$$S_8=0.0206T^2+162.02T+904.28 \quad (4-36)$$

$$CO=0.0031T^2+28.564T-3.6744 \quad (4-37)$$

$$COS=0.0053T^2+48.943T-1434.4 \quad (4-38)$$

900～1700℃范围内：

$$CH_4=0.0123T^2+57.733T-9449.6 \quad (4-39)$$

$$N_2=0.0015T^2+31.013T-1256.5 \quad (4-40)$$

$$O_2=0.0021T^2+30.997T-143.96 \quad (4-41)$$

$$H_2S=0.0048T^2+41.011T-3447.1 \quad (4-42)$$

$$CO_2=0.0027T^2+51.808T-5062.4 \quad (4-43)$$

$$SO_2=0.0027T^2+51.904T-3654.8 \quad (4-44)$$

$$H_2=0.0025T^2+25.922T+1118.4 \quad (4-45)$$

$$H_2O=0.0055T^2+33.721T-764.7 \quad (4-46)$$

$$S_2=0.0015T^2+35.367T-605.32 \quad (4-47)$$

$$S_6=0.0043T^2+125.96T-2228.5 \quad (4-48)$$

$$S_8=-0.0034T^2+204.36T-17803 \quad (4-49)$$

$$CO=0.0014T^2+31.83T-1555.3 \quad (4-50)$$

$$COS=0.0019T^2+55.095T-4216.4 \quad (4-51)$$

式中 T——温度,℃;

H_2S 等——相应组分焓值，kJ/kmol。

4. 不同温度下硫单质的形态

不同温度下硫单质的形态和分布有所不同，其摩尔组成分布如图 4-3 所示。

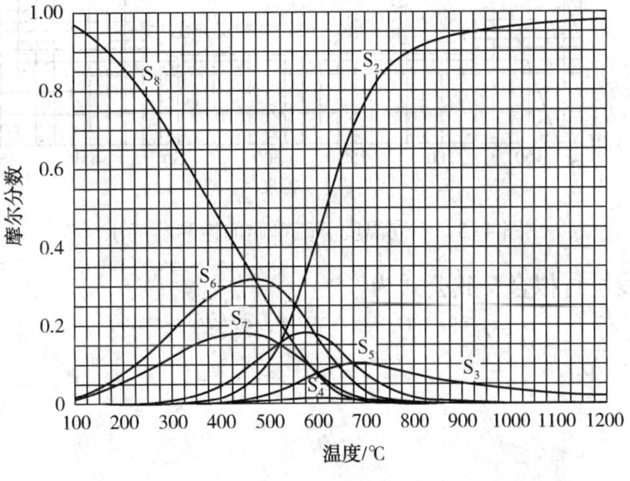

图 4-3 不同温度下硫单质的摩尔组成分布

5. 硫的冷凝热和饱和蒸气压

在克劳斯硫黄回收过程中，液硫析出温度较低，此时析出的主要是 S_6 和 S_8。S_6 和 S_8 的汽化潜热见图 4-4。

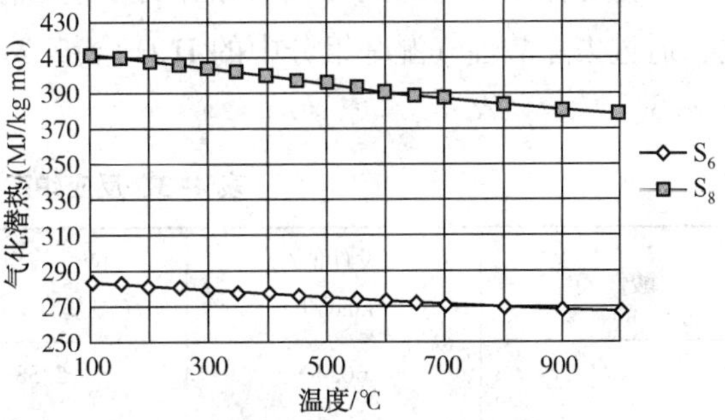

图 4-4 硫的汽化潜热

硫的饱和蒸气压用于确定克劳斯硫黄回收过程中生成的单质硫的气液相状态。不同温度下，硫的饱和蒸气压见图 4-5。

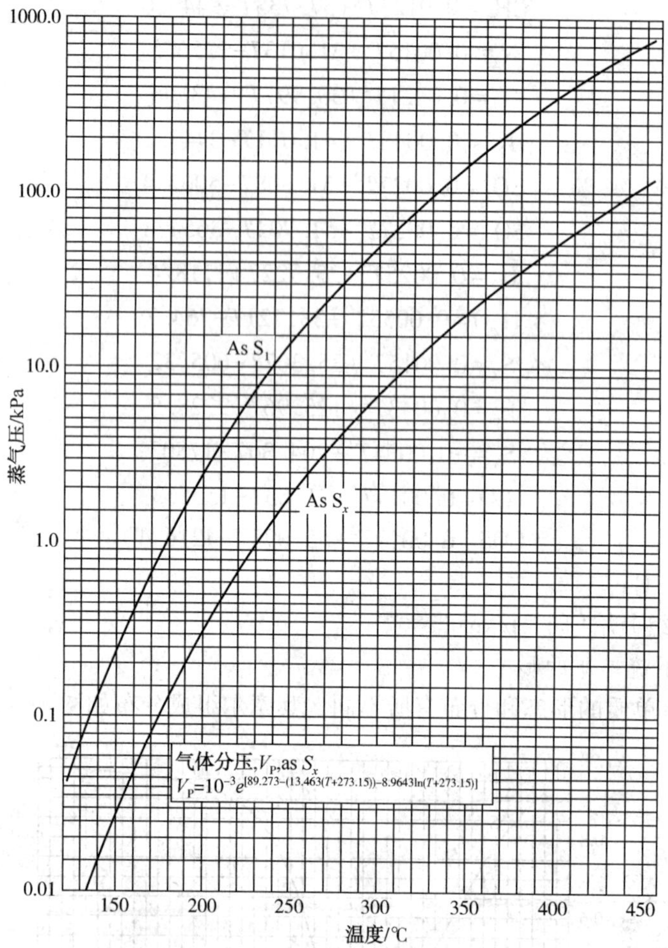

图 4-5　不同温度下硫单质的饱和蒸气压

通过对上述曲线进行拟合，其公式为：

$$P = e^{[89.273-(13463/(T+273.15))-8.9643\ln(T+273.15)]} \tag{4-52}$$

式中　P——蒸气压，Pa；

　　　T——温度，K。

（三）反应炉相关计算

1. 反应炉酸性气原料测算

由标定标定期间的酸性气数据作为工艺计算原料数据，得出装置反应炉酸性气原料情况，通过去除酸性气湿基组分中的 H_2O 含量，可以计算干基状态下的各组分含量，具体见表 4-3。

表 4-3　反应炉酸性气原料组成

酸性气	设计值/（kmol/h）	酸性气组成（湿基）/%（体）	酸性气组成（干基）/%（体）	组分流量/（kmol/h）
H_2O	66.40	5.38	—	19.815
H_2S	552.16	77.97	82.403	287.164

续表

酸性气	设计值/(kmol/h)	酸性气组成(湿基)/%(体)	酸性气组成(干基)/%(体)	组分流量/(kmol/h)
NH_3	59.07	0	0	0
H_2	0.01	0	0	0
CH_4	0	0.07	0.074	0.258
CH_4O	0.18	0	0	0
COS	0.06	0	0	0
CO_2	37.43	16.58	17.523	61.064
N_2	0.05	0	0	0
总计	715.77	100	100	368.3
平均分子量	—	—	35.81	34.85
温度/℃	—	—	140	140
压力/kPa(表)	—	—	119.3	119.3
流量/(m^3/h)	—	—	10600	10600
流量/(kg/h)	—	—	13190	12840

为消除过程气中的水分对采样及化验分析的影响，本次标定中，装置过程气样品均使用干基样品(过滤水分)，分析数据可视为干基数据，为此可通过计算组分干基数据，进行计算数据和化验分析数据比对。

2. 空气组分测算

通过查询《主要城市室外气象设计计算参数》，宁波夏季通风室外相对湿度为70%，以该湿度作为计算值，标定期间环境温度为35℃，查询空气绝对湿度与相对湿度对应表4-4。

得温度35℃，湿度70%空气水含量为27.66g/m^3，不考虑水的体积占比，由

$$pV=nRT \tag{4-53}$$

式中 p——压力，Pa；

V——体积，L；

T——温度，K；

R——摩尔气体常数，其值为8.314J/(mol·K)；

n——物质的量，mol。

推导空气中水的摩尔分数为：

22.4×(273+空气温度)×空气水含量÷273÷1000÷18

=22.4×(273+35)×27.66÷273÷1000÷18

=0.0388=3.88%

则空气中水含量约3.88%。

空气组分简化为O_2、N_2和H_2O，干空气按N_2比O_2为79∶21进行计算，则湿空气组分如表4-5。

表 4-4　空气绝对湿度与相对湿度对应表

（大气压：1bar）

温度/℃	相对湿度(RH)/%																			
	5	10	15	20	25	30	35	40	45	50	55	60	65	70	75	80	85	90	95	100
	绝对湿度/(g/m³)																			
5	0.34	0.68	1.02	1.36	1.70	2.04	2.38	2.72	3.06	3.40	3.73	4.07	4.41	4.75	5.09	5.43	5.77	6.11	6.45	6.79
10	0.47	0.94	1.41	1.88	2.35	2.82	3.29	3.76	4.23	4.70	5.16	5.63	6.10	6.57	7.04	7.51	7.98	8.45	8.92	9.39
15	0.64	1.28	1.92	2.56	3.21	3.85	4.49	5.13	5.77	6.41	7.05	7.69	8.33	8.97	9.62	10.26	10.90	11.54	12.18	12.82
20	0.86	1.73	2.59	3.45	4.32	5.18	6.04	6.91	7.77	8.64	9.50	10.36	11.23	12.09	12.95	13.82	14.68	15.54	16.41	17.27
25	1.15	2.30	3.45	4.60	5.75	6.90	8.05	9.20	10.35	11.51	12.66	13.81	14.96	16.11	17.26	18.41	19.56	20.71	21.86	23.01
30	1.52	3.03	4.55	6.06	7.58	90.09	10.61	12.12	13.64	15.16	16.67	18.19	19.70	21.22	22.73	24.25	25.76	27.28	28.79	30.31
35	1.98	3.95	5.93	7.90	9.88	11.85	13.83	15.80	17.78	19.76	21.73	23.71	25.68	27.66	29.63	31.61	33.58	35.56	37.53	39.51
40	2.55	5.10	7.65	10.20	12.75	15.30	17.85	20.40	22.95	25.50	28.05	30.60	33.15	35.70	38.25	40.80	43.35	45.90	48.45	51.00
45	3.26	6.52	9.78	13.04	16.30	19.56	22.82	26.08	29.34	32.61	35.87	39.13	42.39	45.65	48.91	52.17	55.43	58.69	61.95	65.21
50	4.13	8.27	12.40	16.53	20.66	24.80	28.93	33.06	37.19	41.33	45.46	49.59	53.72	57.86	61.99	66.12	70.25	74.39	78.52	82.65
55	5.19	10.39	15.58	20.78	25.97	31.17	36.36	41.56	46.75	51.95	57.14	62.33	67.53	72.72	77.92	83.11	88.31	93.50	98.70	103.89
60	6.48	12.95	19.43	25.91	32.39	38.86	45.34	51.82	58.29	64.77	71.25	77.72	84.20	90.68	97.16	103.63	110.11	116.59	123.06	129.54
65	8.02	16.03	24.05	32.06	40.08	48.09	56.11	64.12	72.14	80.15	88.17	96.18	104.20	112.21	120.23	128.24	136.26	144.27	152.29	160.30
70	9.85	19.69	29.54	39.39	49.24	59.08	68.93	78.78	88.62	98.47	108.32	118.16	128.01	137.86	147.71	157.55	167.40	177.25	187.09	196.94
75	12.02	24.03	36.05	48.06	60.08	72.09	84.11	96.12	108.14	120.16	132.17	144.19	156.20	168.22	180.23	192.25	204.26	216.28	228.29	240.31
80	14.57	29.13	43.70	58.27	72.83	87.40	101.97	116.53	131.10	145.67	160.23	174.80	189.36	203.93	218.50	233.06	247.63	262.20	276.76	291.33
85	17.55	35.10	52.65	70.20	87.75	105.29	122.84	140.39	157.94	175.49	193.04	210.59	228.14	245.69	263.24	280.78	298.33	315.88	333.43	350.98
90	21.02	42.04	63.05	84.07	105.09	126.11	147.13	168.14	189.16	210.18	231.20	252.22	273.23	294.25	315.27	336.29	357.31	378.32	399.34	420.36
95	25.03	50.06	75.09	100.12	125.15	150.18	175.21	200.24	225.27	250.30	275.33	300.36	325.39	350.42	375.45	400.48	425.51	450.54	475.57	500.60
100	29.65	59.30	88.94	118.59	148.24	177.89	207.54	237.18	266.83	296.48	326.13	355.78	385.42	415.07	444.72	474.37	504.02	533.66	563.31	592.96

表 4-5 湿空气组成

组分	N_2	O_2	H_2O	合计
数据/%	75.94	20.18	3.88	100

本装置全部空气均由主风机提供，后续计算中，空气组分均采用本表格数据。

3. 反应炉反应测算

(1) 反应炉 CO 测算

反应炉中 CO 的生成主要由 CO_2 与 H_2S 反应生成，因标定期间未在反应炉出口过程器中分析 CO 含量，因此采用 Aspen 模拟数据进行测算，Aspen 模拟数据中 CO 摩尔量为 10.04kmol/h。根据下列反应方程式计算其他物质消耗和生成量。

$$CO_2+H_2S = CO+H_2O+0.5S_2+114700kJ/kmol \quad (4-7)$$

则可以得出以下关系式：

CO_2	H_2S	CO	H_2O	$1/2S_2$	反应热
1	1	1	1	0.5	114700
10.04	10.04	10.04	10.04	5.02	1151588

(2) 反应炉 H_2 测算

正常生产中，反应炉内反应将生成少量 H_2，其主要是由 H_2S 裂解生成，因标定期间未在反应炉出口过程器中分析 H_2 含量，因此，采用 Aspen 模拟数据进行测算，Aspen 模拟数据中 H_2 摩尔量为 19.43kmol/h，后续计算中验证数据准确性。根据下列反应方程式计算其他物质消耗和生成量。

$$H_2S = H_2+1/2S_2+89200kJ/kmol \quad (4-8)$$

则可以得出以下关系式：

H_2S	H_2	$1/2S_2$	反应热
1	1	0.5	89200
19.43	19.43	9.715	1733156

(3) 反应炉 COS 测算

本次标定期间，反应炉后部过程气分析数据中未分析 COS 含量。根据前述克劳斯反应机理推断，反应炉生成的 COS 主要为 CO_2 与 S 反应生成。采用 Aspen 模拟数据进行测算，Aspen 模拟数据中 COS 摩尔量为 3.112kmol/h。根据下列反应方程式计算其他物质消耗和生成量。

$$CO_2+3/4S_2 = COS+1/2SO_2+13125kJ/kmol \quad (4-9)$$

则可以得出以下关系式：

CO_2	$3/4S_2$	COS	$1/2SO_2$	反应热
1	0.75	1	0.5	13125
3.112	2.334	3.112	1.556	40845

(4) 反应炉烃燃烧反应

酸性气烃全部按 CH_4 考虑，且在反应炉中全部按下列反应方程式反应，根据表 4-3 显示酸性气烃流量为 0.258kmol/h。

$$CH_4+2O_2 = CO_2+2H_2O-802800kJ/kmol \quad (4-2)$$

则可以得出以下关系式：

CH_4	$2O_2$	CO_2	$2H_2O$	反应热
1	2	1	2	-802800
0.258	0.516	0.258	0.516	-207122.4

（5）反应炉 H_2S 燃烧反应测算

为使计算数据准确，假设反应炉内反应分两步进行，第一步将反应炉内组分进行燃烧，第二步再进行高温克劳斯反应。在考虑反应炉产氢、烃燃烧、生成 COS、CO 等反应的基础上，酸性气中参与燃烧生成二氧化硫的硫化氢量按三级硫冷器出口过程气中 H_2S/SO_2 为 2 进行配风核算。

1）副反应产耗量统计。消耗 H_2S 的副反应主要是反应式(4-7)生成 CO 的反应和反应式(4-8)生成 H_2 的反应，消耗的 H_2S 为 29.47kmol/h。此外，需要考虑一反出口的 COS 量，因为此部分生成的 COS 均由原料酸性气中 H_2S 转化而来，此部分 COS 的量可以按一级反应器 COS 转化率 95%计算，那么此部分 COS 所对应消耗的 H_2S 量为 0.1556kmol/h。因此，消耗 H_2S 的总量为 29.6256kmol/h。

消耗 CO_2 的副反应主要是反应式(4-7)生成 CO 的反应和反应式(4-9)生成 COS 的反应，消耗的 CO_2 为 13.152kmol/h。

消耗 S_2 的副反应主要是反应式(4-9)生成 COS 的反应，消耗的 S_2 为 2.334kmol/h。生成 S_2 的副反应主要是反应式(4-7)生成 CO 的反应和反应式(4-8)生成 H_2 的反应，生成 S_2 为 14.735kmol/h。副反应合计生成 S_2 为 12.401kmol/h。

生成 SO_2 的副反应主要是反应式(4-9)生成 COS 的反应，生成 SO_2 为 1.556kmol/h。

生成 H_2O 的副反应主要是反应式(4-7)生成 CO 的反应和反应式(4-2)烃类燃烧的反应，生成 H_2O 为 10.556kmol/h。

2）反应炉 H_2S 燃烧量。考虑上述副反应的影响，具体为反应式(4-7)生成 CO 反应的 H_2S 消耗量和反应式(4-8)生成 H_2 反应的 H_2S 消耗量，同时还需要考虑一反出口 COS 折算为 H_2S 的量。所以，燃烧后的产物量计算如下：

H_2S=进料 H_2S 量-(进料 H_2S 量-生成 CO 消耗的 H_2S 量-生成 H_2 消耗的 H_2S 量-一反出口 COS 所对应消耗的 H_2S 量)×1/3

=287.164-(287.164-10.04-19.43-0.1556)/3=201.317kmol/h

SO_2=(进料 H_2S 量-生成 CO 消耗的 H_2S 量-生成 H_2 消耗的 H_2S 量一反出口 COS 所对应消耗的 H_2S 量)×1/3

=(287.164-10.04-19.43-0.1556)/3=85.846kmol/h

CO_2=进料 CO_2 量+原料中 CH_4 燃烧生产的 CO_2 量

=61.064+0.258=61.322kmol/h

（6）反应炉燃烧空气需求量测算

反应炉反应总需氧量为 1/3 的 H_2S 燃烧需氧量加 CH_4 燃烧需氧量，即

总需氧量为：(287.164-10.04-19.43-0.1556)/3×1.5+0.516=129.285kmol/h

折算成空气量(干基)为：129.285×100/21=615.64kmol/h

根据表4-5中的空气中H_2O含量折算的空气量(湿基)为：615.64/(100-3.88)×100=640.5kmol/h

则进入反应炉的空气量相关数据如表4-6所示：

表4-6 反应炉空气组成

空气	N_2	O_2	H_2O	合计
组分/%	75.94	20.18	3.88	100
进炉空气量/(kmol/h)	486.4	129.25	24.85	640.5

根据上述进炉空气量计算燃烧后的H_2O量和N_2量：

H_2O=原料中1/3的H_2S燃烧生成的H_2O量+原料中CH_4燃烧生产的H_2O量+原料中的H_2O量+空气中的H_2O量

=85.846+0.516+19.815+24.85=131.0kmol/h

N_2=进料空气中的N_2量=486.4kmol/h

(7) 反应炉进料及燃烧后气体组分及流量

根据上述计算结果，得出反应炉进料及燃烧后气体组分情况如表4-7所示。

表4-7 反应炉进炉物料组成及流量 kmol/h

组分	酸性气	空气	总气量	燃烧后气体
H_2S	287.164	0	287.164	201.317
CO_2	61.064	0	61.064	61.322
H_2O	19.815	24.85	44.665	131.0
CH_4	0.258	0	0.258	0.00
SO_2	0	0	0	85.846
N_2	0	486.4	486.4	486.4
O_2	0	129.25	129.25	0.00
合计	368.3	640.5	1008.8	965.885

(8) 反应炉高温克劳斯反应

1) 反应炉制硫平衡反应。假设反应炉有 x mol 硫化氢参与高温克劳斯反应生成硫黄，在高温条件下，反应炉制硫反应产生的硫元素全部以S_2形式存在。根据反应式(4-3)、表4-7中的进料数据计算反应前后各物质量：

$$H_2S+1/2SO_2 \xlongequal{} H_2O+3/4S_2+47060/(>510℃) \tag{4-3}$$

组分	H_2S	$1/2SO_2$	H_2O	$3/4S_2$	反应热
反应比例	1	0.5	1	0.75	47060
假设反应量	x	0.5 x	x	0.75x	x×47060
反应结果量	201.317-x	85.846-0.5x	131.0+x	0.75x	x×47060

根据前述反应炉内副反应及制硫平衡反应，可以得出反应后各物质量，具体计算方法如下：

H_2S =反应后剩余的 H_2S 量-生成 CO 消耗的 H_2S 量-生成 H_2消耗的 H_2S

=201.317-x-10.04-19.43=(171.847-x)kmol/h

CO_2=燃烧后的 CO_2量-生成 CO 消耗的 CO_2量-生成 COS 消耗的 CO_2量

=61.322-10.04-3.112=48.17kmol/h

SO_2=反应后剩余的 SO_2量+生成 COS 反应中生成的 SO_2量

=85.846-0.5x+1.556=(87.402-0.5x)kmol/h

H_2O =反应后剩余的 H_2O 量+生成 CO 反应中生成的 H_2O 量

=131.0+x+10.04=(141.04+x)kmol/h

N_2=燃烧后剩余的 N_2量=486.4kmol/h

S_2=反应生成的 S_2量+生成 CO 反应中生成的 S_2量+生成 H_2反应中生成的 S_2量-生成 COS 消耗的 S_2量

=0.75x+5.02+9.715-2.334=(12.401+0.75x)kmol/h

2）平衡常数计算。根据平衡常数法，即给定一个 x mol 硫化氢参与反应，计算出平衡常数 K_p，通过 K_p求出相对应的温度。在此温度下，根据热量平衡，即出口物料的热量应等于进口物料的热量加上反应热，通过迭代计算，最终确定参与反应的 H_2S 物料量和反应后组分温度，并最终确定反应炉转化率。

反应炉进出口物料组成见表 4-8。

表 4-8 反应炉进炉物料组成

kmol/h

组分	反应炉入口			反应炉出口	
	酸性气	空气	总气量	燃烧后	反应后
H_2S	287.164	0	287.164	201.317	171.847-x
CO_2	61.064	0	61.064	61.322	48.17
H_2O	19.815	24.85	44.665	131.0	141.04+x
CH_4	0.258	0	0.258	0.00	0
SO_2	0	0	0	85.846	87.402-0.5x
N_2	0	486.4	486.4	486.4	486.4
O_2	0	129.25	129.25	0.00	0
CO	0	0	0	0	10.04
H_2					19.43
COS					3.112
S_2					12.401+0.75x
合计	368.3	640.5	1008.8	965.885	979.842+0.25x

假设反应炉烧嘴和炉膛的压降为 2kPa，则反应炉出口压力为 117.3kPa，约为 1.16atm（绝）。根据公式(4-10)平衡常数定义及反应方程式(4-3)，计算出的平衡常数可表示如下：

$$K_p=\frac{(141.04+x)(12.401+0.75x)^{0.75}}{(171.847-x)(87.402-0.5x)^{0.5}}\left\{\frac{1.16}{(979.842+0.25x)}\right\}^{0.25}$$

当 x 一定时，K_p值一定，根据公式(4-12)，对应的温度 T 是确定的，此时出口物料的热量也就确定了。根据热量平衡，出口物料的热量应等于进口物料的热量加上反应热。

3）反应炉进料组分焓值和热量计算。根据表4-8和上述焓值回归公式，测算反应炉入口组分的焓值，如表4-9。同时根据装置实际生产工况，酸性气和空气进反应炉温度和压力均为140℃、119.3kPa，酸性气和空气均经过预热。

$$组分热值=组分量\times组分焓值 \tag{4-54}$$

表4-9　反应炉入口物料组成和热量

项目	反应炉入口组分	组分焓值	反应炉入口组分热量
温度/℃	140		
压力/kPa	119.3		
单位	kmol/h	kJ/kmol	MJ/h
H_2S	287.164	4766	1368.62
CO_2	61.064	5536	338.05
H_2O	44.665	4869	217.47
CH_4	0.258	5194	1.34
SO_2	—	5952	0.00
N_2	486.4	4092	1990.35
O_2	129.25	4336	560.43
合计	1008.8	—	4476.26

4）反应炉硫化氢转化率计算。在Excel表格内按上述公式(4-10)平衡常数定义及反应方程式(4-4)进行简单编程，进行反应炉内不同转化率(不同数量摩尔硫化氢反应)的迭代计算，在考虑反应炉入口热量存在5%的热损失时，计算出当反应炉内有120.46kmol/h硫化氢转化时，反应炉温度达到1240.08℃时，满足反应炉进出口物料热量相等。此时根据反应式(4-4)计算出的反应平衡常数K_p为33.67。

根据上述计算结果，完善表4-8中反应炉进出口物料组成，见表4-10。

表4-10　反应炉进炉物料组成及流量　　kmol/h

组分	反应炉入口			反应炉出口	
	酸性气	空气	总气量	燃烧后	反应后
H_2S	287.164	0	287.164	201.317	51.387
CO_2	61.064	0	61.064	61.322	48.17
H_2O	19.815	24.85	44.665	131.0	261.5
CH_4	0.258	0	0.258	0.00	0
SO_2	0	0	0	85.846	27.172
N_2	0	486.4	486.4	486.4	486.4
O_2	0	129.25	129.25	0.00	0
CO	0	0	0	0	10.04
H_2					19.43
COS					3.112
S_2					102.746
合计	368.3	640.5	1008.8	965.885	1009.96

根据表 4-10 反应炉反应平衡状态物料数据，可以求得反应炉制硫反应转化率。

$$制硫反应转化率=\frac{(反应前硫化氢量-反应后硫化氢量)}{反应前硫化氢量}\times 100\%$$

$$=(201.317-51.387)/201.317\times 100=74.47\%。$$

即反应炉硫化氢转化率为 74.47%。

（四）反应炉废热锅炉工艺计算

1. 反应炉废热锅炉出口组分及取热计算

废热锅炉内，反应炉产物冷却，释放的热量用于发生蒸汽。假设废热锅炉出口过程器温度 280℃，根据不同温度下硫单质的摩尔组成分布图(图 4-3)，当仅考虑 S_2、S_6、S_8之间转化，可查询到上述三种组分的摩尔比为 0：0.15：0.75，根据废热锅炉进出口总硫平衡，计算出废热锅炉出口 S_6、S_8的量，具体计算如下：

S_6=进料中硫原子数×S_6在出口物料中所占的摩尔分数

$=102.746\times 2\times 0.15/(0.15\times 6+0.75\times 8)=4.467$kmol/h

S_8=进料中硫原子数×S_8在出口物料中所占的摩尔分数

$=102.746\times 2\times 0.75/(0.15\times 6+0.75\times 8)=22.336$kmol/h

由此可以得出反应炉废锅出口气相各组成情况，见表 4-11。同时根据废锅出口温度 280℃和上述焓值回归计算式，得出 280℃时各组分的焓值，并计算出废热锅炉进出口气相热量数据，具体见表 4-11。

表 4-11　废热锅炉进出口物料组成和热量

组分	废热锅炉入口温度 1240.08℃			废热锅炉出口温度 280℃		
	流量/(kmol/h)	焓值/(kJ/kmol)	热量/(kJ/h)	流量/(kmol/h)	焓值/(kJ/kmol)	热量/(kJ/h)
H_2S	51.387	54791	2815545	51.387	9893	508372
CO_2	48.17	63336	3050895	48.17	11676	562433
H_2O	261.5	49510	12946865	261.5	9855	2577083
SO_2	27.172	64862	1762430	27.172	12476	338998
N_2	486.4	39509	19217178	486.4	8246	4010854
CO	10.04	40069	402293	10.04	8272	83051
H_2	19.43	37108	721008	19.43	8168	158704
COS	3.112	67028	208591	3.112	12833	39936
S_2	102.746	45559	4681005	0	9534	0
S_6	—	—	—	4.467	33709	150578
S_8	—	—	—	22.336	46647	1041907
合计	1009.96	—	45805810	934.014	—	9471916

根据反应式(4-5)、式(4-6)计算 S_2转化成 S_6、S_8的反应热。

$$3S_2 = S_6 - 284900\text{kJ/kmol} \quad (4-5)$$

$$4S_2 = S_8 - 413800\text{kJ/kmol} \quad (4-6)$$

反应热$=4.467\times 284900+22.336\times 413800=10515285.1$kJ/h

由上述计算可以求出反应炉废热锅炉总的热负荷，即：

废热锅炉总的热负荷=进出口物料的热差+反应热

=45805810-9471916+10515285.1=46849179.1kJ/h

2. 反应炉废热锅炉出口硫相态分析

我们知道，当某种物质的压力小于其饱和蒸气压时，该物质就处于气体状态。假设过程气在废热锅炉管束中降温过程其他化学反应忽略不计，废热锅炉管束压降按1kPa考虑，根据反应式(4-52)可以计算出280℃时硫的饱和蒸气压

$$P = e^{[89.273-(13463/(T+273.15))-8.9643\ln(T+273.15)]} \quad (4-52)$$

=4.101kPa

废热锅炉出口硫的实际分压=出口硫的摩尔数/出口物料总摩尔数×出口压力

=(4.467+22.336)/933.014×116.3=3.341kPa

$P_{实际}<P_{饱和}$，因此，废热锅炉出口未析出硫。

3. 反应炉废热锅炉发汽量测算

假设反应炉废热锅炉发4.0MPa蒸汽，根据表4-12查得4.0MPa相对应的水的汽化潜热为1713.4kJ/kg。

表4-12 汽化潜热查询表

压力/MPa	温度/℃	汽化潜热/(kJ/kg)	压力/MPa	温度/℃	汽化潜热/(kJ/kg)	压力/MPa	温度/℃	汽化潜热/(kJ/kg)
0.001	6.9491	2484.1	0.09	96.7121	2265.3	1.3	191.644	1972.1
0.002	17.5403	2459.1	0.1	99.634	2257.6	1.4	195.078	1959.1
0.003	24.1142	2443.6	0.12	104.81	2243.9	1.5	198.327	1946.6
0.004	28.9533	2432.2	0.14	109.318	2231.8	1.6	201.41	1934.6
0.005	32.8793	2422.8	0.16	113.326	2220.9	1.7	204.346	1923
0.006	36.1663	2415	0.18	116.941	2210.9	1.8	207.151	1911.7
0.007	38.9967	2408.3	0.2	120.24	2201.7	1.9	209.838	1900.7
0.008	41.5075	2402.3	0.25	127.444	2181.4	2	212.417	1890
0.009	43.7901	2396.8	0.3	133.556	2163.7	2.2	217.289	1869.4
0.01	45.7988	2392	0.35	138.891	2147.9	2.4	221.829	1849.8
0.015	53.9705	2372.3	0.4	143.642	2133.6	2.6	226.085	1830.8
0.02	60.065	2357.5	0.5	151.867	2108.2	2.8	230.096	1812.6
0.025	64.9726	2345.5	0.6	158.863	2086	3	233.893	1794.9
0.03	69.1041	2335.3	0.7	164.983	2066	3.5	242.597	1752.9
0.04	75.872	2318.5	0.8	170.444	2047.7	4	250.394	1713.4
0.05	81.3388	2304.8	0.9	175.389	2030.7	5	263.98	1639.5
0.06	85.9496	2293.1	1	179.916	2014.8	6	275.625	1570.5
0.07	89.9556	2282.8	1.1	184.1	1999.9	7	285.869	1504.8
0.08	93.5107	2273.6	1.2	187.995	1985.7	8	295.048	1441.2

则废热锅炉发汽量=46849179.1/1713.4=27342.81kg/h=27.34t/h

（五）一级硫冷器出口组分及取热计算

根据装置标定工况，一级硫冷器气相出口温度为170℃，硫冷器压差按0.5kPa估算，即硫冷器出口过程气压力为115.8kPa，废锅出口过程气进入一级硫冷器后，气相温度再次降低，至硫冷器出口气相温度为170℃，期间热量被硫冷器取走。为简化计算，气相和液相中的硫均按S_6和S_8计算。

1. 一级硫冷凝器出口硫相态分析

假设一级硫冷凝器出口温度为170℃，根据不同温度下硫单质的摩尔组成分布图（图4-3），仅考虑S_2、S_6、S_8之间转化，可查询到上述三种组分的摩尔比为0：0.05：0.92，根据一级硫冷凝器进出口总硫平衡，在未考虑硫蒸气冷凝情况下，计算出一级硫冷凝器出口S_6、S_8的量，具体计算如下：

S_6=进料中硫原子数×S_6在出口物料中所占的摩尔分数

=（4.467×6+22.336×8）×0.05/（0.05×6+0.92×8）=1.341kmol/h

S_8=进料中硫原子数×S_8在出口物料中所占的摩尔分数

=（4.467×6+22.336×8）×0.92/（0.05×6+0.92×8）=24.68kmol/h

假设过程气在一级硫冷凝器管束中降温过程其他化学反应忽略不计，一级硫冷凝器管束压降按0.5kPa考虑，根据反应式（4-52）可以计算出170℃时硫的饱和蒸气压。

$$P = e^{[89.273-(13463/(T+273.15))-8.9643\ln(T+273.15)]} \tag{4-52}$$

$= 0.0712\text{kPa}$

在未考虑硫蒸气冷凝情况下，一级硫冷凝器出口硫的实际分压=出口硫的摩尔数/出口物料总摩尔数×出口压力

=（1.341+24.68）/ 933.014×115.8=3.23kPa

$P_{实际}>P_{饱和}$，说明一级硫冷凝器出口有硫析出，直至达到气液相平衡，即

$P_{实际}=P_{饱和}$

忽略总摩尔数变化，假设硫冷凝率为x，则［S_6（冷凝前）×（1-x）+S_8（冷凝前）×（1-x）］/出口总摩尔数×一级硫冷凝器出口压力=该温度下饱和蒸气压，即：

［1.341×（1-x）+24.68×（1-x）］/933.014×115.8=0.0712

解上述方程式，x =0.978。通过该冷凝率可计算出一级硫冷凝器气液相中S_6、S_8的摩尔量。

液相中S_6的摩尔量为：1.341×0.978=1.3115kmol/h

液相中S_8的摩尔量为：24.68×0.978=24.137kmol/h

气相中S_6的摩尔量为：1.341×（1-0.978）=0.0295kmol/h

气相中S_8的摩尔量为：24.68×（1-0.978）=0.543kmol/h

根据上述计算可得第一硫冷凝器进出口的硫分布，见表4-13。

表4-13　第一硫冷凝器进出口的硫分布　　kmol/h

组分	入口温度280℃		出口温度170℃	
	气相	液相	气相	液相
S_6	4.467	—	0.0295	1.3115
S_8	22.336	—	0.543	24.137

2. 一级硫冷凝器取热计算

按照热量平衡原则，一级硫冷凝器总的热负荷=进出口物料的热差+反应热+硫冷凝放热

根据上述计算结果可以得出一级硫冷凝器出口气相各组成情况，见表4-14。同时根据一级硫冷凝器出口温度170℃和上述焓值回归计算式，得出170℃时各组分的焓值，并计算出一级硫冷凝器进出口热量数据，具体见表4-14。

表4-14　一级硫冷凝器进出口物料组成和热量

组分	一级硫冷凝器入口温度280℃			一级硫冷凝器出口温度170℃		
	流量/(kmol/h)	焓值/(kJ/kmol)	热量/(kJ/h)	流量/(kmol/h)	焓值/(kJ/kmol)	热量/(kJ/h)
H_2S	51.387	9893	508372	51.387	5833	299740
CO_2	48.17	11676	562433	48.17	6804	327749
H_2O	261.5	9855	2577083	261.5	5928	1550172
SO_2	27.172	12476	338998	27.172	7305	198491
N_2	486.4	8246	4010854	486.4	4977	2420813
CO	10.04	8272	83051	10.04	4985	50049
H_2	19.43	8168	158704	19.43	4964	96451
COS	3.112	12833	39936	3.112	7505	23356
S_2	0	9534	0	—	—	—
S_6	4.467	33709	150578	1.341	20056	26895
S_8	22.336	46647	1041907	24.68	27693	683463
合计	934.014	—	9471916	933.232	—	5677179

根据反应式(4-53)计算S_6转化成S_8的反应热

$$4S_6 \xlongequal{} 3S_8 - 101800kJ/kmol \tag{4-53}$$

反应热=(24.68-22.336)×101800/3=79539.7kJ/h

通过查询图4-6硫的汽化潜热图，可得在170℃下，S_6汽化潜热为420kJ/kg，S_8汽化潜热为290kJ/kg，由此计算S_6、S_8的冷凝热，如图4-6所示。

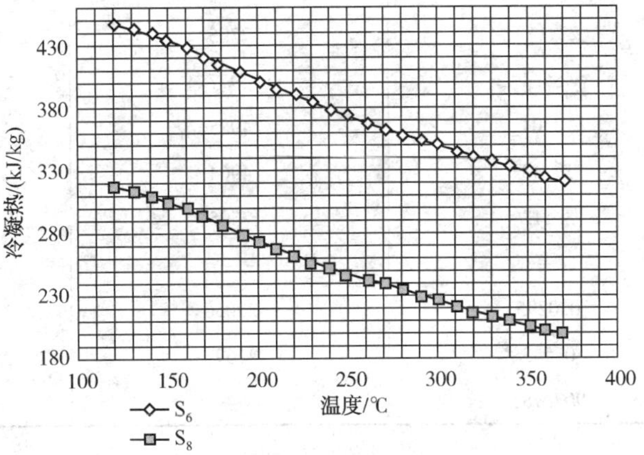

图4-6　S_6、S_8冷凝热图

一级硫冷凝器中 S_6、S_8冷凝产生的热量为：

1. 3115×32×6×420+24. 137×32×8×290 = 1897690. 24kJ/h

则一级硫冷凝器总的热负荷=进出口物料的热差+反应热+硫冷凝放热

= 9471916−5677179+79539. 7+1897690. 24 = 5771966. 94kJ/h

通过表 4−13 可以计算一级硫冷凝器回收液硫量为：

$m_{硫}$ = 1. 3115×M_{S_6}+24. 137×M_{S_8} = 1. 3115×32×6+24. 137×32×8 = 6430. 88kg/h

3. 一级硫冷凝器发汽量计算

假设一级硫冷凝器发 0. 4MPa 蒸汽，根据表 4−12 查得 0. 4MPa 相对应的水的汽化潜热为 2133. 6kJ/kg。

则一级硫冷凝器发汽量 = 5771966. 94/2133. 6 = 2705. 27kg/h = 2. 7t/h

4. 反应炉硫回收率计算

通常，反应炉硫回收率可由下列公式计算：

反应炉硫回收率 = [1−一级硫冷凝器出口气体(H_2S+SO_2+COS)摩尔总数/入反应炉(H_2S+SO_2+COS)摩尔总数]×100%

= [1−(51. 387+27. 172+3. 112)/287. 164]×100% = 71. 56%

反应炉硫回收率为 71. 56%。

（六）第一在线炉组分及加热计算

本装置采用在线炉加热工艺，主风机来的空气和瓦斯在第一在线炉烧嘴内按化学配比燃烧，产生高温烟气，一级硫冷凝器出口过程气进入第一在线炉后部炉膛与烧嘴来的高温烟气直接混合，实现过程气加热升温，以满足第一制硫反应器入口温度要求。第一在线炉入口过程气物料及热量见表 4−15。

表 4−15　第一在线炉入口过程气物料组成和热量

组分	第一在线炉入口过程气温度 170℃		
	流量/(kmol/h)	焓值/(kJ/kmol)	热量/(kJ/h)
H_2S	51. 387	5833	299740
CO_2	48. 17	6804	327749
H_2O	261. 5	5928	1550172
SO_2	27. 172	7305	198491
N_2	486. 4	4977	2420813
CO	10. 04	4985	50049
H_2	19. 43	4964	96451
COS	3. 112	7505	23356
S_2	—	—	0
S_6	0. 0295	20056	592
S_8	0. 543	27693	15037
合计	907. 783	—	4982450

1. 第一在线炉燃料气和空气组分确定

根据实际情况，标定期间装置所使用燃料气为天然气，为简化计算，燃料气组分全部按

CH_4计，同时根据装置标定工况，燃料气温度为90℃，燃料气压力为580kPa，在线炉空气来自主风机，温度为80℃，压力为35kPa。

2. 第一在线炉进出口物料计算

在线炉燃料气按化学当量配比燃烧，燃烧反应如下：

$$CH_4+2O_2 = CO_2+2H_2O-802800kJ/kmol \quad (4-2)$$

假设一定量的燃料气进入在线炉和空气按化学当量配比燃烧，燃烧后的高温烟气和第一硫冷凝器来的过程气在第一在线炉膛内混合充分后，进入第一制硫反应器。由于是化学当量燃烧配比，在燃料气组分、空气组分确定的情况下，一定量的燃料气对应的空气量也是一定的，产生的高温烟气量也是一定的。

根据标定工况，第一在线炉出口过程气温度为240℃，其炉膛压差为0kPa，根据上述焓值回归计算式，可以计算第一在线炉出口各组分焓值。根据热量平衡原则，应满足：$Q_{入}+Q_{燃}+Q_{空}+Q_{反}=Q_{出}$。其中$Q_{反}$除了$CH_4$燃烧的反应外，还应考虑$S_6$~$S_8$之间的转化反应热。查询240℃条件下$S_6$和$S_8$的摩尔比为0.125∶0.8，计算出第一在线炉出口S_6、S_8的量，具体计算如下：

S_6=进料中硫原子数×S_6在出口物料中所占的摩尔数

=(0.0295×6+0.543×8)×0.125/(0.125×6+0.8×8)=0.079kmol/h

S_8=进料中硫原子数×S_8在出口物料中所占的摩尔数

=(0.0295×6+0.543×8)×0.8/(0.125×6+0.8×8)=0.5058kmol/h

根据

$$4S_6 = 3S_8-101800kJ/kmol \quad (4-53)$$

则第一在线炉内S_6~S_8之间的转化反应热为：

=(0.5058-0.543)×101800/3=-1262.32kJ/h(负值代表吸热反应)

根据上述条件，用Excel表格列出计算关系式，并采用给定燃料气流量进行迭代计算，得到燃料气流量在2.823kmol/h时，即燃料气流量为45.168kg/h时，第一在线炉进出口满足热量平衡，符合生产实际。根据此结果及公式(4-2)计算CH_4燃烧反应热。

$$CH_4+2O_2 = CO_2+2H_2O-802800kJ/kmol \quad (4-2)$$

$$反应热=2.823×802800=2266304.4kJ/h$$

进而计算出进入第一在线炉燃料气、空气物料和热量以及第一在线炉出口物料和热量。见表4-16、表4-17。

表4-16 第一在线炉进口燃料气、空气物料组成和热量

组分	第一在线炉入口燃料气温度90℃			第一在线炉入口空气温度80℃		
	流量/(kmol/h)	焓值/(kJ/kmol)	热量/(kJ/h)	流量/(kmol/h)	焓值/(kJ/kmol)	热量/(kJ/h)
CH_4	2.823	3209	9059	—	—	—
O_2	—	—	—	5.646	2460	13889.16
H_2O	—	—	—	1.086	2766	3003.88
N_2	—	—	—	21.247	2332	49548.00
合计	2.823	—	9059	27.979	—	66441.04

表4-17 第一在线炉出口过程气物料组成和热量

组分	第一在线炉出口过程气温度240℃		
	流量/(kmol/h)	焓值/(kJ/kmol)	热量/(kJ/h)
H_2S	51.387	8390	431136.93

续表

组分	第一在线炉出口过程气温度240℃		
	流量/(kmol/h)	焓值/(kJ/kmol)	热量/(kJ/h)
CO_2	50.993	9863	502943.96
H_2O	268.232	8419	2258245.21
SO_2	27.172	10557	286854.80
N_2	507.647	7053	3580434.29
CO	10.04	7071	70992.84
H_2	19.43	7003	136068.29
COS	3.112	10854	33777.65
S_2	—	—	—
S_6	0.079	28688	2266.35
S_8	0.5058	39666	20063.06
合计	938.6	—	7322783.38

根据热量平衡原则，验证第一在线炉进出口物料热值：

$Q_{入}+Q_{燃}+Q_{空}+Q_{反}-Q_{出}$

$=4982450+9059+66441.04+(2266304.4-1262.32)-7322783.38$

$=208.74kJ/h$

偏差值主要由小数点后取数引起，可忽略，在线炉燃料气及空气核算符合要求。

（七）第一反应器计算

克劳斯反应器的计算过程同反应炉类似，需要先假设反应器内进行克劳斯反应的 H_2S 摩尔数，再根据平衡常数计算出克劳斯反应器的出口温度，进而得到克劳斯反应器出口的热量，根据热量平衡原则，克劳斯反应器出口的热量等于入口的热量与反应器内发生反应的反应热之和。

1. 反应器内反应计算

（1）第一反应器 COS 测算

标定过程中第一反应器出口 COS 体积浓度<0.01%，Aspen 模拟软件中数据为 0.13%，考虑本装置实际，第一反应器中装填了 2/3 钛基制硫催化剂，水解效果较好。因此，根据标定数据可近似认为第一反应器 COS 水解率为 95%，根据入口中 COS 摩尔量可计算出参与水解反应的 COS 摩尔量为：

参与水解反应 COS 摩尔量$=3.112\times0.95=2.9564kmol/h$

水解反应式及热量如下：

$$COS+H_2O=\!=\!=CO_2+H_2S-35000kJ/kmol \qquad (4-54)$$

根据上述公式可得出以下关系式：

COS	H_2O	CO_2	H_2S	反应热
1	1	1	1	35000
2.9564	2.9564	2.9564	2.9564	103474

(2) 第一反应器克劳斯反应测算

假设第一反应器有 y mol 硫化氢参与克劳斯反应生成硫黄，第一反应器制硫反应产生的硫元素全部以 S_8 形式存在。根据反应式(4-4)、表4-17中的进料数据计算反应前后各物质质量：

$$2H_2S+SO_2 = 2H_2O+0.375S_8-126360kJ/kmol(<677℃) \tag{4-4}$$

组份	$2H_2S$	SO_2	$2H_2O$	$0.375S_8$	反应热
反应比例	2	1	2	0.375	126360
假设反应量	y	$0.5y$	y	$0.1875y$	$0.5y\times126360$
反应结果量	$51.387-y$	$27.172-0.5y$	$268.232+y$	$0.5058+0.1875y$	$0.5y\times126360$

一级克劳斯反应器中反应热 $=103474+0.5y\times126360$

(3) 反应后物质量确定

根据COS水解反应及制硫平衡反应，可以得出反应后各物质的质量，具体计算方法如下：

H_2S = 克劳斯反应后剩余的 H_2S 量+COS水解生成 H_2S 的量

$=51.387-y+2.9564=(54.3434-y)$ kmol/h

CO_2 = 反应器入口 CO_2 的量+COS水解生成 CO_2 的量

$=50.993+2.9564=53.9494$ kmol/h

SO_2 = 克劳斯反应后剩余的 SO_2 量

$=(27.172-0.5y)$ kmol/h

H_2O = 克劳斯反应后剩余的 H_2O 量-COS水解反应所消耗的 H_2O 量

$=268.232+y-2.9564=(265.2756+y)$ kmol/h

COS = 反应器入口COS的量-COS水解反应所消耗的量

$=3.112-2.9564=0.1556$ kmol/h

S_8 = 反应器入口 S_8 的量+反应生成的 S_8 量

$=(0.5058+0.1875y)$ kmol/h

N_2 = 反应器入口的 N_2 量 $=507.647$ kmol/h

CO = 反应器入口的CO量 $=10.04$ kmol/h

H_2 = 反应器入口的 H_2 量 $=19.43$ kmol/h

S_6 = 反应器入口的 S_6 量 $=0.079$ kmol/h

(4) 平衡常数计算。

根据平衡常数法，即给定一个 y mol 硫化氢参与反应，计算出平衡常数 K_p，通过 K_p 求出相对应的温度。在此温度下，根据热量平衡，即出口物料的热量应等于进口物料的热量加上反应热，通过迭代计算，最终确定参与反应的 H_2S 物料量和反应后组分温度，并最终确定一级反应器转化率。

一级反应器进出口物料组成见表4-18。

表4-18　一级反应器进出口物料组成及流量　　kmol/h

组分	一级反应器入口	一级反应器出口	组分	一级反应器入口	一级反应器出口
H_2S	51.387	$54.3434-y$	H_2	19.43	19.43

续表

组分	一级反应器入口	一级反应器出口	组分	一级反应器入口	一级反应器出口
CO_2	50.993	53.9494	COS	3.112	0.1556
H_2O	268.232	265.2756+*y*	S_2	—	—
SO_2	27.172	27.172−0.5 *y*	S_6	0.079	0.079
N_2	507.647	507.647	S_8	0.5058	0.5058+0.1875 *y*
CO	10.04	10.04	合计	938.6	938.5978−0.3125 *y*

假设一级反应器压降为 2kPa，则一级反应器出口压力为 113.8kPa，约合 1.123atm（绝）。根据公式(4-11)平衡常数定义及反应方程式(4-4)，计算出平衡常数可表示如下：

$$K_p = \frac{(265.2756 + y)^2\ (0.5058 + 0.1875y)^{3/8}}{(54.3434 - y)^2(27.172 - 0.5y)}\left\{\frac{1.123}{(938.5978 - 0.3125y)}\right\}^{-5/8}$$

当 y 一定时，K_p 值一定，根据公式(4-11)，对应的温度 T 是确定的，此时出口物料的热量也就确定了。根据热量平衡，出口物料的热量应等于进口物料的热量加上反应热。

2. 一级反应器硫转化率计算

在 Excel 表格内按上述公式(4-11)平衡常数定义及反应方程式(4-4)进行简单编程，进行一级反应器内不同转化率(不同数量摩尔硫化氢反应)的迭代计算，当一级反应器内有 34.968kmol/h 硫化氢转化时，一级反应器出口温度达到 310.469℃时，满足一级反应器进出口物料热量相等。此时根据反应式(4-4)计算出反应平衡常数 K_p 为 3432.5。

根据上述计算结果，得出一级反应器进出口物料组成及热量，列表如下：

表 4-19　一级反应器进出口物料组成和热量

组分	一级反应器入口温度 240℃			一级反应器出口温度 310.469℃		
	流量/(kmol/h)	焓值/(kJ/kmol)	热量/(kJ/h)	流量/(kmol/h)	焓值/(kJ/kmol)	热量/(kJ/h)
H_2S	51.387	8390	431136.93	19.3754	11059.47	214281.66
CO_2	50.993	9863	502943.96	53.9494	13088.85	706135.60
H_2O	268.232	8419	2258245.21	300.2436	10955.85	3289423.85
SO_2	27.172	10557	286854.80	9.688	13965.79	135300.57
N_2	507.647	7053	3580434.29	507.647	9159.38	4649731.78
CO	10.04	7071	70992.84	10.04	9190.91	92276.74
H_2	19.43	7003	136068.29	19.43	9054.56	175930.10
COS	3.112	10854	33777.65	0.1556	14371.51	2236.21
S_2	—	—	—	—	—	—
S_6	0.079	28688	2266.35	0.079	37576.74	2968.56
S_8	0.5058	39666	20063.06	7.0623	52033.17	367473.86
合计	938.6	—	7322783.38	927.6703	—	9635758.92

根据表 4-19 一级反应器反应平衡状态物料数据，可以求得一级反应器中反应转化率。

$$一级反应器反应转化率 = \frac{(反应前硫化氢量 - 反应后硫化氢量)}{反应前硫化氢量} \times 100\%$$

=(51.387−19.3754)/51.387×100=62.295%。

即一级反应器中硫转化率为62.295%。

(八) 二级硫冷器出口组分及取热计算

根据装置标定工况，二级硫冷器气相出口温度为160℃，硫冷器压差按0.5kPa估算，即硫冷器出口过程气压力为113.3kPa，一级反应器出口过程气进入二级硫冷器后，气相温度再次降低，至硫冷器出口气相温度为160℃，期间热量被硫冷器取走。为简化计算，气相和液相中的硫均按S_6和S_8计算。

1. 二级硫冷凝器出口硫相态分析

假设二级硫冷凝器出口温度为160℃，根据不同温度下硫单质的摩尔组成分布图(图4-3)，仅考虑S_2、S_6、S_8之间转化，可查询到上述三种组分的摩尔比为0∶0.047∶0.925，根据二级硫冷凝器进出口总硫平衡，在未考虑硫蒸气冷凝情况下，计算出一级反应器出口S_6、S_8的量，具体计算如下：

S_6=进料中硫原子数×S_6在出口物料中所占的摩尔分数

$=(0.079\times6+7.0623\times8)\times0.047/(0.047\times6+0.925\times8)=0.3486$kmol/h

S_8=进料中硫原子数×S_8在出口物料中所占的摩尔分数

$=(0.079\times6+7.0623\times8)\times0.925/(0.047\times6+0.925\times8)=6.860$kmol/h

假设过程气在二级硫冷凝器管束中降温过程其他化学反应忽略不计，二级硫冷凝器管束压降按0.5kPa考虑，根据反应式(4-52)可以计算出160℃时硫的饱和蒸气压：

$$P=e^{[89.273-(13463/(T+273.15))-8.9643\ln(T+273.15)]} \tag{4-52}$$

$=0.0433$kPa

在未考虑硫蒸气冷凝情况下，二级硫冷凝器出口硫的实际分压=出口硫的摩尔数/出口物料总摩尔数×出口压力

$=(0.3486+6.860)/927.6703\times113.3=0.8804$kPa

$P_{实际}>P_{饱和}$，说明二级硫冷凝器出口有硫析出，直至达到气液相平衡，即

$P_{实际}=P_{饱和}$

忽略总摩尔数变化，假设硫冷凝率为x，则[S_6(冷凝前)×$(1-x)$+S_8(冷凝前)×$(1-x)$]/出口总摩尔数×二级硫冷凝器出口压力-该温度下饱和蒸气压，即：

$$[0.3486\times(1-x)+6.86\times(1-x)]/927.6703\times113.3=0.0433$$

解上述方程式，$x=0.9508$。通过该冷凝率可计算出二级硫冷凝器气液相中S_6、S_8的摩尔量。

液相中S_6的摩尔量为：$0.3486\times0.9508=0.3314$kmol/h

液相中S_8的摩尔量为：$6.86\times0.9508=6.5225$kmol/h

气相中S_6的摩尔量为：$0.3486\times(1-0.9508)=0.01715$kmol/h

气相中S_8的摩尔量为：$6.86\times(1-0.9508)=0.3375$kmol/h

根据上述计算可得二级硫冷凝器进出口的硫分布，见表4-20。

表4-20　二级硫冷凝器进出口的硫分布　kmol/h

组分	入口温度310.469℃		出口温度160℃	
	气相	液相	气相	液相
S_6	0.3486	—	0.01715	0.3314
S_8	6.86	—	0.3375	6.5225

2. 二级硫冷凝器取热计算

按照热量平衡原则，二级硫冷凝器总的热负荷=进出口物料的热差+硫冷凝放热。忽略S_8~S_6之间的转化热。

根据上述计算结果可以得出二级硫冷凝器出口气相各组成情况，如表4-21。同时根据二级硫冷凝器出口温度160℃和上述焓值回归计算式，得出160℃时各组分的焓值，并计算出二级硫冷凝器进出口热量数据，具体如表4-21所示。

表4-21　二级硫冷凝器进出口物料组成和热量

组分	二级硫冷凝器入口温度310.469℃			二级硫冷凝器出口温度160℃		
	流量/(kmol/h)	焓值/(kJ/kmol)	热量/(kJ/h)	流量/(kmol/h)	焓值/(kJ/kmol)	热量/(kJ/h)
H_2S	19.3754	11059.47	214281.66	19.3754	5475.48	106089.62
CO_2	53.9494	13088.85	706135.60	53.9494	6378.25	344102.76
H_2O	300.2436	10955.85	3289423.85	300.2436	5573.97	1673548.82
SO_2	9.688	13965.79	135300.57	9.688	6851.71	66379.37
N_2	507.647	9159.38	4649731.78	507.647	4681.60	2376600.20
CO	10.04	9190.91	92276.74	10.04	4688.58	47073.34
H_2	19.43	9054.56	175930.10	19.43	4672.01	90777.15
COS	0.1556	14371.51	2236.21	0.1556	7037.97	1095.11
S_2	—	—	—	—	—	0.00
S_6	0.079	37576.74	2968.56	0.3486	18839.36	6567.40
S_8	7.0623	52033.17	367473.86	6.86	26007.46	178411.18
合计	927.6703	—	9635758.92	927.7376	—	4890644.94

通过查询图4-6硫的汽化潜热图，可得在160℃下，S_6汽化潜热为430kJ/kg，S_8汽化潜热为300kJ/kg，由此计算S_6、S_8的冷凝热。

二级硫冷凝器中S_6、S_8冷凝产生的热量为：

$0.3314\times32\times6\times430+6.5225\times32\times8\times300=528288.384$kJ/h

则二级硫冷凝器总的热负荷=进出口物料的热量差+硫冷凝放热量

$=9635758.92-4890644.94+528288.384=5273402.364$kJ/h

通过表4-20可以计算二级硫冷凝器回收液硫量为：

$m_{硫}=0.3314\times M_{S_6}+6.5225\times M_{S_8}=0.3314\times32\times6+6.5225\times32\times8=1733.39$kg/h

3. 二级硫冷凝器发汽量计算

假设二级硫冷凝器发0.4MPa蒸汽，根据表4-12查得0.4MPa相对应的水的汽化潜热为2133.6kJ/kg。

则二级硫冷凝器发汽量$=5273402.364/2133.6=2471.6kg/h=2.472$t/h

4. 一级反应器硫回收率计算

通常，一级反应器硫回收率可由下列公式计算。

一级反应器硫回收率=[1-二级硫冷凝器出口气体(H_2S+SO_2+COS)摩尔总数/一级反应器入口(H_2S+SO_2+COS)摩尔总数]×100%

$=[1-(19.3754+9.688+0.1556)/(51.387+27.172+3.112)]\times100\%=64.22\%$

一级反应器硫回收率为64.22%。

(九) 第二在线炉组分及加热计算

第二在线炉与第一在线炉作用相同，主风机来的空气和瓦斯在第二在线炉烧嘴内按化学配比燃烧，产生高温烟气，二级硫冷凝器出口过程气进入第二在线炉后部炉膛和烧嘴来的高温烟气直接混合，实现过程气加热升温，以满足第二制硫反应器入口温度要求。第二在线炉入口过程气物料组成及热量见表4-22。

表4-22　第二在线炉入口过程气物料组成和热量

组分	第二在线炉入口过程气温度160℃		
	流量/(kmol/h)	焓值/(kJ/kmol)	热量/(kJ/h)
H_2S	19.3754	5475.48	106089.62
CO_2	53.9494	6378.25	344102.76
H_2O	300.2436	5573.97	1673548.82
SO_2	9.688	6851.71	66379.37
N_2	507.647	4681.60	2376600.20
CO	10.04	4688.58	47073.34
H_2	19.43	4672.01	90777.15
COS	0.1556	7037.97	1095.11
S_2	—	—	0.00
S_6	0.01715	18839.36	323.10
S_8	0.3375	26007.46	8777.52
合计	920.8837	—	4714766.97

1. 第二在线炉燃料气和空气组分确定

根据实际情况，标定期间装置所使用燃料气为天然气，为简化计算，燃料气组分全部按CH_4计，同时根据装置标定工况，燃料气温度为90℃，燃料气压力为580kPa，在线炉空气来自主风机，温度为80℃，压力为35kPa。

2. 第二在线炉进出口物料计算

在线炉燃料气按化学当量配比燃烧，燃烧反应如下：

$$CH_4+2O_2=\!=\!=CO_2+2H_2O-802800\text{kJ/kmol} \tag{4-2}$$

假设一定量的燃料气进入第二在线炉和空气按化学当量配比燃烧，燃烧后的高温烟气和第二硫冷凝器来的过程气在第二在线炉膛内混合充分后，进入第二制硫反应器。由于是化学当量燃烧配比，在燃料气组分、空气组分确定的情况下，一定量的燃料气对应的空气量也是一定的，产生的高温烟气量也是一定的。

根据标定工况，第二在线炉出口过程气温度为215℃，其炉膛压差0kPa，根据上述焓值回归计算式，可以计算第二在线炉出口各组分焓值。根据热量平衡原则，应满足：$Q_{入}+Q_{燃}+Q_{空}+Q_{反}=Q_{出}$。其中$Q_{反}$除了$CH_4$燃烧的反应外，还应考虑$S_8$~$S_6$之间的转化反应热。查询215℃条件下$S_6$和$S_8$的摩尔比为0.09∶0.845，计算出第二在线炉出口S_6、S_8的量，具体计算如下：

S_6=进料中硫原子数×S_6在出口物料中所占的摩尔分数

$=(0.01715\times6+0.3375\times8)\times0.09/(0.09\times6+0.845\times8)=0.03456kmol/h$

S_8=进料中硫原子数×S_8在出口物料中所占的摩尔分数

$=(0.01715\times6+0.3375\times8)\times0.845/(0.09\times6+0.845\times8)=0.3244kmol/h$

根据

$$4S_6 = 3S_8 - 101800kJ/kmol \quad (4-55)$$

则第二在线炉内 $S_6 \sim S_8$之间的转化反应热为：

$=(0.3244-0.3375)\times101800/3=-444.527kJ/h$(负值代表吸热反应)

根据上述条件，用 Excel 表格列出计算关系式，并采用给定燃料气流量进行迭代计算，得到燃料气流量在 2.191kmol/h 时，即燃料气流量 35.056kg/h 时，第二在线炉进出口满足热量平衡，符合生产实际。根据此结果及公式(4-2)计算 CH_4燃烧反应热。

$$CH_4+2O_2 = CO_2+2H_2O-802800kJ/kmol \quad (4-2)$$

$$反应热=2.191\times802800=1758934.8kJ/h$$

进而计算出进入第二在线炉燃料气、空气物料和热量以及第二在线炉出口物料和热量。见表 4-23、表 4-24。

表 4-23　第二在线炉进口燃料气、空气物料组成和热量

组分	第二在线炉入口燃料气温度 90℃			第二在线炉入口空气温度 80℃		
	流量/(kmol/h)	焓值/(kJ/kmol)	热量/(kJ/h)	流量/(kmol/h)	焓值/(kJ/kmol)	热量/(kJ/h)
CH_4	2.191	3209	7030.919	—		
O_2	—			4.382	2460	10779.72
H_2O	—			0.843	2766	2331.738
N_2	—			16.484	2332	38440.688
合计	2.191		7030.919	21.709		51552.146

表 4-24　第二在线炉出口过程气物料组成和热量

组分	第二在线炉出口过程气温度 215℃		
	流量/(kmol/h)	焓值/(kJ/kmol)	热量/(kJ/h)
H_2S	19.3754	7465.63	144649.57
CO_2	56.1404	8753.95	491450.25
H_2O	305.4681	7525.94	2298934.59
SO_2	9.688	9380.66	90879.83
N_2	524.137	6309.41	3306995.23
CO	10.04	6323.26	63485.53
H_2	19.43	6274.98	121922.86
COS	0.1556	9641.37	1500.20
S_2	—	—	0.00
S_6	0.03456	25582.78	884.14
S_8	0.3244	35354.02	11468.84
合计	944.7935	—	6532171.05

根据热量平衡原则，验证第二在线炉进出口物料热值：

$Q_{入}+Q_{燃}+Q_{空}+Q_{反}-Q_{出}$

$=4714766.97+7030.919+51552.146+(1758934.8-444.527)-6532171.05$

$=-330.742$kJ/h

偏差值主要由计算过程中小数点后四舍五入取数引起，可忽略，因此第二在线炉燃料气及空气核算符合要求。

（十）第二反应器计算

第二克劳斯反应器的计算过程同第一克劳斯反应器类似，需要先假设反应器内进行克劳斯反应的 H_2S 摩尔数，再根据平衡常数计算出克劳斯反应器的出口温度，进而得到克劳斯反应器出口的热量，根据热量平衡原则，克劳斯反应器出口的热量等于入口的热量与反应器内发生反应的反应热之和。

1. 反应器内反应计算

（1）第二反应器克劳斯反应测算

假设第二反应器有 z mol 硫化氢参与克劳斯反应生成硫黄，第二反应器制硫反应产生的硫元素全部以 S_8 形式存在。根据反应式(4-4)、表4-24中的进料数据计算反应前后各物质含量：

$$2H_2S+SO_2 = 2H_2O+3/8S_8-126360\text{kJ/kmol}(<677℃) \tag{4-4}$$

组分	$2H_2S$	SO_2	$2H_2O$	$3/8S_8$	反应热
反应比例	2	1	2	0.375	126360
假设反应量	z	$0.5z$	z	$0.1875z$	$0.5z\times126360$
反应结果量	$19.3754-z$	$9.688-0.5z$	$305.4681+z$	$0.3244+0.1875z$	$0.5z\times126360$

二级克劳斯反应器中反应热 $=0.5z\times126360$

（2）反应后物质量确定

根据克劳斯制硫平衡反应，可以得出反应后各物质含量，具体计算方法如下：

H_2S = 克劳斯反应后剩余的 H_2S 量

$=(19.3754-z)$kmol/h

CO_2 = 反应器入口 CO_2 的量

$=56.1404$kmol/h

SO_2 = 克劳斯反应后剩余的 SO_2 量

$=(9.688-0.5z)$kmol/h

H_2O = 克劳斯反应后剩余的 H_2O 量

$=(305.4681+z)$kmol/h

COS = 反应器入口 COS 的量

$=0.1556$kmol/h

S_8 = 反应器入口 S_8 的量+反应生成的 S_8 量

$=(0.3244+0.1875z)$kmol/h

N_2 = 反应器入口的 N_2 量 $=524.137$kmol/h

CO = 反应器入口的 CO 量 $=10.04$kmol/h

H_2 = 反应器入口的 H_2 量 $=19.43$kmol/h

S_6=反应器入口的S_6量=0.03456kmol/h

（3）平衡常数计算。

根据平衡常数法，即给定一个z mol 硫化氢参与反应，计算出平衡常数K_p，通过K_p求出相对应的温度。在此温度下，根据热量平衡，即出口物料的热量应等于进口物料的热量加上反应热，通过迭代计算，最终确定参与反应的H_2S物料量和反应后组分温度，并最终确定二级反应器转化率。

二级反应器进出口物料组成见表4-25。

表4-25　一级反应器进出口物料组成及流量　kmol/h

组分	二级反应器入口	二级反应器出口	组分	二级反应器入口	二级反应器出口
H_2S	19.3754	19.3754-z	H_2	19.43	19.43
CO_2	56.1404	56.1404	COS	0.1556	0.1556
H_2O	305.4681	305.4681+z	S_2	—	—
SO_2	9.688	9.688-0.5 z	S_6	0.03456	0.03456
N_2	524.137	524.137	S_8	0.3244	0.3244+0.1875 z
CO	10.04	10.04	合计	944.7935	944.7935-0.3125 z

假设二级反应器压降为2kPa，则二级反应器出口压力为111.3kPa，约合1.0987atm（绝）。根据公式(4-11)平衡常数定义及反应方程式(4-4)，计算出的平衡常数可表示如下：

$$K_p=\frac{(305.4681+z)^2(0.3244+0.1875z)^{3/8}}{(19.3754-z)^2(9.688-0.5z)}\left\{\frac{1.0987}{(944.7935-0.3125z)}\right\}^{-5/8}$$

当z一定时，K_p值一定，根据公式(4-11)，对应的温度T是确定的，此时出口物料的热量也就确定了。根据热量平衡，出口物料的热量应等于进口物料的热量加上反应热。

2. 二级反应器硫转化率计算

在Excel表格内按上述公式(4-11)平衡常数定义及反应方程式(4-4)进行简单编程，进行二级反应器内不同转化率(不同摩尔数量硫化氢反应)的迭代计算，当二级反应器内有12.573kmol/h硫化氢转化时，二级反应器出口温度达到239.67℃时，满足二级反应器进出口物料热量相等。此时根据反应式(4-4)计算出的反应平衡常数K_p为63316.55。

根据上述计算结果，得出二级反应器进出口物料组成及热量，见表4-26：

表4-26　二级反应器进出口物料组成和热量

组分	二级反应器入口温度215℃			二级反应器出口温度239.67℃		
	流量/(kmol/h)	焓值/(kJ/kmol)	热量/(kJ/h)	流量/(kmol/h)	焓值/(kJ/kmol)	热量/(kJ/h)
H_2S	19.3754	7465.63	144649.57	6.8024	8377.33	56985.95
CO_2	56.1404	8753.95	491450.25	56.1404	9848.40	552893.12
H_2O	305.4681	7525.94	2298934.59	318.0411	8407.16	2673822.41
SO_2	9.688	9380.66	90879.83	3.4015	10541.69	35857.56
N_2	524.137	6309.41	3306995.23	524.137	7042.87	3691428.75
CO	10.04	6323.26	63485.53	10.04	7060.59	70888.32
H_2	19.43	6274.98	121922.86	19.43	6993.57	135885.07

续表

组分	二级反应器入口温度 215℃			二级反应器出口温度 239.67℃		
	流量/(kmol/h)	焓值/(kJ/kmol)	热量/(kJ/h)	流量/(kmol/h)	焓值/(kJ/kmol)	热量/(kJ/h)
COS	0.1556	9641.37	1500.20	0.1556	10837.95	1686.39
S_2	—	—	—	—	—	
S_6	0.03456	25582.78	884.14	0.03456	28646.88	990.04
S_8	0.3244	35354.02	11468.84	2.6818	39608.51	106223.61
合计	944.7935	—	6532171.05	940.8644	—	7326661.21

根据表4-26二级反应器反应平衡状态物料数据，可以求得二级反应器中反应转化率。

$$二级反应器反应转化率 = \frac{(反应前硫化氢量 - 反应后硫化氢量)}{反应前硫化氢量} \times 100\%$$

$=(19.3754-6.8024)/19.3754\times100=64.89\%$。

即二级反应器中反应转化率为64.89%。

(十一)三级硫冷器出口组分及取热计算

根据装置标定工况，三级硫冷器气相出口温度为150℃，硫冷器压差按0.5kPa估算，即硫冷器过程气出口压力为110.8kPa，二级反应器出口过程气进入三级硫冷器后，气相温度再次降低，至硫冷器出口气相温度为150℃，期间热量被硫冷器取走。为简化计算，气相和液相中的硫均按S_6和S_8计算。

1. 三级硫冷凝器出口硫相态分析

假设三级硫冷凝器出口温度为150℃，根据不同温度下硫单质的摩尔组成分布图(图4-3)，仅考虑S_2、S_6、S_8之间转化，可查询到上述三种组分的摩尔比为0∶0.042∶0.945，根据三级硫冷凝器进出口总硫平衡，在未考虑硫蒸气冷凝情况下，计算出二级反应器出口S_6、S_8的量，具体计算如下：

S_6=进料中硫原子数×S_6在出口物料中所占的摩尔分数

$=(0.03456\times6+2.6818\times8)\times0.042/(0.042\times6+0.945\times8)=0.1165kmol/h$

S_8=进料中硫原子数×S_8在出口物料中所占的摩尔分数

$=(0.03456\times6+2.6818\times8)\times0.945/(0.042\times6+0.945\times8)=2.62kmol/h$

假设过程气在三级硫冷凝器管束中降温过程的其他化学反应忽略不计，三级硫冷凝器管束压降按0.5kPa考虑，根据反应式(4-52)可以计算出150℃时硫的饱和蒸气压。

$$P = e^{[89.273-(13463/(T+273.15))-8.9643\ln(T+273.15)]} \tag{4-52}$$

$=0.0256kPa$

在未考虑硫蒸气冷凝的情况下，三级硫冷凝器出口硫的实际分压=出口硫的摩尔数/出口物料总摩尔数×出口压力

$=(0.1165+2.62)/940.8644\times110.8=0.3223kPa$

$P_{实际}>P_{饱和}$，说明三级硫冷凝器出口有硫析出，直至达到气液相平衡，即$P_{实际}=P_{饱和}$。

忽略总摩尔数变化，假设硫冷凝率为x，则[S_6(冷凝前)×$(1-x)$+S_8(冷凝前)×$(1-x)$]/出口总摩尔数×三级硫冷凝器出口压力=该温度下饱和蒸气压，即：

$$[0.1165\times(1-x)+2.62\times(1-x)]/940.8644\times110.8=0.0256$$

解上述方程式，$x=0.9205$。通过该冷凝率可计算出三级硫冷凝器气液相中 S_6、S_8的摩尔量。

液相中 S_6的摩尔量为：0.1165×0.9205=0.10724kmol/h

液相中 S_8的摩尔量为：2.62×0.9205=2.4117kmol/h

气相中 S_6的摩尔量为：0.1165×(1-0.9205)=0.00926kmol/h

气相中 S_8的摩尔量为：2.62×(1-0.9205)=0.2083kmol/h

根据上述计算可得三级硫冷凝器进出口的硫分布，见表 4-27。

表 4-27　三级硫冷凝器进出口的硫分布　kmol/h

组分	入口温度 239.67℃		出口温度 150℃	
	气相	液相	气相	液相
S_6	0.1165	—	0.00926	0.10724
S_8	2.62	—	0.2083	2.4117

2. 三级硫冷凝器取热计算

按照热量平衡原则，三级硫冷凝器总的热负荷=进出口物料的热量差+硫冷凝放热量。忽略 S_8~S_6之间的转化热。

根据上述计算结果可以得出三级硫冷凝器出口气相各组成情况，见表 4-28。同时根据三级硫冷凝器出口温度 150℃和上述焓值回归计算式，得出 150℃时各组分的焓值，并计算出三级硫冷凝器进出口热量数据，具体见表 4-28。

表 4-28　三级硫冷凝器进出口物料组成和热量

组分	三级硫冷凝器入口温度 239.67℃			三级硫冷凝器出口温度 150℃		
	流量/(kmol/h)	焓值/(kJ/kmol)	热量/(kJ/h)	流量/(kmol/h)	焓值/(kJ/kmol)	热量/(kJ/h)
H_2S	6.8024	8377.33	56985.95	6.8024	5119.94	34827.88
CO_2	56.1404	9848.40	552893.12	56.1404	5955.86	334364.36
H_2O	318.0411	8407.16	2673822.41	318.0411	5220.95	1660476.68
SO_2	3.4015	10541.69	35857.56	3.4015	6400.73	21772.08
N_2	524.137	7042.87	3691428.75	524.137	4386.74	2299252.74
CO	10.04	7060.59	70888.32	10.04	4392.73	44103.01
H_2	19.43	6993.57	135885.07	19.43	4380.43	85111.75
COS	0.1556	10837.95	1686.39	0.1556	6574.18	1022.94
S_2	—	—	—	—	—	
S_6	0.03456	28646.88	990.04	0.1165	17626.35	2053.47
S_8	2.6818	39608.51	106223.61	2.62	24328.69	63741.17
合计	940.8644	—	7326661.21	940.8845	—	4546726.09

通过查询图 4-6 硫的汽化潜热图，可得在 160℃下，S_6汽化潜热为 435kJ/kg，S_8汽化潜热为 305kJ/kg，由此计算 S_6、S_8的冷凝热。

三级硫冷凝器中 S_6、S_8冷凝产生的热量为：

0.10724×32×6×435+2.4117×32×8×305=197262.22kJ/h

则三级硫冷凝器总的热负荷=进出口物料的热差+硫冷凝放热

=7326661.21-4546726.09+197262.22=2977197.34kJ/h

通过表4-27可以计算三级硫冷凝器回收液硫量为：

$m_{硫}=0.10724\times M_{S_6}+2.4117\times M_{S_8}=0.10724\times32\times6+2.4117\times32\times8=637.985$kg/h

3. 三级硫冷凝器发汽量计算

假设三级硫冷凝器发0.35MPa蒸汽，根据表4-12查得0.35MPa相对应的水的汽化潜热为2147.9kJ/kg。

则三级硫冷凝器发汽量=2977197.34/2147.9=1386.1kg/h=1.386t/h

4. 二级反应器硫回收率计算

通常，二级反应器硫回收率可由下列公式计算：

二级反应器硫回收率=[1-三级硫冷凝器出口气体(H_2S+SO_2+COS)摩尔总数/二级反应器入口(H_2S+SO_2+COS)摩尔总数]×100%

=[1-(6.8024+3.4015+0.1556)/(19.3754+9.688+0.1556)]×100%=64.55%

二级反应器硫回收率为64.55%

5. 克劳斯单元硫回收率计算

通常，克劳斯单元硫回收率可由下列公式计算：

克劳斯硫回收率=[1-三级硫冷凝器出口气体(H_2S+SO_2+COS)摩尔总数/反应炉入口(H_2S+SO_2+COS)摩尔总数]×100%

=[1-(6.8024+3.4015+0.1556)/287.164]×100%=96.392%

克劳斯单元硫回收率为96.392%

（十二）加氢炉出口组分及加热计算

本装置加氢反应器入口过程气采用加氢炉加热工艺，主风机来的空气和燃料气在加氢炉烧嘴内发生次当量化学燃烧，假设加氢炉烧嘴次当量化学燃烧产生的CO直接在炉膛内全部反应成H_2。三级硫冷器(捕集器)来的过程气进入加氢炉后，和烧嘴燃烧产生的高温气体混合，过程气温度升高，同时次化学燃烧产生的CO转化为H_2，提高过程气中的H_2浓度。为确保进加氢反应器过程气有充足的H_2，本装置同时设置外补氢气流程，外补氢气直接进入加氢炉膛后部，和过程气混合后进入加氢反应器。加氢入口过程气物料及热量见表4-29。

表4-29 加氢炉入口过程气物料组成和热量

组分	加氢炉入口过程气温度150℃		
	流量/(kmol/h)	焓值/(kJ/kmol)	热量/(kJ/h)
H_2S	6.8024	5119.94	34827.88
CO_2	56.1404	5955.86	334364.36
H_2O	318.0411	5220.95	1660476.68
SO_2	3.4015	6400.73	21772.08
N_2	524.137	4386.74	2299252.74
CO	10.04	4392.73	44103.01
H_2	19.43	4380.43	85111.75
COS	0.1556	6574.18	1022.94
S_2	—	—	0.00

续表

组分	加氢炉入口过程气温度150℃		
	流量/(kmol/h)	焓值/(kJ/kmol)	热量/(kJ/h)
S_6	0.00926	17626.35	163.22
S_8	0.2083	24328.69	5067.67
合计	938.366	—	4486162.34

1. 加氢炉燃料气和空气组分确定

根据实际情况，标定期间装置所使用燃料气为天然气，为简化计算，燃料气组分全部按 CH_4计，同时根据装置标定工况，燃料气温度为90℃，燃料气压力为580kPa，在线炉空气来自主风机，温度为80℃，压力为35kPa，燃料气在加氢炉烧嘴发生如下反应：

$$CH_4+3/2O_2 = H_2+CO_2+H_2O-556000kJ/kmol \tag{4-54}$$

假设加氢炉燃烧所需燃料气为 $x$kmol/h，根据配比关系和表4-6中空气组成可以计算出加氢炉燃料气和空气的物料组成，见表4-30。

表4-30　加氢炉进口燃料气、空气物料组成和热量

组分	加氢炉入口燃料气温度90℃			加氢炉入口空气温度80℃		
	流量/(kmol/h)	焓值/(kJ/kmol)	热量/(kJ/h)	流量/(kmol/h)	焓值/(kJ/kmol)	热量/(kJ/h)
CH_4	x	3209	$3209x$	—		
O_2	—			$1.5x$	2460	$3690x$
N_2	—			$5.643x$	2332	$13159.5x$
H_2O	—			$0.289x$	2766	$799.3x$
合计	x		$3209x$	$7.431x$		$17648.8x$

本装置外补氢气来自公司Ⅲ重整氢气，假设外补氢气量为 $y$kmol/h[需满足加氢反应器出口 H_2含量为3%(湿基)]，则进入加氢炉的氢气组成见表4-31。

表4-31　加氢炉进口氢气物料组成和热量

组分	加氢炉入口氢气温度35℃			
	摩尔浓度/%	流量/(kmol/h)	焓值/(kJ/kmol)	热量/(kJ/h)
H_2	0.9372	$0.9372y$	1024.38	$960.05y$
N_2	0.0138	$0.0138y$	1020.29	$14.08y$
CH_4	0.015	$0.015y$	1205.72	$18.09y$
C_2H_6	0.0183	$0.0183y$	1802.28	$32.98y$
C_3H_8	0.0157	$0.0157y$	2281.95	$35.83y$
合计	1	y	—	$1061.02y$

2. 加氢炉进出口物料计算

假设一定量的燃料气进入加氢炉和空气按化学当量配比燃烧，燃烧后的高温烟气和第三硫冷凝器来的过程气在加氢炉膛内混合充分后，进入加氢反应器。本装置液硫池废气直接引入加氢反应器，因此，标定期间加氢反应器入口温度在220℃，反应器床层温度为303℃，加氢反应器出口温度为295℃。而本次计算中未考虑液硫池废气影响，通过Excel测算，在加氢炉出口过程气温度为260℃时，加氢反应器出口温度在295℃左右，因此加氢炉出口温度按260℃、炉膛压差0kPa计算，根据上述焓值回归计算式，可以计算加氢炉出口各组分焓值。根据热量平衡原则，应满足：$Q_{入}+Q_{燃}+Q_{空}+Q_{H_2}+Q_{反}=Q_{出}$。其中$Q_{反}$除了$CH_4$燃烧的反应外，还应考虑$S_6\sim S_8$之间的转化反应热。查询260℃条件下$S_6$和$S_8$的摩尔比为0.13∶0.78，计算出加氢炉炉出口$S_6$、$S_8$的量，具体计算如下：

S_6=进料中硫原子数×S_6在出口物料中所占的摩尔分数

$=(0.00926\times6+0.2083\times8)\times0.13/(0.13\times6+0.78\times8)=0.03189$kmol/h

S_8=进料中硫原子数×S_8在出口物料中所占的摩尔分数

$=(0.00926\times6+0.2083\times8)\times0.78/(0.13\times6+0.78\times8)=0.1913$kmol/h

根据

$$4S_6 = 3S_8 - 101800\text{kJ/kmol} \tag{4-53}$$

则加氢炉内$S_6\sim S_8$之间的转化反应热为：

$=(0.1913-0.2083)\times101800/3=-564.3113$kJ/h（负值代表吸热反应）

根据假设条件及公式（4-54）计算CH_4燃烧反应热。

$$CH_4+3/2O_2 = H_2+CO_2+H_2O-556000\text{kJ/kmol} \tag{4-54}$$

反应热$=x\times556000$kJ/h

则加氢炉出口物料和热量可计算出，见表4-32。

表4-32 加氢炉出口过程气物料组成和热量

组分	加氢炉出口过程气温度260℃		
	流量/(kmol/h)	焓值/(kJ/kmol)	热量/(kJ/h)
H_2S	6.8024	9137.58	62157.47
CO_2	$56.1404+x$	10763.85	$(56.1404+x)\times10763.85$
H_2O	$318.0411+1.289x$	9136.07	$(318.0411+1.289x)\times9136.07$
SO_2	3.4015	11511.00	39154.67
N_2	$524.137+5.643x+0.0138y$	7648.90	$(524.137+5.643x+0.0138y)\times7648.90$
CO	10.04	7670.18	77008.61
H_2	$19.43+x+0.9372y$	7585.61	$(19.43+x+0.9372y)\times7585.61$
COS	0.1556	11837.57	1841.93
CH_4	$0.015y$	10594.29	$158.91y$
C_2H_6	$0.0183y$	17081.24	$312.59y$
C_3H_8	$0.0157y$	24426.56	$383.50y$
S_6	0.03189	31190.56	994.667
S_8	0.1913	43143.86	8253.42
合计	$938.37+8.932x+y$		$7855803.27+73288.6x+8069.79y$

（十三）加氢反应器计算

加氢反应器内发生反应较多，已不能使用平衡常数法进行迭代计算，需采用试算法进行计算。通过假设反应器出口温度确定出口焓值，再根据热量平衡原则，使加氢反应器出口的热量等于入口的热量与反应器内发生反应的反应热之和，从而确定加氢反应器出口温度。

标定期间，净化后尾气分析数据见表4-33。

表4-33 净化后尾气分析数据

组分	分析结果	组分	分析结果
CO	<0.1%	硫含量	9.67mg/m^3
H_2S	<10mg/m^3		

通过对净化后尾气数据进行分析，可以得出在加氢反应器内COS基本水解完全，CO近似于全部反应。在Aspen软件中，通过对加氢反应器进出口组分数据分析可以发现，反应器出口CO_2含量大幅度增加，H_2O含量下降，则可以推断出加氢反应器内CO主要是与H_2O反应生成CO_2和H_2的反应。由此可以推断出加氢反应器内发生的主要反应，具体如下：

$$COS+H_2O = CO_2+H_2S-35000kJ/kmol \quad (4-54)$$

$$CO+H_2O = CO_2+H_2-40000kJ/kmol \quad (4-55)$$

$$S_8+8H_2 = 8H_2S-335000kJ/kmol \quad (4-56)$$

$$SO_2+3H_2 = H_2S+2H_2O-214000kJ/kmol \quad (4-57)$$

反应器内反应计算

(1)反应热计算

根据反应式(4-54)、表4-32中的进料数据计算反应前后各物质含量：

$$COS+H_2O = CO_2+H_2S-35000kJ/kmol \quad (4-54)$$

组分	COS	H_2O	CO_2	H_2S	反应热
反应比例	1	1	1	1	35000
假设反应量	0.1556	0.1556	0.1556	0.1556	5446

根据反应式(4-55)、表4-32中的进料数据计算反应前后各物质量：

$$CO+H_2O = CO_2+H_2-40000kJ/kmol \quad (4-55)$$

组分	CO	H_2O	CO_2	H_2	反应热
反应比例	1	1	1	1	40000
假设反应量	10.04	10.04	10.04	10.04	401600

根据反应式(4-56)、表4-32中的进料数据计算反应前后各物质量：

$$S_8+8H_2 = 8H_2S-335000kJ/kmol \quad (4-56)$$

组分	S_8	H_2	H_2S	反应热
反应比例	1	8	8	335000
假设反应量	0.2152	1.7217	1.7217	72097.86

其中已将反应器入口中S_6的摩尔量折算成S_8的摩尔量。

根据反应式(4-57)、表4-32中的进料数据计算反应前后各物质含量：

$$SO_2+3H_2 = H_2S+2H_2O-214000kJ/kmol \quad (4-57)$$

组分	SO_2	H_2	H_2S	H_2O	反应热
反应比例	1	3	1	2	214000
假设反应量	3.4015	10.2045	3.4015	6.803	727921

则加氢反应器中反应热=5446+401600+72097.86+727921=1207064.86kJ/h

(2)反应后物质含量确定

根据加氢反应器进口物料组成及加氢反应器内各反应，可以得出反应后各物质含量，具体计算方法如下：

H_2S=反应器入口 H_2S 的量+S_6加氢生成 H_2S 的量+S_8加氢生成 H_2S 的量+SO_2加氢生成 H_2S 的量+COS 水解生成 H_2S 的量

=6.8024+0.03189×6+0.1913×8+3.4015+0.1556=12.08124kmol/h

CO_2=反应器入口 CO_2的量+CO 与水反应生成 CO_2的量+COS 水解生成 CO_2的量

=56.1404+x+10.04+0.1556=(66.336+x)kmol/h

H_2O=反应器入口 H_2O 量+SO_2加氢生成 H_2O 的量- CO 与水反应消耗 H_2O 的量- COS 水解消耗 H_2O 的量

=(318.0411+1.289x+6.803-10.04-0.1556)=(314.6485+1.289x)kmol/h

SO_2=反应后剩余的 SO_2量

=0kmol/h

N_2=反应器入口的 N_2量

=(524.137+5.643x+0.0138y)kmol/h

CO =反应后剩余的 CO 量

=0kmol/h

H_2=反应器入口的 H_2量- S_8加氢消耗的 H_2量- S_6加氢消耗的 H_2量- SO_2加氢消耗的 H_2量+CO 与水反应生成 H_2的量

=19.43+x+0.9372y - 0.1913×8-0.03189×6-10.2045+10.04=(17.54376+x+0.9372y)kmol/h

COS=反应后剩余的 COS 量=0kmol/h

CH_4=反应器入口的 CH_4量=0.015y

C_2H_6=反应器入口的 C_2H_6量=0.0183y

C_3H_8=反应器入口的 C_3H_8量=0.0157y

S_6=反应后剩余的 S_6量=0kmol/h

S_8=反应后剩余的 S_8量=0kmol/h

通过给定 x、y 及反应器出口温度进行试算，最终满足加氢炉 $Q_{入}+Q_{燃}+Q_{空}+Q_{H_2}+Q_{反}=Q_{出}$ 以及加氢反应器 $Q_{入}+Q_{反应热}=Q_{出}$ 能量平衡要求，同时满足出口 H_2含量为3%(湿基)要求。最终得出，当燃料气为6.778kmol/h、氢气为6.215kmol/h、加氢反应器出口温度为296.84℃时，可满足上述要求。根据上述计算结果完善表4-34~表4-36。

表4-34 加氢炉进口燃料气、空气物料组成和热量

组分	加氢炉入口燃料气温度90℃			加氢炉入口空气温度80℃		
	流量/(kmol/h)	焓值/(kJ/kmol)	热量/(kJ/h)	流量/(kmol/h)	焓值/(kJ/kmol)	热量/(kJ/h)
CH_4	6.778	3209	21750.602	—		

续表

组分	加氢炉入口燃料气温度 90℃			加氢炉入口空气温度 80℃		
	流量/(kmol/h)	焓值/(kJ/kmol)	热量/(kJ/h)	流量/(kmol/h)	焓值/(kJ/kmol)	热量/(kJ/h)
O_2	—			10.167	2460	25010.82
N_2	—			38.25	2332	89194.93
H_2O	—			1.96	2766	5418.16
合计	6.778		21750.602	57.152		119623.91

表 4-35　加氢炉进口氢气物料组成和热量

组分	加氢炉入口氢气温度 35℃			
	摩尔浓度/%	流量/(kmol/h)	焓值/(kJ/kmol)	热量/(kJ/h)
H_2	0.9372	5.8247	1024.38	5966.704
N_2	0.0138	0.0858	1020.29	87.507
CH_4	0.015	0.0932	1205.72	112.403
C_2H_6	0.0183	0.1137	1802.28	204.981
C_3H_8	0.0157	0.0976	2281.95	222.662
合计	1	6.215	—	6594.258

表 4-36　加氢炉出口过程气物料组成和热量

组分	加氢炉出口过程气温度 260℃		
	流量/(kmol/h)	焓值/(kJ/kmol)	热量/(kJ/h)
H_2S	6.8024	9137.58	62157.47
CO_2	62.9244	10763.85	677308.80
H_2O	326.7857	9136.07	2985536.81
SO_2	3.4015	11511.00	39154.67
N_2	562.5049	7648.90	4302543.57
CO	10.0400	7670.18	77008.61
H_2	32.0387	7585.61	243033.07
COS	0.1556	11837.57	1841.93
CH_4	0.0932	10594.29	987.65
C_2H_6	0.1137	17081.24	1942.73
C_3H_8	0.0976	24426.56	2383.43
S_6	0.0319	31190.56	994.67
S_8	0.1913	43143.86	8253.42
合计	1005.1809	—	8403146.82

加氢反应器出口物料组分数据见表 4-37。

表 4-37　加氢反应器出口过程气物料组成和热量

组分	加氢反应器出口过程气温度 296.84℃		
	流量/(kmol/h)	焓值/(kJ/kmol)	热量/(kJ/h)
H_2S	12.081	10535.6	127280.58

续表

组分	加氢反应器出口过程气温度 296.84℃		
	流量/(kmol/h)	焓值/(kJ/kmol)	热量/(kJ/h)
CO_2	73.12	12453.61	910607.96
H_2O	323.393	10462.96	3383648.02
SO_2	0	—	0.00
N_2	562.505	8750.63	4922273.13
CO	0	—	0.00
H_2	30.15246	8657.97	261059.08
COS	0	—	0.00
CH_4	0.09323	12432.47	1159.02
C_2H_6	0.11373	20162.65	2293.19
C_3H_8	0.09758	28888.70	2818.83
S_6	0	—	0.00
S_8	0	—	0.00
合计	1001.556	—	9611139.81

根据热量平衡原则，验证加氢炉进出口物料能量：

加氢炉内反应热＝CH_4燃烧生成 H_2的反应热+S_6～S_8之间的转化反应热

$=6.778\times556000-564.3113=3768003.689$

则 $Q_{入}+Q_{燃}+Q_{空}+Q_{H_2}+Q_{反}-Q_{出}$

$=4486162.34+21750.602+119623.91+6594.258+3768003.689-8403146.82$

$=-1012\text{kJ/h}$

偏差值主要由计算过程中小数点后四舍五入取数引起，可忽略，加氢炉进出口物料能量基本平衡。

根据热量平衡原则，验证加氢反应器进出口物料能量：

$Q_{入}+Q_{反应热}-Q_{出}=8403146.82+1207064.86-9611139.81=-928.13\text{kJ/h}$

偏差值主要由计算过程中小数点后四舍五入取数引起，可忽略，加氢反应器进出口物料能量基本平衡。

此时加氢反应器出口 H_2含量＝30.15246/1001.556×100%＝3%(湿基)

折算为干基量＝30.15246/(1001.556−323.393)×100%＝4.45%(干基)

(十四) 加氢反应器后蒸汽发生器计算

1. 加氢反应器后蒸汽发生器取热计算

加氢反应器出口过程气进入蒸汽发生器，高温过程气被冷却，根据标定工况，蒸汽发生器出口过程气温度为150℃，同时假设蒸汽发生器压差为1kPa，蒸汽发生器内只有气相降温，没有介质冷凝或者化学反应发生。根据上述焓值回归计算式和表4-34，可得蒸汽发生器出口物料数据如表4-38所示。

表4-38 蒸汽发生器出口过程气物料组成和热量

组分	蒸汽发生器出口过程气温度 150℃		
	流量/(kmol/h)	焓值/(kJ/kmol)	热量/(kJ/h)
H_2S	12.081	5119.94	61854.00

续表

组分	蒸汽发生器出口过程气温度 150℃		
	流量/(kmol/h)	焓值/(kJ/kmol)	热量/(kJ/h)
CO_2	73. 12	5955. 86	435492. 48
H_2O	323. 393	5220. 95	1688418. 68
N_2	562. 505	4386. 74	2467563. 18
H_2	30. 15246	4380. 43	132080. 74
CH_4	0. 09323	5609. 64	522. 99
C_2H_6	0. 11373	8851. 26	1006. 65
C_3H_8	0. 09758	12503. 55	1220. 10
合计	1001. 556	—	4788158. 82

由 $Q_{入}-Q_{出}=Q_{取}$可以计算出蒸汽发生器取热，即：

$Q_{取}=9611139.81-4788158.82=4822980.99$ kJ/h

加氢反应器后蒸汽发生器取热值为 4822980. 99kJ/h。

2. 加氢反应器后蒸汽发生器发汽量计算

假设蒸汽发生器发 0. 35MPa 蒸汽，根据表 4-12 查得 0. 35MPa 相对应的水的汽化潜热为 2147. 9kJ/kg。

则蒸汽发生器发汽量=4822980. 99/2147. 9=2245. 44kg/h=2. 245t/h

3. 加氢反应器后蒸汽发生器出口水的饱和度计算

经查询相关资料，水的饱和蒸气压可采用下述拟合公式进行计算。

$$P=e^{[9.3876-3826.36/(T-45.47)]} \tag{4-58}$$

式中 P——蒸气压，MPa；

T——温度，K。

将蒸汽发生器出口温度 150℃代入上述公式，计算出 150℃工况下水的饱和蒸气压为 475. 40kPa。根据表 4-35 计算蒸汽发生器出口 H_2O 的分压：

$$P_{H_2O}=106.8\times323.393/1001.556=34.485\text{kPa}$$

由于 $P_{H_2O}<P_{饱和}$，因此加氢反应器后过程气经过蒸汽发生器取热后，过程气不会有水析出。

（十五）急冷塔工况计算

蒸汽发生器来的过程气，由底部进入急冷塔，和塔上部来的循环急冷水逆向接触，过程气被冷却，同时过程气中的水蒸气因过饱和被冷凝成液体，随急冷水循环，多余部分急冷水外送。冷却后的过程气由急冷塔塔顶出去，进入吸收塔。

急冷塔计算过程简化为：先把过程气全部降温至 35℃，塔顶出去的过程气水含量为水在该温度下的饱和蒸气压；过程气水被冷凝为液相进入急冷水循环，并外送部分急冷水，由于急冷水溶解 H_2S，因此外送急冷水会携带部分 H_2S，导致过程气 H_2S 含量降低；急冷水经与过程气换热后，温度上升，通过热量平衡，可以计算急冷水温升。除冷凝水及其携带的 H_2S 外，过程气不考虑其他跑损。

根据标定工况，急冷塔塔顶温度为 35℃，压力为 105. 3kPa，压差为 1. 5kPa。通过公式(4-58)可以得出 35℃水的饱和蒸气压为 5. 6335kPa，则急冷塔出口水的分压为 5. 6335kPa。假设急冷塔塔顶中含水量为 $x$kmol/h，则应有：

x/急冷塔塔顶过程气摩尔流量×塔顶压力=35℃水的饱和蒸气压，即

x/(x+除水之外所有物质的摩尔流量)×塔顶压力=35℃水的饱和蒸气压

将已知数据代入，解得 x=38.3322kmol/h，

则外排急冷水量=急冷塔入口 H_2O 摩尔量-急冷塔塔顶气相中 H_2O 摩尔量

=323.393-38.3322=285.0608kmol/h=5131kg/h

通过查询相关资料，在101.3kPa、35℃状态下，H_2S 在水中溶解度为0.2661 g/100g，根据亨利定律，计算出105.3kPa、35℃状态下，H_2S 在水中溶解度为0.2766 g/100g。

根据外排急冷水量和水中 H_2S 的溶解度，计算出急冷水中所含 H_2S 的量，即急冷水中所含 H_2S 的量=外排急冷水量×H_2S 的溶解度

=5131×0.2766/100=14.19kg/h=0.4174kmol/h

将急冷塔看成一个整体进行能量分析，则 $Q_{气相入}+Q_{急冷水入}=Q_{气相出}+Q_{急冷水出}$，其中，急冷水的焓值应等于该温度下急冷水的焓值减去该温度下的水的汽化潜热。根据标定结果急冷水循环量为300t/h，同时根据上述焓值回归公式、水的汽化潜热表以及急冷塔进出口气相组成，通过试算法确定急冷水出急冷塔温度为47.326℃时，可满足急冷塔进出口热量平衡。急冷塔出口气相组成见表4-39。

表4-39 急冷塔气相出口过程气物料组成和热量

组分	急冷塔气相出口过程气温度35℃		
	流量/(kmol/h)	焓值/(kJ/kmol)	热量/(kJ/h)
H_2S	11.6636	1170.67	13654.23
CO_2	73.12	1309.69	95764.53
H_2O	38.3322	1202.90	46109.80
N_2	562.505	1020.29	573918.23
H_2	30.15246	1024.38	30887.58
CH_4	0.09323	1205.72	112.41
C_2H_6	0.11373	1802.28	204.97
C_3H_8	0.09758	2281.95	222.67
合计	716.0778		760874.42

(十六) 吸收塔工况计算

1. 吸收塔 CO_2 吸收数据确认

急冷后的过程气进入吸收塔，其中部分的 H_2S 和 CO_2 被溶剂吸收，达到尾气净化目的。净化后尾气没有 CO_2 分析数据，需要根据吸收塔进出的贫富液中 CO_2 分析数据进行计算。标定期间贫液、富液分析数据见表4-40。

表4-40 贫液、富液分析数据

组分	H_2S/(g/L)	CO_2/(g/L)	MDEA/(g/100mL)	组分	H_2S/(g/L)	CO_2/(g/L)	MDEA/(g/100mL)
贫液	0.17	3.48	34.54	富液	3.96	6.97	—

则贫液 CO_2 吸收量为6.97-3.48=3.49g/L，标定期间溶剂循环量为115t/h，则贫液中吸收的 CO_2 量=3.49×115=401.35kg/h=9.122kmol/h。

2. 吸收塔 H_2O 吸收数据确认

根据标定工况，吸收塔塔顶温度为 35℃，压力为 103.3kPa，压差为 2kPa。吸收塔气相水含量计算同急冷塔气相中水含量计算过程一致，经计算，吸收塔气相中水含量为 37.89kmol/h。

3. 吸收塔 H_2S 吸收数据确认

净化后尾气分析数据见表 4-33，因考虑在加氢反应器内 COS 全部水解，则净化后尾气硫含量为 9.67mg/m^3(折算成摩尔质量为 0.0044kmol/h，再折算成湿基量为 0.0047)可作为净化后尾气 H_2S 浓度来计算分析。吸收塔溶剂吸收 H_2S 量=入口 H_2S 量-出口 H_2S 量

=11.6636-0.0047=11.6589kmol/h

通过贫富液中 H_2S 浓度进行验证，贫液 H_2S 吸收量为 3.96-0.17=3.79g/L，标定期间溶剂循环量为 115t/h。

则贫液中吸收的 H_2S 量=3.79×115=435.85kg/h=12.82kmol/h。

从验证结果中可以看出通过贫富液中 H_2S 浓度计算的吸收 H_2S 量与通过净化后尾气中 H_2S 浓度计算的吸收 H_2S 量存在偏差，分析主要原因为分析数据存在误差。

通过上述计算可以确定吸收塔气相出口物料组成及热量，见表 4-41。

表 4-41 吸收塔气相出口过程气物料组成和热量

组分	吸收塔气相出口过程气温度 35℃		
	流量/(kmol/h)	焓值/(kJ/kmol)	热量/(kJ/h)
H_2S	0.0047	1170.67	5.50
CO_2	63.998	1309.69	83817.54
H_2O	37.89	1202.90	45577.88
N_2	562.505	1020.29	573918.23
H_2	30.15246	1024.38	30887.58
CH_4	0.09323	1205.72	112.41
C_2H_6	0.11373	1802.28	204.97
C_3H_8	0.09758	2281.95	222.67
合计	694.8547	—	734746.78

4. 吸收塔吸收效率计算

(1) H_2S 吸收率计算

急冷后的过程气进入吸收塔，其中部分的 H_2S 和 CO_2 被溶剂吸收，达到尾气净化目的，H_2S 吸收率是指吸收塔吸收的 H_2S 和进塔 H_2S 的比值。

由表 4-36 和上述计算可知，吸收塔入口 H_2S 量为 11.6636kmol/h，吸收塔吸收的 H_2S 量为 11.6589kmol/h，则吸收塔 H_2S 吸收率为：

$$y_{H_2S}=11.6589/11.6636\times100\%=99.96\%。$$

一般胺法脱硫工艺，溶剂对 H_2S 的吸收率通常在 99.5%~99.8%，本装置吸收塔对 H_2S 的吸收率达 99.96%，可见装置溶剂对 H_2S 吸收效率非常高。

(2) CO_2 共吸率计算

CO_2 共吸率指的是吸收塔在选择性吸收 H_2S 的同时，也会吸收部分 CO_2，由由表 4-36

和上述计算可知，吸收塔 CO_2的吸收率为：

$$y_{CO_2}=9.122/73.12\times100\%=12.475\%。$$

CO_2的共吸率，表示每吸收 1 摩尔 H_2S 的同时，吸收多少摩尔的 CO_2，由前面计算可知，本装置在该工况下吸收塔 CO_2的共吸率为：

$$y_{共}=9.122/11.6589\times100\%=78.24\%$$

共吸率较高的原因分析有以下两个方面，一是标定期间溶剂循环量偏大，且再生效果好，因此溶剂吸收能力增加。另一方面是 CO_2吸收率是根据贫富液中 CO_2分析数据计算而来，存在一定的误差。

（十七）焚烧炉计算

燃料气和空气以一定比例进入焚烧炉烧嘴，进行完全燃烧，产生高温气体进入焚烧炉炉膛，吸收塔来的净化后尾气进入焚烧炉炉膛和烧嘴来的高温烟气混合，同时过氧，对净化后尾气中的可燃介质进行焚烧，全部转化为 SO_2。为简化计算，焚烧过程不考虑产生 NO_x、CO、VOCs 等副反应。根据标定工况，焚烧炉后部温度为 700℃，焚烧炉烟气氧含量湿基为 4.2%。

根据实际情况，标定期间装置所使用燃料气为天然气，为简化计算，燃料气组分全部按 CH_4计，同时根据装置标定工况，燃料气温度为 90℃，燃料气压力为 580kPa，焚烧炉空气来自主风机，温度为 80℃，压力为 20kPa。

计算方法同加氢炉计算过程相同，即假设加氢炉燃烧所需燃料气，根据配比关系和表 4-6 中空气组成计算出焚烧炉炉燃料气和空气的物料组成。净化后尾气进入焚烧炉后，其中 H_2S、CH_4、C_2H_6、C_3H_8、H_2等组分燃烧，反应式如下：

$$CH_4+2O_2 = CO_2+2H_2O-802800kJ/kmol \tag{4-2}$$

$$C_2H_6+3/2O_2 = 2CO_2+3H_2O-1426483kJ/kmol \tag{4-59}$$

$$C_3H_8+5O_2 = 3CO_2+4H_2O-2194889kJ/kmol \tag{4-60}$$

$$H_2S+3/2O_2 = SO_2+H_2O-519292kJ/kmol \tag{4-61}$$

$$H_2+1/2O_2 = H_2O-247562kJ/kmol \tag{4-62}$$

根据上述焓值回归计算式，可求得焚烧炉后部 700℃工况下的烟气各组分焓值。根据热量平衡原则，应有 $Q_入+Q_{燃}+Q_孔+Q_反=Q_出$。在 Excel 表格中进行简单编程，并考虑烟气中 4.2%过氧量。通过试算，最终确定当焚烧炉燃料气用量为 23.328kmol/h 时，焚烧炉进出口物料热量平衡。从而确定焚烧炉所需燃烧物料数据及焚烧炉出口物料和热量，见表 4-42、表 4-43。

表 4-42　焚烧炉进口燃料气、空气物料组成和热量

组分	焚烧炉入口燃料气温度 90℃			焚烧炉入口空气温度 80℃		
	流量/(kmol/h)	焓值/(kJ/kmol)	热量/(kJ/h)	流量/(kmol/h)	焓值/(kJ/kmol)	热量/(kJ/h)
CH_4	23.328	3209	74859.55	—		
O_2	—			116.589	2460	286808.94
N_2	—			438.597	2332	1022808.204
H_2O	—			22.431	2766	62044.146
合计	23.328		74859.55	577.617		1371661.29

表 4-43　焚烧炉出口过程气物料组成和热量

组分	焚烧炉出口烟气温度 700℃		
	流量/(kmol/h)	焓值/(kJ/kmol)	热量/(kJ/h)
CO_2	87. 917	33553. 208	2949897. 388
H_2O	138. 038	25498. 3453	3519740. 589
N_2	1000. 888	21108. 943	21127687. 74
SO_2	0. 0047	35243. 284	165. 6434348
O_2	53. 786	22820. 673	1227432. 718
合计	1280. 6337	—	28824924. 08

$Q_{反}$ = 0. 0047×519292 + 30. 153×247562 + (0. 093 + 23. 328)×802800 + 0. 114×1426483 + 0. 098×2194889

= 26647274. 64kJ/h

热量平衡验证：$Q_{入}+Q_{燃+}Q_{孔+}Q_{反}-Q_{出}$ =

= 734746. 78+74859. 55+1371661. 29+26647274. 64−28824924. 08

= 3618. 18kJ/h

偏差值主要由计算过程中小数点后四舍五入取数引起，可忽略，焚烧炉进出口物料能量基本平衡，焚烧炉燃烧及假设燃料气量符合要求。

根据表 4-40 求得装置烟气二氧化硫排放浓度为 10. 44mg/m^3，符合生产实际要求。

（十八）焚烧炉蒸汽过热器和废热锅炉取热计算

焚烧炉后高温烟气通过蒸汽过热器，对 3. 5MPa 饱和蒸汽进行过热，并取走高温烟气一定热量。标定工况，高温烟气一次取热后温度降低至 410℃，然后烟气再进入焚烧炉废热锅炉，对烟气进行第二次取热，烟气出废热锅炉后的温度为 260℃，烟气在取热过程组分不发生变化，根据上述焓值回归计算式，可得焚烧炉蒸汽过热器和废热锅炉取热数据表 4-44。

表 4-44　蒸汽过热器和废热锅炉出口过程气物料组成和热量

组分	蒸汽过热器出口烟气温度 410℃			废热锅炉出口烟气温度 260℃		
	流量/(kmol/h)	焓值/(kJ/kmol)	热量/(kJ/h)	流量/(kmol/h)	焓值/(kJ/kmol)	热量/(kJ/h)
CO_2	87. 917	17893. 50	1573142. 84	87. 917	10763. 85	946325. 40
H_2O	138. 038	14588. 00	2013698. 34	138. 038	9136. 07	1261124. 83
N_2	1000. 888	12163. 60	12174401. 28	1000. 888	7648. 90	7655692. 22
SO_2	0. 0047	19009. 95	89. 35	0. 0047	11511. 00	54. 10
O_2	53. 786	13029. 11	700783. 71	53. 786	8149. 31	438318. 79
合计	1280. 6337	—	16462115. 52	1280. 6337	—	10301515. 34

查得 4. 0MPa 相对应的水的汽化潜热为 1713. 4kJ/kg，则焚烧炉废热锅炉的发汽量 = (16462115. 52−10301515. 34)/1713. 4 = 3595. 54kg/h = 3. 596t/h。

查询相关资料可得 4. 0MPa 蒸汽的比热容为 1. 855kJ/(kg · K)，根据热力学公式 $Q = c \cdot m \cdot \Delta t$，可计算出 3. 5MPa 蒸汽过热后的温度。

$t_{过热后} = Q/c \cdot m + t_{过热前}$ = (28824924. 08−16462115. 52)/1. 855/(27. 34+3. 596)/1000+250

=465.43℃

该温度符合实际工况。

(十九) 再生塔物料计算

吸收塔塔底出来的富液，经过换热后，进入再生塔上部，并由上往下，和塔底来的高温气相接触，对富液进行再生，塔底得到贫液，送往吸收塔循环利用，塔顶酸性气送空冷冷却，并经分液罐分液后，作为回流酸性气送至装置边界酸性气管线，再进入反应炉回收。再生塔产生的多余水，通过回流罐收集，间断脱液。

再生酸性气、外排酸性水组分

标定工况，再生塔回流酸性气40℃，回流酸性水密度按1000kg/m^3计算。通过贫液吸收的H_2S、CO_2计算再生塔再生酸性气的H_2S、CO_2量。通过吸收塔进出H_2O平衡，可计算吸收塔在尾气净化期间，有H_2O同步进入富液中，并和富液一同进入再生塔，再通过再生塔回流罐酸性水间歇外排。具体计算如下：

再生酸性气中H_2S含量=急冷塔出口H_2S含量-吸收塔出口H_2S含量

=11.6636-0.0047=11.6589kmol/h

再生酸性气中CO_2含量=急冷塔出口CO_2含量-吸收塔出口CO_2含量

=73.12-63.998=9.122kmol/h

再生酸性气中H_2O含量通过40℃水的饱和蒸气压计算，根据标定工况，再生塔塔顶温度为40℃，压力为146.3kPa。通过公式(4-58)可以得出40℃水的饱和蒸气压为7.38kPa，则再生塔出口水的分压为7.38kPa。假设再生塔塔顶中含水量为$x$kmol/h，则应有：

x/再生塔塔顶过程气摩尔流量×塔顶压力=40℃水的饱和蒸气压，即

x/(x+除水之外所有物质的摩尔流量)×塔顶压力=40℃水的饱和蒸气压

将已知数据代入，$x/(x+11.6589+9.122)\times146.3=7.38$，解得$x=1.107$kmol/h

则再生酸性气组成见表4-45。

表4-45　再生酸性气组成

组分	流量/(kmol/h)	流量/(kg/h)	组分	流量/(kmol/h)	流量/(kg/h)
H_2S	11.6589	396.40	H_2O	1.104	19.87
CO_2	9.122	401.37	合计	21.8849	817.64

二、单元设备计算

(一) 反应炉计算

1. 反应炉结构

反应炉燃烧器是整个硫黄回收装置最核心的设备之一，因为酸性气当中的硫主要是通过燃烧炉内发生的克劳斯反应来进行回收的，其运行情况决定着整个装置的操作水平。本装置反应炉为卧式圆筒形结构，反应炉前端为进口某型号高效燃烧器，反应炉后端为废热锅炉，烧嘴、反应炉、反应炉废热锅炉三台设备全部通过焊接连接。三台设备通过中间固定支座，两端滑动支座，确保升降温期间设备可以向两端移动，消除热应力；炉子壳体上部设半圆形防雨罩。炉子主体长为10455mm，外径DN4600×28mm，两端设备连接处设锥形过度段，内部主体采用高铝轻质浇注料+耐火可塑料，主体衬里厚度为300mm。前部1/3处设置缩颈挡火墙(内径DN3000)，后部设花墙，以提高炉子运行期间

蓄热量和增加反应介质混合度。

2. 反应炉停留时间计算

根据上述内容，为方便计算，将反应炉体积计算分为(L=380、Φ=2500 圆筒)+(L=1294、Φ=2500/3900 圆台体)+(L=7080、Φ=3900 圆筒)+(L=700、Φ=3900/3100 圆台体)+(L=300、Φ=3100 圆筒)5 个部分，体积计算情况如下：

圆筒体积计算公式：
$$V = \pi \times r^2 \times L \tag{4-63}$$
式中 r——圆筒半径；

L——圆筒长度。

圆锥体积计算公式：
$$V = 1/3 \times \pi \times L \times (R^2 + Rr + r^2) \tag{4-64}$$
式中 R——下台面半径；

r——上台面半径。

由公式(4-63)、公式(4-64)可求得本装置反应炉体积 $V = 106\text{m}^3$

由表 4-7 可知反应炉入口物料总摩尔流量为 1008. 8kmol/h，温度为 1240. 08℃，压力为 119. 3kPa，则反应炉内组分体积流量为：

$$Q = [1008.8 \times 8.314 \times (273 + 1240.08)]/119.3 = 106374.26\text{m}^3/\text{h}$$

停留时间 $t = V/Q = 106/106374.26 \times 3600 = 3.58\text{s}$。

则反应炉停留时间为 3. 58s。

3. 反应炉露点温度计算

反应炉内衬浇注料存在缝隙，装置运行中会有部分反应气体穿透衬里材料逃逸到反应炉炉壁和衬里之间的缝隙内，因反应介质各含 SO_2、H_2S 等腐蚀介质，设计上必须确保反应炉外壁温高于逃逸气体的露点温度，否则容易出现露点腐蚀，导致反应炉筒体钢板腐蚀。反应炉露点包括反应后介质的水露点温度和硫黄露点温度。

(1) 反应炉内部水露点温度计算

水的露点温度表示含水气体组分介质降低过程中出现第一滴液体水的温度，可通过该气体组分一定温度下水的分压进行计算，水的分压高于该温度下水的饱和蒸气压，则会有液体水析出。

根据表 4-10 反应炉反应平衡状态物料数据中可计算反应炉中水的摩尔比。

反应炉水的摩尔比 261. /1009. 96 = 25. 89%，反应炉压力为 119. 3kPa，则反应炉水的气相分压为：

$$P_{\text{水}} = 119.3 \times 25.89\% = 30.89\text{kPa}$$

查询水的饱和蒸气压表，69. 8℃时水的饱和蒸汽压为 30. 89kPa，因此，反应炉水的露点温度可视为 69. 8℃。

(2) 反应炉内部硫露点温度计算

根据表 4-10 反应炉反应平衡状态物料数据，反应炉 S_2的摩尔比为 10. 17 %，反应炉压力 119. 3kPa。反应炉中过程气穿透衬里逃逸到炉壁的过程，也伴随着逃逸介质的温度降低的过程，此时计算硫露点，可以参考"一级硫冷凝器出口硫冷凝计算"过程。根据装置设计工况，一般反应炉壁温度低于 350℃，因此过程气逃逸到炉壁过程，按 S_2全部转化为 S_6和 S_8计算，同时由于随着温度变化，过程气中的 S_6与 S_8组分也发生变化，因此在 Excel 中采用试算法进行迭代计算。

根据硫饱和蒸气压和温度关系公式(4-52)：

$$P = e^{[89.273-(13463/(T+273.15))-8.9643\ln(T+273.15)]} \tag{4-52}$$

可以求得每个对应温度下硫的饱和蒸气压。

同时根据图4-3硫蒸气平衡曲线图，求得各温度下S_6和S_8比值，由表4-10通过物料平衡，在反应炉压力为119.3kPa下可求得给定温度下的硫分压。

假设给定温度为280℃，则由公式(4-52)，得P_s=4.10kPa。

由硫蒸气平衡曲线图及反应炉压力，可求得P=3.36kPa。

$P<P_s$，说明280℃高于硫露点温度。

温度为275℃时，P_s=3.56Pa；P=3.37kPa

$P<P_s$，275℃仍高于硫露点温度，但此时硫饱和蒸气压与硫分压比较接近。

温度为273.1℃时，P_s=3.374Pa；P=3.372kPa

$P_s \approx P$，因此可认为反应炉硫露点温度为273.1℃。

该计算也说明，反应炉废热锅炉出口过程气温度为280℃，无液硫产生。但与硫露点温度较为接近，需及时调整操作，将反应炉温度升高。

(3) 反应炉外壁温度确定

由(1)和(2)可知，反应炉硫露点温度高于水露点温度，因此，硫露点温度决定反应炉外壁温度，为确保装置反应炉正常运行，反应炉外壁温度可按275℃设计。

4. 反应炉硫平衡

反应炉硫元素进料主要是酸性气中的H_2S，硫元素出料包括过程气中H_2S、SO_2、COS、S_2等组分，由表4-10，得到反应炉硫平衡表4-46。

表4-46　反应炉硫平衡数据

进料/(kmol/h)			出料/(kmol/h)		
组分	组分量	硫元素量	组分	组分量	硫元素量
酸性气中硫	287.164	287.164	H_2S	51.387	51.387
—			SO_2	27.172	27.172
—		—	COS	3.112	3.112
—		—	S_2	102.746	205.492
—			损失		0.001
合计		287.164	合计		287.164

根据表4-46，装置反应炉核算硫平衡数据偏差0.001kmol/h，主要是计算小数点取数偏差引起。

5. 反应炉出口过程气分析数据对比

计算过程中假设不考虑废热锅炉中的化学反应，因此，可以认为废热锅炉后的过程气组分和反应炉后的过程气组分一致，因此，反应后数据分析对比采用废热锅炉出口过程气分析数据和废热锅炉后计算数据对比。

(1) 干湿基数据折算

采样过程经过干燥过滤，因此样品数据可认为是干基数据，工艺计算过程为湿基数据，以反应炉后部工艺计算过程气组分为准，进行干湿基数据换算，换算过程为过程气组分去除H_2O后，重新进行组分比例计算，根据表4-10反应炉出口物料数据，计算其干基数据，换算结果见表 4-47。

表 4-47　反应炉出口过程气数据

组分	湿基/%(体)	干基/%(体)	组分	湿基/%(体)	干基/%(体)
H_2S	5.08	6.87	COS	0.308	0.416
SO_2	2.69	3.63			

（2）样品分析数据和工艺计算数据对比

根据反应炉废热锅炉出口过程气标定分析数据和表 4-47 数据，得到如表 4-48 对比数据表。

表 4-48　反应炉出口过程气数据比对

组分	化验分析数据/%(体)	计算数据/%(体)	组分	化验分析数据/%(体)	计算数据/%(体)
H_2S	1.47	6.87	COS	0.31	0.416
SO_2	<0.10	3.63			

由表 4-48 发现废热锅炉出口过程气 H_2S、SO_2、COS 浓度分析值和计算值偏差较大，分析原因主要有：

1）样品中 SO_2 极易溶于水中，在采样脱水时将此部分 SO_2 一同脱除，因此导致 SO_2 分析值偏低。同时存在废热锅炉后部继续发生 H_2S 与 SO_2 的反应，导致 H_2S、SO_2 的分析值偏低。

2）废热锅炉管束内气相温度从 1244℃降低到 280℃，气相降温过程也伴随着组分反应，比如 COS 发生部分水解反应，使废热锅炉后组分分析数据值下降。

3）样品分析偏差。

6. 反应炉壁温估测

炉子壁温若低于 H_2S、SO_2 露点温度，则会引起 H_2S、SO_2 露点腐蚀，这种现象在装置运行中已得到验证，制硫燃烧炉壳体在某些部位确实存在较严重的腐蚀。因此，炉子的壁温设计必须保证在任何环境条件下均高于 H_2S、SO_2 露点温度，否则均会导致严重的腐蚀，影响装置的使用寿命。为确保有一定的裕度，在衬里计算时，炉体最低壁温取 200℃，最低不得低于 150℃，且一般高于露点温度 50℃。国外工艺包有要求 343℃的情况，根据目前衬里材料及施工水平，建议壁温高于露点 50℃即可。

（二）反应炉废热锅炉计算

本装置反应炉废热锅炉产 4.0MPa 饱和蒸汽，锅炉本体直接焊接在反应炉出口筒体上，分换热管束部分和汽包部分。规格分别为 $DN3400\times72$、$DN1600\times36$　$L\approx9437$，换热面积 $1805m^2$。换热管束管板为挠性管板，同时锅炉前管箱的烟气温度达 1240.08℃，运行中既有对流、辐射，也有传导，传热形式复杂。同时工作介质含 H_2S、SO_2、硫蒸气等，且管束内外压差大，使用条件非常苛刻。锅炉迎火面设置隔热衬里，和反应炉衬里同步施工形成一体，管束处安装保护陶瓷套管，汽包和换热管束通过升汽管和降液管连接。

1. 废热锅炉产汽量计算

在反应过程工艺计算章节中已经计算，废热锅炉发汽量为 27.34t/h。

2. 废热锅炉传热系数计算

废热锅炉为连续生产过程，可近似看成稳态传热方式，根据下列公式可以计算废热锅炉传热系数。

$$Q = KA\Delta t \tag{4-65}$$

$$\Delta t = \frac{(T_1 - t) - (T_2 - t)}{\ln \frac{T_1 - t}{T_2 - t}} \tag{4-66}$$

已知 $T_1 = 1240.08$℃；$T_2 = 280$℃；$t = 250$℃，锅炉设备换热面积 1805m^2，锅炉热负荷 46849179.1kJ/h。

则 $\Delta t = 274.58$℃

$K = Q/A\Delta t = 46849179.1/(1805 \times 274.58) = 94.377$kJ/(h·m^2·℃)

则计算得到废热锅炉传热系数为 94.528kJ/(h·m^2·℃)

（三）一级硫冷凝器计算

本装置一级硫冷凝器采用固定管板式换热器，规格为 $DN2600 \times 22$　$L = 15223$，换热面积 1200m^2。因其接触 H_2S、SO_2 等腐蚀介质，且过程气中存在部分 H_2O，极易造成高温硫腐蚀、湿硫化氢腐蚀、二氧化硫腐蚀等。

1. 一级硫冷凝器产汽量计算

在反应过程工艺计算章节中已经计算，一级硫冷凝器发汽量为 2.7t/h。

2. 一级硫冷凝器传热系数计算

一级硫冷凝器为连续生产过程，可近似看成稳态传热方式，根据公式(4-65)、式(4-66)可以计算一级硫冷凝器传热系数。

已知 $T_1 = 280$℃；$T_2 = 170$℃；$t = 143.6$℃，锅炉设备换热面积为 1200m^2，一级硫冷凝器热负荷为 5771966.94kJ/h。

则 $\Delta t = 66.98$℃

$K = Q/A\Delta t = 5771966.94/(1200 \times 66.98) = 71.81$kJ/(h·m^2·℃)

计算得到一级硫冷凝器传热系数为 71.81kJ/(h·m^2·℃)

（四）二级硫冷凝器计算

本装置二级硫冷凝器采用固定管板式换热器，规格为 $DN2600 \times 22$　$L = 15208$，换热面积为 1200m^2。因其接触 H_2S、SO_2 等腐蚀介质，且过程气中存在部分 H_2O，极易造成高温硫腐蚀、湿硫化氢腐蚀、二氧化硫腐蚀等。

1. 二级硫冷凝器产汽量计算

在反应过程工艺计算章节中已经计算，二级硫冷凝器发汽量为 2.472t/h。

2. 二级硫冷凝器传热系数计算

二级硫冷凝器为连续生产过程，可近似看成稳态传热方式，根据公式(4-65)、式(4-66)可以计算二级硫冷凝器传热系数。

已知 $T_1 = 310.469$℃；$T_2 = 160$℃；$t = 143.6$℃，锅炉设备换热面积为 1200m^2，二级硫冷凝器热负荷 5273402.364kJ/h。

则 $\Delta t = 64.86$℃

$K = Q/A\Delta t = 5273402.364/(1200 \times 64.86) = 67.75$kJ/(h·m^2·℃)

计算得到二级硫冷凝器传热系数为 67.75kJ/(h·m^2·℃)

（五）三级硫冷凝器计算

本装置三级硫冷凝器采用固定管板式换热器，规格为 $DN2600 \times 22$　$L = 15192$，换热面积为 1362m²。为提高三级硫冷凝器的冷却能力，减少带入加氢单元的硫蒸气，增加了三级硫冷凝器的换热面积。

1. 三级硫冷凝器产汽量计算

在反应过程工艺计算章节中已经计算，三级硫冷凝器发汽量为 1.386t/h。

2. 三级硫冷凝器传热系数计算

三级硫冷凝器为连续生产过程，可近似看成稳态传热方式，根据公式(4-65)、式(4-66)可以计算三级硫冷凝器传热系数。

已知 $T_1=239.67℃$；$T_2=150℃$；$t=143.6℃$，锅炉设备换热面积为 1362m²，三级硫冷凝器热负荷为 2977197.34kJ/h。

则 $\Delta t=33.10℃$

$K=Q/A\Delta t=2977197.34/(1362\times33.10)=66.04$kJ/(h·m²·℃)

计算得到三级硫冷凝器传热系数为 66.04kJ/(h·m²·℃)

（六）第一反应器计算

第一在线炉来的过程气进入第一反应器，在反应器内催化剂的作用下，发生低温克劳斯反应。为降低反应器压差，硫黄装置反应器一般采用卧式反应器，本装置第一反应器规格为 *DN*4400×24、*L*=15828 的圆筒型卧罐，为避免过程气偏流造成床层穿透，过程气从上部的两侧进料，反应器底部出料。反应器内部整体浇筑衬里以防腐和隔热，反应器底部设置不锈钢格栅和丝网。第一反应器由下往上装填为 100mm 瓷球+600mm 钛基催化剂+300mm 氧化铝基催化剂。催化剂装填量为 62m³。

1. 第一反应器硫平衡计算

第一反应器主要发生低温克劳斯反应和有机硫水解反应，根据表 4-17 和表 4-19，可得到如表 4-49 的第一反应器硫平衡数据。

表 4-49　第一反应器硫平衡数据

进料/(kmol/h)			出料/(kmol/h)		
组分	组分量	硫元素量	组分	组分量	硫元素量
H_2S	51.387	51.387	H_2S	19.3754	19.3754
SO_2	27.172	27.172	SO_2	9.688	9.688
COS	3.112	3.112	COS	0.1556	0.1556
S_6	0.079	0.474	S_6	0.079	0.474
S_8	0.5058	4.0464	S_8	7.0623	56.4984
合计		86.1914	合计		86.1914

从表 4-49 可以看出，第一反应器进出口硫是平衡的。

2. 第一反应器出口过程气分析数据比对

根据表 4-19 数据，第一反应器出口组分干湿基数据及分析数据见表 4-50。

表 4-50　第一反应器出口过程气数据比对

组分	计算数据/%(体)湿基	计算数据/%(体)干基	化验分析数据/%(体)
H_2S	2.089	3.088	0.94
SO_2	1.044	1.544	<0.10
COS	0.017	0.025	<0.10

由表4-47可知第一反应器出口过程气H_2S、SO_2、COS浓度分析值和计算值偏差较大，分析原因主要有：

1）样品中SO_2极易溶于水中，在采样脱水时将此部分SO_2一同脱除，因此导致SO_2分析值偏低。同时，存在第一反应器出口继续发生H_2S与SO_2的反应，导致H_2S、SO_2的分析值偏低。

2）样品分析偏差。分析数据<0.10%表示组分浓度低，无法测定。

3. 第一反应器硫露点核算

第一反应器硫露点按反应器出口组分进行计算，装置标定期间第一反应器床层温度低于350℃，反应器中的硫组分全部按转化为S_6和S_8计算，同时随着温度变化，过程气中的S_6与S_8组分也发生变化，因此，在Excel中采用试算法进行迭代计算。

根据硫饱和蒸气压和温度关系公式4-52：

$$P = e^{[89.273-(13463/(T+273.15))-8.9643\ln(T+273.15)]} \tag{4-52}$$

可以求得每个对应温度下硫的饱和蒸气压。

同时根据前文图4-3硫蒸气平衡曲线图，求得各温度下S_6和S_8比值，由表4-19通过物料平衡，在第一反应器出口压力为113.8kPa下可求得给定温度下的硫分压。

给定温度为231.5℃，则由公式(4-52)，得$P_s=900.7$Pa

由硫蒸气平衡曲线图及第一制硫反应器压力，可求得$P=900.1$Pa

$P_s \approx P$，因此可认为第一反应器硫露点温度为231.5℃。

为确保反应器催化剂有正常的反应活性，一般要求反应器床层温度高于硫露点温度30℃，为此本装置标定工况下第一反应器温度310.469℃符合要求。

4. 第一制硫反应器反应空速计算

反应空速是指规定的条件下，单位时间单位体积催化剂处理的气体量，单位为$m^3/(m^3$催化剂·h)，可简化为h^{-1}。硫黄装置第一反应器为典型的固定床气-固相催化反应器，反应器的空速计算公式为：

$$V_R = \frac{V_q}{S_v} \tag{4-70}$$

式中 V_R——催化剂装填量，m^3；

V_q——反应过程气标态体积流量，Nm^3/h；

S_v——反应器体积空速，h^{-1}。

以反应器入口组分流量进行反应器空速计算。

由表4-17，$V_q=938.6\times22.4=21024.64Nm^3/h$

本装置设计反应器催化剂装填体积为$62m^3$

则$S_v=V_q/V_R=21024.64/62=339.1h^{-1}$

（七）第二反应器计算

1. 第二反应器硫平衡计算

第二在线炉来的过程气进入第二反应器，在反应器内催化剂的作用下，发生低温克劳斯反应。为降低反应器压差，硫黄装置反应器一般采用卧式反应器，本装置第二反应器规格为$DN4400\times24$，$L=15828$的圆筒型卧罐，为避免过程气偏流造成床层穿透，过程气从上部的两侧进料，反应器底部出料。反应器内部整体浇筑衬里以防腐和隔热，反应器底部设置不锈钢格栅和丝网。第二反应器由下往上催化剂装填为100mm瓷球+900mm氧化铝基催化剂。催化剂总体积均为62m³。根据表4-24和表4-26，可得到第二反应器硫平衡数据，见表4-51。

表4-51　第二反应器硫平衡数据

进料/(kmol/h)			出料/(kmol/h)		
组分	组分量	硫元素量	组分	组分量	硫元素量
H_2S	19.3754	19.3754	H_2S	6.8024	6.8024
SO_2	9.688	9.688	SO_2	3.4015	3.4015
COS	0.1556	0.1556	COS	0.1556	0.1556
S_6	0.03456	0.2074	S_6	0.03456	0.2074
S_8	0.3244	2.5952	S_8	2.6818	21.4544
合计	—	32.0216	合计	—	32.0213

从表4-48，装置第二反应器硫元素计算数据基本平衡。

2. 第二反应器出口过程气分析数据对比

根据表4-26数据，第二反应器出口组分干湿基数据及分析数据见表4-52。

表4-52　第二反应器出口过程气数据比对

组分	计算数据/%(体)湿基	计算数据/%(体)干基	化验分析数据/%(体)
H_2S	0.723	1.092	0.56
SO_2	0.362	0.546	<0.10
COS	0.0165	0.025	<0.10

由表4-52可知第二反应器出口过程气H_2S、SO_2、COS浓度分析值和计算值偏差较大，分析原因主要有：

1）样品中SO_2极易溶于水中，在采样脱水时将此部分SO_2一同脱除，因此导致SO_2分析值偏低。同时存在第二反应器出口继续发生H_2S与SO_2的反应，导致H_2S、SO_2的分析值偏低。

2）样品分析偏差。分析数据<0.10%表示组分浓度低，无法测定。

由表4-48、表4-50、表4-52可以发现化验分析数据和计算值偏差在减少，可以解释为样品中H_2S、SO_2等反应组分浓度降低，发生反应的量减少；另外分析数据中，SO_2浓度均<0.01%，可以解释为因为样品水分干燥不充分，导致样品含有一定水分，因SO_2容易溶解在水里，气相中SO_2进入液相，影响样品分析数据。

3. 第二反应器硫露点核算

第二反应器硫露点按反应器出口组分进行计算，装置标定期间第二反应器床层温度低于350℃，反应器中的硫组分全部按转化为S_6和S_8计算，同时由于随着温度变化，过程气中的S_6与S_8组分也发生变化，因此在Excel中采用试算法进行迭代计算

根据硫饱和蒸气压和温度关系公式(4-52)：

$$P = e^{[89.273-(13463/(T+273.15))-8.9643\ln(T+273.15)]} \tag{4-52}$$

可以求得每个对应温度下硫的饱和蒸气压。

同时，根据图4-3硫蒸气平衡曲线图，求得各温度下S_6和S_8的比值，由表4-26通过物料平衡，在第二反应器出口压力为111.3kPa下可求得给定温度下的硫分压。

给定温度为204.6℃，则由公式(4-52)，得 $P_s=327.5$Pa

由硫蒸气平衡曲线图及第二制硫反应器压力，可求得 $P=327.2$Pa

$P_s \approx P$，因此可认为第二反应器硫露点温度为204.6℃。

为确保反应器催化剂有正常的反应活性，一般要求反应器床层温度高于硫露点温度30℃，为此本装置标定工况下第二反应器温度239.67℃符合要求。

4. 第二反应器反应空速计算

根据反应器的空速计算公式(4-67)，可计算反应器空速。

以反应器入口组分流量进行反应器空速计算。

由表4-22，$V_q=944.7935\times22.4=21163.3744$ Nm³/h

本装置设计反应器催化剂装填体积为62m³

则 $S_v=V_q/V_R=21163.3744/62=341.34\text{h}^{-1}$

(八) 加氢反应器计算

克劳斯单元来的尾气经过加热和补充氢气后，进入加氢反应器，在催化剂作用下 S_6、S_8、SO_2 发生加氢反应和COS、CS_2 水解反应。本装置加氢反应器为卧罐式反应器，尺寸 *DN*4400×24，*L*=15828，为避免过程气偏流造成床层穿透，克劳斯尾气从上部的两侧进料，反应器底部出料。反应器内部整体浇筑衬里以防腐和隔热，反应器底部设置不锈钢格栅和丝网。加氢反应器由下往上催化剂装填为100mm瓷球+650mm钴钼催化剂+100mm瓷球，催化剂总体积45m³。

1. 加氢反应器 SO_2 加氢转化率

从装置运行工况分析，加氢反应器出口过程气采样分析 SO_2 含量为0%，且急冷塔急冷水pH值能够稳定在8左右，说明加氢反应器没有 SO_2 穿透，因此，可认为加氢反应器 SO_2 加氢转化率为100%。

2. 加氢反应器有机硫水解率

由加氢反应器计算章节可知，净化后尾气COS全部水解。

3. 加氢反应器出口过程气分析数据对比

根据表4-34数据，加氢反应器出口组分干湿基数据及分析数据见表4-53。

表4-53 加氢反应器出口过程气数据比对

组分	计算数据/%(体)湿基	计算数据/%(体)干基	化验分析数据/%(体)
H_2S	1.206	1.781	1.24
H_2	3.011	4.446	4.50

由表4-50可知加氢反应器后过程气 H_2S 和 H_2 浓度分析值和计算值略有偏差，分析原因主要为：H_2S 分析数据偏低，与采样点在反应器后，水含量高，采样过程的水分过滤不充分有影响。

4. 加氢反应器反应空速计算

根据反应器的空速计算公式，可计算反应器空速。

以反应器入口组分流量进行反应器空速计算。

由表4-32，$V_q=1005.1809\times22.4=22516.05216$ Nm³/h

本装置设计反应器催化剂装填体积为45m³

则 $S_v=V_q/V_R=22516.05216/45=500.36\text{h}^{-1}$

（九）急冷塔计算

装置急冷塔为规整填料塔，尺寸 $DN3600\times(3+14)$ $H=19540$。气相进口在塔下部往上 7.1m 高位置，管径为 1400mm，塔内设气相进口分布器，塔内单层填料高度 3000mm，为不锈钢孔板波纹规整填料，填料上设置二级槽式液体分布器，塔顶设置丝网除雾器，减少出口过程气液体夹带。

规整填料优点：具有明确的几何结构，并且按一定方式排列；人为规定的气相通道；改善了沟流和壁流现象；改善了填料层内气液流体的分布状况；更好地发挥水力学性能和传质性能。金属板波纹填料塔具有通量大、压降低、分离效率高的特性。急冷塔计算内容主要为塔内件水力学计算。

1. 泛点气速计算

塔设备中出现液泛时的操作点即泛点，液泛是指在塔中进行气液逆流接触过程或液液逆流接触过程，由于流速过大而不能实现逆流操作的状态。在气液接触的塔中达到泛点时，液体不能顺畅地下流而向上漫延，并被气体大量带出。填料塔的最大操作气速为泛点气速的 95%，适宜的操作气速一般为泛点气速的 70%左右。查询《化工工艺设计手册 第四版(上、下册)》P480，规整填料的泛点计算，可使用贝恩-霍根公式计算泛点气速。Bain-Hougen 公式：

$$\lg\left(\frac{u_F^2}{g}\times\frac{a}{\varepsilon^3}\times\frac{r_g}{r_L}\times\mu_L^{0.2}\right)=A-1.75\left(\frac{L}{G}\right)^{\frac{1}{4}}\left(\frac{r_g}{r_L}\right)^{\frac{1}{8}} \tag{4-68}$$

式中 u_F——泛点空塔气速，m/s；

g——重力加速度，m/s^2；

$\frac{a}{\varepsilon^3}$——干填料因子，m^{-1}；

r_g、r_L——气相、液相密度，kg/m^3；

μ_L——液相黏度，cP；

L、G——液相、气相流量，kg/h

A——常数，见《化工工艺设计手册 第四版(上、下册)》P480 表 12-28；

ε——填料空隙率，m^3/m^3；

a——填料比表面积，m^2/m^3

本装置急冷塔为金属薄板填料 250Y/250X 型号，查询《化工工艺设计手册 第四版(上、下册)》P479 表 12-26(如表 4-54 所示)，可得装置急冷塔相关数据：

$a=250\ m^2/m^3$；$\varepsilon=97\%\ m^3/m^3$；

表 4-54 波纹填料几何参数表

名称		类型	材料	比表面积 $a/(m^2/m^3)$	水力直径 d_H/mm	倾角 $\varphi/(°)$	空隙率 ε/%	密度 $/(kg/m^3)$
丝网波纹填料	金属丝网	AX	不锈钢	250	15	30	95	125
		BX	不锈钢	500	7.5	30	90	250
		CY	不锈钢	700	5	45	85	350
		CX，EX						
	塑料丝网	BX	聚丙烯/聚丙烯腈	450	7.5	30	85	120

续表

名称		类型	材料	比表面积 $a/(m^2/m^3)$	水力直径 d_H/mm	倾角 $\varphi/(°)$	空隙率 $\varepsilon/\%$	密度 $/(kg/m^3)$
板波纹填料	金属薄板 Mellapak	125Y/125X	不锈钢、碳钢、铝等	125	15	45/30	98.5	100①
		250Y/250X		250		45/30	97	200①
		350Y/350X		350		45/30	95	280①
		500Y/500X		500		45/30	93	400①
	塑料薄板 Mellapak	125Y	聚丙烯、聚偏氟乙烯	125	15	45	98.5	37.5
		250Y		250		45	97	75
	陶瓷薄片	Karapak BX	陶瓷	450	6	30	75	550
		Melladur		250②		45		

①不锈钢片厚0.2mm。

②结构类似 Mellapak 250Y。

查询《化工工艺设计手册 第四版(上、下册)》P480 表 12-28(如表 4-55 所示)，可得本装置急冷塔 A 值为 0.291。

表 4-55 各种填料 A 值

填料	A 值	填料	A 值
金属鲍尔环	0.10	金属阶梯环	0.106
塑料鲍尔环	0.0942	塑料阶梯环	0.204
金属矩鞍	0.06225	瓷阶梯环	0.2943
瓷矩鞍	0.176	瓷拉西环	(蒸馏用)-0.134 (-0.125)
塑料矩鞍	0.244	瓷拉西环	(吸收用)0.022
700 丝网波纹	0.30	弧鞍	0.26
250 金属孔板波纹	0.291		

$$PV=nRT$$

则气体密度

$$\rho = nM/V = MP/RT \tag{4-69}$$

式中 M——气体分子量；

ρ——气体密度，kg/m^3。

根据表 4-35 和表 4-36，可求得急冷塔入口、出口气体平均分子量。计算结果分别为：25.23、28.11，同时可知急冷塔进出口温度分别为 150℃、35℃，压力分别为 106.8kPa 和 105.3kPa，可求得急冷塔进出口气体密度分别为：

$\rho_{入}=25.23\times106.8\div8.314\div(273.15+150)=0.766kg/m^3$

$\rho_{出}=28.11\times105.3\div8.314\div(273.15+35)=1.155kg/m^3$

急冷塔对进塔气相进行冷凝，计算可按气体平均密度进行。

即：$\rho_{平}=r_g=0.961kg/m^3$

同时根据表 4-35 和表 4-36 可求得液相、气相流量平均值分别为：

$$L=300\times10^3kg/h$$

$$G=25268kg/h$$

液相为急冷水，急冷水入塔温度为35℃，根据4.1.15中计算结果，急冷水出塔温度为47.326℃，同时为简化计算，不考虑急冷水中溶解的H_2S。查询相关资料，可得急冷塔进、出口水的密度分别为994kg/m³和989.3kg/m³，液体密度取进出口平均值，即：$r_L=991.65kg/m^3$

查询相关资料，得到急冷塔平均温度41℃水的黏度：

$$\mu_L=0.6439cP$$

根据公式(4-68)和上述已知条件，进行泛点空塔气速计算：

$$\lg\left(\frac{u_F^2}{g}\times\frac{a}{\varepsilon^3}\times\frac{r_g}{r_L}\times\mu_L^{0.2}\right)=A-1.75\left(\frac{L}{G}\right)\frac{1}{4}\left(\frac{r_g}{r_L}\right)^{\frac{1}{8}}$$

$$\lg\left(\frac{u_F^2}{9.81}\times\frac{250}{0.97^3}\times\frac{0.961}{991.65}\times0.6439^{0.2}\right)=0.291-1.75\times(300000/25146)^{\frac{1}{4}}\times\left(\frac{0.961}{991.65}\right)^{\frac{1}{8}}$$

求得$u_F=1.845m/s$

本装置急冷塔泛点气速为1.845m/s。

2. 操作空塔气速计算

空塔气速是指按空塔计算得到的气体线速度，查询相关资料得到空塔气速公式如下：

$$D=\sqrt{\frac{V_S}{0.785u}} \tag{4-70}$$

式中　V_S——气体体积流量，m³/s；

D——塔径，m；

u——操作空塔气速，m/s。

本装置急冷塔内径为DN3600，即$D=3.6m$；

由气体平均流量：$G=25268kg/h$；气体平均密度：$r_g=0.961kg/m^3$

可得：$V_S=26293.4m^3/h=7.304\ m^3/s$

根据公式(4-70)，则$u=V_S\div D^2\div0.785=0.718m/s$

则本装置急冷塔空塔气速为0.718m/s。

则当前工况下，空塔气速/泛点气速=0.718/1.845=38.92%。

一般填料塔的操作空塔气速要低于泛点气速，对于波纹填料塔，在不易发泡介质工艺条件下，空塔气速一般可按泛点气速75%取值，对于容易发泡的介质，可按45%考虑。本装置急冷塔为非易发泡介质，在当前工况下，空塔气速/泛点气速为38.92%，说明塔有较高的操作富裕度。

3. 急冷塔压降计算

规整填料压差计算方法较多，比如有卢励生、Brova(1986，1993)、Speigel、Billet公式和Kister关联图等，但是这些计算方法均是在一定的工艺条件下，并根据实验条件导出的近似公式，都存在偏差。

(1) Rocha模型核算

现以《化学工程实用专题设计手册》(学苑出版社2002.10)为参考进行计算，查询《化学工程实用专题设计手册》P88，得到以下公式：

1) 液相Weber数

$$We_L=U_{Ls}^2\rho_L S/\sigma \tag{4-71}$$

式中 We_L——液相 Weber 数；

U_{LS}——塔内液体负荷，m/s；

ρ_L——塔内液相密度，kg/m^3；

S——填料波纹板长，m；

σ——液体表面张力，kg/S^2。

根据装置急冷塔设备提供数据，波纹板长度 $S=17.8mm=0.0178m$；

查询《化工原理》(科学出版社 2001) P662，可得到急冷塔平均温度为41℃条件下，急冷水的表面张力 $\sigma=0.069N/m$；由液体流量 $L=300\times10^3kg/h$ 和液体密度 $\rho_L=r_L=991.65kg/m^3$，同时塔径 DN3600，可得：$U_{LS}=0.0083m/s$；

则 $We_L=0.0083^2\times991.65\times0.0178\div0.069=0.0176$

2）液相 Froude 数

$$Fr_L=U_{LS}^2/(S\cdot g) \tag{4-72}$$

式中 Fr_L——液相 Froude 数；

g——重力加速度，m/s^2；其他同上。

则 $Fr_L=U_{LS}^2/(S\cdot g)=0.0083^2\div(0.0178\times9.81)=3.945\times10^{-4}$；

3）液相雷诺数

$$Re_L=U_{LS}\rho_L S/\mu_L \tag{4-73}$$

式中 μ_L——液相黏度，$kg/(m\cdot S)$。

查询相关资料，得到急冷塔平均温度41℃水的黏度：$\mu_L=0.6439mPa\cdot s$

则 $Re_L=0.0083\times991.65\times0.0178\div0.6439=0.2275$

4）填料特定修正系数

$$K_2=0.614+71.35S \tag{4-74}$$

则：$K_2=1.884$

5）表面张力修正系数，因 $\sigma=0.069N/m$；符合 $\sigma\geq0.055$

表面张力修正系数：

$$\cos r=5.211\times10^{16.835\sigma} \tag{4-75}$$

则 $\cos r=75.602$

则 $r=0.24866$

6）持液量校正系数

$$F_L=\frac{29.12\,(We_L\,Fr_L)^{0.15}\,S^{0.359}}{Re_L^{0.2}\,\varepsilon^{0.6}(1-0.93\cos r)\,(\sin\theta)^{0.3}} \tag{4-76}$$

式中 ε——填料空隙率，本塔填料为97%；

θ——波纹倾角，本塔填料为45°。

则 $F_L=-0.02394$

7）干填料压降

$$\Delta P_{dry}=\frac{0.177\rho_v}{S\varepsilon^2(\sin\theta)^2}U_{VS}^2+\frac{88.774\mu_v}{S^2\varepsilon\sin\theta}U_{VS} \tag{4-77}$$

式中 ρ_v——气相密度，kg/m^3，$\rho_v=r_g=0.961kg/m^3$；

U_{VS}——塔内气体负荷，m/s。

根据 $G=25268\text{kg/h}$

$U_{VS}=25268\div0.961\div3600\div3.14\div1.8^2=0.7179\text{m/s}$

μ_v——气体动力黏度，kg/(m·s)，急冷塔出口气相氮气组分占比近84%，以 N_2 为参考进行气体黏度查询，查询《化工原理》（科学出版社 2001）P670，可得到急冷塔平均温度41.17℃下，氮气黏度 $\mu_v=0.0178\ \text{cP}=0.0178\times10^{-3}\ \text{kg/(m·s)}$；

则 $\Delta P_{dry}=7.229+4.338=11.567\text{Pa/m}$

（2）实验数据关联式核算

根据《工业塔新型规整填料应用手册》（天津大学出版社 1993）P154 表 10-4 查询，250Y型板波纹填料压差为36Pa/m，和计算值偏差较大，重新核算。由《工业塔新型规整填料应用手册》（天津大学出版社 1993）P46 可得：

干填料压降关系式：

$$\Delta P/Z=802\left(W_G\sqrt{\rho_G}\right)^{1.72} \tag{4-78}$$

湿填料压降关系式：

$$\Delta P/Z=984\times10^{4.46}\times10^{-3L}\left(W_G\sqrt{\rho_G}\right)^{1.72+3.8\times10^{-3L}} \tag{4-79}$$

式中 $\Delta P/Z$——单位填料层的压降，Pa/m；

W_G——空塔气速，m/s；

ρ_G——气体密度，kg/m^3；

L——液体喷淋密度，$\text{m}^3/(\text{m}^2\cdot\text{h})$。

由前可知，$W_G=0.715\text{m/s}$；$\rho_G=0.961\text{kg/m}^3$；

$L=300000\div991.65\div(3.14\times1.8^2)=29.74\ \text{m}^3/(\text{m}^2\cdot\text{h})$。

则干填料压降：

$$\Delta P/Z=802\left(0.715\sqrt{0.961}\right)^{1.72}=435.2\text{Pa/m}$$

湿填料压降：

$$\Delta P/Z=984\times10^{4.46\times10^{-3}\times29.74}\times\left(0.715\sqrt{0.961}\right)^{1.72+3.8\times10^{-3}\times29.74}=534\text{Pa/m}$$

（3）通用压降关联式核算

查询相关资料，采取以下通用压降关联式进行计算：

$$\Delta P/H=\left\{\frac{1}{a}\left(\mu_L^{0.025}\left(\rho_G/\rho_L\right)^{0.25}U_G^{0.5}+m\cdot U_L^{0.5}\right)\right\}^{1/b} \tag{4-80}$$

式中 $\Delta P/H$——单位填料层的压降，Pa/m；

U_G——空塔气速，m/s；

U_L——液体喷淋密度，$\text{m}^3/(\text{m}^2\cdot\text{S})$；

a、b、m——填料常数，无因次；

μ_L——液相黏度，mPa·S；

ρ_G、ρ_L——气体、液体密度，kg/m^3。

由前可知：

$U_G=0.715\text{m}$；$\rho_G=0.961\text{kg/m}^3$；$\rho_L=991.65\text{kg/m}^3$；

$U_L=29.74\text{m}^3/(\text{m}^2\cdot\text{h})=0.0083\ \text{m}^3/(\text{m}^2\cdot\text{S})$

$\mu_L=0.6439\text{mPa}\cdot\text{S}$

常用填料的压降常数，如表 4-56 所示。

表 4-56 用填料的压降常数

序号	填料类型	填料规格	a	b	m
1	Mellapak	250Y	0. 094954	0. 20582	0. 570
2	塑料板波纹填料	250Y	0. 14365	0. 10918	0. 939
3	塑料网波纹填料	450(BX)	0. 087615	0. 19536	0. 569
4	不锈钢网波纹填料	峰高 3. 5mm	0. 070673	0. 17983	0. 872
5	板网波纹填料	2 型	0. 094348	0. 15929	0. 772
6	脉冲填料	50 型	0. 12737	0. 12891	0. 383
7	格里奇栅格填料	EF-25A	0. 16880	0. 14454	0. 708
8	金属压延孔板波纹填料	10 型	0. 13688	0. 13850	0. 521
9	拉鲁派克填料	250YC	0. 13405	0. 14950	0. 631

填料常数 a、b、m 参考选择 0. 14365、0. 10918、0. 939；

则：$\frac{\Delta P}{H}=\left\{\frac{1}{a}\left(\mu_{L}^{0.025}\left(\frac{\rho_{G}}{\rho_{L}}\right)^{0.25}U_{G}^{0.5}+m\cdot U_{L}^{0.5}\right)\right\}^{\frac{1}{b}}$

$=\left\{\frac{1}{0.14365}\left(0.6439^{0.025}\left(0.961/991.65\right)^{0.25}0.715^{0.5}+0.939\cdot 0.0083^{0.5}\right)\right\}^{1/0.10918}$

$\Delta P/H=84.27\text{Pa/m}$

通过(1)、(2)、(3)计算所得压降与实际比较，(3)计算的压差更加符合本装置实际工况，因此装置急冷塔湿塔压差为 252. 8Pa，工艺计算假设急冷塔压差为 1. 5kPa，加上塔顶除雾器压差、气相分布器，基本符合计算工况。

4. 持液量计算

填料塔的持液量是指在给定操作条件下，单位体积填料层中于填料表面上和空隙中所持的液体体积。它由两部分组成：静态持液量和动态持液量，静态持液量是填料由于毛细作用力所保持的液体。装置急冷塔工况，可近似看成空气-水体系，根据天津大学精馏技术国家工程研究中心李鑫钢课件，持液量计算关联式：

$$H_0=1.295\left(\frac{dU_1\rho_{液}}{\mu_L}\right)^{0.676}\left(\frac{d^3g\rho_{液}}{\mu_L^2}\right)^{-0.44} \tag{4-81}$$

式中 H_0——动持液量，m^3 液体/m^3 填料；

d——填料公称直径，m；

$\rho_{液}$——液相密度，kg/m^3；

U_L——液相黏度，Pa · s；

g——重力加速度，9. 81m/s^2。

由前可知：$d=3.6$m；$\rho_{液}=991.65kg/m^3$；$U_L=0.0083$m/s；$\mu_L=0.6439$mPa · S

则：$H_0=1.295\left(\frac{3.6\times0.0083\times991.65}{0.6439\times10^{-3}}\right)^{0.676}\left(\frac{3.6^3\times9.81\times991.65}{(0.6439\times10^{-3})^2}\right)^{-0.44}$

$H_0=0.927\%$

装置急冷塔持液量计算值为 0. 927%

（十）吸收塔计算

装置吸收塔为规整填料塔，尺寸 $DN3000\times16/20$ $H=26190$，内设两层填料，两层填料高度分别为6000mm、3000mm。气相由底部进入下层高6000mm填料后，继续进入上层高3000mm填料层，经过两级吸收后气相外排。吸收贫液从吸收塔上部进入，经分布器后进入上层填料，对尾气进行吸收净化。吸收后的溶剂在塔底集聚并外送。吸收塔塔内件水力学计算参考急冷塔进行。

标定期间，吸收塔溶剂流量为115t/h，进塔尾气流量为716.078kmol/h，尾气平均分子量为28.11，吸收塔出口温度为35℃，压力为103.3kPa，溶剂进塔温度为35℃，塔底温度为70℃。

1. 吸收塔泛点气速计算

塔设备中出现液泛时的操作点即泛点，液泛是指在塔中进行气液逆流接触过程或液液逆流接触过程，由于流速过大而不能实现逆流操作的状态。在气液接触的塔中达到泛点时，液体不能顺畅地下流而向上漫延，并被气体大量带出。填料塔的最大操作气速为泛点气速的95%，适宜的操作气速一般为泛点气速的70%左右。查询《化工工艺设计手册 第四版(上、下册)》P480，规整填料的泛点计算，可使用贝恩-霍根公式计算泛点气速。Bain- Hougen公式：

$$\lg\left(\frac{u_{\mathrm{F}}^{2}}{g}\times\frac{a}{\varepsilon^{3}}\times\frac{r_{\mathrm{g}}}{r_{\mathrm{L}}}\times\mu_{\mathrm{L}}^{0.2}\right)=\mathrm{A}-1.75\left(\frac{L}{G}\right)^{\frac{1}{4}}\left(\frac{r_{\mathrm{g}}}{r_{\mathrm{L}}}\right)^{\frac{1}{8}} \tag{4-68}$$

式中 u_{F}——泛点空塔气速，m/s；

g——重力加速度，m/s^2；

$\frac{a}{\varepsilon^3}$——干填料因子，m^{-1}；

r_{g}、r_{L}——气相、液相密度，kg/m^3；

μ_{L}——液相黏度，10^{-3}Pa·s；

L、G——液相、气相流量，kg/h

A——常数，见《化工工艺设计手册 第四版(上、下册)》P480表12-28；

ε——填料空隙率，m^3/m^3；

a——填料比表面积，m^2/m^3

本装置急冷塔为金属薄板填料250Y/250X型号，查询《化工工艺设计手册 第四版(上、下册)》P479表12-26(如表4-50)，可得装置急冷塔相关数据：

$a=250m^2/m^3$；$\varepsilon=97\%m^3/m^3$；

查询《化工工艺设计手册 第四版(上、下册)》P480表12-28(如表4-51)，可得本装置急冷塔A值为0.291。

由 $PV=n\mathrm{R}T$

则气体密度

$$\rho=nM/V=MP/\mathrm{R}T \tag{4-69}$$

式中 M——气体分子量；

ρ——气体密度。

根据已知条件，$r_{\mathrm{g}}=28.11\times103.3\div8.314\div(273.15+35)=1.133kg/m^3$

同时可求液相、气相流量分别为：

液相负荷 $L=115\times10^3kg/h$

气相负荷直接按入塔负荷计算，$G=25268kg/h$

查询《川化》(1994 第二期) P15《MDEA 水溶液的物理化学性质》，得到装置贫液密度为 1.025g/mL，溶剂工况下的黏度为 2.750cP。

根据公式(4-68)和上述已知条件，进行泛点空塔气速计算：

$$\lg\left(\frac{u_F^2}{g}\times\frac{a}{\varepsilon^3}\times\frac{r_g}{r_L}\times\mu_L^{0.2}\right)=A-1.75\left(\frac{L}{G}\right)^{\frac{1}{4}}\left(\frac{r_g}{r_L}\right)^{\frac{1}{8}}$$

$$\lg\left(\frac{u_F^2}{9.81}\times\frac{250}{0.97^3}\times\frac{1.133}{1025}\times 2.75^{0.2}\right)=0.291-1.75\times(115000/25268)^{\frac{1}{4}}\times\left(\frac{1.133}{1025}\right)^{\frac{1}{8}}$$

求得 $u_F=2.047\text{m/s}$

本装置吸收塔泛点气速为 2.047m/s。

2. 操作空塔气速计算

本装置吸收塔内径为 $DN3000$，即 $D=3.0\text{m}$；

由气体平均流量：$G=25268\text{kg/h}$；气体平均密度：$r_g=1.133\text{kg/m}^3$代入公式(4-70)。

可得：$V_S=22301.9\text{m}^3/\text{h}=6.195\text{m}^3/\text{s}$

根据公式(4-70)，则 $u=V_S\div D^2\div 0.785=0.877\text{m/s}$

则本装置吸收塔空塔气速为 0.877m/s。

则当前操作工况空塔气速/泛点气速=0.877/2.047=42.84%。

本装置溶剂为易发泡介质，在当前工况下，空塔气速/泛点气速为 42.84%，说明仍处于取值范围内。

（十一）再生塔计算

1. 再生塔工况说明

本装置再生塔采用板式浮阀塔形式。浮阀塔具有操作弹性大、分离效率高、处理能力大、结构简单、造价低廉、安装方便等特点。装置再生塔为双溢流浮阀塔，共有 30 层塔盘，塔盘为标准型(JB 1118—2000)圆盘形浮阀。装置富液由第 4 层塔盘进入，往下到塔底集液箱，经贫液泵抽出。塔底重沸器提供热量，产生再生蒸气往塔上部，并通过集液箱中间的升气孔进入上塔，并继续往塔顶走，实现气液相接触传质、传热，以此对富溶剂进行再生，并在塔顶得到再生酸性气。再生酸性气经塔顶空冷冷却后，进入塔顶分液罐分液，分液后酸性气到制硫单元回用，分液罐底部酸性水回流至再生塔塔顶部第 1 块塔盘。标定期间，再生塔气相出口物料数据见表 4-42。

2. 再生塔结构参数及物料参数

再生塔采用 F1 浮阀型双溢流塔盘，再生塔的结构参数见表 4-57。

表 4-57　再生塔结构参数表

名称	代号	单位	数据
塔径	D	m	3.0
塔盘间距	H_t	mm	600
塔板数	—	层	30
塔截面面积	A_f	m^2	7.065
开孔率(升气孔总面积/塔截面面积)	φ	%	11.0
升气孔总面积	—	m^2	0.77715

续表

名称	代号	单位	数据
降液管宽度	—	m	0.4
受液盘宽度	—	m	0.4
降液管总面积/塔截面面积	A_d/A_t	%	15
降液管总面积	A_d	m^2	1.06
降液管底隙高度	h_b	mm	90
溢流堰堰高	h_w	mm	30
溢流堰堰长	L	m	2
阀孔数	—	个	650

再生塔气液相负荷情况如表4-58所示。

表4-58　再生塔汽液相负荷

项目	压力	塔底温度	液相流量	汽相流量	液相密度
代号	P	T	w_L	w_v	ρ_L
单位	kPa	℃	kg/h	kg/h	kg/m^3
数据	146.3	117.2	115000	13000	965
项目	汽相密度	气相黏度	液相黏度	液体的表面张力	
代号	ρ_v	μ_v	μ_L	σ_L	
单位	kg/m^3	mPa·s	mPa·s	dyn/cm	
数据	1.109	0.237	0.58	41.5	

标定工况下，再生塔液相流量按富液进料量计算，该流量为塔内液相最大值，即115t/h；气相流量按塔底蒸气流量计算，为塔内最大的气相流量。

查询《MDEA水溶液的物理化学性质》(《川化》1994年第2期P15)，可得到标定工况下塔底溶剂浓度为965kg/m³，塔底溶剂黏度为0.58mPa·s。

查询《MDEA脱硫液的表面张力研究》(常州大学学报2014年7月P89)，可得标定工况下，塔底溶剂的表面张力为41.5dyn/cm。

再生塔气相黏度，参考水蒸气在该工况下的黏度，0.237mPa·s。

3. 再生塔流体力学验算

以下计算参考《化工原理》(天津大学出版社1999年8月第1版P154至P173)

(1) 塔板压降计算

气体通过一层浮阀塔板时的压降应为：

$$\Delta p_p = \Delta p_c + \Delta p_l + \Delta p_\sigma \quad (4-82)$$

式中　Δp_p——气体过一层浮阀塔盘的压降，Pa；

Δp_c——气体克服干板阻力所产生的压降，Pa；

Δp_l——气体克服板上充气液层的静压强所产生的压降，Pa；

Δp_σ——气体克服液体的表面张力所产生的压降，Pa。

把压降折合成液体的液柱高度表示，上式可以写成：

$$h_p = h_c + h_l + h_\sigma \tag{4-83}$$

式中 $h_p = \dfrac{\Delta p_p}{\rho_L g}$，m；$h_v = \dfrac{\Delta p_v}{\rho_L g}$，m；$h_l = \dfrac{\Delta p_l}{\rho_L g}$，m；$h_\sigma = \dfrac{\Delta p_\sigma}{\rho_L g}$，m 。

1）干板阻力：气体通过浮阀塔板的干板阻力，在浮阀全部开启前后有着不同的规律，板上所有浮阀刚好全开时，气体通过阀孔的速度称为临界空速，以 u_{oc} 表示。

对于F1型重阀可用以下经验公式求取 h_c 值：

阀全开前（$u_0 \leqslant u_{oc}$）
$$h_c = 19.9\frac{u_0^{0.175}}{\rho_L} \tag{4-84}$$

阀全开后（$u_0 \geqslant u_{oc}$）
$$h_c = 5.34\frac{\rho_v u_0^2}{2\rho_L g} \tag{4-85}$$

式中 u_{oc}——阀孔气速，m/s；

ρ_L——液体密度，kg/m³；

ρ_V——气体密度，kg/m³；

公式(4-84)、公式(4-85)两式联立，代入数值，解得：

$$19.9\frac{u_{oc}^{0.175}}{\rho_L} = 5.34\frac{\rho_v u_{oc}^2}{2\rho_L g}$$

将 $g=9.81\text{m/s}$、$\rho_V=1.109\text{kg/m}^3$ 代入，求得：

$$u_{oc} = 9.926\text{m/s}$$

$$u_0 = \frac{W_v}{\rho_v \times 3600 \times (A_f \times \varphi)} = 13000 \div 1.109 \div 3600 \div (7.065 \times 0.11) = 4.19\text{m/s}$$

根据动能因子 F_0 公式：

$$u_o = \frac{F_0}{\sqrt{\rho_V}} \tag{4-86}$$

可得 $F_0=4.412$

因为 $u_o \leqslant u_{oc}$，使用阀全开前的经验公式计算，得

$$h_c = 19.9\frac{u_o^{0.175}}{\rho_L} = 19.9 \times \frac{4.19^{0.175}}{965} = 0.0265\text{m 液柱}$$

(2)板上充气液层阻力　一般利用下面经验公式计算：

$$h_l = \varepsilon_0 h_L \tag{4-87}$$

式中 h_L——板上液层高度，m；

ε_0——反应板上液层充气程度的参数，称为充气因数，液相为水时，$\varepsilon_0=0.5$，为油时，$\varepsilon_0=0.2\sim0.35$，为碳氢化合物时，$\varepsilon_0=0.4\sim0.5$。

$$h_L = h_w + h_{ow} \tag{4-88}$$

式中 h_w——堰高，m；

h_{ow}——堰上液层高度，m。

平直堰的 h_{ow} 计算公式为

$$h_{ow} = \frac{2.84}{1000}E\left(\frac{L_h}{l_w}\right)^{\frac{2}{3}} \tag{4-89}$$

式中 L_h——塔内液体流量，m³/h；

l_w——堰长，m；

E——液体收缩系数，一般情况下取 1。

代入数据，得：

$$h_{ow} = \frac{2.84}{1000}\left(\frac{115000/965}{2}\right)^{\frac{2}{3}} = 0.0433\text{m 液柱}$$

液相为 MDEA 溶液，ε_0 取 0.45，板上充气液层阻力：

$$h_l = 0.45 \times (0.03 + 0.0433) = 0.033\text{m}$$

液体表面张力所造成的阻力很小，忽略不计。则由公式(4-83)可得：

$$h_p = \Delta p_p = \Delta p_c + \Delta p_l + \Delta p_\sigma = 0.0595\text{m 液柱}$$

(3) 液泛(淹塔)计算

为使液体能由上层塔板稳定的流入下层塔板，降液管内必须维持一定高度的液柱用来克服相邻两层塔板间的压降阻力，降液管内的清液层高度 H_d 公式：

$$H_d = h_p + h_L + h_d \tag{4-90}$$

式中 h_p——与上升气体通过一层塔板的压强降相当的液柱高度，m 液柱；

h_L——板上液层高度，m；

h_d——与液体流过降液管的压降相当的液柱高度，m 液柱；

h_p、h_L 已计算，对于不设进口堰的塔板，h_d 计算经验公式为：

$$h_d = 0.153\left(\frac{L_s}{l_w h_0}\right)^2 = 0.153\,(u'_0)^2 \tag{4-91}$$

式中 L_s——液体流量，m^3/s；

l_w——堰长，m；

h_0——降液管底隙高度，m；

u'_0——液体通过降液管底隙时的流速，m/s。

则：$h_d = 0.153 \times \left(\dfrac{115/0.965/3600}{2 \times 0.09}\right)^2 = 0.00517\text{m}$ 液柱，

则：$H_d = h_p + h_L + h_d = 0.0595 + 0.0433 + 0.03 + 0.00517 = 0.1380\text{m}$ 液柱为防止液泛，降液管中的液体总高不能超过上层塔板的出口堰，为此：

$H_d \leqslant \varphi(H_T + h_w)$，对于醇胺溶剂，取 $\varphi = 0.4$，

$\varphi(H_T + h_w) = 0.4 \times (0.6 + 0.03) = 0.252\text{m}$ 液柱

则 $H_d \leqslant \varphi(H_T + h_w)$ 成立

因此，该工况不会出现液泛情况。

(4) 雾沫夹带计算

空塔气速与发生液泛时的空塔气速的比值作为估算雾沫夹带量的指标，此点称泛点率。可按下面的经验公式计算。

$$F_1 = \frac{V_s\sqrt{\dfrac{\rho_V}{\rho_L - \rho_V}} + 1.36 L_S Z_L}{K C_P A_b} \times 100\% \tag{4-92}$$

式中 F_1——泛点率，%；

V_S、L_S——分别为塔内气、液相负荷，m^3/s；

ρ_v、ρ_L——分别为塔内气、液相密度，kg/m³；

Z_L——板上液体流径长度，m，对于双溢流塔板，$Z_L=(D-2W_d-W'_d)/2$，其中 D 为塔径，W_d为弓形降液管宽度，W'_d为中间受液盘宽度；

A_b——板上液流面积，m²，对于双溢流塔板，$A_b=A_T-A_t-A_s$，其中 A_T为塔截面积，A_t为塔板降液管，A_s为受液盘总面积，同时 $A_s=A_T\times A_d/A_t$

C_F——泛点负荷系数；

K——物性系数。

板上液体流径长度：$Z_L=(D-2W_d-W'_d)/2=(3-2\times0.4-0.4)/2=0.9\text{m}$

板上液流面积：$A_b=7.065\times(1-0.15)-A_s=6.0-1.06=4.94\text{m}^2$

再生塔 $H_T=0.6\text{m}$；$\rho_V=1.109\text{kg/m}^3$，介质为醇胺溶液，查询《化工原理》P166 图 3-16 和表 3-4，得：$C_F=0.128$；$K=0.85$

$$F_1=\frac{V_s\sqrt{\dfrac{\rho_V}{\rho_L-\rho_V}}+1.36L_SZ_L}{KC_PA_b}\times100\%$$

$$V_S=13000/1.109/3600=3.256\text{m}^3/\text{s}$$

$$L_S=115000/965/3600=0.0331\text{m}^3/\text{s}$$

则 $$F_1=\frac{3.256\times\sqrt{\dfrac{1.109}{965-1.109}}+1.36\times0.0331\times0.9}{0.85\times0.128\times4.94}\times100\%$$

$=28.09\%$

对于大塔，泛点率≤80%，故本塔雾沫夹带量能够满足 $e_v<0.1$kg 液体/kg 蒸汽，符合生产要求。

(5) 塔板负荷性能图计算

1) 雾沫夹带线

依公式(4-92)：$F_1=\dfrac{V_s\sqrt{\dfrac{\rho_V}{\rho_L-\rho_V}}+1.36L_SZ_L}{KC_PA_b}\times100\%$，对于一定的物系及已知的塔板结构，式中各参数都是已知的，相应于雾沫夹带量 $e_V=0.1$ 的泛点率上限值可确定，将各已知数代入上式，便得出 V_S-L_S的关系式，据此可作出负荷性能图中的雾沫夹带线。

按 $F_1=80\%$计算如下：

$$\frac{V_S\times\sqrt{\dfrac{1.109}{965-1.109}}+1.36\times L_s\times0.9}{0.85\times0.128\times4.94}=80\%$$

$$0.03392V_s+2.2773L_s=0.43$$

则：
$$V_s=12.6769-67.14L_s \tag{4-93}$$

由公式(4-93)可知雾沫夹带线为直线，在操作范围内任取两个 L_s 值，可算出相应的 V_s，可确定雾沫夹带线。具体如图 4-7 所示。

2) 液泛线

联立液泛线计算公式

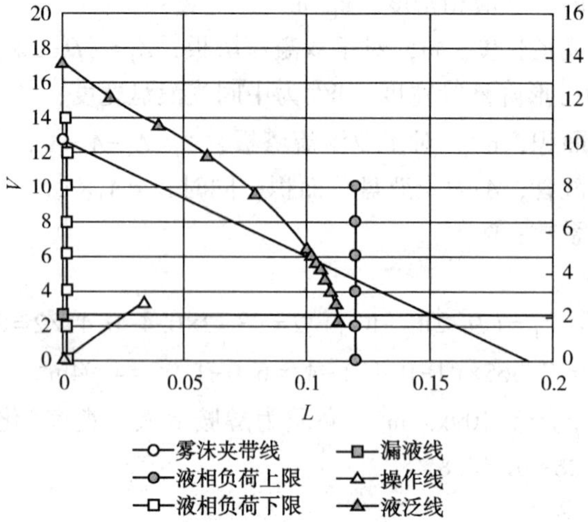

图 4-7　再生塔性能曲线图

$$\phi(H_T + h_w) = h_p + h_L + h_d = h_c + h_1 + h_\sigma + h_L + h_d \tag{4-94}$$

由式(4-94)确定液泛线。

$$\phi(H_T + h_w) = 5.34\frac{\rho_V \times u_0^2}{2g\rho_L} + 0.153\left(\frac{L_S}{l_w h_0}\right)^2 + (1+\varepsilon_0)\left[h_w + \frac{2.84}{1000}E\left(\frac{3600L_S}{l_W}\right)^{2/3}\right] \tag{4-95}$$

又有关系

$$u_0 = \frac{V_S}{\frac{\pi}{4}d_0^2 N} \tag{4-96}$$

对于一定的物系及已知的塔板结构，$H_T = 0.6$，$\varepsilon_0 = 0.45$、$E = 1$、$h_w = 0.03$、$l_w = 2$、$h_0 = 0.9$、$\phi = 0.4$、阀孔直径 $d_o = 0.039$m，阀孔 $N = 450$，式中各参数都是已知的。

则：$u_0 = 1.861V_s$，代入上式得：

$$0.2085 = 0.0011V_s^2 + 4.722L_s^2 + 0.6094L_s^{2/3}$$

$$V_s^2 = 189.5 - 4292L_s^2 - 554L_s^{2/3} \tag{4-97}$$

在操作范围内任取若干个 L_s 值，可算出相应的 V_s，可做液泛线。具体如图 4-7 所示。

3）液相负荷上限

液体的最大流量应保证在降液管中停留时间不低于 3~5s，根据液体在降液管内停留时间按 5s 计，并根据公式：

$$\theta = \frac{3600A_f H_T}{L_h} = 5 \tag{4-98}$$

则：

$$(L_s)_{max} = \frac{A_f H_T}{5} = 1.0 \times 0.6 \div 5 = 0.12\text{m/s}$$

4）漏液线

对于 F1 型重阀 $F_0 = u_0\sqrt{\rho_v} = 5$ 计算，得

$$V_S = \frac{\pi}{4}d_0^2 N u_0 = \frac{\pi}{4}d_0^2 N\frac{5}{\sqrt{\rho_v}}$$

$$V_S = \frac{\pi}{4} \times (0.039)^2 \times 450 \times \frac{5}{\sqrt{1.109}} = 2.57\text{m/s}$$

5）液相负荷下限线

取堰上液层高度 h_{ow}=0.006m 作为液相负荷下限条件，根据公式(4-89)

$$\frac{2.84}{1000}E\left[\frac{3600\,(L_s)_{min}}{l_w}\right]^{2/3} = 0.006$$

取 E=1，则

$$(L_S)_{min} = \left(\frac{0.006 \times 1000}{2.84 \times 1}\right)^{3/2} \times \frac{2}{3600} = 0.0017\text{m/s}$$

根据上述计算所得的公式(4-93)、公式(4-97)和 $(L_S)_{max}$、V_S、$(L_S)_{min}$ 等可得到塔的性能曲线如图 4-7 所示。

（十二）装置焚烧炉废热锅炉计算

本装置焚烧废热锅炉产 4.0MPa 饱和蒸汽，锅炉设备分换热管束部分和汽包部分，换热管束部分规格 $DN2800\times62/DN1500\times34$　$L\approx8750$。换热管束管板为挠性管板，工作介质为装置烟道气(入口温度为 410℃)，且管束内外压差大，使用条件苛刻。锅炉迎火面设置隔热衬里和炉子炉衬里同步施工形成一体，管束处安装保护陶瓷套管，汽包和换热管束通过升汽管和降液管连接。

1. 废热锅炉产汽量计算

在前述反应过程工艺计算中已知，废热锅炉发汽量为 3.596t/h。

2. 废热锅炉传热系数计算

废热锅炉为连续生产过程，可近似看成稳态传热方式，根据公式(4-65)、式(4-66)可以计算废热锅炉传热系数。

已知 T_1=410℃；T_2=260℃；t=250℃，锅炉设备换热面积为 975m^2，锅炉热负荷为 6160600.18kJ/h。

则 Δt=54.10℃

$K=Q/A\Delta t$=6160600.18/(975×54.10)= 116.79kJ/(h·m^2·℃)

则计算得到废热锅炉传热系数为 116.79kJ/(h·m^2·℃)。

（十三）装置蒸汽过热器计算

装置蒸汽过热器安装在焚烧炉后部，为集合管束 U 型管结构，属对流式过热器，换热流程上为逆流，焚烧炉高温烟气进入过热器后，对过热器中的 4.0MPa 蒸汽进行过热，使 4.0MPa 饱和蒸汽温度由 250℃升高到 420℃以上，并进行温度控制后外送。高温烟气经过过热器取热后，进入后部的焚烧炉废热锅炉继续回收热量。过热器换热面积为 368m^2。

1. 蒸汽过热后温度计算

在前述反应过程工艺计算中已知，蒸汽过热器后温度为 465.43℃。

2 蒸汽过热器传热系数计算

蒸汽过热器为逆流换热设备，根据公式(4-99)可计算逆流换热设备的平均温差 Δt。

$$\Delta t_x = \frac{(T_1 - t_2) - (T_2 - t_1)b}{\ln\dfrac{T_1 - t_2}{T_2 - t_1}a} \tag{4-99}$$

已知 T_1=700℃；T_2=410℃；t_1=250℃；t_2=465.43℃。

则 Δt=194.91 ℃

锅炉设备换热面积为 368m²。根据 $Q=KA\Delta t$

$K=Q/A\Delta t$=12362808.56/(368×194.91)=172.36kJ/(h·m²·℃)

则计算得到蒸汽过热器传热系数为 172.36kJ/(h·m²·℃)

（十四）装置烟囱计算

1. 烟气 SO_2 排放浓度折算

根据表 4-41 焚烧后烟气物性数据，不考虑烟气 NO_x、CO 和 VOC 等影响因素，计算烟气干基组分，见表 4-59。

表 4-59 装置烟气物料参数

项目	焚烧后烟气组分流量/(kmol/h)	焚烧后烟气组分比例/%(湿基)	焚烧后烟气组分比例/%(干基)
CO_2	87.917	6.865	7.694
H_2O	138.038	10.779	—
N_2	1000.888	78.156	87.598
SO_2	0.0047	0.000367	0.000411
O_2	53.786	4.2	4.707
合计	1280.6337	100	100

则干基烟气 SO_2 排放浓度：

$\rho_{实}$=0.0047×64/((1280.6337−138.038)×22.4)=11.752mg/m³。

根据《石油炼制工业污染物排放标准 GB 31570—2015》，有公式：

$$\rho_{基}=\frac{21-O_{基}}{21-O_{实}}\times\rho_{实} \tag{4-100}$$

则按标准氧含量折算后的排放浓度为：

$$\rho_{基}=\frac{21-3}{21-4.707}\times 11.752=12.983\text{mg/m}^3$$

烟气二氧化硫排放浓度折算值为 12.983mg/m³。

2. 装置烟囱抽力计算

烟囱抽力是由烟囱内外气体温度不同而引起气体密度差异，这种密度差异产生压力差进而推动烟气流动，并使烟囱产生抽力。参考《管式加热炉》第二版(中国石化出版社)P198，得到烟囱抽力公式：

$$\Delta H=h_a g(\rho_a-\rho_{gs})=3467h_a(1/T_a-1/T_{ms}) \tag{4-101}$$

其中 ΔH——烟囱抽力，Pa；

h_a——烟囱高度，m；

g——重力加速度，9.81m/s²；

ρ_a——空气密度，kg/m³；

ρ_{gs}——烟气密度，kg/m³；

T_a——大气温度，K；

T_{ms}——烟气平均温度，K，且 $T_{ms}=a_s(T_b-T_a)+T_a$； (4-102)

T_b——烟囱底部烟气温度，K；

a_s——烟囱内部温降系数，通过《管式加热炉》第二版(中国石化出版社)P198 表 6-5 查询，按 0.75 计。

标定期间，装置环境温度为 35℃，即 308K；烟囱底部烟气温度为 260℃(未考虑碱洗单元)，即 533K。

由公式(4-102)，则烟气平均温度 $T_{ms}=0.75\times(533-308)+308=476.75K$

由公式(4-101)，可以计算烟囱抽力：

$$\Delta H=3467\times100\times(1/308-1/476.75)=398Pa$$

因此，本装置烟囱抽力可以近似看成 400 Pa。

另外通过公式(4-101)，分析烟囱抽力影响因素如下：

1) 高度 H 的影响。由公式可知，H 愈大，也即烟囱越高，抽力越大；H 越小，也即烟囱越低，抽力越小。

2) 空气温度的影响。由公式可知，在 H 不变的情况下，外界空气温度越低，空气密度越大，烟囱抽力越大。因此，同一座烟囱，冬天的抽力比夏天大，晚上的抽力比白天大，这是因为冬天、晚上外界空气的温度比夏天、白天低。

3) 烟气温度的影响。由公式可知，在 H、空气密度不变的情况下，烟气温度越低，抽力越小；烟气温度越高，抽力越大。

3. 装置烟气露点计算

(1) 烟气水的露点计算

根据表 4-57，先计算该工况烟气的水露点。

烟气水分压 $P_{水}=P_{总}\times V=100.9\times10.779\%=10.876kPa$

查询水的饱和蒸气压，47℃时为 10.645kPa；48℃时为 11.2kPa。

因此，单考虑烟气中的水分，露点温度约为 47℃。

(2) 烟气露点机理

硫黄装置焚烧炉焚烧各类尾气，因尾气中含有微量未净化的 H_2S 和 COS 等介质，同时焚烧炉燃烧的燃料气中也含有一定的 H_2S 等含硫组分。相关含硫介质焚烧后大都转化为 SO_2。由上述计算可知，烟气水露点很低，因此，烟气中一般不会形成冷凝水，也没有机会出现 SO_2溶解在液体水中形成亚硫酸腐蚀设备。然而，由于焚烧炉为过氧燃烧，且温度较高，所以一般会有少量的 SO_2进一步转化为 SO_3。参考普通加热炉，在过剩空气系数条件下，全部 SO_2中约有 1%~3%含量会转化为 SO_3。但是 SO_2转化为 SO_3的机理非常复杂，一般有两种理论，一种是烟气中的 SO_2被氧原子氧化，该反应发生在炉膛高温火焰区；另一种是认为烟气 SO_2直接被氧分子氧化，一般认为燃烧器温度低于 1127℃会有该反应发生。SO_2转化为 SO_3的量，与过剩空气中的氧含量和烟气 SO_2浓度有关，过剩空气中氧含量高、烟气 SO_2浓度高都会引起 SO_3 的量增加。在高温工况下，SO_3 气体不腐蚀金属，但当烟气温度降低到 400℃以下，SO_3将与水蒸气化合生产硫酸蒸气，当烟气温度继续降低，硫酸蒸气就会在低温部位产生凝结，并腐蚀金属设备，同时硫酸蒸气还黏附在烟尘中形成黏灰，附在设备表面，也会产生设备腐蚀，并容易堵塞设备，一般认为操作温度控制在露点温度以上 20~50℃，可有效避免腐蚀。烟气露点温度除与过剩空气系数、烟气 SO_2浓度有关外，还与烟气中的水蒸气含量有关，且硫黄装置尾气焚烧在焚烧炉后部，反应过程更加复杂。

由于影响烟气露点温度因素很多，而且各因素均与实际操作条件有关，所以很难进行准确计算，对于投用的炉子，可以采用检测的方法进行测定。查询《热能基础研究 · 热力发电》(2009) P31《烟气酸露点温度的计算分析》，文章记录了5种烟气露点温度计算方法，同时也分析了各种方法存在差别，以下选取三种方法进行计算。

(3) 烟气露点计算方法1

根据表4-57，可知烟气中的 H_2O 含量为10.779%，SO_2 含量为0.000367%，即 3.67×10^{-6}，参考《管式加热炉》P528，SO_2 转化率按2%计算，因此，烟气中的 SO_3 含量为：$3.67\times10^{-6}\times2\%=0.0734\times10^{-6}$

同时由查询《管式加热炉》P526 图13-7(图4-8)。

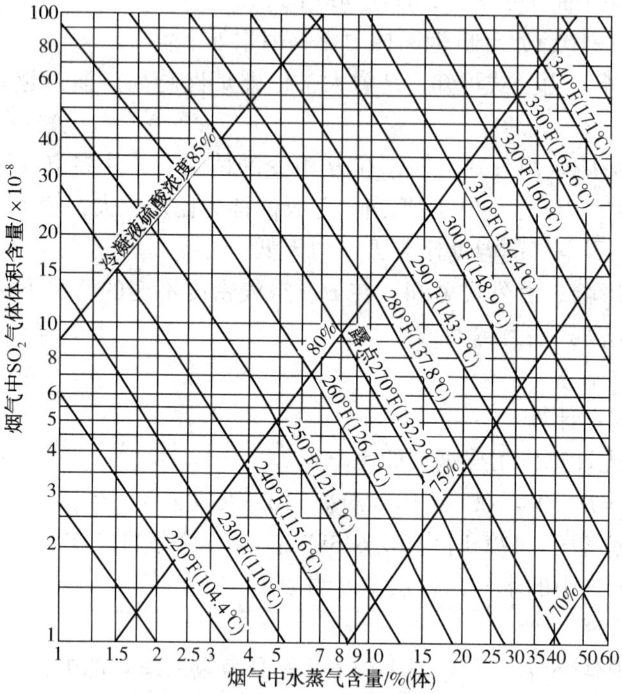

图4-8 露点与烟气水含量及 SO_2 浓度的关系图

查询上图，烟气 SO_2 浓度低于 1×10^{-6}，直接视为图中最低值，可得装置露点温度在245°F，即118.3℃。

(4) 烟气露点计算方法2

查询《热能基础研究·热力发电》(2009) P31《烟气酸露点温度的计算分析》，采用经验方法进行计算：

$$t_u = 186 + 20 \times \log H_2O + 26 \times \log SO_2 \tag{4-103}$$

根据表4-57，烟气中 SO_2 为 3.67×10^{-6}，H_2O 为10.779%

则 $t_u=186+20\times\log 0.010779+26\times\log 3.67\times10^{-6}$

$t_u=25.33$℃。

计算得到的露点温度低于烟气水的露点温度(45℃)，说明此计算方法不适用。

(5) 烟气露点计算方法3

查询《热能基础研究·热力发电》(2009) P31《烟气酸露点温度的计算分析》，采用日本"电力工业中心研究所方法"进行计算：

$$t_p = 20 \times \log V_{SO_3} + a \tag{4-104}$$

式中　t_p——露点温度，℃；

V_{SO_3}——烟气 SO_3浓度；

a——水分常数，当水分为5%，$a=184$，当水分为10%，$a=194$，当水分为15%，$a=201$。

$V_{SO_3}=0.0734\times10^{-6}$，烟气水含量为10.779%，取 $a=194$，

则：$t_P=51.31$℃。

由以上三种计算方法判断，本装置烟气露点温度为51.31℃比较接近实际值，主要是烟气 SO_2浓度较低引起，同时结合第一种方法计算的露点温度为118.3℃，可认为温度在118.3℃以上，能够确保不出现露点腐蚀。

第五部分　物料平衡计算

一、装置进出物料分析

Ⅷ硫黄装置工艺介质进料组分主要有酸性气、空气、燃料气、外补氢气等，工艺介质外排物料主要有液体硫黄、急冷水、再生塔脱水(间歇)、烟气等，装置物料平衡计算主要围绕装置工艺介质进出物料进行分析，由于装置酸性气进料流量计位于酸性气进反应炉入口管线上，因此，酸性气进料流量已包括再生塔回流酸性气。装置物料平衡核算主要围绕工艺介质进料中的硫、碳、氢、氮等组分进行，同时装置除盐水、1.0MPa蒸汽、3.5MPa过热蒸汽单独进行水汽平衡核算，装置维持运行所需的风、氮气等介质，按工厂公用工程配套考虑，不再进行物料平衡计算。

二、装置标定工艺介质物料总平衡

Ⅷ硫黄装置72h标定期间，共回收液体优等品硫黄634t，装置平均负荷为49.31%(以装置硫黄产量计算)。装置标定工艺介质物料总平衡数据，以标定期间装置各流量计实际测量流量为准，并根据工艺计算进行适当还原，具体物料数据如表5-1所示。

(一) 酸性气进料量

以表3-1标定期间酸性气特性数据为依据，标定期间装置酸性气平均进料流量为12840kg/h 。

(二) 空气进料

空气进料以标定期间装置各炉子空气进料流量计测量值的平均值为准，各炉子空气流量具体见表5-1。

(三) 燃料气进料

燃料气进料以标定期间装置各炉子燃料气进料流量计测量值平均值为准，各炉子燃料气流量具体见表5-1。

(四) 氢气进料

氢气进料以标定期间装置加氢炉外补氢气流量计测量值平均值为准，具体见表5-1。

(五) 液硫出料

液硫出料以装置标定期间的液硫产量为准，$m_{硫}=634\times10^3\div72=8805$kg/h。

（六）急冷水出料

急冷水出料以标定期间急冷塔外排酸性水平均流量为准。

（七）回流酸性气出料

回流酸性气出料以再生塔回流酸性气测量流量为准。

（八）外排酸性水出料

标定期间急冷塔、吸收塔气相温度差值控制得较好，再生塔无酸性水外排。

（九）烟气外排量

烟气外排流量以装置 CEMS 为基准进行计算，标定期间装置烟气 CEMS 表流量检测平均值为 55472m^3/h(扣除碱洗塔加热空气量后)，烟气温度为 260℃，压力为 102. 3kPa，对烟气进行还原计算：$m_{烟}=55472\times102.3/8.314/(273+260)\times M_{烟}=1280.6\times28.19=36100$kg/h。

表 5-1　硫黄装置物料总平衡数据　kg/h

进料		出料	
反应炉酸性气	12840	液硫池液硫	8805
反应炉空气	18202. 5	急冷水	5131
第一在线炉燃料气	45. 2	再生酸性气	817. 64
第一在线炉空气	795. 1	再生塔酸性水	—
第二在线炉燃料气	35. 1	烟气	36100
第二在线炉空气	617	损失	33. 23
加氢炉燃料气	108. 5	—	—
加氢炉空气	1431. 6	—	—
加氢炉氢气	23. 3	—	—
焚烧炉燃料气	373. 25	—	—
焚烧炉空气	16415. 32	—	—
合计	50886. 87	合计	50886. 87

根据表 5-1，装置加工损失为 33. 23kg/h，分析主要原因为装置各流量计测量偏差。

三、装置标定硫平衡

装置硫平衡根据装置酸性气进料中的硫元素和出料中的硫元素进行平衡计算。以表 5-1 为基础进行计算。

（一）酸性气原料中的硫

酸性气原料中的硫：　$$m_{硫}=m_{酸性气}\div M_{酸性气}\times C_{硫化氢}\times M_{硫} \quad (5-1)$$

式中　m——质量，kg；

M——相对分子质量；

C——摩尔浓度，mol/L。

$$m_{酸_1}=12840\div34.85\times0.7797\times32=9192.63\text{kg/h}$$

（二）液硫产品中的硫

根据液硫产品质量浓度，液硫中硫质量浓度为 99. 98%，则液硫中总硫量：

$$m_{酸_2}=m_{液硫}\times0.9998=8805\times0.9998=8803.24\text{kg/h}$$

（三）急冷水中的硫

根据分析数据，急冷水中含 2940mg/L H_2S，则有：

$$m_{酸_3}=m_{急冷水}\times2940\times10^{-6}\times M_{硫}/M_{硫化氢}=5131\times2940\times10^{-6}\times32/34=14.20kg/h$$

（四）再生酸性气中的硫

根据表 4-41，回流酸性气中 H_2S 体积含量为 11.6589/21.8849=0.5327，则有：

$$M_{酸_4}=m_{酸性气}\div M_{平均}\times V\times M_{硫}=817.64\div37.36\times0.5327\times32=373.07kg/h$$

（五）烟气中的硫

根据表 5-1 及装置烟气排放检测的 SO_2浓度（10.44mg/m³），计算烟气中的硫排放量：

$$m_{酸_5}=V_{烟气}\times C_{烟气}=36100\div28.19\times8.314\times(273+260)\div102.3\times10.44\times10^{-6}=0.579kg/h$$

（六）装置硫平衡计算

根据上述结果，可计算装置硫平衡表见表 5-2。

表 5-2 硫黄装置硫平衡数据 kg/h

进料		出料	
酸性气	9192.63	液硫中的硫	8803.24
		急冷水中的硫	14.20
		再生酸性气中的硫	373.07
		烟气中的硫	0.579
		损失	1.54
合计	9192.63	合计	9192.63

根据表 5-2，装置加工硫损失为 1.54kg/h，分析主要原因为装置各流量计测量偏差。

四、装置标定碳平衡

装置含碳组分进料包括酸性气、燃料气、氢气等，碳元素出料主要是再生塔回流酸性气、烟气等，以表 5-1 为基础进行计算。

（一）装置酸性气进料碳计算

酸性气进料中的碳主要是酸性气中的 CO_2和 CH_4所带的 C 元素。

酸性气原料中的碳： $$m_{碳}=m_{酸性气}\div M_{酸性气}\times C_{碳}\times M_{碳} \quad (5-2)$$

$$m_{碳_1}=12840\div34.85\times(0.1658+0.0007)\times12=736.14kg/h$$

（二）燃料气进料碳计算

燃料气进料中的碳主要是 CH_4中的 C 元素。

根据表 5-1，装置燃料气总量为：562.05kg/h，即 35.128kmol/h。

$$m_{碳_2}=35.128\times12=421.5kg/h$$

（三）氢气进料碳计算

根据表 4-31，外补氢气中的碳元素主要来自氢气中的 CH_4、C_2H_6、C_3H_8等组分，根据表 5-1，装置外补氢气量为：23.3kg/h，即 6.215kmol/h，同时根据表 4-31 氢气组分，可计算氢气中碳元素的量。

$$m_{碳_3}=(6.215\times0.015+6.215\times0.0183\times2+6.215\times0.0157\times3)\times12=7.36kg/h$$

（四）再生酸性气碳计算

回流酸性气的碳主要来自酸性气的 CO_2，根据根据表 5-1 和表 4-41 再生酸性气数据计算，酸性气中 CO_2的量：

$$m_{碳_4}=9.122\times12=109.464\text{kg/h}$$

（五）烟气碳计算

烟气中的碳主要来自烟气 CO_2，根据表 5-1 和表 4-41 焚烧后烟气数据计算，烟气含碳量为：

$$m_{碳_5}=87.917\times12=1055.0\text{kg/h}$$

（六）装置碳平衡计算

根据上述结果，可列表计算装置碳平衡表见表 5-3。

表 5-3　硫黄装置碳平衡数据　kg/h

进料		出料	
酸性气进料碳	736.14	再生酸性气碳	109.464
燃料气进料碳	421.5	烟气碳	1055
氢气进料碳	7.36	损失	0.536
合计	1165	合计	1165

根据表 5-3，装置加工碳损失为 0.536kg/h，分析主要原因为装置各流量计测量偏差。同时外排急冷水、溶剂中 CO_2的藏量没有进行计算也可能是引起加工碳损失的主要原因之一。

五、装置标定氢平衡

装置含氢组分进料包括酸性气、空气、燃料气、氢气等，氢元素出料主要是急冷水、酸性水、再生塔回流酸性气及烟气等，以表 5-1 为基础进行计算。

（一）装置酸性气进料氢计算

酸性气进料中的氢主要是酸性气中的 H_2S、H_2O、NH_3和 CH_4所带的氢元素。根据表 4-3 和表 5-1，可计算酸性气氢元素量如表 5-4 所示。

表 5-4　酸性气进料氢计算数据

组分	酸性气流量/(kmol/h)	氢元素流量/(kg/h)	组分	酸性气流量/(kmol/h)	氢元素流量/(kg/h)
H_2S	287.164	574.328	CH_4	0.258	1.032
H_2O	19.815	39.63	合计	—	615.0

则酸性气中氢含量为：$m_{氢_1}=615\text{kg/h}$。

（二）装置空气进料氢计算

空气进料中的氢主要是空气中的 H_2O 组分带来，根据表 4-6 可知空气组分，根据表 5-1 可知装置空气总流量为 37461.52kg/h，则空气的氢含量为：

$$m_{氢_2}=37461.52\div27.79\times0.0388\times2=104.606\text{kg/h}$$

（三）装置燃料气进料氢计算

燃料气进料中的氢主要是燃料气中的 CH_4所带的氢元素，装置燃料气总量为 562.05kg/h，即35.128kmol/h。则燃料气中氢含量为：

$$m_{氢_3}=35.128\times4=140.512\text{kg/h}$$

（四）装置氢气进料氢计算

根据表4-31，外补氢气中的氢元素主要来自氢气中的H_2、CH_4、C_2H_6、C_3H_8等组分，根据表5-1，装置外补氢气量为：23.3kg/h，即6.215kmol/h，同时根据表4-31氢气组分，可计算外补氢气中氢元素量如表5-5所示。

表5-5　氢气进料氢计算数据

组分	氢气流量/(kmol/h)	氢元素流量/(kg/h)	组分	氢气流量/(kmol/h)	氢元素流量/(kg/h)
H_2	5.8247	11.6494	C_2H_6	0.1137	0.6822
CH_4	0.0932	0.3728	C_3H_8	0.0976	0.7808
合计	6.215	13.4852			

则氢气中氢含量为：$m_{氢_4}=13.4852\text{kg/h}$

（五）装置急冷水出料氢计算

急冷水出料中的含氢组分主要是H_2O、H_2S，根据表5-1和表4-36外排急冷水物性数据，急冷水外排流量为5131kg/h，可计算急冷水中氢元素量如表5-6所示。

表5-6　急冷水氢含量计算数据

组分	急冷水外排流量/(kmol/h)	氢元素流量/(kg/h)	组分	急冷水外排流量/(kmol/h)	氢元素流量/(kg/h)
H_2O	285.0608	570.1216	合计	285.4728	570.9564
H_2S	0.4174	0.8348			

则急冷水中氢含量为：$m_{氢_5}=570.9564\text{kg/h}$

（六）装置再生塔回流酸性气出料氢计算

装置再生塔回流酸性气出料中的含氢组分主要是H_2O、H_2S，根据表4-41再生塔外排物料物性数据和表5-1，酸性气外排流量为818kg/h，可计算酸性气中氢元素量如表5-7所示。

表5-7　再生塔再生酸性气氢含量计算数据

组分	酸性气外送流量/(kmol/h)	氢元素流量/(kg/h)	组分	酸性气外送流量/(kmol/h)	氢元素流量/(kg/h)
H_2O	1.104	2.208	合计	12.7629	25.5258
H_2S	11.6589	23.3178			

则再生酸性气中氢含量为：$m_{氢_6}=25.5258\text{kg/h}$

（七）烟气出料氢计算

装置烟气出料中的含氢组分主要是H_2O，根据表4-40焚烧后烟气物性数据可知，烟气含氢量为：

$$m_{氢_7}=138.038\times2=276.076\text{kg/h}$$

（八）装置氢平衡计算

根据上述结果，可列表计算装置氢平衡表如表5-8所示。

表 5-8　硫黄装置氢平衡数据　　kg/h

进料		出料	
酸性气进料氢	615	急冷水中氢	570. 9564
空气进料氢	104. 606	再生酸性气氢	25. 5258
燃料气进料氢	140. 512	烟气氢	276. 076
氢气进料氢	13. 4852	损失	1. 045
合计	873. 6032	合计	873. 6032

根据表 5-8，装置加工氢损失为 1. 045kg/h，分析原因为装置各流量计测量偏差，另外装置焚烧炉未完全燃烧携带的烃类也会携带一部分氢。

六、装置标定氮平衡

装置含氮组分进料包括空气、燃料气、氢气等，氮元素出料主要是烟气，以表 5-1 为基础进行计算。

（一）装置空气进料氮计算

空气进料氮主要是空气中的 N_2 组分带来，根据表 4-6 可知空气组分，根据工艺过程计算中可知各炉子空气流量，则空气的氮含量为：

$$m_{氮_1}=(486.4+21.247+16.484+38.25+438.597)\times2\times14=28027.384\text{kg/h}$$

（二）装置氢气进料氮计算

根据表 4-31，外补氢气中的氮元素主要来自氢气中的 N_2 组分，根据表 5-1，装置外补氢气量为 23. 3kg/h，即 6. 215kmol/h，同时根据表 4-31 氢气组分，可计算外补氢气中氮元素量如表 5-9 所示。

表 5-9　氢气进料氮计算数据

组分	氮气流量/(kmol/h)	氮元素流量/(kg/h)	组分	氮气流量/(kmol/h)	氮元素流量/(kg/h)
N_2	0. 0858	2. 4024	合计	0. 0858	2. 4024

则氢气中氮含量为：$m_{氮_2}=2.4024\text{kg/h}$。

（三）烟气出料氮计算

装置烟气出料中的含氮组分主要是 N_2，根据表 4-40 焚烧后烟气物性数据可知，烟气含氮量为：

$$m_{氮_3}=1000.888\times14\times2=28024.864\text{kg/h}$$

（四）装置氮平衡计算

根据上述结果，可列表计算装置氮平衡表如表 5-10 所示。

表 5-10　硫黄装置氮平衡数据　　kg/h

进料		出料	
空气进料氮	28027. 384	烟气氮	28024. 864
氢气进料氮	2. 4024	损失	4. 9224
合计	28029. 7864	合计	28029. 7864

根据表 5-10，装置加工氮损失为 4.9224kg/h，分析原因为装置各流量计测量偏差。

七、装置标定氧平衡

装置含氧组分进料包括酸性气和空气，氧元素出料主要是急冷水、再生酸性气和烟气，以表 5-1 为基础进行计算。

（一）装置酸性气进料氧计算

酸性气进料中的氧主要是酸性气中的 CO_2 和 H_2O 所带的氧元素。根据表 4-3 和表 5-1，可计算酸性气氧元素量。

酸性气原料中的氧：
$$m_{氧}=m_{酸性气}\div M_{酸性气}\times C_{氧}\times M_{氧} \quad (5-3)$$

$$m_{氧_1}=12840\div 34.85\times(0.1658\times 2+0.0538)\times 16=2271.925\text{kg/h}$$

（二）装置空气进料氧计算

空气进料的氧主要是空气中的 O_2 和 H_2O 组分带来，根据表 4-6 可知空气组成组分，根据表 5-1 可知装置空气总流量为 37461.52kg/h，则空气的氧含量为：

$$m_{氧_2}=37461.52\div 27.79\times(0.2018\times 2+0.0388)\times 16=9541.836\text{kg/h}$$

（三）装置急冷水出料氧计算

急冷水出料中的含氧组分主要是 H_2O，根据表 5-1 和表 4-36 外排急冷水物性数据，急冷水外排流量为 5131kg/h，可计算急冷水中氧元素量如表 5-11 所示。

表 5-11　急冷水氧含量计算数据

组分	急冷水外排流量/(kmol/h)	氧元素流量/(kg/h)	组分	急冷水外排流量/(kmol/h)	氧元素流量/(kg/h)
H_2O	285.06	4560.96	合计	285.06	4560.96

则急冷水中氧含量为：$m_{氧_3}=4560.96\text{kg/h}$。

（四）装置再生塔回流酸性气出料氧计算

回流酸性气的氧主要来自酸性气的 H_2O、CO_2，根据表 5-1 和表 4-41 再生酸性气数据计算，回流酸性气质量流量为 817.64kg/h，回流酸性气中 H_2O、CO_2 体积含量分别为 1.104/21.8849=0.05045、9.122/21.8849=0.4168，则酸性气 CO_2 量：

$$m_{氧_4}=817.64\div 37.36\times(0.05045+0.4168\times 2)\times 16=309.5652\text{kg/h}$$

（五）烟气出料氧计算

烟气中的氧主要来自烟气中的 O_2、H_2O、CO_2、SO_2，根据表 5-1 和表 4-41 焚烧后烟气数据计算，烟气质量流量为 36100kg/h，则烟气中 O_2、H_2O、CO_2、SO_2 体积含量分别为 0.042、0.1078、0.06865、0.000003686，则烟气含氧量为：

$$m_{氧_5}=36100\div 28.19\times(0.042\times 2+0.1078+0.06865\times 2+0.000003686)\times 16=6749.33\text{kg/h}$$

（六）装置氧平衡计算

根据上述计算，可列表计算装置氧平衡表如表 5-12 所示。

表 5-12　硫黄装置氧平衡数据

进料/(kg/h)		出料/(kg/h)	
酸性气进料氧	2271.925	急冷水氧	4560.96
空气进料氧	9541.836	再生酸性气氧	309.5652

续表

进料/(kg/h)		出料/(kg/h)	
—	—	烟气氧	6749.33
—	—	损失	193.9058
合计	11813.761	合计	11813.761

根据表5-12，装置加工氧损失量为193.9058kg/h，分析原因为装置各流量计测量偏差。

八、装置加工损失测算

根据上述物料平衡计算，可得到装置加工损失汇总表如表5-13所示。

表5-13 硫黄装置加工损失汇总表 kg/h

	总物料	S	C	H	N	O
损失	33.23	1.54	0.536	1.045	4.9224	193.9058
合计	33.23	201.9492				

根据表5-13，总损失与各分项损失之和仍有168.7192kg/h的偏差，这是因为，一方面各种分析仪表的精度、准确性以及计算过程中小数的四舍五入都会带来计算偏差。另一方面，类似于溶剂系统中的藏量、液硫中携带的杂质等因素也会造成计算偏差。总体来说本装置各工艺介质物料是平衡的。

九、装置水汽平衡计算

装置标定期间，水汽进料组分主要有除盐水、1.0MPa蒸汽、0.35MPa蒸汽，装置水汽外送主要是3.5MPa过热蒸汽和凝结水，水汽平衡见表5-14。

表5-14 硫黄装置水汽平衡数据 t/h

进料		出料	
除盐水	40.5	3.5 MPa蒸汽	30.5
1.0MPa蒸汽	3.5	锅炉排污	2
0.35 MPa蒸汽	2.5	凝结水	13.2
—	—	损失	0.8
合计	46.5	合计	46.5

第六部分 硫黄装置设备防腐

一、装置腐蚀机理分析

根据腐蚀的作用原理，可分为化学腐蚀和电化学腐蚀。两者的区别是当电化学腐蚀发生时，金属表面存在隔离的阴极与阳极，有微小的电流存在于两极之间，单纯的化学腐蚀则不形成微电池。高温气体腐蚀(如高温氧化)属于化学腐蚀。

电化学腐蚀，指金属表面与离子导电的介质发生电化学反应而对金属产生的破坏。在反应过程中有电流产生，腐蚀金属表面上存在着阴极和阳极。阳极反应是金属原子失去电子而成为离子状态转移到介质中的反应，称为阳极氧化过程。阴极反应是介质中的去极化剂吸收来自阳极的电子的反应，称为阴极还原过程。这两个反应是相互独立又同时进行的，称之为一对共轭反应。由阴、阳极组成了短路电池，腐蚀过程中有电流产生。

硫黄回收装置根据设备操作介质腐蚀特性分为：高温硫腐蚀、湿硫化氢应力腐蚀、胺液+二氧化碳+硫化氢+水腐蚀、碱液应力腐蚀、液氨应力腐蚀、吸氧腐蚀、二氧化硫露点腐蚀等。

（一）高温硫腐蚀

硫黄装置高温硫腐蚀主要发生在制硫燃烧炉保温钉、掺合阀的金属阀芯，制硫余热锅炉管板、换热管管头、无衬里的后管箱至一级冷凝器前管箱（含过程气管线）。转化器、加氢反应器壳体及内构件等部位。高温硫腐蚀形态为 H_2S 气体对钢材的化学腐蚀，在氢的促进下可使 H_2S 加速对钢材的腐蚀。其腐蚀产物不像在无氢环境生成物那样致密、附着牢固，具有保护性。在富氢环境中，氢原子能不断侵入硫化物垢层中，造成垢层的疏松多孔，使金属原子和 H_2S 介质得以互相扩散渗透，因而使 H_2S 的腐蚀不断进行。

1. 高温硫腐蚀反应机理

$$Fe+S \longrightarrow FeS \tag{6-1}$$

$$Fe+H_2S \longrightarrow FeS+H_2 \tag{6-2}$$

当温度达到350~400℃时，硫化氢按下式分解：

$$H_2S \longrightarrow S+H_2 \tag{6-3}$$

分解出来的硫以及过程气中的单质硫比硫化氢具有更强的活性，腐蚀更加剧烈。温度达到480℃时 H_2S 分解完全，腐蚀率下降。

2. 高温硫腐蚀影响因素

1）温度：高温硫腐蚀的起始温度为240℃，温度越高，腐蚀越快。

2）浓度：H_2S 是所有活性硫中腐蚀性最大的，H_2S 浓度越高，腐蚀速率越大。

3）流速：流速越高，FeS 保护膜越容易被冲刷脱落，金属腐蚀就进一步加剧。

4）钢材中的合金元素：材料抵抗高温硫腐蚀的能力主要随钢中铬含量的增加而增加。铬是具有钝化倾向的元素。由于铬的存在，促进了钢材表面的钝化，因而减少了钢材对硫化氢的吸收量。

3. 高温硫腐蚀预防措施及材料选用

高温硫腐蚀主要通过材料优化选择和温度控制方式进行预防。应选择耐高温硫腐蚀性能较好的材料，如铬钼钢、不锈钢。控制高温硫腐蚀部位的温度，降低高温硫腐蚀的速率。处于高温硫（$t \geqslant 240$℃）腐蚀环境的材料，按容器的设计使用寿命确定腐蚀裕量，如腐蚀裕量超过6mm/a 时，应选用耐蚀性能更好的材料（不锈钢）。

（二）湿硫化氢腐蚀

容器接触的介质存在游离水（在液相中），且具备下列条件之一时称为湿 H_2S 腐蚀环境：游离水中溶解的 H_2S 浓度大于50 mg/L；游离水的 pH 值小于4.0，且溶有 H_2S；游离水中氰氢酸（HCN）含量大于20 mg/L 并溶有 H_2S；气相中的 H_2S 分压大于3kPa。

腐蚀形态分以下几种：

1）一般腐蚀：硫化氢对碳素钢及低合金钢存在化学腐蚀。

2）硫化氢应力腐蚀(SSC)：在有水和硫化氢共存的情况下，与腐蚀环境和拉应力〔残留的和(或)外加的〕有关的一种金属开裂。硫化氢产生的氢原子渗透到钢的内部，降低金属的韧性，增加裂纹敏感性，最终导致脆性断裂，通常发生在焊缝及热影响区的高硬度区域。

3）氢诱导开裂(HIC)：当氢原子扩散进入钢铁材料中，并在凹陷处结合成氢分子(氢气)时，在碳钢和低合金钢材中所引起金属内部分层或裂纹。裂纹是由于氢的聚集点压力增大而产生的。氢诱导开裂的产生不需要施加外部应力。能够引起HIC的聚集点常常在钢中杂质水平较高的地方，这是由于杂质偏析形成具有较高密度的平面型夹渣(或)异常显微组织(如带状组织)。这种类型的氢诱导开裂与焊接无关。

4）氢鼓包(HB)：发生在钢板表面或近表面的氢诱导开裂(HIC)常常表现为氢鼓包。

5）应力导向氢诱导开裂(SOHIC)等。与主应力(残余的或施加的)方向垂直的一些阶梯小裂纹，使已有的HIC裂纹连接起来形成像梯子样的一组裂纹(通常是细小的)。这种开裂可被归类为由外应力和氢致开裂及周围的局部应变引起的SSC。在碳钢和低合金钢容器的纵向焊接接头的母材、热影响区及高应力集中区，都曾观察到SOHIC。但SOHIC并不是一种常见的现象。

1. 湿硫化氢腐蚀反应机理

硫化氢在水溶液中发生离解：

$$H_2S \longrightarrow H^+ + HS^- \tag{6-4}$$

$$HS^- \longrightarrow H^+ + S^{2-} \tag{6-5}$$

钢在硫化氢的水溶液中发生电化学反应：

阳极反应：

$$Fe \longrightarrow Fe^{2+} + 2e \tag{6-6}$$

二次过程：

$$Fe^{2+} + S^{2-} \longrightarrow FeS \tag{6-7}$$

或

$$Fe^{2+} + HS^- \longrightarrow FeS + H^+ \tag{6-8}$$

阴极反应：

$$2H^+ + 2e \longrightarrow 2H \longrightarrow H_2\uparrow \tag{6-9}$$

2. 湿硫化氢腐蚀影响因素

1）材料因素：Mn在钢中形成MnS夹杂物是引起H_2S+H_2O腐蚀的主要因素。由于MnS为黏性的化合物，在钢材压延过程中呈条状夹杂，条状MnS的尖端即为渗入钢中的氢所聚集之处，而成为鼓泡、裂纹及开裂的起点，条状MnS夹杂多，产生应力开裂的机会就多；钢的化学成分如含Ni、Mn、P、S，则会引起湿硫化氢腐蚀；细小晶粒组织抗硫裂性能好；钢材强度(抗拉强度、屈服强度)越高(延伸率和收缩率越低)，产生硫化物应力腐蚀开裂的可能性越大。

2）环境因素：对同一钢材，硫化氢浓度越高，越容易产生硫化物应力开裂；pH越高开裂可能性越小，pH<4.0时最严重，pH在5~6时不易开裂，pH≥7时基本上不会发生开裂，但当存在氰化物时，pH>7情况下仍然会发生硫化物开裂；硫化氢应力腐蚀开裂必需有水分存在，或存在水蒸气结露的情况；在室温下开裂机率大，超过60℃时机率下降，超过150℃不存在湿硫化氢应力腐蚀开裂。

3）应力因素：冷加工产生的冷作硬化，使钢材硬度增加，残余应力变大，因此冷加工降低了抗硫化物应力开裂的能力；焊接产生的焊接残余应力通常接近材料的屈服极限，焊缝区域在熔合冷却及焊接热循环作用下发生组织变化及偏析，因此焊接接头对开裂的敏感性高于母材。硫化物应力开裂往往发生在焊接热影响区，特别是熔合线；应力开裂发生在拉应力和腐蚀介质共同作用的部位，更容易应力腐蚀开裂。

3. 湿硫化氢腐蚀预防措施

1）改进材料性能：降低钢中的有害元素如S、P含量；加Ca处理，使条状MnS变成在轧钢过程中易于破碎的球状(MnCa)S，从而控制Mn含量；增加不超过0.25%的铜，可以减少氢向钢中的扩散量；焊后热处理，降低焊接残余应力，使其硬度值控制在不超过HBW200。

2）材料选用：材料屈服强度R_{eL}≤355MPa，抗拉强度R_m≤630MPa；材料使用状态应至少为正火+回火、正火、退火；低碳钢和碳锰钢的碳当量C_E按板厚限制；进行焊后消除应力热处理；提高钢材抗氢诱导裂纹(HIC)能力(包括抗应力导向氢诱导裂纹SOHIC和氢鼓泡HB的能力)。

（三）溶剂循环系统腐蚀

1. 腐蚀部位及形态

1）腐蚀部位：再生系统的再生塔、塔底重沸器及贫富液换热器(富液操作温度>88℃)。

2）在碱性介质(pH值为8~10.5)下，由碳酸盐及胺引起的应力腐蚀开裂和均匀腐蚀，其腐蚀主要是吸收硫化氢及二氧化碳的胺盐，重新分解生成硫化氢和二氧化碳，形成湿硫化氢及二氧化碳的腐蚀。

2. 腐蚀机理

1）湿硫化氢腐蚀机理前文已述。

2）二氧化碳腐蚀：

$$Fe+2CO_2+2H_2O \longrightarrow Fe(HCO_3)_2+2H_2 \qquad (6-10)$$

$$Fe(HCO_3)_2 \longrightarrow FeCO_3\downarrow +CO_2+H_2O \qquad (6-11)$$

CO_2生成碳酸可直接腐蚀设备：

$$Fe+H_2CO_3 \longrightarrow FeCO_3\downarrow +H_2 \qquad (6-12)$$

3. 腐蚀影响因素

1）再生系统的腐蚀主要为二氧化碳腐蚀，二氧化碳有抑制硫化氢腐蚀的作用。

2）防止胺液污染，胺液储罐应采取惰性气体保护。

3）热稳定盐会造成设备的腐蚀。

4）固体物质(硫化铁、氧化铁)及热稳定盐对设备有冲蚀，破坏金属保护膜，加剧腐蚀。

4. 防腐措施及材料选用

1）严格控制工艺操作参数，控制热稳定盐浓度不高于2%。

2）在操作温度高于88℃以上选用碳素钢及低合金钢，应进行消除应力热处理，尽可能采用S32168或S31603材料。

3）再生塔塔底重沸器采用带蒸发空间的釜式重沸器结构，管束采用S32168或S31603材料；贫富液换热器，管束采用S32168或S31603材料。

（四）二氧化硫露点腐蚀

1. 腐蚀部位

尾气焚烧炉及后续设备(蒸汽过热器、尾气废热锅炉等)，装置停工吹扫降温阶段的过程气设备及管线。

2. 腐蚀机理

亚硫酸对金属材料的腐蚀行为表现在对氢的置换反应，从腐蚀学理论可解释为氢去极化腐蚀过程(亦称析氢腐蚀)，腐蚀反应如下：

$$2SO_2+O_2\longrightarrow 2SO_3 \quad (6-13)$$

$$SO_2+H_2O\longrightarrow H_2SO_3 \quad (6-14)$$

$$Fe+H_2SO_3\longrightarrow FeSO_3+H_2\uparrow \quad (6-15)$$

$$SO_3+H_2O\longrightarrow H_2SO_4 \quad (6-16)$$

$$Fe+H_2SO_4\longrightarrow FeSO_4+H_2\uparrow \quad (6-17)$$

3. 腐蚀影响因素

1）氧含量：控制氧含量，减少 SO_3生成。

2）浓度：SO_2浓度越高，露点温度越高，腐蚀越强。

3）温度：超过露点温度，腐蚀轻微，低于露点温度，腐蚀严重。

4. 防腐措施及材料选用

1）防腐措施：操作温度(或控制金属材料)保持在露点温度以上(一般露点温度以上20~50℃)，控制氧含量；装置停工做好设备保护，防止产生露点腐蚀；选择耐露点腐蚀材料。

2）材料选用：选择耐 SO_2露点腐蚀的金属材料；选择碳素钢、低合金钢、奥氏体不锈钢应控制在露点温度以上使用；腐蚀严重则用904L、SMO254、C-276等材料。

(五) 吸氧腐蚀

1. 腐蚀部位及形态

吸氧腐蚀多发生在废热锅炉及冷凝器等水侧。

腐蚀形态：碳钢在水中会构成氧的浓差电池而遭受吸氧腐蚀，腐蚀速度随水中氧含量的增加而加大。水处于流动状态和密闭系统内，水的温度升高会使钢材在水中的腐蚀加剧。

2. 腐蚀反应

碳钢在水中的腐蚀产物，初为氢氧化亚铁，次为氢氧化铁，最后被氧化为铁锈，腐蚀反应为：

$$Fe\longrightarrow Fe^{2+}+2e\ (\text{阳极}) \quad (6-18)$$

$$1/2O_2+H_2O+2e\longrightarrow 2OH^-(\text{阴极}) \quad (6-19)$$

$$Fe^{2+}+2OH^-\longrightarrow 2Fe(OH)_2 \quad (6-20)$$

$$Fe(OH)_2+O_2+2H_2O\longrightarrow 4Fe(OH)_3 \quad (6-21)$$

$Fe(OH)_2$与 $Fe(OH)_3$虽然溶解度很小，但由于受水中离子的影响，这些腐蚀产物不能形成保护膜，疏松地覆盖在钢铁表面上，最后在水、氧的共同作用下，生成铁锈，造成阳极区孔蚀，直至穿孔破坏。

3. 腐蚀影响因素

1）氧含量：氧含量越高，腐蚀越严重。

2）温度：温度越高，腐蚀越严重。

4. 防腐措施及材料选用

1）防腐措施：投用除氧设施，控制水中氧含量；适当提高除氧水的温度。

2）材料选用：选用耐腐蚀材料(如不锈钢)；采用碳素钢或低合金钢时，提高材料的质量。

(六) 碱液应力腐蚀

1. 腐蚀部位及形态

碱液应力腐蚀多发生在碱液储罐、钠法脱硫部分。

腐蚀形态：碳钢在 NaOH 溶液中钝化而形成表面钝化膜，钝化膜容易产生破口，在破口处 NaOH 溶液对钢产生腐蚀。

2. 腐蚀反应

$$Fe+4OH^{-}\longrightarrow FeO_2^{2-}+2H_2O+2e \tag{6-22}$$

$$FeO_2^{2-}+4H_2O\longrightarrow Fe_3O_4+6OH^{-}+H_2 \tag{6-23}$$

产生的氢原子渗透到钢材内部引起脆化，简称碱脆，从而导致裂纹扩展、破裂。

3. 腐蚀影响因素

1）碱液浓度：NaOH 溶液浓度<5%时，无腐蚀，但应排除浓缩死区。

2）温度：低于 46℃，在 NaOH 溶液各种浓度下，均可用碳钢，且不进行热处理(有伴热器壁焊缝的除外)。

4. 防腐措施及材料选用

1）防腐措施：采用非金属衬里或玻璃钢设备。

2）材料选用：在 NaOH 溶液浓度<5%时，可选用碳钢。

二、硫黄装置防腐蚀操作

(一) 装置生产指标控制

1. 装置原料控制

严格按照装置设计值控制加工原料的性质，保证加工原料性质在装置设计值范围之内，酸性气烃含量按≤3%(质)控制。本装置酸性气烃含量小于 0.1%(质)。

2. 制硫单元指标控制

制硫单元设置 H_2S/SO_2 在线比值分析仪，根据其比值实时调节反应炉配风，防止出现过量配风燃烧；控制反应炉外壁温度大于 150℃，避免露点腐蚀；废热锅炉过程气出口气流温度宜限制在 350℃以下，防止废热锅炉出口管箱及出口管线遭受高温硫化腐蚀；当硫冷凝冷却器管束选用碳钢时，管壁温宜控制在 350℃ 以下；系统相关设备和管线改善内外保温隔热结构，维持金属壁温，避免露点腐蚀。经过现场检测，标定工况本装置反应炉外壁温度在 180~250℃，废热锅炉出口温度为 280℃。

3. 液硫脱气单元指标控制

加强液硫脱气管理，保证脱气后液硫中硫化氢小于 20mg/L，防止硫化氢腐蚀生成硫铁化合物产生自燃。本装置液硫硫化氢为 4mg/L。

4. 尾气处理单元指标控制

根据操作工况，定期清理急冷水过滤器，控制急冷水 pH 值在 7~9；避免焚烧炉炉膛温度突升突降，控制排烟温度，确保废热锅炉管壁温度高于烟气露点温度 5℃。本装置急冷水 pH 控制在 8~9，如果 pH 低于 8，则安排少量注氨水；根据 4.2.14，装置烟气露点为 51.36℃，实际检测烟道管线外壁温度为 130℃。

5. 溶剂循环系统指标控制

装置溶剂循环系统贫胺液流速不宜超过 6m/s，富胺液在管道内的流速应不高于1.5m/s，在换热器管程中的流速过不宜超过 0.9m/s，富液进再生塔流速不宜超过 1.2m/s；再生塔塔顶酸性水系统碳钢管线控制流速不宜超过 5m/s，奥氏体不锈钢管线控制流速不宜超过 15m/s；吸收塔操作温度小于 50℃，再生塔重沸器蒸汽温度不宜超过 149℃。经过计算，本装置富液管线流速设计工况为 1.48m/s，标定操作工况为 0.675m/s，其他流量也均符合上述要求；吸收塔操作温度为35℃，再生塔重沸器气相返塔温度为117.2℃。

6. 再生塔塔顶酸性水分析

溶剂再生塔为装置重点防腐监控点，日常安排塔顶回流酸性水常规分析，具体控制指标及分析数据如表6-1所示。

表6-1 再生塔顶回流酸性水控制指标

采样点	项目	指标	实际值	采样点	项目	指标	实际值
V8106出口回流酸性水	pH值	—	6.12	V8106出口回流酸性水	氯离子/(mg/L)	—	2.5
V8106出口回流酸性水	总铁/(mg/L)	≤3	0.8				

根据总部指导性意见，溶剂再生塔塔顶酸性水控制指标为总铁含量，本装置分析指标远低于指标值。

7. 装置设置腐蚀监测系统

有条件的装置，建议增设腐蚀监测系统，腐蚀监测方式包括在线监测仪（在线pH计、高温电感或电阻探针、低温电感或电阻探针等），定期化学分析、定点测厚、腐蚀挂片、红外热测试、烟气露点测试等。

（二）装置开停工保护

装置停工时吹扫介质中不能含有H_2S、SO_2、SO_3等腐蚀性组分，且高温过氧时间应尽可能短。保证装置停工后，设备和管线内部不应存在任何酸性介质（残硫、过程气）。对于任何不需要打开检查的设备和管线应充满氮气保护密封，防止系统中的湿气冷凝，保持温度在系统压力所对应的露点温度以上。检查或检修设备，应先用氮气吹扫设备，清除酸性介质和腐蚀产物。对于废热锅炉炉管、硫冷凝冷却器内存在硫化亚铁腐蚀产物，需要按照相关标准进行处理，防止硫化亚铁自燃。装置开工时，废热锅炉和硫冷器壳体通加热蒸气，防止设备升温时局部过冷，生成凝结水造成腐蚀。同时开停工过程应遵循“先升温 、后升压，先降压、后降温”的原则。

三、装置典型部位腐蚀判断及分析

（一）装置硫冷凝器泄漏的判断、原因分析及处理

1. 判断方式

硫冷凝器上水量和发汽量差值增加，或者同等工况上水阀位开度增加，严重泄漏时硫冷凝器液位无法控制；相应过程气出口温度开始逐渐下降，低于该硫冷凝器产生的蒸汽温度，甚至低于100℃；相应硫冷凝器外排液硫流量减小，或出现外排液硫夹杂固体硫黄颗粒，甚至断流，同时反应炉炉头压力上升；拆开硫封顶盖，打开液硫球阀，硫封顶部有水汽喷出；相应的硫冷凝器后过尾气加热器蒸汽耗量（在线炉为瓦斯耗量）较同等负荷增加，后部反应器温升较同等负荷降低；加氢反应器入口加热器蒸汽耗量（在线炉为瓦斯耗量）较同等负荷增加，反应器温升同等负荷降低，急冷水外送流量较正常增加，急冷塔塔顶温度较同等工况升高；装置烟气二氧化硫排放浓度增加。

2. 原因分析

硫冷凝器管板受低温露点腐蚀影响，导致管板及焊缝腐蚀泄漏，换热管与管板焊接接头开裂，壳层水向管程侧渗漏。露点腐蚀主要发生在装置开工升温阶段，或者前面换热设备泄

漏引起后续设备出现露点腐蚀，主要在硫冷凝器下部管束；硫冷凝器管板受高温硫腐蚀和应力腐蚀影响，导致管板和管束连接处腐蚀泄漏，主要发生在一级硫冷器。如果是应力腐蚀，一般发生在中部管束；硫冷凝器液位控制不好，导致上部管束没有浸没在除氧水液面以下，产生高温硫腐蚀，一般腐蚀点在最上部管束；有接受中压蒸汽凝结水的硫冷凝器，如凝结水入口在上部管束，且没有凝结水入口分布管，中压凝结水汽化，容易对换热管局部造成强烈的冲蚀甚至穿孔；硫冷凝器除氧水入口管线布置不合理，除氧水直接冲刷管束，除氧水入口附近也可能产生管束冲刷腐蚀；硫冷凝器给水没有水质控制，容易导致管束结垢、炉水 pH 低于 8 等工况，容易产生垢下腐蚀和化学腐蚀。设备制造存在质量问题，由于个别管头的焊接缺陷(如气孔等)，在正常操作状态下，由于疲劳造成气孔开裂或裂纹扩展，导致管头泄漏，在腐蚀介质的露点下，对周围的管头造成腐蚀，不断循环，导致腐蚀加剧，引起大面积腐蚀泄漏。

3. 腐蚀机理

高温硫腐蚀：酸性气体在克劳斯炉内燃烧后，过程气有 H_2S、COS、CS_2、SO_2以及气态硫和水蒸气等组分，高温硫腐蚀主要是硫在 350℃以上时可以直接和普通碳钢反应生成硫化亚铁。反应式如下：

$$Fe+S \longrightarrow FeS \tag{6-24}$$

建议进硫冷凝器的过程气温度低于 350℃，对废热锅炉后部管箱及硫冷凝器前管箱增加衬里或在硫冷凝器进口管板处涂刷高温耐酸涂料，选择耐高温硫腐蚀较好的铬钼钢材质，从而防止温度过高后 S 直接与 Fe 接触。

低温露点腐蚀：露点腐蚀主要为 SO_2露点腐蚀，发生在温度低于露点的腐蚀部位，主要在硫冷凝器出口部位，因此，要避免硫冷凝器过程气出口温度低于水液化温度，特别在停工阶段和停工后再次开工阶段，用瓦斯除硫和升温期间，更应避免低温期间 SO_2露点腐蚀。

壳程冲刷腐蚀：设有中压蒸汽凝结水进入硫冷凝器产蒸汽的装置，建议从硫冷凝器的壳程顶部进入气相空间，避免从液相直接进入到硫冷凝器，导致外侧管束冲刷和两相腐蚀，同时最好设置防冲板。

4. 处理措施

少量泄漏应急处置：降低硫冷凝器液位，进行泄漏测试，如果为上部管束泄漏引起，则随着液位降低至泄漏点以下，除氧水泄漏量减少，如果该硫冷凝器出口过程气温度能够提高到 130℃以上，则装置生产工况逐步好转且能够维持生产；如果泄漏管束在下部，可以排空相应硫冷凝器，并加 0. 35MPa 蒸汽保护，消除除氧水泄漏，维持装置生产，但装置负荷会下降，且制硫单元硫黄收率会下降。

大量泄漏处置：装置停工进行管束堵漏，或者安排更换设备，管束堵漏后，会导致装置处理能力下降。

5. 预防措施

1）做好设备定期监测和日常设备维护等，严格控制炉水质量，做好工艺防腐工作。

2）在设备选型和材质选择时，工艺提供准确的工艺参数作为参考。

3）维持硫冷器液位、给水等仪表正常运行，如发生异常，工艺人员判断问题原因，设备人员进行维护。

4）工艺现场调整时，尤其是工况或者介质发生变化时，要注意管线和设备的运行参数，必要时制定应对方案。

（二）装置废热锅炉泄漏的判断、原因分析及处理

1. 判断方式

废热锅炉上水量和发汽量差值增加，严重泄漏时废热锅炉液位无法控制；反应炉废热锅炉出口过程气温度逐渐下降，甚至低于锅炉所产饱和蒸气温度；一级硫冷凝器出口过程气温度下降，外排液硫流量减小，或出现外排液硫夹杂固体硫黄颗粒，甚至断流；拆开一级硫封顶盖，打开液硫球阀，硫封顶部有水汽喷出；各反应器入口加热器蒸汽耗量(在线炉为瓦斯耗量)较同等负荷增加，后部反应器温升较同等负荷降低；加氢反应器入口加热器蒸汽耗量(在线炉为瓦斯耗量)较同等负荷增加，反应器温升较同等负荷降低，急冷水外送流量较同等负荷增加，急冷塔塔顶温度较同等负荷升高；装置烟气二氧化硫排放浓度增加；反应炉炉头压力上升；焚烧炉锅炉泄漏，烟气如果直接排放至烟囱，装置烟气排放出现冒白烟的情况。

2. 原因分析

1）前管板高温硫腐蚀：比如高温热冲击导致炉膛耐火砖部分脱落、浇筑衬里开裂，含硫过程气直接接触管板，导致管板发生高温硫腐蚀；衬里铆钉材质选择错误，比如材质为025CrNi20的铆钉在高温过程气作用下熔化，衬里脱落，并导致管板上部分环形焊缝熔化，一般泄漏点发生在前管板。

2）锅炉水质差：炉水pH、磷酸根浓度不符合指标要求，锅炉定期排污和连续排污没有按规范执行，容易导致管束结垢，因为过程气中不可避免的有SO_2、SO_3、H_2S、C_2S、水蒸气、硫蒸气等，此类物质在含碳、含硫污垢下集聚，极易形成局部强酸从而腐蚀换热管束，一般发生在锅炉下部管束。

3）应力腐蚀：装置负荷波动过大、反应炉炉膛超温等工况，导致锅炉管束集中产生应力腐蚀；酸性气带烃、瓦斯组分波动等工况，导致反应炉组分燃烧不完全，产生碳黑造成锅炉管束内部结垢甚至管束堵塞，导致换热不均出现应力集中，一般应力腐蚀发生在锅炉中部管束。

4）锅炉管束泄漏产生的凝结水在管束底部积聚，与过程气中的SO_2结合生成亚硫酸，使得底部换热管管口处泄露，加剧下部管束管口腐蚀。

5）设备制造质量问题，比如锅炉管束与管板焊接不到位，使用中因为应力产生腐蚀开裂。

6）不带汽包锅炉，液位未按指标控制，锅炉上部管束没有浸没在炉水中，导致管束高温硫腐蚀。

3. 生产控制措施

1）平稳装置生产，控制原料稳定，避免酸性气大幅度波动和锅炉给水流量大幅度波动。

2）控制好锅炉水水质，锅炉加药平稳操作，锅炉定期排污量控制为稳定除氧水流量工况下锅炉液位的2%；连排控制流量为锅炉上水量的5%，且一般不小于0.5t/h。3.5MPa锅炉炉水pH值按8~12控制，磷酸根浓度按5~15mg/L控制。

3）严格进行锅炉质量验收和后期管板衬里制作。

4）不带汽包锅炉，合理设置液位计引线位置，确保锅炉管束浸没在炉水液位以下。

5）装置改造，比如进行富氧改造，必须对整个反应炉系统进行重新核算，更换富氧燃烧器，改善热量分布，消除隐患，决不可因眼前利益，影响装置长周期运行。

4. 泄漏处理措施

1）锅炉泄漏量较小情况，可以通过降低锅炉产汽压力，短期维持装置运行。

2）焚烧炉废热锅炉管束泄漏，如果锅炉前面有蒸汽过热器，可以通过降低蒸汽压力等级和过热后蒸汽温度，从而降低锅炉入口烟气温度，锅炉引低压蒸汽保护，短期维持生产。

3）锅炉泄漏量较大时，会影响后续正常生产，必须停工堵漏或更换锅炉。

第七部分　动设备处理能力分析计算

一、急冷水泵处理能力分析计算

装置急冷水泵是单级悬臂式离心泵，根据急冷塔计算内容，标定工况下，装置急冷水泵流量为 305.1×10^3kg/h、急冷水密度为 991.65kg/m^3。查询设备资料，急冷水泵 P8101A/B 相关数据见表 7-1。

表 7-1　装置急冷水泵参数表

项目	单位	参数	项目	单位	参数
设计流量 Q	m^3/h	436	轴功率	kW	90.3
设计扬程 H	m	60	电机功率 N	kW	110
泵效率 η	%	77			

（一）泵效率核算

已知 $P_a=90.3$kW，$H=60$m，密度 $\rho=975.5$kg/m^3（设计值），泵的额定流量单位换算：$Q=436m^3/h=436/3600=0.121m^3/s$

根据公式：

$$\eta = HQ\rho/102\,P_a \quad (7-1)$$

$$\eta = 60\times0.121\times975.5/102/90.3=76.96\%$$

计算数值 76.96%与设计泵效率 77%基本一致。

（二）电机设计功率 P 核算

电机设计功率 P 可通过公式(7-2)计算：

$$P = K\frac{P_a}{\eta_t} \quad (7-2)$$

已知 $P_a=90.3$kW，K 取 110%，机泵采用联轴器连接，属直联传动，η_t 取 1.0，则电机功率 $P=1.1\times90.3=99.33\text{kW}<110\text{kW}$

说明根据计算公式所得的电机设计功率要小于设计给定的电机功率，电机功率裕度较大。

（三）实际泵效率计算

已知 $Q=305.1t/h=307.67m^3/h=0.0855m^3/s$，泵的实际扬程查询泵的性能曲线图 7-1，查得 $H=72$m，则根据公式(7-3)计算实际有效功率：

$$P_u = HQ\rho g/1000 \quad (7-3)$$

$$P_u = 72\times0.0855\times991.65\times9.81/1000=59.886\text{kW}$$

则效率 $\eta'=P_u/P_a=59.886/90.3=66.32\%$，与通过性能曲线查得的效率 74%存在差距，

说明标定工况下泵负荷较低。

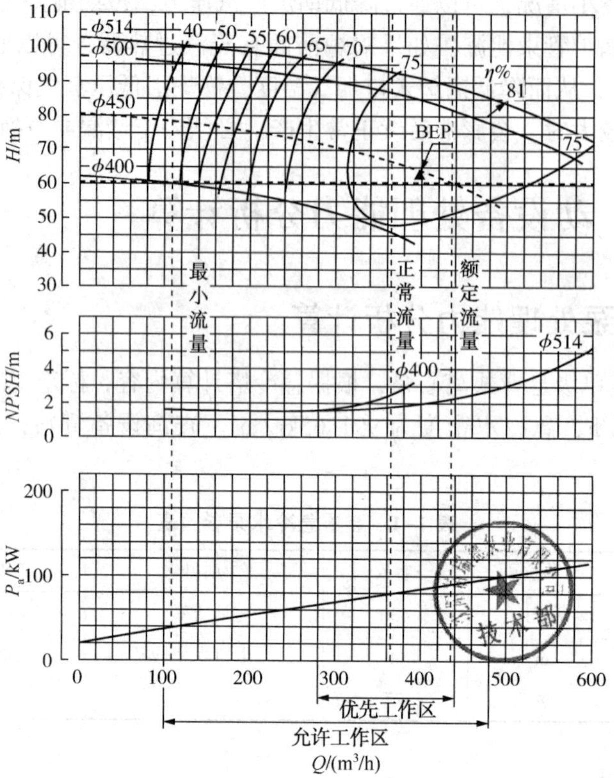

图 7-1　急冷水泵性能曲线图

二、富液泵处理能力分析计算

装置富液泵是单级悬臂式离心泵，根据吸收塔计算内容，标定工况下，装置富液泵流量为 115×10^3kg/h、富液密度为 1025kg/m^3。查询设备资料，贫液泵 P8102A/B 相关数据见表 7-2。

表 7-2　装置富液泵参数表

项目	单位	参数	项目	单位	参数
设计流量 Q	m^3/h	237	轴功率	kW	64.7
设计扬程 H	m	70	电机功率 N	kW	75
泵效率 η	%	72			

（一）泵效率核算

已知 $P_a=64.7$kW，$H=70$m，密度 $\rho=1031$kg/m^3（设计值），泵的额定流量单位换算：$Q=237\text{m}^3/\text{h}=237/3600=0.06583\text{m}^3/\text{s}$

根据公式(7-1)　　$\eta=70\times0.06583\times1031/102/64.7=71.99\%$

与设计值基本一致。

（二）电机设计功率 P 核算

电机设计功率 P 可通过公式(7-2)计算：

已知 P_a=64.7kW，K 取 110%，机泵采用联轴器连接，属直联传动，η_t取 1.0，则电机功率 P=1.1×64.7=71.17kW<75kW

说明根据计算公式所得的电机设计功率要小于设计给定的电机功率，电机功率仍有裕度。

（三）实际泵效率计算

已知 Q=115t/h=112.2m^3/h=0.0312m^3/s，泵的实际扬程查询泵的性能曲线图 7-2，查得 H=78m，则根据公式(7-3)计算实际有效功率：

P_u =78×0.0312×1025×9.81/1000=24.44kW

则效率 η' = P_u/ P_a =24.44/64.7=37.78%，与性能曲线查得的效率 58%相差较大，分析原因主要是标定工况下泵负荷较低。

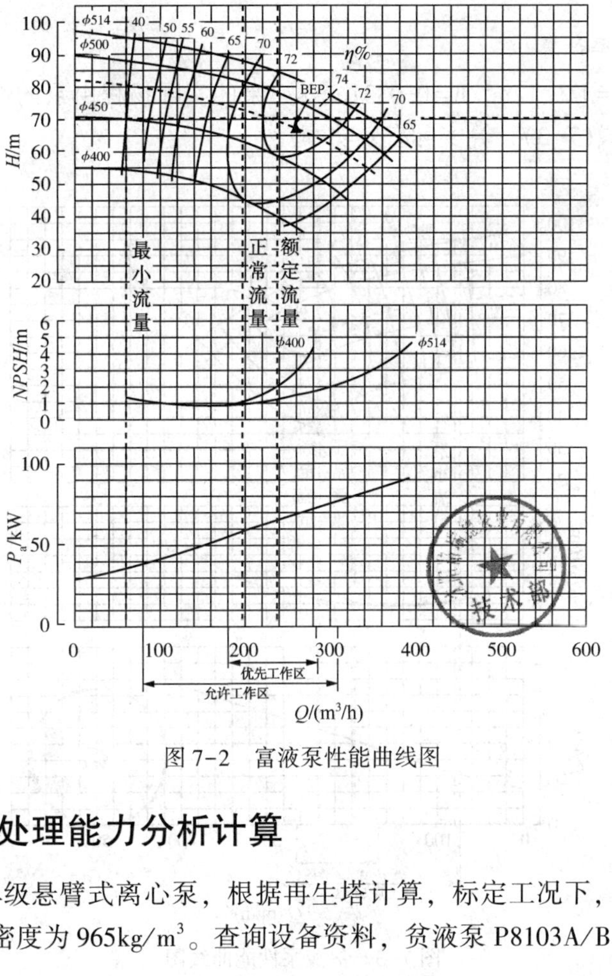

图 7-2　富液泵性能曲线图

三、贫液泵处理能力分析计算

装置贫液泵是单级悬臂式离心泵，根据再生塔计算，标定工况下，装置富液泵流量为 115×10^{3}kg/h、富液密度为 965kg/m^3。查询设备资料，贫液泵 P8103A/B 相关数据见表 7-3。

表 7-3　装置富液泵参数表

项目	单位	参数	项目	单位	参数
设计流量 Q	m^3/h	238	轴功率	kW	59.2
设计扬程 H	m	65	电机功率 N	kW	75
泵效率 η	%	72			

（一）泵效率核算

已知 $P_a = 59.2kW$，$H = 65m$，密度 $\rho = 1011kg/m^3$（设计值），泵的额定流量单位换算：$Q = 238m^3/h = 238/3600 = 0.06611m^3/s$

根据公式(7-1) $\eta = 65 \times 0.06611 \times 1011/102/59.2 = 71.95\%$

与设计值基本一致。

（二）电机设计功率 P 核算

电机设计功率 P 可通过公式(7-2)计算：

已知 $P_a = 59.2kW$，K 取 115%，机泵采用联轴器连接，属直联传动，η_t 取 1.0，则电机功率 $P = 1.15 \times 59.2 = 68.08kW < 75kW$

说明根据计算公式所得的电机设计功率要小于设计给定的电机功率，电机功率仍有裕度。

（三）实际泵效率计算

已知 $Q = 115t/h = 119.17m^3/h = 0.0331m^3/s$，泵的实际扬程由泵的性能曲线图 7-3 查得 $H = 75m$，则根据公式(7-3)计算实际有效功率：

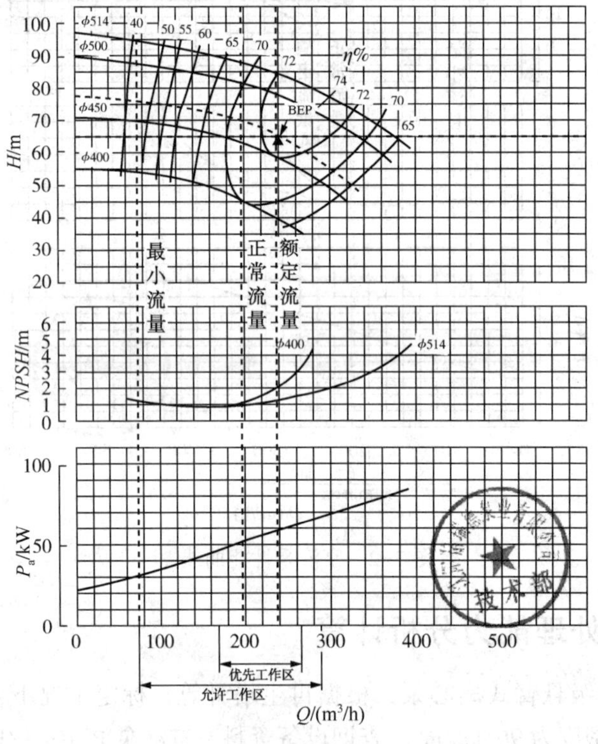

图 7-3　贫液泵性能曲线图

$$P_u = HQ\rho g/1000 \tag{7-3}$$

$$P_u = 75 \times 0.0331 \times 965 \times 9.81/1000 = 23.50kW$$

则效率 $\eta' = P_u/P_a = 23.50/59.2 = 39.70\%$，与通过性能曲线查得的效率 57%相差较大，分析原因主要是标定工况下泵负荷较低。

四、装置主风机处理能力分析计算

风机是硫黄装置的核心设备，近几年来在炼油厂分级管理中归为 B 类设备，重要性大大提高。硫黄装置常用风机主要是离心式风机，通常根据各装置资源分为电机驱动和蒸汽驱动。本装置主风机为电机驱动单级高速离心鼓风机，查询设备资料，装置主风机相关设计参数如表 7-4 所示。

表 7-4　主风机参数表

名称	单位	参数	名称	单位	参数
进口流量 Q	kg/h	66576	电机电压	V	6000
入口风压 P	kPa	101	风机出口管径	mm	800
入口温度	℃	40.6	$\cos\varphi$		0.89
出口风压 P	kPa	156	主轴转速	r/min	8466
电机功率 N	kW	800			

（一）主风机实际功率及效率计算

查询相关资料，装置标定时环境温度为 35℃，查表得空气密度为：1.12kg/m^3

根据伯努利方程：

$$P_t=\rho g(Z_2-Z_1)+(P_2-P_1)+\frac{\rho(u_2^2-u_1^2)}{2}+\sum h_f \tag{7-4}$$

式中，$Z_2=Z_1$；气体直接由大气进入风机，故 $u_1=0$，再忽略入口到出口的管道能量损失 $\sum h_f$。

则公式(7-4)简化为：

$$P_t=(P_2-P_1)+\frac{\rho u_2^2}{2} \tag{7-5}$$

根据表 7-4 及标定工况，空气密度 $\rho=1.12\text{kg/m}^3$，风机入口压力为 101kPa，入口温度为 35℃，风机出口压力为 136kPa，风机出口温度为 75℃，主风机入口流量为 50000kg/h，电机电压为 6000V，电流为 61A。

根据风机空气流量可求得主风机出口空气流速：

进出口空气体积比：$V_{进}/V_{出}=T_{进}P_{出}/\ T_{出}P_{进}=308\times136/448\times101=0.9257$

$u_2=50000\div1.12\div0.9527\div(3.14\times0.4^2)\div3600=26.66\text{m/s}$

$P_t=35\times10^3+1.12\times25.91^2\div2=35398.1\text{Pa}$

根据风机运行功率公式：　$N_e=Q_{体}P_t$　(7-6)

$N_e=Q_{质}/(\rho\times3600)\times P_t=50000/(1.12\times3600)\times35375.9=438689\ \text{W}=439.0\text{kW}$

标定工况，主风机电机电流 75A，根据公式 $P=1.732IU\cos\varphi$

则电机功率 $P=1.732IU\cos\varphi=1.732\times75\times6000\times0.89=693.7\text{kW}$

则主风机总效率（含轴功率和电机效率）为：

$\eta=439.0/693.7\times100\%=63.28\ \%$。

假定风机电机效率为 90%，则运行工况主风机效率：

$\eta_P = 63.28\%/90\% = 70.32\%$

根据主风机标定工况的总效率，如果风机电机按额定功率运行，则主风机功率为：$N_1 = \eta N = 63.28\% \times 800 = 506.2$kW

则按此功率运行，标定同等温度、压力工况下的风量为：

$Q_1 = 50000/439.0 \times 506.2 = 57654$kg/h

该流量仍在风机额定流量范围内。

（二）主风机电耗影响因素分析

主风机是硫黄装置主要的耗电设备，主风机电耗的影响因素除风机本身的性能特性外，还与风机入口流量、风机出口压力相关，因此，降低主风机运行能耗，必须从风机入口流量和出口压力两个方面考虑。

1. 风机入口流量对电耗影响

根据风机运行功率公式(7-6)：$N_e = Q_体 P_t$，可知风机运行功率与风机入口流量呈正比关系。当前装置运行期间，为确保装置主风机出口流量及压力稳定，风机出口放空阀未全关，根据装置各炉子风量，可初步计算标定工况下，主风机放空风量在10000kg/h，如果放空阀全关，则风机运行功率将下降到$N_e = 349$kW，在风机同等效率情况下，电机功率下降到647.2kW，每小时节电达46.2kW·h。

2. 风机出口压力对电耗影响

主风机出口压力必须满足硫黄装置系统压降要求，装置系统压力低，意味着主风机出口压力可以降低，实现节能操作。本装置标定期间，装置系统压降在20kPa以下，处于较低水平，因此主风机出口压力只控制在136kPa，假设装置系统压差高，引起主风机出口压力上升10kPa，即主风机出口压力为145kPa，其他工况假设不变，则主风机电耗计算情况如下：

$$P_t = (146-101)\times 10^3 + 1.12\times 24.83^2 \div 2 = 45345.4\text{Pa}$$

$$N_e = 562.3\text{kW}$$

则电机功率$P = 739.9$kW

电耗增加46kW。

（三）主风机特性曲线换算

风机特性曲线是风机在制造条件下测试得到的性能曲线转换到风机使用条件下的性能曲线，主要考虑使用环境变化、风机转速变化(是否变频)等因素。根据《压缩机与驱动机选用手册》P29的介绍，离心风机性能曲线基本换算公式为：

1. 基本换算公式

$$Q = \left(\frac{n}{n_0}\right) \times Q^0 \tag{7-7}$$

$$G = \frac{n}{n_0} \times \frac{T^0}{T} \times \frac{P}{P^0} \times G^0 \tag{7-8}$$

$$N = \frac{T^0}{T} \times \frac{P}{P^0} \times \left(\frac{n}{n_0}\right)^3 \times N^0 \tag{7-9}$$

$$\varepsilon = \left[\frac{P^0\, m^0(m-1)\rho}{pm(m^0-1)\,\rho^0} \times \left(\frac{n}{n_0}\right)^2 \times \left(\varepsilon^{0\frac{m^0-1}{m^0}} - 1\right) + 1\right]^{\frac{m}{m-1}} \tag{7-10}$$

上述各公式中，凡带有上标“0”的，均为原始工况的数值，不带上标“0”的是改变了工况后换算所得的数值，当只有一个参数变化时，上述各式可以简化为以下各种特殊情况。

2. 只改变进气温度

进气温度改变，即改变了气体的进气密度，上述公式可以简化成：

$$Q = Q^0 \tag{7-11}$$

$$G = \frac{T^0}{T} \times G^0 \tag{7-12}$$

$$N = \frac{T^0}{T} \times N^0 \tag{7-13}$$

$$\varepsilon = \left[\frac{T^0}{T} \times (\varepsilon^{0\frac{m^0-1}{m^0}} - 1) + 1\right]^{\frac{m^0}{m^0-1}} \tag{7-14}$$

3. 只改变进气压力

进气压力改变，也改变了气体的进气密度，上述公式可以简化成：

$$Q = Q^0 \tag{7-11}$$

$$G = \frac{P}{P^0} \times G^0 \tag{7-15}$$

$$N = \frac{P}{P^0} \times N^0 \tag{7-16}$$

$$\varepsilon = \varepsilon^0 \tag{7-17}$$

4. 只改变转速

进气压力改变，也改变了气体的进气密度，上述公式可以简化成：

$$Q = \left(\frac{n}{n_0}\right) \times Q^0 \tag{7-7}$$

$$G = \frac{n}{n_0} \times G^0 \tag{7-18}$$

$$N = \left(\frac{n}{n_0}\right)^3 \times N^0 \tag{7-19}$$

$$\varepsilon = \left[\left(\frac{n}{n_0}\right)^2 \times (\varepsilon^{0\frac{m^0-1}{m^0}} - 1) + 1\right]^{\frac{m}{m-1}} \tag{7-20}$$

5. 只改变气体分子量

一般来说，气体分子量的改变常伴随着绝热指数的变化，如果绝热指数不变，上述公式可以简化成：

$$Q = Q^0 \tag{7-11}$$

$$G = \frac{M}{M_0} \times G^0 \tag{7-21}$$

$$N = \frac{M}{M_0} \times N^0 \tag{7-22}$$

$$\varepsilon = \left[\frac{M}{M_0} \times (\varepsilon^{0\frac{m^0-1}{m^0}} - 1) + 1\right]^{\frac{m^0}{m^0-1}} \tag{7-23}$$

6. 只改变绝热指数

一般来说，气体绝热指数的改变常伴随着气体相对密度的变化，如果相对密度不变，上述公式可以简化成：

$$Q = Q^0 \tag{7-11}$$

$$G = G^0 \tag{7-24}$$

$$N = N^0 \tag{7-25}$$

$$\varepsilon = \left[\frac{k^0(k-1)}{k(k^0-1)} \times (\varepsilon^{0\frac{m^0-1}{m^0}} - 1) + 1\right]^{\frac{m}{m-1}} \tag{7-26}$$

7. 改变气体的相对密度和绝热指数

如果只改变气体的相对密度和绝热指数，而进气温度、压力和压缩机转速均不变，上述公式可以简化成：

$$Q = Q^0 \tag{7-11}$$

$$G = \frac{\rho}{\rho^0} \times G^0 \tag{7-27}$$

$$N = \frac{\rho}{\rho^0} \times N^0 \tag{7-28}$$

$$\varepsilon = \left[\frac{m^0(m-1)\rho}{m(m^0-1)\rho^0} \times (\varepsilon^{0\frac{m^0-1}{m^0}} - 1) + 1\right]^{\frac{m}{m-1}} \tag{7-29}$$

8. 气体性质和转速改变，进气温度和压力不变

$$Q = \left(\frac{n}{n_0}\right) \times Q^0 \tag{7-7}$$

$$G = \frac{n}{n_0} \times \frac{M}{M_0} \times G^0 \tag{7-30}$$

$$N = \left(\frac{n}{n_0}\right)^3 \times \frac{M}{M_0} \times N^0 \tag{7-31}$$

$$\varepsilon = \left[\left(\frac{n}{n_0}\right)^2 \times \frac{m^0(m-1)M}{m(m^0-1)M^0} \times (\varepsilon^{0\frac{m^0-1}{m^0}} - 1) + 1\right]^{\frac{m}{m-1}} \tag{7-32}$$

第八部分　动设备使用与维护

一、风机的使用与维护

（一）风机的启动

1. 不带油泵风机启动

此类风机多为轴承结构，以润滑脂或润滑油对轴承进行润滑。首先按风机转向盘车，检查是否轻快均匀。检查风机润滑油液位或油杯润滑脂是否合格。检查冷却水是否投用正常。检查风机温度计、测振仪等附件是否指示正常。关闭风机入口阀和出口阀，打开放空阀。启动电机，风机运行稳定后投入使用。

2. 带辅助油泵风机启动

此类风机主要是轴瓦需要辅助油泵提供润滑油。首先，启动辅助油泵，20 分钟后检查油位、油温、油压正常，按风机转向盘车，检查是否轻快均匀。检查风机润滑油液位或油杯

润滑脂是否合格。检查冷却水是否投用正常。检查风机温度计、测振仪等附件是否指示正常。关闭风机入口阀和出口阀，打开放空阀。启动电机，风机运行稳定后投入使用。

（二）风机的巡检检查内容

机组在运行中应定期检查各连接部位是否紧固，机组和轴承振动是否超标，机组声音是否正常，轴承温升是否稳定。电机温升、振动、噪声是否正常，电机电流变化情况是否正常。若超过标准应及时切换风机进行维修。

（三）轴承式风机的常见问题及处理

1. 风机杂音大

风机杂音主要是其他配件有缺陷引起的共鸣，正常情况下转子和迷宫密封不会损坏，风机本身杂音大常见原因是转子动平衡出现问题（转子沉积杂质或异常磨损），需解体对转子做动平衡，进行检查处理后回装试运。

2. 振动超标

主要是电机或风机轴承受损或达到使用寿命，电机和风机不同心，风机超负荷运行，在喘振区附近运行。

3. 风机喘振

风机喘振主要发生在刚启动或风机并入运行过程，表现为一秒一次有规律的相似于人急促喘息式整机振动，具有极大的破坏力，若长期喘振会导致机组报废。当出现喘振时，应迅速开大出口阀门，使机组快速脱离喘振区。当出口阀门开启最大，喘振仍存在时，其原因可能是系统阻力太大，使风机运行在喘振区，需及时调整系统压力。

（四）轴瓦式风机的常见问题及处理

1. 油压低

辅助油泵启动后油压低，可能是长时间停运后调节油压阀门动作不灵敏，需联系维修人员检修。若调节达不到要求，说明调节阀门损坏，需及时更换。若调整到位可启动风机，持续观察主油泵运行情况，若达到风机运行要求可转入带负荷运行模式，若低于运行要求需重新整定调节阀，直到符合风机联锁规定范围要求。

2. 轴瓦损坏

轴瓦损坏的主要原因是润滑不畅。一是启动前油压、油位不足；二是运行过程中主油泵故障时辅油泵未及时启动；三是停机时辅油泵没有及时启动。特别是第三种情况经常发生，需要操作人员在切换风机时要确认辅助油泵启动后再做其他工作。

3. 油温高

油温正常情况随气温变化上下波动，若油温一直缓慢上升，说明油冷器缓慢堵塞或结垢，应及时对其进行反冲洗，效果不明显需拆清处理。若是瞬间上升后回到正常，说明测量温度计可能故障，应及时联系仪表检查确认。

二、泵的使用与维护

（一）机泵的启动

1. 准备确认工作

确认泵单机试车完毕，各配件完好，经电气、仪表专业确认可以达到启动条件。确认泵盘车均匀灵活，入口过滤器干净并安装好。确认机械密封冷却水已经引至总阀前，泵循环冷却水引至供回水总阀前。确认泵密封油已经引至总阀前，泵润滑油牌号符合规定，泵前后轴承箱油雾润滑系统完好。确认泵的出口阀和入口阀关闭，泵出口和泵体的排凝阀关闭。上述检查确认后，投用管路压力表以及泵的冷却水系统。

2. 机泵启动

经上述检查确认无误后，按下“启动”按钮，启动电动机。如启动过程中出现下列情况应立即停泵：异常泄漏、异常振动、出现火花、机泵冒烟、电流持续不下等。机泵启动后确认泵出口压力达到要求压力并稳定运行，缓慢打开泵的出口阀，调整流量到指定流量，确认电动机电流小于额定电流。

3. 开泵后确认和调整

机泵开启后需对机泵再次进行检查确认，主要检查泵的振动情况是否正常。确认轴承温度是否正常(径向轴承≤65℃，推力轴承≤70℃)。确认前后轴承箱油雾润滑系统完好，润滑油无泄漏，轴封无泄漏(机械密封漏量≤10 滴/min)。确认泵密封的冷却水系统正常，泵的循环冷却水系统正常。

（二）离心泵常见问题的原因

1. 泵振动大原因

① 轴承损坏。

② 轴振动或轴变形。

③ 轴弯曲。

④ 泵气蚀产生振动。

⑤ 联轴器未对中。

⑥ 出入口管线严重变形。

⑦ 密封静环倾斜。

2. 泵抽空或不上量

① 泵入口过滤器堵塞。

② 泵叶轮吸入口有杂物。

③ 泵叶轮连接键脱离，轴空转。

④ 泵出口调节阀卡涩。

⑤ 流量指示仪表出现问题。

（三）离心泵操作注意事项

① 离心泵严禁用关入口阀的方法启动或调量。

② 在关闭出口阀的条件下运转不得超过 3min。

③ 离心泵出现抽空或半抽空状态应立即调整或处理。

④ 严禁超温、超压、超负荷运转。

⑤ 热油泵在泵体预热时，如果是利用放空阀排空，则应严格控制放空阀开度，以免烫伤、着火。

（四）计量泵问题及处理

1. 流量调节方法

泵的流量调节是靠旋转调节旋钮，带动调节螺杆转动，从而改变弓型连杆间的间距，改变柱塞(活塞)在泵腔内移动行程来决定流量的大小。调节手轮的刻度决定柱塞行程，精确率为 95%。

2. 常见问题及处理

计量泵吸液不正常：主要表现是罐液位下降很缓慢或不降。原因是入口过滤器堵塞、出口线结垢不畅通、安全阀失效直接回流到罐内、泵隔膜裂纹泄漏、上下封闭球腐蚀密封不严等。处理措施：逐一排查原因，疏通或更换配件。

第九部分　装置氢气用量测算

一、氢气的作用

硫黄回收装置 H_2消耗主要在加氢反应器内，克劳斯尾气通过加热升温后与 H_2混合，进入加氢反应器，在加氢催化剂的作用下，尾气中的 S_8和 SO_2与 H_2发生加氢反应。为了保证 S_8和 SO_2反应完全，必须保证加氢反应器出口尾气中有一定的 H_2含量，一般控制在 2% ~ 6%。如果反应器 H_2含量不足，SO_2会击穿反应器床层，造成急冷水 pH 值降低，腐蚀设备，同时还可能造成急冷塔填料硫堵塞的严重后果，由此可见 H_2在硫黄装置中有着非常关键的作用。

二、氢气的来源

硫黄回收装置 H_2的来源主要有反应炉欠氧燃烧产生的 H_2、加氢炉发生次当量燃烧产生的 H_2以及外补 H_2。而一般炼油厂的 H_2主要由重整氢、重油制氢、煤焦制氢三套装置产生，其组分见表 9-1。

表 9-1　氢气组分汇总表　　%(体)

组分	重整氢	重油制氢	煤焦制氢	组分	重整氢	重油制氢	煤焦制氢
氯化氢	<0.5mL/m^3	—	—	正丁烷	0.17	—	—
氢气	93.62	98.01	97.80	反丁烯	<0.01	—	—
氧气+氩气	0.29	0.68	1.01	正丁烯+异丁烯	0.01	—	—
氮气	1.03	—	—	顺丁烯	<0.01	—	—
甲烷	1.41	1.31	1.19	C_5	0.09	—	—
乙烷	1.66	—	—	一氧化碳	<0.01	<1.00	<1.00
乙烯	<0.01	—	—	二氧化碳	<0.01	<2.00	<1.00
丙烷	1.36	—	—	硫化氢	<0.01	—	—
丙烯	0.01	—	—	相对密度	0.1368	—	—
异丁烷	0.35	—	—	合计	100	—	—

从上表中可以看出，重整氢中组分较为复杂，带入硫黄装置后会增加装置的副反应，影响加氢效果。重油制氢和煤焦制氢的 H_2纯度较高，相对来说比较适合作为硫黄装置外补 H_2。

三、装置氢气用量测算

从 H_2来源组分分析数据来看，硫黄装置应尽量减少外补 H_2的量，以避免 H_2中的其他组分对硫黄装置的影响，尤其是采用在线炉加热的硫黄装置可以通过调整配风来增加过程气中的H_2含量，从而减少外补H_2。根据加氢反应器中计算结果，本装置正常工况下有6.215kmol/h的氢气补充，本节将根据装置实际工况测算在无外补H_2时装置的运行情况，具体测算结果如下。

（一）加氢炉出口组分及加热计算

加氢入口过程气物料取自三级硫冷凝器出口组分计算表中的数据，见表9-2。

1. 加氢炉燃料气和空气组份确定

根据实际情况，标定期间装置所使用的燃料气为天然气，为简化计算，燃料气组分全部按CH_4计，同时根据装置标定工况，燃料气温度为90℃，燃料气压力为580kPa，在线炉空气来自主风机，温度为80℃，压力为35kPa，燃料气在加氢炉烧嘴发生如下反应：

$$CH_4+3/2O_2 \xlongequal{} H_2+CO_2+H_2O-556000 \tag{4-57}$$

假设加氢炉燃烧所需燃料气为$x$kmol/h，根据配比关系和表4-6中空气组成可以计算出加氢炉燃料气和空气的物料组成，见表9-2。

表9-3 加氢炉进口燃料气、空气物料组成和热量

组分	加氢炉入口燃料气温度90℃			加氢炉入口空气温度80℃		
	流量/(kmol/h)	焓值/(kJ/kmol)	热量/(kJ/h)	流量/(kmol/h)	焓值/(kJ/kmol)	热量/(kJ/h)
CH_4	x	3209	$3209x$	—	—	—
O_2	—	—	—	$1.5x$	2460	$3690x$
N_2	—	—	—	$5.643x$	2332	$13159.5x$
H_2O	—	—	—	$0.289x$	2766	$799.3x$
合计	x	—	$3209x$	$7.431x$	—	$17648.8x$

2. 加氢炉进出口物料计算

假设一定量的燃料气进入加氢炉和空气按化学当量配比燃烧，燃烧后的高温烟气和第三硫冷凝器来的过程气在加氢炉膛内混合充分后，进入加氢反应器。本装置液硫池废气是直接引入加氢反应器，因此，标定期间加氢反应器入口温度在220℃，反应器床层温度为303℃，加氢反应器出口温度为295℃。而本次计算中未考虑液硫池废气影响，通过Excel测算，在加氢炉出口过程气温度为260℃时，加氢反应器出口温度在295℃左右，因此，加氢炉出口温度按260℃、炉膛压差0kPa计算，根据上述焓值回归计算式，可以计算加氢炉出口各组分焓值。根据热量平衡原则，应满足：$Q_入+Q_燃+Q_空+Q_{H_2}+Q_反=Q_出$。其中$Q_反$除了$CH_4$燃烧的反应外，还应考虑$S_8 \sim S_6$之间的转化反应热。查询260℃条件下$S_6$和$S_8$的摩尔比为0.13 : 0.78，计算出加氢炉炉出口S_6、S_8的量，具体计算如下：

S_6=进料中硫原子数×S_6在出口物料中所占的摩尔数

$=(0.00926\times6+0.2083\times8)\times0.13/(0.13\times6+0.78\times8)=0.03189$kmol/h

S_8=进料中硫原子数×S_8在出口物料中所占的摩尔数

$=(0.00926\times6+0.2083\times8)\times0.78/(0.13\times6+0.78\times8)=0.1913$kmol/h

根据

$$4S_6 \xlongequal{} 3S_8-101800\text{kJ/kmol} \tag{4-55}$$

则加氢炉内$S_8 \sim S_6$之间的转化反应热为：

$=(0.1913-0.2083)\times101800/3=-564.3113$kJ/h（负值代表吸热反应）

根据假设条件及公式(4-57)计算 CH_4燃烧反应热。

反应热 $= x\times556000$kJ/h

则加氢炉炉出口物料和热量可计算出，见表9-3。

表9-3　加氢炉出口过程气物料组成和热量

组分	加氢炉出口过程气温度260℃		
	流量/(kmol/h)	焓值/(kJ/kmol)	热量/(kJ/h)
H_2S	6.8024	9137.58	62157.47
CO_2	$56.1404+x$	10763.85	$(56.1404+x)\times10763.85$
H_2O	$318.0411+1.289x$	9136.07	$(318.0411+1.289x)\times9136.07$
SO_2	3.4015	11511.00	39154.67
N_2	$524.137+5.643x$	7648.90	$(524.137+5.643x)\times7648.90$
CO	10.04	7670.18	77008.61
H_2	$19.43+x$	7585.61	$(19.43+x)\times7585.61$
COS	0.1556	11837.57	1841.93
S_6	0.03189	31190.56	994.667
S_8	0.1913	43143.86	8253.42
合计	$938.37+8.932x$	—	$7855803.27+73288.6x$

(二) 加氢反应器计算

加氢反应器内发生反应众多，已不能使用平衡常数法进行迭代计算，需采用试算法进行计算。通过假设反应器出口温度确定出口焓值，再根据热量平衡原则，使加氢反应器出口的热量等于入口的热量与反应器内发生反应的反应热之和，从而确定加氢反应器出口温度。

标定期间，净化后尾气分析数据见表9-4：

表9-4　净化后尾气分析数据

组分	分析结果	组分	分析结果
CO	<0.1%	硫含量	9.67mg/m^3
H_2S	<10mg/m^3		

通过对净化后尾气数据进行分析，可以得出在加氢反应器内COS基本水解完全，CO近似于全部反应。在Aspen软件中，通过对加氢反应器进出口组分数据分析可以发现，反应器出口 CO_2含量大幅度增加，H_2O 含量下降，则可以推断出加氢反应器内CO主要是与 H_2O 反应生成 CO_2和 H_2的反应。由此可以推断出加氢反应器内发生的主要反应，具体如下：

$$COS+H_2O = CO_2+H_2S-35000\text{kJ/kmol} \quad (4-56)$$

$$CO+H_2O = CO_2+H_2-40000\text{kJ/kmol} \quad (4-58)$$

$$S_8+8H_2 = 8H_2S-335000\text{kJ/kmol} \quad (4-59)$$

$$SO_2+3H_2 = H_2S+2H_2O-214000\text{kJ/kmol} \quad (4-60)$$

(1) 反应器内反应热计算

根据反应式(4-54)、表9-4中的进料数据计算反应前后各物质量：

$$COS+H_2O \xlongequal{} CO_2+H_2S-35000kJ/kmol \tag{4-56}$$

组分	COS	H_2O	CO_2	H_2S	反应热
反应比例	1	1	1	1	35000
假设反应量	0.1556	0.1556	0.1556	0.1556	5446

根据反应式(4-55)、表 9-4 中的进料数据计算反应前后各物质量：

$$CO+H_2O \xlongequal{} CO_2+H_2-40000kJ/kmol \tag{4-58}$$

组分	CO	H_2O	CO_2	H_2	反应热
反应比例	1	1	1	1	40000
假设反应量	10.04	10.04	10.04	10.04	401600

根据反应式(4-56)、表 9-4 中的进料数据计算反应前后各物质量：

$$S_8+8H_2 \xlongequal{} 8H_2S-335000kJ/kmol \tag{4-59}$$

组分	S_8	H_2	H_2S	反应热
反应比例	1	8	8	335000
假设反应量	0.2152	1.7217	1.7217	72097.86

其中，已将反应器入口中 S_6 的摩尔量折算成 S_8 的摩尔量。

根据反应式(4-57)、表 9-4 中的进料数据计算反应前后各物质量：

$$SO_2+3H_2 \xlongequal{} H_2S+2H_2O-214000kJ/kmol \tag{4-60}$$

组分	SO_2	H_2	H_2S	H_2O	反应热
反应比例	1	3	1	2	214000
假设反应量	3.4015	10.2045	3.4015	6.803	727921

则加氢反应器中反应热＝5446+401600+72097.86+727921＝1207064.86kJ/h

（2）反应器内反应后物质量确定

根据加氢反应器进口物料组成及加氢反应器内各反应，可以得出反应后各物质量，具体计算方法如下：

H_2S＝反应器入口 H_2S 量+S_6 加氢生成 H_2S 量+S_8 加氢生成 H_2S 量+SO_2 加氢生成 H_2S 量+COS 水解生成 H_2S 量

＝6.8024+0.03189×6+0.1913×8+3.4015+0.1556＝12.08124kmol/h

CO_2＝反应器入口 CO_2 的量+CO 与水反应生成 CO_2 量+COS 水解生成 CO_2 量

＝56.1404+x+10.04+0.1556＝(66.336+x)kmol/h

H_2O＝反应器入口 H_2O 量+SO_2 加氢生成 H_2O 量－CO 与水反应消耗 H_2O 量－COS 水解消耗 H_2O 量

＝(318.0411+1.289x+6.803－10.04－0.1556)＝(314.6485+1.289x)kmol/h

SO_2＝反应后剩余的 SO_2 量＝0kmol/h

N_2＝反应器入口的 N_2 量＝(524.137+5.643x)kmol/h

CO＝反应后剩余的 CO 量＝0kmol/h

H_2=反应器入口的H_2量-S_8加氢消耗H_2量-S_6加氢消耗H_2量-SO_2加氢消耗H_2量+CO与水反应生成H_2量

$=19.43+x-0.1913\times8-0.03189\times6-10.2045+10.04=(17.54376+x)$kmol/h

COS=反应后剩余的COS量=0kmol/h

S_6=反应后剩余的S_6量=0kmol/h

S_8=反应后剩余的S_8量=0kmol/h

通过给定x及反应器出口温度进行试算，需要满足加氢炉$Q_{入}+Q_{燃}+Q_{空}+Q_{H_2}+Q_{反}=Q_{出}$以及加氢反应器$Q_{入}+Q_{反应热}=Q_{出}$能量平衡要求，同时满足出口$H_2$含量为3%(湿基)要求。通过Excel迭代测算可得，如要满足上述能量平衡和H_2含量浓度要求，加氢炉出口温度即加氢反应器入口温度要达到370.85℃，此时加氢炉燃料气耗量为14.5kmol/h，加氢反应器出口温度为404.91℃，显然这是不符合实际的。

如降低加氢反应器出口H_2含量要求，由3%(湿基)降至2.5%(湿基)，则通过Excel迭代测算可得，如要满足上述能量平衡和H_2含量浓度要求，加氢炉出口温度即加氢反应器入口温度需降到273.95℃时才能满足要求，此时加氢炉燃料气耗量为7.61kmol/h，加氢反应器出口温度为310.65℃。

如直接将外补氢气关闭，加氢炉仍按照原生产工况配风，则加氢反应器出口H_2含量将降低至2.43%(湿基)，此时氢炉出口温度即加氢反应器入口温度上升到261.33℃，加氢反应器出口温度为298.2℃，装置仍能维持生产，但抗波动能力下降。

第十部分　硫黄装置S Zorb烟气管线失效分析

一、问题背景

目前大多数炼油厂中的S Zorb烟气都进入硫黄回收装置处理，镇海炼化S Zorb烟气管线于2010年投入使用，管道材料为304不锈钢，管线有保温无伴热。操作压力为10kPa，操作温度为190℃，分别进入硫黄装置反应炉和加氢炉处理，在异常工况、联锁状态下直接到碱洗塔进行处理，S Zorb烟气具体组分见表10-1。

表10-1　S-Zorb烟气组分

组分	N_2	SO_2	H_2O	CO_2	O_2
%(体)	90.60	5.10	2.30	1.80	0.20

2014年7月在S Zorb烟气管线投用过程中，发现烟气管线弯头处出现了严重的泄漏问题。将管线停工后进行检查，发现管道弯头热影响区处出现了开裂。

二、宏观分析

图10-1是S Zorb烟气管线破裂弯头的宏观照片，图10-2是弯头裂纹宏观照片，图10-3是弯头内壁形貌，图10-4是管壁剖面照片。从图10-5中可以看出，主裂纹位于弯头环焊缝热影响区附近，裂纹呈连续扩展并有多处分叉等特征。裂纹起源于内表面，然后从内表面向外表面纵深发展，最后穿透到弯头外表面，造成烟气泄漏。从弯头内壁可以看出，弯头遭受到严重的腐蚀，表面失去了原有的金属光泽，出现了大量的腐蚀凹坑，覆盖着厚厚的黑色

腐蚀产物，且裂纹区域存在严重的壁厚减薄，最薄处仅有 2mm，而管壁原始壁厚为 8mm，减薄了 6mm。

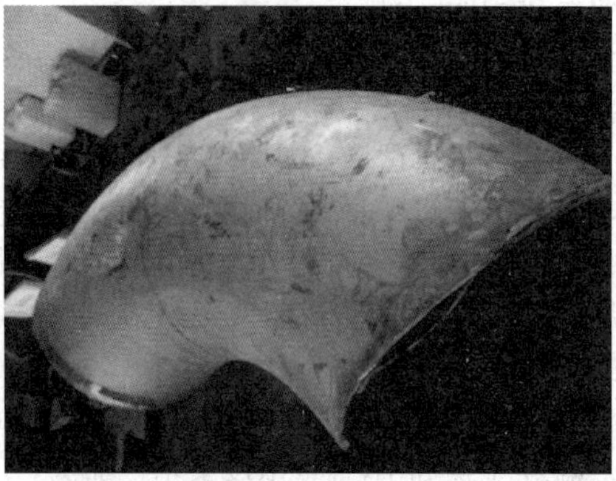

图 10-1 管线弯头宏观照片

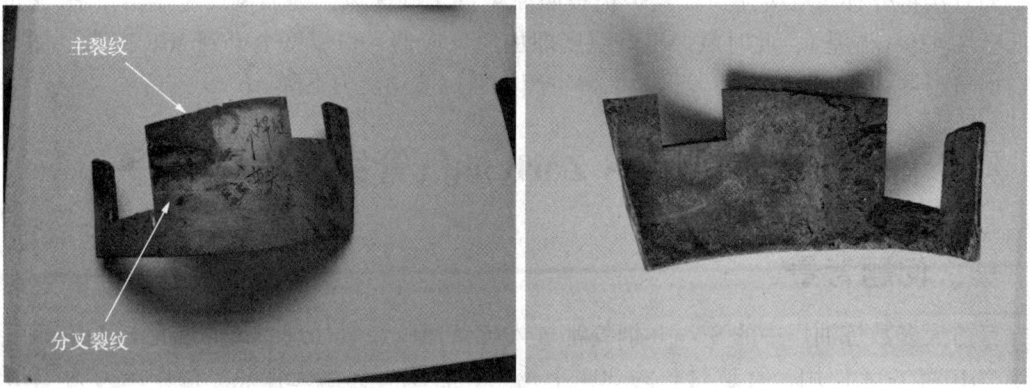

图 10-2 弯头裂纹宏观照片

图 10-3 弯头内壁宏观照片

图 10-4　弯头剖面照片

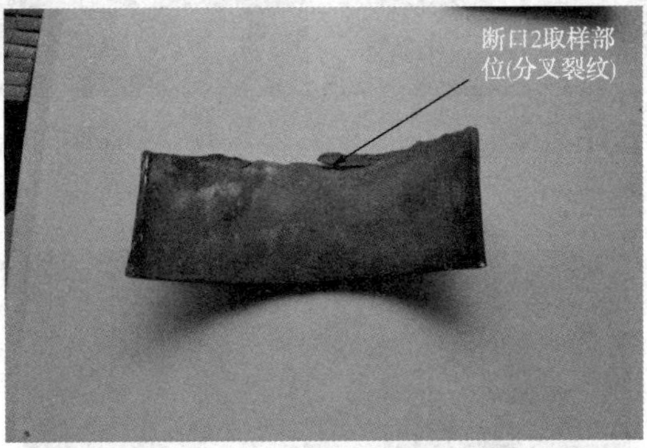

图 10-5　弯头内壁宏观形貌

图 10-6 为弯头的剖面照片，可以看出弯头剖面出现了多处明显的宏观裂纹，裂纹均由内表面起裂，并从内表面向外表面径向扩展。裂纹较深，最长的裂纹几乎贯穿管壁。

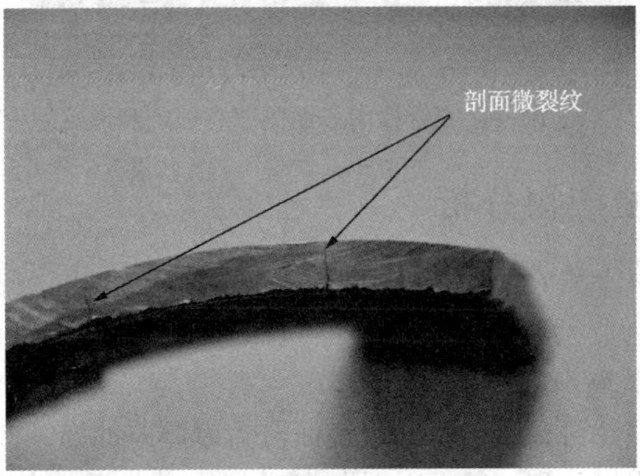

图 10-6　弯头剖面照片

图 10-7 为烟气管线的直管取样照片，图 10-8 是直管内表面底部的宏观照片，图 10-9 是直管段侧壁的宏观照片。可以看出直管底部出现了非常严重的腐蚀，表面分布着大量的腐蚀凹坑，且凹坑连成片，越接近管道的底部腐蚀越严重，而管道内表面的侧壁和顶部腐蚀程度轻微得多，表明烟气中气体在管道内降至了露点温度，出现了冷凝，在管道底部形成了积液，因此管道底部腐蚀情况比其它部位严重得多。不锈钢材料在积液中出现了严重的电化学

均匀腐蚀，最深的腐蚀坑达 5mm。从表 10-1 的烟气成分中可以看出，烟气中含有大量的酸性气体 SO_2、CO_2及水蒸气，形成了硫酸蒸气，在达到露点温度时形成浓度较高的硫酸和碳酸，对不锈钢造成了严重的均匀腐蚀。

图 10-7　烟气管线直管照片

图 10-8　直管段内表面底部腐蚀宏观形貌

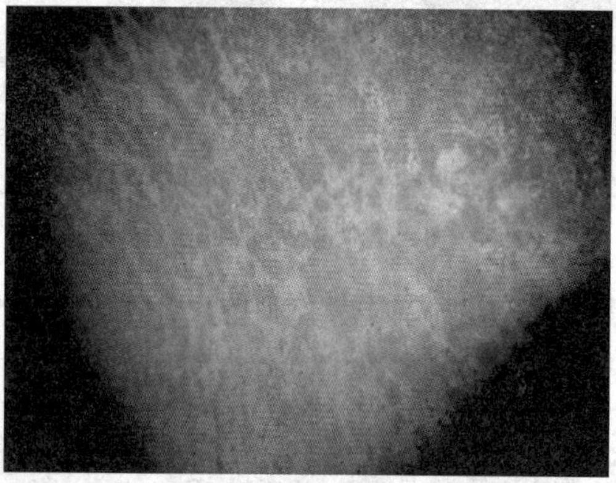
图 10-9　直管段内表面侧壁腐蚀宏观形貌

三、断口及腐蚀产物分析

分别对主裂纹(断口 1)和分叉裂纹(断口 2)的断口进行分析，图 10-10 为主裂纹断口扫描电镜照片，图 10-11 为分叉裂纹断口扫描电镜照片。图 10-12、图 10-13 为断口的能谱图，表 10-2 和表 10-3 为断口的能谱分析结果。

从断口的扫描电镜照片可以看出，断口表面覆盖着厚厚的腐蚀产物，呈脆性断裂，无明显的塑性变形，符合应力腐蚀裂纹特征。对断口进行能谱分析，发现断口表面主要成分为：C、O、S、Cr、Fe、Ni 等元素。其中，Fe、Cr、Ni 元素为 304 不锈钢的主要成分，C、S 和 O 元素的存在说明腐蚀产物中存在碳酸盐和硫酸盐，CO_3^{2-} 和 SO_4^{2-} 离子参与了不锈钢材料的腐蚀过程。根据烟气成分中含有 SO_2和 CO_2两种酸性气体及水蒸气，进一步证明了弯头内有硫酸和碳酸的凝液形成，在应力作用下发生了应力腐蚀开裂。

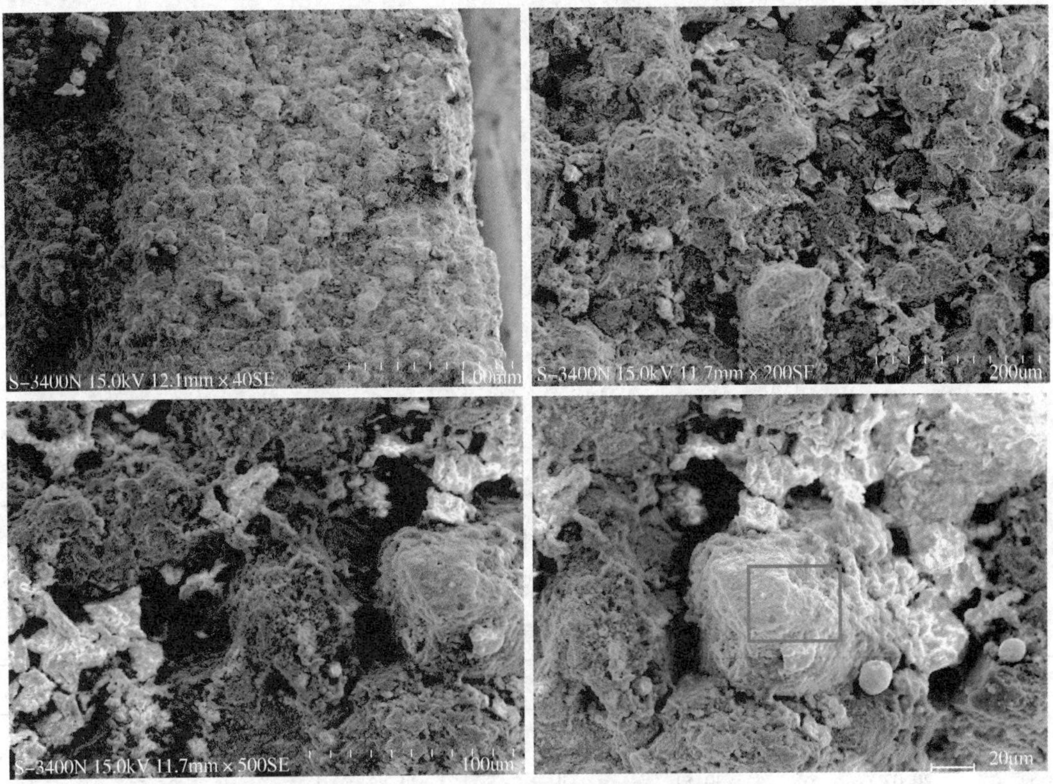

图 10-10　弯头主裂纹断口扫描电镜照片

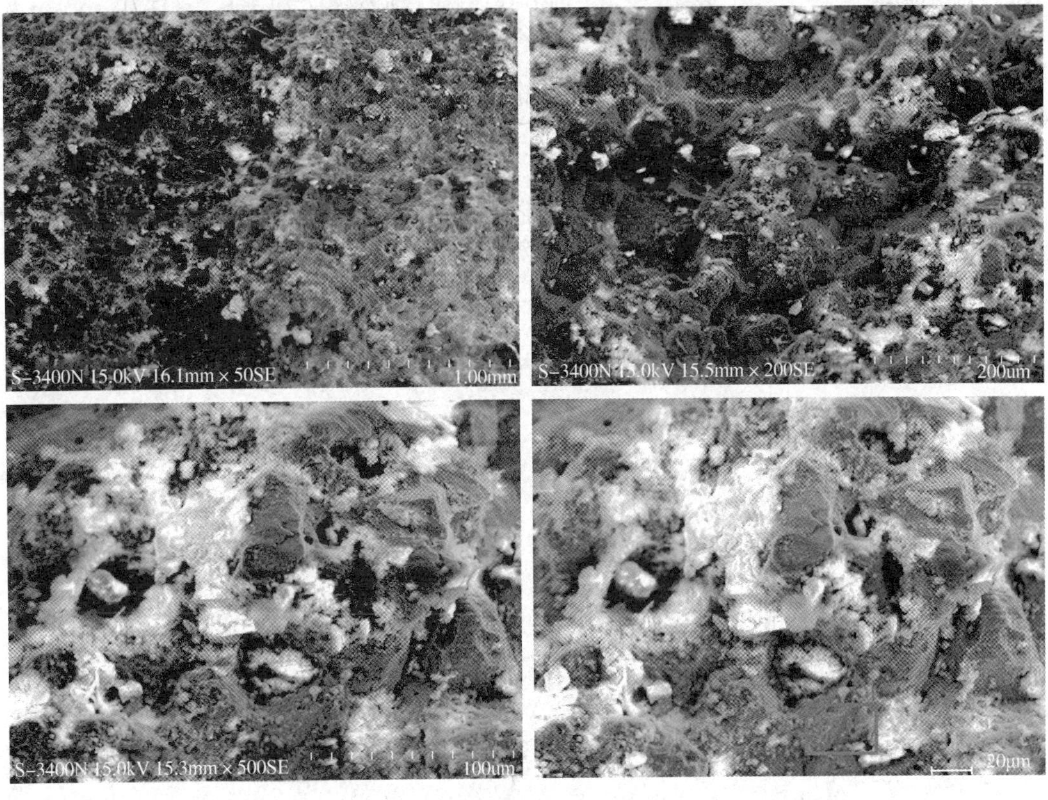

图 10-11　分支裂纹断口扫描电镜照片

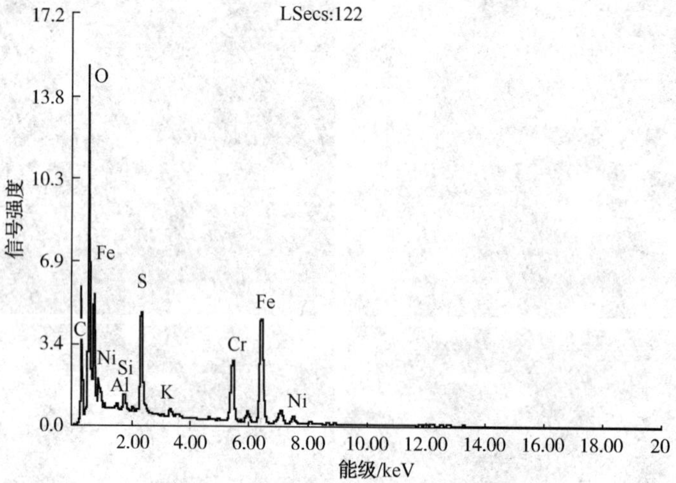

图 10-12　主裂纹断口能谱图

表 10-2　主裂纹断口能谱分析结果

元素	质量分数/%	原子百分含量/%	元素	质量分数/%	原子百分含量/%
C	19. 80	40. 21	K	00. 61	00. 38
O	20. 02	30. 51	Cr	11. 83	05. 55
Al	00. 25	00. 23	Fe	35. 98	15. 71
Si	01. 02	00. 89	Ni	04. 17	01. 73
S	06. 31	04. 80	*Matrix*	Correction	ZAF

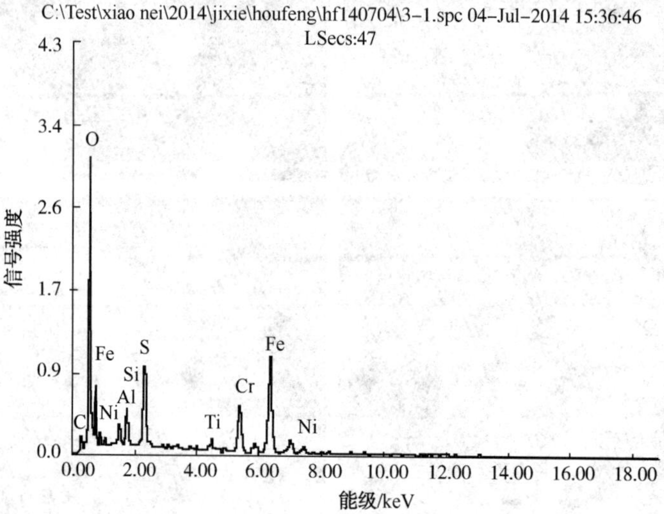

图 10-13　分支裂纹断口能谱图

表 10-3　分支裂纹断口能谱分析结果

元素	质量分数/%	原子百分含量/%	元素	质量分数/%	原子百分含量/%
C	04.58	11.79	Ti	01.80	01.16
O	21.54	41.67	Cr	12.40	07.38
Al	01.46	01.68	Fe	44.07	24.42
Si	02.82	03.11	Ni	04.85	02.56
S	06.47	06.24	Matrix	Correction	ZAF

图 10-14 是直管段底部腐蚀凹坑的扫描电镜照片，可以看出腐蚀凹坑宽度达到了 2mm，且向下形成了很深的腐蚀坑。图 10-15 为腐蚀凹坑的能谱图，结果列于表 10-4，能谱分析结果表明，凹坑底部覆盖着一层腐蚀产物，主要由金属碳酸盐和金属硫酸盐组成，金属元素是 Fe、Ni、Cr 元素，这是不锈钢材料的主要成分，故再次证明了弯头的腐蚀主要是由烟气中冷凝产生的硫酸和碳酸引起的。

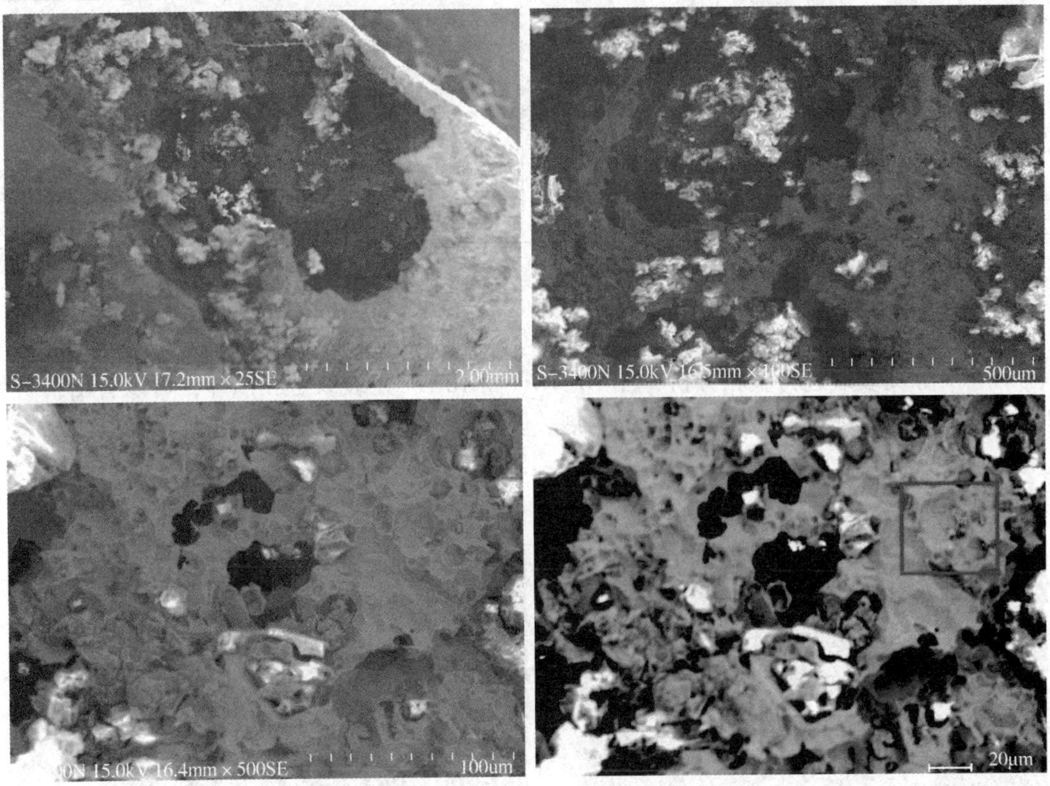

图 10-14　腐蚀凹坑扫描电镜照片

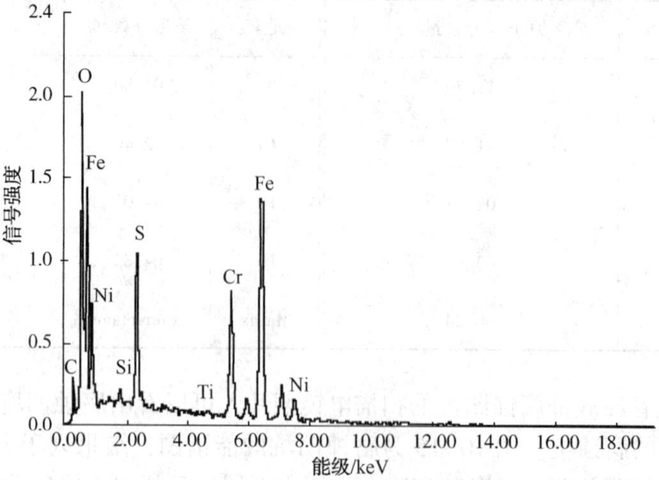

图 10-15　腐蚀凹坑能谱图

表 10-4　腐蚀凹坑能谱分析结果

元素	质量分数/%	原子百分占比/%	元素	质量分数/%	原子百分占比/%
C	04. 95	15. 23	Cr	15. 47	11. 00
O	10. 98	25. 36	Fe	52. 58	34. 78
Si	00. 55	00. 72	Ni	09. 40	05. 91
S	06. 07	06. 99	*Matrix*	Correction	ZAF

四、金相分析

对弯头分支裂纹进行金相分析，图 10-16、图 10-17 是裂纹金相照片，可以看出，材料组织正常，为奥氏体，所有裂纹均沿晶扩展，具有典型的应力腐蚀开裂特征。

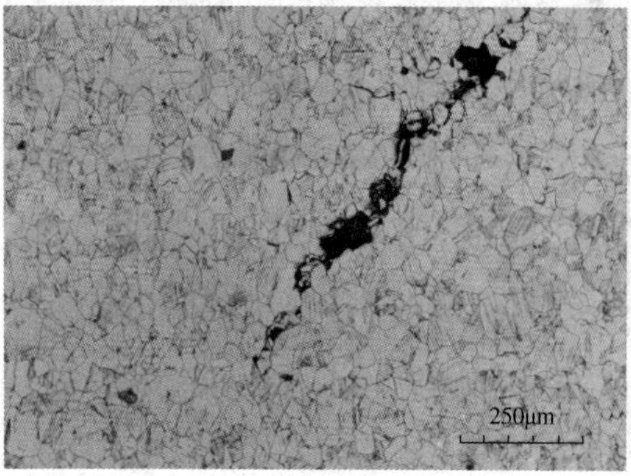

裂尖 100×

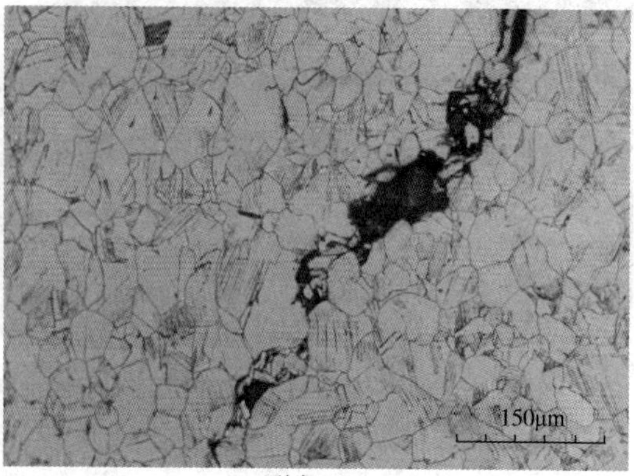

裂尖 200×

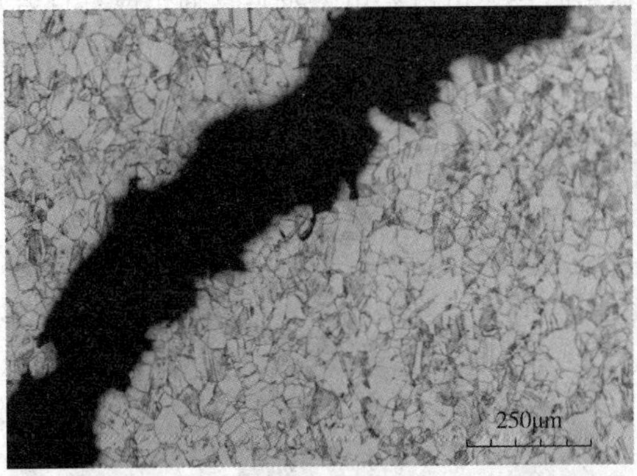

裂中 100×

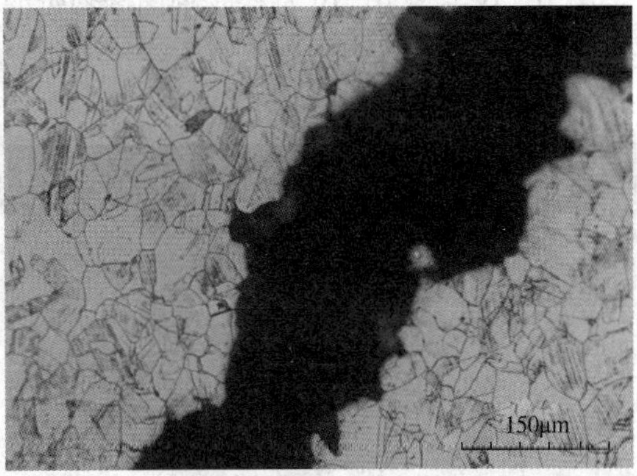

裂中 200×

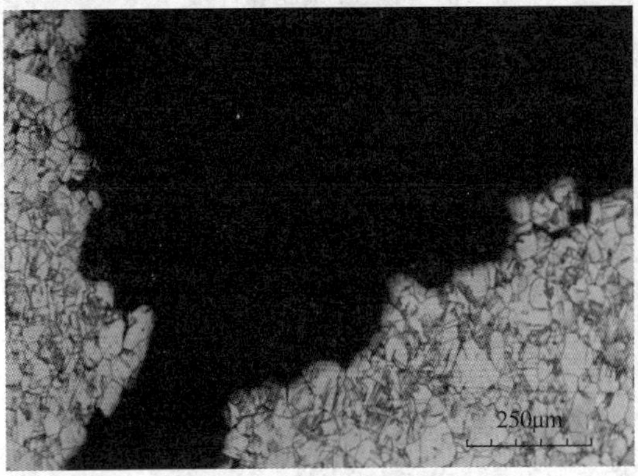

裂根 100×（启裂处）

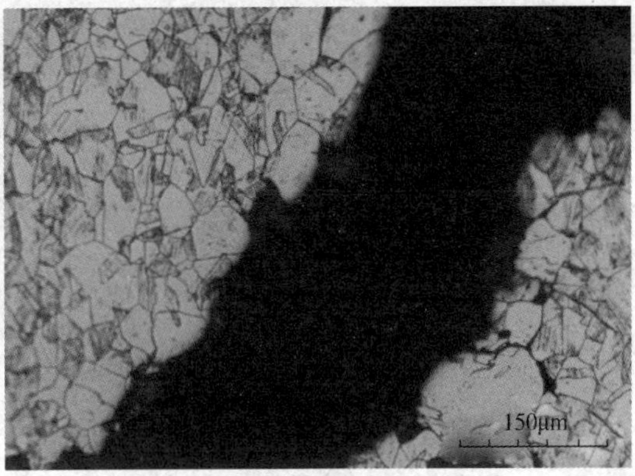

裂根 200×

图 10-16　分支裂纹的金相组织

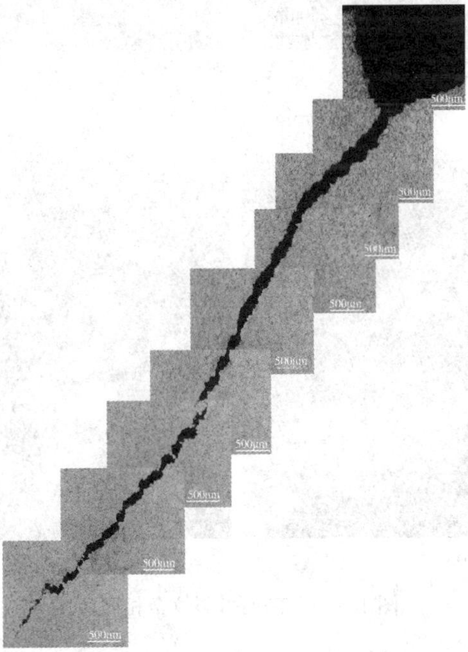

图 10-17　分支裂纹微观形貌

图 10-18、图 10-19 是弯头剖面微裂纹的金相照片，可以看出裂纹沿晶型扩展，且有分叉，为应力腐蚀裂纹。

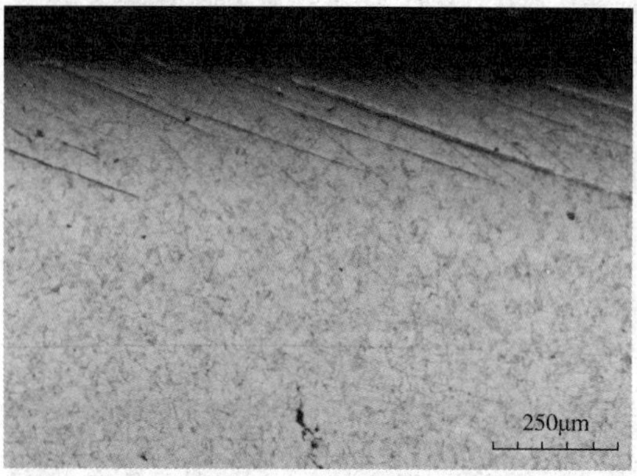

裂尖 100×

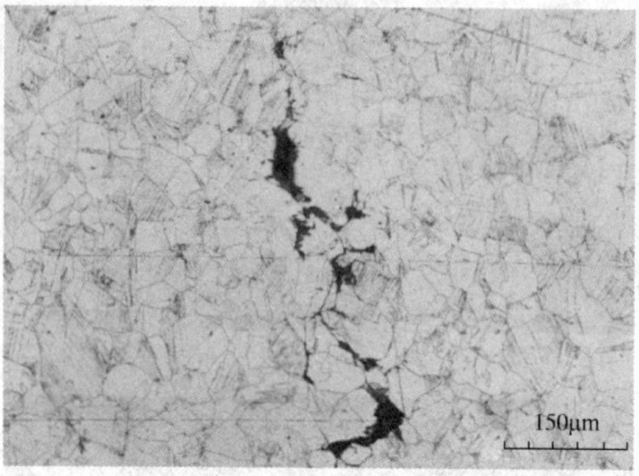

裂尖 200×

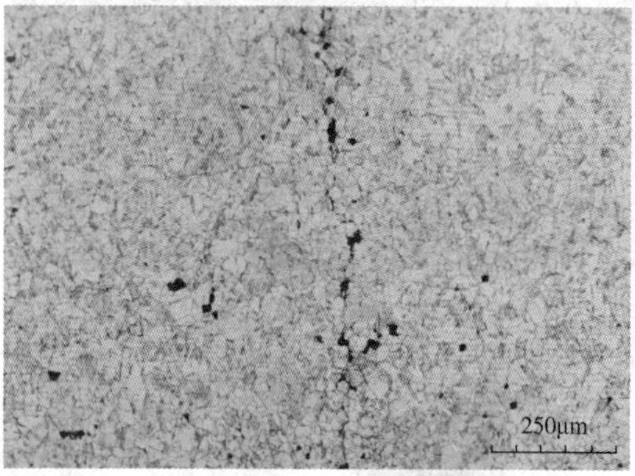

裂中 100×

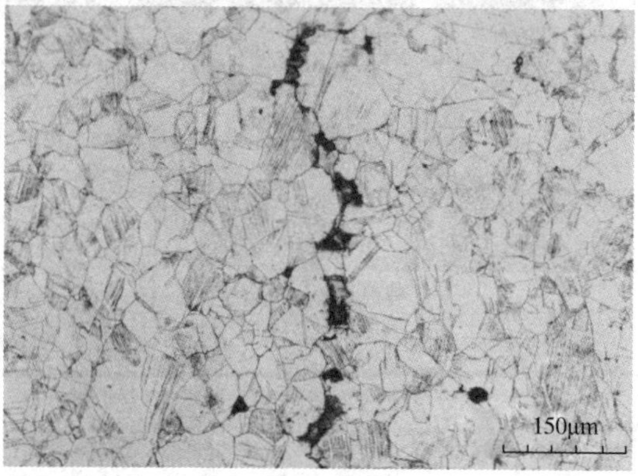

裂中 200×

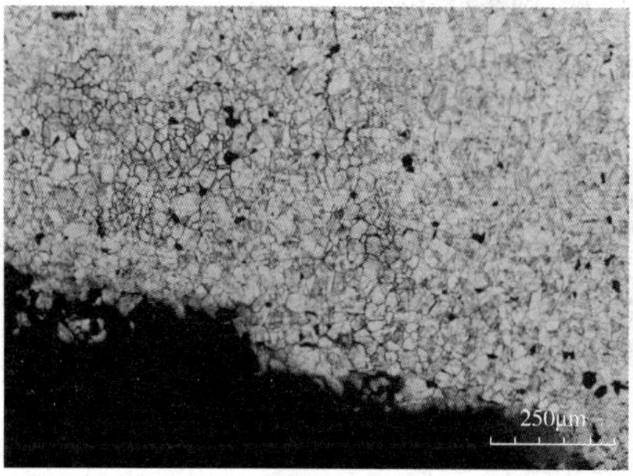

裂根 100×

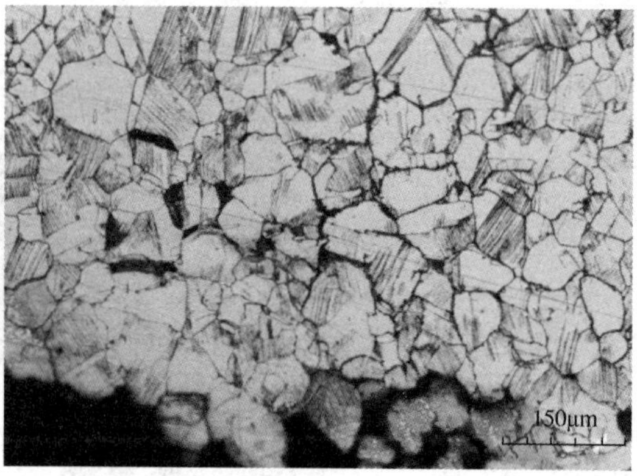

裂根 200×

图 10-18　剖面微裂纹金相照片

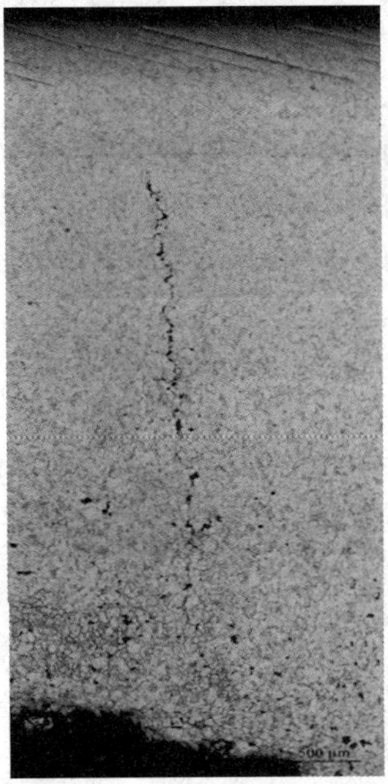

图 10-19　微裂纹形貌

五、S Zorb 烟气管线失效原因分析

S Zorb 烟气管线遭受到严重的含有硫酸和碳酸的烟气凝液均匀腐蚀，并且在弯头环焊缝热影响区等残余应力较高处产生了应力腐蚀，导致焊缝热影响区出现了大量的宏观和微观应力腐蚀裂纹。裂纹起源于内表面，向纵深和外表面扩展，最终导致了弯头腐蚀开裂失效。

（一）机理分析

烟气管道弯头 304 不锈钢的应力腐蚀开裂的机理是与膜破裂有关的阳极溶解过程，包括裂尖氧化膜开裂、金属溶解和再钝化。在焊接残余应力或工作应力作用下，材料内部位错滑移形成滑移台阶，当滑移台阶大而表面膜又不能发生相应的变形时，膜就破裂露出新鲜表面，与其余表面构成大阴极小阳极的腐蚀电池，使新鲜表面溶解。另外，由于氧的吸附会修复氧化膜，重新进入钝态，但在应力的作用下，错位再次滑移破坏表面钝化膜，促进裂纹进一步扩展。

材料的微量元素碳、氮、硫、磷在晶界上偏析，或晶界上有碳化物等析出，使得晶界上的表面膜不稳定使晶界活化，引起沿晶的腐蚀沟。这些晶界的腐蚀沟在应力作用下促进裂纹源的扩展和晶间裂纹的发展，因此，裂纹呈现出沿晶型扩展。

在应力作用下，裂纹前沿处产生应力集中，且能迅速屈服，产生塑性变形，裂纹得以扩大，这样便使裂纹内外的物质迁移变得容易，促进了裂纹前沿的阳极溶解，使得裂纹进一步扩大。

晶界处偏集的碳、氮原子可以把裂纹前沿处因塑性变形而产生的点阵缺陷固定在裂纹前沿，这有助于特定离子不断吸附在裂纹尖端，使得裂纹不断向纵深扩展。这样，在应力集中和特定离子的偏聚等各因素的交互作用下，使得晶间裂纹沿晶界向纵深扩展而抑制了横向溶解。

不锈钢弯头在含有硫酸和碳酸的 100℃腐蚀介质中，很容易产生腐蚀减薄，弯头的焊缝热影响区由于存在较高的残余应力，导致了应力腐蚀。应力腐蚀断裂的过程是一个形成和长大的过程，分为四个阶段：氧化膜破裂、形成腐蚀坑孔、应力腐蚀开裂裂纹的形成和长大、最终断裂。

（二）应力分析

应力是产生应力腐蚀裂纹的必要条件。本次弯头裂纹主要出现在焊缝热影响区，也证明了热影响区存在较高的集中残余应力。应力腐蚀开裂的应力源，除了由载荷产生的工作应力外，更多的是来自制造过程产生的残余应力，如冷加工、焊接、热处理以及装配过程引起的残余应力。各种现场事故表明，由后者引发的应力腐蚀破坏占80%左右，其中31%是来自焊接残余应力。

（三）腐蚀介质

S Zorb装置烟气主要组成为N_2、CO_2、SO_2、O_2和H_2O，烟气中的N_2没有腐蚀性，烟气中的硫主要以SO_x形式存在，一旦烟气在低于露点温度的部位冷凝，会形成浓度较高的硫酸和碳酸溶液，腐蚀性很强。不但出现较强的电化学均匀腐蚀，还在有残余应力的地方构成了应力腐蚀环境，出现了均匀腐蚀和应力腐蚀同时发生的交互作用，使得腐蚀加剧和开裂。

六、结论及建议

综上所述，由于S Zorb装置烟气中的硫酸和碳酸蒸汽在管道低于露点温度部位出现了冷凝，形成了腐蚀性较强的浓硫酸和碳酸，对管道造成了非常严重的电化学均匀腐蚀，并且在管道弯头焊缝热影响区等应力较高处出现了应力腐蚀，导致弯头焊缝热影响区发生应力腐蚀开裂失效。

为了防止烟气管道遭受烟气凝液腐蚀，保证管线的长周期安全稳定运行，需继续开展后续工作。

1）对整条烟气管线进行全面普查，确定整条管线的腐蚀情况，将腐蚀管线进行更换。

2）为了防止管道遭受烟气露点腐蚀，控制烟气温度在露点温度以上，将材质更换为碳钢管线加伴热形式。因为在100℃的含硫酸和碳酸的烟气凝液中，304不锈钢的抗均匀腐蚀性能低于碳钢。

3）烟气管线在停运时，采用氮气吹扫，保证吹扫干净后用盲板将整条管线与烟气隔离，避免烟气进入管道内形成凝液。

4）设法消除或降低管线焊缝热影响区的残余应力，避免发生应力腐蚀。

第十一部分　参考文献

[1] 刘爱华．影响催化剂活性的因素．中石化硫黄回收专家班课件．2019-3.

[2] 刘爱华．影响硫回收率的主要因素．中石化硫黄回收专家班课件．2019-3.

[3] 刘爱华．制硫及加氢催化剂种类及使用．中石化硫黄回收专家班课件．2019-3.

[4] 王刻文．硫黄回收反应过程工艺计算．中石化硫黄回收专家班课件．2019-4.

[5] 朱学军．脱硫装置种类、酸性气组成、S-Zorb烟气特点、存在问题及建议．中石化硫黄回收专家班课件．2019-4.

[6] 余长春．硫黄回收过程重要硫化物基本物性和热力学性质．中国石油大学．中石化硫黄回收专家班课件．2019-4.

[7] 沈本贤．脱硫剂．华东理工大学．中石化硫黄回收专家班课件．2019-4.

[8] 何智灵．中石化硫黄回收装置静设备培训教材．山东三维工程．中石化硫黄回收专家班课件．2019-4.

[9] 李鑫钢．现代蒸馏技术-填料塔及其设计．精馏技术国家工程研究中心（天津大学）．中石化硫黄回收

专家班课件 . 2019-4.
[10] 李铁军．硫黄回收装置运行经验及总结[N]．山东三维工程．2011.
[11] 肖锋，陈继明，徐宏，等．硫黄回收装置设备运行与维护[M]．北京：中国石化出版社，2009.
[12] 李菁菁，闫振乾．硫黄回收技术与工程[M]．北京：石油工业出版社，2010.
[13] 陈赓良，肖学兰，杨仲熙，等．克劳斯法硫黄回收工艺技术[M]．北京：石油工业出版社，2007.
[14] 徐兴忠，张义玲，刘爱华，等．气体脱硫与硫黄回收译文集，硫黄回收技术协作组，2013-8.
[15]《主要城市室外气象设计计算参数》.
[16] 中国石化集团上海工程有限公司．化工工艺设计手册第四版[M]．北京：化学工业出版社．2009.
[17] 王抚华．化学工程实用专题设计手册[M]．北京：学苑出版社，2002.
[18] 刘乃泓．工业塔新型规整填料应用手册[M]．天津：天津大学出版社，1993.
[19] 曾曦．MDEA 水溶液的物理化学性质[D]．四川：川化研究院，1994.
[20] 夏清，陈常贵．化工原理[M]．天津：天津大学出版社，1999.
[21] 冯霄，何潮洪．化工原理[M]．北京：科学出版社，2001.
[22] 环境保护部．石油炼制工业污染物排放标准[M]．2015.
[23] 李钧，闫维平．烟气酸露点温度的计算分析[J]．热能基础研究 · 热力发电．2009，31(4)：31-34.
[24] 国家质量监督检验检疫总局．中华人民共和国国家标准：工业硫黄 . GB/T 2449. 2—2015[S].

第十二部分　附件

一、装置原则流程图

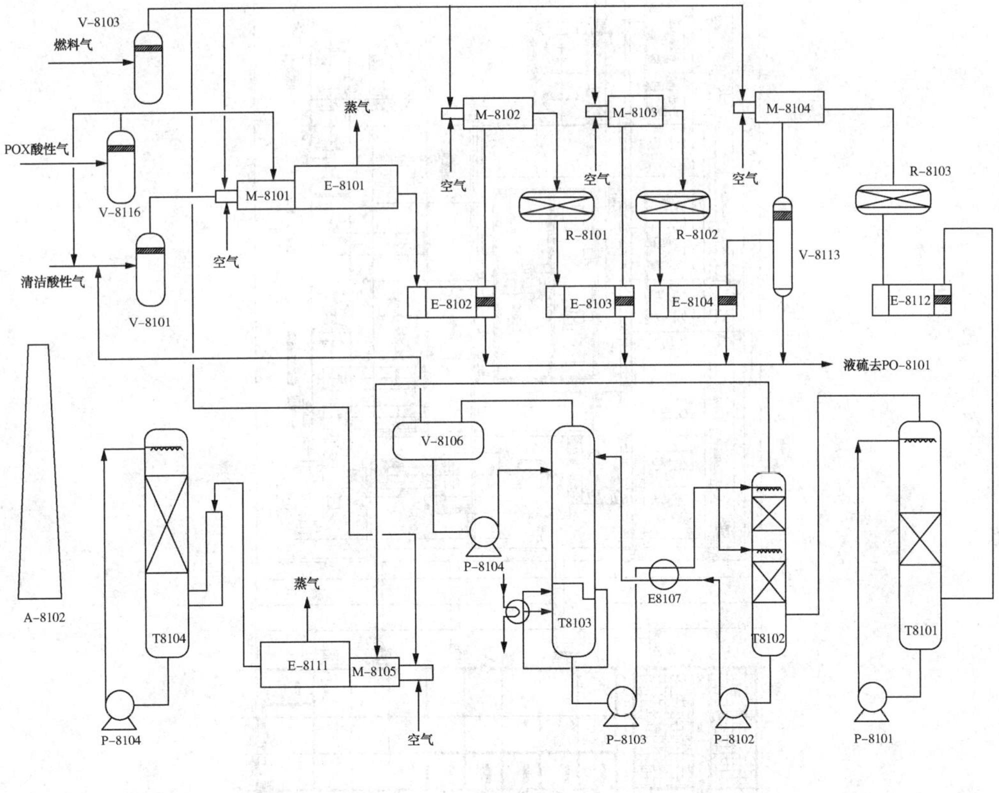

二、装置平面布置图

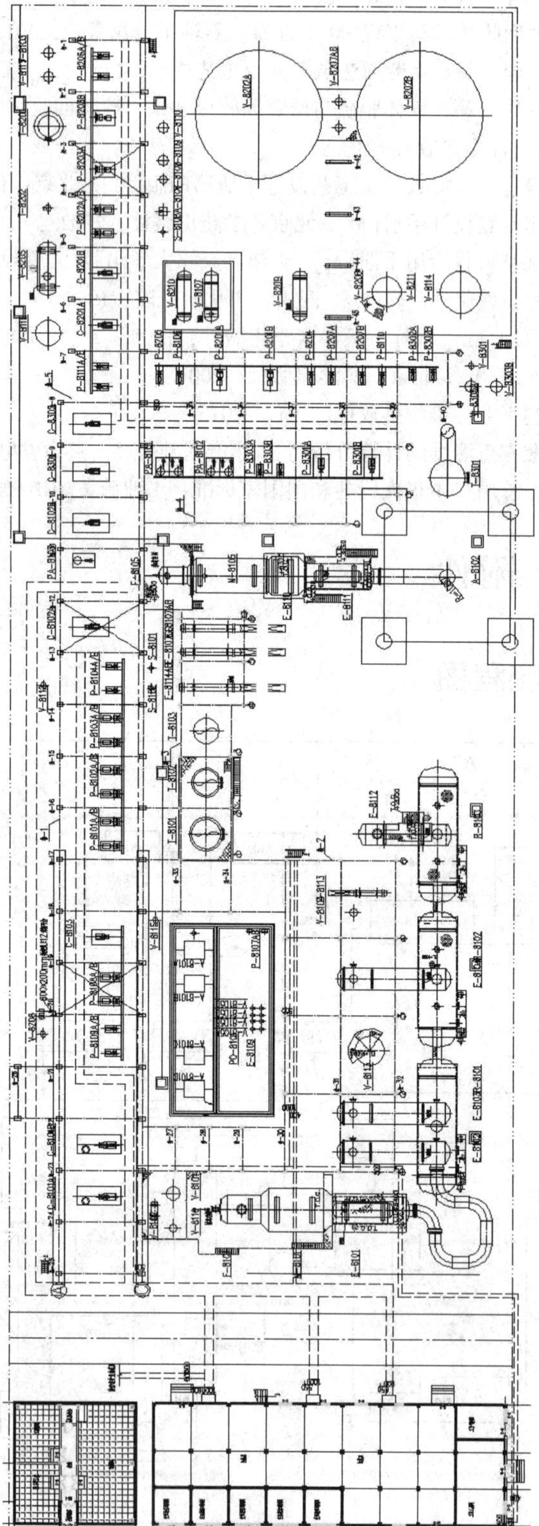